# 钢筋的连接与锚固

## Rebar Splicing and Anchoring

李智斌　谭　军
中电投工程研究检测评定中心有限公司　著
中国电子工程设计院股份有限公司

中国建筑工业出版社

**图书在版编目（CIP）数据**

钢筋的连接与锚固 = Rebar Splicing and Anchoring / 李智斌，谭军著. — 北京 ：中国建筑工业出版社，2024.5
ISBN 978-7-112-29847-1

Ⅰ.①钢… Ⅱ.①李… ②谭… Ⅲ.①钢筋-连接技术②钢筋-锚固 Ⅳ.①TU755.3

中国国家版本馆 CIP 数据核字（2024）第 094484 号

本书依据《钢筋机械连接技术规程》JGJ 107、《钢筋机械连接用套筒》JG/T 163、《钢筋锚固板应用技术规程》JGJ 256 等现行标准编写。全面总结了常见的钢筋连接与锚固技术，并融入笔者多年的工程实践经验。主要内容包括：概述；混凝土结构用钢筋；钢筋绑扎搭接连接；钢筋焊接连接；钢筋套筒灌浆连接；钢筋机械连接；钢筋机械锚固；钢筋连接与锚固技术展望。

本书可供设计、施工、监理、造价、技术管理人员及高校土木工程专业师生使用参考。

责任编辑：郭　栋
责任校对：芦欣甜　李美娜

**钢筋的连接与锚固**
Rebar Splicing and Anchoring
李智斌　谭　军
中电投工程研究检测评定中心有限公司　著
中国电子工程设计院股份有限公司
*
中国建筑工业出版社出版、发行（北京海淀三里河路 9 号）
各地新华书店、建筑书店经销
北京科地亚盟排版公司制版
河北鹏润印刷有限公司印刷
*
开本：787 毫米×1092 毫米　1/16　印张：31½　字数：785 千字
2024 年 8 月第一版　　2024 年 8 月第一次印刷
定价：**148.00** 元
ISBN 978-7-112-29847-1
（42890）

# 《钢筋的连接与锚固》编写委员会

**主　　编**：李智斌　谭　军

**副 主 编**：赵　杰　隋春光　钱冠龙　吴连军　高　昌　刘子金
白建平　尹国祥　王开宇　尚跃飞

**编　　委**：郭正兴　滕祥泉　姚　迪　谢利平　杨晓靖　刘优生
白明鑫　毛启文　陈　金　赵永光　王　涛　向　群
蔡加友　王旋旋　蒋　迪　王娟娟　贺海勃　王诺晗
董建伟　危洪艳　杨润来　吴中正　孙　彬　胡世江
王启军　刘　炎　邵克军　蔡紫冰

**编写单位**：

中国电子工程设计院股份有限公司（李智斌）
中电投工程研究检测评定中心有限公司（谭　军、赵　杰、杨晓靖、王娟娟、贺海勃）
中冶建筑研究总院有限公司（钱冠龙）
河北易达核联机械制造股份有限公司（吴连军、王启军）
青岛通汇华中科技发展有限公司（高　昌）
中国建筑科学研究院有限公司（刘子金、孙　彬）
济源建造者钢筋连接技术有限公司（白建平）
湖南恒邦钢筋连接技术有限公司（尹国祥）
北京五隆兴科技发展有限公司（王开宇）
中国核电工程有限公司（隋春光、尚跃飞、姚　迪、蒋　迪）
东南大学（郭正兴）
世源科技工程有限公司（滕祥泉）
中国核工业第二二建设有限公司（谢利平、刘优生）
中广核工程有限公司（白明鑫）
中核华辰建筑工程有限公司（毛启文、陈　金）
上海核工程研究设计院股份有限公司（赵永光、王　涛）

中国核工业华兴建设有限公司（向　群、蔡加友、刘　炎）
中国核工业二四建设有限公司（王旋旋、邵克军）
浙江树人学院（王诺晗）
建研（北京）结构工程有限公司（董建伟）
鞍钢中电建筑科技股份有限公司（危洪艳）
中交一航局第三工程有限公司（杨润来）
中交第二航务工程局有限公司（吴中正）
重庆二航钢筋连接工程有限责任公司（胡世江）
山东恒基智能装备有限公司（蔡紫冰）
湖南省遥感地质调查监测所（阳少天）

# 主要作者介绍

李智斌，中国电子工程设计院股份有限公司研究员，中国土木工程学会混凝土及预应力混凝土分会理事会理事、先进工程材料分会理事会理事，中国工程机械工业协会专家委员会委员、钢筋及预应力机械分会副会长，中国核工业勘察设计协会核工业结构专业委员会委员，中国工程建设标准化协会检测与试验专业委员会委员，中国建筑业协会建筑工程技术专家委员会委员，中国科技产业化促进会标准化工作委员会专家委员，中国建筑业协会、中国土木工程学会、中国建筑学会专家库专家。

长期从事建筑结构、施工技术、钢筋工程、建筑工业化、检测鉴定与加固改造等方面的研究和工程技术的推广应用。代表性的科研工作经历有中国建筑科学研究院自筹基金课题“钢筋机械锚固性能试验研究”；中国建筑科学研究院青年基金课题“满足英美标准钢筋的机械连接技术适应性研究”“钢筋镦粗直螺纹连接工艺新型圆形模具的研究与开发”；住房和城乡建设部课题“钢筋机械锚固装置及其应用”“钢筋锚固板设计应用研究”“高性能钢筋直螺纹加工成套设备的研制”；国家科技支撑计划十二五项目“建筑结构绿色建造专项技术研究”；国家科技支撑计划十三五项目“预制装配式混凝土结构建筑产业化关键技术”及企业合作项目等40多项，获华夏建设科学技术奖、中央企业青年岗位能手等。

提出并成功研发我国新一代钢筋机械锚固技术—钢筋锚固板，并在工程上大量应用；打破国外公司对我国华龙一号核电站抗飞机撞击接头的长期垄断，实现国产化并成功应用；实现AP1000核电站钢筋机械连接与锚固的国产化并成功应用；实现不锈钢钢筋机械连接技术的国产化并成功应用于港珠澳大桥建设；提出并成功将钢筋套筒灌浆连接技术应用于现浇结构（港珠澳大桥东西人工岛）。

主持或参与编制《钢筋机械连接技术规程》JGJ 107—2016、《钢筋机械连接用套筒》JG/T 163—2013、《钢筋锚固板应用技术规程》JGJ 256—2011、《钢筋套筒灌浆连接应用技术规程》JGJ 355—2015（2023年版）、《钢筋套筒灌浆连接施工技术规程》T/CCIAT 0004—2019、《钢筋连接用直螺纹套筒》T/CECS 10287—2023、《耐腐蚀性钢筋应用技术规程》T/CECS 1150—2022、《装配式混凝土结构检测标准》T/CECS 1189—2022、《钢框胶合板模板技术规程》JGJ 96—2011、《钢框组合竹胶合板模板》JG/T 428—2014、《超声回弹综合法检测混凝土强度技术规程》T/CECS 02—2020、《中空内模金属网水泥内隔墙应用技术规程》T/CCES 6—2020、《预制混凝土保温外墙板应用技术规程》T/CCIAT 0039—2021、《混凝土结构钢筋详图设计标准》T/CECS 800—2021、《预制混凝土构件用金属预埋吊件》T/CCES 6003—2021、《核电站抗冲击钢筋机械连接接头技术规程》T/CNEA 117—2023、《核电工程钢筋机械连接技术规程》T/CNIDA 017—2024、《摩擦焊接钢筋锚固板应用技术规程》（在编）、《钢筋接头瞬间加载试验技术规程》（在编）、《预制混凝土构件用金属预埋吊件应用技术规程》(在编)、《混凝土结构植筋系统应用技术规程》(在编)、《绿色建材评价标准　钢筋连接用套筒》(在编)、《核电工程槽式预埋组件》(在编)、《模块化钢筋机械连接技术规程》(在编) 等标准。

主持编制《高强钢筋应用技术图示》14G901、《钢筋锚固板应用构造》17G345 等国家标准图集。

获《钢筋锚固装置及其施工方法》《一种钢筋切断设备及切断方法》《可互换式直螺纹切削梳刀》《一种钢筋切断设备》《一种圆柱形钢筋镦粗模具》《焊接型钢筋螺纹接头》《可调型钢筋螺纹连接装置》《可调型直螺纹钢筋接头》《可焊调节型钢筋连接装置》《一种环形钢筋连接装置》《抗高速冲击用螺纹丝头及其锚固装置和加工设备》《预制夹心保温墙体拉结件、预制夹心保温墙体及建筑物》《大直径钢筋网片及采用连接杆对接大直径钢筋网片的方法》《大直径钢筋网片》《一种连接板及保温外墙》《钢筋桁架楼承板的施工方法及钢筋桁架楼承板》《一种半灌浆套筒结构》《挤压式灌浆接头》等国家发明与实用新型专利数十项。

谭军，博士，正高级工程师，享国务院特殊津贴专家，国家开发投资集团有限公司特级专家，北京优秀青年工程师，全国首届建筑结构杰出青年。中国合格评定国家认可委员会(CNAS) 双项主任评审员，中国电子学会洁净室标准化技术分会(TC 319) 副主任委员，国家科技部科技计划项目评审专家，全国专业标准化技术委员会委员、中国工程建设标准化协会城乡建设信息化与大数据工作委员会委员、北京市科学技术委员会/中关村科技园区管理委员会科技项目评审专家等。

长期从事建筑结构检测鉴定及加固、高精密制造业受控环境检验检测等方面的研究和工程技术的推广应用。代表性的科研工作经历有十四五国家重点研发计划 SQ2023YFF0600009“电子制程环境质量精准控制测评技术及标准研究”、十四五国家重点研发计划 2022YFC3801604-05“防水卷材低温性能现场快速检测方法与设备研发”、十四五国家重点研发计划 2022YFC3801602-5“防水耐久技术工程应用研究及示范”、十三五国家重点研发计划 2016YFC0701801“建筑配件质量检验方法研究”、北京市科技服务业发展促进专项“高精密制造生产环境检验检测服务平台”及其他国家级、省部级、企业级科研课题 30 余项，相关技术成果获华夏建设科学技术奖、黑龙江省城乡建设科学技术等国家级、省部级科技奖项 20 余项，认定北京市新技术新产品(服务) 18 项。

提出并研发核电站反应堆安全壳智能化检测监测及预警技术，成功应用于漳州、海南“华龙一号”核电站建设项目中，打破国外技术垄断，实现高精度传感器的国产化应用；研发既有电力管廊结构隐患监测预警技术，实现对电力管廊的智慧化、可视化综合管理，首次应用于北京市 718km 的电力管廊中，并成功为抗战胜利 70 周年、建国 70 周年阅兵提供保障服务；研发面向高端电子工程建筑和精密制造环境全生命周期检验检测服务，打破国外技术垄断，为武汉长江存储、京东方全世代线、之江实验室、长鑫集电、厦门天马等高精密制造业提供超净环境、微振动环境及电磁环境的检测、调试、评价及保障服务。

主持或参与编制《洁净室及相关受控环境 检测技术分析与应用》GB/T 36066—2018、《检验检测机构管理和技术能力评价 建设工程检验检测要求》RB/T 043—2020、《建筑玻璃膜应用技术规程》JGJ/T 351—2015、《城市缆线管廊工程技术标准》DB22/T 5025—2019、《地下综合管廊混凝土工程检测评定标准》T/CECS 934—2021、《海南省地下综合管廊工程贯彻人民防空要求设计导则》等标准30余部；发布《高强钢筋应用技术图示》14G901、《北京市老旧小区综合改造工程实例汇编》XQGZSL—2014国家级、省部级标准图集2部；出版著作《建筑结构工程检验检测指南》《装配式建筑配件质量检验技术指南》《北京市房屋综合安全鉴定案例分析》3部。

授权ZL2013100413423一种结构构件强度检测装置、ZL2016107832987一种监测变形缝两侧主体结构错动变形量的方法、ZL2015109936488竖向结构构件振动检测方法、ZL2022231738746一种核岛安全壳铅垂线系统辅助结构装置、2021SR0493242基于BIM技术的核电安全壳监测预警系统等国家发明、实用新型、软件著作权等知识产权31项。

# 前　言

钢筋混凝土结构长期并在今后相当长一段时间内成为工程建造的主要结构形式，作为钢筋混凝土结构的基础技术，钢筋的连接与锚固成为结构设计与施工关键技术之一。钢筋的可靠连接与锚固，关系混凝土结构的受力性能，并直接影响工程建设的质量、效率、经济和安全。

钢筋连接方式有绑扎搭接连接、焊接连接、套筒灌浆连接、机械连接等。绑扎搭接连接方式不适用于大直径钢筋的连接；焊接连接要求钢材材质稳定、可焊性好，对电源稳定性和焊工水平要求高；套筒灌浆连接源于装配式构件中钢筋连接的需求，对材料、施工、质量控制的要求高；机械连接由于具有性能优异、施工便捷、节能减排等优势，已成为钢筋连接的主要方式。据不完整统计，目前我国钢筋产量每年达 2 亿吨，其中大直径钢筋大部分采用机械连接，钢筋机械连接件的应用数量已达 20 亿～30 亿个（套）/年，无论是钢筋机械连接技术，还是连接件的使用量，我国均处于世界领先地位。

不同钢筋锚固方式将明显影响混凝土结构的设计和施工方法。传统的钢筋锚固方式是利用钢筋与混凝土的粘结锚固，或将钢筋端部弯折，减少粘结锚固长度后的弯折锚固。上述两种方式锚固用钢筋用量较大，且易造成锚固区钢筋拥挤，影响混凝土的浇筑质量。近年来，我国对钢筋锚固板这一钢筋机械锚固技术进行了大量科研和工程应用实践，部分科研院所和高校对钢筋锚固板基本性能和其在框架节点中的应用开展了颇有价值的研究工作，取得了丰富的科研成果。将锚固板与钢筋螺纹连接或摩擦焊接后形成的钢筋锚固板具有良好的锚固性能，用于代替传统的弯折钢筋锚固和直钢筋锚固，可以明显缩短钢筋锚固长度，节约锚固用钢材，缓解结构中的钢筋拥挤，提高钢筋工程施工效率和混凝土浇筑质量，并解决因构件截面小而无法满足规定钢筋锚固要求的难题。钢筋锚固板技术为工程中钢筋锚固问题提供了一种优良的解决方案，深受工程界欢迎，得到大面积使用。大力推广钢筋锚固板这一全新的钢筋机械锚固技术，提高我国钢筋工程技术水平和工程质量，具有重大的社会和经济价值。

2020 年 8 月，住房和城乡建设部、教育部、科技部等 9 部门联合印发《关于加快新型建筑工业化发展的若干意见》，明确要求在钢筋加工等环节提升现场施工工业化水平，钢筋机械连接和锚固技术必然会在新型建筑工业化发展中发挥重要作用。提倡和正确使用钢筋机械连接与锚固技术，对于高效建造、确保质量、保障安全，实现四节一环保（节能、节地、节水、节材和环境保护）和工业化建造目标具有重大意义和价值。目前，国内工程已普遍采用钢筋机械连接与锚固技术，很多施工企业、生产厂家逐渐熟练掌握该技术。但随着技术的不断更新，还存在质量管理力度不够、安全隐患凸显等问题。为更好地使科研、设计、施工、产品供应等单位掌握并科学合理地使用钢筋连接与锚固技术，编写了本书。本书基于《钢筋机械连接技术规程》JGJ 107、《钢筋机械连接用套筒》JG/T 163 及《钢筋锚固板应用技术规程》JGJ 256 等现行行业标准，全面总结了常见的钢筋连接与锚固技术，并融入笔者多年的工程实践经验，旨在与广大工程师一起，为提高我国钢筋工程工业化与智能化水平、促进我国建筑业高质量发展而奋斗。

需要指出的是，混凝土结构中的纵向受力钢筋包括普通钢筋和预应力钢筋，本书主要讨论普通钢筋中纵向受力钢筋（受拉钢筋和受压钢筋）机械连接与锚固问题，构造钢筋、分布钢筋、架立钢筋等非受力钢筋虽也须进行连接与锚固，但因无明确的力学性能要求，未展开讨论。

由于水平与学识有限，加之工程建设飞速发展，笔者虽倾尽心血，但撰写内容难免有疏漏或不足之处，在此敬请广大同行和读者批评指正，并将意见或建议发送至邮箱 lizhibin_bj@126. com，以期精益求精，共同推动我国钢筋连接与锚固技术不断向前发展。

# 目　录

# 第1章 概 述

工程建设中，钢筋作为一种大宗工业产品，受轧制设备和运输工具的限制，一般定尺生产和供应。钢筋通常按直条交货，直径≤16mm 的钢筋也可按盘卷交货，直条长度一般≤12m。此外，各类钢筋混凝土结构构件长短不一，钢筋需定长切断或续接。因此，钢筋连接成为混凝土结构设计、施工中普遍存在且不可回避的问题，并对工程施工效率、成本及结构质量产生重要影响。

钢筋和混凝土是土木工程领域使用最为广泛的建筑材料，钢筋混凝土形成构件并组合而成钢筋混凝土结构。从材料角度看，钢筋混凝土主要利用了混凝土的抗压性能和钢筋的抗拉性能，钢筋还使钢筋混凝土结构具备要求的变形性能，而实现受力钢筋间内力的传递，并确保钢筋在混凝土中有效锚固，即钢筋的可靠连接与锚固，是保证钢筋和混凝土组合后能共同工作的前提。

## 1.1 混凝土结构对钢筋连接的要求

钢筋连接是通过一定方法实现钢筋间内力传递的构造形式，是混凝土结构工程一项量大面广的技术。从结构受力角度而言，钢筋接头应具有尽量接近钢筋本身的传力性能，才能保证混凝土结构应有的承载性能。所谓钢筋接头的传力性能，即钢筋连接完成后的强度、刚度、延伸性、耐久性、恢复性及抗疲劳性能等得以保持，具体要求如下：

1）强度（承载力）：钢筋接头作为受力钢筋的一部分，在混凝土结构中承担拉力或压力，因此，钢筋接头应具备足够的抗拉或抗压强度，应能实现被连接钢筋之间拉力或压力的可靠传递，尽可能实现与钢筋母材等强。钢筋接头达到最大拉力后失效，对应的应力即为钢筋接头的极限抗拉强度。钢筋接头达到极限抗拉强度后，会使传力中断，造成构件承载能力丧失，甚至还可能引发结构倒塌的严重后果。另外，如果钢筋接头强度过高，即所谓“超强连接接头”，有可能改变钢筋的性能，引起塑性铰位置转移（移至梁、柱端头箍筋加密区以外），从而对结构延性及抗震性能造成影响。根据抗震结构延性设计要求，在应形成“塑性铰”的区域，如果无法达到预期的“屈服”，会影响抗震结构“强柱弱梁”和“强剪弱弯”的延性设计目标，现行国家标准《混凝土结构设计标准》GB/T 50010 就有对钢筋超强的限制。同样的，为确保结构延性，钢筋接头并非越强越好，片面追求钢筋接头的“高强”或“超高强”，不是钢筋连接应有的发展方向。

2）恢复性能（残余变形）：实际使用荷载的不确定性可能导致结构产生不同程度的裂缝和挠度，但只要钢筋未达屈服，卸载后的弹性回缩可基本闭合裂缝及恢复挠度。整体钢筋具有较好的恢复性能，而在构件受力卸载以后，发生非线性变形的钢筋接头，其受力变形不能完全恢复，往往留下较明显的残余裂缝和残余变形。

3）延性（破坏形态）：热轧钢筋具有良好的延性，均匀伸长率（$\delta_{gt}$）一般都在 12%

以上，在极限拉伸试验中发生颈缩变形后才断裂，有明显的预兆。钢筋接头要求具有足够的延性，延性指标决定钢筋接头在失效前的变形和耗能能力。钢筋接头延性对混凝土构件在地震或其他偶然作用下的破坏形态有着重要影响。如连接工艺（焊接、挤压、镦粗等）引起钢材性能的变化，则可能在连接区段发生无明显预兆的脆性断裂，影响钢筋接头的传力性能。延性是评价钢筋接头力学性能的关键指标之一，其重要性不亚于强度要求。

4）耐久性：钢筋接头（连接件外径）尺寸较大，导致保护层厚度减小，从而影响混凝土结构构件的耐久性，使抵抗混凝土碳化及钢筋锈蚀的能力降低。

5）其他要求：当结构或构件有低温、防火、抗疲劳、抗冲击等要求时，钢筋接头的传力性能有可能降低，应考虑相应的低温性能、耐火性能、抗疲劳性能及抗冲击性能。

钢筋接头的传力性能除上述具体要求外，还应考虑针对不同的钢筋连接方式，对保护层厚度、接头间距、接头面积百分率、横向钢筋配置等构造措施提出要求。

我国首部《钢筋混凝土结构设计规范》BJG 21—66 就将“钢筋的接头”作为“第 7 章　构造要求”中的专门一节，对钢筋的连接进行了总体规定，后续首部适合我国国情的《钢筋混凝土结构设计规范》TJ 10—74、由《钢筋混凝土结构设计规范》改名后的《混凝土结构设计规范》GBJ 10—89 及 GB 50010—2002、GB 50010—2010、GB 50010—2010（2015 年版）等历次版本《混凝土结构设计规范》、《混凝土结构设计标准》GB/T 50010—2010 均将钢筋的连接作为单独一节进行编制，且各版本规范均对钢筋机械连接进行了规定。

现行国家标准《混凝土结构设计标准》GB 50010 在钢筋连接的问题上，推荐使用绑扎搭接连接、焊接连接和机械连接方式，如图 1.1 所示。3 种钢筋接头属于间接传力，其传力性能如强度、变形、恢复力、破坏形态等均不如直接传力的整根钢筋，任何形式的钢筋连接均会削弱其传力性能。因此，并不存在可不受限制的所谓“性能与母材等同”的接头。对钢筋连接的正确认识是，一方面要看到实际工程中应用钢筋连接的必然性和普遍性，另一方面也必须看到接头不可避免地削弱了钢筋抗力。

(a) 绑扎搭接连接

(b) 焊接连接

(c) 机械连接

图 1.1　GB 50010 推荐使用的 3 种钢筋连接方式

基于上述认识，进行钢筋连接时，应引起思想上的高度重视，严格遵守国家现行标准的规定，对钢筋连接提出具体要求的规范见表 1.1。

**常见的钢筋连接方式及相应的规范**　　**表 1.1**

| 序号 | 钢筋连接方式 | 相应的规范 |
|---|---|---|
| 1 | 绑扎搭接连接 | 《混凝土结构设计标准》GB/T 50010<br>《混凝土结构工程施工规范》GB 50666<br>《混凝土结构工程施工质量验收规范》GB 50204 |

续表

| 序号 | 钢筋连接方式 | 相应的规范 |
| --- | --- | --- |
| 2 | 焊接连接 | 《混凝土结构设计标准》GB/T 50010<br>《钢筋焊接及验收规程》JGJ 18<br>《混凝土结构工程施工规范》GB 50666<br>《混凝土结构工程施工质量验收规范》GB 50204 |
| 3 | 套筒灌浆连接 | 《混凝土结构设计标准》GB/T 50010<br>《装配式混凝土建筑技术标准》GB/T 51231<br>《装配式混凝土结构技术规程》JGJ 1<br>《钢筋套筒灌浆连接应用技术规程》JGJ 355<br>《钢筋连接用灌浆套筒》JG/T 398<br>《钢筋连接用套筒灌浆料》JG/T 408<br>《钢筋套筒灌浆连接施工技术规程》T/CCIAT 0004<br>《混凝土结构工程施工规范》GB 50666<br>《混凝土结构工程施工质量验收规范》GB 50204 |
| 4 | 机械连接 | 《混凝土结构设计标准》GB/T 50010<br>《混凝土结构工程施工规范》GB 50666<br>《混凝土结构工程施工质量验收规范》GB 50204<br>《钢筋机械连接件》GB/T 42796<br>《钢筋机械连接件试验方法》GB/T 42901<br>《钢筋机械连接技术规程》JGJ 107<br>《钢筋机械连接用套筒》JG/T 163<br>《钢筋连接用直螺纹套筒》T/CECS 10287<br>《钢筋机械连接接头认证通用技术要求》T/CECS 10115<br>《钢筋机械连接件　残余变形量试验方法》YB/T 4503<br>《核电站抗冲击钢筋机械连接接头技术规程》T/CNEA 117<br>《核电工程钢筋机械连接技术规程》T/CNIDA 017<br>《绿色建材评价标准　钢筋连接用套筒》T/CECS（制定中）<br>《钢筋接头瞬间加载试验技术规程》T/CCES（制定中）<br>《模块化钢筋机械连接技术规程》T/CWTCA（制定中） |

进行钢筋连接的设计与施工时，无论采用哪种形式的钢筋接头，均须严格遵守以下基本原则：

（1）纵向受力钢筋的连接方式应符合设计要求。如设计未规定钢筋的连接方式，可由施工单位根据《混凝土结构设计标准》GB/T 50010等国家现行有关标准的规定和施工现场条件与设计共同商定。

（2）钢筋接头的位置应符合设计和施工方案要求。钢筋接头的位置影响受力性能，纵向受力钢筋的连接接头应设置在受力较小处，对受弯构件宜设置在弯矩较小处（如反弯点附近）。对抗震结构宜尽可能避开结构的重要构件和关键传力部位，如梁端、柱端箍筋加密区，需连接则应采用性能较好的机械连接接头，不应设置搭接连接接头。接头末端至钢筋弯起点的距离不应小于钢筋直径的10倍。

（3）应尽量减少同一根钢筋设置的接头数量。同一根纵向受力钢筋在同一受力区段内不宜多次连接，以保证钢筋的承载、传力性能。同一根纵向受力钢筋不宜设置2个或2个以上接头。“同一根纵向受力钢筋”指同一结构层、结构跨及原材料供货长度范围内的1根纵向受力钢筋，对于跨度较大的梁，接头数量的规定可适当放松。限制钢筋在构件同一跨度或同一层高内的接头数量，避免有多个接头时对钢筋传力性能造成过多的削弱。

（4）相互错开同截面的接头位置，即对同一连接区段内的接头钢筋占全部受力钢筋的面积百分率应加以限制，以避免过多的裂缝、变形集中于此。

（5）在钢筋接头区域采取必要的构造措施，以增加对连接区段的围箍约束，如适当增加混凝土保护层厚度、钢筋间距或加强配箍等。

## 1.2 钢筋连接的类型及选用原则

目前，钢筋的连接方式可分为4种，即绑扎搭接连接、焊接连接、套筒灌浆连接和机械连接。不同的钢筋连接方式又可细分成若干种，各自有着不同的适用范围和特点，且在不断发展。在具体的工程建设过程中，选用不同的钢筋连接方式直接影响施工效率、成本与工程质量。不同的工程应注意因地制宜，根据结构类型、钢筋种类、能源供给、材料来源、气候环境、操作人员技术水平等具体情况进行综合分析比选，实现工程质量、效率及成本等综合效益的提高。

绑扎搭接连接和焊接连接无论是从质量、效率，还是从可操作性上，均不能满足工程建设迅速发展的需求。绑扎搭接连接虽操作简便，对能源、设备和工人技术水平要求低，受气候环境的影响小，但该连接方式浪费钢材，已无法用于大直径钢筋的连接，且产生附加剪切应力，传力性能欠佳，较大的钢筋分布密度增加了混凝土浇筑振捣的难度，继而对混凝土振捣的密实性产生较大影响。焊接连接相对绑扎搭接连接而言，节省了钢材，提高了接头质量，但仍有很多不足之处。其中最主要的是，钢筋的焊接质量受材料成分、技术工人水平、施工环境等诸多因素的影响，易出现焊接缺陷。焊接对能源、设备和工人技术水平的要求均较高，需对操作人员进行严格的技术培训，施工效率低，工程造价增加，如钢材材质不稳定、可焊性差，电源不稳定或焊工水平较差，电容量不够，风雨雪、寒冷等气候，水平钢筋的现场连接等均影响钢筋的焊接质量。质量可靠的钢筋焊接连接技术是良好的钢筋连接方式，但在实际操作中难以有效实现。

套筒灌浆连接主要用于预制构件间的钢筋连接。近年来，在装配式混凝土结构领域的钢筋连接技术迅猛发展，造价更低、施工更简单快捷、质量更可控的机械连接将拥有广阔的应用前景。

机械连接展现出接头性能稳定可靠、施工效率高、应用范围广、绿色环保、节约钢材和能源等明显优势。特别是随着劳动力资源的短缺，人工费的大幅上升，绑扎搭接连接和焊接连接方式将受到越来越多的限制，机械连接将是今后一段时间内发展和应用的主要方式。

机械连接方式众多，选择工艺时应综合考虑质量稳定性、施工效率与成本。质量稳定性可根据产品技术单位的研发经历、工程业绩等进行判断，施工效率可根据每台班加工、安装效率进行评估。目前，机械连接接头市场对成本的考虑呈现非理性状态，接头供方不断简化工艺、降低安全裕量，以降低成本迎合市场；需方在采购时，经常仅考虑连接件价格，未充分研究工程的实际情况和钢筋接头的工艺适用性，最终不但降低了工程质量，而且还未取得钢筋接头的经济性效果。钢筋接头的成本构成相对较复杂，以直螺纹接头为例，其实施的直接成本见表1.2。

直螺纹接头实施的直接成本 表1.2

| 序号 | 成本 | 描述 |
|---|---|---|
| 1 | 连接件 | 在工厂生产制造连接件，对应的成本有连接件原材料成本、场地成本、加工成本（水、电、人工、生产设备、工具及相关配件等）、包装成本、装卸运输成本等 |
| 2 | 现场加工 | 在钢筋加工中心或施工现场钢筋加工区进行钢筋螺纹丝头制作，对应的成本有场地、水、电、人工、钢筋切断设备、螺纹成型设备、检具及相关配件等 |
| 3 | 现场安装 | 在结构施工现场进行接头安装，对应的成本有人工、工作扳子、扭矩板子等 |

除上述直接成本外，还需考虑相关间接成本（管理成本）：

（1）型式检验、工艺检验、现场验收检验等接头性能检验成本。

（2）连接件入场、钢筋丝头质量、安装质量等产品检验成本。

（3）质量稳定性不足引起的整改、返工、拆除、工期延误损失。

每种钢筋机械连接工艺和相关供应商导致的成本发生、构成和成本实际情况均不相同。在实际工程中，部分施工企业由于组织架构及岗位职责划分的原因，常由物资部门负责连接件的采购招标，由生产部门负责组织钢筋丝头加工制作和结构部位接头安装，由质量管理部门负责性能检验、产品检验等，这样的管理模式常造成“各自为战”，无法通盘考虑钢筋机械连接的实际实施成本，常片面追求连接件产品本身的经济性，却无法保证钢筋连接工程实施的总体经济性和接头连接质量。在此向工程界呼吁：明确唯一的接头质量的责任主体，走专业化施工之路，对连接件、钢筋加工、接头安装的接头整体实施质量负责。接头产品开发者和使用者发挥系统思维，综合考虑质量、效率、成本和安全，科学研发和择优选择钢筋接头技术提供单位。

镦粗和滚轧直螺纹连接技术均为行业标准推荐的钢筋机械连接方式，在工程建设中广泛应用。对于一般的标准型接头，上述两类接头型式在质量控制和施工方面差异较小，滚轧直螺纹少1道镦粗工序，可节省劳动力，但对钢筋尺寸偏差的适应能力不如镦粗强；镦粗对钢筋公差的适应性较好，牙形更有保证，但对钢筋延性提出了更高要求。如在深基础灌注桩施工时，往往采用预制钢筋笼分节吊装工艺，钢筋笼对接中因钢筋不能转动，通常采用加长丝头。加长丝头的加工对钢筋丝头螺纹成型设备的要求提高，否则难以达到螺纹圆柱度和螺距累计误差的要求，对接头质量可靠性和长螺纹旋合性能造成影响。

部分钢筋接头由于使用工况的需要，在连接件安装完成后需外露钢筋丝头螺纹。如果采用剥肋滚轧工艺，在接头试件的抗拉试验中，外露的钢筋丝头部位往往先行断裂，此时应适当减小剥肋的切削量，尽可能减小剥肋带来的钢筋截面面积损失。为避免这种情况的出现，建议采用镦粗工艺。

对于直螺纹钢筋接头，一般情况下，直螺纹连接件及钢筋丝头加工制作均由专业技术提供单位负责。按照常规要求，应查验其企业营业执照、税务登记证及组织机构代码等企业资质证件，检查其提供的型式检验报告是否有效，并了解其工程业绩和第三方对其所提供技术产品的评价。

与一般的产品不同，接头是整体配套技术，同时也是有机的产品技术体系。以直螺纹接头为例，除连接件产品外，还包括与连接件产品配套的钢筋加工设备（如镦粗机、套丝机、滚丝机等）与配件（如镦粗模具、梳刀、滚丝轮等）。钢筋丝头加工时，应特别注意相应的钢筋规格、连接件尺寸与螺纹参数、钢筋丝头螺纹参数、钢筋丝头与连接件螺纹配合及精度。接头安装时，还应遵守相应的操作指南。贯彻全过程产品、实施质量控制流程，通过型式检验对这一配套技术形成的工程产品并进行定型与分级。长期以来，各接头技术提供单位开发的钢筋连接技术，其具体工艺技术参数各有不同，施工操作、质量控制要求也不一样。因此，作为整体配套的钢筋连接技术，连接件产品、钢筋丝头加工、接头安装、人员、设备等应形成整体配套使用，以有效保证钢筋连接质量。随着直螺纹钢筋连接技术的推广应用，有些施工单位在对该项技术不甚了解的情况下，盲目从某一生产单位购进钢筋加工设备，又从另一生产单位购进连接件，进行现场加工制作和连接施工。这种做法严重违反了直螺纹钢筋连接技术的整体配套使用原则，容易导致以下问题的发生：

（1）质量：2个生产单位的工艺参数有所不同，钢筋丝头加工与钢筋现场连接的操作规定不同，质量控制要点不同。如此不配套地施工，钢筋连接质量必将受到严重影响。

（2）定型分级：钢筋连接接头的型式检验是对某一配套连接技术进行参数确定和定型分级的检验。上述用2种工艺参数制作的钢筋接头完全违背型式检验的初衷，无法对产品定型分级。

（3）责任：由于采用不同生产单位混用的技术，一旦发现质量问题，责任无法分清。综上所述，作为整体配套使用的直螺纹钢筋连接技术，应杜绝上述做法。作为直螺纹钢筋接头的技术提供单位，也应拒绝这种对工程不负责任的要求。在条件允许的情况下，应提倡“连接件产品供应、加工安装设备供应＋钢筋丝头加工＋接头安装”的一体化、专业化施工管理模式，做到质量可控、责任明晰。建议质量监督管理有关部门，以标准规范为质量执法依据，建立接头质量责任追究制度，以引起质量相关责任方的重视。

## 1.3　混凝土结构对钢筋锚固的要求

钢筋在混凝土中的锚固是钢筋混凝土复合材料共同工作的基础，是混凝土结构研究的基本问题之一，涉及锚固机理、设计理论、设计方法等一系列问题。钢筋锚固对结构中钢筋强度发挥、裂缝控制、配筋构造及结构安全性均有重要影响，是各类混凝土结构工程均会采用的基本技术。钢筋的可靠锚固与结构安全性密切相关，钢筋锚固失效将引起承载力丧失并引发垮塌等灾难性后果，其重要性非常明显。不同的钢筋锚固方式将明显影响混凝土结构设计和施工方法。钢筋在混凝土中埋入段的锚固能力由钢筋与混凝土间的粘结力、摩擦力和钢筋表面横肋与混凝土的机械咬合力组成，可统称为粘结锚固。当钢筋锚固长度有限，仅靠自身粘结锚固性能无法满足受力钢筋承载力要求时，现行国家标准《混凝土结构设计标准》GB/T 50010推荐采用弯钩或机械锚固措施。

我国首部《钢筋混凝土结构设计规范》BJG 21—66将钢筋的锚固作为第7章“构造要求”中的专门一节，对钢筋锚固进行了总体规定，后续首部适合我国国情的《钢筋混凝土结构设计规范》TJ 10—74、由《钢筋混凝土结构设计规范》改名后的《混凝土结构设计规范》GBJ 10—89等仍将钢筋的锚固作为单独一节，但除基本规定和弯钩措施外，未明确提出机械锚固概念。《混凝土结构设计规范》GB 50010—2002首次提出了机械锚固概念，肯定了机械锚固可有效减小锚固长度，但锚固形式只有加弯钩、焊锚板和贴焊锚筋；且由于试验研究资料较少，相关的规定要求较简单，主要参考国外规范，无具体要求，不具实际可操作性。随着我国机械锚固技术的进一步研究和发展，《混凝土结构设计规范》GB 50010—2010 首次引进了螺栓锚头，即锚固板这一机械锚固装置，并肯定了其机械锚固作用。

### 1.3.1 粘结锚固

钢筋与混凝土之间的粘结锚固是这两种材料共同工作的保证，使之能够共同承受外力、共同变形、抵抗相互之间的滑移。钢筋能否可靠地锚固在混凝土中直接影响这两种材料的共同工作，从而关系到结构和构件安全及材料强度的充分利用。如果钢筋和混凝土有相对滑移，会在钢筋和混凝土交界面上产生沿钢筋轴线方向的相互作用力，这种力称为钢筋与混凝土的粘结锚固力。粘结锚固力的实质是剪应力，影响构件刚度、变形与裂缝。通常，钢筋与混凝土之间的粘结锚固力由以下组成：

（1）化学胶结力：混凝土凝结时，由于水泥的水化作用在钢筋与混凝土接触面上产生的化学胶结吸附作用力。

（2）摩阻力：混凝土收缩后将钢筋紧紧握裹产生的力。

（3）机械咬合力：钢筋表面凹凸不平与混凝土之间机械咬合作用产生的力。

光圆钢筋粘结锚固力由化学胶结力和摩阻力构成，变形钢筋粘结锚固力由化学胶结力、摩阻力和机械咬合力构成。

当钢筋端部采取机械锚固措施，如使用弯钩、弯折、贴焊钢筋、钢筋锚固板等措施时，粘结锚固力还包括钢筋端部的锚固力，即采取锚固措施后造成的机械锚固力。

上述粘结锚固力的构成中，化学胶结力的影响较小；摩阻力与接触面粗糙程度及侧压力有关，且随滑移的发展其作用逐渐减小；机械咬合力在变形钢筋中起主要作用，它是由钢筋横肋对肋间混凝土咬合齿的挤压形成的，与肋投影面积比及咬合齿形态有关。由于斜向挤压的径向分力 $\sigma_r$ 引起了保护层中环向拉力 $\sigma_\theta$ 而最终导致混凝土沿钢筋纵向劈裂，锚固强度受到削弱，并在滑移较大时将咬合齿切断使锚固失效。由于劈裂力仅在有肋处发生，钢筋横肋的分布导致劈裂的方向性，且其锚固强度还受锚固条件（围箍约束）影响（图 1.3.1-1）。

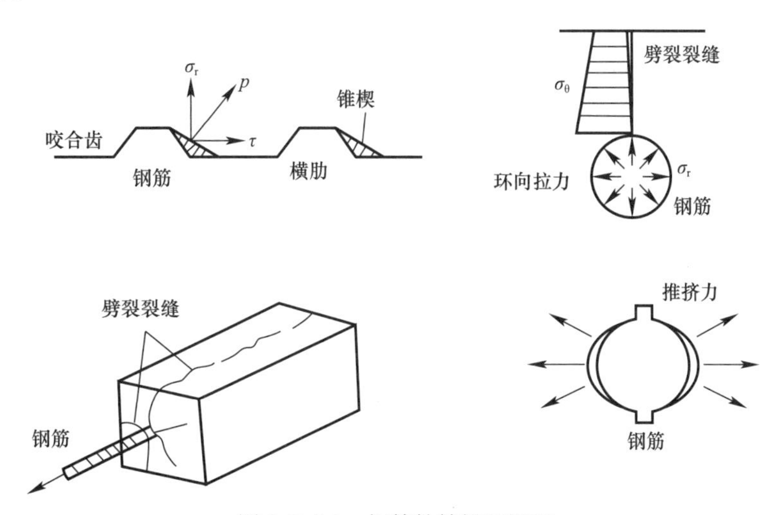


图 1.3.1-1　钢筋粘结锚固机理

锚固性能表现为锚固强度（抗拔力）、锚固刚度（滑移控制）及锚固延性（大滑移时的承载力）。影响锚固性能的主要因素有受力钢筋强度和外形、握裹层混凝土强度及厚度、锚固区域配箍及其他约束条件，这些因素均影响锚固设计。其他一些因素（如侧向压力、混凝土浇筑状态等）目前暂不考虑，以免使锚固设计复杂化。

钢筋和混凝土之间的锚固与钢筋外形有直接关系。当钢筋外形为光面时，钢筋和混凝土之间的锚固依靠两者胶合产生的摩擦力。钢筋表面越光滑，摩擦力越小，锚固能力越差，需要的锚固长度越长。对于变形钢筋，钢筋和混凝土之间的锚固主要依靠钢筋外形和混凝土之间的机械咬合作用。钢筋外形样式的选取均通过专门的研究确定，既要考虑粘结作用和静、动力作用下的受力性能，又要考虑钢筋生产工艺和轧滚等设备问题。20 世纪 70 年代以后，我国使用的变形钢筋主要是月牙肋外形钢筋。我国对月牙肋钢筋与混凝土锚固的破坏机理进行了大量试验，得出钢筋粘结锚固有 4 个特征强度（图 1.3.1-2）：① 滑移强度 $\tau_s$：胶结作用丧失产生滑移时的强度；② 劈裂强度 $\tau_{cr}$：沿钢筋纵向产生裂缝，贯穿混凝土保护层时的强度；③极限强度 $\tau_u$：混凝土咬合齿破碎，锚固荷载达峰值时的强度；④ 残余强度 $\tau_r$：锚固荷载区下降到终点的残余强度。

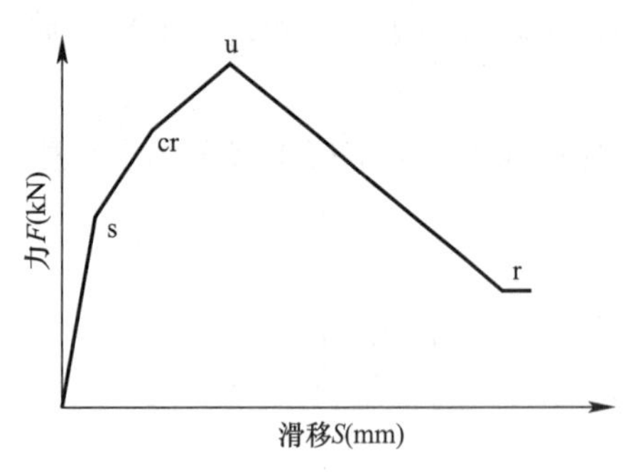

图 1.3.1-2　锚固破坏过程

钢筋的粘结锚固长度指钢筋屈服与锚固破坏同时发生的长度，而钢筋拉断对应的长度为极限锚固长度。钢筋的锚固长度显然与钢筋强度、混凝土抗拉强度、保护层厚度、锚固区段配筋率等因素有关。钢筋强度 $f_y$越高，钢筋锚固长度越长；混凝土抗拉强度 $f_t$越高，钢筋锚固长度越短；混凝土保护层厚度须满足规定的最低要求，保护层厚度增大对钢筋锚固起有利作用，但当其大于临界保护层厚度（$c/d=4.5$，$c$—保护层厚度；$d$—钢筋直径）后，这种有利作用将趋于停滞，可不再考虑（保护层厚度增大后的有利影响，仅当锚固区配有箍筋时才可利用）；钢筋直径越大，钢筋锚固长度越长。

## 1.3.2　机械锚固

当钢筋锚固长度因截面尺寸限制而无法满足时，可在锚筋末端采用锚头（机械锚固）的形式，利用局部混凝土的承压力实现锚固受力。现行国家标准《混凝土结构设计标准》GB/T 50010—2010 推荐使用的机械锚固措施，如图 1.3.2-1 所示。

当纵向受拉普通钢筋末端采用弯钩或机械锚固措施时，包括弯钩或锚固端头在内的锚固长度（投影长度）可取为基本锚固长度 $l_{ab}$ 的 60%。钢筋弯钩、机械锚固形式及技术要求应符合表 1.3.2 的规定。

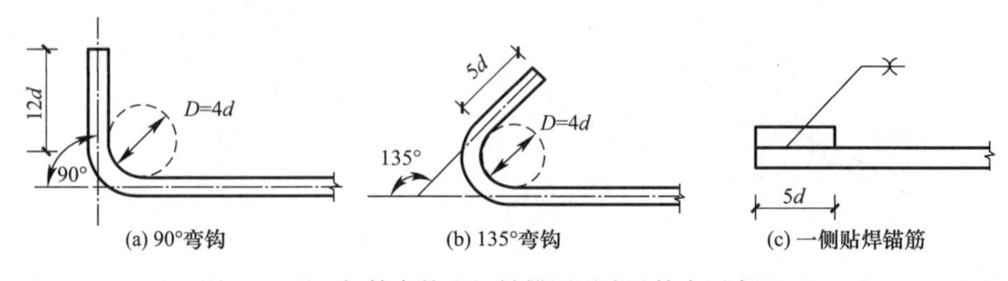

图 1.3.2-1　钢筋弯钩和机械锚固形式及技术要求（一）

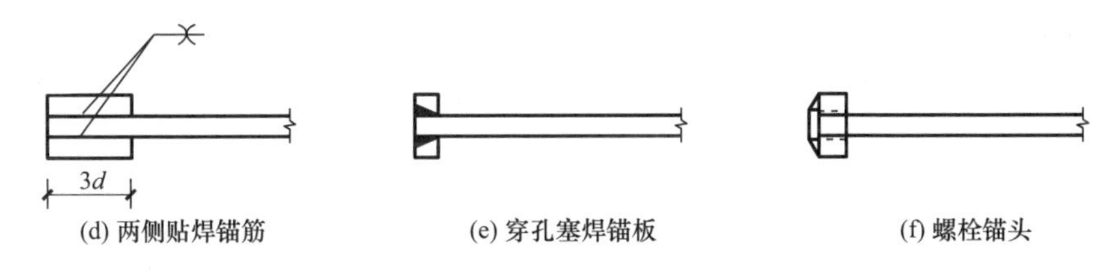


图 1.3.2-1　钢筋弯钩和机械锚固形式及技术要求（二）

钢筋弯钩、机械锚固形式及技术要求　　表 1.3.2

| 锚固形式 | 技术要求 |
| --- | --- |
| 90°弯钩 | 末端 90°弯钩，弯弧内径 $4d$，弯后直段长度 $12d$ |
| 135°弯钩 | 末端 135°弯钩，弯弧内径 $4d$，弯后直段长度 $5d$ |
| 一侧贴焊锚筋 | 末端一侧贴焊长 $5d$ 同直径钢筋 |
| 两侧贴焊锚筋 | 末端两侧贴焊长 $3d$ 同直径钢筋 |
| 焊端锚板 | 末端与厚度 $d$ 的锚板穿孔塞焊 |
| 螺栓锚头 | 末端旋入螺栓锚头 |

注：1. 焊缝和螺纹长度应满足承载力要求。
2. 螺栓锚头和焊接锚板承压净面积不应小于锚固钢筋截面面积的 4 倍。
3. 螺栓锚头规格应符合相关标准要求。
4. 螺栓锚头和焊接锚板钢筋净间距宜≥$4d$，否则应考虑群锚效应的不利影响。
5. 截面角部的弯钩和一侧贴焊锚筋的布筋方向宜向内偏置。

在钢筋末端配置弯钩和机械锚固是减小锚固长度的有效方式，其原理是利用受力钢筋端部锚头（弯钩、贴焊锚筋、焊接锚板或螺栓锚头）对混凝土的局部挤压作用增大锚固承载力。锚头对混凝土的局部挤压保证了钢筋不会发生锚固拔出破坏，但锚头前须有一定的直段锚固长度，以控制锚固钢筋的滑移，使构件不致发生较大的裂缝和变形。因此，对钢筋末端弯钩和机械锚固可乘以修正系数 0.6，有效减小锚固长度。应注意的是，上述锚固长度修正系数已达 0.6，不应再考虑其他锚固长度修正系数，意味着无论采用多强的机械锚固装置，只能减少 40％的锚固长度。

根据试验研究并参考国外规范，局部受压与其承压面积有关，对锚头或锚板的净挤压面积，应不小于 4 倍锚筋截面面积，即总投影面积的 5 倍。对方形锚板边长为 $1.984d$、圆形锚板直径为 $2.24d$，$d$ 为锚筋直径。锚筋端部的焊接锚板或贴焊锚筋应满足现行行业标准《钢筋焊接及验收规程》JGJ 18 的要求。对弯钩，要求在弯折角度不同时弯后直线长度分别为 $12d$ 和 $5d$。机械锚固局部受压承载力与锚固区混凝土厚度及约束程度有关。考虑锚头集中布置后对局部受压承载力的影响，锚头宜在纵、横向错开，净间距均宜≥$4d$。需要注意的是，采用机械锚固措施后要求钢筋净间距宜≥$4d$ 在国内外学术界引起较大争议，至今仍悬而未决，笔者将在其他章节重点讨论。

相比《混凝土结构设计规范》GB 50010—2002，根据近年的试验研究，参考国外规范并考虑方便施工，《混凝土结构设计规范》GB 50010—2010 对钢筋机械锚固进行了较大调整，增加了 90°弯钩、两侧贴焊锚筋和螺栓锚头（钢筋锚固板）3 种机械锚固形式，同时将采用机械锚固后的锚固长度修正系数从 0.7 调整至 0.6。《混凝土结构设计规范》GB 50010—2010 除在第 8 章“构造规定”中对机械锚固进行了上述调整外，在第 9 章“结构构件的基本规定”和第 11 章“混凝土结构构件抗震设计”中同样肯定了机械锚固的作用，将钢筋锚固板这一新型的机械锚固形式引入，分别进行了非抗震和抗震框架节点采用钢筋锚固板代替标准弯折钢筋的相关规定，如图 1.3.2-2 所示。

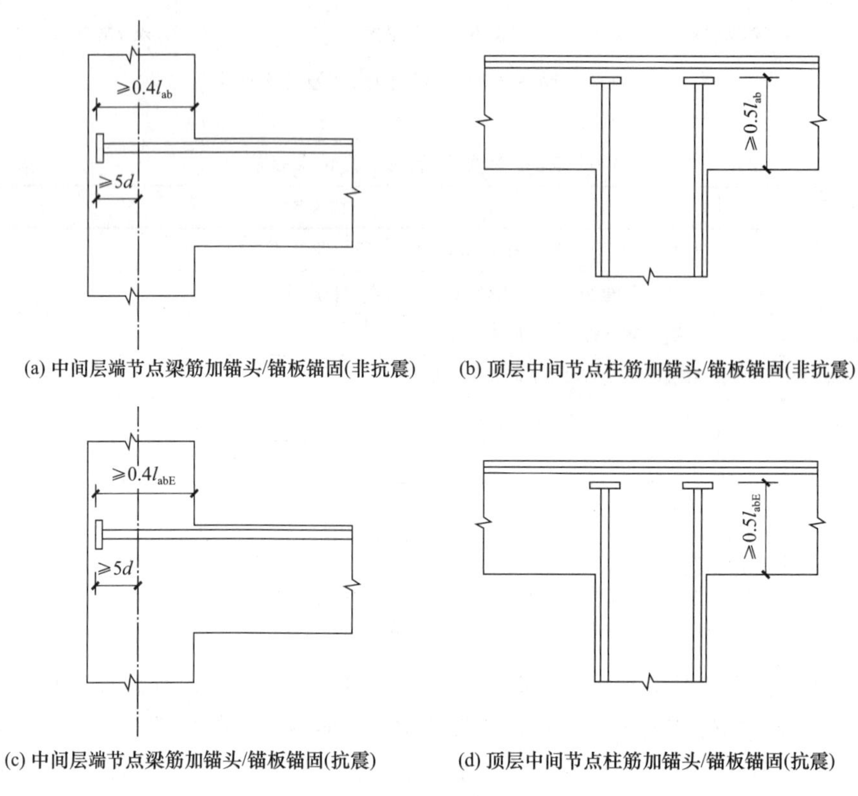


图 1.3.2-2　梁和柱纵向受力钢筋在节点区的锚固和搭接

目前，规范我国钢筋机械锚固技术应用的标准主要有《混凝土结构设计标准》GB/T 50010 和《钢筋锚固板应用技术规程》JGJ 256，《装配式混凝土结构技术规程》JGJ 1、DB《装配式混凝土住宅建筑结构设计规程》J 50—193—2014 等规范中也引入了钢筋锚固板的应用。

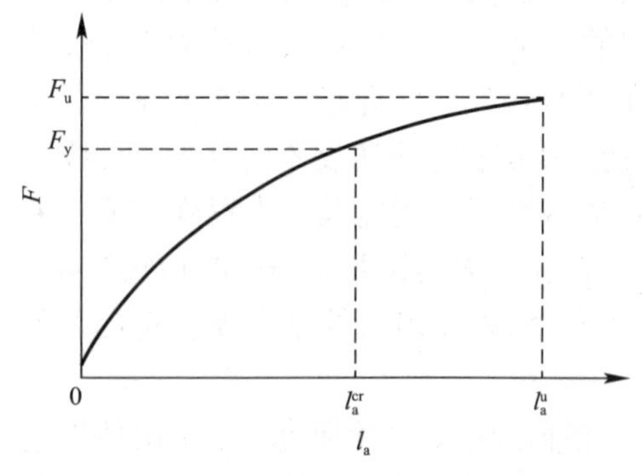


图 1.3.3-1　锚固抗力与锚固长度的关系

### 1.3.3　钢筋的锚固长度

在通常情况下，纵向钢筋承载受力是通过一定长度上钢筋表面与握裹层混凝土的粘结锚固作用实现的。因此，锚固设计的关键是确定锚固长度。取设计规范中混凝土保护层厚度的最小值及构造配箍的最低要求，在此最不利锚固条件下受力钢筋锚固抗力 $F$ 与锚固长度 $l_a$ 之间的关系如图 1.3.3-1 所示。

试验及分析表明，随着锚固长度 $l_a$ 的增加，锚固抗力 $F$ 增大。当锚固抗力等于钢筋屈服力 $F_y$ 时，相应的锚固长度为临界锚固长度 $l_a^{cr}$，这是保证受力钢筋不发生锚固破坏的最小长度。随着钢筋屈服后的强化，锚固抗力还会增加。当锚固抗力等于钢筋极限拉力 $F_u$ 时，相应的锚固长度为极限锚固长度 $l_a^u$，显然，超过此值的锚固长度部分将不起作用。《混凝土结构设计规范》GB 50010 修订时，用试验和分析的方法确定 $l_a^{cr}$ 和 $l_a^u$，然后经可靠度分析，并与传统的锚固长度相校准以确定锚固长度的设计值。确定该值时，还参考了国外规范中对类似钢筋的相应规定。

钢筋锚固长度指受力钢筋通过混凝土与钢筋的粘结将所受的力传递给混凝土所需的长度，用来承载上部所受的荷载。近年来，混凝土工程中钢筋直径、强度不断提高，钢筋外形出现多样化，混凝土强度不断提高，结构形式和施工方式不断变化和发展，钢筋锚固条件有了较大变化，考虑到上述因素对钢筋锚固作用的影响，根据近年来系统试验研究及可靠度分析结果，并参考国外标准，《混凝土结构设计规范》GB 50010—2010 采用“以计算方式确定基本锚固长度，并根据锚固条件的不同而加以修正”的简单计算锚固长度的方法。当计算中充分利用钢筋的抗拉强度时，受拉钢筋的锚固应符合下列要求：

1）基本锚固长度应按下列公式计算：

普通钢筋：

$$l_{ab}=\alpha\frac{f_y}{f_t}d \tag{1.3.3-1}$$

预应力钢筋：

$$l_{ab}=\alpha\frac{f_{py}}{f_t}d \tag{1.3.3-2}$$

式中　$l_{ab}$——受拉钢筋的基本锚固长度；

$f_y$、$f_{py}$——普通钢筋、预应力钢筋的抗拉强度设计值；

$f_t$——混凝土轴心抗拉强度设计值，当混凝土强度等级高于 C60 时，按 C60 取值；

$d$——锚固钢筋的直径；

$\alpha$——锚固钢筋的外形系数，按表 1.3.3-1 取用。

**锚固钢筋外形系数 $\alpha$**　　　　**表 1.3.3-1**

| 钢筋类型 | 光圆钢筋 | 带肋钢筋 | 螺旋肋钢丝 | 三股钢绞线 | 七股钢绞线 |
|---|---|---|---|---|---|
| $\alpha$ | 0.16 | 0.14 | 0.13 | 0.16 | 0.17 |

光圆钢筋末端应做 180°弯钩，弯后平直段长度应≥3$d$，但作受压钢筋时可不做弯钩。

如图 1.3.3-2 所示，钢筋与混凝土的粘结强度通常采用拔出试验测定。

设拔出力为 $F$，则以粘结破坏（钢筋拔出或混凝土劈裂）时钢筋与混凝土截面上的最大平均粘结应力作为粘结强度。进行拔出试验时，受拉钢筋达到屈服的同时发生粘结破坏，该临界情况的锚固长度为基本锚固长度，用 $l_{ab}$ 表示，公式的推导过程见式（1.3.3-3）、式（1.3.3-4）。

$$\tau_b=\frac{F}{\pi dl} \tag{1.3.3-3}$$

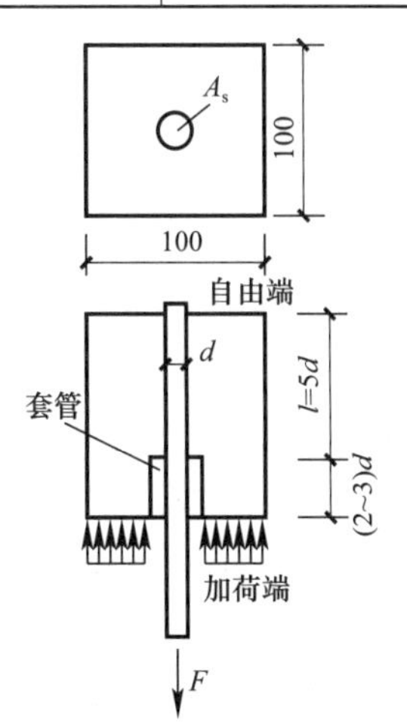


图 1.3.3-2　钢筋拔出试验

$$l_a=\frac{f_s A_s}{\tau_b \pi d}=\frac{1}{4}\frac{f_y}{\tau_b}d=\alpha\frac{f_y}{f_t}d \tag{1.3.3-4}$$

影响粘结强度的因素有混凝土强度、混凝土保护层厚度和钢筋净距、横向配筋、钢筋表面和外形特征、受力情况和锚固长度等。

保证可靠粘结的构造措施有：钢筋间距和混凝土保护层厚度不能太小；优先采用小直径的变形钢筋，光面钢筋末端应设弯钩；钢筋伸入支座应有足够的锚固长度；钢筋不宜在混凝土受拉区截断；在大直径钢筋搭接和锚固区域内宜设置横向钢筋。

2）受拉钢筋的锚固长度应根据具体锚固条件按下式计算，且应≥200mm：

$$l_a=\zeta_a l_{ab} \tag{1.3.3-5}$$

式中 $l_a$——受拉钢筋的锚固长度；

$\zeta_a$——锚固长度修正系数，按表 1.3.3-2 取用；当多于 1 项时，可按连乘计算，但应≥0.6。

**纵向受拉普通钢筋的锚固长度修正系数 $\zeta_a$　　表 1.3.3-2**

| 序号 | 条件 | 取值 |
|---|---|---|
| 1 | 带肋钢筋公称直径＞25mm 时 | 1.10 |
| 2 | 环氧树脂涂层带肋钢筋 | 1.25 |
| 3 | 施工过程中易受扰动的钢筋 | 1.10 |
| 4 | 当纵向受力钢筋的实际配筋面积大于其设计计算面积时* | 取设计计算面积与实际配筋面积的比值 |
| 5 | 锚固钢筋保护层厚度为 3$d$（$d$ 为钢筋直径）时 | 0.80 |
| 6 | 锚固钢筋保护层厚度为 5$d$（$d$ 为钢筋直径）时 | 0.70 |
| 7 | 锚固钢筋保护层厚度为 3$d$～5$d$（$d$ 为钢筋直径）时 | 按 0.70～0.80 内插取值 |

注：* 对有抗震设防要求及直接承受动力荷载的结构构件，不应考虑此项修正。

随着锚固条件的变化，钢筋锚固性能变化较大。因此，锚固长度应以基本锚固长度为基础作相应调整。我国钢筋标准中规定了热轧变形钢筋的外形，当其直径加大时，横肋相对高度降低，虽可通过加密肋距弥补咬合力的不足，但锚固强度仍降低。因此，为反映大直径带肋钢筋相对肋高减小对锚固作用降低的影响，直径＞25mm 的大直径带肋钢筋锚固长度应适当加大，乘以修正系数 1.10。为解决恶劣环境中钢筋耐久性问题，我国已开始生产并使用环氧树脂涂层钢筋。试验研究表明，涂层削弱了钢筋与混凝土的粘结锚固作用，锚固强度降低20%左右，为反映环氧树脂涂层钢筋表面光滑状态对锚固的影响，其锚固长度乘以修正系数1.25。对于施工扰动（如滑模施工或其他施工期依托钢筋承载的情况）影响钢筋锚固作用的情况，锚固长度应增加，以弥补锚固作用的削弱，规范规定应乘以修正系数 1.10。

配筋设计时实际配筋面积往往因构造原因大于计算值，故钢筋实际应力通常小于强度设计值。基本锚固长度以受力钢筋达到强度设计值为条件，各国规范均规定了当实际应力与屈服强度 $f_y$之比＜1 时，按比例减小锚固长度的方法，修正系数取决于钢筋裕量的数值。我国设计规范以设计计算与实际配筋面积之比作为修正系数减小锚固长度，但其适用范围有一定限制，即此修正不适用于有抗震设防要求及直接承受动力荷载的结构构件中受力钢筋的锚固。

锚固钢筋常因外围混凝土的纵向劈裂而削弱锚固作用，钢筋的混凝土保护层厚度较大时握裹作用加强，有利于锚固约束作用，咬合力增强，锚固强度提高，锚固长度可减小。

锚固长度修正系数可连乘，但由于构造需要，受力钢筋锚固长度不应小于某一限值。规范规定，经修正后在实际工程中采用的锚固长度不应小于按式（1.3.3-1）计算的锚固长度的0.6倍，且应≥200mm。

3）为防止保护层混凝土劈裂时钢筋突然失锚，当锚固钢筋的保护层厚度≤5$d$时，锚固长度范围内应配置横向构造钢筋，其直径应≥$d/4$；对梁、柱、斜撑等构件间距应≤5$d$，对板、墙等平面构件间距≤10$d$，且均应≤100mm，此时$d$为锚固钢筋直径。横向构造钢筋直径根据最大锚固钢筋直径确定，横向构造钢筋间距按最小锚固钢筋直径取值。

混凝土结构中的纵向受压钢筋，当计算中充分利用其抗压强度时，锚固长度不应小于相应受拉锚固长度的70%。受压钢筋不应采用末端弯钩和一侧贴焊锚筋的锚固措施。受压钢筋锚固长度范围内的横向构造钢筋应符合《混凝土结构设计规范》GB 50010—2010第8.3.1条的要求。

混凝土结构构件中的受压钢筋（如受弯构件的压区配筋、柱或桁架上弦杆中的纵向受力钢筋等）同样存在着锚固问题。受压钢筋的锚固机理与受拉钢筋相同，锚固作用同样来源于胶结、摩阻、咬合或机械锚固。钢筋受压锚固较受拉状态更有利，这是因为纵向受压钢筋的端面对混凝土的挤压力起到了机械锚固作用，加强了锚固抗力。此外，钢筋受压时的镦粗效应加大了界面摩阻及咬合作用，也对锚固有利。由于锚固机理相同但受力更有利，《混凝土结构设计规范》GB 50010—2010规定，受压钢筋锚固长度不应小于按式（1.3.3-1）计算锚固长度的0.7倍。

弯钩及贴焊锚筋等机械锚固形式在承受压力作用时往往会引起偏心作用，易发生压曲而影响构件受力性能，因此，不应采用弯钩、贴焊锚筋等形式的机械锚固。钢筋在压力作用下易发生屈曲而丧失承载能力，应保证其具有足够的侧向围箍约束。因此，在受压钢筋锚固长度范围内，应具有规定的保护层厚度及基本的配箍构造要求。

对于承受动力荷载的预制构件，应将纵向受力普通钢筋末端焊接在钢板或角钢上，钢板或角钢应可靠地锚固在混凝土中。钢板或角钢尺寸应按计算确定，其厚度宜≥10mm。其他构件中受力普通钢筋的末端也可通过焊接钢板或型钢实现锚固。

纵向受拉钢筋的抗震锚固长度按下式计算：

$$l_{aE}=\zeta_{aE}l_a \tag{1.3.3-6}$$

式中　$l_{aE}$——纵向受拉钢筋的抗震锚固长度；

$\zeta_{aE}$——纵向受拉钢筋抗震锚固长度修正系数，对一、二级抗震等级取1.15，对三级抗震等级取1.05，对四级抗震等级取1.00；

$l_a$——纵向受拉钢筋的锚固长度。

# 第2章　混凝土结构用钢筋

混凝土结构是以混凝土为主要材料制成的结构，包括素混凝土结构、钢筋混凝土结构、预应力混凝土结构、钢管混凝土结构和型钢混凝土结构等。无筋或不配置受力钢筋的混凝土结构称之为素混凝土结构，常用于公路或铁路隧道中的二次衬砌、煤矿井壁结构等；配置受力普通钢筋的混凝土结构称之为钢筋混凝土结构；配置受力的预应力钢筋，通过张拉或其他方法建立预应力的混凝土结构称之为预应力混凝土结构。钢筋混凝土结构和预应力混凝土结构是工程中采用的主要结构形式，被广泛地应用于房屋建筑、桥梁、隧道、核电等工程中。随着高层建筑、大跨度结构的发展，还出现了钢管混凝土结构、型钢混凝土结构等。

混凝土结构按施工方法还可分为现浇混凝土结构、装配式混凝土结构和装配整体式混凝土结构。现浇混凝土结构指在现场原位支模并整体浇筑而成的混凝土结构；装配式混凝土结构指由预制混凝土构件或部件装配、连接而成的混凝土结构；装配整体式混凝土结构指由预制混凝土构件或部品通过钢筋、连接件或施加预应力加以连接，并在连接部位浇筑混凝土而形成整体受力的混凝土结构。

钢筋指钢筋混凝土结构和预应力混凝土结构用钢材。钢筋混凝土结构和预应力混凝土结构是由钢筋与混凝土两种材料复合而成。混凝土是脆性材料，其受压、耐久性能好，但抗拉强度极低、易产生裂缝。而钢筋作为延性材料，其抗拉强度高且延性好，还可有效控制裂缝。因此，在钢筋混凝土结构和预应力混凝土结构中，钢筋起到了“承载骨架”的重要作用。

我国混凝土结构用钢筋年消耗量巨大，钢筋产品性能和质量对工程建设及国民经济有重大影响。新中国成立以来，从仿制苏联钢筋到自行研制适合我国国情的系列钢筋产品，经历了漫长的过程，其间主要进展包括：通过低合金化提高强度；通过冷拉、冷拔、冷轧、冷扭提高强度和增加品种；通过改进外形改善锚固性能；增加中高强低松弛钢丝、钢绞线品种和规格。当前，我国正处于工业化和城镇化快速发展时期，建筑业发展迅猛，对建筑用钢筋性能、质量提出了更高的要求，钢筋品种优化与更新换代加速，并向高强化和功能化方向发展。同时，我国混凝土结构用钢筋也在加快与国际接轨的步伐，借鉴和参与了ISO（International Organization for Standardization，国际标准化组织，简称ISO）钢筋标准的相关工作，不仅满足国内建设市场的需要，而且积极参与国际市场的竞争，满足国际市场的需要。

## 2.1　钢筋的分类

为适应各种混凝土结构工程建设的需要，出现了种类繁多的钢筋。混凝土结构用钢筋可按在构件中的作用、化学成分、外形、预应力状态、生产工艺、供应形式等进行分类。

按在构件中的作用分类，可将钢筋分为主筋（纵向受力钢筋，包括受拉钢筋、受压钢筋）、箍筋、架立钢筋、腰筋、拉筋和分布钢筋等。

按化学成分分类，可将钢筋分为普通碳素钢钢筋与普通低合金钢钢筋。普通碳素钢钢筋可分为低碳钢钢筋（含碳量少于0.25%）、中碳钢钢筋（含碳量0.25%～0.6%）和高碳钢钢筋（含碳量0.6%～1.4%）。随着含碳量的增加，碳素钢钢筋强度、硬度提高，但塑性、韧性降低。在普通碳素钢中，加入某些合金元素，如锰、钛、硅、钒等，冶炼成的钢筋为普通低合金钢钢筋，分为锰系、硅钒系、硅钛系、硅锰系、硅铬系钢筋。这些钢筋中有些碳含量较高，但由于加入了合金元素，不但强度有所提高，而且其他性能也有所改善。

按外形分类，可将钢筋分为钢筋混凝土结构用光圆钢筋、变形钢筋和预应力混凝土结构用精轧螺纹钢筋、钢绞线、螺旋肋钢丝、刻痕钢丝等。光圆钢筋截面为圆形，表面无刻纹。变形钢筋表面被轧制成月牙肋、螺旋纹、人字纹、等高肋、竹节肋等，从而增大与混凝土之间的粘结锚固力。几种典型的钢筋外形如图2.1-1所示，几种变形钢筋的实物外形如图2.1-2所示。

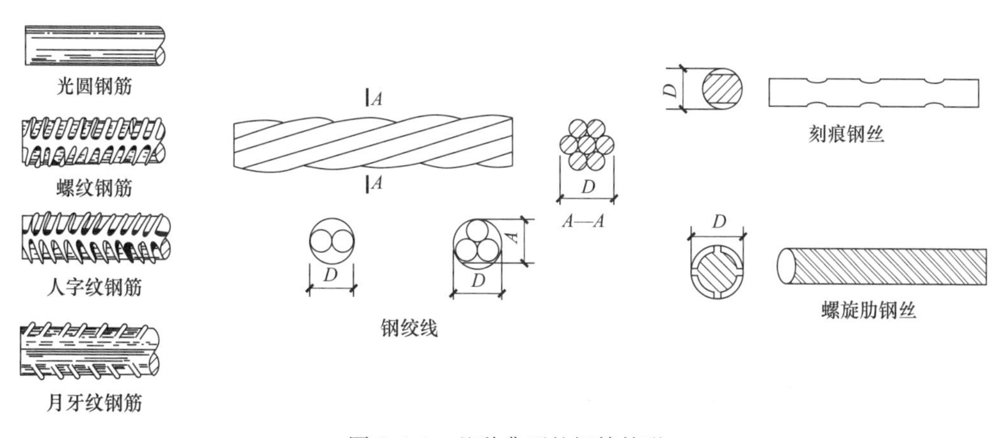


图2.1-1 几种典型的钢筋外形

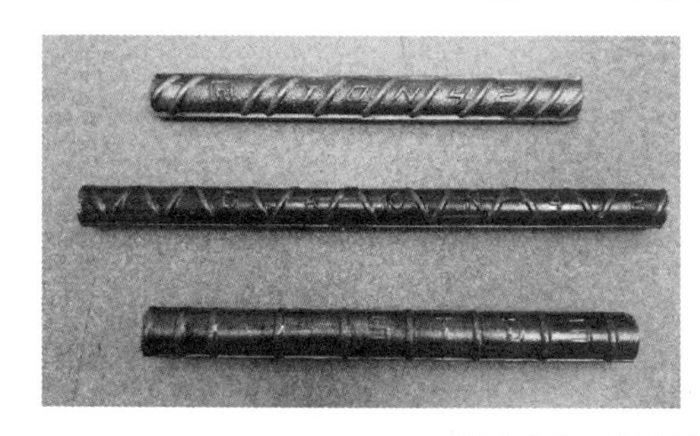
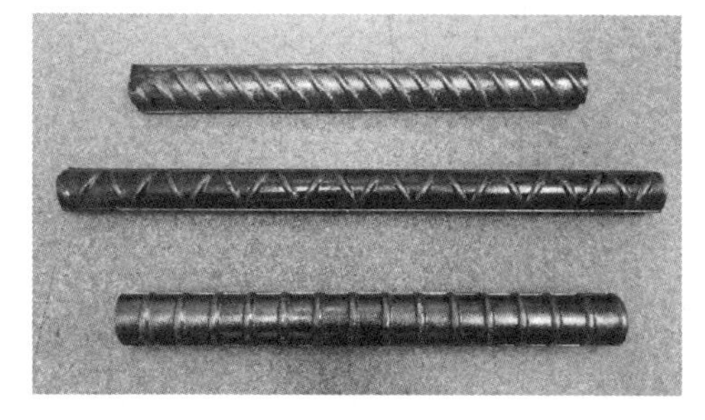

图2.1-2 几种变形钢筋的实物外形

按预应力状态分类，可将钢筋分为普通钢筋和预应力钢筋两类。普通钢筋指钢筋混凝土构件中的钢筋和预应力混凝土构件中的非预应力钢筋；预应力钢筋指用于预应力混凝土构件中施加预应力的钢丝、钢绞线和预应力螺纹钢筋等的总称。普通钢筋分为热轧钢筋和冷加工钢筋两类。预应力钢筋有中强度预应力钢丝、预应力冷轧带肋钢筋（CRB680H、CRB650、CRB800、CRB800H）、消除应力钢丝、钢绞线和预应力混凝土用螺纹钢筋等。

按生产工艺分类，可将钢筋分为钢筋混凝土结构用热轧钢筋、冷加工钢筋和预应力混凝土结构用中高强钢丝、钢绞线和热处理钢筋。热轧钢筋是我国混凝土结构使用的主要钢筋，具有较高的强度、一定的塑性和韧性。热轧钢筋分为普通热轧钢筋（按热轧状态交货的钢筋）和细晶粒热轧钢筋（热轧过程中，通过控轧和控冷工艺形成的细晶粒带肋钢筋，其晶粒度为 9 级或更细）两类。根据外形的不同，热轧钢筋又分为带肋钢筋（横截面通常为圆形且表面带肋）和光圆钢筋（经热轧成型，横截面通常为圆形，表面光滑）两类。普通热轧带肋钢筋、细晶粒热轧带肋钢筋和普通热轧光圆钢筋以热轧状态交货。余热处理钢筋指热轧后利用热处理原理进行表面控制冷却，并利用芯部余热自身完成回火处理所得到的成品钢筋，其基圆上形成环状的淬火自回火组织。余热处理钢筋通过穿水控冷余热处理而提高强度等级，以余热处理状态交货。冷加工钢筋是由热轧钢筋和盘条经冷拉、冷拔、冷轧、冷扭加工后而成的。冷加工的目的是提高钢筋强度、节约钢材。但经冷加工后，钢筋延伸率降低。混凝土结构用冷加工钢筋主要有冷轧带肋钢筋（CRB550、CRB600H、CRB680H）和冷轧扭钢筋。热处理钢筋是将 HRB500 级钢筋通过加热、淬火和回火等调质工艺处理，使强度得到较大幅度提高，而延伸率降低不多，用于预应力混凝土结构。近年来，随着钢筋功能化的发展，又出现了不锈钢钢筋、耐工业大气腐蚀钢筋、耐氯离子腐蚀钢筋、海洋工程混凝土用高耐蚀性合金带肋钢筋、热轧碳素钢-不锈钢复合钢筋、热轧耐火钢筋、液化天然气储罐用低温钢筋、环氧涂层钢筋等。

按供货形式分类，可将钢筋分为盘圆钢筋（一般直径≤12mm）和直条钢筋（一般长度为 6～12m）。

综上所述，我国混凝土结构用钢筋品种繁多，为方便读者理解和使用，对我国混凝土结构用钢筋产品的主要种类、牌号（强度等级）及标准进行梳理，见表 2.1-1。从广义上来说，钢筋还应包括纤维增强筋、型钢、焊接钢材、钢轨、成型钢筋、主筋与箍筋组成的钢筋骨架、钢筋网片和普通钢筋与型钢焊接的钢筋骨架等。

**我国混凝土结构用钢筋产品的主要种类、牌号（强度等级）及标准　　表 2.1-1**

| 序号 | 钢筋种类 | 牌号（强度等级） | 现行标准编号 |
|---|---|---|---|
| 1 | 热轧光圆钢筋 | HPB300 | GB/T 1499.1—2017 |
| 2 | 普通热轧带肋钢筋 | HRB400、HRB500、HRB600、HRB400E、HRB500E | GB/T 1499.2—2018 |
| 3 | 细晶粒热轧带肋钢筋 | HRBF400、HRBF500、HRBF400E、HRBF500E | |
| 4 | 余热处理钢筋 | RRB400、RRB500、RRB400W | GB/T 13014—2013 |
| 5 | 不锈钢钢筋 | HPB300S、HRB400S、HRB500S | GB/T 33959—2017 |
| 6 | 耐工业大气腐蚀钢筋 | HRB400a、HRB500a、HRB400aE、HRB500aE | GB/T 33953—2017 |
| 7 | 耐氯离子腐蚀钢筋 | HRB400c、HRB500c、HRB400cE、HRB500cE | |
| 8 | 海洋工程混凝土用高耐蚀性合金带肋钢筋 | HRB400M、HRB500M、HRB400ME、HRB500ME | GB/T 34206—2017 |
| 9 | 热轧碳素钢-不锈钢复合钢筋 | HPB300SC、HRB400SC、HRB500SC | GB/T 36707—2018 |
| 10 | 热轧耐火钢筋 | HPB300FR、HRB400FR、HRB500FR | GB/T 37622—2019 |
| 11 | 液化天然气储罐用低温钢筋 | HRB500DW | YB/T 4641—2018 |
| 12 | 环氧涂层钢筋 | 符合《钢筋混凝土用钢 第 1 部分：热轧光圆钢筋》GB/T 1499.1、《钢筋混凝土用钢 第 2 部分：热轧带肋钢筋》GB/T 1499.2、《钢筋混凝土用钢 第 3 部分：钢筋焊接网》GB/T 1499.3、《冷轧带肋钢筋》GB/T 13788 的钢筋 | GB/T 25826—2022<br>JG/T 502—2016 |

续表

| 序号 | 钢筋种类 | 牌号（强度等级） | 现行标准编号 |
|---|---|---|---|
| 13 | 冷轧带肋钢筋 | 钢筋混凝土结构用：CRB550、CRB600H、CRB680H；预应力混凝土结构用：CRB680H、CRB650、CRB800、CRB800H | GB/T 13788—2017 |
| 14 | 冷轧扭钢筋 | CTB550、CTB650 | JG 190—2006 |
| 15 | 钢筋焊接网 | 《冷轧带肋钢筋》GB/T 13788 规定的牌号 CRB550 冷轧带肋钢筋和符合《钢筋混凝土用钢 第 2 部分：热轧带肋钢筋》GB/T 1499.2 规定的热轧带肋钢筋 | GB/T 1499.3—2022 |
| 16 | 冷拔低碳钢丝 | CDW550 | JGJ 19—2010<br>JC/T 540—2006 |
| 17 | 预应力混凝土用钢丝 | 1470MPa、1570MPa、1670MPa、1770MPa、1860MPa | GB/T 5223—2014 |
| 18 | 预应力混凝土用钢棒 | 1080MPa、1230MPa、1270MPa、1420MPa、1570MPa | GB/T 5223.3—2017 |
| 19 | 预应力混凝土用中强度钢丝 | 650MPa、800MPa、970MPa、1270MPa、1370MPa | GB/T 30828—2014 |
| 20 | 预应力混凝土用钢绞线 | 1470MPa、1570MPa、1670MPa、1720MPa、1770MPa、1810MPa、1820MPa、1860MPa、1960MPa | GB/T 5224—2014 |
| 21 | 预应力混凝土用螺纹钢筋 | PSB785、PSB830、PSB930、PSB1080、PSB1200 | GB/T 20065—2016 |
| 22 | 结构工程用纤维增强复合材料筋 | — | GB/T 26743—2011 |
| 23 | 土木工程用玻璃纤维增强筋 | — | JG/T 406—2013 |

除表 2.1-1 所列国家标准、行业标准外，关于带肋钢筋，各社会团体在不断制定、发布了一系列标准，见表 2.1-2。

**有关带肋钢筋的部分团体标准　　表 2.1-2**

| 序号 | 标准名称 | 标准编号 |
|---|---|---|
| 1 | 《高强度热轧带肋钢筋》 | T/ZZB 1915—2020 |
| 2 | 《索氏体高强不锈结构钢热轧带肋钢筋》 | T/SSEA 0001—2017 |
| 3 | 《钢筋混凝土用 650MPa 级热轧带肋钢筋》 | T/SSEA 0275—2023 |
| 4 | 《细晶粒高强度热轧带肋钢筋》 | T/SXJP 018—2023 |
| 5 | 《钢铁产品质量能力分级规范 第 4 部分：热轧带肋钢筋》 | T/CISA 008.4—2021 |
| 6 | 《绿色（低碳）产品评价要求 热轧带肋钢筋》 | T/CSTE 0297—2023 |
| 7 | 《锚杆用热轧带肋钢筋产品质量分级和评价方法》 | T/SSEA 0239—2022 |
| 8 | 《高强度热轧带肋钢筋》 | T/JSGT 010—2021 |
| 9 | 《钢筋混凝土用 600MPa 级抗震热轧带肋钢筋》 | T/CECS 10160—2021 |
| 10 | 《锚杆用高强热轧带肋钢筋》 | T/CECS 10162—2021 |
| 11 | 《钢筋混凝土用钢-耐蚀热轧带肋钢筋》 | T/CSCP 0001—2022 |
| 12 | 《钢筋混凝土用热轧带肋钢筋》 | T/SZBX 026—2021 |
| 13 | 《钢筋混凝土用 600MPa 级抗震热轧带肋钢筋》 | T/SSEA 0164—2021 |
| 14 | 《锚杆用高强热轧带肋钢筋》 | T/SSEA 0166—2021 |
| 15 | 《钢筋混凝土用 HRB600E 抗震热轧带肋钢筋》 | T/CISA 026—2020 |
| 16 | 《高延性冷轧带肋钢筋生产线 通用技术要求》 | T/SSEA 0163—2021 |

续表

| 序号 | 标准名称 | 标准编号 |
|---|---|---|
| 17 | 《煤巷支护锚杆用热轧带肋钢筋》 | T/SSEA 0160—2021 |
| 18 | 《“领跑者”标准评价要求　锚杆用热轧带肋钢筋》 | T/SSEA 0138—2021 |
| 19 | 《“领跑者”标准评价要求　600MPa 级抗震热轧带肋钢筋》 | T/SSEA 0136—2021 |
| 20 | 《热轧带肋钢筋金相组织检验及判定标准》 | T/FJMA 001—2021 |
| 21 | 《钢筋混凝土用热轧带肋钢筋》 | T/JSQA 007—2020 |

## 2.2　钢筋的性能

### 2.2.1　物理性能

**1. 密度**

单位体积钢筋的质量为钢筋密度，单位为 $g/cm^3$。对于不同种类的钢筋，其密度会稍有不同，一般钢筋密度按 $7.85g/cm^3$ 计算。

常用钢筋公称直径、公称截面面积及理论质量见表 2.2.1-1，钢绞线公称直径、公称截面面积及理论质量见表 2.2.1-2，钢丝公称直径、公称截面面积及理论质量见表 2.2.1-3。

**常用钢筋公称直径、公称截面面积及理论质量　　表 2.2.1-1**

| 公称直径 (mm) | 不同根数钢筋的公称截面面积（$mm^2$） | | | | | | | | | 单根钢筋理论质量 (kg/m) |
|---|---|---|---|---|---|---|---|---|---|---|
| | 1 | 2 | 3 | 4 | 5 | 6 | 7 | 8 | 9 | |
| 6 | 28.3 | 57 | 85 | 113 | 142 | 170 | 198 | 226 | 255 | 0.222 |
| 8 | 50.3 | 101 | 151 | 201 | 252 | 302 | 352 | 402 | 453 | 0.395 |
| 10 | 78.5 | 157 | 236 | 314 | 393 | 471 | 550 | 628 | 707 | 0.617 |
| 12 | 113.1 | 226 | 339 | 452 | 565 | 678 | 791 | 904 | 1017 | 0.888 |
| 14 | 153.9 | 308 | 461 | 615 | 769 | 923 | 1077 | 1231 | 1385 | 1.21 |
| 16 | 201.1 | 402 | 603 | 804 | 1005 | 1206 | 1407 | 1608 | 1809 | 1.58 |
| 18 | 254.5 | 509 | 763 | 1017 | 1272 | 1527 | 1781 | 2036 | 2290 | 2.00 (2.11) |
| 20 | 314.2 | 628 | 942 | 1256 | 1570 | 1884 | 2199 | 2513 | 2827 | 2.47 |
| 22 | 380.1 | 760 | 1140 | 1520 | 1900 | 2281 | 2661 | 3041 | 3421 | 2.98 |
| 25 | 490.9 | 982 | 1473 | 1964 | 2454 | 2945 | 3436 | 3927 | 4418 | 3.85 (4.10) |
| 28 | 615.8 | 1232 | 1847 | 2463 | 3079 | 3695 | 4310 | 4926 | 5542 | 4.83 |
| 32 | 804.2 | 1609 | 2413 | 3217 | 4021 | 4826 | 5630 | 6434 | 7238 | 6.31 (6.65) |
| 36 | 1017.9 | 2036 | 3054 | 4072 | 5089 | 6107 | 7125 | 8143 | 9161 | 7.99 |
| 40 | 1256.6 | 2513 | 3770 | 5027 | 6283 | 7540 | 8796 | 10053 | 11310 | 9.87 (10.34) |
| 50 | 1963.5 | 3928 | 5892 | 7856 | 9820 | 11784 | 13748 | 15712 | 17676 | 15.42 (16.28) |

注：括号内为预应力螺纹钢筋的数值。

钢绞线公称直径、公称截面面积及理论质量　　表 2.2.1-2

| 种类 | 公称直径（mm） | 公称截面面积（$mm^2$） | 理论质量（kg/m） |
|---|---|---|---|
| 1×3 | 8.6 | 37.7 | 0.296 |
| | 10.8 | 58.9 | 0.462 |
| | 12.9 | 84.8 | 0.666 |
| 1×7 标准型 | 9.5 | 54.8 | 0.430 |
| | 12.7 | 98.7 | 0.775 |
| | 15.2 | 140 | 1.101 |
| | 17.8 | 191 | 1.500 |
| | 21.6 | 285 | 2.237 |

钢丝公称直径、公称截面面积及理论质量　　表 2.2.1-3

| 公称直径（mm） | 公称截面面积（$mm^2$） | 理论质量（kg/m） |
|---|---|---|
| 5.0 | 19.63 | 0.154 |
| 7.0 | 38.48 | 0.302 |
| 9.0 | 63.62 | 0.499 |

**2. 可熔性**

钢材在常温时为固体，当其温度升高到一定程度就能熔化成液体，称为可熔性。钢材开始熔化的温度叫熔点，纯铁的熔点为 1534℃。

**3. 线膨胀系数**

钢材加热时膨胀的能力叫作热膨胀性。受热膨胀的程度常用线膨胀系数表示。钢材温度上升 1℃时，伸长的长度与原来长度的比值叫作钢材热膨胀系数，单位为 mm/(mm·℃)。

**4. 热导率**

钢材的导热能力用热导率表示，工业上用的热导率是以面积热流量除以温度梯度表示，单位为 W/(m·K)。

### 2.2.2　化学性能

**1. 化学元素**

在钢筋中，除绝大部分是铁元素外，还存在很多其他元素，如碳、硅、锰、钒、钛、铌等。此外，还有杂质元素硫、磷及可能存在的氧、氢、氮等。影响钢筋性能的最主要元素是碳，其他元素虽含量少，但对钢筋性能的影响很大。

1）碳（C）：碳与铁形成化合物渗碳体，分子式为 $Fe_3C$，性硬而脆。随着钢筋中含碳量的增加，渗碳体的量增多，钢筋硬度、强度提高，而塑性、韧性下降，冷脆性和时效敏感性增强，焊接性降低。

2）硅（Si）：硅是强脱氧剂，当含量小于 1%时，可使钢筋强度和硬度增加，而对塑性和韧性没有明显的影响；但当含量超过 2%时，会降低钢筋塑性和韧性，并使焊接性变差。

3）锰（Mn）：锰既是良好的脱氧剂，又是很好的脱硫剂。锰可提高钢筋强度和硬度，但如果含量过高，会降低钢筋塑性和韧性。

4）钒（V）：钒是良好的脱氧剂，可除去钢筋中的氧，钒可形成碳化物碳化钒，提高了钢筋强度和淬透性，减小时效敏感性。

5）钛（Ti）：钛与碳形成稳定的碳化物，可提高钢筋强度和韧性，减少时效倾向，还可改善钢筋焊接性。

6）铌（Nb）：铌作为微合金元素，在钢筋中形成稳定的化合物碳化铌（NbC）、氮化铌（NbN），或它们的固溶体 Nb（CN），弥散析出，可阻止奥氏体晶粒粗化，从而细化铁素体晶粒，提高钢筋强度。

7）硫（S）：硫是有害杂质，几乎不溶于钢，其与铁生成低熔点的硫化铁（$Fe_2S_3$），导致热脆性，焊接时易产生焊缝热裂纹和热影响区出现液化裂纹，使焊接性变差。硫以薄膜形式存在于晶界，使钢筋塑性和韧性下降。

8）磷（P）：磷是有害杂质，使钢筋塑性和韧性下降，提高钢筋脆性转变温度，使钢筋冷脆性显著增加，低温下的冲击韧性下降。磷使钢筋焊接性变差，使焊缝和热影响区产生冷裂纹。

9）其他元素：钢筋中还可能存在氧、氢、氮，部分是从原材料中带来的，部分是在冶炼过程中从空气中吸收的，氧、氮超过溶解度时，多数以氧化物、氮化物形式存在。这些元素的存在均会导致钢材强度、塑性、韧性降低，加剧钢筋的时效敏感性，降低可焊性。但当钢筋中含有钒元素时，由于氮化钒（VN）的存在，可起沉淀强化、细化晶粒等作用。

**2. 耐腐蚀性能**

钢材在介质的侵蚀作用下被破坏的现象称为腐蚀。钢材抵抗各种介质（大气、水蒸气、酸、碱、盐）侵蚀的能力称为耐腐蚀性能。钢筋在潮湿的空气中或在有侵蚀的介质中，由于电化学引起腐蚀，使钢筋表面形成大小不等弥散分布的腐蚀坑。

腐蚀会对钢筋性能产生影响，主要体现在以下方面：

① 腐蚀造成钢筋平均截面面积减小；

② 在均匀腐蚀形成的腐蚀坑处易产生应力集中；

③ 由于钢筋内应力的存在，腐蚀将改变其内部的晶格结构，从而使钢筋性能发生变化。

一般腐蚀过程可能是上述某 1 个或某 2 个因素起作用，也可能是上述 3 个因素共同作用的结果。在应力作用下，即发生应力腐蚀，会加快和加剧钢筋腐蚀。首先是拉应力造成的应变破坏了材料表面的纯化膜，新鲜表面与介质接触发生电化学腐蚀，形成腐蚀坑，产生了裂纹源。然后在源处出现三向拉应力集中地区，介质中电化学反应形成的有害元素（如氢）可吸附在材料表面，扩散到三向应力区，造成裂纹尖端部位材料性能脆化，形成裂纹扩展，最后导致断裂。应力腐蚀可以看成是电化学腐蚀和受力的复合作用而导致的断裂过程。

预应力钢筋随着强度的提高，塑性、韧性有所下降，在腐蚀介质的作用下，对腐蚀的敏感性会大大加强。与普通钢筋相比，预应力钢筋腐蚀具有明显的特殊性：在正常工作状态下，普通钢筋处于低应力状态，其对腐蚀的影响较小；而预应力钢筋则处于高应力状态，高应力状态往往能提高钢筋的腐蚀活性，提高腐蚀速率，并可能与腐蚀耦合形成“应力腐蚀”或“腐蚀疲劳”等脆性腐蚀破坏问题。

预应力混凝土结构的应用日益广泛，但预应力钢筋的腐蚀问题日益严重，从而影响土木工程结构的安全使用。因此，钢筋特别是预应力钢筋腐蚀问题应引起足够重视。

**3. 抗氧化性**

在大气环境中，钢材表面易产生氧化皮，影响钢材的工作性能，甚至使钢材生锈、破裂从而丧失使用价值，因此提高钢材的抗氧化性能显得非常重要。

钢材在高温含氧环境中工作时不被氧化而能稳定工作的能力称为抗氧化性。抗氧化钢也叫耐热不起皮钢或高温不起皮钢，这类合金钢常用于热力设备中的高温部件，如锅炉的过热器、水冷壁管、汽轮机的汽缸、叶片等，易产生氧化腐蚀，需要控制材料的氧化速率。钢在高温下与空气接触时，表面要发生氧化，生成氧化膜。在不同的温度下，随时间延长，Fe 的氧化增重变化是不相同的。

钢材的抗氧化性能与钢材表面的氧化膜密切相关。氧化膜是由钢铁与氧气反应产生的一种薄膜，可以包覆在钢铁表面，进而抑制钢铁与外界环境及物质直接接触，防止进一步氧化和腐蚀。氧化膜共分为 3 层，最外层是 $Fe_2O_3$，次外层是 $Fe_3O_4$，最内层为 FeO。其中，FeO 层厚度最大，对材料的损害最为严重。高温下，钢的抗氧化性变差，这是由于在氧化膜中，除了 $Fe_2O_3$ 和 $Fe_3O_4$ 之外，还出现了 FeO 层。当 FeO 层出现后，FeO 中有 Fe 离子缺位，Fe 离子在 FeO 中有很高的扩散系数。由此，引起 Fe 的快速氧化。为提高钢的抗氧化性，首先要阻止 FeO 层的出现，并能形成合金的氧化膜。如果氧化膜的结构比较致密，Fe、O 离子通过膜比较困难，钢的氧化速率就得以大幅度降低。为提高钢的抗氧化性，需要在钢中添加铬、铝、硅等元素。

### 2.2.3　力学性能

**1. 抗拉性能**

钢筋抗拉性能一般以钢筋在静力加载下的应力-应变曲线表示，采用原钢筋、表面不经过切削加工的试件进行拉伸试验加以测定。一般认为，钢筋受压应力-应变曲线与受拉曲线相同，至少在屈服前和屈服台阶相同。所以，钢筋抗压强度和弹性模量均采用受拉试验测得的相同值。习惯上根据钢筋极限抗拉强度标准值及应力-应变曲线上有无明显屈服台阶，将钢筋分为有明显屈服点的钢筋（一般称为软钢）和无明显屈服点的钢筋（一般称为硬钢）。

热轧钢筋等软钢有明显的屈服点，其应力-应变关系曲线如图 2.2.3-1 所示。图中，$a$ 点以前应力与应变按比例增加，其关系符合虎克定律，这时如卸去荷载，应变将恢复到 0，即无残余变形，$a$ 点对应的应力称为比例极限。$b$ 点为弹性极限，$Ob$ 段为“弹性阶段”，呈直线状，表明 $Ob$ 段内应力与应变的比值为一常数，此常数即为弹性模量，用符号 $E_s$ 表示。弹性模量 $E_s$ 反映了材料抵抗弹性变形的能力。过 $a$ 点后，应力与应变不再成正比关系，应变较应力增长快；到达 $b$ 点后，应变急剧增加，而应力基本不变，应力-应变曲线呈现水平段 $bc$，钢筋产生相当大的塑性变形，犹如停止了对外力的抵抗；或者说屈服于外力，此阶段被形象地称为“屈服阶段”。钢筋到达屈服阶段时，虽尚未断裂，但已发生了很大的塑性变形，且卸载时此部分变形不可恢复，使钢筋混凝土构件产生较大的变形和不可闭合的裂缝，这种情况下一般已不能满足结构设计要求，所以设计时是以这一阶段的应力值为依据。其中，$b$ 点称为屈服点，通常取此时对应的应力作为屈服强度 $f_y$，这是钢筋强度的设计依据。当钢筋屈服塑流到一定程度，即到达图中的 $c$ 点，$bc$ 段称为“屈服台阶”。过 $c$ 点后，应力-应变关系又形成上升曲线，但曲线趋平，直至最高点 $d$，$cd$ 段称为“强化阶段”，$d$ 点对应的应力称为钢筋的极限抗拉强度 $f_u$。过 $d$ 点后，钢筋抵抗变形的能力开始明显下降，钢筋薄弱断面显著缩小，出现颈缩现象，此时变形迅速增加，应力随之下降，直至到达 $e$ 点时，钢筋被拉断，$de$ 段称为“颈缩阶段”。

对于有明显屈服点的钢筋，其强屈比（钢筋极限强度与屈服强度的比值 $f_u/f_y$）反映了钢筋的强度储备程度。强屈比越大，表明钢筋在超过屈服点以后的强度储备能力越大，结构的安全性越高，但强屈比太大，钢筋利用率太低，造成材料浪费。如果强屈比小，钢筋利用率虽得到提高，但其安全可靠性却降低了。

钢筋强度越高，变形能力即延性越差，不同强度等级钢筋的应力-应变关系曲线如图 2.2.3-2 所示。

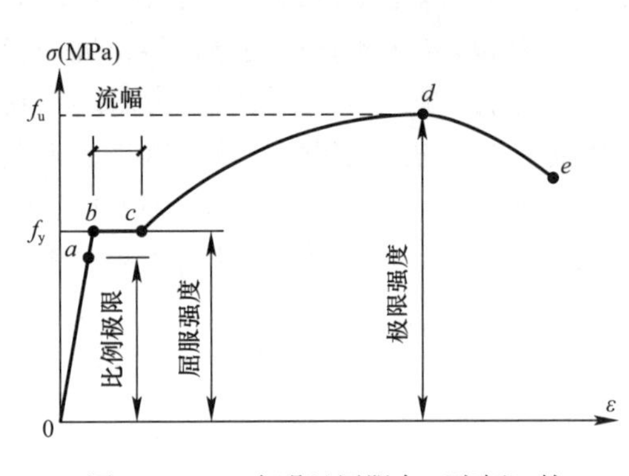


图 2.2.3-1　有明显屈服点（流幅）的钢筋应力-应变关系曲线

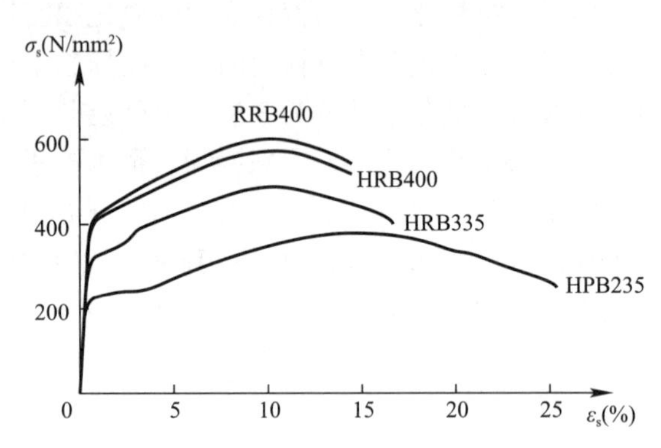


图 2.2.3-2　不同强度等级钢筋的应力-应变关系曲线

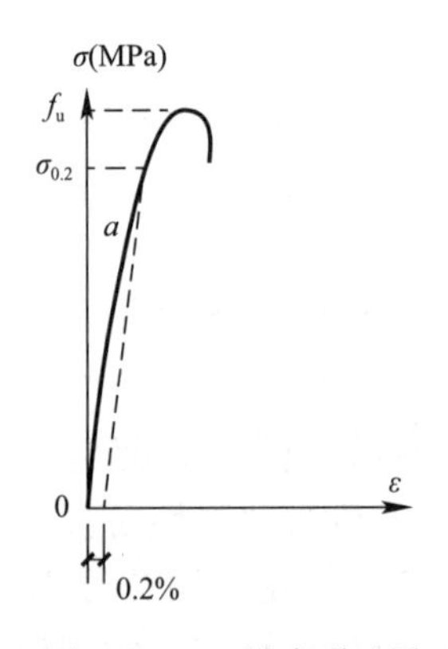


图 2.2.3-3　没有明显屈服点（流幅）的钢筋应力-应变关系曲线

预应力钢筋等硬钢没有明显的屈服点，其应力-应变关系曲线如图 2.2.3-3 所示。从图上可看出，钢筋屈服现象不明显，无法测定其屈服点。$a$ 点为比例极限，对应的应力为 $0.65f_u$～$0.75f_u$。$a$ 点之前，应力-应变关系为线弹性。$a$ 点之后，随着应变的继续增长，开始出现塑性性能，应力-应变关系为非线性，有一定塑性变形，且没有明显的屈服点，峰值点对应钢筋的极限抗拉强度，极限拉应变为 5%～7%，破坏时具有很强的脆性。在结构设计中，对于无明显屈服点的硬钢，一般取残余应变为 0.2%时对应的应力作为假定的屈服点，称为条件屈服强度，用 $\sigma_{0.2}$ 表示。对于硬钢，将应力-应变曲线最高点作为极限抗拉强度标准值 $f_u$的依据。

以上所述为钢筋在静力加载下的应力-应变关系，随着混凝土结构工程的发展，有时需要对结构或构件进行更加精细化的设计和考虑。对于常承受动荷载作用的结构，有必要考虑钢筋在重复加载下（不出现反号应力）的力学性能。分析结构或构件在地震、强风等荷载作用下的性能时，有必要考虑钢筋在反复循环加载下（出现反号应力）的力学性能。总之，混凝土结构或构件在不同的荷载作用下，钢筋的力学性能不同，表现为不同形式的应力-应变曲线，屈服强度、极限强度及变形等实际指标也会发生变化，从而与混凝土一起影响结构或构件的整体性能。

**2. 延性**

通过钢筋受拉时的应力-应变曲线，可对其延性进行分析。钢筋延性须满足一定要求，才能防止钢筋在加工时弯曲处出现毛刺、裂纹、翘曲现象，并避免结构或构件在承载过程中可能出现的脆性破坏。

影响延性的主要因素是钢筋材质。热轧低碳钢筋强度虽低，但强屈比大、延性好。随着加入合金元素和碳当量增大，钢筋强度提高，但延性降低。对钢筋进行热处理和冷加工同样可提高强度，但延性降低。冷加工后截面减少越多，延性损失越多（面缩率越小，轧后延伸率越大）。预应力钢筋及冷加工钢筋强屈比小、延性差，受拉时往往无明显屈服强度，并发生无预兆的脆性断裂破坏。

钢筋延性通常用拉伸试验测得的延伸率（伸长率）来衡量，一般为断后伸长率 $A$ 或最大力总延伸率 $A_{gt}$。伸长率大的钢筋延性性能好，拉断前有明显的预兆；伸长率小的钢筋延性性能差，其破坏会突然发生，呈脆性特征。有明显屈服点的钢筋有较大的伸长率，而无明显屈服点的钢筋伸长率较小。

测量延伸率（伸长率）时，试样的平行长度应足够长，且不允许进行车削加工，以满足最大力总延伸率 $A_{gt}$ 或断后伸长率 $A$ 测定的要求。现行国家标准《钢筋混凝土用钢 第2部分：热轧带肋钢筋》GB/T 1499.2 指出，拉伸试验时应在不同根（盘）钢筋切取取样，伸长率类型可从最大力总延伸率 $A_{gt}$ 或断后伸长率 $A$ 中选定，但仲裁检验时应采用最大力总延伸率 $A_{gt}$。最大力总延伸率 $A_{gt}$ 对应最大应力时的应变，包括了残余应变和弹性应变。最大力总延伸率 $A_{gt}$ 真实地反映了钢筋在拉断前的平均（非局部区域）伸长率，可客观地反映钢筋变形能力，是较科学的延性指标。

试验机应根据《金属材料 静力单轴试验机的检验与校准 第1部分：拉力和（或）压力试验机 测力系统的检验与校准》GB/T 16825.1 来校验和校准，其准确度应至少达到1级。

拉伸试验应按照现行国家标准《金属材料　拉伸试验　第1部分：室温试验方法》GB/T 228.1 执行。若断裂发生在距夹持部位的距离小于 20mm 或公称直径 $d$（选取两者较大值）处或夹持部位上，试验可视为无效。

1）最大力总延伸率 $A_{gt}$

当通过手工方法测定最大力总延伸率 $A_{gt}$ 时，应在试样的平行长度上标出等距标记，标记之间的长度应根据试样直径选取为 20mm、10mm 或 5mm。

测定最大力总延伸率 $A_{gt}$ 时，可使用2级引伸计（《金属材料　单轴试验用引伸计系统的标定》GB/T 12160）。用于测定最大力总延伸率 $A_{gt}$ 的引伸计应至少有 100mm 的标距长度，标距长度应记录在试验报告中。

对于最大力总延伸率 $A_{gt}$ 的测定，应采用引伸计法或现行国家标准《钢筋混凝土用钢材试验方法》GB/T 28900 规定的手工法测定。当有争议时，应采用手工法计算。

为避免因采用不同方法测定（手工法与引伸计法）带来的差异，如果通过引伸计来测量最大力总延伸率 $A_{gt}$，采用现行国家标准《金属材料 拉伸试验 第1部分：室温试验方法》GB/T 228.1 测定时应修正使用，即最大力总延伸率 $A_{gt}$ 应在力值从最大值落下超过 0.2%之前被记录。普遍认为，使用引伸计得出的最大力总延伸率 $A_{gt}$ 平均值比手工法测量的值低。

当采用手工法测定最大力总延伸率 $A_{gt}$ 时，最大力总延伸率 $A_{gt}$ 应按下列公式计算：

$$A_{gt}=A_{r}+\frac{R_{m}}{2000} \tag{2.2.3-1}$$

$$A_{r}=\frac{L_{u}'-L_{0}'}{L_{0}'}\times 100 \tag{2.2.3-2}$$

式中 $A_{gt}$——最大力总延伸率，%；

$A_{r}$——断后均匀伸长率，%；

$R_{m}$——抗拉强度，MPa；

2000——根据碳钢弹性模量得出的系数（不锈钢的系数应由产品标准给出的数值代替，或者相关方约定的适当值代替），MPa；

$L_{u}'$——手工法测定最大力总延伸率 $A_{gt}$ 时的断后标距，mm；

$L_{0}'$——手工法测定最大力总延伸率 $A_{gt}$ 时的原始标距，mm；

100——比例系数，无量纲。

断后均匀伸长率 $A_{r}$ 的测定应参考现行国家标准《金属材料　拉伸试验　第1部分：室温试验方法》GB/T 228.1 中断后伸长率 $A$ 的测定方法进行。除非另有规定，原始标距 $L_{0}'$应为100mm。当试样断裂后，选择较长的一段试样测量断后标距 $L_{u}'$，并按式（2.2.3-2）计算断后均匀伸长率 $A_{r}$，测量方法示意见图 2.2.3-4，其中断口和标距之间的距离 $r_{2}$ 至少为 50mm 或 $2d$（选择较大者）。若夹持部位和标距之间的距离 $r_{1}$ 小于 20mm 或 $d$（选择较大者）时，该试验可视为无效。

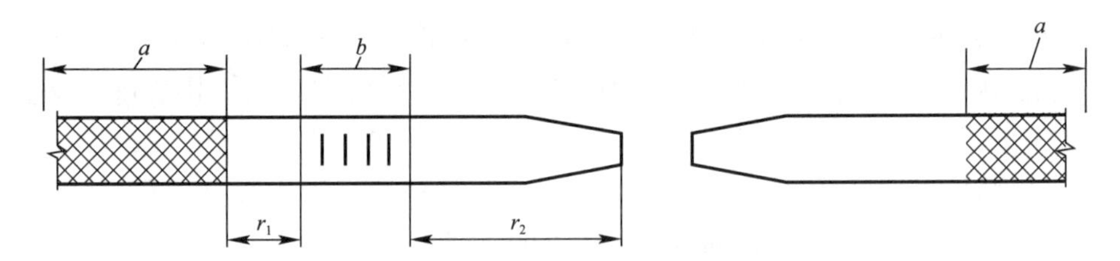


$a$—夹持部位距离；$b$—手工法测定最大力总延伸率$A_{gt}$时的断后标距($L_{u}'$)；
$r_{1}$—手工法测定最大力总延伸率$A_{gt}$时夹持部位和断后标距($L_{u}'$)之间的距离；
$r_{2}$—手工法测定最大力总延伸率$A_{gt}$时断口和断后标距($L_{u}'$)之间的距离

图 2.2.3-4　用手工法测量最大力总延伸率 $A_{gt}$ 示意图

现行国家标准《钢筋混凝土用钢材试验方法》GB/T 28900、《钢筋混凝土用钢 第2部分：热轧带肋钢筋》GB/T 1499.2 和《金属材料　拉伸试验　第1部分：室温试验方法》GB/T 228.1 将最大力时原始标距的总延伸（弹性延伸加塑性延伸）与引伸计标距之比的百分率定义为最大力总延伸率，用符号 $A_{gt}$ 表示。需要注意的是，不同标准对“最大力总延伸率”这一概念的表述和表示符号不一致，但定义一致，如现行国家标准《混凝土结构设计标准》GB/T 50010 对“最大力总延伸率”表述为“最大力下总伸长率”，表示符号为 $\delta_{gt}$；而现行行业标准《钢筋机械连接技术规程》JGJ 107 定义了接头试件的最大力下总伸长率，表示符号为 $A_{sgt}$。

2）断后伸长率 $A$

断后伸长率 $A$ 指断后标距的残余伸长与原始标距之比，按下式计算：

$$A=\frac{L_{u}-L_{0}}{L_{0}}\times 100 \tag{2.2.3-3}$$

式中 $A$——断后伸长率，%；

$L_u$——断后标距，mm；

$L_0$——原始标距，mm。

当通过手工方法测定断后伸长率 $A$ 时，试样应根据现行国家标准《金属材料 拉伸试验 第1部分：室温试验方法》GB/T 228.1 的规定来标记原始标距。除非在相关产品标准中另有规定，测定断后伸长率 $A$ 时，原始标距长度应为钢筋公称直径 $d$ 的5倍。当有争议时，应采用手工法计算。

由于试件原始标距的长度不同，所以断后伸长率的表示方法也不同。对于热轧钢筋，原始标距一般取钢筋公称直径的10倍和5倍，其断后伸长率分别用 $A_{10}$ 和 $A_5$ 表示；对于钢丝，原始标距一般取公称直径的100倍，用 $A_{100}$ 表示；对于钢绞线，原始标距一般取公称直径的200倍，用 $A_{200}$ 表示。

**3. 冷弯性能**

冷弯性能指钢筋在常温 20±3℃条件下承受弯曲变形的能力。钢筋做弯钩或弯折时，应避免产生裂纹或折断，这是在混凝土结构中使用钢筋的最基本加工和性能要求。一般情况下，低强度的热轧钢筋冷弯性能较好，强度较高的钢筋冷弯性能稍差，冷加工钢筋的冷弯性能最差。

钢筋冷弯性能可通过冷弯试验确定，可更容易地暴露钢筋内部存在的夹渣、气孔、裂纹等缺陷。冷弯性能指标常用弯曲角度、弯心直径与钢筋直径的比值表示。弯曲角度越大，弯心直径与钢筋直径的比值越小，表明钢筋冷弯性能越好，如图 2.2.3-5 所示。

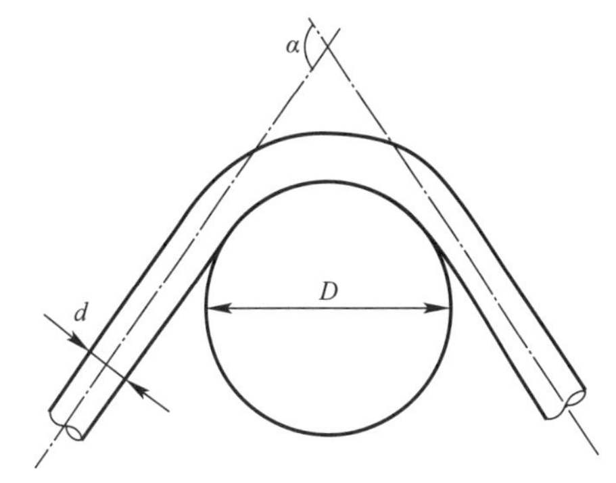


图 2.2.3-5 钢筋冷弯

伸长率一般不能反映钢筋的脆化倾向，而冷弯性能可间接反映钢筋塑性性能和内在质量，所以冷弯试验是检验钢筋塑性的方法之一。冷弯试验的两个主要参数为弯心直径 $D$ 和弯曲角度 $\alpha$。将试验用钢筋（直径为 $d$）绕某一规定直径的钢辊轴（直径为 $D$）进行弯曲。冷弯性能合格的标准为：在规定的 $D$ 和 $\alpha$ 下，冷弯后的钢筋弯曲处无毛刺、裂纹、鳞落、断裂或起层。

**4. 抗疲劳性能**

钢筋混凝土构件在交变荷载的反复作用下，常在应力远小于屈服应力时，发生突然的脆性断裂，这种现象称为“疲劳破坏”。钢筋的疲劳断裂是在外力作用下，由于钢筋内部缺陷造成的，如夹有杂质使钢筋本身不均匀或钢筋外表面的变形突变、缺陷，存在刀痕、锈蚀或脱碳层等。钢铁在冶炼、轧制和加工过程中可能在内部和表面出现某些缺陷，如含杂质、缝隙、刻痕和锈蚀斑等。在荷载作用下，这些缺陷附近和表面横肋的凹角处产生应力集中。当应力过高，使钢筋晶粒滑移，形成了初始裂纹。随着应力重复次数的增加，裂纹逐渐扩展，损伤积累，减小了有效截面面积，钢筋截面上的裂纹面因为重复加卸载产生的变形增大和恢复，使之摩擦光滑而色暗。当钢筋的剩余有效面积无法再承受既定的荷载（拉力）时，试件突然发生脆性断裂。断裂面上部分区域色泽新亮，呈粗糙的晶粒状。

疲劳破坏的危险应力用疲劳极限表示。疲劳极限指疲劳试验中，试件在交变荷载的反复作用下，在规定的周期基数内不发生断裂所能承受的最大应力。钢筋疲劳极限与其抗拉强度有关，一般抗拉强度高，疲劳极限也较高。由于疲劳裂纹是在应力集中处形成和发展的，故钢筋疲劳极限不仅与其内部组织有关，也与其表面质量有关。

钢筋疲劳断裂影响因素包括：

1）应力幅值（反比）：应力幅值为一次循环应力中最大应力与最小应力之差。钢筋压应力的循环一般不会发生疲劳破坏，而在拉应力循环或拉压应力循环中才会发生疲劳破坏。当其他影响因素不变时，在有限疲劳寿命区域应力幅值与循环次数呈线性关系；在长寿命区域应力幅值受循环次数的影响较小，两者成对数关系。

2）最小应力值：钢筋最小应力值增加，有限疲劳寿命区域和长寿命区域疲劳强度降低。但当最小应力值为压应力时，可增加疲劳强度。

3）钢筋外表面几何尺寸：变形钢筋可增强钢筋与混凝土之间的粘结力，但在循环荷载作用下，在鼓出的肋与钢筋表面交界处产生应力集中现象，这是产生钢筋疲劳裂缝的重要原因之一。

4）钢筋直径：随着钢筋直径的增大，钢筋疲劳强度降低。

5）钢筋强度：在有限疲劳寿命区域，随着钢筋强度等级的增加，钢筋疲劳强度增加。

钢筋抗疲劳性能试验方法包括直接进行单根原状钢筋轴拉试验和将钢筋埋入混凝土中使其重复受拉或受弯试验，我国采用直接进行单根原状钢筋轴拉试验的方法。测定钢筋疲劳极限时，根据结构使用条件确定所采用的应力循环类型、应力比值（最小应力与最大应力之比）和循环基数。测定钢筋疲劳极限时，通常采用拉应力循环，非预应力钢筋应力比值通常为0.1～0.8，预应力钢筋应力比值通常为0.70～0.85，循环基数一般为$2\times10^6$次或$4\times10^6$次以上。现行国家标准《混凝土结构设计标准》GB/T 50010规定了不同等级钢筋的疲劳应力幅度限值，并规定该值与截面同一纤维上钢筋最小应力与最大应力比值有关。

**5. 耐温性能**

碳素钢及普通低合金钢筋都是以体心立方晶格的铁素体为基本结构。随着温度的降低，这种金属中的原子热运动减少，反映在力学性能方面，即为强度提高、塑性或韧性降低，脆性增加，称之为金属的冷脆性或冷脆倾向。当具有冷脆倾向的材料具有初始缺陷时，易发生低温脆断。

钢筋冲击韧性与化学成分、内部组织状态、冶炼质量、轧制质量、加工质量有关。冲击韧性随着温度的降低而下降，其规律是开始时下降平缓，当达到某一温度范围时，突然下降较多而呈脆性，这种现象称为钢筋的冷脆性，这时的温度为脆性临界温度。

目前，钢材的低温性能研究主要针对结构钢材，如Q235钢、16MnV钢、15MnV钢、16Mnq钢和14MnNbq钢等，且温度主要集中在−60℃以上。研究表明，钢材强度随着温度的降低而增加，塑性和韧性则随着温度的降低而降低。对于国内工程中常用的钢筋，尚缺乏此方面的研究，且温度范围需要进一步扩大。

**6. 徐变**

钢筋的徐变指钢筋在应力不变的情况下，其变形随着时间的增加而增大的现象，是金属晶粒在高应力下发生塑性变形和滑移的结果，可增大结构构件变形，并降低结构延性及抗裂性，且与温度有关，温度越高，徐变越大。一般情况下，普通钢筋的徐变可忽略，而需要关注的是处于高应力状态的预应力钢筋徐变问题。

钢筋徐变三阶段的工作机理如图 2.2.3-6 所示。

1）第Ⅰ阶段：该阶段指瞬时应变 0 以后的形变阶段，这个阶段的徐变速率随着时间的增加不断减小，该阶段又称为减速徐变阶段。

2）第Ⅱ阶段：该阶段的徐变速率基本保持不变或变化较小，这说明形变硬化与软化过程相平衡，该阶段的徐变速率最小，又常称为稳态徐变或恒速徐变阶段。

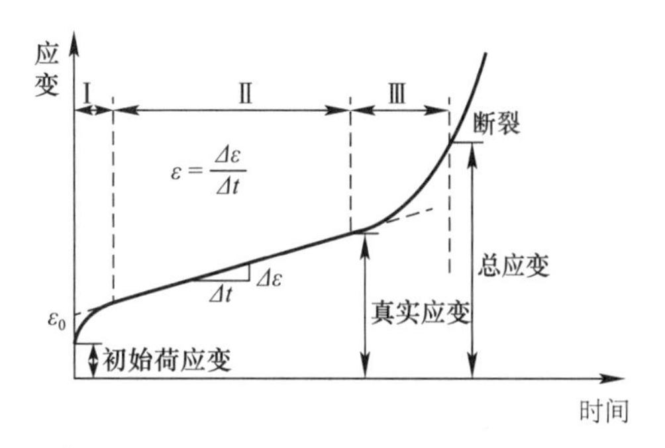

图 2.2.3-6 钢筋徐变的三阶段

3）第Ⅲ阶段：该阶段徐变速率随着时间的增加而增大，最后导致钢筋断裂，该阶段称为加速徐变阶段。

需要注意的是，并非在所有情况下钢筋徐变均由上述三阶段组成。对于钢筋混凝土结构中的钢筋变形较小，几乎没有第Ⅲ阶段。

钢筋张拉控制应力越大，徐变越大；随着时间的增加，钢筋徐变速率先快后慢；超张拉情况下部分徐变被耗散掉，可减小最终的徐变量。

**7. 松弛**

钢筋松弛指钢筋在应变不变的情况下，其内部应力随着时间的增加而降低的现象，其与徐变可以说是同一物理变化的不同表现形式，可将松弛看作是应力不断降低的“多级”徐变，且在数值上也可互换。由于预应力钢筋混凝土结构中预应力钢筋张拉后基本保持不变，钢筋中的应力处于松弛状态，因此着重研究钢筋的松弛性能。

松弛的实质是随着时间的增加，部分弹性变形转变为塑性变形，即弹性应变不断减少，从而导致钢筋中应力的降低。弹性变形减小量与塑性变形增加量是等量的。

由于预应力混凝土结构中预应力钢筋张拉后的长度基本保持不变，钢筋中的应力处于松弛状态，影响钢筋松弛的主要因素有时间、张拉控制应力、钢筋种类、温度等。随着时间的增加，钢筋松弛速率先快后慢，逐渐稳定；张拉控制应力越大，钢筋松弛量越大，当张拉控制应力比小于 0.5 时，可忽略松弛；钢筋松弛与钢筋种类有关，一般的冷拉热轧钢筋松弛损失较冷拔低碳钢丝、碳素钢丝和钢绞线低，钢绞线应力松弛较用同样材料钢丝的松弛大；温度对钢筋松弛的影响较大，且较初始应力的影响大，钢筋松弛量随着温度的升高而增大，且呈非线性增长，这种影响会长期存在。

## 2.3 常用钢筋

### 2.3.1 热轧光圆钢筋

我国热轧光圆钢筋国家产品标准《钢筋混凝土用钢 第 1 部分：热轧光圆钢筋》历经了 GB 1499—1979、GB 1499—1984、GB 13013—1991、GB/T 1499.1—2008 及 GB/T 1499.1—2017（现行）等历次版本。GB 1499.1—2017 替代 GB/T 1499.1—2008，主要变化有：删除了 HPB235 牌号及其相关技术要求，删除了附录 A“钢筋在最大力下总伸长率的测定方法”。《钢筋混凝土用钢 第 1 部分：热轧光圆钢筋》GB/T 1499.1—2017 适用于

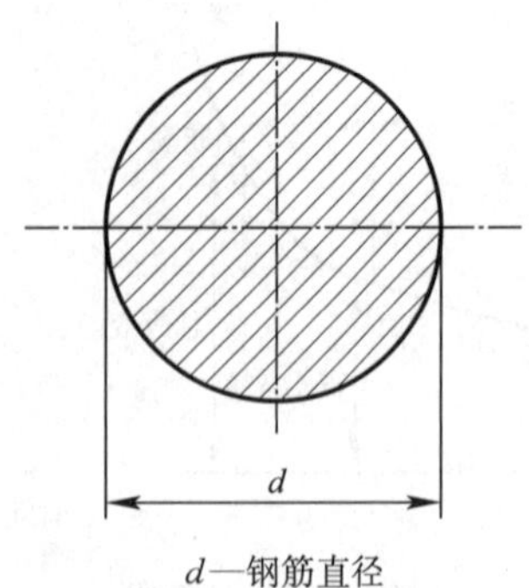


d—钢筋直径

图 2.3.1 热轧光圆钢筋截面形状

钢筋混凝土用热轧直条、盘卷光圆钢筋，不适用于由成品钢材再次轧制成的再生钢筋。

《钢筋混凝土用钢 第 1 部分：热轧光圆钢筋》GB/T 1499.1—2017 中，热轧光圆钢筋的屈服强度特征值为 300MPa 级，钢筋牌号为 HPB300，由 HPB+屈服强度特征值构成，HPB 是热轧光圆钢筋英文（hot rolled plain bars）的缩写，截面形状如图 2.3.1 所示。

热轧光圆钢筋公称直径为 6～22mm，推荐的钢筋公称直径为 6mm、8mm、10mm、12mm、16mm 和 20mm。热轧光圆钢筋以氧气转炉、电炉冶炼，可按直条或盘卷交货。

热轧光圆钢筋化学成分（熔炼分析）应符合表 2.3.1-1 的规定。

**热轧光圆钢筋化学成分（熔炼分析）** **表 2.3.1-1**

| 牌号 | 化学成分（质量分数）/% | | | | |
|---|---|---|---|---|---|
| | C | Si | Mn | P | S |
| HPB300 | ≤0.25 | ≤0.55 | ≤1.50 | ≤0.045 | ≤0.045 |

热轧光圆钢筋力学性能应满足表 2.3.1-2 的规定。

**热轧光圆钢筋力学性能** **表 2.3.1-2**

| 牌号 | 下屈服强度特征值 $R_{eL}$/MPa | 抗拉强度 $R_m$/MPa | 断后伸长率 $A$/% | 最大力下总伸长率 $A_{gt}$/% |
|---|---|---|---|---|
| HPB300 | ≥300 | ≥420 | ≥25 | ≥10.0 |

注：对于没有明显屈服强度的钢筋，下屈服强度特征值 $R_{eL}$ 应采用规定非比例延伸强度 $R_{p0.2}$。

热轧光圆钢筋的检验分为特征值检验和交货检验。

特征值检验适用于以下情况：

① 供方对产品质量控制的检验；

② 需方提出要求，经供需双方协议一致的检验；

③ 第三方产品认证及仲裁检验。特征值检验规则应按照《钢筋混凝土用钢 第 1 部分：热轧光圆钢筋》GB/T 1499.1—2017 的规定进行。

交货检验适用于钢筋验收批的检验。钢筋应按批进行检查和验收，每批由同一牌号、同一炉罐号、同一规格的钢筋组成。每批钢筋质量通常≤60t，对于钢筋质量超过 60t 的部分，每增加 40t（或不足 40t 的余数），增加 1 个拉伸试验试件和 1 个弯曲试验试件。允许由同一牌号、同一冶炼方法、同一浇筑方法的不同炉罐号组成混合批，但各炉罐号含碳量之差应≤0.02%，含锰量之差应≤0.15%，混合批的质量应≤60t。热轧光圆钢筋交货检验项目、取样数量和取样方法应符合表 2.3.1-3 的规定。

**热轧光圆钢筋交货检验项目、取样数量和取样方法** **表 2.3.1-3**

| 检验项目 | 取样数量/个 | 取样方法 |
|---|---|---|
| 化学成分（熔炼分析） | 1 | 《钢和铁 化学成分测定用试样的取样和制样方法》GB/T 20066 |
| 拉伸 | 2 | 不同根（盘）钢筋切取 |
| 弯曲 | 2 | 不同根（盘）钢筋切取 |

续表

| 检验项目 | 取样数量/个 | 取样方法 |
| --- | --- | --- |
| 尺寸 | 逐根（盘） | — |
| 表面 | 逐根（盘） | — |
| 质量偏差 | — | — |

注：1. 表面质量：钢筋应无有害表面缺陷，按盘卷交货的钢筋应将头尾有害缺陷部分切除。试件可使用钢丝刷清理，清理后的质量、尺寸、横截面面积和拉伸性能应满足要求，锈皮、表面不平整或氧化铁皮不作为拒收的理由。当带有上述缺陷以外的表面缺陷的试件不符合拉伸性能或弯曲性能要求时，则认为这些缺陷是有害的。
2. 拉伸、弯曲试验：试件不允许进行车削加工。计算钢筋强度用截面面积为公称横截面面积。
3. 尺寸测量：钢筋直径的测量精确到0.1mm。
4. 质量偏差的测量：测量钢筋质量偏差时，试件应从不同钢筋上截取，数量≥5支，每支试件长度≥500mm。长度应逐支测量，应精确到1mm。测量试件总质量时，应当精确到不大于总质量的1%。

### 2.3.2 热轧带肋钢筋

我国热轧带肋钢筋国家产品标准《钢筋混凝土用钢 第2部分：热轧带肋钢筋》历经了GB 1499—1979、GB 1499—1984、GB 1499—1991、GB 1499—1998、GB/T 1499.2—2007及GB/T 1499.2—2018（现行）等历次版本。GB/T 1499.2—2018替代GB/T 1499.2—2007，主要变化有：取消了335MPa级钢筋；增加了600MPa级钢筋；增加了带E的钢筋牌号；将牌号带E的钢筋反向弯曲试验要求作为常规检验项目；增加了钢筋疲劳试验方法的规定；删除了附录A《钢筋在最大力下总伸长率的测定方法》。GB/T 1499.2—2018适用于钢筋混凝土用普通热轧带肋钢筋和细晶粒热轧带肋钢筋，不适用于由成品钢材再次轧制成的再生钢筋及余热处理钢筋。

《钢筋混凝土用钢 第2部分：热轧带肋钢筋》GB/T 1499.2—2018中，热轧带肋钢筋按屈服强度特征值分为400MPa级、500MPa级和600MPa级，热轧带肋钢筋牌号构成及其含义如表2.3.2-1所示，月牙肋钢筋（带纵肋）表面及截面形状如图2.3.2所示。

**GB/T 1499.2—2018中热轧带肋钢筋牌号构成及含义　　表2.3.2-1**

<table>
<tr><th>类别</th><th>牌号</th><th>牌号构成</th><th>英文字母含义</th></tr>
<tr><td rowspan="2">普通热轧钢筋</td><td>HRB400<br>HRB500<br>HRB600</td><td>HRB＋屈服强度特征值</td><td rowspan="2">HRB—“热轧带肋钢筋”的英文（hot rolled ribbed bars）首字母缩写；E—“地震”的英文（earthquake）首字母</td></tr>
<tr><td>HRB400E<br>HRB500E</td><td>HRB＋屈服强度特征值＋E</td></tr>
<tr><td rowspan="2">细晶粒热轧钢筋</td><td>HRBF400<br>HRBF500</td><td>HRBF＋屈服强度特征值</td><td rowspan="2">HRBF—在热轧带肋钢筋的英文缩写后加“细”的英文（fine）首字母；E—“地震”的英文（earthquake）首字母</td></tr>
<tr><td>HRBF400E<br>HRBF500E</td><td>HRBF＋屈服强度特征值＋E</td></tr>
</table>

热轧带肋钢筋的公称直径范围为6～50mm，通常带有纵肋，也可不带纵肋。热轧带肋钢筋应采用转炉或电弧炉冶炼，必要时可采用炉外精炼。

热轧带肋钢筋化学成分和碳当量（熔炼分析）应符合表2.3.2-2的规定。根据需要，钢中还可加入V、Nb、Ti等元素。

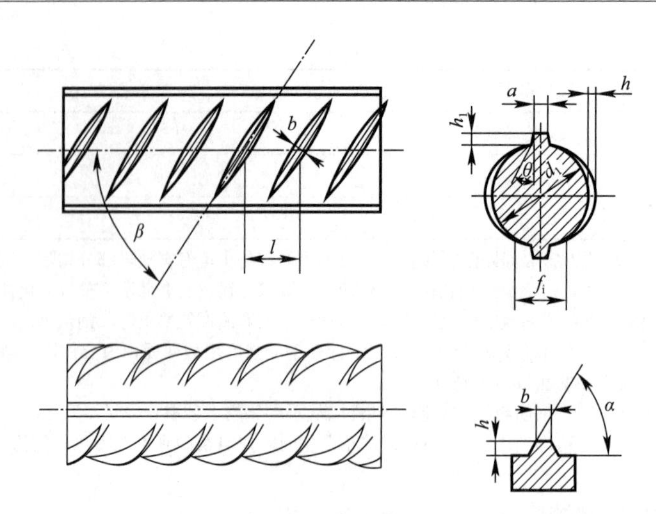


图 2.3.2　月牙肋钢筋（带纵肋）表面及截面形状

**热轧带肋钢筋化学成分和碳当量（熔炼分析）**　　　　**表 2.3.2-2**

<table>
<tr><th rowspan="2">牌号</th><th colspan="5">化学成分（质量分数）/%</th><th rowspan="2">碳当量 $C_{eq}$/%</th></tr>
<tr><th>C</th><th>Si</th><th>Mn</th><th>P</th><th>S</th></tr>
<tr><td>HRB400<br>HRBF400<br>HRB400E<br>HRBF400E</td><td rowspan="2">≤0.25</td><td rowspan="3">≤0.80</td><td rowspan="3">≤1.60</td><td rowspan="3">≤0.045</td><td rowspan="3">≤0.045</td><td>≤0.54</td></tr>
<tr><td>HRB500<br>HRBF500<br>HRB500E<br>HRBF500E</td><td>≤0.55</td></tr>
<tr><td>HRB600</td><td>≤0.28</td><td>≤0.58</td></tr>
</table>

碳当量 $C_{eq}$（%）可按下式计算：

$$C_{eq}=C+\frac{Mn}{6}+\frac{Cr+V+Mo}{5}+\frac{Cu+Ni}{15} \tag{2.3.2}$$

热轧带肋钢筋力学性能应满足表 2.3.2-3 的规定。

**热轧带肋钢筋力学性能**　　　　**表 2.3.2-3**

<table>
<tr><th>牌号</th><th>下屈服强度特征值<br>$R_{eL}$/MPa</th><th>抗拉强度<br>$R_m$/MPa</th><th>断后伸长率<br>$A$/%</th><th>最大力总延伸率<br>$A_{gt}$/%</th><th>$R_m^o/R_{eL}^o$</th><th>$R_{eL}^o/R_{eL}$</th></tr>
<tr><td>HRB400<br>HRBF400</td><td rowspan="2">≥400</td><td rowspan="2">≥540</td><td>≥16</td><td>≥7.5</td><td>—</td><td>—</td></tr>
<tr><td>HRB400E<br>HRBF400E</td><td>—</td><td>≥9.0</td><td>≥1.25</td><td>≤1.30</td></tr>
<tr><td>HRB500<br>HRBF500</td><td rowspan="2">≥500</td><td rowspan="2">≥630</td><td>≥15</td><td>≥7.5</td><td>—</td><td>—</td></tr>
<tr><td>HRB500E<br>HRBF500E</td><td>—</td><td>≥9.0</td><td>≥1.25</td><td>≤1.30</td></tr>
</table>

续表

| 牌号 | 下屈服强度特征值 $R_{eL}$/MPa | 抗拉强度 $R_m$/MPa | 断后伸长率 $A$/% | 最大力总延伸率 $A_{gt}$/% | $R_m^o/R_{eL}^o$ | $R_{eL}^o/R_{eL}$ |
|---|---|---|---|---|---|---|
| HRB600 | ≥600 | ≥730 | ≥14 | ≥7.5 | — | — |

注：1. $R_m^o$ 为钢筋实测抗拉强度，$R_{eL}^o$ 为钢筋实测下屈服强度。
2. 公称直径 28～40mm 各牌号钢筋的断后伸长率 $A$ 可降低 1%，公称直径>40mm 各牌号钢筋的断后伸长率 $A$ 可降低 2%。
3. 对于没有明显屈服强度的钢筋，下屈服强度特征值 $R_{eL}$ 应采用规定塑性延伸强度 $R_{p0.2}$。

热轧带肋钢筋的检验分为特征值检验和交货检验。

特征值检验适用于以下情况：

① 供方对产品质量控制的检验；

② 需方提出要求，经供需双方协议一致的检验；

③ 第三方产品认证及仲裁检验。特征值检验规则应按照《钢筋混凝土用钢 第 2 部分：热轧带肋钢筋》GB/T 1499.2—2018 的规定进行。

交货检验适用于钢筋验收批的检验。钢筋应按批进行检查和验收，每批由同一牌号、同一炉罐号、同一规格的钢筋组成。每批钢筋质量通常≤60t，对于钢筋质量超过 60t 的部分，每增加 40t（或不足 40t 的余数），增加 1 个拉伸试验试件和 1 个弯曲试验试件。允许由同一牌号、同一冶炼方法、同一浇筑方法的不同炉罐号组成混合批，但各炉罐号含碳量之差应≤0.02%，含锰量之差应≤0.15%，混合批的质量应≤60t。热轧带肋钢筋交货检验项目、取样数量和取样方法应符合表 2.3.2-4 的规定。

**热轧带肋钢筋交货检验项目、取样数量和取样方法　　表 2.3.2-4**

| 检验项目 | 取样数量/个 | 取样方法 |
|---|---|---|
| 化学成分（熔炼分析） | 1 | 《钢和铁　化学成分测定用试样的取样和制样方法》GB/T 20066 |
| 拉伸 | 2 | 不同根（盘）钢筋切取 |
| 弯曲 | 2 | 不同根（盘）钢筋切取 |
| 反向弯曲 | 1 | 任 1 根（盘）钢筋切取 |
| 尺寸 | 逐根（盘） | — |
| 表面 | 逐根（盘） | — |
| 质量偏差 | — | — |
| 金相组织 | 2 | 不同根（盘）钢筋切取 |

注：1. 表面质量：钢筋应无有害表面缺陷。当经钢丝刷刷过的试件质量、尺寸、横截面面积和力学性能不低于相关要求时，锈皮、表面不平整或氧化铁皮不作为拒收的理由。当带有上述缺陷以外的表面缺陷的试件不符合力学性能或工艺性能要求时，则认为这些缺陷是有害的。
2. 拉伸、弯曲、反向弯曲试验：试件不允许进行车削加工。计算钢筋强度用截面面积为公称横截面面积。反向弯曲试验时，先正向弯曲 90°，将经正向弯曲后的试件在 100℃±10℃下保温时间≥30min，经自然冷却后再反向弯曲 20°。2 个弯曲角度均应在保持荷载时测量。当供方能保证钢筋经人工时效后的反向弯曲性能时，正向弯曲后的试件也可在室温下直接进行反向弯曲。
3. 尺寸测量：钢筋直径的测量精确到 0.1mm。钢筋纵肋、横肋高度的测量，采用测量同一截面两侧横肋中心高度平均值的方法，即测取钢筋最大外径，减去该处内径，所得数值的一半为该处肋高，应精确到 0.1mm。钢筋横肋间距采用测量平均肋距的方法进行测量，即测取钢筋一面上第 1 个与第 11 个横肋的中心距离，该数值除以 10 即为横肋间距，应精确到 0.1mm。钢筋横肋末端间隙测量方法为：测量产品两相邻横肋在垂直于钢筋轴线平面上投影的两末端之间的弦长。
4. 质量偏差的测量：测量钢筋质量偏差时，试件应从不同钢筋上截取，数量≥5 支，每支试件长度≥500mm。长度应逐支测量，应精确到 1mm。测量试件总质量时，应精确到不大于总质量的 1%。

热轧带肋钢筋疲劳性能、晶粒度、连接性能仅进行型式检验，即仅在原料、生产工艺、设备有重大变化及新产品生产时进行检验。型式检验项目、取样数量、取样方法和试验方法应符合表 2.3.2-5 的规定。

**热轧带肋钢筋型式检验项目、取样数量、取样方法和试验方法　　表 2.3.2-5**

| 检验项目 | 取样数量/个 | 取样方法 | 试验方法 |
|---|---|---|---|
| 疲劳性能 | 5 | 不同根（盘）钢筋切取 | 《钢筋混凝土用钢材试验方法》GB/T 28900 |
| 晶粒度 | 2 | 不同根（盘）钢筋切取 | 《金属平均晶粒度测定方法》GB/T 6394 |
| 连接性能 | 《钢筋焊接及验收规程》JGJ 18、《钢筋机械连接技术规程》JGJ 107 | | |

注：钢筋晶粒度检验应在交货状态下进行。

### 2.3.3 余热处理钢筋

《钢筋混凝土用余热处理钢筋》历经了 GB 13014—1991 和 GB/T 13014—2013（现行）版本。GB/T 13014—2013 替代 GB 13014—1991，主要变化有：删除和修改了余热处理钢筋牌号，由 KL400 更改为 RRB400 钢筋，增加了 RRB500 牌号；将钢筋用途分为可焊和非可焊；增加了规格 50mm 的钢筋；增加了反向弯曲性能、疲劳性能、连接性能 3 项技术要求。《钢筋混凝土用余热处理钢筋》GB/T 13014—2013 适用于钢筋混凝土用表面淬火并自回火处理的钢筋，不适用于由成品钢材和废旧钢材再次轧制成的钢筋。

《钢筋混凝土用余热处理钢筋》GB/T 13014—2013 中，余热处理钢筋按屈服强度特征值分为 400MPa 级和 500MPa 级，按用途分为可焊（焊接规程中规定的闪光对焊和电弧焊等工艺）和非可焊。余热处理钢筋牌号构成及其含义如表 2.3.3-1 所示。

**GB/T 13014—2013 中余热处理钢筋牌号构成及含义　　表 2.3.3-1**

| 类别 | 牌号 | 牌号构成 | 英文字母含义 |
|---|---|---|---|
| 余热处理钢筋 | RRB400<br>RRB500 | RRB+屈服强度特征值 | RRB—“余热处理钢筋”的英文（remained heat treatment ribbed bars）首字母缩写；<br>W—“可焊”的英文（weldable）首字母 |
| | RRB400W | RRB+屈服强度特征值+W | |

余热处理钢筋的公称直径范围为 8～50mm。RRB400、RRB500 钢筋推荐的公称直径为 8mm、10mm、12mm、16mm、20mm、25mm、32mm、40mm 和 50mm；RRB400W 钢筋推荐的公称直径为 8mm、10mm、12mm、16mm、20mm、25mm、32mm 和 40mm。

余热处理钢筋通常带有纵肋，也可不带纵肋。《钢筋混凝土用余热处理钢筋》GB/T 13014—2013 规定的月牙肋钢筋（带纵肋）表面及截面形状与《钢筋混凝土用钢 第 2 部分：热轧带肋钢筋》GB/T 1499.2 规定的相同。

余热处理钢筋化学成分和碳当量（熔炼分析）应符合表 2.3.3-2 的规定。根据需要，钢中还可加入 V、Nb、Ti 等元素。

**余热处理钢筋化学成分和碳当量（熔炼分析）** 表 2.3.3-2

| 牌号 | 化学成分（质量分数）/% | | | | | 碳当量 $C_{eq}$/% |
|---|---|---|---|---|---|---|
| | C | Si | Mn | P | S | |
| RRB400<br>RRB500 | ≤0.30 | ≤1.00 | ≤1.60 | ≤0.045 | ≤0.045 | — |
| RRB400W | ≤0.25 | ≤0.80 | | | | ≤0.50 |

余热处理钢筋力学性能应满足表 2.3.3-3 的规定。

**余热处理钢筋力学性能** 表 2.3.3-3

| 牌号 | 下屈服强度特征值 $R_{eL}$/MPa | 抗拉强度 $R_m$/MPa | 断后伸长率 A/% | 最大力下总伸长率 $A_{gt}$/% |
|---|---|---|---|---|
| RRB400 | ≥400 | ≥540 | ≥14 | ≥5.0 |
| RRB500 | ≥500 | ≥630 | ≥13 | |
| RRB400W | ≥430 | ≥570 | ≥16 | ≥7.5 |

注：1. 公称直径 28～40mm 各牌号钢筋的断后伸长率 $A$ 可降低 1%，公称直径>40mm 各牌号钢筋的断后伸长率 $A$ 可降低 2%。

2. 对于没有明显屈服强度的钢筋，屈服强度特征值 $R_{eL}$ 应采用规定非比例延伸强度 $R_{p0.2}$。

余热处理钢筋的检验分为特征值检验和交货检验。

特征值检验适用于以下情况：

① 供方对产品质量控制的检验；

② 需方提出要求，经供需双方协议一致的检验；

③ 第三方产品认证及仲裁检验。特征值检验规则应按照《钢筋混凝土用钢 第2部分：热轧带肋钢筋》GB/T 1499.2—2018 的规定进行。

交货检验适用于钢筋验收批的检验。钢筋应按批进行检查和验收，每批由同一牌号、同一炉罐号、同一规格、同一余热处理制度的钢筋组成。每批钢筋质量通常≤60t，对于钢筋质量超过 60t 的部分，每增加 40t（或不足 40t 的余数），增加 1 个拉伸试验试件和 1 个弯曲试验试件。允许由同一牌号、同一冶炼方法、同一浇筑方法的不同炉罐号组成混合批，但各炉罐号含碳量之差应≤0.02%，含锰量之差应≤0.15%。混合批的质量应≤60t。余热处理钢筋交货检验项目、取样数量和取样方法应符合表 2.3.3-4 的规定。

**余热处理钢筋交货检验项目、取样数量和取样方法** 表 2.3.3-4

| 检验项目 | 取样数量/个 | 取样方法 |
|---|---|---|
| 化学成分（熔炼分析） | 1 | 《钢和铁 化学成分测定用试样的取样和制样方法》GB/T 20066 |
| 拉伸 | 2 | 不同根（盘）钢筋切取 |
| 弯曲 | 2 | 不同根（盘）钢筋切取 |
| 反向弯曲 | 1 | 任 1 根（盘）钢筋切取 |
| 尺寸 | 逐根（盘） | — |
| 表面 | 逐根（盘） | — |
| 质量偏差 | — | — |
| 疲劳性能 | 协商 | |

续表

| 检验项目 | 取样数量/个 | 取样方法 |
| --- | --- | --- |
| 连接性能 | 协商 | |
| 金相组织 | 协商 | |

注：1. 表面质量：钢筋应无有害表面缺陷。只要钢丝刷刷过的试件质量、尺寸、横截面面积和拉伸性能不低于相关要求，锈皮、表面不平整或氧化铁皮不作为拒收的理由。当带有上述缺陷以外的表面缺陷的试件不符合拉伸性能或弯曲性能要求时，则认为这些缺陷是有害的。

2. 拉伸、弯曲、反向弯曲试验：试件不允许进行车削加工。计算钢筋强度用截面面积为公称横截面面积。反向弯曲试验时，先正向弯曲 90°，将经正向弯曲后的试件在 100℃±10℃下保温时间≥30min，经自然冷却后再反向弯曲 20°。2 个弯曲角度均应在保持荷载时测量。当供方能保证钢筋经人工时效后的反向弯曲性能时，正向弯曲后的试件也可在室温下直接进行反向弯曲。

3. 尺寸测量：带肋钢筋内径的测量精确到 0.1mm。对于带肋钢筋纵肋、横肋高度的测量，采用测量同一截面两侧纵肋、横肋中心高度平均值的方法，即测取钢筋最大外径，减去该处内径，所得数值的一半为该处肋高，应精确到 0.1mm。带肋钢筋横肋间距采用测量平均肋距的方法确定，即测取钢筋一面上第 1 个与第 11 个横肋的中心距离，该数值除以 10 即为横肋间距，应精确到 0.1mm。

4. 质量偏差的测量：测量钢筋质量偏差时，试件应从不同钢筋上截取，数量≥5 支，每支试件长度≥500mm。长度应逐支测量，应精确到 1mm。测量试件总质量时，应精确到不大于总质量的 1%。钢筋实际质量与理论质量的偏差（%）按下式计算：

$$\text{质量偏差}=\frac{\text{试样实际重量}-(\text{试样总长度}\times\text{理论质量})}{\text{试样总长度}\times\text{理论质量}}\times 100$$

## 2.4 功能性钢筋

热轧钢筋是主要的钢筋混凝土用钢材，广泛应用于混凝土结构中的受力主筋、箍筋等。热轧带肋钢筋是混凝土结构的骨架材料，在结构中承载着各种应力，在一定的环境（地震、腐蚀、火灾、低温等）下使用，因此不仅要求钢筋具有较高的强度、延性及相关工艺性能，且在一定的使用场合下要求具有较高的功能性，如抗震性能、耐蚀性能、耐火性能、耐低温性能等。近年来，随着地震、火灾等自然灾害的频繁发生，人们对建筑质量的要求不断提高，对建筑钢筋的性能提出新要求。同时，我国建筑业迎来绿色和工业化发展的新时代，我国建筑用热轧带肋钢筋对质量的要求越来越高，在注重提高钢筋强度和塑韧性的同时，更加注重钢筋的功能化。这种性能升级具体表现为在保证塑韧性、工艺性等使用性能的前提下，尽可能提高强度，同时开发并推广应用具有某些功能性要求的钢筋，如用于抗震设计的抗震钢筋，用于桥梁、码头、沿海工程等有防腐蚀要求的耐蚀钢筋，用于寒冷地区或低温工程结构的耐低温钢筋等。工业和信息化部早在 2015 年发布的《钢铁产业调整政策》中明确了大力推广高强度、耐高温等高性能钢材，加快钢铁产品升级换代，试点示范使用高强度抗震钢筋、耐火钢筋等。

### 2.4.1 耐腐蚀性钢筋

混凝土虽对钢筋具有保护作用，但随着时间的推移，混凝土结构经常会低于设计工作年限而过早破坏。在国家大力提倡节能减排的背景下，作为资源消耗较大的建筑业，提高钢筋混凝土结构耐久性已成为发展重点，特别是由环境引起的钢筋腐蚀而影响结构耐久性，已成为工程界普遍关注的问题。这些环境随处可见，如我国北方冬季漫长，冬天下雪使用化冰盐，桥梁道路遭到破坏；南方多雨，长期处于太阳直射下的基础设施耐久性差；

工业大气环境下的厂房出现钢筋过早锈蚀引起的混凝土保护层脱落等。特别是在苛刻的腐蚀（如海洋）环境中，高湿、高盐雾等特点常导致混凝土中的钢筋发生严重腐蚀，大幅度降低结构使用寿命。海洋环境中由氯离子入侵引起钢筋锈蚀是混凝土结构耐久性失效的最主要原因。氯离子破坏钢筋表面原有保护性钝化膜，使钢筋易于锈蚀。交通运输部等单位曾对华南地区码头的调查结果表明，有80%以上码头均发生严重或较严重的钢筋锈蚀破坏，出现破坏的码头有的建成时间仅5～10年，造成严重经济损失。近些年，在我国建设海洋强国战略的大背景下，大量海洋世纪工程、国防工程的建设均对耐蚀性能提出了较高要求。

耐久性保障措施是确保设计使用寿命的关键，尤其是当结构物处于盐碱、海洋等强腐蚀环境中。由于氯离子和水分的渗透，混凝土结构和构件将产生电化学反应，导致钢筋锈蚀，钢筋铁锈产物的体积为原体积的2～6倍。锈蚀导致受力钢筋的有效直径减小，降低结构承载能力。锈蚀产物较少时，导致钢筋保护层顺着钢筋锈迹垂直开裂，影响结构美观与耐久性。当锈蚀产物达到一定数量时，所产生的膨胀压力会造成混凝土结构受拉截面垂直开裂、顺筋开裂及表面剥落，裂缝的产生又会导致更多腐蚀介质进入，引发更严重的腐蚀，进而影响结构的安全性和耐久性。

普通碳素钢筋无法满足上述环境下结构物耐蚀性能需要。影响混凝土耐久性的主要因素包括化学介质侵蚀、碱集料反应系列因素导致的变形开裂、钢筋锈蚀、应力破坏等，其中钢筋锈蚀被认为是导致混凝土结构破坏而达不到预期耐久性的首要原因之一。为减缓钢筋腐蚀，国内外陆续出现了增加保护层厚度、镀锌钢筋、环氧涂层钢筋、阴极保护、采用聚合物混凝土、阻锈剂等方法，这在一定程度上延缓了钢筋腐蚀开始时间，但存在成本高、施工困难或防腐蚀效果不确定性等缺点。

采用耐腐蚀性钢筋代替普通碳素钢筋，可充分发挥耐腐蚀性钢筋耐腐蚀破坏的特性，延长构筑物寿命，降低后期维修投入。降低综合成本，经济效益和社会效益显著。为防止在海水等特殊场合使用的钢筋混凝土受腐蚀而过早破坏，在跨海桥梁、沿海码头等工程中需使用耐腐蚀性钢筋。

美国于20世纪80年代中期专门针对公路工程在实施了“战略公路研究计划”，研究公路桥梁的钢筋腐蚀问题。英国于20世纪70年代启动“海洋研究计划”，针对海洋环境中钢筋混凝土的腐蚀问题进行研究。日本钢铁公司研制了预应力混凝土耐蚀钢筋（含镍量3.5%，含钨量0.12%），该类钢筋在东京湾混凝土结构试验中显示了良好的耐腐蚀性能。印度塔塔公司研制了Cu-P-Cr系低合金钢筋，该类钢筋耐蚀性是普通钢筋的3～5倍。

采用不锈钢钢筋替代碳钢钢筋是解决海洋环境中混凝土结构耐久性问题的有效措施之一。虽然不锈钢钢筋的高昂价格会增加初期建造成本，但对于处在严酷环境中又需超长设计使用寿命的混凝土结构而言，采用不锈钢钢筋可减少营运期的维修，降低维护成本，全寿命周期综合成本反而更低。对于使用寿命超过120年的海岸桥梁，使用不锈钢钢筋会增加10%的建造成本，但全寿命周期内综合成本反而会减少50%。不锈钢钢筋的使用最早可追溯至20世纪30年代末。已知的第一座使用不锈钢钢筋的结构为位于墨西哥湾的Progresso码头，该码头使用了304L不锈钢钢筋。20世纪90年代末对其检测发现钢筋附近氯离子含量已达1.2%（相对于混凝土质量比），但未发现钢筋锈蚀。20世纪70年代，随着对氯离子引起的钢筋腐蚀问题认识的逐渐深入，不锈钢钢筋的研究与使用又开始兴起。目前不锈钢钢筋在加拿大、丹麦、德国、意大利、日本、墨西哥、南非、美国和英国等均有使用。

在我国，不锈钢钢筋应用还处于起步阶段。港珠澳大桥是第一个大量采用不锈钢钢筋的工程，该大桥处于恶劣海洋腐蚀环境中，主要结构为钢筋混凝土，设计使用寿命为120年。在耐久性设计上，采用了高性能混凝土及足够的保护层厚度，以延长氯离子抵达钢筋表面的时间，理论上可使大桥混凝土结构使用寿命达到120年的设计要求。但考虑混凝土施工过程出现的质量偏差，增加实体构件的耐久性安全裕度，大桥重要构件、关键部位采取了附加防腐蚀措施，其中处于腐蚀最严苛的浪溅区构件采用国产2304双相不锈钢钢筋替代碳钢钢筋。

国际上有关钢材腐蚀的标准主要有：*Corrosion of metals and alloys-Detemination of the corrosion rates of embedded steel reinforcement in concrete exposed to simulated marine environments* ISO 21062—2020、*Standard Specification for Deformed and Plain Stainless Steel Bars for Concrete Reinforcement* ASTM A955/A955M、*Standard Specifieation for High-Strength Low-Alloy Structural Steel, up to* 50ksi [345MPa] *Minimum Yield Point, with Atmospheric Corrosion Resistance* ASTM A588/A588、*Standard Specification for, Low-carbon, Chromium, Steel Bars for Concrete Reinforcement* ASTM A1035、*Stainless steel bars-Reinforcement of concrete -Requirements and test methods* BS 6744：2016等。

我国进行了不锈钢钢筋及耐蚀钢筋的大量研究，对耐蚀性钢筋进行了模拟不同环境下的加速腐蚀试验、混凝土构件中钢筋的加速腐蚀试验和电化学试验。目前，我国关于耐腐蚀性钢筋的国家及行业标准有：

(1)《钢筋混凝土用耐蚀钢筋》GB/T 33953—2017（曾发布实施过行业标准《钢筋混凝土用耐蚀钢筋》YB/T 4361—2014)；

(2)《钢筋混凝土用不锈钢钢筋》GB/T 33959—2017（曾发布实施过行业标准《钢筋混凝土用不锈钢钢筋》YB/T 4362—2014)；

(3)《钢筋混凝土用环氧涂层钢筋》GB/T 25826—2022；

(4)《环氧树脂涂层钢筋》JG/T 502—2016（替代JG/T 3042—1997)；

(5)《公路工程　环氧涂层钢筋》JT/T 945—2014；

(6)《海洋工程混凝土用高耐蚀性合金带肋钢筋》GB/T 34206—2017；

(7)《钢筋混凝土用热轧碳素钢-不锈钢复合钢筋》GB/T 36707—2018。

上述标准都是耐腐蚀性钢筋的产品标准，但目前我国耐腐蚀性钢筋的耐久性应用评价体系尚未建立，缺乏对应的有效指导。目前，对于耐腐蚀性钢筋的设计、施工及验收主要参考《混凝土结构耐久性设计标准》GB/T 50476—2019，并结合《混凝土结构耐久性设计与施工指南》CCES 01—2004。但这些标准缺少针对耐腐蚀性钢筋的设计、施工及验收的系统性规范指导，无法满足耐腐蚀性钢筋在钢筋混凝土中应用的需要。在上述背景下，中国工程建设标准化协会发布了《耐腐蚀性钢筋应用技术规程》T/CECS 1150—2022，旨在指导并规范耐腐蚀性钢筋的设计、施工及验收，为耐腐蚀性钢筋的推广及使用提供依据，引导和促进耐腐蚀性钢筋行业的健康发展。需要注意的是，《耐腐蚀性钢筋应用技术规程》T/CECS 1150—2022中的“耐腐蚀性钢筋”被定义为“以添加耐腐蚀合金元素的方式提高钢筋本体耐腐蚀性能为主要特征的钢筋”，特指耐蚀钢筋和不锈钢钢筋。

目前，国内主要生产Cu-P系耐蚀钢筋和Cu-Cr-Ni系耐蚀钢筋，前者适用于大气环境和非浪溅区的氯离子环境，后者适用于大气环境和氯离子环境。为提高钢筋性能，可添加1种或1种以上的微量合金元素，如添加Nb0.015%～0.1%、V0.02%～0.12%、Ti0.02%～0.10%。此外，还可添加下列合金元素提高耐腐蚀性能，如添加Mo≤0.2%，Re≤0.15%，Al≤0.55%。Cu-P系耐蚀钢筋和Cu-Cr-Ni系耐蚀钢筋均可用于腐蚀环境，其设计工作年限为25～50年。还有一种已开发成功的耐腐蚀性钢筋为耐蚀钢筋热轧碳素钢-不锈钢复合钢筋，其性能、强度、耐腐蚀性能均达设计要求；且生产时可节约资源，生产成本较低。

2.4.1.1 不锈钢钢筋

《钢筋混凝土用不锈钢钢筋》GB/T 33959—2017对不锈钢钢筋的定义为："以不锈、耐蚀性为主要特征的钢筋"。不锈钢钢筋按屈服强度特征值分为300MPa级、400MPa级和500MPa级，类别分为牌号为HPB300S（S为Stainless Steel的首字母）的热轧光圆不锈钢钢筋、牌号为HRB400S和HRB500S的热轧带肋不锈钢钢筋。热轧光圆不锈钢钢筋公称直径范围为6～22mm，热轧带肋不锈钢钢筋公称直径范围为6～50mm。热轧光圆不锈钢钢筋表面形状、长度及尺寸允许偏差应符合现行国家标准《钢筋混凝土用钢 第1部分：热轧光圆钢筋》GB/T 1499.1的规定，热轧带肋不锈钢钢筋表面形状、长度及尺寸允许偏差应符合现行国家标准《钢筋混凝土用钢 第2部分：热轧带肋钢筋》GB/T 1499.2的规定。

不锈钢钢筋力学性能应符合表2.4.1.1的规定。

**不锈钢钢筋力学性能** **表2.4.1.1**

| 牌号 | 下屈服强度 $R_{p0.2}$/MPa | 抗拉强度 $R_m$/MPa | 断后伸长率 $A$/% | 最大力下总伸长率 $A_{gt}$/% |
|---|---|---|---|---|
| HPB300S | ≥300 | ≥420 | ≥25 | ≥10.0 |
| HRB400S | ≥400 | ≥540 | ≥16 | ≥7.5 |
| HRB500S | ≥500 | ≥630 | ≥15 | ≥7.5 |

2.4.1.2 耐蚀钢筋

《钢筋混凝土用耐蚀钢筋》GB/T 33953—2017对耐蚀钢筋的定义为："根据钢筋使用环境类别的不同，如工业大气腐蚀环境、氯离子腐蚀环境，在钢中加入适量的耐腐蚀合金元素，如Cu、P、Cr、Ni、Mo、RE等，使其具有耐腐蚀性能，按照热轧或控轧控冷状态交货的钢筋"。

《钢筋混凝土用耐蚀钢筋》GB/T 33953—2017中，耐蚀钢筋按屈服强度特征值分为400MPa级和500MPa级。根据钢筋的使用环境，分为耐工业大气腐蚀钢筋和耐氯离子腐蚀钢筋。钢筋牌号构成及含义如表2.4.1.2-1所示。

**《钢筋混凝土用耐蚀钢筋》GB/T 33953—2017中耐蚀钢筋牌号构成及含义**

**表2.4.1.2-1**

| 类别 | 牌号 | 牌号构成 | 英文字母含义 |
|---|---|---|---|
| 耐工业大气腐蚀钢筋 | HRB400a<br>HRB500a | HRB+屈服强度特征值+a | HRB—"热轧带肋钢筋"英文（Hot Rolled Ribbed Bars）首字母缩写；a—"耐大气腐蚀"英文（Atmospheric Corrosion Resistance）中"Atmospheric"首字母。E—"地震"英文（Earthquake）首字母 |
| | HRB400aE<br>HRB500aE | HRB+屈服强度特征值+a+E | |

续表

| 类别 | 牌号 | 牌号构成 | 英文字母含义 |
| --- | --- | --- | --- |
| 耐氯离子腐蚀钢筋 | HRB400c<br>HRB500c | HRB+屈服强度特征值+c | HRB—“热轧带肋钢筋”英文（Hot Rolled Ribbed Bars）首字母缩写；c—“耐氯离子腐蚀”的英文（Chloride Corrosion Resistance）中“Chloride”首字母；E—“地震”英文（Earthquake）首字母 |
| | HRB400cE<br>HRB500cE | HRB+屈服强度特征值+c+E | |

耐蚀钢筋尺寸、外形、长度、弯曲度和端部、质量及允许偏差应符合《钢筋混凝土用钢 第 2 部分：热轧带肋钢筋》GB/T 1499.2 的规定。

耐蚀钢筋化学成分应符合表 2.4.1.2-2 的规定。根据需要，可加入 V、Nb、Ti 等元素。为进一步提高钢筋的耐腐蚀性能，还可加入下列一种或多种合金元素：Mo≤0.30%，RE≤0.05%等。

**耐蚀钢筋化学成分（熔炼分析）　　表 2.4.1.2-2**

| 牌号 | 化学成分（质量分数）/% | | | | | | | |
| --- | --- | --- | --- | --- | --- | --- | --- | --- |
| | C | Si | Mn | P | S | Cu | Cr | Ni |
| HRB400a<br>HRB400aE | ≤0.21 | ≤0.80 | ≤1.60 | 0.060～0.150 | ≤0.030 | 0.20～0.60 | — | — |
| HRB500a<br>HRB500aE | | | | | | | | |
| HRB400c<br>HRB400cE | | | | ≤0.030 | | — | 0.25～7.0 | ≤0.65 |
| HRB500c<br>HRB500cE | | | | | | | | |

耐蚀钢筋力学性能应符合表 2.4.1.2-3 的规定。

**耐蚀钢筋力学性能　　表 2.4.1.2-3**

| 牌号 | 下屈服强度 $R_{eL}$/MPa | 抗拉强度 $R_m$/MPa | 断后伸长率 $A$/% | 最大力下总伸长率 $A_{gt}$/% | $R^o_m/R^o_{eL}$ | $R^o_{eL}/R_{eL}$ |
| --- | --- | --- | --- | --- | --- | --- |
| HRB400a<br>HRB400c | ≥400 | ≥540 | ≥16 | ≥7.5 | — | — |
| HRB400aE<br>HRB400cE | | | — | ≥9.0 | ≥1.25 | ≤1.30 |
| HRB500a<br>HRB500c | ≥500 | ≥630 | ≥15 | ≥7.5 | — | — |
| HRB500aE<br>HRB500cE | | | — | ≥9.0 | ≥1.25 | ≤1.30 |

注：1. $R^o_m$ 为钢筋实测抗拉强度。
2. $R^o_{eL}$ 为钢筋实测下屈服强度。
3. 公称直径 28～40mm 各牌号钢筋的断后伸长率 $A$ 可降低 1%（绝对值）；公称直径>40mm 各牌号钢筋的断后伸长率 $A$ 可降低 2%（绝对值）。
4. 对于无明显屈服强度的钢筋，下屈服强度特征值 $R_{eL}$ 应采用规定塑性延伸强度 $R_{p0.2}$。

#### 2.4.1.3 海洋工程混凝土用高耐蚀性合金带肋钢筋

《海洋工程混凝土用高耐蚀性合金带肋钢筋》GB/T 34206—2017 对高耐蚀性合金钢筋的定义为：“在钢中加入一定量的耐腐蚀性合金元素，如 Cr、Mo、Cu、Sn 等，使其具有高耐腐蚀性能的钢筋”。

《海洋工程混凝土用高耐蚀性合金带肋钢筋》GB/T 34206—2017 中，高耐蚀性合金钢筋按屈服强度特征值分为 400MPa 级和 500MPa 级。钢筋牌号构成及含义如表 2.4.1.3-1 所示。

**《海洋工程混凝土用高耐蚀性合金带肋钢筋》GB/T 34206—2017 中**
**高耐蚀性合金钢筋牌号构成及含义　　表 2.4.1.3-1**

| 牌号 | 牌号构成 | 英文字母含义 |
|---|---|---|
| HRB400M<br>HRB500M | HRB+屈服强度特征值+M | HRB—“热轧带肋钢筋”英文（Hot Rolled Ribbed Bars）首字母缩写；M—“海洋工程混凝土”英文（Marine Concrete）中的“Marine”首字母；E—“地震”英文（Earthquake）首字母 |
| HRB400ME<br>HRB500ME | HRB+屈服强度特征值+M+E | |

高耐蚀性合金钢筋公称直径范围为 6～50mm，钢筋表面外形尺寸允许偏差、长度及允许偏差、弯曲度和端部、质量及允许偏差应符合现行国家标准《钢筋混凝土用钢 第 2 部分：热轧带肋钢筋》GB/T 1499.2 的规定。

高耐蚀性合金钢筋化学成分应符合表 2.4.1.3-2 的规定。根据需要，钢中还可加入 Re、Ti 等元素。

**高耐蚀性合金钢筋化学成分（熔炼分析）　　表 2.4.1.3-2**

| 牌号 | 化学成分（质量分数）/% | | | | | | | | | |
|---|---|---|---|---|---|---|---|---|---|---|
| | C | Si | Mn | P | S | Cr | Mo | Sn | Cu | V |
| HRB400M<br>HRB400ME<br>HRB500M<br>HRB500ME | ≤0.08 | ≤0.80 | ≤2.50 | ≤0.020 | ≤0.020 | 7.5～10.0 | 0.80～1.80 | ≤0.30 | ≤0.50 | 0.03～0.15 |

高耐蚀性合金钢筋力学性能应符合表 2.4.1.3-3 的规定。

**高耐蚀性合金钢筋力学性能　　表 2.4.1.3-3**

| 牌号 | 下屈服强度 $R_{eL}$/MPa | 抗拉强度 $R_m$/MPa | 断后伸长率 $A$/% | 最大力下总伸长率 $A_{gt}$/% | $R_m^o/R_{eL}^o$ | $R_{eL}^o/R_{eL}$ |
|---|---|---|---|---|---|---|
| HRB400M | ≥400 | ≥540 | ≥16 | ≥7.5 | — | — |
| HRB400ME | | | | ≥9.0 | ≥1.25 | ≤1.30 |
| HRB500M | ≥500 | ≥630 | ≥15 | ≥7.5 | — | — |
| HRB500ME | | | | ≥9.0 | ≥1.25 | ≤1.30 |

注：1. $R_m^o$ 为钢筋实测抗拉强度。
2. $R_{eL}^o$ 为钢筋实测下屈服强度。
3. 公称直径 28～40mm 各牌号钢筋的断后伸长率 $A$ 可降低 1%（绝对值）；公称直径>40mm 各牌号钢筋的断后伸长率 $A$ 可降低 2%（绝对值）。
4. 对于无明显屈服强度的钢筋，下屈服强度特征值 $R_{eL}$ 应采用规定非比例延伸强度 $R_{p0.2}$。

2.4.1.4　热轧碳素钢-不锈钢复合钢筋

《钢筋混凝土用热轧碳素钢-不锈钢复合钢筋》GB/T 36707—2018 适用于以不锈钢做覆面、碳素钢（或低合金钢）做基材，通过热轧法生产的不锈钢复合钢筋，钢筋不锈钢覆层厚度不应＜180μm。碳素钢-不锈钢复合钢筋按屈服强度特征值分为 300MPa 级、400MPa 级和 500MPa 级，类别分为牌号为 HPB300SC（SC 为 Stainless Steel Compound Bars 的缩写）的热轧光圆碳素钢-不锈钢复合钢筋、牌号为 HRB400SC 和 HRB500SC 的热轧带肋碳素钢-不锈钢复合钢筋。

光圆碳素钢-不锈钢复合钢筋公称直径范围为 6～22mm，带肋碳素钢-不锈钢复合钢筋公称直径范围为 6～50mm。光圆碳素钢-不锈钢复合钢筋尺寸、外形及允许偏差应符合《钢筋混凝土用钢 第 1 部分：热轧光圈钢筋》GB/T 1499.1 的规定，带肋碳素钢-不锈钢复合钢筋尺寸、外形及允许偏差应符合《钢筋混凝土用钢 第 2 部分：热轧带肋钢筋》GB/T 1499.2 的规定。为确保钢筋覆层均匀，带肋钢筋的横肋、纵肋与内径之间过渡部位应呈弧形。

钢筋基材的化学成分及碳当量应分别符合国家现行标准《钢筋混凝土用钢 第 1 部分：热轧光圆钢筋》GB/T 1499.1 和《钢筋混凝土用钢 第 2 部分：热轧带肋钢筋》GB/T 1499.2 的规定。钢筋覆层的牌号及化学成分应符合表 2.4.1.4-1 的规定。

**碳素钢-不锈钢复合钢筋覆层牌号及化学成分　　表 2.4.1.4-1**

| 覆盖牌号 | | 覆层化学成分/% | | | | | | | | |
|---|---|---|---|---|---|---|---|---|---|---|
| 《不锈钢和耐热钢 牌号及化学成分》GB/T 20878 统一数字代号及牌号 | | C | Si | Mn | P | S | Cr | Ni | Mo | N |
| S30408 | 06Cr19Ni10 | ≤0.08 | ≤1.00 | ≤2.00 | ≤0.045 | ≤0.030 | 18.00～20.00 | 8.00～11.00 | — | — |
| S30403 | 022Cr19Ni10 | ≤0.030 | ≤1.00 | ≤2.00 | ≤0.045 | ≤0.030 | 8.00～20.00 | 8.00～12.00 | — | — |
| S31608 | 06Cr17Ni12Mo2 | ≤0.08 | ≤1.00 | ≤2.00 | ≤0.045 | ≤0.030 | 8.00～20.00 | 10.00～14.00 | 2.00～3.00 | — |
| S31603 | 022Cr17Ni12Mo2 | ≤0.030 | ≤1.00 | ≤2.00 | ≤0.045 | ≤0.030 | 8.00～20.00 | 10.00～14.00 | 2.00～3.00 | — |
| S22053 | 022Cr23Ni5Mo3N | ≤0.030 | ≤1.00 | ≤2.00 | ≤0.030 | ≤0.020 | 8.00～20.00 | 4.50～6.50 | 3.00～3.50 | 0.14～0.20 |

碳素钢-不锈钢复合钢筋力学性能应符合表 2.4.1.4-2 的规定。

**碳素钢-不锈钢复合钢筋力学性能　　表 2.4.1.4-2**

| 牌号 | 下屈服强度 $R_{p0.2}$/MPa | 抗拉强度 $R_m$/MPa | 断后伸长率 $A$/% | 最大力下总伸长率 $A_{gt}$/% |
|---|---|---|---|---|
| HPB300SC | ≥300 | ≥420 | ≥25 | ≥10.0 |
| HRB400SC | ≥400 | ≥540 | ≥16 | ≥7.5 |
| HRB500SC | ≥500 | ≥630 | ≥15 | ≥7.5 |

注：1. 公称直径 28～40mm 各牌号钢筋的断后伸长率 $A$ 可降低 1%（绝对值）；公称直径＞40mm 各牌号钢筋的断后伸长率 $A$ 可降低 2%（绝对值）。
2. 对于无明显屈服强度的钢筋，屈服强度特征值 $R_{eL}$ 应采用规定非比例延伸强度 $R_{p0.2}$。

#### 2.4.1.5 环氧涂层钢筋

在众多减缓钢筋腐蚀的方法中，环氧涂层钢筋由于使用方便、保护效果好且经济，应用较为广泛。环氧涂层钢筋是通过静电吸附的方法将雾状环氧树脂液滴吸附到钢筋表面形成牢固的薄层，从而大大提高钢筋的抗锈蚀能力。在钢筋表面固化的环氧树脂体系中，含有稳定的苯环、醚键及脂肪族羟基，具有极高的化学稳定性、延展性、不与酸碱反应等特性，与金属表面具有极佳的黏着性，在钢筋表面形成阻隔与水分、氧、氯化物或侵蚀性介质接触的物理屏障。

美国从20世纪60年代开始研究环氧树脂涂层钢筋技术，20世纪70年代中期开始应用于建设领域，到目前已有几十年的历史，涂层技术日臻成熟，并有严格的行业标准、设计规范及施工规范，如 *Standard Specification for Epoxy-Coated Steel Reinforcing Bars*（环氧树脂涂层钢筋标准）ASTM A 775/A 775M、*Standard Specification for Zinc and Epoxy Dual-Coated Steel Reinforcing Bars*（锌和环氧双涂层钢筋标准）ASTM A 1055/A 1055M。除美国外，还有日本土木工程师学会标准JSCE 1985，英国标准 *Fusion bonded epoxy coated carbon steel bars for the reinforcement of concrete*（钢筋混凝土用熔融结合环氧树脂涂层钢筋）BS 7295，*Epoxy-coated steel for the reinforcement of concrete*（钢筋混凝土用环氧树脂涂层钢）ISO 14654—1999。另外，尚有其他与环氧涂层钢筋应用有关的守则或指南，如加拿大MTO工地修补与采用、美国CRSI涂层钢筋工地规范、英国TRRL交通部规范，沙特阿拉伯等部分国家机关和部门均有规定的工地操作规范，美国的部分州甚至规定不仅是处在海水、海潮与海风影响区、以氯盐为主的强腐蚀环境中有抗氯离子锈蚀要求的公路与市政桥梁、涵洞、隧道钢筋混凝土结构中，且所有钢筋混凝土桥面钢筋及水泥路面拉杆、传力杆均必须使用环氧涂层钢筋。

我国有关环氧涂层钢筋的主要标准有《钢筋混凝土用环氧涂层钢筋》GB/T 25826、《环氧树脂涂层钢筋》JG/T 502、《公路工程　环氧涂层钢筋》JT/T 945、《熔融结合环氧粉末涂料的防腐蚀涂装》GB/T 18593、《钢质管道熔结环氧粉末外涂层技术规范》SY/T 0315等。

**1.《钢筋混凝土用环氧涂层钢筋》GB 25826**

在ISO 14654—1999的基础上，我国制定并发布了国家标准《钢筋混凝土用环氧涂层钢筋》GB/T 25826—2010，而后修订为GB/T 25826—2022。《钢筋混凝土用环氧涂层钢筋》GB/T 25826—2022适用于涂覆前、后加工的钢筋和涂层前加工的成品钢筋。

《钢筋混凝土用环氧涂层钢筋》GB/T 25826—2022规定的涂层钢筋指熔融结合环氧涂层的钢筋、焊接网和成品钢筋。熔融结合环氧涂层指以粉末形式喷涂在已加热的洁净金属表面上，固化后形成的连续涂层，涂层包括热固性环氧树脂、固化剂、颜料及其他添加料。涂覆前处理指涂覆前对金属表面进行预处理，以促进涂层附着，提高耐腐蚀和抗起泡能力。熔融结合环氧涂层涂覆后加工的钢筋和成品钢筋称为涂覆后加工的钢筋；熔融结合环氧涂层涂覆前加工的钢筋和成品钢筋称为涂覆前加工的钢筋。

环氧涂层钢筋按涂层特性分为A类和B类。A类在涂覆后可进行再加工，B类在涂覆后不应进行再加工。环氧涂层钢筋名称代号为ECR，取自钢筋混凝土用环氧涂层钢筋的英文缩写（epoxy coated steel for the reinforcement of concrete）。

环氧涂层钢筋的型号由名称代号、涂层性质、钢筋牌号和钢筋直径组成。如用直径为20mm、牌号为HRB400热轧带肋钢筋制作的A类环氧涂层钢筋，其产品型号为“ECRA・HRB400-20”；用直径为20mm、牌号为HRB400热轧带肋钢筋制作的B类环氧涂层钢筋，其产品型号为“ECRB・HRB400-20”。

用于制作环氧涂层钢筋的钢筋和成品钢筋，其质量应符合现行国家标准《钢筋混凝土

用钢 第1部分：热轧光圆钢筋》GB/T 1499.1、《钢筋混凝土用钢 第2部分：热轧带肋钢筋》GB/T 1499.2、《钢筋混凝土用钢 第3部分：钢筋焊接网》GB/T 1499.3、《冷轧带肋钢筋》GB/T 13788的规定或需方提出的其他产品标准要求。钢筋表面不应有毛刺、影响涂层质量的尖角及其他缺陷，并应无油、脂或漆等污染物。涂覆前，钢筋表面应使用钢砂喷射清理，其质量应达到：

1）轧制氧化铁皮的残余量应≤5%；

2）表面污染物应≤30%；

3）平均粗糙度应在50～70μm，平均偏差采用《产品几何技术规范（GPS）表面结构 轮廓法 术语、定义及表面结构参数》GB/T 3505—2009中Ra值；

4）表面不应附着有氯化物；

5）达到《涂覆涂料前钢材表面处理 表面清洁度的目视评定 第1部分：未涂覆过的钢材表面和全面清除原有涂层后的钢材表面的锈蚀等级和处理等级》GB/T 8923.1—2011规定的目视评定除锈等级Sa2½级。

对符合要求的钢筋方可进行涂层制作。为增加钢筋和成品钢筋与涂料的粘结性，允许采用化学方法和（或）其他预处理方法清理。

涂层的涂覆应尽快在净化处理后的钢筋表面上进行，钢筋净化处理后至涂覆涂层的间隔时间不宜超过表2.4.1.5-1的规定，且钢筋表面不应有肉眼可见的氧化现象。若相对湿度超过85%，应停止涂覆操作。

**钢筋净化处理和涂覆涂层最长间隔时间　　表2.4.1.5-1**

| 相对湿度（*RH*） | 最长间隔时间/min |
|---|---|
| *RH*≤55% | 180 |
| 55%<*RH*≤65% | 90 |
| 65%<*RH*≤75% | 60 |
| 75%<*RH*≤85% | 30 |

涂层涂覆时，钢筋表面预热温度范围和涂层涂覆后的固化要求，应按照涂层材料生产厂的说明书执行。在连续涂覆的过程中，至少每30min测量一次进行涂覆的钢筋的表面温度。

涂层钢筋固化后的涂层厚度应满足表2.4.1.5-2的要求。

**涂层厚度的记录值　　表2.4.1.5-2**

| 序号 | 钢筋直径/mm | 普通环境 | | | 耐腐蚀等要求较高的环境 | | |
|---|---|---|---|---|---|---|---|
| | | 平均值/μm | 单点厚度/μm | | 平均值/μm | 单点厚度/μm | |
| | | | 最小值 | 最大值 | | 最小值 | 最大值 |
| 1 | *d*<20 | 180～300 | 144 | 360 | 220～300 | 180 | 360 |
| 2 | *d*≥20 | 180～400 | 144 | 480 | 220～400 | 180 | 480 |

涂层固化后，应无孔洞、空隙、裂纹和其他目视可见的缺陷。涂层钢筋每1m长度上的漏点数目应≤2个。对于<300mm长的涂层钢筋，漏点数目应≤1个。钢筋焊接网的漏点数量不应超过规定。切割端头不计入在内。

A 类钢筋应进行弯曲试验。弯曲试验后，试件弯曲外表面上无肉眼可见的裂纹或剥离现象。

涂层的附着性应按照规定进行阴极剥离和盐雾试验。

涂层钢筋与混凝土之间的粘结强度应不小于无涂层钢筋粘结强度的 85%。

涂层在修补前，其受损涂层面积不应超过每米环氧涂层钢筋总体表面积的 0.5%（不包括切割部位）。对目视可见的涂层损伤，应用规定的修补材料，按照修补材料的使用说明书进行修补。修补前，应通过适当的方法除去受损部位所有的铁锈。修补后的涂层应符合规定，受损部位的涂层厚度应≥180μm。涂层钢筋的切割部位应使用相同的修补材料进行密封。上述规定适用于从用户订货到工地施工的整个过程。由于涂覆工艺的限制，钢筋端部会出现约 200mm 的不完全涂覆段。建议将钢筋端部切除或在后续加工中进行修补。若每 1m 涂层钢筋损伤面积超过钢筋总体表面积的 0.5%，该段应舍弃。修补涂层损伤时，注意不应将修补材料过多地涂在完好涂层上。

涂层钢筋在钢筋加工场内集中加工。涂层钢筋在吊装和搬运过程中应小心谨慎，同时尽量减少吊装次数。吊装涂层钢筋的吊索宜采用高强度的尼龙带，不应使用钢丝绳吊装；涂层钢筋的长度在 6m 以下的应设置两个支点吊装，长度超过 6m 时每隔 4m 应设置一个支点吊装，以防止钢筋捆扎过度而下垂；涂层钢筋质量超过 2t 时，支点数量应增加。吊索与涂层钢筋之间应设置垫层，不得直接接触，捆绑材料与钢筋间应有垫层或采用适当的方法，每捆涂层钢筋之间应采用木隔板分离，防止钢筋与吊索之间、钢筋与钢筋之间因碰撞、摩擦造成涂层破坏。涂层钢筋的搬运应采用水平方式，严禁拖拽抛掷。暴露于车间外的涂层钢筋应采用帆布包裹保护。

涂层钢筋到达现场后，检查每捆钢筋的合格标记。存放时，单独划分存放区域，与普通钢筋隔离，接触涂层钢筋的区域设置软质塑料垫片。涂层钢筋在施工现场的贮存期不宜超过 3 个月，尽可能减少贮存数量，遵循“先进先用，后进后用”原则。如果涂层在室外存放 2 个月以上，应采取保护措施，避免暴露在日照、盐雾和大气中。如果涂层钢筋贮存在具有腐蚀性的环境中，应对涂层进行有效保护，防止涂层损坏。如果涂层钢筋在室外贮存且无覆盖物，应在该捆钢筋标签上注明室外贮存的时间。涂层钢筋存放期间，应采用不透明材料或其他合适的保护罩覆盖，以避免环氧树脂涂层因紫外线照射引起涂层的褪色和老化。对于分层堆放的钢筋捆，遮盖物料应盖严。遮盖物应固定牢固，并保持涂层钢筋周围空气流通，避免覆盖层下凝结水珠。

堆放时，所有涂覆钢筋贮存时应离开地面并设置保护性支撑，支撑间距和枕木间距应小到足以防止成捆钢筋下垂，成捆堆放层数≤5 层并设有保护隔层。

涂层钢筋和成品钢筋的产品型号及批号、涂层日期，应在标牌及质量证明书上标示。

《钢筋混凝土用环氧涂层钢筋》GB/T 25826—2022 在附录 E 中提出了“钢筋混凝土用环氧树脂涂层钢筋应用指南”，具体内容有：

1）涂层钢筋特性

涂层钢筋与混凝土之间的粘结强度，应取为无涂层钢筋粘结强度的 80%。涂层钢筋的锚固长度应取不小于有关设计规范规定的相同等级和规格的无涂层钢筋锚固长度的 1.25 倍。涂层钢筋的绑扎搭接长度，对受拉钢筋，应取不小于有关设计规范规定的相同等级和规格的无涂层钢筋锚固长度的 1.5 倍且≥375mm；对受压钢筋，应取不小于有关设计规范规定的相同等级和规格的无涂层钢筋锚固长度的1.0倍且≥250mm。当涂层钢筋进行弯曲加工时，对于公称直径$d$≤20mm的钢筋，其弯曲直径应≥4$d$；对于公称直径$d$>20mm的钢筋，其弯曲直径应≥6$d$。

2）钢筋涂层保护

在施工现场的模板工程、钢筋工程、混凝土工程等各分项工程施工中，均应根据具体工艺采取有效措施，使钢筋涂层不受损坏。对在施工操作中造成的少量涂层破损，应及时予以修补。

3）现场操作指南

涂层钢筋在搬运过程中应小心操作，避免由于捆绑松散造成的捆与捆或钢筋之间发生磨损。宜采用尼龙带等具有较好柔韧性的材料作为吊索，不得使用钢丝绳等硬质材料吊装涂层钢筋，以避免吊索与涂层钢筋之间因挤压、摩擦造成涂层破损。吊装时采用多吊点，以防止钢筋捆过度下垂。涂层钢筋在堆放时，钢筋与地面之间、钢筋与钢筋之间应用木块隔开。涂层钢筋与普通钢筋应分开贮存。对涂层钢筋进行弯曲加工时，环境温度不宜低于5℃。钢筋弯曲机的芯轴应套以专用套筒，平板表面应铺以布毡垫层，避免涂层与金属物的直接接触挤压。涂层钢筋的弯曲直径对$d$≤20mm的钢筋，不宜小于4$d$；对$d$>20mm的钢筋，不宜小于6$d$，且弯曲速率不宜高于8r/min（采用厂家提供专用芯轴，可有效防止弯曲部位开裂）。应采用砂轮锯或钢筋切割机对涂层钢筋进行切断加工。切断加工时，在直接接触涂层钢筋的部位应垫以缓冲材料；严禁采用气割方法切断涂层钢筋。切断头应以修补材料进行修补。任意1m长的涂层钢筋受损涂层面积超过其表面积的1%时，该根钢筋和成品钢筋应废弃。任意1m长的涂层钢筋受损涂层面积小于其表面积的1%时，应对钢筋和成品钢筋表面目视可见的涂层损伤进行修补。修补材料须严格按照生产厂家的说明书使用。修补前，应采用适当的方法将受损部位的铁锈清除干净。涂层钢筋在混凝土浇筑前应完成修补。固定涂层钢筋和成品钢筋所用的支架、垫块及绑扎材料表面均应涂上绝缘材料，如环氧涂层或塑料涂层材料。涂层钢筋和成品钢筋在混凝土浇筑前，应检查涂层是否有损害，特别是钢筋两端剪切部位的涂覆。涂层钢筋铺设完成后，应尽量避免在上面行走。施工设备在移动过程中应避免损害涂层钢筋。采用插入式振动器振捣混凝土时，应在金属振捣棒外套以橡胶套或采用非金属振捣棒，并尽量避免振捣棒与钢筋的直接碰撞。

**2.《环氧树脂涂层钢筋》JG/T 502**

除《钢筋混凝土用环氧涂层钢筋》GB/T 25826外，我国于1997年发布实施了建工行业产品标准《环氧树脂涂层钢筋》JG/T 3042—1997。该标准是我国首部环氧涂层钢筋产品标准，结束了我国当时环氧树脂涂层钢筋产品无标准可依的状况。该标准对规范市场、提高环氧树脂涂层钢筋产品质量和工程质量起到了积极作用。随着我国建筑行业的快速发展，特别是大型临海港口、桥梁的大规模兴建，环氧树脂涂层钢筋产品的用量也在快速增长。与此同时，新型产品不断涌现，工程对环氧树脂涂层钢筋产品的耐久性、耐腐蚀性能提出了更高的要求，《环氧树脂涂层钢筋》JG/T 3042—1997产品类型不全、部分技术指标与国际标准相比滞后，某些试验方法可操作性还需要提高，已不适应市场的需要。在此背景下，我国于2016年发布实施了《环氧树脂涂层钢筋》JG/T 502—2016，对JG/T 3042—1997进行了修订和替代。

《环氧树脂涂层钢筋》JG/T 502—2016 适用于钢筋混凝土用环氧涂层钢筋和镀锌环氧涂层钢筋。它按涂层加工工艺，将产品分为涂装后可加工的钢筋（用A表示）和涂装前已加工的钢筋（用B表示），按涂层类别将产品分为环氧涂层钢筋（用E表示）和镀锌环氧涂层钢筋（底层为热镀方式涂覆的锌合金涂层，面层为熔融结合环氧涂层的钢筋、成品钢筋，用ZE表示）。环氧涂层钢筋型号由名称代号、加工工艺（《钢筋混凝土用环氧涂层钢筋》GB/T 25826 中的涂层性质）、钢筋牌号、钢筋直径和涂层类别组成，如用直径为20mm、牌号为HRB400热轧带肋钢筋制作的可再加工类环氧涂层钢筋，其产品型号为“ECRA・HRB400-20（E）”；用直径为20mm、牌号为HRB400热轧带肋钢筋制作的不可再加工类镀锌环氧涂层钢筋，其产品型号为“ECRB・HRB400-20（ZE）”。需说明的是，锌层的涂装可采用镀锌、喷锌、浸锌等多种方式，但鉴于国内锌环氧树脂涂层钢筋中工艺较为成熟、产品较为稳定的主要是镀锌环氧涂层钢筋，故《环氧树脂涂层钢筋》JG/T 502—2016 仅增加镀锌环氧涂层钢筋产品。用于制作环氧涂层的钢筋和成品钢筋，应符合现行国家标准《钢筋混凝土用钢 第1部分：热轧光圆钢筋》GB/T 1499.1、《钢筋混凝土用钢 第2部分：热轧带肋钢筋》GB/T 1499.2、《钢筋混凝土用钢 第3部分：钢筋焊接网》GB/T 1499.3 或《冷轧带肋钢筋》GB/T 13788 的要求。用于制作环氧涂层钢筋的钢筋和成品钢筋，应避免油、脂或漆等的污染。涂装前应目测确认钢筋不带锐边、毛刺或其他影响涂层质量的表面缺陷。

《环氧树脂涂层钢筋》JG/T 502—2016 在附录A中提出了“涂层钢筋特性及现场施工技术指南”。其具体内容有：

1）适用范围

环氧树脂涂层钢筋适用于处在潮湿环境或腐蚀性介质中的钢筋混凝土结构中。在实际结构中，可根据工程的具体要求，全部或部分采用环氧涂层钢筋。

2）钢筋选材

① 用于制作环氧涂层的钢筋不宜采用盘螺钢筋及穿水轧制钢筋。用于制作环氧涂层的钢筋表面不应存在尖点，且外形尺寸应满足下列要求：基圆与横肋根部连接处应圆滑过渡，横肋顶部无尖角，对于直径>20mm的钢筋，过渡圆角半径 $r$ 取2mm，过渡圆角半径 $r_1 \geqslant 1$mm；对于直径≤20mm的钢筋，$r$ 取1.5mm，$r_1 \geqslant 0.5$mm；钢筋横肋截面如图2.4.1.5-1所示。

② 基圆与纵肋连接处应圆滑过渡，过渡圆角半径 $R$ 取2～3mm，其中上、下限值分别对应大直径钢筋和小直径钢筋，钢筋横截面如图2.4.1.5-2所示。

③ 所轧牌号标志、注册厂名及公称直径等字母或数字的横截面与横肋截面相同，且与基圆连接处应圆滑过渡，过渡圆角半径 $r \geqslant 1$mm。

3）涂层钢筋特性

涂层钢筋的锚固长度应取为不小于有关设计规范规定的相同等级和规格的无涂层钢筋锚固长度的1.25倍。涂层钢筋的绑扎搭接长度，对受拉钢筋，应取为不小于有关设计规范规定的相同等级和规格的无涂层钢筋搭接长度的1.25倍且≥375mm；对受压钢筋，应取为不小于有关设计规范规定的相同等级和规格的无涂层受拉钢筋搭接长度的0.88倍且≥250mm。

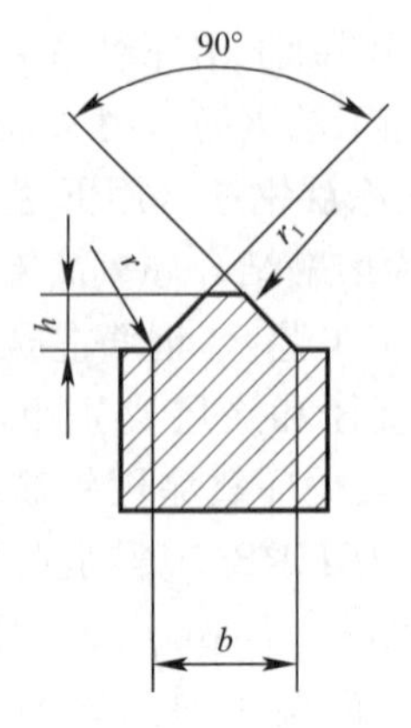


图 2.4.1.5-1　钢筋横肋截面

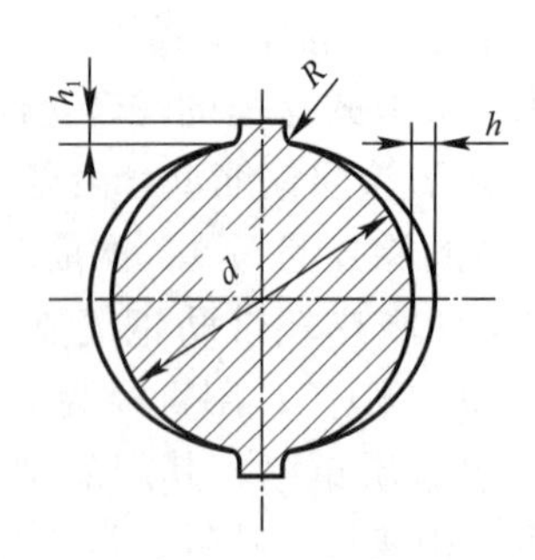


图 2.4.1.5-2　钢筋横截面

4）现场施工技术要求

① 钢筋涂层保护：在施工现场的模板工程、钢筋工程、混凝土工程等各分项工程施工中，均应根据具体工艺采取有效措施，使钢筋涂层不受损坏，对在施工操作中造成的少量涂层破损，应及时予以修补。

② 加工：对涂层钢筋进行弯曲、切割等加工时，环境温度宜不低于 5℃。当环氧树脂涂层钢筋进行弯曲加工时，对直径 $d \leqslant 20$mm 的钢筋，其弯曲直径应$\geqslant 4d$；对直径 $d>$ 20mm 的钢筋，其弯曲直径应$\geqslant 6d$。钢筋弯曲机的芯轴应套以专用套筒，平板表面应铺以毛毡、橡胶等柔软垫层。涂层钢筋的弯曲直径和弯曲速率应按规定执行。应采用砂轮锯或钢筋切断机对涂层钢筋进行切断加工。切断时，在直接接触涂层钢筋的部位，应加以非金属缓冲垫保护。严禁使用气割或其他高温热力方法切断涂层钢筋。

③ 连接和定位：涂层钢筋的连接可根据设计要求，采用绑扎连接、焊接连接和机械连接。为保证涂层钢筋绑扎连接的牢固性且不损坏涂层，对于直径为 12～25mm 的涂层钢筋，宜采用直径为 1mm 的包环氧树脂钢丝；对于直径＞25mm 的涂层钢筋，宜采用直径为 2.4mm 的包环氧树脂钢丝。对于十字交叉钢筋，宜采用 X 形绑扣。涂层钢筋焊接前，应先将用于焊接部位的涂层剔除干净。焊接后，应将在焊接部位周围受影响的涂层剔除干净，然后用修补材料进行修补。当涂层钢筋需要进行机械连接时，用于连接的部件也应进行涂层保护。环氧树脂涂层钢筋允许与非环氧树脂涂层钢筋联合使用，但应注意防止两者之间形成电连接，造成电腐蚀，架立钢筋应采用环氧树脂涂层钢筋进行固定。涂层钢筋铺装就位后，施工人员不宜在其上行走，避免施工工具跌落砸坏涂层。

④ 修补：当涂层有孔洞、空隙、裂纹及肉眼可见的其他缺陷时，在生产和搬运过程中造成涂层钢筋破损时，在加工过程中受剪切、锯割或工具切断时或在连接过程中造成涂层破损或烧伤时，应在切断或损伤后 2h 内及时修补。当涂层和钢筋之间存在不黏着现象时，剔除不黏着的涂层后，应对影响区域进行修补。涂层钢筋经弯曲加工后，若弯曲区段仅有发丝裂缝，涂层与钢筋之间无可察觉的黏着损失，可不必修补。涂层修补受损涂层面积应不超过每 1m 长环氧树脂涂层钢筋总体表面积的 0.5%（不包括切割部位）。修补前应除尽不黏的涂层和修补处的锈迹。对目视可见的涂层损伤，应用规定的修补材料，按照使用说明书进行修补。修补前应去除受损部位的所有铁锈和污染物。修补后的涂层应符合要

求，受损部位的涂层厚度应≥220μm，与原涂层搭接的宽度应≥10mm。当修补时的环境湿度>85%$RH$ 时，可用电热吹风器进行加热除湿处理。涂层钢筋的切割部位应使用环氧树脂粉末生产企业提供的专用修补材料。

⑤ 混凝土浇筑：混凝土浇筑前，应检查涂层钢筋的涂层连续性，尤其是切割端头处和钢筋连接处。如有损伤，应及时修补。混凝土浇筑过程应待环氧涂层和修补材料完全固化后进行。采用插入式振捣棒振捣混凝土时，应在金属振捣棒外套以橡胶套或采用非金属振捣棒，并尽量避免振捣棒与钢筋直接碰撞。

⑥ 腐蚀检测系统：根据工程需要可对混凝土结构中钢筋的腐蚀状况实施监测。监测前，监测点宜安装在较易暴露在含氯离子环境的位置。

**3.《公路工程　环氧涂层钢筋》JT/T 945**

调查研究表明，我国大量海洋环境中的中小桥涵和隧道基本未采取防锈蚀措施，直接导致我国北部湾地区海中中小桥涵因钢筋锈蚀导致的顺筋开裂和保护层混凝土剥落时间为 2～3 年，渤海湾地区发生桥涵结构钢筋锈蚀破损年限为 3～4 年，造成了大量不应有的经济损失。

钢筋锈蚀导致钢筋受力截面减小，造成桥梁垮塌的情况无预兆，是突发性的结构运营安全性灾难，须加以有效防止。我国在约 4000km 漫长的海岸线和众多近岸岛屿，已建成和在建大量强锈蚀环境下的公路桥梁和隧道等重大工程结构物。不仅如此，我国正在进行的西部大开发及援疆、援藏大规模建设，在我国西部和大西北地区，存在着较海洋锈蚀环境更严酷的盐碱地及沼泽等极强锈蚀与腐蚀环境，在此条件下，须研究性价比更高、便捷实用的防止公路工程混凝土结构钢筋快速严重锈蚀的新材料和新技术。

为加强管理，促进我国公路行业对钢筋防锈和钢筋混凝土耐久性的正确理解、有效检验和规范使用，我国发布实施了交通行业产品标准《公路工程　环氧涂层钢筋》JT/T 945—2014，主要技术内容如下：

1）材料

用于制作环氧涂层钢筋的钢筋应符合国家有关钢筋标准对钢筋内在及外形的质量要求。为保证环氧涂层厚度均匀及涂层光滑连续，钢筋表面应无毛刺、影响涂层质量的尖角及其他影响涂层质量的缺陷。为保证涂层与钢筋之间的附着性，钢筋表面还应避免被油、脂或漆等污染。用于环氧涂层钢筋中环氧粉末形成的涂层应具有良好的抗化学腐蚀性、对作用电压的抵抗性、对湿热环境腐蚀的抵抗性、对侵蚀离子渗透的抵抗性及良好的柔韧性、粘结性、耐磨性和抗冲击性等，具体的检测项目应包括抗化学腐蚀性、阴极剥离、盐雾试验、氯化物渗透性等。修补材料须与涂层材料具有良好的兼容性，且在混凝土中呈惰性。

2）环氧涂层的制作技术

环氧涂层钢筋的环氧涂层制作须在经处理的洁净且具有适当的粗糙度钢筋表面上进行，净化处理后的钢筋表面轧制氧化铁皮残余量应≤5.0%，平均粗糙度应为 50～70μm，且表面不应附着氯化物。钢筋表面净化处理后，应尽快将进行环氧涂层制作的钢筋通过感应加热炉将表面加热到约 232℃；然后，用静电喷涂机在加热后的钢筋表面喷涂环氧粉末，环氧粉末在钢筋表面遇热熔化形成 1 层完整的薄膜；3～5s 后环氧涂层开始固化，冷却后可在钢筋表面形成起到防腐保护作用的环氧涂层。为提高涂层的黏附性并保证涂层的均匀性，钢筋净化处理后至涂层涂覆的时间间隔与环境相对湿度密切相关，且当相对湿度>85%时不得进行喷涂操作。喷涂前，钢筋表面不得有肉眼可见的氧化现象。

3）环氧涂层的技术要求

环氧涂层厚度、连续性和可弯性是判断环氧涂层钢筋涂层质量的3项基本指标。涂层柔韧性、涂层缺陷数量在很大程度上与涂层厚度有关，当环氧涂层较薄时，涂层柔韧性好，弯曲时不易开裂，但环氧涂层上缺陷（孔洞、空隙、裂纹）数量较多，环氧涂层钢筋的耐蚀性较差；反之，当环氧涂层较厚时，涂层的柔韧性较差，但缺陷数量较少，环氧涂层钢筋的耐蚀性强。

由于公路工程混凝土结构防锈设计年限与钢筋涂层厚度和连续性密切相关，《公路工程　环氧涂层钢筋》JT/T 945—2014以耐锈蚀等级分级的方式对环氧涂层厚度及精度进行了要求。本着处在海洋环境中和强锈蚀盐碱地区的防锈蚀要求高于一般的建筑结构，同时遵循行业标准不得低于国家标准的要求，《公路工程　环氧涂层钢筋》JT/T 945—2014略高于国家标准中的涂层厚度要求。涂层连续性通常以环氧涂层钢筋在每延米长度上的平均微孔个数作为衡量指标。涂层表面上的缺陷处一般是涂层钢筋最早出现锈蚀的位置，因此对其数量须进行严格限制。

环氧涂层钢筋涂层的可弯性是衡量涂层与钢筋粘结性的重要指标，也是判断环氧涂层钢筋可加工性的重要依据，该指标与涂层厚度具有一定的相关性。因此，环氧涂层钢筋产品标准须根据环氧涂层钢筋用途和工程要求做出恰当规定。为保证环氧涂层钢筋施工性，提出涂层可弯性指标，《公路工程　环氧涂层钢筋》JT/T 945—2014给出不同直径涂层钢筋可弯性检测条件和涂层可弯性评定标准。需要说明的是，涂层可弯性与钢筋可弯性不同，涂层可弯性须在钢筋可弯性合格的基础上检测，方能满足要求，因此须区别对待。

为评价钢筋涂覆前、后与混凝土的粘结性能，《公路工程　环氧涂层钢筋》JT/T 945—2014提出有、无环氧涂层光圆钢筋粘结强度的试验方法与粘结强度比百分率的计算公式。由于螺纹钢筋与混凝土的粘结强度主要由凸起的螺纹提供，使用螺纹钢筋进行有、无环氧涂层拔出试验时，均为混凝土爆裂性破坏，其实质上检测不到钢筋与混凝土的粘结性，故对螺纹钢筋环氧涂覆后不提出粘结强度比的技术要求。

针对环氧涂层钢筋涂层质量效果，《公路工程　环氧涂层钢筋》JT/T 945—2014提出了环氧涂层允许损伤的最大面积、损伤部位修补材料选择及修补方式、环氧涂层钢筋特殊部位修补方式及在修补过程中的具体要求，使环氧涂层钢筋在工程应用中有据可依。明确规定修补材料应为可涂刷的环氧涂层，而不是其他种类相容的可选材料。

综上所述，在混凝土结构中使用环氧涂层钢筋时，应明确和区分采用的是标准《钢筋混凝土用环氧涂层钢筋》GB/T 25826、《环氧树脂涂层钢筋》JG/T 502或《公路工程　环氧涂层钢筋》JT/T 945，并按相关规定执行。一般情况下，使用环氧涂层钢筋时，构件承载力、裂缝宽度和刚度的计算方法与无涂层钢筋构件相同，但裂缝宽度计算值应为无涂层钢筋的1.2倍，刚度计算值应为无涂层钢筋的0.9倍。

### 2.4.2　热轧耐火钢筋

据应急管理部消防救援局火灾统计数据分析，2018年我国发生火灾23.7万起、火灾死亡1407人、火灾直接财产损失36.75亿元。通常，娱乐和餐饮经营场所易发生重特大火灾并造成较多的人员伤亡，而商场和市场火灾则易造成较高的财产损失。另外，桥梁火灾事故逐年增多，常威胁运营桥梁的安全。火灾对于混凝土结构有着严重的危害，轻则影响结构的耐久性能，重则导致结构拆除重建。灾后如何有效地评估建筑结构受损程度并采取有针对性的减灾防灾措施，是防灾减灾工程学的核心问题。高温后混凝土和钢筋力学性能会产生不同程度的劣化，进而影响建筑结构安全性和耐久性。

对于钢材高温后自然冷却的力学性能已有大量研究成果，受火钢筋温度低于 600℃时，冷却后可恢复至常温时的强度，超过 600℃后强度和弹性模量开始损失，且强度越高的钢材损失幅度越大；整体上高温后钢材屈服强度显著降低，而弹性模量变化较小。根据标准火灾时间温度曲线，火灾发生后 30min 温度可达 800℃，60min 可接近 1000℃，由于普通 20MnSi 系钢筋在温度达 600℃时屈服强度明显下降，不到室温状态下屈服强度的 1/2（约为 40%），因此，普通 20MnSi 系钢筋不具有耐火特性。火灾发生时为保证建筑的安全性，避免结构物发生高温失效而出现灾难性后果，部分耐火等级高的大型厂房、民居、商务楼等建筑结构均需要采用耐火钢筋。

屈服强度是钢筋力学性能指标中反映钢筋抵抗塑性变形的最重要指标。在火灾中，钢筋在过火后对结构主体影响最大的力学性能指标为屈服强度，以 HRB400、HRB400FR 钢筋为例，不同温度下的屈服强度变化情况如图 2.4.2 所示。

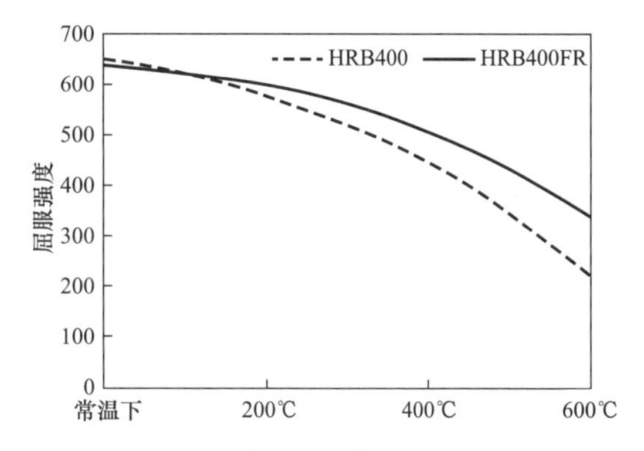

图 2.4.2　高温下钢筋屈服强度对比

由图 2.4.2 可知，HRB400 钢筋与 HRB400FR 钢筋在 200℃高温作用下，整体力学性能基本保持不变，其屈服强度变化幅度较小。HRB400 钢筋在 400℃高温下，其力学性能有明显变化趋势，屈服强度指标明显下降，但并未接近屈服极限，仍可保持相对安全程度，而 HRB400FR 钢筋在 400℃高温作用下，其屈服强度仅小幅下降。HRB400 钢筋在 600℃高温下，其力学性能有较大变化，屈服强度会迅速下降至屈服极限或略高于屈服极限（屈服极限为 207MPa），而 HRB400FR 钢筋在 600℃高温下，其屈服强度≥270MPa。

耐火钢筋指在钢中加入适量的耐火合金元素，如 Mo、Cr、Ni、Nb、V 等，使其具有在 600℃时屈服强度不低于常温屈服强度 2/3 的耐火性能，并按热轧状态交货的钢筋。耐火钢筋一般使用铬（Cr）、钼（Mo）合金元素，同时加入铌（Nb）、钒（V），提高钢的高温强度，其耐火能力的提高是微合金元素二次硬化产生的效果。耐火钢筋在 600℃时的强度和普通钢筋在 350℃时的强度相当。也就是说，其耐火温度可提高到 600℃。但当环境温度达 800℃时，耐火钢筋将完全失去耐火能力。

钢筋混凝土结构采用的钢筋、水泥、砂石等材料在高温作用下的理化性能发生变化，混凝土内的钢筋受温升影响抗拉强度降低，碳酸盐、硅酸盐在高温下会发生分解反应，因此，混凝土保护层及钢筋在高温下的性能均会影响梁、柱、板、墙等钢筋混凝土结构构件耐火极限及发生火灾后建筑物的加固修护。

《钢筋混凝土用热轧耐火钢筋》GB/T 37622—2019 中，耐火钢筋按屈服强度特征值分为 300MPa 级、400MPa 级和 500MPa 级，类别分为牌号为 HPB300FR（FR 为 Fire Resistant 的缩写）的热轧光圆耐火钢筋、牌号为 HRB400FR 和 HRB500FR 的热轧带肋耐火钢筋。热轧光圆耐火钢筋尺寸、外形、质量及允许偏差应符合现行国家标准《钢筋混凝土用钢 第 1 部分：热轧光圆钢筋》GB/T 1499.1 的规定，热轧带肋耐火钢筋尺寸、外形、质量及允许偏差应符合现行国家标准《钢筋混凝土用钢 第 2 部分：热轧带肋钢筋》GB/T 1499.2 的规定。

耐火钢筋化学成分和碳当量应符合表 2.4.2-1 的规定。

**耐火钢筋化学成分和碳当量（熔炼分析）　　表 2.4.2-1**

<table>
<tr><th rowspan="2">牌号</th><th colspan="9">化学成分（质量分数）/%</th><th colspan="2" rowspan="2">碳当量 $C_{eq}$/%</th></tr>
<tr><th>C</th><th>Si</th><th>Mn</th><th>P</th><th>S</th><th>Cr</th><th>Mo</th><th>V</th><th>Nb</th></tr>
<tr><td>HPB300FR</td><td rowspan="2">≤0.22</td><td>≤0.55</td><td>≤1.50</td><td rowspan="2">≤0.035</td><td rowspan="2">≤0.035</td><td rowspan="2">≤0.75</td><td rowspan="2">0.20～0.60</td><td>≤0.04</td><td>≤0.04</td><td>焊接</td><td>机械连接</td></tr>
<tr><td>HRB400FR<br>HRB500FR</td><td>≤0.80</td><td>≤1.60</td><td>≤0.10</td><td>≤0.10</td><td>≤0.55</td><td>≤0.65</td></tr>
</table>

耐火钢筋室温下和 600℃下的力学性能应分别满足表 2.4.2-2、表 2.4.2-3 的规定。

**耐火钢筋室温下的力学性能　　表 2.4.2-2**

| 牌号 | 下屈服强度 $R_{eL}$/MPa | 抗拉强度 $R_m$/MPa | 断后伸长率 $A$/% | 最大力下总伸长率 $A_{gt}$/% | $R_m^o/R_{eL}^o$ | $R_{eL}^o/R_{eL}$ |
|---|---|---|---|---|---|---|
| HPB300FR | ≥300 | ≥420 | ≥25 | ≥10.0 | — | — |
| HRB400FR | ≥400 | ≥540 | ≥16 | ≥9.0 | ≥1.25 | ≤1.30 |
| HRB500FR | ≥500 | ≥630 | ≥15 | ≥9.0 | ≥1.25 | ≤1.30 |

注：1. $R_m^o$ 为钢筋实测抗拉强度。
2. $R_{eL}^o$ 为钢筋实测下屈服强度。
3. 公称直径 28～40mm 各牌号钢筋的断后伸长率 $A$ 可降低 1%；公称直径>40mm 各牌号钢筋的断后伸长率 $A$ 可降低 2%。
4. 对于无明显屈服强度的钢筋，下屈服强度特征值 $R_{eL}$ 应采用规定塑性延伸强度 $R_{p0.2}$。

**耐火钢筋 600℃下的力学性能　　表 2.4.2-3**

| 牌号 | 屈服强度 $R_{p0.2}$/MPa |
|---|---|
| HPB300FR | ≥200 |
| HRB400FR | ≥270 |
| HRB500FR | ≥340 |

### 2.4.3 液化天然气储罐用低温钢筋

液化天然气（Liquefied Natural Gas，简称 LNG）是天然气在常压下冷却至－162℃凝结成的液体，因其具有热值大、能效高、污染少、体积小等显著优点，成为公认的优质能源及世界油气工业的新热点。随着我国经济的快速发展和能源战略的实施，对天然气等新能源的需求越来越大。我国 LNG 产业从液化、运输、接收站汽化到终端利用，已形成较完整的产业链，并进入快速发展期，近年来，沿海港口城市正在大量建设 LNG 工程。

LNG储罐是高承台预应力混凝土筒体结构，作为LNG接收站最重要的组成部分，LNG储罐最大的特点是低温深冷，最低温度可达－196℃。储罐一般由内、外罐体组成，内罐采用9%Ni钢板焊接而成，外罐为复合多层混凝土结构，外罐罐壁和内罐下环梁混凝土结构的钢筋采用耐－165℃的低温钢筋。

LNG采用的低温钢筋，主要要求有较高的强度及在低温下具有良好的韧性和抗缺口敏感性，其低温性能影响因素较多，如钢质纯净度、微合金化工艺、控制轧制、控制冷却、轧材组织等方面。由于低温钢筋特殊的低温性能要求，我国在材料开发、试验方法等方面的前期研究较落后，主要从卢森堡阿赛洛公司进口KRYBAR低温钢筋。为改变这一状况，马鞍山钢铁股份有限公司在借鉴我国低温容器用钢板开发经验的基础上，结合LNG储罐对低温钢筋使用性能的要求，于2013年9月成功研发耐低温钢筋产品。该产品及钢筋－170℃低温检测技术，双双填补了国内空白。马鞍山钢铁股份有限公司自主研发了500MPa级耐－165℃的低温钢筋，其常温力学性能、冷弯性能、反弯性能和－165℃的低温力学性能完全满足LNG储罐使用技术要求。随后，马鞍山钢铁股份有限公司向中石化广西LNG供货低温钢筋，国内LNG建设首次使用了国产耐低温钢筋。随后，中石化天津LNG、中海油山东LNG、中石油海南聚乙烯储罐等项目均使用了马鞍山钢铁股份有限公司供应的低温钢筋。马鞍山钢铁股份有限公司还向中国最大的LNG项目——中海油福建LNG项目供应了耐低温钢筋。中海油福建LNG项目是中海油首个采用自主技术、自主设计、自主管理、自主建设的16万$m^3$液化天然气项目，是目前国内存储能力最大的LNG接收站。

LNG储罐工程用耐低温性能钢筋须为用微合金化、控制轧制方法生产的细晶粒钢筋，如0.1C—1.7Mn—0.03Nb的微合金化钢筋，其为耐低温螺纹钢筋。该钢筋采用了先进的控制轧制技术，在加热温度为940℃、终轧温度为725℃、97%的大压缩比的热轧条件综合作用下，可得到晶粒尺寸为5.5$\mu$m的细晶粒组织，其规格为D32，屈服强度为454MPa。缺口拉伸试验显示，在－160℃环境中未出现脆性断裂迹象。这种具有超常性能的钢筋可用于低温环境，如作液态氮罐等结构材料。

目前，国内已可生产500MPa耐低温系列钢筋品种，制定了行业标准《液化天然气储罐用低温钢筋》YB/T 4641—2018。这类钢筋可用于－50℃低温的石油气储罐混凝土结构建设，也可用于－105℃低温的乙基石油气储罐混凝土结构建设，还可用于－165℃低温的天然气储罐混凝土结构建设。

《液化天然气储罐用低温钢筋》YB/T 4641—2018对液化天然气储罐用低温钢筋的定义为“经控轧控冷工艺成型，适用于液化天然气储罐最低设计温度（－165～－170℃）要求的钢筋”，低温钢筋按屈服强度特征值仅有500MPa级，牌号为HRB500DW（DW为低温拼音Di Wen的首字母）的热轧带肋低温钢筋。

低温钢筋化学成分和碳当量应符合表2.4.3-1的规定。

**低温钢筋化学成分（熔炼分析）和碳当量** **表2.4.3-1**

| 牌号 | 化学成分（质量分数）/% | | | | | | $C_{eq}$ |
|---|---|---|---|---|---|---|---|
| | C | Si | Mn | P | S | Ni | |
| HRB500DW | 0.15≤ | ≤1.00 | ≤1.60 | ≤0.030 | ≤0.030 | 0.30～2.0 | ≤0.55 |

低温钢筋常温和低温力学性能应分别满足表 2.4.3-2、表 2.4.3-3 的规定。

**低温钢筋常温力学性能** **表 2.4.3-2**

| 牌号 | 下屈服强度 $R_{eL}$/MPa | 抗拉强度 $R_m/R_{eL}$ | 最大力下总伸长率 $A_{gt}$/% |
|---|---|---|---|
| HRB500DW | 500～650 | ≥1.10 | ≥5.0 |

**低温钢筋低温力学性能** **表 2.4.3-3**

| 牌号 | 下屈服强度 $R_{eL}$/MPa | 最大力下总伸长率 $A_{gt}$/% | |
|---|---|---|---|
| HRB500DW | ≥575 | ≥3.0 | 无缺口钢筋 |
| | — | ≥1.0 | 有缺口钢筋 |
| | 按《液化天然气储罐用低温钢筋》YB/T 4641—2018 A.2.2 公式（A.1）计算的缺口敏感指数 NSR≥1 | | |

## 2.5 国外钢筋

国外主要钢筋标准与牌号见表 2.5-1，力学性能要求见表 2.5-2，化学成分要求见表 2.5-3。由表 2.5-1～表 2.5-3 可知，在化学成分方面，国外钢筋一般采用普通碳素钢或低合金钢，化学成分均仅规定了上限，对下限无要求，为根据性能要求调整和优化化学成分提供了空间。对于部分“非焊接”的钢筋甚至仅规定了硫、磷含量，可降低生产要求和成本。部分高强度钢筋的碳含量上限>0.25%，充分利用廉价的碳强化钢筋，可节约合金资源。硅、锰含量规定范围为：硅≤1.0%、锰≤1.80%，也有的品种对硅、锰含量未作要求。一般未规定必须加微合金化元素，即使规定允许加微合金化元素，也未对其含量作具体规定，种类也是可选择的。在强度方面，国外一般使用 400MPa、500MPa 级甚至 600MPa 级热轧带肋钢筋。东南亚一带（包括中国香港）主要使用 460MPa 钢筋，欧盟各国基本采用 500MPa 钢筋，英国从 2006 年开始 100%推广使用 500MPa 钢筋。在生产工艺方面，普通热轧和淬火＋自回火工艺均被允许使用，但低成本的淬火＋自回火工艺使用最普遍。国外钢筋在施工使用时大多数是允许焊接的，但由于广泛采用了非焊接的套管连接等机械连接技术，使得用淬火＋自回火工艺生产的钢筋连接更可靠，也可避免其焊接后的失强现象。

**国外主要钢筋标准与牌号** **表 2.5-1**

| 序号 | 国别 | 执行标准编号 | 牌号 |
|---|---|---|---|
| 1 | 日本 | JIS G3112—2004 | SD390、SD490 |
| 2 | 新加坡 | SS2：Part2：1999 | RB500W |
| 3 | 加拿大 | CAN/CSA-G30.18-M92 | 400R、500R、400W、500W |
| 4 | 澳大利亚/新西兰 | AS/NZS 4671：2001 | 500L、500N、500E |
| 5 | 德国 | DIN 488/1—1984 | BSt420S、BSt500S |
| 6 | 美国 | ASTM A615/A615M-2012 | 40 级（280MPa）、60 级（420MPa）、75 级（520MPa） |
| | | ASTM A706/A706M-09b | 60 级（420MPa）、80 级（550MPa） |
| 7 | 苏联 | CTO-ACЧM7—93 | A400C、A500C、A600C |

续表

| 序号 | 国别 | 执行标准编号 | 牌号 |
| --- | --- | --- | --- |
| 8 | 英国 | BS 4449：1997 | 460A、460B |
| | | BS 4449：2005 | B500A、B500B、B500C<br>B400A-R、B400B-R、B400C-R<br>B500A-R、B500B-R、B500C-R |
| 9 | 国际标准 | ISO 6935-2：2007（E） | B400AWR、B400BWR、B400CWR<br>B500AWR、B500BWR、B500CWR<br>B400DWR、B420DWR、B500DWR |

**国外主要钢筋力学性能　　表 2.5-2**

| 牌号 | 力学性能 | | | | |
| --- | --- | --- | --- | --- | --- |
| | 屈服强度/MPa | 抗拉强度/MPa | 强屈比 | 伸长率/% | 均匀伸长率/% |
| SD390 | 390～510 | ≥560 | — | ≥16 | — |
| SD490 | 490～625 | ≥620 | — | ≥12 | — |
| RB500W | ≥500 | ≥550 | — | ≥14 | ≥2.5 |
| 400R | ≥400 | — | ≥1.15 | $A_{200}$≥7～10（按规格定） | — |
| 400W | ≥400 | — | ≥1.15 | $A_{200}$≥12～13（按规格定） | — |
| 500R | ≥500 | — | ≥1.15 | $A_{200}$≥6～9（按规格定） | — |
| 500W | ≥500 | — | ≥1.15 | $A_{200}$≥10～12（按规格定） | — |
| 500L | 500～750 | — | ≥1.03 | — | ≥1.5 |
| 500N | 500～650 | — | ≥1.08 | — | ≥5.0 |
| 500E | 500～600 | — | 1.15～1.40 | — | ≥10.0 |
| BSt420S | ≥420 | ≥500 | ≥1.05 | $A_{10}$≥10 | — |
| BSt500S | ≥500 | ≥550 | ≥1.05 | $A_{10}$≥10 | — |
| A615/A615M 60 级 | ≥420 | ≥620 | — | ≥7～9（按规格定） | — |
| A615/A615M 75 级 | ≥520 | ≥690 | — | ≥6～7（按规格定） | — |
| A706/A706M 60 级 | 420～540 | ≥550 | ≥1.25 | ≥10～14（按规格定） | — |
| A400C | ≥400 | ≥500 | ≥1.05 | ≥16 | ≥2.5 |
| A500C | ≥500 | ≥600 | ≥1.05 | ≥14 | ≥2.5 |
| A600C | ≥600 | ≥740 | ≥1.05 | ≥12 | ≥2.5 |
| 460A | ≥460 | — | ≥1.05 | ≥12 | ≥2.5 |
| 460B | ≥460 | — | ≥1.08 | ≥14 | ≥5.0 |
| B500A | 500～650 | — | ≥1.05 | — | ≥2.5 |
| B500B | 500～650 | — | ≥1.08 | — | ≥5.0 |
| B500C | 500～650 | — | ≥1.15，<1.35 | — | ≥7.5 |
| B400A-R、400AWR | ≥400 | — | 1.02 | ≥14 | ≥2 |
| B500A-R、500AWR | ≥500 | — | 1.02 | ≥14 | ≥2 |
| B400B-R、400BWR | ≥400 | — | 1.08 | ≥14 | ≥5 |
| B500B-R、500BWR | ≥500 | — | 1.08 | ≥14 | ≥5 |

续表

| 牌号 | 力学性能 | | | | |
|---|---|---|---|---|---|
| | 屈服强度/MPa | 抗拉强度/MPa | 强屈比 | 伸长率/% | 均匀伸长率/% |
| B400C-R、400CWR | ≥400 | — | 1.15 | ≥14 | ≥7 |
| B500C-R、500CWR | ≥500 | — | 1.15 | ≥14 | ≥7 |
| B400DWR | 400～520 | — | 1.25 | ≥17 | ≥8 |
| B420DWR | 420～546 | — | 1.25 | ≥16 | ≥8 |
| B500DWR | 500～650 | — | 1.25 | ≥13 | ≥8 |

**国外主要钢筋化学成分** **表 2.5-3**

| 牌号 | 化学成分（熔炼分析）/% | | | | | | |
|---|---|---|---|---|---|---|---|
| | C | Si | Mn | P | S | N | 碳当量 |
| SD390 | ≤0.29 | ≤0.55 | ≤1.80 | ≤0.040 | ≤0.040 | — | ≤0.55 |
| SD490 | ≤0.32 | ≤0.55 | ≤1.80 | ≤0.040 | ≤0.040 | — | ≤0.60 |
| RB500W | ≤0.22 | ≤0.60 | ≤1.60 | ≤0.050 | ≤0.050 | ≤0.012 | ≤0.50 |
| 400R、500R | — | — | — | ≤0.050 | — | — | — |
| 400W、500W | ≤0.30 | ≤0.50 | ≤1.60 | ≤0.035 | ≤0.045 | — | ≤0.50 |
| 500L | ≤0.22 | — | — | ≤0.050 | ≤0.050 | — | ≤0.39 |
| 500N | ≤0.22 | — | — | ≤0.050 | ≤0.050 | — | ≤0.44 |
| 500E | ≤0.22 | — | — | ≤0.050 | ≤0.050 | — | ≤0.49 |
| BSt420S | ≤0.22 | — | — | ≤0.050 | ≤0.050 | ≤0.012 | — |
| BSt500S | ≤0.22 | — | — | ≤0.050 | ≤0.050 | ≤0.012 | — |
| A615/A615M 60 级 | 测定 | — | 测定 | ≤0.060 | 测定 | — | — |
| A615/A615M 75 级 | 测定 | — | 测定 | ≤0.060 | 测定 | — | — |
| A706/A706M 60 级 | ≤0.30 | ≤0.50 | ≤1.50 | ≤0.035 | ≤0.045 | — | ≤0.55 |
| A400C、A500C | ≤0.22 | ≤0.90 | ≤1.60 | ≤0.050 | ≤0.050 | ≤0.012 | ≤0.50 |
| A600C | ≤0.28 | ≤1.0 | ≤1.60 | ≤0.045 | ≤0.045 | ≤0.012 | ≤0.65 |
| 460A、460B | ≤0.25 | — | — | ≤0.050 | ≤0.050 | ≤0.012 | ≤0.51 |
| B500A、B500B、B500C | ≤0.22 | — | — | ≤0.050 | ≤0.050 | ≤0.012 | — |
| B400A-R、B400B-R、B400C-R<br>B500A-R、B500B-R、B500C-R | — | — | — | ≤0.060 | ≤0.060 | — | — |
| B400AWR、B400BWR、B400CWR<br>B500AWR、B500BWR、B500CWR | — | — | — | ≤0.060 | ≤0.060 | ≤0.012 | ≤0.50 |
| B400DWR | ≤0.29 | ≤0.55 | ≤1.80 | ≤0.040 | ≤0.040 | ≤0.012 | ≤0.56 |
| B420DWR | ≤0.30 | ≤0.55 | ≤1.50 | ≤0.040 | ≤0.040 | ≤0.012 | ≤0.56 |
| B500DWR | ≤0.32 | ≤0.55 | ≤1.80 | ≤0.040 | ≤0.040 | ≤0.012 | ≤0.61 |

由于地震的频发和造成的灾难性后果，国外对建筑钢筋的抗震性能已引起高度关注，并在部分建筑设计规范中作了相关规定，如《新西兰抗震设计规范》《日本新抗震设计法》《美国建筑物抗震设计 暂行条例》《罗马尼亚工业与民用建筑抗震设计规范》《CEB-FIP 混凝土结构抗震规范》《以色列建筑物特殊荷载（地震）规范》等。对建筑钢筋抗震性要求

的共同点是钢筋必须有较高的塑性，要求强屈比较高，对钢筋的实际屈服强度与名义强度的比值规定了一定限制。美国ASTM A706/A706M产品标准规定了抗震性能良好的钢筋要求。2001年，澳大利亚和新西兰联合出台了钢筋新标准AS/NZS 4671：2001，将钢筋分为普通级和抗震级。国外的其他部分钢筋产品标准也根据塑性、强屈比等指标的不同，对钢筋进行了分级。

目前，在国际市场比较有影响力的钢筋标准有美国标准ASTM A615、ASTM A706、BS 4449、BS 6744、prEN 10080等，下面重点介绍美国建筑用钢筋产品标准ASTM A615、ASTM A706中规定的钢筋。

ASTM A615为混凝土配筋用碳钢带肋钢筋与光圆钢筋标准，ASTM A706为混凝土配筋用低合金带肋钢筋与光圆钢筋标准，均由美国材料与试验协会ASTM（American Society for Testing and Materials）制定。在钢筋应用标准方面，主要有美国混凝土学会ACI（American Concrete Institute）制定的钢筋混凝土房屋建筑规范ACI 318。

ASTM A615第1版于1911年颁布实施，最初钢筋强度等级划分为33级、40级和50级，最小屈服强度为33ksi、40ksi和50ksi（英制公制强度单位对应见表2.5-4）。发展到今天，33级和50级钢筋已被淘汰，加入了60级、75级和80级钢筋。最新版ASTM A615—2012包含4个强度等级的钢筋：40级、60级、75级和80级。

**美国钢筋强度等级强度单位英制公制对应关系**　　**表2.5-4**

| 钢筋强度等级 | 33级 | 40级 | 50级 | 60级 | 75级 | 80级 |
|---|---|---|---|---|---|---|
| 英制/ksi | 33 | 40 | 50 | 60 | 75 | 80 |
| 公制/MPa | 230 | 280 | 350 | 420 | 520 | 550 |

1968年，ASTM A615首次纳入60级和75级钢筋。75级钢筋的发展有一些曲折，在1974年因屈服强度定义与1971年版ACI 318冲突而被删除，经协调一致后，1987年又被重新纳入。2009年，ASTM A615纳入80级钢筋。尽管ASTM A615已加入80级钢筋，但75级钢筋还会保留一段时间，以满足部分用户需要，如用于采矿业的顶锚等。

ASTM A706第1版于1974年颁布实施。2009年前，该标准仅针对60级钢筋。2006年，关于增加80级钢筋的最初修改草案提交到ASTM的分委员会A01.05工作组，讨论后发现最主要的问题是80级钢筋是否有成为商品的可能性。于是，位于加利福尼亚州、俄勒冈州、华盛顿州和南卡罗莱纳州的4家供应商自愿进行了试生产和测试。测试结果证明产品在抗拉性能和化学组分上均满足要求。2009年标准通过修订，纳入了80级钢筋。对于此次修订，地震区的结构工程师、钢筋供应商和制造商、施工企业等均非常支持，因为更高强度钢筋可减少配筋密集度，增加可建造性，尤其对于抗震结构。现行版本ASTM A706—2009b包括60级和80级钢筋。低合金钢筋在强度、延性、质量上均较碳钢钢筋更优良，因此可广泛地应用于地震地区。ASTM A706规定60级、80级带肋钢筋的均匀伸长率按不同直径分别为10%～14%和10%～12%，均高于ASTM A615中8%和7%的同类要求。ASTM A706还对钢筋的屈服强度上限做出明确规定，而ASTM A615未规定。值得注意的是，ASTM A706中还指出80级钢筋的性能指标可能与现行其他设计规范的规定不一致。

ACI第1部房屋建筑规范诞生于1910年，但第1版以ACI 318命名的房屋建筑规范发布于1941年，1999年前基本上每六七年修订1次，1999年后至今约每3年修订1次。ACI 318—2011在光圆和带肋碳钢钢筋、带肋低合金钢筋标准上直接引用现行ASTM A615和ASTM A706规范。

ACI 318规定在普通钢筋混凝土结构中，40级和60级带肋钢筋是主要材料，也可使用75级和80级钢筋，但对光圆钢筋的应用有严格限制。对于地震区建筑，推荐使用60级低合金带肋钢筋和满足抗震性能要求的40级、60级碳钢钢筋。ACI 318对于75级钢筋的应用可追溯到1951年版规范，尽管在其中未明确提出75级钢筋，但实际上允许在竖向柱的配筋中使用屈服强度最高达75ksi的钢筋。

美国对于高强钢筋的应用是颇为慎重的，75级和80级钢筋在结构中的应用目前在ACI 318中均有较多限制。就ACI 318—2011来说，虽然规范第9.4条规定了除预应力钢筋和横向约束配筋外（可达100ksi），钢筋屈服强度设计值$f_y$和横向钢筋屈服强度设计值$f_{yt}$的计算值均不应超过80ksi（2005年版前规定横向约束配筋也不能超过80ksi），但规范中许多条文仍将$f_y$和$f_{yt}$限制在不超过60ksi，实际上限制了75级和80级钢筋的应用，如11.4.2条关于抗剪配筋（箍筋）$f_y$和$f_{yt}$的规定（对于焊接的带肋钢筋可达80ksi，ACI 318—95将其从60ksi提高到了80ksi），其目的是对斜裂缝宽度的控制；11.5.3.4条关于抗扭配筋$f_y$和$f_{yt}$的规定，其目的是对斜裂缝宽度的控制；11.6.6条关于摩擦抗剪配筋的规定；18.9.3.2条关于预应力混凝土单元构件粘结配筋$f_y$的规定，其目的是保证混凝土不开裂；19.3.2条关于壳体和折板非预应力钢筋$f_y$的规定；21.1.5.2条关于抗震特殊框架和特殊构造墙配筋$f_y$的规定，其目的是防止脆性破坏。

从美国应用情况看，由于75级和80级钢筋的延性低，ACI 318对于这2种强度等级钢筋的规定很谨慎。另外，规范要求钢筋连接技术和连接成本也需在设计时仔细确认。

在美国钢筋产品标准中，其强度等级序列为40级（280MPa）、60级（420MPa）、75级（520MPa）和80级（550MPa），对应的是保证率为99.9%的钢筋屈服强度特征值。我国钢筋产品标准强度等级序列包括300MPa（光圆）、400MPa（带肋）、500MPa（带肋）和600MPa（带肋），对应的是保证率为95%的钢筋屈服强度特征值。

我国《混凝土结构设计标准》GB/T 50010—2010允许使用300MPa、335MPa、400MPa和500MPa级钢筋，推荐受力配筋以400MPa、500MPa级为主。美国ACI 318以60级钢筋作为结构主要受力配筋，最高可使用550MPa级钢筋。在辅助配筋方面，我国大量使用300MPa级光圆钢筋，而ACI 318的要求更严格，一般仅能使用40级带肋钢筋，对于光圆钢筋则控制较严，光圆钢筋仅允许用于钢筋网片和螺旋箍筋，以利于提高结构性能。

同样，出于对钢筋延性的考虑，美国在地震区要求使用ASTM A706标准中的60级低合金带肋钢筋，也可使用ASTM A615标准中的40级和60级碳钢带肋钢筋。其中，碳钢带肋钢筋须符合超强比和强屈比要求，这与我国抗震钢筋的相应要求相同，但未对最大总伸长率作特别规定。由于60级低合金带肋钢筋性能优良，ACI 318未对其作额外规定。除500MPa级（对应美国75级，520MPa）带肋钢筋外，美国标准对伸长率的要求大多高于我国，且美国该级别碳钢钢筋在地震区不允许采用。伸长率要求对比见表2.5-5、表2.5-6。我国对于抗震钢筋的伸长率统一要求为9%，对采用高强钢筋的结构抗震性能不利，应加强其抗震应用研究。

**光圆钢筋伸长率对比** **表2.5-5**

| 光圆钢筋标准编号 | 强度等级 | 公称直径/mm | 伸长率/% |
|---|---|---|---|
| 《钢筋混凝土用钢 第1部分：热轧光圆钢筋》GB/T 1499.1 | 300MPa级 | 6～22 | 10 |
| ASTM A615（碳钢） | 280MPa级（40级） | 10～19 | 11～12 |

**带肋钢筋伸长率对比** **表2.5-6**

| 带肋钢筋标准编号 | 强度等级 | 公称直径/mm | 伸长率/% |
|---|---|---|---|
| 《钢筋混凝土用钢 第2部分：热轧带肋钢筋》GB/T 1499.2 | 400MPa级<br>500MPa级 | 6～50 | 7.5（9）* |
| | 600MPa级 | | 7.5 |
| ASTM A615（碳钢） | 420MPa级（60级） | 10～57 | 7～9 |
| | 520MPa级（75级） | | 6～7 |
| ASTM A706（合金） | 420MPa级（60级）<br>550MPa级（80级） | 10～57 | 10～14 |

注：* 括号内为有抗震要求的伸长率。

## 2.6 混凝土结构对钢筋的要求

钢筋混凝土结构将钢筋与混凝土组合在一起，通过受力性能的互补，使得混凝土和钢筋构成一个整体，从而充分发挥两种材料的优点，达到更好的承载能力和耐久性。钢筋在钢筋混凝土结构中起着非常关键的作用，必须严格按照相关标准和规定进行选择、使用和检验，以确保工程的安全性和经济性。

### 2.6.1 钢筋的选用

混凝土结构对钢筋性能有各种要求，主要包括强度、延性（伸长率）、锚固性能、疲劳性能、耐久性及加工性能等。根据混凝土结构及施工具体情况合理选择钢筋材料，不仅能够节省工程建设中使用的水、电资源，而且能够减少污染物的排放，从而为整个工程发展提供巨大的经济效益。《混凝土结构设计标准》GB/T 50010—2010 对混凝土结构的钢筋选用做出了如下规定：

（1）纵向受力普通钢筋可采用HRB400、HRB500、HRBF400、HRBF500、RRB400、HPB300钢筋；梁、柱和斜撑构件的纵向受力普通钢筋宜采用HRB400、HRB500、HRBF400、HRBF500钢筋。

（2）箍筋宜采用HRB400、HRBF400、HPB300、HRB500、HRBF500钢筋。

（3）预应力钢筋宜采用预应力钢丝、钢绞线和预应力螺纹钢筋。

可以看出，目前我国将400MPa、500MPa级高强度热轧带肋钢筋作为纵向受力的主导钢筋，尤其是梁、柱和斜撑构件的纵向受力配筋应优先采用400MPa、500MPa级高强度钢筋，500MPa级高强度钢筋用于高层建筑的柱、大跨度与重荷载梁的纵向受力配筋更为有利。

近年来，我国强度高、性能好的预应力钢筋（钢丝、钢绞线）已可充分供应，故冷加工钢筋不再列入《混凝土结构设计标准》GB/T 50010。但需要注意的是，CRB550 和 CRB600H 钢筋已列入《混凝土结构通用规范》GB 55008—2021 中，材料分项系数取 1.25。

### 2.6.2 强度

强度是钢筋的关键指标之一。屈服强度是热轧钢筋强度等级的标志。预应力钢筋无明显的屈服点，一般取 0.002 残余应变对应的应力 $\sigma_{p0.2}$ 作为其条件屈服强度标准值 $f_{ptk}$，采用极限强度标志。随着钢筋强度的提高，强度价格比提高，故采用高强度钢筋减少配筋率是发展方向。提高强度主要通过改进材质（低合金化），也可通过热处理或冷加工，但延性损失较多，且在焊接、机械连接或调直过程中会失去部分强度。变形钢筋的基圆面积率（扣除横肋后的承载面积与公称截面面积比）对强度也有影响，光圆钢筋基圆面积率为 1.00，螺旋肋、旋扭状筋及钢绞线基圆面积率较高（0.98～0.99），刻痕钢丝基圆面积率稍低（0.96～0.98），月牙肋基圆面积率次之（0.95～0.97），冷轧带肋和等高肋基圆面积率最低，分别为 0.89～0.94、0.88～0.93。钢筋强度是决定混凝土构件承载力的重要因素，但并非强度越高越好。由于钢筋弹性模量变化较小（$E_s \approx 2.00 \times 10^5 N/mm^2$），高强度钢筋在高应力下受力往往引起构件过大的变形和裂缝。

钢筋纵向长度远远大于横截面尺寸，所以在绝大多数的结构分析中仅考虑钢筋承受纵向应力，如拉力或压力，而不考虑钢筋承受横向力，如横向剪力。只有在分析钢筋混凝土构件的销栓作用和裂缝面上剪力传递作用时，才考虑钢筋的抵抗横向剪力作用。在拉力和剪力或压力和剪力的联合作用下，钢筋强度会降低，这在工程设计中应注意。

普通钢筋的屈服强度标准值 $f_{yk}$、极限强度标准值 $f_{stk}$ 应按表 2.6.2-1 采用，预应力钢丝、钢绞线和预应力螺纹钢筋的屈服强度标准值 $f_{pyk}$ 及极限强度标准值 $f_{ptk}$ 应按表 2.6.2-2 采用。

**普通钢筋强度标准值** **表 2.6.2-1**

| 牌号 | 公称直径 $d$/mm | 屈服强度标准值 $f_{yk}$/($N/mm^2$) | 极限强度标准值 $f_{stk}$/($N/mm^2$) |
|---|---|---|---|
| HPB300 | 6～14 | 300 | 420 |
| HRB335 | 6～14 | 335 | 455 |
| HRB400、HRBF400、RRB400 | 6～50 | 400 | 540 |
| HRB500、HRBF500 | 6～50 | 500 | 630 |

**预应力钢筋强度标准值** **表 2.6.2-2**

| 种类 | | 公称直径 $d$/mm | 屈服强度标准值 $f_{pyk}$/($N/mm^2$) | 极限强度标准值 $f_{ptk}$/($N/mm^2$) |
|---|---|---|---|---|
| 中强度预应力钢丝 | 光面<br>螺旋肋 | 5、7、9 | 620 | 800 |
| | | | 780 | 970 |
| | | | 980 | 1270 |
| 预应力螺纹钢筋 | 螺纹 | 18、25、32、40、50 | 785 | 980 |
| | | | 930 | 1080 |
| | | | 1080 | 1230 |

续表

| 种类 | | 公称直径 $d$/mm | 屈服强度标准值 $f_{pyk}$/(N/mm$^2$) | 极限强度标准值 $f_{ptk}$/(N/mm$^2$) |
|---|---|---|---|---|
| 消除应力钢丝 | 光面<br>螺旋肋 | 5 | — | 1570 |
| | | | — | 1860 |
| | | 7 | — | 1570 |
| | | 9 | — | 1470 |
| | | | — | 1570 |
| 钢绞线 | 1×3<br>(3 股) | 8.6、10.8、12.9 | — | 1570 |
| | | | — | 1860 |
| | | | — | 1960 |
| | 1×7<br>(7 股) | 9.5、12.7、15.2、17.8 | — | 1720 |
| | | | — | 1860 |
| | | | — | 1960 |
| | | 21.6 | — | 1860 |

注：极限强度标准值为 1960MPa 的钢绞线作后张预应力配筋时，应有可靠的工程经验。

钢筋及预应力钢筋强度取值按国家现行标准《钢筋混凝土用钢》GB/T 1499、《钢筋混凝土用余热处理钢筋》GB/T 13014、《中强度预应力混凝土用钢丝》YB/T 156、《预应力混凝土用螺纹钢筋》GB/T 20065、《预应力混凝土用钢丝》GB/T 5223、《预应力混凝土用钢绞线》GB/T 5224 等的规定给出。

普通钢筋屈服强度标准值 $f_{yk}$相当于钢筋标准中的屈服强度特征值 $R_{eL}$。由于结构抗倒塌设计的需要，现行国家标准《混凝土结构设计标准》GB/T 50010 中的钢筋极限强度（钢筋拉断前相应于最大拉力下的强度）标准值 $f_{stk}$相当于钢筋标准中的抗拉强度特征值$R_m$。

预应力钢筋极限强度标准值 $f_{ptk}$相当于钢筋标准中的钢筋抗拉强度 $\sigma_b$。《混凝土结构设计规范》GB 50010—2010（2015 年版）新增了预应力螺纹钢筋及中强度预应力钢丝，并列出了有关的设计参数。

《混凝土结构设计规范》GB 50010—2010（2015 年版）补充了强度等级为 1960MPa 和直径为 21.6mm 的钢绞线。当用作后张预应力配筋时，应注意其与锚夹具的匹配性。应经检验并确认锚夹具及工艺可靠后，方可在工程中应用。原规范预应力钢筋强度分档太琐碎，故删除不常使用的预应力钢筋强度等级和直径，以简化设计时的选择。

普通钢筋的抗拉强度设计值 $f_y$、抗压强度设计值 $f'_y$应按表 2.6.2-3 采用，预应力钢筋的抗拉强度设计值 $f_{py}$、抗压强度设计值 $f'_{py}$应按表 2.6.2-4 采用。当构件中配有不同种类的钢筋时，每种钢筋应采用各自的强度设计值。对于轴心受压构件，当采用 HRB500、HRBF500 钢筋时，钢筋抗压强度设计值 $f'_y$应取 400MPa。横向钢筋的抗拉强度设计值 $f_{yv}$应按表中 $f_y$的数值采用，当用作受剪、受扭、受冲切承载力计算时，其数值>360MPa 时应取 360MPa。

钢筋强度设计值由强度标准值除以材料分项系数 $\gamma_s$ 得到。延性较好的热轧钢筋 $\gamma_s$ 取 1.10；对于 500MPa 级高强度钢筋，为适当提高安全储备，$\gamma_s$ 取为 1.15。对于预应力钢筋强度设计值，取其条件屈服强度标准值除以材料分项系数 $\gamma_s$，由于延性稍差，预应力钢

普通钢筋强度设计值　　表 2.6.2-3

| 牌号 | 抗拉强度设计值 $f_y$/(N/mm$^2$) | 抗压强度设计值 $f'_y$/(N/mm$^2$) |
| --- | --- | --- |
| HPB300 | 270 | 270 |
| HRB400、HRBF400、RRB400 | 360 | 360 |
| HRB500、HRBF500 | 435 | 435 |

预应力钢筋强度设计值　　表 2.6.2-4

| 种类 | 极限强度标准值 $f_{ptk}$/(N/mm$^2$) | 抗拉强度设计值 $f_{py}$/(N/mm$^2$) | 抗压强度设计值 $f'_{py}$/(N/mm$^2$) |
| --- | --- | --- | --- |
| 中强度预应力钢丝 | 800 | 510 | 410 |
| | 970 | 650 | |
| | 1270 | 810 | |
| 消除应力钢丝 | 1470 | 1040 | 410 |
| | 1570 | 1110 | |
| | 1860 | 1320 | |
| 钢绞线 | 1570 | 1110 | 390 |
| | 1720 | 1220 | |
| | 1860 | 1320 | |
| | 1960 | 1390 | |
| 预应力螺纹钢筋 | 980 | 650 | 400 |
| | 1080 | 770 | |
| | 1230 | 900 | |

注：当预应力钢筋极限强度标准值不符合本表规定时，其强度设计值应进行相应的比例换算。

筋 $\gamma_s$ 一般≥1.20。对于传统的预应力钢丝、钢绞线，取 0.85$\sigma_b$ 作为条件屈服点，材料分项系数取 1.2；对于新增的中强度预应力钢丝和螺纹钢筋，材料分项系数按上述原则计算，并考虑工程经验适当调整。

普通钢筋抗压强度设计值 $f'_y$与抗拉强度取值相同。在偏心受压状态下，混凝土所能达到的压应变可保证 500MPa 级钢筋的抗压强度达到与抗拉强度相同的值，因此将 500MPa 级钢筋抗压强度设计值从 410N/mm$^2$ 调整到 435N/mm$^2$。对于轴心受压构件，由于混凝土压应力达到 $f_c$时混凝土压应变为 0.002，当采用 500MPa 级钢筋时，钢筋抗压强度设计值取为 400N/mm$^2$。而预应力钢筋抗压强度设计值较小，这是由于构件中钢筋受到混凝土极限受压应变的控制，受压强度受到制约。

根据试验研究结果，限定受剪、受扭、受冲切箍筋的抗拉强度设计值 $f_{yv}$≤360N/mm$^2$。但用作围箍约束混凝土的间接配筋时，其强度设计值不受此限。

钢筋标准中预应力钢丝、钢绞线的强度等级繁多，对于表 2.6.2-3、表 2.6.2-4 中未列出的强度等级可按比例换算，插值确定强度设计值。无粘结预应力钢筋不考虑抗压强度。预应力钢筋配筋位置偏离受力区较远时，应根据实际受力情况对强度设计值进行折减。

当构件中配有不同牌号和强度等级的钢筋时，可采用各自的强度设计值进行计算。因为尽管强度不同，但极限状态下各种钢筋先后均已屈服。

由钢筋屈服强度除以材料分项系数得到钢筋强度设计值，用于承载力计算，决定了混凝土构件配筋。钢筋能承受的最大应力为极限强度，达到极限强度后钢筋断裂，受力终止，导致构件失效。极限强度用于结构的防连续倒塌设计，决定了混凝土结构的防灾性能。

### 2.6.3 延性

延性是钢筋拉断前的变形能力和对外加作用的耗能能力，涉及混凝土构件断裂和结构倒塌，是钢筋的另一个重要性能指标。在工程设计中，要求钢筋混凝土结构承载能力极限状态为具有明显预兆，避免脆性破坏，抗震结构则要求具有足够的延性，钢筋应力—应变曲线上屈服点至极限应变点之间的应变反映了钢筋延性。

混凝土构件延性表现为破坏前有足够的预兆（明显的挠度或较大的裂缝）。构件延性与钢筋延性有关，但并不等同，其还与配筋率、钢筋强度、预应力程度、高跨比、裂缝控制性能等因素有关，即使延性最好的热轧钢筋，当配筋率过小（欠筋构件）或过大（超筋构件）时，构件均可能发生表现为断裂或混凝土碎裂的脆性破坏。而对于由延性并不高的钢丝、钢绞线配筋的构件，由于钢筋强度很高，在很大的变形（弯曲挠度）和裂缝下也不致断裂，构件具有很好的延性。用冷加工钢筋作非预应力配筋的构件，由于加载后非预应钢筋应力、应变的起点为零，到钢筋拉断前还有相当大的增长余量，故在破坏前均有相当大的变形和裂缝，一般不会发生非延性破坏。

普通钢筋及预应力钢筋最大力下总伸长率 $\delta_{gt}$ 不应小于表 2.6.3 规定的数值。

**普通钢筋及预应力钢筋最大力下总伸长率限值** **表 2.6.3**

| 钢筋品种 | 普通钢筋 | | | 预应力钢筋 |
|---|---|---|---|---|
| | HPB300 | HRB400、HRBF400、HRB500、HRBF500 | RRB400 | |
| $\delta_{gt}$/% | 10.0 | 7.5 | 5.0 | 3.5 |

上述规定对钢筋延性提出了明确要求。根据我国钢筋标准，将最大力下总伸长率 $\delta_{gt}$（相当于钢筋标准中的 $A_{gt}$）作为控制钢筋延性的指标。最大力下总伸长率 $\delta_{gt}$ 不受断口—颈缩区域局部变形的影响，反映了钢筋拉断前达到最大力（极限强度）时的均匀应变，故又称均匀伸长率。

对于中强度预应力钢丝，产品标准规定其最大力下总伸长率 $\delta_{gt}$ 为 2.5%。但《混凝土结构设计标准》GB/T 50010 规定，中强度预应力钢丝用作预应力钢筋时，规定其最大力下总伸长率 $\delta_{gt}$ 应≥3.5%。

### 2.6.4 抗震性能

建筑物的抗震性能一直是建筑设计的重要内容，近几年的中国汶川、玉树地震及海地、智利、日本地震发生后，建筑物抗震性能进一步引起了社会各界的关注。

抗震建筑结构要求使用具有抗震性能的钢筋，即在建筑物受到地震波冲击时，可延缓建筑物断裂发生的时间，避免建筑物在瞬间整体倒塌，从而提高建筑物抗震性能。因此在抗震结构中，要求钢筋有较长的屈服平台，有较好的延性；同时，钢筋实际屈服强度相对于屈服强度标准值不宜过高。

发达国家对抗震钢筋提出了以下明确的指标要求：

（1）抗震钢筋需有高强度，欧洲标准明确指出抗震钢筋强度要达到 400MPa 级、500MPa 级。

（2）对钢筋的塑性指标提出了更高要求，包括强屈比应>1.25、均匀伸长率应>10%。

（3）要求钢筋性能的一致性，即要求屈服点波动范围窄，实际屈服点与指标值之比应<1.30。

《钢筋混凝土用钢 第 2 部分：热轧带肋钢筋》GB/T 1499.2—2018 明确提出了抗震钢筋的要求。即与普通钢筋相比，抗震钢筋性能指标增加了强屈比、屈标比，要求抗震钢筋实测抗拉强度与钢筋实测下屈服强度的比值应≥1.25，钢筋实测下屈服强度与钢筋标准下屈服强度的比值应≤1.30，同时，最大力下总伸长率 $A_{gt}$ 提高为≥9%。如果抗震钢筋具有较高的强度和良好的塑韧性，那么可使钢筋从变形到断裂的时间间隔变长，有效达到“建筑结构发生变形到倒塌的时间间隔尽可能延长”“牺牲局部保整体”的抗震设计目的。

混凝土结构对钢筋的抗震性能要求在某种意义上也是延性要求。进行混凝土结构构件抗震设计时，梁、柱、支撑及剪力墙边缘构件受力钢筋宜采用热轧带肋钢筋。按一、二、三级抗震等级设计的框架和斜撑构件（含梯段）纵向受力普通钢筋应采用 HRB400E、HRB500E、HRBF400E 或 HRBF500E 钢筋，其强度和最大力下总伸长率的实测值应满足下列要求：

① 钢筋抗拉强度实测值与屈服强度实测值的比值（强屈比）应≥1.25；

② 钢筋屈服强度实测值与屈服强度标准值的比值（超强比或超屈比）应≤1.30；

③ 钢筋最大力下总伸长率（均匀伸长率）实测值应≥9%。

结构构件中纵向受力钢筋的变形性能直接影响结构构件在地震作用下的延性，上述要求的目的在于保证重要结构构件的抗震性能。考虑地震作用的框架梁、框架柱、支撑、剪力墙边缘构件的纵向受力钢筋宜选用 HRB400、HRB500 牌号热轧带肋钢筋；箍筋宜选用 HRB400、HPB300、HRB500 热轧钢筋。对抗震延性有较高要求的混凝土结构构件（如框架梁、框架柱、斜撑等），其纵向受力钢筋应采用《钢筋混凝土用钢 第 2 部分：热轧带肋钢筋》GB/T 1499.2—2018 中 HRB400E、HRB500E、HRBF400E、HRBF500E 钢筋，这些钢筋具有强度高、安全储备量大、节省钢材用量、施工方便等优越性，更适用于高层、大跨度和抗震建筑结构，是更节约、高效的新型建筑材料。这里说的框架包括各类混凝土结构中的框架梁、框架柱、框支梁、框支柱及板柱-抗震墙的柱等，其抗震等级应根据国家现行有关标准由设计确定；斜撑构件包括伸臂桁架的斜撑、楼梯的梯段等，相关标准中未对斜撑构件规定抗震等级，当建筑中其他构件需应用牌号带 E 的钢筋时，则建筑中所有斜撑构件中的纵向受力普通钢筋均应满足上述要求。对不作受力斜撑构件使用的简支预制楼梯，剪力墙及其连梁与边缘构件、筒体、楼板、基础等，其纵向受力普通钢筋无须满足上述抗震钢筋的性能要求。

强屈比反映从屈服到断裂过程的时间长短，设计中应选择适当的强屈比。对按一、二、三级抗震等级设计的各类框架构件（包括斜撑构件），钢筋应力在地震作用下可考虑进入强化段，为使结构某部位出现较大塑性变形或塑性铰后，钢筋在大变形条件下具有必要的强度潜力，保证构件基本抗震承载力，保证结构在强震下裂而不倒，要求纵向受力钢筋的强屈比应≥1.25。为保证“强柱弱梁”“强剪弱弯”设计要求的效果不致因钢筋屈服强度离散性过大而受到干扰，要求钢筋受拉屈服强度实测值与钢筋受拉强度标准值的比值（屈强比）应≤1.30。为保证在抗震大变形条件下，钢筋具有足够的塑性变形能力，要求钢筋最大力下总伸长率应≥9%。《钢筋混凝土用钢 第 2 部分：热轧带肋钢筋》GB/T 1499.2—2018 中牌号带 E 的钢筋符合上述要求，其余钢筋牌号是否符合要求应经试验确定。

### 2.6.5 弹性模量

普通钢筋和预应力钢筋弹性模量 $E_s$ 可按表 2.6.5 采用。

钢筋弹性模量　　表 2.6.5

| 牌号或种类 | 弹性模量 $E_s$/($\times 10^5$N/mm$^2$) |
|---|---|
| HPB300 | 2.10 |
| HRB400、HRB500、HRBF400、HRBF500、RRB400 预应力螺纹钢筋 | 2.00 |
| 消除应力钢丝、中强度预应力钢丝 | 2.05 |
| 钢绞线 | 1.95 |

由于制作偏差、基圆面积率不同及钢绞线捻绞紧度差异等因素影响，实际钢筋受力后的变形模量存在一定的不确定性，通常不同程度地偏小。因此，必要时可通过试验测定钢筋的实际弹性模量，用于设计计算。

### 2.6.6 抗疲劳性能

许多钢筋混凝土结构除承受静荷载作用外，还常承受动荷载作用。结构材料在重复荷载作用下，将发生低于静荷载强度的脆性破坏，即疲劳破坏。因此对于此类结构设计，须考虑结构构件疲劳强度问题。混凝土结构抗疲劳性能与其构成材料（混凝土、普通钢筋和预应力钢筋）及混凝土与钢筋之间的粘结性能密切相关。

由于钢筋混凝土结构采用了极限强度设计方法和高强度钢筋材料，钢筋混凝土结构疲劳问题日益受到重视。对于承受重复荷载的吊车梁、桥面板、轨枕、路面和海洋结构，要求在承受重复荷载下及高应力条件下可良好地工作。随着结构分析方法越来越精确，要求对混凝土力学性能（包括疲劳性能）的了解越来越多，使钢筋混凝土结构疲劳日益成为不可忽视的关键问题。

一般情况下，发生地震时有纵波和横波，纵波破坏性较小，造成建筑物倒塌的是横波。地震波是交变的，且振幅较大时的频率为 1～3Hz，持续时间多在 1min 以内。地震波使钢筋混凝土开裂处的钢筋承受极大的交变荷载，在水平方向产生很高的循环应变，其断裂过程与高应变低周疲劳行为极为相似。由于钢筋在地震时主要承受高应变低周荷载的冲击，因此用于抗震结构的钢筋应具有良好的高应变低周疲劳性能，避免在地震过程中发生断裂。

直接承受重复荷载的工程结构（如道路、铁路桥梁、吊车梁等）中的钢筋在交变疲劳荷载作用下，受力性能发生退化和降低。疲劳强度远低于静力作用下的强度，与钢筋性能、外形及疲劳荷载有关。钢筋受力屈服后，继续反向受力时会产生一定的塑性变形，这就是所谓的“包辛格效应”。一般来说，表面平滑的钢筋抗疲劳性能好，表面起伏较大的带肋钢筋在形状突变处易产生应力集中效应而诱发疲劳破坏。

普通钢筋交货时，可根据需方要求，按照现行国家标准《钢筋混凝土用钢材试验方法》GB/T 28900 规定或供需双方协商确定的疲劳试验技术要求、试验方法进行疲劳性能试验。

普通钢筋和预应力钢筋的疲劳应力幅限值 $\Delta f_y^f$ 和 $\Delta f_{py}^f$ 应根据钢筋疲劳应力比值 $\rho_s^f$、$\rho_p^f$，分别按表 2.6.6-1、表 2.6.6-2 线性内插取值。

**普通钢筋疲劳应力幅限值** **表 2.6.6-1**

| 疲劳应力比值 $\rho_s^f$ | 疲劳应力幅限值 $\Delta f_y^f$/(N/mm²) |
|---|---|
| | HRB400 |
| 0 | 175 |
| 0.1 | 162 |
| 0.2 | 156 |
| 0.3 | 149 |
| 0.4 | 137 |
| 0.5 | 123 |
| 0.6 | 106 |
| 0.7 | 85 |
| 0.8 | 60 |
| 0.9 | 31 |

**预应力筋疲劳应力幅限值（N/mm²）** **表 2.6.6-2**

| 疲劳应力比值 $\rho_p^f$ | 钢绞线 $f_{ptk}=1570$ | 消除应力钢丝 $f_{ptk}=1570$ |
|---|---|---|
| 0.7 | 144 | 240 |
| 0.8 | 118 | 168 |
| 0.9 | 70 | 88 |

注：1. 当疲劳应力比值 $\rho_p^f \geqslant 0.9$ 时，可不作预应力筋疲劳验算。
2. 当有充分依据时，可对表中规定的疲劳应力幅限值作适当调整。

普通钢筋疲劳应力比值 $\rho_s^f$ 应按下式计算：

$$\rho_s^f = \frac{\sigma_{s,min}^f}{\sigma_{s,max}^f} \tag{2.6.6-1}$$

式中 $\sigma_{s,min}^f$、$\sigma_{s,max}^f$——构件疲劳验算时，同一层钢筋的最小应力、最大应力。

预应力筋疲劳应力比值 $\rho_p^f$ 应按下式计算：

$$\rho_p^f = \frac{\sigma_{p,min}^f}{\sigma_{p,max}^f} \tag{2.6.6-2}$$

式中 $\sigma_{p,min}^f$、$\sigma_{p,max}^f$——构件疲劳验算时，同一层预应力筋的最小应力、最大应力。

国内外的疲劳试验研究表明：影响钢筋疲劳强度的主要因素为钢筋的疲劳应力幅（$\sigma_{s,max}^f - \sigma_{s,min}^f$ 或 $\sigma_{p,max}^f - \sigma_{p,min}^f$）。出于对延性的考虑，表 2.6.6-1 中未列入细晶粒 HRBF 钢筋，当其用于疲劳荷载作用的构件时，应经试验验证。HRB500 带肋钢筋尚未进行充分的疲劳试验研究，因此承受疲劳作用的钢筋宜选用 HRB400 热轧带肋钢筋。RRB400 钢筋不宜用于直接承受疲劳荷载的构件。

钢绞线的疲劳应力幅限值参考了我国当时的现行标准《铁路桥涵钢筋混凝土和预应力混凝土结构设计规范》TB 10002.3。该标准根据 1860MPa 级高强钢绞线的试验，规定疲劳应力幅限值为 $140N/mm^2$。考虑到《混凝土结构设计标准》GB/T 50010 中钢绞线强度为 1570MPa 级及预应力钢筋在曲线管道中等因素的影响，故表 2.6.6-2 中采用偏安全的限值。

### 2.6.7　锚固性能

结构中的钢筋能够与混凝土共同受力，是因为其与混凝土的锚固作用，钢筋-混凝土之间的锚固是混凝土结构中钢筋承载受力的基础。钢筋在混凝土中的锚固性能包括锚固刚度（制约滑移的能力）、锚固强度（锚固应力最大值）及锚固延性（滑移较大时维持锚固的能力）。通常以锚固钢筋拉拔试验测得的锚固应力-滑移（$\tau$-$s$）曲线综合反映钢筋的锚固特性。钢筋凹凸不平的表面与混凝土间的机械咬合力是锚固力的主要部分，所以变形钢筋与混凝土的锚固性能最好，设计中宜优先选用变形钢筋。

钢筋外形影响其锚固性能及混凝土构件的裂缝开展与形态。钢筋横肋、齿槽形状、尺寸偏差也会影响其与混凝土的粘结锚固性能。各种外形的钢筋 $\tau$-$s$ 曲线对比如图 2.6.7 所示，由图可分析各种钢筋的锚固特性。光面钢筋滑移大，锚固强度低。在受力后期仅靠摩阻持力，因此锚固强度衰减快从而导致锚固失效，延性很差，裂缝控制性能很差。刻痕钢丝的混凝土咬合齿太单薄，受力较小时即被挤碎切断，与光面钢筋无大区别。等高肋钢筋咬合齿很深，锚固刚度大，滑移小，锚固强度高。但咬合齿单薄易被挤碎切断，故后期锚固强度衰减快，锚固延性较差。月牙肋及冷轧带肋钢筋咬合齿相对浅而宽，故锚固刚度和强度稍低，且劈裂有方向性。但咬合齿不易切断，后期强度衰减较慢，锚固延性稍好。旋扭状的钢绞线及冷轧扭钢筋无横肋，靠钢筋侧面旋角的挤压作用咬合，因角度较小，故锚固刚度及强度较低。但螺旋状的咬合齿是连续的，不会被切断，因此锚固延性很好。随着滑移加大，锚固应力不仅不会衰减反而提高。

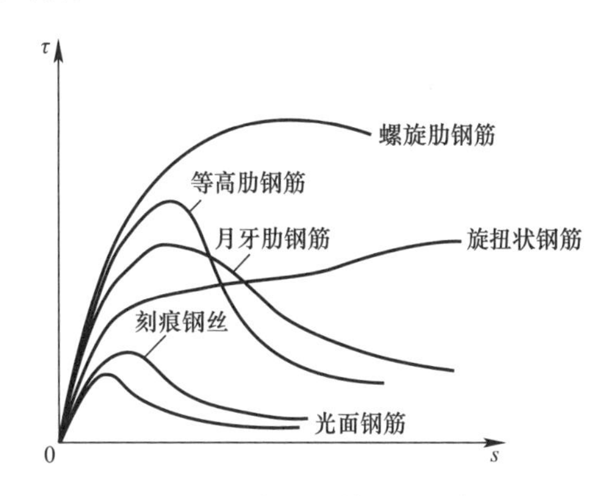


图 2.6.7　各种钢筋的 $\tau$-$s$ 曲线

螺旋肋钢丝兼有等高肋和旋扭筋的特点，其有横肋挤压，混凝土咬合齿较宽大且为连续螺旋状，因此锚固刚度、强度和延性均较好，是较理想的钢筋外形。

钢筋的锚固性能在设计中表现为锚固长度，即钢筋能发挥设计强度所必须锚入混凝土的长度。锚固性能好的钢筋锚固长度可短一些，反之需要长一些。光面钢筋由于锚固性能差，须在末端做弯钩，依靠机械锚固作用持力。

### 2.6.8　耐久性

混凝土结构耐久性指在外部环境下材料性、构件、结构随时间的退化，主要包括钢筋锈蚀、冻融循环、碱骨料反应、化学作用等的机理及物理、化学和生化过程。混凝土结构耐久性的降低可引起承载力的降低，影响结构安全。

钢筋锈蚀是影响混凝土结构耐久性的关键因素之一。钢筋规格越小，对锈蚀越敏感，锈蚀削弱截面对抗力的影响越大，而大直径钢筋则相对耐腐蚀。预应力钢筋因在高应力状态下承载受力，对锈蚀较敏感。因此，用于预应力结构的钢丝、钢绞线及冷加工钢筋的防锈问题应特别注意。

余热处理钢筋及冷加工钢筋的表面极易锈蚀，施工时应尽快应用或采取更好的保护措施。一般热轧或冷轧钢筋不易锈蚀。

锈蚀还与环境有关，我国近年来开发的环氧树脂涂层钢筋、包裹油脂和塑料套管的无粘结预应力钢绞线、耐蚀钢筋、不锈钢钢筋均具有较好的防腐功能，可用于环境恶劣及对耐久性有较高要求的水工、港工、化工、市政工程的混凝土结构中。

预应力钢筋腐蚀问题的防护措施包括：在施加预应力时，往往会出现施工差错，这对钢筋的保护是有害的，尤其是钢筋端部完全或部分未灌注混凝土，或存在封闭缺隙等。防止钢筋腐蚀的措施是不可忽视的，尤其是张拉与灌浆之间的时间相隔很长，并受到恶劣气候的影响时。因此，规范要求采用耐应力腐蚀性能好的预应力钢筋。当钢筋周围侵蚀性很严重时，一般可采取加覆盖层（有机物或金属）或阴极保护措施进行保护。电镀层（镀锌）具有上述两种类型的保护作用。因此，无论是在设计、施工，还是在完工后的使用中，均须对上述措施加以重视，并采取相应的对策。

### 2.6.9 耐温性能

钢筋所处环境温度的变化会对钢筋的机械性能（屈服强度、抗拉强度、延伸率等）和化学性能（抗氧化能力、耐腐蚀能力等）产生影响。

我国幅员辽阔、南北温差大，如东北地区的最低温度纪录为－53.4℃。部分混凝土结构使用温度极低，如液化天然气储罐工程的使用温度达－165℃以下。南极地区的最低温度纪录为－68.2℃，而月球最低温度为－183℃。

在低温环境下，钢筋本身会产生冷脆现象，疲劳性能更差。钢筋、钢筋焊接处或钢筋机械连接处，均应考虑低温下的性能。

在高温环境下，钢筋的化学性质也可能发生变化，钢筋表面可能会发生氧化反应，导致钢筋表面产生锈斑，这一现象同样会对钢筋的使用寿命和性能产生不良影响。钢筋的耐温性能是可以通过钢的抗氧化能力和强度来提高的，在制造钢筋时可以控制合金的成分以提高钢筋的耐温性能，或者将钢筋表面涂上特殊的涂层来阻挡高温氧化反应。钢筋在高温（如火灾）下或高温后的强度退化，应采取有效措施加以控制。

总之，钢筋的耐温性能是钢筋混凝土结构中一个重要的考虑因素，需要在设计、选择、加工和施工等各个环节进行综合考虑。目前，我国不分温度差别对钢筋的影响，一律使用同的钢筋，忽略了钢筋低温脆断、高温退化的隐患。在低温严寒地区，如我国东北地区，应使用耐低温性能钢筋。针对高温环境下钢筋的耐久性要求，制造厂家需提升钢材质量，以及改善其内部微观结构、晶界分布等，从而提升钢筋的耐高温性能。

### 2.6.10 工艺性能

将工厂直条或卷盘供应的钢筋用于混凝土结构中，需根据结构构件形状和尺寸对钢筋进行各种加工处理。加工性能指在工地进行钢筋冷加工、调直、切断、弯曲、连接等的施工适应性。

**1. 冷加工**

与冷加工钢筋性能及检验相关的标准有《冷轧带肋钢筋》GB/T 13788、《冷轧扭钢筋》JG 190、《混凝土制品用冷拔低碳钢丝》JC/T 540、《高延性冷轧带肋钢筋》YB/T 4260 等。冷加工钢筋的应用可参照《冷轧带肋钢筋混凝土结构技术规程》JGJ 95、《冷轧扭钢筋混凝土构件技术规程》JGJ 115、《冷拔低碳钢丝应用技术规程》JGJ 19 等标准的有关规定。

在双控（应力及变形）条件下对热轧钢筋进行冷拉，以提高强度，一般与钢筋调直同时进行。钢筋延性会降低，但一般波动较小，较少出现脆断情况。

冷拔、冷轧、冷扭等剧烈地改变了钢筋截面及形状，尽管钢筋强度提高，但延性损失较大。由于母材质量波动，尤其是母材直径往往偏大（超粗），造成面缩率偏小，因此我国冷加工钢筋的延性不仅很低，且质量极不稳定。由于技术的进步，已经出现了更好的材料替代，冷拉钢筋及低碳冷拔钢丝应逐渐淘汰。

冷加工对钢筋力学性能的影响包括：提高钢筋屈服强度，钢筋抗压强度稍有增长，钢筋塑性和韧性降低。经冷加工处理的钢材，不仅力学性能有所改变，且可调直和清除锈皮，同时可取得明显的经济效益。当钢筋屈服强度提高 20%～50%时，可节约 20%～30%的用量。

钢筋冷加工处理后可提高屈服强度，但这是以牺牲塑性、增加脆性为代价的，会使其焊接性变差，对结构不安全，所以须焊接后再冷拉。

钢筋产品性能应与工程应用规范互相衔接配套。冷加工用的母材应采用优质线材，应编制相应的原材料标准。同时，须加强冷加工钢筋的质量管理，制止盲目发展并取缔不合法生产，严禁不合格冷加工钢筋流入市场，以免产生安全隐患。建筑钢材，包括冷加工钢筋，应由专业冶金企业生产，以保证质量并规模生产，降低产品成本。土建单位不宜自行加工。

**2. 加工时效**

钢筋热轧、热处理或冷加工后，力学性能会随着时间而变化，随时间延长表现出强度提高、塑性和冲击韧性降低，这种现象称为时效。因时效导致性能改变的程度称为时效敏感性。时效敏感性越大的钢筋，经时效后其冲击韧性和塑性显著降低。应变时效敏感性是衡量钢筋抗震性能的重要指标之一，热轧钢筋发生应变后经一段时间的放置，因时效作用导致钢筋性能发生变化，强度提高，韧性降低，随着韧性的降低，其对地震能的吸收减少，抗震能力减弱，因此希望钢筋具有较低的应变时效敏感性。

预应力钢筋的应力松弛会损失张拉力，加工时效还可能造成钢筋断裂的危险后果。

**3. 弯曲性能**

施工时，钢筋须弯转成型，因而应具有一定的冷弯性能。钢筋弯钩、弯折加工时应避免开裂和折断。低强度的热轧钢筋冷弯性能较好，强度较高的热轧钢筋冷弯性能稍差。冷加工钢筋冷弯性能较差，其中冷轧扭钢筋因截面的方向性，仅可在扁平方向弯折 1 次，限制了其施工适应性。预应力钢丝、钢绞线不能弯折，仅能以直条形式应用。

《钢筋混凝土用钢 第 2 部分：热轧带肋钢筋》GB/T 1499.2—2018 规定钢筋应进行弯

曲性能试验，按表 2.6.10-1 规定的弯曲压头直径弯曲 180°后，钢筋受弯曲部位表面不得产生裂纹。

**热轧带肋钢筋弯曲性能试验的弯曲压头直径　　表 2.6.10-1**

| 牌号 | 公称直径 $d$/mm | 弯曲压头直径/mm |
|---|---|---|
| HRB400<br>HRBF400<br>HRB400E<br>HRBF400E | 6～25 | $4d$ |
| | 28～40 | $5d$ |
| | >40～50 | $6d$ |
| HRB500<br>HRBF500<br>HRB500E<br>HRBF500E | 6～25 | $6d$ |
| | 28～40 | $7d$ |
| | >40～50 | $8d$ |
| HRB600 | 6～25 | $6d$ |
| | 28～40 | $7d$ |
| | >40～50 | $8d$ |

《钢筋混凝土用钢 第 2 部分：热轧带肋钢筋》GB/T 1499.2—2018 还规定对牌号带 E 的钢筋应进行反向弯曲性能试验。经反向弯曲性能试验后，钢筋受弯曲部位表面不得产生裂纹。根据需方要求，其他牌号钢筋也可进行反向弯曲试验。可用反向弯曲试验代替弯曲试验。反向弯曲试验的弯曲压头直径较弯曲试验相应增加 1 个钢筋公称直径。进行反向弯曲性能试验时，先正向弯曲 90°，将经正向弯曲后的试件在 100±10℃温度下保温≥30min，经自然冷却后再反向弯曲 20°。两个弯曲角度均应在保持荷载时测量。当供方能保证钢筋经人工时效后的反向弯曲性能时，正向弯曲后的试件也可在室温下直接进行反向弯曲。

《钢筋混凝土用钢 第 1 部分：热轧光圆钢筋》GB/T 1499.1—2017 规定，HPB300 钢筋弯心直径为钢筋公称直径，冷弯 180°后，钢筋受弯曲部位表面不得产生裂纹。

《钢筋混凝土用余热处理钢筋》GB/T 13014—2013 规定，按表 2.6.10-2 规定的弯芯直径弯曲 180°后，钢筋受弯曲部位表面不得产生裂纹。

**余热处理钢筋弯曲性能试验的弯芯直径　　表 2.6.10-2**

| 牌号 | 公称直径 $d$/mm | 弯曲压头直径/mm |
|---|---|---|
| RRB400<br>RRB400W | 8～25 | $4d$ |
| | 28～40 | $5d$ |
| RRB500 | 8～25 | $6d$ |

关于反向弯曲试验，《钢筋混凝土用余热处理钢筋》GB/T 13014—2013 规定：根据需方要求，钢筋可进行反向弯曲性能试验。反向弯曲试验的弯芯直径较弯曲性能试验相应增加 1 个钢筋直径。明确人工时效工艺条件为：加热试件到 100℃，在 100℃±10℃下保温 60～75min，然后在静止的空气中自然冷却至室温。

**4. 连接性能**

对于钢筋的连接，《钢筋混凝土用钢 第 2 部分：热轧带肋钢筋》GB/T 1499.2—2018 规定如下：

① 钢筋的焊接、机械连接工艺及接头的质量检验与验收应符合现行行业标准《钢筋

焊接及验收规程》JGJ 18、《钢筋机械连接技术规程》JGJ 107 等相关标准的规定；

② HRBF500、HRBF500E 钢筋的焊接工艺应经试验确定；

③ HRB600 钢筋推荐采用机械连接的方式进行连接。

《钢筋混凝土用余热处理钢筋》GB/T 13014—2013 规定，“钢筋的焊接和机械连接的质量检验与验收应符合相关标准的规定”。

钢筋的搭接连接性能主要受钢筋外形和直径的影响。钢筋外形和直径如果有利于钢筋与混凝土间的粘结锚固，则有利于钢筋的搭接连接传力。小直径搭接施工相对较容易，而对于大直径钢筋搭接，一方面操作困难，另一方面会造成较大的钢材浪费；并导致钢筋密集，连接和整体结构施工质量不易保证。重叠绑扎搭接连接的钢筋连接接头尺寸较大，影响钢筋的间距，在配筋密集的区域引起钢筋布置困难。

钢筋焊接通过钢筋间的熔融金属直接进行力的传递，要求钢筋具备良好的焊接性，焊接后不应产生裂纹及过大的变形，以保证焊接接头性能良好。钢筋的化学成分对钢筋焊接性有很大的影响，钢筋的可焊性取决于材料中碳及各种合金元素（锰、铬、钒、钼、铜、镍等）的含量，常以碳当量表达。低碳钢易焊接，随着碳当量的增加，可焊性降低，当碳当量＞0.55％时难以焊接。热轧钢筋均可焊，高强度钢丝、钢绞线不可焊。其余的高强度钢筋及通过热处理、冷加工而强化的钢筋，在一定的碳当量范围内可焊。此外，大直径钢筋会导致焊接操作难度增大。焊接还会造成钢筋金相组织发生变化，引起温度应力，对钢筋力学性能的影响较大，导致焊接区钢筋强度降低，应采取必要措施。由于影响焊接施工的不确定因素较多，焊接质量不易保证。焊接连接接头的尺寸较小，基本与钢筋母材相同，基本不会造成保护层的变化，也不会对钢筋布置造成困难。但进行现场原位焊接时，施工操作不便，焊接质量更难保证。因此，应尽可能避免手工焊接，积极发展适应现场焊接的半自动化或自动化的机械焊接技术。点焊对钢筋强度的影响较小，故小直径钢筋常以点焊网片形式应用于工程中。

钢筋的表层硬度、外形偏差均会影响机械连接质量、施工适应性及接头性能。不同的机械连接工艺对钢筋的适应性差别较小，不同种类或牌号的钢筋对镦粗、切削、滚轧等工艺的适应性不同，如套筒挤压接头不适用于光圆钢筋；RRB 余热处理钢筋表面硬度大于芯部，冷镦粗时易出现裂纹，且螺纹切削、滚轧难度和配件消耗大；钢筋虽满足相关标准要求，但实际外形偏差为极限偏差，也会给钢筋机械连接带来加工困难、丝头出现不完整螺纹等问题。另外，机械连接是通过连接件连接钢筋，而连接件的外径均大于钢筋直径，造成保护层厚度减小，连接件长度虽相对于钢筋长度占比较小，甚至忽略不计，但还是会影响混凝土结构的整体耐久性和钢筋间距。如果连接件外径过大而又未采取有效防腐措施，导致接头成为薄弱环节，将会给结构带来严重的安全隐患。

### 2.6.11　经济性

衡量钢筋经济性的指标是强度价格比。强度价格比高的钢筋较经济，不仅可减小配筋率，方便施工，还可降低加工、运输、施工等一系列附加费用。

钢筋在工程中应用的经济性主要是评估其在保证结构安全和耐久性的前提下，所需的材料和施工成本与其他可替代材料相比的优劣。以下是关于如何衡量钢筋在工程中应用的经济性和提高其经济性的几个方面：

（1）材料成本：材料消耗量对经济性的影响很大，因此在设计阶段应尽可能减少材料的使用，以及优化结构设计来降低材料成本。

（2）施工成本：钢筋施工需要较多的人力和机械，并且在钢筋混凝土工程中可能需要更多的复杂技术和施工步骤。在施工过程中，应尽可能地提高施工效率和精度，以便减少劳动和设备使用，并且降低整个施工过程的成本。

（3）维护成本：在工程中应选择高质量的钢筋，优化设计和施工，确保其使用寿命。

（4）设计阶段的优化：在钢筋的选择、设计和施工过程中，应尽可能地优化设计，以减少浪费并降低成本。

（5）制造流程的优化：在制造过程中，度量生产率和优化流程是显著提高生产效率和降低制造成本的必要步骤。

（6）新材料和技术的应用：随着钢筋混凝土工程技术的不断发展，不断出现新材料和新技术，如高强钢筋、高性能混凝土、钢纤维混凝土、预应力构件等。这些新材料和新技术的应用不仅能够改善工程的性能和质量，同时也可以优化设计和施工流程，从而提高钢筋在工程中的经济性。

总之，钢筋在工程中的经济性有多方面的因素影响。而确保其经济性的关键点就是要在设计、材料选择、施工和维护方面，注重优化和寻求更优解决方案。

# 第 3 章　钢筋绑扎搭接连接

绑扎搭接连接是国内外应用时间最长、范围最广，也是最简便的钢筋连接方式。绑扎搭接连接虽简便，无需额外的加工、安装和检测设备，无需机械设备及能源，无需专门培训的技术人员和熟练作业工人，施工速度较快；同时，也不受施工环境及气候的影响，质量有保证。但绑扎搭接连接不适合连接大直径钢筋，特别是构件轴心受拉或小偏心受拉情况下的受力钢筋。在搭接范围内，传递力时易有偏心效应而产生附加剪应力，造成应力传递效果受损，从而导致受力薄弱环节的产生、结构性能下降。在某一长度范围内，同截面搭接绑扎接头数量受限。搭接接头用钢量较大，浪费钢材，增加结构恒荷载；特别是当钢筋直径较大时，搭接长度较长带来用材不经济，使工程造价及接头成本增加。如在搭接区域内多出一倍的接头钢筋，钢筋过多占用构件截面面积，钢筋密集会增加钢筋安装和混凝土浇筑振捣难度，影响振捣密实性和混凝土浇筑质量。

## 3.1　绑扎搭接连接机理

绑扎搭接连接是依靠搭接区段内钢筋与混凝土的粘结锚固传递钢筋应力。绑扎搭接连接可认为是一种特定的锚固问题，搭接部分的保护层厚度是一个相对保护层厚度。搭接钢筋之间能够传递内力，是由于钢筋与混凝土之间的粘结锚固作用。两根钢筋在连接搭接区段混凝土中进行锚固，钢筋通过握裹层混凝土进行力的传递。因此，钢筋绑扎搭接连接传力的本质是钢筋与混凝土的粘结锚固作用。由于两根钢筋之间拼缝处混凝土较薄，导致受力不利、握裹力受到削弱，因此搭接传力较锚固受力差，搭接长度应大于锚固长度。混凝土的粘结锚固主要是依靠钢筋横肋对混凝土咬合齿的挤压作用。由于钢筋横肋的挤压面是斜向的，因此挤压推力也是斜向的，形成了粘结锚固在界面上的锥楔作用。锥楔作用在纵向的分力即为锚固力，在径向的分力即为推挤力。搭接钢筋由于横肋斜向的挤压锥楔作用产生径向推挤力，使两根钢筋出现分离趋势，随着荷载的增加，握裹层混凝土沿钢筋轴线方向的纵向劈裂力增大，搭接钢筋之间的握裹层混凝土易出现劈裂裂缝，因此需要一定的横向钢筋对其进行约束。试验研究和工程实践证明，采取一定的构造措施，可使绑扎搭接连接满足可靠传力的要求。通常，钢筋搭接连接的破坏是延性的，只要有配箍约束使绑扎搭接的两根钢筋不分离，就不会发生钢筋传力中断的突然性破坏。钢筋搭接传力机理如图 3.1 所示。

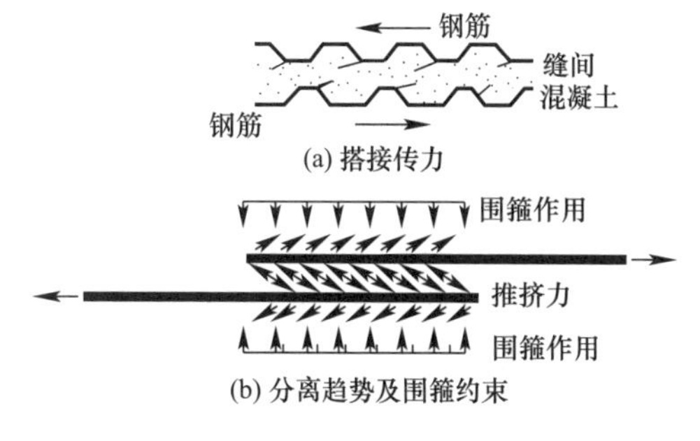


图 3.1　钢筋搭接传力机理

## 3.2 绑扎搭接连接的限制

绑扎搭接连接是较可靠的钢筋连接形式。近年来，高强度、大直径钢筋应用增多，搭接长度增加，造成施工困难、耗钢较多、成本增加。直径较大的钢筋实施绑扎搭接连接时，构件易产生较宽的裂缝，应对钢筋直径加以限制。因此，绑扎搭接连接适用于较小直径钢筋，一般用于板和墙体钢筋连接，其搭接长度根据构件的部位、抗震等级、混凝土强度等级等按现行国家标准《混凝土结构设计标准》GB/T 50010进行计算。

鉴于绑扎搭接连接的传力性能、特点和当前工程技术发展情况，现行规范对其应用总体上是加以约束和限制的，具体如下：

**1. 直径限制**

直径＞25mm的受拉钢筋及直径＞28mm的受压钢筋，不宜采用绑扎搭接接头。现行国家标准《混凝土结构设计标准》GB/T 50010虽然允许直径≤25mm的受拉钢筋和直径≤28mm的受压钢筋可采用搭接连接，但因不经济和搭接连接性能降低，大直径钢筋一般不宜采用。实际工程应用中，一般直径≤16mm的钢筋采用搭接连接。

**2. 受拉构件限制**

完全依靠钢筋拉力承载的轴心受拉及小偏心受拉杆件，如混凝土结构桁架和拱的拉杆、屋架的下弦拉杆及抗连续倒塌设计的拉接构件等，其受力状态较为不利，且失效将引发严重后果（如倒塌），因此，设计规范明确规定："轴心受拉及小偏心受拉杆件的纵向受力钢筋，不得采用绑扎搭接"。

**3. 疲劳构件限制**

承受疲劳荷载作用的构件，由于受力钢筋要经受反复疲劳荷载的作用，搭接连接的传力性能将退化而受到削弱。因此，设计规范规定："需进行疲劳验算的构件，其纵向受拉钢筋不得采用绑扎搭接接头"。

## 3.3 绑扎搭接连接的设计要求

### 3.3.1 绑扎搭接连接接头的位置

绑扎搭接连接接头的位置宜设置在受力较小处，最好布置在反弯点区域。一般来说，弯矩是构件的主要内力，而反弯点附近弯矩较小，此区域钢筋的应力不会太大，传力性能稍差的搭接连接布置在此，相对较安全，不会对结构的受力造成明显影响。具体地说，在梁的跨边1/4倍跨度处或柱的非端部区域，较适合布置搭接连接接头。应注意的是，钢筋的搭接接头应避免布置在梁端、柱端（尤其是箍筋加密区）等关键受力区域。因该区域不仅是内力（弯矩、剪力）最大的位置，而且也是地震作用下最易形成"塑性铰"、发生"倾覆"或"压溃"的位置。设计时，应避免在该处布置搭接连接。《混凝土结构工程施工规范》GB 50666也明确规定："钢筋接头宜设置在受力较小处；有抗震设防要求的结构中，梁端、柱端加密区范围内不宜设置钢筋接头，且不应进行钢筋搭接。"即所有类型的钢筋接头均应遵循该原则，且完全杜绝了钢筋搭接连接接头布置在梁端、柱端等关键传力区域。部分工程由于传统的设计、施工习惯，忽略了上述规定，在梁端、柱端布置搭接接头，这是对结构受力很不利的做法。地震震害调查一再表明，梁端、柱端是地震中最易破坏的位置，且往往可能由于该处的局部破坏引起结构的连续倒塌。因此，在关键的受力区域设置绑扎搭接连接，是非常危险的做法。

### 3.3.2　绑扎搭接连接接头的数量

搭接连接不仅削弱了钢筋的传力性能，且接头的长度较大，在 1 根受力钢筋上设置过多的搭接接头，会过多地削弱构件的结构性能。因此，《混凝土结构设计标准》GB/T 50010 规定：“在同一根受力钢筋上宜少设置接头”。《混凝土结构工程施工规范》GB 50666 规定：“同一纵向受力钢筋不宜设置两个或两个以上的接头。”注意，这不仅仅是对绑扎搭接连接接头的要求，而是对所有形式钢筋接头的要求。这是因为同一钢筋连接接头过多，必然会影响其传力性能。梁的同一跨度和柱的同一层高范围内，不宜设置 2 个或 2 个以上的钢筋接头。

### 3.3.3　绑扎搭接连接的接头面积百分率

由于钢筋绑扎搭接接头传力性能被削弱，搭接钢筋在横向也应错开布置。在钢筋接头处，端面的位置应保持一定间距，避免接头传力集中于同一区域，导致混凝土开裂。

同一构件中相邻纵向受力钢筋的绑扎搭接接头宜互相错开。钢筋绑扎搭接接头连接区段的长度为 1.3 倍搭接长度，凡搭接接头中点位于该连接区段长度内的搭接接头均属于同一连接区段（图 3.3.3）。

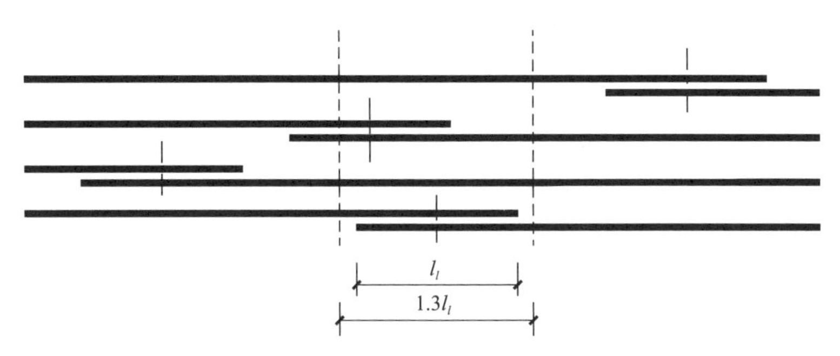


图 3.3.3　同一连接区段内纵向受拉钢筋的绑扎搭接接头

注：图中所示同一连接区段内的搭接接头钢筋为 2 根，当钢筋直径相同时，钢筋搭接接头面积百分率为 50%。

同一连接区段内纵向受力钢筋搭接接头面积百分率为该区段内有搭接接头的纵向受力钢筋与全部纵向受力钢筋截面面积的比值。当直径不同的钢筋搭接时，按直径较小的钢筋计算，这是因为钢筋通过接头传力时，均按较小直径的钢筋考虑承载受力，而大直径钢筋往往有较大的受力余量。此原则对于其他连接方式也同样适用。

并筋采用绑扎搭接连接时，应按每根单筋错开搭接的方式连接。接头面积百分率应按同一连接区段内所有的单根钢筋计算。并筋中钢筋的搭接长度应按单筋分别计算。并筋分散、错开的搭接方式有利于各根钢筋内力传递的均匀过渡，改善搭接钢筋的传力性能及裂缝分布状态。

为保证钢筋的传力性能，应对绑扎搭接接头的横向间距和接头面积百分率进行要求，具体有：

**1. 接头的横向间距**

同一构件内的接头宜分批、错开。各接头的横向净间距不应小于钢筋直径，且应≥25mm。

**2. 接头面积百分率**

各类构件钢筋连接接头面积百分率的限制见表 3.3.3。

**钢筋接头面积百分率的限制** **表 3.3.3**

<table>
<tr><td>钢筋受力状态</td><td colspan="4">受拉钢筋</td><td>受压钢筋</td></tr>
<tr><td>构件类型</td><td>梁</td><td>板、墙</td><td>柱</td><td>基础筏板</td><td>—</td></tr>
<tr><td>一般情况下</td><td>宜≤25%</td><td>宜≤25%</td><td>宜≤50%</td><td>宜≤50%</td><td rowspan="2">不受限制</td></tr>
<tr><td>确有必要增大时</td><td>应≤50%</td><td colspan="3">可根据实际情况放宽</td></tr>
</table>

### 3.3.4 绑扎搭接连接的搭接长度

钢筋搭接连接的传力性能主要取决于其搭接长度，由试验及可靠度分析可确定在不同条件下的钢筋搭接长度。搭接是锚固的特殊形态，纵向受拉钢筋绑扎搭接接头的搭接长度可根据锚固长度进行折算，并反映位于同一连接区段内的钢筋搭接接头面积百分率的影响，按下式计算：

$$l_l = \zeta_l l_a \tag{3.3.4}$$

式中 $l_l$——纵向受拉钢筋的搭接长度；

$\zeta_l$——纵向受拉钢筋搭接长度的修正系数，按表 3.3.4-1 取用。当纵向搭接钢筋接头面积百分率为表的中间值时，修正系数可按内插取值；

$l_a$——纵向受拉钢筋的锚固长度。

**纵向受拉钢筋搭接长度修正系数** **表 3.3.4-1**

| 纵向搭接钢筋接头面积百分率/% | ≤25 | 50 | 100 |
|---|---|---|---|
| 修正系数 $\zeta_l$ | 1.2 | 1.4 | 1.6 |

绑扎搭接连接是两根钢筋通过重叠部位与混凝土的握裹作用将一根钢筋的力传递给另一根钢筋，搭接强度低于锚固强度。为达到锚固强度要求，需加长锚固长度。纵向受拉钢筋搭接长度 $l_l$ 由锚固长度 $l_a$ 乘以搭接长度修正系数得到，搭接长度修正系数与接头面积百分率有关。

式（3.3.4）是根据有关的试验研究及可靠度分析结果，并参考国外有关规范的做法，确定了能够保证传力性能的搭接长度。搭接长度随接头面积百分率的提高而增大，这是因为搭接接头受力后，搭接钢筋之间将产生相对滑移。为使接头在充分受力的同时，变形刚度不致过差，相对伸长不过大，需要增大钢筋搭接长度。

考虑纵向受力钢筋搭接长度时，应注意以下情况：

（1）受拉钢筋搭接长度下限：为保证受力钢筋的传力性能，在任何情况下，经修正的受拉钢筋搭接长度均应≥300mm。

（2）当两根直径不同的钢筋搭接时，计算搭接长度时的直径可按较小钢筋计算。

（3）受压钢筋搭接长度：受压钢筋的搭接传力较受拉钢筋有利。受压构件（包括柱、撑杆、屋架上弦等）中的纵向受压钢筋采用搭接连接时，其受压搭接长度不应小于纵向受拉钢筋搭接长度的0.7倍，但有最小值要求，考虑构造需要，应≥200mm。为防止偏压引起钢筋屈曲，受压纵向钢筋端头不应设置弯钩或采用单侧贴焊锚筋的做法。

《混凝土结构设计标准》GB/T 50010中，纵向受力钢筋的搭接长度由相应的锚固长度折算得到，且与接头面积百分率有关。《混凝土结构工程施工规范》GB 50666采用表格的形式表达，以方便使用。纵向受拉钢筋接头面积百分率≤25%时的最小搭接长度见表3.3.4-2。

**纵向受拉钢筋接头面积百分率≤25%时的最小搭接长度　　表3.3.4-2**

| 钢筋类型 | | 混凝土强度等级 | | | | | | | | |
|---|---|---|---|---|---|---|---|---|---|---|
| | | C20 | C25 | C30 | C35 | C40 | C45 | C50 | C55 | ≥C60 |
| 光圆钢筋 | 300MPa级 | $48d$ | $41d$ | $37d$ | $34d$ | $31d$ | $29d$ | $28d$ | — | — |
| 带肋钢筋 | 400MPa级 | — | $48d$ | $43d$ | $39d$ | $36d$ | $34d$ | $33d$ | $31d$ | $30d$ |
| | 500MPa级 | — | $58d$ | $52d$ | $47d$ | $43d$ | $41d$ | $39d$ | $38d$ | $36d$ |

当接头面积百分率为50%时，以表3.3.4-2中数值乘1.15取值；当接头面积百分率为100%时，以表3.3.4-2中数值乘1.35取值；当为中间值时，内插取值。

当采用搭接连接时，纵向受拉钢筋的抗震搭接长度按下式计算：

$$l_{lE}=\zeta_l l_{aE} \tag{3.3.4-2}$$

式中　$l_{lE}$——纵向受拉钢筋的抗震搭接长度；

$\zeta_l$——纵向受拉钢筋搭接长度修正系数，按表3.3.4-1取用。当纵向搭接钢筋接头面积百分率为表的中间值时，修正系数可按内插取值；

$l_{aE}$——纵向受拉钢筋的抗震锚固长度。

### 3.3.5 绑扎搭接连接区域的构造要求

钢筋通过搭接实现传力的接头区域，其握裹层混凝土须受到充分的约束。如果在受力时发生混凝土开裂、破碎、散落而失去对钢筋的粘结锚固作用，会造成搭接钢筋分离，从而使传力中断，引起严重后果。搭接连接接头处的配箍过少，将无法实现对纵向受力钢筋的有效约束。搭接连接范围内的混凝土破碎、散落，搭接钢筋受压屈曲，将丧失承载传力功能。因此，为保证搭接强度不低于锚固强度，搭接钢筋在接头范围内须有足够的配箍进行约束。

搭接接头区域的配箍构造措施（直径、间距等）对约束搭接传力区域混凝土、保证搭接钢筋之间传力至关重要。《混凝土结构设计标准》GB/T 50010规定，钢筋搭接区域的配箍应与钢筋锚固区域完全相同，即当搭接钢筋保护层厚度≤$5d$时，搭接长度范围内应配置横向构造钢筋，其直径不应小于$d/4$；对于梁、柱、斜撑等构件，间距应≤$5d$，对于板、墙等平面构件，间距≤$10d$，且均应≤100mm，此处$d$为搭接纵向受力钢筋直径；当受压钢筋直径>25mm时，尚应在搭接接头两个端面外100mm的范围内各设置两道箍筋。

应注意，上述规定是针对纵向受力钢筋做出的，即对于受拉或受压钢筋的搭接连接，接头区域的横向构造钢筋要求是一样的。当受压钢筋直径>25mm时，尚应在搭接接头两个端面外100mm的范围内各设置两道箍筋，这是为了加强钢筋端部承压混凝土围箍约束，防止粗钢筋端面对保护层混凝土的局部挤压力造成开裂和破碎。

《混凝土结构工程施工规范》GB 50666 和《混凝土结构工程施工质量验收规范》GB 50204 对梁、柱类构件的纵向受力钢筋在搭接长度范围内的配箍构造提出了更具体的要求：

（1）箍筋直径：箍筋直径不应小于搭接钢筋较大直径的 1/4。

（2）箍筋间距：受拉搭接区段的箍筋间距不应大于搭接钢筋较小直径的 5 倍，且应≤100mm；受压搭接区段的箍筋间距不应大于搭接钢筋较小直径的 10 倍，且应≤200mm。

（3）柱中压筋端头：为防止钢筋端面对保护层混凝土挤压引起开裂和破碎，当柱中纵向受力钢筋直径＞25mm 时，应在搭接接头两个端面外 100mm 范围内各设置 2 道箍筋，其间距宜为 50mm。

## 3.4 绑扎搭接连接的施工

钢筋绑扎搭接连接的施工操作较简单，使用钢丝，将有一定重叠长度（搭接长度）的两根待连接钢筋进行绑扎即可。

绑扎钢筋时需要注意以下问题：①结合钢筋直径选择适合长度的钢丝。②如果钢筋直径＜10mm，宜用 22 号钢丝进行绑扎；钢筋直径＞12mm，宜用 20 号钢丝进行绑扎。③建筑物墙体钢筋绑扎要求严格，不仅需要严格把控主筋，也需要使用吊线控制绑扎垂直度。

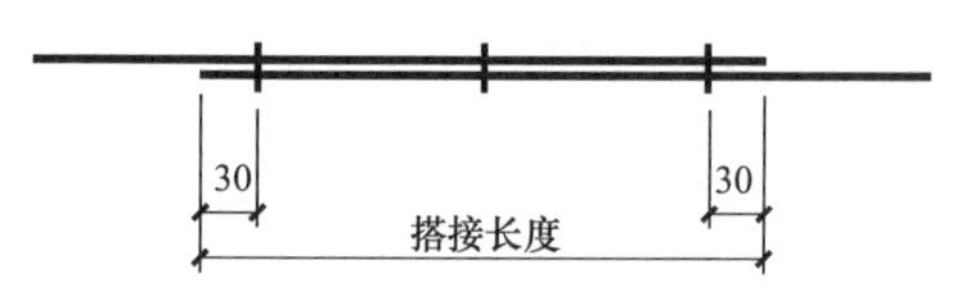


图 3.4-1　钢筋在搭接长度范围内的绑扎

钢筋绑扎搭接接头应在接头中心和两端用钢丝扎牢（如图 3.4-1 所示，每根钢筋在搭接长度内必须采用三点绑扎，用双丝绑扎搭接钢筋两端 30mm 处，中间再绑扎一道。），绑扎搭接可分为手工绑扎搭接和机械绑扎搭接。

**1. 手工绑扎搭接**

手工绑扎钢筋（图 3.4-2）由于技术含量低，成本相对低廉，所以手工捆绑在我国建筑施工中较常见。手工绑扎为传统的钢筋连接方式，操作简单，无需消耗能源和机械设备，对环境影响极小，但耗时耗力，且绑扎质量较难控制。

**2. 机械绑扎搭接**

机械绑扎搭接技术具有施工简便、机械设备简单、基本不受气候和环境影响等特点。

钢筋捆扎机（图 3.4-3）是手持式电池类钢筋快速捆扎工具，为智能化工具，内置微控制器，可自动完成钢筋捆扎所有步骤，可广泛应用于建筑工程领域，以代替手工绑扎。

图 3.4-2　手工绑扎钢筋

图 3.4-3　钢筋捆扎机

## 3.5　绑扎搭接连接的检查与验收

绑扎搭接接头施工质量的检查可采用观察的方式，对接头位置、数量、面积百分率、搭接长度、箍筋直径、间距和绑扎质量等进行检查。对难以判断或有争议的个别项目，可辅以钢尺量测解决。

绑扎搭接接头施工质量检查可分为施工过程中的检查验收和隐蔽工程验收，具体有：

**1. 施工过程中的检查验收**

在施工过程中，钢筋安装质量（包括绑扎搭接质量）按检验批进行检查。《混凝土结构工程施工质量验收规范》GB 50204 规定，对于钢筋的施工质量，根据与施工方式相一致，且便于控制施工质量的原则，按工作班、楼层、结构缝或施工段划分为若干检验批，进行检查和验收。在同一检验批内，对于梁、柱和独立基础，应抽查构件数量的 10%，且不少于 3 件；对于墙、板，应按有代表性的自然间抽查 10%，且不少于 3 件；对于大空间结构、墙，可按相邻轴线间高度 5m 左右划分检查面，板可按纵、横轴线划分检查面，抽查 10%，且不少于 3 面。

对于影响构件传力的主控项目，须满足设计要求。对于对传力性能无决定性影响的一般项目，允许有≤20%的缺陷，即检查合格点率达 80%及以上，即可按检验批合格验收。

**2. 隐蔽工程验收**

钢筋工程按检验批验收合格后，在混凝土浇筑前，须进行隐蔽工程检查和验收。隐蔽工程验收包括对钢筋工程的全部质量要求，也包括钢筋搭接连接要求，如接头位置，接头数量，接头面积百分率，箍筋规格、数量、间距等。

隐蔽工程检查和验收是由有关质量的各方面进行的全面检查，并需要相应各方签字确认。隐蔽工程验收后开始浇筑混凝土，钢筋被混凝土掩盖后，其施工质量包括搭接接头质量难以检查。

# 第4章　钢筋焊接连接

钢筋焊接连接是用电焊设备将钢筋端部加热、熔融粘结实现钢筋沿轴向接长并实现受力钢筋间力的直接传递的连接方式，一般利用电弧放电、气体燃烧等产生的热量使钢筋受热熔化，再施加压力使熔融态钢筋锻在一起，钢筋冷却后形成可靠连接。

20世纪50～70年代，我国钢筋连接方式基本上为绑扎搭接连接、闪光对焊或手工电弧焊连接。在我国，钢筋焊接连接技术从科学研究、推广应用算起，已有70多年历史，并随着建设事业的发展不断创新。1962年，我国首创竖向钢筋电渣压力焊。20世纪80年代出现了气压焊、电渣压力焊、水平钢筋窄间隙电弧焊连接等。行业标准《钢筋焊接及验收规程》从第1版BJG 18—65起，历经JGJ 18—84、JGJ 18—96、JGJ 18—2003、JGJ 18—2012（现行）版本，行业标准《钢筋焊接接头试验方法标准》历经JGJ 27—86、JG/T 27—2001、JG/T 27—2014（现行）版本，对我国钢筋焊接技术的规范应用和发展做出了巨大贡献。

## 4.1　钢筋的焊接性

钢筋焊接性指被焊钢筋在采用一定焊接材料、焊接工艺方法及工艺规范参数条件下，获得优质焊接接头的难易程度，即钢筋对焊接加工的适应性。钢筋的焊接性直接影响所采用的焊接工艺和焊接质量。不同类别、牌号的钢筋，其焊接性不同；同一类别、牌号的钢筋，采用不同焊接方法或焊接材料时，其焊接性可能也有较大差别。焊接性包括以下方面：

（1）工艺焊接性：指在一定焊接工艺条件下焊接接头中出现各种裂纹及其他工艺缺陷的敏感性和可能性，这种敏感性和可能性越大，则其工艺焊接性越差。

（2）使用焊接性：指在一定焊接条件下焊接接头对使用要求的适应性及影响使用可靠性的程度，这种适应性和使用可靠性越大，则其使用焊接性越好。

钢筋焊接的难易程度（焊接性）常用碳当量表征。碳当量为将钢中包括碳在内的各项元素对焊缝和热影响区产生淬硬冷裂纹及脆化等的影响折合成碳的相当含量，碳当量法是粗略评价焊接时产生冷裂纹倾向的估算方法。通常规定碳当量≤0.55%时，认为是可焊的。

钢筋焊接性随着碳当量百分比的增加而降低。经验表明，对于碳素钢或低合金钢钢筋，当碳当量＜0.4%时，钢筋淬硬倾向较小，焊接性优良，焊接时可不预热；当碳当量为0.4%～0.55%时，钢筋淬硬倾向增大，焊接时需采取预热、控制焊接参数等工艺措施；当碳当量＞0.55%时，钢筋淬硬倾向强，属于难焊钢材，需采取较高的预热温度、焊后热处理和严格的工艺措施。当然，碳当量法仅考虑了化学成分对焊接性的影响，未考虑结构刚性、板厚、扩散氢含量等因素。因此，使用碳当量法估计钢材焊接性时，还应考虑上述诸因素的影响。

普通钢筋碳当量为0.4%～0.6%，属于较难焊接的材料，钢筋淬硬倾向明显，须采取合适的工艺措施，对焊工技术水平要求高。施工时大多数情况需在现场焊接，作业环境差，劳动强度大，因此焊接质量波动大。如进行钢筋数量较多或钢筋直径较大的钢筋笼施焊连接时，钢筋焊接速度较慢会严重影响下笼时间，增加钢筋笼悬空吊装的施工风险。

质量可靠的焊接一般不存在强度、刚度、恢复性能、破坏性能等方面的缺陷，可满足钢筋不同情况下的连接，但焊接连接存在以下问题：

（1）需要专门的施工设备、材料及电力，能源消耗大。

（2）影响焊接质量的因素较多，如电压、气候、环境、施工条件、操作水平、施工队伍素质和管理水平等，难以保证稳定的焊接质量。

（3）不能随时随地采用，如电渣压力焊仅能用于竖向钢筋连接，闪光对焊、气压焊仅能在加工厂施焊和连接有限长度钢筋；闪光对焊不能在布筋现场作业，使用受到限制；电渣压力焊虽较节省钢材，但耗电量大，且电网电压的波动往往影响焊接质量。

（4）对施工环境有一定要求，焊接质量受气候影响较大，寒冷地区冬天焊接冷却快、易发脆，在焊接过程中突然下雨冷却也较快、易发脆。

（5）钢筋可焊性主要与钢筋含碳、锰、钛等合金元素有关，不同级别、不同化学成分的钢筋需要经过大量试验来验证其可焊性，同时还需要验证对不同焊接工艺的适应性。

（6）焊接热量会影响钢筋材质，改变其力学性能。碳含量＞0.55％的钢筋不可焊，各类预应力钢筋及冷加工钢筋、余热处理的HRB400级钢筋均存在上述问题。焊接区钢筋冷却后导致内应力，甚至会引起断裂。

（7）目前，尚无简便、有效的现场检测手段，虚焊、气泡、夹渣、内裂缝等缺陷及内应力难以通过现场简单的手段检测并加以消除。部分隐患只有在偶然作用（如地震）下才会暴露出来。

由于以上不足，在施工现场进行焊接时，接头质量不能完全保证，材料浪费较多，因此纵向钢筋不主张采用焊接接头。焊接接头无论从质量、效率还是从可操作性上均已不能满足工程建设迅速发展的需求，随着机械连接技术的发展和进步，焊接连接的应用逐渐减小。

## 4.2 钢筋焊接连接的设计要求

各类热轧钢筋均可焊接，冷加工钢筋及余热处理钢筋不宜焊接，预应力钢丝、钢绞线不能焊接。焊接接头在应用时，应注意以下方面：

（1）焊接接头应尽量设置在受力较小处，应避开结构受力较大的关键部位。抗震设计时避开梁端、柱端箍筋加密范围，如必须在该区域连接，则应采用机械连接或焊接连接。

（2）纵向受力钢筋的焊接接头应相互错开。钢筋焊接接头连接区段长度为35$d$且≥500mm，$d$为连接钢筋的较小直径，凡接头中点位于该连接区段长度内的焊接接头均属于同一连接区段。纵向受拉钢筋接头面积百分率宜≤50％，但对于预制构件拼接处，可根据实际情况放宽。纵向受压钢筋接头面积百分率可不受限制。

（3）在同一跨度或同一层高内的同一受力钢筋上宜少设连接接头，不宜设置2个或2个以上接头。

（4）在钢筋连接区域应采取必要的构造措施，在纵向受力钢筋搭接长度范围内应配置横向构造钢筋或箍筋。

（5）细晶粒热轧带肋钢筋及直径>28mm 的普通热轧带肋钢筋，其焊接参数应经试验确定。

（6）需要进行疲劳验算的构件（如吊车梁等），其纵向受拉钢筋不宜采用焊接接头，除端部锚固外，不得在钢筋上焊有附件。当直接承受吊车荷载的钢筋混凝土吊车梁、屋面梁及屋架下弦的纵向受拉钢筋采用焊接接头时，应符合下列规定：

① 应采用闪光接触对焊，并去掉接头的毛刺及卷边；

② 同一连接区段内纵向受拉钢筋焊接接头面积百分率应≤25%，焊接接头连接区段长度应取 45$d$，$d$ 为纵向受力钢筋的较大直径；

③ 进行疲劳验算时，焊接接头疲劳应力幅限值应根据钢筋疲劳应力比值，按表 4.2 线性内插取值。

**疲劳验算时焊接接头疲劳应力幅限值**　　　　**表 4.2**

| 疲劳应力比值 $\rho_s^f$ | 焊接接头疲劳应力幅限值/(N/mm$^2$) |
|---|---|
| | HRB400 |
| 0 | 140 |
| 0.1 | 130 |
| 0.2 | 125 |
| 0.3 | 120 |
| 0.4 | 110 |
| 0.5 | 98 |
| 0.6 | 85 |
| 0.7 | 68 |
| 0.8 | 48 |
| 0.9 | 25 |

普通钢筋疲劳应力比值 $\rho_s^f$ 应按下式计算：

$$\rho_s^f=\frac{\sigma_{s,min}^f}{\sigma_{s,max}^f} \tag{4.2}$$

式中　$\sigma_{s,min}^f$、$\sigma_{s,max}^f$——构件疲劳验算时，同一层钢筋的最小应力、最大应力。

## 4.3　钢筋焊接连接的施工

钢筋焊接方法较多，可有效实现不同情况下的钢筋连接，其质量可根据《钢筋焊接及验收规程》JGJ 18—2012 加以保证，应严格执行。近年来焊接方式逐渐由机械化替代手工操作，这对于扩大焊接连接的应用范围，避免人工操作的不稳定、不均匀，从而提高焊接质量起到了积极作用。常用钢筋焊接方法包括闪光对焊、电弧焊、电渣压力焊和气压焊，不同方法对应的焊接方式、工具及所焊接的钢筋有所不同。

### 4.3.1　基本规定

钢筋焊接前，应清除钢筋、钢板焊接部位及钢筋与电极接触处表面的锈斑、油污、杂物等。钢筋端部有弯折、扭曲时，应予以矫直和切除。进行带肋钢筋闪光对焊、电弧焊时，应将纵肋对纵肋安放、焊接。钢筋闪光对焊应选择合适的调伸长度、烧化留量、顶锻留量及变压器级数，工艺参数确定后不得随意改变。

**1. 焊接工艺试验**

在钢筋工程焊接施工前，参与该工程施焊的焊工须进行现场条件下的焊接工艺试验，经试验合格后方可进行焊接。焊接过程中，如果钢筋牌号、直径发生变更，应再次进行焊接工艺试验。工艺试验使用的材料、设备、辅料及作业条件均应与实际施工一致。

**2. 焊前准备**

钢筋焊接施工前，应清除钢筋焊接部位及钢筋与电极接触表面的锈斑、油污、杂物等；当钢筋端部有弯折、扭曲时，应予以矫直或切除。

**3. 纵肋对纵肋**

带肋钢筋进行闪光对焊、电弧焊、电渣压力焊和气压焊时，应将纵肋对纵肋安放和焊接。

**4. 焊条烘焙**

焊条按药皮熔化后的熔渣特性可划分为酸性焊条和碱性焊条。当采用低氢型碱性焊条时，应按使用说明书的要求烘焙，且宜放入保温桶内保温使用；酸性焊条如果在运输或存放过程中受潮，烘焙后方能使用。

**5. 焊剂烘焙**

焊剂应存放在干燥的库房内，如果受潮时，使用前应经 250～350℃烘焙 2h。使用过程中回收的焊剂应清除熔渣和杂物，并应与新焊剂混合均匀后使用。

**6. 异径焊接**

两根同牌号、不同直径的钢筋可进行闪光对焊、电渣压力焊或气压焊。进行闪光对焊时钢筋径差≤4mm；进行电渣压力焊或气压焊时，钢筋径差≤7mm。焊接工艺参数可在大、小直径钢筋焊接工艺参数之间偏大选用，两根钢筋轴线应在同一条直线上，轴线偏移的允许值应按较小直径钢筋计算；对接头强度的要求，应按较小直径钢筋计算。

**7. 不同牌号钢筋焊接**

两根同直径、不同牌号的钢筋可进行闪光对焊、电弧焊、电渣压力焊或气压焊，钢筋牌号应在规定范围内。焊条、焊丝和焊接工艺参数应按较高牌号钢筋选用，对接头强度的要求应按较低牌号钢筋强度计算。

**8. 电源电压**

进行闪光对焊时，应随时观察电源电压波动情况，当电源电压下降幅度为 5%～8%时，应采取提高焊接变压器级数等措施；当电源电压下降幅度≥8%时，不得进行焊接。实践证明，进行闪光对焊和电渣压力焊时，电源电压的波动对焊接质量有较大影响。现场施工时，由于用电设备多，往往造成电压降较大。为此，要求焊接电源的开关箱内装设电压表，焊工需随时观察电压波动情况，及时调整焊接参数，以保证焊接质量。

**9. 低温焊接**

在环境温度低于－5℃条件下施焊时，焊接工艺应符合下列要求：进行闪光对焊时，宜采用预热闪光焊或闪光预热闪光焊，可增加调伸长度，采用较低变压器级数，增加预热次数和间歇时间；进行电弧焊时，宜增大焊接电流，降低焊接速度；进行电弧帮条焊或搭接焊时，第1层焊缝应从中间引弧，向两端施焊，以后各层控温施焊，层间温度应控制为150～350℃；进行多层施焊时，可采用回火焊道施焊。

当环境温度低于－20℃时，不应进行各种焊接。根据黑龙江省寒地建筑科学研究院（原黑龙江省低温建筑科学研究所）在试验室条件下对普通低合金钢筋23个钢种、230个负温焊接接头的工艺性能、力学性能、金相、硬度及冷却速度等开展的系统性试验研究，可认为闪光对焊在－28℃、电弧焊在－50℃下焊接时，如果焊接工艺和参数选择适当，其接头综合性能良好。考虑到试点工程最低温度为－20℃，因此规定当环境温度低于－20℃时，不宜进行各种焊接。

负温焊接与常温焊接相比，主要引起冷却速度加快的问题。因此，其接头构造和焊接工艺除必须遵守常温焊接的规定外，还需在焊接工艺参数上进行必要调整，如：

① 预热：在负温条件下进行帮条电弧焊或搭接电弧焊时，从中部引弧，以对两端起预热作用。

② 缓冷：进行多层施焊时，层间温度控制在150～350℃，使接头热影响区附近的冷却速度减慢1倍～2倍，从而减弱淬硬倾向，改善接头综合性能。

③ 回火：如果采用上述两种工艺仍不能保证焊接质量时，则采用回火焊道施焊法，以对原来的热影响区起回火作用。回火温度为500℃左右，一旦生成淬硬组织，经回火后将产生回火马氏体、回火索氏体组织，从而改善接头综合性能。

**10. 雨、雪、风的影响**

雨天、雪天不宜在现场施焊，必须施焊时应采取有效遮蔽措施，并应采取有效的防滑、防触电措施，确保人身安全。焊后未冷却接头不得碰触雨、雪，因碰触雨、雪易产生淬硬组织，必须禁止。

当焊接区风速超过8m/s在现场进行闪光对焊或焊条电弧焊时，当风速超过5m/s进行气压焊时，或当风速超过2m/s进行二氧化碳气体保护电弧焊时，均应采取挡风措施。风速不仅决定于自然气候，且与所处高度有关。距地面越低，建筑物对风的摩阻力越大，风速越小；距地面越高，风速越大。施焊时不仅要关心天气预报的风级，还要注意施焊地点所处的高度。

**11. 焊机维保**

焊机应经常维护保养和定期检修，确保正常使用。施工现场常发生因焊机故障影响施工的情况，可能是焊机本身质量造成的，也可能是使用不当造成的。因此，既要选购优质焊机，又要合理使用。

### 4.3.2 闪光对焊

钢筋闪光对焊是将两根钢筋以对接形式水平安放在对焊机上，利用电阻热使接触点金属融化，产生强烈闪光和飞溅，迅速施加顶锻力完成焊接的方法。闪光对焊是一种电阻焊，这种方法使两段待焊的钢筋接触，对口处电阻较大，通过电焊机低电压的强电流后释放热量，钢筋被加热到一定温度后融化，再迅速轴向加压顶锻，形成对焊接头，将钢筋沿轴向接长。

闪光对焊具有以下特点：

（1）闪光过程可排出空气，使金属氧化自我保护功能降低。顶锻过程还能将氧化物随液体金属排出焊缝外，减少焊缝未焊透、焊缝夹杂等缺陷；

（2）闪光过程具有较强的自我调节功能，对规范化一致性的要求较低，焊接质量稳定；

（3）单位焊接截面面积需电功率小，焊接低碳钢仅需 0.1～0.3kV・A/mm² 的电功率；

（4）焊接生产率高，焊接1个接头仅需几秒至几十秒；

（5）适用范围广，原则上能锻造的金属材料均可采用闪光对焊焊接；

（6）焊接截面面积范围大，一般从几十 mm² 至几万 mm² 的截面面积均能焊接。

闪光对焊是应用范围广且经济、高效的焊接方式，闪光对焊的优点是能够确保焊接质量和节约钢筋，其缺点为耗电多，易受工地电源容量的影响，仅能在地面上作业，闪光过程会对环境造成污染，尤其不能用于有毒元素金属材料的焊接。

闪光对焊主要用于焊接某些需提前连接的补料，如果焊接长度过长，则不利于现场吊运、绑扎。通过采用闪光对焊，可减小部分钢筋的损耗率。由于其成本低于机械连接，因此目前应用于不是很重要的部位，闪光对焊钢筋连接接头一般抗弯性能不易合格，所以建议重要部位的钢筋连接采用机械连接。

目前，我国对人工操作闪光对焊机进行钢筋焊接是限制的，具体为在非固定的专业预制厂（场）或钢筋加工厂（场）内，对直径≥22mm 钢筋进行连接作业时，不得使用钢筋闪光对焊工艺。

闪光对焊的接头形式如图 4.3.2 所示，适用范围见表 4.3.2-1。

图 4.3.2 闪光对焊接头形式

**闪光对焊适用范围** **表 4.3.2-1**

| 钢筋牌号 | 钢筋直径/mm |
|---|---|
| HPB300 | 8～22 |
| HRB400、HRBF400 | 8～40 |
| HRB500、HRBF500 | 8～40 |
| RRB400W | 8～32 |

注：在生产中，对于牌号带“E”的抗震钢筋，焊接工艺可按同级别热轧钢筋施焊，焊条应采用低氢型碱性焊条。

钢筋闪光对焊可采用连续闪光焊、预热闪光焊或闪光-预热闪光焊工艺方法。生产中，可根据不同条件选用：

（1）当钢筋直径较小，钢筋牌号较低时，在表 4.3.2-2 规定的范围内，可采用连续闪光焊；

（2）当钢筋直径超过表 4.3.2-2 的规定，钢筋端面较平整，宜采用预热闪光焊；

（3）当钢筋直径超过表 4.3.2-2 的规定，钢筋端面不平整，宜采用闪光-预热闪光焊。

**连续闪光焊钢筋直径上限** **表 4.3.2-2**

| 焊机容量/(kV・A) | 钢筋牌号 | 钢筋直径/mm |
|---|---|---|
| 160<br>(150) | HPB300 | 22 |
| | HRB400、HRBF400 | 20 |
| 100 | HPB300 | 20 |
| | HRB400、HRBF400 | 18 |

续表

| 焊机容量/(kV·A) | 钢筋牌号 | 钢筋直径/mm |
|---|---|---|
| 80<br>(75) | HPB300 | 16 |
| | HRB400、HRBF400 | 12 |

连续闪光焊包括闪光与顶锻过程，预热闪光焊包括预热、闪光及顶锻等过程。焊缝是在工件对口固相金属产生塑性变形条件下，形成共同晶粒。焊缝成分和组织与钢筋母材接近，较易获得等塑等强的焊接接头。连续闪光焊所能焊接的钢筋直径上限应根据焊机容量、钢筋牌号等具体情况而定，并应符合表 4.3.2-2 的规定。

焊接 HRB500、HRBF500 钢筋时，应采用预热闪光焊或闪光-预热闪光焊工艺。当进行接头拉伸试验时发生脆性断裂或弯曲试验不能达到规定要求时，尚应在焊机上进行焊后热处理。

当 HRBF400、HRBF500、RRB400W 钢筋进行闪光对焊时，与热轧钢筋相比，应减小调伸长度，提高焊接变压器级数，缩短加热时间，快速顶锻，形成快热快冷条件，使热影响区长度控制在钢筋直径的 60%范围内。

实施闪光对焊所需的主要机具有对焊机及配套的对焊平台、防护深色眼镜、电焊手套、绝缘鞋、钢筋切断机、空压机、除锈机或钢丝刷、冷拉调直作业线等，常用闪光对焊机主要技术参数见表 4.3.2-3。闪光对焊应根据施焊钢筋直径合理选择焊机机型，电压须保持稳定，为保证焊接质量，其下端电极应根据钢筋直径合理调配使用，即下端电极不能使用 1 副，应使用多副，以保证钢筋轴线不偏移。

**常用对焊机主要技术参数** **表 4.3.2-3**

| 焊机型号 | UN1—50 | UN1—75 | UN1—100 | UN2—150 | UN17—150—1 |
|---|---|---|---|---|---|
| 动夹具传动方式 | 杠杆挤压弹簧（人力操纵） | | | 电动机凸轮 | 气—液压 |
| 额定容量/kV·A | 50 | 75 | 100 | 150 | 150 |
| 负载持续率/% | 25 | 20 | 20 | 20 | 50 |
| 电源电压/V | 220/380 | 220/380 | 380 | 380 | 380 |
| 次级电压调节范围/V | 2.9～5.0 | 3.52～7.04 | 4.5～7.6 | 4.05～8.10 | 3.8～7.6 |
| 次级电压调节级数/级 | 6 | 8 | 8 | 16 | 16 |
| 连续闪光焊钢筋大直径/mm | 10～12 | 12～16 | 16～20 | 20～25 | 20～25 |
| 预热闪光焊钢筋最大直径/mm | 20～22 | 32～36 | 40 | 40 | 40 |
| 每小时最大焊接件数/件 | 50 | 75 | 20～30 | 80 | 120 |
| 冷却水消耗量/(L/h) | 200 | 200 | 200 | 200 | 600 |
| 压缩空气压力/MPa | — | — | — | 0.55 | 0.6 |
| 压缩空气消耗量/($m^3$/h) | — | — | — | 15 | 5 |

对焊机有配套装置、冷却水、压缩空气等应符合要求。电源应符合要求。当电源电压下降大于 5%、小于 8%时，应采取适当提高焊接变压器级数的措施；大于 8%时，不得进行焊接。作业场地应有安全防护设施、防火和必要的通风措施，防止发生烧伤、触电及火灾等事故。

实施闪光对焊前，应熟悉料单，弄清接头位置，做好技术交底。对钢筋进行检查，钢筋的级别、直径必须符合设计要求，有出厂证明书及复试报告单。进口钢筋还应有化学复试单，其化学成分应满足焊接要求，并应有可焊性试验。

闪光对焊属于加工部分，因其仅能在加工过程中进行水平向钢筋焊接，现场无法使用。闪光对焊的工艺流程为：检查设备→选择焊接工艺及参数→试焊→制作模拟试件→送检→合格后确定焊接参数→焊接→质量检验。

其中，连续闪光对焊工艺过程为：闭合电路→闪光/（两钢筋端面轻微接触）→连续闪光加热到将近熔点/（两钢筋端面徐徐移动接触）→带电顶锻→无电顶锻。通电后，应借助操作杆使两钢筋端面轻微接触，使其产生电阻热，并使钢筋端面的凸出部分互相熔化，并将熔化的金属微粒向外喷射形成火光闪光，再徐徐不断地移动钢筋形成连续闪光，待预定的烧化量消失后，以适当压力迅速进行顶锻，即完成整个连续闪光焊接。

预热闪光对焊工艺过程为：闭合电路→断续闪光预热/（两钢筋端面交替接触和分开）→连续闪光加热到将近熔点/（两钢筋端面徐徐移动接触）→ 带电顶锻 →无电顶锻。通电后，应使两根钢筋端面交替接触和分开，使钢筋端面之间发生断续闪光，形成烧化预热过程。当预热过程完成，应立即转入连续闪光和顶锻。

闪光-预热闪光对焊工艺过程为：闭合电路→一次闪光闪平端面/（两钢筋端面轻微徐徐接触）→断续闪光预热/（两钢筋端面交替接触和分开）→二次连续闪光加热到将近熔点/（两钢筋端面徐徐移动接触）→ 带电顶锻 →无电顶锻。通电后，应首先进行闪光，当钢筋端面已平整时，应立即进行预热、闪光及顶锻过程。

闪光对焊时，应按下列规定选择调伸长度、烧化留量、顶锻留量及变压器级数等焊接参数：

（1）调伸长度的选择：应随着钢筋牌号的提高和钢筋直径的加大而增长，主要是减缓接头的温度梯度，防止热影响区产生淬硬组织。当焊接 HRB400、HRBF400 钢筋时，调伸长度宜在 40～60mm 选用。

（2）烧化留量的选择：应根据焊接工艺方法确定。当采用连续闪光焊时，闪光过程应较长；烧化留量应等于 2 根钢筋在断料时切断机刀口严重压伤部分（包括端面的不平整度）再加 8～10mm；当采用闪光-预热闪光焊时，应区分一次烧化留量和二次烧化留量。一次烧化留量应≥10mm，二次烧化留量应≥6mm。

（3）需预热时，宜采用电阻预热法。预热留量应为 1～2mm，预热次数应为 1～4 次，每次预热时间应为 1.5～2s，间歇时间应为 3～4s。

（4）顶锻留量应为 3～7mm，并应随着钢筋直径的增大和钢筋牌号的提高而增加。其中，有电顶锻留量约占 1/3，无电顶锻留量约占 2/3，焊接时须控制得当。焊接 HRB500 钢筋时，顶锻留量宜稍微增大，以确保焊接质量。

（5）变压器级数应根据钢筋牌号、直径、焊机容量及焊接工艺方法等具体情况选择。

闪光对焊时，检查电源、对焊机及对焊平台、地下铺放的绝缘橡胶垫、冷却水、压缩空气等，一切必须处于安全可靠的状态。在每班正式焊接前，应按选择的焊接参数焊接 6 个试件，其中 3 个做拉力试验，3 个做冷弯试验。经试验合格后，方可按确定的焊接参数成批生产。

焊接前和施焊过程中，应检查和调整电极位置，拧紧夹具丝杆。钢筋在电极内必须夹紧、电极钳口变形应立即调换和修理。钢筋端头如起弯或成“马蹄”形则不得焊接，必须煨直或切除。钢筋端头 120mm 范围内的铁锈、油污，必须清除干净。焊接过程中，粘附在电极上的氧化铁要随时清除干净。接近焊接接头区段应有适当均匀的镦粗塑性变形，端面不应氧化。焊接后稍冷却才能松开电极钳口，取出钢筋时必须平稳，以免接头弯折。在钢筋对焊生产中，焊工应认真进行自检，若发现偏心、弯折、烧伤、裂缝等缺陷，应切除接头重焊，并查找原因，及时消除。

在闪光对焊生产中，应重视焊接全过程中的任何一个环节，以确保焊接质量，当出现异常现象或焊接缺陷时，应参照表 4.3.2-4 查找原因，采取措施及时消除。

**钢筋对焊异常现象、焊接缺陷及防止措施** **表 4.3.2-4**

| 序号 | 异常现象和缺陷种类 | 防止措施 |
|---|---|---|
| 1 | 烧化过程剧烈，并产生强烈的爆炸声 | 1. 降低变压器级数；<br>2. 减慢烧化速度 |
| 2 | 闪光不稳定 | 1. 清除电极底部和表面的氧化物；<br>2. 提高变压器级数；<br>3. 加快烧化速度 |
| 3 | 接头中有氧化膜、未焊透或夹渣 | 1. 增加预热程度；<br>2. 加快临近顶锻时的烧化速度；<br>3. 确保带电顶锻过程；<br>4. 加快顶锻速度；<br>5. 增大顶锻压力 |
| 4 | 接头中有缩孔 | 1. 降低变压器级数；<br>2. 避免烧化过程过分强烈；<br>3. 适当增大顶锻留量及顶锻压力 |
| 5 | 焊缝金属过烧或热影响区过热 | 1. 减小预热程度；<br>2. 加快烧化速度，缩短焊接时间；<br>3. 避免过多带电顶锻 |
| 6 | 接头区域裂纹 | 1. 检验钢筋的碳、硫、磷含量；若不符合规定时，应更换钢筋；<br>2. 采取低频预热方法，增加预热强度 |
| 7 | 钢筋表面微熔及烧伤 | 1. 清除钢筋被夹紧部位的铁锈和油污；<br>2. 清除电极内表面的氧化物；<br>3. 改进电极槽口形状，增大接触面积；<br>4. 夹紧钢筋 |
| 8 | 接头弯折或轴线偏移 | 1. 正确调整电极位置；<br>2. 修整电极钳口或更换已变形的电极；<br>3. 切除或矫直钢筋的接头 |

## 4.3.3 电弧焊

图 4.3.3-1 钢筋电弧焊

钢筋电弧焊包括焊条电弧焊和二氧化碳气体保护电弧焊。钢筋焊条电弧焊是以焊条作为一极，钢筋为另一极，利用焊接电流通过产生的电弧热进行焊接的熔焊方法。钢筋二氧化碳气体保护电弧焊是以焊丝作为一极，钢筋为另一极，并以二氧化碳气体作为电弧介质，保护金属熔滴、焊接熔池和焊接区高温金属的熔焊方法。钢筋电弧焊在工程现场的应用如图 4.3.3-1 所示。

钢筋电弧焊包括帮条焊（单面焊或双面焊）、搭接焊（单面焊或双面焊）、熔槽帮条焊、坡口焊（平焊或立焊）和窄间隙焊 5 种接头形式，适用范围见表 4.3.3-1。

**电弧焊适用范围**　　　　**表 4.3.3-1**

| 接头形式 | | 图示 | 钢筋牌号 | 钢筋直径/mm |
|---|---|---|---|---|
| 帮条焊 | 双面焊 | 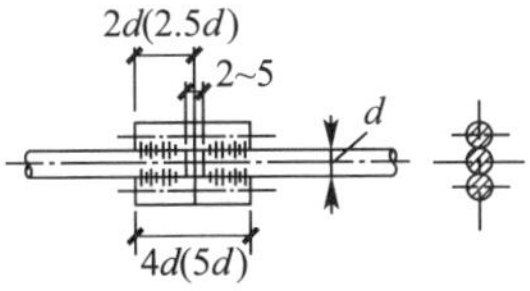 2d(2.5d)；2~5；d；4d(5d) | HPB300 | 10～22 |
| | 单面焊 | 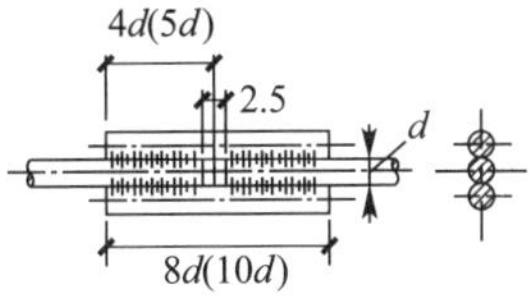 4d(5d)；2.5；d；8d(10d) | HRB400、HRBF400 | 10～40 |
| 搭接焊 | 双面焊 | 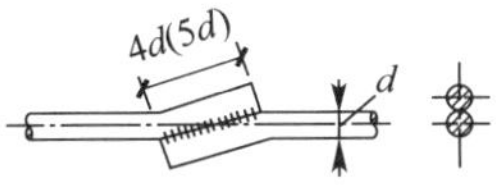 4d(5d)；d | HRB500、HRBF500 | 10～32 |
| | 单面焊 | 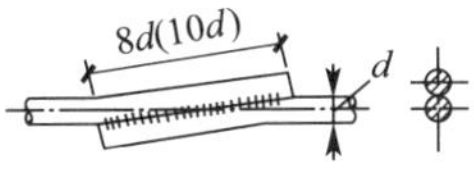 8d(10d)；d | RRB400W | 10～25 |
| 熔槽帮条焊 | | 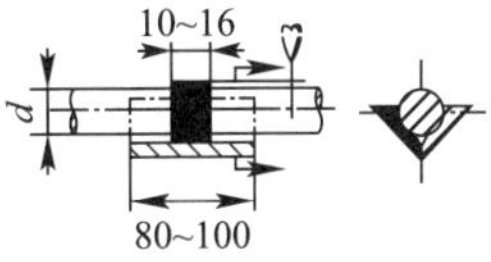 10~16；d；80~100 | HPB300 | 20～22 |
| | | | HRB400、HRBF400 | 20～40 |
| | | | HRB500、HRBF500 | 20～32 |
| | | | RRB400W | 20～25 |
| 坡口焊 | 平焊 | 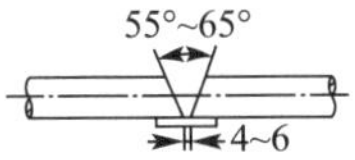 55°~65°；4~6；2~3；≤3 | HPB300 | 18～22 |
| | | 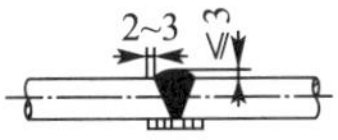 | HRB400、HRBF400 | 18～40 |
| | 立焊 | 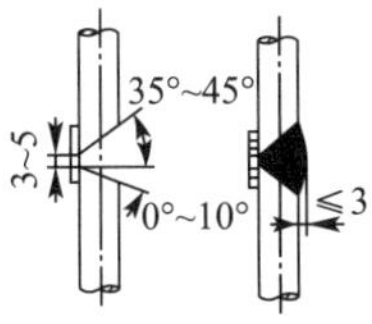 35°~45°；3~5；0°~10°；≤3 | HRB500、HRBF500 | 18～32 |
| | | | RRB400W | 18～25 |
| 窄间隙焊 | | 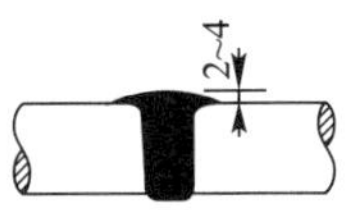 2~4 | HPB300 | 16～22 |
| | | | HRB400、HRBF400 | 16～40 |
| | | | HRB500、HRBF500 | 18～32 |
| | | | RRB400W | 18～25 |

注：在生产中，对于牌号带“E”的抗震钢筋，焊接工艺可按同级别热轧钢筋施焊，焊条应采用低氢型碱性焊条。

钢筋焊条电弧焊所采用的焊条，应符合现行国家标准《非合金钢及细晶粒钢焊条》GB/T 5117、《热强钢焊条》GB/T 5118 或设计规定，可参考表 4.3.3-2 采用。药皮应无裂缝、气孔、凹凸不平等缺陷，并不得有肉眼看得出的偏心度。焊接过程中，电弧应燃烧稳定，药皮熔化均匀，无成块脱落现象。焊条必须根据焊条说明书的要求烘干后才能使用。焊条必须有出厂合格证。

**钢筋电弧焊使用的焊条牌号** **表 4.3.3-2**

| 项次 | 钢筋牌号 | 搭接焊、帮条焊 | 坡口焊 |
|---|---|---|---|
| 1 | HPB300 | E4303 | E4303 |
| 2 | HRB400、HRBF400、RRB400W | E5003、E5516、E5515、ER55-X | E5503、E5516、E5515、ER55-X |
| 3 | HRB500、HRBF500 | E5503、E6003、E6016、E6015、ER55-X | E6003、E6016、E6015 |

钢筋二氧化碳气体保护电弧焊所采用的焊丝应符合现行国家标准《熔化极气体保护电弧焊用非合金钢及细晶粒钢实心焊丝》GB/T 8110 的规定。二氧化碳气体保护电弧焊设备应由焊接电源、送丝系统、焊枪、供气系统、控制电路组成。采用二氧化碳气体保护电弧焊时，应根据焊机性能、焊接接头形状、焊接位置等条件选用焊接电流、极性、电弧电压（弧长）、焊接速度、焊丝伸出长度（干伸长）、焊枪角度、焊接位置和焊丝直径等焊接工艺参数。

图 4.3.3-2 帮条焊

采用帮条焊时，宜采用双面焊；当不能进行双面焊时，可采用单面焊，帮条长度应符合表 4.3.3-3 的规定。当帮条牌号与主筋相同时，帮条直径可与主筋相同或小一个规格；当帮条直径与主筋相同时，帮条牌号可与主筋相同或低一个牌号等级。帮条与被焊钢筋的轴线应在同一平面上，主筋端面间隙应为 2～5mm。钢筋帮条焊在工程现场的应用如图 4.3.3-2 所示。

搭接焊时，两根连接钢筋轴线应一致，宜采用双面焊，当不能进行双面焊时，可采用单面焊。搭接长度可与表 4.3.3-3 帮条长度相同。

**钢筋帮条长度** **表 4.3.3-3**

| 钢筋牌号 | 焊缝形式 | 帮条长度 |
|---|---|---|
| HPB300 | 单面焊 | ≥8$d$ |
| | 双面焊 | ≥4$d$ |
| HRB400、HRBF400<br>HRB500、HRBF500<br>RRB400W | 单面焊 | ≥10$d$ |
| | 双面焊 | ≥5$d$ |

注：$d$ 为主筋直径（mm）。

电弧焊应尽可能采用搭接焊形式，当不具备搭接焊条件时，可采用帮条焊。

熔槽帮条焊焊接时应加角钢作垫板模，还可采用 U 形钢板垫板模，如图 4.3.3-3 所示。

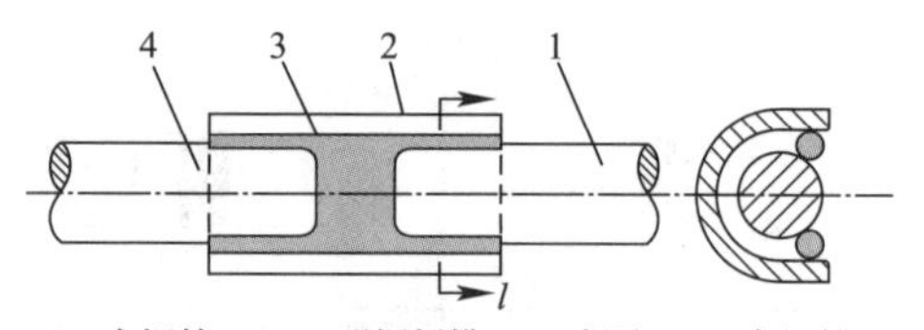


1—右钢筋；2—U形钢板模；3—焊缝；4—左钢筋

图 4.3.3-3 U 形钢板垫板模（钢筋熔槽帮条焊接头）

钢筋窄间隙焊电弧焊是将两根钢筋安放成水平对接形式，并置于铜模内，中间留有少量间隙，用焊条从钢筋根部引弧，连续向上部焊接，熔化钢筋端面，并使熔融金属充填间隙形成接头的电弧焊方法。

实施电弧焊时，应根据钢筋牌号、直径、接头形式和焊接位置选择焊接材料，确定焊接工艺和焊接参数；引弧应在垫板、帮条或形成焊缝的部位进行，不得烧伤主筋；焊接地线与钢筋应接触良好；焊接过程中应及时清渣，焊缝表面应光滑，焊缝余高应平缓过渡，弧坑应填满。

电弧焊设备简单，操作方便，适用于各种钢筋焊接，但对工人操作技术要求较高、工效低、耗电量大、对环境有一定污染，且焊接也会出现咬边、未焊透等缺陷。电弧焊在高层建筑工程钢筋焊接中，需要通过较长的电缆将电源导入施工点，且需较大的工作电流保证钢筋焊接质量。

实施电弧焊前，应熟悉料单和图纸，弄清接头位置，做好技术交底。对钢筋进行检查，钢筋的级别、直径必须符合设计要求，有出厂证明书及复试报告单。进口钢筋还应有化学复试单，其化学成分应满足焊接要求，并应有可焊性试验。钢筋应无老锈和油污。

实施电弧焊所需要的主要机具有电弧焊机、焊接电缆、电焊钳、面罩、錾子、钢丝刷、锉刀、榔头、钢字码等。作业场地要有安全防护设施、防火和必要的通风措施，防止发生烧伤、触电、中毒及火灾等事故。

帮条尺寸、坡口角度、钢筋端头间隙、接头位置以及钢筋轴线应符合规定。电弧焊的工艺流程为：检查设备→选择焊接工艺及参数→试焊→制作模拟试件→送检→合格后确定焊接参数→焊接→质量检验。检查电源、焊机及工具，焊接地线应与钢筋接触良好，防止因起弧而烧伤钢筋。选择焊接参数，根据钢筋级别、直径、接头形式和焊接位置，选择适宜的焊条直径、焊接层数和焊接电流，保证焊缝与钢筋熔合良好。试焊、做模拟试件，在每批钢筋正式焊接前，应焊接 3 个模拟试件做拉力试验。经试验合格后，方可按确定的焊接参数成批生产。施焊操作如下：

（1）引弧：带有垫板或帮条的接头，引弧应在钢板或帮条上进行。无钢筋垫板或无帮条的接头，引弧应在形成焊缝的部位，防止烧伤主筋。

（2）定位：焊接时应先焊定位点再施焊。

（3）运条：运条时的直线前进、横向摆动和送进焊条三个动作要协调平稳。

（4）收弧：收弧时，应将熔池填满，拉灭电弧时，应将熔池填满，注意不要在工作表面造成电弧擦伤。

（5）多层焊：如钢筋直径较大，需要进行多层施焊时，应分层间断施焊。每焊一层后，应清渣再焊接下一层。应保证焊缝的高度和长度。

（6）熔合：焊接过程中应有足够的熔深。主焊缝与定位焊缝应结合良好，避免气孔、夹渣和烧伤缺陷，并防止产生裂缝。

（7）平焊：平焊时要注意熔渣和铁水混合不清的现象，防止熔渣流到铁水前面。熔池也应控制成椭圆形，一般采用右焊法，焊条与工作表面成 70°。

（8）立焊：立焊时，铁水与熔渣易分离。要防止熔池温度过高，铁水下坠形成焊瘤，操作时焊条与垂直面形成 60°～80°。使电弧略向上，吹向熔池中心。焊第一道时，应压住电弧向上运条，同时作较小的横向摆动，其余各层用半圆形横向摆动加挑弧法向上焊接。

（9）横焊；焊条倾斜 70°～80°，防止铁水受自重作用下坠到下坡口上。运条到上坡口处不作运弧停顿，迅速带到下坡口根部作微小横拉稳弧动作，依次均速进行焊接。

（10）仰焊：仰焊时宜用小电流短弧焊接，溶池宜薄，且应确保与母材熔合良好。第一层焊缝用短电弧作前后推拉动作，焊条与焊接方向成 8°～90°。其余各层焊条横摆，并在坡口侧略停顿稳弧，保证两侧熔合。

根据钢筋级别、直径、接头形式和焊接位置，选择适宜的焊条直径和焊接电流，保证焊缝与钢筋熔合良好。焊接过程中及时清渣，焊缝表面光滑平整，焊缝美观，加强焊缝应平缓过渡，弧坑应填满。搭接线应与钢筋接触良好，不得随意乱搭，防止打弧。带有钢板或帮条的接头，引弧应在钢板或帮条上进行。无钢板或无帮条的接头，引弧应在形成焊缝部位，不得随意引弧，防止烧伤主筋。焊接完成后，检查帮条尺寸、坡口角度、钢筋端头间隙、钢筋轴线偏移，以及钢材表面质量情况，不符合要求时不得焊接。

### 4.3.4 电渣压力焊

电渣压力焊是将两根钢筋安放成竖向对接形式，通过直接引弧法或间接引弧法，利用焊接电流通过两根钢筋断面间隙，在焊剂层下形成电弧过程和电渣过程，产生电弧热和电阻热，熔化钢筋，加压完成的焊接方法。该方法通过在待连接的两根钢筋端施加电压，使钢筋端面间隙产生电弧，电弧使焊剂熔化，熔化后的焊剂在一定电压下形成渣池并熔化钢筋端部，两根钢筋在轴向压力作用下焊接在一起的焊接方法。电渣压力焊具有电弧焊、电渣焊和压力焊的特点，包括引弧、电弧、电渣及顶压过程。

图 4.3.4　电渣压力焊的接头形式

电渣压力焊仅应应用于柱、墙等构筑物现浇混凝土结构中竖向或斜向（倾斜度≤10°）受力钢筋的连接，不得用于梁、板等构件中水平钢筋的连接。

电渣压力焊的接头形式如图 4.3.4 所示，适用范围见表 4.3.4-1。

**电渣压力焊的适用范围**　　**表 4.3.4-1**

| 钢筋牌号 | 钢筋直径/mm |
| --- | --- |
| HPB300 | 12～22 |
| HRB400 | 12～32 |
| HRB500 | 12～32 |

注：1. 进行直径 12mm 钢筋电渣压力焊时，应采用小型焊接夹具，上下钢筋对正，不偏歪，多做焊接工艺试验，确保焊接质量。

2. 在生产中，对于牌号带“E”的抗震钢筋，焊接工艺可按同级别热轧钢筋施焊，焊条应采用低氢型碱性焊条。

电渣压力焊焊机容量应根据所焊钢筋直径选定，接线端应连接紧密，确保良好导电。焊接夹具应具有足够刚度，夹具形式、型号应与焊接钢筋配套，上下钳口应同心，在最大允许荷载下应灵活移动，操作便利，电压表、时间显示器应配备齐全。

电渣压力焊工艺过程应符合下列规定：

（1）焊接夹具的上下钳口应夹紧于上、下钢筋上，钢筋一经夹紧，不得晃动，且两根钢筋应同心；

(2) 引弧可采用直接引弧法或铁丝圈（焊条芯）间接引弧法；

(3) 引燃电弧后，应先进行电弧过程，然后加快上钢筋下送速度，使上钢筋端面插入液态渣池约2mm，转变为电渣过程，最后在断电的同时迅速下压上钢筋，挤出熔化金属和熔渣；

(4) 接头焊毕应稍作停歇，方可回收焊剂和卸下焊接夹具。敲去渣壳后，当钢筋直径≤25mm时，四周焊包凸出钢筋表面的高度应≥4mm；当钢筋直径≥28mm时，四周焊包凸出钢筋表面的高度应≥6mm。

电渣压力焊连接技术能够节约钢材，成本低、经济效益显著，对钢筋加工要求较低，允许钢筋端面稍有不平，允许有浮锈或气割氧化物，焊接速度快、工效高，钢筋接头从外观上可反映接头连接机械性能，便于质量鉴定。但抗拉强度不易保证，两根钢筋焊接不可能保持同轴心。电渣压力焊在操作时，瞬时耗电量较大，施工时需要具有足够的电源。对于常停电、电压不稳、电压偏低的施工现场，不宜选用电渣压力焊。当待连接钢筋之间存在超过一定角度的斜向或钢筋密集时，也不宜选用电渣压力焊施工。电渣压力焊可在负温条件下进行，但当环境温度低于－20℃时，则不宜进行施焊。雨雪天气不宜进行施焊，必须施焊时，应采取有效的遮蔽措施。焊后未冷却的接头，应避免碰到冰雪。

实施电渣压力焊前，应熟悉料单和图纸，弄清接头位置，做好技术交底。对钢筋进行检查，钢筋的级别、直径必须符合设计要求，有出厂证明书及复试报告单。进口钢筋还应有化学复试单，其化学成分应满足焊接要求，并应有可焊性试验。

用于电渣压力焊的焊剂应符合现行国家标准《埋弧焊用非合金钢及细晶粒钢实心焊丝、药芯焊丝和焊丝-焊剂组合分类要求》GB/T 5293的有关规定，在施焊前须烘干，不得含水分，一般采用431型焊剂，该焊剂含有高锰、高硅、低氟成分，除起隔绝空气、保温及稳定电弧等作用外，焊接过程中还起补充熔渣、脱氧及添加合金元素作用，使焊缝金属合金化。焊剂应存放在干燥的库房内，防止受潮。如受潮，使用前须经250～300℃烘焙2h。使用中回收的焊剂，应除去熔渣和杂物，并应与新焊剂混合均匀后使用。焊剂应有出厂合格证。

实施手工电渣压力焊所需的主要机具有焊接电源、控制箱、焊接夹具、焊剂罐等。实施自动电渣压力焊所需的主要机具有焊接电源、控制箱、操作箱、焊接机头等。钢筋电渣压力焊宜采用次级空载电压较高（TSV以上）的交流或直流焊接电源。（一般32mm直径及以下的钢筋焊接时，可采用容量为600A的焊接电源；32mm直径及以上的钢筋焊接时，应采用容量为1000A的焊接电源）。当焊机容量较小时，也可以采用较小容量的同型号，同性能的两台焊机并联使用。焊接夹具应有足够的刚度，在最大允许荷载下应移动灵活，操作方便。焊剂罐的直径与所焊钢筋直径相适应，不致在焊接过程中烧坏。电压表、时间显示器应配备齐全，以便操作者准确掌握各项焊接参数。电源应符合要求。当电源电压下降大于5%，则不宜进行焊接。作业场地应有安全防护措施，制定和执行安全技术措施，加强焊工的劳动保护，防止发生烧伤、触电、火灾、爆炸以及烧坏机器等事故。

电渣压力焊的工艺流程为：检查设备、电源→钢筋端头制备→选择焊接参数→安装焊接夹具和钢筋→安放铁丝球（可省去）→安装焊剂罐→装填焊剂→试焊→制作试件→确定焊接参数→施焊→回收焊剂→卸下夹具→检查质量。检查设备、电源，确保随时处于正常状态，严禁超负荷工作。钢筋安装前，焊接部位和电极钳口接触的（150mm区段内）钢筋表面上的锈斑、油污、杂物等，应清除干净，钢筋端部若有弯折、扭曲，应予以矫直或切除，但不得用锤击矫直。

电渣压力焊焊接参数应包括焊接电流、焊接电压和焊接通电时间，参见表 4.3.4-2。不同直径钢筋焊接时，按较小直径钢筋选择参数，焊接通电时间延长约 10%。

**钢筋电渣压力焊焊接参数** **表 4.3.4-2**

| 钢筋直径/mm | 焊接电流/A | 焊接电压/V | | 焊接通电时间/s | |
|---|---|---|---|---|---|
| | | 电弧过程 $U_{2-1}$ | 电渣过程 $U_{2-2}$ | 电弧过程 $t_1$ | 电渣过程 $t_2$ |
| 16 | 200～250 | 40～45 | 22～27 | 14 | 4 |
| 18 | 250～300 | 40～45 | 22～27 | 15 | 5 |
| 20 | 300～350 | 40～45 | 22～27 | 17 | 5 |
| 22 | 350～400 | 40～45 | 22～27 | 18 | 6 |
| 25 | 400～450 | 40～45 | 22～27 | 21 | 6 |
| 28 | 500～550 | 40～45 | 22～27 | 24 | 6 |
| 32 | 600～650 | 40～45 | 22～27 | 27 | 7 |
| 36 | 700～750 | 40～45 | 22～27 | 30 | 8 |
| 40 | 850～900 | 40～45 | 22～27 | 33 | 9 |

夹具的下钳口应夹紧于下钢筋端部的适当位置，一般为 1/2 焊剂罐高度偏下 5～10mm，以确保焊接处的焊剂有足够的淹埋深度。上钢筋放入夹具钳口后，调准动夹头的起始点，使上下钢筋的焊接部位位于同轴状态，方可夹紧钢筋。钢筋一经夹紧，严防晃动，以免上下钢筋错位和夹具变形。正式进行钢筋电渣压力焊前，必须按照选择的焊接参数进行试焊并作试件送试，以便确定合理的焊接参数。合格后，方可正式生产。当采用半自动、自动控制焊接设备时，应按照确定的参数设定好设备的各项控制数据，以确保焊接接头质量可靠。

电渣压力焊的工艺过程为：闭合电路→引弧→电弧过程→电弧过程→挤压断电。通过操纵杆或操纵盒上的开关，先后接通焊机的焊接电流回路和电源的输入回路，在钢筋端面之间引燃电弧，开始焊接。引燃电弧后，应控制电压值。借助操纵杆使上下钢筋端面之间保持一定的间距，进行电弧过程的延时，使焊剂不断熔化而形成必要深度的渣池。随后逐渐下送钢筋，使上钢筋端都插入渣池，电弧熄灭，进入电渣过程的延时，使钢筋全断面加速熔化。电渣过程结束，迅速下送上钢筋，使其端面与下钢筋端面相互接触，趁热排除熔渣和熔化金属。同时切断焊接电源。接头焊毕，应停歇 20～30s 后（在寒冷地区施焊时，停歇时间应适当延长），才可回收焊剂和卸下焊接夹具，以免接头弯折。

在钢筋电渣压力焊的焊接生产中，夹具紧固，严防晃动；引弧过程，力求可靠；电弧过程，延时充分，电渣过程，短而稳定；挤压过程，压力适当。焊工应认真进行自检，重视焊接全过程中的任何一个环节，接头部位应清理干净，钢筋安装应上下同心。若发现偏心、弯折、烧伤、焊包不饱满等焊接缺陷，应切除接头重焊。切除接头时，应切除热影响区的钢筋，即离焊缝中心约为 1.1 倍钢筋直径的长度范围内的部分应切除。若出现异常现象，应参照表 4.3.4-3 查找原因，及时清除。

钢筋电渣压力焊接头焊接缺陷与防止措施　　表 4.3.4-3

| 序号 | 焊接缺陷 | 防止措施 |
| --- | --- | --- |
| 1 | 轴线偏移 | 1. 矫直钢筋端部；<br>2. 正确安装夹具和钢筋；<br>3. 避免过大的挤压力；<br>4. 及时修理或更换夹具 |
| 2 | 弯折 | 1. 矫直钢筋端部；<br>2. 注意安装与扶持上钢筋；<br>3. 避免焊后过快卸夹具；<br>4. 修理或更换夹具 |
| 3 | 焊包薄而大 | 1. 减低顶压速度；<br>2. 减小焊接电流；<br>3. 减少焊接时间 |
| 4 | 咬边 | 1. 减小焊接电流；<br>2. 缩短焊接时间；<br>3. 注意上钳口的起始点，确保上钢筋挤压到位 |
| 5 | 未焊合 | 1. 增大焊接电流；<br>2. 避免焊接时间过短；<br>3. 检修夹具，确保上钢筋下送自如 |
| 6 | 焊包不匀 | 1. 钢筋端面力求平整；<br>2. 填装焊剂尽量均匀；<br>3. 延长焊接时间，适当增加熔化量 |
| 7 | 气孔 | 1. 按规定要求烘焙焊剂；<br>2. 清除钢筋焊接部位的铁锈；<br>3. 确保被焊处在焊剂中的埋入深度 |
| 8 | 烧伤 | 1. 钢筋导电部位除净铁锈；<br>2. 尽量夹紧钢筋 |
| 9 | 焊包下淌 | 1. 彻底封堵焊剂罐的漏孔；<br>2. 避免焊后过快回收焊剂 |

### 4.3.5　气压焊

钢筋气压焊是采用乙炔火焰或氧液化石油气火焰（或其他火焰），对两根钢筋对接处加热，使其达到热塑性状态（固态）或熔化状态（熔态）后，加压完成的压焊方法。

气压焊按加热温度和工艺方法的不同，可分为固态气压焊（闭式，属固态压力焊范畴）和熔态气压焊（开式，属熔态压力焊范畴），施工单位应根据设备等情况选用。气压焊按加热火焰所用燃料气体的不同，可分为氧乙炔气压焊和氧液化石油气气压焊。氧液化石油气火焰的加热温度稍低，施工单位应根据具体情况选用。

气压焊可用于钢筋在垂直位置、水平位置或倾斜位置的对接焊接。

气压焊用电量较少，节省钢筋，由于焊接采用气源，故焊接工艺不受电源及周围环境限制，适用范围广，可用于水平、垂直焊接，也可用于倾斜焊接。但气压焊工序复杂，受气候影响大，且有明火作业不安全。受加热加压程度、钢筋安装同心度、夹具是否夹紧等

图 4.3.5 气压焊的接头形式

情况影响，焊接操作技术要求严格，焊接质量不稳定，在钢筋连接技术中已趋于淘汰。

气压焊的接头形式如图 4.3.5 所示，适用范围见表 4.3.5-1。

采用固态气压焊时，其焊接工艺应符合下列规定：

(1) 焊前钢筋端面应切平、打磨，使其露出金属光泽，钢筋安装夹牢、预压顶紧后，两根钢筋端面局部间隙应≤3mm。

**气压焊的适用范围** **表 4.3.5-1**

| 钢筋牌号 | 钢筋直径/mm |
| --- | --- |
| HPB300 | 12～22 |
| HRB400 | 12～40 |
| HRB500 | 12～32 |

注：在生产中，对于牌号带“E”的抗震钢筋，焊接工艺可按同级别热轧钢筋施焊，焊条应采用低氢型碱性焊条。

(2) 气压焊加热开始至钢筋端面密合前，应采用碳化焰集中加热；钢筋端面密合后可采用中性焰宽幅加热；钢筋端面合适加热温度应为 1150～1250℃，钢筋镦粗区表面的加热温度应稍高于该温度，并随着钢筋直径的增大适当提高。

(3) 气压焊顶压时，对钢筋施加的顶压力应为 30～40MPa。

(4) 3 次加压法的工艺过程应包括预压、密合和成型阶段。

(5) 当采用半自动钢筋固态气压焊时，应使用钢筋常温直角切断机断料，两根钢筋端面间隙应控制在 1～2mm，钢筋端面应平滑，可直接焊接。

采用熔态气压焊时，焊接工艺应符合下列规定：

(1) 安装时，两根钢筋端面之间应预留 3～5mm 的间隙；

(2) 当采用氧液化石油气熔态气压焊时，应调整好火焰，适当增大氧气用量；

(3) 气压焊开始时，应首先使用中性焰加热，待钢筋端头至熔化状态，附着物随熔滴流走，端部呈凸状时应加压，挤出熔化金属，并牢固密合。

气压焊作业场地应有安全防护措施，制定和执行安全技术措施，加强焊工的劳动保护，防止发生烧伤、火灾、爆炸以及损坏备等事故。雨雪天工作焊接现场要有遮蔽措施，刮风时（风速超过 5.4m/s)，要有防风措施。压按作业后的钢筋接头不要立刻接触冰雪，如环境温度在－15℃以下时，应对接头采取预热、保温、缓冷措施。当环境温度低于－20℃时，不得进行施焊。

气压焊使用的主要机具和要求如下：

(1) 供气装置：氧气瓶、溶解乙炔气瓶（或中压乙炔发生器)、干式回火防止器、减压器及胶管等。氧气瓶和溶解乙炔气瓶的使用应遵照国家有关规定执行。溶解乙炔气瓶的供气能力必须满足现场最大直径钢筋焊接时供气量的要求，若不敷使用时，可多瓶并联使用。供气装置应包括氧气瓶、溶解乙炔气瓶或液化石油气瓶减压器及胶管等，溶解乙炔气瓶或液化石油气瓶出口处应安装干式回火防止器。

所用气态氧（$O_2$）的氧气纯度应在99.5%以上，质量应符合现行国家标准《工业氧》GB/T 3863中规定的Ⅰ类或Ⅱ类一级的技术要求。乙炔气（$C_2H_2$）质量应满足现行国家标准《溶解乙炔》GB 6819的要求，宜用瓶装熔解乙炔，其纯度必须在98%（体积比）以上，磷化氢含量不得大于0.06%，硫化氢含量不得大于0.1%，水分含量不得大于$1g/m^3$，丙酮含量应不大于$45g/m^3$。如使用乙炔发生器直接生产的乙炔时，使用的电石质量要符合有关标准规定的优级品或一级品的要求。

（2）多嘴环管焊柜（或称为多嘴环管加热器）：氧—乙炔混合室的供气量应满足加热圈气体消耗量的需要，多嘴环管加热器应配备多种规格的加热圈，以满足不同直径钢筋焊接的需要，多束火焰应燃烧均匀，调整火焰方便。当采用氧液化石油气火焰进行加热焊接时，应配备梅花状喷嘴的多嘴环管加热器。

（3）加压器：加压能力应达到现场最大直径钢筋焊接时所需要的轴向压力。采用半自动钢筋固态气压焊或半自动钢筋熔态气压焊时，应增加电动加压装置、带有加压控制开关的多嘴环管加热器。

（4）焊接夹具：应确保夹紧钢筋，当钢筋承受最大轴向压力时，钢筋与夹头之间不得产生相对滑移；应便于钢筋的安装定位，并在施焊过程中保持足够的刚度；动夹头应与定夹头同心，并且当不同直径钢筋焊接时，仍应保持同心；动夹头的位移应大于或等于现场最大直径钢筋焊接时所需的压缩长度。

（5）辅助设备：无齿锯或切割机、磨光机、扳手等。采用固态气压焊时，宜增加带有陶瓷切割片的钢筋常温直角切断机。

气压焊的工艺流程为：检查设备、气源→钢筋端头制备→安装焊接夹具和钢筋→施焊、做试件→焊前检查→焊接→拆卸卡具→质量检查

（1）检查设备、气源，确保处于正常状态。

（2）钢筋端头制备：进行气压焊的钢筋端头应切平，不得形成马蹄形、压扁形、凸凹不平或弯曲，必要时宜用无齿锯切割，保证钢筋端头断面和轴线相垂直，若有弯折或扭曲应切除，并用角向磨光机倒角露出金属光泽，不得有氧化现象，并清除钢筋端头100mm范围内的锈蚀、油污、氧化膜、杂质等，打磨钢筋时应在当天进行，防止打磨后再生锈。

做好钢筋的下料工作，计算切割长度时，应考虑焊接接头的压缩量，每一接头的压缩量约为一个焊接钢筋直径的长度。接头位置应留在直线段上，不得在钢筋的弯曲处。

（3）安装焊接夹具和钢筋：先将卡具卡在已处理好的两根钢筋上，将两钢筋分别夹紧，接好的钢筋上下要同心，使两钢筋的轴线在同一条直线上，固定卡具应将顶丝上紧，活动卡具要施加一定的初压力，初压力的大小要根据钢筋直径的粗细决定，宜为15～20MPa，局部缝隙不应大于3mm。

（4）试焊、做试件：应对钢筋进行检查，钢筋的级别、直径必须符合设计要求，有出厂证明书和钢筋复试证明书，进口钢筋还应有化学复试单，其化学成分应满足焊接要求，并应有可焊性试验。当两钢筋直径不相同时，其两直径之差不得大于7mm。当采用其他品种、规格钢筋进行气压焊时，应进行钢筋焊接性能试验，合格后方可采用。应进行现场条件下钢筋气压焊工艺性能的试验，经外观检查拉伸试验及弯曲试验合格。确认焊工的操作技能和现场钢筋的可焊性，并选择最佳的焊接工艺。试验的钢筋应从进场钢筋中截取。每批钢筋焊接6根接头，经外观检验合格后，其中3根做拉伸试验，3根做弯曲试验。试

验合格后，按确定的工艺进行气压焊。

（5）焊前检查：焊前应对焊接设备进行详细检查，以保证焊接正常进行。检查压焊面是否符合要求，上下钢筋是否同心，是否有弯曲现象。

（6）焊接：钢筋气压焊时，应根据钢筋直径和焊接设备等具体条件选用等压法、二次加压法或三次加压法焊接工艺。焊接开始时，火焰采用还原焰（也称碳化焰），对准两钢筋接缝处集中加热，并使其内焰包住缝隙，防止钢筋端面产生氧化。火焰中心对准压焊面缝隙，在确认两钢筋缝隙完全密合后，应改用中性焰，以压焊面为中心，在两侧各一倍钢筋直径长度范围内往复宽幅加热。钢筋端面的合适加热温度应为1150～1250℃；钢筋镦粗区表面的加热温度应稍高于该温度，并随钢筋直径大小而产生的温度梯差而定。在两钢筋缝隙密合和镦粗过程中，对钢筋施加轴向压力，最终压力按钢筋截面面积计达到30～40MPa，使压焊面间隙完全闭合达到所要求的形状。为保证对钢筋施加的轴向压力值，应根据加压器的型号，按钢筋直径大小事先换算成油压表读数，并写好标牌，以便准确控制。加热过程中，如果压焊面间隙完全闭合之前发生灭火中断现象，应将钢筋断面重新打磨、安装，然后点燃火焰进行焊接。如果发生在间隙完全闭合之后，则可再次加热加压完成焊接操作。掌握好加热和加压的工艺，加压过大、过早会造成压焊凸起、塌陷。

（7）拆卸卡具：钢筋气压焊中，通过最终的加热加压，应使接头的镦粗区形成规定的合适形状。将火焰熄灭后，加压并稍延滞，红色消失后，呈暗红色即温度降至600～650℃，即可卸卡具，继续自然冷却。不得过早拆卸卡具，防止接头弯曲变形。焊后不准砸钢筋接头，不准往刚焊完后的接头上浇水。焊接时搭好架子，不准踩踏其他已绑好的钢筋。在加热过程中，当在钢筋端面缝隙完全密合前发生灭火中断现象时，应将钢筋取下重新打磨、安装，然后点燃火焰进行焊接。当灭火中断发生在钢筋端面缝隙完全密合后，可继续加热加压，完成焊接作业。

（8）质量检查：在焊接生产中应重视焊接全过程中的任何一个环节。焊工应认真自检，若发现偏心、弯折、镦粗直径及长度不够、压焊面偏移、环向裂纹、钢筋表面严重烧伤、接头金属过烧、未焊合等质量缺陷，应切除接头重焊，并参考表4.3.5-2查找原因并采取措施及时消除。质量检查包括外观检查和机械性能检查两部分。应对焊接接头逐一进行外观检查。并按规定分批切取接头进行机械性能检查。每批钢筋焊接接头经质量检验合格后，应填写质量合格证书。

**钢筋气压焊接头焊接缺陷与防止措施　　表4.3.5-2**

| 序号 | 焊接缺陷 | 产生原因 | 防止措施 |
|---|---|---|---|
| 1 | 轴线偏移（偏心） | 1. 焊接夹具变形，两夹头不同心，或夹具刚度不够；<br>2. 两钢筋安装不正；<br>3. 钢筋接合端面倾斜；<br>4. 钢筋未夹紧进行焊接；<br>5. 焊接夹具拆卸过早 | 1. 检查夹具，及时修理或更换；<br>2. 重新安装夹紧；<br>3. 切平钢筋端面；<br>4. 夹紧钢筋再焊；<br>5. 熄火半分钟后拆夹具 |
| 2 | 弯折 | 1. 焊接夹具变形，两夹头不同心；<br>2. 钢筋接合端面倾斜；<br>3. 焊接夹具拆卸过早 | 1. 检查夹具，及时修理或更换；<br>2. 切平钢筋端面；<br>3. 熄火半分钟后拆夹具 |

续表

| 序号 | 焊接缺陷 | 产生原因 | 防止措施 |
| --- | --- | --- | --- |
| 3 | 镦粗直径不够 | 1. 焊接夹具动夹头有效行程不够；<br>2. 顶压油缸有效行程不够；<br>3. 加热温度不够；<br>4. 压力不够 | 1. 检查夹具和顶压油缸，及时更换；<br>2. 采用适宜的加热温度和压力 |
| 4 | 镦粗长度不够 | 1. 加热幅度不够宽；<br>2. 顶压力过大、过急 | 1. 增大加热幅度范围；<br>2. 加压时应平稳 |
| 5 | 压焊面偏移 | 钢筋两端头加热幅度不合适 | 1. 同直径钢筋两端头加热幅度应对称；<br>2. 异直径钢筋加热时，对较大直径钢筋加热时间稍长 |
| 6 | 1. 钢筋表面严重烧伤；<br>2. 接头金属过烧 | 1. 火焰功率过大；<br>2. 加热时间过长；<br>3. 加热器摆动不匀 | 调整加热火焰，正确掌握操作方法 |
| 7 | 未焊合 | 1. 加热温度不够或热量分布不均；<br>2. 顶压力过小；<br>3. 接合端面不洁；<br>4. 端面氧化；<br>5. 中途无火或火焰不当 | 合理选择焊接参数，正确掌握操作方法 |

### 4.3.6　质量检验与验收

钢筋焊接接头质量检验与验收应按现行国家标准《混凝土结构工程施工质量验收规范》GB 50204 和《钢筋焊接及验收规程》JGJ 18 的有关规定执行。钢筋焊接工艺不同，质量检验要求也不同。

钢筋焊接接头应按检验批进行质量检验与验收，包括外观质量检查和力学性能检验，并划分为主控项目和一般项目。

纵向受力钢筋焊接接头验收时，闪光对焊接头、电弧焊接头、电渣压力焊接头、气压焊接头的连接方式应符合设计要求，并应全数检查，检查方法为目视观察。焊接接头力学性能检验为主控项目，焊接接头外观质量检查为一般项目。

钢筋焊接接头检验批划分及力学性能检验数量、外观质量检查要求见表 4.3.6-1。

**钢筋焊接接头检验批划分及力学性能检验数量、外观质量检查要求　　表 4.3.6-1**

| 焊接方法 | 检验批划分及力学性能检验数量 | 外观质量检查要求 |
| --- | --- | --- |
| 闪光对焊 | 1. 在同一台班内，由同一焊工完成的 300 个同牌号、同直径钢筋焊接接头应作为一批。当同一台班内焊接接头数量较少，可在一周之内累计计算；累计仍不足 300 个接头时，应按批计算。<br>2. 应从每批接头中随机切取 6 个接头，其中 3 个做拉伸试验，3 个做弯曲试验；异径钢筋接头可仅做拉伸试验 | 1. 对焊接头表面应呈圆滑、带毛刺状，不得有肉眼可见的裂纹。<br>2. 与电极接触处的钢筋表面不得有明显烧伤。<br>3. 接头处的弯折角度≤2°。<br>4. 接头处的轴线偏移不得大于钢筋直径的 1/10，且≤1mm |

续表

| 焊接方法 | 检验批划分及力学性能检验数量 | 外观质量检查要求 |
| --- | --- | --- |
| 电弧焊 | 1. 在现浇混凝土结构中，应以300个同牌号钢筋、同形式接头作为一批；在房屋结构中，应在不超过连续二楼层中300个同牌号钢筋、同形式接头作为一批；每批随机切取3个接头，做拉伸试验。<br>2. 在装配式结构中，可按生产条件制作模拟试件，每批3个，做拉伸试验。<br>3. 在同一批中如果有3种不同直径的钢筋焊接接头，应在最大直径钢筋接头和最小直径钢筋接头中分别切取3个试件做拉伸试验 | 1. 焊缝表面应平整，不得有凹陷或焊瘤。<br>2. 焊接接头区域不得有肉眼可见的裂纹。<br>3. 焊缝余高应为2～4mm。<br>4. 咬边深度、气孔、夹渣等缺陷允许值及接头尺寸的允许偏差应符合有关规定 |
| 电渣压力焊 | 1. 在现浇混凝土结构中，应以300个同牌号钢筋接头作为一批。<br>2. 在房屋结构中，应在不超过连续二楼层中300个同牌号钢筋接头作为一批；当不足300个接头时，仍应作为一批。<br>3. 每批随机切取3个接头试件做拉伸试验。<br>4. 在同一批中如果有3种不同直径的钢筋焊接接头，应在最大直径钢筋接头和最小直径钢筋接头中分别切取3个试件做拉伸试验 | 1. 对于四周焊包凸出钢筋表面的高度，当钢筋直径为25mm及以下时，≥4mm；当钢筋直径为28mm及以上时，≥6mm。<br>2. 钢筋与电极接触处应无烧伤缺陷。<br>3. 接头处的弯折角度≤2°。<br>4. 接头处的轴线偏移≤1mm |
| 气压焊 | 1. 在现浇钢筋混凝土结构中，应以300个同牌号钢筋接头作为一批；在房屋结构中，应在不超过连续二楼层中300个同牌号钢筋接头作为一批；当不足300个接头时，仍应作为一批。<br>2. 在柱、墙的竖向钢筋连接中，应从每批接头中随机切取3个接头做拉伸试验；在梁、板的水平钢筋连接中，应另切取3个接头做弯曲试验。<br>3. 在同一批中，异径钢筋气压焊接头可仅做拉伸试验。<br>4. 在同一批中如果有3种不同直径的钢筋焊接接头，应在最大直径钢筋接头和最小直径钢筋接头中分别切取3个试件做拉伸试验 | 1. 接头处的轴线偏移不得大于钢筋直径的1/10，且≤1mm；当不同直径钢筋焊接时，应按较小钢筋直径计算；当大于上述规定值，但在钢筋直径的3/10以下时，可加热矫正；当大于钢筋直径的3/10时，应切除重焊。<br>2. 接头处表面不得有肉眼可见的裂纹。<br>3. 接头处的弯折角度≤2°。当大于规定值时，应重新加热矫正。<br>4. 固态气压焊接头镦粗直径不得小于钢筋直径的1.4倍，熔态气压焊接头镦粗直径不得小于钢筋直径的1.2倍。当小于上述规定值时，应重新加热镦粗。<br>5. 镦粗长度不得小于钢筋直径的1.0倍，且凸起部分平缓圆滑。当小于上述规定值时，应重新加热镦长 |

进行焊接接头外观检查时，首先应由焊工对所焊接头或制品进行自检；在自检合格的基础上，由施工单位专业质量检查员检验；监理（建设）单位进行验收记录。进行纵向受力钢筋焊接接头外观检查时，每一检验批中应随机抽取10％的焊接接头。当外观质量各小项不合格数均小于或等于抽检数的15％时，该批焊接接头外观质量评为合格。当某一小项不合格数超过抽检数的15％时，应对该批焊接接头该小项逐个进行复检，并剔除不合格接头。对外观检查不合格接头采取修整或焊补措施后，可提交二次验收。

施工单位专业质量检查员应检查钢筋出厂质量证明书、钢筋进场复验报告、各项焊接材料产品合格证、焊接工艺试验时的接头试件力学性能试验报告等。进行钢筋焊接接头力学性能检验时，应在接头外观检查合格后随机切取试件进行试验，试验方法应按现行行业标准《钢筋焊接接头试验方法标准》JGJ/T 27的有关规定执行。试验报告应包括下列内容：① 工程名称、取样部位；② 批号、批量；③ 钢筋生产厂家和钢筋强度等级、规格；④ 焊接方法；⑤ 焊工姓名及考试合格证编号；⑥ 施工单位；⑦ 焊接工艺试验时的力学性能试验报告；⑧ 力学性能试验结果。

钢筋闪光对焊接头、电弧焊接头、电渣压力焊接头、气压焊接头的拉伸试验，应从每一检验批接头中随机切取 3 个钢筋接头进行，并按下列规定对试验结果进行评定：

(1) 符合下列条件之一，应评定该检验批接头拉伸试验合格：

条件一：3 个试件均断于钢筋母材，呈延性断裂，其实测极限抗拉强度大于等于钢筋母材极限抗拉强度标准值。

条件二：2 个试件断于钢筋母材，呈延性断裂，其实测极限抗拉强度大于等于钢筋母材极限抗拉强度标准值；另一试件断于焊缝，呈脆性断裂，其实测极限抗拉强度大于等于钢筋母材极限抗拉强度标准值的 1.0 倍。

试件断于热影响区，呈延性断裂，应视作与断于钢筋母材等同；试件断于热影响区，呈脆性断裂，应视作与断于焊缝等同。

(2) 符合下列条件之一，应进行复验：

条件一：2 个试件断于钢筋母材，呈延性断裂，其实测极限抗拉强度大于等于钢筋母材极限抗拉强度标准值；另一试件断于焊缝或热影响区，呈脆性断裂，其实测极限抗拉强度小于钢筋母材极限抗拉强度标准值的 1.0 倍。

条件二：1 个试件断于钢筋母材，呈延性断裂，其实测极限抗拉强度大于等于钢筋母材极限抗拉强度标准值；另 2 个试件断于焊缝或热影响区，呈脆性断裂。

(3) 3 个试件均断于焊缝，呈脆性断裂，其实测极限抗拉强度均大于等于钢筋母材极限抗拉强度标准值的 1.0 倍，应进行复验。当 3 个试件中有 1 个试件实测极限抗拉强度小于钢筋母材极限抗拉强度标准值的 1.0 倍，应评定该检验批接头拉伸试验不合格。

(4) 复验时，应切取 6 个试件进行试验。如果有 4 个或 4 个以上试件断于钢筋母材，呈延性断裂，其实测极限抗拉强度大于等于钢筋母材极限抗拉强度标准值，另 2 个或 2 个以下试件断于焊缝，呈脆性断裂，其实测极限抗拉强度大于或等于钢筋母材极限抗拉强度标准值的 1.0 倍，应评定该检验批接头拉伸试验复验合格。

(5) 可焊接余热处理钢筋 RRB400W 焊接接头拉伸试验结果，其实测极限抗拉强度应符合同级别热轧带肋钢筋极限抗拉强度标准值 540MPa 的规定。

钢筋闪光对焊接头、气压焊接头进行弯曲试验时，应将受压面的全面毛刺和镦粗敦凸起部分消除，且应与钢筋外表齐平。弯曲试验可在万能试验机、手动或电动液压弯曲试验器上进行。从每个检验批接头中随机切取 3 个接头，焊缝应处于弯曲中心点，弯心直径和弯曲角度应符合表 4.3.6-2 的规定。

**接头弯曲试验指标**　　**表 4.3.6-2**

| 钢筋牌号 | 弯心直径 | 弯曲角度（°） |
|---|---|---|
| HPB300 | $2d$ | 90 |
| HRB400、HRBF400、RRB400W | $5d$ | |
| HRB500、HRBF500 | $7d$ | |

注：1. $d$ 为钢筋直径（mm）。

2. 直径＞25mm 的钢筋焊接接头，弯心直径应增加 1 倍钢筋直径。

弯曲试验结果应按下列规定进行评定：

（1）当弯曲至 90°，有 2 个或 3 个试件外侧（含焊缝和热影响区）未发生宽度达 0.5mm 的裂纹，应评定该检验批接头弯曲试验合格。

（2）当有 2 个试件发生宽度达 0.5mm 的裂纹，应进行复验。

（3）当有 3 个试件发生宽度达 0.5mm 的裂纹，应评定该检验批接头弯曲试验不合格。

（4）复验时，应切取 6 个试件进行试验。当不超过 2 个试件发生宽度达 0.5mm 的裂纹时，应评定该检验批接头弯曲试验复验合格。

进行钢筋焊接接头或焊接制品质量验收时，应在施工单位自行质量评定合格的基础上，由监理（建设）单位对检验批有关资料进行检查，组织项目专业质量检查员等进行验收。

## 4.4 焊工考试

钢筋采取焊接连接时，焊接质量受焊工水平的影响很大，甚至可以说焊工是焊接施工质量的保证。因此，从事钢筋焊接施工的焊工参加焊工考试是非常重要和必要的，焊工必须持有钢筋焊工考试合格证，熟练掌握焊接原理、焊接工艺、材料特性等，并应按照合格证规定的范围上岗操作。经专业培训结业的学员或具有独立焊接工作能力的焊工，均应参加钢筋焊工考试。

焊工考试及复试主要目的：①提高焊接工人的作业技能和操作水平，减少事故隐患；②及时发现和纠正焊接过程中的问题，保证焊接质量；③对焊工的职业生涯发展有着促进作用，能够提高技能水平和获得合法认证。

在焊工考试前，焊工需要通过培训，掌握相关知识和技能，并进行练习与实践。

焊工考试应由经设区市或设区市以上建设行政主管部门审查批准的单位负责进行。对考试合格的焊工应签发考试合格证，考试合格证式样应符合《钢筋焊接及验收规程》JGJ 18—2012 附录 B 的规定。

钢筋焊工考试应包括理论知识考试和操作技能考试两部分，经理论知识考试合格的焊工，方可参加操作技能考试。

理论知识考试应包括下列内容：① 钢筋强度等级、规格及性能；② 焊机使用和维护；③ 焊条、焊剂、氧气、溶解乙炔、液化石油气、二氧化碳气体性能和选用；④ 焊前准备、技术要求、焊接接头和焊接制品质量检验与验收标准；⑤ 焊接工艺方法及其特点，焊接参数的选择；⑥ 焊接缺陷产生的原因及消除措施；⑦ 电工知识；⑧ 焊接安全技术知识，包括防护措施、紧急处理等等。具体内容和要求应由各考试单位按焊工报考焊接方法对应出题。

焊工操作技能考试用的钢筋、焊条、焊剂、氧气、溶解乙炔、液化石油气、二氧化碳气体等，应符合《钢筋焊接及验收规程》JGJ 18 的有关规定，焊接设备可根据具体情况确定。通过实际的焊接测试，测试焊工的操作水平和技能掌握情况。

考试合格后，焊工可以获得相应级别的焊工资格证书，证书有效期限一般为 3 年或 5 年。通过评估和继续培训，焊工可以提升自己的技能水平和焊接质量，为项目实施提供更好的服务。

持有合格证的焊工当在焊接生产中3个月内出现2批不合格品时，应取消其合格资格。持有合格证的焊工，每2年应复试1次；当脱离焊接生产岗位半年以上，在生产操作前应首先进行复试。复试可仅进行操作技能考试。

焊工考试完毕，考试单位应填写“钢筋焊工考试结果登记表”，连同合格证复印件一起立卷归档备查。工程质量监督单位应对上岗操作的焊工随机抽查验证。

# 第 5 章　钢筋套筒灌浆连接

20 世纪末，欧洲各国结合时代发展需要，对预制建筑提出可持续发展要求，将建筑工业化作为 21 世纪建筑发展趋势。法国政府自 1978 年成立预制构件建筑协会（ACC）制定建筑模数协调规则并在实施中发现问题后，适时提出了构造体系，建筑技术和建筑功能样式实现多样化；美国继其在 20 世纪中后期成立预制/预应力混凝土协会（PCI）并出版相应设计手册后，1997 年又颁布了《统一建筑规范》UBC-97；20 世纪 90 年代日本提出了环境友好可持续新型住宅的跨世纪住宅寿命目标，其预制结构在 1995 年神户地震中表现出良好的抗震性能。可以说，世界各国日益重视预制混凝土技术，如新加坡政府住宅结构工程设计 90%以上的建筑构件（如柱、墙、梁、楼板、楼梯、屋顶等）均采用预制构件。

预制混凝土结构及建筑的发展亟需一种可靠的预制构件钢筋连接技术，钢筋灌浆套筒连接接头应运而生，其发源于美国，技术和产品是美籍华裔余占疏博士的发明专利。日本在 20 世纪 80 年代初期开始开发应用钢筋套筒灌浆连接技术，其成为预制钢筋混凝土构件用钢筋连接主要方式之一。钢筋套筒灌浆连接技术具有质量稳定可靠、抗震性能好、施工简便、安装速度快、适用于不同直径带肋钢筋连接的特点，主要应用于预制装配式混凝土结构中的竖向和横向构件受力钢筋连接，如钢筋混凝土预制梁、预制柱、预制剪力墙板、预制楼板之间的钢筋连接，也可用于混凝土后浇带钢筋连接、钢筋笼整体对接及加固补强等方面，可连接直径为 12～40mm 热轧带肋钢筋或余热处理钢筋。

钢筋套筒灌浆连接技术在欧美、日本等国家的发展和应用已有四十多年的历史，日本、美国、英国、澳大利亚、新西兰、新加坡等国家已进行了较深入的研究，并在预制装配式住宅、学校、购物中心、停车场等工程中广泛应用，经历了大地震的考验。美国 *Types of Mechanical Splices for Reinforcing Bars* ACI 439.3R—2007 已明确将这种连接列入机械连接的一类，不仅将这项技术广泛应用于预制构件受力钢筋的连接，而且还应用于现浇混凝土受力钢筋的连接。

近年来，在我国大力推动建筑工业化的背景下，对绿色建筑、节能减排的要求不断提高，人工成本急剧攀高，以装配式混凝土结构为代表的建筑工业化迅猛发展，而预制混凝土构件的连接，特别是构件间钢筋的连接，是装配式混凝土结构的关键技术，不同连接形式对项目总造价和工期均有直接影响。我国钢筋套筒灌浆连接技术的研究起步较晚，但发展迅速。随着我国装配式建筑的发展，自主研发的钢筋套筒灌浆连接接头层出不穷，并在工程建设中得到广泛应用。2009 年前后，我国成功研发了钢筋套筒灌浆直螺纹连接技术，即半灌浆套筒连接技术。目前，我国钢筋套筒灌浆连接接头在向大直径、高强钢筋接头方向发展，且已赶超国外。

随着我国装配整体式混凝土建筑的普遍推广和应用，钢筋套筒灌浆连接技术相关的标准不断完善。除《装配式混凝土结构技术规程》JGJ 1—2014、《装配式混凝土建筑技术标准》GB/T 51231—2016 外，我国现行与钢筋套筒灌浆连接相关的配套标准还有《钢筋套筒灌浆连接应用技术规程》JGJ 355—2015（2023 年版）、JG/T 398—2019《钢筋连接用灌浆套筒》、《钢筋连接用套筒灌浆料》JG/T 408—2019 等，上述标准规范对钢筋套筒灌浆连接接头的性能提出了明确的要求，并对应用钢筋套筒灌浆连接技术所涉及的灌浆套筒、套筒灌浆料等产品作了详细的规定，提出了一系列质量保证措施，规范和指导了钢筋套筒灌浆连接技术的实施。

在装配式混凝土结构中，对于相邻预制构件间的钢筋连接方式，除套筒灌浆连接外，《装配式混凝土结构技术规程》JGJ 1—2014 还提出了浆锚搭接连接。钢筋浆锚搭接连接指在预制混凝土构件中采用特殊工艺制成孔道，受力钢筋分别在孔道内、外通过间接搭接实现钢筋间应力传递的钢筋连接方式。其中，孔道中插入需搭接的受力钢筋后，灌注水泥基灌浆料实现钢筋搭接连接。钢筋浆锚搭接连接分为螺旋箍筋浆锚搭接连接（也称约束浆锚搭接连接）和金属波纹管浆锚搭接连接，如图 5.0-1 所示。

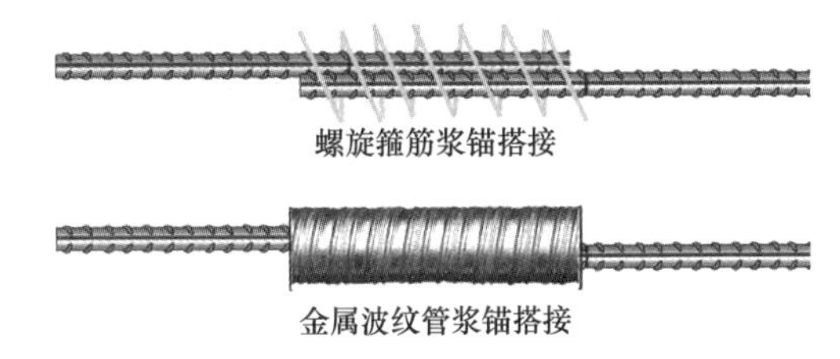


图 5.0-1　钢筋浆锚搭接连接

这种搭接技术在欧洲有多年的应用历史，也被称为间接搭接或间接锚固，主要用于剪力墙竖向分布钢筋（非主要受力钢筋）的连接，如图 5.0-2 所示。我国已有多家单位对间接搭接技术进行了一定数量的研究工作，如哈尔滨工业大学、黑龙江宇辉新型建筑材料有限公司等对这种技术进行了大量试验研究，也取得了大量研究成果。

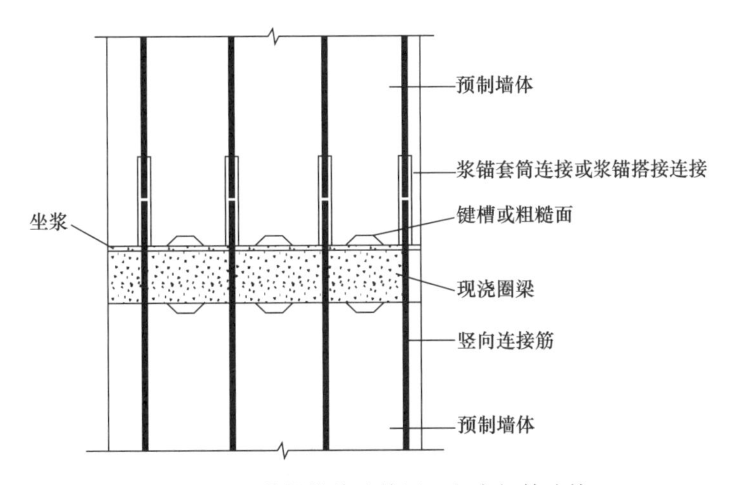


图 5.0-2　浆锚搭接连接用于竖向钢筋连接

此项技术的关键在于孔洞的成型方式、灌浆质量及对搭接钢筋的约束等方面。目前我国的孔洞成型技术种类较多，如埋置螺旋的金属内模，构件达到强度后旋出内模；预埋金属波纹管做内模，完成后不再抽出等，尚无统一的论证，因此《装配式混凝土结构技术规程》JGJ 1—2014 要求纵向钢筋采用浆锚搭接连接时，对预留孔成孔工艺、孔道形状和长度、构造要求、灌浆料和被连接钢筋应进行力学性能及适用性的试验验证。一般来说，直径＞20mm 的钢筋不宜采用浆锚搭接连接；直接承受重复荷载构件的纵向钢筋不应采用浆锚搭接连接；房屋高度＞12m 或超过 3 层时，不宜使用浆锚搭接连接。在多层框架结构中，《装配式混凝土结构技术规程》JGJ 1—2014 不推荐采用浆锚搭接方式。

对于预制构件中的钢筋连接，除套筒灌浆连接和浆锚搭接连接外，搭接、焊接、机械连接等连接方式均有少量应用，近年来的研究热点也体现出逐步向更优化的机械连接、套筒灌浆连接和约束浆锚连接转移的特点。国内也在研发相关的干式连接方法，如通过型钢进行构件间连接的技术、螺纹套筒连接技术及螺栓紧固件连接技术、主要用于低多层的各类预埋件连接技术等。

预制构件之间的连接是装配式混凝土结构的关键，《混凝土结构通用规范》GB 55008—2021 提出了四种常用的预制构件连接方式并规定：钢筋套筒灌浆连接接头应进行工艺检验和现场平行加工试件性能检验，灌浆应饱满密实；浆锚搭接连接的钢筋搭接长度应符合设计要求，灌浆应饱满密实；螺栓连接应进行工艺检验和安装质量检验；钢筋机械连接应制作平行加工试件，并进行性能检验。预制构件采用钢筋套筒灌浆连接或螺栓连接时，其连接质量与施工条件及施工操作人员的操作直接相关，因此有必要在预制构件连接施工之前进行施工工艺检验，由实际施工操作人员模拟现场施工条件进行预制构件连接试验，检验预制构件连接质量。钢筋套筒灌浆连接、机械连接均无法实施实体试件检验，所以规定应采用与钢筋连接的实际施工环境相似且在工程结构附近制作的平行加工试件进行接头性能检验。钢筋浆锚搭接连接是将预制构件的受力钢筋在预留孔洞内进行间接搭接的技术，因此应保证连接钢筋搭接长度和灌浆饱满。

截至目前，套筒灌浆连接仍为我国装配式混凝土结构构件连接的主要方式。应用于预制装配式建筑灌浆接头的钢筋最大直径达 40mm，应用灌浆接头的预制装配式建筑——成都锦丰新城高达 96m，应用灌浆接头的预制装配式建筑——北京通州台湖保障房项目整体一次开工面积达 40 万 $m^2$。

北京中粮万科假日风景 13 层的 D1 号、D8 号住宅工业化楼是装配整体式剪力墙结构，直径 16mm 钢筋连接采用套筒灌浆连接接头 1 万余个，主要用于带保温层预制构件的复合剪力墙竖向连接。钢筋丝头采用剥肋滚轧直螺纹工艺并与灌浆套筒预制端连接，在预制构件中定位固定、绑扎、支模、浇筑养护均在预制构件厂内完成，预制成剪力墙构件。在工程现场施工时，剪力墙构件在结构上吊装就位、固定后，进行接头灌浆作业；灌浆作业 1d 且套筒灌浆料试块达到设计要求强度后，墙体支护固定装置即可拆除，构件连接完成。

除此之外，套筒灌浆连接技术应用于装配式剪力墙结构的工程项目还有北京万科长阳半岛、北京公安局半步桥公租房、沈阳万科春河里住宅小区、沈阳凤凰新城保障房、长春基隆街廉租房、北京马驹桥公租房、北京郭公庄公租房等，应用于装配式框架结构的工程项目还有沈阳浑南十二届运动会安保指挥中心、南京万科上坊保障房青年公寓等。随着我国工程应用量的扩大，钢筋套筒灌浆连接技术必将得到进一步的发展和完善，在我国建筑工业化进程中发挥更大的作用。

钢筋套筒灌浆连接在装配式混凝土结构中的典型应用如图 5.0-3～图 5.0-5 所示。

钢筋工程是钢筋混凝土结构施工中的关键分部工程，钢筋组件质量与施工效率直接关系到整体施工质量与工期。相比传统的现场逐根绑扎、连接钢筋的施工工艺，预制钢筋骨架由于在专业的钢筋加工厂内制作，其质量更可控、尺寸精度更高、现场施工量减少，可

图 5.0-3 全灌浆套筒用于梁纵向受力钢筋（水平钢筋）连接

(a) 预制墙板吊装

(b) 预制墙板吊装对准套筒

(c) 墙板套筒灌浆

图 5.0-4 半灌浆套筒用于墙板纵向受力钢筋（竖向钢筋）连接

(a) 预制柱吊装

(b) 预制柱吊装对准灌浆套筒

(c) 预制柱套筒灌浆

图 5.0-5 半灌浆套筒用于柱纵向受力钢筋（竖向钢筋）连接

有效提高施工质量、缩短施工工期，同时符合节能减排、绿色施工的要求。对于成型预制钢筋骨架的连接，由于钢筋无法独立转动或轴向移动，两侧对接钢筋可能存在较大的轴向或径向位置偏差，钢筋间距过小、操作空间不足等原因导致预制钢筋骨架的钢筋连接存在较大的施工难度。因此，如何在施工现场可靠、方便地连接预制钢筋骨架的钢筋，且便于质量检查成了关键技术问题。

钢筋套筒灌浆连接具有无需钢筋转动或轴向移动、允许钢筋有较大的轴向及径向位置偏差、施工作业面较小、连接性能安全可靠等特点，可在施工现场可靠、方便地连接预制钢筋骨架。如港珠澳大桥项目在进行人工岛施工时，采用预制钢筋骨架代替现场绑扎钢筋

图 5.0-6　梁预制钢筋骨架套筒灌浆连接

的方式以解决施工工期紧张的问题，使用套筒灌浆连接技术解决预制钢筋骨架的整体连接问题。将套筒灌浆连接技术应用于预制钢筋骨架连接在国内尚属首例。

港珠澳大桥人工岛项目梁和柱均采用工厂预制钢筋骨架、现场吊装灌浆套筒连接并浇筑混凝土的施工方式。其中，梁预制钢筋骨架长 5m，主筋采用 10 根 HRB400E 级 $\phi$28 钢筋，采用全灌浆连接技术，如图 5.0-6 所示；柱预制钢筋骨架长 6m，主筋采用 24 根 HRB400E 级 $\phi$32 钢筋，采用半灌浆连接技术，如图 5.0-7 所示。

(a) 安装半灌浆套筒的预制柱钢筋骨架

(b) 预制柱钢筋骨架连接后

图 5.0-7　预制柱钢筋骨架套筒灌浆连接

钢筋套筒灌浆连接技术可应用于预制钢筋骨架的钢筋连接，其操作简便、连接性能可靠，且可吸收一定的钢筋位置偏差。套筒灌浆料拌合物的制备及灌浆施工是预制钢筋骨架套筒灌浆连接技术的关键，应严格按照相关规定储存、使用套筒灌浆料，并按规范流程进行灌浆作业，加强灌浆施工质量控制与检验，从而保证钢筋套筒灌浆连接的最终性能。港珠澳大桥人工岛项目的实施，对预制钢筋骨架采用套筒灌浆连接起到示范作用，有效推动了钢筋模块化、预制化及装配式建筑多元化的发展，符合我国节能减排、绿色施工、建筑工业化的政策导向及发展趋势。

## 5.1　钢筋套筒灌浆连接机理

钢筋套筒灌浆连接是在金属套筒中插入单根带肋钢筋并注入套筒灌浆料拌合物，通过拌合物硬化形成整体并实现传力的钢筋对接连接，简称套筒灌浆连接，如图 5.1-1 所示。接头通过硬化后的水泥基套筒灌浆料与钢筋外表横肋、套筒内表面的凸肋、凹槽的紧密啮合，将一端钢筋所承受荷载传递到另一端的钢筋，并可使接头连接强度达到或超过母材的极限抗拉强度。

被连接带肋钢筋中的拉力或压力是通过套筒灌浆料与钢筋、灌浆套筒间的粘结锚固或机械咬合作用来传递的，力传递的路径是：一根钢筋通过粘结锚固作用将其轴向拉力或压力传递到一端的套筒灌浆料，由套筒灌浆料通过粘结锚固作用传递到灌浆套筒，对于半灌浆套筒而言，接着由灌浆套筒通过机械咬合作用传递至另一根钢筋；对于全灌浆套筒而言，接着由灌浆套筒通过粘结锚固作用传递至另一端的套筒灌浆料，再由套筒灌浆料通过粘结锚固作用传递至另一根钢筋。

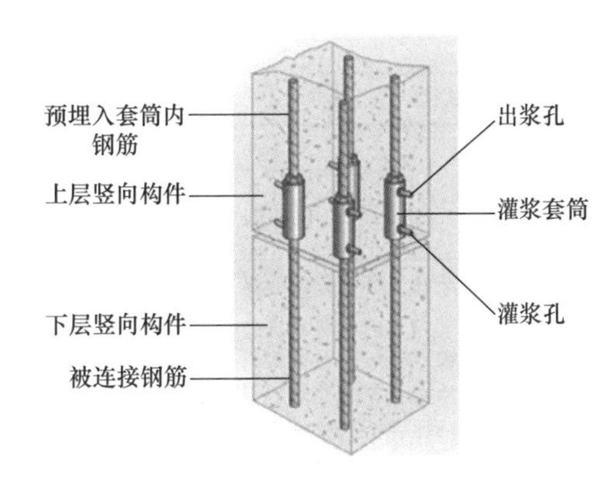

图5.1-1　钢筋套筒灌浆连接接头

目前，指导和规范我国钢筋套筒灌浆连接技术应用的主要工程技术规范是《钢筋套筒灌浆连接应用技术规程》JGJ 355—2015（2023年版），其适用于抗震设防烈度不大于8度地区的混凝土结构房屋与一般构筑物中非疲劳设计构件采用钢筋套筒灌浆连接的设计、施工及验收。钢筋套筒灌浆连接主要应用于装配式混凝土结构中预制构件钢筋连接。现浇混凝土结构中单根钢筋连接，或钢筋笼、钢筋网片等钢筋骨架整体对接以及既有建筑改造中新旧建筑钢筋连接采用套筒灌浆连接时的施工与检验可参考应用。

## 5.2　采用套筒灌浆连接的钢筋

套筒灌浆连接的钢筋应采用符合现行国家标准《钢筋混凝土用钢 第2部分：热轧带肋钢筋》GB/T 1499.2、《钢筋混凝土用余热处理钢筋》GB/T 13014规定的带肋钢筋；钢筋直径不宜小于12mm，且不宜大于40mm。

## 5.3　钢筋连接用灌浆套筒

钢筋连接用灌浆套筒是采用铸造工艺或机械加工工艺制造，用于钢筋套筒灌浆连接的金属套筒，简称灌浆套筒。灌浆套筒应符合现行行业标准《钢筋连接用灌浆套筒》JG/T 398的有关规定，该标准适用于钢筋混凝土结构中直径12～40mm的500MPa级及以下热轧带肋钢筋和余热处理钢筋连接用灌浆套筒。

### 5.3.1　分类与型号

**1. 分类**

灌浆套筒根据加工方式和结构形式的特点进行分类，见表5.3.1。

**灌浆套筒分类**　　**表5.3.1**

| 分类方式 | 名称 | |
|---|---|---|
| 结构形式 | 全灌浆套筒 | 整体式全灌浆套筒［图5.3.1-1（a）］ |
| | | 分体式全灌浆套筒［图5.3.1-1（b）］ |
| | 半灌浆套筒 | 整体式半灌浆套筒［图5.3.1-1（c）］ |
| | | 分体式半灌浆套筒［图5.3.1-1（d）］ |

续表

| 分类方式 | 名称 | |
|---|---|---|
| 加工方式 | 铸造成型 | |
| | 机械加工成型 | 切削加工 |
| | | 压力加工［如滚压工艺，图 5.3.1-1（e）］ |

注：1. 全灌浆套筒是筒体两端均采用灌浆方式连接钢筋的灌浆套筒。
2. 半灌浆套筒是筒体一端采用灌浆方式连接，另一端采用非灌浆方式连接钢筋（常为机械连接方式，如螺纹、挤压、摩擦焊等）的灌浆套筒。
3. 整体式全灌浆套筒是筒体由一个单元组成的全灌浆套筒。
4. 分体式全灌浆套筒是筒体由两个单元通过螺纹连接成整体的全灌浆套筒。
5. 整体式半灌浆套筒是筒体由一个单元组成的半灌浆套筒。
6. 分体式半灌浆套筒是由相互独立的灌浆端筒体和螺纹连接单元组成的半灌浆套筒。

半灌浆套筒可按非灌浆一端机械连接方式，分为直接滚轧直螺纹半灌浆套筒、剥肋滚轧直螺纹半灌浆套筒和镦粗直螺纹半灌浆套筒。直接滚轧直螺纹半灌浆套筒是筒体非灌浆端钢筋采用直接滚轧直螺纹方式连接的半灌浆套筒。剥肋滚轧直螺纹半灌浆套筒是筒体非

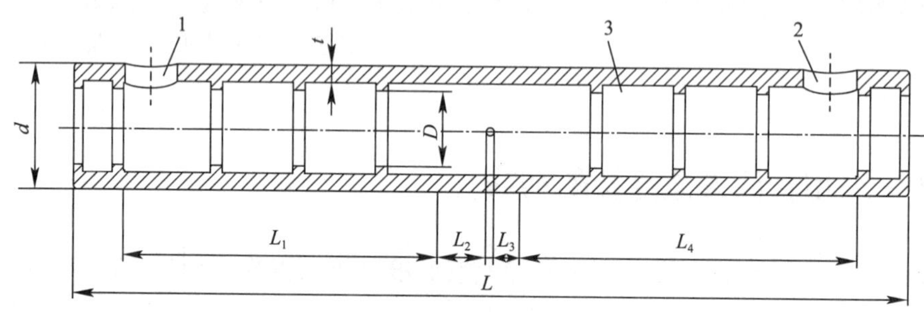

(a) 整体式全灌浆套筒

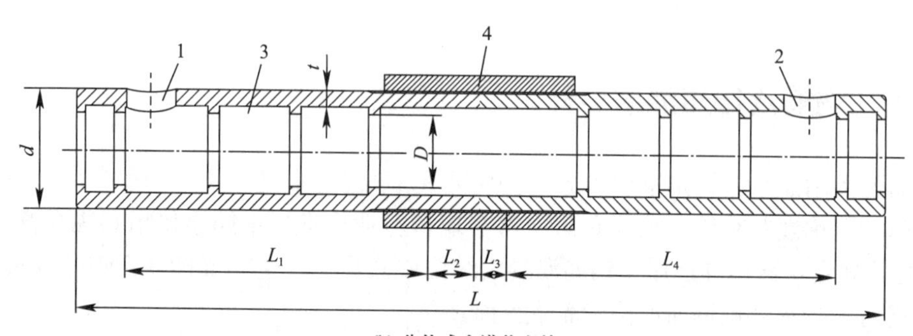

(b) 分体式全灌浆套筒

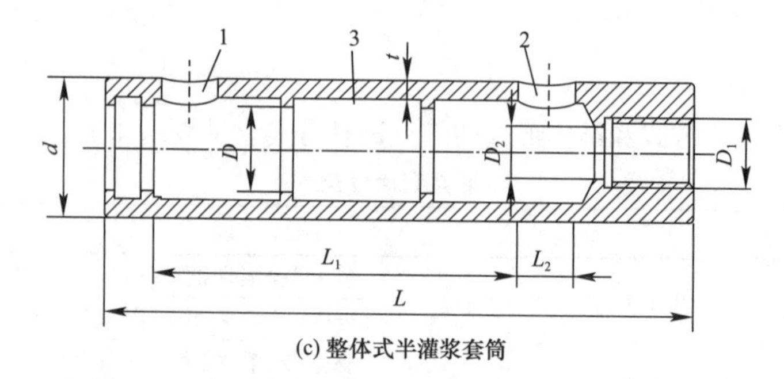

(c) 整体式半灌浆套筒

图 5.3.1-1　灌浆套筒示意（一）

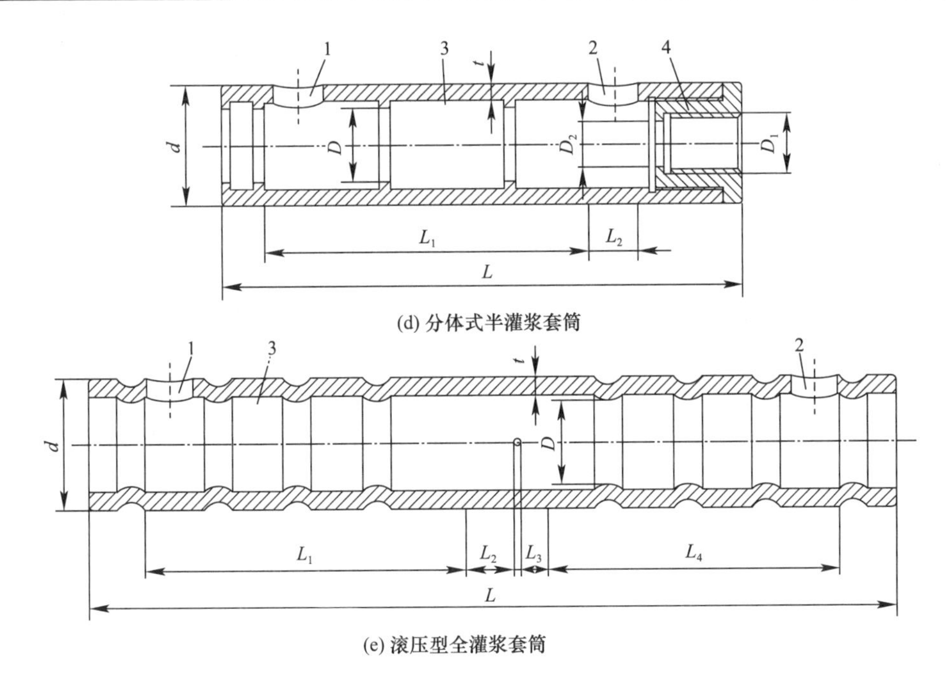


(d) 分体式半灌浆套筒



(e) 滚压型全灌浆套筒

1—灌浆孔；2—排浆孔；3—剪力槽；4—连接套筒
$L$—灌浆套筒总长；$L_1$—注浆端锚固长度；$L_2$—装配端预留钢筋安装调整长度；
$L_3$—预制端预留钢筋安装调整长度；$L_4$—排浆端锚固长度；$t$—灌浆套筒名义壁厚；
$d$—灌浆套筒外径；$D$—灌浆套筒最小内径；$D_1$—灌浆套筒机械连接端螺纹的公称直径；
$D_2$—灌浆套筒螺纹端与灌浆端连接处的通孔直径

图 5.3.1-1　灌浆套筒示意（二）

注：1. $D$ 不包括灌浆孔、排浆孔外侧因导向、定位等比锚固段环形凸起内径偏小的尺寸。
2. $D$ 可为非等截面。
3. 图（a）和图（c）中间虚线部分为竖向全灌浆套筒设计的中部限位挡片或挡杆。
4. 当灌浆套筒为竖向连接套筒时，套筒注浆端锚固长度 $L_1$ 为从套筒端面至挡销圆柱面深度减去调整长度 20mm；当灌浆套筒为水平连接套筒时，套筒注浆端锚固长度 $L_1$ 为从密封圈内侧端面位置至挡销圆柱面深度减去调整长度 20mm。
5. 灌浆孔是灌浆套筒灌浆用入料口，通常为光孔或螺纹孔。
6. 排浆孔是灌浆套筒灌浆用排气兼出料口。

灌浆端钢筋采用剥肋滚轧直螺纹方式连接的半灌浆套筒。镦粗直螺纹半灌浆套筒是筒体非灌浆端钢筋采用镦粗直螺纹方式连接的半灌浆套筒。半灌浆套筒一般采用灌浆-直螺纹复合连接结构，接头一端采用直螺纹连接，套筒直螺纹连接段可采用剥肋滚轧、直接滚轧或镦粗直螺纹连接，连接螺纹孔底部设有限位凸台，使钢筋直螺纹丝头拧到规定位置后可顶紧在凸台上，从而降低了直螺纹配合间隙；另一端采用套筒灌浆连接，套筒灌浆连接段内壁设计为多个凹槽与凸肋交替的结构，能可靠保证钢筋受拉或受压时套筒与水泥砂浆、水泥砂浆与钢筋之间的连接达到设计承载力。与传统灌浆接头相比，接头一端采用直螺纹连接，钢筋的连接长度以及套筒长度可大大减小，达到节约钢材的目的，又可缩短连接时间，加快施工进度。

分体式半灌浆套筒，即钢筋直螺纹连接端与灌浆连接端分别用机械加工制造再通过直螺纹连接起来，这样灌浆套筒部分可用无缝钢管加工，大幅降低了材料成本，又能分别从管料两端加工套筒内剪力槽。镗刀加工长细比降低 1/2，由于降低了机械加工难度使得加工精度得以提高，因此灌浆套筒直径能做得更小。灌浆套筒内采用数控机床加工套筒内梯形剪力槽，进一步提高了加工精度。在保证质量的同时，采用数控机床加工可使套筒直径进一步减小。

目前，工程中常用的半灌浆套筒，套筒预制端与钢筋采用上述直螺纹方式连接，对螺纹精度要求较高。由于套筒内螺纹、现场钢筋外螺纹的加工质量不够稳定，导致现场半灌浆接头容易出现钢筋丝头拉脱的问题，严重危及结构安全。套筒预制端与钢筋采用人工拧紧的方式进行安装，不仅耗费人工，安装效率低，而且同样存在连接质量不稳定的问题。套筒内螺纹与钢筋外螺纹之间存在安装间隙，灌浆接头在反复拉压工况下的残余变形往往较大，难以实现接头与钢筋母材的协同变形。为解决这些问题，半灌浆套筒的非灌浆一端机械连接采用摩擦焊接、径向或轴向挤压等方式是选择之一。摩擦焊接半灌浆套筒指套筒预制端与钢筋通过摩擦焊接的方式进行连接，一种典型的摩擦焊接半灌浆套筒如图 5.3.1-2、图 5.3.1-3 所示，原材料采用 45 号钢棒，生产技术成熟，性能稳定；套筒采用热锻加工工艺一体成型，保持了良好的延性，避免冷作硬化，同时具备良好的整体性；套筒预制端摩擦焊接表面平整、规则，且具有足够的厚度，确保摩擦焊接工序的顺利实施。

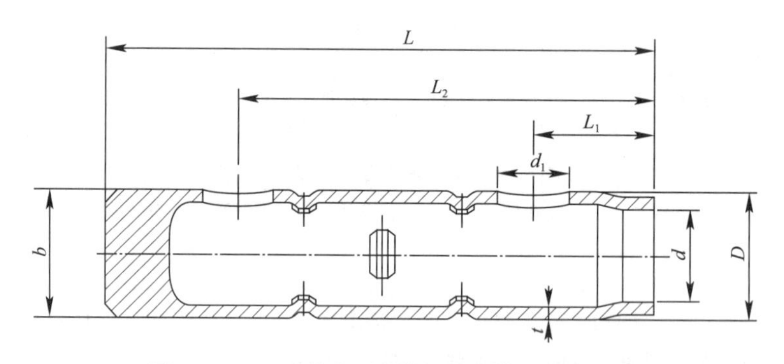


图 5.3.1-2 一种典型摩擦焊接半灌浆套筒结构

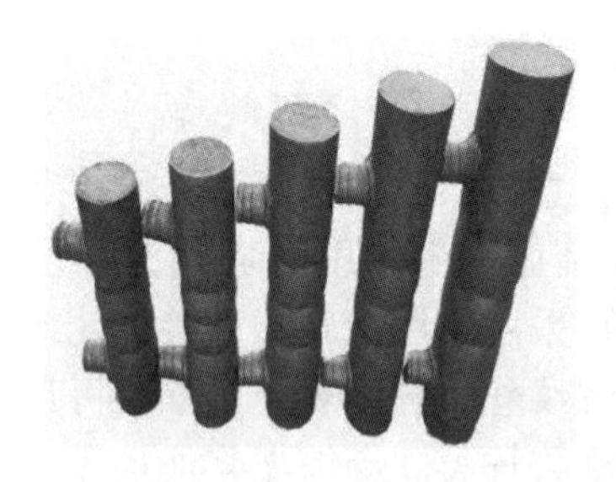

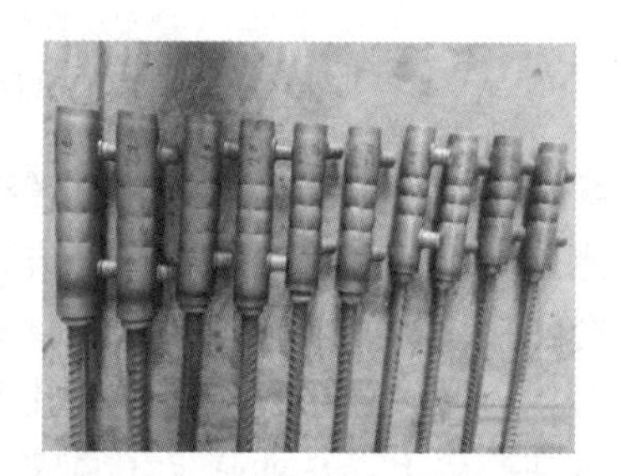

图 5.3.1-3 摩擦焊接半灌浆套筒实物及工艺

铸造成型灌浆套筒一般采用球墨铸铁材料浇铸而成，批量生产效率高，但实际材料性能受操作过程影响较大，同一批材料离散性较大，并且材料内部可能存在气孔、砂眼等缺陷，难以全部检测。同时，球墨铸铁铸造成型灌浆套筒尺寸较大，生产成本较高，环保要求高。典型的铸造成型灌浆套筒如图 5.3.1-4 所示。

与铸造成型相比，机械加工成型能优化和减小灌浆套筒尺寸。切削加工是我国出现最早的机械加工成型工艺，原材料由钢厂批量生产，生产技术成熟、稳定，且同一批钢材的离散性小，对环境影响较小，人工操作数控车床逐个加工，生产效率较低，生产成本较高，典型的切削加工灌浆套筒如图 5.3.1-5 所示。锻压加工工艺和滚压加工工艺采用专用机床加工，使灌浆套筒加工更简单，提高了生产效率，生产成本大幅降低，典型的锻压加工灌浆套筒如图 5.3.1-6 所示，滚压加工灌浆套筒如图 5.3.1-7 所示。

图 5.3.1-4　铸造成型灌浆套筒

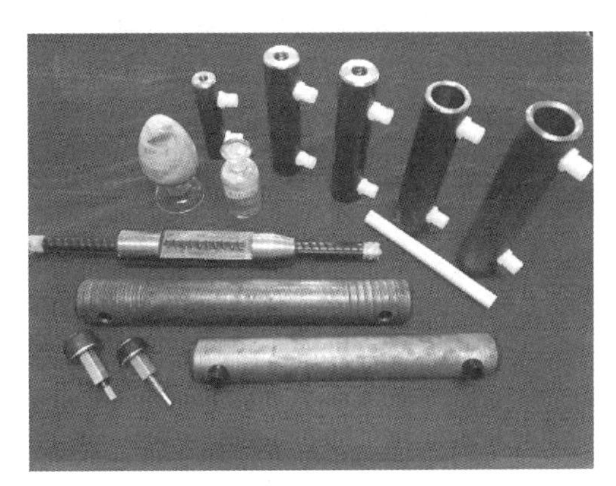

图 5.3.1-5　切削加工灌浆套筒

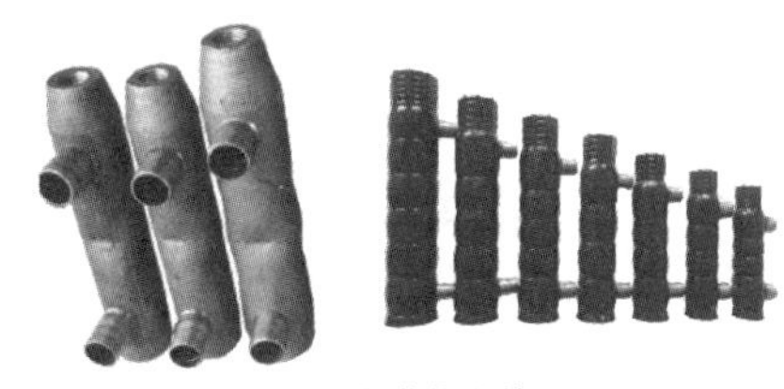

(a) 半灌浆套筒

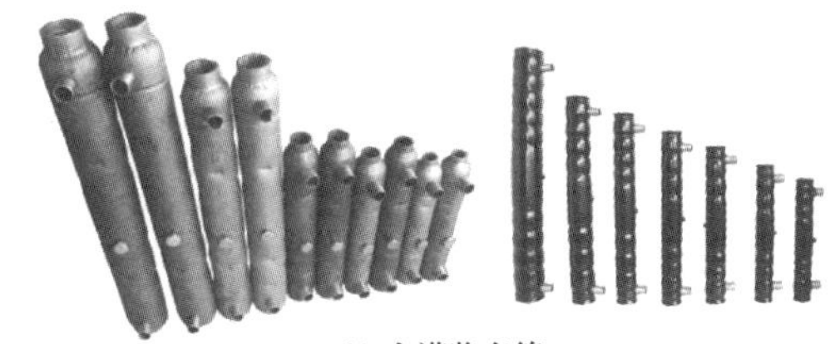

(b) 全灌浆套筒

图 5.3.1-6　锻压加工灌浆套筒

图 5.3.1-7　滚压加工灌浆套筒

目前铸造成型灌浆套筒和切削加工灌浆套筒主要是采用设置在灌浆套筒内闭合的环形剪力键锚固套筒灌浆料，如图 5.3.1-8 所示。锻压加工和滚压加工灌浆套筒在内腔剪力槽的设置上则有所区别，一种典型的锻压加工非闭合环一字剪力键结构如图 5.3.1-9 所示，一种典型的非闭合环一字剪力键灌浆套筒如图 5.3.1-10 所示。非闭合环一字剪力键结构灌浆套筒是指通过热锻或冷压工艺，在优质碳素结构钢圆柱外表面压制出槽底平直或圆弧槽的灌浆套筒，通过对套筒外圆柱面压制槽使套筒内腔形成非闭合的凸起，从而阻止灌浆料从套筒内拔出。

钢筋的弹性模量与灌浆料的弹性模量相差较大，钢筋的弹性模量标准值为 $2.0\times10^5$MPa，C80 混凝土弹性模量标准值为 $3.8\times10^4$MPa。故同等荷载作用下，钢筋产生的变形在凸肋的作用下很容易使套筒灌浆料产生劈裂，如图 5.3.1-11 所示，随着劈裂的产生直接影响钢筋与套筒灌浆料、套筒灌浆料与灌浆套筒内壁的握裹能力。因此，应尽可能增加浆料的受力面积，延缓浆料劈裂。

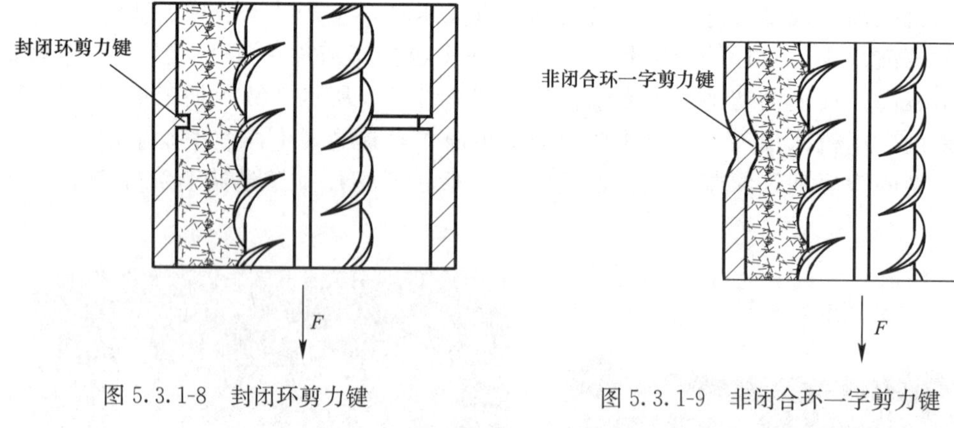


图 5.3.1-8　封闭环剪力键　　　　图 5.3.1-9　非闭合环一字剪力键

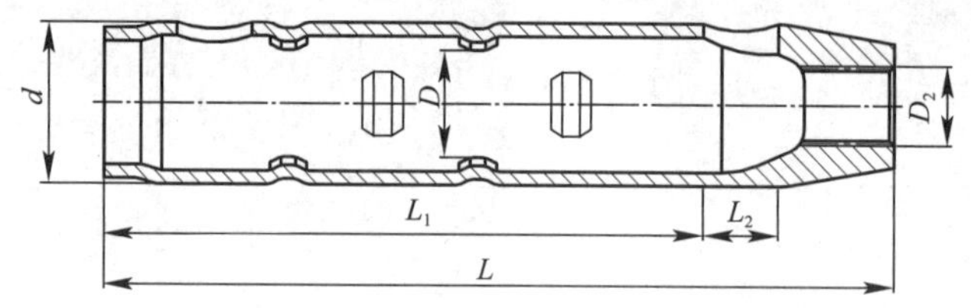


(a) 半灌浆套筒

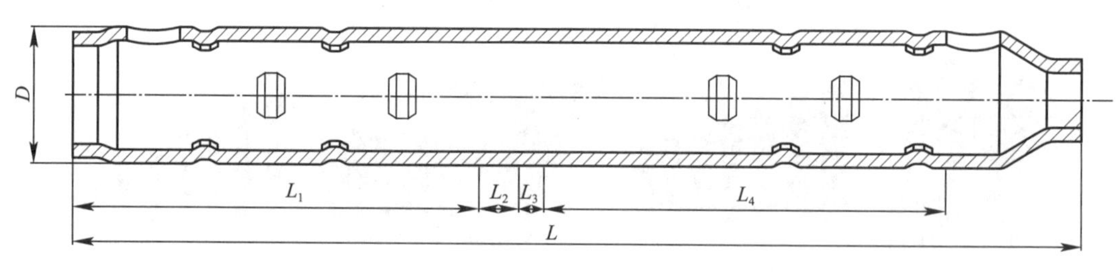


(b) 全灌浆套筒

图 5.3.1-10　非闭合环一字剪力键灌浆套筒示意

图 5.3.1-11　灌浆料劈裂

钢筋套筒灌浆接头的性能主要考虑钢筋与套筒灌浆料之间的粘结锚固、灌浆套筒与套筒灌浆料之间的粘结锚固及套筒承载截面的设计，钢筋与套筒灌浆料的锚固性能通过一定的插入深度来实现，套筒承载截面在考虑轴向拉力和压力的同时，还应考虑接头受力时灌浆套筒端口的环向膨胀。灌浆套筒与套筒灌浆料之间的粘结锚固主要考虑灌浆套筒内腔对套筒灌浆料的约束效果，合理地改善套筒灌浆料的受力环境可以提高套筒灌浆料的传力性能。灌浆套筒对套筒灌浆料的约束效果主要取决于套筒内腔结构，不同的内腔结构会造成灌浆套筒内套筒灌浆料荷载分布的变化。套筒灌浆料作为钢筋套筒灌浆接头的传力介质，其具有高强、良好的流动性和微量的膨胀特点，但其也像普通混凝土一样，抗拉和抗剪能力较弱。因此，在设计灌浆套筒内腔结构时应予以充分的考虑。

如图 5.3.1-12 所示，灌浆套筒内腔设计为非闭合环一字键时，由于在压制灌浆套筒外圆时，压制槽形两侧面形成一定角度的缓坡，再加之在灌浆套筒轴向方向一定距离内呈 90°分布的一字键，使得灌浆套筒对套筒灌浆料的约束不再是剪应力约束，而是通过套筒灌浆料异形变截面阻止套筒灌浆料从灌浆套筒中拔出。此种内腔结构的特点有：

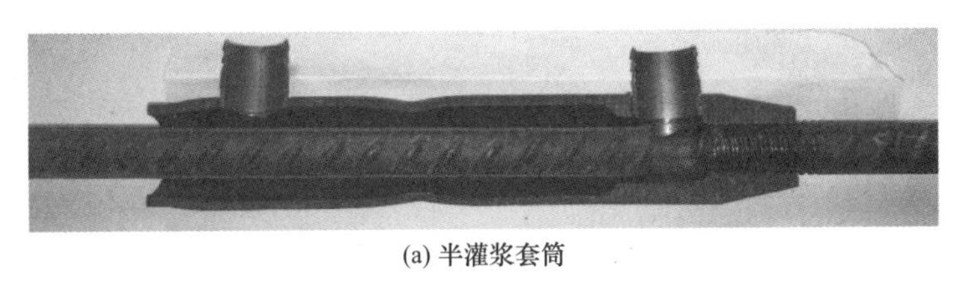

(a) 半灌浆套筒

(b) 全灌浆套筒

图 5.3.1-12　灌浆套筒内腔非闭合环一字剪力键结构

1）非闭合环一字键是通过异形变截面实现对套筒灌浆料的锚固。当接头受到轴向拉力或压力后，内腔凸起处的缓坡会产生一个与拉压荷载垂直的分力。此分力通过套筒灌浆料作用于钢筋，使得钢筋与套筒灌浆料的锚固效果大大提升。

2）灌浆套筒非闭合环一字键是沿灌浆套筒轴线互为 90°成对分布，成对分布的非闭合环一字键使得灌浆套筒内的套筒灌浆料形成异形变截面柱体，剪力键处不易出现套筒灌浆料劈裂现象，如图 5.3.1-13 所示。

图 5.3.1-13　非闭合环一字剪力键结构改善套筒灌浆料劈裂现象

3）相对闭合环剪力键来说，非闭合环一字键结构剪力键处的套筒灌浆料受力截面削弱大大减小，减少了此处的应力集中。以 20mm 钢筋全灌浆套筒为例，套筒内径 40mm，剪力键高度 2mm，闭合环形剪力键结构剪力键处的灌浆料截面削弱近 20%，非闭合环一字键结构剪力键处的灌浆料截面削弱 6%。因此，灌浆套筒内径相同的情况下，非闭合环一字键结构剪力键处的套筒灌浆料握裹层更厚，其对钢筋的握裹效果更好。

4）锻压加工灌浆套筒还可以根据灌浆套筒受力变化来调整结构形状，将灌浆套筒受力最大处适度加大壁厚，如半灌浆套筒出浆孔位置。

5）灌浆套筒内腔采用非闭合环一字键结构时，灌浆施工更为方便、快捷，由于没有闭合环剪力键的阻碍，套筒灌浆料在灌浆套筒中的流动更加顺畅。同时，一字键两侧为缓慢变形坡状结构，避免了环形剪力槽直角凹处套筒灌浆料不密实的缺陷。

综上所述，采用非闭合环一字剪力键结构的锻压加工灌浆套筒受力较为合理，可以有效提高接头的性能。

**2. 型号**

灌浆套筒型号由名称代号、分类代号、钢筋强度级别主参数代号、加工方式分类代号、钢筋直径主参数代号、特征代号和更新及变型代号组成。灌浆套筒主参数为被连接钢筋的强度级别和公称直径。灌浆套筒型号表示如下：

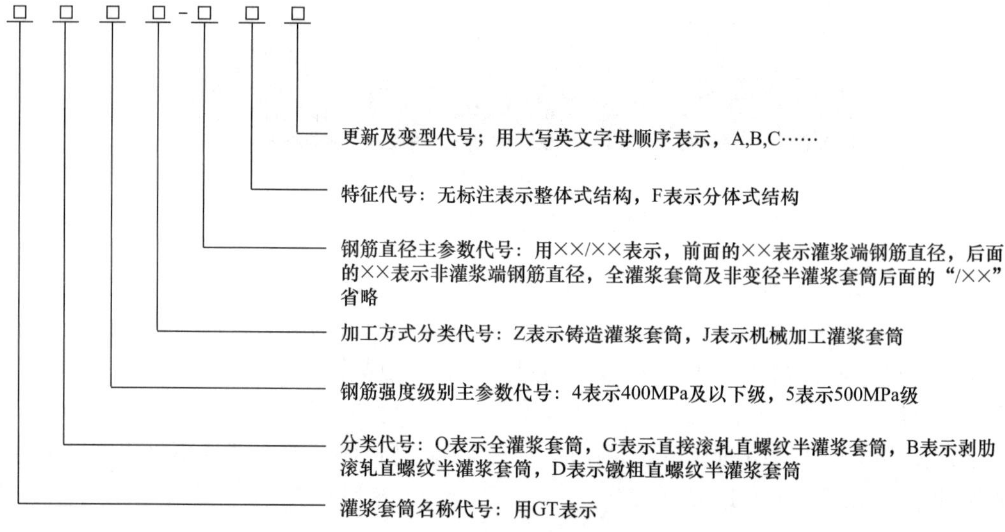


示例：

a) 连接标准屈服强度为400MPa，直径40mm钢筋，采用铸造加工的整体式全灌浆套筒表示为：GTQ4Z-40。

b) 连接标准屈服强度为500MPa钢筋，灌浆端连接直径36mm钢筋，非灌浆端连接直径32mm钢筋，采用机械加工方式加工的剥肋滚轧直螺纹半灌浆套筒的第一次变型表示为：GTB5J-36/32A。

c) 连接标准屈服强度为500MPa，直径32mm钢筋，采用机械加工的分体式全灌浆套筒表示为：GTQ5J-32F。

### 5.3.2 要求

**1. 一般规定**

全灌浆套筒中部、半灌浆套筒排浆孔位置计入最大负公差后筒体拉力最大区段（钢筋灌浆套筒接头单向拉伸时，拉力全部由灌浆套筒承受的区段）的抗拉承载力和屈服承载力的设计值，应符合下列规定：

1）设计抗拉承载力不应小于被连接钢筋抗拉承载力标准值；

2）设计屈服承载力不应小于被连接钢筋屈服承载力标准值。

灌浆套筒生产应符合产品设计要求，灌浆套筒尺寸应根据被连接钢筋牌号、直径及套筒原材料的力学性能，按规定的设计抗拉承载力、屈服承载力计算和规定的灌浆套筒力学性能要求确定。

灌浆套筒长度应根据试验确定，且灌浆连接端的钢筋锚固长度不宜小于8倍钢筋公称直径，其锚固长度不包括钢筋安装调整长度和封浆挡圈段长度，全灌浆套筒中间轴向定位点两侧应预留钢筋安装调整长度，预制端不宜小于10mm，装配端不宜小于20mm。

灌浆套筒封闭环剪力槽宜符合表5.3.2-1的规定，其他非封闭环剪力槽结构形式的灌浆套筒应通过灌浆接头试验确定，并满足力学性能要求，且灌浆套筒结构的锚固性能应不低于同等灌浆接头封闭环剪力槽的作用。

**灌浆套筒封闭环剪力槽　　表5.3.2-1**

| 连接钢筋公称直径/mm | 12～20 | 22～32 | 36～40 |
|---|---|---|---|
| 剪力槽数量/个 | ≥3 | ≥4 | ≥5 |
| 剪力槽两侧凸台轴向宽度/mm | ≥2 | | |
| 剪力槽两侧凸台径向高度/mm | ≥2 | | |

灌浆套筒计入负公差后的最小壁厚应符合表5.3.2-2的规定。

**灌浆套筒计入负公差后的最小壁厚　单位：mm　　表5.3.2-2**

| 连接钢筋公称直径 | 12～14 | 16～40 |
|---|---|---|
| 机械加工成型灌浆套筒 | 2.5 | 3 |
| 铸造成型灌浆套筒 | 3 | 4 |

半灌浆套筒螺纹端与灌浆端连接处的通孔直径设计不宜过大，螺纹小径与通孔直径差应≥1mm，通孔的长度应≥3mm。

灌浆套筒灌浆端最小内径与连接钢筋公称直径的差值应符合表5.3.2-3的规定。

**灌浆套筒灌浆端最小内径与连接钢筋公称直径的差值　单位：mm　　表5.3.2-3**

| 连接钢筋公称直径 | 12～25 | 28～40 |
|---|---|---|
| 灌浆套筒灌浆端最小内径与连接钢筋公称直径的差值 | ≥10 | ≥15 |

灌浆套筒内腔深度中，只有部分长度是用于钢筋锚固。灌浆套筒内，产品设计要求的用于钢筋锚固的深度称为套筒设计锚固长度。套筒设计锚固长度在《钢筋连接用灌浆套筒》JG/T 398—2019中分为注浆端锚固长度、排浆端锚固长度两种。灌浆套筒内腔深度中套筒设计锚固长度之外的部分，主要是预留钢筋安装调整长度，全灌浆套筒预制端还有部分无效长度。套筒设计锚固长度不宜小于插入钢筋公称直径的8倍。对全灌浆套筒，8倍插入钢筋公称直径的套筒设计锚固长度要求仅针对注浆端，排浆端长度可根据产品开发要求确定。检验灌浆端套筒设计锚固长度时，应根据产品手册确定具体数值及有效位置。

分体式全灌浆套筒和分体式半灌浆套筒分体连接部分的力学性能和螺纹副配合应符合下列规定：

1）设计抗拉承载力不应小于被连接钢筋抗拉承载力标准值；

2）设计屈服承载力不应小于被连接钢筋屈服承载力标准值；

3）螺纹副精度应符合现行国家标准《普通螺纹 公差》GB/T 197 中 6H/6f 的规定。

灌浆套筒使用时螺纹副的旋紧力矩应符合表 5.3.2-4 的规定。

**灌浆套筒螺纹副旋紧力矩值　　表 5.3.2-4**

<table>
<tr><th>钢筋公称直径/mm</th><th>12～16</th><th>18～20</th><th>22～25</th><th>28～32</th><th>36～40</th></tr>
<tr><td>铸造灌浆套筒的螺纹副旋紧扭矩/(N·m)</td><td>≥80</td><td rowspan="2">≥200</td><td rowspan="2">≥260</td><td rowspan="2">≥320</td><td rowspan="2">≥360</td></tr>
<tr><td>机械加工灌浆套筒的螺纹副旋紧扭矩/(N·m)</td><td>≥100</td></tr>
</table>

注：扭矩值是直螺纹连接处最小安装拧紧扭矩值。

**2. 材料性能**

铸造灌浆套筒材料宜选用球墨铸铁。采用球墨铸铁制造的灌浆套筒，其材料性能、几何形状及尺寸公差应符合现行国家标准《球墨铸铁件》GB/T 1348 的规定，材料性能参数见表 5.3.2-5。

**球墨铸铁灌浆套筒的材料性能　　表 5.3.2-5**

<table>
<tr><th>项目</th><th>材料</th><th>抗拉强度 $R_m$/MPa</th><th>断后伸长率 $A$/%</th><th>球化率/%</th><th>硬度/HBW</th></tr>
<tr><td rowspan="3">性能指标</td><td>QT500</td><td>≥500</td><td>≥7</td><td rowspan="3">≥85</td><td>170～230</td></tr>
<tr><td>QT550</td><td>≥550</td><td>≥5</td><td>180～250</td></tr>
<tr><td>QT600</td><td>≥600</td><td>≥3</td><td>190～270</td></tr>
</table>

机械加工灌浆套筒原材料宜选用优质碳素结构钢、碳素结构钢、低合金高强度结构钢、合金结构钢、冷拔或冷轧精密无缝钢管、结构用无缝钢管，其力学性能及外观、尺寸应符合现行国家标准《优质碳素结构钢 》GB/T 699、《碳素结构钢》GB/T 700、《低合金高强度结构钢》GB/T 1591、《合金结构钢》GB/T 3077、《冷拔或冷轧精密无缝钢管》GB/T 3639、《结构用无缝钢管》GB/T 8162、《热轧钢棒尺寸、外形、重量及允许偏差》GB/T 702、《无缝钢管尺寸、外形、重量及允许偏差》GB/T 17395 的规定，优质碳素结构钢热轧和锻制圆管坯应符合现行行业标准《优质碳素结构钢热轧和锻制圆管坯》YB/T 5222 的规定，材料性能参数见表 5.3.2-6。

**机械加工灌浆套筒常用钢材材料性能　　表 5.3.2-6**

<table>
<tr><th>项目</th><th colspan="6">性能指标</th></tr>
<tr><td>材料</td><td>45 号圆钢</td><td>45 号圆管</td><td>Q390</td><td>Q345</td><td>Q235</td><td>40Cr</td></tr>
<tr><td>屈服强度 $R_{eL}$/MPa</td><td>≥355</td><td>≥335</td><td>≥390</td><td>≥345</td><td>≥235</td><td>≥785</td></tr>
<tr><td>抗拉强度 $R_m$/MPa</td><td>≥600</td><td>≥590</td><td>≥490</td><td>≥470</td><td>≥375</td><td>≥980</td></tr>
<tr><td>断后伸长率 $A$/%</td><td>≥16</td><td>≥14</td><td>≥18</td><td>≥20</td><td>≥25</td><td>≥9</td></tr>
</table>

注：当屈服现象不明显时，用规定塑性延伸强度 $R_{p0.2}$ 代替。

当机械加工灌浆套筒原材料采用 45 号钢的冷轧精密无缝钢管时，应进行退火处理，并应符合现行国家标准《冷拔或冷轧精密无缝钢管》GB/T 3639 的规定，其抗拉强度不应大于 800MPa，断后伸长率不宜小于 14%。45 号钢冷轧精密无缝钢管的原材料应采用牌号为45号的管坯钢，并应符合现行行业标准《优质碳素结构钢热轧和锻制圆管坯》YB/T 5222的规定。

当机械加工灌浆套筒原材料采用冷压或冷轧加工工艺成型时，宜进行退火处理，并应符合现行国家标准《冷拔或冷轧精密无缝钢管》GB/T 3639的规定，其抗拉强度不应大于800MPa，断后伸长率不宜小于14%，且灌浆套筒设计时不应利用经冷加工提高强度而减少灌浆套筒横截面面积。机械滚压或挤压加工的灌浆套筒材料宜选用Q355、Q390及其他符合现行国家标准《结构用无缝钢管》GB/T 8162规定的钢管材料，亦可选用符合现行国家标准《优质碳素结构钢》GB/T 699规定的机械加工钢管材料。

机械加工灌浆套筒原材料可选用经接头型式检验证明符合现行行业标准《钢筋套筒灌浆连接应用技术规程》JGJ 355中接头性能规定的其他钢材。

**3. 尺寸偏差**

灌浆套筒尺寸偏差应符合表5.3.2-7的规定。

**灌浆套筒尺寸偏差　　表5.3.2-7**

| 序号 | 项目 | 灌浆套筒尺寸偏差 | | | | | |
|---|---|---|---|---|---|---|---|
| | | 铸造灌浆套筒 | | | 机械加工灌浆套筒 | | |
| | 钢筋直径/mm | 10～20 | 22～32 | 36～40 | 10～20 | 22～32 | 36～40 |
| 1 | 内、外径允许偏差/mm | ±0.8 | ±1.0 | ±1.5 | ±0.5 | ±0.6 | ±0.8 |
| 2 | 壁厚允许偏差/mm | ±0.8 | ±1.0 | ±1.2 | ±12.5% $t$ 或±0.4较大者取其中较大者 | | |
| 3 | 长度允许偏差/mm | ±2.0 | | | ±1.0 | | |
| 4 | 最小内径允许偏差/mm | ±1.5 | | | ±1.0 | | |
| 5 | 剪力槽两侧凸台顶部轴向宽度允许偏差/mm | ±1.0 | | | ±1.0 | | |
| 6 | 剪力槽两侧凸台径向厚度允许偏差/mm | ±1.0 | | | ±1.0 | | |
| 7 | 直螺纹精度 | 《普通螺纹 公差》GB/T 197中6H级 | | | 《普通螺纹 公差》GB/T 197中6H级 | | |

**4. 外观**

铸造灌浆套筒内外表面不应有影响使用性能的夹渣、冷隔、砂眼、缩孔、裂纹等质量缺陷。

机械加工灌浆套筒外表面可为加工表面或无缝钢管、圆钢的自然表面，表面应无目测可见裂纹等缺陷，端面和外表面的边棱处应无尖棱、毛刺。

灌浆套筒表面允许有锈斑或浮锈，不应有锈皮。

滚压型灌浆套筒滚压加工时，灌浆套筒内外表面不应出现微裂纹等缺陷。

灌浆套筒表面标记和标识应符合有关规定。

**5. 力学性能**

灌浆套筒与套筒灌浆料组成的钢筋套筒灌浆连接接头，其极限抗拉承载力不应小于被连接钢筋抗拉承载力标准值，且接头破坏应位于套筒外的连接钢筋；其屈服承载力不应小于被连接钢筋屈服承载力的标准值。

钢筋套筒灌浆连接接头性能应符合现行行业标准《钢筋套筒灌浆连接应用技术规程》

JGJ 355 的规定。灌浆套筒用于有疲劳性能要求的钢筋套筒灌浆连接接头时，其疲劳性能应符合现行行业标准《钢筋机械连接技术规程》JGJ 107 的规定。

**6. 套筒生产**

灌浆套筒生产企业应发布包括本企业产品规格、型式、尺寸及偏差、材料和加工过程质量控制方法、检验项目与制度、不合格品处理规则、相匹配套筒灌浆料的型号、套筒灌浆料制备和灌注工艺的质量控制方法等内容的自我声明公开企业标准。灌浆套筒生产企业应取得有效的《质量管理体系 要求》GB/T 19001/ISO 9001 质量管理体系认证证书，钢筋套筒灌浆接头产品认证证书。

灌浆套筒在制品检验项目应至少包括外径、内径、长度、壁厚、轴向定位点位置和螺纹尺寸及精度。灌浆套筒生产可追溯性应符合下列要求：

1）灌浆套筒外表面标志应符合有关规定；

2）灌浆套筒外表面应有清晰可见的可追溯性原材料批次、铸造生产炉号及灌浆套筒生产批号等信息，并应与原材料检验报告、发货单或出库凭单、产品检验记录、产品合格证、产品质量证明书等记录相对应。相关记录保存不应少于 3 年。

### 5.3.3 试验方法

**1. 材料**

1）力学性能

铸造成型灌浆套筒材料性能取样应采用单铸试块的方式，试样制备应符合《球墨铸铁件》GB/T 1348 的规定。机械加工成型灌浆套筒材料性能取样应通过原材料的方式，取样位置和试样制备应符合《钢及钢产品 力学性能试验取样位置及试样制备》GB/T 2975 的规定。灌浆套筒材料力学性能试验方法应按《金属材料 拉伸试验 第 1 部分：室温试验方法》GB/T 228.1 的规定进行。

2）球化率

铸造成型灌浆套筒材料宜采用本体试样，从灌浆套筒中间位置取垂直套筒轴线的环状横截面试样，试样制备应符合《金属显微组织检验方法》GB/T 13298 的规定。按照《球墨铸铁金相检验》GB/T 9441 的规定进行，测量 3 个球化差的视场，取平均值。

3）硬度

铸造成型灌浆套筒材料取样宜采用本体试样，亦可采用同等条件下单铸试块的方式。采用直径为 2.5mm 的硬质合金球，试验力为 1.839kN，取 3 点，试验方法应符合《金属材料 布氏硬度试验 第 1 部分：试验方法》GB/T 231.1 的规定。

4）外观与尺寸

灌浆套筒材料外观检验可采用目测方法，尺寸检验应采用游标卡尺或专用量具。

**2. 灌浆套筒**

1）外形和尺寸

灌浆套筒外观检验可采用目测。外径、壁厚、长度、凸起内径检验应采用游标卡尺或专用量具，卡尺精度不应低于 0.02mm；灌浆套筒外径应在同一截面相互垂直的两个方向测量，取其平均值；壁厚的测量可在同一截面相互垂直两方向测量套筒内径，取其平均值，通过外径、内径尺寸计算出壁厚。当灌浆套筒为不等壁厚结构时，应按产品设计图测量其拉伸力最大处，并记为套筒壁厚值。对于外径为光滑表面的套筒，可采用超声波测厚仪测量厚度值。

内螺纹中径应使用螺纹塞规检验，外螺纹中径应使用螺纹环规检验，内螺纹小径和外螺纹大径可用光规或游标卡尺测量。

灌浆连接段凹槽大孔应使用内卡规检验，卡规精度不应低于0.02mm。

剪力槽数量可采用目测。剪力槽宽度和凸台轴向宽度、径向厚度应采用游标卡尺或专用量具检验，可采用纵向截面剖切后测量。

全灌浆套筒的轴向定位点深度应使用钢板尺、卡尺或专用量具检验。

2）力学性能

（1）灌浆套筒的力学性能试验

将灌浆套筒、极限抗拉强度不小于其标准值1.15倍的钢筋、实际承载力不小于被连接钢筋受拉承载力标准值1.20倍的高强度工具杆和符合《钢筋套筒灌浆连接应用技术规程》JGJ 355型式检验要求的套筒灌浆料，灌浆端按照《钢筋套筒灌浆连接应用技术规程》JGJ 355规定的钢筋套筒灌浆连接接头型式检验试件制作方法，非灌浆端按照《钢筋机械连接技术规程》JGJ 107规定的直螺纹接头制作方法，制成对中接头试件3个，按照《钢筋机械连接技术规程》JGJ 107规定的单向拉伸加载制度试验，记录每个灌浆接头试件的屈服强度值、极限抗拉强度值、残余变形值和最大力下总伸长率。

（2）灌浆套筒型式检验的力学性能试验

将灌浆套筒、极限抗拉强度不小于标准值1.15倍的钢筋、符合《钢筋套筒灌浆连接应用技术规程》JGJ 355型式检验要求的套筒灌浆料，灌浆端按照《钢筋套筒灌浆连接应用技术规程》JGJ 355规定的钢筋套筒灌浆连接接头型式检验试件制作方法，非灌浆端按照《钢筋机械连接技术规程》JGJ 107规定的直螺纹接头制作方法，制成钢筋套筒灌浆连接接头试件，制作数量、试验方法应按照《钢筋套筒灌浆连接应用技术规程》JGJ 355规定的钢筋套筒灌浆连接接头型式检验方法进行。

（3）灌浆套筒的疲劳性能试验

将灌浆套筒、极限抗拉强度不小于标准值1.15倍的钢筋、符合《钢筋套筒灌浆连接应用技术规程》JGJ 355型式检验要求的套筒灌浆料，灌浆端按照《钢筋套筒灌浆连接应用技术规程》JGJ 355规定的钢筋套筒灌浆连接接头型式检验试件制作方法，非灌浆端按照《钢筋机械连接技术规程》JGJ 107规定的直螺纹接头制作方法，制成钢筋套筒灌浆连接接头试件，制作数量、试验方法应按照《钢筋机械连接技术规程》JGJ 107规定的接头疲劳检验方法进行。

### 5.3.4　检验规则

**1. 原材料**

灌浆套筒原材料检验应在灌浆套筒批量加工前进行。灌浆套筒原材料检验项目应符合表5.3.4-1的规定。

材料性能试验应以同钢号、同规格、同炉（批）号的材料为一个验收批。力学性能、球化率、硬度以及外观和尺寸检验每验收批应分别抽取3个试样，且每个试样应取自不同根材料上。

灌浆套筒原材料检验项目　　表 5.3.4-1

| 序号 | 检验项目 | 机械加工灌浆套筒 | 铸造灌浆套筒 |
| --- | --- | --- | --- |
| 1 | 材料力学性能 | √ | √ |
| 2 | 球化率 | — | √ |
| 3 | 硬度 | — | √ |
| 4 | 材料外观、尺寸 | √ | √ |

注："√"为必检项目，"—"为非检项目。

按规定的检验项目检验，若 3 个试样均合格，则该批材料应判定为合格；若有 1 个试样不合格，应加倍抽样复检，复检全部合格时，仍可判定该批材料合格；若复检中仍有 1 个试样不合格，则该批材料应判定为不合格。

**2. 灌浆套筒**

灌浆套筒检验应分为出厂检验和型式检验。

1）出厂检验

灌浆套筒出厂检验项目应包括灌浆套筒外观、标记、外形尺寸（外径、长度、内腔最小内径、筒体拉力最大区段壁厚、剪力槽厚度、螺纹中径、螺纹小径）和抗拉强度。灌浆套筒抗拉强度按规定检验钢筋套筒灌浆连接接头试件的极限抗拉强度值，检验结果应符合有关规定。

灌浆套筒外观、标记、外形尺寸检验的取样及判定规则：以连续生产的同原材料、同类型、同型式、同规格、同批号的 1000 个或少于 1000 个套筒为一个验收批，随机抽取 10%进行检验。当合格率不低于 97%时，应判定为该验收批合格；当合格率低于 97%时，应加倍抽样复检，当加倍抽样复检合格率不低于 97%时，应判定该验收批合格；若仍低于 97%时，该验收批应逐个检验，合格后方可出厂。当连续十个验收批一次抽检均合格时，验收批抽检比例可由 10%减为 5%。

灌浆套筒抗拉强度检验的取样及判定规则：灌浆套筒连续生产时，1 年宜至少做 1 次灌浆套筒抗拉强度试验。以同原材料、同类型、同规格的灌浆套筒为一个验收批，随机抽取 3 个灌浆套筒试件进行检验。当每个试件都满足要求时，应判定为该验收批合格；当有 1 个试件不合格时，应再随机抽取 6 个试件进行抗拉强度复检，当复检的试件全部合格时，可判定该验收批合格；如果复检试件中仍有 1 个试件不合格，则判定该验收批为不合格。

2）型式检验

有下列情况之一时，应进行型式检验：

① 灌浆套筒产品定型时；

② 灌浆套筒材料、工艺、结构发生改变时；

③ 与灌浆套筒匹配的套筒灌浆料型号、成分发生改变时；

④ 钢筋强度等级、肋形发生变化时；

⑤ 型式检验报告超过 4 年时。

灌浆套筒型式检验项目应包括灌浆套筒外观、标记、外形尺寸和钢筋套筒灌浆连接接头型式检验，并应符合下列规定：

① 灌浆套筒外观、标记、外形尺寸（外径、长度、内腔最小内径、筒体拉力最大区段壁厚、剪力槽厚度、螺纹中径、螺纹小径）型式检验项目、检验方法和判定依据应符合

相关规定；

② 灌浆套筒制成钢筋套筒灌浆连接接头的型式检验应按照规定的试验方法，检验钢筋套筒灌浆连接接头试件的对中和偏置单向拉伸、高应力反复拉压、大变形反复拉压的强度和变形，检验结果应符合有关规定。

型式检验的试件制备和数量应符合下列规定：

（1）对每种类型、级别、规格、材料、工艺的同径钢筋套筒灌浆连接接头应进行型式检验，接头试件和套筒灌浆料拌合物试件的制作应符合《钢筋套筒灌浆连接应用技术规程》JGJ 355 规定的钢筋套筒灌浆连接接头型式检验试件要求，接头试件数量不应少于12个。其中，对中单向拉伸试件不应少于3个，偏置单向拉伸试件不应少于3个，高应力反复拉压试件不应少于3个，大变形反复拉压试件不应少于3个。套筒灌浆料拌合物40mm×40mm×160mm的试件不应少于1组，并宜留置不少于2组。同时应另取3根钢筋试件做抗拉强度试验。

（2）用于型式检验的接头试件应在型式检验单位监督下由送检单位制作，接头试件制作前应由型式检验单位先对送样接头试件的灌浆套筒外观、标记、外形尺寸、匹配套筒灌浆料、钢筋和钢筋丝头进行检验，检验合格后应由接头技术提供单位按照企业标准规定的匹配套筒灌浆料拌合物的制备、灌注工艺及规定的旋紧力矩值进行注浆和装配制成接头试件，同时制成40mm×40mm×160mm的套筒灌浆料拌合物试件。接头试件和套筒灌浆料拌合物试件应在标准养护条件下养护。型式检验试件应采用未经预拉的试件。

（3）型式检验试验时，套筒灌浆料拌合物试件的抗压强度不应小于80N/mm$^2$，不应大于95N/mm$^2$。当套筒灌浆料拌合物试件的28d抗压强度合格指标（$f_g$）高于85N/mm$^2$时，型式试验时套筒灌浆料拌合物试件的抗压强度低于28d抗压强度合格指标（$f_g$）的数值不应大于5N/mm$^2$，且超过28d抗压强度合格指标（$f_g$）的数值不应大于10N/mm$^2$与0.1$f_g$两者的较大值。当型式检验试验时，套筒灌浆料拌合物试件的抗压强度低于28d抗压强度合格指标（$f_g$）时，应增加检验套筒灌浆料拌合物试件的28d抗压强度。

当型式检验试验结果符合下列规定时应判定灌浆套筒为合格：

（1）外观、标志、外形尺寸检验：对送交型式检验的灌浆套筒，其应符合规定的判定依据要求，由检验单位检验，并按表5.3.4-2记录。记录应包括螺纹连接处的安装扭矩。

（2）强度检验：每个钢筋套筒灌浆连接接头试件的强度实测值均应符合表5.3.2-8的规定。当接头拉力达到连接钢筋抗拉荷载标准值的1.15倍而未发生破坏时，可停止试验。

（3）变形检验：对残余变形和最大力下总伸长率，每组3个钢筋套筒灌浆连接接头试件实测值的平均值应符合表5.3.2-9的规定。

型式检验应由国家或省部级主管部门认可的具有法定资质和相应检测能力的检测机构进行，灌浆套筒试件型式检验报告应包括灌浆套筒外观、标记、尺寸、匹配套筒灌浆料等基本参数和钢筋套筒灌浆连接接头力学性能两部分。

全灌浆套筒灌浆连接接头试件型式检验报告应按表5.3.4-2、表5.3.4-4的格式记录。

半灌浆套筒灌浆连接接头试件型式检验报告应按表5.3.4-3、表5.3.4-4的格式记录。

分体式全灌浆套筒灌浆连接接头试件型式检验报告应按表5.3.4-5、表5.3.4-4的格式记录。

分体式半灌浆接头试件型式检验报告应按表5.3.4-6、表5.3.4-4的格式记录。

**全灌浆套筒灌浆连接接头试件型式检验报告样式（第一部分：试件参数）表 5.3.4-2**

| 接头名称 | 全灌浆套筒灌浆连接接头 | 送检日期 | |
|---|---|---|---|
| 送检单位 | | 试件制作地点 | |
| 试件制作单位 | | 试件制作日期 | |
| 接头试件基本参数 | 连接件示意图 | 钢筋牌号 | |
| | | 钢筋公称直径/mm | |
| | | 灌浆套筒品牌/型号 | |
| | | 灌浆套筒材料 | |
| | | 套筒灌浆料品牌、型号 | |

灌浆套筒设计尺寸及公差/mm

| 长度 | 外径 | 剪力槽数量 | 剪力槽凸台厚度 | 钢筋插入深度（预制端） | 钢筋插入深度（装配端） |
|---|---|---|---|---|---|
| | | | | | |

灌浆套筒外形尺寸、外观、标记的检验（mm）

| 试件编号 | 灌浆套筒外径 | | 灌浆套筒长度 | 外观 | 标记 | 剪力槽 | | 钢筋插入深度 | | 钢筋对中/偏置 |
|---|---|---|---|---|---|---|---|---|---|---|
| | A方向 | B方向 | | | | 数量 | 凸台厚度 | 预制端 | 装配端 | |
| NO.1 | | | | | | | | | | 偏置 |
| NO.2 | | | | | | | | | | 偏置 |
| NO.3 | | | | | | | | | | 偏置 |
| NO.4 | | | | | | | | | | 对中 |
| NO.5 | | | | | | | | | | 对中 |
| NO.6 | | | | | | | | | | 对中 |
| NO.7 | | | | | | | | | | 对中 |
| NO.8 | | | | | | | | | | 对中 |
| NO.9 | | | | | | | | | | 对中 |

灌浆套筒外形尺寸、外观、标记的检验/mm

| 试件编号 | 灌浆套筒外径 | | 套筒长度 | 外观 | 标记 | 剪力槽 | | 钢筋插入深度 | | 钢筋对中/偏置 |
|---|---|---|---|---|---|---|---|---|---|---|
| | A方向 | B方向 | | | | 数量 | 凸台厚度 | 预制端 | 装配端 | |
| NO.10 | | | | | | | | | | 对中 |
| NO.11 | | | | | | | | | | 对中 |
| NO.12 | | | | | | | | | | 对中 |

套筒灌浆料性能

| 每10kg套筒灌浆料加水量/kg | 试件抗压强度测量值/(N/mm$^2$) | | | | | | | 合格指标/(N/mm$^2$) |
|---|---|---|---|---|---|---|---|---|
| | 1 | 2 | 3 | 4 | 5 | 6 | 取值 | |
| | | | | | | | | |
| 评定结论 | | | | | | | | |

注：1. 接头试件实测尺寸、套筒灌浆料性能由检验单位负责检验与填写，其他参数信息则由产品送检单位填写。
2. 接头试件实测尺寸中外径量测任意两个端面。
3. 标记、外观符合规定的，填“合格”字样，尺寸检验应填具体数字，保留小数点后两位。

**半灌浆套筒灌浆连接接头试件型式检验报告样式（第一部分：试件参数）表 5.3.4-3**

| 接头名称 | 半灌浆套筒灌浆连接接头 | 送检日期 | |
|---|---|---|---|
| 送检单位 | | 试件制作地点 | |
| 试件制作单位 | | 试件制作日期 | |
| 接头试件基本参数 | 连接件示意图 | 钢筋牌号 | |
| | | 钢筋公称直径/mm | |
| | | 灌浆套筒品牌/型号 | |
| | | 灌浆套筒材料 | |
| | | 套筒灌浆料品牌、型号 | |
| | | 非灌浆端安装力矩 | |
| | | 非灌浆端螺纹精度 | |

灌浆套筒设计尺寸及公差/mm

| 长度 | 外径 | 剪力槽数量 | 剪力槽凸台厚度 | 钢筋插入深度（灌浆端） | 非灌浆端 | | | |
|---|---|---|---|---|---|---|---|---|
| | | | | | 螺纹公称直径 | 牙形角 | 螺距 | 螺纹深度 |
| | | | | | | | | |

灌浆套筒外形尺寸、外观、标记的检验/mm

| 试件编号 | 灌浆套筒外径 | | 灌浆套筒长度 | 外观 | 标记 | 剪力槽 | | 钢筋插入深度 | | 钢筋对中/偏置 |
|---|---|---|---|---|---|---|---|---|---|---|
| | A 方向 | B 方向 | | | | 数量 | 凸台厚度 | 螺纹端 | 灌浆端 | |
| NO. 1 | | | | | | | | | | 偏置 |
| NO. 2 | | | | | | | | | | 偏置 |
| NO. 3 | | | | | | | | | | 偏置 |
| NO. 4 | | | | | | | | | | 对中 |
| NO. 5 | | | | | | | | | | 对中 |
| NO. 6 | | | | | | | | | | 对中 |
| NO. 7 | | | | | | | | | | 对中 |
| NO. 8 | | | | | | | | | | 对中 |
| NO. 9 | | | | | | | | | | 对中 |
| NO. 10 | | | | | | | | | | 对中 |
| NO. 11 | | | | | | | | | | 对中 |
| NO. 12 | | | | | | | | | | 对中 |

套筒灌浆料性能

| 每 10kg 套筒灌浆料加水量/kg | 试件抗压强度测量值/($N/mm^2$) | | | | | | | 合格指标/($N/mm^2$) |
|---|---|---|---|---|---|---|---|---|
| | 1 | 2 | 3 | 4 | 5 | 6 | 取值 | |
| | | | | | | | | |
| 评定结论 | | | | | | | | |

注：1. 接头试件实测尺寸、套筒灌浆料性能由检验单位负责检验与填写，其他参数信息则由产品送检单位填写。
2. 接头试件实测尺寸中外径量测任意两个端面。
3. 标记、外观符合规定的，填“合格”字样，尺寸检验应填具体数字，保留小数点后两位。

**灌浆套筒试件型式检验报告样式（第二部分：力学性能）　　表 5.3.4-4**

| 接头名称 | | | | | 送检日期 | |
|---|---|---|---|---|---|---|
| 送检单位 | | | | | 钢筋牌号 | |
| 钢筋母材试验结果 | | 试件编号 | NO. 1 | NO. 2 | NO. 3 | 要求指标 |
| | | 钢筋公称直径/mm | | | | |
| | | 屈服强度/(N/mm$^2$) | | | | |
| | | 抗拉强度/(N/mm$^2$) | | | | |
| 试验结果 | 偏置单向拉伸 | 试件编号 | NO. 1 | NO. 2 | NO. 3 | 要求指标 |
| | | 屈服强度/(N/mm$^2$) | | | | |
| | | 抗拉强度/(N/mm$^2$) | | | | |
| | | 破坏形式 | | | | 钢筋拉断 |
| | 对中单向拉伸 | 试件编号 | NO. 4 | NO. 5 | NO. 6 | 要求指标 |
| | | 屈服强度/(N/mm$^2$) | | | | |
| | | 抗拉强度/(N/mm$^2$) | | | | |
| | | 残余变形（mm） | | | | |
| | | 最大力下总伸长率/% | | | | |
| | | 破坏形式 | | | | 钢筋拉断 |
| | 高应力反复拉压 | 试件编号 | NO. 7 | NO. 8 | NO. 9 | 要求指标 |
| | | 抗拉强度/(N/mm$^2$) | | | | |
| | | 残余变形/mm | | | | |
| | | 破坏形式 | | | | 钢筋拉断 |
| | 大变形反复拉压 | 试件编号 | NO. 10 | NO. 11 | NO. 12 | 要求指标 |
| | | 抗拉强度/(N/mm$^2$) | | | | |
| | | 残余变形/mm | | | | |
| | | 破坏形式 | | | | 钢筋拉断 |
| 评定结论 | | | | | | |
| 检验单位 | | | | | 试验日期 | |
| 试验员 | | | | 试件制作监督人 | | |
| 校核 | | | | 负责人 | | |

注：试件制作监督人应为检验单位人员。

**分体式全灌浆套筒灌浆连接接头试件型式检验报告样式（第一部分：试件参数）　　表 5.3.4-5**

| 接头名称 | 全灌浆套筒灌浆连接接头 | 送检日期 | |
|---|---|---|---|
| 送检单位 | | 试件制作地点 | |
| 试件制作单位 | | 试件制作日期 | |
| 接头试件基本参数 | 连接件示意图 | 钢筋牌号 | |
| | | 钢筋公称直径/mm | |
| | | 灌浆套筒品牌/型号 | |
| | | 灌浆套筒材料 | |

续表

| 接头试件基本参数 | | 套筒灌浆料品牌、型号 | |
|---|---|---|---|
| | | 连接件外径/mm | |
| | | 连接件长度/mm | |
| | | 连接件内径及精度 | |
| | | 连接件安装扭矩 | |

灌浆套筒设计尺寸及公差/mm

| 长度 | 外径 | 剪力槽数量 | 剪力槽凸台厚度 | 钢筋插入深度（预制端） | 钢筋插入深度（装配端） |
|---|---|---|---|---|---|
| | | | | | |

灌浆套筒外形尺寸、外观、标记的检验/mm

| 试件编号 | 灌浆套筒外径 | | 灌浆套筒长度 | 外观 | 标记 | 剪力槽 | | 钢筋插入深度 | | 钢筋对中/偏置 |
|---|---|---|---|---|---|---|---|---|---|---|
| | A方向 | B方向 | | | | 数量 | 凸台厚度 | 预制端 | 装配端 | |
| NO.1 | | | | | | | | | | 偏置 |
| NO.2 | | | | | | | | | | 偏置 |
| NO.3 | | | | | | | | | | 偏置 |
| NO.4 | | | | | | | | | | 对中 |
| NO.5 | | | | | | | | | | 对中 |
| NO.6 | | | | | | | | | | 对中 |
| NO.7 | | | | | | | | | | 对中 |
| NO.8 | | | | | | | | | | 对中 |
| NO.9 | | | | | | | | | | 对中 |
| NO.10 | | | | | | | | | | 对中 |
| NO.11 | | | | | | | | | | 对中 |
| NO.12 | | | | | | | | | | 对中 |

套筒灌浆料性能

| 每10kg套筒灌浆料加水量/kg | 试件抗压强度测量值/(N/mm$^2$) | | | | | | | 合格指标/(N/mm$^2$) |
|---|---|---|---|---|---|---|---|---|
| | 1 | 2 | 3 | 4 | 5 | 6 | 取值 | |
| | | | | | | | | |
| 评定结论 | | | | | | | | |

注：1. 接头试件实测尺寸、套筒灌浆料性能由检验单位负责检验与填写，其他参数信息则由产品送检单位填写。
2. 接头试件实测尺寸中外径量测任意两个端面。
3. 标记、外观符合规定的，填“合格”字样，尺寸检验应填具体数字，保留小数点后两位。

**分体式半灌浆套筒灌浆连接接头试件型式检验报告样式（第一部分：试件参数）　表5.3.4-6**

| 接头名称 | 分体式半灌浆套筒灌浆连接接头 | 送检日期 | |
|---|---|---|---|
| 送检单位 | | 试件制作地点 | |
| 试件制作单位 | | 试件制作日期 | |

续表

| 接头试件基本参数 | 连接件示意图<br>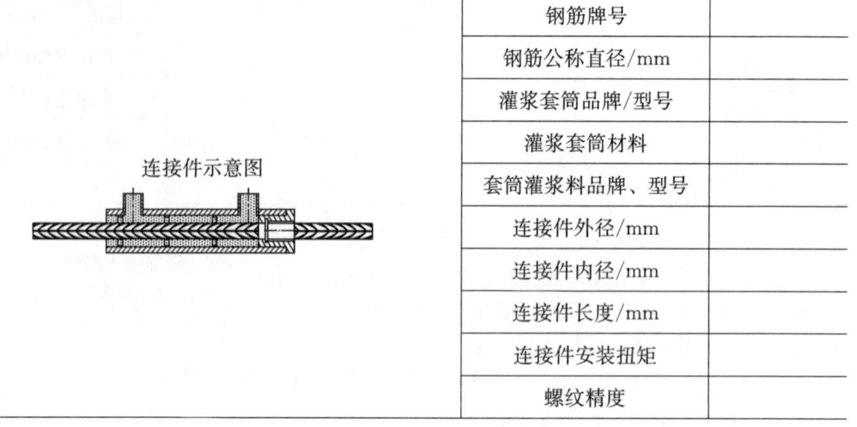 | 钢筋牌号 | |
|---|---|---|---|
| | | 钢筋公称直径/mm | |
| | | 灌浆套筒品牌/型号 | |
| | | 灌浆套筒材料 | |
| | | 套筒灌浆料品牌、型号 | |
| | | 连接件外径/mm | |
| | | 连接件内径/mm | |
| | | 连接件长度/mm | |
| | | 连接件安装扭矩 | |
| | | 螺纹精度 | |

灌浆套筒设计尺寸及公差/mm

| 长度 | 外径 | 剪力槽数量 | 剪力槽凸台厚度 | 钢筋插入深度（灌浆端） | 非灌浆端 | | | |
|---|---|---|---|---|---|---|---|---|
| | | | | | 螺纹直径 | 牙形角 | 螺距 | 螺纹长 |
| | | | | | | | | |

灌浆套筒外形尺寸、外观、标记的检验/mm

| 试件编号 | 灌浆套筒外径 | | 灌浆套筒长度 | 外观 | 标记 | 剪力槽 | | 钢筋插入深度 | | 钢筋对中/偏置 |
|---|---|---|---|---|---|---|---|---|---|---|
| | A方向 | B方向 | | | | 数量 | 凸台厚度 | 螺纹端 | 灌浆端 | |
| NO. 1 | | | | | | | | | | 偏置 |
| NO. 2 | | | | | | | | | | 偏置 |
| NO. 3 | | | | | | | | | | 偏置 |
| NO. 4 | | | | | | | | | | 对中 |
| NO. 5 | | | | | | | | | | 对中 |
| NO. 6 | | | | | | | | | | 对中 |
| NO. 7 | | | | | | | | | | 对中 |
| NO. 8 | | | | | | | | | | 对中 |
| NO. 9 | | | | | | | | | | 对中 |
| NO. 10 | | | | | | | | | | 对中 |
| NO. 11 | | | | | | | | | | 对中 |
| NO. 12 | | | | | | | | | | 对中 |

套筒灌浆料性能

| 每10kg套筒灌浆料加水量/kg | 试件抗压强度测量值/（$N/mm^2$） | | | | | | | 合格指标/（$N/mm^2$） |
|---|---|---|---|---|---|---|---|---|
| | 1 | 2 | 3 | 4 | 5 | 6 | 取值 | |
| | | | | | | | | |
| 评定结论 | | | | | | | | |

注：1. 接头试件实测尺寸、套筒灌浆料性能由检验单位负责检验与填写，其他参数信息则由产品送检单位填写。

2. 接头试件实测尺寸中外径量测任意两个端面。

3. 标记、外观符合规定的，填“合格”字样，尺寸检验应填具体数字，保留小数点后两位。

### 5.3.5　标识、包装、运输和贮存

**1. 标识**

产品表面应刻印清晰、持久性标识。标识应包括符合规定的标记和厂家代号、可追溯原材料性能的生产批号、铸造炉批号。厂家代号可采用字符或图案。生产批号代号可采用数字或数字与符号组合。

产品表面的标识可单排也可双排排列。当双排排列时，名称代号、特性代号、主参数代号应列为一排。

**2. 包装**

产品包装应采用纸箱、塑料编织袋或木箱等其他可靠包装。包装物表面上应标明产品名称、灌浆套筒型号、套筒加工工艺、数量、适用钢筋规格、钢筋强度等级、制造日期、生产批号、生产厂家名称、地址、电话等。产品包装应符合现行国家标准《一般货物运输包装通用技术条件》GB/T 9174 的规定。

**3. 产品合格证与质量证明书**

产品出厂时包装内应附有产品合格证，同时应向用户提交质量证明书。

产品合格证应包括下列内容：生产厂家名称；产品型号；生产批号；生产日期；执行标准；数量；检验合格签章；质检员签章。

产品质量证明书应包括下列内容：产品名称；灌浆套筒型号、规格；生产批号；材料牌号；数量；执行标准；检验合格签章；企业名称、通信地址和联系电话等。

钢筋连接用灌浆套筒产品合格证样式宜符合表 5.3.5-1 的规定。

**钢筋连接用灌浆套筒　产品合格证**　　　　表 5.3.5-1

<table>
<tr><td colspan="4">××××××××公司<br>××××灌浆套筒　产品合格证</td></tr>
<tr><td>类型、形式</td><td></td><td>适用钢筋强度级别</td><td></td></tr>
<tr><td>适用钢筋直径</td><td></td><td>生产日期</td><td></td></tr>
<tr><td>生产批号</td><td></td><td>质检签章</td><td></td></tr>
</table>

钢筋连接用灌浆套筒产品质量证明书样式宜符合表 5.3.5-2、表 5.3.5-3 的规定。

**钢筋连接用灌浆套筒（整体式）产品质量证明书**　　　　表 5.3.5-2

合格证编号：　　　　出厂日期：××××年××月××日

<table>
<tr><td colspan="2">产品名称</td><td colspan="3">钢筋连接用灌浆套筒</td><td>型号</td><td></td><td>生产批号</td><td></td></tr>
<tr><td rowspan="2">主参数</td><td>钢筋强度等级</td><td></td><td>灌浆端锚固长度</td><td></td><td>材料牌号</td><td></td><td>数量（个）</td><td></td></tr>
<tr><td>钢筋公称直径</td><td></td><td>锚固长度/连接类型</td><td colspan="3"></td><td>检验员</td><td></td></tr>
<tr><td colspan="9">灌浆套筒检验项目、依据标准及检测结论</td></tr>
</table>

<table>
<tr><td>检验项目</td><td>外观</td><td>标记</td><td>外径</td><td>长度</td><td>剪力槽数量</td></tr>
<tr><td>参数</td><td></td><td></td><td></td><td></td><td></td></tr>
<tr><td>执行标准</td><td colspan="5">行业标准：《钢筋连接用灌浆套筒》JG/T 398—××××<br>企业标准：《××××灌浆套筒》QB ×××—××××</td></tr>
</table>

续表

<table>
<tr><td>检测结论</td><td colspan="3">经检验，各项检测项目均符合上述执行标准的要求，判定为合格</td></tr>
<tr><td>通信地址</td><td></td><td>邮编</td><td></td></tr>
<tr><td>联系电话</td><td></td><td>传真</td><td></td></tr>
<tr><td>完成型式检验试验室</td><td colspan="3"></td></tr>
<tr><td>型式检验报告编号</td><td></td><td>试验室联系电话</td><td></td></tr>
</table>

注：1. 此证为每个批号产品填写一张。
2. 表中锚固长度/连接类型一栏，全灌浆为另一端锚固长度，半灌浆为机械端连接类型。
3. 检验员栏可以是签名或检验员代码。

××××××××××××公司
（盖章有效）

**钢筋连接用灌浆套筒（分体式）产品质量证明书** **表 5.3.5-3**

合格证编号： 出厂日期：××××年××月××日

<table>
<tr><td colspan="2">产品名称</td><td colspan="2">钢筋连接用灌浆套筒</td><td>型号</td><td></td><td>生产批号</td><td></td></tr>
<tr><td rowspan="2">主参数</td><td>钢筋强度等级</td><td></td><td>灌浆端锚固长度</td><td></td><td>材料牌号</td><td></td><td>数量（个）</td><td></td></tr>
<tr><td>钢筋公称直径</td><td></td><td>锚固长度/连接类型</td><td></td><td>连接套筒类型</td><td></td><td>检验员</td><td></td></tr>
<tr><td colspan="9">灌浆套筒检验项目、依据标准及检测结论</td></tr>
</table>

<table>
<tr><td>检验项目</td><td>外观</td><td>标记</td><td>外径</td><td>长度</td><td>剪力槽数量</td></tr>
<tr><td>参数</td><td></td><td></td><td></td><td></td><td></td></tr>
<tr><td>执行标准</td><td colspan="5">行业标准：《钢筋连接用灌浆套筒》JG/T 398—××××<br>企业标准：《××××灌浆套筒》QB ×××—××××</td></tr>
<tr><td>检测结论</td><td colspan="5">经检验，各项检测项目均符合上述执行标准的要求，判定为合格</td></tr>
<tr><td>通信地址</td><td colspan="3"></td><td>邮编</td><td></td></tr>
<tr><td>联系电话</td><td colspan="2"></td><td>传真</td><td colspan="2"></td></tr>
<tr><td>完成型式检验试验室</td><td colspan="5"></td></tr>
<tr><td>型式检验报告编号</td><td colspan="2"></td><td>试验室联系电话</td><td colspan="2"></td></tr>
</table>

注：1. 此证为每个批号产品填写一张。
2. 表中锚固长度/连接类型一栏，全灌浆为另一端锚固长度，半灌浆为机械端连接类型。
3. 检验员栏可以是签名或检验员代码。

××××××××××××公司
（盖章有效）

**4. 运输和贮存**

产品在运输过程中应有防水、防雨措施。产品应贮存在防水、防雨、防潮的环境中，并按规格型号分别码放。

## 5.4 钢筋连接用套筒灌浆料

钢筋连接用套筒灌浆料是以水泥为基本材料，并配以细骨料、混凝土外加剂及其他材料组成的用于钢筋套筒灌浆连接的干混料，简称“套筒灌浆料”。套筒灌浆料按规定比例加水搅拌后，具有规定流动性、早强、高强及硬化后微膨胀等性能的浆体，称为灌浆料拌合物，填充于套筒和带肋钢筋间隙内，形成钢筋套筒灌浆连接接头。套筒灌浆料的高强、微膨胀性能可保证其与灌浆套筒内壁及带肋钢筋表面的粘结摩擦及咬合强度，保证钢筋间应力有效传递。套筒灌浆料应符合现行行业标准《钢筋连接用套筒灌浆料》JG/T 408的有关规定，该标准适用于带肋钢筋套筒灌浆连接所使用的水泥基灌浆材料。

套筒灌浆料分为常温型套筒灌浆料和低温型套筒灌浆料。常温型套筒灌浆料是适用于灌浆施工及养护过程中24h内温度不低于5℃的套筒灌浆料；低温型套筒灌浆料是适用于灌浆施工及养护过程中24h内温度不低于−5℃，且灌浆施工过程中温度不高于10℃的套筒灌浆料。

### 5.4.1 材料

水泥宜采用硅酸盐水泥或普通硅酸盐水泥，并应符合现行国家标准《通用硅酸盐水泥》GB 175的规定，硫铝酸盐水泥应符合现行国家标准《硫铝酸盐水泥》GB/T 20472的规定。细骨料宜采用天然砂，天然砂应符合现行国家标准《建设用砂》GB/T 14684的规定，最大粒径不应超过2.36mm。混凝土外加剂应符合国家现行标准《混凝土外加剂》GB 8076、《混凝土膨胀剂》GB/T 23439和《聚羧酸系高性能减水剂》JG/T 223的规定。产品配方中的其他材料均应符合国家现行有关产品标准的规定。

### 5.4.2 要求

**1. 一般要求**

套筒灌浆料应按产品设计（说明书）要求的用水量进行配制。拌合用水应符合现行行业标准《混凝土用水标准》JGJ 63的规定。

**2. 性能要求**

常温型套筒灌浆料的性能应符合表5.4.2的规定。

**常温型套筒灌浆料性能指标** **表5.4.2**

| 检测项目 | | 性能指标 |
|---|---|---|
| 流动度/mm | 初始 | ≥300 |
| | 30min | ≥260 |
| 抗压强度/MPa | 1d | ≥35 |
| | 3d | ≥60 |
| | 28d | ≥85 |
| 竖向膨胀率/% | 3h | 0.02～2 |
| | 24h与3h差值 | 0.02～0.40 |
| 28d自干燥收缩/% | | ≤0.045 |
| 氯离子含量/% | | ≤0.03 |
| 泌水率/% | | 0 |

注：氯离子含量以灌浆料总量为基准。

套筒灌浆料性能及试验方法应符合现行行业标准《钢筋连接用套筒灌浆料》JG/T 408的有关规定，并应符合下列规定：

（1）常温型套筒灌浆料抗压强度应满足表 5.4.2 的要求，且不应低于接头设计要求的套筒灌浆料抗压强度；常温型套筒灌浆料抗压强度试件尺寸应按 40mm×40mm×160mm 尺寸制作，其加水量应按常温型套筒灌浆料产品说明书确定，试模材质应为钢质（钢质试模更有利于保证套筒灌浆料试件的尺寸及试验结果的精度）。

（2）常温型套筒灌浆料竖向膨胀率应满足表 5.4.2 的要求。

（3）常温型套筒灌浆料拌合物的工作性能（流动度、泌水率）应符合表 5.4.2 的要求，泌水率试验方法应符合现行国家标准《普通混凝土拌合物性能试验方法标准》GB/T 50080 的规定。

表 5.4.2 提出的常温型套筒灌浆料抗压强度为最小强度。允许生产单位开发接头时考虑与灌浆套筒匹配而对套筒灌浆料提出更高的强度要求，此时应按相应接头设计要求对套筒灌浆料进行抗压强度验收，施工过程中应严格质量控制。对于常温型套筒灌浆料，28d 抗压强度合格指标（$f_g$）应满足表 5.4.2 中的 85N/mm$^2$ 或接头设计提出的更高要求。

常温型套筒灌浆料抗压强度、竖向膨胀率指其拌合物硬化后测得的性能。套筒灌浆料抗压强度试件制作时，其加水量应按套筒灌浆料产品说明书确定。根据现行行业标准《钢筋连接用套筒灌浆料》JG/T 408 的规定，套筒灌浆料抗压强度试验方法按现行国家标准《水泥胶砂强度检验方法（ISO 法）》GB/T 17671 的有关规定执行，其中加水及搅拌规定除外。现行国家标准《水泥胶砂强度检验方法（ISO 法）》GB/T 17671 规定：取 1 组 3 个 40mm×40mm×160mm 试件得到的六个抗压强度测定值的算术平均值为抗压强度试验结果；当六个测定值中有一个超出六个平均值的±10%时，应剔除这个结果，而以剩下五个的平均数为结果；当五个测定值中再有超过它们平均数±10%，则此组结果作废。

### 5.4.3 试验方法

**1. 一般要求**

常温型套筒灌浆料试件成型时试验室的温度应为 20±2℃，相对湿度应大于 50%，养护室的温度应为 20±1℃，养护室的相对湿度不应低于 90%，养护水的温度应为 20±1℃。

低温型套筒灌浆料试件成型时试验室的温度应为−5±2℃，养护室的温度应为−5±1℃。

**2. 流动度**

常温型套筒灌浆料流动度试验应在标准条件下进行；低温型套筒灌浆料流动度试验应分别在−5±2℃、8±2℃条件下进行。流动度试验应符合下列规定：

1）应采用符合现行行业标准《行星式水泥胶砂搅拌机》JC/T 681 规定的搅拌机拌和水泥基灌浆材料。

2）截锥圆模应符合现行国家标准《水泥胶砂流动度测定方法》GB/T 2419 的规定，尺寸为下口内径 100±0.5mm，上口内径 70±0.5mm，高 60±0.5mm。

3）玻璃板尺寸应为 500mm×500mm，并应水平放置。

4）采用钢直尺测量，精度为 1mm。

流动度试验应按下列步骤进行：

1）称取 1800g 水泥基灌浆材料，精确至 5g；按照产品设计（说明书）要求的用水量称量好拌合用水，精确至 1g。

2）湿润搅拌锅和搅拌叶，但不得有明水。将水泥基灌浆材料倒入搅拌锅中，开启搅拌机，同时加入拌合用水，应在 10s 内加完。

3）按水泥胶砂搅拌机的设定程序搅拌 240s。

4）湿润玻璃板和截锥圆模内壁，但不得有明水；将截锥圆模放置在玻璃板中间位置。

5）将水泥基灌浆材料浆体倒入截锥圆模内，直至浆体与截锥圆模上口平；徐徐提起截锥圆模，让浆体在无扰动条件下自由流动直至停止。

6）测量浆体最大扩散直径及与其垂直方向的直径，计算平均值，精确到 1mm，作为流动度初始值；应在 6min 内完成上述搅拌和测量过程。

7）将玻璃板上的浆体装入搅拌锅内，并采取防止浆体水分蒸发的措施。自加水拌合起 30min 时，将搅拌锅内浆体按 3）～6）步骤试验，测定结果作为流动度 30min 的保留值。

**3. 抗压强度**

抗压强度试验应符合下列规定：

1）抗压强度试验试件应采用尺寸为 40mm×40mm×160mm 的棱柱体。

2）抗压强度试验应按现行国家标准《水泥胶砂强度检验方法（ISO 法）》GB/T 17671 中的有关规定执行。

抗压强度试验应按下列步骤进行：

1）称取 1800g 水泥基灌浆材料，精确至 5g；按照产品设计（说明书）要求的用水量称量拌合用水，精确至 1g。

2）按流动度试验的有关规定拌合水泥基灌浆材料。

3）将浆体灌入试模，至浆体与试模的上边缘平齐，成型过程中不得振动试模。应在 6min 内完成搅拌和成型过程，浇筑完成后应立刻覆盖。

4）将装有浆体的试模在成型室内静置 2h 后移入养护箱。

5）抗压强度试验应按现行国家标准《水泥胶砂强度检验方法（ISO 法）》GB/T 17671 中的有关规定执行。

**4. 竖向膨胀率**

竖向膨胀率试验方法包括竖向膨胀率接触式测量法和竖向膨胀率非接触式测量法。

1）竖向膨胀率接触式测量法

（1）测试仪器工具应符合下列要求：

a. 千分表：量程 10mm；

b. 千分表架：磁力表架；

c. 玻璃板：长 140mm×宽 80mm×厚 5mm；

d. 试模：100mm×100mm×100mm 立方体试模的拼装缝应填入黄油，不得漏水；

e. 铲勺：宽 60mm，长 160mm；

f. 捣板：可用钢锯条代替；

g. 钢垫板：长 250mm×宽 250mm×厚 15mm 普通钢板。

（2）竖向膨胀率装置示意图如图 5.4.3-1 所示，仪表安装应符合下列要求：

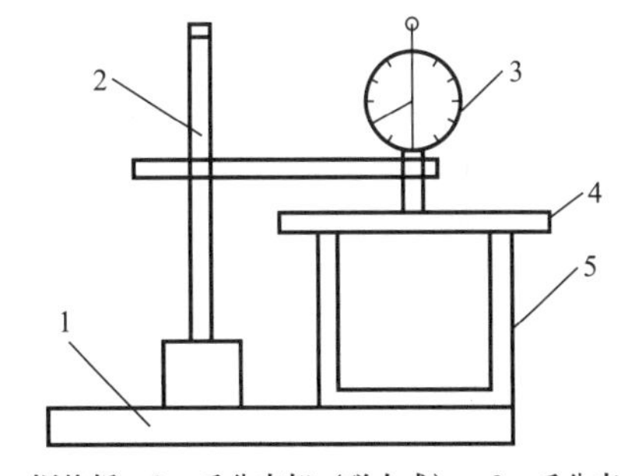

1—钢垫板；2—千分表架（磁力式）；3—千分表；4—玻璃板；5—试模

图 5.4.3-1　竖向膨胀率装置示意

a. 钢垫板：表面平整，水平放置在工作台上，水平度不应超过 0.02；

b. 试模：放置在钢垫板上，不可摇动；

c. 玻璃板：平放在试模中间位置。其左右两边与试模内侧边留出 10mm 空隙；

d. 千分表架固定在钢垫板上，尽量靠近试模，缩短横杆悬臂长度；

e. 千分表：千分表与千分表架卡头固定牢靠，但表杆能够自由升降。安装千分表时，要下压表头，使表针指到量程的 1/2 处左右。千分表不可前后左右倾斜。

（3）竖向膨胀率接触式测量法试验步骤：

a. 按流动度试验的有关规定拌合水泥基灌浆材料。

b. 将玻璃板平放在试模中间位置，并轻轻压住玻璃板。拌合料一次性从一侧倒满试模，至另一侧溢出并高于试模边缘约 2mm。

c. 用湿棉丝覆盖玻璃板两侧的浆体。

d. 把千分表测量头垂直放在玻璃板中央，并安装牢固。在 30s 内读取千分表初始读数 $h_0$；成型过程应在搅拌结束后 5min 内完成。

e. 自加水拌合时起分别于 3h±5min 和 24h±15min 读取千分表的读数 $h_t$。整个测量过程中应保持棉丝湿润，装置不得受振动。成型温度和养护温度均为 20±2℃。

（4）套筒灌浆料竖向膨胀率接触式测量法应按式（5.4.3-1）计算：

$$\varepsilon_t=\frac{h_t-h_0}{h}\times100\% \tag{5.4.3-1}$$

式中 $\varepsilon_t$——竖向膨胀率；

$h_t$——试件龄期为 $t$ 时的高度读数，mm；

$h_0$——试件高度的初始读数，mm；

$h$——试件基准高度 100，mm。

注：试验结果取一组 3 个试件的算术平均值，计算精确至 $10^{-2}$。

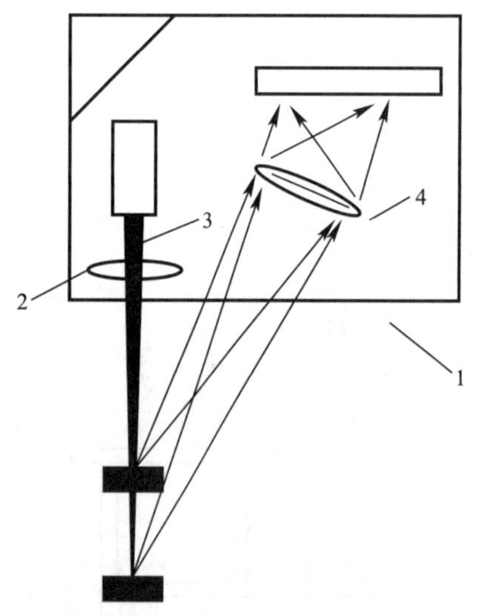


1—激光传感器；2—激光聚焦镜；3—激光；4—物镜

图 5.4.3-2 激光传感器测距示意

2）竖向膨胀率非接触式测量法

竖向膨胀率非接触式测量法适用于常温型套筒灌浆料竖向膨胀率的测试。

（1）测试仪器工具应符合下列要求：

a. 激光发射系统及数据采集系统，测试精度不应低于 $10^{-3}$mm，量程不应小于 4mm，如图 5.4.3-2 所示；

b. 试模：应采用 100mm 立方体混凝土试模，拼装缝应紧密，不得漏水。

（2）竖向膨胀率非接触式测量法试验步骤：

a. 试验应在温度为 20±2℃的恒温条件下进行；

b. 浇筑前在试模内部距底部 98mm 处画出基准线，然后将按流动度试验的有关规定拌合好的灌浆料一次性倒至刻度线处，在浆体表面中间位置放置一个激光反射薄片，然后在浆体表面覆盖一层保鲜膜并紧贴浆体上表面；

c. 将试模放置在激光测量探头的正下方，并按仪器的使用要求操作；

d. 拌合后5min内完成操作，并开始测量，记录3h和24h的读数；当有特殊要求时，应按要求的时间读取读数；

e. 测量过程不得振动、接触或移动试件和测试仪器。

(3) 套筒灌浆料竖向膨胀率非接触式测量法应按式（5.4.3-1）计算。

常温型套筒灌浆料竖向膨胀率试验接触式测量法与非接触式测量法测量数据不一致时，仲裁检验以非接触式测量法为准。

**5. 自干燥收缩**

自干燥收缩试验宜使用下列仪器：

1）测长仪测量精度为$10^{-3}$mm；

2）收缩头：应由黄铜或不锈钢加工而成，如图5.4.3-3所示；

3）试模：应采用40mm×40mm×160mm棱柱体，且在试模的两个端面中心，应各开一个6.5mm的孔洞。

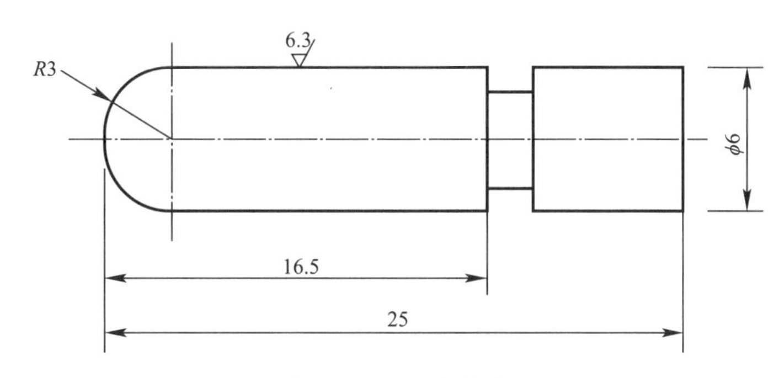


图5.4.3-3 收缩头

自干燥收缩试验应按下列步骤进行：

1）应将收缩头固定在试模两端的孔洞中，收缩头埋入浆体长度应为10±1mm。

2）应将拌合好的浆体直接灌入试模，浆体应与试模的上边缘平齐。浇筑后立刻覆盖。从搅拌开始计时到成型结束，应在6min内完成，然后带模置于标准养护条件下（温度为20±2℃，相对湿度≥90%）养护至20±0.5h后，方可拆模，拆模后用不少于2层塑料薄膜将试块完全包裹，然后用铝箔贴将带塑料薄膜的试块包裹，并编号、标明测试方向。

3）将试块移入温度为20±2℃的试验室中预置4h，按标明的测试方向立即测定试件的初始长度。测定前，应先用标准杆调整测长仪的原点。

4）测定初始长度后，将试件置于温度20±2℃、相对湿度为60%±5%的试验室内，然后第28d测定试件的长度。

自干燥收缩值应按照式（5.4.3-2）计算：

$$\varepsilon=\frac{L_0-L_{28}}{L-L_d}\times100\% \qquad (5.4.3\text{-}2)$$

式中 $\varepsilon$——28d的试件自干燥收缩值；

$L_0$——试件成型1d后的长度即初始长度，mm；

$L_{28}$——28d时试件的实测长度，mm；

$L$——试件的长度160mm；

$L_d$——两个收缩头埋入浆体中长度之和，即 20±2mm。

自干燥收缩值试验结果应按下列要求确定：

（1）应取 3 个试件测值的算术平均值作为自干燥收缩值，计算精确至 $10^{-6}$mm；

（2）当 1 个值与平均值偏差大于 20%时，应剔除；

（3）当有 2 个值与平均值偏差大于 20%时，该组试件结果无效。

**6. 氯离子含量**

氯离子含量试验应按现行国家标准《混凝土外加剂均质性试验方法》GB/T 8077 中的有关规定执行。

**7. 泌水率**

泌水率试验应按现行国家标准《普通混凝土拌合物性能试验方法标准》GB/T 50080 中的有关规定执行。

### 5.4.4 检验规则

**1. 出厂检验**

产品出厂时应进行出厂检验，出厂检验项目应包括初始流动度、30min 流动度，1d（−1d）、3d（−3d）、28d（−7d+21d）抗压强度，竖向膨胀率，竖向膨胀率的差值、泌水率。

**2. 型式检验**

型式检验项目应包括表 5.4.2 中规定的全部检测项目。有下列情形之一时，应进行型式检验：

（1）新产品的定型鉴定；

（2）正式生产后如材料或工艺有较大变动，有可能影响产品质量时；

（3）停产半年以上恢复生产时；

（4）型式检验超过一年时。

**3. 组批规则**

在 15d 内生产的同配方、同批号原材料的产品应以 50t 作为 1 个生产批号，不足 50t 也应作为 1 个生产批号。取样方法应按现行国家标准《水泥取样方法》GB/T 12573 中的有关规定进行。取样应有代表性，可从多个部位取等量样品，样品总量不应少于 30kg。

**4. 判定规则**

出厂检验和型式检验若有 1 项指标不符合要求，应从同一批次产品中重新取样，对所有项目进行复验。复试合格判定为合格品；复试不合格判定为不合格品。

### 5.4.5 交货与验收

交货时生产厂家应提供产品合格证、使用说明书和产品质量检测报告。

交货时产品的质量验收可抽取实物试样，以其检验结果为依据；也可以以产品同批号的检验报告为依据。质量验收方法由买卖双方商定，并在合同或协议中注明。

以抽取实物试样的检验结果为验收依据时，买卖双方应在发货前或交货地共同取样和封存。取样方法应按现行国家标准《水泥取样方法》GB/T 12573 进行，样品均分为两等份。一份由卖方干燥密封保存 40d，一份由买方按现行行业标准《钢筋连接用套筒灌浆料》

JG/T 408规定的项目和方法进行检验。在40d内，买方检验认为质量不符合现行行业标准《钢筋连接用套筒灌浆料》JG/T 408要求，而卖方有异议时，双方应将卖方保存的那份试样送检。

以同批号产品的检验报告为验收依据时，在发货前或交货时买卖双方在同批号产品中抽取试样，双方共同签封后保存2个月。在2个月内，买方对产品质量有疑问时，买卖双方应将签封的试样送检。

### 5.4.6 标志、包装、运输和贮存

包装袋（筒）上应标明产品名称、型号、净质量、使用要点、生产厂家（包括单位地址、电话）、生产批号、生产日期、保质期等内容。

套筒灌浆料应采用防潮袋（筒）包装。每袋（筒）净质量宜为25kg，且不应小于标志质量的99%。随机抽取40袋（筒）25kg包装的产品，其总净质量不应少于1000kg。

产品运输和贮存时不应受潮和混入杂物。产品应贮存于通风、干燥、阴凉处，运输过程中应注意避免阳光长时间照射。

## 5.5 接头的性能要求

钢筋套筒灌浆连接接头应满足强度和变形性能要求。

钢筋套筒灌浆连接接头的实测极限抗拉强度不应小于连接钢筋的极限抗拉强度标准值，且接头破坏应位于套筒外的连接钢筋。钢筋套筒灌浆连接接头的实测极限抗拉强度按连接钢筋公称截面面积计算。钢筋套筒灌浆连接目前主要用于装配式混凝土结构中墙、柱等重要竖向构件中的底部钢筋同截面100%连接处，且在框架柱中多位于箍筋加密区部位。考虑到钢筋套筒灌浆连接可靠连接的重要性，为防止采用套筒灌浆连接的混凝土构件发生不利破坏，现行行业标准《钢筋套筒灌浆连接应用技术规程》JGJ 355提出了接头破坏应位于套筒外的连接钢筋的要求。接头抗拉强度与连接钢筋强度相关，故要求接头的实测极限抗拉强度不应小于连接钢筋的极限抗拉强度标准值。需注意的是，钢筋套筒灌浆连接接头具体的破坏形态有断于钢筋母材、断于半灌浆套筒机械连接端外的钢筋丝头、断于半灌浆套筒机械连接端外的钢筋镦粗过渡段等，也可按上述要求，在接头试件未发生破坏时而结束试验。钢筋套筒灌浆连接接头的屈服强度不应小于连接钢筋屈服强度标准值。

钢筋套筒灌浆连接接头应能经受规定的高应力和大变形反复拉压循环检验，且在经历拉压循环后，其极限抗拉强度仍不应小于连接钢筋极限抗拉强度标准值。

钢筋套筒灌浆连接接头单向拉伸、高应力反复拉压、大变形反复拉压试验加载过程中，当接头拉力达到或大于连接钢筋抗拉荷载标准值的1.1倍而未发生破坏时，应判为抗拉强度合格，可停止试验；当接头极限拉力超过连接钢筋抗拉荷载标准值的1.1倍，无论发生何种破坏均可判为抗拉强度合格。考虑到钢筋可能超强，如不规定试验拉力上限值，则钢筋套筒灌浆连接接头产品开发缺乏依据。

钢筋套筒灌浆连接接头的变形性能应符合表5.5的规定。当频遇荷载组合下，构件中钢筋应力高于钢筋屈服强度标准值 $f_{yk}$ 的0.6倍时，设计单位可对单向拉伸残余变形的加载峰值 $u_0$ 提出调整要求。

**钢筋套筒灌浆连接接头的变形性能** **表 5.5**

| 项目 | | 变形性能要求 |
|---|---|---|
| 对中单向拉伸 | 残余变形/mm | $u_0 \leqslant 0.10$ ($d \leqslant 32$)<br>$u_0 \leqslant 0.14$ ($d > 32$) |
| | 最大力下总伸长率/% | $A_{sgt} \geqslant 6.0$ |
| 高应力反复拉压 | 残余变形/mm | $u_{20} \leqslant 0.3$ |
| 大变形反复拉压 | 残余变形/mm | $u_4 \leqslant 0.3$ 且 $u_8 \leqslant 0.6$ |

注：1. $u_0$—接头试件加载至 $0.6f_{yk}$ 并卸载后在规定标距内的残余变形；
2. $d$—钢筋公称直径；
3. $A_{sgt}$—接头试件的最大力下总伸长率；
4. $u_{20}$—接头试件按规定加载制度经高应力反复拉压 20 次后的残余变形；
5. $u_4$—接头试件按规定加载制度经大变形反复拉压 4 次后的残余变形；
6. $u_8$—接头试件按规定加载制度经大变形反复拉压 8 次后的残余变形。

## 5.6 接头的设计要求

采用钢筋套筒灌浆连接的钢筋混凝土结构，设计应符合国家现行标准《混凝土结构设计标准》GB/T 50010、《建筑抗震设计标准》GB/T 50011、《装配式混凝土结构技术规程》JGJ 1、《装配式混凝土建筑技术标准》GB/T 51231 的有关规定。对于坐浆法施工的预制剪力墙，采用坐浆材料而非套筒灌浆料填充，接缝受剪时静摩擦系数较低，预制剪力墙水平接缝受剪承载力应按行业标准《装配式混凝土结构技术规程》JGJ 1—2014 第 9.2.2 条执行，即轴向力项系数取 0.6。

采用套筒灌浆连接的构件混凝土强度等级不宜低于 C30。

当装配式混凝土结构采用符合现行行业标准《钢筋套筒灌浆连接应用技术规程》JGJ 355 规定的钢筋套筒灌浆连接接头时，构件全部纵向受力钢筋可在同一截面上连接。

对于地震作用下的全截面受拉钢筋混凝土构件，缺乏研究基础与应用经验。多遇地震组合下，全截面受拉钢筋混凝土构件的纵向受力钢筋不宜在同一截面全部采用钢筋套筒灌浆连接。

采用套筒灌浆连接的混凝土构件设计应符合下列规定：

（1）接头连接钢筋的强度等级不应高于灌浆套筒规定的连接钢筋强度等级。应采用与连接钢筋牌号、直径配套的灌浆套筒。套筒灌浆连接常用的钢筋为 400MPa、500MPa 级，灌浆套筒一般也针对这两种钢筋牌号开发，可将 500MPa 级钢筋的同直径套筒用于 400MPa 级钢筋，反之则不允许。

（2）全灌浆套筒两端及半灌浆套筒灌浆端连接钢筋的直径不应大于灌浆套筒直径规格，且不宜小于灌浆套筒直径规格一级以上，不应小于灌浆套筒直径规格二级以上。灌浆套筒直径规格即为产品说明书中注明的灌浆套筒连接钢筋直径，工程中不得采用直径规格小于连接钢筋直径的灌浆套筒。考虑机械连接的实际情况，要求半灌浆套筒机械连接端的直径应与灌浆套筒直径规格相同。对于全灌浆套筒两端及半灌浆套筒灌浆端，可采用直径规格大于连接钢筋直径的灌浆套筒，但相差不宜大于一级，特殊情况下不应大于两级。

（3）半灌浆套筒机械连接端连接钢筋的直径应与灌浆套筒直径规格一致。

（4）构件配筋方案应根据灌浆套筒外径、长度、净距及安装施工要求确定。根据灌浆套筒的外径、长度、净距参数，结合相关规范规定的构造要求可确定钢筋间距（纵筋数量）、箍筋加密区长度等关键参数，并最终确定混凝土构件中的配筋方案。

（5）连接钢筋插入灌浆套筒的锚固长度及应符合灌浆套筒参数要求，构件连接钢筋外露长度应根据其插入灌浆套筒的长度、构件底部接缝宽度、构件连接节点构造做法与施工允许偏差等要求确定。连接钢筋插入灌浆套筒的长度是预制构件深化设计的关键，具体数值应依据灌浆套筒产品参数确定。当灌浆套筒直径规格大于连接钢筋直径时，应按套筒参数确定钢筋插入灌浆套筒的长度。例如，用直径规格 20mm 的半灌浆套筒在灌浆端连接直径 18mm 的钢筋，套筒产品参数规定的连接钢筋插入长度为 160mm（8 倍钢筋直径），则直径 18mm 的钢筋实际插入长度应按 160mm 考虑，而不是 144mm。锚固长度主要根据套筒设计锚固长度、预留钢筋安装调整长度等灌浆套筒参数确定。对于具体灌浆套筒，插入钢筋锚固长度分为灌浆端（装配端）、预制端两种情况。构件连接钢筋外露长度应以其插入灌浆套筒的长度为基础，并考虑构件连接接缝宽度、构件连接节点构造做法等主要因素。以竖向连接预制柱为例，连接钢筋外露长度扣除后浇梁柱节点高度后，即为构件钢筋插入灌浆套筒的长度加构件连接接缝宽度；现行行业标准《装配式混凝土结构技术规程》JGJ 1 规定装配框架柱的竖向连接接缝宽度均宜为 20mm，深化设计可按梁柱节点高度＋插入灌浆套筒的长度＋20mm（接缝宽度）计算钢筋外露长度。预制构件中钢筋的最终下料长度尚应考虑施工偏差因素，现行行业标准《钢筋套筒灌浆连接应用技术规程》JGJ 355 规定构件钢筋外露长度允许偏差为 0～＋10mm，无负偏差，构件的下料长度可考虑增加 5mm 的偏差调整，这样可将最终的偏差控制调整为±5mm。实践中可按“宁长勿短”的原则下料（5mm 的偏差调整可根据需要加大），主要考虑钢筋长了可以截掉或者磨掉，而短了则很难处理。

（6）竖向构件配筋设计应与灌浆孔、出浆孔位置协调。钢筋、灌浆套筒的布置还需考虑灌浆施工的可行性，使灌浆孔、出浆孔对外，以便为可靠灌浆提供施工条件。

（7）底部设置键槽的预制柱等截面尺寸较大的竖向构件，考虑到灌浆施工的可靠性，应在键槽处设置排气孔。根据工程经验，排气孔位置应高于最高位出浆孔，高度差不宜小于 100mm。

考虑到预制混凝土柱、墙多为水平生产，且灌浆套筒仅在预制构件中局部存在，参照水平浇筑的钢筋混凝土梁，现行行业标准《钢筋套筒灌浆连接应用技术规程》JGJ 355 规定：竖向混凝土构件中灌浆套筒的净距不应小于 25mm。构件制作单位（施工单位）在确定混凝土配合比时要适当考虑骨料粒径，以确保灌浆套筒范围内混凝土浇筑密实。灌浆套筒的净距规定主要适用于竖向混凝土构件。

预制混凝土构件的灌浆套筒长度范围内，预制混凝土柱箍筋的混凝土保护层厚度不应小于 20mm，预制混凝土墙最外层钢筋的混凝土保护层厚度不应小于 15mm。

## 5.7　接头的型式检验

型式检验是证明灌浆套筒与套筒灌浆料匹配及接头性能的可靠依据。属于下列情况时，应进行接头型式检验：

（1）确定接头性能时；

（2）灌浆套筒材料、工艺、结构改动时；

（3）套筒灌浆料型号、成分改动时；

（4）钢筋强度等级、肋形发生变化时；

（5）型式检验报告超过 4 年。

当使用中灌浆套筒的材料、工艺、结构（包括形状、尺寸），或者套筒灌浆料的型号、成分（指影响强度和膨胀性的主要成分）改动，可能会影响钢筋套筒灌浆连接接头的性能，应再次进行型式检验。现行国家标准《钢筋混凝土用钢 第 2 部分：热轧带肋钢筋》GB/T 1499.2、《钢筋混凝土用余热处理钢筋》GB 13014 规定了我国热轧带肋钢筋的外形，进口钢筋的外形与我国不同，如采用进口钢筋应另行进行接头型式检验。全灌浆接头与半灌浆接头，应分别进行接头型式检验，两种类型接头的型式检验报告不可互相替代。异径型接头型式检验可采用对应规格的标准型接头型式检验替代，可不单独进行型式检验。对于匹配的灌浆套筒与套筒灌浆料，型式检验报告的有效期为 4 年，超过时间后应重新进行。

用于接头型式检验的钢筋、灌浆套筒、套筒灌浆料应符合国家现行标准《钢筋混凝土用钢 第 2 部分：热轧带肋钢筋》GB/T 1499.2、《钢筋混凝土用余热处理钢筋》GB/T 13014、《钢筋连接用灌浆套筒》JG/T 398、《钢筋连接用套筒灌浆料》JG/T 408 的规定。对于首次进行型式检验的产品，宜以灌浆套筒、套筒灌浆料型式检验合格为基础。

每种钢筋套筒灌浆连接接头型式检验的试件数量与检验项目应符合下列规定：

（1）对中接头试件应为 9 个，其中 3 个作单向拉伸试验、3 个作高应力反复拉压试验、3 个作大变形反复拉压试验；

（2）偏置接头试件应为 3 个，作单向拉伸试验；

（3）钢筋试件应为 3 个，作单向拉伸试验；

（4）全部试件的钢筋均应在同一炉（批）号的 1 根或 2 根钢筋上截取。

接头型式检验时针对产品的专项检验，主要目的是为了检验产品质量及生产能力。接头型式检验的送检单位应为灌浆套筒、套筒灌浆料生产单位。当灌浆套筒、套筒灌浆料由不同生产单位生产时，接头试件送检应同时得到灌浆套筒、套筒灌浆料生产单位的确认和许可；半灌浆套筒接头试件送检单位应为灌浆套筒生产单位；全灌浆套筒接头试件送检单位宜为灌浆套筒生产单位，也可为套筒灌浆料生产单位。需要提醒的是，施工单位、构件生产单位不可作为接头型式检验的送检单位，当施工单位或构件生产单位作为接头提供单位时，应按有关规定进行接头匹配检验。

用于接头型式检验的钢筋套筒灌浆连接接头试件、套筒灌浆料试件应在检验单位监督下由送检单位制作，并应符合下列规定：

（1）3 个偏置接头试件应保证一端钢筋插入灌浆套筒中心，一端钢筋偏置后钢筋横肋与套筒壁接触；9 个对中接头试件的钢筋均应插入灌浆套筒中心；所有接头试件的钢筋应与灌浆套筒轴线重合或平行；

（2）接头试件应按现行行业标准《钢筋套筒灌浆连接应用技术规程》JGJ 355 的有关规定进行灌浆；对于半灌浆套筒连接，机械连接端的加工应符合现行行业标准《钢筋机械连接技术规程》JGJ 107 的有关规定；

（3）采用套筒灌浆料拌合物制作的40mm×40mm×160mm试件不应少于2组；

（4）灌浆料接头试件、灌浆料试件标准养护室温度应为20±2℃；灌浆料试件标准养护室相对湿度不应低于90%，养护水的温度应为20±1℃；

（5）常温型套筒灌浆料接头试件宜在室内制作，且环境温度不应低于10℃、不应高于25℃；

（6）钢筋在灌浆套筒内的插入长度不应大于灌浆套筒设计锚固长度；当灌浆套筒端口在应用时有进入套筒内的密封圈时，钢筋在灌浆套筒内的插入长度不应大于套筒设计锚固长度与靠近端口侧非锚固长度之和；

（7）接头试件在试验前不应进行预拉。

为保证接头型式检验试件真实、可靠，且采用与实际应用相同的灌浆套筒、套筒灌浆料，要求接头试件应在型式检验单位监督下由送检单位制作。对半灌浆套筒连接，机械连接端钢筋丝头可由送检单位先行加工，并在型式检验单位监督下制作接头试件。接头试件灌浆与制作套筒灌浆料试件应采用相同的套筒灌浆料，其加水量应符合套筒灌浆料产品说明书规定，1组套筒灌浆料试件为3个40mm×40mm×160mm试件。

对偏置单向拉伸接头试件，偏置钢筋的横肋中心与套筒壁接触（图5.7）。对于偏置单向拉伸接头试件的非偏置钢筋及其他接头试件的所有钢筋，均应插入灌浆套筒中心，并尽量减少误差。

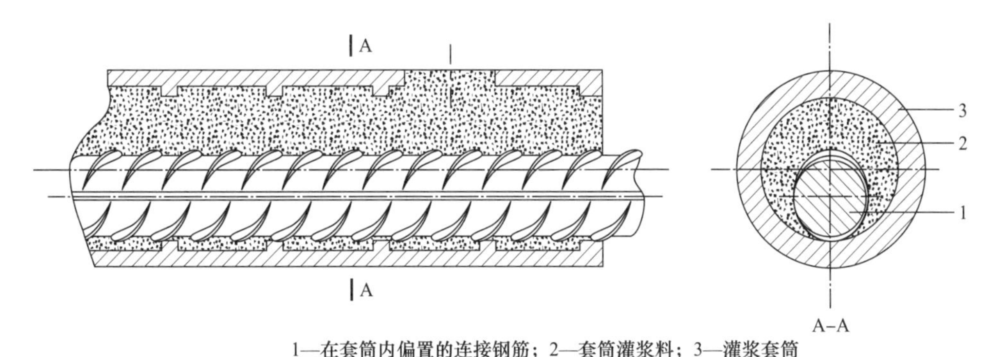


1—在套筒内偏置的连接钢筋；2—套筒灌浆料；3—灌浆套筒

图5.7 偏置单向拉伸接头的钢筋偏置示意图

型式检验试验时，套筒灌浆料抗压强度不应小于80N/mm$^2$，且不应大于95N/mm$^2$；当套筒灌浆料28d抗压强度合格指标（$f_g$）高于85N/mm$^2$时，试验时的套筒灌浆料抗压强度低于28d抗压强度合格指标（$f_g$）的数值不应大于5N/mm$^2$，且超过28d抗压强度合格指标（$f_g$）的数值不应大于10N/mm$^2$与0.1$f_g$两者的较大值。型式检验试验时套筒灌浆料抗压强度应满足上述要求，否则为无效检验。检验报告中填写的套筒灌浆料抗压强度应为接头拉伸试验当天完成的套筒灌浆料试件抗压试验结果。规定套筒灌浆料抗压强度范围是基于接头试件所用套筒灌浆料与工程实际相同的条件提出的。规定套筒灌浆料抗压强度上限是为了避免套筒灌浆料抗压强度过高而试验无法代表实际工程情况，规定下限是为了提出合理的套筒灌浆料抗压强度区间（常规情况下为15N/mm$^2$），并便于检验操作。允许检验试验时套筒灌浆料抗压强度低于28d抗压强度合格指标（$f_g$）5N/mm$^2$以内，但考虑到要求检验所用的套筒灌浆料应为合格，故尚应提供28d抗压强度合格检验报告。规定了试验时的套筒灌浆料抗压强度，实际上也是规定了型式检验的时间。只要套筒灌浆料抗压强度满足上述要求，试验时间可不受28d约束。但试验时间不宜超过28d过长，以免套筒灌浆料抗压强度超过上限要求。要求至少要留置2组套筒灌浆料试件，即1组确定试验时的套筒灌浆料抗压强度、1组确定28d套筒灌浆料抗压强度，如无法准确预估强度与试验时间，则需要留置更多的套筒灌浆料试件。

接头型式检验的试验方法应符合现行行业标准《钢筋机械连接技术规程》JGJ 107的有关规定，并应符合下列规定：

（1）接头试件的加载力应符合现行行业标准《钢筋套筒灌浆连接应用技术规程》JGJ 355的规定；

（2）偏置单向拉伸接头试件的抗拉强度试验应采用零到破坏的一次加载制度；

（3）大变形反复拉压试验的前后反复4次变形加载值分别应取$2\varepsilon_{yk}L_g$和$5\varepsilon_{yk}L_g$，其中$\varepsilon_{yk}$是应力为屈服强度标准值时的钢筋应变，大变形反复拉压试验变形加载值计算长度$L_g$应按下列公式计算：

全灌浆套筒连接

$$L_g=\frac{L}{4}+4d_s \tag{5.7-1}$$

半灌浆套筒连接

$$L_g=\frac{L}{2}+4d_s \tag{5.7-2}$$

式中 $L$——灌浆套筒长度（mm）；

$d_s$——钢筋公称直径（mm）。

当接头型式检验的套筒灌浆料抗压强度符合规定，且接头型式检验试验结果符合下列规定时，可评为合格：

（1）强度检验：每个接头试件的抗拉强度实测值均应满足要求；3个对中单向拉伸试件、3个偏置单向拉伸试件的屈服强度实测值的平均值均应满足要求。

（2）变形检验：对残余变形和最大力下总伸长率，相应项目的3个试件实测值的平均值应满足要求；每个试件残余变形的最大值不应大于表5.5规定限值的1.5倍，每个试件最大力下总伸长率不应小于4%。需要注意的是，变形性能检验仅针对对中单向拉伸、高应力反复拉压、大变形反复拉压（仅对中单向拉伸要求最大力下总伸长率指标，三项检验均要求残余变形指标），对偏置单向拉伸无此要求。为避免接头变形检验的试验结果离散性较大，提出了每个试件残余变形和最大力下总伸长率的极值要求，即：每个试件对中单向拉伸残余变形≤0.15mm（$d$≤32mm）、0.21mm（$d$>32mm），对中单向拉伸最大力下总伸长率≥4%，大变形反复拉压残余变形≤0.45mm（反复拉压4次）、0.9mm（反复拉压8次）。

（3）套筒灌浆料检验：常温型套筒灌浆料试件28d抗压强度和套筒灌浆料30min流动度应满足要求；低温型套筒灌浆料试件28d抗压强度和−5℃条件下套筒灌浆料30min流动度应满足要求。即1组3个40mm×40mm×160mm试件按现行国家标准《水泥胶砂强度检验方法（ISO法）》GB/T 17671确定的抗压强度不小于28d抗压强度合格指标（$f_g$）。考虑到套筒灌浆料流动度是直接反映施工性能的指标，要求增加套筒灌浆料30min流动度指标检测，检测单位宜在监督试件制作时测试，也可带回同批套筒灌浆料后另行检测。

接头型式检验应由法定检测单位完成。接头试件型式检验报告、匹配检验报告应包括基本参数和试验结果两部分，并按《钢筋套筒灌浆连接应用技术规程》JGJ 355规定的格式记录。

## 5.8 接头的施工

### 5.8.1 接头提供单位

套筒灌浆连接应采用合格的灌浆套筒和套筒灌浆料，并应符合下列规定：

（1）灌浆套筒、套筒灌浆料应在构件生产和施工前确定。

（2）灌浆套筒、灌浆料生产单位作为接头提供单位时，应提交所有使用接头规格的有效型式检验报告；施工单位、构件生产单位作为接头提供单位时，应完成所有使用接头规格的匹配检验。接头提供单位应对产品质量和检测报告负责。

（3）接头匹配检验应按接头型式检验的规定进行。匹配检验应委托法定检测单位进行并出具检验报告，且匹配检验报告仅对具体工程项目一次有效。

（4）灌浆施工中更换套筒灌浆料时，施工单位应在灌浆施工前重新完成涉及接头规格的匹配检验及有关材料进场检验，且所有检验均应在监理单位（建设单位）、检测单位代表的见证下制作试件并一次合格。

（5）型式检验报告、匹配检验报告尚应符合下列规定：

1）接头连接钢筋的强度等级低于灌浆套筒规定的连接钢筋强度等级时，可按实际应用的灌浆套筒提供检验报告；

2）对于预制端连接钢筋直径小于灌浆端连接钢筋直径的半灌浆异径型接头，可提供两种直径规格的等径同类型半灌浆套筒检验报告作为依据，其他异径型接头可按实际应用的灌浆套筒提供检验报告。

接头提供单位为提供套筒灌浆连接技术并按型式检验报告提供相匹配的灌浆套筒、套筒灌浆料的单位。钢筋套筒灌浆连接接头的受力性能与钢筋、灌浆套筒和套筒灌浆料三者的匹配性直接相关，要求接头提供单位按有效型式检验报告提供灌浆套筒、套筒灌浆料。当施工单位作为接头提供单位时，应按型式检验的有关要求完成接头匹配检验。对于未获得有效型式检验报告或匹配检验报告的灌浆套筒与套筒灌浆料，不得用于工程。

通常情况下，灌浆套筒在施工工序中早于套筒灌浆料使用，但套筒灌浆料是与灌浆套筒匹配使用的材料，在灌浆套筒进场检验时也要用到套筒灌浆料。要求灌浆套筒与套筒灌浆料在构件生产及现场施工前确定，即在采购灌浆套筒时同时确定与之匹配的套筒灌浆料。

考虑到半灌浆套筒存在机械连接端、灌浆端两个关键技术点，机械连接端的加工与安装质量直接影响接头受力性能，现行行业标准《钢筋套筒灌浆连接应用技术规程》JGJ 355对套筒灌浆连接接头提出了高于传统机械连接的受力性能要求，由套筒生产单位作为接头提供单位更利于质量控制及责任划分。全灌浆套筒推荐由套筒生产单位作为接头提供单位，也是考虑了套筒生产单位更了解套筒内部构造及其与套筒灌浆料的匹配性能。全灌浆套筒如由套筒灌浆料生产单位作为接头提供单位，应确保套筒灌浆料与灌浆套筒同时确定，且型检报告送检应得到套筒生产单位的确认或许可。

在构件制作与施工操作符合工艺要求的前提下，接头提供单位应对接头质量负责。套筒灌浆连接的工艺要求包括半灌浆套筒机械连接端丝头加工与安装、套筒在构件内安装、灌浆施工技术要求等，接头提供单位应通过研发与实践确定工艺要求，并以作业指导书的形式提供给构件生产、施工单位。

当施工单位独立采购灌浆套筒、套筒灌浆料进行工程应用，此时施工单位即为接头提供单位，工程中的接头质量与受力性能由施工单位负责。施工单位作为接头提供单位时，施工及构件生产前施工单位应按要求完成所有接头匹配检验。匹配检验是本次局部修订新提出的定义，匹配检验结果具体内容应符合现行行业标准《钢筋套筒灌浆连接应用技术规程》JGJ 355 的规定，匹配检验针对实际工程进行，且仅对具体工程项目一次有效。

工程进行中如需要整体更换接头提供单位，即同时替换相匹配的灌浆套筒、套筒灌浆料，则应按有关规定执行，并完成有关工艺检验、进场检验。如在已确定灌浆套筒的情况下单独更换套筒灌浆料，则接头提供单位应变更为施工单位，不得将后换的套筒灌浆料提供单位作为接头提供单位。灌浆施工中单独更换套筒灌浆料时，应在灌浆施工前由施工单位委托重新进行接头匹配检验、工艺检验及有关材料进场检验，所有检验均应在总包单位、监理单位（建设单位）代表见证下制作试件，并要求一次合格不得复检；如发生不合格，只能再次更换套筒灌浆料。如在确定灌浆套筒后，另行采购的套筒灌浆料与采购灌浆套筒时的型检报告所用套筒灌浆料不一致时，即视为更换套筒灌浆料。如构件生产单位更换灌浆套筒，应通知施工单位更换与之匹配的套筒灌浆料；否则，如构件生产单位单独更换灌浆套筒，同样应按现行行业标准《钢筋套筒灌浆连接应用技术规程》JGJ 355 规定，将接头提供单位应变更为构件生产单位，并由在构件生产前由构件生产单位委托重新进行涉及钢筋的接头匹配检验、工艺检验及有关材料进场检验，所有检验均应在施工单位或监理单位（建设单位）代表的见证下制作试件并一次合格。没有监理的工程，应由建设单位履行监理单位的有关职责。

根据现行行业标准《钢筋套筒灌浆连接应用技术规程》JGJ 355 的规定，型式检验的送检单位应为灌浆套筒、套筒灌浆料的生产单位。当灌浆套筒、套筒灌浆料由不同生产单位生产时，型式检验送检单位可为灌浆套筒或套筒灌浆料生产单位，但送检应同时得到套筒和套筒灌浆料生产单位的确认或许可。匹配检验不要求同时得到套筒和套筒灌浆料生产单位的确认或许可，但匹配检验的送检单位仅可为施工单位，灌浆套筒、套筒灌浆料生产单位不可进行匹配检验。

工程中允许接头连接钢筋的强度等级低于灌浆套筒规定的连接钢筋强度等级，即用500MPa 级钢筋的套筒连接 400MPa 级钢筋，此时提供实际应用套筒与 500MPa 级钢筋的型式检验报告即可。对于牌号带 E 的 HRB400E、HRB500E 钢筋，可与不带 E 的 HRB400、HRB500 钢筋的型式检验报告互相替代。

异径型接头有多种情况，仅预制端连接钢筋直径小于灌浆端连接钢筋直径的半灌浆异径型接头需要单独加工灌浆套筒，此种变径半灌浆套筒的型式检验难度较大，《钢筋套筒灌浆连接应用技术规程》JGJ 355 允许提供两种直径钢筋的等径同类型半灌浆套筒型式检验报告作为依据。对于全灌浆异径型接头、预制端连接钢筋直径大于灌浆端连接钢筋直径的半灌浆异径型接头两种情况，直接采用大直径钢筋对应规格的灌浆套筒即可，接头提供单位可按实际应用套筒提供型式检验报告。

### 5.8.2　专项施工方案

钢筋套筒灌浆连接施工应按施工条件选择套筒灌浆料种类并编制专项施工方案，专项施工方案应包括材料与设备要求、灌浆的施工工艺、灌浆质量管理、安全管理措施等，具体到灌浆套筒在预制构件生产过程中的安装定位、灌浆方式选择、构件安装定位与支撑、套筒灌浆料拌合、灌浆施工、检查与修补等内容。专项施工方案不是强调单独编制，而是强调应在相应施工方案中包括套筒灌浆连接施工的相应内容。专项施工方案应明确灌浆材料、设备、灌浆工艺选定，以及套筒灌浆密实保障措施等，采用连通腔灌浆方式时施工方案应明确典型构件的分仓方式。施工中应严格执行专项方案的要求，当实际施工与方案不符时，应通过重新确定后，及时调整施工方案。专项施工方案编制应以设计文件和接头提供单位的相关技术资料、作业指导书为依据。

采用连通腔灌浆法施工且两层及以上集中灌浆、低温条件下套筒灌浆施工、坐浆法施工 3 种情况的专项施工方案应进行技术论证。

### 5.8.3　操作人员

从事钢筋套筒灌浆连接施工作业的人员包括从事半灌浆套筒机械连接端的钢筋丝头加工与连接安装、钢筋与灌浆套筒连接作业、钢筋与灌浆套筒定位、套筒灌浆管与出浆管安装、分仓及灌浆腔密封、套筒灌浆料拌合物制备、灌浆施工、钢筋套筒灌浆连接相关质量检验与监督、各类灌浆套筒现场灌浆施工操作等工作的人员。灌浆施工应由专人完成，灌浆施工操作人员上岗前应经过专业化培训且合格后方可上岗。半灌浆套筒机械连接端的钢筋丝头加工、连接安装以及套筒灌浆是影响套筒灌浆连接施工质量的最关键因素。培训宜由施工单位组织，并由接头提供单位的专业技术人员执行。构件生产、施工单位应根据工程量配备足够的合格灌浆施工操作工人，并保持操作班组人员相对固定。钢筋套筒灌浆连接施工培训应包括理论及实践操作内容，如灌浆接头实施工艺、质量控制要点、灌浆接头试件及套筒灌浆料试块的制作、施工质量检验及监督、施工及检验记录等，并对操作构件（试件）进行必要的检验。

### 5.8.4　相关材料与机具

施工现场灌浆套筒应存放在阴凉干燥处，并采取有效的防锈措施。套筒灌浆料以水泥为基本材料，对温、湿度均具有一定敏感性，套筒灌浆料宜存储在室内，并应采取防雨、防潮、防晒措施，防止其性态发生改变。在有关检验完成前应留存工程实际使用的灌浆套筒、有效期内的套筒灌浆料，主要目的是用于套筒灌浆料试件抗压强度或接头试件抗拉强度发生不合格时的补充检测，具体的留存时间、留存数量需根据可能的检测需要确定，并在专项施工方案中明确。

封浆料是以水泥为基本材料，并配以细骨料、外加剂及其他材料混合而成的用于竖向预制构件连接的连通腔灌浆施工接缝封堵的干混料。封浆料分为常温型封浆料和低温型封浆料。

坐浆料是以水泥为基本材料，并配以细骨料、外加剂和其他材料混合而成的用于竖向预制构件连接的坐浆法施工接缝填充的干混料。

构件底部封仓、连通腔周围封浆采用的封浆料应具有良好的触变性，并应符合下列规定：

（1）常温型封浆料的抗压强度应满足表 5.8.4 的要求，且不应低于被连接构件的设计混凝土强度等级值，抗压强度试验方法应符合现行国家标准《水泥胶砂强度检验方法（ISO 法）》GB/T 17671 的规定；常温型封浆料抗压强度试件尺寸应按 40mm×40mm×160mm 尺寸制作，其加水量应按常温型封浆料产品说明书确定，试模材质应为钢质。

（2）常温型封浆料的流动度应满足表 5.8.4 的要求，流动度试验方法应符合现行国家标准《水泥胶砂流动度测试方法》GB/T 2419 的规定。

**常温型封浆料初始度、抗压强度要求** **表 5.8.4**

| 项目 | | 技术指标 |
|---|---|---|
| 抗压强度/（$N/mm^2$） | 1d | ≥30 |
| | 3d | ≥45 |
| | 28d | ≥55 |
| 初始流动度/mm | | 130～170 |

预制构件安装及灌浆施工的相关材料应满足下列要求：

（1）支承垫片是在预制构件吊装前放置于结合面上，形成空腔的硬质配件。支承垫片可采用由多个具有确定厚度的钢片叠合而成的钢质垫片，相邻钢片之间应可靠粘接。

（2）密封带是用于预制混凝土外墙下端连通灌浆腔外侧兼具保温和封缝功能的条状弹性材料。密封带可选用聚苯乙烯泡沫条等导热系数低、不吸水的弹性材料。

（3）分仓材料可选用封浆料或其他早强、黏聚性好的水泥基材料。封浆料是预制构件吊装就位后，用于预制构件底面下端空腔四周以形成连通灌浆腔的水泥基材料。封浆料应具备早强、高强、干缩小、黏聚性好的性能特点，应与上、下预制构件表面贴合牢固，且硬化后能承受一定的灌浆压力。

（4）封浆料内衬是在填抹封浆料前填塞于连通灌浆腔边缘，并在填抹封浆料后抽出的，用于支撑封浆料、保证封浆料饱满密实的支撑材料。封浆料内衬宜选用具有一定弹性的软管、橡胶条或 PVC 管等，且应确保在连通灌浆腔边缘挤紧、压牢。

（5）坐浆料应选用干缩小、黏聚性好、抗压强度满足设计要求的水泥基材料。

（6）套筒密封垫是竖向预制构件中灌浆套筒采用单个套筒灌浆时，用于封堵灌浆套筒下口、将灌浆套筒下部坐浆料与灌浆套筒内腔隔离的专用密封件。套筒密封垫宜为上部环状垫片和下部弹簧的组合件，其中环状垫片应保证与套筒下口贴合紧密。

（7）堵孔塞是用于封堵灌浆管和出浆管端口的专用密封件。堵孔塞应与进浆管、出浆管相匹配，并具有一定的弹性，保证严密封堵进浆管、出浆管管口且不易被套筒灌浆料顶出。

（8）拌合套筒灌浆料用水应符合现行行业标准《混凝土用水标准》JGJ 63 的有关规定。

（9）回浆管是在竖向预制构件灌浆前安装于构件表面出浆孔处、用以确保套筒灌浆料拌合物可达到灌浆套筒设计灌浆高度的 L 形管状配件。回浆管应为 L 形透明硬质圆管，且长端长度不宜小于 150mm。

灌浆施工的相关机具应满足下列要求：

(1) 套筒灌浆料搅拌设备单次最大搅拌能力宜为 15L，且从加水拌和至搅拌完成的时间不宜超过 5min。正常情况下，单个连通灌浆腔的套筒灌浆料拌合物用量为 10～15L，因此套筒灌浆料搅拌设备单次最大搅拌能力宜为 15L，以保证采用连通腔灌浆工艺时同一个连通灌浆腔可一次性灌浆完成。从加水拌和至搅拌完成的搅拌时间不宜超过 5min，以保证套筒灌浆料拌合物剩余充足的可操作时间用于灌浆作业。

(2) 灌浆设备的额定容量不宜小于套筒灌浆料搅拌设备单次最大搅拌能力，灌浆设备灌浆压力宜为 0.4～0.5MPa。灌浆设备的额定容量不宜小于套筒灌浆料搅拌设备单次最大搅拌能力，以保证每次制备的套筒灌浆料拌合物可全部装入灌浆设备。灌浆设备的灌浆压力宜大于 0.4MPa，以保证顺利灌浆；但灌浆压力不宜超过 0.5MPa，以免发生安全事故。

(3) 施工现场应至少配备一台备用套筒灌浆料搅拌设备及灌浆设备，相关易损配件应配备齐全。施工现场应配备手动灌浆设备、流动度检测设备、套筒灌浆料试块模具及灌浆路径堵塞后的清洗设备。由于套筒灌浆料搅拌及灌浆作业的连续性要求较高，施工现场应配备备用的套筒灌浆料搅拌设备、灌浆设备及相关易损配件，以确保在施工过程中相关机具出现故障可及时更换、修理，以免耽误灌浆时机。

### 5.8.5　工艺检验

对于首次施工，宜选择有代表性的单元或部位进行试制作、试安装、试灌浆。“首次施工”包括施工单位或施工队伍没有钢筋套筒灌浆连接施工经验，或对某种灌浆施工类型（剪力墙、柱、水平等）没有经验，此时为保证工程质量，宜在正式施工前通过试制作、试安装、试灌浆验证专项施工方案、施工措施的可行性。

对不同钢筋生产单位的进厂（场）钢筋应进行接头工艺检验，检验合格后方可进行构件生产、灌浆施工。接头工艺检验应符合下列规定：

(1) 工艺检验应在预制构件生产前及灌浆施工前分别进行。

(2) 对已完成匹配检验的工程，当现场灌浆施工与匹配检验时的灌浆单位相同，且采用的钢筋相同时，可由匹配检验代替工艺检验。

(3) 工艺检验应模拟施工条件、操作工艺，采用进厂（场）验收合格的套筒灌浆料制作接头试件，并应按接头提供单位提供的作业指导书进行。半灌浆套筒机械连接端加工应符合有关规定。通过工艺检验确定套筒灌浆料拌合物搅拌、灌浆速度等技术参数，可与“试灌浆”工作结合。对于半灌浆套筒，工艺检验也是对机械连接端丝头加工、连接安装工艺参数的检验。

工艺检验的试件制作与养护应符合下列规定：

(1) 每种规格（牌号、直径）钢筋应制作 3 个对中钢筋套筒灌浆连接接头。对于用 500MPa 级钢筋的套筒连接 400MPa 级钢筋的情况，应按实际情况采用 400MPa 级钢筋制作试件。对于异径型接头，应按实际情况制作试件，所有变径情况都要单独制作试件。

(2) 异径型接头应单独制作。

（3）采用套筒灌浆料拌合物制作的40mm×40mm×160mm试件不应少于1组。

（4）常温型套筒灌浆料接头试件、常温型套筒灌浆料试件应按要求养护28d；低温型套筒灌浆料接头试件、套筒灌浆料试件的制作、养护要求应符合《钢筋套筒灌浆连接应用技术规程》JGJ 355—2015（2023年版）附录B的规定。

工艺检验试验应符合下列规定：

（1）每个接头试件的抗拉强度、屈服强度、3个接头试件残余变形的平均值应符合现行行业标准《钢筋套筒灌浆连接应用技术规程》JGJ 355的有关规定。

（2）常温型套筒灌浆料试件28d抗压强度、低温型套筒灌浆料试件28d抗压强度应符合《钢筋套筒灌浆连接应用技术规程》JGJ 355—2015（2023年版）的规定。

（3）接头试件在量测残余变形后再进行抗拉强度试验，并应按现行行业标准《钢筋机械连接技术规程》JGJ 107规定的钢筋机械连接工艺检验单向拉伸加载制度进行试验。根据现行行业标准《钢筋机械连接技术规程》JGJ 107的有关规定，工艺检验接头残余变形的仪表布置、量测标距和加载速度同型式检验要求。工艺检验中，按相关加载制度进行接头残余变形检验时，可采用不大于$0.012A_s f_{stk}$的拉力作为名义上的零荷载，其中$A_s$为钢筋面积，$f_{stk}$为钢筋抗拉强度标准值。

（4）第一次工艺检验中1个试件抗拉强度或3个试件的残余变形平均值不合格时，可再抽3个试件进行复检，复检仍不合格判为工艺检验不合格。

（5）工艺检验应委托法定检测机构完成，并应按表5.8.5所给出的接头试件工艺检验报告格式出具检验报告。工程实践中，实际检验报告中的内容应符合表5.8.5的规定，不能漏项，但表格形式可改变。

**钢筋套筒灌浆连接接头试件工艺检验报告　　　　表5.8.5**

<table>
<tr><td>接头名称</td><td colspan="4"></td><td colspan="3">送检日期</td><td></td></tr>
<tr><td>委托送检单位</td><td colspan="4"></td><td colspan="3">试件制作地点</td><td></td></tr>
<tr><td>钢筋生产企业</td><td colspan="4"></td><td colspan="3">钢筋牌号</td><td></td></tr>
<tr><td>钢筋公称直径/mm</td><td colspan="4"></td><td colspan="3">灌浆套筒类型</td><td></td></tr>
<tr><td>灌浆套筒生产单位、型号</td><td colspan="4"></td><td colspan="3">套筒灌浆料生产单位、型号</td><td></td></tr>
<tr><td>工程项目名称</td><td colspan="8"></td></tr>
<tr><td>灌浆施工人及所属单位</td><td colspan="8"></td></tr>
<tr><td rowspan="5">对中单向拉伸试验结果</td><td colspan="3">试件编号</td><td>No. 1</td><td>No. 2</td><td>No. 3</td><td colspan="2">要求指标</td></tr>
<tr><td colspan="3">屈服强度/(N/mm²)</td><td></td><td></td><td></td><td colspan="2"></td></tr>
<tr><td colspan="3">抗拉强度/(N/mm²)</td><td></td><td></td><td></td><td colspan="2"></td></tr>
<tr><td colspan="3">残余变形/mm</td><td></td><td></td><td></td><td colspan="2"></td></tr>
<tr><td colspan="3">破坏形式</td><td></td><td></td><td></td><td colspan="2"></td></tr>
<tr><td rowspan="3">套筒灌浆料抗压强度试验结果</td><td colspan="7">试件抗压强度量测值/(N/mm²)</td><td rowspan="2">28d合格指标/(N/mm²)</td></tr>
<tr><td>1</td><td>2</td><td>3</td><td>4</td><td>5</td><td>6</td><td>取值</td></tr>
<tr><td></td><td></td><td></td><td></td><td></td><td></td><td></td><td></td></tr>
<tr><td>评定结论</td><td colspan="8"></td></tr>
<tr><td>检验单位</td><td colspan="8"></td></tr>
</table>

续表

| 试验员 | | 校核 | |
| --- | --- | --- | --- |
| 负责人 | | 试验日期 | |

注：1. 对中单向拉伸检验结果、套筒灌浆料抗压强度试验结果、检验结论由检验单位负责检验与填写，其他信息应由送检单位如实申报。
2. 工艺检验报告中套筒灌浆料抗压强度 28d 合格指标应按相关规定确定，一般情况为 $85N/mm^2$。

施工过程中，当发生下列情况之一时，应再次进行工艺检验：

（1）更换钢筋生产单位，或同一生产单位生产的钢筋外形尺寸与已完成工艺检验的钢筋有较大差异；

（2）更换灌浆施工工艺；

（3）更换灌浆单位。

现场灌浆施工宜选择与工艺检验接头制作相同的灌浆单位（队伍），如两者不同，施工现场灌浆前应再次进行工艺检验。

### 5.8.6 过程检查与质量监督

灌浆施工前，施工单位和监理单位应对灌浆准备工作、实施条件、应急措施等进行全面检查，检查合格后方可进行灌浆施工。

灌浆施工过程中，施工单位和监理单位应对现场套筒灌浆料拌合物制备、套筒灌浆料拌合物流动度检验、套筒灌浆料强度检验试件制作及灌浆施工进行全过程监督并记录。施工单位应对灌浆施工进行全过程影像记录，该影像记录作为施工单位的工程施工资料留存。影像记录内容宜包含：灌浆施工人员、专职检验人员、旁站监理人员、灌浆部位、预制构件编号、套筒灌浆料拌合物制备、套筒灌浆料拌合物流动度检验、套筒灌浆料强度检验试件制作、灌浆施工、全部出浆管出浆并及时封堵、灌浆质量检查等情况。灌浆施工影像记录文件应采用数码格式，并应按楼栋编号分类归档保存，文件名应包含楼栋号、楼层数、预制构件编号。

为加强灌浆施工过程管控、保证灌浆质量，施工过程中，应有质量检验人员全过程质量监督，及时形成灌浆施工质量检查记录，并留存包含构件安装时间及部位、外伸钢筋长度检验、结合面粗糙度检验、构件就位过程及就位后位置检验、灌浆过程及检验等全部内容的影像资料。如发生影像资料丢失或无法证明工程质量的情况，应在混凝土结构子分部工程验收时对此处施工质量进行实体检验。混凝土结构子分部工程验收时，应对关键部位的影像资料进行抽查。如发生影像资料丢失或无法证明工程质量的情况，应采取可靠方法检验施工质量，具体可采用在出浆孔或套筒壁钻孔后内窥镜观察、X 射线法检测、直接破损观察或其他方法。

现浇与预制转换层是整个建筑灌浆施工的难点，现浇与预制转换层构件安装、灌浆施工应由监理单位（建设单位）代表 100%旁站见证，并在灌浆施工记录上签字确认。

施工单位或监理单位代表宜驻厂监督预制构件制作生产过程。埋入灌浆套筒的预制构件在进场时多属于无法进行结构性能检验的构件。根据国家标准《混凝土结构工程施工质量验收规范》GB 50204、《装配式混凝土建筑技术标准》GB/T 51231 的有关规定，均对所有进场时不做结构性能检验的预制构件，可通过施工单位或监理单位代表驻厂监督生产的方式进行质量控制，此时构件进场的质量证明文件应经监督代表确认，且质量证明文件应根据灌浆套筒的特点增加隐蔽工程验收记录、半灌浆套筒机械连接端加工检查记录。当无驻厂监督时，预制构件进场时应对预制构件主要受力钢筋数量、规格、间距及混凝土强度、混凝土保护层厚度等进行实体检验，现行行业标准《钢筋套筒灌浆连接应用技术规程》JGJ 355 并不推荐此种构件验收方式。

### 5.8.7 构件制作

预制构件钢筋加工和模具制作应符合现行国家标准《混凝土结构工程施工规范》GB 50666 的规定。预制构件钢筋及灌浆套筒的安装应符合下列规定：

（1）连接钢筋与全灌浆套筒安装时，应逐根插入灌浆套筒内，插入深度应满足设计要求，并应采取措施保证钢筋与灌浆套筒同轴；

（2）应将连接钢筋、灌浆套筒可靠地固定在模具上，灌浆套筒与柱底、墙底模板应垂直，应采用橡胶环、螺杆等固定件避免混凝土浇筑、振捣时灌浆套筒和连接钢筋移位；

（3）与灌浆套筒连接的灌浆管、出浆管及排气管应定位准确、安装稳固，且应均匀、分散布置，相邻管净距不应小于 25mm，并应保持管内畅通，无弯折堵塞；

（4）应采取防止混凝土浇筑时向灌浆套筒内漏浆的封堵措施。

预制构件钢筋、灌浆套筒的安装工作应在接头工艺检验合格后进行。可采用在全灌浆套筒中设置限位凸台或定位销及钢筋标识等措施，确保钢筋插入深度满足设计要求。将灌浆套筒固定在模具（或模板）的方式可为采用橡胶环、螺杆等固定件。为防止混凝土浇筑时向灌浆套筒灌浆端或全灌浆套筒预制端漏浆，应采用橡胶塞等密封措施。与灌浆套筒连接的灌浆管、出浆管及排气管如果过于集中，将影响该部位混凝土的浇筑质量，因此对其净距提出了要求。

浇筑混凝土前，应进行隐蔽工程检查，包括下列内容：

（1）纵向受力钢筋的牌号、规格、数量、位置；

（2）灌浆套筒的型号、数量、位置，灌浆管、出浆管的位置与数量，排气管、灌浆孔、出浆孔、排气孔的位置；

（3）钢筋的连接方式、接头位置、接头质量、接头面积百分率、搭接长度、锚固方式及锚固长度；

（4）箍筋、横向钢筋的牌号、规格、数量、间距、位置，箍筋弯钩的弯折角度及平直段长度；

（5）预埋件的规格、数量和位置；

（6）外露钢筋的长度、位置与垂直度。

隐蔽工程反映构件制作的综合质量，在浇筑混凝土前检查是为了确保受力钢筋、灌浆套筒等的加工、连接和安装满足设计要求和有关规定。纵向受力钢筋、灌浆套筒位置的检查包含了二者的混凝土保护层厚度检查。外露钢筋的长度、位置、垂直度与构件拆模后的尺寸偏差密切相关，要求在隐蔽工程检查时一并查验。隐蔽工程检查的其他内容应符合现行国家标准《混凝土结构工程施工质量验收规范》GB 50204 的规定。

混凝土应浇筑密实。浇捣混凝土应避免灌浆套筒移位及灌浆管、出浆管、排气管破损进浆或脱落。混凝土下料时，确保混凝土浇筑密实的同时，应避免振捣设备直接冲击钢筋、灌浆套筒及灌浆管、出浆管、排气管，以免造成灌浆套筒移位、管路破损进浆或脱落等问题。

预制构件拆模后，灌浆套筒中心位置及外露钢筋中心位置、长度允许偏差及检验方法应符合表5.8.7的规定。

**预制构件灌浆套筒和外露钢筋位置、长度的允许偏差及检验方法　　表5.8.7**

<table>
<tr><th colspan="2">项目</th><th>允许偏差/mm</th><th>检验方法</th></tr>
<tr><td colspan="2">灌浆套筒中心位置</td><td>2</td><td rowspan="3">尺量</td></tr>
<tr><td rowspan="2">外露钢筋</td><td>中心位置</td><td>2</td></tr>
<tr><td>外露长度</td><td>+10<br>0</td></tr>
</table>

预制构件制作及运输过程中，应对外露钢筋、灌浆套筒分别采取包裹、封盖措施。

预制构件出厂前，应对灌浆套筒的灌浆孔和出浆孔进行畅通性检查，并清理灌浆套筒内的杂物。畅通性检查和清理杂物可保证灌浆套筒内部通畅。

预制构件出厂时，应将满足灌浆施工过程检验要求的灌浆套筒、接头连接钢筋一并运至施工现场。考虑到现场检验情况，构件厂采购的数量在考虑自身损耗基础上需要增加3‰～5‰。

预制构件生产企业生产的同类型首个预制构件，建设单位应组织设计、施工、监理、预制构件生产等单位进行检验，合格后方可进行批量生产。

### 5.8.8　半灌浆套筒机械连接端

半灌浆套筒机械连接端主要为直螺纹钢筋接头，包括镦粗直螺纹钢筋接头、剥肋滚轧直螺纹钢筋接头、直接滚轧直螺纹钢筋接头，钢筋丝头加工应符合下列规定：

（1）钢筋端部应采用带锯、砂轮锯或带圆弧形刀片的专用钢筋切断机切平；

（2）镦粗头不应有与钢筋轴线相垂直的横向裂纹；

（3）钢筋丝头加工应使用水性切削液，不得使用油性润滑液；

（4）钢筋丝头长度应满足产品设计要求，极限偏差应为0～2.0$p$；

（5）钢筋丝头宜满足6$f$级精度要求，牙型角应与套筒内螺纹牙型角一致。应采用专用直螺纹量规检验，通规应能顺利旋入并达到要求的拧入长度，止规旋入不得超过3$p$。各规格的自检数量不应少于10%，检验合格率不应小于95%。

螺纹量规检验是施工现场控制丝头加工尺寸和螺纹质量的重要工序，接头技术提供单位应提供专用直螺纹量规。

钢筋丝头加工质量检查合格率不应小于95%，如合格率小于95%，应全数检查丝头并作废不合格丝头。

半灌浆套筒机械连接端的接头安装应符合下列规定：

（1）安装接头时可用管钳扳手拧紧；

（2）接头安装后应用扭矩扳手校核拧紧扭矩，最小拧紧扭矩值应符合表5.8.8的规定；

（3）校核用扭矩扳手的准确度级别可选用10级。

半灌浆套筒机械连接端接头安装时最小拧紧扭矩值　　表 5.8.8

| 钢筋直径/mm | ≤16 | 18～20 | 22～25 | 28～32 | 36～40 |
|---|---|---|---|---|---|
| 最小扭矩/(N·m) | 80（球墨铸铁灌浆套筒）<br>100（钢质机械加工灌浆套筒） | 200 | 260 | 320 | 360 |

为消除螺纹间隙、减少接头残余变形，表 5.8.8 规定了最小拧紧扭矩值。拧紧扭矩值对直螺纹半灌浆套筒机械连接端钢筋接头的强度影响不大，扭矩扳手精度要求允许采用最低等级 10 级。

图 5.8.8　全自动扭力上丝专用机床

拧紧扭矩检查合格率不应小于 95%，如拧紧扭矩合格率小于 95%，应重新拧紧全部接头，直到合格为止。

值得关注的是，为确保半灌浆套筒机械连接端接头安装时的扭矩，我国工程技术人员还开发了全自动扭力上丝专用机床，如图 5.8.8 所示。该机床采用 PLC 可编程控制系统，设定好安装测试参数后可直接调用进行大批量加工，扭矩控制精准并自动保存加工记录；安装速度达到 15s/接头，生产效率大幅提升；操作简单，人员经过简单培训即可上岗；设备稳定、可靠，使用寿命长。

### 5.8.9　安装与连接

**1. 构件检查与处理**

预制构件制作质量和现浇结构施工质量直接影响构件安装与灌浆施工。预制构件吊装就位前，应按下列规定对现浇结构与预制构件的结合面施工质量和预制构件进行检查，并做相应处理：

1）预制构件的吊装顺序应符合设计要求，预制构件吊装前应检查构件的类型与编号。

2）结合面应洁净、无油污，其类型、尺寸、标高、粗糙度等应符合设计及现行行业标准《装配式混凝土结构技术规程》JGJ 1 的有关规定。结合面质量包括类型、尺寸（粗糙面、键槽尺寸）、标高与粗糙度，其中标高与粗糙度是接缝处灌浆层或坐浆层施工质量与受力性能的基本保证。现浇混凝土浇筑时应严格控制其标高，并避免二次处理。

3）高温干燥季节应对结合面做浇水湿润处理，但不得形成积水。

4）外露连接钢筋表面不应粘连混凝土、砂浆等，可通过水洗予以清除；外露钢筋不应发生锈蚀，表面严重锈斑时应采取措施予以清除。当外露连接钢筋倾斜时，应予以校正（可用钢管套住等方式）。采用套筒灌浆连接的混凝土结构往往是预制与现浇混凝土相结合，为保证后续灌浆施工质量，在灌浆连接部位的现浇混凝土施工过程中应采取设置定位架等措施保证外露钢筋的位置、长度和垂直度，并应避免污染钢筋。

5）现浇结构施工后外露连接钢筋的位置与外露长度的尺寸允许偏差及检验方法应符合表 5.8.9 的规定，超过允许偏差应予以处理。

**现浇结构施工后外露连接钢筋的位置、尺寸允许偏差及检验方法　　表5.8.9**

| 项目 | 允许偏差/mm | 检验方法 |
| --- | --- | --- |
| 中心位置 | 3 | 尺量、水准仪 |
| 外露长度、顶点标高 | +15<br>0 | |

6）检查灌浆套筒内有无异物，管路是否畅通。当灌浆套筒或管路内有杂物时，应清理干净。

7）确定预制构件表面各灌浆管、出浆管与各灌浆套筒的对应关系。

**2. 套筒灌浆料使用要求**

根据气温情况测量灌浆施工环境温度与灌浆部位温度。测温及常温型套筒灌浆料、低温型套筒灌浆料使用应符合下列规定：

1）当日平均气温高于25℃时，应测量施工环境温度、套筒灌浆料拌合物温度；当日最高气温低于10℃时，应测量施工环境温度、灌浆部位温度及套筒灌浆料拌合物温度，其中施工环境温度、灌浆部位温度测温宜采用具有自动测量和存储的仪器。

2）常温型套筒灌浆料的使用应符合下列规定：

① 任何情况下，灌浆料拌合物温度不应低于5℃，且不宜高于30℃；

② 当灌浆施工开始前的气温、施工环境温度低于5℃时，应采取加热及封闭保温措施，宜确保从灌浆施工开始24h内施工环境温度、灌浆部位温度不低于5℃，之后宜继续封闭保温2d；

③ 灌浆施工过程的气温低于0℃时，不得采用常温型套筒灌浆料施工。

3）低温型套筒灌浆料、低温型封浆料的使用除应符合相关规定外，还应符合下列规定：

① 当连续3d的施工环境温度、灌浆部位温度的最高值均低于10℃时，可以采用低温型套筒灌浆料及低温型封浆料；

② 灌浆施工过程中的施工环境温度、灌浆部位温度不应高于10℃；

③ 应采取封闭保温措施确保灌浆施工过程中施工环境温度不低于10℃，确保从灌浆施工开始24h内灌浆部位温度不低于−5℃，必要时应采取加热措施；

④ 当连续3d平均气温大于5℃时，可换回常温型套筒灌浆料及常温型封浆料。

常温型套筒灌浆料、低温型套筒灌浆料都有适用的温度范围。涉及的温度有气温、施工环境温度、灌浆部位温度、套筒灌浆料拌合物温度等。气温主要用来衡量是否采取测温措施，施工环境温度、灌浆部位温度则是选择套筒灌浆料及施工措施的依据。施工环境温度主要指灌浆现场施工部位温度，也包括套筒灌浆料存放地温度。灌浆部位温度是指灌浆套筒内部空腔及竖向构件底部需填充灌浆料接缝内的温度。套筒灌浆料拌合物温度的下限直接影响套筒灌浆料强度是否能够快速提高，上限则影响施工性能。

低温是影响套筒灌浆料选择、施工措施等关键因素，要求日最高气温低于10℃时采用具有自动测量和存储功能的仪器测量施工环境温度及灌浆部位温度，并采用温度计测量套筒灌浆料拌合物温度。如没有自动测量条件，则应至少6h测1次并可靠记录。在气温较低时，无论采用常温型套筒灌浆料还是低温型套筒灌浆料施工，从灌浆施工开始（开始灌浆，不包括套筒灌浆料搅拌等准备工作）应至少连续测温24h，间隔不宜大于2h，以确保掌握施工环境温度、灌浆部位温度变化规律。

当温度过高时，会造成套筒灌浆料拌合物流动度降低并加快凝结硬化。气温可采用天气预报温度，也可采用现场测温。日平均气温高于25℃时应测量施工环境温度、套筒灌浆料拌合物温度，二者温度用温度计测量即可。当灌浆施工准备、灌浆施工过程（套筒灌浆料搅拌、灌浆准备与灌浆施工）中的施工环境温度高于30℃时，应采取降低拌合用水温度甚至加冰水搅拌等措施，尽可能将套筒灌浆料拌合物温度降低到30℃以下，并应保证不超过35℃。

当施工环境温度较低而需要保温加热时，应确保未拌合的套筒灌浆料温度、灌浆设备温度符合施工环境温度要求。对于常温型套筒灌浆料、低温型套筒灌浆料施工最低温度的要求，实践中要使最低温度控制有一定的裕量，确保任何情况下不得突破。

常温型套筒灌浆料的最低适用温度为5℃，施工环境温度温度低于5℃时应采取加热及封闭保温措施，宜确保灌浆施工开始之后24h内的施工环境温度、灌浆部位温度符合要求，并建议之后继续封闭保温2d。考虑到施工操作性与可靠性，灌浆施工过程中的气温低于0℃时，不得采用常温型套筒灌浆料施工，采取加热保温措施也不可以。

低温型套筒灌浆料的最高适用温度为10℃，故将连续3d的施工环境温度、灌浆部位温度的最高值均低于10℃作为其使用条件。实际工程中，常温型套筒灌浆料、低温型套筒灌浆料的适用日期可能存在交叉，建议施工单位提前确定采用低温型套筒灌浆料的计划日期，在计划日期前30d左右完成低温型套筒灌浆料进场，且在此之前应完成接头工艺检验、灌浆料进场检验等检验工作。采用低温型套筒灌浆料后，原则上不应在冬季再换回常温型套筒灌浆料，以免造成混乱。换回常温型套筒灌浆料的条件可按连续3d平均气温大于5℃控制，且也应提前确定计划日期并做好有关材料进场、检验工作。

套筒灌浆料、封浆料、坐浆料使用前，应检查产品包装上的有效期和产品外观，并应符合下列规定：

1）拌合用水应符合现行行业标准《混凝土用水标准》JGJ 63的有关规定，低温型套筒灌浆料用水尚应符合有关规定；

2）加水量应按套筒灌浆料、封浆料、坐浆料使用说明书的要求确定，并应按重量计量；

3）套筒灌浆料、封浆料、坐浆料拌合物宜采用强制式搅拌机搅拌充分、均匀。套筒灌浆料宜静置2min后使用；

4）搅拌完成后，不得再次加水；

5）每工作班应检查套筒灌浆料拌合物初始流动度不少于1次；

6）强度检验试件的留置数量应符合验收及施工控制要求。

用水量直接影响抗压强度等性能指标，用水应精确称量，并不得再次加水。套筒灌浆料、封浆料、坐浆料拌合物搅拌宜采用强制式搅拌机并按作业指导书规定的搅拌参数搅拌，无应用条件时可采用具备一定搅拌力的电动设备搅拌。每次宜搅拌25kg套筒灌浆料，搅拌时间宜为3～5min，搅拌完成后宜静置2min以消除气泡后再使用。套筒灌浆料拌合物初始流动度检查为施工过程控制指标，应在现场温度条件下量测，性能指标应符合现行行业标准《钢筋连接用套筒灌浆料》JG/T 408的有关规定。每工作班应至少留置一组套筒灌浆料同条件养护试件，套筒灌浆料强度检验试件的留置数量除应符合验收要求外，尚应留置套筒灌浆料同条件养护试件，以及时了解接头养护过程中套筒灌浆料实际强度变化，明确可进行对接头有扰动施工的时间。封浆料在使用中不得有明显的坍落变形，且初凝后不得再使用。

**3. 灌浆施工**

灌浆前应根据套筒灌浆料拌合物制备效率、灌浆设备性能、灌浆部位及现场环境条件等制定灌浆专项施工方案，以确保灌浆作业顺利完成。灌浆施工应按专项施工方案执行，并应符合下列规定：

1）宜采用压力、流量可调节的专用灌浆设备。施工前应按专项施工方案检查套筒灌浆料搅拌设备、灌浆设备。施工中应检查灌浆压力、灌浆速度。灌浆施工过程应合理控制灌浆速度，宜先快后慢。根据工程经验，灌浆压力宜为0.2～0.3MPa，且不宜大于0.4MPa，后期灌浆压力不宜大于0.2MPa。灌浆压力与灌浆速度是影响灌浆质量的重要因素，由于机械式灌浆设备的工作压力存在压力显示脉动现象，以上所述的灌浆压力指设备工作压力显示值上限的平均值，而非瞬间示值。根据工程经验灌浆速度开始时宜为5L/min，稳定后宜大于3L/min。

2）套筒灌浆料宜在加水后30min内用完。套筒灌浆料拌合物的流动度指标随时间会逐渐下降，为保证灌浆施工，灌浆作业应尽快完成，预留足够处理意外情况的可操作时间，不宜把套筒灌浆料拌合物可操作时间用到接近极限。如套筒灌浆料产品可操作时间大于30min，可按产品实际可操作时间执行。

3）散落的套筒灌浆料拌合物不得二次使用；剩余的拌合物不得再次添加套筒灌浆料、水后混合使用。

4）对竖向钢筋套筒灌浆连接，灌浆作业应采用压浆法从灌浆套筒下灌浆孔注入，当套筒灌浆料拌合物从构件其他灌浆孔、出浆孔平稳流出后应及时封堵。竖向钢筋套筒灌浆连接采用连通腔灌浆时，应采用一点灌浆的方式；当一点灌浆遇到问题而需要改变灌浆点时，各灌浆套筒已封堵的下部灌浆孔、上部出浆孔宜重新打开，待套筒灌浆料拌合物再次平稳流出后进行封堵。

竖向连接灌浆施工的封堵顺序及时间尤为重要。封堵时间应以出浆孔流出圆柱体套筒灌浆料拌合物为准。采用连通腔灌浆时，宜以一个灌浆孔灌浆，其他灌浆孔、出浆孔流出的方式；但当灌浆中遇到问题，可更换另一个灌浆孔灌浆，此时各灌浆套筒已封闭的下部灌浆孔、上部出浆孔宜重新打开，待套筒灌浆料拌合物再次平稳流出后再进行封堵。同一灌浆腔应连续灌浆，不应中途停顿，如果中途停顿，应保证再次灌浆时已灌入的套筒灌浆料拌合物仍具有足够的流动性，且应将已封堵的灌浆孔、出浆孔重新打开，待套筒灌浆料拌合物再次流出后进行封堵。

5）对水平钢筋套筒灌浆连接，灌浆作业应采用压浆法从灌浆套筒灌浆孔注入，当灌浆套筒灌浆孔、出浆孔的连接管或连接头处的套筒灌浆料拌合物均高于灌浆套筒外表面最高点时应停止灌浆，并应及时封堵灌浆孔、出浆孔。水平连接灌浆施工的要点在于套筒灌浆料拌合物的流动的最低点要高于灌浆套筒外表面最高点，此时可停止灌浆并及时封堵灌浆孔、出浆孔。

灌浆施工中，应采用方便观察且有补浆功能的器具，或其他可靠手段对钢筋套筒灌浆连接接头的灌浆饱满性监测，并将检测结果记入灌浆施工质量检查记录。当采用具有补浆功能的透明器具进行灌浆饱满性监测时，可将透明工具中的套筒灌浆料留作实体强度检验的试件。现浇与预制转换层应100%监测；其余楼层宜抽取不少于灌浆套筒总数的20%，且每个构件宜抽取不少于3个灌浆套筒，其中每个外墙构件宜抽取不少于5个灌浆套筒。每个构件中少于3个或5个灌浆套筒时，按全数抽取即可。

当灌浆施工出现无法出浆或套筒灌浆料拌合物液面下降等异常情况时，应查明原因，并应按下列规定采取措施：

1）对未饱满及套筒灌浆料拌合物液面下降的竖向连接灌浆套筒，应及时进行补灌浆作业。当在套筒灌浆料加水拌合后30min时间内时，宜从原灌浆孔补灌；当已灌注的套筒灌浆料拌合物无法流动时，应采用手动设备结合细管压力灌浆方式从出浆孔补灌；

2）当水平钢筋连接灌浆施工停止后30s，发现套筒灌浆料拌合物下降时，应检查灌浆套筒的密封或和套筒灌浆料拌合物排气情况，并及时补灌或采取其他措施；

3）补灌应在套筒灌浆料拌合物达到设计规定的位置后停止，并应在套筒灌浆料凝固后再次检查其位置是否满足设计要求。

灌浆过程中及灌浆施工后应对灌浆孔、出浆孔及时检查，其上表面未达到规定位置、套筒灌浆料拌合物灌入量少于规定要求，或套筒灌浆料拌合物液面下降，即可确定为灌浆不饱满。

灌浆施工结束并经检查合格后连接部位的应注意保护，避免受到任何冲击或扰动，套筒灌浆料同条件养护试件抗压强度达到35N/mm$^2$后，方可进行对接头有扰动的后续施工；临时固定措施的拆除应在套筒灌浆料抗压强度能确保结构满足后续施工承载要求后进行。为及时了解接头养护过程中套筒灌浆料实际强度变化，明确可进行对接头有扰动施工的时间，应留置套筒灌浆料同条件养护试件。套筒灌浆料同条件养护试件应保存在构件周边，并采取适当的防护措施。当有可靠数据时，套筒灌浆料抗压强度也可根据考虑环境温度因素的抗压强度增长曲线由数据确定。上述要求主要适用于后续施工可能对接头有扰动的情况，包括构件就位后立即进行灌浆作业的先灌浆工艺，及所有装配式框架柱的竖向钢筋连接。对先浇筑边缘构件与叠合楼板后浇层，后进行灌浆施工的装配式剪力墙结构，可不执行本要求；但此种施工工艺无法再次吊起墙板，且拆除构件的代价很大，故应采取更加可靠的灌浆及质量检查措施。通常情况下，环境温度在15℃以上时，24h内不可扰动连接部位；环境温度在5～15℃时，48h内不可扰动连接部位；环境温度在5℃以下时，则视情况而定。如对构件连接部位采取加热保温措施，需加热至5℃以上并保持至少48h，期间不可扰动连接部位。

当采用连通腔灌浆施工时，构件安装就位后宜及时灌浆，不宜两层及以上集中灌浆；当两层及以上集中灌浆时，应经设计确认，专项施工方案应进行技术论证。多层集中灌浆可能影响构件底部接缝处的受力，且不利于质量控制与发现质量问题后的处理，现行行业标准《钢筋套筒灌浆连接应用技术规程》JGJ 355不建议采用。

**4. 竖向预制构件**

1）灌浆施工方式

设计文件应提出灌浆方式建议。预制构件安装前应根据设计及专项施工方案要求确定灌浆方式，并根据不同灌浆方式采取不同的施工措施。灌浆方式应根据施工条件、操作经验选择连通腔灌浆施工或坐浆法施工。高层建筑装配剪力墙宜采用连通腔灌浆施工，当有可靠经验时也可采用坐浆法施工。坐浆法施工主要用于低、多层建筑墙体及高层建筑装配式围护墙，当用于高层建筑时应具有可靠经验。

竖向构件采用连通腔灌浆施工时，应合理划分连通灌浆区域。连通灌浆区域为由一组灌浆套筒与安装就位后构件间空隙共同形成的一个封闭区域。预制柱在吊装就位后对拼装接缝四周进行封浆以形成密封的连通灌浆腔；预制内墙在吊装前在结合面中部固定分仓材料、在吊装就位后对拼装接缝四周进行封浆以形成密封的连通灌浆腔；预制夹心保温外墙在吊装前在结合面外边缘及中部分别固定密封带及分仓材料、在吊装就位后对拼装接缝内侧进行封浆以形成密封的连通灌浆腔。每个区域除预留灌浆孔、出浆孔与排气孔外，应采用规定性能的封浆料或其他可靠的封堵措施封闭此灌浆区域。考虑灌浆施工的持续时间及可靠性，连通灌浆区域不宜过大，每个连通灌浆区域内任意两个灌浆套筒间距离不宜超过1.5m。常规尺寸的预制柱多分为一个连通灌浆区域，而预制墙一般按1.5m范围划分连通灌浆区域。采用电动灌浆设备灌浆时，分仓长度在经过实体灌浆试验确定可行后可适当延长，但不宜超过3m。连通灌浆腔越大，灌浆压力越大、灌浆时间越长，对封浆的要求越高，灌浆不满的风险越大。连通腔内预制构件底部与下方已完成结构上表面的最小间隙不得小于10mm。对于长度较大的预制剪力墙构件应通过分仓将构件底面下端空腔划分为若干个连通灌浆腔。连通灌浆腔分仓时将分仓材料在预制构件吊装前固定在结合面上，分仓材料宽度宜为30～40mm，为防止分仓材料遮挡灌浆套筒孔口，分仓材料与钢筋间净距不宜小于40mm。分仓后应在预制构件相应位置做出分仓标记，并记录分仓时间，以便于指导后续灌浆施工。

竖向构件采用坐浆法施工时，应满足坐浆法施工技术的要求，详见第5.8.11节。

2）竖向预制构件安装与连接

竖向预制构件的安装与连接宜按下列施工流程进行：结合面、预制构件检查与处理→构件吊装前的准备工作→预制构件吊装与固定→连通灌浆腔封浆或单个套筒灌浆补抹坐浆层→灌浆前的准备工作→套筒灌浆料拌合物制备→灌浆施工→灌浆质量检验→灌浆后连接部位保护。

采用连通腔灌浆工艺时，预制柱吊装前的准备工作为在结合面上放置支承垫片；预制内墙吊装前的准备工作包括在结合面上放置支承垫片、连通灌浆腔分仓等；预制夹心保温外墙吊装前的准备工作包括在结合面上放置支承垫片、在结合面外边缘固定密封带、连通灌浆腔分仓等，密封带厚度宜大于支承垫片厚度，宜用钢钉固定在结合面外边缘。

预制柱、墙安装前，应在预制构件及其支承构件间设置垫片，这是因为考虑到预制构件与其支承构件不平整，直接接触会导致集中受力。设置支承垫片有利于均匀受力，也可在一定范围内调整构件的底部标高。支承垫片设置应符合下列规定：

① 宜采用钢质支承垫片，支承垫片厚度不应超过接缝宽度，支承垫片厚度应根据支承垫片放置点实际标高确定，所形成的连通灌浆腔平均高度宜为20mm，可通过增减支承垫片所包含铁片数量调整支承垫片厚度；

② 对于预制柱，应在结合面的三点设置支承垫片，三处支承垫片应呈三角形分布，并应保持足够的间距；对于预制墙，应在结合面中轴线上的两点设置支承垫片，两处支承垫片应保持足够的间距；

③ 可通过支承垫片调整预制构件的底部标高，可通过斜撑调整构件安装的垂直度；

④ 支承垫片处的混凝土局部受压应按下式进行验算：

$$F_l \leqslant 2f'_c A_l \tag{5.8.9}$$

式中 $F_l$——作用在支承垫片上的压力值，可取 1.5 倍构件自重；

$A_l$——支承垫片的承压面积，可取所有支承垫片的面积和；

$f'_c$——预制构件安装时，预制构件及其支承构件的混凝土轴心抗压强度设计值较小值。

支承垫片处混凝土局部受压验算公式是参考现行国家标准《混凝土结构设计标准》GB/T 50010 中的素混凝土局部受压承载力计算公式提出的。在确定作用在支承垫片上的压力值时，考虑一定动力作用后取为自重的 1.5 倍。

竖向预制构件吊装时，应在结合面上方一定高度处暂停并检查，确保结合面上全部外露钢筋均可插入上方对应的灌浆套筒内后，方可继续下落。如果构件无法下落至规定位置，应找出阻碍构件下落的钢筋，并吊起构件，对阻碍构件下落的钢筋进行调整处理，处理完成后再次吊装构件。保证灌浆端插入钢筋可靠存在是套筒灌浆连接的基础，构件安装就位后，应由施工单位专职检验人员采用可靠方法（如内窥镜）检查灌浆套筒内的钢筋插入情况并记入质量检查记录。

竖向预制构件采用连通腔灌浆方式时，灌浆施工前应对各连通灌浆区域采用封浆料或其他可靠措施进行封堵，确保不漏浆；应确保连通灌浆区域、灌浆套筒、排气孔通畅，并应采取可靠措施避免封堵材料进入灌浆套筒、排气孔内；灌浆前应确认封堵效果能够满足灌浆压力需求，方可进行灌浆作业。预制夹心保温外墙板的保温材料底部应采用珍珠棉、发泡橡塑或可压缩 EVA 等封堵材料密封。考虑到封堵效果，要求预制夹心保温外墙板的保温材料下封堵材料应向连接接缝内伸出一定的区域，封堵材料嵌入连接接缝的深度宜为 15～20mm，且不应超出套筒外壁，封堵材料进入套筒内腔后会影响灌浆。预制夹心保温外墙板的保温材料底部的封堵材料，当采用珍珠棉时，性能应符合现行行业标准《高发泡聚乙烯挤出片材》QB/T 2188 的有关规定，其他材料应符合国家现行有关标准规定。预制构件吊装就位后校准构件位置和垂直度，并设置临时支撑固定，临时支撑固定措施的设置应符合现行国家标准《混凝土结构工程施工规范》GB 50666 的有关规定。

竖向预制构件灌浆施工应按下列步骤进行：

① 向灌浆设备料斗内加入清水并启动灌浆设备，对料斗和灌浆管进行冲洗和润滑处理，持续开动灌浆设备，直至把所有的水从料斗和灌浆管中排出。

② 将套筒灌浆料拌合物倒入灌浆设备料斗并启动灌浆设备，直至圆柱状套筒灌浆料拌合物从灌浆管喷嘴连续流出，方可灌浆。

③ 对于连通腔灌浆工艺，应采用压浆法从位于连通灌浆腔中部的一个灌浆孔注入套筒灌浆料拌合物，当圆柱状套筒灌浆料拌合物从连通灌浆腔其他灌浆孔连续流出时，及时封堵相应的灌浆孔，当圆柱状套筒灌浆料拌合物从连通灌浆腔每个出浆孔连续流出并从相应回浆管的管口溢出时，拔出灌浆管喷嘴，及时封堵该灌浆孔。

④ 灌浆完成后，将灌浆设备料斗装满水，启动灌浆设备，直至清洁的水从灌浆管喷嘴流出并排净，方可关闭灌浆设备，以免浆料残留在料斗、软管或喷嘴内固化，损坏灌浆设备。

3）微重力流补浆工艺

微重力流补浆工艺是在竖向预制构件钢筋浆锚连接套筒或浆锚搭接连接预留孔道的排

浆口处或上方一定高度设置透明弯联管和透明锥斗，根据连通管原理并利用弯联管和锥斗内的套筒灌浆料拌合物的相对高重力位势，对钢筋灌浆锚固部位进行微压力补浆，保证灌浆的饱满度。

微重力流补浆工艺可有效解决钢筋连接套筒或浆锚搭接连接预留孔道内套筒灌浆料拌合物在静置过程中因排气自密实和轻微塞封封堵不严引起的液面下降问题，同时，也可作为施工过程灌浆质量控制的有效手段，即通过观察透明补浆观察装置内套筒灌浆料拌合物液面的下降情况判断套筒内是否已饱满，若装置内液面不稳定且不断下降则套筒内套筒灌浆料拌合物仍未饱满，若装置内液面稳定则可认为套筒内套筒灌浆料拌合物已饱满。微重力流补浆工艺示意图见图 5.8.9。

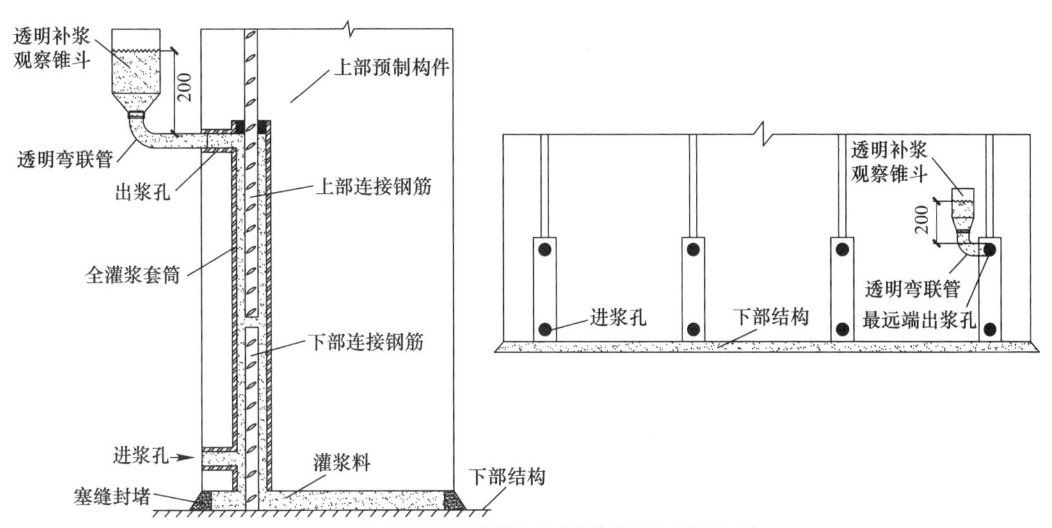


(a) 预制剪力墙分仓灌浆微重力流补浆锥斗设置示意

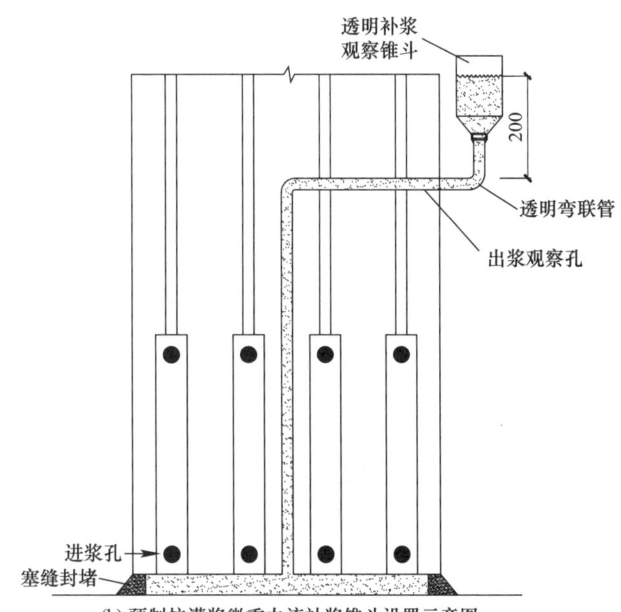


(b) 预制柱灌浆微重力流补浆锥斗设置示意图

图 5.8.9　微重力流补浆工艺示意

采用透明塑料弯管接头和透明锥斗组成补浆观察装置，补浆观察装置应与所对应的出浆孔道紧密连接。补浆观察装置的设置应符合下列要求：

① 对于分仓连通腔灌浆的预制剪力墙，应在距进浆孔最远的套筒出浆孔口设置补浆观察装置。

② 对于单套筒灌浆的预制剪力墙或预制柱，应在每个套筒的出浆孔口设置补浆观察装置。

③ 对于连通腔灌浆的预制柱，应在最高位的出浆观察孔口设置补浆观察装置。

单套筒灌浆过程中，则保持补浆观察装置的出浆口不封堵，灌浆应至少保证弯联管充满套筒灌浆料。连通腔灌浆过程中，逐一封堵除设置补浆观察装置的进浆口和出浆口，灌浆应至少保证弯联管充满套筒灌浆料。

初次灌浆完成后，通过透明补浆观察锥斗和透明弯联管形成的补浆观察装置，实时观测套筒灌浆料高度与下沉情况，及时做出相应处理措施。当套筒灌浆料在补浆观察装置中液面稳定且不下降时，则灌浆饱满、灌浆结束。当套筒灌浆料在补浆观察装置中液面下降到出浆孔切面以上前，液面保持稳定且不再下降，则灌浆饱满、灌浆结束。当套筒灌浆料在补浆观察装置中液面下降到出浆孔切面以下，应通过向锥斗内增加套筒灌浆料进行人工二次补浆操作，补浆过程中应保持锥斗内套筒灌浆料液面高于出浆口上切面200mm，通过观察，当套筒灌浆料液面满足前述要求时，则灌浆饱满、灌浆结束。

4）水平预制构件安装与连接

水平预制构件的安装与连接宜按下列施工流程进行：预制构件检查与处理→在预制构件外露钢筋上标记钢筋插入全灌浆套筒的锚固长度→依次将橡胶塞、全灌浆套筒套入一侧预制构件的外露钢筋→将橡胶塞套入另一侧预制构件的外露钢筋，并移动至标记位置→预制构件吊装与固定→将全灌浆套筒移动至两侧外露钢筋之间，使全灌浆套筒两端位于外露钢筋标记位置→塞紧全灌浆套筒两端的橡胶塞→安装灌浆管、出浆管→灌浆前的准备工作→套筒灌浆料拌合物制备→灌浆施工→灌浆质量检验→灌浆后连接部位保护。

水平预制构件灌浆施工应按下列步骤进行：

① 向灌浆设备料斗内加入清水并启动灌浆设备，对料斗和灌浆管进行冲洗和润滑处理，持续开动灌浆设备，直至把所有的水从料斗和灌浆管中排出；

② 将套筒灌浆料拌合物倒入灌浆设备料斗并启动灌浆设备，直至圆柱状套筒灌浆料拌合物从灌浆管喷嘴连续流出，方可灌浆；

③ 对每个灌浆套筒独立灌浆，采用压浆法从灌浆管注入套筒灌浆料拌合物，当灌浆管、出浆管内的套筒灌浆料拌合物均高于灌浆套筒外表面最高点时应停止灌浆，并及时封堵灌浆管、出浆管的管口；

④ 灌浆完成后，将灌浆设备料斗装满水，启动灌浆设备，直至清洁的水从灌浆管喷嘴流出并排净，方可关闭灌浆设备。

水平连接灌浆施工的要点在于套筒灌浆料拌合物的流动的最低点要高于灌浆套筒外表面最高点，此时可停止灌浆并及时封堵灌浆管、出浆管的管口。为方便观察灌浆管、出浆管内套筒灌浆料拌合物高度变化，用于灌浆套筒的灌浆管、出浆管宜采用透明或半透明材料。

预制梁和既有结构改造现浇部分的水平钢筋采用套筒灌浆连接时，主要采用全灌浆套筒连接，灌浆套筒应各自独立灌浆，并应采用封口装置使灌浆套筒端部密封；连接钢筋表面应标记插入全灌浆套筒的锚固长度，标志位置应准确、颜色应清晰；依次将橡胶塞、全灌浆套筒套入一侧预制构件的外露钢筋时，应将全灌浆套筒全部套入外露钢筋，无需考虑外露钢筋上的标记；吊装水平预制构件时，应确保预制构件位置准确、两端外露钢筋对接良好，两端外露钢筋轴线偏差不应大于 5mm，水平间距不应大于 30mm，超过允许偏差应予以处理；构件位置校准完成后设置临时支撑固定，临时支撑固定措施的设置应符合现行国家标准《混凝土结构工程施工规范》GB 50666 的有关规定；将全灌浆套筒移动至两侧外露钢筋之间，使全灌浆套筒两端位于外露钢筋标记位置。全灌浆套筒安装就位后，灌浆孔、出浆孔应位于套筒最上沿；塞紧套筒两端的橡胶塞，应确保钢筋与套筒间的间隙严密密封、灌浆时不漏浆；安装灌浆管、出浆管时应确保安装牢固，且灌浆管、出浆管的管口高度应超过套筒外表面最高位置。与既有结构的水平钢筋相连接时，新连接钢筋的端部应设有保证连接钢筋同轴、稳固的装置；灌浆套筒安装就位后，灌浆孔、出浆孔应在套筒水平轴正上方±45°的锥体范围内，并安装有孔口超过灌浆套筒外表面最高位置的连接管或连接头。

### 5.8.10 低温条件下套筒灌浆连接技术

在不断进行装配式设计创新、部品部件生产优化的同时，提升装配式施工水平也是装配式建筑发展的重要环节。装配式混凝土结构施工时，钢筋套筒灌浆连接质量对结构安全的影响最为关键。目前，装配式混凝土结构冬期钢筋套筒灌浆施工所采用的灌浆材料多为低温型套筒灌浆料，冬期灌浆过程中的温度控制是施工的重点和难点。需要注意的是，现浇与预制转换层灌浆施工困难，难以保证低温型套筒灌浆料的温度要求，施工单位应提前做好施工部署，现浇与预制转换层应避开冬季施工，不得采用低温型套筒灌浆料进行灌浆施工。

**1. 接头提供单位**

采用低温型套筒灌浆料时，接头提供单位应为灌浆套筒、套筒灌浆料生产单位。接头提供单位应同时提供常温型套筒灌浆料、低温型套筒灌浆料，并提供常温型套筒灌浆料、低温型套筒灌浆料接头型式检验报告。考虑到低温灌浆施工的复杂性和国内目前产品开发、工程应用的实际情况，采用低温灌浆施工时，不允许施工单位作为接头提供单位。

**2. 专项施工方案**

低温条件下灌浆施工应编制可靠的专项施工方案，并经技术论证后实施。专项施工方案应包括时间安排与原材料准备计划、测温措施、试验与检验计划、防风保温与加热升温措施、套筒灌浆料搅拌和使用注意事项、应急预案等内容。专项施工方案编制应以可靠的研发为基础，应充分考虑实施后能够确保施工环境温度、灌浆部位温度满足要求，以确保低温型套筒灌浆料性能符合产品设计要求。施工措施需保证有一定的裕量，并充分考虑突然降温、突然升温等不利条件。

**3. 低温型套筒灌浆料性能**

低温型套筒灌浆料性能及试验方法应符合现行行业标准《钢筋连接用套筒灌浆料》JG/T 408 的有关规定。低温型套筒灌浆料抗压强度应符合表 5.8.10-1 的要求，且不应低于接头设计要求的套筒灌浆料抗压强度；低温型套筒灌浆料抗压强度试件应按 40mm×

40mm×160mm 尺寸制作，其加水量应按低温型套筒灌浆料产品说明书确定，试模材质应为钢质。

低温型套筒灌浆料抗压强度　　表 5.8.10-1

| 时间（龄期） | 抗压强度（N/mm²） |
| --- | --- |
| −1d | ≥35 |
| −3d | ≥60 |
| −7d+21d | ≥85 |

注：−1d、−3d 表示在−5±1℃环境条件下养护 1d、3d，−7d+21d 表示在−5±1℃环境条件下养护 7d 后转标准养护条件再养护 21d。

低温型套筒灌浆料竖向膨胀率应符合表 5.8.10-2 的要求。

低温型套筒灌浆料竖向膨胀率　　表 5.8.10-2

| 项目 | 竖向膨胀率/% |
| --- | --- |
| 3h | 0.02～2 |
| 24h 与 3h 差值 | 0.02～0.40 |

低温型套筒灌浆料拌合物的工作性能应符合表 5.8.10-3 的要求，泌水率试验方法应符合现行国家标准《普通混凝土拌合物性能试验方法标准》GB/T 50080 的规定。

低温型套筒灌浆料拌合物的工作性能　　表 5.8.10-3

| 项目 | | 工作性能要求 |
| --- | --- | --- |
| 流动度/mm | −5℃初始 | ≥300 |
| | 5℃ 30min | ≥260 |
| | −8℃初始 | ≥300 |
| | 8℃ 30min | ≥260 |
| 泌水率/% | | 0 |

**4. 低温型封浆料抗压强度**

低温型封浆料的抗压强度应满足表 5.8.10-4 的要求，且不应低于被连接构件的混凝土强度等级值，抗压强度试验方法应符合现行国家标准《水泥胶砂强度检验方法（ISO 法）》GB/T 17671 的规定；低温型封浆料抗压强度试件应按 40mm×40mm×160mm 的尺寸制作，其加水量应按低温型封浆料产品说明书确定，试模材质应为钢质。

低温型封浆料抗压强度要求　　表 5.8.10-4

| 时间（龄期） | 抗压强度（N/mm²） |
| --- | --- |
| −1d | ≥30 |
| −3d | ≥45 |
| −3d+25d | ≥55 |

注：−1d、−3d 表示在−5±1℃环境条件下养护 1d、3d，−3d+25d 表示在−5±1℃环境条件下养护 3d 后转标准养护条件再养护 25d。

**5. 试件制作**

非同条件低温型套筒灌浆料、封浆料及接头试件制作环境温度应为−5±2℃，养护应采用由低温条件转入标准养护条件的两阶段养护。低温条件养护温度应为−5±1℃，标准养护条件应符合现行行业标准《钢筋套筒灌浆连接应用技术规程》JGJ 355的有关规定。各类试件由−5±1℃环境或同条件环境转入标准养护条件时，温升速率不宜超过5℃/h。

型式检验、工艺检验时，低温型套筒灌浆料及接头试件应在−5±1℃环境下养护7d后转标准养护21d。低温型套筒灌浆料施工前，应按现行行业标准《钢筋套筒灌浆连接应用技术规程》JGJ 355的规定完成接头工艺检验，接头工艺检验应在预计低温灌浆施工前30d完成。

**6. 检验与验收**

（1）低温型套筒灌浆料进场检验

低型套筒灌浆料进场时，应对低温型套筒灌浆料拌合物−5℃和8℃的30min流动度、泌水率及−1d抗压强度、−3d抗压强度、−7+21d抗压强度、3h竖向膨胀率、24h与3h竖向膨胀率差值等进行检验，检验结果应满足要求。

检查数量：同一成分、同一批号的低温型套筒灌浆料，不超过50t为一批，每批随机抽取不低于30kg。

检验方法：检查质量证明文件和抽样检验报告。

（2）低温型封浆料进场检验

低温型封浆料进场时，应对低温型封浆料拌合物的−1d抗压强度、−3d抗压强度、−3d+25d抗压强度进行检验，检验结果应满足要求。

检查数量：同一成分、同一批号的封浆料，不超过50t为一批，每批随机抽取不低于30kg。

检验方法：检查质量证明文件和抽样检验报告。

（3）施工中低温型灌浆料抗压强度检验

灌浆施工中，低温型套筒灌浆料的28d抗压强度应符合有关规定。用于检验抗压强度的低温型套筒灌浆料试件应在施工现场制作。

检查数量：每工作班取样不得少于1次，每楼层取样不得少于3次。每次抽取1组40mm×40mm×160mm的试件，同条件养护7d转标准养护到21d后进行抗压强度试验。

检验方法：检查灌浆施工记录及抗压强度试验报告。

（4）施工中接头抗拉强度检验

灌浆施工中应按按现行行业标准《钢筋套筒灌浆连接应用技术规程》JGJ 355的规定进行接头抗拉强度检验，用于抗拉强度检验的低温型套筒灌浆连接接头试件应在施工现场制作，同条件养护7d转标准养护到21d后进行抗拉强度试验。

### 5.8.11 坐浆法施工技术

我国近年来预制构件竖向连接多数采用连通腔灌浆法施工，掌握坐浆法施工经验的单位较少，因此，钢筋套筒灌浆连接坐浆法应编制可靠的专项施工方案并经技术论证实施。同时，还应加强培训和工艺检验管理，以保证工程质量。

**1. 工艺模拟示范**

坐浆施工工艺模拟示范应符合下列规定：

（1）宜选择实际工程构件，也可按1∶1比例单独制作模拟构件，数量不应少于3件；

（2）应按实际施工工艺进行安装，构件安装就位后构件底部侧边应有坐浆料连续溢出；

（3）构件安装完成后30min内松开斜撑并重新起吊构件，用200mm×200mm的百格网检查坐浆料与构件接触面的砂浆饱满度，检查部位不应少于3处，每处饱满度不应小于80%；

（4）对于实体构件，检查后应对坐浆料进行清理，并重新进行正式施工。

坐浆法施工的核心是接缝处坐浆料的饱满，判断标准为构件底部侧边的浆料是否连续溢出，以及重新提起构件后构件与坐浆料接触面的饱满性。参考砌体结构砂浆饱满度的检查方法，考虑到大多数墙体的厚度均为200mm，因此将百格网的规格确定为200mm×200mm，一般在同一构件底部选取不相邻的3个部位进行检查。

**2. 坐浆料抗压强度**

坐浆料抗压强度应满足设计要求并符合表5.8.11-1的规定，且不应低于连接构件的混凝土强度等级值，用于高层建筑时尚不应小于80N/mm$^2$，抗压强度试验方法应符合现行国家标准《水泥胶砂强度检验方法（ISO法）》GB/T 17671的规定；坐浆料抗压强度试件应按40mm×40mm×160mm的尺寸制作，其加水量应按坐浆料产品说明书确定，试模材质应为钢质；试件养护温度应为20±2℃，相对湿度不应低于90%，养护水的温度应为20±1℃。

**坐浆料抗压强度要求　　表5.8.11-1**

| 时间（龄期） | 抗压强度（N/mm$^2$） |
|---|---|
| 1d | ≥20 |
| 3d | ≥35 |
| 28d | ≥60 |

**3. 坐浆料拌合物性能**

坐浆料拌合物的性能应符合表5.8.11-2的规定。凝结时间、保水率、稠度、2h稠度损失率的试验方法应符合现行行业标准《建筑砂浆基本性能试验方法标准》JGJ/T 70的规定；最大氯离子含量的试验方法应符合现行国家标准《混凝土外加剂匀质性试验方法》GB/T 8077的规定。

**坐浆料拌合物的性能要求　　表5.8.11-2**

| 项目 | 技术指标 |
|---|---|
| 凝结时间/min | ≥60 |
| | ≤240 |
| 保水率/% | ≥88 |
| 稠度/mm | ≥70 |
| 2h稠度损失率/% | ≤20 |
| 氯离子含量/% | ≤0.03 |

坐浆料搅拌后应在 4h 内用完，坐浆料拌合物初凝后应废弃，超出工作时间的坐浆料拌合物不得再次添加干混料和水混合使用。

**4. 构件安装**

构件安装应符合下列规定：

（1）构件安装前，安装部位的结合面及构件周围 200mm 范围内应清理干净，不得有碎屑、杂物。

（2）摊铺坐浆料前应先浇水湿润结合面，且不得有积水。

（3）当预制构件为不带保温的外墙或内墙时，坐浆料应按中间高、两边低铺设；当预制构件为带保温的三明治墙板时，坐浆料应按外高、内低铺设。

（4）摊铺坐浆料后应及时将上表面修整为斜面，坐浆料上表面应高于预制构件底部设计标高 20mm 以上，坐浆料最薄处的厚度不应小于 20mm，坐浆料铺设后 30min 内应进行构件安装。

（5）铺设坐浆料后，在预制构件吊装前应在对应灌浆套筒的每根外露钢筋的准确位置上安装弹性防堵垫片或弹簧、金属垫片组件，确保构件吊装后每个灌浆套筒能够独立密闭，避免漏浆。

（6）预制构件安装前应采用辅助定位装置，以保证构件下落时一次性准确就位；预制构件安装后，应及时设置临时斜撑并调整好构件垂直度，不得多次调整构件位置；如果调整垂直度过程中发现构件边缘存在坐浆料未溢出的部位，应立即重新起吊构件，清理残余坐浆料后重新进行施工。

气温高于 30℃时，应对构件底部坐浆料接缝位置采取洒水保湿等养护措施，养护期不少于 3d。雨期施工时，施工现场应采取防护措施，加强原材料的存放和保护，坐浆料拌合物应防止雨淋。当构件底部接缝部位出现水渍或明水浸泡时，应停止施工。

坐浆法施工宜逐层安装并对灌浆套筒进行逐个灌浆，坐浆料初凝后，方可进行套筒灌浆。当采用施工多层后再进行套筒灌浆的施工方案时，竖向构件未灌浆的楼层不应大于 3 层。

**5. 检验与验收**

（1）坐浆料进场验收

坐浆料进场时，应对坐浆料拌合物凝结时间、保水率、稠度、2h 稠度损失率及 1d 抗压强度、3d 抗压强度、28d 抗压强度进行检验，检验结果应合格。

检查数量：同一成分、同一批号的坐浆料，不超过 50t 为一批，每批随机抽取不低于 25kg，并按现行国家标准《水泥胶砂强度检验方法（ISO 法）》GB/T 17671 的有关规定制作试件并按规定进行养护。

检验方法：检查质量证明文件和抽样检验报告。

（2）施工过程中坐浆料抗压强度检验

施工过程中，坐浆料的 28d 抗压强度应满足要求。用于检验抗压强度的坐浆料试件应在施工现场制作。

检查数量：每工作班取样不得少于 1 次，每次抽取 1 组 40mm×40mm×160mm 的试件，按规定养护 28d 后进行抗压强度试验。

检验方法：检查施工记录及抗压强度试验报告。

坐浆料同条件养护试件抗压强度达到 20N/mm$^2$ 后，方可进行对接缝有扰动的后续施工；临时固定措施的拆除应在坐浆料抗压强度能保证结构满足上部结构构件的承载要求后进行。

## 5.9 接头的检验与验收

针对钢筋套筒灌浆连接的技术特点，工程验收的前提是有效的接头型式检验报告、接头匹配检验报告、工艺检验报告，且报告的内容与施工过程的各项材料一致，并满足设计及专项施工方案的要求。

采用钢筋套筒灌浆连接的混凝土结构验收应符合现行国家标准《混凝土结构工程施工质量验收规范》GB 50204、《装配式混凝土建筑技术标准》GB/T 51231 的有关规定，钢筋套筒灌浆连接的各项验收可划入装配式结构分项工程，对于装配式混凝土结构之外的其他工程中应用钢筋套筒灌浆连接，也可根据工程实际情况划入钢筋分项工程验收。

钢筋套筒灌浆连接的检验分为型式检验、预制构件生产或施工前工艺检验、灌浆套筒及套筒灌浆料进厂（场）检验、灌浆施工中套筒灌浆料抗压强度检验、套筒灌浆料拌合物流动度检验及灌浆质量检验。型式检验是对若干具有生产代表性的灌浆套筒、套筒灌浆料产品样品利用检验手段进行合格评价，型式检验主要适用于鉴定产品综合定型和评定企业产品质量是否全面达到标准和设计要求。工艺检验的目的是确保具体工程项目的进厂（场）钢筋与接头技术提供单位提供的灌浆套筒、套筒灌浆料相适应，保证匹配后的接头性能满足相关要求。灌浆套筒及套筒灌浆料进厂（场）检验的目的是确保每一批进厂（场）的灌浆套筒、套筒灌浆料产品质量满足相关要求。灌浆施工中套筒灌浆料抗压强度检验和套筒灌浆料拌合物流动度检验的目的是确保实际施工中制备的套筒灌浆料拌合物满足相关要求。灌浆质量检验的目的是确保实际灌浆质量满足相关要求。

对于装配式结构分项工程，各项具体验收内容的顺序为：①灌浆套筒进厂（场）外观质量、标识和尺寸偏差检验→②套筒灌浆料进场流动度、泌水率、抗压强度、膨胀率及封浆料进场抗压强度检验→③灌浆套筒进厂（场）接头力学性能检验，部分检验可与工艺检验合并进行→④预制构件进场验收→⑤灌浆施工中套筒灌浆料抗压强度检验、接头抗拉强度检验→⑥灌浆质量检验。上述 6 项为钢筋套筒灌浆连接施工的主要验收内容。对于装配式混凝土结构，当灌浆套筒埋入预制构件中时，前 3 项检验应在预制构件生产前或生产过程中进行（其中套筒灌浆料进场为第一批），此时安装施工单位、监理单位应将部分监督及检验工作向前延伸到构件生产单位。

**1. 首个施工段验收**

同类型的首个施工段完成后，建设单位应组织设计、施工、监理单位进行验收，合格后方可进行后续施工。

**2. 接头型式检验报告（匹配检验报告）**

当灌浆套筒和（或）套筒灌浆料生产单位作为接头提供单位，应匹配使用接头提供单位供应的灌浆套筒与套筒灌浆料，可将接头提供单位的有效型式检验报告（应附材料确认单）作为验收依据。预制构件生产前、现场灌浆施工前、工程验收时，均应按下列规定检查接头型式检验报告：

（1）工程中应用的各种钢筋强度级别、直径对应的型式检验报告应齐全、合格、有效；

（2）型式检验报告送检单位应符合相关规定；

（3）型式检验报告中的接头类型，灌浆套筒规格、级别、尺寸，套筒灌浆料型号与现场使用的产品应一致；

（4）型式检验报告应在4年有效期内，应按灌浆套筒进厂（场）验收日期确定；

（5）报告内容应包括现行行业标准《钢筋套筒灌浆连接应用技术规程》JGJ 355规定的所有内容。

当施工单位或构件生产单位作为接头提供单位时，应按要求提供施工单位或构件生产单位送检的接头匹配检验报告。预制构件生产前、现场灌浆施工前、工程验收时，均应按下列规定检查接头匹配检验报告：

（1）工程中应用的各种钢筋强度级别、直径对应的接头匹配检验报告应齐全、合格、有效；

（2）匹配检验报告送检单位应符合相关规定；

（3）匹配检验报告中的接头类型，灌浆套筒规格、级别、尺寸，套筒灌浆料型号与现场使用的产品应一致；

（4）匹配检验报告应注明工程名称；

（5）匹配检验报告日期应早于灌浆套筒进厂（场）验收日期；当灌浆施工中单独更换套筒灌浆料时，应重新进行匹配检验，报告日期应早于更换后的灌浆施工日期。

（6）匹配检验报告内容应包括现行行业标准《钢筋套筒灌浆连接应用技术规程》JGJ 355规定的所有内容。

对于未获得有效型式检验报告（匹配检验报告）的灌浆套筒与套筒灌浆料，不得用于工程，以免造成不必要的损失。各种钢筋强度级别、直径对应的型式检验报告（匹配检验报告）应齐全。对于接头连接钢筋的强度等级低于灌浆套筒规定连接钢筋强度等级、异径型接头等情况可按现行行业标准《钢筋套筒灌浆连接应用技术规程》JGJ 355的规定执行。相关检查内容在灌浆套筒、套筒灌浆料、预制构件进场及工程验收时均应进行。有效的型式检验报告（匹配检验报告）为接头提供单位盖章的报告复印件。

**3. 工艺检验报告**

预制构件生产前、现场灌浆施工前、工程验收时，应按相关规定检查接头工艺检验报告。

**4. 灌浆套筒进厂（场）检验**

灌浆套筒进厂（场）时，应抽取灌浆套筒检验外观质量、标识和尺寸偏差，检验结果应符合现行行业标准《钢筋连接用灌浆套筒》JG/T 398、《钢筋套筒灌浆连接应用技术规程》JGJ 355的有关规定。

检查数量：同一批号、同一类型、同一规格的灌浆套筒，不超过1000个为一批，每批随机抽取10个灌浆套筒。

检验方法：观察，尺量检查，检查质量证明文件。

灌浆套筒大多预埋在预制混凝土构件中，应以构件生产企业进厂为主，施工现场进场为辅。对接头型式检验报告（匹配检验报告）及企业标准中的灌浆套筒灌浆端套筒设计锚固长度小于插入钢筋直径 8 倍的情况，可采用型式检验报告（匹配检验报告）及企业标准的实际规定作为验收依据。灌浆套筒的质量证明文件包括现行行业标准《钢筋连接用灌浆套筒》JG/T 398 规定的产品合格证和质量证明书。

**5. 常温型套筒灌浆料进场检验**

常温型套筒灌浆料进场时，应对常温型套筒灌浆料拌合物 30min 流动度、泌水率及 3d 抗压强度、28d 抗压强度、3h 竖向膨胀率、24h 与 3h 竖向膨胀率差值进行检验，检验结果应符合现行行业标准《钢筋连接用套筒灌浆料》JG/T 408 的有关规定。

检查数量：同一成分、同一批号的套筒灌浆料，不超过 50t 为一批，每批随机抽取不少于 30kg，按现行行业标准《钢筋连接用套筒灌浆料》JG/T 408 的有关规定制作试件，并按现行行业标准《钢筋套筒灌浆连接应用技术规程》JGJ 355 的规定进行养护。

检验方法：检查质量证明文件和抽样检验报告。

对装配式混凝土结构，套筒灌浆料主要在装配现场使用，但考虑在构件生产前要进行接头工艺检验和接头抗拉强度检验，套筒灌浆料进场验收也应在构件生产前完成第一批；对于用量不超过 50t 的工程，则仅进行一次检验即可。套筒灌浆料养护条件应符合现行行业标准《钢筋套筒灌浆连接应用技术规程》JGJ 355 的规定。套筒灌浆料的质量证明文件包括现行行业标准《钢筋连接用套筒灌浆料》JG/T 408 规定的产品合格证、使用说明书和产品质量检测报告等。

**6. 常温型封浆料进场检验**

常温型封浆料进场时，应对常温型封浆料的 3d 抗压强度、28d 抗压强度进行检验，检验结果应符合现行行业标准《钢筋套筒灌浆连接应用技术规程》JGJ 355 的有关规定。

检查数量：同一成分、同一批号的封浆料，不超过 50t 为一批，每批随机抽取不低于 30kg，并按现行国家标准《水泥胶砂强度检验方法（ISO 法）》GB/T 17671 的有关规定制作试件。常温型封浆料试件养护室温度应为 20±2℃，相对湿度不应低于 90%，养护水的温度应为 20±1℃。

检验方法：检查质量证明文件和抽样检验报告。

**7. 低温型套筒灌浆料、低温型封浆料进场检验**

低温型套筒灌浆料、低温型封浆料进场时，其性能检验应符合现行行业标准《钢筋套筒灌浆连接应用技术规程》JGJ 355 的规定。灌浆施工前，应按现行行业标准《钢筋套筒灌浆连接应用技术规程》JGJ 355 的规定核查接头工艺检验报告。

**8. 灌浆套筒进厂（场）抗拉强度检验**

灌浆套筒进厂（场）时，应抽取灌浆套筒并采用与其匹配的套筒灌浆料制作对中连接接头试件，并进行抗拉强度检验，检验结果均应符合现行行业标准《钢筋套筒灌浆连接应用技术规程》JGJ 355 的有关规定。

检查数量：同一批号、同一类型、同一强度等级、同一规格的灌浆套筒，不超过 1000 个为一批，每批随机抽取 3 个灌浆套筒制作对中连接接头试件。

检验方法：检查质量证明文件和抽样检验报告。

灌浆套筒进厂（场）抗拉强度检验接头试件应模拟施工条件并按专项施工方案制作。常温型套筒灌浆连接接头试件应在规定的条件下养护 28d，低温型套筒灌浆连接接头试件的养护应符合有关规定。接头试件的抗拉强度试验应采用零到破坏或零到 1.15 倍连接钢筋抗拉强度标准值的一次加载制度，并应符合现行行业标准《钢筋机械连接技术规程》JGJ 107 的有关规定。

接头制作可使用常温型套筒灌浆料，且套筒灌浆料应与工程中实际应用的套筒灌浆料相同，检验报告中应注明套筒灌浆料品牌和型号。对已经完成灌浆套筒进厂（场）抗拉强度检验并已在工程中（预制构件制作中）使用的灌浆套筒，如在现场灌浆施工中更换灌浆料，应重做检验，检验应在监理单位（建设单位）、第三方检测单位代表的见证下制作试件。

第一批检验可与工艺检验合并进行，工艺检验合格后可免除此批灌浆套筒的接头抽检。接头试件制作、养护及试验方法应符合有关规定，合格判断以接头力学性能检验报告为准，所有试件的检验结果均应符合现行行业标准《钢筋套筒灌浆连接应用技术规程》JGJ 355 的有关规定。考虑到钢筋套筒灌浆连接接头试件需养护 28d，未对复检做出规定，即应一次检验合格。

制作对中连接接头试件应采用工程中实际应用的钢筋，且应在钢筋进场检验合格后进行。对于断于钢筋而抗拉强度小于连接钢筋极限抗拉强度标准值的接头试件，不应判为不合格，应核查该批钢筋质量、加载过程是否存在问题，并按规定再次制作 3 个对中连接接头试件并重新检验。

**9. 预制混凝土构件进场验收**

预制混凝土构件进场验收应按现行国家标准《混凝土结构工程施工质量验收规范》GB 50204 的有关规定进行，并应按下列规定对埋入灌浆套筒的预制构件进行检验：

（1）灌浆套筒的位置及外露钢筋位置、长度允许偏差应满足要求；

（2）灌浆套筒内腔内不应有水泥浆或其他异物，外露连接钢筋表面不应粘连混凝土、砂浆；

（3）构件表面的灌浆孔、出浆孔、排气孔的数量、孔径尺寸应符合设计要求；

（4）与灌浆套筒连接的灌浆孔、出浆孔及排气孔应全长范围通畅，最狭窄处尺寸不应小于 9mm。

检查数量：不超过 100 个同类型预制构件为一批，每批随机抽取 20%，且不少于 5 件预制构件。

检查方法：观察，尺量检验；灌浆管、出浆管、排气管通畅性可使用专门器具。

根据现行国家标准《混凝土结构工程施工质量验收规范》GB 50204 的有关规定，预制混凝土构件进场验收的主要项目为检查质量证明文件、外观质量、标识、尺寸偏差等。质量证明文件主要包括产品合格证明书、混凝土强度检验报告及其他重要检验报告等；如灌浆套筒进场检验、接头工艺检验在预制构件生产单位完成，质量证明文件尚应包括这些项目的合格报告。

**10. 灌浆施工中常温型套筒灌浆料检验**

灌浆施工中，套筒灌浆料拌合物的流动度应符合现行行业标准《钢筋连接用套筒灌浆料》JG/T 408 的有关规定。

检查数量：每个工作班取样不得少于 1 次。

检验方法：检查灌浆施工记录及流动度试验报告。

灌浆施工中，常温型套筒灌浆料的 28d 抗压强度应符合现行行业标准《钢筋套筒灌浆连接应用技术规程》JGJ 355的有关规定。用于检验抗压强度的套筒灌浆料试件应在施工现场制作。

检查数量：每工作班取样不得少于1次，每楼层取样不得少于3次。每次抽取1组40mm×40mm×160mm的试件，按要求养护28d后进行抗压强度试验。

检验方法：检查施工记录及抗压强度试验报告。

套筒灌浆料强度是影响接头受力性能的关键，灌浆施工过程质量控制的最主要方式就是检验套筒灌浆料抗压强度和灌浆施工质量。

**11. 灌浆施工中低温型套筒灌浆料检验**

灌浆施工中，低温型套筒灌浆料的28d抗压强度的检验应符合现行行业标准《钢筋套筒灌浆连接应用技术规程》JGJ 355的规定。

**12. 灌浆施工中平行加工对中连接接头抗拉强度检验**

灌浆施工中，应采用实际应用的灌浆套筒、套筒灌浆料制作平行加工对中连接接头试件，进行抗拉强度检验，检验结果均应满足要求。

检查数量：不超过四个楼层的同一批号、同一类型、同一强度等级、同一规格的接头试件，不超过1000个为一批，每批制作3个对中连接接头试件。所有接头试件均应监理单位或建设单位的见证下由现场灌浆人员随施工进度平行制作，不得提前制作。

检验方法：检查抽样检验报告。

每批3个接头的检验结果均应符合现行行业标准《钢筋套筒灌浆连接应用技术规程》JGJ 355的要求时，该验收批应判为合格。如有1个及以上接头的检验结果不符合要求，应判为不合格。

为加强钢筋套筒灌浆连接施工的质量控制，增加现场灌浆平行加工接头试件的检验。预制构件运至现场时，应携带足够数量的全灌浆套筒或半灌浆套筒半成品，半灌浆套筒的机械连接端钢筋应在构件生产单位完成连接加工。现场所有接头试件都应监理单位或建设单位见证下由现场灌浆人员随施工进度平行制作，应杜绝提前加工接头试件的情况发生。接头试件的制作地点宜为灌浆楼层的作业面，也可为施工现场的其他地点。

**13. 灌浆密实度检验**

灌浆施工过程中，所有出浆口均应平稳、连续出浆。灌浆完成后，灌浆套筒内灌浆料应密实饱满，应进行灌浆饱满性实体检验。

检查数量：外观全数检查。对灌浆饱满性进行实体抽检，现浇与预制转换层应抽检预制构件数不少于5件且不少于15个灌浆套筒，每个灌浆套筒检查1个点；其他楼层如施工记录、灌浆施工质量检查记录、影像资料齐全并可证明施工质量，且100%灌浆套筒已按有关规定进行监测，可不进行灌浆饱满性实体抽检。

检验方法：观察；检查施工记录、灌浆施工质量检查记录、影像资料；灌浆饱满性实体检验可采用局部钻孔后内窥方式或其他可靠办法。

灌浆质量是钢筋套筒灌浆连接的决定性因素。对于现浇与预制转换层，存在质量隐患的可能性较大，可采用局部钻孔后内窥方式进行灌浆饱满性实体抽检，钻孔的部位可为出浆孔或套筒壁，检验可由监理单位组织施工单位实施；灌浆饱满性实体检验也可采用其他可靠方法，具体实施单位可根据检验方法需要确定。对于其他楼层，如施工记录、灌浆施工质量检查记录、影像资料齐全并可证明施工质量，且灌浆套筒100%采用方便观察且有补浆功能的器具或其他可靠手段对灌浆饱满性进行监测，可不进行实体抽检，否则应参照转换层要求进行抽检。

当灌浆饱满性检验结果为不饱满时，应进行灌浆饱满度检测，为灌浆不饱满的处理方案提供依据。

**14. 不合格处理**

当施工过程中套筒灌浆料抗压强度、接头抗拉强度、灌浆饱满性、灌浆套筒内钢筋插入长度不满足要求时，应按下列规定进行处理：

（1）对于灌浆饱满性不满足要求的情况，经返工、返修的应重新进行验收；当返工、返修时，可委托法定检测单位按实际灌浆饱满度制作接头试件，并按型式检验要求检验。如检验结果符合现行行业标准《钢筋套筒灌浆连接应用技术规程》JGJ 355 的规定，可予以验收；如不符合，可按灌浆接头性能不合格进行处理；

（2）对于灌浆套筒内钢筋插入长度不符合要求的情况，可委托法定检测单位按钢筋实际插入长度制作接头试件，并按型式检验要求检验。如检验结果符合现行行业标准《钢筋套筒灌浆连接应用技术规程》JGJ 355 的规定，可予以验收；如不符合，可按灌浆接头性能不合格进行处理；

（3）对于套筒灌浆料抗压强度不合格的情况，当满足套筒灌浆料强度实体检验条件时，可委托法定检测单位进行套筒灌浆料实体强度检测。当实体强度检验结果满足设计要求时，可予以验收；如不符合，可按（4）进行处理；

（4）对于套筒灌浆料抗压强度不合格的情况，可委托法定检测单位按套筒灌浆料实际抗压强度制作接头试件，并按型式检验要求检验。如检验结果符合现行行业标准《钢筋套筒灌浆连接应用技术规程》JGJ 355 的规定，可予以验收；如不符合，可按灌浆接头性能不合格进行处理；

（5）对于灌浆接头性能不合格的情况，可根据实际抗拉强度和变形性能，由设计单位进行核算。当经核算并确认仍可满足结构安全和使用功能时，可予以验收；当核算不合格，经返修或加固处理后能够满足结构可靠性要求时，应按国家现行工程建设标准的规定进行监测，根据处理文件和协商文件进行验收；

（6）当无法进行处理时，应切除或拆除构件，重新安装构件并灌浆施工，也可采用现浇的方式重新完成构件施工。

检查数量：全数检查。

检验方法：检查处理记录。

灌浆施工质量直接影响钢筋套筒灌浆连接接头受力，当施工过程中套筒灌浆料抗压强度、接头抗拉强度、灌浆饱满性不符合要求时，可采取试验检验、设计核算等方式处理。技术处理方案应由施工单位提出，经监理、设计单位认可后方可执行。上述规定是根据《混凝土结构工程施工质量验收规范》GB 50204—2015 第 10.2.2 条对施工质量不符合要求的有关处理规定提出的。

当套筒灌浆料试块抗压强度不合格的情况，在满足工程实体检测条件的情况下，可对套筒灌浆料实体强度进行取样检测，根据实体强度检测结果确定下一步的处理方案。

对于无法处理的灌浆质量问题，应切除或拆除构件，并保留连接钢筋，重新安装新构件并灌浆施工。

**15. 混凝土结构子分部工程施工质量验收**

混凝土结构子分部工程施工质量验收时，除应符合现行国家标准《混凝土结构工程施工质量验收规范》GB 50204 的有关规定外，尚应提供下列文件和记录：

（1）接头型式检验报告、匹配检验报告、工艺检验报告；

（2）套筒灌浆料质量证明文件、进场检验报告和施工中套筒灌浆料抗压强度检验报告；

（3）灌浆套筒质量证明文件、进场外观检验报告、进场接头力学性能检验报告、施工中接头力学性能检验报告；

（4）预制构件质量证明文件与进场检验报告；

（5）施工记录、灌浆施工质量检查记录、影像资料；

（6）灌浆完成后灌浆套筒内灌浆饱满性检验报告。

# 第6章　钢筋机械连接

钢筋机械连接指通过钢筋与连接件或其他介入材料的机械咬合作用或钢筋端面的承压作用，将一根钢筋中的力传递至另一根钢筋的连接方法。机械连接通过连贯于两根钢筋之间的连接件实现力的传递，钢筋与连接件间的传力一般通过螺纹之间的啮合、连接件挤压变形的咬合等形式实现。与钢筋绑扎搭接传力不同的是，其不依靠握裹层混凝土传力，而是依靠钢制的连接件传力，因而接头长度和尺寸更小，传力性能更可靠。

## 6.1　钢筋机械连接技术的发展与应用

20世纪70年代，工业发达国家（如欧美国家、日本）经济高速发展，在工程结构中，大直径、高强钢筋的应用越来越多，各种机械连接技术相继出现。钢筋挤压连接技术诞生于20世纪70年代，美国、日本为解决大直径钢筋的可靠连接，尤其是抗震结构、风动荷载结构等复杂受力结构的钢筋连接，开发了带肋钢筋套筒挤压连接技术，并广泛应用于高层建筑、桥梁、船坞、高速公路、大型设备基础、核电站等工程，特别是日本横跨濑户内海的本州至四国大桥工程中，带肋钢筋套筒挤压连接机械与工艺已得到大量应用。

除带肋钢筋套筒挤压接头和锥螺纹接头外，还有滚轧直螺纹接头（如英国CCL钢筋接头）、镦粗直螺纹接头（如法国BARTEC体系）、熔融金属充填套筒接头（如美国CADWELD接头）、适用于装配式结构用的水泥浆充填套筒接头（如美国、日本NBM接头）等。其中，钢筋镦粗直螺纹连接早在20世纪70年代国外教科书中就有所介绍，但工程用生产工艺及配套机械设备是欧洲公司于20世纪80年代末最先开发并成功应用的。20世纪90年代，英国CCL公司和法国DEXTRA公司将实用的钢筋镦粗螺纹连接技术和设备产品推向国际建筑市场，并在460MPa级钢筋连接领域得到了大量应用。在钢筋镦粗直螺纹连接技术应用早期，欧洲公司的技术和机械装备、生产工艺、应用经验均处于领先地位。

1988年日本建成的本州岛-四国岛跨海大桥采用了神户制钢公司提供的约28万个带肋钢筋套筒挤压连接件。此外，香港会展中心、青马大桥、马来西亚石油大厦（双子塔）、法国诺曼底大桥、泰国帝后公园大厦、我国广州中信大厦（80层）、广东岭澳核电站等数百项大型工程均采用了国外钢筋连接技术。

20世纪80年代中后期，随着我国经济发展，高层建筑、高速公路、大桥、核电站、电视发射塔等重大建设工程中大直径钢筋和余热处理钢筋用量大增，钢筋焊接连接技术已不能完全满足工程需要，急须开发大直径钢筋和余热处理钢筋机械连接技术。由于余热处理钢表面硬、难于切削和变形。1985年前后，中国建筑科学研究院、冶金部建筑研究总院等单位开始研发带肋钢筋套筒径向挤压连接接头，如图6.1-1所示，开启了我国机械连接技术研究与应用的先河。

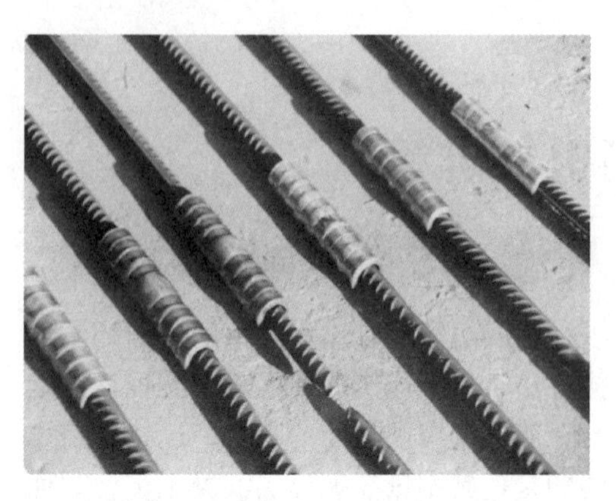

图 6.1-1　带肋钢筋套筒径向挤压连接接头

相关单位进行了大量单体接头型式检验，并进行了大量钢筋混凝土构件试验，以考察接头受拉或受压对构件裂缝、刚度、强度的影响等。研究结果表明，接头对梁裂缝分布和开展、梁挠度和强度均无明显影响。1987 年 10 月，405m 高的全国重点工程——中央电视塔在国内率先采用带肋钢筋套筒径向挤压连接接头，有效解决了大直径钢筋焊接难的问题，开启了我国钢筋机械连接技术工程应用的先河。

继中央电视塔后，带肋钢筋套筒径向挤压连接技术又在中日友好交流中心、燕莎中心、大亚湾核电站、南京大胜关送变电大跨越塔等工程中成功应用，并在全国推广。套筒径向挤压连接接头曾被列入原建设部“九五”期间新技术重点推广项目，被广泛应用于各类钢筋混凝土结构中。1990 年，钢筋冷挤压连接技术被原国家科委列入国家科技成果重点推广项目，原冶金部建筑研究总院为技术支持单位。1992 年，由原冶金部建筑研究总院完成的钢筋冷挤压连接工法被列入国家级工法，编号为 YJGF 35—92。1993 年 12 月，原冶金工业部颁布了由原冶金工业部建筑研究总院编制的中国第一部钢筋机械连接行业标准《带肋钢筋挤压连接技术及验收规程》YB 9250—93，该规程于 1994 年 5 月 1 日起颁布实施。1996 年 12 月，原建设部颁布了由中国建筑科学研究院主编的《带肋钢筋套筒挤压连接技术规程》JGJ 108—96，该规程于 1997 年 4 月起实施。1998 年建设部将大直径钢筋连接技术列入建筑业 10 项新技术，国内多家企业和研究单位开始重点开发钢筋挤压连接机械，以满足工程建设的需要。钢筋挤压连接技术进入了全国大面积推广应用阶段，不仅解决了粗钢筋焊接质量稳定性的技术难题，也为高强钢筋推广应用提供了技术支撑，为钢筋机械连接技术在我国的发展奠定了坚实基础。带肋钢筋套筒径向挤压连接接头因其良好的质量和性价比，自 20 世纪 90 年代初至今被广泛应用于工程建设中。

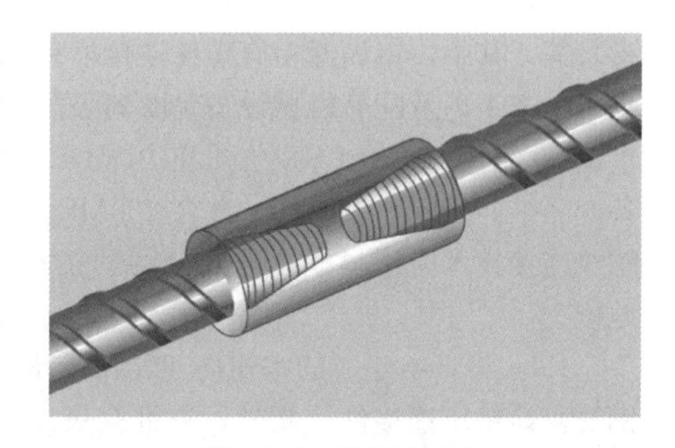

图 6.1-2　锥螺纹接头

20 世纪 90 年代初，施工速度快、接头成本低的锥螺纹钢筋连接技术（图 6.1-2）开始在国内大量推广使用，并衍生出了切削锥螺纹工艺和端部挤压强化切削锥螺纹工艺。相比带肋钢筋套筒径向挤压连接技术，锥螺纹钢筋连接接头因加工可全预制，适用范围广，现场连接仅需用扳子操作，无需搬动设备和拉扯电线，施工方便高效，连接件短，经济性好，劳动强度低，迅速得到市场认可和大规模应用。我国还成功研制、推广应用了等强锥螺纹连接技术。等强锥螺纹连接技术是在传统切削锥螺纹工艺前增加了钢筋端部挤压强化工艺，从而实现了接头与母材等强。

20 世纪 90 年代后期，直螺纹钢筋接头的出现使我国钢筋机械连接技术进入了新的时期。我国陆续自主研发推广了镦粗直螺纹接头（图 6.1-3）、滚轧直螺纹接头（图 6.1-4）

等钢筋连接接头，镦粗直螺纹接头分为热镦粗直螺纹钢筋接头和冷镦粗直螺纹钢筋接头，滚轧直螺纹接头衍生出剥肋滚轧、直接滚轧、压肋滚轧、镦粗滚轧等形式。镦粗直螺纹和滚轧直螺纹工艺采用不同的加工方式，增强钢筋端头螺纹的承载能力，达到接头与钢筋母材等强的目的。直螺纹连接技术的出现为钢筋连接技术带来了质的飞跃，在我国工程建设中所占比例逐渐增大。

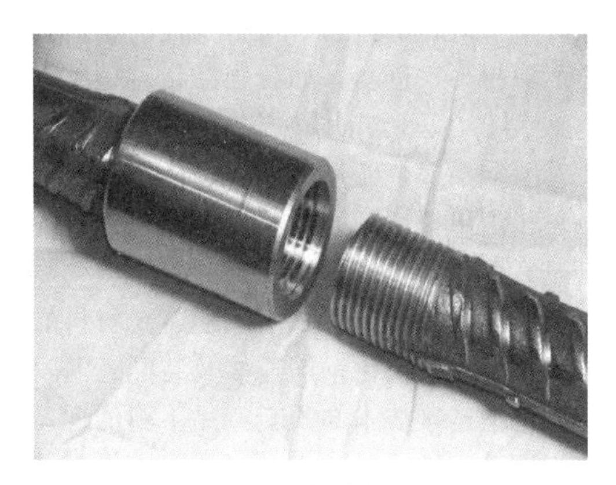

图 6.1-3　镦粗直螺纹接头

图 6.1-4　滚轧直螺纹接头

20 世纪 90 年代初，法国 DEXTRA 公司最先将镦粗直螺纹连接技术在我国工程中进行推广应用，如广州中天大厦。但镦粗机体积庞大、笨重，与钢筋直螺纹成型机、钢筋切断机集中布置在一个集装箱式工作站内，不仅质量以数吨计且占地面积较大，在场地狭小的施工现场难以应用，因此，其主要应用于工厂预制钢筋丝头。当时进口设备昂贵，且 DEXTRA 公司不销售设备，造成接头制造成本过高（平均每个接头费用达到上百元），不适合我国当时的经济条件，故在国内推广速度较慢。

20 世纪 90 年代末，国内开发的镦粗直螺纹连接技术开始登上舞台。面对国外镦粗直螺纹连接技术的优势，中国建筑科学院研究院在吸收国外先进技术经验的基础上，围绕国内主要应用的 HRB335 钢筋，开发了我国第一代钢筋直螺纹连接技术—镦粗直螺纹连接技术。

钢筋镦粗直螺纹连接机械随着钢筋镦粗直螺纹连接技术诞生，钢筋镦粗机和螺纹成型机经历了从可用到耐用再到更好用的过程。中国建筑科学研究院研制了小型单缸楔形夹块镦粗机，于 1996 年 7 月申请了“镦粗钢筋用的冷镦装置”专利。该镦粗机体积小巧、质量仅数百 kg，配套的钢筋直螺纹套丝机也小巧、轻便，适合工程现场使用，并得到快速推广应用。随着工程应用的增多，小型镦粗机缺点逐渐暴露出来，一方面是镦粗动作周期较长、加工速度慢，另一方面是夹持钢筋的模具由于夹持力过大，磨损和破损造成的损耗相对较大。同一时期，冶金部建筑研究总院北京建茂建筑设备有限公司开发了镦小头的钢筋镦粗直螺纹和锥螺纹连接技术，于 1996 年 11 月申请了以冷作强化为技术核心的“变形带肋钢筋的机械连接接头”专利，开发了筒型小楔块式钢筋镦粗机，但在试应用中也发现了同类问题，进而转向大吨位双缸镦粗机的研发，开发了油缸外置于钢框架的双缸大吨位镦粗机，解决了镦粗变形控制和钢筋夹持力控制问题，提高了加工精度和生产效率，同时形成了适合高强钢筋的镦小头钢筋镦粗直螺纹连接技术。近年来，出现了四柱式楔形块单缸镦粗机等新型设备，生产效率得到提高，设备性能日趋稳定，设备开始不断出口到国外。

滚轧直螺纹钢筋连接技术自20世纪90年代初开始研制，1996年开始在实际工程中试用。随着滚轧工艺的不断完善，滚轧直螺纹设备性能提高，应用规模也逐渐扩大。滚轧直螺纹钢筋接头施工方便、价格合理，尤其是性能优良、质量可靠，型式检验及工地检验合格率高，因此深受用户欢迎，市场迅速扩大，至今已成为钢筋机械连接的主要形式。

钢筋机械连接技术的进步某种意义上是工艺和机械装备的进步。值得一提的是，我国在镦粗直螺纹、滚轧直螺纹加工设备、工艺等方面取得不少创新，如我国镦粗直螺纹设备重量及体积仅为国外的1/4～1/3，方便施工现场使用，在国际市场中具有较强竞争力；滚轧直螺纹设备增加端部整形和倒角装置，有效改善了接头残余变形性能，降低了设备配件损耗；与钢筋端部螺纹加工配套的钢筋切断设备逐步由单根切断的简易设备发展为具备自动定尺成排锯切下料或圆弧刀下料的自动化生产线设备，效率倍增。

近年来，在新型建筑工业化的施工绿色化、智能化、信息化背景下，随着新材料的发展、高强钢筋的应用、特种工程需要、新型建造方式（如模块化钢筋连接及装配式混凝土结构）的发展，钢筋机械连接技术发展迅速，新型机械连接技术与配套产品不断涌现，如不锈钢钢筋机械连接技术、核电工程抗飞机撞击用钢筋机械连接技术、耐低温钢筋机械连接技术、可焊型套筒钢筋连接技术、环氧涂层钢筋连接技术、耐蚀钢筋连接技术、耐火钢筋连接技术，适应模块化钢筋连接的组合式直螺纹套筒钢筋连接技术、新型轴向挤压连接技术等。需关注的是，对钢筋端部不加工螺纹的钢筋连接技术也在不断发展，除了钢筋套筒径向挤压连接技术外，又涌现了套筒轴向挤压连接、摩擦焊直螺纹连接技术等，有利推动了钢筋工程的工业化进程。

随着住宅产业、能源交通等基础设施建设的不断发展，钢筋混凝土结构跨度和规模越来越大，高强大直径钢筋应用日益增多，钢筋机械连接技术将向高质量、高效率、操作简单且经济廉价的方向发展，钢筋机械连接接头所占比重将越来越大，在一段时间内还会有多种连接方式并存。目前，带肋钢筋套筒径向挤压连接由于设备需要在钢筋连接时操作、施工效率低、工人劳动强度大、成本高等原因，仅在少数工况下使用（如弧形钢筋连接；未带丝头的钢筋已经安装在混凝土中，需要后续连接；加固改造工程）。采用锥螺纹钢筋连接技术时，钢筋与连接件连接时须施加一定的拧紧扭矩才能保证连接质量，工人一时疏忽拧不紧钢筋，受力后易产生滑脱。虽然锥螺纹连接对中性好，但对钢筋要求较严，钢筋不能弯曲或有马蹄形切口，否则易产生丝扣不全，为连接质量留下隐患。另外，锥螺纹钢筋连接技术削减了钢筋母材截面面积，锥螺纹底径小于钢筋母材基圆直径，接头强度会被削弱，破坏多发生在接头处，通常仅能达到母材实际抗拉强度的85%～95%。现场加工的锥螺纹质量不稳定，漏拧或扭紧力矩不准、丝扣松动等因素对接头性能有较大影响，现场质量管理难度大。直螺纹接头质量稳定可靠、性能优越、无污染、施工不易受气候影响、成本低，可与套筒挤压连接接头相媲美，且具有锥螺纹接头施工方便、速度快的特点。直螺纹接头较套筒挤压接头节省钢材70%，较锥螺纹接头节省钢材35%，技术经济性好。因此，直螺纹钢筋连接占据了大部分市场，其中钢筋剥肋滚轧直螺纹连接技术将在很长一段时间内成为我国钢筋连接的主要方法。

钢筋机械连接技术不仅解决了大直径钢筋的连接问题，还克服了钢筋绑扎搭接连接技术中需要钢筋具有一定搭接长度而浪费钢筋、造成钢筋拥挤等弊端。钢筋机械连接具有提高工程质量、缩短建造周期、节约建造成本、施工安全文明的综合优势，成为我国钢筋连接的主要方式，具体表现如下：

（1）接头强度高、变形性能好。质量稳定可靠，受人为因素的影响小。

（2）适用范围广。适用于任意方位上同直径和不同直径钢筋之间、不同品种钢筋之间的连接；对钢筋无可焊性要求；钢筋种类和化学成分对连接质量几乎无影响。

（3）施工简便、效率高，便于专业化生产。操作简单，加工和安装人员仅需经过短期培训即可独立作业；钢筋螺纹可提前预制，连接件均为工厂化生产，不占用施工工期；现场连接安装作业占用时间短。

（4）接头质量检验方便。采用目测或简单工具（如量规、扭矩扳子等）即可检验接头质量是否合格。

（5）节材节能、环保安全。节约钢筋；设备功率仅为焊接设备的1/50～1/6，无须专用配电设施，节省能源、耗电低；钢筋丝头加工及接头现场施工无污染、无明火操作、无烟尘；无火灾及爆炸隐患，施工安全、可靠。

（6）全天候施工。不受风、雨、雪等气候条件和电力条件的影响。

（7）缓解钢筋搭接处的拥挤，有利于混凝土浇筑。

我国还成功研制、推广应用了带肋钢筋熔融金属充填连接技术。熔融金属充填连接是从钢筋热剂焊的基础上发展而来的。钢筋热剂焊的基本原理为：将容易点燃的热剂（通常为铝粉、氧化铁粉、某些合金元素相混合的粉末）填入石墨坩埚中，然后点燃，形成放热反应，使氧化铁粉还原为液态钢水，温度在2500℃以上，穿过坩埚底部的封口片，经石墨浇注槽注入两根钢筋间的预留间隙，使钢筋端面熔化，冷却后形成钢筋焊接接头。为保证钢筋端部的充分熔化，须设置预热金属贮存腔，使最初进入铸型的高温钢水在流过钢筋间缝隙后进入预热金属贮存腔时，将钢筋端部预热，而后续浇注的钢水填满接头缝隙，冷却后形成牢固焊接接头。钢筋热剂焊也称钢筋铝热焊，由于工艺较繁杂，已较少使用。带肋钢筋熔融金属充填连接是在上述钢筋热剂焊的基础上加以改进，在接头连接处增加一个带内螺纹或齿状沟槽的钢套筒，省去预热金属贮存腔。这样经铝热反应产生的液态钢水直接注入套筒与钢筋表面之间的缝隙及两根钢筋之间的缝隙。冷却凝固后，充填金属起到与套筒内螺纹和钢筋表面螺纹（肋）的相互咬合作用，形成牢固的连接接头。施加荷载后，充填金属受剪切力。与套筒灌浆连接相同，熔融金属充填连接从严格意义上说不属于机械连接范畴。熔融金属充填连接在工程应用中无专门标准，一直参照《钢筋机械连接技术规程》JGJ 107执行，研发成功后在紧水滩水电站导流隧洞、厦门国际金融大厦、龙羊峡水电站等工程中大量应用。

纵观我国钢筋机械连接技术的发展史，是一部“学习模仿—自主研发—超越发展”的历史。每一项钢筋机械连接技术都在特定的历史时期发挥着重要作用，且不断创新和进步，发展至今，无论是从应用规模上，还是从技术、标准先进性上，均已达到世界领先水平。

国内应用钢筋机械连接技术的部分项目见表6.1。值得一提的是，在港珠澳大桥和漳州“华龙一号”核电工程建设中，我国科研人员经过刻苦攻关，分别打破了长期被国外公司垄断的不锈钢钢筋机械连接技术、抗飞机撞击用钢筋机械连接技术，解决了我国工程建设的“卡脖子”问题。

国内应用钢筋机械连接技术的典型项目　　表 6.1

| 序号 | 项目名称 | 机械连接技术类型 |
|---|---|---|
| 1 | 浙江三门 AP1000 核电站 | 剥肋滚轧直螺纹接头 |
| 2 | 浙江方家山核电站 | 剥肋滚轧直螺纹接头 |
| 3 | 山东海阳 AP1000 核电站 | 剥肋滚轧直螺纹接头 |
| 4 | 广东陆丰核电站 | 剥肋滚轧直螺纹接头 |
| 5 | 海南昌江“华龙一号”核电站 | 剥肋滚轧直螺纹接头 |
| 6 | 福建福清核电站 | 直接滚轧直螺纹接头 |
| 7 | 浙江三澳核电站 | 剥肋滚轧直螺纹接头 |
| 8 | 山东荣成“国和一号”核电站 | 剥肋滚轧直螺纹接头 |
| 9 | 福建漳州“华龙一号”核电站 | 直接滚轧直螺纹接头<br>抗飞机撞击用钢筋接头 |
| 10 | 港珠澳大桥 | 环氧树脂涂层钢筋/不锈钢钢筋/热轧带肋钢筋<br>镦粗滚轧直螺纹接头/镦粗直螺纹接头 |
| 11 | 北京社科院 | 等强锥螺纹接头 |
| 12 | 溪洛渡水电站 | 剥肋滚轧直螺纹接头 |
| 13 | 北京铁路南站 | 剥肋滚轧直螺纹接头 |
| 14 | 上海虹桥交通枢纽 | 剥肋滚轧直螺纹接头 |
| 15 | 山西太原火车站 | 剥肋滚轧直螺纹接头 |
| 16 | 乌东德水电站 | 剥肋滚轧直螺纹接头 |
| 17 | 辽宁徐大堡核电站 | 剥肋滚轧直螺纹接头 |
| 18 | 天津铁路南站 | 剥肋滚轧直螺纹接头 |
| 19 | 中核甘肃核技术产业园 | 剥肋滚轧直螺纹接头 |
| 20 | 四川夹江核能开发项目 | 剥肋滚轧直螺纹接头 |
| 21 | 国家体育场（鸟巢） | 剥肋滚轧直螺纹接头 |
| 22 | 国家游泳中心（水立方） | 剥肋滚轧直螺纹接头 |
| 23 | 国家大剧院 | 剥肋滚轧直螺纹接头 |
| 24 | 中央电视台新台址 | 剥肋滚轧直螺纹接头 |
| 25 | 香港会展中心 | 镦粗直螺纹接头 |
| 26 | 青马大桥 | 镦粗直螺纹接头 |
| 27 | 马来西亚石油大厦 | 镦粗直螺纹接头 |
| 28 | 法国诺曼底大桥 | 镦粗直螺纹接头 |
| 29 | 泰国帝后公园大厦 | 镦粗直螺纹接头 |
| 30 | 广州中信大厦 | 镦粗直螺纹接头 |
| 31 | 广东岭澳核电站 | 镦粗直螺纹接头 |
| 32 | 秦山核电站 | 镦粗直螺纹接头 |
| 33 | 润阳长江大桥 | 镦粗直螺纹接头 |
| 34 | 上海黄浦江越江隧道 | 镦粗直螺纹接头 |
| 35 | 北京大运村 | 镦粗直螺纹接头 |

续表

| 序号 | 项目名称 | 机械连接技术类型 |
| --- | --- | --- |
| 36 | 北京地铁 | 镦粗直螺纹接头 |
| 37 | 上海地铁 | 镦粗直螺纹接头 |
| 38 | 苏通长江大桥 | 镦粗直螺纹接头 |
| 39 | 杭州湾跨海大桥 | 镦粗直螺纹接头 |
| 40 | 重庆国际大厦 | 镦粗直螺纹接头 |
| 41 | 北京西客站南广场大厦 | 镦粗直螺纹接头 |
| 42 | 深圳邮电信息枢纽大厦 | 镦粗直螺纹接头 |
| 43 | 天津海河大桥 | 镦粗直螺纹接头 |
| 44 | 重庆鹅公岩长江大桥 | 镦粗直螺纹接头 |
| 45 | 陕西咸阳国际机场 | 镦粗直螺纹接头 |
| 46 | 北京国际机场第三航站楼 | 带肋钢筋套筒径向挤压接头/<br>镦粗直螺纹接头 |
| 47 | 秦山核电站 | 镦粗直螺纹接头 |
| 48 | 北京现代城 | 镦粗直螺纹接头 |
| 49 | 长江三峡枢纽工程 | 镦粗直螺纹接头/热镦粗直螺纹接头/<br>带肋钢筋套筒径向挤压接头 |
| 50 | 台北新庄体育馆 | 镦粗直螺纹接头 |
| 51 | 辽宁长山跨海大桥 | 镦粗直螺纹接头 |
| 52 | 南京大胜关大桥 | 镦粗直螺纹接头 |
| 53 | 西安高新国际商务中心 | 镦粗直螺纹接头 |
| 54 | 上海巨金大厦 | 镦粗直螺纹接头 |
| 55 | 上海红塔大酒店 | 镦粗直螺纹接头 |
| 56 | 苏州体育场 | 镦粗直螺纹接头 |
| 57 | 江苏连云港核电站工程 | 热镦粗直螺纹接头 |
| 58 | 广西龙滩水电站工程 | 热镦粗直螺纹接头 |
| 59 | 贵州乌江渡水电站扩建工程 | 热镦粗直螺纹接头 |
| 60 | 广西百色水利枢纽工程 | 热镦粗直螺纹接头 |
| 61 | 贵州洪家渡水电站工程 | 热镦粗直螺纹接头 |
| 62 | 贵州引子渡水电站工程 | 热镦粗直螺纹接头 |
| 63 | 云南小湾水电站工程 | 热镦粗直螺纹接头 |
| 64 | 湖北水布垭电站枢纽工程 | 热镦粗直螺纹接头 |
| 65 | 中科院信息网络中心工程 | 剥肋滚轧直螺纹接头 |
| 66 | 北京 SOHO 现代城 | 剥肋滚轧直螺纹接头 |
| 67 | 中央电视塔 | 带肋钢筋套筒径向挤压接头 |
| 68 | 小浪底水利工程 | 带肋钢筋套筒径向挤压接头 |
| 69 | 虎门大桥 | 带肋钢筋套筒径向挤压接头 |
| 70 | 湖北黄石长江公路大桥 | 带肋钢筋套筒径向挤压接头 |

续表

| 序号 | 项目名称 | 机械连接技术类型 |
|---|---|---|
| 71 | 北京恒基中心 | 带肋钢筋套筒径向挤压接头 |
| 72 | 汕头妈湾电厂烟囱 | 带肋钢筋套筒径向挤压接头 |
| 73 | 山东滨州至德州高速公路桩基钢筋笼工程 | 带肋钢筋套筒径向挤压接头 |
| 74 | 青海拉西瓦水利工程导流洞工程 | 带肋钢筋套筒径向挤压接头 |
| 75 | 宝钢马迹山港口工程 | 环氧树脂涂层钢筋<br>带肋钢筋套筒径向挤压接头 |
| 76 | 广东粤东城际铁路 | 带肋钢筋套筒轴向挤压接头 |
| 77 | 湖南官新高速 | 带肋钢筋套筒轴向挤压接头 |
| 78 | 中国移动长三角（南京）科创中心 | 带肋钢筋套筒轴向挤压接头 |
| 79 | 湖南省肿瘤医院 | 带肋钢筋套筒轴向挤压接头 |
| 80 | 福建泉州数字产业园 | 带肋钢筋套筒轴向挤压接头 |
| 81 | 观音寺长江大桥 | 带肋钢筋套筒轴向挤压接头 |
| 82 | 百色市南北过境线公路（北环线） | 带肋钢筋套筒轴向挤压接头 |

近年来，我国钢筋机械连接行业积极参与海外市场竞争，产品和技术出口至中东阿联酋、沙特阿拉伯、伊朗、卡塔尔，东南亚的印度、越南、印尼、马来西亚、泰国等近 30 个国家和地区，应用我国钢筋机械连接技术的海外标志性工程包括印度塔、俄罗斯联邦大厦、墨西哥 Torre Reforma 大厦、马来西亚槟城二桥、印度尼西亚泗水-马都拉大桥、阿联酋迪拜的 AL ATTER TOWER、阿尔及利亚巴哈吉体育场、科威特联合大楼等。

## 6.2 我国钢筋机械连接技术标准

为规范与加强钢筋机械连接行业的技术指导，我国科研人员在开发钢筋机械连接新技术、新产品的同时，根据各机械连接技术的先进性、市场应用范围及当前的工程建设需求，与时俱进，不断进行标准制定或修订。1996 年，我国第一部钢筋机械连接通用性行业标准《钢筋机械连接通用技术规程》JGJ 107—96 发布实施，对于提高接头质量、规范技术管理具有重大意义。2003 年、2010 年、2016 年版分别对该标准进行了修订完善，对于不断引领和指导行业发展起到重要作用。产品标准《钢筋机械连接用套筒》JG/T 163—2013、《钢筋连接用直螺纹套筒》T/CECS 10287—2023 陆续发布实施，完善了我国钢筋机械连接技术规范体系，对规范钢筋机械连接件设计、制作与应用等起重要作用，进一步规范了钢筋机械连接件的使用。在钢筋机械连接设备方面，制订了《钢筋套筒挤压机》JG/T 145—2002、《建筑施工机械与设备 钢筋切断机械》JB/T 12077—2014、《建筑施工机械与设备 钢筋螺纹成型机械》JB/T 13709-2019、《建筑施工机械与设备 钢筋加工机械安全要求》GB/T 38176—2019 等国家标准和行业标准，钢筋机械连接最终形成了工程技术标准、连接件（套筒）产品标准与钢筋加工机械标准配套使用的局面，有效规范钢筋机械连接技术的应用，引导钢筋机械连接技术不断发展。

除上述现行标准外，我国曾发布实施过带肋钢筋套筒挤压、钢筋锥螺纹连接、镦粗直螺纹和滚轧直螺纹连接的专门标准《带肋钢筋套筒挤压连接技术规程》JGJ 108—96、《钢筋锥螺纹接头技术规程》JGJ 109—96、《镦粗直螺纹钢筋接头》JG 171—2005（代替 JG/T 3057—1999）、《滚轧直螺纹钢筋连接接头》JG 163—2004 等，虽然这些标准已废止，但在一定时期内大大促进了钢筋机械连接技术的发展，对各类钢筋机械连接接头的应用起到了重要指导作用，促进了钢筋机械连接接头质量和技术水准的提高。有关钢筋机械连接的国家现行标准见表 6.2-1，相关专项标准的历史版本见表 6.2-2。除国家现行标准外，关于钢筋机械连接，各社会团体还发布了相关标准，见表 6.2-3。

**我国有关钢筋机械连接的现行标准　　表 6.2-1**

| 标准名称 | 标准性质 | 目前情况 | 备注 |
| --- | --- | --- | --- |
| 《混凝土结构设计标准》GB/T 50010—2010 | 国家工程技术标准 | 现行 | 原则性规定 |
| 《混凝土结构工程施工规范》GB 50666—2011 | 国家工程技术标准 | 现行 | 原则性规定 |
| 《混凝土结构工程施工质量验收规范》GB 50204—2015 | 国家工程技术标准 | 现行 | 原则性规定 |
| 《钢筋机械连接技术规程》JGJ 107—2016 | 建工行业工程技术标准 | 现行 | 取代 JGJ 107—2010 |
| 《钢筋机械连接用套筒》JG/T 163—2013 | 建工行业产品标准 | 现行 | 产品标准，取代 JG 163—2004、JG 171—2005 |
| 《建筑用钢筋滚轧直螺纹连接套筒》DB13/T 1463—2011 | 河北省地方标准 | 现行 | 产品标准 |
| 《钢筋机械连接件　残余变形量试验方法》YB/T 4503—2015 | 黑色冶金行业标准 | 现行 | 试验方法标准 |
| 《钢筋机械连接件》GB/T 42796—2023 | 国家工程技术标准 | 现行 | 专项标准 |
| 《钢筋机械连接件试验方法》GB/T 42901—2023 | 国家试验方法标准 | 现行 | 专项标准 |
| 《钢筋套筒挤压机》JG/T 145—2002 | 建工行业标准 | 现行 | 机械标准 |
| 《建筑施工机械与设备 钢筋切断机械》JB/T 12077—2014 | 机械行业标准 | 现行 | 机械标准 |
| 《建筑施工机械与设备 钢筋螺纹成型机械》JB/T 13709—2019 | 机械行业标准 | 现行 | 机械标准 |
| 《建筑施工机械与设备 钢筋加工机械 安全要求》GB/T 38176—2019 | 国家机械标准 | 现行 | 机械标准 |

**我国有关钢筋机械连接的专项标准历史版本　　表 6.2-2**

| 标准名称 | 标准性质 | 目前情况 | 备注 |
| --- | --- | --- | --- |
| 《带肋钢筋套筒挤压连接技术规程》JGJ 108—96 | 建工行业工程技术标准 | 已废止 | 专项标准 |
| 《钢筋锥螺纹接头技术规程》JGJ 109—96 | 建工行业工程技术标准 | 已废止 | 专项标准 |
| 《钢筋机械连接通用技术规程》JGJ 107—96 | 建工行业工程技术标准 | 已废止 | 我国首部钢筋机械连接专项标准 |
| 《钢筋机械连接通用技术规程》JGJ 107—2003 | 建工行业工程技术标准 | 已废止 | 取代 JGJ 107—96 |
| 《钢筋机械连接技术规程》JGJ 107—2010 | 建工行业工程技术标准 | 已废止 | 取代 JGJ 107—2003、JGJ 108—96、JGJ 109—96 |
| 《镦粗直螺纹钢筋接头》JG/T 3057—1999 | 建工行业产品标准 | 已废止 | 专项标准 |
| 《镦粗直螺纹钢筋接头》JG 171—2005 | 建工行业产品标准 | 已废止 | 取代 JG/T 3057—1999 |
| 《滚轧直螺纹钢筋连接接头》JG 163—2004 | 建工行业产品标准 | 已废止 | 专项标准 |

续表

| 标准名称 | 标准性质 | 目前情况 | 备注 |
|---|---|---|---|
| 《钢筋滚轧直螺纹连接技术规程》DBJ 13—63—2005 | 福建省工程建设地方标准 | 已废止 | 工程技术标准 |
| 《钢筋滚轧直螺纹连接技术规程》DBJ 24—25—04 | 陕西省地方标准 | 已废止 | 工程技术标准 |
| 《钢筋滚轧直螺纹连接技术规程》DB34/T 463—2004 | 安徽省地方标准 | 已废止 | 工程技术标准 |
| 《热轧带肋钢筋滚轧直螺纹连接用套筒》DB53/T 788—2016 | 云南省地方标准 | 已废止 | 产品标准 |
| 《带肋钢筋挤压连接技术及验收规程》YB 9250—93 | 黑色冶金行业标准 | 已废止 | 工程技术标准 |
| 《钢筋锥螺纹连接技术规程》DBJ 08—209—93 | 上海市地方标准 | 已废止 | 工程技术标准 |
| 《锥螺纹钢筋接头设计施工与验收规程》DBJ 01—15—93 | 北京市地方标准 | 已废止 | 工程技术标准 |
| 《钢筋滚轧直螺纹连接技术规程》DB51/5029—2002 | 四川省地方标准 | 已废止 | 工程技术标准 |

**我国有关钢筋机械连接的团体标准** **表 6.2-3**

| 标准名称 | 标准性质 | 目前情况 | 备注 |
|---|---|---|---|
| 《钢筋机械连接用直螺纹套筒》T/CECS 10287—2023 | 团体标准 | 现行 | 产品标准 |
| 《钢筋机械连接接头认证通用技术要求》T/CECS 10115—2021 | 团体标准 | 现行 | 认证标准 |
| 《钢筋机械连接装配式混凝土结构技术规程》CECS 444：2016 | 团体标准 | 现行 | 工程技术标准 |
| 《轴向冷挤压钢筋连接技术规程》T/CECS 1282—2023 | 团体标准 | 现行 | 工程技术标准 |
| 《核电站抗冲击钢筋机械连接接头技术规程》T/CNEA 117—2023 | 团体标准 | 现行 | 核能工程技术标准 |
| 《带肋钢筋轴向冷挤压连接技术规程》T/CCTAS 34—2022 | 团体标准 | 现行 | 工程技术标准 |
| 《核电工程钢筋机械连接技术规程》T/CNIDA 017—2024 | 团体标准 | 制定中 | 核电工程技术标准 |
| 《绿色建材评价标准　钢筋连接用套筒》T/CECS XX | 团体标准 | 制定中 | 绿色建材评价标准 |
| 《钢筋接头瞬间加载试验技术规程》T/CCES XX | 团体标准 | 制定中 | 试验方法标准 |
| 《模块化钢筋机械连接技术规程》T/CWTCA XX | 团体标准 | 制定中 | 水运工程技术标准 |

长期以来，建工行业工程技术标准《钢筋机械连接技术规程》JGJ 107，作为钢筋机械连接设计、施工与验收的依据，为指导和规范我国钢筋机械连接技术应用、确保混凝土结构安全发挥了重要作用。《钢筋机械连接技术规程》JGJ 107 历经多次修订，已成为建筑、交通、核电、港口、冶金等多行业工程的基础性共性标准，被广泛采纳和引用。

《钢筋机械连接技术规程》JGJ 107 对钢筋机械连接接头性能的部分要求高于国际标准，这为我国产品进入国际市场奠定了基础。我国参与编制了 *Steels for the reinforcement of concrete—Reinforcement couplers for mechanical splices of bars—Part 1：Requirements* ISO 15835-1：2018 、*Steels for the reinforcement of concrete—Reinforcement couplers for mechanical splices of bars—Part 2：Test methods* ISO 15835-2：2018、*Steels for the reinforcement of concrete—Reinforcement couplers for mechanical splices of bars—Part 3：Conformity assessment scheme* ISO 15835-3：2018，并发挥重要作用，如 JGJ 107 中给出的钢筋接头反复拉压性能被上述 ISO 标准采纳，作为钢筋接头抗震性能要求外的附加性能要求。

由表6.2.1～表6.2.3可知，截至目前，对于钢筋机械连接，经多年的发展与实践，我国已形成“国标—行标—地标—团体标准—企标”、“工程技术—产品”及“强制性标准—推荐性标准”的标准体系，这对规范和指导我国钢筋机械连接技术的应用起重要作用。需要注意的是，现行行业标准《钢筋机械连接技术规程》JGJ 107—2016和《钢筋机械连接用套筒》JG/T 163—2013虽已涵盖了钢筋机械连接产品、性能、设计、施工、试验及验收的全部内容，但钢筋机械连接种类繁多，上述两本标准仅纳入了直螺纹、锥螺纹及套筒挤压三种形式的机械连接接头，标准升级更新的速度已无法适应钢筋机械连接技术发展和工程建设需要，目前正在按照国家行业标准制修订计划进行修订。在此，建议加强科学规划与管理，进一步完善钢筋机械连接标准体系，加强标准间的协调性，具体可将钢筋机械连接分为共性标准和专项标准，共性标准又可分为分类标准、性能标准、试验标准及评价标准等。共性标准中条件成熟的升级为国家标准，以钢筋机械连接应用于混凝土结构为主线，避免各行业之间、行业与地方之间重复编制和认识矛盾，浪费人力、物力并给工程应用带来困扰。专项标准可根据具体的钢筋机械连接技术种类进行专门编制，包括对应的产品标准、施工标准、行业或地方特殊要求的标准等，既避免交叉混淆，又有利于标准的升级换代，从而做到与时俱进、适应发展。

## 6.3 国外主要钢筋机械连接技术标准

20世纪70年代末至80年代初，日本和欧美国家开始制定相应的钢筋连接标准。1973年日本建设省（建设部）资助的“新抗震设计方法”子项目中以钢筋接头为中心，研究钢筋混凝土预制件连接部位的各种问题。据此，提出了“钢筋接头性能判定基准”。通过1974年“钢筋接头性能判定基准”第一次方案和1975年提出第二次方案试行之后，于1982年由日本建筑中心提出并由日本建设省颁布“钢筋接头性能判定基准”。英国、美国分别于1985年和1989年在*Structural use of concrete Part 1. Code of practice for design and construction* BS 8110—85及*Building code requirements for reinforced concrete* AC1 318—89中对相关钢筋接头作了相应规定。

欧美、日本等工业技术发达国家和国际标准化组织，仅颁布了钢筋机械连接的基础规程，如ISO 15835中仅对各种机械连接接头性能等级、质量要求、应用范围及检验评定方法做出统一规定。具体的钢筋机械连接工艺均由相关施工或生产单位开发，并在政府指定的第三方认证机构验证，符合确认标准的某个等级，作为确认的工法用于工程。

### 6.3.1 ISO 15835标准

ISO 15835标准详细规定了钢筋机械连接接头性能、试验方法及合格评定方案，由以下部分组成：*Steels for the reinforcement of concrete—Reinforcement couplers for mechanical splices of bars—Part 1：Requirements* ISO 15835-1：2018；*Steels for the reinforcement of concrete—Reinforcement couplers for mechanical splices of bars—Part 2：Test methods* ISO 15835-2：2018；*Steels for the reinforcement of concrete—Reinforcement couplers for mechanical splices of bars—Part 3：Conformity assessment scheme* ISO 15835-3：2018。

现行的 ISO 15835-1：2018 详细规定了钢筋机械连接接头性能要求，主要规定如下。

**1. 静力作用下的强度**

机械连接接头的抗拉强度至少应达到 $R_{eH} \times (R_m / R_{eH})_{spec}$。

如果钢筋标准明确了 $R_{m,spec}$，则接头抗拉强度应至少达到 $R_{m,spec}$。

**2. 静力作用下的变形**

1）试验要求

静力作用下的变形可任选以下两种方法进行试验：

（1）方法一：机械连接接头的变形为对试件施加应力达到相当于至少 $0.6R_{eH,spec}$ 时机械连接接头的长度变化减去钢筋在相同力作用下的计算长度变化；

（2）方法二：机械连接接头的变形为对试件从 0 加载至至少 $0.6R_{eH,spec}$ 时机械连接接头的长度减去加载前的长度。

2）变形要求

所有试验的中位数值应≤0.10mm，离群值不超过最大允许变形 0.05mm。

变形要求的重要性在于限制外露钢筋混凝土结构中裂缝的宽度。

用中位数值评估试验结果的目的是过滤出有问题的高值和低值，因为这项试验是由许多尚未被标准涵盖的测量设备和夹具进行的。

对于长度>100mm 的连接件，>0.10mm 的变形是可以被接受的，如图 6.3.1 所示。此规定的原因是连接件越长，通过连接件变形消散的混凝土体积越大。

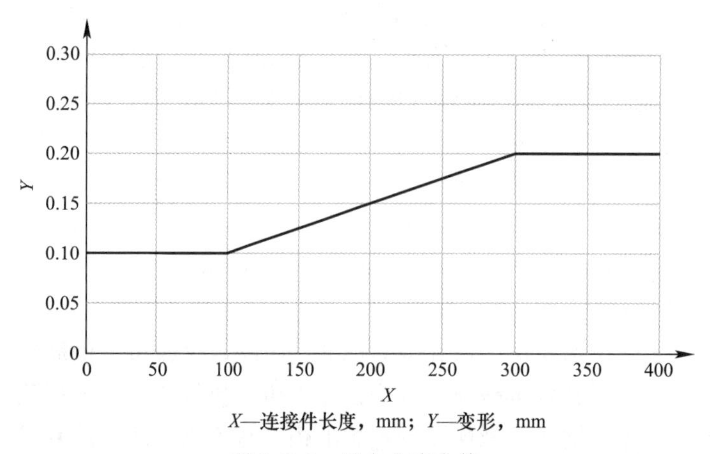


图 6.3.1 最大允许中值

**3. 高周弹性疲劳加载下接头的性能（可选做）**

1）试验程序

F 类钢筋机械连接接头的最大直径应进行疲劳测试。制造商可将产品范围细分为几组直径，并测试每组最大的直径代表该组的性能。

当在空气中测试时，最坏的疲劳结果通常发生在最大直径上。

机械拼接杆的疲劳性能通常低于钢筋母材的疲劳性能。

2）疲劳性能

F 类钢筋机械连接接头，应可承受应力范围 $2\sigma_a$，60MPa 内 $2\times10^6$ 次循环疲劳加载而不发生破坏。测试中应力上限 $\sigma_{max}$ 为 $0.6R_{eH,spec}$。

试验结果应符合下列验收准则：

（1）如果所有样品可承受疲劳荷载，试件合格。

（2）如果1个样品未通过试验，则取同种类型和规格的3个样品再进行试验。如果3个样品均通过试验，试件合格。

（3）如果2个或2个以上样品未通过试验，试件不合格。

3）S-N 曲线（可选做）

不同振幅的高周应力作用下机械连接接头性能可用S-N曲线表征。如S-N曲线已绘制，可采用ISO 15835-2：2018中第5.5.4条的规定。

**4. 循环弹塑性反复加载下接头的性能（可选做）**

S类钢筋机械连接接头应在反复弹塑性荷载作用下进行试验。

模拟地震的拉压试验，钢筋接头性能需满足以下条件：

（1）第一个20次循环后的残余变形 $u_{20}$ 应≤0.3mm，应在相同的标尺长度上测量同一未连接钢筋的基准长度的等效剩余伸长；

（2）接头应能承受第二和第三阶段的应变循环试验，且满足极限抗拉强度应超过规定的 $R_{m,spec}$ 或 $R_{eH} \times (R_m/R_{eH})_{spec}$ 值。

对于 $u_{20}$ 的要求，如果国家规定允许，并经买方和供应商同意，可不予考虑。

### 6.3.2　英国标准

英国 *Structural use of concrete Part 1. Code of practice for design and construction* BS 8110—1997 标准对钢筋机械连接接头的要求有：

（1）强度：试件极限抗拉强度应>1.15$f_y$（$f_y$为钢筋屈服强度标准值）；

（2）变形：试件加载至0.6$f_y$时，残余变形应≤0.1mm。

### 6.3.3　法国标准

法国NF A 35-020系列标准详细规定了钢筋机械连接接头和钢筋锚固板的性能要求与试验方法，共由以下3部分组成：

（1）*Steel products—Mechanical splices and mechanical anchorages for ribbed or indented reinforcing steel—Part 1：Requirements for mechanical performance* NF A 35-020-1：2011；

（2）*Steel products—Mechanical splices and mechanical anchorages for ribbed or indented reinforcing steel—Part 2-1：Test methods for mechanical splices* NF A 35-020-2-1：2011；

（3）*Steel products—Mechanical splices and mechanical anchorages for ribbed or indented reinforcing steel—Part 2-2：Test methods for mechanical anchorages and weldable couplers* NF A 35-020-2-2：2011。

NF A 35-020主要规定如下：

**1. 非弹性变形要求**

每次应至少进行3根试件的试验。按照图6.3.3-1所示方式加载，用3次拉力循环试验确定加载后钢筋接头非弹性变形值，最大拉力为0.6倍屈服强度标准值，最小拉力为0。

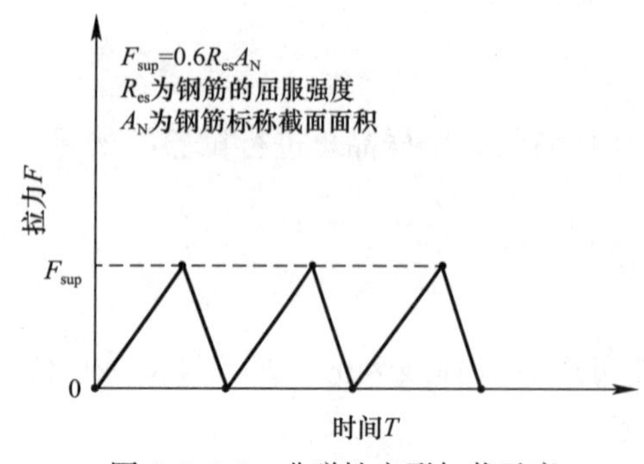


图 6.3.3-1 非弹性变形加载示意

第 3 次循环结束后测量其非弹性变形 $u$，$u$ 的平均值应≤0.1mm，个别值应≤0.20mm。当连接两种不同直径的钢筋时，应考虑较小直径钢筋的屈服强度标准值。

**2. 试件性能**

每次应至少取 3 根试件进行单向拉伸试验，性能应满足下列要求：

1）抗拉强度

试件强度应≥钢筋实际抗拉强度的 95%；当连接两种不同直径钢筋时，应考虑较小直径钢筋的抗拉强度实测值。钢筋接头的破坏形式是以下两种中的一种时，接头可评定为合格：

（1）破坏发生在钢筋母材上，且断裂点距接头的距离至少为 2.5 倍钢筋直径；

（2）破坏发生在接头位置或接头影响区（距接头 2.5 倍钢筋直径范围内），但其抗拉强度达到了母材强度实测值的 95%。

2）最大力下接头总伸长率 $A_{gt}$

最大荷载时试件伸长率 $A_{gt}$ 应大于等于表 6.3.3-1 所列数值。

**最大荷载时伸长率 $A_{gt}$ 的最小值** **表 6.3.3-1**

| 法国规范 | 类别 | 最大荷载时伸长率的最小值/% |
|---|---|---|
| NFA35-016 | FeE40 和 FeE500（第 1.2 类） | 2.5 |
| | FeE40 和 FeE500（第 1.3 类） | 5.0 |
| NFA35-019 | FeTE400 和 FeTE500 | 2.0 |
| | FeE500（第 3 类） | 5.0 |
| NFA35-022 | FeE500（第 2 类） | 2.5 |
| | FeTE500T&E500 | 2.5 |
| A35-025 | 非螺纹钢筋参考规范 | 2.0 |
| NFA35-030 | B420N | 2.5 |

注意，法国标准中 $A_{gt}$ 的测量区域不跨越连接件，而是在接头影响区以外的两侧钢筋上测量，如图 6.3.3-2 所示。

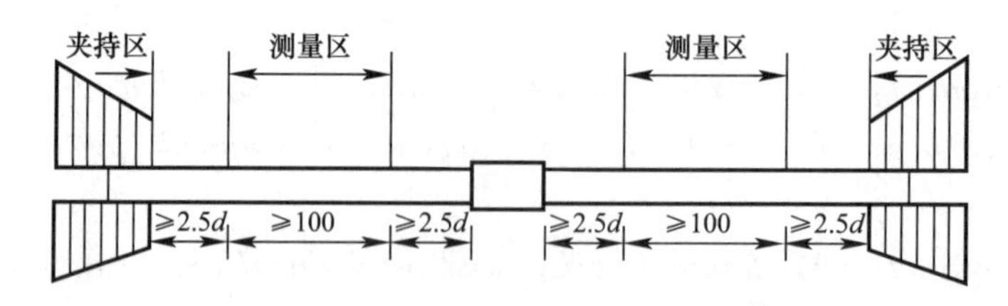


图 6.3.3-2 总伸长率测量区域示意

**3. 可选择的补充性能试验**

1）高应力与大变形反复拉压试验

高应力与大变形反复拉压为抗震性能试验，每次应至少进行 3 根试件的试验。试验结束时，每个试件的破坏位置应发生在钢筋的非影响区。采用 ISO/FDIS 15835-1：2007

(E) 标准要求进行高应力与大变形反复拉压试验，与《钢筋机械连接技术规程》JGJ 107—2016 中Ⅰ级接头要求的 $u_{20}$≤0.3mm、$u_4$≤0.3mm、$u_8$≤0.6mm 一致。如果客户要求包括抗拉强度以外的变形限制，参见 NF A 35-020-2-1：2011 标准的附录 A。

高应力与大变形反复拉压试验体现试件在弹性阶段和塑化阶段的性能，根据表 6.3.3-2 的规定和图 6.3.3-3 的加载程序进行。

**反复拉压加载规定**　　　　**表 6.3.3-2**

| 步骤 | 拉力值或变形值 | 压力值 | 周期 |
|---|---|---|---|
| 1 | $0.9R_{e,nom}\times A_n$ | $-0.5R_{e,nom}\times A_n$ | 20 |
| 2 | $2\varepsilon_e$ | $-0.5R_{e,nom}\times A_n$ | 4 |
| 3 | $5\varepsilon_e$ | $-0.5R_{e,nom}\times A_n$ | 4 |
| 4 | 加载直至破坏 | | |

注：试验结束后，需复核第 2 步中第 1 个周期的强度差不超过钢筋屈服强度的 10%。

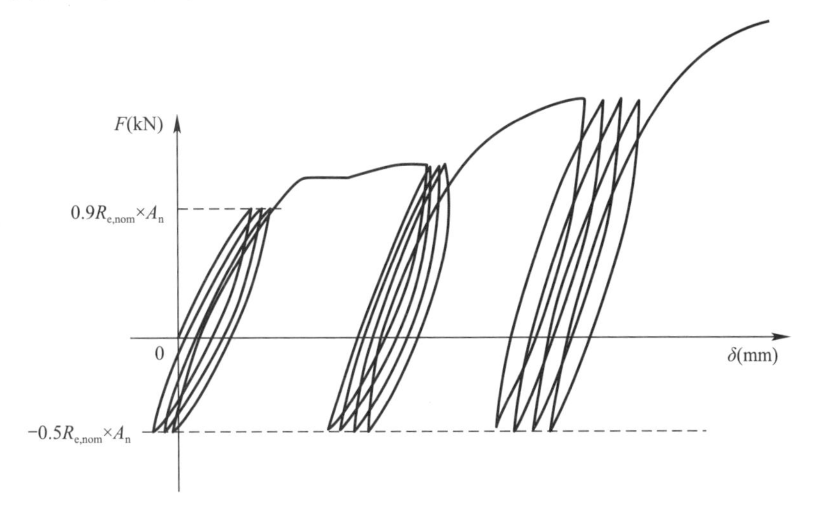

图 6.3.3-3　反复拉压试验加载程序

每个试件发生的变形均须通过应变计测量，如图 6.3.3-4 所示，须记录前 3 步及第 4 步开始时的变形值。第 1 步，设备须先处于受力控制的状态下；第 2 步和第 3 步，在压力上升阶段，设备须处于位移控制状态，在压力释放阶段，设备须处于受力控制状态；第 4 步，受力控制同常规的抗拉试验。

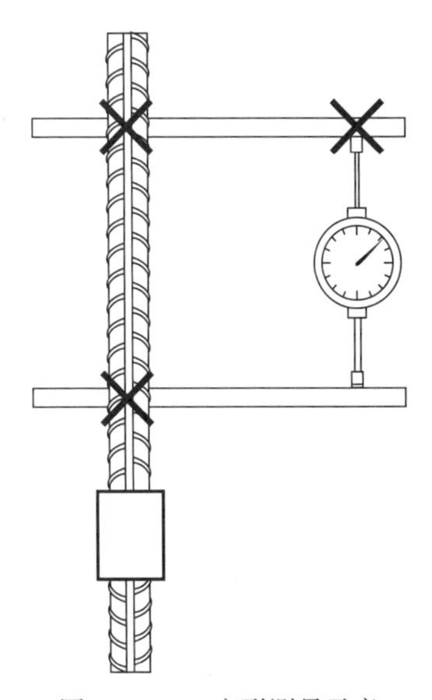
图 6.3.3-4　变形测量示意

2) 抗疲劳性能试验

每次应至少进行 3 根试件的试验。除非生产商和客户之间的协议有不同的规定，每个试件应经受应力幅为 $2\sigma_a$ = 80N/mm$^2$、最大应力 $\sigma_{max}$ 为 0.6 倍钢筋屈服强度标准值的 $2\times10^6$ 次循环加载而不发生破坏。疲劳试验须在空气中通过加载可控的设备进行，变化频率为 1～20Hz，当变化频率＞60Hz 时，需保证试件表面温度≤40℃。在试验过程中，如果试件在接头长度范围外断裂且剩余长度足够，则可用钳口夹住断口继续试验。

### 6.3.4 德国标准

**1. DIBT**

德国建筑技术研究院DIBT（Deutsches Institut für Bautechnik的简称）标准*Basic requirements for testing of mech. Splices for reinf. Steel*, May 2007（钢筋机械连接试验基本要求）对钢筋机械连接接头的主要要求如下：

1）变形：单次试件加载至0.6$f_y$(钢筋屈服强度标准值)，残余变形应≤0.1mm，可随连接件长度的增加而增大，但应≤0.2mm。

2）强度：试件极限抗拉强度>1.30倍钢筋屈服强度标准值。

3）疲劳试验：应力上限为0.6$f_y$，应力幅为60MPa，$2\times10^6$次循环加载后试件未破坏则判定为合格。

**2. DIN 1045—1988**

德国规范《混凝土与钢筋混凝土结构设计和施工规范》DIN 1045—1988对钢筋机械连接接头的主要要求如下：

连接部件（连接件和钢筋丝头等）须至少能表明以下荷载：

1）在屈服应力下相当于1.0$\beta_s A_s$的荷载；

2）相当于1.2$\beta_z A_s$的破坏荷载。

$\beta_s$和$\beta_z$为屈服应力或极限抗拉强度标准值，$A_s$为连接钢筋的标准横断面。连接钢筋端头可加粗，以增加螺旋端核心的横断面，加粗坡度不得超过1∶3。工作荷载下，弹性应变以外所发生的变形（两连接件处的滑动位移应≤0.1mm），对于压制螺纹，应考虑整个螺芯的横截面，对于切削螺纹仅考虑80%的横截面。如果荷载不是以静荷载为主，须通过试验证明接头的可靠性。

### 6.3.5 美国标准

对于钢筋机械连接接头性能，美国UBC（Uniform Building Code）、NBC（National Building Code）、SBC（Standard Building Code）、IBC（International Building Code）、ICC-ES（ICC Evaluation Service, Inc.）、ACI（American Concrete Institute，美国混凝土学会）、ASTM（American Society of Testing Materials，美国材料实验协会）、CAL-TRANS（California Department of Transportation，加州交通局）、CRSI（Concrete Reinforcing Steel Institute，混凝土钢筋学会）、AASHTO（American Association of State Highway and Transportation Officials，美国国家公路与运输协会）等相关规范均有规定。同时，相关标准予以补充，形成了较为完善的标准体系，有*Types of Mechanical Splices for Reinforcing Bars*（钢筋机械连接接头分类标准）ACI 439.3R、*Standard Test Methods for Testing Mechanical Splices for Steel Reinforcing Bars*（钢筋机械连接接头试验方法标准）ASTM A 1034/A 1034M，*Acceptance Criteria for Mechanical Connectors for Steel Reinforcing Bars*（钢筋机械连接接头验收标准）ICC-ES AC 133，*Code Requirements for Nuclear Safety-Related Concrete Structures*（核安全相关混凝土结构规范）ACI 349等。

美国钢筋机械连接技术标准未见产品与应用标准，包括生产、质量管理与控制、检验与验收、施工与应用等均以技术产品提供方的文件为准，一般由承包商根据工程的实际情况、施工队伍技术水平和施工工期等因素选择采用何种接头工艺和形式。

**1. ACI 318**

ACI 318—19 在第 25 章“钢筋构造”中指出：钢筋机械连接接头或焊接接头应能按需要承受抗拉或抗压，其强度至少应为钢筋规定屈服强度 $f_y$的 1.25 倍。可见，美国 ACI 318—19 规定的钢筋机械连接接头要求，与我国《钢筋机械连接技术规程》JGJ 107—2016 中规定的Ⅲ级接头要求是一致的。ACI 318—19 在条文说明中指出，为了确保接头处有足够的强度，从而在构件中实现屈服，避免脆性破坏，在规定屈服强度 $f_y$上增加 25%，既是安全的最低限度，也是经济的最大限度。焊接接头主要用于主要构件中的大型钢筋（6 号及以上），抗拉强度要求达到规定屈服强度 $f_y$的 125%，旨在提供足以抗压的良好焊接。虽然不需要直接对焊，但 AWS D1.4 规定，只要可行，7 号及以上钢筋最好采用直接对焊。

ACI 318—19 指出：尽管机械和焊接接头不需要错开，但鼓励错开，并且可能是施工性所必需的，以便在接头周围提供足够的空间进行安装或满足净间距要求。因此 ACI 318—19 规定，在拉杆构件（Tension Tie Member）中使用钢筋机械连接接头或焊接接头，相邻钢筋中的接头应错开至少 30in，其他情况下钢筋机械连接接头或焊接接头无需错开。这是因为拉杆构件具有以下特征：具有足以在构件横截面上产生拉力的轴向拉力；钢筋中的应力水平，使得每根钢筋都应完全有效；所有侧面的混凝土保护层有限。可归类为拉杆的构件包括拱拉杆、将荷载传递至架空支撑结构的吊架以及桁架中的主要受拉单元。在确定构件是否应归类为拉杆时，应考虑与上述特征相关的构件的重要性、功能、比例和应力条件。例如，一般的大型圆形储罐，具有许多钢筋和接头，接头交错排列且间距很大，可不被归类为拉杆构件，可以使用 B 级接头。

**2. ICC-ES AC 133**

*Acceptance Criteria for Mechanical Connectors for Steel Reinforcing Bars*（钢筋机械连接接头验收标准）ICC-ES AC 133 的 2010 版将钢筋机械连接接头分为Ⅰ类和Ⅱ类。

1）Ⅰ类接头性能要求

① 静力拉压试验

机械连接性能评定需使用认可方可找到所有规格的高强钢筋进行试验得到，所有钢筋连接件均应进行试验。每种规格至少 3 根试件须参照 ASTM A 370 规范进行各方向承载性能试验，每个试件均须进行拉压试验，强度不小于钢筋屈服强度的 1.25 倍。

② 反复拉压试验

机械连接性能评定需使用认可方可找到所有规格的高强钢筋进行试验得到，所有钢筋连接件均应进行试验。每种规格至少 3 根试件进行试验，反复拉压试验过程如表 6.3.5 所示。

反复拉压试验过程 **表 6.3.5**

| 步骤 | 拉力值或变形值 | 压力值 | 循环次数 |
|---|---|---|---|
| 1 | $0.95f_y$ | $0.5f_y$ | 20 |
| 2 | $2e_y$ | $0.5f_y$ | 4 |
| 3 | $5e_y$ | $0.5f_y$ | 4 |
| 4 | 一直加载到试件被破坏 | | |

注：$f_y$——钢筋屈服强度标准值；$e_y$——钢筋在实际屈服应力下的应变。

每根试件须能成功地从试验的第 1 阶段坚持到第 3 阶段且不发生破坏。如果每根试件在试验第 4 阶段破坏时的强度均不小于钢筋屈服强度的 1.25 倍，则静力拉伸试验可免做。

2）Ⅱ类接头性能要求

① 静力拉压试验

a）静力拉伸试验

机械连接性能评定需使用认可方可找到所有规格的高强钢筋进行测试得到，所有钢筋连接件均应进行试验。对于每种规格的钢筋，至少选取 5 根按照 ASTM A 370 规范要求进行性能试验。对于需要满足 IBC 和 IRC 要求的每个接头极限抗拉强度应大于钢筋极限抗拉强度标准值 $f_u$和 1.25 倍钢筋屈服强度标准值 $f_y$。

b）静力抗压试验

静力拉伸试验条款的所有要求均适用于抗压试验，抗压强度应大于 1.25 倍钢筋屈服强度标准值 $f_y$。

② 反复拉压试验

机械连接性能评定需使用认可方可找到所有规格的高强钢筋进行试验得到，所有钢筋连接件均应进行试验。每种规格至少 5 根试件进行试验，反复拉压试验过程如表 6.3.5 所示。

每根试件须能成功地从试验的第 1 阶段坚持到第 3 阶段且不发生破坏。如果每根试件在试验第 4 阶段破坏时的强度达到静力拉伸试验要求，则静力拉伸试验可免做。

**3. ACI 349**

对于钢筋机械连接接头，美国 *Code Requirements for Nuclear Safety-Related Concrete Structures*（核安全相关混凝土结构规范）ACI 349 的 2013 版的大部分规定与 ACI 318 相同，但基于核工程特点，做了以下补充规定：

1）一个完善的机械连接接头，抗拉应发挥钢筋极限抗拉强度标准值，抗压应发挥钢筋屈服强度标准值 $f_y$的 1.25 倍。

2）所有机械连接接头应由合格且经验丰富的检验人员进行目视检查，以确保接头被正确的安装在合同文件中规定的结构构件位置。如有必要，应允许持有执照的设计专业人员要求对接头进行破坏性测试，以确保满足要求。

3）如果在接头的全部长度上测得的应变（0.9 倍屈服应力时）超过相应的无接头钢筋应变的 50%以上时，机械连接接头应错开布置。如果要求错开布置，则在同一连接截面被连接钢筋不应超过总数的 1/2，且接头至少应错开 30in。这是因为钢筋机械连接接头的模量低于钢筋本身，在接头位置会降低构件的名义抗弯能力，与正常无接头情况相比，接头将显著地导致更宽裂缝的开展。对于承受拉力的构件，裂缝宽度的增加可能导致剪切强度的损失。

4）机械连接接头应用于连接抗拉钢筋，但不用于控制裂缝，钢筋位于薄膜张力垂直于机械连接接头的区域。这些机械连接接头的平均强度应等于钢筋极限抗拉强度标准值的最小值。

5）在地震情况下，发生非弹性变形的结构中，钢筋中的拉应力可能接近钢筋的抗拉强度。ACI 349—13 对机械机械连接接头的要求旨在避免钢筋在超过设计基准的地震震动中承受高应力水平时出现连接失效。故 ACI 318—08 的 1 型接头不允许用于核安全相关的钢筋混凝土结构中。

**4. ACI 439**

美国 *Types of Mechanical Splices for Reinforcing Bars*（钢筋机械连接接头分类标准）ACI 439.3R—2007 将钢筋机械连接接头分为受压接头、受拉及受压接头、定位接头和机械搭接接头 4 类，并详细介绍了各类接头的设计、安装及应用场景要求。

（1）受压接头，如图 6.3.5-1 所示。

（2）受拉及受压接头，如图 6.3.5-2 所示。

(a) 金属填充接头

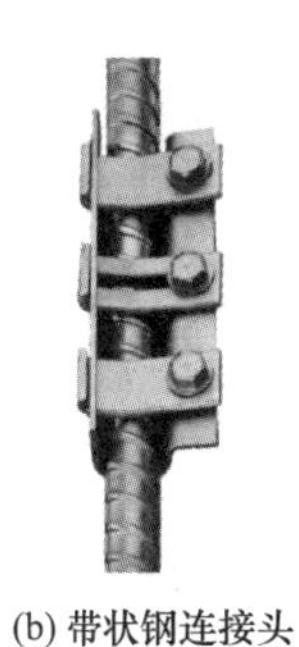

(b) 带状钢连接头

图 6.3.5-1　两种典型的受压接头

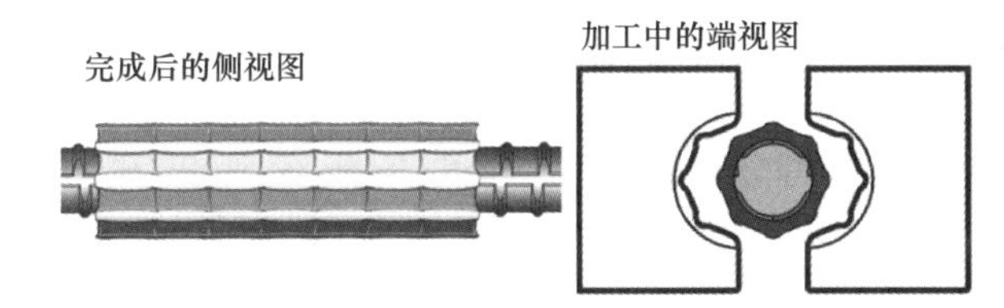


(a) 径向冷挤压接头

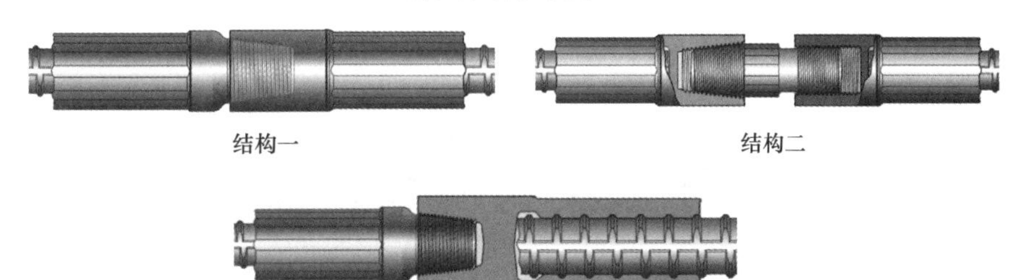


(b) 轴向扣压与锥螺纹复合接头

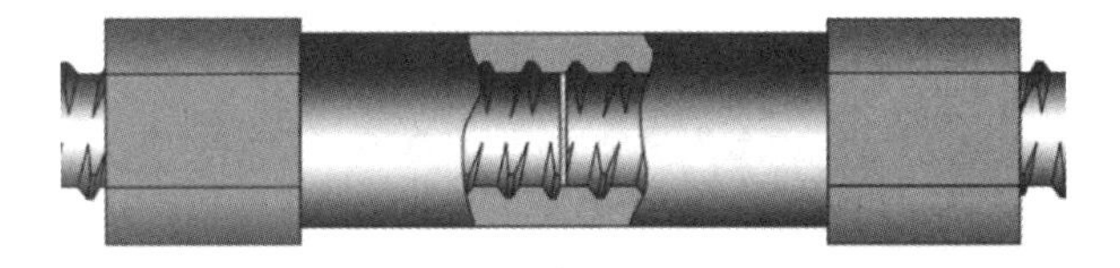

(c) 精轧螺纹钢筋接头

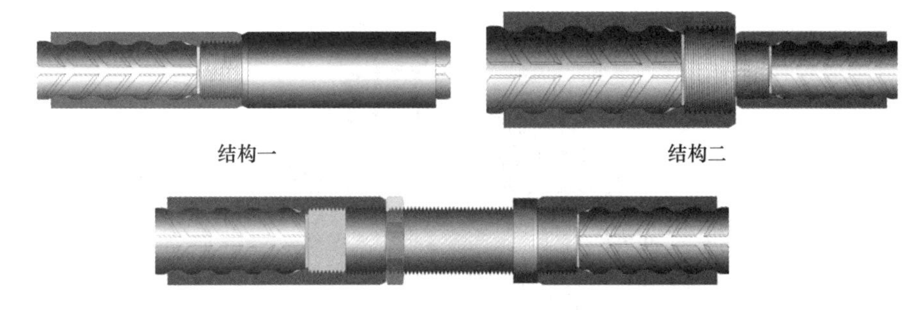


(d) 轴向挤压与直螺纹复合接头

图 6.3.5-2　几种典型的受拉及受压接头（一）

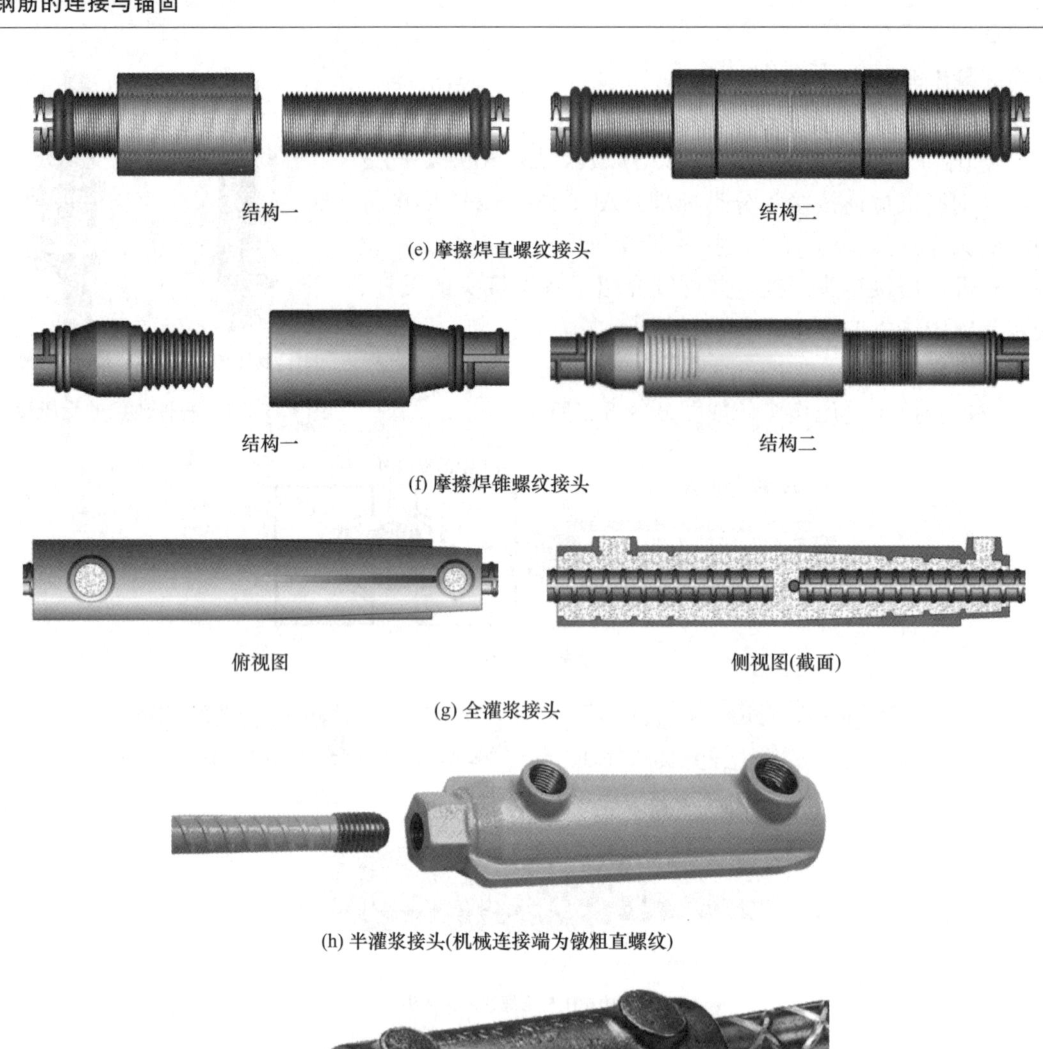


(e) 摩擦焊直螺纹接头



(f) 摩擦焊锥螺纹接头



(g) 全灌浆接头

(h) 半灌浆接头(机械连接端为镦粗直螺纹)

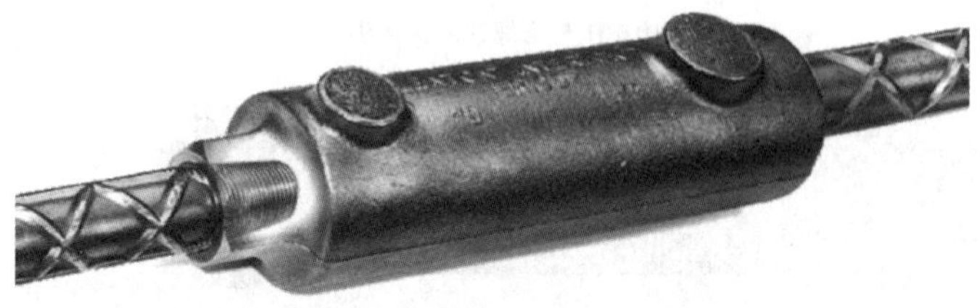

(i) 半灌浆接头(机械连接端为锥螺纹)

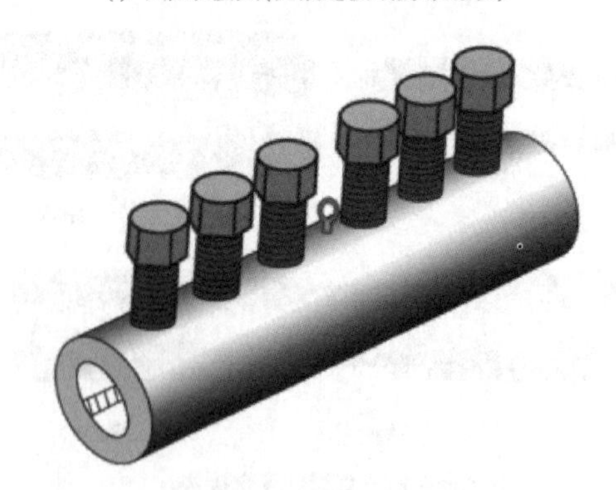

(j) 剪切螺钉及内齿连接接头

图 6.3.5-2　几种典型的受拉及受压接头（二）

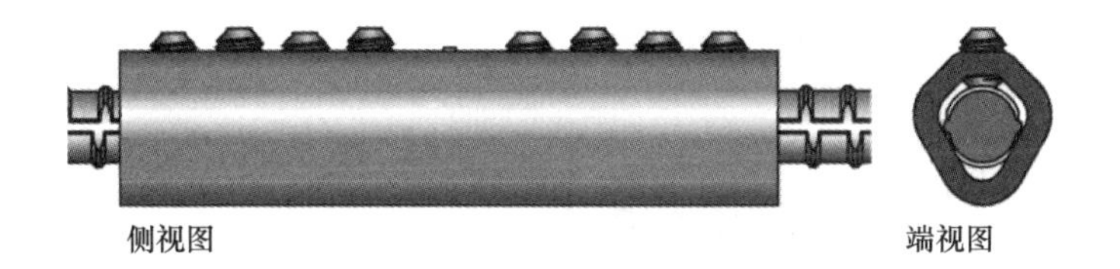

侧视图　　端视图

(k) 剪切螺钉及楔形腔连接接头

(l) 金属填充接头

锥螺纹接头组装件

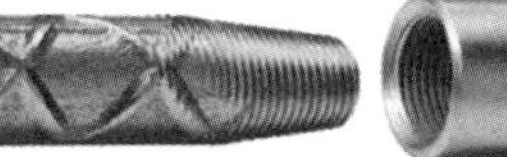

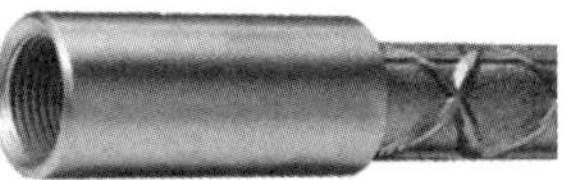

带锥螺纹的钢筋和连接件

(m) 锥螺纹接头

结构一(同直径连接)

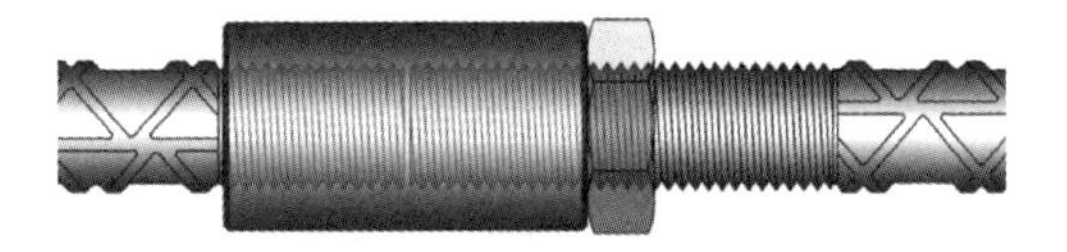

结构二(定位型)

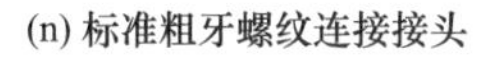

(n) 标准粗牙螺纹连接接头

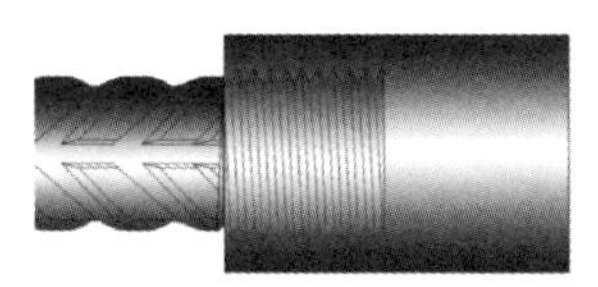

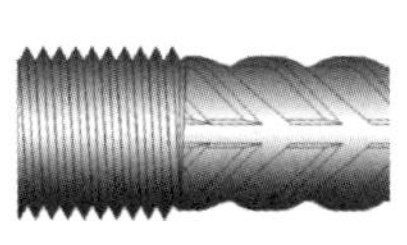

结构一(同直径连接)

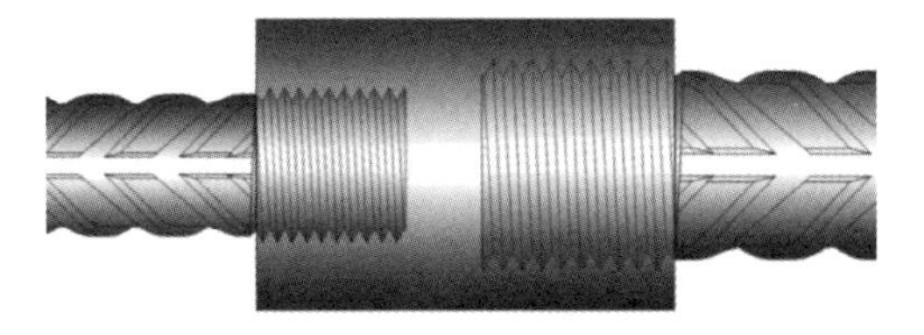

结构二(变径连接)

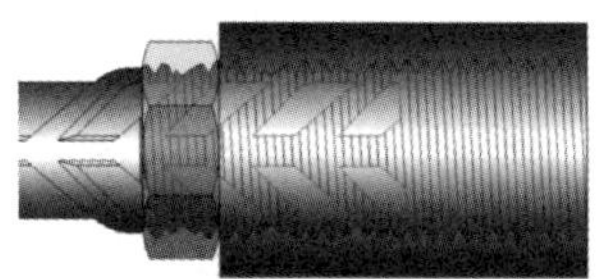

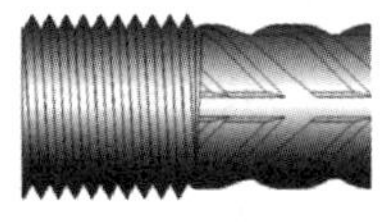

结构三(定位连接)

(o) 冷镦粗直螺纹连接接头

图 6.3.5-2　几种典型的受拉及受压接头（三）

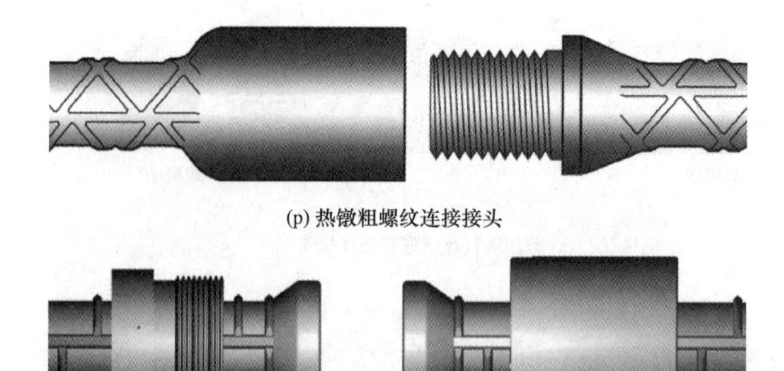

(p) 热镦粗螺纹连接接头

(q) 钢筋端部镦粗头与直螺纹复合连接接头

图 6.3.5-2　几种典型的受拉及受压接头（四）

（3）定位接头，如图 6.3.5-3 所示。

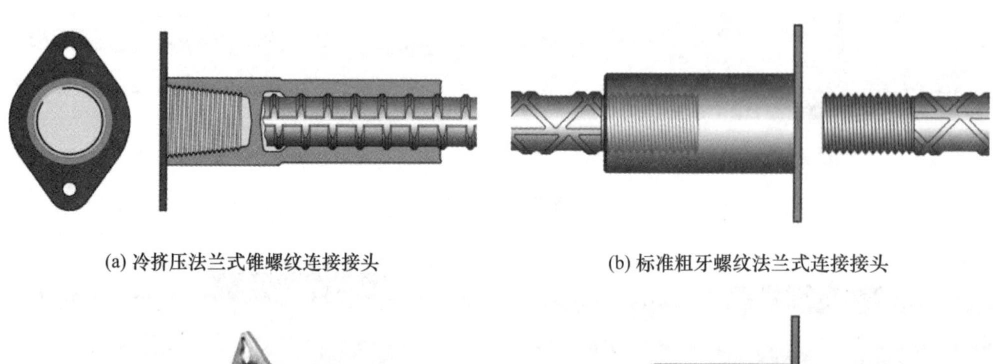

(a) 冷挤压法兰式锥螺纹连接接头　　(b) 标准粗牙螺纹法兰式连接接头

(c) 锥螺纹和安装板连接接头　　(d) 整体镦粗法兰式连接接头

图 6.3.5-3　几种典型的定位接头

（4）机械搭接接头，如图 6.3.5-4 所示。

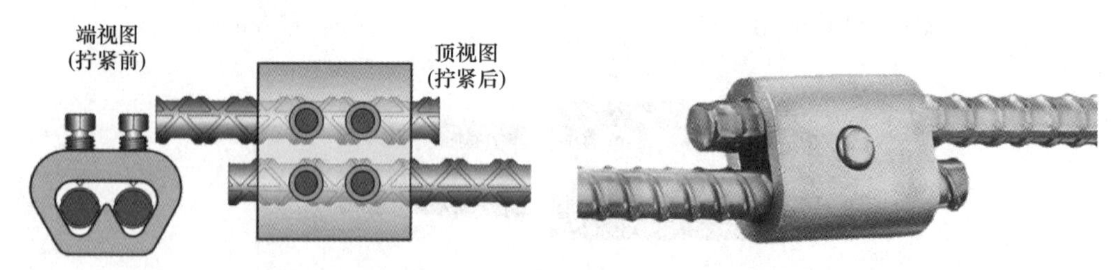


(a) 剪切螺钉咬合和双楔形钢套搭接连接接头　　(b) 楔钉挤压和钢套搭接连接接头

图 6.3.5-4　几种典型的机械搭接接头

### 6.3.6　日本标准

日本钢筋接头标准为JCI-CIOE，Volume 2，October 27-31，1986，*Standard for Performance Evaluation of Rebar Joints*。

日本建筑中心（RPCJ）委员会提出是钢筋接头性能评定标准（1982）适用范围为：除气压焊、搭接电弧焊及搭接接头外，对劲性钢筋混凝土结构、钢筋混凝土结构及预制钢筋混凝土结构的钢筋机械连接、压接连接、加压连接及焊接接头等均通用，但不适用于进行特种的调查研究。

日本钢筋接头标准将接头分为四类：

① SA级接头：强度、刚度、韧性等性能与母材相当的接头；

② A级接头：强度、刚度与母材相当，但其他性能较母材差的接头；

③ B级接头：强度与母材相当，其他有关性能较母材差的接头；

④ C级接头：强度与刚度均较母材差的接头。

接头性能按单体试验评定法（主要以接头单体的试验结果进行评定的方法）评定，或按构件试验评定法（主要以构件试验结果评定的方法）评定。

单体试验评定法是接头单体试验项目，包括单向拉伸试验、单向反复拉伸试验、弹性范围拉压反复试验和塑性范围拉压反复试验，并按表6.3.6-1规定的性能标准进行评定。

**接头单体试验性能判断标准**　　**表6.3.6-1**

| 项目 | | SA级 | A级 | B级 | C级 |
|---|---|---|---|---|---|
| 单向拉伸试验 | 强度 | $\sigma_b \geqslant 1.35\sigma_{y0}$ 或 $\sigma_{b0}$ | | | $\sigma_b \geqslant \sigma_{y0}$ |
| | 刚度 | $0.7\sigma_{y0}E \geqslant E$<br>$0.95\sigma_{y0}E \geqslant 0.9E$ | $0.7\sigma_{y0}E \geqslant 0.9E$<br>$0.95\sigma_{y0}E \geqslant 0.7E$ | $0.5\sigma_{y0}E \geqslant 0.9E$<br>$0.95\sigma_{y0}E \geqslant 0.5E$ | $0.5\sigma_{y0}E \geqslant 0.9E$<br>$0.7\sigma_{y0}E \geqslant 0.5E$ |
| | 韧性 | $\varepsilon_u \geqslant 20\varepsilon_y$<br>0.04 | $\varepsilon_u \geqslant 10\varepsilon_y$<br>0.02 | $\varepsilon_u \geqslant 5\varepsilon_y$<br>0.01 | — |
| | 滑移量 | $\sigma_s \leqslant 0.3$mm | $\sigma_s \leqslant 0.3$mm | — | — |
| 单向反复拉伸试验 | 强度 | $\sigma_b \geqslant 1.35\sigma_{y0}$ 或 $\sigma_{b0}$ | | | |
| | 刚度 | $30_cE \leqslant 0.85 * 1_cE$ | $30_cE \leqslant 0.5 * 1_cE$ | $30_cE \leqslant 0.25 * 1_cE$ | — |
| | 韧性 | $\varepsilon_u \geqslant 20\varepsilon_y$<br>0.04 | $\varepsilon_u \geqslant 10\varepsilon_y$<br>0.02 | $\varepsilon_u \geqslant 5\varepsilon_y$<br>0.01 | — |
| | 滑移量 | $30_c\sigma_s \leqslant 0.3$mm | $30_c\sigma_s \leqslant 0.3$mm | — | — |
| 弹性范围拉压反复试验 | 强度 | $\sigma_b \geqslant 1.35\sigma_{y0}$ 或 $\sigma_{b0}$ | | | |
| | 刚度 | $20_cE \leqslant 0.85 * 1_cE$ | $20_cE \leqslant 0.5 * 1_cE$ | $20_cE \leqslant 0.25 * 1_cE$ | — |
| | 滑移量 | $20_c\sigma_s \leqslant 0.3$mm | $20_c\sigma_s \leqslant 0.3$mm | — | — |
| 塑性范围拉压反复试验 | 强度 | $\sigma_b \geqslant 1.35\sigma_{y0}$ 或 $\sigma_{b0}$ | | | |
| | 滑移量 | $4_c\varepsilon_s \leqslant 0.5\varepsilon_y$<br>$4_c\sigma_s \leqslant 0.3$mm<br>$8_c\varepsilon_s \leqslant 1.5\varepsilon_y$<br>$8_c\sigma_s \leqslant 0.9$mm | $4_c\varepsilon_s \leqslant \varepsilon_y$<br>$4_c\sigma_s \leqslant 0.6$mm | — | — |

注：1. $\sigma_{y0}$——母材标准屈服点（或条件流限）。

2. $\sigma_{b0}$——母材标准强度。

3. $\sigma_b$——接合钢筋极限强度。
4. $\sigma_s$——接合钢筋滑移变形。
5. $E$——母材标准屈服点70%应力下的母材割线模量。
6. $\varepsilon_y$——接合钢筋屈服应变。
7. $\varepsilon_u$——接合钢筋最终应变。
8. $\varepsilon_s$——接合钢筋滑移应变。
9. $0.5\sigma_{y0}E$、$0.7\sigma_{y0}E$、$0.95\sigma_{y0}E$——分别为$0.5\sigma_{y0}$、$0.7\sigma_{y0}$、$0.95\sigma_{y0}$应力的接合钢筋割线模量。
10. $1_cE$、$20_cE$、$30_cE$——分别为1次、20次、30次时按$0.95\sigma_{y0}$加载的应力接合钢筋割线模量。
11. $4_c\varepsilon_s$、$8_c\varepsilon_s$——分别为4次、8次加载时，接合钢筋滑移应变。
12. $4_c\sigma_s$、$8_c\sigma_s$——分别为4次、8次加载时，接合钢筋滑移变形。

接头单体试验的试件为两根钢筋接合而成的接头，原则上接头应设置在检测长度中央。进行接头单体试验时，求刚度、变形、应变时所用的检测长度，称为特定检测长度。如特定检测长度<50cm，以50cm为限，采用比特定检测长度长的检测长度进行试验。接头单体试验的特定检测长度为接头长度在两端加上1/2钢筋直径或20mm中的大者。接头单体试验加载方法如表6.3.6-2所示。

**接头单体试验加载方法　　表6.3.6-2**

| 试验项目 | 加载方法 |
| --- | --- |
| 单向拉伸试验 | $0\rightarrow\sigma_{y0}\rightarrow$破坏 |
| 单向反复拉伸试验 | $0\rightarrow$（$0.02\sigma_{y0}$-$0.95\sigma_{y0}$）$\rightarrow$破坏<br>（反复30次） |
| 弹性范围拉压反复试验 | $0\rightarrow$（$0.95\sigma_{y0}$-$0.5\sigma_{y0}$）$\rightarrow$破坏<br>（反复20次） |
| 塑性范围拉压反复试验 | $0\rightarrow$（$2\varepsilon_y$-$0.5\sigma_{y0}$）$\rightarrow$破坏<br>（反复4次） |
| SA级接头 | （$5\varepsilon_y$-$0.5\sigma_{y0}$）$\rightarrow$破坏<br>（反复4次） |
| A级接头 | $0\rightarrow$（$2\varepsilon_y$-$0.5\sigma_{y0}$）$\rightarrow$破坏<br>（反复4次） |

注：1. $\sigma_{y0}$——母材标准屈服点。
2. $\varepsilon_y$——根据单向拉伸试验所得接合钢筋的屈服强度或条件流限（永久变形为0.2%时）的应力，除以割线模量的应变值。

构件试验评定法是对设有钢筋接头的构件进行正负反复试验的同时，进行接头单体试验。单向拉伸试验与单向反复拉伸试验结果根据表6.3.6-3和表6.3.6-4所列通用条件，对必要性能进行评定。单体试验结果按表6.3.6-1规定的性能标准进行评定。构件试验关系到构件强度、刚度、塑性区的衰减性能及韧性，须按表6.3.6-3和表6.3.6-4规定的接头使用性能类别判断接头能否使用。进行构件试验时，原则上将钢筋接头集中设置在试验的同一位置。

预制混凝土结构连接部分设置的钢筋接头，原则上要以再现实际连接条件的构件试验结果评定其性能。

评定接头性能时，应根据接头质量管理标准、技术说明书及设计施工要领等技术文件，考虑其推荐的实际构造物的接头性能。

接头可否使用、对接头有无影响，柱、梁和墙等不同结构构件需分别考虑。

如考虑接头集中度的影响，接头可分为全数接头和半数接头。其中全数接头是指接头的受拉钢筋和受压钢筋面积之和占该截面受拉和受压钢筋面积之和50%以上（接头面积百分率≥50％)，而面积不足50％的为半数接头（接头面积百分率<50％)。

按规定的方法Ⅰ、Ⅱa、Ⅱb、Ⅱc计算时，或按板式构造时，可按表6.3.6-3所列接头种类、使用部位和集中度选择使用。计算方法Ⅰ是根据建筑基准施行令第82条，按容许应力度计算。计算方法Ⅱa、Ⅱb、Ⅱc是分别按照该施行令第82条中的第4款及建设省第1791号告示（1980年11月27日）中第2条的一、二、三款进行。

**接头种类与使用范围（关于计算方法Ⅰ、Ⅱa、Ⅱb、Ⅱc或板式构造）　表6.3.6-3**

| 计算方法 | 使用部位 | SA级 | A级 | B级 | C级 |
|---|---|---|---|---|---|
| | | 全、半 | 全、半 | 全、半 | 全、半 |
| 方法Ⅰ、Ⅱa、Ⅱb或板式结构 | 大梁中央主筋；小梁与接板受弯钢筋 | ○○ | ○○ | △△ | △△ |
| | 柱与梁端主筋；墙梁与1层墙脚弯起补强筋 | ○○ | ○○ | △○ | ×○ |
| | 其他钢筋 | ○○ | ○○ | ○○ | △○ |
| 方法Ⅱc | 大梁中央主筋；小梁与接板受弯钢筋 | ○○ | ○○ | △△ | △△ |
| | 柱与梁端主筋；墙梁与1层墙脚弯起补强筋 | ○○ | ×○ | ×× | ×× |
| | 其他钢筋 | ○○ | ○○ | ○○ | △○ |

注：1. 表中全与半表示全数接头与半数接头。
2. ○表示可以使用；×表示不可以使用；△表示如果构件钢筋用量多，也可以使用。

按规定的方法Ⅲ计算时，可按表6.3.6-4所列接头种类、使用部位、构件类别和集中度选择使用。计算方法Ⅲ是按建筑基准施行令第82条4款及建设省第1792号告示进行。

**接头种类与使用范围（关于计算方法Ⅲ）　表6.3.6-4**

| 计算方法 | 使用部位 | 构件类别 | SA级 | A级 | B级 | C级 |
|---|---|---|---|---|---|---|
| | | | 全、半 | 全、半 | 全、半 | 全、半 |
| 方法Ⅲ | 大梁中央主筋；小梁与接板受弯钢筋 | — | ○○ | ○○ | △△ | △△ |
| | 在抗震设计中，形成塑性铰的端部钢筋 | FA | ○○ | ↓↓ | ↓↓ | ×× |
| | | FB | ○○ | ↓○ | ↓↓ | ×× |
| | | FC | ○○ | ○○ | ↓○ | ×× |
| | | FD | ○○ | ○○ | ○○ | ×× |
| | | WA、WB | ○○ | ○○ | ↓○ | ×× |
| | | WC、WD | ○○ | ○○ | ○△ | ×× |
| | 上述范围以外的杆端部位钢筋 | FA | ○○ | ○○ | △○ | ×× |
| | | FB | ○○ | ○○ | △○ | ×× |
| | | FC | ○○ | ○○ | ○○ | ×× |
| | | WA、WB | ○○ | ○○ | △○ | △△ |
| | | WC、WD | ○○ | ○○ | ○○ | △△ |
| | 其他钢筋 | FA | ○○ | ○○ | △○ | △△ |
| | | FB | ○○ | ○○ | △○ | △△ |
| | | FC | ○○ | ○○ | ○○ | △○ |
| | | FD | ○○ | ○○ | ○○ | ○○ |
| | | WA、WB | ○○ | ○○ | ○○ | △○ |
| | | WC、WD | ○○ | ○○ | ○○ | ○○ |

注：1. 表中全与半表示全数接头与半数接头。

2. ○表示可以使用；×表示不可以使用；△表示如果构件钢筋用量多，也可以使用。
3. ↓表示按下一位标记为○的构件设计计算时，即可以使用的接头。
4. 不同构件的记号 FA、FB、……、WD 为 1792 号告示中的第一项通知（1981 年建设省发第 96 号）中所示构件种类记号。

方法Ⅰ适用于墙体多、刚度高的建筑，方法Ⅱ适用于有一定墙体或刚度高的框架建筑，方法Ⅲ适用于没有墙体的纯框架结构。

对于劲性钢筋混凝土构件，钢筋即便是全数接头，采用表 6.3.6-3 和表 6.3.6-4 时，也视为半数接头。

当接头特定检测长度大于构件时，SA 级接头原则上视为 A 级接头。

即使是接头部分，原则上也要保证符合日本建筑学会建设工程标准《JASS 5 钢筋混凝土》规定的钢筋间距和保护层厚度。

## 6.4 钢筋机械连接接头的分类

钢筋机械连接接头指钢筋与连接件安装组合后的全套装置，简称接头。需要注意的是，接头和连接件是不同的概念，接头指连接件和被连接钢筋按规定要求进行连接后的组件，而连接件仅指施工单位从供应商处采购的未安装零件，是接头的一部分。接头等级指连接件和钢筋组装成接头后表现出来的性能等级。

常见的钢筋机械连接接头可按加工工艺分类，见表 6.4-1。

**常见的钢筋机械连接接头按加工工艺分类　　表 6.4-1**

<table>
<tr><th colspan="2">接头类型</th><th colspan="2">加工工艺</th></tr>
<tr><td rowspan="9">螺纹接头</td><td rowspan="7">直螺纹接头</td><td rowspan="2">镦粗直螺纹接头</td><td>冷镦粗直螺纹接头</td></tr>
<tr><td>热镦粗直螺纹接头</td></tr>
<tr><td rowspan="3">滚轧直螺纹接头</td><td>直接滚轧直螺纹接头</td></tr>
<tr><td>剥肋滚轧直螺纹接头</td></tr>
<tr><td>挤压强化滚轧直螺纹接头</td></tr>
<tr><td colspan="2">带肋钢筋套筒挤压-直螺纹复合接头</td></tr>
<tr><td colspan="2">摩擦焊直螺纹接头</td></tr>
<tr><td rowspan="2">锥螺纹接头</td><td colspan="2">普通型锥螺纹接头</td></tr>
<tr><td colspan="2">等强型锥螺纹接头</td></tr>
<tr><td colspan="2" rowspan="2">带肋钢筋套筒挤压接头</td><td colspan="2">带肋钢筋套筒径向挤压接头</td></tr>
<tr><td colspan="2">带肋钢筋套筒轴向挤压接头</td></tr>
</table>

直螺纹接头是通过钢筋端头制作的直螺纹和连接件螺纹咬合形成的接头。其中，冷（热）镦粗直螺纹接头是通过钢筋端头冷（热）镦粗后切削制作的直螺纹和连接件螺纹咬合形成的接头；滚轧直螺纹接头是通过钢筋端头直接滚轧或剥肋、挤压强化后滚轧制作的直螺纹和连接件螺纹咬合形成的接头；带肋钢筋套筒挤压-直螺纹复合接头是不在钢筋端头直接加工直螺纹丝头，通过径向挤压或轴向挤压工艺将连接件中的挤压部件与钢筋挤压连接，再通过连接件中的直螺纹部件与挤压部件连接形成的接头；摩擦焊直螺纹接头是通过钢筋端部用摩擦焊工艺焊接的直螺纹与连接件螺纹咬合形成的接头。

锥螺纹接头是通过钢筋端头制作的锥形螺纹和连接件螺纹咬合形成的接头。分为普通型锥螺纹接头和等强型锥螺纹接头。

带肋钢筋套筒挤压接头是通过挤压力使连接件塑性变形与带肋钢筋紧密咬合形成的接头。其中，带肋钢筋套筒径向挤压连接接头是通过沿钢筋直径方向的挤压力使连接件塑性变形与带肋钢筋紧密咬合形成的接头；带肋钢筋套筒轴向挤压连接接头是通过沿钢筋轴线方向的挤压力使连接件塑性变形与带肋钢筋紧密咬合形成的接头。

机械连接接头也可按性能要求和用途进行分类，见表6.4-2。

机械连接接头按性能要求和用途分类　　表6.4-2

| 接头类型 | 性能要求 | 用途 |
|---|---|---|
| 普通型 | 静力作用下的强度和延性<br>静力作用下的残余变形 | 用于非抗震设计的构件中纵向受力钢筋连接 |
| 抗震型 | 静力作用下的强度和延性<br>静力作用下的残余变形<br>低周反复载荷下的性能 | 用于抗震设计的构件中纵向受力钢筋连接 |
| 抗震耐疲劳型 | 静力作用下的强度和延性<br>静力作用下的残余变形<br>低周反复载荷下的性能<br>高周疲劳载荷下的性能 | 用于抗震设计且直接承受重复荷载的结构构件中纵向受力钢筋连接 |
| 抗飞机撞击型 | 静力作用下的强度和延性<br>静力作用下的残余变形<br>低周反复载荷下的性能<br>抗飞机撞击性能 | 用于抗大型商用飞机撞击的结构构件中的纵向受力钢筋连接，一般应用于核电工程核岛厂房部分外层防护体 |

钢筋机械连接接头种类繁多，上述分类方法按加工工艺或用途进行分类并规定其应用场合，有利于兼顾指导生产、施工和设计。需要指出的是，各类型接头按构造和使用功能，又可出现不同的型式，如直螺纹接头又可分为标准型接头、扩口型接头、正反丝扣型接头、异径型接头、加长丝头型接头、加锁母型接头等。此外，上述接头分类仅列出了普通钢筋机械连接接头，针对不同的钢筋种类，有时还会出现不锈钢钢筋接头、耐低温钢筋接头、耐蚀钢筋接头、耐火钢筋接头、环氧涂层钢筋接头等；对变形要求不高时，还会采用侧向螺钉咬合钢筋接头；混凝土结构和钢结构结合时还会采用可焊型套筒钢筋接头、分体式直螺纹套筒钢筋接头等。工程中出现的精轧螺纹钢筋，在钢厂轧制时轧制出了通长螺纹，因此任何位置切断即可用连接件连接，同时要求在连接件和钢筋缝隙间灌注水泥，以减小接头变形，此类接头（如德国DYWIDAG接头）属于预应力钢筋机械连接接头。带肋钢筋熔融金属充填接头、钢筋套筒灌浆连接接头历史上无专用标准时，参照《钢筋机械连接技术规程》JGJ 107执行。

## 6.5　采用机械连接的钢筋

用于机械连接的钢筋应符合现行国家标准《钢筋混凝土用钢　第2部分：热轧带肋钢筋》GB/T 1499.2、《钢筋混凝土用余热处理钢筋》GB/T 13014、《钢筋混凝土用不锈钢钢筋》GB/T 33959、《钢筋混凝土用耐蚀钢筋》GB/T 33953、《海洋工程混凝土用高耐蚀性合金带肋钢筋》GB/T 34206 或《钢筋混凝土用钢　第 1 部分：热轧光圆钢筋》GB/T 1499.1 的相关规定。经供需双方协商并在合同中注明，也可使用其他钢筋。

除上述钢筋外，符合国家现行标准《钢筋混凝土用热轧耐火钢筋》GB/T 37622、《钢筋混凝土用环氧涂层钢筋》GB/T 25826、《钢筋混凝土用热轧碳素钢-不锈钢复合钢筋》GB/T 36707 及《液化天然气储罐用低温钢筋》YB/T 4641 的钢筋，其机械连接可参考现行行业标准《钢筋机械连接技术规程》JGJ 107。设计要求具有耐低温、耐火性能要求的钢筋还应满足相应国家或行业标准的有关要求。

除按国家相关标准生产的钢筋外，不少按国外标准如 ASTM A706/A 706M、ASTM A615/A615M、prEN 10080、BS 4449、BS 6744 等生产的钢筋或进口钢筋因可焊性差，迫切要求应用机械连接技术，对这类钢筋，可按照现行行业标准《钢筋机械连接技术规程》JGJ 107 的规定，开展机械连接工艺研究，并按要求开展型式检验后进行工程应用。

钢筋性能和外形参数的波动是钢筋机械连接常需面对的问题。钢筋种类、强度等级、外形（纵肋、横肋、基圆等参数）、冶炼工艺、化学成分等与机械连接工艺的匹配是较复杂且关键的问题，需通过型式检验检查采用的机械连接方法与相关工艺是否适用于对应的钢筋。在施工现场，钢筋机械连接接头批量加工前应进行工艺检验，要求针对不同钢筋生产厂的钢筋进行，施工过程中更换钢筋生产厂或接头技术提供单位时，应补充进行工艺检验，也是为了检查采用的机械连接方法是否适用于对应的钢筋，确保后续批量加工的接头满足要求，避免发生质量事故，造成不必要的经济损失。

从某种意义上，钢筋机械连接适用于热轧钢筋。一般情况下，各种机械连接方法均适用于热轧带肋钢筋。需要注意的是，余热处理钢筋是在轧制过程中进行快速水冷，表面硬、塑性差、芯部软，对其端部考虑镦粗、切削或滚轧螺纹丝头时，应注意该特性的影响。

## 6.6　直螺纹钢筋接头的设计

直螺纹钢筋接头的设计包括钢筋丝头和连接件（套筒）设计。钢筋丝头指接头中钢筋端部的螺纹区段，钢筋丝头外螺纹的螺纹参数、连接件内螺纹的螺纹参数及两者的配合精度是影响直螺纹钢筋接头性能的关键因素。

### 6.6.1　螺纹基础知识

沿着圆柱或圆锥表面运动点的轨迹称为螺旋线，该点的轴向位移与相应角位移成定比，如图 6.6.1-1 所示。圆柱（圆锥）面上一点绕圆柱（圆锥）的轴线作等速旋转运动的同时又沿一条直线作等速直线运动，这种复合运动的轨迹即为螺旋线。在同一条螺旋线上，位置相同、相邻的两对应点间的轴向距离称为螺旋线导程，即一个点沿着螺旋线旋转一周对应的轴向距离（$P_h$）。螺旋线的切线与垂直于螺旋线轴线平面间的夹角称为螺旋线导程角（$\varphi$），其计算公式如下：

$$\tan\varphi=\frac{P_h}{2\pi r} \tag{6.6.1}$$

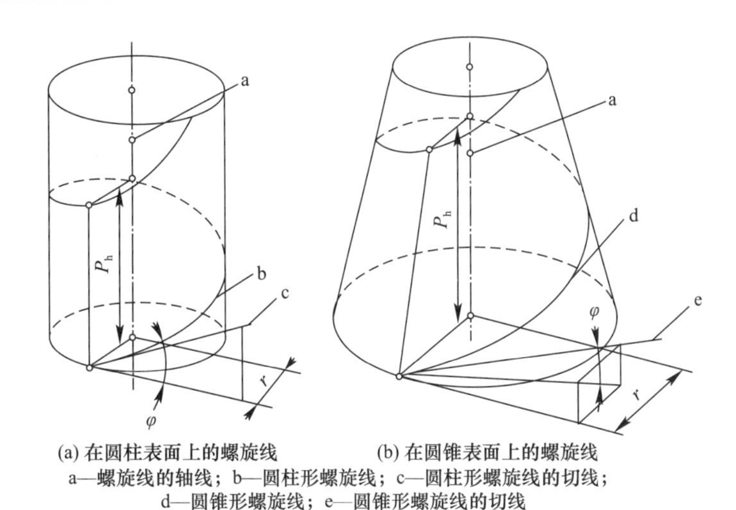


(a) 在圆柱表面上的螺旋线　　(b) 在圆锥表面上的螺旋线

a—螺旋线的轴线；b—圆柱形螺旋线；c—圆柱形螺旋线的切线；
d—圆锥形螺旋线；e—圆锥形螺旋线的切线

图 6.6.1-1　螺旋线

注意，对于圆锥螺旋线，其不同轴线位置处的螺旋线导程角是不同的。

在圆柱或圆锥表面上，具有相同牙形、沿螺旋线连续凸起的牙体称为螺纹。其中，在圆柱表面形成的螺纹称为圆柱螺纹，又称直螺纹；在圆锥表面形成的螺纹称为圆锥螺纹，又称锥螺纹。在圆柱或圆锥外表面形成的螺纹为外螺纹，如图 6.6.1-2 所示；在圆柱或圆锥内表面形成的螺纹为内螺纹，如图 6.6.1-4 所示。

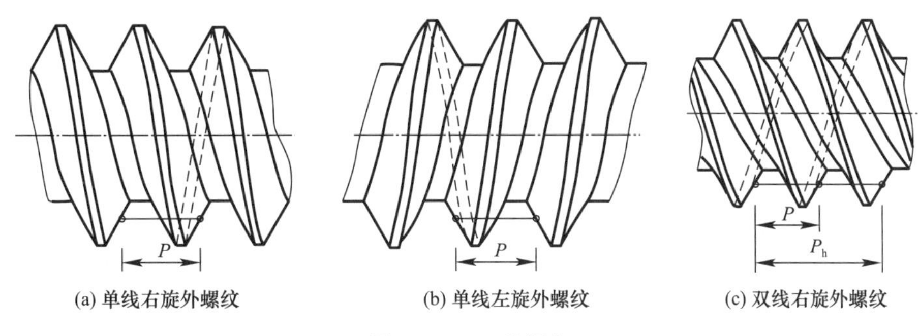


(a) 单线右旋外螺纹　　(b) 单线左旋外螺纹　　(c) 双线右旋外螺纹

图 6.6.1-2　外螺纹

螺纹的凸起部分称为牙顶，沟槽部分称为牙底。螺纹安装时，为防止端部损坏和便于旋合，在螺纹起始处加工成锥形的倒角或球形的倒圆，如图 6.6.1-3 所示。在螺纹结束处有收尾或退刀槽。由切削刀具的倒角或退出所形成的牙底不完整的螺纹称为螺纹收尾，简称螺尾，如图 6.6.1-5 所示。为消除螺尾现象，应在螺纹终止处加工 1 个退刀槽，如图 6.6.1-6 所示。旋入端的螺纹称为引导螺纹，其牙底完整，而牙顶不完整。

图 6.6.1-3　倒角

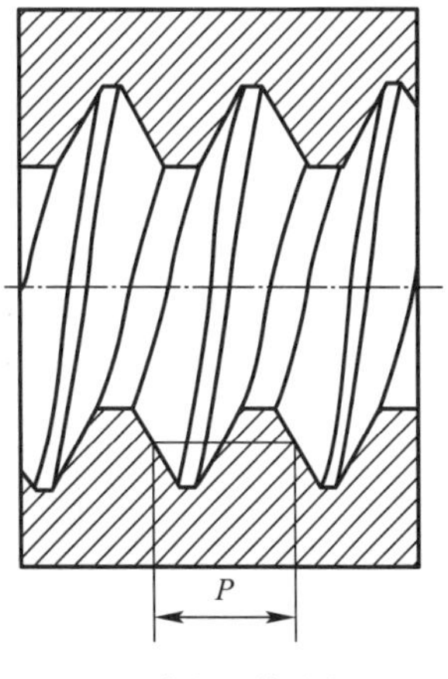

图 6.6.1-4　单线右旋内螺纹

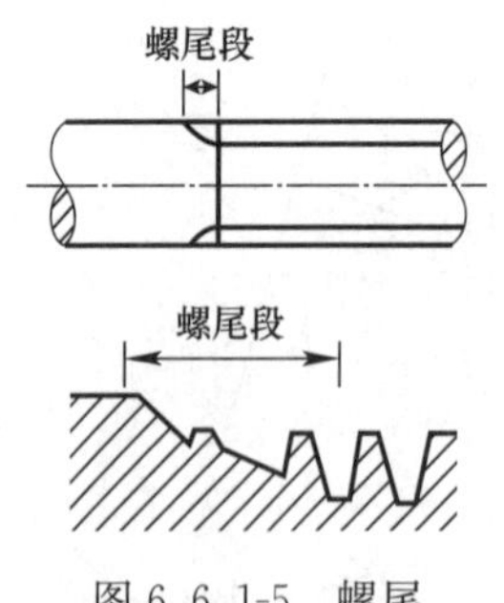


图 6.6.1-5　螺尾

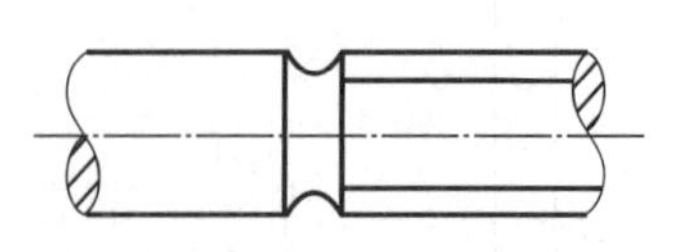

图 6.6.1-6　退刀槽

螺纹有米制螺纹和英制螺纹两种，按螺纹牙形分为矩形螺纹、三角形螺纹、管螺纹、梯形螺纹、锯齿形螺纹（图 6.6.1-7），按螺纹旋向分为左旋（LH）螺纹、右旋（RH）螺纹，按螺旋线根数分为单线螺纹、双线（多线）螺纹，按回转体内外表面分为内螺纹、外螺纹（图 6.6.1-8），按母体形状分为圆柱螺纹、圆锥螺纹（图 6.6.1-9），按螺旋作用分为连接螺纹、传动螺纹。

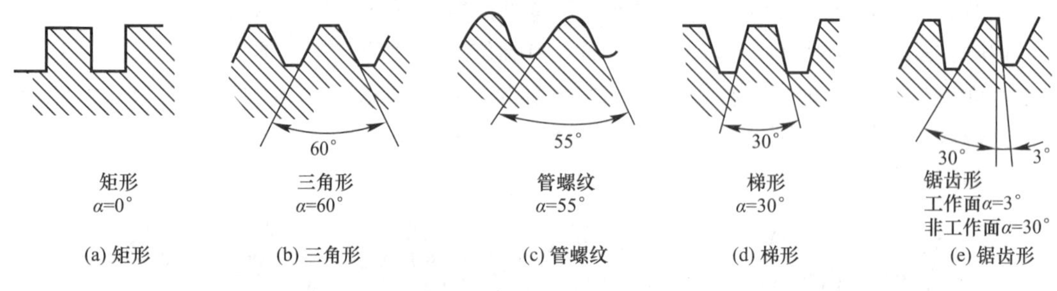


图 6.6.1-7　螺纹牙形

图 6.6.1-8　内螺纹与外螺纹

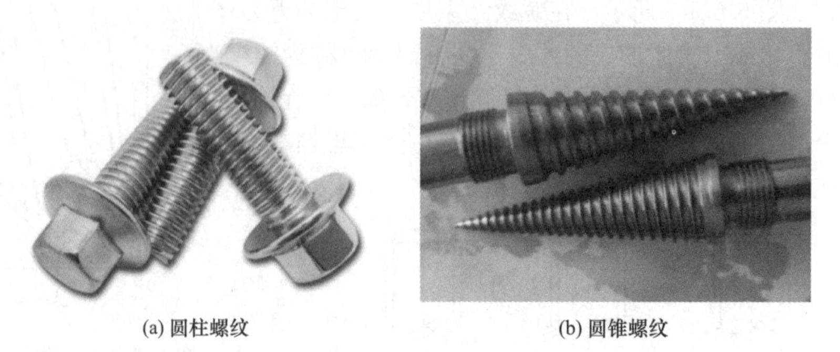


图 6.6.1-9　圆柱螺纹与圆锥螺纹

## 6.6.2　螺纹结构要素

螺纹结构一般含牙形、公称直径、小径、线数、螺距和导程、旋向五要素。

**1. 牙形**

由延长基本牙形的牙侧获得的 3 个连续交点形成的三角形称为原始三角形，由原始三角形底边到与此底边相对的原始三角形顶点间的径向距离称为原始三角形高度 $H$，如图 6.6.2-1 所示。

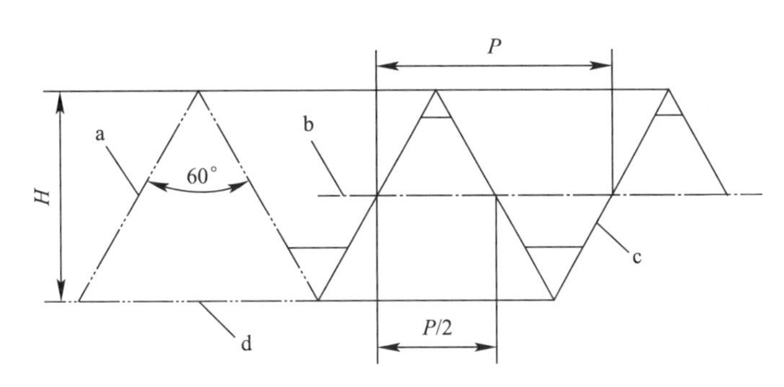


a—原始三角形；b—中径线；c—基本牙形；d—底边

图 6.6.2-1　原始三角形和基本牙形

在螺纹牙形上，从牙顶或牙底到其所在原始三角形的最邻近顶点间的径向距离称为削平高度，如图 6.6.2-2 所示。

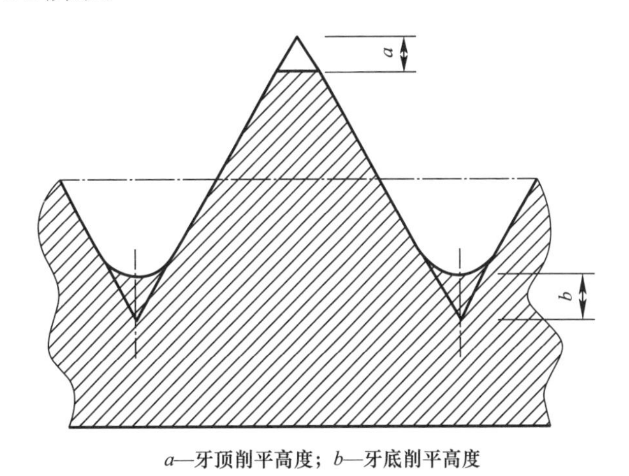


*a*—牙顶削平高度；*b*—牙底削平高度

图 6.6.2-2　削平高度

在螺纹轴线平面内的螺纹轮廓形状称为螺纹牙形，简称“牙形”，分为基本牙形和设计牙形。基本牙形指在螺纹轴线平面内，由理论尺寸、角度和削平高度形成的内、外螺纹共有的理论牙形，其为确定螺纹设计牙形的基础，如图 6.6.2-1 所示。设计牙形指在基本牙形的基础上，具有圆弧或平直形状牙顶和牙底的螺纹牙形，其为内、外螺纹极限偏差的起始点，如图 6.6.2-3、图 6.6.2-4 所示。具有最大实体极限的螺纹牙形称为最大实体牙形，具有最小实体极限的螺纹牙形称为最小实体牙形。

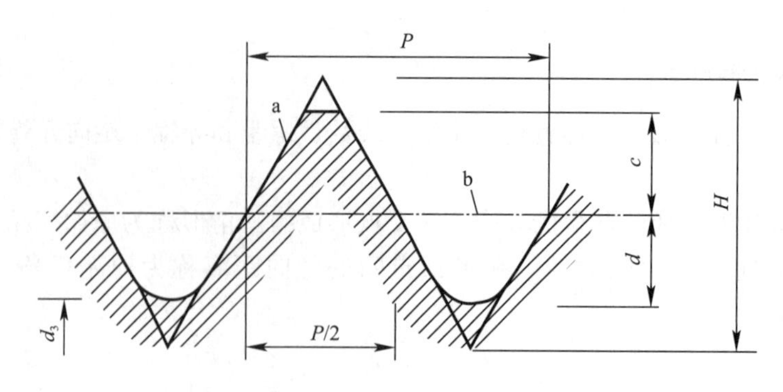


a—设计牙形；b—中径线；*c*—牙顶高；*d*—牙底高

图 6.6.2-3　设计牙形（1）

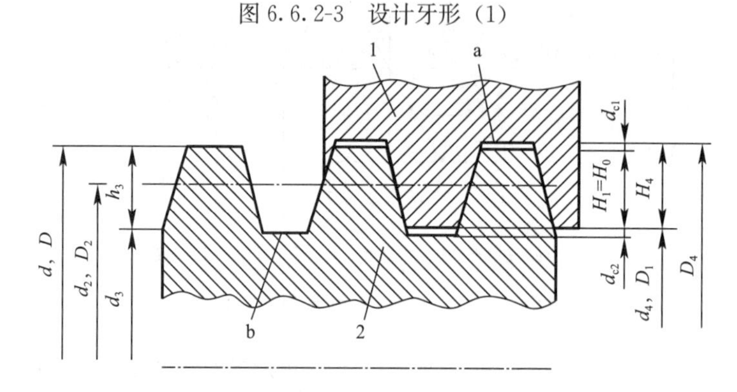


1—内螺纹；2—外螺纹；a—内螺纹设计牙形；b—外螺纹设计牙形

图 6.6.2-4　设计牙形（2）

由不平行于螺纹中径线的原始三角形一个边所形成的螺纹表面称为牙侧，由不平行于螺纹中径线的原始三角形两个边所形成的牙侧称为相邻牙侧，如图 6.6.2-5 所示。处在同一螺旋面上的牙侧称为同名牙侧。相邻牙侧间的材料实体称为牙体，简称“牙”。相邻牙侧间的非实体空间称为牙槽。连接两个相邻牙侧的牙体顶部表面称为牙顶，连接一个相邻牙侧的牙槽底部表面称为牙底。从一个螺纹牙体的牙顶到其牙底间的径向距离称为牙形高度，简称“牙高”。

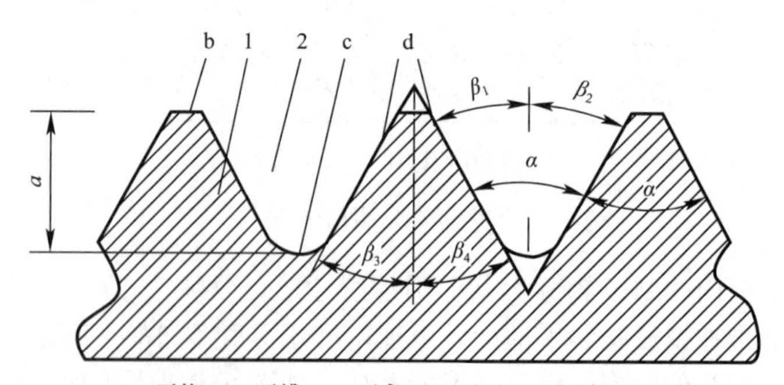


1—牙体；2—牙槽；*a*—牙高；b—牙顶；c—牙底；d—牙侧

图 6.6.2-5　牙侧、牙体、牙槽、牙顶、牙底、牙高、牙形角和牙侧角

牙顶高指从一个螺纹牙体的牙顶到其中径线间的径向距离，如图 6.6.2-3 所示。

牙底高指从一个螺纹牙体的牙底到其中径线间的径向距离，如图 6.6.2-3 所示。

牙侧角（$\beta$，米制螺纹）指在螺纹牙形上，一个牙侧与垂直于螺纹轴线平面间的夹角，如图 6.6.2-5 所示。

牙形角（$\alpha$，米制螺纹）指在螺纹牙形上，两相邻牙侧间的夹角，如图 6.6.2-5 所示。

牙顶圆弧半径（$R$，$r$）指在螺纹轴线平面内，牙顶上呈圆弧部分的曲率半径。

牙底圆弧半径（$R$，$r$）指在螺纹轴线平面内，牙底上呈圆弧部分的曲率半径。

**2. 公称直径**

公称直径是代表螺纹尺寸的直径。对于紧固螺纹和传动螺纹，其大径基本尺寸是螺纹的代表尺寸；对于管螺纹，其管子公称尺寸是螺纹的代表尺寸。对于内螺纹，使用直径的大写字母代号 $D$；对于外螺纹，使用直径的小写字母代号 $d$。

大径（$D$、$d$、$D_4$）指与外螺纹牙顶或内螺纹牙底相切的假想圆柱或圆锥的直径，如图 6.6.2-4、图 6.6.2-6 所示。对于圆锥螺纹，不同螺纹轴线位置处的大径是不同的。当内螺纹设计牙形上的大径尺寸不同于基本牙形上的大径时，设计牙形上的大径使用代号 $D_4$。

小径（$D_1$、$d_1$、$d_3$）指与外螺纹牙底或内螺纹牙顶相切的假想圆柱或圆锥的直径，如图 6.6.2-3、图 6.6.2-4、图 6.6.2-6 所示。对于圆锥螺纹，不同螺纹轴线位置处的小径是不同的。当外螺纹设计牙形上的小径尺寸不同于基本牙形上的小径时，设计牙形上的小径使用代号 $d_3$。

顶径（$D_1$、$d$）指与螺纹牙顶相切的假想圆柱或圆锥的直径，如图 6.6.2-4、图 6.6.2-6 所示，其为外螺纹的大径或内螺纹的小径。

底径（$D$、$d_1$、$d_3$、$D_4$）指与螺纹牙底相切的假想圆柱或圆锥的直径，如图 6.6.2-4、图 6.6.2-6 所示，其为外螺纹的小径或内螺纹的大径。当内螺纹设计牙形上的大径尺寸不同于基本牙形上的大径时，设计牙形上的大径使用代号 $D_4$。当外螺纹设计牙形上的小径尺寸不同于基本牙形上的小径时，设计牙形上的小径使用代号 $d_3$。

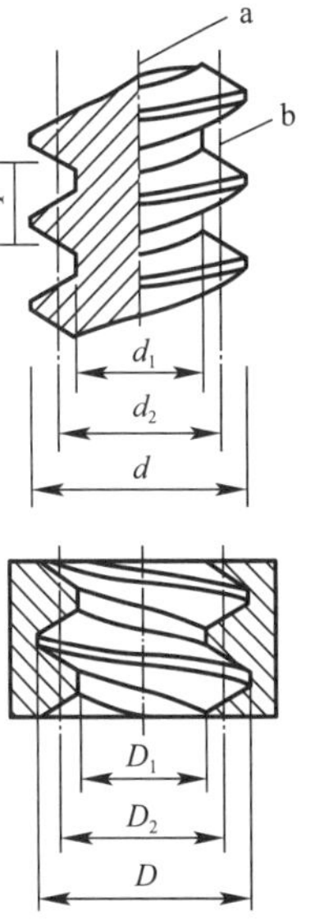

a—螺纹轴线；b—中径线

图 6.6.2-6 直径

中径圆柱指一个假想圆柱，该圆柱母线通过圆柱螺纹上的牙厚与牙槽宽相等的地方。

中径圆锥指一个假想圆锥，该圆锥母线通过圆锥螺纹上的牙厚与牙槽宽相等的地方。

中径线指中径圆柱或中径圆锥的母线，如图 6.6.2-2、图 6.6.2-6 所示。

中径（$D_2$、$d_2$）指中径圆柱或中径圆锥的直径，如图 6.6.2-6 所示。对于圆锥螺纹，不同螺纹轴线位置处的中径是不同的。

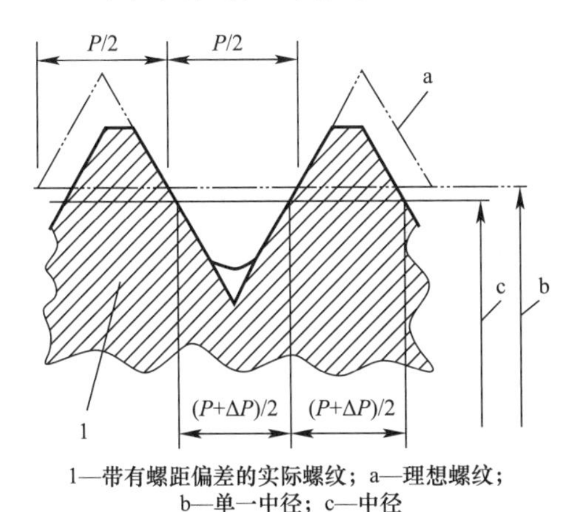


1—带有螺距偏差的实际螺纹；a—理想螺纹；b—单一中径；c—中径

图 6.6.2-7 单一中径

单一中径（$D_{2s}$、$d_{2s}$）指 1 个假想圆柱或圆锥的直径，该圆柱或圆锥的母线通过实际螺纹上牙槽宽度等于半个基本螺距的地方。通常采用最佳量针或量球进行测量，如图 6.6.2-7 所示。对于圆锥螺纹，不同螺纹轴线位置处的单一中径是不同的。对于理想螺纹，其中径等于单一中径。

作用中径指在规定的旋合长度内，恰好包容（没有过盈或间隙）实际螺纹牙侧的 1 个假想理想螺纹的中径。该理想螺纹具有基本牙形，且包容时与实际螺纹在牙顶和牙底处不发生干涉，如图 6.6.2-8 所示。对于圆锥螺纹，不同螺纹轴线位置处的作用中径是不同的。

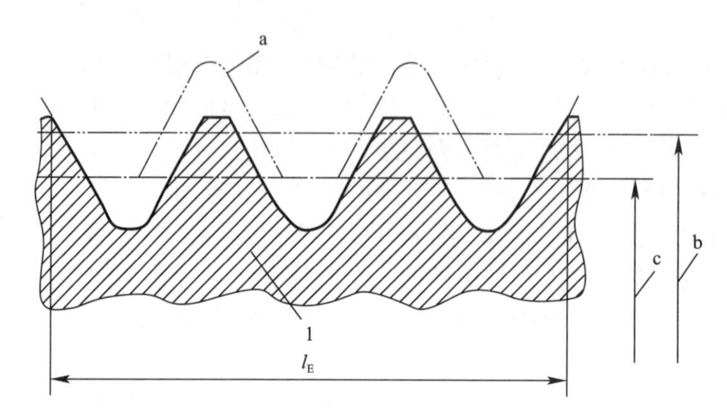


1—实际螺纹；$l_E$—螺纹旋合长度；a—理想内螺纹；b—作用中径；c—中径

图 6.6.2-8 作用中径

中径轴线指中径圆柱或中径圆锥的轴线，又称螺纹轴线，如图 6.6.2-6 所示。

**3. 线数**

螺纹有单线和多线之分，用 $n$ 表示。在圆（锥）柱面上沿一条螺旋线形成的螺纹称为单线螺纹，如图 6.6.2-9 所示。沿轴向等距分布的两条或两条以上螺旋线形成的螺纹称为多线螺纹，如图 6.6.2-10 所示。

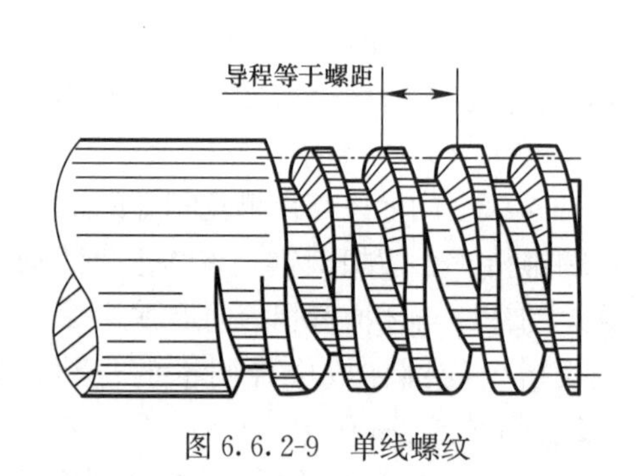


图 6.6.2-9 单线螺纹

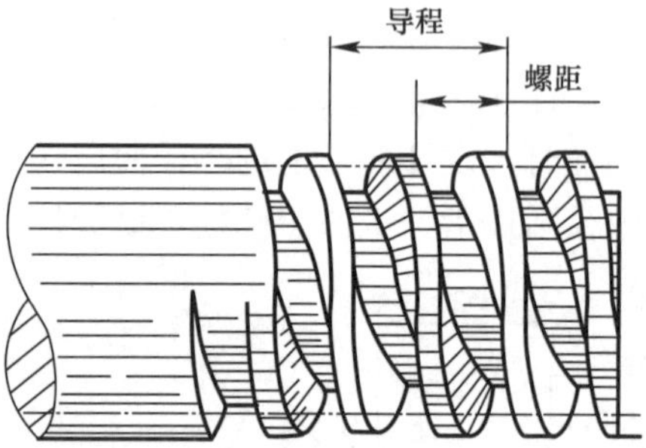

导程
螺距

图 6.6.2-10 多线螺纹

**4. 螺距和导程**

相邻两牙体上的对应牙侧与中径线相交两点间的轴向距离称为螺距，用 $P$ 表示，如图 6.6.2-11 所示。

牙槽螺距（$P_2$）指相邻两牙槽的对称线在中径线上对应两点间的轴向距离，通常采用最佳量针或量球进行测量，如图 6.6.2-11 所示。牙槽螺距仅适用于对称螺纹，其牙槽对称线垂直于螺纹轴线。

累积螺距（$P_{\Sigma}$）指相距 2 个或 2 个以上螺距的 2 个牙体间的各个螺距之和。

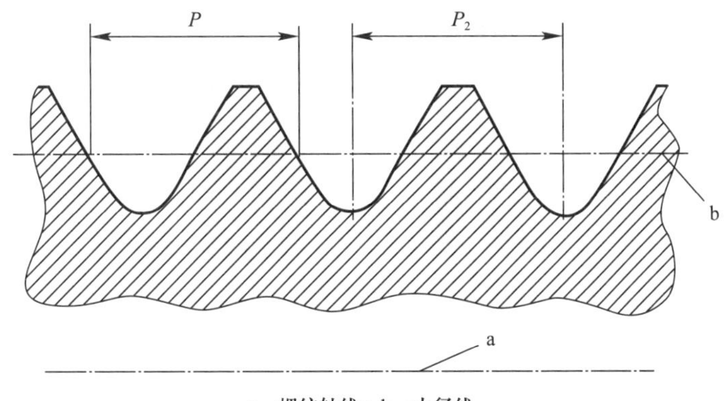


a—螺纹轴线；b—中径线

图 6.6.2-11　螺距和牙槽螺距

牙数（$n$）指每 25.4mm 轴向长度内所包含的螺纹螺距个数，主要用于寸制螺纹，牙数是英寸螺距值的倒数。

最邻近的两同名牙侧与中径线相交两点间的轴向距离称为导程，用 $P_h$ 表示，如图 6.6.2-12 所示。导程是 1 个点沿着在中径圆柱或中径圆锥上的螺旋线旋转 1 周对应的轴向位移。对于单线螺纹，导程与螺距相等，即 $P_h=P$；对于多线螺纹，导程等于线数乘以螺距，即 $P_h=n\times P$。

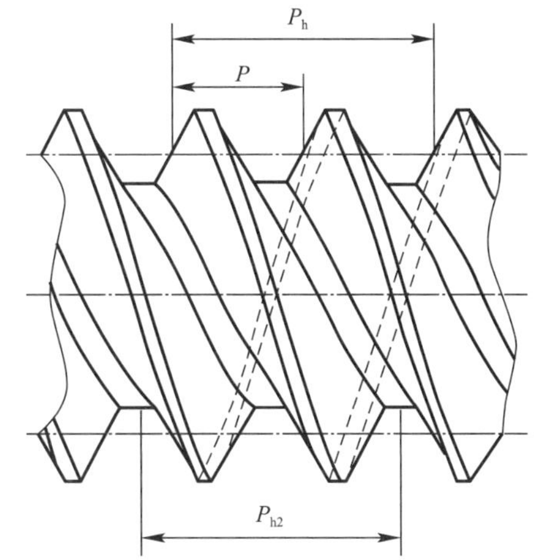


图 6.6.2-12　导程和牙槽导程

牙槽导程（$P_{h2}$，米制螺纹）指处于同一牙槽内的两最邻近牙槽的对称线在中径线上对应两点间的轴向距离，如图 6.6.2-12 所示，通常采用最佳量针或量球进行测量。牙槽导程仅适用于对称螺纹，其牙槽对称线垂直于螺纹轴线。

升角（$\varphi$，米制螺纹）指在中径圆柱或中径圆锥上螺旋线的切线与垂直于螺纹轴线平面间的夹角，也称导程角。对于米制螺纹，其计算公式如下：

$$\tan\varphi=\frac{P_h}{\pi d_2} \tag{6.6.2}$$

式中　$\varphi$——升角；

$P_h$——导程；

$d_2$——螺纹中径。

注意：对于圆锥螺纹，其不同螺纹轴线位置处的升角是不同的。

牙厚指一个牙体的相邻牙侧与中径线相交两点间的轴向距离。

牙槽宽指一个牙槽的相邻牙侧与中径线相交两点间的轴向距离。

**5. 旋向**

螺纹的旋向有左旋和右旋之分，如图 6.6.2-13 所示。顺时针旋转时旋入的螺纹称为右旋螺纹（Right-hand Thread，RH）；逆时针旋转时旋入的螺纹称为左旋螺纹（Left-hand Thread，LH）。

图 6.6.2-13　螺纹的旋向

内、外螺纹连接时，只有上述螺纹要素完全相同，才能旋合在一起。其中，牙形、直径和螺距是螺纹最基本的要素，称为螺纹三要素。牙形、直径和螺距均符合国家标准的螺纹称为标准螺纹；牙形符合国家标准，而直径或螺距不符合国家标准的螺纹称为特殊螺纹；牙形不符合国家标准的螺纹称为非标准螺纹。

## 6.6.3　螺纹配合

牙侧接触高度（$H_1$）指在两个同轴配合螺纹的牙形上，其牙侧重合部分的径向高度，如图 6.6.2-4、图 6.6.3-1 所示。

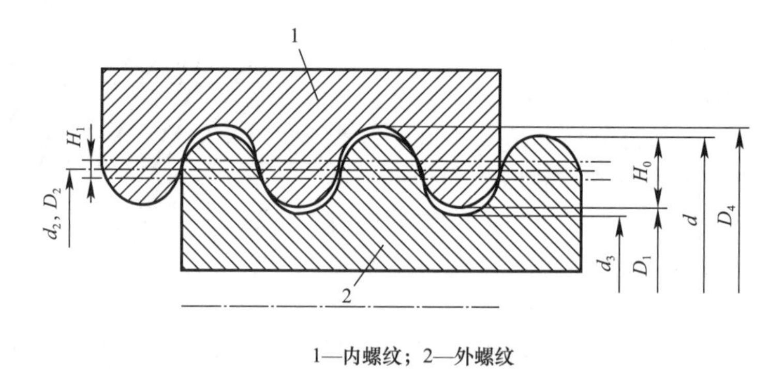


1—内螺纹；2—外螺纹

图 6.6.3-1　螺纹接触高度和牙侧接触高度

螺纹接触高度（$H_0$）指在两个同轴配合螺纹的牙形上，外螺纹牙顶至内螺纹牙顶间的径向距离，即内、外螺纹的牙形重叠径向高度，如图 6.6.2-4、图 6.6.3-1 所示。

螺纹旋合长度（$l_E$）指两个配合螺纹的有效螺纹相互接触的轴向长度，如图 6.6.2-8、图 6.6.3-2 所示。

螺纹装配长度（$l_A$）指两个配合螺纹旋合的轴向长度，如图 6.6.3-2 所示。螺纹装配长度允许包含引导螺纹的倒角和（或）螺纹收尾。

大径间隙（$d_{c1}$）指在设计牙形上，同轴装配的内螺纹牙底与外螺纹牙顶间的径向距离，如图 6.6.2-4 所示。

小径间隙（$d_{c2}$）指在设计牙形上，同轴装配的内螺纹牙顶与外螺纹牙底间的径向距离，如图 6.6.2-4 所示。

行程指两个配合螺纹相对转动某一角度产生的相对轴向位移量，如图 6.6.3-3 所示。

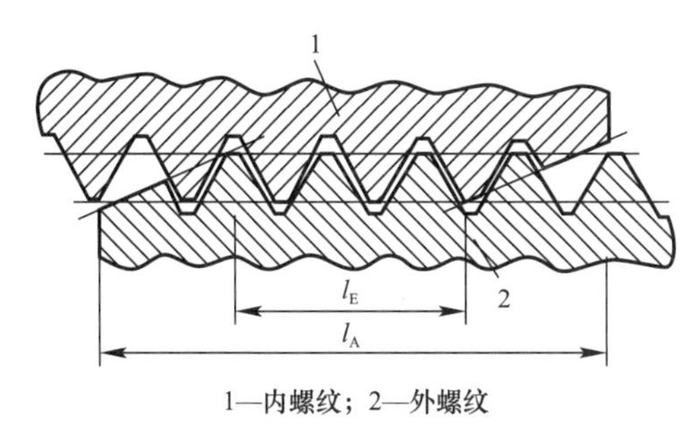

1—内螺纹；2—外螺纹

图 6.6.3-2　螺纹旋合长度和螺纹装配长度

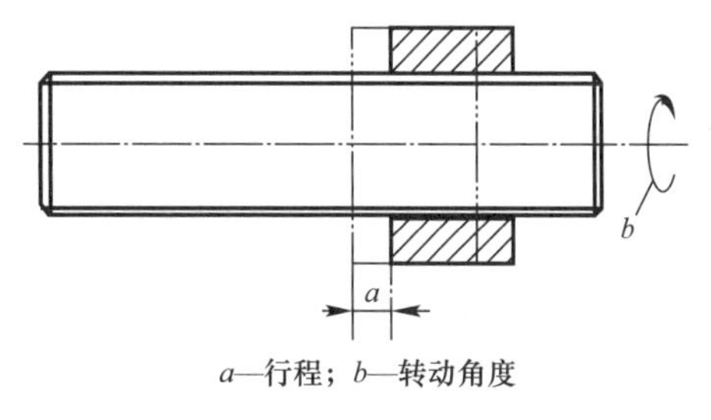

a—行程；b—转动角度

图 6.6.3-3　行程

## 6.6.4　螺纹公差与检验

螺距偏差（$\Delta P$）指螺距的实际值与其基本值之差。

牙槽螺距偏差（$\Delta P_2$）指牙槽螺距的实际值与其基本值之差。

累积螺距偏差（$\Delta P_\Sigma$）指在规定的螺纹长度内，任意两牙体间的实际累积螺距值与其基本累积螺距值之差中绝对值最大的那个偏差，如图 6.6.4-1 所示。在一些场合，此规定的螺纹长度可能是螺纹旋合长度。对于管螺纹，此规定的螺纹长度可能是 25.4mm。

导程偏差（$\Delta P_h$）指导程的实际值与其基本值之差。

牙槽导程偏差（$\Delta P_{h2}$）指牙槽导程的实际值与其基本值之差。

行程偏差指行程的实际值与其基本值之差。

累积导程偏差（$\Delta P_{h\Sigma}$）指在规定的螺纹长度内，同一螺旋面上任意两牙侧与中径线相交两点的实际轴向距离与其基本值之差中绝对值最大的那个偏差，如图 6.6.4-2 所示。在一些场合，此规定的螺纹长度可能是螺纹旋合长度。对于管螺纹，此规定的螺纹长度可能是 25.4mm。

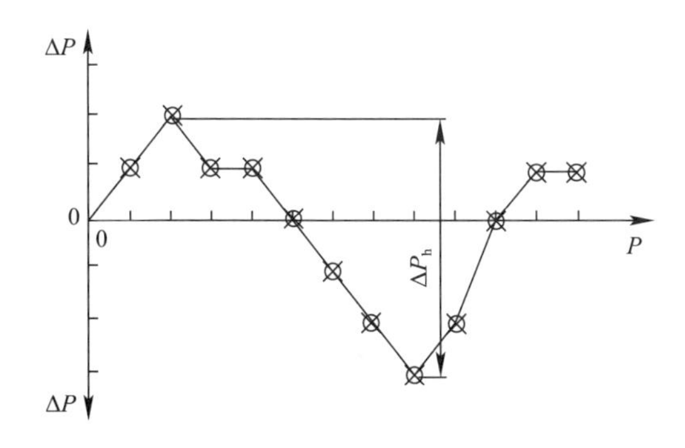

图 6.6.4-1　累积螺距偏差

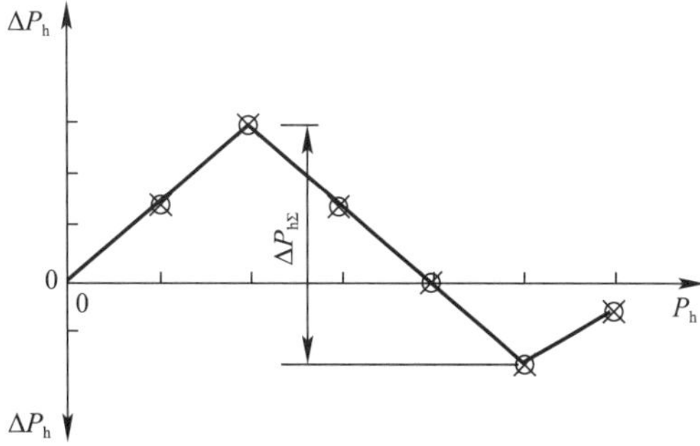

图 6.6.4-2　累积导程偏差

牙侧角偏差（$\Delta\beta$）指牙侧角的实际值与其基本值之差。

中径当量指由螺距偏差或导程偏差和（或）牙侧角偏差引起作用中径的变化量。通常利用螺纹指示规的差示检验法进行测量。对于外螺纹，其中径当量是正值；对于内螺纹，其中径当量是负值。中径当量可细分为螺距偏差的中径当量和牙侧角偏差的中径当量。

## 6.6.5 螺纹标记

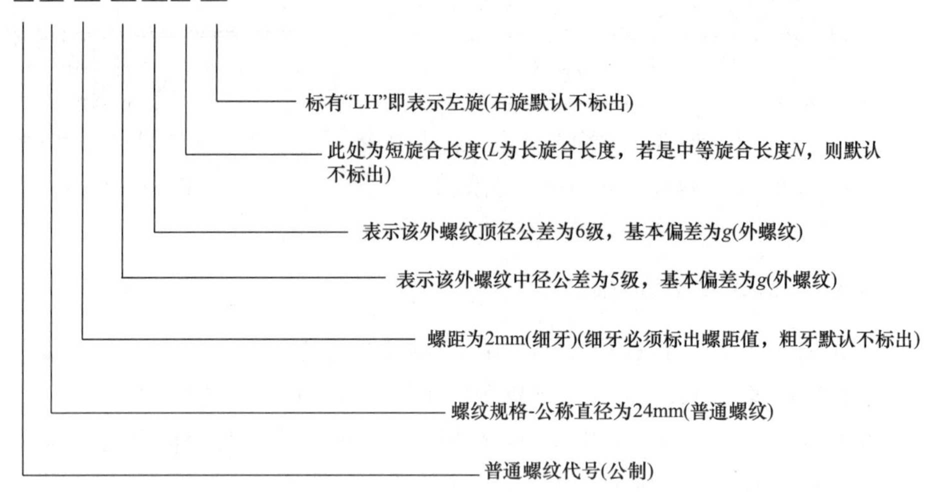


如果中径与顶径公差一致，则只标一个，如均为 $7H$，则仅标 1 个 $7H$ 即可，如“M10-7H”表示公称直径为 10mm、粗牙、中径和顶径（内螺纹顶径即小径）公差均为 7 级、基本偏差为 $H$、中等旋合长度、右旋内螺纹。

## 6.6.6 螺纹加工

螺纹的加工方式有：

（1）车螺纹：其特点是通过车床机构的调整，可方便地车出不同螺距、不同直径、不同线数和不同牙形的螺纹，适合于单件小批量生产，如图 6.6.6-1 所示。

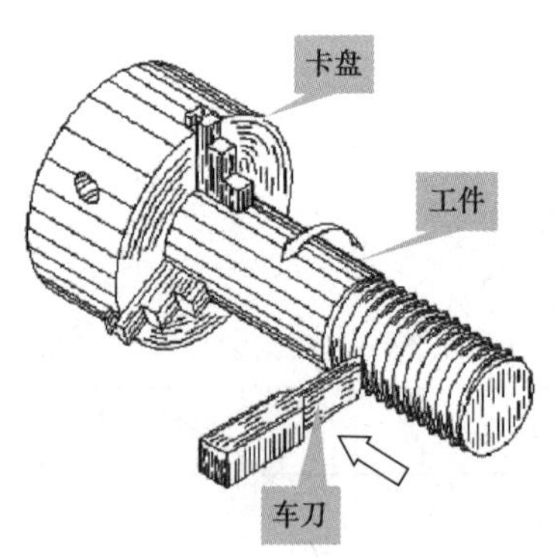


图 6.6.6-1 外螺纹车削

（2）攻螺纹：指用丝锥在工件的光孔内加工出内螺纹的方法。

丝锥是加工内螺纹的刀具，如图 6.6.6-2 所示，分为手用丝锥和机用丝锥。按牙形可分为普通螺纹丝锥、圆柱管螺纹丝锥和圆锥螺纹丝锥等。普通螺纹丝锥又分为粗牙和细牙丝锥。

丝锥因其切削量分布不同，可分三支一组和两支一组。一般 M6～M24 的丝锥均为两支一组，小于 M6 的丝锥，因螺纹底孔较小、丝锥细、刚性差、强度低，攻螺纹易折断丝锥，因此所用丝锥均为三支一组。大于 M24 的丝锥，攻螺纹时切削力较大、转矩大，此时应选用多支丝锥，每支丝锥切削量较小，切削省力，丝锥不断扭断。各种规格的圆锥螺纹、圆锥管螺纹攻丝丝锥均为单支。

铰杠是手工攻螺纹时，用于夹持丝锥进行工作的工具，分为普通铰杠和丁字铰杠，又可分为固定式和活络式，如图 6.6.6-3 所示。攻制 M5 以下的螺孔时，因丝锥受力较小，多使用固定式铰杠。活络铰杠的方孔尺寸可调整，使用范围较大，其规格以柄长表示，有 150、230、280、380、580、600mm，可用 M6～M24 的丝锥。

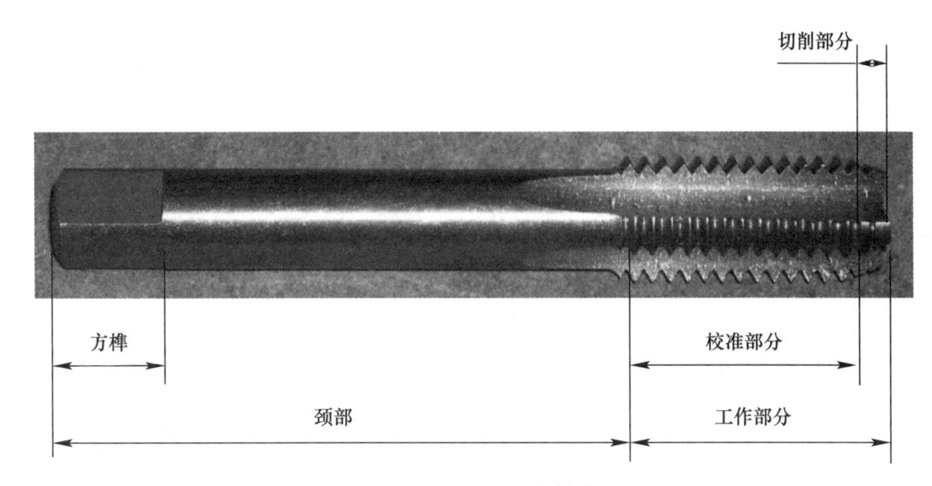


图 6.6.6-2　丝锥的结构

（3）套螺纹：指用板牙在工件光轴上加工出螺纹的方法。

板牙是加工外螺纹的工具，由切削部分、校准部分和排屑孔组成，如图 6.6.6-4 所示。M3.5 以上的板牙，外圆上有四个锥坑和一条 V 形槽，V 形槽对面的两个锥坑可将板牙固定在板牙架中，用两螺钉顶住并传递转矩；V 形槽两侧的锥坑用于调节板牙尺寸。板牙架是装夹板牙的工具。

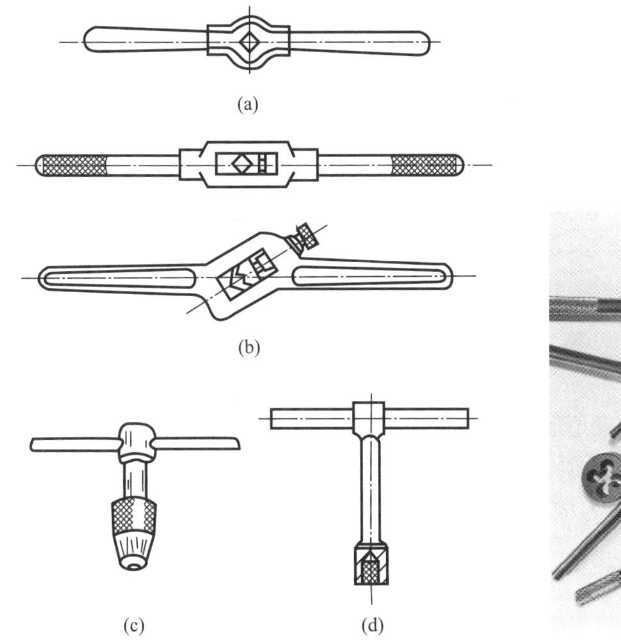


图 6.6.6-3　各种形式的铰杠

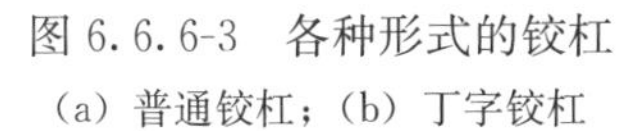
（a）普通铰杠；（b）丁字铰杠

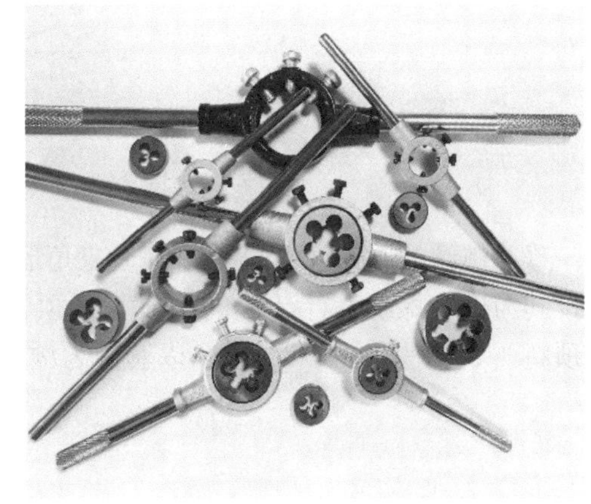

图 6.6.6-4　板牙和板牙架

（4）铣螺纹：指在专用的螺纹铣床或万能卧式铣床上进行。铣螺纹较车螺纹的加工精度低，螺纹表面粗糙度 $Ra$ 值略大，但铣螺纹生产效率高，适用于大批量生产。

（5）磨螺纹：指在专用的螺纹磨床上进行，主要对需热处理（硬度较高和精度要求高）的螺纹进行精加工。螺纹磨削前，一般需经车螺纹或铣螺纹等粗加工或半精加工。

（6）滚轧螺纹：指使胚料在滚轧工具的压力下产生塑性变形，强制压制出的螺纹，滚轧方式有2种：

1）搓螺纹：指在搓丝机上进行，搓出来的螺纹精度可达5级，螺纹表面粗糙度 $Ra$ 值为1.6～0.8，如市场上出售的螺钉、螺锥等。

2）滚螺纹：指在专用的滚轧机上进行，可提高螺纹的抗拉强度、抗剪强度和疲劳强度，且生产效率高，滚出的精度可达3级，螺纹表面粗糙度 $Ra$ 值为0.8～0.2。

### 6.6.7 钢筋接头直螺纹

钢筋接头直螺纹一般采用60°牙形角的普通螺纹，也有部分企业采用75°牙形角。以60°牙形角的普通螺纹为例进行介绍，如图6.6.7-1所示。

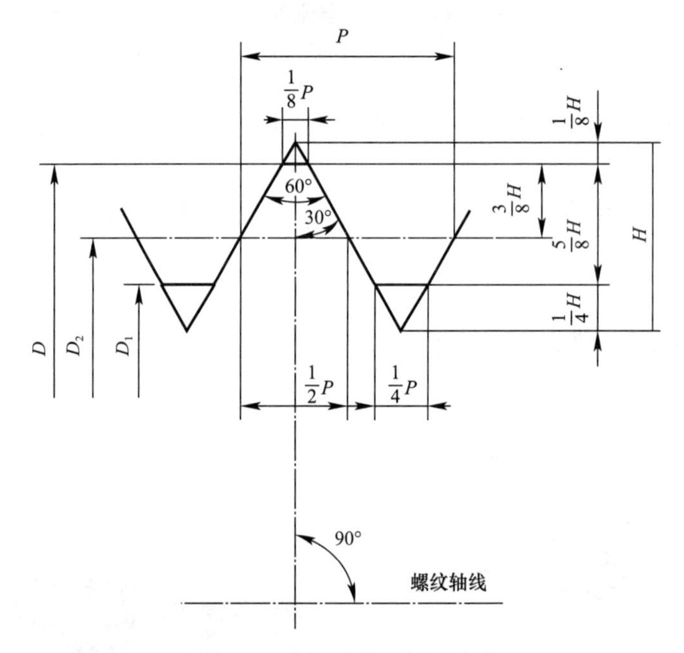


图6.6.7-1　60°普通螺纹牙形

普通螺纹的原始牙形是一个等边三角形，截去三角形的顶部和底部形成了螺纹基本牙形，其为确定螺纹设计牙形的基础，牙顶宽度 $1/8P$，牙底宽度 $1/4P$，牙形高度 $5/8H$，牙顶高 $3/8H$，牙底高 $1/4H$。以套筒为例，螺纹中径和小径按下列公式计算：

$$D_2=D-2\times\frac{3}{8}H=D-0.6495P \tag{6.6.7-1}$$

$$D_1=D-2\times\frac{5}{8}H=D-1.0825P \tag{6.6.7-2}$$

式中　$D$——内螺纹基本大径（螺纹公称直径 $M$），外螺纹时基本大径为 $d$；

$D_2$——内螺纹基本中径，外螺纹时基本中径为 $d_2$；

$D_1$——内螺纹基本小径（套筒内径），外螺纹时基本小径为 $d_1$；

$H$——原始三角形高度，$H=\frac{\sqrt{3}}{2}P=0.866025404P$；

$P$——螺距。

**1. 钢筋丝头螺纹的直径**

钢筋丝头的螺纹大径：钢筋丝头外螺纹最大处所构成的假想圆柱的直径。

钢筋丝头的螺纹中径：钢筋丝头外螺纹中径处所构成的假想圆柱的直径。

钢筋丝头的螺纹小径：钢筋丝头外螺纹牙底处所构成的假想圆柱的直径。

**2. 套筒螺纹的直径**

套筒的螺纹大径：套筒内螺纹牙底处所构成的假想圆柱的直径。

套筒的螺纹中径：套筒内螺纹中径处所构成的假想圆柱的直径。

套筒的螺纹小径：套筒内螺纹牙顶处所构成的假想圆柱的直径。

**3. 螺纹精度**

直螺纹钢筋连接接头指将钢筋端部加工成直螺纹丝头，并用相应的直螺纹套筒将两根钢筋相互连接的钢筋接头。从定义中可看出，直螺纹钢筋连接接头是由两个钢筋直螺纹丝头和一个直螺纹套筒构成的组装件。因此，钢筋丝头的外螺纹、套筒内螺纹及两者的配合精度，是直接影响钢筋接头质量的重要因素。

国家标准规定，内螺纹的公差带为G和H两种，外螺纹公差带为e、f、g、h四种，如图6.6.7-2、图6.6.7-3所示。H和h的基本偏差为零，G的基本偏差为正值，e、f、g的基本偏差为负值。内、外螺纹的配合最好选用G/h、H/g或H/h。

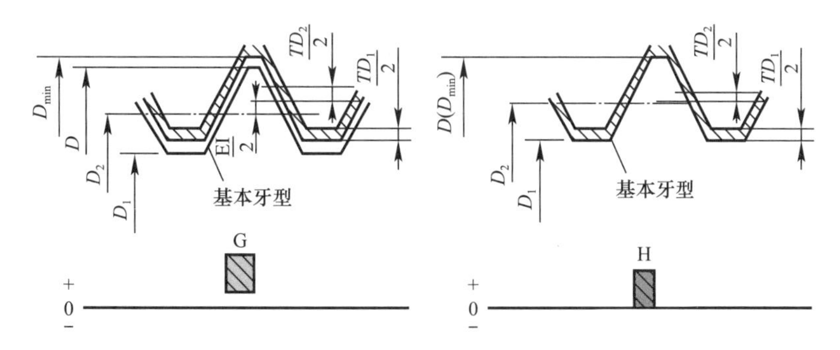


图6.6.7-2　内螺纹公差带的位置

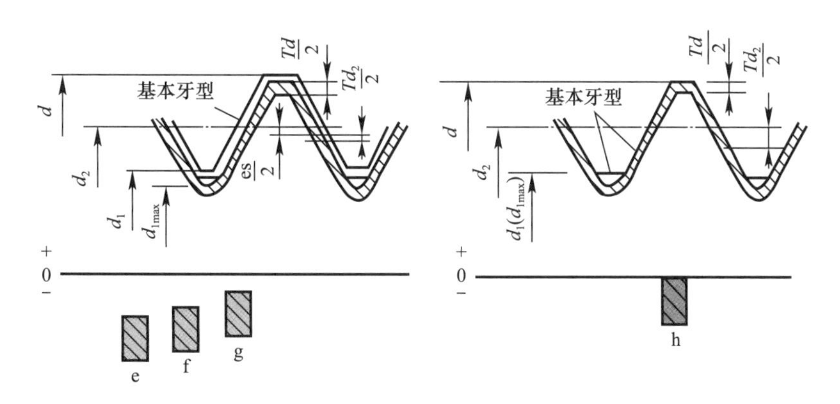


图6.6.7-3　外螺纹公差带的位置

1）钢筋丝头螺纹中径的公差

钢筋丝头螺纹规格宜与相对应的套筒螺纹规格相同。根据现行行业标准《钢筋机械连接技术规程》JGJ 107 的规定，钢筋丝头外螺纹中径尺寸公差宜满足现行国家标准《普通螺纹公差与配合》GB/T 197 中 6f 级精度规定的要求，相关精度等级的公差如表 6.6.7-1 所示。

**外螺纹基本偏差与中径公差　单位：mm　　　　表 6.6.7-1**

| 公称直径 | | 螺距 $P$ | 基本偏差 | | | | 公差等级 | | | |
|---|---|---|---|---|---|---|---|---|---|---|
| ＞ | ≤ | | | $e$ | $f$ | $g$ | 5 | 6 | 7 | 8 |
| 11.2 | 22.4 | 2.0 | | −0.071 | −0.052 | −0.038 | 0.125 | 0.160 | 0.200 | 0.250 |
| | | 2.5 | | −0.080 | −0.058 | −0.042 | 0.132 | 0.170 | 0.212 | 0.265 |
| 22.4 | 45 | 2.0 | | −0.071 | −0.052 | −0.038 | 0.132 | 0.170 | 0.212 | 0.265 |
| | | 3.0 | | −0.085 | −0.063 | −0.048 | 0.160 | 0.200 | 0.250 | 0.315 |
| | | 3.5 | | −0.090 | −0.070 | −0.053 | 0.170 | 0.212 | 0.265 | 0.335 |
| | | 4.0 | | −0.095 | −0.075 | −0.060 | 0.180 | 0.224 | 0.280 | 0.355 |

公称直径为 M26×3.0，螺纹公差满足 6f 要求的钢筋丝头，求其螺纹中径极限偏差值时，根据螺纹中径计算公式，得公称直径 M26×3.0 螺纹的外螺纹中径 $d_2$＝26−0.6495×3.0＝24.051mm，由表 6.6.7-1 可知，6f 螺纹公差带为－0.263～－0.063mm，因此，M26×3.0 螺纹的外螺纹中径极限偏差值为：钢筋丝头螺纹中径的最大值 $d_{2max}$＝24.051−0.063＝23.988mm，钢筋丝头螺纹中径的最大值 $d_{2min}$＝24.051−0.263＝23.788mm。

2）钢筋丝头螺纹大径的公差

由于螺纹传力主要是靠螺纹中径处的接触面传力，因此钢筋丝头螺纹大径的螺纹精度，在不影响连接的前提下可适当降低。《钢筋机械连接技术规程》JGJ 107 中未对螺纹大径作出具体规定。钢筋丝头外螺纹大径尺寸公差可参考国家标准《普通螺纹　公差与配合》GB/T 197 中相关规定，如表 6.6.7-2 所示。

**外螺纹大径公差　单位：mm　　　　表 6.6.7-2**

| 螺距 $P$ | 公差等级 | | |
|---|---|---|---|
| | 4 | 6 | 8 |
| 2.0 | 0.180 | 0.280 | 0.450 |
| 2.5 | 0.212 | 0.335 | 0.530 |
| 3.0 | 0.236 | 0.375 | 0.600 |
| 3.5 | 0.265 | 0.425 | 0.670 |
| 4.0 | 0.300 | 0.475 | 0.750 |

3）套筒螺纹中径的公差

套筒螺纹规格宜与相对应的钢筋丝头螺纹规格相同。根据现行行业标准《钢筋机械连接用套筒》JG/T 163 的规定，套筒内螺纹中径尺寸公差应满足现行国家标准《普通螺纹公差与配合》GB/T 197 中 6H 级精度规定的要求，相关精度等级的公差如表 6.6.7-3 所示。

**内螺纹基本偏差与中径公差　单位：mm　　　　表 6.6.7-3**

| 公称直径 | | 螺距 $P$ | 基本偏差 | | 公差等级 | | | |
|---|---|---|---|---|---|---|---|---|
| ＞ | ≤ | | G | H | 5 | 6 | 7 | 8 |
| 11.2 | 22.4 | 2.0 | 0.038 | 0 | 0.170 | 0.212 | 0.265 | 0.335 |
| | | 2.5 | 0.042 | 0 | 0.180 | 0.224 | 0.280 | 0.355 |

续表

| 公称直径 | | 螺距 $P$ | 基本偏差 | | 公差等级 | | | |
|---|---|---|---|---|---|---|---|---|
| > | ≤ | | G | H | 5 | 6 | 7 | 8 |
| 22.4 | 45 | 2.0 | 0.038 | 0 | 0.180 | 0.224 | 0.280 | 0.355 |
| | | 3.0 | 0.048 | 0 | 0.212 | 0.265 | 0.335 | 0.425 |
| | | 3.5 | 0.053 | 0 | 0.224 | 0.280 | 0.355 | 0.450 |
| | | 4.0 | 0.060 | 0 | 0.236 | 0.300 | 0.375 | 0.475 |

公称直径为M26×3.0，螺纹公差满足6H要求的套筒内螺纹，求其螺纹中径极限偏差值时，根据螺纹中径的计算公式，得公称直径M26×3.0螺纹的内螺纹中径 $d_2=26-0.6495\times3.0=24.051$mm，由表6.6.7-3可知，6H螺纹公差带为0～0.265mm，因此，M26×3.0螺纹的内螺纹中径极限偏差值为：套筒内螺纹中径的最大值 $d_{2max}=24.051+0.265=24.316$mm，套筒内螺纹中径的最小值 $d_{2min}=24.051+0=24.051$mm。

4）套筒螺纹小径的公差

套筒内螺纹小径尺寸公差可参考现行国家标准《普通螺纹　公差与配合》GB/T 197中的相关规定，如表6.6.7-4所示。

**内螺纹小径公差　单位：mm　　　表6.6.7-4**

| 螺距 $P$ | 公差等级 | | | | |
|---|---|---|---|---|---|
| | 4 | 5 | 6 | 7 | 8 |
| 2.0 | 0.236 | 0.300 | 0.375 | 0.475 | 0.600 |
| 2.5 | 0.280 | 0.355 | 0.450 | 0.560 | 0.710 |
| 3.0 | 0.315 | 0.400 | 0.500 | 0.630 | 0.800 |
| 3.5 | 0.355 | 0.450 | 0.560 | 0.710 | 0.900 |
| 4.0 | 0.375 | 0.475 | 0.600 | 0.750 | 0.950 |

5）接头螺纹的配合

螺纹旋合长度有短、中、长之分，分别用S（Short）、N（Normal）、L（Long）表示，中等旋合长度N可省略，图样上不必标注。旋合长度大的螺纹，连接强度和稳定性好，但加工精度较难保证、螺纹累积误差大，故其公差等级宜较旋合长度小的低一级。按现行国家标准《普通螺纹　公差与配合》GB/T 197的规定，三种旋合长度的数值规定如表6.6.7-5所示。

**螺纹旋合长度　单位：mm　　　表6.6.7-5**

| 公称直径 | | 螺距 $P$ | 旋合长度 | | | |
|---|---|---|---|---|---|---|
| | | | S | N | | L |
| > | ≤ | | ≤ | > | ≤ | > |
| 11.2 | 22.4 | 2.0 | 8 | 8 | 24 | 24 |
| | | 2.5 | 10 | 10 | 30 | 30 |
| 22.4 | 45 | 2.0 | 8.5 | 8.5 | 25 | 25 |
| | | 3.0 | 12 | 12 | 36 | 36 |
| | | 3.5 | 15 | 15 | 45 | 45 |

对于不同旋合长度、不同精度的螺纹配合，其螺纹公差带的选用在现行国家标准《普通螺纹 公差与配合》GB/T 197 中已有具体的推荐，如表 6.6.7-6、表 6.6.7-7 所示。钢筋接头螺纹配合精度可根据不同的接头形式选用。

**内螺纹选用公差带　　表 6.6.7-6**

| 精度 | 公差带位置 G | | | 公差带位置 H | | |
|---|---|---|---|---|---|---|
| | S | N | L | S | N | L |
| 精密 | | | | 4H | 4H、5H | 5H、6H |
| 中等 | 6G$^{**}$ | 6G$^{**}$ | 7G$^{**}$ | 5H$^{*}$ | 【6H$^{*}$】 | 7H$^{*}$ |
| 粗糙 | | 7G$^{**}$ | | | 7H | |

**外螺纹选用公差带　　表 6.6.7-7**

| 精度 | 公差带位置 e | | | 公差带位置 f | | | 公差带位置 g | | | 公差带位置 h | | |
|---|---|---|---|---|---|---|---|---|---|---|---|---|
| | S | N | L | S | N | L | S | N | L | S | N | L |
| 精密 | | | | | | | | | | 3h　4h$^{**}$ | 4h$^{*}$ | 5h　4h$^{**}$ |
| 中等 | | 6e$^{*}$ | | | 6f$^{*}$ | | 5g　6g$^{**}$ | 【6g$^{*}$】 | 7g　8g$^{**}$ | 5h　6h$^{**}$ | 6h$^{*}$ | 7h　6h$^{**}$ |
| 粗糙 | | | | | | | | 8g | | | 8h$^{**}$ | |

表 6.6.7-6、表 6.6.7-7 中，大量生产的精制紧固件螺纹，推荐采用带【】的公差带。带“*”的公差带应优先选用，不带“*”的公差带其次，带“**”的公差带尽可能不用。

根据螺纹配合的要求，内螺纹小径和中径、外螺纹大径和中径，应依据精度和旋合长度的不同选用不同的公差带等级。螺纹常用的公差带等级为 4～8 级，精密螺纹用 4～6 级，中等螺纹用 7 级，粗糙螺纹用 7～8 级。当要求配合性质变动较小时采用精密螺纹，如螺纹传动等。用于承载力有要求的零件连接紧固传力时采用中等螺纹，如螺栓接头等。对精度要求不高或制造较困难时采用粗糙螺纹。

普通螺纹的配合选择见表 6.6.7-8。

**普通螺纹的配合选择　　表 6.6.7-8**

| 工作条件 | 配合选择 |
|---|---|
| 一般联接螺纹 | 优先采用 H/h、H/g 或 G/h；小于 M1.4 的螺纹，应选用 5H/6h 或更精密的配合 |
| 经常装拆的螺纹 | 推荐采用 H/g |
| 高温工作下的螺纹 | 工作温度在 450℃以下，选用 H/g；高于 450℃时，应选用 H/e、G/h 或 G/g |
| 需要涂镀的螺纹 | 薄镀层螺纹件选用 H/g；中等腐蚀件条件、中等镀层厚度的螺纹件选用 H/f；严重腐蚀条件、较厚镀层的螺纹件选用 H/e 或 G/e |

M24×2-5g6g-S-LH 表示公称直径为 24mm，螺距为 2mm，中径公差为 5 级，基本偏差为 g，顶径公差为 6 级，基本偏差为 g，短旋合长度的左旋普通细牙外螺纹。经查表得知，该螺纹的中径为 22.701mm，小径为 21.835mm，螺距 2.0 的外螺纹基本偏差 g 为 $-38\mu m$，中径 5 级精度公差为 $132\mu m$，顶径 6 级精度公差为 $280\mu m$，即该螺纹实际中径公差为 $22.701_{-0.132}^{-0.038}$mm，实际顶径公差为 $24_{-0.280}^{-0.038}$mm。

根据现行行业标准《钢筋机械连接技术规程》JGJ 107 和《钢筋机械连接用套筒》JG/T 163 的规定，钢筋丝头外螺纹中径精度宜选用 6f，套筒内螺纹中径精度应选用 6H，套筒与钢筋丝头的螺纹配合为 6H/6f。

### 6.6.8 钢筋直螺纹丝头的设计

钢筋丝头设计主要包括：根据钢筋规格及外形尺寸公差带情况，确定螺纹直径尺寸、螺距、牙形角、螺纹精度、旋合长度等。

**1. 螺纹直径的确定**

由于钢筋混凝土用热轧带肋钢筋外形尺寸公差带较宽，在保证钢筋丝头强化效果的基础上，设计时应尽可能提高丝头的有效横截面面积。钢筋丝头螺纹直径尺寸应尽量向标准系列靠拢。钢筋丝头螺纹中径尺寸宜根据现行国家标准《钢筋混凝土用钢 第2部分：热轧带肋钢筋》GB/T 1499.2 中钢筋内径 $d_1$ 公称尺寸下偏差进行设计。

**2. 螺距的确定**

螺纹旋合长度相同时细牙螺纹受力面积比同直径粗牙螺纹受力面积大，其连接载荷理论上也应比粗牙螺纹大，但因细牙螺纹牙侧面齿的咬合较浅、倒牙脱扣的可能性比粗牙螺纹大，实际上细牙螺纹连接载荷并非总比粗牙螺纹大。由于螺距的减小使螺纹螺旋升角减小，增加了螺纹自锁能力，因此细牙螺纹一经拧紧，其振松的可能性较小，最终的拧紧扭矩更易控制。细牙螺纹拧紧圈数比粗牙螺纹多、装配时间比粗牙螺纹长一些。

现行国家标准《普通螺纹 基本尺寸》GB/T 196 中规定的基本尺寸见表 6.6.8。目前，常用的热轧带肋钢筋公称直径为 12mm～40mm，钢筋丝头螺纹根据不同规格的钢筋，选用的螺距通常为 2.0mm、2.5mm、3.0mm、3.5mm 和 4.0mm。

**基本尺寸 单位：mm** **表 6.6.8**

<table>
<tr><th colspan="3">公称直径 D、d</th><th rowspan="2">螺距 P</th><th colspan="3">公称直径 D、d</th><th rowspan="2">螺距 P</th></tr>
<tr><th>第一系列</th><th>第二系列</th><th>第三系列</th><th>第一系列</th><th>第二系列</th><th>第三系列</th></tr>
<tr><td rowspan="5">16</td><td rowspan="5"></td><td rowspan="5"></td><td>2.0</td><td rowspan="3">22</td><td rowspan="3"></td><td rowspan="3"></td><td>1.0</td></tr>
<tr><td>1.5</td><td>(0.75)</td></tr>
<tr><td>1.0</td><td>(0.5)</td></tr>
<tr><td>(0.75)</td><td rowspan="3"></td><td rowspan="3"></td><td rowspan="3">25</td><td>2.0</td></tr>
<tr><td>(0.5)</td><td>1.5</td></tr>
<tr><td rowspan="6"></td><td rowspan="6">18</td><td rowspan="6"></td><td>2.5</td><td>1.0</td></tr>
<tr><td>2.0</td><td rowspan="3"></td><td rowspan="3"></td><td rowspan="3">28</td><td>2.0</td></tr>
<tr><td>1.5</td><td>1.5</td></tr>
<tr><td>1.0</td><td>1.0</td></tr>
<tr><td>(0.75)</td><td rowspan="2"></td><td rowspan="2"></td><td rowspan="2">32</td><td>2.0</td></tr>
<tr><td>(0.5)</td><td>1.5</td></tr>
<tr><td rowspan="6">20</td><td rowspan="6"></td><td rowspan="6"></td><td>2.5</td><td rowspan="5">36</td><td rowspan="5"></td><td rowspan="5"></td><td>4.0</td></tr>
<tr><td>2.0</td><td>3.0</td></tr>
<tr><td>1.5</td><td>2.0</td></tr>
<tr><td>1.0</td><td>1.5</td></tr>
<tr><td>(0.75)</td><td>(1)</td></tr>
<tr><td>(0.5)</td><td rowspan="3"></td><td rowspan="3"></td><td rowspan="3">40</td><td>(3)</td></tr>
<tr><td rowspan="3"></td><td rowspan="3">22</td><td rowspan="3"></td><td>2.5</td><td>(2)</td></tr>
<tr><td>2.0</td><td>1.5</td></tr>
<tr><td>1.5</td><td>—</td><td>—</td><td>—</td><td>—</td></tr>
</table>

注：1. 括号内为尽量避免选用的螺距。
2. 本表节选自现行国家标准《普通螺纹 基本尺寸》GB/T 196。

**3. 牙形的确定**

钢筋丝头的牙形角一般按公制螺纹牙形角，取 60°。为提高螺纹螺牙的抗剪能力，增加钢筋丝头的有效截面面积，在保证螺纹传力性能的前提下，钢筋丝头螺纹也可选用>60°的牙形角。

**4. 有效螺纹长度的确定**

钢筋丝头有效螺纹长度为钢筋丝头与套筒的旋合长度。适宜的旋合长度是钢筋接头性能的有效保证，钢筋丝头有效螺纹长度的设计是与套筒长度设计相匹配的。为保证螺纹连接强度，标准型钢筋丝头螺纹有效长度（旋合长度）应按螺纹剪切强度计算：

$$\tau=\frac{F}{\pi d_3 L}\leqslant\tau_p \tag{6.6.8-1}$$

式中 $F$——螺纹设计最大抗拉荷载，kN；

$d_3$——钢筋丝头螺纹小径，mm；

$L$——有效螺纹长度，mm；

$\tau_p$——螺纹牙许用剪切应力，$N/mm^2$。

由式（6.6.8-1）可推导出钢筋丝头的有效螺纹长度设计的最小值：

$$L=\frac{KF}{\pi d_3 \tau_p} \tag{6.6.8-2}$$

式中 $\tau_p$——螺纹牙许用剪切应力，取 $0.6f_{stk}$；

$K$——安全系数，可按螺纹配合精度、螺纹加工工艺和套筒结构适当取值；

$f_{stk}$——钢筋极限抗拉强度标准值。

加锁母型钢筋接头，应加长螺纹端钢筋丝头的有效螺纹长度，其有效螺纹长度应大于“套筒长度+锁母长度”。

**5. 钢筋丝头螺纹的旋向**

除正反丝扣型钢筋接头外，钢筋丝头螺纹一般采用右旋螺纹。正反丝扣型钢筋接头一端为右旋螺纹钢筋丝头，另一端为左旋螺纹钢筋丝头。

### 6.6.9 直螺纹套筒的设计

**1. 内螺纹尺寸设计**

进行套筒的内螺纹设计时，应根据钢筋丝头的外螺纹尺寸确定套筒内螺纹的公称直径、螺距、牙形角、螺纹精度、旋合长度等参数。

根据现行行业标准《钢筋机械连接用套筒》的规定，套筒内螺纹尺寸宜按现行国家标准《普通螺纹 基本尺寸》GB/T 196 确定；螺纹中径公差宜满足现行国家标准《普通螺纹 公差与配合》GB/T 197 中 6H 级螺纹精度的要求。

**2. 承载力设计**

现行行业标准《钢筋机械连接用套筒》规定，套筒实测受拉承载力不应小于被连接钢筋受拉承载力标准值的 1.10 倍。套筒的设计实质上是其承载能力的设计，是根据内螺纹参数进行套筒外径的设计。套筒设计原则为：

1）套筒屈服承载力设计值≥钢筋屈服承载力标准值；

2）套筒抗拉承载力设计值≥钢筋抗拉承载力标准值的 1.10 倍。

根据上述设计原则，套筒设计应符合式（6.6.5-1）和式（6.6.5-2）的规定：

$$\sigma_s S_1 \geqslant f_{yk} S_2 \tag{6.6.9-1}$$

$$\sigma_b S_1 \geqslant 1.1 f_{stk} S_2 \tag{6.6.9-2}$$

式中 $\sigma_s$——套筒原材料屈服强度标准值（MPa）；

$S_1$——套筒受拉最大应力处横截面面积（$mm^2$）；

$f_{yk}$——钢筋屈服强度标准值（MPa）；

$S_2$——钢筋公称横截面面积（$mm^2$）；

$\sigma_b$——套筒原材料极限抗拉强度标准值（MPa）；

$f_{stk}$——钢筋极限抗拉强度标准值（MPa）。

$$S_1 = \frac{1}{4}\pi(D_t^2 - D_M^2) \tag{6.6.9-3}$$

$$S_2 = \frac{1}{4}\pi D_b^2 \tag{6.6.9-4}$$

式中 $D_t$——套筒外径（mm）；

$D_M$——套筒内螺纹大径或退刀槽直径（mm）；

$D_b$——被连接钢筋公称直径（mm）。

由式（6.6.5-1）～式（6.6.5-4）可推导出套筒外径的计算和校核公式为：

$$D_t \geqslant \sqrt{D_M^2 + D_b^2 \frac{f_{yk}}{\sigma_s}} \tag{6.6.9-5}$$

$$D_t \geqslant \sqrt{D_M^2 + 1.10 D_b^2 \frac{f_{stk}}{\sigma_b}} \tag{6.6.9-6}$$

套筒原材料屈服强度标准值和极限抗拉强度标准值取值应符合下列规定：

1）国家或行业标准中有规定数值时，应按规定数值取值，规定的数值为区间范围时，应取区间范围的最小值；

2）20Cr的屈服强度标准值和极限抗拉强度标准值应分别取275MPa和450MPa；

3）40Cr未做调质处理的，屈服强度标准值和极限抗拉强度标准值应分别取355MPa和600MPa；40Cr调质处理的，应分别取785MPa和980MPa；

4）采用冷锻管坯、热锻管坯加工套筒时，其原材料屈服强度标准值和极限抗拉强度标准值应按冷锻、热锻前材料取值。设计不应采用经冷锻、热锻加工提高的强度而减小套筒横截面面积。

考虑钢筋屈强比与套筒材料屈强比的差异，进行套筒承载力计算和校验时，按照上述公式取较大值。如某单位拟开发滚轧直螺纹钢筋连接技术，套筒材料选用45号优质碳素结构钢，被连接钢筋牌号为HRB400，钢筋公称直径为25mm，钢筋丝头外螺纹采用M26×3.0，根据已知条件，45号优质碳素结构钢$\sigma_s=355$MPa、$\sigma_b=600$MPa，HRB400钢筋$f_{yk}=400$MPa、$f_{stk}=540$MPa。按屈服强度计算，套筒最小外径$D_t \geqslant \sqrt{D_M^2 + D_b^2 \frac{f_{yk}}{\sigma_s}} = \sqrt{26^2 + 25^2 \times \frac{400}{355}} \approx 37.2$mm；按抗拉强度计算，套筒最小外径$D_t \geqslant \sqrt{D_M^2 + 1.10 D_b^2 \frac{f_{stk}}{\sigma_b}} =$

$\sqrt{26^2+1.10\times25^2\times\frac{540}{600}}\approx36.0$mm。根据屈服强度和抗拉强度均需满足标准要求的原则，该套筒的最小外径取 37.2mm。

需注意的是，套筒截面设计除考虑钢筋接头强度外，还应考虑钢筋接头变形能力。如果考虑重复荷载疲劳或冲击荷载时，还应适度加大承载力系数。有时还要综合考虑施工操作的便利性和材料来源，最终的套筒外径参数应经型式检验确定。

**3. 设计图样**

套筒的设计图样应至少包括原材料、外径、长度、内径（螺纹小径）、内螺纹大径、螺距、螺纹副配合精度、倒角及粗糙度等要求。

**4. 消除螺纹间隙的结构**

套筒设计时，应采用能消除钢筋与套筒、组合式套筒各组合件之间间隙的结构形式，不宜采用钢筋丝头或螺杆的螺尾过渡段与套筒内螺纹螺尾过渡段锁紧的方式，以及钢筋丝头或螺杆与套筒内螺纹底部螺尾过渡段锁紧的方式消除螺纹间隙。

单体式直螺纹套筒消除螺纹间隙典型结构见图 6.6.9-1。

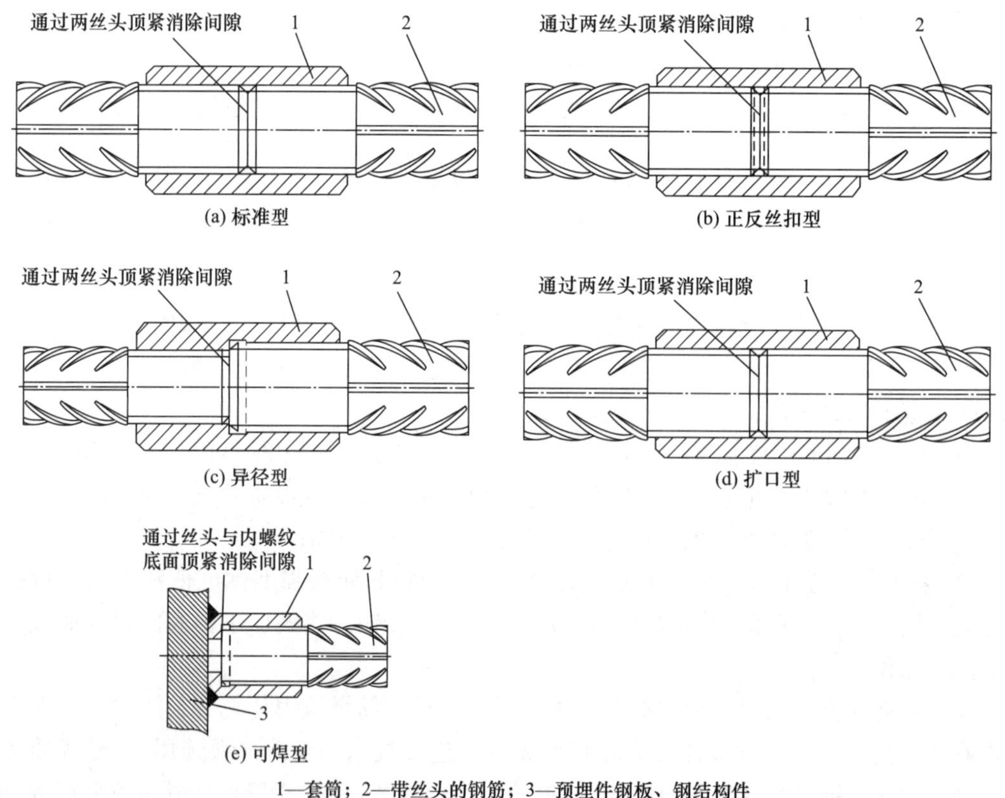


图 6.6.9-1 单体式直螺纹套筒消除螺纹间隙典型结构

组合式直螺纹套筒及锁母消除螺纹间隙典型结构见图 6.6.9-2。

消除螺纹间隙常见错误结构见 6.6.9-3。

单体式直螺纹套筒消除螺纹间隙的结构应符合下列规定：

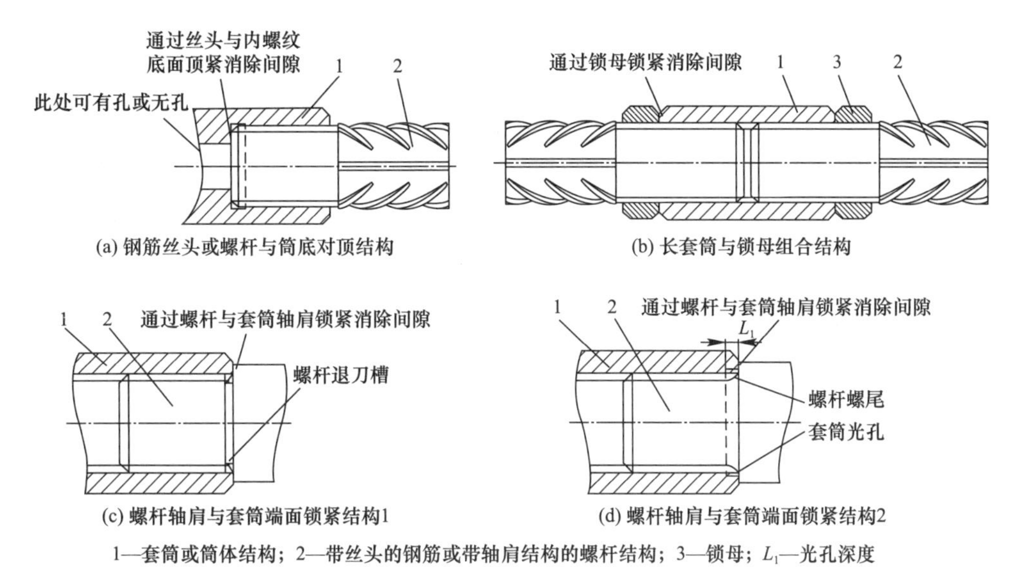


1—套筒或筒体结构；2—带丝头的钢筋或带轴肩结构的螺杆结构；3—锁母；$L_1$—光孔深度

图 6.6.9-2 组合式直螺纹套筒及锁母消除螺纹间隙典型结构示意

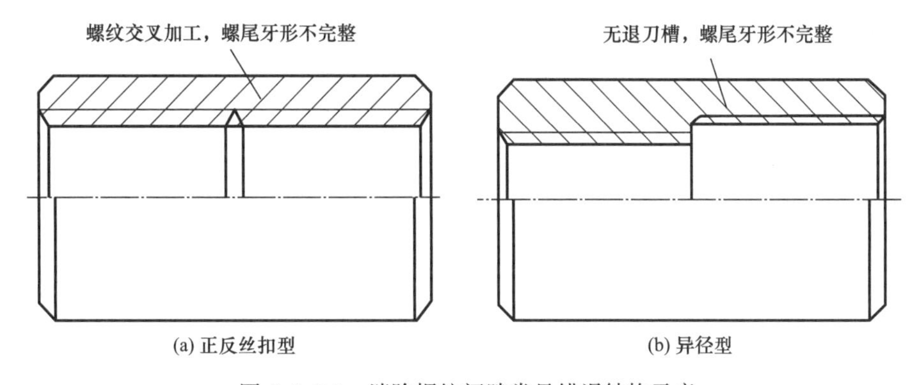


图 6.6.9-3 消除螺纹间隙常见错误结构示意

1）正反丝扣型套筒内螺纹中间位置应设置退刀槽，不应采用螺纹交叉形式加工；

2）异径型套筒大径端一侧内螺纹底部位置应设置退刀槽；

3）可焊型套筒内螺纹底部应设置退刀槽，钢筋与套筒连接时，钢筋丝头端部应与套筒内螺纹底部顶紧；

4）套筒采用锁母锁紧的结构形式时，在保证螺纹旋合长度的情况下，套筒内螺纹可不设置退刀槽。

组合式直螺纹套筒消除间隙的结构应符合下列规定：

1）套筒与钢筋丝头或钢筋连接端应采用钢筋丝头端部与套筒内螺纹底部顶紧、锁母锁紧、径向或轴向压紧结构或措施消除间隙；采用钢筋丝头端部与套筒内螺纹底部顶紧的结构时，套筒内螺纹底部应设置退刀槽；

2）套筒组合件间应采用两螺杆对顶、螺杆端部与套筒底部顶紧、外螺纹根部轴肩与内螺纹端面锁紧、锁母锁紧、径向或轴向压紧等结构或措施消除间隙，并应符合下列规定：

a）采用两螺杆对顶消除螺纹间隙的结构应与单体式直螺纹套筒的结构相同；

b）采用螺杆端部与套筒底部顶紧消除螺纹间隙的结构时，套筒内螺纹底部应设置退刀槽；

c）螺杆根部轴肩与内螺纹端面锁紧的套筒结构应采用螺杆根部加工退刀槽或套筒端部局部加工成光孔的形式，螺杆的轴肩与套筒端面应锁紧。

分体式套筒的锥锁套和半套筒锁紧后其配合的内外圆锥面应自锁，圆锥面的锥角应小于对应材料的自锁角。

### 6.6.10 直螺纹钢筋接头常见结构型式

直螺纹接头按结构形式，可分为单体式（用于连接的套管或套筒为单件）和组合式(用于连接的套管或套筒为两件或两件以上)。单体式直螺纹接头可分为标准型、正反丝扣型、异径型、扩口型、可焊型等，典型的结构见图 6.6.10-1～ 图 6.6.10-5。

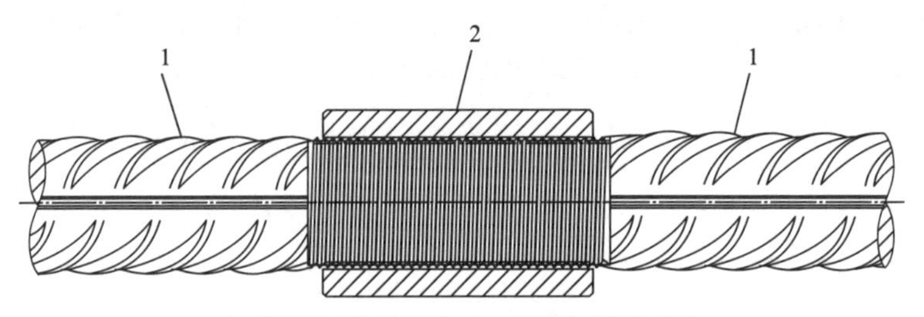


1—带标准丝头的钢筋；2—标准型直螺纹套筒

图 6.6.10-1 标准型直螺纹接头示意

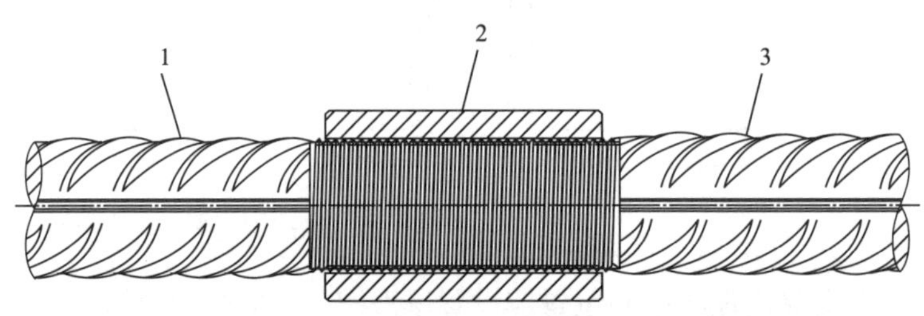


1—带标准丝头的钢筋；2—正反丝扣型直螺纹套筒；3—带左旋丝头的钢筋

图 6.6.10-2 正反丝扣型直螺纹接头示意

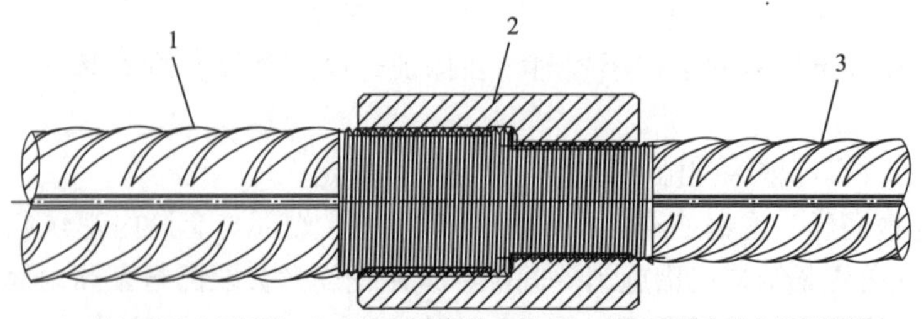


1—带标准丝头的钢筋；2—异径型直螺纹套筒；3—带标准丝头的小规格钢筋

图 6.6.10-3 异径型直螺纹接头示意

组合式直螺纹接头可分为直螺纹组合接头和带肋钢筋套筒挤压-直螺纹复合接头，典型的结构见图 6.6.10-6～图 6.6.10-16。

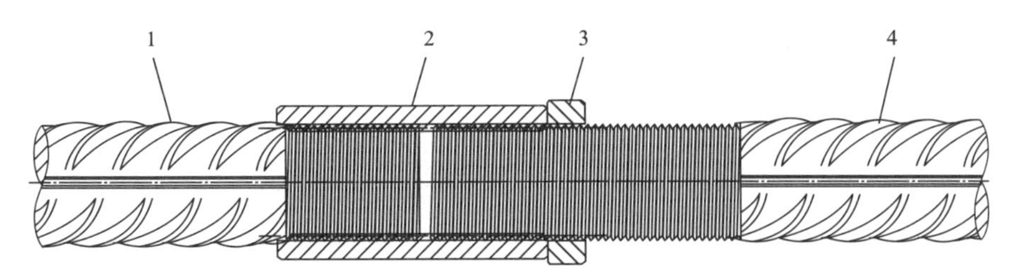


1—带标准丝头的钢筋；2—扩口型直螺纹套筒；3—锁母；4—带加长丝头的钢筋

图 6.6.10-4　扩口型直螺纹接头示意

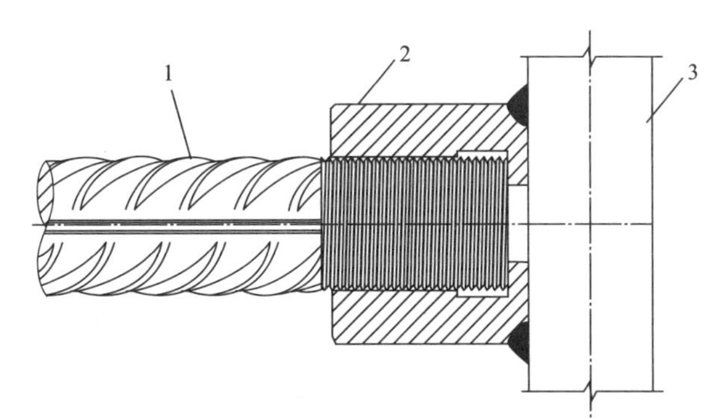


1—带标准丝头的钢筋；2—可焊型直螺纹套筒；3—钢制结构件

图 6.6.10-5　可焊型直螺纹接头示意

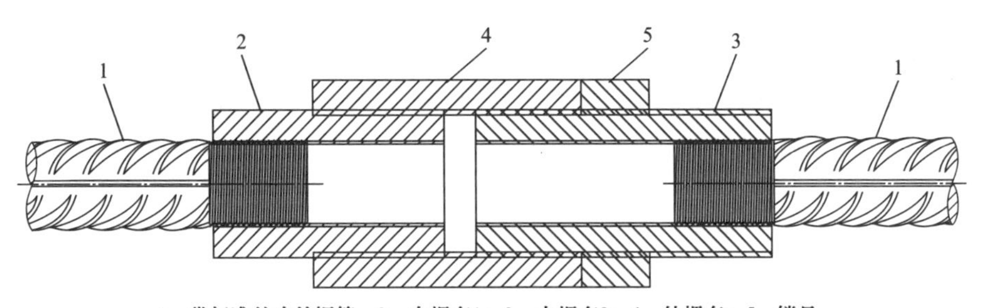


1—带标准丝头的钢筋；2—内螺套1；3—内螺套2；4—外螺套；5—锁母

图 6.6.10-6　直螺纹组合接头示意 1

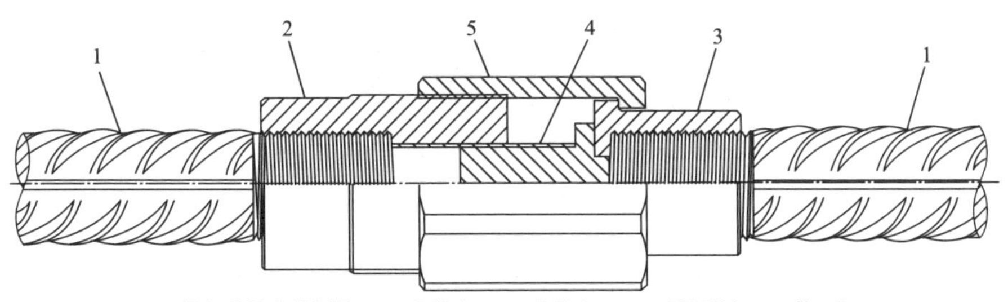


1—带标准丝头的钢筋；2—内接套；3—内挡套；4—可调顶杆；5—外U套

图 6.6.10-7　直螺纹组合接头示意 2

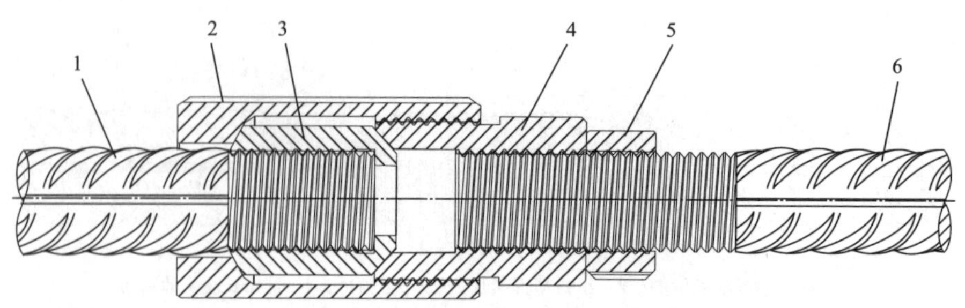


1—带标准丝头的钢筋；2—外螺套；3—内螺套1；4—内螺套2；5—锁母；6—带加长丝头的钢筋

图 6.6.10-8　直螺纹组合接头示意 3

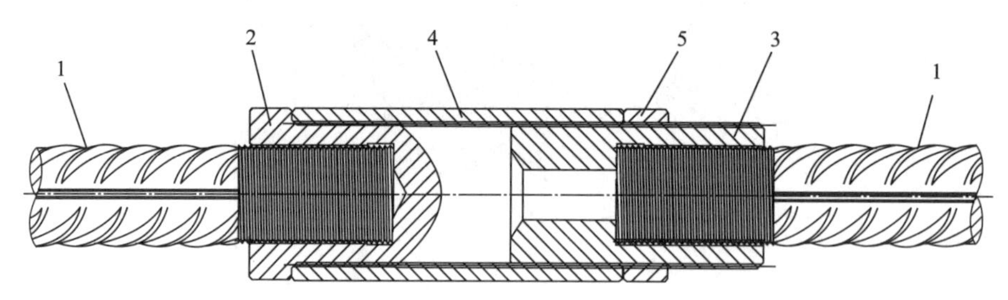


1—带标准丝头的钢筋；2—导向套筒；3—自锁套筒；4—连接套筒；5—锁母

图 6.6.10-9　直螺纹组合接头示意 4

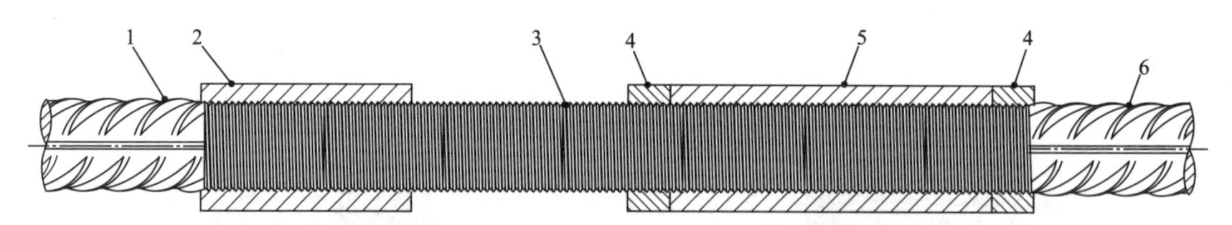


1—带标准丝头的钢筋；2—标准型直螺纹套筒；3—连接螺杆；4—锁母；5—加长型直螺纹套筒；6—带加长丝头的钢筋

图 6.6.10-10　直螺纹组合接头示意 5

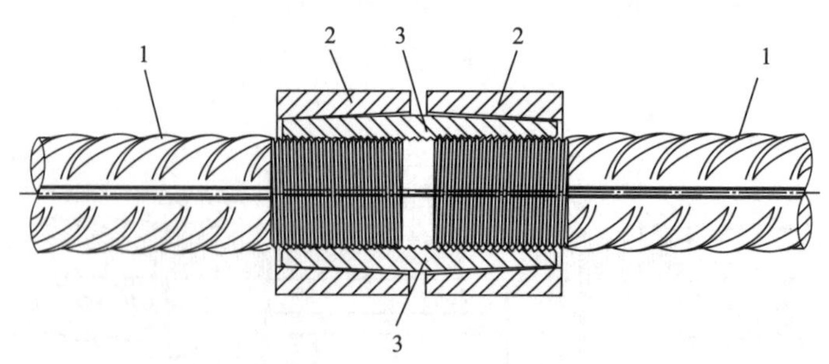


1—带标准丝头的钢筋；2—锥套；3—带内螺纹的分瓣式锁片

图 6.6.10-11　带肋钢筋套筒挤压-直螺纹复合接头示意 1（钢筋端部需加工丝头）

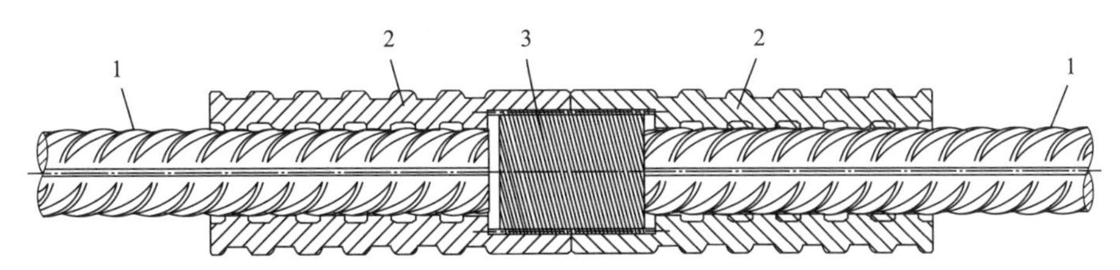


1—钢筋；2—带内螺纹的径向挤压套筒；3—连接螺杆

图 6.6.10-12　带肋钢筋套筒挤压-直螺纹复合接头示意 2（钢筋端部无需加工丝头）

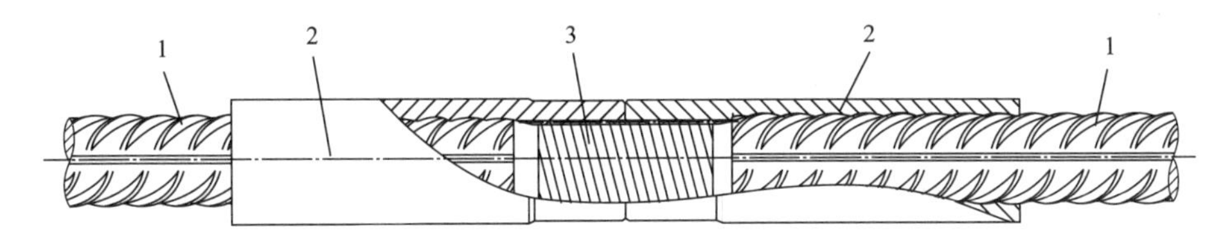


1—钢筋；2—带内螺纹的轴向挤压套筒；3—连接螺杆

图 6.6.10-13　带肋钢筋套筒挤压-直螺纹复合接头示意 3（钢筋端部无需加工丝头）

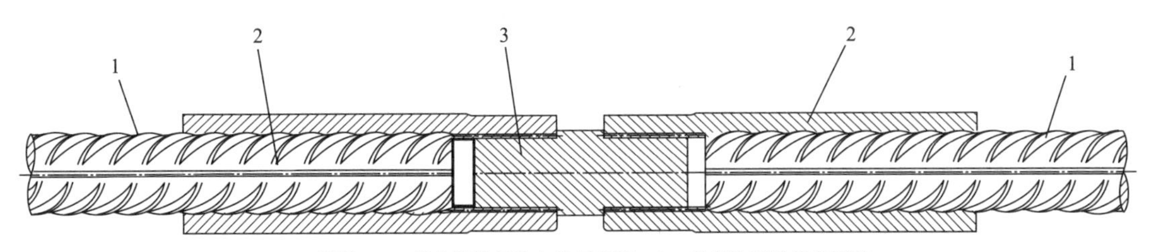


1—钢筋；2—带内螺纹的轴向挤压套筒；3—带多边形的连接螺杆

图 6.6.10-14　带肋钢筋套筒挤压-直螺纹复合接头示意 4（钢筋端部无需加工丝头）

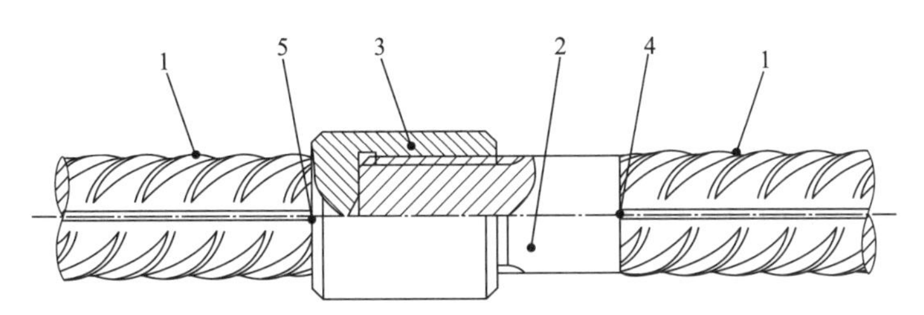


1—钢筋；2—带丝头的螺杆；3—直螺纹焊接套筒；
4—螺杆与钢筋的摩擦焊接面；5—焊接套筒与钢筋的摩擦焊接面

图 6.6.10-15　摩擦焊型直螺纹接头示意 1

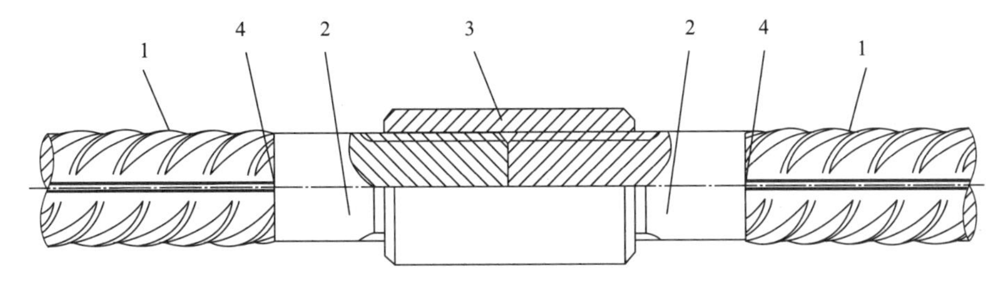


1—钢筋；2—带丝头的螺杆；3—直螺纹套筒；4—螺杆与钢筋的摩擦焊接面

图 6.6.10-16　摩擦焊型直螺纹接头示意 2

## 6.7 带肋钢筋套筒挤压接头的设计

### 6.7.1 材料选择与截面

挤压套筒的原材料不但需要有足够的抗拉强度，而且应有一定的塑性和韧性，可产生较大的塑性变形，防止挤压开裂。依据现行国家标准《优质碳素结构钢》GB/T 699、《碳素结构钢》GB/T 700、《热轧钢棒尺寸、外形、重量及允许偏差》GB/T 702、《结构用无缝钢管》GB/T 8162 及《输送流体用无缝钢管》GB/T 8163，10 号、20 号、Q235B 等低碳钢棒材或钢管可满足要求。

上述钢材屈服强度标准值 $\sigma_y$ 为 225～350MPa，极限抗拉强度标准值 $\sigma_m$ 为 375～500MPa。依据现行行业标准《钢筋机械连接技术规程》JGJ 107 的要求，确定设计目标为：套筒实测受拉承载力不应小于被连接钢筋受拉承载力标准值的 1.10 倍，安全系数取 1.2。

考虑到套筒挤压连接时，钢筋应能顺利插入挤压套筒内，且挤压套筒与钢筋的间隙不宜过大，依据现行国家标准《钢筋混凝土用钢 第 2 部分：热轧带肋钢筋》GB/T 1499.2 关于钢筋尺寸偏差的规定，取钢筋基圆最大正公差尺寸+2 倍横肋高度最大正公差尺寸，经圆整，得出挤压套筒内径值，见表 6.7.1-1。

**挤压套筒内径尺寸** **表 6.7.1-1**

| 钢筋公称直径/mm | 16 | 18 | 20 | 22 | 25 | 28 | 32 | 36 | 40 |
|---|---|---|---|---|---|---|---|---|---|
| 挤压套筒内径/mm | 20 | 22 | 24 | 27 | 30 | 34 | 38 | 42 | 47 |

计算挤压套筒截面如下（以 HRB400 级挤压套筒为例）：

$$\sigma_m \times A = \sigma_m \times \left[\pi\left(\frac{D}{2}\right)^2 - \pi\left(\frac{d}{2}\right)^2\right] = 1.2F = 1.2f_{stk}A_b \tag{6.7.1}$$

式中 $\sigma_m$——挤压套筒原材料极限抗拉强度标准值；

$A$——挤压套筒截面面积；

$D$——挤压套筒外径；

$d$——挤压套筒内径；

$f_{stk}$——钢筋极限抗拉强度标准值；

$A_b$——钢筋截面面积；

$F$——钢筋受拉承载力标准值。

将上述数据代入公式求得挤压套筒外径 $D$。挤压套筒截面计算见表 6.7.1-2。

**挤压套筒截面计算** **表 6.7.1-2**

| 钢筋公称直径/mm | 16 | 18 | 20 | 22 | 25 | 28 | 32 | 36 | 40 |
|---|---|---|---|---|---|---|---|---|---|
| 钢筋截面面积 $A_b$（$mm^2$） | 201.1 | 254.5 | 314.2 | 380.1 | 490.9 | 615.8 | 804.2 | 1018 | 1257 |
| 钢筋极限抗拉强度标准值 $f_{stk}$（MPa） | 540 | 540 | 540 | 540 | 540 | 540 | 540 | 540 | 540 |

续表

| 钢筋受拉承载力标准值 $F$（kN） | 109 | 137 | 170 | 205 | 265 | 333 | 434 | 550 | 679 |
|---|---|---|---|---|---|---|---|---|---|
| 钢筋受拉承载力标准值 $F\times1.2$（kN） | 131 | 164 | 204 | 246 | 318 | 400 | 521 | 660 | 815 |
| 挤压套筒原材料抗拉强度标准值 $\sigma_m$（MPa） | 375 | 375 | 375 | 375 | 375 | 375 | 375 | 375 | 375 |
| 挤压套筒内径 $d$（mm） | 20 | 22 | 24 | 27 | 30 | 34 | 38 | 42 | 47 |
| 挤压套筒外径 $D$（mm，圆整） | 30 | 34 | 36 | 40 | 45 | 50 | 57 | 63.5 | 71 |

注：挤压套筒外径 $D$ 为计算值经圆整后，并参考无缝钢管型材标准尺寸最终得出。

### 6.7.2　挤压套筒长度

径向挤压套筒长度取决于实现接头性能所需的套筒挤压道次，与接头压接质量和工效有直接关系，同时又与压接设备能力、钢筋规格、压模尺寸、套筒材质及尺寸有关。为确定合理的挤压道次，需通过大量的压接接头试验验证。以直径 32mm 钢筋接头为例，在挤压套筒单侧以 60t 的压力分别挤压 1～6 道，即分别做 6 个试件，挤压 3 道的接头强度效率达 100%，即接头拉伸试验时可断在钢筋上（强度合格），但接头残余变形超差。挤压 5 道的接头强度、残余变形量均合格。考虑到工程应用的各种意外因素，直径 32mm 钢筋在工程中采用挤压连接时，挤压套筒每侧均挤压 6 次。

轴向挤压套筒长度主要取决于钢筋横纵肋的尺寸，应选取横纵为负公差的钢筋，通过大量的挤压接头试验予以确认。

### 6.7.3　挤压变形量控制

挤压变形量直接影响挤压接头性能。挤压变形量过小，挤压套筒材料与钢筋横纵肋咬合少，受力时剪切面积小，导致接头强度达不到要求或残余变形过大。变形量过大，易造成挤压套筒壁被挤得太薄，截面过小而导致受拉时挤压套筒断裂。因此，挤压变形量须控制在合适的范围内。

大量试验证明：对于径向挤压，主要控制压痕深度。挤压后压痕深度直径应控制在“钢筋公称直径”＋“2 倍套筒壁厚”－3mm，公差范围±1mm，以 25mm 规格的挤压套筒为例，挤压套筒壁厚为 7.5mm，其最终压痕深度应控制在 37±1mm。对于轴向挤压，主要控制挤压后的套筒外径与长度，挤压后套筒外径应为挤压前套筒外径的 0.85～0.96 倍，挤压后套筒长度应为挤压前套筒长度的 1.05～1.17 倍。

### 6.7.4　钢筋套筒挤压接头常见结构形式

带肋钢筋套筒挤压接头按结构形式，可分为单体式（用于连接的套管或套筒为单件）和组合式（用于连接的套管或套筒为两件或两件以上）。单体式带肋钢筋套筒径向挤压接头和单体式带肋钢筋套筒轴向挤压接头可分为标准型、异径型和加长型，典型的结构见图 6.7.4-1～图 6.7.4-12。

组合式带肋钢筋套筒挤压接头典型的结构见图 6.7.4-7～图 6.7.4-12。

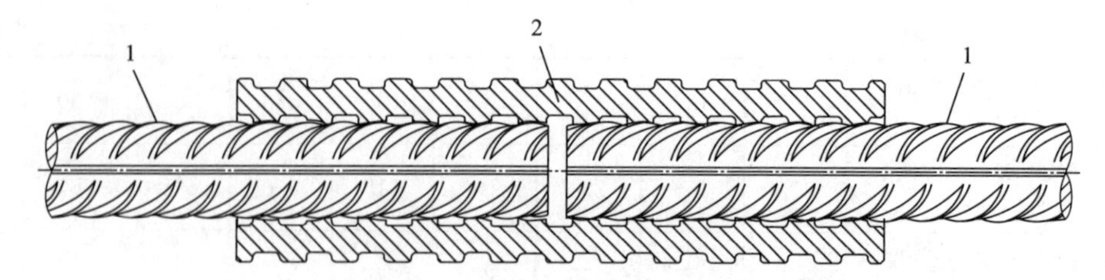


1—钢筋；2—标准型径向挤压带肋钢筋套筒

图 6.7.4-1 标准型径向挤压接头示意

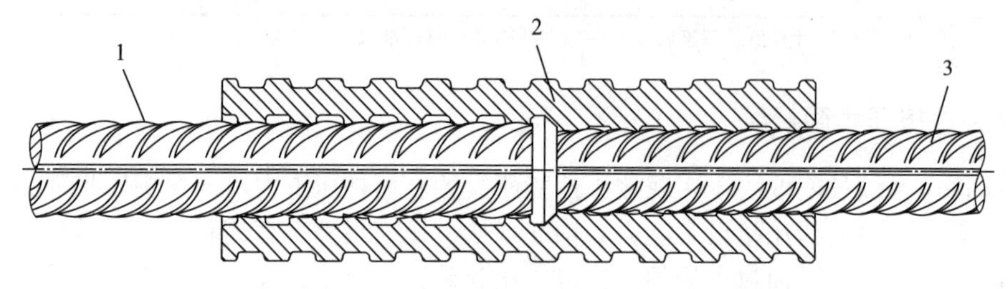


1—大端钢筋；2—异径型径向挤压带肋钢筋套筒；3—小端钢筋

图 6.7.4-2 异径型径向挤压接头示意

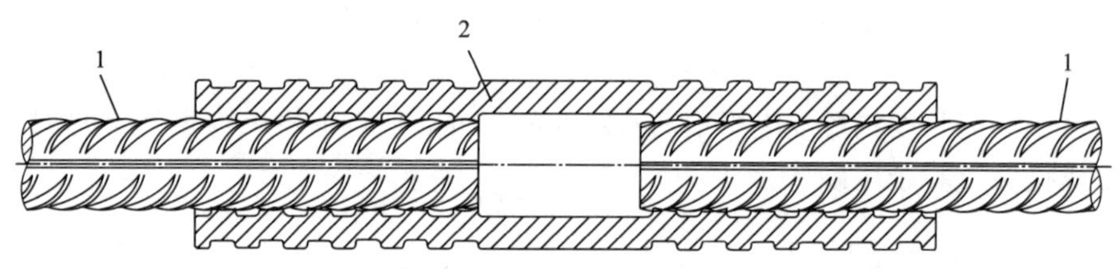


1—钢筋；2—加长型径向挤压带肋钢筋套筒

图 6.7.4-3 加长型径向挤压接头示意

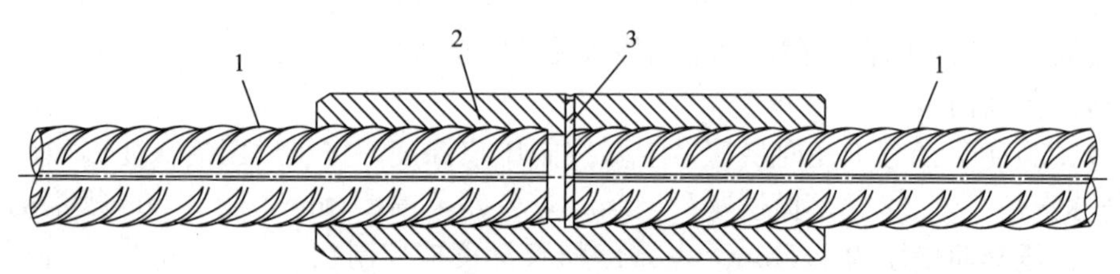


1—钢筋；2—标准型轴向挤压带肋钢筋套筒；3—定位销

图 6.7.4-4 标准型轴向挤压接头示意

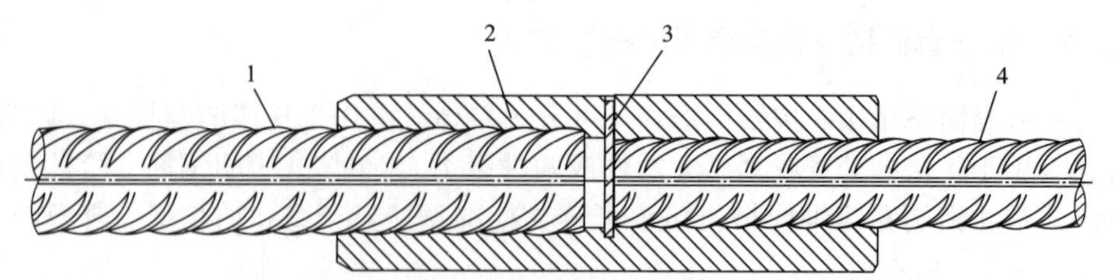


1—大端钢筋；2—异径型轴向挤压带肋钢筋套筒；3—定位销；4—小端钢筋

图 6.7.4-5 异径型轴向挤压接头示意

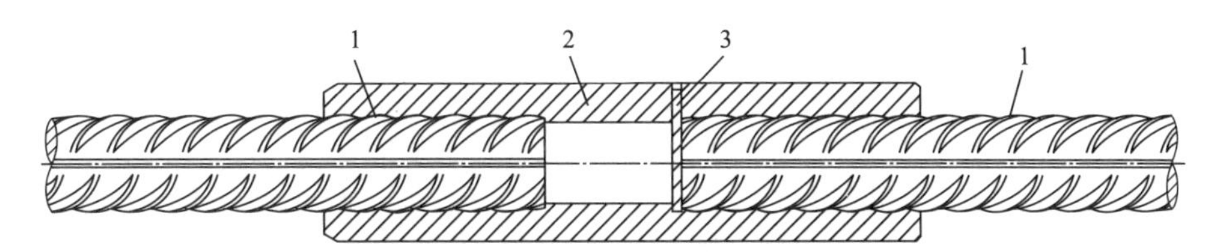


1—钢筋；2—加长型轴向挤压带肋钢筋套筒；3—定位销

图 6.7.4-6 加长型轴向挤压接头示意

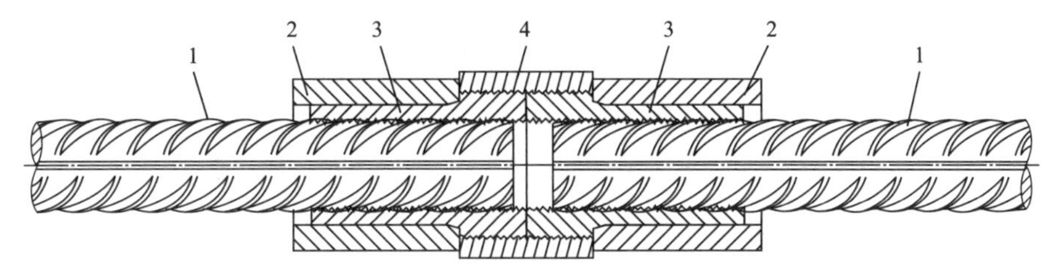


1—钢筋；2—外套；3—带内齿及外螺纹的整体式内套；4—连接套

图 6.7.4-7 组合式标准型轴向挤压接头示意 1

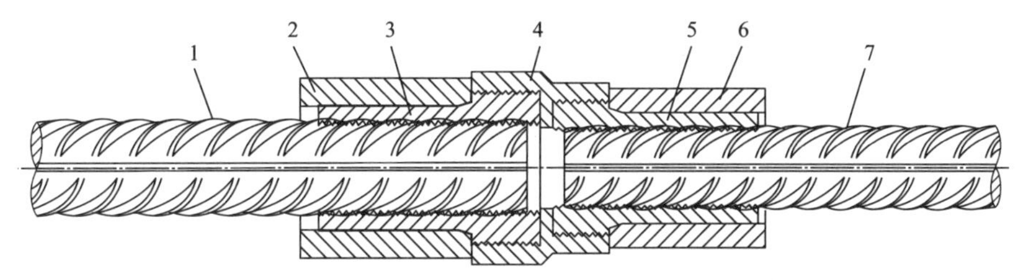


1—大端钢筋；2—大端外套；3—带内齿及外螺纹的整体式大端内套；4—连接套；
5—带内齿及外螺纹的整体式小端内套；6—小端外套；7—小端钢筋

图 6.7.4-8 组合式异径型轴向挤压接头示意 1

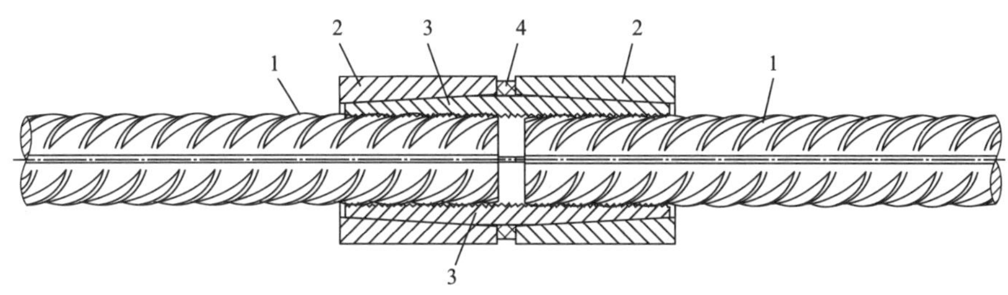


1—钢筋；2—锥套；3—带内齿的分瓣式锁片；4—锁片保持架

图 6.7.4-9 组合式标准型轴向挤压接头示意 2

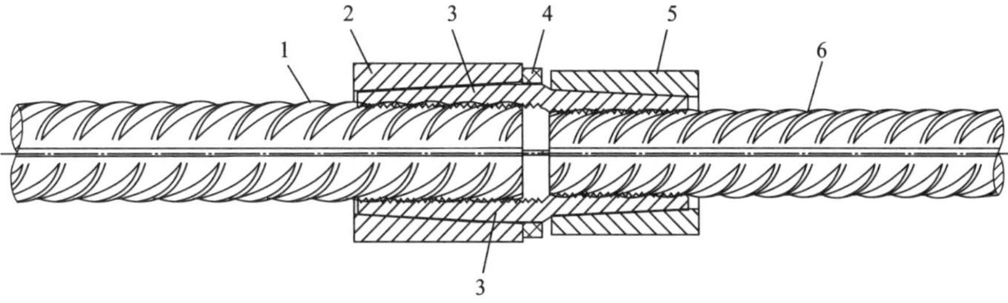


1—大端钢筋；2—大端锥套；3—带内齿的分瓣式锁片；4—锁片保持架；5—小端锥套；6—小端钢筋

图 6.7.4-10 组合式异径型轴向挤压接头示意图 2

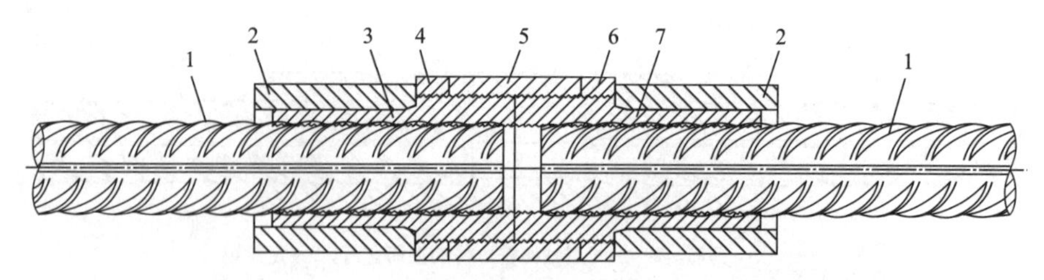


1—钢筋；2—外套；3—带内齿及右旋外螺纹的内套；4—带右旋内螺纹的锁母；
5—正反丝扣连接套；6—带左旋外螺纹的锁母；7—带内齿及左旋外螺纹的内套

图 6.7.4-11　组合式标准可调型轴向挤压接头示意

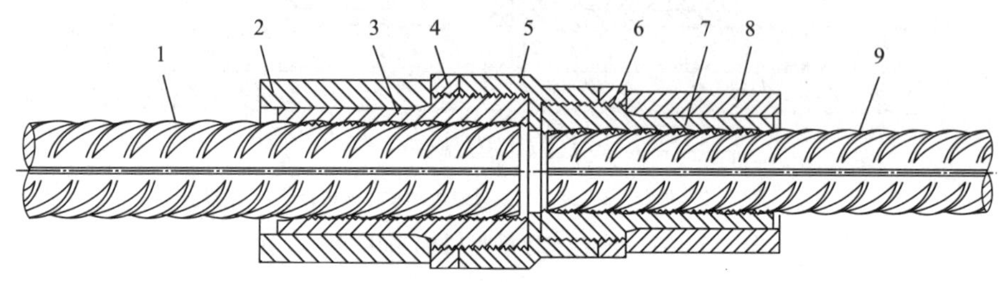


1—大端钢筋；2—大端外套；3—带内齿及右旋外螺纹的大端内套；4—带右旋内螺纹的大端锁母；
5—正反丝扣连接套；6—带左旋外螺纹的小端锁母；7—带内齿及左旋外螺纹的小端内套；
8—小端外套；9—小端钢筋

图 6.7.4-12　组合式异径可调型轴向挤压接头示意

## 6.8　钢筋机械连接件

《钢筋机械连接技术规程》JGJ 107—2016 中分别定义了连接件和套筒。其中，连接件指连接钢筋用的各部件，包括套筒和其他组件；套筒指用于传递钢筋轴向拉力或压力的钢套管。某些机械连接接头为满足接头的不同功能，由套筒及其他多个组件合成，故称为连接件；套筒一般指 1 个组件。连接件或套筒均为钢筋机械连接用的装置，为统一名称，建议将连接件和套筒统一称为钢筋机械连接件，简称连接件，并定义为：将轴向拉力或压力从一根钢筋传递到另一根钢筋，用于钢筋机械连接的装置。

连接件按接头加工工艺，可分为直螺纹连接件、锥螺纹连接件和挤压连接件。连接件按结构形式，可分为单体式连接件和组合式连接件。

直螺纹连接件是一种用于将钢筋以匹配的直螺纹连接在一起的装置。

锥螺纹连接件是一种用于将钢筋以匹配的锥螺纹连接在一起的装置。

挤压连接件是一种用于将钢筋以挤压工艺连接在一起的装置。

一般情况下，用于连接钢筋的装置为单个连接件（套筒）。某些连接件为满足接头的不同功能，用于连接钢筋的装置是由单个或多个连接件（套筒）及其他部件组合而成。在本书中，单体式连接件（套筒）、组合式连接件统称为连接件。单体式连接件指用于连接的装置部件数为单件；组合式连接件指用于连接的装置部件数为两件或两件以上。

上述不同类型连接件及形成的接头按构造与使用功能的差异又可区分为不同形式，如直螺纹连接件和接头又分为标准型、异径型、正反丝扣型，加长丝头型等不同连接件和接头形式。典型的钢筋机械连接件如图 6.8.1 所示。

图 6.8.1 典型的钢筋机械连接用连接件

现行行业标准《钢筋机械连接技术规程》JGJ 107 对各类钢筋机械连接接头提出了严格的性能要求，对连接件尺寸则未作任何规定，这是因为钢筋机械接头性能是由多种因素决定的，以直螺纹钢筋接头为例，连接件原材料、尺寸、内螺纹加工质量、连接件与钢筋丝头的公差配合，尤其是施工现场钢筋丝头加工质量均影响钢筋接头力学性能，只要接头产品经过型式检验，满足行业标准中各项接头性能要求即为合格接头，对连接件尺寸不作任何限制。事实上，有些企业通过良好的技术和严格的质量控制，使用较小的连接件即可满足接头性能要求，而有些企业所用的连接件虽尺寸很大，也常会出现不合格接头。行业标准鼓励通过技术进步和严格的质量控制手段提高钢筋机械连接质量，而不是统一规定连接件尺寸。盲目地加大连接件尺寸，不仅浪费钢材，有时还会增加施工现场丝头的旋合难度。

需要指出的是，现行《钢筋机械连接用套筒》JG/T 163—2013 为行业产品推荐性标准，不能视为必须执行的强制性标准。钢筋机械连接有方法多、工艺多、材料多、技术参数多等特点，如滚轧工艺就有剥肋滚轧、部分剥肋滚轧、挤压肋后滚轧、直接滚轧等细分工艺，制造连接件的材料有碳素钢、合金钢、棒料、管料等，对连接件原材料的加工工艺有机加工、冷加工、锻造等，技术参数如外径、长度、螺距、牙形角等也各不相同。因此实际的情况是，各接头技术提供单位基本上有自成体系的设备、配件、工艺、材料、技术参数等，在市场经济的条件下，无法统一，也没有必要统一，只要其生产的接头满足相关的性能要求并做到质量可控即可。从另一角度看，工程设计、建造方式日新月异，强行规定连接件型式和技术参数，虽有利于产品的标准化，但在某种意义上也会束缚和限制新产品、新技术的推广应用。反观欧美钢筋机械连接技术标准体系，有工程技术（性能要求）、分类、试验方法、认证等标准，对钢筋机械连接进行了原则性的规定，而不对产品提过多的规定，这种做法是相对合理的。

本节对钢筋机械连接用连接件进行的讨论，只是推荐性的介绍，提出考虑钢筋机械连接用连接件时应关注的重点。具体连接件的设计、制造与质量控制还应在开发者的企业标准中体现，形成国家、行业标准提出技术性能与应用要求，企业标准提出产品生产制造与质量控制要求的互补局面，既规范了钢筋机械连接技术的应用，又有利于技术革新与进步。

### 6.8.1 分类、形式与标记

**1. 分类**

钢筋机械连接用连接件主要有螺纹连接件和挤压连接件。

螺纹连接件是可与钢筋螺纹连接的内孔呈螺纹的连接件。

螺纹连接件分为直螺纹连接件和锥螺纹连接件。直螺纹连接件是直接或间接采用直螺纹方式将钢筋连接在一起的连接件；锥螺纹连接件是可与钢筋锥螺纹连接的内孔为锥螺纹的螺纹连接件。

直螺纹连接件按连接钢筋端部加工方式，分为镦粗切削、剥肋滚轧、镦粗剥肋滚轧、直接滚轧、挤压强化滚轧丝头连接的连接件和钢筋端部不加工丝头的连接件。

镦粗切削直螺纹连接件是可与钢筋端部镦粗切削螺纹连接的直螺纹连接件；剥肋滚轧直螺纹连接件是可与钢筋端部剥肋滚轧螺纹连接的直螺纹连接件；镦粗剥肋滚轧直螺纹连接件是可与钢筋端部镦粗剥肋滚轧螺纹连接的直螺纹连接件；直接滚轧直螺纹连接件是可与钢筋端部直接滚轧螺纹连接的直螺纹连接件；挤压强化滚轧直螺纹连接件是用于连接钢筋端部经纵、横肋挤压强化后再滚轧加工形成的钢筋丝头的连接件。

挤压连接件是一种将钢筋以挤压工艺连接在一起的装置，分为径向挤压连接件和轴向挤压连接件，仅适用于带肋钢筋的连接。径向挤压连接件是通过径向挤压将套筒与钢筋连接成一体，轴向挤压连接件是通过轴向挤压将套筒与钢筋连接成一体。

直螺纹连接件按结构形式，分为单体式直螺纹连接件和组合式直螺纹连接件。

单体式直螺纹连接件是内孔为直螺纹的单体连接件，包括标准型、正反丝扣型、异径型、扩口型、加长型、可焊型连接件等。直螺纹标准型连接件是全长呈相同右旋直螺纹的连接件。直螺纹标准型连接件是应用最普遍的钢筋连接件，其与两根同规格且带有相对应右旋螺纹丝头的钢筋，使两根钢筋的端头丝头旋入标准型连接件内螺纹形成钢筋接头。其适用条件为被连接两根钢筋，至少有一根不受旋转和轴向移动的限制。直螺纹正反丝扣型连接件是两端螺纹规格相同但旋向相反的螺纹连接件。正反丝扣型连接件与两根相同规格且带有不同旋向螺纹丝头的钢筋，将两根钢筋按不同旋向旋入连接件形成钢筋接头。其适用条件为被连接两根钢筋旋转均受限制，但至少一根钢筋不受轴向移动限制。直螺纹异径型连接件是全长呈贯通两端内螺纹直径不同，用于连接两根不同规格钢筋连接的钢制连接件。异径型连接件与两根不同规格且带有右旋螺纹丝头的钢筋，将两根钢筋旋入连接件形成钢筋接头。其适用条件为被连接两根钢筋，至少有一根不受旋转和轴向移动的限制。直螺纹扩口型连接件是一端有便于钢筋对中的内倒角，而长度较标准型连接件加长的直螺纹连接件。可焊型直螺纹连接件是通过与钢结构、预埋件等待连接件焊接实现钢筋与待连接件连接的连接件。

组合式直螺纹连接件是由两个或两个以上连接件组成的连接件，包括分体式、径向套筒挤压型、轴向套筒挤压型和摩擦焊型套筒等。分体式直螺纹连接件是由一个两端设有外圆锥面的直螺纹套筒沿轴线对称切分而成的两个半套筒与两个内孔为与半套筒外圆锥面相配合的内圆锥面的锥锁套组成的连接件。径向套筒挤压型直螺纹套筒是由一个带直螺纹螺杆的挤压套筒连接件和一个设有与螺杆相配合连接内螺纹的挤压套筒连接件组成的连接件，挤压连接端通过径向挤压实现与钢筋连接。轴向套筒挤压型直螺纹套筒是由一个带直螺纹螺杆的挤压套筒连接件和一个设有与螺杆相配合连接内螺纹的挤压套筒连接件组成的连接件，挤压连接端通过轴向挤压实现与钢筋连接。摩擦焊型直螺纹套筒是由两个带有摩擦焊连接端面的螺杆连接件和一个直螺纹套筒连接件组成的组合式连接件，或一端为螺杆，另一端为带盲孔内螺纹的连接件。

典型连接件的结构型式如下：

单体式直螺纹连接件及锁母的结构型式应符合图 6.8.1-1 的规定。

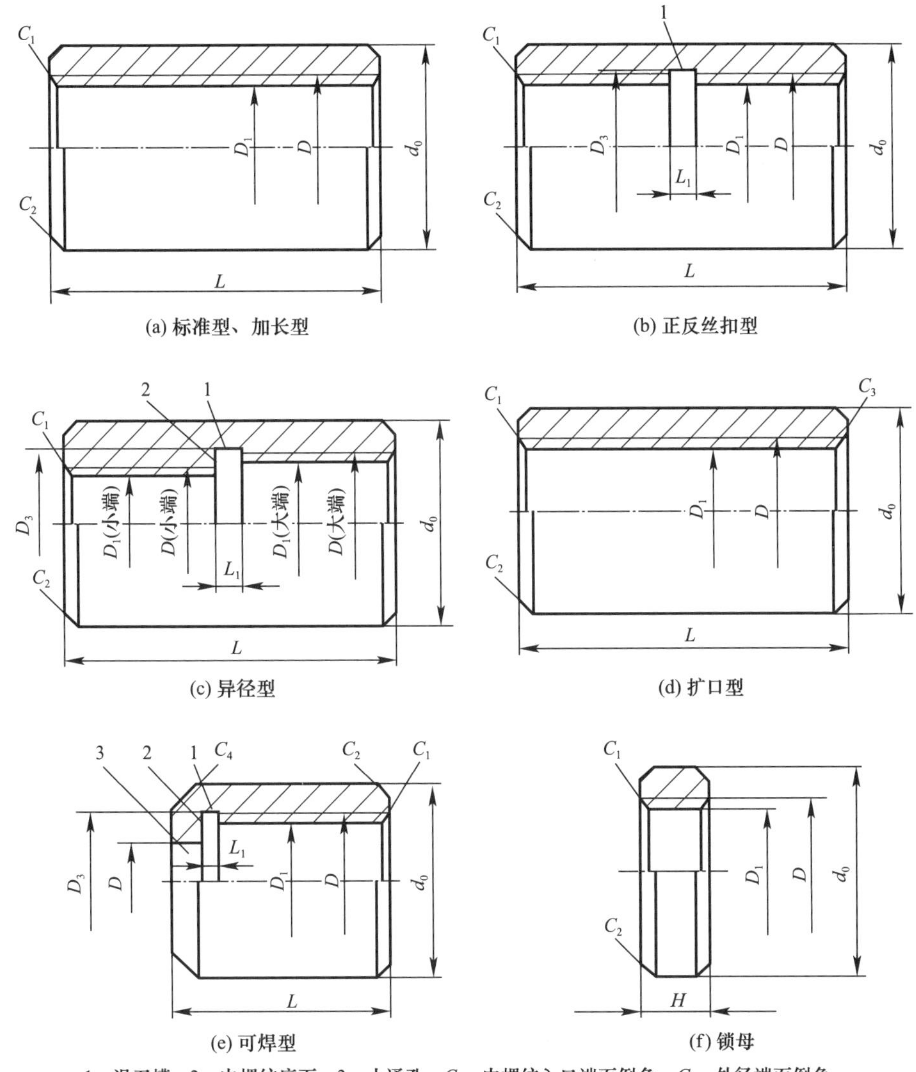


(a) 标准型、加长型　(b) 正反丝扣型　(c) 异径型　(d) 扩口型　(e) 可焊型　(f) 锁母

1—退刀槽；2—内螺纹底面；3—小通孔；$C_1$—内螺纹入口端面倒角；$C_2$—外径端面倒角；$C_3$—扩口倒角；$C_4$—焊接坡口倒角；$D$—内螺纹的基本大径(公称直径)；$D_1$—内螺纹的基本小径(连接件内径)；$D_3$—内螺纹的退刀槽直径；$D_4$—连接件小通孔直径；$d_0$—连接件外径；$H$—锁母厚度；$L$—连接件长度；$L_1$—退刀槽宽度

图 6.8.1-1　单体式直螺纹连接件及锁母示意

分体式连接件的结构型式应符合图 6.8.1-2 的规定。通常分体式连接件为正反丝扣型，有退刀槽结构，连接件为通长标准螺纹时，无需设置退刀槽结构。

摩擦焊型连接件应符合图 6.8.1-3 的规定。

钢筋连接用直螺纹连接件按加工螺纹前原材料类别，分为圆钢加工、钢管加工、冷锻管坯加工和热锻管坯加工。原材料类别分类规则：

——连接件采用圆钢经切削加工形成连接件的，其原材料为圆钢；

——连接件采用钢管经切削加工形成连接件的，其原材料为钢管；

——连接件采用冷锻管坯经切削加工形成连接件的，其原材料为冷锻管坯；
——连接件采用热锻管坯经切削加工形成连接件的，其原材料为热锻管坯。

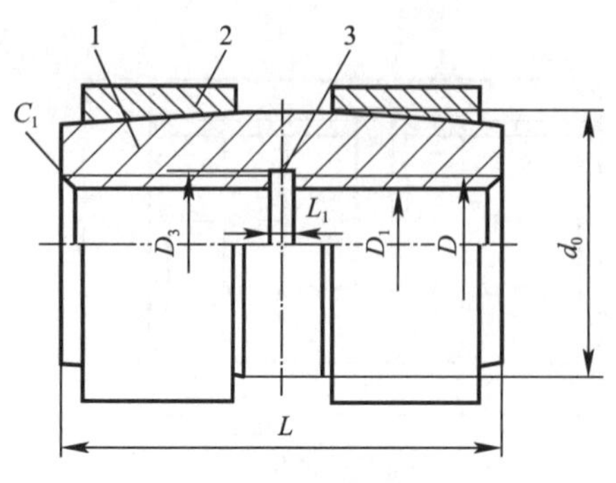


1—半套筒；2—锁套；3—退刀槽；
$C_1$—内螺纹入口端面倒角；
$D$—内螺纹的基本大径(公称直径)；
$D_1$—内螺纹的基本小径(连接件内径)；
$D_3$—内螺纹的退刀槽直径；$d_0$—连接件外径；
$L$—连接件长度；$L_1$—退刀槽宽度

图 6.8.1-2 分体式连接件示意

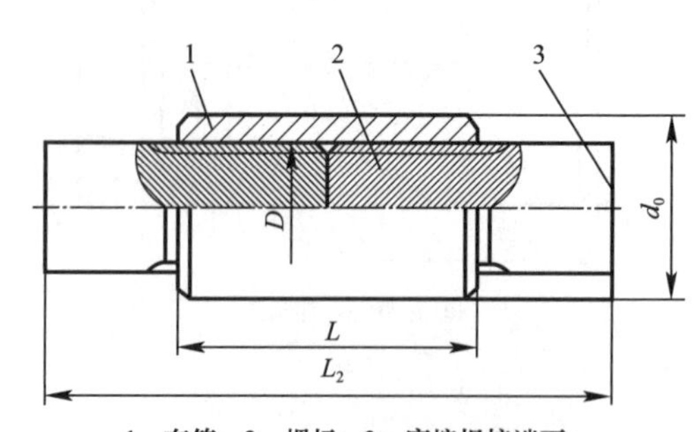


1—套筒；2—螺杆；3—摩擦焊接端面；
$D$—内螺纹的基本大径(公称直径)；
$d_0$—套筒外径；$L$—套筒长度；$L_2$—含螺杆套筒长度

图 6.8.1-3 摩擦焊型连接件示意

连接件按连接钢筋的强度级别，分为 400MPa、500MPa 和 600MPa 级等。

需要指出的是，《钢筋机械连接用套筒》JG/T 163—2013 中暂时未列入或对其规定不全面的连接件有：带肋钢筋轴向挤压连接件、压肋滚轧直螺纹连接件、摩擦焊直螺纹连接件及特殊钢筋机械连接用连接件，如组合式（复合式）连接件、可焊型连接件、侧向螺钉咬合钢筋连接件、不锈钢钢筋连接件、环氧涂层钢筋连接件、耐蚀钢筋连接件、耐火钢筋连接件等。连接件生产企业可根据现行行业标准《钢筋机械连接技术规程》JGJ 107 对上述连接件进行设计并制定相应的企业标准，凡是满足现行行业标准《钢筋机械连接技术规程》JGJ 107 接头性能要求和设计要求的连接件均应得到认可。

**2. 形式**

常用直螺纹连接件形式可分为标准型、异径型、正反丝扣型和扩口型，如图 6.8.1-4 所示。

常用锥螺纹连接件形式可分为标准型和异径型，如图 6.8.1-5 所示。

常用径向挤压连接件形式可分为标准型和异径型，如图 6.8.1-6 所示。

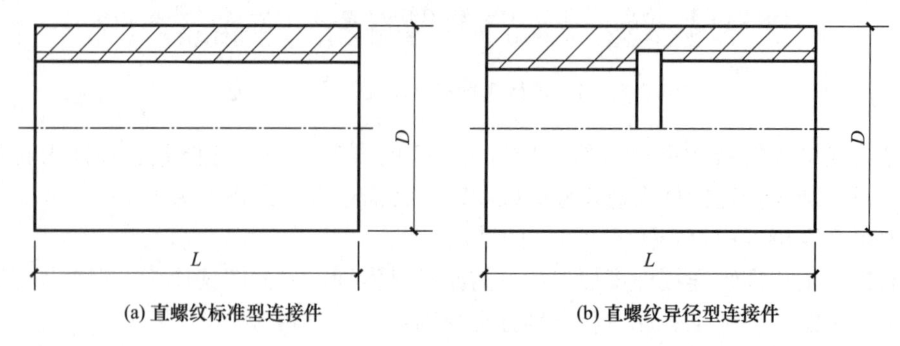


(a) 直螺纹标准型连接件　(b) 直螺纹异径型连接件

图 6.8.1-4 直螺纹连接件示意（一）

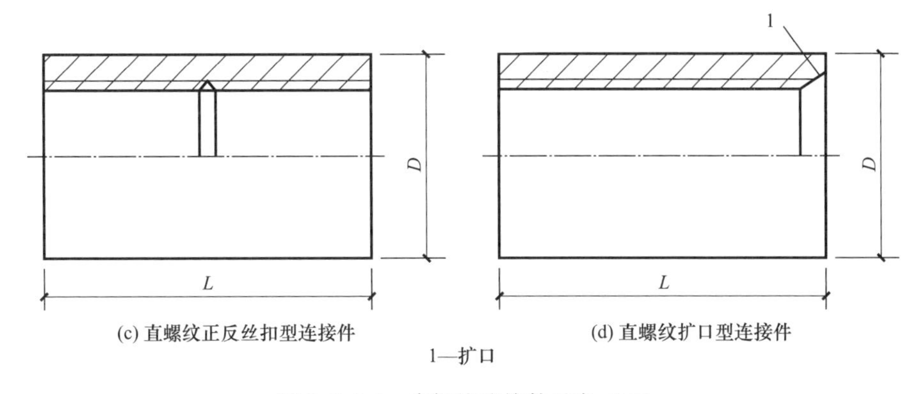


(c) 直螺纹正反丝扣型连接件　　(d) 直螺纹扩口型连接件

1—扩口

图 6.8.1-4　直螺纹连接件示意（二）

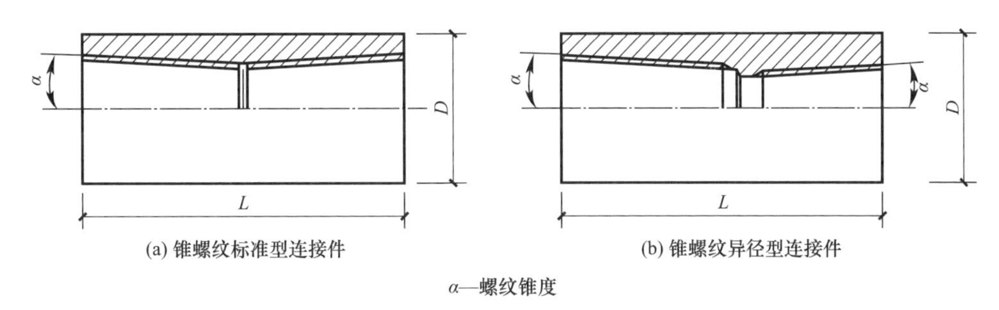


(a) 锥螺纹标准型连接件　　(b) 锥螺纹异径型连接件

α—螺纹锥度

图 6.8.1-5　锥螺纹连接件示意

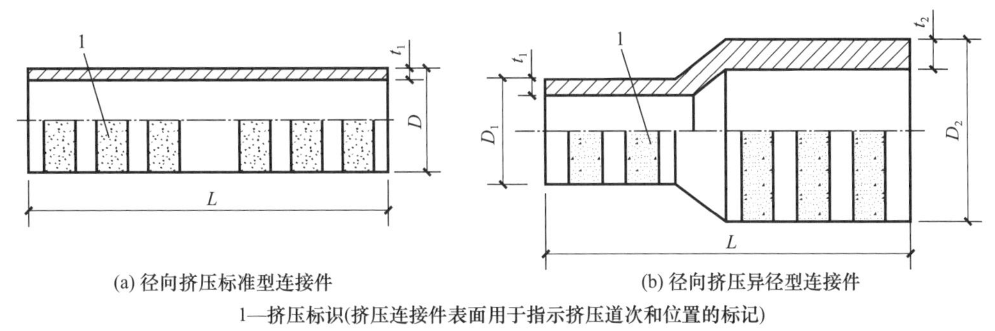


(a) 径向挤压标准型连接件　　(b) 径向挤压异径型连接件

1—挤压标识(挤压连接件表面用于指示挤压道次和位置的标记)

图 6.8.1-6　径向挤压连接件示意

常用轴向挤压连接件形式可分为标准型和异径型，如图 6.8.1-7 所示。

**3. 标记**

现行行业标准《钢筋机械连接用套筒》JG/T 163 规定，套筒的标记应由名称代号、形式代号、主参数（钢筋强度等级）代号、主参数（钢筋公称直径）代号组成，如图 6.8.1-8 所示。如镦粗直螺纹套筒、扩口型、用于连接 400MPa 级直径 40mm 的钢筋机械连接用套筒表示为 DK 4 40；直接滚轧直螺纹套筒、异径型、用于连接 500MPa 级直径 20mm/25mm 的钢筋机械连接用套筒表示为 GY 5 20/25；挤压套筒、标准型、用于连接 400MPa 级直径 32mm 的钢筋机械连接用套筒表示为 JB 4 32。

《钢筋连接用直螺纹套筒》T/CECS 10287—2023 规定，套筒产品应按连接钢筋端部加工方式代号、套筒结构形式代号、套筒原材料类别代号、连接钢筋强度级别代号、连接

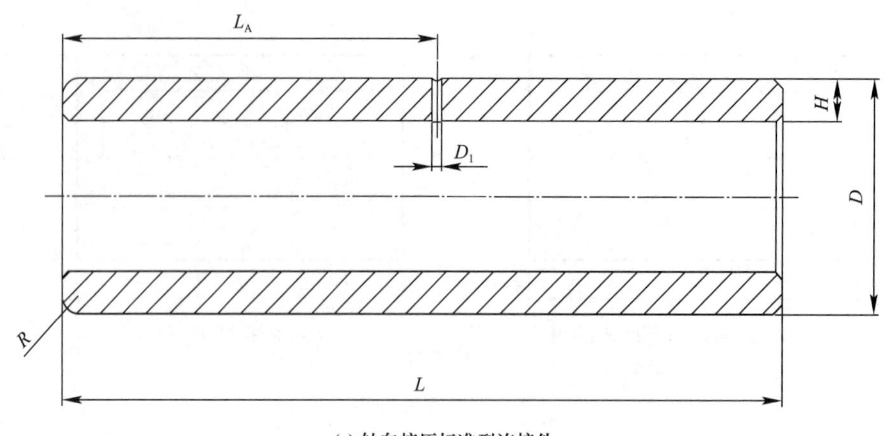


(a) 轴向挤压标准型连接件

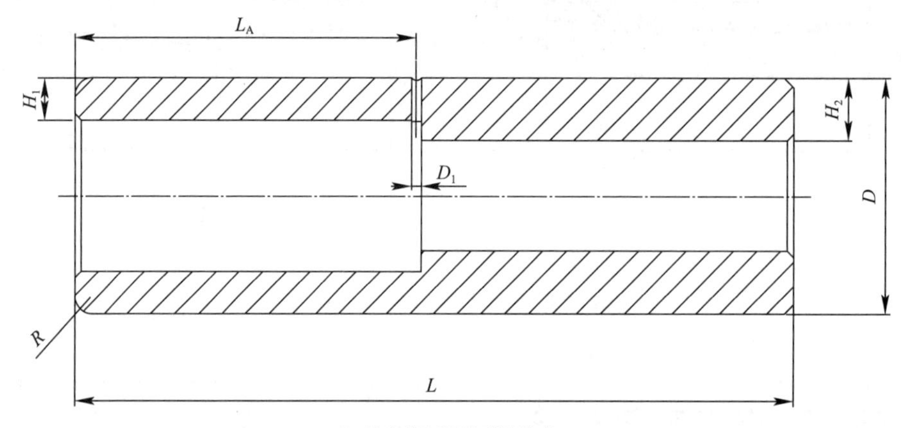


(b) 轴向挤压异径型连接件

标引序号说明：
$L$——连接件长度；$L_A$——连接件入模端至定位销孔中心线距离；$R$——连接件入模端倒圆角；D——连接件外径；$D_1$——定位销孔径；$H$——标准型连接件壁厚；$H_1$——异径型连接件大端壁厚；$H_2$——异径型连接件小端壁厚

图 6.8.1-7 轴向挤压连接件示意

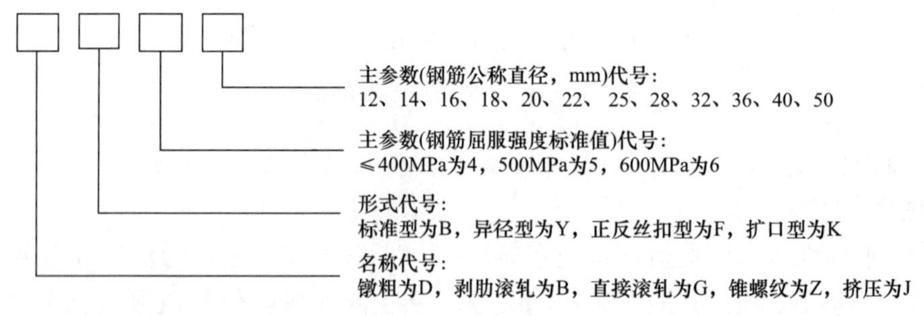


注：异径型套筒的钢筋直径主参数代号为“小径/大径”。

图 6.8.1-8 现行行业标准《钢筋机械连接用套筒》JG/T 163 规定的套筒标记

钢筋公称直径主参数代号和执行标准编号顺序标记，如图 6.8.1-9 所示。如镦粗切削直螺纹套筒，标准型、钢管加工，连接 400MPa 级、直径 40mm 的钢筋，标记为 DBG4-40-T/CECS 10287-2023；直接滚轧直螺纹套筒，异径型、圆钢加工，连接 500MPa 级、直径 20mm/25mm 的钢筋，标记为 ZYY5-20/25-T/CECS 10287-2023；钢筋不加工丝头连接的直螺纹套筒，径向套筒挤压型、圆钢加工，连接500MPa级、直径25mm的钢筋，标记为NJY5-25-T/CECS 10287-2023。

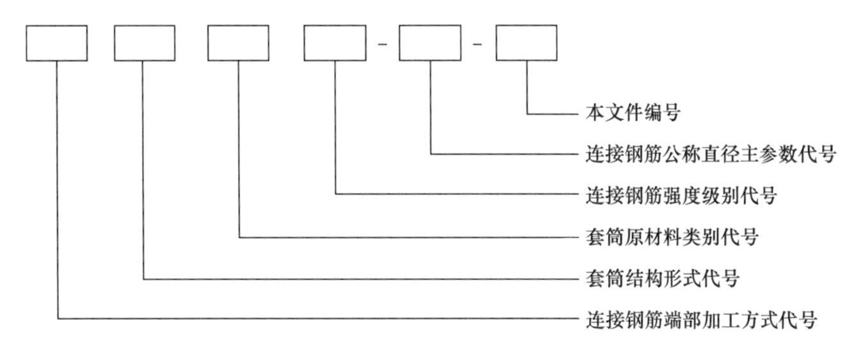


图 6.8.1-9 T/CECS 10287 规定的套筒标记

《钢筋连接用直螺纹套筒》T/CECS 10287—2023 关于的连接钢筋端部加工方式代号、套筒结构形式代号、套筒原材料类别代号、连接钢筋强度级别代号、连接钢筋公称直径主参数代号的规定见表 6.8.1-1～表 6.8.1-5。

**连接钢筋端部加工方式代号** **表 6.8.1-1**

| 连接钢筋端部加工方式 | 镦粗切削 | 剥肋滚轧 | 镦粗剥肋滚轧 | 直接滚轧 | 挤压强化剥肋滚轧 | 不加工丝头 |
|---|---|---|---|---|---|---|
| 代号 | D | B | U | Z | Q | N |

**套筒结构形式代号** **表 6.8.1-2**

| 套筒结构形式 | 标准型 | 正反丝扣型 | 异径型 | 扩口型 | 加长型 | 可焊型 | 分体式 | 径向套筒挤压型 | 轴向套筒挤压型 | 摩擦焊型 |
|---|---|---|---|---|---|---|---|---|---|---|
| 代号 | B | F | Y | K | C | H | T | J | Z | M |

**套筒原材料类别代号** **表 6.8.1-3**

| 套筒原材料类别 | 圆钢 | 钢管 | 冷锻管坯 | 热锻管坯 |
|---|---|---|---|---|
| 代号 | Y | G | L | R |

**连接钢筋强度级别代号** **表 6.8.1-4**

| 连接钢筋强度级别 | 400MPa 级 | 500MPa 级 | 600MPa 级 |
|---|---|---|---|
| 代号 | 4 | 5 | 6 |

**连接钢筋公称直径主参数代号** **表 6.8.1-5**

| 连接钢筋公称直径/mm | 12 | 14 | 16 | 18 | 20 | 22 | 25 | 28 | 32 | 36 | 40 | 50 |
|---|---|---|---|---|---|---|---|---|---|---|---|---|
| 代号 | 12 | 14 | 16 | 18 | 20 | 22 | 25 | 28 | 32 | 36 | 40 | 50 |

注：异径型套筒的钢筋公称直径主参数代号为“小径/大径”。

## 6.8.2 原材料

采用各类冷加工工艺成型的连接件，宜进行退火处理，且连接件设计时不应利用冷加工提高的强度减少连接件横截面面积。连接件原材料可选用经接头型式检验证明符合国家现行标准《钢筋机械连接件》GB/T 42796、《钢筋机械连接技术规程》JGJ 107 中接头性能规定的其他钢材。需与型钢等钢材焊接的连接件，其原材料应满足可焊性要求。可焊型连接件原材料的碳当量CEV不应大于现行国家标准《钢结构焊接规范》GB 50661规定的0.5%，宜选用Q355或20Cr。

不应采用未经重新冶炼的废旧钢材作为原材料加工连接件。连接件中使用钢以外的材料（如组合式接头中用于保持连接件定型的塑料支架、接头安装时用于减少摩擦力的润滑油等）时，应评估该材料在结构中的适用性以及任何对健康和安全的影响。

需要提醒的是，无论采用何种原材料生产连接件，使用者需确保原材料处于符合国家相关标准要求的稳定交货状态，并在批量生产连接件前，对原材料进行相关检验，以免造成不必要的损失或影响工程质量。

**1. 普通钢筋螺纹连接件**

连接400MPa级普通钢筋螺纹连接件原材料宜采用牌号为45号的圆钢或结构用无缝钢管，其外形、尺寸、重量及其允许偏差、力学性能应符合现行国家标准《优质碳素结构钢》GB/T 699、《热轧钢棒尺寸、外形、质量及允许偏差》GB/T 702、《冷拔或冷轧精密无缝钢管》GB/T 3639、《结构用无缝钢管》GB/T 8162和《无缝钢管尺寸、外形、重量及允许偏差》GB/T 17395的有关规定，45号钢的化学成分如表6.8.2-1所示。

**45号钢的化学成分　　表6.8.2-1**

| 牌号 | 化学成分/% | | | | | | | |
|---|---|---|---|---|---|---|---|---|
| | C | Mn | Si | P | S | Ni | Cr | Cu |
| 45号 | 0.42～0.50 | 0.50～0.80 | 0.17～0.37 | ≤0.035 | ≤0.035 | ≤0.025 | ≤0.25 | ≤0.25 |

连接500MPa级及以上普通钢筋的螺纹连接件原材料宜采用40Cr圆钢或无缝钢管，其外形、尺寸、重量及允许偏差、力学性能应符合《热轧钢棒尺寸、外形、质量及允许偏差》GB/T 702、《合金结构钢》GB/T 3077、《结构用无缝钢管》GB/T 8162和《无缝钢管尺寸、外形、重量及允许偏差》GB/T 17395的有关规定。加工螺纹连接件的冷锻管坯宜进行退火处理。

近年来，工程中连接连接件的原材料较多采用45号钢冷拔或冷轧精密无缝钢管，俗称光亮管，这类加工钢管的内应力较大，如不进行退火处理，其延伸率很低，有质量隐患，工程应用中连接件易开裂，规定这类管材应进行退火处理的要求是提醒广大用户重视对这类管材应用的质量控制。45号钢的冷拔或冷轧精密无缝钢管原材料应采用牌号为45号的管坯钢，并符合现行行业标准《优质碳素结构钢热轧和锻制圆管坯》YB/T 5222的规定。连接件原材料采用45号钢的冷拔或冷轧精密无缝钢管时，应进行退火处理，并应符合现行国家标准《冷拔或冷轧精密无缝钢管》GB/T 3639的相关规定，退火后，抗拉强度应≤800MPa，断后伸长率$\delta_5$宜≥14%。

**2. 普通钢筋挤压连接件**

钢筋挤压连接接头性能取决于挤压连接件与连接钢筋横肋的咬合面积和紧密程度，钢筋外表面的横肋越高，接头传力面积越大，连接效果越好。挤压连接时，挤压连接件产生塑性变形，冷作硬化，不应对钢筋横肋造成明显损伤。如用45号中碳钢制作挤压连接件，其冷挤压加工后不仅易产生脆性断裂，且因其强度与400MPa级钢筋相当，挤压连接件变形时还会将钢筋横肋压扁，接头难以达到性能要求。因此，挤压连接件要满足冷加工工艺要求，具有良好的压延性能，且挤压连接件横截面面积大于钢筋，使挤压连接件整体承载能力高于母材钢筋承载能力。低碳钢进行冷加工后，不易产生冷脆性，因此，通常采用低碳钢加工挤压连接件。低碳钢又分镇静钢和沸腾钢。沸腾钢冷变形后易产生应变时效而脆化，而镇静钢的这种倾向极小，因此挤压连接件须用低碳镇静钢制作。

挤压连接件的力学性能应在一定范围内，既要保证塑性，又要保证强度。普通钢筋径向或轴向挤压连接件的原材料延性应满足挤压延性要求，即根据被连接钢筋的强度等级选用适合压延加工的钢材，原材料工作性能应满足连接件被挤压至最大设计变形时任何部位不出现裂纹。挤压连接件的原材料宜选用牌号为20号的优质碳素结构钢或牌号为Q235、Q275的碳素结构钢，其外观及力学性能应符合现行国家标准《优质碳素结构钢》GB/T 699、《碳素结构钢》GB/T 700、《热轧钢棒尺寸、外形、质量及允许偏差》GB/T 702、《结构用无缝钢管》GB/T 8162、《输送流体用无缝钢管》GB/T 8163和《无缝钢管尺寸、外形、重量及允许偏差》GB/T 17395的相关规定，且实测力学性能应符合表6.8.2-2的规定。

挤压连接件原材料的力学性能　　表6.8.2-2

| 项目 | 性能指标 |
|---|---|
| 屈服强度 $\sigma_y$/MPa | 205～350 |
| 抗拉强度 $\sigma_m$/MPa | 335～500 |
| 断后伸长率 $A$/% | ≥20 |

**3. 特殊钢筋机械连接用连接件**

不锈钢钢筋连接件原材料宜采用与钢筋母材同材质的棒材或无缝钢管，其外观及力学性能应符合现行国家标准《不锈钢棒》GB/T 1220、《结构用不锈钢无缝钢管》GB/T 14975的有关规定。

用于连接符合现行国家标准《钢筋混凝土用不锈钢钢筋》GB/T 33959、《钢筋混凝土用耐蚀钢筋》GB/T 33953和《海洋工程混凝土用高耐蚀性合金带肋钢筋》GB/T 34206规定的各类钢筋的连接件原材料应使用与钢筋材质相同或耐腐蚀等级相同的合金材料。

用于连接符合国家现行标准《液化天然气储罐用低温钢筋》YB/T 4641、《钢筋混凝土用热轧耐火钢筋》GB/T 37622规定的各类钢筋的连接件原材料宜采用与钢筋母材同材质的棒材或无缝钢管，并应满足相关规范和设计的规定。当结构设计对连接件有耐低温、耐火性能要求时，连接件原材料性能、连接件性能还应满足设计规定的耐低温、耐火性能要求。采用冷加工工艺成型且未经退火处理制成的连接件不得应用于有耐火性能要求的结构。连接件在经受低温、火灾后的性能劣化程度不应超过所连接的钢筋，可通过材料与加工过程的工艺处理等进行分析论证，或通过低温、耐火试验，由设计、监理、施工和业主等单位进行专项论证。

## 6.8.3　外观

**1. 螺纹连接件**

螺纹连接件包括直螺纹连接件和锥螺纹连接件。连接件外表面可为加工表面或无缝钢管、圆钢的自然表面。除采用圆钢或热锻工艺加工的连接件外表面可为加工面外，采用钢管或其他工艺生产的连接件外表面宜为非加工面，保持原材料的原始自然表面。机械加工连接件外表面端面和边棱处应无尖棱、毛刺。连接件应无肉眼可见裂纹或其他缺陷。连接件表面允许有锈斑或浮锈，不应有锈皮。连接件外圆及内孔应有倒角。连接件表面应有符合标准规定的清晰可见的标志。

**2. 挤压连接件**

挤压连接件包括径向挤压连接件和轴向挤压连接件。连接件表面可为加工表面或无缝钢管、圆钢的自然表面。连接件应无肉眼可见裂纹。连接件表面不应有明显起皮的严重锈蚀。连接件外圆及内孔应有倒角。

连接件表面应有符合标准规定的标记和标志。

其中，径向挤压连接件表面应喷涂有清晰、均匀的挤压标识，且中间两道压接标志的距离应≥20mm。

### 6.8.4 尺寸及偏差

连接件的尺寸和偏差应符合现行行业标准《钢筋机械连接用套筒》JG/T 163、接头技术提供单位的连接件产品企业标准或设计文件的规定，并与型式检验报告中注明的保持一致。

（1）直螺纹连接件

直螺纹连接件尺寸应根据被连接钢筋的强度等级、直径及连接件原材料的力学性能，按国家现行标准《钢筋机械连接件》GB/T 42796、《钢筋机械连接技术规程》JGJ 107 规定的钢筋接头性能要求由设计确定。圆柱形直螺纹连接件尺寸偏差应符合表 6.8.4-1 的规定，螺纹精度应符合相应的设计规定。

**圆柱形直螺纹连接件尺寸允许偏差　单位：mm　　表 6.8.4-1**

| 外径 $D$ 允许偏差 | | 螺纹公差 | 长度 $L$ 允许偏差 |
|---|---|---|---|
| 加工表面 | 非加工表面 | 应符合《普通螺纹　公差》GB/T 197 中 6H 的规定 | ±1.0 |
| ±0.50 | $20<D\leqslant30$，±0.5；<br>$30<D\leqslant50$，±0.6；<br>$D>50$，±0.80 | | |

实践证明，现行行业标准《钢筋机械连接用套筒》JG/T 163 规定圆柱形直螺纹连接件的螺纹公差应符合现行国家标准《普通螺纹 公差》GB/T 197 中 6H 的规定、现行行业标准《钢筋机械连接技术规程》JGJ 107 规定钢筋丝头宜满足 6f 级精度要求是相对严格的，需付出较大的代价才能实现。为提高连接件、钢筋丝头加工效率，保证质量并合理降低生产成本，有关直螺纹连接件的螺纹公差规定建议修改为不应低于现行国家标准《普通螺纹 公差》GB/T 197 中 7H 的规定。同时，对应的钢筋丝头精度要求建议由 6f 修改为 7f。

各单位使用的直螺纹连接件规格尺寸并不完全一致，当圆柱形连接件原材料采用 45 号钢时，实测连接件尺寸不应小于表 6.8.4-2 规定的最小值。非圆柱形连接件尺寸偏差应符合相应的设计规定。

关于直螺纹连接件的尺寸及偏差，《钢筋连接用直螺纹套筒》T/CECS 10287—2023 规定如下：

**钢筋机械连接用直螺纹连接件最小尺寸参数　单位：mm　　　表 6.8.4-2**

剥肋滚轧直螺纹连接件

| 适用钢筋强度等级 | 型号 | 尺寸 | 钢筋直径 | | | | | | | | | | | |
|---|---|---|---|---|---|---|---|---|---|---|---|---|---|---|
| | | | 12 | 14 | 16 | 18 | 20 | 22 | 25 | 28 | 32 | 36 | 40 | 50 |
| ≤400MPa | 标准型正反丝扣型 | 外径 $D$ | 18.0 | 21.0 | 24.0 | 27.0 | 30.0 | 32.5 | 37.0 | 41.5 | 47.5 | 53.0 | 59.0 | 74.0 |
| | | 长度 $L$ | 28.0 | 32.0 | 36.0 | 41.0 | 45.0 | 49.0 | 56.0 | 62.0 | 70.0 | 78.0 | 86.0 | 106.0 |
| 500MPa | | 外径 $D$ | 19.0 | 22.5 | 25.5 | 28.5 | 31.5 | 34.5 | 39.5 | 44.0 | 50.5 | 56.5 | 62.5 | 78.0 |
| | | 长度 $L$ | 32.0 | 36.0 | 40.0 | 46.0 | 50.0 | 54.0 | 62.0 | 68.0 | 76.0 | 84.0 | 92.0 | 112.0 |

直接滚轧直螺纹连接件

| 适用钢筋强度等级 | 型号 | 尺寸 | 钢筋直径 | | | | | | | | | | | |
|---|---|---|---|---|---|---|---|---|---|---|---|---|---|---|
| | | | 12 | 14 | 16 | 18 | 20 | 22 | 25 | 28 | 32 | 36 | 40 | 50 |
| ≤400MPa | 标准型正反丝扣型 | 外径 $D$ | 18.5 | 21.5 | 24.5 | 27.5 | 30.5 | 33.0 | 37.5 | 42.0 | 48.0 | 53.5 | 59.5 | 74.0 |
| | | 长度 $L$ | 28.0 | 32.0 | 36.0 | 41.0 | 45.0 | 49.0 | 56.0 | 62.0 | 70.0 | 78.0 | 86.0 | 106.0 |
| 500MPa | | 外径 $D$ | 19.5 | 23.0 | 26.0 | 29.0 | 32.0 | 35.0 | 40.0 | 44.5 | 51.0 | 57.0 | 63.0 | 78.5 |
| | | 长度 $L$ | 32.0 | 36.0 | 40.0 | 46.0 | 50.0 | 54.0 | 62.0 | 68.0 | 76.0 | 84.0 | 92.0 | 112.0 |

镦粗直螺纹连接件

| 适用钢筋强度等级 | 型号 | 尺寸 | 钢筋直径 | | | | | | | | | | | |
|---|---|---|---|---|---|---|---|---|---|---|---|---|---|---|
| | | | 12 | 14 | 16 | 18 | 20 | 22 | 25 | 28 | 32 | 36 | 40 | 50 |
| ≤400MPa | 标准型正反丝扣型 | 外径 $D$ | 19.0 | 22.0 | 25.0 | 28.0 | 31.0 | 34.0 | 38.5 | 43.0 | 48.5 | 54.0 | 60.0 | — |
| | | 长度 $L$ | 24.0 | 28.0 | 32.0 | 36.0 | 40.0 | 44.0 | 50.0 | 56.0 | 64.0 | 72.0 | 80.0 | — |
| 500MPa | | 外径 $D$ | 20.0 | 23.5 | 26.5 | 29.5 | 32.5 | 36.0 | 41.0 | 45.5 | 51.5 | 57.5 | 63.5 | — |
| | | 长度 $L$ | 24.0 | 28.0 | 32.0 | 36.0 | 40.0 | 44.0 | 50.0 | 56.0 | 64.0 | 72.0 | 80.0 | — |

注：1. 表中最小尺寸指连接件原材料采用符合《优质碳素结构钢》GB/T 699 中 45 号钢力学性能要求（实测屈服强度和极限强度应分别≥355MPa、600MPa）、连接件生产企业有良好质量控制水平时可选用的最小尺寸。
2. 对外表面未经切削加工的连接件，当连接件外径≤50mm 时，应在表中所列最小外径尺寸的基础上至少增加 0.4mm；当连接件外径>50mm 时，应在表中所列最小外径尺寸的基础上至少增加 0.8mm。
3. 实测连接件最小尺寸应在至少不少于 2 个方向测量，取最小值判定。

1）材质为 45 号钢或非调质处理 40Cr 的圆柱形标准型和正反丝扣型连接件的最小外径 $d_0$ 和最小长度 $L$ 应符合表 6.8.4-3～表 6.8.4-7 的规定，螺纹尺寸宜符合表 6.8.4-3～表 6.8.4-7 的规定；非圆柱形连接件，长度 $L$ 应符合表 6.8.4-3～表 6.8.4-7 的规定，连接件受拉最大应力处横截面面积不应小于按表 6.8.4-3～表 6.8.4-7 连接件尺寸计算的横截面面积。

**60°牙形镦粗连接件最小外径、长度及螺纹尺寸　单位：mm　　　表 6.8.4-3**

| 钢筋直径 | 最小外径 | | 长度 $L$ | 螺纹尺寸代号 | 螺纹中径 $D_2$ | 螺纹小径 $D_1$ |
|---|---|---|---|---|---|---|
| | 400MPa 级 | 500MPa 级 | | | | |
| 12 | 19.0 | 20.0 | 24 | M14×2.5 | $12.376_{0}^{+0.28}$ | $11.294_{0}^{+0.45}$ |
| 14 | 22.0 | 23.5 | 28 | M16×2.5 | $14.376_{0}^{+0.28}$ | $13.294_{0}^{+0.45}$ |
| 16 | 25.0 | 26.5 | 32 | M18×2.5 | $16.376_{0}^{+0.28}$ | $15.294_{0}^{+0.45}$ |
| 18 | 28.0 | 29.5 | 36 | M20×3 | $18.052_{0}^{+0.335}$ | $16.753_{0}^{+0.5}$ |

续表

| 钢筋直径 | 最小外径 | | 长度 $L$ | 螺纹尺寸代号 | 螺纹中径 $D_2$ | 螺纹小径 $D_1$ |
|---|---|---|---|---|---|---|
| | 400MPa 级 | 500MPa 级 | | | | |
| 20 | 31.0 | 32.5 | 40 | M22×3 | $20.052_{0}^{+0.335}$ | $18.753_{0}^{+0.5}$ |
| 22 | 34.0 | 36.0 | 44 | M24×3 | $22.052_{0}^{+0.335}$ | $20.753_{0}^{+0.5}$ |
| 25 | 38.5 | 41.0 | 50 | M27×3 | $25.052_{0}^{+0.335}$ | $23.753_{0}^{+0.5}$ |
| 28 | 43.0 | 45.5 | 56 | M31×3 | $29.052_{0}^{+0.335}$ | $27.753_{0}^{+0.5}$ |
| 32 | 48.5 | 51.5 | 64 | M34×3 | $32.052_{0}^{+0.335}$ | $30.753_{0}^{+0.5}$ |
| 36 | 54.0 | 57.5 | 72 | M38×3 | $36.052_{0}^{+0.335}$ | $34.753_{0}^{+0.5}$ |
| 40 | 60.0 | 63.5 | 80 | M42×3 | $40.052_{0}^{+0.335}$ | $38.753_{0}^{+0.5}$ |

**60°牙形剥肋滚轧连接件最小外径、长度及螺纹尺寸　单位：mm　　表 6.8.4-4**

| 钢筋直径 | 最小外径 | | 长度 $L$ | 螺纹尺寸代号 | 螺纹中径 $D_2$ | 螺纹小径 $D_1$ |
|---|---|---|---|---|---|---|
| | 400MPa 级 | 500MPa 级 | | | | |
| 12 | 18.0 | 19.0 | 32 | M12.7×1.75 | $11.563_{0}^{+0.25}$ | $10.806_{0}^{+0.335}$ |
| 14 | 21.0 | 22.5 | 36 | M14.6×2 | $13.301_{0}^{+0.265}$ | $12.435_{0}^{+0.375}$ |
| 16 | 24.0 | 25.5 | 40 | M16.6×2 | $15.301_{0}^{+0.265}$ | $14.435_{0}^{+0.375}$ |
| 18 | 27.0 | 28.5 | 46 | M18.6×2.5 | $16.976_{0}^{+0.28}$ | $15.894_{0}^{+0.45}$ |
| 20 | 30.0 | 31.5 | 50 | M20.6×2.5 | $18.976_{0}^{+0.28}$ | $17.894_{0}^{+0.45}$ |
| 22 | 32.5 | 34.5 | 54 | M22.6×2.5 | $20.976_{0}^{+0.28}$ | $19.894_{0}^{+0.45}$ |
| 25 | 37.0 | 39.5 | 62 | M25.7×3 | $23.752_{0}^{+0.335}$ | $22.453_{0}^{+0.5}$ |
| 28 | 41.5 | 44.0 | 68 | M28.7×3 | $26.752_{0}^{+0.335}$ | $25.453_{0}^{+0.5}$ |
| 32 | 47.5 | 50.5 | 76 | M32.7×3 | $30.752_{0}^{+0.335}$ | $29.453_{0}^{+0.5}$ |
| 36 | 53.0 | 56.5 | 84 | M36.5×3 | $34.552_{0}^{+0.335}$ | $33.253_{0}^{+0.5}$ |
| 40 | 59.0 | 62.5 | 92 | M40.2×3 | $38.252_{0}^{+0.335}$ | $36.953_{0}^{+0.5}$ |
| 50 | 74.0 | 78.0 | 112 | M50.3×3.5 | $48.027_{0}^{+0.355}$ | $46.511_{0}^{+0.56}$ |

**75°牙形剥肋滚轧连接件最小外径、长度及螺纹尺寸　单位：mm　　表 6.8.4-5**

| 钢筋直径 | 最小外径 | | 长度 $L$ | 螺纹尺寸 $M$ | 螺纹中径 $D_2$ | 螺纹小径 $D_1$ |
|---|---|---|---|---|---|---|
| | 400MPa 级 | 500MPa 级 | | | | |
| 12 | 18.0 | 19.0 | 32 | M12.7×1.75 | $11.845_{0}^{+0.188}$ | $11.275_{0}^{+0.252}$ |
| 14 | 21.0 | 22.5 | 36 | M14.6×2 | $13.623_{0}^{+0.2}$ | $12.971_{0}^{+0.282}$ |
| 16 | 24.0 | 25.5 | 40 | M16.6×2 | $15.623_{0}^{+0.2}$ | $14.971_{0}^{+0.282}$ |
| 18 | 27.0 | 28.5 | 46 | M18.6×2.5 | $17.378_{0}^{+0.211}$ | $16.564_{0}^{+0.339}$ |
| 20 | 30.0 | 31.5 | 50 | M20.6×2.5 | $19.378_{0}^{+0.211}$ | $18.564_{0}^{+0.339}$ |
| 22 | 32.5 | 34.5 | 54 | M22.6×2.5 | $21.378_{0}^{+0.211}$ | $20.564_{0}^{+0.339}$ |
| 25 | 37.0 | 39.5 | 62 | M25.7×3 | $24.234_{0}^{+0.252}$ | $23.257_{0}^{+0.376}$ |
| 28 | 41.5 | 44.0 | 68 | M28.7×3 | $27.234_{0}^{+0.252}$ | $26.257_{0}^{+0.376}$ |
| 32 | 47.5 | 50.5 | 76 | M32.7×3 | $31.234_{0}^{+0.252}$ | $30.257_{0}^{+0.376}$ |

续表

| 钢筋直径 | 最小外径 | | 长度 $L$ | 螺纹尺寸 $M$ | 螺纹中径 $D_2$ | 螺纹小径 $D_1$ |
|---|---|---|---|---|---|---|
| | 400MPa级 | 500MPa级 | | | | |
| 36 | 53.0 | 56.5 | 84 | M36.5×3 | $35.034_{0}^{+0.252}$ | $34.057_{0}^{+0.376}$ |
| 40 | 59.0 | 62.5 | 92 | M40.2×3 | $38.734_{0}^{+0.252}$ | $37.757_{0}^{+0.376}$ |
| 50 | 74.0 | 78.0 | 112 | M50.3×3.5 | $48.590_{0}^{+0.267}$ | $47.449_{0}^{+0.421}$ |

**60°牙形直接滚轧连接件最小外径、长度及螺纹尺寸　单位：mm　　表6.8.4-6**

| 钢筋直径 | 最小外径 | | 长度 $L$ | 螺纹尺寸 $M$ | 螺纹中径 $D_2$ | 螺纹小径 $D_1$ |
|---|---|---|---|---|---|---|
| | 400MPa级 | 500MPa级 | | | | |
| 12 | 18.0 | 19.0 | 32 | M12.8×1.75 | $11.663_{0}^{+0.25}$ | $10.906_{0}^{+0.335}$ |
| 14 | 21.0 | 22.5 | 36 | M14.7×2 | $13.401_{0}^{+0.265}$ | $12.535_{0}^{+0.375}$ |
| 16 | 24.0 | 25.5 | 40 | M16.7×2 | $15.401_{0}^{+0.265}$ | $14.535_{0}^{+0.375}$ |
| 18 | 27.0 | 28.5 | 46 | M18.7×2.5 | $17.076_{0}^{+0.28}$ | $15.994_{0}^{+0.45}$ |
| 20 | 30.0 | 31.5 | 50 | M20.7×2.5 | $19.076_{0}^{+0.28}$ | $17.994_{0}^{+0.45}$ |
| 22 | 32.5 | 34.5 | 54 | M22.7×2.5 | $21.076_{0}^{+0.28}$ | $19.994_{0}^{+0.45}$ |
| 25 | 37.0 | 39.5 | 62 | M25.8×3 | $23.852_{0}^{+0.335}$ | $22.553_{0}^{+0.5}$ |
| 28 | 41.5 | 44.0 | 68 | M28.8×3 | $26.852_{0}^{+0.335}$ | $25.553_{0}^{+0.5}$ |
| 32 | 47.5 | 50.5 | 76 | M32.8×3 | $30.852_{0}^{+0.335}$ | $29.553_{0}^{+0.5}$ |
| 36 | 53.0 | 56.5 | 84 | M36.6×3 | $34.652_{0}^{+0.335}$ | $33.353_{0}^{+0.5}$ |
| 40 | 59.0 | 62.5 | 92 | M40.3×3 | $38.352_{0}^{+0.335}$ | $37.053_{0}^{+0.5}$ |
| 50 | 74.0 | 78.0 | 112 | M50.4×3.5 | $48.127_{0}^{+0.355}$ | $46.611_{0}^{+0.56}$ |

**75°牙形直接滚轧连接件最小外径、长度及螺纹尺寸　单位：mm　　表6.8.4-7**

| 钢筋直径 | 最小外径 | | 长度 $L$ | 螺纹尺寸代号 | 螺纹中径 $D_2$ | 螺纹小径 $D_1$ |
|---|---|---|---|---|---|---|
| | 400MPa级 | 500MPa级 | | | | |
| 12 | 18.0 | 19.0 | 32 | M12.8×1.75 | $11.945_{0}^{+0.188}$ | $11.375_{0}^{+0.252}$ |
| 14 | 21.0 | 22.5 | 36 | M14.7×2 | $13.723_{0}^{+0.2}$ | $13.071_{0}^{+0.282}$ |
| 16 | 24.0 | 25.5 | 40 | M16.7×2 | $15.723_{0}^{+0.2}$ | $15.071_{0}^{+0.282}$ |
| 18 | 27.0 | 28.5 | 46 | M18.7×2.5 | $17.478_{0}^{+0.211}$ | $16.664_{0}^{+0.339}$ |
| 20 | 30.0 | 31.5 | 50 | M20.7×2.5 | $19.478_{0}^{+0.211}$ | $18.664_{0}^{+0.339}$ |
| 22 | 32.5 | 34.5 | 54 | M22.7×2.5 | $21.478_{0}^{+0.211}$ | $20.664_{0}^{+0.339}$ |
| 25 | 37.0 | 39.5 | 62 | M25.8×3 | $24.334_{0}^{+0.252}$ | $23.357_{0}^{+0.376}$ |
| 28 | 41.5 | 44.0 | 68 | M28.8×3 | $27.334_{0}^{+0.252}$ | $26.357_{0}^{+0.376}$ |
| 32 | 47.5 | 50.5 | 76 | M32.8×3 | $31.334_{0}^{+0.252}$ | $30.357_{0}^{+0.376}$ |
| 36 | 53.0 | 56.5 | 84 | M36.6×3 | $35.134_{0}^{+0.252}$ | $34.157_{0}^{+0.376}$ |
| 40 | 59.0 | 62.5 | 92 | M40.3×3 | $38.834_{0}^{+0.252}$ | $37.857_{0}^{+0.376}$ |
| 50 | 74.0 | 78.0 | 112 | M50.4×3.5 | $48.690_{0}^{+0.267}$ | $47.549_{0}^{+0.421}$ |

2）部分其他原材料加工的连接件最小外径尺寸应符合表6.8.4-8的规定。

部分其他原材料连接件最小外径尺寸　单位：mm　　表 6.8.4-8

| 钢筋直径 | 20号钢连接件最小外径 | | 20Cr/25号钢连接件最小外径 | | Q195/08Al 连接件最小外径 | |
|---|---|---|---|---|---|---|
| | 400MPa级 | 500MPa级 | 400MPa级 | 500MPa级 | 400MPa级 | 500MPa级 |
| 12 | 20 | 21.5 | 19.5 | 20.5 | 22 | 23.5 |
| 14 | 23 | 25 | 22.5 | 24 | 25.5 | 27.5 |
| 16 | 26.5 | 28.5 | 25.5 | 27.5 | 29 | 31 |
| 18 | 29.5 | 32 | 28.5 | 30.5 | 32.5 | 35 |
| 20 | 32.5 | 35 | 32 | 34 | 36 | 39 |
| 22 | 36 | 38.5 | 35 | 37 | 39.5 | 42.5 |
| 25 | 41 | 44 | 39.5 | 42 | 44.5 | 48.5 |
| 28 | 45.5 | 49 | 44.5 | 47.5 | 50 | 54 |
| 32 | 52 | 56 | 50.5 | 54 | 57 | 62 |
| 36 | 58.5 | 63 | 57 | 60.5 | 64 | 69.5 |
| 40 | 65 | 70 | 63 | 67 | 71 | 77 |
| 50 | 81 | 87 | 79 | 84 | 89 | 96.5 |

3）锁母最小厚度尺寸应符合表 6.8.4-9 的规定。

锁母最小厚度尺寸　单位：mm　　表 6.8.4-9

| 规格 | 12 | 14 | 16 | 18 | 20 | 22 | 25 | 28 | 32 | 36 | 40 | 50 |
|---|---|---|---|---|---|---|---|---|---|---|---|---|
| 厚度 | 10.5 | 12 | 12 | 15 | 15 | 15 | 18 | 18 | 18 | 18 | 18 | 21 |

4）异径型连接件长度应为大、小端钢筋直径标准型连接件长度之和的 1/2。

5）分体式连接件最小长度不应小于标准型连接件长度＋2$P$，连接件受拉最大应力处横截面面积不应小于相同规格标准型连接件的横截面面积。

6）锁母最小厚度 $H$ 不应小于 6$P$。

7）连接件外径 $d_0$ 和长度 $L$ 的尺寸允许偏差应符合表 6.8.4-10 的规定。

连接件外径和长度的尺寸允许偏差　单位：mm　　表 6.8.4-10

| 项目 | 连接件外径 $d_0$ | | 长度 $L$ |
|---|---|---|---|
| | 加工表面 | 非加工表面 | |
| 允许偏差 | $^{+0.5}_{0}$ | $20<d_0\leqslant30$，±0.5；<br>$30<d_0\leqslant50$，±0.6；<br>$d_0>50$，±0.80 | $^{+1}_{0}$ |

8）连接件螺纹宜采用表 6.8.4-11 推荐的螺距和现行国家标准《普通螺纹　基本牙形》GB/T 192 规定的 60°基本牙形。

连接件螺距推荐值　单位：mm　　表 6.8.4-11

| 钢筋直径 | 镦粗直螺纹连接件 | | 滚轧直螺纹连接件 | |
|---|---|---|---|---|
| | 第一优选系列 | 第二优选系列 | 第一优选系列 | 第二优选系列 |
| 12 | 2.5 | 2 | 1.75 | 2 |
| 14 | 2.5 | 2 | 2 | 1.75 |

续表

| 钢筋直径 | 镦粗直螺纹连接件 | | 滚轧直螺纹连接件 | |
|---|---|---|---|---|
| | 第一优选系列 | 第二优选系列 | 第一优选系列 | 第二优选系列 |
| 16 | 2.5 | 2 | 2 | 2.5 |
| 18 | 3 | 2.5 | 2.5 | — |
| 20 | 3 | 2.5 | 2.5 | — |
| 22 | 3 | 2.5 | 2.5 | — |
| 25 | 3 | — | 3 | 2.5 |
| 28 | 3 | — | 3 | — |
| 32 | 3 | — | 3 | — |
| 36 | 3 | 3.5 | 3 | — |
| 40 | 3 | 3.5 | 3 | — |
| 50 | — | — | 3.5 | 3 |

9）螺纹采用 60°和 75°基本牙形时，应符合下列规定：

① 60°螺纹基本牙形见图 6.8.4-1。

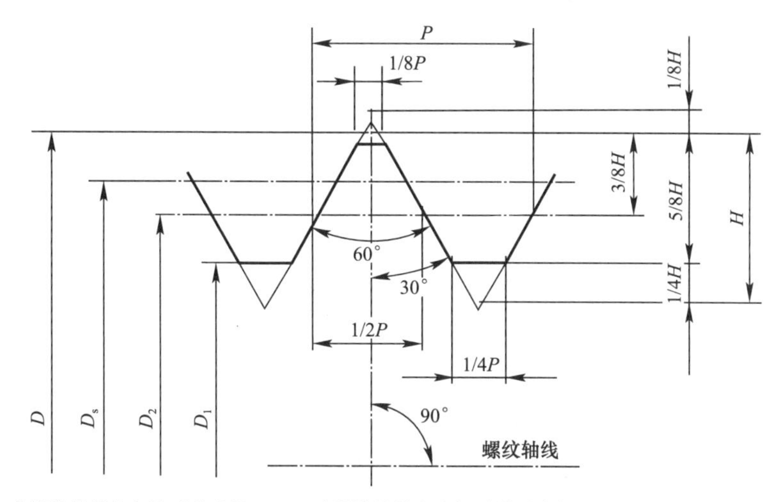


$D$—内螺纹的基本大径(公称直径)；$D_1$—内螺纹的基本小径(连接件内径)；$D_2$—内螺纹的基本中径；$D_s$—核算强度用连接件内径；$H$—原始三角形高度；$P$—螺距

图 6.8.4-1　60°螺纹基本牙形示意

60°螺纹基本牙形尺寸应按下列公式计算：

$$D_1 = D - 1.0825P \tag{6.8.4-1}$$

$$D_2 = D - 0.6495P \tag{6.8.4-2}$$

$$D_s = D - 0.2526P \tag{6.8.4-3}$$

$$H = 0.8860P \tag{6.8.4-4}$$

60°螺纹基本牙形尺寸换算应符合表 6.8.4-2 的规定。

② 75°螺纹基本牙形见图 6.8.4-2。

60°牙形基本牙形尺寸换算 单位：mm 表 6.8.4-12

| 螺距 $P$ | 核算强度用连接件内径 $D_s$ | 内螺纹的基本中径 $D_2$ | 内螺纹的基本小径 $D_1$ |
|---|---|---|---|
| 1.75 | $D$-0.4420 | $D$-1.1366 | $D$-1.8944 |
| 2 | $D$-0.5052 | $D$-1.2990 | $D$-2.1650 |
| 2.5 | $D$-0.6315 | $D$-1.6238 | $D$-2.7063 |
| 3 | $D$-0.7577 | $D$-1.9485 | $D$-3.2475 |
| 3.5 | $D$-0.8840 | $D$-2.2733 | $D$-3.7888 |
| 4 | $D$-1.0103 | $D$-2.5980 | $D$-4.3300 |
| 4.5 | $D$-1.1366 | $D$-2.9228 | $D$-4.8713 |
| 5 | $D$-1.2629 | $D$-3.2475 | $D$-5.4125 |

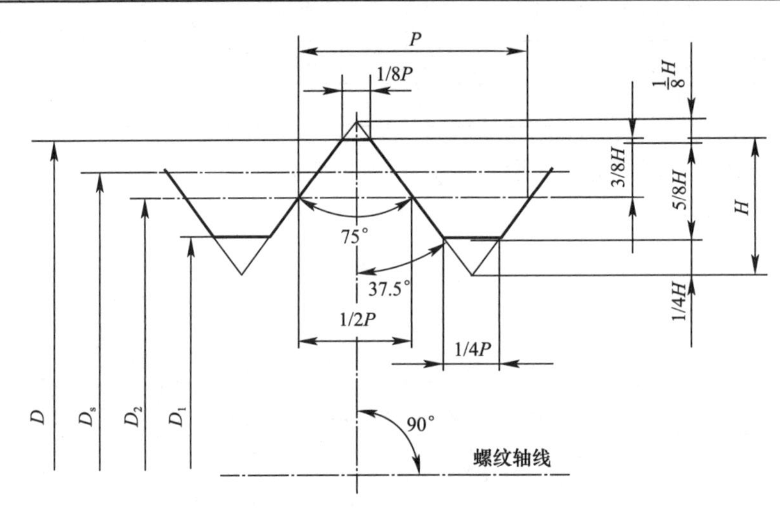


$D$—内螺纹的基本大径(公称直径)；$D_1$—内螺纹的基本小径(连接件内径)；$D_2$—内螺纹的基本中径；$D_s$—核算强度用连接件内径；$H$—原始三角形高度；$P$—螺距

图 6.8.4-2 75°螺纹基本牙形示意

75°螺纹基本牙形尺寸应按下列公式计算：

$$D_1=D-0.8145P \quad (6.8.4\text{-}5)$$

$$D_2=D-0.4887P \quad (6.8.4\text{-}6)$$

$$D_s=D-0.1901P \quad (6.8.4\text{-}7)$$

$$H=0.6516P \quad (6.8.4\text{-}8)$$

75°螺纹基本牙形尺寸换算应符合表 6.8.4-13 的规定。

75°牙形基本牙形尺寸换算 单位：mm 表 6.8.4-13

| 螺距 $P$ | 核算强度用连接件内径 $D_s$ | 内螺纹的基本中径 $D_2$ | 内螺纹的基本小径 $D_1$ |
|---|---|---|---|
| 1.75 | $D$-0.3326 | $D$-0.8552 | $D$-1.4254 |
| 2 | $D$-0.3801 | $D$-0.9774 | $D$-1.6290 |
| 2.5 | $D$-0.4751 | $D$-1.2218 | $D$-2.0363 |
| 3 | $D$-0.5702 | $D$-1.4661 | $D$-2.4435 |
| 3.5 | $D$-0.6652 | $D$-1.7105 | $D$-2.8508 |

续表

| 螺距 $P$ | 核算强度用连接件内径 $D_s$ | 内螺纹的基本中径 $D_2$ | 内螺纹的基本小径 $D_1$ |
|---|---|---|---|
| 4 | $D$-0.7602 | $D$-1.9548 | $D$-3.2581 |
| 4.5 | $D$-0.8552 | $D$-2.1992 | $D$-3.6653 |
| 5 | $D$-0.9503 | $D$-2.4435 | $D$-4.0726 |

③ 螺纹中径 $D_2$ 和小径 $D_1$ 的公差等级及公差应符合表 6.8.4-14 的规定。

**螺纹中径 $D_2$、小径 $D_1$ 公差等级及公差　单位：mm　　表 6.8.4-14**

| 基本大径 $D$ | 螺距 $P$ | 60°牙形 | | 75°牙形 | |
|---|---|---|---|---|---|
| | | 中径 $D_2$ 公差等级 | 小径 $D_1$ 公差等级 | 中径 $D_2$ 公差等级 | 小径 $D_1$ 公差等级 |
| | | 7 | 6 | 7 | 6 |
| $11.2<D\leqslant22.4$ | 1.75 | 250 | 335 | 188 | 252 |
| | 2 | 265 | 375 | 199 | 282 |
| | 2.5 | 280 | 450 | 211 | 339 |
| | 3 | 335 | 500 | 252 | 376 |
| $22.4<D\leqslant45$ | 2 | 280 | 375 | 211 | 282 |
| | 2.5 | 280 | 450 | 211 | 339 |
| | 3 | 335 | 500 | 252 | 376 |
| | 3.5 | 355 | 560 | 267 | 421 |
| | 4 | 375 | 600 | 282 | 451 |
| | 4.5 | 400 | 670 | 301 | 504 |
| $45<D\leqslant90$ | 3 | 355 | 500 | 267 | 376 |
| | 3.5 | 355 | 560 | 267 | 421 |
| | 4 | 400 | 600 | 301 | 451 |
| | 5 | 425 | 710 | 320 | 534 |

④ 螺纹 $M$、中径 $D_2$ 和小径 $D_1$ 及允许偏差宜符合表 6.8.4-12～表 6.8.4-14 的规定。

⑤ 螺纹牙形应饱满，不应有磕碰、乱扣和毛刺等缺陷，螺纹表面粗糙度 $Ra\leqslant6.3\mu m$。

10）螺纹退刀槽与端面顶紧结构

① 螺纹退刀槽宽度 $L_1$ 应满足螺纹加工工艺要求，内螺纹退刀槽直径 $D_3$ 的尺寸允许偏差宜为 $D\sim(D+0.3)$，外螺纹退刀槽直径 $d_3$ 的尺寸允许偏差宜为 $(d_1-0.3)\sim d_1$。

② 采用内螺纹孔端面轴肩锁紧结构的连接件，在内螺纹孔端部局部加工光孔时，光孔的深度 $L_1$ 不应小于与之配合螺杆的螺尾长度，内径的尺寸允许偏差宜为 $D\sim(D+0.3)$。

③ 当与外螺纹螺杆或钢筋丝头端部顶紧的连接件内螺纹底面为盲孔或小通孔时，底面厚度不应小于 3mm；底面为小通孔时，螺纹小径 $D_1$ 与小通孔直径 $D_4$ 的差值应符合表 6.8.4-15 的规定。

**螺纹小径与底面小通孔直径差值　单位：mm　　表 6.8.4-15**

| 钢筋直径范围 | 12～16 | 18～25 | 28～50 |
|---|---|---|---|
| 螺纹小径 $D_1$ 与小通孔直径 $D_4$ 差值 | ≥2 | ≥3 | ≥4 |

11）倒角

① 连接件外径端面应加工 45°倒角，倒角尺寸为 1～2mm。

② 连接件内螺纹入口端面应采用 120°倒角，端面倒角直径为（1～1.05）$D$。

③ 设有螺杆构造的连接件外螺纹始端端面应加工 45°倒角，倒角深度不应小于螺纹牙形高度。

④ 扩口型连接件扩口处倒角角度和尺寸应符合设计要求，倒角后螺纹旋合长度不应小于标准型连接件长度。

⑤ 可焊型连接件与钢结构、预埋件等焊接连接处焊接坡口倒角尺寸应满足焊接设计要求。

需要注意的是，《钢筋机械连接用套筒》JG/T 163—2013 附录 A 建议的钢筋机械连接用直螺纹连接件最小尺寸参数指连接件原材料力学性能不低于现行国家标准《优质碳素结构钢》GB/T 699 中 45 号钢的相关要求，当采用 60°牙形角且生产厂家具有良好质量控制水平时，直螺纹连接件可选用最小尺寸。然而，部分生产厂家在原材料未采用 45 号钢的情况下，采用冷加工工艺成型连接件时，未分析具体情况，一律不进行退火处理，且进行连接件设计时利用经冷加工提高的强度减少连接件横截面面积；部分生产厂家采用非 60°牙形角时，仍机械地采用《钢筋机械连接用套筒》JG/T 163—2013 附录 A 建议的最小尺寸。对于上述情况可能造成的质量隐患，相关标准应给予充分关注并加强规范。在此，对钢筋丝头外螺纹、连接件内/外螺纹，建议做如下规定：

1）螺纹基本尺寸应符合现行国家标准《普通螺纹 基本尺寸》GB/T 196 的相关规定；

2）钢筋丝头外螺纹、连接件外螺纹公差应符合现行国家标准《普通螺纹 公差》GB/T 197 中 6$d$ 的规定，连接件内螺纹公差应符合现行国家标准《普通螺纹 公差》GB/T 197 中 6H 的规定。

**2. 锥螺纹连接件**

锥螺纹连接件尺寸应根据被连接钢筋的强度等级、直径及连接件原材料的力学性能，按现行行业标准《钢筋机械连接技术规程》JGJ 107 规定的钢筋接头性能要求由设计确定。锥螺纹连接件的尺寸偏差应符合表 6.8.4-16 的规定，螺纹精度应符合相应的设计规定。非圆柱形连接件的尺寸偏差应符合相应的设计规定。

**锥螺纹连接件尺寸允许偏差　单位：mm　　表 6.8.4-16**

| 外径 $D$ | | 长度 $L$ |
|---|---|---|
| $D \leqslant 50$ | ±0.50 | ±1.0 |
| $D > 50$ | ±0.80 | |

**3. 挤压连接件**

标准型挤压连接件尺寸应根据被连接钢筋的强度等级、直径、连接件原材料的力学性能和挤压工艺参数由设计确定。挤压连接件尺寸允许偏差应符合表 6.8.4-17 的规定。

对异径型径向挤压连接件，其尺寸及偏差应符合相应的设计规定。一般来说，当径向挤压连接件两端外径和壁厚相同时，被连接钢筋的直径相差应≤5mm。被连接钢筋的直径相差>5mm 时，应采用专门加工两侧内外径不同的异径型径向挤压连接件。

标准型挤压连接件尺寸允许偏差　单位：mm　　表 6.8.4-17

| 外径 $D$ | 允许偏差 | | |
|---|---|---|---|
| | 外径 $D$ | 壁厚 $t$ | 长度 $L$ |
| ≤50 | ±0.5 | $+0.12t$<br>$-0.10t$ | ±2.0 |
| >50 | $\pm 0.01D$ | $+0.12t$<br>$-0.10t$ | ±2.0 |

### 6.8.5　力学性能

连接件实测受拉承载力不应小于被连接钢筋受拉承载力标准值的 1.1 倍，还应根据国家现行标准《钢筋机械连接件》GB/T 42796、《钢筋机械连接技术规程》JGJ 107 中钢筋接头的性能要求和等级，将连接件与钢筋装配成钢筋接头后进行型式检验，并符合相应的性能规定。连接件用于有疲劳性能要求的钢筋接头时，其抗疲劳性能应符合国家现行标准《钢筋机械连接件》GB/T 42796、《钢筋机械连接技术规程》JGJ 107 的相关规定。

连接件受拉最大应力处横截面面积应满足下列公式的要求：

$$A_c \geqslant f_{yk} \times A_s \div \sigma_y \qquad (6.8.5\text{-}1)$$

$$A_c \geqslant 1.15 \times f_{stk} \times A_s \div \sigma_m \qquad (6.8.5\text{-}2)$$

式中　$A_c$——连接件受拉最大应力处横截面面积；

$A_s$——钢筋公称横截面面积，异径型连接件按小端钢筋公称横截面面积计算；

$f_{yk}$——钢筋屈服强度标准值；

$f_{stk}$——钢筋极限抗拉强度标准值；

$\sigma_y$——连接件原材料屈服强度标准值；

$\sigma_m$——连接件原材料极限抗拉强度标准值。

式（6.8.5-1）、式（6.8.5-2）给出了连接件按钢筋屈服强度和极限抗拉强度设计时，对应的受拉最大应力处横截面面积的计算方法，需要强调的是，连接件屈服强度承载力与接头的抗变形能力相关，尤其是对于连接件长度较长或结构较复杂的组合接头，连接件屈服强度承载力更加重要。

### 6.8.6　生产

连接件生产企业应发布并自我声明包括本企业连接件产品用材料、规格、型式、尺寸及偏差、质量控制方法、检验项目与制度、不合格品处理规则等内容的企业标准。连接件生产企业宜取得有效的《质量管理体系　要求》GB/T 19001/ISO 9001 质量管理体系认证证书、建设工程钢筋机械连接接头产品认证证书和钢筋机械连接件绿色产品证书。

企业标准指企业自主制定的规定和标准要求，适用于企业内部工程、产品、服务等方面的质量、安全、环保、技术开发和管理等工作，以及国家允许企业制定的产品、服务等领域的标准，不包括依法应当制定国家、地方和行业强制性标准的内容。需要注意的是，《钢筋机械连接用套筒》JG/T 163—2013 要求连接件生产企业发布的企业标准应经质量技术监督部门备案。根据最新的《中华人民共和国标准化法》规定，自 2018 年 1 月 1 日起，取消企业标准备案事项，全面实行团体标准、企业标准自我声明公开和监督制度。企业标准的编制应当按照程序规范、程序公正、程序公开的原则组织，应当明确制定目的、适用范围、技术要求、检验方法等内容。企业应当公开其执行的强制性标准、推荐性标准、团体标准或者企业标准的编号和名称；企业执行自行制定的企业标准的，还应当公开产品、服务的功能指标和产品的性能指标。国家鼓励团体标准、企业标准通过全国标准信息公共服务平台向社会公开。

套筒螺纹加工宜采用加工中心、数控机床车削或丝锥攻丝加工方式，丝锥攻丝加工螺纹宜采用单向攻丝方式。连接件在制品检验项目应至少包括外观、长度、外径、螺纹中径、螺纹小径、牙形及粗糙度、退刀槽及倒角检验。

连接件应按规定在其外表面刻印包括厂家代号、生产批号等信息的标志。连接件生产批号应可追溯到其原材料性能及生产数据，应与原材料检验报告、发货或出库凭单、产品检验记录、出厂检验报告、产品合格证、产品质量证明书、原材料质量证明书等记录相对应，连接件生产批号有关记录的保存时间不应少于 5 年。连接件出厂前，应采取非油性材料进行防锈处理。

连接件的标记和出厂检验应符合国家现行标准《钢筋机械连接件》GB/T 42796 和接头技术提供单位的连接件产品企业标准、连接件设计文件的规定。

### 6.8.7 试验方法

**1. 原材料**

连接件原材料的外观可采用目测方法进行检验，尺寸可用直尺、游标卡尺、螺旋千分尺或专用量具进行检验。连接件原材料力学性能检验取样位置及试样制备应符合现行国家标准《钢及钢产品 力学性能试验取样位置及试样制备》GB/T 2975 的规定，试样应在外观检验合格的原材料上取样。连接件原材料的屈服强度、抗拉强度和断后伸长率等力学性能试验应按现行国家标准《金属材料 拉伸试验 第 1 部分：室温试验方法》GB/T 228.1 的规定进行。对于冷锻、热锻管坯无法取样时，应将管坯加工成连接件后使用带螺纹的高强试棒连接后做力学性能试验。试棒强度不足以拉断连接件时，应切削加工管坯外径，使其满足拉断要求。计算连接件横截面面积时，内孔直径应按核算强度用连接件内径 $D_s$ 取值。

**2. 连接件**

连接件外观、尺寸、螺纹、退刀槽、倒角的检验项目，量具、检具，检验方法应符合表 6.8.7-1 的规定。

**连接件外观、尺寸及螺纹检验方法　　表 6.8.7-1**

| 连接件类型 | 检验项目 | 量具、检具名称 | 检验方法 |
|---|---|---|---|
| 直螺纹连接件 | 外观 | — | 目测 |
| | 长度 $L$ | 游标卡尺或专用量具 | 不少于 2 个方向进行测量 |
| | 外径 $d_0$ | 游标卡尺或专用量具 | 不少于 2 个方向进行测量 |
| | 螺纹中径 $D_2$ | 通端螺纹塞规 | 应与连接件工作内螺纹旋合通过，如图 6.8.7-1（a）所示 |
| | | 止端螺纹塞规 | 在连接件两端，允许与连接件工作内螺纹两端的螺纹部分旋合，旋合量不应超过 $3P$（$P$ 为螺距），如图 6.8.7-1（b）所示 |

续表

| 连接件类型 | 检验项目 | 量具、检具名称 | 检验方法 |
| --- | --- | --- | --- |
| 直螺纹连接件 | 螺纹小径 $D_1$ | 光面卡规或游标卡尺 | 在连接件两端，不少于 2 个方向进行测量，取算术平均值 |
| | 牙形及粗糙度 | 牙形规、样块 | 测量、比对 |
| | 退刀槽 $D_3$ | 沟槽卡尺 | 在不少于 2 个方向分别测量，取算数平均值 |
| | 倒角 | 游标卡尺 | 测量 |
| 锥螺纹连接件 | 外观 | — | 目测 |
| | 外形尺寸 | 游标卡尺或专用量具 | 不少于 2 个方向进行测量 |
| | 螺纹尺寸 | 专用锥螺纹塞规 | 旋入连接件螺纹长度，连接件端面应在检具检查刻度线范围内，如图 6.8.7-2 所示 |
| 挤压连接件 | 外观 | — | 目测 |
| | 外形尺寸 | 游标卡尺或专用量具 | 不少于 2 个方向进行测量 |

注：1. 螺纹塞规为具有与被检螺纹相一致的螺纹牙形，能反映被检内螺纹边界条件的测量器具。
2. 通端螺纹塞规为检查内直螺纹最小边界条件的螺纹塞规。
3. 止端螺纹塞规为检查内直螺纹最大边界条件的螺纹塞规。

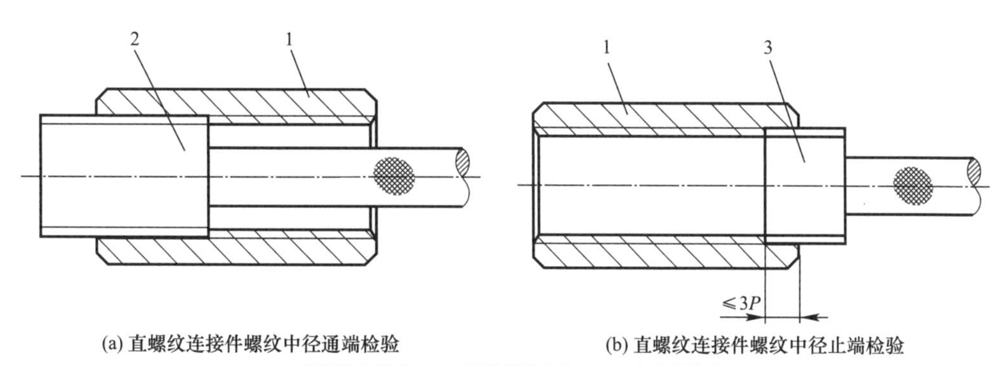


(a) 直螺纹连接件螺纹中径通端检验　　(b) 直螺纹连接件螺纹中径止端检验

1—直螺纹连接件；2—通端螺纹塞规；3—止端螺纹塞规

图 6.8.7-1　螺纹中径检验示意

螺纹连接件螺纹质量的检验因需要专用的检验工具，施工现场往往没有量具而使其成为现场质量监管的盲区，个别连接件供应商无所顾忌，放任其质量的低劣，更有甚者在产品出厂时就没有螺纹检验这项要求。再者，即使有些连接件生产厂家提供了螺纹检具（螺纹塞规），但多数为无计量资质企业生产的非标量具，并不能有效检验连接件螺纹质量，只是应对监理和质检要求。

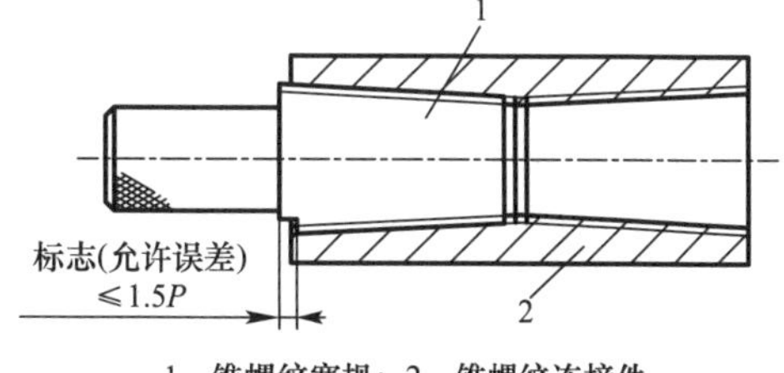


1—锥螺纹塞规；2—锥螺纹连接件

图 6.8.7-2　锥螺纹连接件锥螺纹检验示意

为解决上述问题，建议直螺纹连接件进场检验验收前，产品提供单位应向现场施工和监理单位提供符合规范要求的连接件螺纹检具，交第三方检测机构检定并定期更换。进行直螺纹连接件进场验收时，采用有资质的量具厂提供并经第三方检测机构检定的螺纹检具进行质量验收。

直螺纹连接件受拉承载力可采用带外螺纹的高强工具杆与连接件旋合后进行检验，工具杆的实际受拉承载力不应小于被检验钢筋受拉承载力标准值的1.20倍。直螺纹连接件受拉承载力也可采用带外螺纹的高强钢筋与连接件旋合后进行检验，高强钢筋的实际受拉承载力不应小于被检验钢筋受拉承载力标准值的1.10倍。连接件实测受拉承载力达到被连接钢筋受拉承载力标准值的1.10倍时，可结束试验。

连接件的型式检验应采用连接件与钢筋连接后的钢筋接头试件进行，试验方法应符合国家现行标准《钢筋机械连接件试验方法》GB/T 42901、《钢筋机械连接技术规程》JGJ 107的有关规定。试验用钢筋应符合现行国家标准《钢筋混凝土用钢 第2部分：热轧带肋钢筋》GB/T 1499.2、《钢筋混凝土用余热处理钢筋》GB/T 13014、《钢筋混凝土用不锈钢钢筋》GB/T 33959及《钢筋混凝土用钢 第1部分：热轧光圆钢筋》GB/T 1499.1的相关规定。

### 6.8.8 检验规则

**1. 原材料**

连接件原材料检验应在原材料进厂后、连接件正式生产前进行。

连接件原材料检验应按进厂批次组批检查与验收。圆钢以同一牌号、同一炉号、同一加工方法、同一尺寸、同一交货状态、同一热处理制度（或炉次）为一验收批；钢管以同一牌号、同一炉号、同一规格、同一热处理制度（或炉次）为一验收批；冷（热）锻管坯以同一牌号、同一规格、同一热处理制度（或炉次）为一验收批。

连接件原材料外观、尺寸的检验规则应符合现行国家标准《热轧钢棒尺寸、外形、重量及允许偏差》GB/T 702、《无缝钢管尺寸、外形、重量及允许偏差》GB/T 17395的规定。每一验收批应随机抽取10件进行外观和尺寸检验，当检验结果符合相关规定时，判定该批原材料外观和尺寸合格；当出现1件不合格时应随机加倍抽检，全部合格时则判定该批外观和尺寸为合格；若仍有1件不合格时，则该检验批产品应逐件检验，检验合格者方能使用。

连接件原材料力学性能检验应满足以下要求：

1）试样应在外观和尺寸检验合格的材料上进行取样。

2）连接件原材料的力学性能检验以同钢号、同规格、同炉（批）号的原材料作为1个验收批，每一验收批至少应随机抽取2个试样，且每个试样应取自不同根原材料。测得每个试样的力学性能均符合相关规定时，则判该验收批材料合格；若有1个试样的力学性能不符合要求，应加倍随机抽检，全部合格时判该验收批材料合格，否则判为不合格。

3）挤压连接件原材料的硬度检验应以同钢号、同规格、同炉（批）号的原材料作为1个验收批，每批按材料支数的10%抽检，应每支取1个试样。每个试样检测3点。测得每个试样的硬度平均值满足产品设计硬度要求且符合相关规定时，则判该验收批材料硬度合格；若有1个试样的硬度平均值不符合要求，则判该验收批材料硬度不合格。

**2. 连接件**

连接件检验分为出厂检验和型式检验。

连接件出厂检验：

1）外观、标记和尺寸检验：外观、标记和尺寸检验项目应符合表6.8.8-1的要求。以连续生产的同原材料、同类型、同规格、同批号的1000个或少于1000个连接件为1个验收批，随机抽取 10％进行检验。合格率≥95％时，应评为该验收批合格；当合格率＜95％时，应另取加倍数量重做检验；当加倍抽检后的合格率≥95％时，应评定该验收批合格；若合格率仍＜95％时，该验收批应逐个检验，合格者方可出厂。当连续 10 个验收批一次抽检均合格时，外观、标记和尺寸检验的验收批抽检比例可由 10％减为 5％。

**连接件成品检验项目**　　**表 6.8.8-1**

| 连接件类型 | 检验项目 | | | | | | | | | | |
|---|---|---|---|---|---|---|---|---|---|---|---|
| | 外观 | 标记 | 外径 $d_0$ | 长度 $L$ | 壁厚 | 螺纹中径 $D_2$ | 螺纹小径 $D_1$ | 大端螺纹中径 | 牙形及粗糙度 | 退刀槽 $D_3$ | 倒角 |
| 直螺纹连接件 | ● | ● | ● | ● | | ● | ● | | ● | ● | ● |
| 锥螺纹连接件 | ● | ● | ● | ● | | | | ● | | | |
| 挤压连接件 | ● | ● | ● | ● | ● | | | | | | |

注：●表示应检验项目。

2）抗拉强度检验：抗拉强度检验应符合相关规定。以连续生产的同原材料、同类型、同规格、同批号为 1 个验收批，每批随机抽取 3 个连接件进行抗拉强度检验。当 3 个试件均符合相关规定时，该验收批应评为合格，当有 1 个试件不符合规定时，应随机抽取 6 个试件进行抗拉强度复检，当复检的试件全部合格时，可评定该验收批为合格；复检中如仍有 1 个试件的抗拉强度不符合规定，则该验收批应评为不合格。

连接件型式检验：

1）在下列情况下应进行连接件型式检验：①连接件产品定型时；②连接件材料、工艺、规格进行改动时；③型式检验报告超过 4 年时。

2）对每种连接件原材料类别、连接钢筋端部加工方式、强度级别和公称直径的标准型、正反丝扣型和扩口型连接件，应选用其标准型连接件进行型式检验，异径型连接件的型式检验用异径型连接件按小端直径钢筋接头性能进行型式检验或用大端直径连接件和小端直径连接件两种型式检验等效代替；其他结构型式的连接件也应进行型式检验。

3）检验项目包括：①连接件标记、外观和尺寸；②钢筋试件拉伸；③接头试件单向拉伸；④接头试件高应力反复拉压；⑤接头试件大变形反复拉压。

4）用于型式检验的钢筋应符合有关钢筋标准的规定。

5）检验规则包括：①对于每种形式、级别、规格、材料、工艺的钢筋机械连接接头，应选用标准型接头进行型式检验，接头试件数量应≥9 个。其中，单向拉伸试件应≥3 个，高应力反复拉压试件应≥3 个，大变形反复拉压试件应≥3 个。同时，应另取 3 根钢筋试件做抗拉强度试验。全部试件宜在同根钢筋上截取。②用于型式检验的螺纹接头试件应散件送达检验单位，由型式检验单位先对送样的连接件进行外观、尺寸和标志检验，检验合格后由型式检验单位或在其监督下由接头技术提供单位按表 6.8.8-2 规定的扭矩进行装配。当有大于或小于表 6.8.8-2 规定的最小拧紧扭矩值时，应在型检报告中注明。③用于型式检验的挤压接头试件允许连接后送达检验单位，送检单位应提供 9 个同批号连接件供型式检验单位进行外观、尺寸和标记检验。④型式检验试件须采用未经预拉的试件。⑤连接钢筋间距可调的连接件，应在最大可调允许间距下组装接头试件。⑥用于型式检验的分体式套筒连接接头、套筒挤压型套筒连接接头、摩擦焊型套筒连接接头试件非拧紧连接部分，应在提供挤压设备的挤压力和摩擦焊工艺控制参数条件下连接后送达检验单位。

**螺纹接头安装时的拧紧扭矩值** **表 6.8.8-2**

| 钢筋直径/mm | | 12～14 | 16 | 18～20 | 22～25 | 28～32 | 36～40 | 50 |
|---|---|---|---|---|---|---|---|---|
| 拧紧扭矩/(N·m) | 直螺纹 | 80 | 100 | 200 | 260 | 320 | 360 | 460 |
| | 锥螺纹 | 80 | 100 | 180 | 240 | 300 | 360 | 460 |

注：本表中的扭矩值，对于直螺纹接头是最小安装拧紧扭矩值；对于锥螺纹接头是安装标准扭矩值，安装时不得超拧。

6）型式检验试验结果符合下列规定时评为合格：①外观、尺寸和标记检验：对送交型式检验的连接件，应按《钢筋机械连接技术规程》JGJ 107 的要求由检验单位检验并记录，记录应包括螺纹接头的安装扭矩。②强度检验：每个接头试件的强度实测值均应符合《钢筋机械连接技术规程》JGJ 107 中相应钢筋接头性能等级的规定。③变形检验：对于残余变形和最大力下总伸长率，3 个试件实测值的平均值应符合《钢筋机械连接技术规程》JGJ 107 的规定。

7）型式检验应由国家或省部级主管部门认可的检测机构进行，并应按《钢筋机械连接技术规程》JGJ 107 的要求出具检验报告和评定结论。

### 6.8.9 交货与验收

**1. 交货与验收方式**

交货时应提供产品使用说明书、产品合格证、产品质量证明书和有效的连接件型式检验报告。

交货时连接件的质量验收可抽取实物试样以其检验结果为依据，也可以供货单位同批次的产品质量证明书为依据。质量验收方法应由买卖双方商定，并应在合同或协议中注明。

以抽取实物试样的检验结果为验收依据时，可按要求对连接件进行加工质量和单向拉伸试验，《钢筋机械连接技术规程》JGJ 107 规定的接头工艺检验结果可代替当批次连接件的单向拉伸试验。卖方有异议时，应在买卖双方共同见证的情况下检验。

以供货单位同批次的产品质量证明书为验收依据时，产品质量证明书应注明连接件加工质量和抗拉承载力试验结果。买方对产品质量有疑问时，应在买卖双方协商一致的情况下抽取实物试样进行检验。

**2. 交货与验收资料**

1）产品使用说明书

连接件供货单位应提供产品使用说明书，产品使用说明书的编制及要求应符合现行国家标准《工业产品使用说明书 总则》GB/T 9969 的规定。连接件使用说明书应至少包括下列内容：产品特点；适用连接钢筋范围、连接接头性能等级；产品图示，品种、规格及基本参数，包括外形尺寸、螺纹牙形、螺纹尺寸及螺纹精度等级；包装物外形尺寸及产品重量；钢筋端部加工要求和尺寸公差；钢筋丝头加工尺寸及精度要求；连接接头安装方法及要求；连接件标记、包装、运输、贮存。

2）产品合格证

连接件供货单位应提供产品合格证，出厂时装在包装物内，产品合格证应包括但不限于以下内容：连接件产品名称；型式或型号（标记）；原材料类别；原材料材质；数量；牙形角；适用钢筋级别和规格；生产日期；生产批号；执行标准；供货单位名称；质检员签章。产品合格证样式如图 6.8.9 所示。

××××××××××××××××公司

**镦粗直螺纹套筒 产品合格证**

**型　号：**DBY4-32　　**原材料类别：**圆钢

**数　量：**30支　　**原材料材质：**45号钢

**牙形角：**60°　　**适用钢筋级别：**400MPa级

**生产日期：**20××年××月××日　　**生产批号：**××××

**执行标准：**JG/T 163—2013、T/CECS 10287—2023、QB××××—××××

**（质检员签章）**

图 6.8.9　产品合格证示例

3）产品质量证明书

连接件供货单位应提供产品质量证明书，产品质量证明书应包括但不限于以下内容：连接件产品名称；型式或型号（标记）；原材料类别；原材料材质；数量；牙形角；适用钢筋级别和规格；接头性能等级；生产日期；生产批号；执行标准；检验项目，包括加工质量检验和抗拉承载力试验；检验结果；检验结论；检验合格签章；供货单位名称；供货单位地址、电话。产品质量证明书样式见表 6.8.9。

**连接件产品质量证明书**　　**表 6.8.9**

<table>
<tr><td>连接件产品名称</td><td></td><td>型号</td><td></td><td>生产批号</td><td></td></tr>
<tr><td>原材料类别</td><td></td><td>牙形角/（°）</td><td></td><td>数量/支</td><td></td></tr>
<tr><td>原材料材质</td><td></td><td>适用钢筋级别</td><td></td><td>接头性能等级</td><td></td></tr>
<tr><td>生产日期</td><td>年　月　日</td><td></td><td></td><td>检验员</td><td></td></tr>
<tr><td>执行标准</td><td colspan="5">JG/T 163—2013、T/CECS 10287—2023、QB××××—××××</td></tr>
<tr><td colspan="6">检验记录</td></tr>
<tr><td rowspan="8">加工质量检验</td><td colspan="2">检验项目</td><td colspan="2">检验结果</td><td>备注</td></tr>
<tr><td colspan="2">标记</td><td colspan="2"></td><td></td></tr>
<tr><td colspan="2">外观</td><td colspan="2"></td><td></td></tr>
<tr><td colspan="2">长度 $L$</td><td colspan="2"></td><td></td></tr>
<tr><td colspan="2">外径 $d_0$</td><td colspan="2"></td><td></td></tr>
<tr><td colspan="2">螺纹中径 $D_2$</td><td colspan="2"></td><td></td></tr>
<tr><td colspan="2">螺纹小径 $D_1$</td><td colspan="2"></td><td></td></tr>
<tr><td colspan="2">牙形及粗糙度</td><td colspan="2"></td><td></td></tr>
</table>

续表

| 加工质量检验 | 检验项目 | 检验结果 | 备注 |
|---|---|---|---|
| | 退刀槽直径 $D_3$ | | |
| | 倒角 | | |
| 抗拉承载力试验 | 试件编号 | 抗拉强度/MPa | 备注 |
| | 1 | | |
| | 2 | | |
| | 3 | | |
| 检验结论 | 连接件经检验合格，允许出厂 | | |
| 供货单位名称 | （章） | | |
| 单位地址、电话 | | | |
| 型式检验试验室 | | | |
| 连接件型检报告编号 | | 试验室联系电话 | |

注：1. 每个批号连接件填写一份产品质量证明书。
2. 型号按本文件规定的连接件标记型号。

4）产品型式检验报告

连接件供货单位应提供有效期范围内的产品型式检验报告，型式检验报告的委托单位应为连接件供货单位。

### 6.8.10 标志、包装、运输及贮存

**1. 标志**

连接件表面应刻印清晰、持久性标志。

按现行行业标准《钢筋机械连接用套筒》JG/T 163 执行时，标志应包括符合现行行业标准《钢筋机械连接用套筒》JG/T 163 规定的标记、厂家代号和可追溯原材料性能的生产批号。厂家代号可以是字符或图案。生产批号代号可采用数字或数字与符号组合。连接件表面的标志可单排，也可双排排列。当双排排列时，名称代号、特征代号、主参数代号应列为 1 排。执行现行行业标准《钢筋机械连接用套筒》JG/T 163 时，连接件标志示例如图 6.8.10-1 所示。

**标志示例1：剥肋滚轧直螺纹、正反丝扣型、用于连接HRB500直径25mm的钢筋连接件、厂家代号为××××、生产批号为11211表示为：**

BZ 5 25 ×××× 11211。

**标志示例2：锥螺纹、标准型、用于连接HRB400直径14mm的钢筋连接件、厂家代号为××××，生产批号为11211表示为：**

ZB 4 25 ×××× 11211。

**标志示例3：直接滚轧直螺纹、异径型、用于连接HRB400直径20mm/25mm的钢筋连接件、厂家代号为××××，生产批号为11211表示为：**

GY 4 22/25 ×××× 11211。

图 6.8.10-1 执行 JG/T 163 时连接件标志示例

按《钢筋连接用直螺纹套筒》T/CECS 10287 执行时，标志应包括符合《钢筋连接用直螺纹套筒》T/CECS 10287 规定的标记、厂家代号和可追溯原材料性能的生产批号。厂家代号可采用字符或图案，生产批号可采用数字或数字与字母组合。连接件表面的标志可单排排列，亦可多排排列。当多排排列时，《钢筋连接用直螺纹套筒》T/CECS 10287 规定的连接钢筋端部加工方式代号、连接件结构型式代号、连接件原材料类别代号、连接钢筋强度级别代号和连接钢筋公称直径主参数代号标记应排列为 1 排。执行《钢筋连接用直螺纹套筒》T/CECS 10287 时，连接件标志示例如图 6.8.10-2 所示。

标志示例1：剥肋滚轧直螺纹连接件，正反丝扣型、圆钢加工，连接500MPa级、直径25mm的钢筋，厂家代号为××××、生产批号为11211，标志单排排列时，表示为：

BFY5-25-T/CECS 10287—2023 ×××× 11211

标志示例2：直接滚轧直螺纹连接件，异径型、热锻加工，连接400MPa级、直径20mm/25mm的钢筋，厂家代号为××××，生产批号为11211，标志多排排列时，表示为：

ZYR4-22/25

T/CECS 10287—2023

×××× 11211

图 6.8.10-2　执行《钢筋连接用直螺纹套筒》T/CECS 10287 时连接件标志示例

**2. 包装**

连接件包装应符合现行国家标准《一般货物运输包装通用技术条件》GB/T 9174 的规定。

连接件出厂应采用纸箱、编织袋或其他可靠包装。包装物外表面上应印有标识，标识应包括但不限于以下内容：厂标、商标；连接件产品名称；型式或型号（标记）；原材料类别；原材料材质；数量；牙形角；适用钢筋级别和规格；生产日期；生产批号；执行标准；供货单位名称；供货单位地址；联系电话。包装物外表面标识示例如图 6.8.10-3 所示。

厂标、商标

镦粗直螺纹套筒

型　号：DBY4-32　　原材料类别：圆钢

数　量：30支　　原材料材质：45号钢

牙形角：60°　　适用钢筋级别：400MPa级

生产日期：20××年××月××日　　生产批号：××××

执行标准：JG/T 163—2013、T/CECS 10287—2023、QB××××—××××

×××××××××××××××公司

单位地址：××××××××××

联系电话：×××××××

图 6.8.10-3　包装物外表面标识示例

**3. 运输及贮存**

连接件在运输及贮存过程中应妥善保护，避免雨淋、沾污或损伤。

## 6.9 接头的性能要求

钢筋接头是实现钢筋间力传递的方法，强度性能是最基本的要求，同时接头变形性能影响混凝土结构裂缝开展和耐久性，因此接头设计应满足强度和变形性能要求，在具体实施中应注意考虑并保持接头性能的长期稳定。

混凝土结构应根据不同的地震设防烈度进行设计，对应的钢筋接头也应根据不同的地震设防烈度确定性能要求。一般情况下，钢筋接头性能应包括单向拉伸、高应力反复拉压及大变形反复拉压下的强度和变形性能。接头单向拉伸时的强度和变形是接头的基本性能，接头高应力反复拉压时的强度和变形性能反映接头在风荷载及小地震作用下承受高应力反复拉压的能力，接头大变形反复拉压时的强度和变形性能反映结构在强烈地震作用下钢筋进入塑性变形阶段接头的受力性能。接头在单向拉伸、高应力反复拉压及大变形反复拉压下的强度与变形性能，是进行接头型式检验时必须进行的检验项目。

当钢筋接头用于直接承受重复荷载的构件时，还应考虑疲劳性能。当钢筋接头用于低温环境下的构件时，还应考虑低温性能。当钢筋接头用于有防火要求的构件时，还应考虑耐火性能。有些结构物在设计时还考虑爆炸冲击效应，并对钢筋接头提出瞬间加载冲击下的性能。需特别注意的是，疲劳性能、低温性能、耐火性能及瞬间加载冲击下的性能是根据接头应用场合而需进行的选择性检验项目。

《钢筋机械连接件》GB/T 42796—2023 中，对钢筋接头的性能提出了静力作用下的强度和延性（单向拉伸）、静载荷作用下的滑移（单向拉伸）、低周反复载荷下的性能（高应力反复拉压及大变形反复拉压下的强度与变形性能）、高周疲劳载荷下的性能（疲劳性能）等要求，与《钢筋机械连接技术规程》JGJ 107—2016 大体相同，但在具体要求上有所不同，应注意分辨。

### 6.9.1 接头的分级

钢筋机械连接接头的型式较多，受力性能也有差异，根据极限抗拉强度、残余变形、最大力下总伸长率及高应力和大变形条件下反复拉压性能，钢筋接头分为Ⅰ级、Ⅱ级和Ⅲ级。

Ⅰ级接头：钢筋接头极限抗拉强度大于等于被连接钢筋极限抗拉强度标准值的 1.10 倍，残余变形小且具有高延性及反复拉压性能。

Ⅱ级接头：钢筋接头极限抗拉强度不小于被连接钢筋极限抗拉强度标准值，残余变形较小且具有高延性及反复拉压性能。

Ⅲ级接头：钢筋接头极限抗拉强度不小于被连接钢筋屈服强度标准值的 1.25 倍，残余变形较小且具有一定的延性及反复拉压性能。

根据接头的受力性能将其分级，有利于按结构的重要性、接头在结构中所处位置、接头面积百分率等不同的应用场合合理选用接头类型。钢筋接头分级有利于降低连接件材料消耗和接头成本，施工现场接头抽检不合格时，可按不同等级接头的应用部位和接头面积百分率限制确定是否降级处理。

接头极限抗拉强度指接头试件在拉伸试验过程中所达到的最大拉应力值，简称强度。

接头残余变形指接头试件按规定的加载制度加载并卸载后，在规定标距内测得的变形。此定义即为《钢筋机械连接件》GB/T 42796—2023 中定义的“滑移（slip）：加载到规定的载荷水平时，机械接头部件之间的相对位移”。

接头试件的最大力下总伸长率指接头试件在最大力下规定标距内测得的总伸长率，不包含钢筋机械连接接头特有的残余变形。如果接头试件拉断在钢筋上，“接头试件的最大力下总伸长率”与现行国家标准《钢筋混凝土用钢　第 2 部分：热轧带肋钢筋》GB/T 1499.2 中钢筋最大力下总伸长率的含义相同，代表接头试件在最大力下在规定标距内测得的弹塑性应变总和。由于接头试件强度有时小于钢筋强度，故其要求指标与钢筋有所不同，如果接头试件发生连接件破坏，这时的“接头试件的最大力下总伸长率”取决于接头极限抗拉强度和试件上钢筋变形硬化特性。

### 6.9.2　强度

Ⅰ级、Ⅱ级、Ⅲ级接头极限抗拉强度必须符合表 6.9.2 的规定。

接头极限抗拉强度　　表 6.9.2

| 接头等级 | Ⅰ级 | Ⅱ级 | Ⅲ级 |
|---|---|---|---|
| 极限抗拉强度 | $f_{mst}^0 \geqslant f_{stk}$，钢筋拉断<br>或 $f_{mst}^0 \geqslant 1.10 f_{stk}$，连接件破坏 | $f_{mst}^0 \geqslant f_{stk}$ | $f_{mst}^0 \geqslant 1.25 f_{yk}$ |

注：1. $f_{yk}$ 为钢筋屈服强度标准值，与现行国家标准《钢筋混凝土用钢　第 2 部分：热轧带肋钢筋》GB/T 1499.2 中的钢筋下屈服强度 $R_{eL}$ 值相当。
2. $f_{stk}$ 为钢筋极限抗拉强度标准值，与现行国家标准《钢筋混凝土用钢　第 2 部分：热轧带肋钢筋》GB/T 1499.2 中的钢筋抗拉强度 $R_m$ 值相当。
3. $f_{mst}^0$ 为接头试件实测极限抗拉强度。
4. 钢筋拉断指断于钢筋母材、连接件外钢筋丝头和钢筋镦粗过渡段。
5. 连接件破坏指断于连接件、连接件纵向开裂或钢筋从连接件中拔出以及其他连接组件破坏。

钢筋强度和延性对混凝土结构安全至关重要，钢筋接头的使用必然会降低钢筋性能，在必须使用接头时，应尽可能减小这种影响。钢筋接头须有充分传递拉力的能力，接头抗拉强度大，在钢筋混凝土结构服役时才能发挥有接头钢筋的强度和延性。因此钢筋接头性能中，确保接头极限抗拉强度是最重要的。表 6.9.2-1 的要求是行业标准《钢筋机械连接技术规程》JGJ 107—2016 中的强制性条文，必须严格执行。

根据上述理解，试验时接头破坏形态为断于钢筋丝头，属于钢筋拉断，不属于连接件破坏，断于钢筋丝头接头试件的极限抗拉强度大于钢筋极限抗拉强度标准值时，可将该接头判定为满足Ⅰ级接头极限抗拉强度。钢筋丝头破坏大部分表现为脆性破坏形态，接头脆性断裂时，钢筋已超过极限抗拉强度标准值，钢筋区段已产生较大的塑性变形，而结构构件延性主要依靠钢筋段的延性。有时接头试件出现钢筋母材拉断而达不到钢筋对应的极限抗拉强度标准值，这部分接头试件属于钢筋母材不合格，不能判为接头不合格，此时应重视对钢筋质量的检查和复核。

Ⅰ、Ⅱ、Ⅲ级接头应能经受规定的高应力和大变形反复拉压循环，且在经历拉压循环后，其极限抗拉强度仍应满足表 6.9.2 的要求，保证钢筋发挥其延性，从而保证混凝土结构延性得以发挥。

需要注意的是，《钢筋机械连接技术规程》JGJ 107—2010 中Ⅰ级接头的合格判定条件为套筒处外露螺纹和镦粗过渡段的强度要求与连接件的强度要求相同，均应达到 1.10 倍钢筋极限抗拉强度标准值。工程实践表明：滚轧接头断于钢筋外露螺纹时要达到上述要求是困难的，因为不少钢筋的自身强度达不到 1.10 倍极限抗拉强度标准值，钢筋丝头的加工质量再好，也不可能提高钢筋母材强度。根据国家建筑工程质量监督检验中心对近年来国产 HRB400 级钢筋的统计资料，统计样本共 128276 件，拉伸极限强度平均值为 620.5MPa，标准差为 38.5MPa，变异系数为 0.061，按此数据计算，钢筋极限抗拉强度低于 1.10×540MPa=594MPa 的比例将高达 24.5%。施工现场为避免滚轧外露螺纹处拉断，部分施工企业将钢筋丝头做短或不出现外露螺纹，这样无法实现钢筋丝头在套筒中央位置对顶以减少残余变形；部分施工企业刻意采购高极限强度钢筋来降低接头抽检不合格率，这也是不可取的，因为高极限强度钢筋通常会伴随更高的屈服强度，钢筋实际屈服强度明显高于设计强度是有害的，会增加抗弯构件极限受压区高度或超出设计规范规定的框架梁受压区高度限值，降低构件塑性转动能力，从而降低结构延性。

我国混凝土结构主要使用按现行国家标准《钢筋混凝土用钢 第 2 部分：热轧带肋钢筋》GB/T 1499.2 生产的热轧带肋钢筋，由于采用微合金化的途径提高强度，不仅延性好、超强较少，且质量稳定、离散小。但进口钢筋及 RRB400 级余热处理钢筋，由于主要采用热轧后淬水硬化作为提高强度的手段，延性差、超强多、质量不稳定。还有些工程为提高钢筋强度和接头强度合格率，片面地提高钢筋自身实际强度，导致钢筋普遍超强。为适应在被连接钢筋超强的情况下，受力钢筋不在连接接头处被拉断，要求机械连接接头具有较被连接钢筋实际抗拉强度高的强度。当然，如钢筋超强较多，为使拉断发生在钢筋母材上，要求连接接头更强，这实际上已远远超出设计对钢筋强度的要求，在工程实践中并无这种必要。当被连接钢筋为此类超强较多的钢筋时，如一味地提高接头强度并要求断于母材，较困难且没有必要，这会造成巨大的钢材浪费，甚至会危害结构安全。从混凝土结构对钢筋强度的要求而言，能够达到极限抗拉强度标准值已足够，受力超过抗拉强度后钢筋拉断会造成传力中断，引起严重后果。因此评估接头强度时，应限制为 1.10 倍钢筋极限抗拉强度标准值，即钢筋超强太多时（超强 10%以上），即使在连接接头处被拉断也应认为是被允许的。

在设计钢筋接头时，还应充分考虑一定的安全裕量。混凝土结构设计标准中一般以钢筋屈服强度（而非抗拉强度）除以>1 的材料分项系数作为强度设计值。因此作为受力钢筋的连接接头，起码能够承受不小于被连接钢筋屈服强度标准值（具有 95%保证率的强度值）的拉力，且还应具有一定的安全裕量（如 1.25 倍），Ⅲ级接头即提出了接头抗拉强度不小于被连接钢筋屈服强度标准值 1.25 倍的要求。当然，Ⅲ级接头还应有一定的延性和反复拉压性能，要求尽管低于Ⅰ级和Ⅱ级接头，但同样能够保证设计提出的对于钢筋连接接头强度和延性（能力）的要求。

对于行业标准《钢筋机械连接技术规程》JGJ 107—2016 中对“钢筋拉断”和“连接件破坏”两种接头破坏形态的表述，笔者建议修订为：

（1）钢筋拉断：指断于接头长度范围外的钢筋母材；

（2）接头破坏：指断于接头长度范围内，包括断于连接件两端钢筋横截面变化区段、断于连接件、连接件开裂或钢筋从连接件中拔出及其他形式的连接组件破坏。

### 6.9.3 变形

Ⅰ级、Ⅱ级、Ⅲ级接头变形性能应符合表 6.9.3-1 的规定。

**钢筋接头变形性能** **表 6.9.3-1**

| 接头等级 | | Ⅰ级 | Ⅱ级 | Ⅲ级 |
|---|---|---|---|---|
| 单向拉伸 | 残余变形/mm | $u_0 \leqslant 0.10$ ($d \leqslant 32$)<br>$u_0 \leqslant 0.14$ ($d > 32$) | $u_0 \leqslant 0.14$ ($d \leqslant 32$)<br>$u_0 \leqslant 0.16$ ($d > 32$) | $u_0 \leqslant 0.14$ ($d \leqslant 32$)<br>$u_0 \leqslant 0.16$ ($d > 32$) |
| | 最大力下总伸长率/% | $A_{sgt} \geqslant 6.0$ | $A_{sgt} \geqslant 6.0$ | $A_{sgt} \geqslant 3.0$ |
| 高应力反复拉压 | 残余变形/mm | $u_{20} \leqslant 0.3$ | $u_{20} \leqslant 0.3$ | $u_{20} \leqslant 0.3$ |
| 大变形反复拉压 | 残余变形/mm | $u_4 \leqslant 0.3$ 且 $u_8 \leqslant 0.6$ | $u_4 \leqslant 0.3$ 且 $u_8 \leqslant 0.6$ | $u_4 \leqslant 0.6$ |

注：1. $A_{sgt}$ 为接头试件的最大力下总伸长率。
2. $d$ 为钢筋公称直径。
3. $u_0$ 为接头试件加载至 $0.6f_{yk}$ 并卸载后在规定标距内的残余变形。
4. $u_{20}$ 为接头试件按《钢筋机械连接技术规程》JGJ 107—2016 附录 A 加载制度经高应力反复拉压 20 次后的残余变形。
5. $u_4$ 为接头试件按《钢筋机械连接技术规程》JGJ 107—2016 附录 A 加载制度经大变形反复拉压 4 次后的残余变形。
6. $u_8$ 为接头试件按《钢筋机械连接技术规程》JGJ 107—2016 附录 A 加载制度经大变形反复拉压 8 次后的残余变形。

钢筋机械连接接头在拉伸和反复拉压时会产生附加的塑性变形，卸载后形成不可恢复的残余变形，国外也称 slip（滑移），对混凝土结构的裂缝宽度产生不利影响，因此有必要控制接头的残余变形性能。

《钢筋机械连接技术规程》JGJ 107—2016 规定，施工现场工艺检验中应进行接头单向拉伸残余变形检验，在一定程度上解决了型式检验与现场接头质量脱节的弊端，对提高接头质量有重要价值。但另一方面，如果残余变形指标过于严格，现场检验不合格率过高，会明显影响施工进度和工程验收，在综合考虑上述因素，并参考《钢筋机械连接技术规程》JGJ 107—2016 编制组近年来完成的 6 根带钢筋接头梁和整筋梁的对比试验结果后，制定了表 6.9.3-1 中的单向拉伸残余变形指标，Ⅰ级接头允许在同一构件截面中 100%连接，$u_0$ 的限值最严，Ⅱ、Ⅲ级接头由于采用 50%接头面积百分率，故 $u_0$ 限值可适当放松。

接头单向拉伸性能是接头承受静荷载时的基本性能。高应力与大变形条件下的反复拉压试验是对应于风荷载或小地震、强地震作用时钢筋接头受力情况提出的检验要求。在风荷载或小地震作用下，钢筋尚未屈服时，应能承受 20 次以上高应力反复拉压，并满足强度和变形要求。在接近或超过设防烈度时，钢筋通常已进入塑性阶段并产生较大的塑性变形，从而吸收和消耗地震能量。机械连接接头在经受反复拉压后易出现拉压转换时接头松动，因此要求钢筋接头在承受 2 倍和 5 倍钢筋屈服应变的大变形情况下，经受 4～8 次反复拉压，满足强度和变形要求。钢筋屈服应变指钢筋应力达到屈服强度标准值时的应变 $\varepsilon_{yk}$，对于国产 400MPa 级和 500MPa 级钢筋，$\varepsilon_{yk}$ 可分别取 0.002、0.0025。

《钢筋机械连接技术规程》JGJ 107—2010 对Ⅰ级接头的最大力下总伸长率的要求为≥6%。接头的延伸率是基于结构的延性要求提出的，欧洲混凝土委员会制定的 CEB-FIPMO-90 模式规范指出，对于受力钢筋不论计算中是否考虑弯矩重分布，足够的延性是必须的，并规定了 3 个延性等级：SA 级≥6%；A 级≥5%；B 级≥2.5%。在需要结构高延性的场合

（如地震区）应采用SA级。按《混凝土结构设计规范》GB 50010—2002的规定，根据框架梁纵向钢筋最小配筋百分比推算，保证混凝土压碎前不致被拉断而造成脆性破坏所需的钢筋最小均匀延伸率为2.5%～6.2%，平均值为4.35%。此外按抗震要求，对于有较高抗震要求的结构，其截面曲率延性系数一般不宜低于15～20，对于国产HRB400钢筋，满足上述要求对应的钢筋总伸长率为3.3%～3.7%。综合考虑上述因素，《钢筋机械连接技术规程》JGJ 107—2010取6%作为接头最大力下总伸长率的最低要求，能够保证结构在静荷载作用下的延性破坏模式和抗震时的延性要求。

钢筋接头变形主要以残余变形（刚度）和最大力下总伸长率（延性）为控制指标。钢筋接头除应满足强度要求外，还应控制接头处不产生过大的非弹性变形。各类钢筋机械连接接头在受力过程中，均会在连接件和钢筋之间产生不可恢复的非弹性变形，这类变形会影响混凝土结构受力后的裂缝开展，残余变形过大会导致混凝土结构在荷载作用下产生较大的裂缝，加快连接件和钢筋锈蚀，影响结构物正常使用、耐久性甚至安全性，因此要加以限制。最大力下总伸长率关系到被连接钢筋在断裂前的变形和吸收能量的能力，与混凝土结构的破坏形态有极大关系。对钢筋接头最大力下总伸长率提出要求，是保证钢筋在断裂前有足够的变形和耗能能力，从而避免出现毫无征兆的脆性破坏。正因如此，行业标准《钢筋机械连接技术规程》JGJ 107—2016将钢筋接头变形列为型式检验的必检项目。

对于最大力下总伸长率这一性能指标，行业标准《钢筋机械连接技术规程》JGJ 107—2016未根据钢筋强度等级进行合理区分，建议接头静力作用下的延性应符合表6.9.3-2的规定。

**接头静力作用下的延性** **表6.9.3-2**

| 钢筋牌号 | 接头实测最大力总延伸率 $A_{gt}^{o}$/% |
|---|---|
| HRB400/HRBF400/HRB500/HRBF500/HRB600 | ≥6.0 |
| HRB400E/HRBF400E/HRB500E/HRBF500E | ≥6.3 |

注：1. 接头根据钢筋的延性确定其最小延性要求，不考虑连接件延性。
2. 接头使用未规定最大力总延伸率的钢筋时，其实测最大力总延伸率 $A_{gt}^{o}$ 不小于3.0%。

对于《钢筋机械连接技术规程》JGJ 107—2016中接头单向拉伸下的残余变形 $u_0$ 这一性能指标，《钢筋机械连接件》GB/T 42796—2023表述为静载荷作用下的滑移 $\Delta L_s$，并要求接头静载荷作用下的滑移 $\Delta L_s$ 应符合表6.9.3-3的规定。

**接头静载荷作用下的滑移** **表6.9.3-3**

| 钢筋公称直径 $d$ | 接头实测静载荷作用下的滑移 $\Delta L_s$ |
|---|---|
| ≤32mm | 5根接头试件实测静载荷下滑移的平均值≤0.10mm<br>且5根接头试件实测静载荷下滑移的中位值≤0.10mm<br>且5根接头试件实测静载荷下滑移的最大值≤0.15mm |
| >32mm | 5根接头试件实测静载荷下滑移的平均值≤0.14mm<br>且5根接头试件实测静载荷下滑移的中位值≤0.10mm<br>且5根接头试件实测静载荷下滑移的最大值≤0.19mm |

注：1. 当频遇荷载组合下，构件中钢筋应力明显高于 $0.6f_{yk}$ 时，设计可对静载荷作用下的滑移 $\Delta L_s$ 的加载峰值提出调整要求。
2. 5根接头试件实测静载荷下残余变形的中位值≤0.10mm，即5个实测静载荷下残余变形的数据从小到大排列后，位于中间位置的数值≤0.10mm。

对于《钢筋机械连接技术规程》JGJ 107—2016 中接头高应力反复拉压、大变形反复拉压下的强度和变形性能，《钢筋机械连接件》GB/T 42796—2023 表述为低周反复载荷下的性能，并要求接头低周反复载荷下的性能应符合表 6.9.3-4 的规定。

**接头低周反复载荷下的性能** 　　表 6.9.3-4

| 项目 | 残余变形 | 循环试验后的强度 |
|---|---|---|
| 高应力反复拉压 | 3 根接头试件实测低周反复载荷下残余变形的平均值 $u_{20} \leqslant 0.3$mm | 3 根接头试件中每 1 根的强度均应满足表 6.9.2 的要求 |
| 大变形反复拉压 | 3 根接头试件实测低周反复载荷下残余变形的平均值 $u_4 \leqslant 0.3$mm 且 $u_8 \leqslant 0.6$mm | 3 根接头试件中每 1 根的强度均应满足表 6.9.2 的要求 |

### 6.9.4 疲劳性能

对于直接承受重复荷载的工程结构（如道路桥梁、铁路桥梁、吊车梁等），设计应根据钢筋应力幅提出接头疲劳性能要求。由于结构跨度、活荷载、恒荷载和配筋等的差异，构件中钢筋的最大应力和应力幅变化范围较大，疲劳检验时采用的钢筋应力幅和最大应力宜由设计单位根据结构的具体情况确定。《钢筋机械连接技术规程》JGJ 107—2016 编制组在规程修订期间曾对热轧带肋钢筋机械接头疲劳性能进行了验证性试验，绘制了剥肋滚轧直螺纹接头和镦粗直螺纹接头的 $S$-$N$ 曲线，建立了应力幅和疲劳次数的对数线性方程。试验结果表明，钢筋接头疲劳性能均低于钢筋母材疲劳性能，规程编制组综合了本次试验与国内以往热轧带肋钢筋机械接头的疲劳试验成果，确定了几种热轧带肋钢筋机械接头的疲劳应力幅折减系数。其中，剥肋滚轧直螺纹接头的疲劳性能最好，疲劳应力幅限值接近现行国家标准《混凝土结构设计标准》GB/T 50010 中规定的钢筋疲劳应力幅限值的 0.85，镦粗直螺纹钢筋接头和带肋钢筋挤压接头的疲劳性能稍差，可按 0.80 取值。为简化疲劳性能检验规则，当设计无专门要求时，剥肋滚轧直螺纹钢筋接头、镦粗直螺纹钢筋接头和带肋钢筋套筒挤压接头的疲劳应力幅限值统一要求不应小于现行国家标准《混凝土结构设计标准》GB/T 50010 中普通钢筋疲劳应力幅限值的 80%，见表 6.9.4-1。

**疲劳验算时钢筋机械连接接头疲劳应力幅限值** 　　表 6.9.4-1

| 钢筋疲劳应力比值 $r_s^f$ | 钢筋机械连接接头疲劳应力幅限值/(N/mm²) | |
|---|---|---|
| | | HRB400 |
| 0 | | 140 |
| 0.1 | | 130 |
| 0.2 | | 125 |
| 0.3 | | 120 |
| 0.4 | | 110 |
| 0.5 | | 98 |
| 0.6 | | 85 |
| 0.7 | | 68 |
| 0.8 | | 48 |
| 0.9 | | 25 |

疲劳验算时，钢筋机械连接接头的疲劳应力幅限值应根据钢筋疲劳应力比值 $r_s^f$，按照表 6.9.4-1 线性内插取值。钢筋疲劳应力比值 $r_s^f$ 应按下式计算：

$$r_s^f = \frac{S_{s,min}^f}{S_{s,max}^f} \tag{6.9.4}$$

式中　$S_{s,min}^f$、$S_{s,max}^f$——构件疲劳验算时，同一层钢筋最小应力、最大应力。

《钢筋机械连接件》GB/T 42796—2023 规定：对直接承受重复荷载的结构构件，设计应根据钢筋应力幅提出接头的抗疲劳性能要求。当设计无专门要求时，应选取产品系列中最大钢筋公称直径的接头进行高周疲劳载荷下的性能测试，可表征该产品系列的接头的抗疲劳性能符合要求。《钢筋机械连接件》GB/T 42796—2023 对疲劳性能表述为高周疲劳载荷下的性能，并要求接头高周疲劳载荷下的性能应符合表 6.9.4-2 的规定。

**接头高周疲劳载荷下的性能**　　**表 6.9.4-2**

| 钢筋牌号 | 应力范围 $2\sigma_a$/MPa | 最大应力 $\sigma_{max}$/MPa | 验收标准 |
|---|---|---|---|
| HRB400/HRBF400 | 60 | 240 | 3 根接头试件承受 $2\times10^6$ 次循环后均未断裂，则疲劳试验通过；<br>若 3 根接头试件中有 1 根断裂，则应在同一批中领取 3 根接头试件进行疲劳试验，如果 3 根复检试件均未断裂，则疲劳试验通过；<br>若 3 根接头试件中有多根断裂，则疲劳试验不通过 |
| HRB400E/HRBF400E | 60 | 240 | |
| HRB500/HRBF500 | 60 | 300 | |
| HRB500E/HRBF500E | 60 | 300 | |
| HRB600 | 60 | 360 | |

## 6.10　接头的应用要求

### 6.10.1　接头的选用

钢筋机械连接种类繁多，钢筋接头分为Ⅰ级、Ⅱ级、Ⅲ级，结构设计人员应根据结构构件或部位重要性、接头应用场合、受力特点及接头面积百分率等因素合理选用接头型式和等级，并满足相应的强度及变形性能要求。设计单位应从结构安全、提高工效、成本控制等方面进行考虑，在结构设计图中予以列出。钢筋接头选用原则如下：

（1）混凝土结构中要求充分发挥钢筋强度或对延性要求高的部位应选用Ⅱ级或Ⅰ级接头；当在同一连接区段内钢筋接头面积百分率为 100%时，应选用Ⅰ级接头。

（2）混凝土结构中钢筋应力较高但对延性要求不高的部位可选用Ⅲ级接头。

（3）对直接承受重复荷载的结构，接头应选用带疲劳性能有效型式检验报告的认证产品。

钢筋接头疲劳性能与接头产品的加工技术和管理水平关系密切，承接有钢筋疲劳要求的接头技术提供单位应具备较高的技术和管理水平，要求具有认证机构授予的包括疲劳性能在内的接头产品认证证书。带疲劳性能有效型式检验报告指型式检验报告中应包括接头疲劳性能检验，且接头类型应与工程所使用的接头类型一致，型式检验有效期可覆盖接头施工周期。通过产品的型式检验和认证机构每年对接头技术提供单位产品疲劳性能的抽检、管理制度和技术水平的年检，监督其接头产品质量，在此基础上，可适当减少接头疲劳性能的现场检验要求。

钢筋机械连接接头产品认证工作在国内已开展多年，产品认证依据（产品标准）、认证规则与认证机构均已齐备。这样的要求有利于促进钢筋连接的质量管理逐步与国际标准接轨，同时为建设单位选用优质钢筋接头产品供货单位提供参考依据。

从技术经济的角度看，混凝土结构中要求充分发挥钢筋强度或对延性要求高的部位应优先选用Ⅱ级接头；当在同一连接区段内必须实施100%钢筋接头的连接时，应采用Ⅰ级接头。但事实上所有的钢筋连接提供企业所提供的钢筋连接接头型式检验报告中钢筋接头等级均为Ⅰ级，一方面是企业为了表明提供的产品质量是最好的，也为了管理上的便利，另一方面设计单位对采用机械连接接头没有经验，一般趋于保守（安全）仅采用质量顶级的Ⅰ级接头。只有在处理钢筋工程质量事故时，将原设计的Ⅰ级接头改判成Ⅱ级接头时，才出现Ⅱ级接头。在建设工程的部分人员意识中，Ⅱ级接头成为接头质量差的代名词，这是对《钢筋机械连接技术规程》JGJ 107 接头分级的误解。事实上，Ⅰ级和Ⅱ级接头均属于高质量接头，在结构中的使用部位均可不受限制，但允许的接头百分率有差异。通常情况下，在工程设计中应尽可能选用Ⅱ级接头，并控制接头面积百分率≤50%，较选用Ⅰ级接头和100%接头面积百分率更经济、可靠。

综上所述，《钢筋机械连接技术规程》JGJ 107 按不同性能要求对接头进行了分级，在具体应用时应注意合理选择，混凝土结构并非仅要求采用Ⅰ级接头，在较小的受力区域，Ⅱ级、Ⅲ级接头也完全可以找到其应用的适当场合。

按《钢筋机械连接件》GB/T 42796—2023 选用接头时，设计单位应根据工程需要确定接头类型，并应按表6.10.1的规定明确接头性能要求及对应的型式检验报告。

**接头的性能要求　　表6.10.1**

| 接头类型 | | 普通型 | 抗震型 | 抗疲劳型 | 抗震耐疲劳型 | 抗飞机撞击型 |
|---|---|---|---|---|---|---|
| 性能要求 | 静力作用下的强度和延性（极限抗拉强度、最大力总伸长率） | ● | ● | ● | ● | ● |
| | 静载荷作用下的滑移 | ● | ● | ● | ● | ● |
| | 低周反复载荷下的性能（高应力反复拉压、大变形反复拉压） | — | ● | — | ● | ● |
| | 高周疲劳载荷下的性能 | — | — | ● | ● | — |
| | 瞬间加载冲击下的性能（核安全级） | — | — | — | — | ● |

注：1. 普通型接头应取得包含静力作用下的强度和延性、静载荷作用下的滑移性能合格的型式检验报告；
2. 抗震型接头应取得包含静力作用下的强度和延性、静载荷作用下的滑移性能、低周反复载荷下的性能合格的型式检验报告；
3. 抗疲劳型接头应取得包含静力作用下的强度和延性、静载荷作用下的滑移性能、高周疲劳载荷下的性能合格的型式检验报告；
4. 抗震耐疲劳型接头应取得包含静力作用下的强度和延性、静载荷作用下的滑移性能、低周反复载荷下的性能、高周疲劳载荷下的性能合格的型式检验报告；
5. 抗飞机撞击型接头应取得包含静力作用下的强度和延性、静载荷作用下的滑移性能、低周反复载荷下的性能、瞬间加载冲击下的性能合格的型式检验报告。

### 6.10.2　连接件的混凝土保护层厚度

受力钢筋外缘到混凝土结构表面的保护层厚度影响钢筋锚固性能和结构耐久性。机械连接中，连接件截面较大，一般较钢筋截面面积大10%～30%或以上，局部锈蚀对连接件的影响不如对钢筋锈蚀敏感。同时，由于连接件保护层厚度为局部问题，要求过严会影响全部受力主筋的间距和保护层厚度，在经济上、实用性上都会造成一定困难，故接头的混凝土保护层厚度较受力钢筋保护层厚度的要求有所放松，必要时也可对连接件进行防腐处理。

连接件的混凝土保护层厚度宜满足现行国家标准《混凝土结构设计标准》GB/T 50010有关钢筋最小保护层厚度的规定，且不应小于0.75倍钢筋最小保护层厚度和15mm的较大值。必要时，可对连接件采取防锈措施。

连接件之间的横向净间距宜≥25mm。连接件处箍筋间距仍应满足构造要求。可在连接件两侧减小箍筋间距布置，避开连接件。由于连接件直径大于钢筋，机械连接接头处的混凝土保护层厚度及间距将减小。为避免因采用机械连接而增大混凝土保护层厚度，现行国家标准《混凝土结构设计标准》GB/T 50010将对连接件保护层厚度的要求定为“宜”，即利用连接件的强度裕量而作适当放松，但仍限制其横向净间距宜≥25mm，以免钢筋及连接件过于密集，影响混凝土构件性能。

### 6.10.3 接头位置

只要在钢筋上设置接头，不管是绑扎搭接连接、焊接连接还是机械连接接头，其强度、变形、延性及可靠性均不如钢筋本身，都会削弱受力钢筋的传力性能。因此，为避免对混凝土结构抗力造成明显影响，结构构件中纵向受力钢筋的接头位置需满足以下要求：

(1) 宜相互错开。国家现行标准《混凝土结构设计标准》GB/T 50010和《钢筋机械连接技术规程》JGJ 107均用接头面积百分率予以规范。

(2) 宜设置在受力钢筋应力较小的部位。具体到混凝土结构受弯构件梁、板中，受力较小的部位一般在跨边的反弯点附近不同位置的钢筋，一般上部负弯矩钢筋在跨中部位受压，此处的受拉钢筋接头受力最小。对于下部正弯矩钢筋，支柱附近的受力最小混凝土结构受压构件柱、墙中，内力主要为压力，一般情况下受力钢筋拉力传递的矛盾较小。但在不对称荷载、风荷载、地震等作用下，水平荷载和偏心受力引起的弯矩能在偏心受压构件的受力钢筋中产生较大拉力，因此，柱、墙和桥墩等受压构件也有合理选择接头位置的问题。一般横向荷载产生的弯矩在柱中部最小，两端最大。

顶板（顶梁）、中板（中梁）主筋设置接头时，下部钢筋应在距梁端1/4跨度范围内接头，上部钢筋应在跨中1/3跨度范围内接头；底板（底梁）主筋设置接头时，下部钢筋应在跨中1/3跨度范围内接头，上部钢筋应在距支座1/4跨度范围内接头。梁同根纵筋在同一跨内接头不得多于1个。

(3) 尽量避免接头设置在受力较大部位。尽量避免在受弯构件梁、板中，上部负弯矩钢筋在支座部位和下部正弯矩钢筋在跨中部位设置钢筋接头，因为在这些部位均有最大的弯矩和钢筋拉力。尽量避免在有抗震设防要求的梁端、柱端箍筋加密区设置钢筋接头，因为有抗震设防要求的混凝土结构，其梁端、柱端箍筋加密区（塑性铰区）是受力最不利的部位，也是最关键、最重要的部位，地震时在强迫位移和惯性力的作用下，梁端、柱端受到最大的弯矩和剪力，形成弯剪裂缝。这些斜裂缝往往相互交叉，造成整个截面混凝土破碎。如果破坏发生在柱端（如高层建筑底柱），在强大的压力作用下会发生局部混凝土压毁崩溃，引起整个建筑物倒塌，造成灾难性后果。

（4）在同一根钢筋上宜少设接头。在同一根钢筋上有多个接头，其刚度会产生明显的退化，在同一截面中这种钢筋上的应力较其他钢筋小得多，由此引起受力钢筋受力不均，不利于结构承载受力。

在混凝土结构施工中，在同一跨度内，1根受力钢筋上一般设置1个钢筋接头，以保证构件的力学性能。当构件很长，仅用1个接头难以满足要求时，可适当放宽。

### 6.10.4 接头面积百分率

由于钢筋接头是受力钢筋传力相对薄弱的部位，钢筋接头应尽量相互错开、分散布置，避免集中在同一截面或其影响交集在同一区域，以免造成明显的薄弱部位。位于同一连接区段内的纵向受力钢筋机械连接接头面积百分率（简称“接头面积百分率”）应符合设计要求。当设计无具体要求时，应符合下列规定：

（1）受拉钢筋应力较小部位或纵向受压钢筋，接头面积百分率可不受限制。

（2）受拉钢筋接头面积百分率宜≤50％。

（3）接头设置在结构构件高应力部位时，同一连接区段内Ⅲ级接头的接头面积百分率应≤25％，Ⅱ级接头的接头面积百分率应≤50％。Ⅰ级接头的接头面积百分率除（4）、（5）所列情况外可不受限制。

（4）当接头无法避开有抗震设防要求的框架梁端、柱端箍筋加密区时，应采用Ⅱ级接头或Ⅰ级接头，且接头面积百分率应≤50％。

（5）对于直接承受重复荷载的结构构件中的接头，接头面积百分率应≤50％。

（6）板、墙、柱中受拉机械连接接头及装配式混凝土结构构件连接处受拉机械连接，可根据实际情况放宽。装配式混凝土结构为由预制构件拼装的整体结构，构件连接处无法做到分批连接，多采用同截面100％连接的形式，施工中应采取措施保证连接质量。

接头面积百分率指同一连接区段（长度按35$d$计算，$d$为纵向受力钢筋直径，当直径不同的钢筋连接时，按直径较小的钢筋计算）内有接头的纵向受力钢筋与全部纵向受力钢筋公称横截面面积的比值。凡接头中点位于该连接区段长度内的接头均属于同一连接区段。

如图6.10.4所示，同一连接区段内，使用机械连接接头的钢筋为两根。当钢筋直径相同时，如钢筋直径均为32mm，连接区段长度为35×32mm＝1120mm，钢筋机械连接接头面积百分率为50％；当钢筋直径不同时，如使用机械连接接头的钢筋直径为32mm，未使用机械连接接头的钢筋直径为25mm，连接区段长度为35×25mm＝875mm，钢筋机械连接接头面积百分率为（2×804.2）/（2×804.2＋2×490.9）＝0.62，用百分率表示，接头面积百分率为62％。

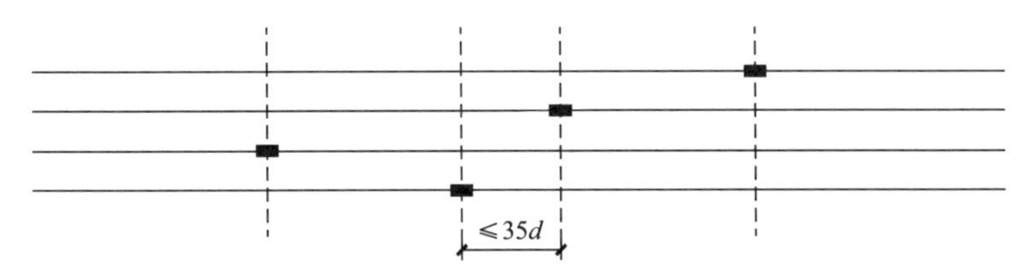


图6.10.4 同一连接区段内纵向受力钢筋的机械连接接头

接头面积百分率关系到结构安全，应尽可能降低同一连接区段内的接头面积百分率。但考虑接头面积百分率时，在保证结构安全的前提下，还应同时兼顾施工方便和经济效益。Ⅰ级、Ⅱ级接头均属于高质量接头，在结构中的使用部位均可不受限制，但允许的接头面积百分率有差异。Ⅰ级接头是接头的最高质量等级，其强度、残余变形和最大力下总伸长率均与母材基本相同，必要时，这类接头允许在结构中除有抗震设防要求的框架梁端、柱端箍筋加密区外的任何部位使用，且接头面积百分率不受限制。为解决某些特殊场合需在同一截面实施100％钢筋连接创造了条件，如地下连续墙与水平钢筋的连接、滑模或提模施工中垂直构件与水平钢筋的连接、装配式结构构件间的钢筋连接、钢筋笼的对接、分段施工或新旧结构连接处的钢筋连接等。

## 6.11 接头的型式检验

### 6.11.1 型式检验的作用

钢筋接头型式检验最能全面反映接头力学性能，也是确定接头等级的依据，是接头最重要和必须的试验检测。钢筋接头型式检验是依据《钢筋机械连接技术规程》JGJ 107对接头的各项性能指标进行检验，是设计成果确认、产品定型或鉴定中必不可少的关键环节，也是钢筋接头产品进入市场应用的资格证书。只有型式检验通过后，钢筋接头产品才能正式投入生产和应用。

钢筋接头型式检验的主要作用是测试各类接头的强度及变形性能，并按受力性能划分接头等级。型式检验周期长、难度大、费用高，对试验设备要求高，因此难以作为普查或日常手段进行，只能作为接头产品定级的依据。经型式检验确定其等级后，按规定设计和使用对应等级的钢筋接头，施工现场仅需对接头产品供应商提供的型式检验报告进行确认并进行现场检验与验收，接头产品供应商应对其提供的产品负责。

进行型式检验时，由于试件均由生产厂向国家或省部级主管部门认可的检测机构提交，这些试件均经精心制作和挑选，试验结果基本上达到质量最高等级（Ⅰ级）。这表明达到Ⅰ级质量是可能的，但也提示实际工程中的质量有可能不都是Ⅰ级。为使两者的差距缩小，在施工现场用型式检验的单向拉伸试验进行抽样检验，检验实际结构中钢筋接头力学性能，这是型式检验精神在实际施工中的延伸，是质量控制的关键之一。

### 6.11.2 进行型式检验的情况

在下列情况下应进行型式检验：

(1) 确定接头性能或性能等级时。

(2) 连接件材料、结构或尺寸改动时。

(3) 接头加工工艺改动时。

(3) 型式检验报告超过4年时。

当现场接头质量出现严重问题，其原因不明，对型式检验结论有重大怀疑时，上级主管部门或工程质量监督机构可提出重新进行型式检验的要求。

### 6.11.3 型式检验的内容与试件要求

对每种类型、级别、规格、材料、工艺的钢筋机械连接接头，型式检验的试验内容与试件要求如表 6.11.3-1 所示。其中，钢筋母材强度试验用来判别接头试件用钢筋的母材性能和钢筋强度等级，接头试件应按《钢筋机械连接技术规程》JGJ 107—2016 的相关要求进行安装。型式检验试件不得采用经过预拉的试件，因为预拉可消除大部分残余变形，不能真实反映钢筋接头实际性能。

**型式检验的内容与试件要求（《钢筋机械连接技术规程》JGJ 107） 表 6.11.3-1**

| 序号 | 试验名称 | 测试与记录内容 | 试件数量/根 | 试件形式 |
|---|---|---|---|---|
| 1 | 钢筋母材试验 | 屈服强度、极限抗拉强度、最大力下总伸长率 | ≥3 | 钢筋 |
| 2 | 单向拉伸试验 | 残余变形 $u_0$、极限抗拉强度、最大力下总伸长率、破坏形态 | ≥3 | 钢筋接头 |
| 3 | 高应力反复拉压试验 | 残余变形 $u_{20}$、极限抗拉强度、破坏形态 | ≥3 | 钢筋接头 |
| 4 | 大变形反复拉压试验 | 残余变形 $u_4$、残余变形 $u_8$、极限抗拉强度、破坏形态 | ≥3 | 钢筋接头 |

根据《钢筋机械连接件》GB/T 42796—2023 进行型式检验时，型式检验的试验内容与试件要求如表 6.11.3-2 所示。

**型式检验的内容与试件要求（《钢筋机械连接件》GB/T 42796—2023） 表 6.11.3-2**

| 接头类型 | 型式检验项目及试件数量 | | | | |
|---|---|---|---|---|---|
| | 钢筋母材 | 静力作用下的强度和延性/静载荷作用下的滑移 | 低周反复载荷下的性能 | 高周疲劳载荷下的性能 | 瞬间加载冲击下的性能 |
| 普通型 | 3根 | 5根 | — | — | — |
| 抗震型 | 3根 | 5根 | 3根（高应力反复拉压）+3根（大变形反复拉压） | — | — |
| 抗疲劳型 | 3根 | 5根 | — | 3根 | — |
| 抗震耐疲劳型 | 3根 | 5根 | 3根（高应力反复拉压）+3根（大变形反复拉压） | 3根 | — |
| 抗飞机撞击型 | 3根 | 5根 | 3根（高应力反复拉压）+3根（大变形反复拉压） | — | 3根 |

各类型接头，当设计没有特殊要求时，可仅对标准型接头进行型式检验。接头型式检验试件应模拟工程中可能出现的极限连接条件进行制作，应按要求进行安装并符合表 6.11.3-3 的规定。

**接头型式检验试件制作要求 表 6.11.3-3**

| 接头类型 | 制作要求 |
|---|---|
| 单体式直螺纹接头 | 钢筋丝头经螺纹量规检验合格后，按规定的拧紧扭矩值与连接件拧紧，不得超扭矩拧紧 |
| 组合式直螺纹接头 | 可调连接部件设置为可连接的最大值，即连接部件之间的螺纹连接长度取最小值，按产品设计的拧紧力矩拧紧 |
| 单体式带肋钢筋套筒挤压接头 | 钢筋与连接件配合取产品设计允许的最短尺寸，挤压变形处尺寸取设计尺寸范围的中间值 |
| 组合式带肋钢筋套筒挤压接头 | 钢筋与连接件配合长度取产品设计允许的最短尺寸，连接件挤压到设计规定的标准位置 |

### 6.11.4 疲劳性能型式检验

接头的疲劳性能检验是选择性型式检验项目，钢筋接头用于直接承受重复荷载的构件时，接头技术提供单位应补充疲劳性能型式检验，提供有效型式检验报告。接头的疲劳性能型式检验应按表 6.11.4 的要求和《钢筋机械连接技术规程》JGJ 107—2016 附录 A 的规定进行。

**HRB400 钢筋接头疲劳性能检验的应力幅和最大应力** **表 6.11.4**

| 应力组别 | 最小与最大应力比值 $\rho$ | 应力幅值/MPa | 最大应力/MPa |
|---|---|---|---|
| 第一组 | 0.70～0.75 | 60 | 230 |
| 第二组 | 0.45～0.50 | 100 | 190 |
| 第三组 | 0.25～0.30 | 120 | 165 |

表 6.11.4 中的 3 组应力是根据国家标准《混凝土结构设计标准》GB/T 50010—2010 中表 4.2.6-1 的疲劳应力参数乘以接头疲劳应力幅限值的折减系数 0.8 后，选择最小与最大应力比值 $\rho$ 为 0.25～0.30、0.45～0.50、0.70～0.75 范围内的疲劳应力参数，取整后确定的，便于用户根据工程中的实际最小与最大应力比值 $\rho$ 选择相近的一组应力进行疲劳检验。

由于目前完成的接头疲劳试验数据均采用热轧带肋钢筋，无其他牌号钢筋的试验数据，因此，表 6.11.4 给出的数据均针对 HRB400 热轧带肋钢筋，包括 HRB400E 钢筋。HRB500 热轧带肋钢筋接头目前无可靠试验数据。

钢筋接头的疲劳性能型式检验试件应符合以下要求：

（1）应取直径≥32mm 钢筋做 6 根接头试件，分为 2 组，每组 3 根。

（2）任选表 6.11.4 中的 2 组应力进行试验。

（3）经 $2\times10^6$ 次加载后，全部试件均未破坏，该批疲劳试件型式检验应评为合格。

考虑到钢筋接头类型多，强度等级和直径规格多，疲劳试验耗时长、费用高，确定对疲劳性能型式检验的数量和规格要求时，需兼顾安全与经济。大直径钢筋的疲劳性能通常低于小直径钢筋的疲劳性能，对于工程中有疲劳性能要求的结构，其常用钢筋直径多为≤32mm，选择直径≥32mm 的钢筋进行接头疲劳性能型式检验是偏于安全的。此外，《钢筋机械连接技术规程》JGJ 107—2016 有关钢筋接头疲劳性能的规定均基于接头疲劳寿命为 $2\times10^6$ 次做出的，对于有更高疲劳寿命要求（如 $5\times10^6$ 次或 $10\times10^6$ 次）的工程结构，应对疲劳检验的应力幅、最大应力和疲劳次数做适当调整。

### 6.11.5 型式检验的执行与评定

钢筋接头型式检验应由国家、省部级主管部门认可的检测机构进行，其承检范围应经政府有关部门或机构认定，送检单位可在具有承检资格的检测、测试机构自行选择。

目前，用于钢筋接头型式检验的试件往往由委托单位制作和送检，有时会出现特别制作或弄虚作假的情况，如进行带肋钢筋套筒挤压接头型式检验时，发现有送检单位不按要求制作试件，竟在整根钢筋中部挤压上套筒作为送检试件的情况。为避免上述情况，并加强钢筋接头制造企业的质量意识，建议采用型式检验执行单位深入制造企业进行见证试件制作并取样试验的方式。

**1.《钢筋机械连接技术规程》JGJ 107—2016**

接头的型式检验按《钢筋机械连接技术规程》JGJ 107—2016 附录 A 的规定进行时，当试验结果符合下列规定时应评为合格：

（1）强度检验：每个接头试件的强度实测值均应符合《钢筋机械连接技术规程》JGJ 107—2016 表 3.0.5 中相应接头等级的强度要求。

（2）变形检验：3 个试件残余变形和最大力下总伸长率实测值的平均值应符合《钢筋机械连接技术规程》JGJ 107—2016 表 3.0.7 的规定。接头试件最大力下总伸长率和残余变形测量值较分散，用 3 个试件的平均值作为检验评定依据。

**2.《钢筋机械连接件》GB/T 42796—2023**

接头的型式检验按《钢筋机械连接件》GB/T 42796—2023 进行型式检验时，应按不同类型的接头选择相应的性能试验项目并进行评定，具体如下：

（1）普通型接头型式检验试验结果符合下列规定时应评定为合格：

① 每 1 根钢筋母材静力作用下的强度和延性实测值均满足接头使用钢筋的标准要求；

② 静载荷作用下的滑移试验结果满足要求；

③ 滑移试验完成后在同一根试件上进行静力作用下的强度和延性试验，每 1 根接头试件静力作用下的强度和延性试验结果均满足要求。

（2）抗震型接头型式检验试验结果符合下列规定时应评定为合格：

① 每 1 根钢筋母材静力作用下的强度和延性实测值均满足接头使用钢筋的标准要求；

② 静载荷作用下的滑移试验结果满足要求；

③ 滑移试验完成后在同一根试件上进行静力作用下的强度和延性试验，每 1 根接头试件静力作用下的强度和延性试验结果均满足要求；

④ 低周反复载荷下的性能试验结果满足要求。

（3）抗疲劳型接头型式检验试验结果符合下列规定时应评定为合格：

① 每 1 根钢筋母材静力作用下的强度和延性实测值均满足接头使用钢筋的标准要求；

② 静载荷作用下的滑移试验结果满足要求；

③ 滑移试验完成后在同一根试件上进行静力作用下的强度和延性试验，每 1 根接头试件静力作用下的强度和延性试验结果均满足要求；

④ 选取最大规格，完成高周疲劳载荷下的性能试验，其试验结果满足要求。

（4）抗震耐疲劳型接头型式检验试验结果符合下列规定时应评定为合格：

① 每 1 根钢筋母材静力作用下的强度和延性实测值均满足接头使用钢筋的标准要求；

② 静载荷作用下的滑移试验结果满足要求；

③ 滑移试验完成后在同一根试件上进行静力作用下的强度和延性试验，每 1 根接头试件静力作用下的强度和延性试验结果均满足要求；

④ 低周反复载荷下的性能试验结果满足要求；

⑤ 选取最大规格，完成高周疲劳载荷下的性能试验，其试验结果满足要求。

（5）抗飞机撞击型接头型式检验试验结果符合下列规定时应评定为合格：

① 每 1 根钢筋母材静力作用下的强度和延性实测值均满足接头使用钢筋的标准要求；

② 静载荷作用下的滑移试验结果满足要求；

③ 滑移试验完成后在同一根试件上进行静力作用下的强度和延性试验，每 1 根接头试件静力作用下的强度和延性试验结果均满足要求；

④ 低周反复载荷下的性能试验结果满足要求；

⑤ 瞬间加载冲击下的性能试验结果满足要求。

### 6.11.6 型式检验报告

型式检验报告应详细记录下列内容：

(1) 接头试件技术参数，包括接头类型、连接件原材料、规格、尺寸、构造与工艺参数；

(2) 钢筋母材试验结果；

(3) 接头试件力学性能。

按《钢筋机械连接件》GB/T 42796—2023 进行接头型式检验时，接头试件力学性能包括强度与延性、静载荷作用下的滑移、低周反复载荷下的性能、高周疲劳载荷下的性能、抗飞机撞击瞬间加载冲击试验性能中的一项或多项。

通常来说，型式检验报告包含相关相关标准要求的内容即可，不必要求规定的格式，此为国际通行规则。为方便用户使用，直螺纹接头、锥螺纹接头和径向挤压接头型式检验报告式样可参照《钢筋机械连接技术规程》JGJ 107—2016 附录 B，其他类型接头的型式检验报告可参照《钢筋机械连接技术规程》JGJ 107—2016 附录 B 的格式出具。

连接件尺寸、连接件材料、接头加工工艺均不变的情况下，500MPa 级钢筋接头型式检验报告可替代 400MPa 级钢筋接头型式检验报告使用，600MPa 级钢筋接头型式检验报告可替代 500MPa 或 400MPa 级钢筋接头型式检验报告使用，反之则不允许。接头两端均为 400MPa 级钢筋或接头一端为 400MPa 级钢筋，一端为 500MPa 级钢筋时，可使用 500MPa 级连接件连接，400MPa 级钢筋丝头加工应满足 500MPa 级连接件对应的钢筋丝头工艺参数要求。

## 6.12 接头的现场加工与安装

钢筋接头作为产品有其特殊性，除套筒（连接件）在工厂生产外，钢筋丝头多在施工现场加工，所以钢筋接头质量控制的关键在于接头现场加工与安装。在工程实践中，关于接头的外观检验要求，产品技术提供者、施工方、监理方和业主方常难以统一意见，《钢筋机械连接技术规程》JGJ 107—2016 认为，接头外观与接头性能无确定的可量化的内在联系，具体检验指标难以科学地制定；各生产厂的产品外观不一致，难以规定统一要求；现场接头数量成千上万，要求土建单位的质检部门进行机械产品的外观检验会带来很多不必要的争议与误判；将外观检验内容列入各企业标准进行自控较妥当。因此，其对接头外观检验要求进行了尽可能的简化。

钢筋丝头加工用设备应符合现行行业标准《钢筋直螺纹成型机》JG/T 146、《建筑施工机械与设备 钢筋螺纹成型机》JB/T 13709 的有关规定。钢筋加工设备、连接设备宜由接头技术提供单位提供，并应有设备合格证和设备使用说明书。设备使用说明书应包含但不限于操作、维保、连接施工所需作业空间、工艺参数和安全注意事项等内容。

接头是施工现场安装的，接头质量主要取决于连接件、现场钢筋丝头加工（螺纹连接时）和连接件安装质量，应根据连接件产品技术要求和施工现场特点编制接头专项施工方案。

### 6.12.1　技术资料审核

钢筋接头的性能涉及结构物安全，与接头产品的加工技术与管理水平密切相关。技术提供单位指接头加工合同的签约单位，也是接头性能有效型式检验报告的委托单位。接头技术提供单位应取得有效《质量管理体系　要求》GB/T 19001（ISO 9001）质量管理体系认证证书，其接头产品应获得国家认证认可监督管理委员会授权认证机构的有效认证证书。产品认证证书显示的接头类型应与工程所使用的接头类型一致，型式检验有效期可覆盖接头施工周期。通过产品的型式检验和认证机构每年对接头技术提供单位产品性能的抽检、管理制度和技术水平的年检，监督其接头产品质量，在此基础上，可适当减少接头性能的现场检验要求。

接头技术提供单位应保证所提供接头产品对连接钢筋是适用的，并应至少向工程项目提交以下文件：

（1）接头产品有效型式检验报告；

（2）连接件产品出厂检验报告、产品合格证、产品质量证明书和连接件原材料质量证明书；

（3）接头加工设备合格证及使用说明书；

（4）公开发布并自我声明的企业标准。

接头技术提供单位提交的产品合格证应包括适用钢筋牌号和直径、接头类型、连接件类型、连接件尺寸及偏差、可追溯产品原材料力学性能和加工质量的生产批号、生产单位、生产日期及质检合格签章。

接头技术提供单位提交的企业标准应包括以下内容：

（1）本企业产品用原材料（牌号、执行的规范标准、采用的材料性能指标、采用的特殊处理工艺及其目的与影响等）、规格、型式、结构、标记及可追溯性、尺寸及偏差、质量控制方法、检验项目与制度、不合格品处理规则、其他要求（装卸、包装、贮存和运输）等内容的产品企业标准；

（2）接头产品设计（连接件适用的工作场景、连接原理）、现场加工与安装、现场检查与验收等内容的应用技术企业标准。

接头现场加工前，应对接头技术提供单位提交的上述技术资料进行审核，这是施工现场钢筋接头加工、安装和质量控制的重要环节，应予以足够重视。技术资料审核并通过后，在后续的钢筋丝头现场加工与接头安装中，应严格按照接头技术提供单位的加工、安装技术要求进行。其中，需要特别注意对型式检验报告的有效性进行确认，主要包括以下方面：

（1）联系出具型式检验报告的检测单位，核实报告的真伪，该检测单位是否由国家、省部级主管部门认可，且其承检范围是否经政府有关部门或机构认定。除型式检验报告上有检测单位的联系方式外，现在部分检测单位出具的型式检验报告上还带有防伪的水印和二维码设计，有些检测单位还将相关报告上传互联网，方便查询。

(2) 型式检验报告与工程中拟使用的接头类型、规格、性能等级是否一致。由于型式检验较复杂且昂贵，对各类钢筋接头如滚轧直螺纹接头或镦粗直螺纹接头，仅要求对标准型接头进行型式检验。

(3) 型式检验报告与施工现场使用接头的钢筋遵循的标准、规格、强度等级是否一致。相同类型的接头用于连接不同强度等级的钢筋时，可选择其中较高强度等级的钢筋进行接头试件型式检验，在连接件（套筒）尺寸、材料、内螺纹及现场丝头加工工艺均不变的情况下，500MPa 级钢筋接头型式检验报告可替代 400MPa 级钢筋接头型式检验报告使用，反之则不允许。另外，HRB400 和 HRB400E 钢筋同属 400MPa 级钢筋，在接头型式、性能等级、套筒材料、螺纹规格和加工工艺均不变的条件下，两者可通用，不必另做型式检验，HRB500 和 HRB500E 钢筋亦然。还有某些特殊情况，如将同规格的 400MPa 级钢筋与 500MPa 级钢筋连接时，采用 400MPa 级钢筋接头型式检验报告或 500MPa 级钢筋接头型式检验报告均可。

(4) 型式检验报告与工程中拟使用的连接件（套筒）参数是否一致，包括规格、原材料、尺寸等，尤其应核对丝头螺纹与套筒螺纹参数的一致性。

(5) 型式检验报告是否依据《钢筋机械连技术规程》JGJ 107 的现行版本。《钢筋机械连技术规程》JGJ 107 新修订并发布实施后，如果按照原行业标准《钢筋机械连技术规程》JGJ 107 或《钢筋机械连接用套筒》JG/T 163 要求完成钢筋接头型式检验，检验项目和试件数量如果与新版行业标准《钢筋机械连技术规程》JGJ 107 相同，各检验项目的合格标准均不低于新标准的规定，型式检验报告检验日期尚处于 4 年有效期内，且钢筋接头制作工艺和各项技术参数无任何变动，则该型式检验报告应视为有效。

(6) 型式检验报告签发日期不应超过 4 年。

(7) 型式检验报告中的送检单位是否与钢筋接头产品、技术提供单位一致。钢筋机械连接接头的实施需要设备、连接件、安装与检验工具、辅料等生产制造企业进行社会化分工共同完成。钢筋机械连接行业应坚持“委托进行型式检验”“签订产品销售合同”“提供产品技术服务”三者主体为一个单位的原则，只有这样才能做到职责清晰、质量可控。部分型式检验报告将《钢筋机械连接技术规程》JGJ 107—2016 附录 B 中的“送检单位”“试件制作单位”分别改成了“委托单位”“生产单位”，易引起工程应用中的争议，也不符合社会化分工的现实情况和发展趋势。

### 6.12.2 操作人员

接头现场加工与安装应按接头技术提供单位的技术要求进行。为保证施工质量、提高效率和安全文明实施，应由接头技术提供单位对钢筋加工、设备操作、接头安装人员和使用单位进行相关技术交底和专业技术培训，使相关人员了解所采用钢筋机械连接技术的基本知识，明确相关技术参数、要点、操作注意事项和质量要求。技术交底和培训内容包括但不限于：

(1) 国家现行钢筋机械连接相关标准如《钢筋机械连接技术规程》JGJ 107、《钢筋机械连接用套筒》JG/T 163、《钢筋机械连接件》GB/T 42796、《钢筋机械连接件试验方法》GB/T 42901、《钢筋混凝土用钢 第 2 部分：热轧带肋钢筋》GB/T 1499.2、《钢筋混凝土用余热处理钢筋》GB/T 13014、《钢筋混凝土用钢 第 1 部分：热轧光圆钢筋》GB/T

1499.1 等。对于直螺纹连接，宜包括《普通螺纹 基本尺寸》GB/T 196、《普通螺纹 公差与配合》GB/T 197 等。

（2）钢筋连接操作规程企业标准。

（3）连接件（套筒）产品企业标准。

（4）施工图纸的设计要求。

（5）施工机械操作、维护、保养、配件更换要求。

（6）安全文明施工要求。

（7）施工过程应注意的其他事项。

培训完成后，承包商、使用单位、接头技术提供单位负责对操作人员进行一次现场实际考核。质量工程师、技术工程师、机械工程师负责对每名操作人员加工制作的样品进行成品质量评估，评定合格者颁发操作上岗证，操作人员方可从事钢筋接头的现场作业，并认真按照相关技术要求进行加工、安装和自检。

具体的劳动力组织和人员安排根据不同的钢筋机械连接工艺需要而定，需注意的是，应尽量保持操作人员的相对稳定。其他人员，如施工管理人员、质量监督检查人员、设备维护人员由相关人员兼任即可。

在实施过程中，质量管理人员、操作人员应加强责任心和质量意识，严格按照质量技术培训交底和机械操作规程操作。为加强质量控制与管理，还建议：

（1）在钢筋机械连接加工区域显眼位置张贴设备操作要点、螺纹加工质量要求及安全注意事项等。

（2）定期重新组织操作人员进行技术质量培训教育，使其严格熟悉加工工序。

（3）按技术规范标准对操作人员进行定期考核，对不合格的工人进行及时更换调整。

（4）项目部质量员、技术员等应常到场进行监督指导，并用螺纹检具抽查质量，在安装现场用扭矩扳子进行抽检，及时反馈质量情况并进行改进。

（5）在日常质量检查中，注意检查操作人员上岗证书是否合格有效、是否按操作规程操作、丝头质量是否按要求控制等。

### 6.12.3 工艺检验

钢筋连接工程开始前，应对不同钢厂的进场钢筋进行接头工艺检验，施工过程中如更换钢筋生产厂或接头技术提供单位，应补充进行工艺检验。工艺检验主要检验接头技术提供单位采用的接头类型（如剥肋滚轧直螺纹接头、镦粗直螺纹接头）和接头型式（如标准型、异径型等）、加工工艺参数是否与本工程进场钢筋的性能、品质、使用条件、加工条件等相适应，以提高实际工程抽样试件的合格率，减少在工程应用后发现问题造成的经济损失。接头工艺检验是检验施工现场进场钢筋与接头加工工艺适应性的重要步骤，应在工艺检验合格后再按照合格的工艺参数进行现场钢筋批量加工，防止工艺不匹配而盲目大量加工造成损失。

工艺检验中需进行接头残余变形测定，这是控制现场接头加工质量、克服钢筋接头型式检验结果与施工现场接头质量严重脱节的重要措施。有些钢筋接头尽管其强度满足要求，残余变形不一定能满足要求，尤其是螺纹套筒与钢筋丝头尺寸不匹配或螺纹加工质量较差时。测量接头试件单向拉伸残余变形比较简单，较为适合各施工现场的检验条件。从某种意义上说，工艺检验也是对接头型式检验进行校核。进行上述工艺检验可促进接头加工单位的自律性或淘汰部分技术和管理水平低的接头加工企业。

需注意的是，工艺检验与验收批抽样检验有着性质上的差异，并非传统意义上的质量检验，而是工艺的确认性检验，工艺检验不合格时，允许调整工艺后重新检验。

工艺检验具体实施要求有：

（1）各种类型和型式接头均应进行工艺检验，检验项目包括单向拉伸极限抗拉强度和残余变形。

（2）每种规格钢筋接头试件应≥3 根。

（3）接头试件测量残余变形后可继续进行极限抗拉强度试验，并宜按《钢筋机械连接技术规程》JGJ 107—2016 表 A.1.3 中单向拉伸加载制度进行试验，考虑到一般万能试验机的实际性能，进行残余变形检验时，可采用≤$0.012A_s f_{yk}$ 的拉力作为名义上的零荷载。

（4）每根试件极限抗拉强度和 3 根接头试件残余变形的平均值均应符合《钢筋机械连接技术规程》JGJ 107 的规定。

（5）工艺检验不合格时，应进行工艺参数调整，合格后方可按最终确认的工艺参数进行接头批量加工。

### 6.12.4 钢筋丝头加工

接头常用的钢筋丝头有直螺纹和锥螺纹，直螺纹钢筋丝头包括镦粗直螺纹钢筋丝头、剥肋滚轧直螺纹钢筋丝头、直接滚轧直螺纹钢筋丝头等。

**1. 直螺纹钢筋丝头加工**

1）钢筋端部应采用带锯、砂轮锯或带圆弧形刀片的专用钢筋切断机切平，不应有弯曲或马蹄形，不应有可见裂纹。强调钢筋丝头的加工应保持丝头端面的基本平整，一方面出于强度考虑，避免因丝头端面不平导致接触面间相互卡位而消耗大部分拧紧扭矩和减少螺纹有效扣数；另一方面，出于变形考虑，平整的钢筋端部使拧紧扭矩可有效形成钢筋丝头的相互对顶力，消除或减少钢筋拉伸时因螺纹间隙造成的变形，从而减小接头的残余变形。

2）滚轧直螺纹钢筋丝头端部飞边应切除或磨平，以提高接头的强度和变形性能。

3）镦粗头不应有与钢筋轴线相垂直的横向裂纹；镦粗直螺纹钢筋接头有时会在钢筋镦粗段产生沿钢筋轴线方向的表面裂纹，国内外试验均表明，这类裂纹一般不影响接头性能，允许出现，但横向裂纹会降低接头强度，是不允许出现的。

4）钢筋丝头长度应满足企业标准中产品的设计要求，极限偏差应为 0～$2.0p$（$p$ 为螺距）。钢筋丝头的加工长度应为正偏差，保证丝头在套筒内可相互顶紧，以减少残余变形。

5）钢筋丝头宜满足 $6d$ 级精度要求，应采用专用直螺纹量规检验，通规应能顺利旋入并达到要求的拧入长度，止规旋入不得超过 $3p$（$p$ 为螺距）。各规格丝头的自检数量应≥10%，检验合格率应≥95%。螺纹量规检验是施工现场控制丝头加工尺寸和螺纹质量的重要工序，接头技术提供单位应提供专用螺纹量规。

6）检验合格的钢筋丝头应采取措施予以保护。

直螺纹量规应符合现行国家标准《普通螺纹量规 技术条件》GB/T 3934 中工作螺纹

量规的规定，且工作螺纹量规要经过校对螺纹量规检验，螺纹量规上应有制造厂厂名或注册商标、螺纹代号、中径公差代号、螺纹量规代号和出厂年号等标志。

**2. 锥螺纹钢筋丝头加工**

1）钢筋端部不得有影响螺纹加工的局部弯曲。

2）钢筋丝头长度应满足企业标准中产品的设计要求，拧紧后的钢筋丝头不得相互接触，丝头加工长度极限偏差应为$-0.5p \sim -1.5p$（$p$ 为螺距）。锥螺纹钢筋接头不允许钢筋丝头在套筒中央相互接触，而应保持一定间隙，因此丝头加工长度的极限偏差应为负偏差。

3）钢筋丝头的锥度和螺距应采用专用锥螺纹量规检验。各规格丝头的自检数量应≥10%，检验合格率应≥95%。

4）检验合格的钢筋丝头应采取措施予以保护。

### 6.12.5　接头安装

接头现场安装应经工艺检验合格后方可进行，复杂条件下的接头安装应事先通过试验验证。接头安装前应完成被连接钢筋及相应连接件的质量检查，确保资料齐全、规格一致，确保钢筋端头的精度在接头适用范围内后再安装；否则，应更换被连接钢筋或采取调整、矫正等措施。

**1. 单体式直螺纹钢筋接头安装**

安装直螺纹接头时可用管钳扳子拧紧，钢筋丝头应在套筒中央位置相互顶紧，这样的要求主要考虑消除套筒内螺纹和钢筋丝头外螺纹加工误差造成的间隙，这是减少接头残余变形最有效的措施，也是保证直螺纹钢筋接头安装质量的重要环节。标准型、正反丝扣型、异径型接头安装后的单侧外露螺纹不宜超过 $2p$（$p$ 为螺距），这样的要求有利于检查丝头是否完全拧入套筒。外露螺纹不超过 $2p$（$p$ 为螺距）即为丝头不外露，也是符合规范要求的，但丝头不外露必然是最后一道外浅螺纹丝扣强制旋入套筒，会将套筒内螺纹倒角破坏而导致套筒或钢筋变形，影响其他丝扣的正常工作，也有可能是丝头加工时尺寸不够，无法判断丝头在套筒内是否相互顶紧，所以外露螺纹控制在 $p \sim 2p$（$p$ 为螺距）为宜。对无法对顶的其他直螺纹接头，应附加锁紧螺母、顶紧凸台等措施紧固。

当被连接的 2 根钢筋不能在套筒中对顶时，只能依靠锁紧力消除螺纹间隙实现锁紧，被连接的 2 根钢筋均受到旋转和轴向移动的限制，就要用到锁母，如图 6.12.5-1 所示。锁母是用于消除螺纹副间隙将钢筋丝头或连接螺杆与带内螺纹套筒相互锁紧的螺母，通常与加长型套筒和加长丝头或螺杆配合使用。加锁母型钢筋接头一般为加长丝头、标准型套筒（或扩口型套筒）与锁母的组合应用，加锁母的目的是通过锁母与套筒的端面锁紧，消除螺纹配合间隙，改善接头变形性能。有个别工程为降低成本，采用此种连接方式时，不使用锁母，这是对工程质量不负责任的做法。这种钢筋接头即使拧紧套筒，加长丝型钢筋丝头一端始终处于自由旋合状态，螺纹间隙未消除，接头抗拉强度虽可

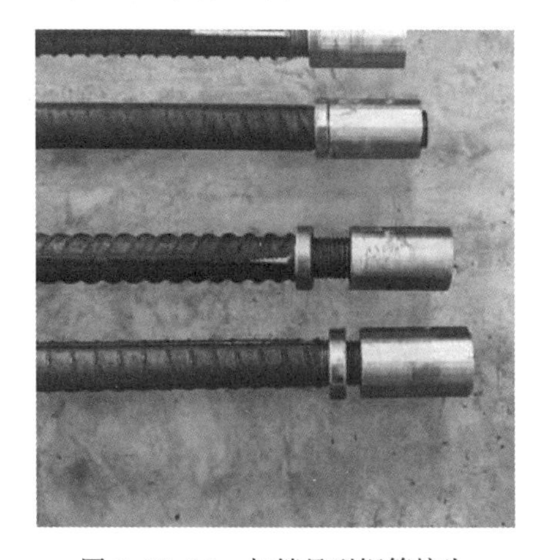

图 6.12.5-1　加锁母型钢筋接头

达到标准要求，但变形性能大打折扣。因此，这种做法应引起相关部门的重视，采取有效措施加以纠正。

为控制接头的残余变形，直螺纹接头安装后，应使用扭矩扳子校核拧紧扭矩，最小拧紧扭矩值应符合表 6.12.5-1 的规定。

**直螺纹接头安装时最小拧紧扭矩值** **表 6.12.5-1**

| 钢筋直径/mm | ≤16 | 18～20 | 22～25 | 28～32 | 36～40 | 50 |
|---|---|---|---|---|---|---|
| 拧紧扭矩/(N·m) | 100 | 200 | 260 | 320 | 360 | 460 |

拧紧扭矩对直螺纹钢筋接头强度的影响较小，校核用扭矩扳子的准确度级别可选用 10 级，这是扭矩扳子精度要求的最低等级。

**2. 组合式直螺纹钢筋接头安装**

1）连接件的各个连接部件的安装位置应符合产品设计要求；

2）与直螺纹钢筋丝头连接的连接部件应与钢筋丝头拧紧，最小拧紧扭矩值应符合表 6.12.5-1 的规定，钢筋丝头在连接件外露螺纹不宜超过 $2p$（$p$ 为螺距）；

3）可调型连接件连接的接头，与钢筋拧紧固定的两个连接部件之间距离不应大于连接件允许的可调范围值；

4）各个连接部件之间的连接螺纹均应拧紧，拧紧扭矩值应符合产品设计要求；

5）连接件安装连接过程中，各处连接螺纹均不得出现影响连接性能的损伤；

6）在连接工位拧紧连接部件时，不应对已与钢筋丝头连接的连接部件造成不利影响，包括使原有已拧紧连接螺纹松动或使原有已拧紧连接螺纹拧紧扭矩过大。

**3. 带肋钢筋直螺纹-套筒挤压复合接头安装**

1）与钢筋挤压连接的连接部件与钢筋的配合长度、挤压变形处外形尺寸应符合产品设计要求；

2）直螺纹的连接部件均应拧紧，拧紧扭矩值应符合产品设计要求；

3）可调型连接件连接的接头，可调连接部件伸出的最大长度应不大于连接件允许的可调范围值；

4）连接件安装连接过程中，各处连接螺纹均不得出现影响连接性能的损伤。

**4. 锥螺纹钢筋接头安装**

1）接头安装时应严格保证钢筋与连接件的规格一致。

2）接头安装时应用扭矩扳子拧紧，拧紧扭矩值应满足表 6.12.5-2 的要求。

**锥螺纹接头安装时的拧紧扭矩值** **表 6.12.5-2**

| 钢筋直径/mm | ≤16 | 18～20 | 22～25 | 28～32 | 36～40 | 50 |
|---|---|---|---|---|---|---|
| 拧紧扭矩/(N·m) | 100 | 180 | 240 | 300 | 360 | 460 |

3）校核用扭矩扳子与安装用扳子应区分使用，校核用扭矩扳子应每年校核 1 次，准确度级别不应低于 5 级。

锥螺纹钢筋接头的安装易产生套筒与钢筋不匹配的误接。锥螺纹接头的安装拧紧扭矩对接头强度的影响较大，过大或过小的拧紧扭矩均不可取，表 6.12.5-2 是锥螺纹钢筋接头拧紧扭矩的标准值。锥螺纹钢筋接头对扭矩扳子的精度要求较高，扭矩扳子的精度要求不低于 5 级精度。根据现行国家计量检定规程《扭矩扳子检定规程》JJG 707 的规定，扳子精度分为10级，5级精度的示值相对误差和示值重复性均为5%，10级精度为10%。

扭矩扳子应由具有生产计量器具许可证的单位加工制造，工程用的扭矩扳子应有检定证书，检定周期一般不超过1年。扭矩扳子应按现行国家计量检定规程《扭矩扳子检定规程》JJG 707进行检定。

需注意的是，螺纹接头安装时，可根据安装需要采用管钳、扭矩扳子等工具，但安装后应使用专用扭矩扳子校核拧紧力矩，安装用扳子和校核用扭矩扳子应区分使用，两者精度、校准要求均有所不同。

**5. 套筒径向挤压钢筋接头安装**

1）钢筋端部不得有局部弯曲，不得有严重锈蚀和附着物。挤压接头依靠连接件与钢筋表面的机械咬合和摩擦力传递拉力或压力，钢筋表面的杂物或严重锈蚀均对接头强度有影响；钢筋端部弯曲影响接头成形后钢筋的平直度。

2）径向挤压连接将连接件挤压变形分成多次完成，挤压道次和压痕外径应满足接头技术提供单位企业标准的要求。

3）钢筋端部应有挤压套筒后可检查钢筋插入深度的明显标记，钢筋端头离套筒长度中点宜≤10mm。确保钢筋插入套筒长度是挤压接头质量控制的重要环节，应在钢筋上事先做出标记，便于挤压后检查钢筋插入长度。

4）挤压应从套筒中央开始，依次向两端挤压，挤压后的压痕直径或套筒长度的波动范围应用专用量规检验；压痕处套筒外径应为原套筒外径的0.80～0.90倍，挤压后套筒长度应为原套筒长度的1.10～1.15倍；套筒在挤压过程中会伸长，从两端开始挤压会加大挤压后套筒中央的间隙，故要求挤压从套筒中央开始向两端挤压；套筒挤压后的压痕直径和伸长是控制挤压质量的重要环节，应控制在允许波动范围之内，并使用专用量规进行检查和验收。

5）挤压后的套筒不应有可见裂纹。挤压后的套筒无论出现纵向或横向裂纹均是不允许的。

**6. 套筒轴向挤压钢筋接头安装**

1）挤压缩径模具规格应满足接头技术提供单位企业标准的要求。

2）连接件上宜设有定位销等钢筋插入定位装置；

3）挤压后连接件外径应为挤压前连接件外径的0.85～0.96倍，挤压后连接件长度应为挤压前连接件长度的1.05～1.17倍；

4）挤压后连接件外径和长度应用游标卡尺或专用量规检验；

5）挤压后的连接件不得有肉眼可见裂纹。

对于套筒轴向挤压钢筋接头，一般情况下，连接件上宜设有定位销等钢筋插入定位装置，并在待连接钢筋端部预涂插入定位线。挤压完成后，钢筋上的插入定位线应被连接件覆盖，以确保钢筋插入连接件的长度满足设计要求。竖向钢筋连接时，如连接件上设有钢筋插入定位装置，下部钢筋可不预涂插入定位线。

### 6.12.6 安全与环保

**1. 安全措施**

1）认真贯彻“安全第一、预防为主、综合治理”的方针，根据国家有关规定、条例结合施工单位实际情况和工程具体特点，组成专职安全员和班组兼职安全员及工地安全用电负责人参加的安全生产管理网络，执行安全生产责任制，明确各级人员的职责，抓好工程的安全生产。

2）施工现场应符合防火、防风、防雷、防洪、防触电等安全规定及安全施工要求进行布置，并完善布置各种安全标识。

3）未经过操作培训的人员禁止操作设备。

4）设备出现的电气故障，不得由非电工人员处理。

5）操作工人进入施工现场应佩戴安全帽。

6）套丝机设备操作人员不允许戴手套，衣袖袖口必须扎紧，衣扣必须扣牢。

7）项目负责人应经常对操作人员进行安全教育，提高安全意识，排查各种安全隐患。

**2. 环保措施**

1）成立专门的施工环境卫生管理小组，落实环保责任制度，在施工过程中严格遵守国家及地方有关环境保护的法律、法规和规定。

2）加强对加工机械、钢筋堆放、加工场地布置及生产生活垃圾的控制与管理，遵守有关防火及废弃物处理的规定，接受周围群众及城市管理、环境管理部门的监督或检查。

3）将生产作业限制在工程建设统一的布局要求内，做到标牌清晰、齐全，各种标识醒目，保证施工现场周围的清洁卫生。

4）及时清理钢筋下料后的钢筋断头。

5）不得将油泵更换的废油液或套丝机更换的切削液倾倒在施工现场。

6）及时回收钢筋丝头用的塑料保护帽和套筒的塑料端盖。

## 6.13 接头的现场检查与验收

### 6.13.1 资料的检查与验收

为加强施工管理，工程应用接头时，接头技术提供单位应提交相关技术资料，包括但不限于：

（1）接头的合格工艺检验报告、有效型式检验报告及设计有其他要求的接头性能检验报告；

（2）连接件产品设计、接头现场加工与安装要求的相关技术文件；

（3）连接件产品出厂检验报告、合格证和连接件原材料质量证明书；

（4）接头适用范围与对象、产品设计与加工、接头加工与安装、接头验收等技术文件；

（5）公开发布并自我声明的企业标准。

资料的审查与验收是接头质量控制的重要环节，提交上述文件，便于质量监督部门随时检查、核对现场连接件产品和钢筋丝头加工安装质量。包括核对工程所用连接件原材料品种，采用45号钢冷拔或冷轧精密无缝钢管制作的连接件，应验证钢管原材料是否进行过退火处理，并满足现行行业标准《钢筋进行连接用套筒》JG/T 163对钢管强度限值和断后伸长率的要求。

### 6.13.2　钢筋丝头的检查

钢筋丝头加工质量检验主要依靠加工单位自检，为加强监督，增强加工单位的自律意识，进一步提高钢筋机械接头质量水平，监理或质检部门对现场丝头加工质量有异议时，可随机抽取3根接头试件进行极限抗拉强度和单向拉伸残余变形检验，如有1根试件极限抗拉强度或3根试件残余变形值的平均值不合格时，应整改后重新检验，检验合格后方可继续加工。

钢筋丝头加工质量是保证接头质量的又一重要环节，钢筋丝头的加工是对现场钢筋加工人员素质、责任心、现场螺纹设备质量和现场质量管理的综合要素的考核。直螺纹丝头加工设备老化或滚丝/套丝结构不合理，易使直螺纹产生锥度。有时为保证直螺纹套筒可旋合到钢筋丝扣底部或使套筒安装时省时省力，加工人员采用减小丝头直径的办法，这样的做法会导致钢筋丝头与套筒的螺纹配合间隙过大，从而造成接头变形性能下降、强度大幅降低的不利后果，甚至出现钢筋丝头从套筒中拔出的“滑脱”破坏。为应付钢筋丝头质量检验，往往在螺纹环止规检具上做手脚，如涂抹502胶或有意损伤环止规第一扣螺纹，使量具检验时保证旋合扣数不超过3扣。

为解决上述问题，建议产品提供单位应向现场施工和监理单位提供符合规范要求的钢筋丝头螺纹检具，交第三方检测机构检定并定期更换。进行钢筋丝头质量验收时，采用有资质的量具厂提供并经第三方检测机构检定的螺纹检具进行质量验收。同时，建议选用质量稳定的钢筋螺纹加工设备，螺纹直径应由经过设备培训的人员或设备厂家人员调整，并按照要求定期更换刀具、滚丝轮或梳刀等加工配件。

### 6.13.3　接头安装前的检查

接头安装前，应对进场的连接件进行检查与验收。同一类型、同一规格、同一批号的连接件，不超过1000件为1个验收批，随机抽取10%进行检验。检查项目与验收要求应符合表6.13.3的规定。

**连接件检查项目与验收要求**　　**表6.13.3**

| 接头类型 | 检查项目 | 验收要求 |
|---|---|---|
| 螺纹接头 | 连接件原材料 | 连接件原材料质量证明书与有效型式检验报告记载的一致 |
| | 连接件外观质量、尺寸和偏差 | 符合国家现行标准和企业标准的规定 |
| | 连接件标记和出厂检验 | 符合国家现行标准和企业标准的规定 |
| | 连接件适用的钢筋强度等级 | 与工程使用钢筋强度等级一致 |
| 带肋钢筋径向挤压接头 | 连接件原材料 | 连接件原材料质量证明书与有效型式检验报告记载的一致 |
| | 连接件外观质量、尺寸和偏差 | 符合国家现行标准和企业标准的规定 |
| | 连接件标记和出厂检验 | 符合国家现行标准和企业标准的规定 |
| | 连接件适用的钢筋强度等级 | 与工程使用钢筋强度等级一致 |
| | 套筒压痕标记 | 符合有效型式检验报告记载的压痕道次 |

续表

| 接头类型 | 检查项目 | 验收要求 |
| --- | --- | --- |
| 带肋钢筋轴向挤压接头 | 连接件原材料 | 连接件原材料质量证明书与有效型式检验报告记载的一致 |
| | 连接件外观质量、尺寸和偏差 | 符合国家现行标准和企业标准的规定 |
| | 连接件标记和出厂检验 | 符合国家现行标准和企业标准的规定 |
| | 连接件适用的钢筋强度等级 | 与工程使用钢筋强度等级一致 |

接头安装前，应检查连接件的产品合格证、产品质量证明书及表面标志，确认连接件适用的钢筋强度等级及与型式检验报告、工程用钢筋强度等级的一致性。产品合格证或产品质量证明书应包括适用的钢筋规格、强度等级及接头性能等级，还应包括执行的标准、产品名称、连接件型式、连接件原材料、连接件尺寸、生产单位、生产日期及可追溯产品原材料力学性能和加工质量的生产批号等。

表 6.13.3 要求螺纹接头进场连接件适用的钢筋强度等级与工程用钢筋强度等级一致，螺纹接头进场连接件与有效型式检验记载的连接件尺寸和材料一致。工程实践中，在连接件的尺寸、材料、内螺纹及现场丝头加工工艺均不变的情况下，500MPa 级连接件适用于 500MPa 级及以下强度等级的钢筋。400MPa 级或以下强度等级钢筋现场丝头加工工艺按照 500MPa 级连接件丝头加工工艺，400MPa 级或以下强度等级钢筋使用 500MPa 级连接件连接，应视为螺纹接头进场连接件适用的钢筋强度等级与工程用钢筋强度等级一致，满足表 6.13.3 的相关要求，不能将“一致”机械地理解为 500MPa 级连接件仅能用于连接 500MPa 级钢筋，400MPa 级连接件仅能用于连接 400MPa 级钢筋。

连接件均在工厂生产，影响连接件质量的因素较多，如原材料性能、连接件尺寸、螺纹规格、公差配合及螺纹加工精度等。要求施工现场土建专业质检人员进行批量机械加工产品的检验是不现实的，连接件的质量控制主要依靠生产单位的质量管理和出厂检验及现场接头试件的抗拉强度试验。施工现场对连接件的检查主要检查生产单位的产品合格证是否内容齐全、连接件表面是否有可追溯产品原材料力学性能和加工质量的生产批号，当出现产品不合格时可追溯其原因并区分不合格产品批次，进行有效处理。这对连接件生产单位提出了较高的质量管理要求，有利于整体提高钢筋机械连接的质量水平。

### 6.13.4 接头的现场验收

接头的现场验收是在监理单位的见证下，由检验部门在施工现场对已安装到工程结构中的接头进行随机抽样检验。钢筋连接是直接影响结构安全的重要因素，该验收是对实际工程质量进行控制的必要手段。抽检项目一般包括安装质量检验和极限抗拉强度试验，对接头有特殊要求的结构，应在设计图纸中另行注明相应的检验项目。施工中还应注意检查钢筋接头面积百分率是否满足要求。现场抽检的要点有：

**1. 验收批规则**

接头的现场抽检应按验收批进行，同钢筋生产厂、同强度等级、同规格、同类型和同型式接头应以 500 个为 1 个验收批进行检验与验收，不足 500 个也应作为 1 个验收批。应注意，划分为 1 个验收批的条件是钢筋生产厂、同强度等级、同规格、同类型、同型式，

5个条件中的任何1个条件发生变化，均应另行划分检验批。

**2. 安装质量检验**

1）螺纹接头拧紧扭矩检验：螺纹接头安装后，抽取验收批的10%进行拧紧扭矩检验，拧紧扭矩值不合格数超过被检接头数的5%时，应重新拧紧全部接头，直至合格为止。

2）径向挤压接头外观尺寸检验：接头安装后，抽取验收批的10%进行外观尺寸检验，包括压痕直径、挤压后套筒长度和钢筋插入套筒深度。压痕直径应为原套筒外径的0.8～0.9倍，挤压后套筒长度应为原套筒长度的1.10～1.15倍。钢筋插入套筒长度应满足企业标准中产品设计要求，检查不合格数超过10%时，可在本批外观检验不合格的接头中抽取3个试件进行极限抗拉强度试验。从外观尺寸检验不合格的挤压接头中取样，可提高不合格接头的检出率，也有利于排除对接头质量的怀疑。

3）轴向挤压接头外观尺寸检验：接头安装后，抽取验收批的10%进行外观尺寸检验，包括挤压后连接件外径和挤压后连接件长度。挤压后连接件外径应为挤压前连接件外径的0.85～0.96倍，挤压后连接件长度应为挤压前连接件长度的1.05～1.17倍。

**3. 极限抗拉强度试验**

对接头的每一验收批，应在工程结构中随机截取3个接头试件进行极限抗拉强度试验，按设计要求的接头等级进行评定。为保证接头试件能够代表实际工程质量，接头试件应在钢筋安装后、混凝土浇筑前从工程实体中截取。

对某些不宜在工程中随机截取接头试件的情况，如封闭环形钢筋接头、钢筋笼接头、地下连续墙预埋套筒接头、不锈钢钢筋接头、装配式结构构件间的钢筋接头和有疲劳性能要求的接头，可见证取样，在现场监理和质检人员的全程监督下，在已加工并检验合格的钢筋丝头成品中随机割取钢筋试件，按要求与随机抽取的进场套筒组装成3个接头试件进行极限抗拉强度试验，按设计要求的接头等级进行评定。这应是判定现场接头质量最重要的环节，也是可发现现场质量隐患最有效的手段。但现场有些施工单位明知接头质量有问题，为确保接头合格率，多采用接头试件单独精心制作，而非现场套筒与钢筋丝头随机取样连接。加长丝头接头大多按照标准型接头的方式（标准螺纹而非加长螺纹）加工制作试件，而不是现场使用的加长丝头接头，这与实际工程使用状态严重不符，掩盖了实际连接质量可能存在的问题。建议严格控制工艺检验和现场验收环节，取样应与实际加工状态一致，对问题产品及时整改或调整加工工艺，整改或调整后仍不合格的应及时更换接头产品供应商或接头工艺。

需要注意的是，《混凝土结构通用规范》GB 55008—2021明确规定：钢筋机械连接或焊接连接接头试件应从完成的实体中截取，并应按规定进行性能检验。钢筋的连接质量直接影响钢筋性能的发挥，机械连接或焊接连接质量均受现场施工环境及操作质量的影响，从钢筋安装工程实体中截取试件，更能真实地代表并反映其连接质量。

考虑到我国大多数施工现场或地方实验室的检测条件较差，《钢筋机械连接技术规程》JGJ 107—2016将单向拉伸、高应力反复拉压及大变形反复拉压下的残余变形划入型式检验的检测项目，在施工现场仅要求工艺检验时进行单向拉伸下的残余变形，而在施工现场检验验收时仅测试抽样接头试件的极限抗拉强度，由此易造成型式检验结果与施工现场实际质量情况严重脱节。目前应用到工程实体的接头存在大量残余变形性能不合格的情况，这显然违背“接头应满足强度和变形性能要求”的基本原则。基于此，建议在《钢筋机械连接技术规程》JGJ 107 的修订或其他标准的制修订中，对于接头的现场验收试验，应进行极限抗拉强度和残余变形两个指标的测试，以引导行业健康发展、切实提高工程质量。

**4. 现场抽检结果评判规则**

当 3 个接头试件的极限抗拉强度均符合《钢筋机械连接技术规程》JGJ 107—2016 表 3.0.5 中相应等级的强度要求时，该验收批应评为合格。当仅有 1 个试件的极限抗拉强度不符合要求，应再取 6 个试件进行复检。复检中仍有 1 个试件的极限抗拉强度不符合要求，该验收批应评为不合格。

应注意，验收批中仅有 1 个试件极限抗拉强度不符合要求时允许进行复检，出现 2 个或 3 个极限抗拉强度不合格试件时，应直接判定该验收批不合格，不再允许复检。

**5. 扩大验收批的规则**

在质量有较大程度保证的前提下，可合理扩大验收批，适当减少接头抽检数量，不会影响接头质量的有效评定。扩大验收批的规则如下：

1）同一接头类型、同型式、同等级、同规格的现场检验连续 10 个验收批抽样试件抗拉强度试验一次合格率为 100%时，表明其施工质量处于优良且稳定的状态，验收批接头数量可扩大为 1000 个。

2）对有效认证的接头产品，验收批数量可扩大至 1000 个；当现场抽检连续 10 个验收批抽样试件极限抗拉强度检验一次合格率为 100%时，验收批接头数量可扩大为 1500 个。接头产品通过认证，说明其生产企业的质量管理体系较完善，辅以认证机构每年对其进行年检和监督，产品稳定性较高。因此，经认证的接头产品其现场抽检的验收批数量可适当扩大。

3）当扩大后的各验收批中出现抽样试件极限抗拉强度检验不合格的评定结果时，应将随后的各验收批数量恢复为 500 个，且不得再次扩大验收批数量。

**6. 验收批接头数量较少时的特殊规定**

考虑到大多数中小规模工程中同一验收批的接头数量较少，当验收批接头数量少于 200 个时，可按相同的抽样要求随机抽取 2 个试件进行极限抗拉强度试验，当 2 个试件的极限抗拉强度均满足《钢筋机械连接技术规程》JGJ 107—2016 第 3.0.5 条的强度要求时，该验收批应评为合格。当有 1 个试件的极限抗拉强度不满足要求，应再取 4 个试件进行复检，复检中仍有 1 个试件极限抗拉强度不满足要求，该验收批应评为不合格。

**7. 接头疲劳性能的现场检验**

设计对接头疲劳性能要求进行现场检验的工程，可按设计提供的钢筋应力幅和最大应力或根据《钢筋机械连接技术规程》JGJ 107—2016 表 5.0.5 中相近的 1 组应力进行疲劳性能验证性检验，并应选取工程中大、中、小直径钢筋各组装 3 根接头试件进行疲劳试验。全部试件均通过 $2\times10^6$ 次重复加载未破坏，应评定该批接头试件疲劳性能合格。每组中仅 1 根试件不合格，应再取相同类型和规格的 3 根接头试件进行复检，当 3 根复检试件均通过 $2\times10^6$ 次重复加载未破坏，应评定该批接头试件疲劳性能合格，复检中仍有 1 根试件不合格时，该验收批应评定为不合格。

经过接头疲劳性能型式检验和产品认证后的钢筋接头产品，可适当减少现场疲劳检验要求。对于规模较小的承受重复荷载的工程，设计可决定是否进行现场接头的疲劳性能检验。对于工程规模较大，设计要求进行现场钢筋接头疲劳性能检验场合，应选择大、中、小直径钢筋接头试件进行现场检验，这也是国际上较通行的做法。

**8. 现场截取抽样试件后的补接**

现场截取抽样试件后，原接头位置的钢筋可采用同规格、同强度等级的钢筋进行绑扎搭接连接、焊接或机械连接方式补接。

**9. 接头验收批抽检不合格的处理**

对抽检不合格的接头验收批，应由工程有关各方研究后提出处理方案，如可在采取补救措施后再按抽检规则重新检验、设计部门根据接头在结构中所处部位和接头面积百分率研究能否降级使用、增补钢筋、拆除后重新制作或其他有效措施。

## 6.14　接头试件的试验方法

### 6.14.1　型式检验

**1. 仪表布置和变形测量标距**

单向拉伸和反复拉压试验时的变形测量仪表应在钢筋两侧对称布置（图 6.14.1-1），两侧测点的相对偏差宜≤5mm，且两侧仪表应能独立读取各自变形值。取钢筋两侧仪表读数的平均值计算残余变形值，以消除接头弯曲产生的附加变形影响，提高测量数据的可靠性。

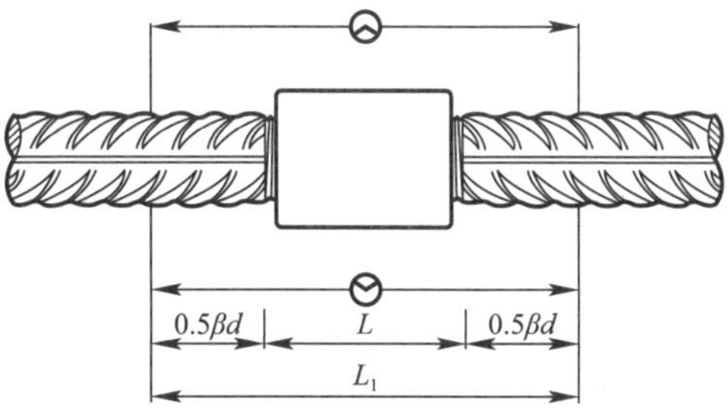

单向拉伸残余变形测量应按下式计算：

$$L_1 = L + \beta d \qquad (6.14.1\text{-}1)$$

反复拉压残余变形测量应按下式计算：

$$L_1 = L + 4d \qquad (6.14.1\text{-}2)$$

式中　$L_1$——变形测量标距（mm）；

$L$——机械连接接头长度（mm）；

$\beta$——单向拉伸残余变形测量标距调整系数，取1～6；

$d$——钢筋公称直径（mm），异径型接头时可取平均值。



图 6.14.1-1　接头试件变形测量标距和仪表布置

机械连接接头长度指接头连接件长度加连接件两端钢筋横截面变化区段的长度。接头连接件长度范围外，所有钢筋端部加工制备过程中钢筋受影响的长度范围，如直螺纹接头的外露丝头和镦粗过渡段均属钢筋横截面变化区段。对于带肋钢筋套筒挤压接头，其接头长度即为挤压完成后的连接件长度；对于滚轧直螺纹接头，其接头长度为连接件长度加两端外露丝扣长度；对于镦粗直螺纹接头，其接头长度为连接件长度加两端镦粗过渡段长度。

需要注意区分接头连接件长度和连接件长度的概念。接头连接件长度指接头中连接件的实际长度，对于各类单体式或组合式连接件而言，接头连接件长度应为接头安装完成后连接件的实际长度。如传统的单体式直螺纹连接件，接头安装前后，连接件的长度及外径均未发生变化，此时，接头连接件长度即为连接件长度。如组合式直螺纹连接件，接头连接件长度应指接头安装完成后连接件全套装置（包括锁紧螺母）的长度。如挤压连接件或挤压-直螺纹复合连接件，接头安装完成后，部分或全部组件的外径或长度发生变化，此时接头连接件长度应为接头安装完成后连接件所有组件的实际长度，而非接头安装前的连接件组件长度。

单向拉伸残余变形测量标距调整系数 $\beta$ 可取 1～6 之间的任意值，这是为了尽量减少测量标距的变动，降低测量误差，减少测量仪表标距变动后的标定工作。测量接头试件单向拉伸残余变形时钢筋应力水平较低，钢筋接头长度范围以外的钢筋处于弹性范围，不会产生残余变形，标距的变动不会影响残余变形测试结果，当符合残余变形测量标距要求时，不同类型、直径的接头试件宜采用相同测量标距。钢筋接头试件进行大变形反复拉压时，钢筋已进入塑性变形阶段，测量标距对试验结果有显著影响。

**2. 最大力下总伸长率 $A_{sgt}$ 的测量方法**

试件加载前，应在其套筒两侧的钢筋表面（图 6.14.1-2）分别用细画线 A、B 和 C、D 标出测量标距为 $L_{01}$ 的标记线，$L_{01}$ 应≥100mm，标距长度应用最小刻度值≤0.1mm 的量具测量。

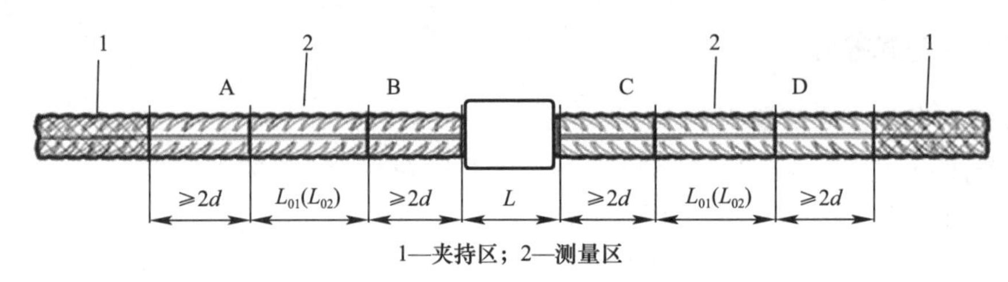


图 6.14.1-2　最大力下总伸长率 $A_{sgt}$ 的测点布置

试件应按表 6.14.1-1 单向拉伸加载制度加载并拉断，再次测量 A、B 和 C、D 间标距长度为 $L_{02}$，最大力下总伸长率 $A_{sgt}$ 应按式（6.14.1-3）计算。当试件颈缩发生在套筒一侧的钢筋母材时，$L_{01}$ 和 $L_{02}$ 应取另一侧标记间加载前和卸载后的长度。当破坏发生在接头长度范围内时，$L_{01}$ 和 $L_{02}$ 应取连接件两侧各自读数的平均值。

$$A_{sgt}=\left[\frac{L_{02}-L_{01}}{L_{01}}+\frac{f_{mst}^{0}}{E}\right]\times 100 \tag{6.14.1-3}$$

式中 $f_{mst}^{0}$——试件实测极限抗拉强度；

$E$——钢筋理论弹性模量；

$L_{01}$——加载前 A、B 或 C、D 间的实测长度；

$L_{02}$——卸载后 A、B 或 C、D 间的实测长度。

**接头试件型式检验加载制度**　　**表 6.14.1**

| 试验项目 | | 加载制度 |
|---|---|---|
| 单向拉伸 | | 0→0.6$f_{yk}$→0（测量残余变形）→最大拉力（记录极限抗拉强度）→破坏（测定最大力下总伸长率），如图 6.14.1-3 所示 |
| 高应力反复拉压 | | 0→（0.9$f_{yk}$→−0.5$f_{yk}$）→破坏，如图 6.14.1-4 所示<br>（反复 20 次） |
| 大变形反复拉压 | Ⅰ级<br>Ⅱ级 | 0→(2$\varepsilon_{yk}$→−0.5$f_{yk}$)→(5$\varepsilon_{yk}$→−0.5$f_{yk}$)→破坏，如图 6.14.1-5 所示<br>（反复 4 次）　（反复 4 次） |
| | Ⅲ级 | 0→(2$\varepsilon_{yk}$→−0.5$f_{yk}$)→破坏，如图 6.14.1-5 所示<br>（反复 4 次） |

注：荷载与变形测量偏差应≤±5%。

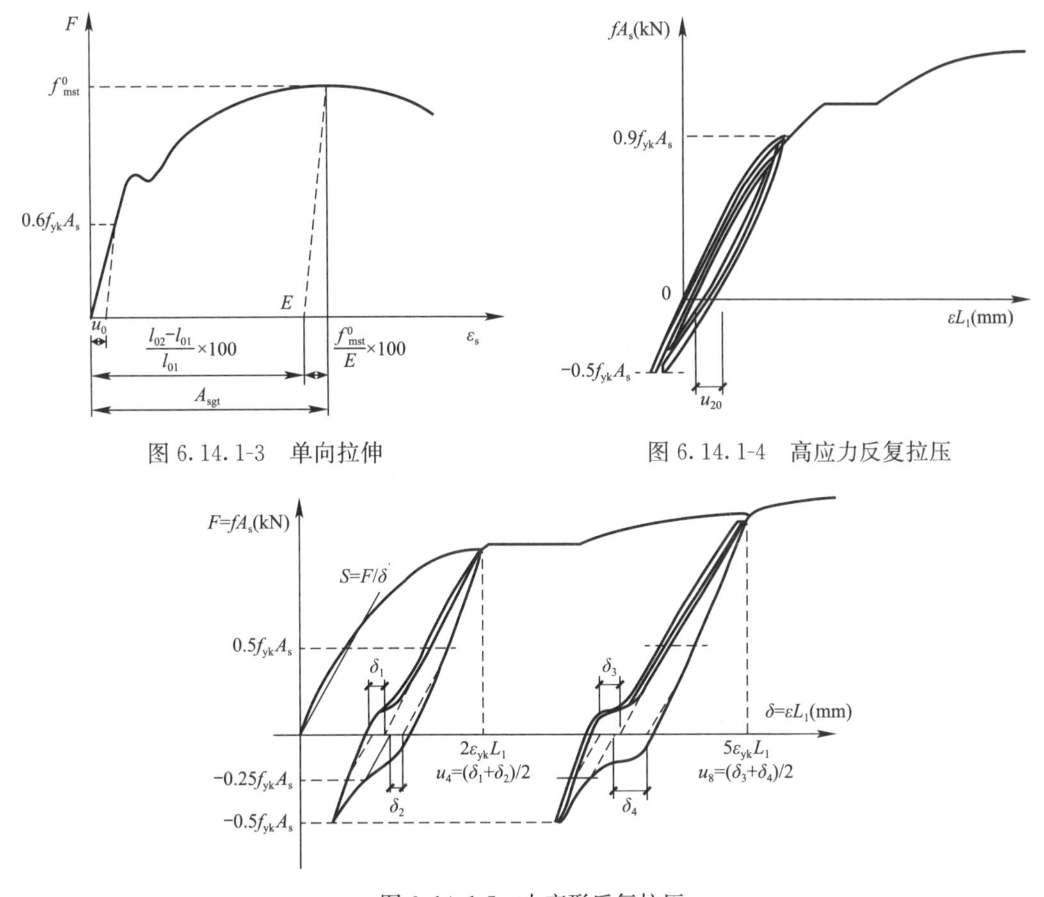


图 6.14.1-3　单向拉伸

图 6.14.1-4　高应力反复拉压

图 6.14.1-5　大变形反复拉压

连接件不包括在变形测量标距内，排除了不同连接件长度对试验结果的影响，使接头试件最大力总延伸率 $A_{sgt}$ 指标更客观地反映接头对钢筋延性的影响，因为结构的延性主要是依靠接头范围以外钢筋的延性，而非接头本身的延性。

**3. 加载制度**

图 6.14.1-3～图 6.14.1-5 中，$S$ 线表示钢筋的拉、压刚度；$F$ 为钢筋所受的力，等于钢筋应力 $f$ 与钢筋理论横截面面积 $A_s$ 的乘积；$\delta$ 为力作用下的钢筋变形，等于钢筋应变 $\varepsilon$ 与变形测量标距 $L_1$ 的乘积；$A_s$ 为钢筋理论横截面面积（$mm^2$）；$L_1$ 为变形测量标距（mm）；$\delta_1$ 为 $2\varepsilon_{yk}L_1$ 反复加载 4 次后，在加载力为 $0.5f_{yk}A_s$ 及反向卸载力为 $-0.25f_{yk}A_s$ 处作 $S$ 的平行线与横坐标交点之间的距离所代表的变形值；$\delta_2$ 为 $2\varepsilon_{yk}L_1$ 反复加载 4 次后，在卸载力为 $0.5f_{yk}A_s$ 及反向卸载力为 $-0.25f_{yk}A_s$ 处作 $S$ 的平行线与横坐标交点之间的距离所代表的变形值；$\delta_3$、$\delta_4$ 为 $5\varepsilon_{yk}L_1$ 反复加载 4 次后，按与 $\delta_1$、$\delta_2$ 相同方法所得的变形值。

**4. 加载速度**

测量接头试件残余变形时的加载应力速率宜采用 $2N/(mm^2 \cdot s)$，应$\leqslant 10N/(mm^2 \cdot s)$；测量接头试件的最大力下总伸长率或极限抗拉强度时，试验机夹头的分离速率宜采用 $0.05L_c$/min，$L_c$ 为试验机夹头间的距离。速率的相对误差宜$\leqslant\pm20\%$。

5. 数据处理

试验数据的判定应采用现行国家标准《数值修约规则与极限数值的表示和判定》GB/T 8170 中规定的修约值比较法，钢筋接头的极限抗拉强度应修约至 1MPa。

### 6.14.2 疲劳检验

用于疲劳试验的接头试件，应按接头技术提供单位的相关技术要求制作、安装，钢筋接头通常有一定程度的弯折，弯折试件拉直过程中增加了附加应力，对疲劳试验结果有影响，因此试件组装后的弯折角度应≤1°，以尽量减少这种影响，试件的受试段长度宜≥400mm。

接头试件疲劳性能试验宜采用低频试验机进行，应力循环频率宜选用 5～15Hz，当采用高频疲劳试验机进行疲劳试验时，应力幅或试验结果宜做修正。试验过程中，当试件温度超过 40℃时，应采取降温措施。钢筋接头在高低温环境下使用时，接头疲劳试验应在相应的模拟环境条件下进行。

有关钢筋接头疲劳试验的频率，*Steels for the reinforcement of concrete—Reinforcement couplers for mechanical splices of bars—Part 2: Test methods*（钢筋接头试验方法标准）ISO 15835-2：2018 中规定为 1～200Hz；现行行业标准《钢筋焊接接头试验方法标准》JGJ/T 27 规定为：低频试验机 5～15Hz，高频试验机 100～150Hz；RILEM（国际材料与结构研究实验联合会，RILEM 为法文 Réunion Internationale des Laboratoires et Experts des Matériaux，systèmes de construction et ouvrages 的缩写）、FIP（国际预应力混凝土协会，FIP 为法文 Fédération Internationale de la Précontrainte 的缩写）、CEB（欧洲混凝土协会，CEB 为法文 Comité Euro-International du Béton 的缩写）联合发布的建议中，混凝土用钢筋疲劳试验频率为 3～12Hz。丁克良研究了 4 种频率（2.5～195Hz）对国产钢筋疲劳强度的影响，认为频率对国产低合金钢筋疲劳性能的影响较大，建议国产钢筋疲劳试验频率宜采用 5Hz，并提供了高频试验结果的折减系数。铁道科学研究院建议疲劳试验频率为 5～15Hz。根据上述国内外研究成果规定，接头疲劳试验频率宜采用 5～15Hz，高频试验结果应做修正。

与 ISO 15835-2：2018 的规定一致，试件经 $2\times10^6$ 次循环加载后可终止试验。当循环加载次数少于 $2\times10^6$ 次，试件断于接头长度范围外、接头外观完好且夹持长度足够时，允许继续进行疲劳试验。

接头疲劳试验尚应符合现行国家标准《金属材料 疲劳试验 轴向力控制方法》GB/T 3075 的相关规定。

### 6.14.3 抗飞机撞击性能检验

抗飞机撞击性能试验在室温条件下进行，模拟了因爆炸或撞击等事件而作用在核电工程结构上的极端载荷，在这种荷载作用下，接头会在极短的时间内被加载到失效。接头抗飞机撞击性能试验装置见图 6.14.3。将标距过的抗飞机撞击型接头试件放在实验加载器的夹具之间，控制加载理论应变率为 $1.0s^{-1}$，即加载速率 $V_0=|L_0|$。

试验机的力、位移传感器应取得有效的校准证书，示值误差均不应超过 1%。

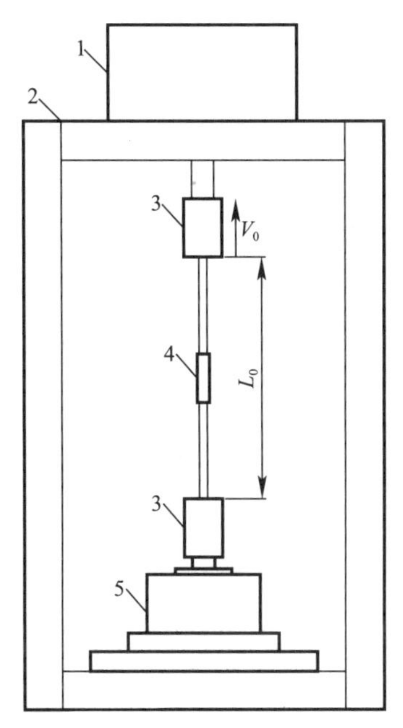


$L_0$—夹具之间接头试件的长度，mm；$V_0$—接头抗飞机撞击试验的理论加载速率，mm/s；
1—加载动力装置；2—负载框架；3—夹具；4—接头试件；5—荷载传感器

图 6.14.3 接头抗飞机撞击性能试验装置示意

在试验过程中，加载动力装置活塞杆位移和试件拉力数据的采样频率不应低于500Hz。试件 $t$ 时刻的应变率应按下式计算：

$$\dot{\varepsilon}_t = \frac{S_{t+t_0} - S_t}{(L_0 + S_t)t_0} \tag{6.14.3-1}$$

式中 $\dot{\varepsilon}_t$——试件 $t$ 时刻的应变率（瞬间应变率），$s^{-1}$；

$S_{t+t_0}$——$t+t_0$ 时刻活塞杆的位移量，mm；

$S_t$——$t$ 时刻活塞杆的位移量，mm；

$L_0$——夹具之间接头试件的长度，mm；

$t_0$——试验机控制器位移数据采样时间间隔（一般为 0.002s）。

接头抗飞机撞击性能试验的理论加载速率 $V_0$ 应按下式计算：

$$V_0 = \dot{\varepsilon}_0 L_0 \tag{6.14.3-2}$$

式中 $V_0$——接头抗飞机撞击性能试验的理论加载速率，mm/s；

$\dot{\varepsilon}_0$——理论应变率，$s^{-1}$；

$L_0$——夹具之间接头试件的长度，mm。

屈服-最大力阶段实际平均加载速率与理论加载速率的相对误差不宜大于±20%。最大力时，瞬间应变率不应小于理论应变率 $1.0s^{-1}$。

### 6.14.4 现场检验

现场工艺检验接头试件残余变形检验的仪表布置、测量标距和加载速率与型式检验的要求相同。

现场工艺检验中，按型式检验的加载制度进行接头残余变形检验时，可采用≤

$0.012A_s f_{yk}$ 的拉力作为名义上的零荷载。接头试件单向拉伸残余变形的检验可能受当地试验条件限制，当夹持钢筋接头试件采用手动楔形夹具时，无法准确在零荷载时设置变形测量仪表的初始值，这时允许施加≤2%的测量残余变形拉力，即 $0.02\times0.6A_s f_{yk}$ 作为名义上的零荷载，并在此荷载下记录试件接头两侧变形测量仪表的初始值，加载至预定拉力 $0.6A_s f_{yk}$ 并卸载至该名义零荷载时再次记录两侧变形测量仪表读数，两侧仪表各自差值的平均值即为接头试件单向拉伸残余变形值。尽管上述方法不是严格意义上的零荷载，但由于施加荷载较小，其误差是可以接受的。本方法仅在施工现场工艺检验中测量接头试件单向拉伸残余变形时采用。工艺检验时，当接头单向拉伸试验仅测定试件极限抗拉强度时，满足相应接头等级的强度要求后可停止试验，减少钢筋拉断对试验机的损伤。

现场抽检接头试件的极限抗拉强度试验应采用 0 到破坏的一次加载制度。

接头两端钢筋直径、强度等级不一致时，在接头的工艺检验及现场验收抽检试件的极限抗拉强度试验中，$f_{stk}$（钢筋极限抗拉强度标准值）按两端钢筋中极限承载力标准值较小的钢筋 $f_{stk}$ 取用，并采用《钢筋机械连接技术规程》JGJ 107—2016 中表 3.0.5 进行合格判定。

接头两端钢筋直径、强度等级不一致时，在进行残余变形 $u_0$ 试验中，控制应力 $0.6f_{yk}$ 中的 $f_{yk}$（钢筋屈服强度标准值），按试件中两端钢筋极限承载力标准值较小的钢筋 $f_{yk}$ 取值，并采用《钢筋机械连接技术规程》JGJ 107—2016 中表 3.0.7 进行合格判定。

## 6.15 常见的钢筋机械连接技术

### 6.15.1 带肋钢筋套筒径向挤压连接

带肋钢筋套筒径向挤压连接自 20 世纪 90 年代初至今，在我国被广泛应用于建筑工程中。带肋钢筋套筒径向挤压连接是质量有保证、效率高、综合技术经济效益良好的钢筋连接技术，具有以下特点和明显优势：

1）接头强度和延性高，挤压工艺性能稳定，质量可靠。性能易达到《钢筋机械连接技术规程》JGJ 107—2016 规定的Ⅰ级接头要求，实现钢筋等强度连接，疲劳性能良好；无需在钢筋端部加工螺纹，避免了螺纹质量波动产生的质量隐患。

2）施工简便、效率高。操作简单，安装人员仅需经过短期培训即可独立作业；现场连接安装作业占用时间短，每个套筒挤压连接接头所需的现场挤压时间仅为 1～3min。工程实施时，可在加工场区将挤压套筒与钢筋连接，完成套筒挤压接头的一半，在现场挤压完成另一根钢筋的连接。

3）适应性强。可用于垂直、水平、倾斜、高空、水下等各方位的钢筋连接；钢筋种类和化学成分对连接质量影响较小，不但适用于热轧带肋钢筋和余热处理钢筋，还适用于延性和焊接性差的钢筋、环氧树脂涂层钢筋及进口带肋钢筋的连接；对不能转动的钢筋，如钢筋笼、钢筋网片等模块化钢筋实现可靠连接。

4）接头质量检验方便直观。通过外观检查挤压道数和钢筋插入套筒深度，测量压痕直径和挤压后套筒长度即可判定接头质量。

5）节材节能、环保安全。相对于绑扎搭接连接，节约钢筋；油泵动力仅 1～3kW，不受电源容量限制，挤压设备轻巧、灵活，节省能源、耗电低；接头现场施工无污染、无明火操作、无烟尘；无火灾及爆炸隐患，施工安全、可靠。

6）全天候施工，不受风、雨、雪等气候和电力条件的影响。

7）缓解钢筋搭接处的拥挤，有利于混凝土浇筑。

带肋钢筋套筒径向挤压连接现场施工劳动强度较大；需要钢筋间距足够以保证挤压操作空间；生产效率较螺纹连接低，成本较螺纹连接高。因此，在锥螺纹特别是直螺纹技术出现后，带肋钢筋径向挤压连接市场占有率逐年降低，目前国内用量较小，常用于新旧混凝土结构钢筋续接或钢筋笼、预制构件钢筋等模块化钢筋连接。

**1. 基本原理**

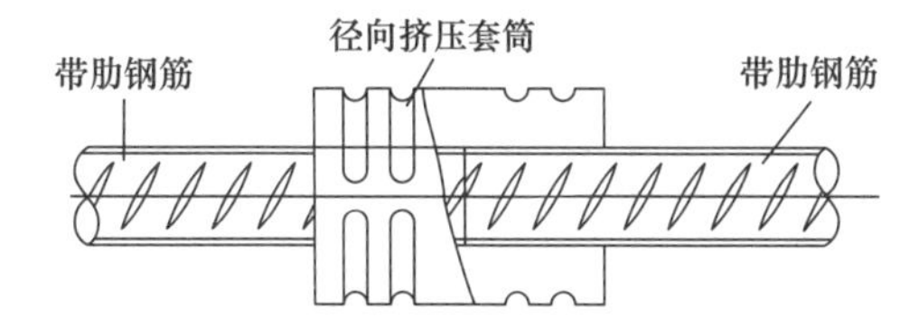

图 6.15.1-1　带肋钢筋套筒径向挤压连接接头

带肋钢筋套筒径向挤压连接接头是通过沿钢筋直径方向的挤压力使挤压套筒产生塑性变形与带肋钢筋紧密咬合形成的接头，如图 6.15.1-1 所示。根据定义可知，该技术仅用于带肋钢筋的连接，不得用于光圆钢筋。将专用的挤压套筒套在 2 根待连接钢筋端部连接处，采用钢筋套筒挤压机在常温下对挤压套筒沿钢筋直径方向（即与挤压套筒轴线垂直）施加压力，挤压套筒产生塑性变形后与带肋钢筋的横肋紧密咬合，从而实现 2 根钢筋的连接。带肋钢筋套筒径向挤压连接将套筒挤压变形分成多次完成，每次挤压所需挤压力仅几十吨，因此被现场施工广泛应用。

针对带肋钢筋套筒径向挤压连接，历史上曾发布实施过专门标准，如《带肋钢筋挤压连接技术及验收规程》YB 9250—93、《带肋钢筋套筒挤压连接技术规程》JGJ 108—96 等，目前执行的标准是《钢筋机械连接技术规程》JGJ 107—2016 和《钢筋机械连接用套筒》JG/T 163—2013。

**2. 施工**

带肋钢筋套筒径向挤压连接施工如图 6.15.1-2 所示，主要工艺为：钢筋准备→画定位标记→安装挤压套筒→挤压操作→挤压完成并检查质量。

（1）技术资料审核

按第 6.12.1 节的要求进行技术资料审核。

（2）施工准备

1）人员：应符合第 6.12.2 节的要求。每台设备配备油泵操作、挤压操作人员各 1 名。

2）设备：钢筋挤压连接设备自 20 世纪 70 年代诞生，发展至今已近 50 年，由最初的单一型号挤压钳、手动换向阀泵站，逐步向系列化挤压钳、配备电磁换向阀的 60～70MPa 大流量泵站发展，追求设备性能稳定、故障率低、工作自动化程度高，以节省人工、降低劳动强度，通过对设备挤压工作压力和挤压位置的精确控制提高接头合格率。为便于施工操作，挤压连接机械的辅助机具包括竖向钢筋连接使用的挤压钳悬挂器、地面预制挤压套筒配套挤压钳移动滑车、大吨位多道次挤压钳等相继开发。

挤压连接设备由超高压泵站、超高压油管和挤压钳组成，配套工具有钢筋挤压压模、吊挂小车、平衡器、角向砂轮、画标志工具及检查压痕卡板卡尺等。典型的套筒径向挤压机如图 6.15.1-3 所示。

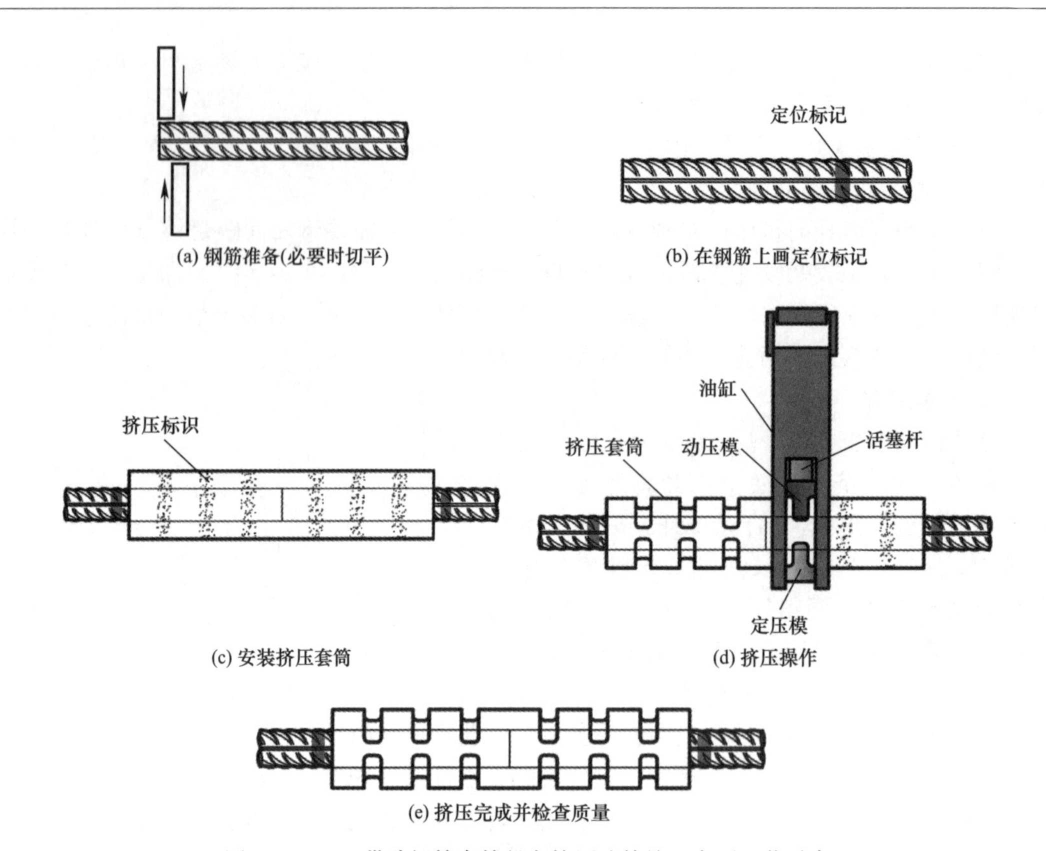


图 6.15.1-2　带肋钢筋套筒径向挤压连接施工主要工艺示意

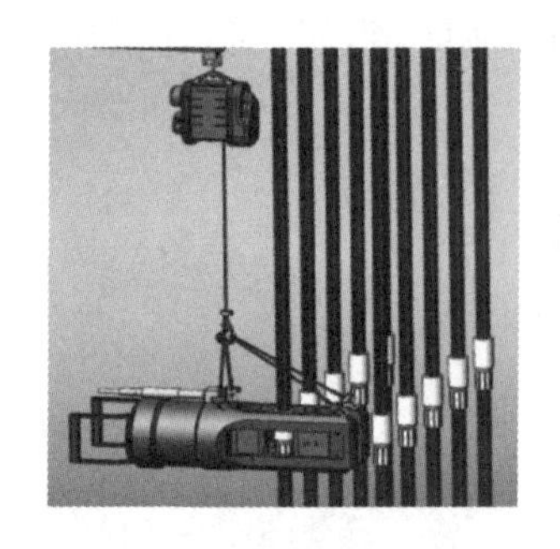

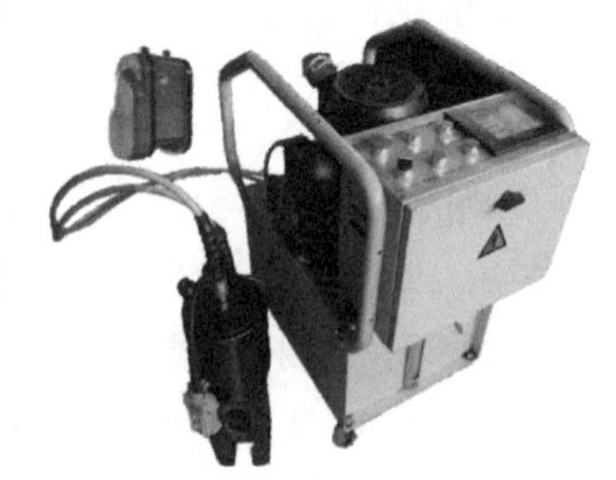

图 6.15.1-3　典型的套筒径向挤压机

为适应不同直径钢筋连接的需要，一般按大、小或大、中、小钢筋直径设计不同型号的挤压设备，应根据拟连接的钢筋规格、钢筋间距合理选择挤压设备型号，设备提供单位应提供详细的设备操作、维护及保养手册。套筒径向挤压机选用时还应注意确保适合连接各个方向及密集布置的钢筋，不仅适用于钢筋加工厂和施工现场地面的钢筋连接，而且适用于工程实体部位的钢筋连接。每台钢筋套筒挤压机形成 1 个班组，操作人员 2 名，1 名负责操作泵站，1 名负责操作压钳。

套筒挤压连接设备配置的数量与施工工期、工程种类、资金情况和操作人员熟练程度有关，可大致按 1～2 套设备/万 $m^2$ 考虑设备配置。大型工程每 1 万 $m^2$ 设备配置少一些，小型工程每 1 万 $m^2$ 设备配置多一些。

3）钢筋：套筒挤压连接施工前应确认用于套筒挤压连接的钢筋满足要求。带肋钢筋的外形特别是钢筋横肋的高、宽、间距必须符合国家现行标准《钢筋混凝土用钢 第2部分：热轧带肋钢筋》GB/T 1499.2、《钢筋混凝土用余热处理钢筋》GB/T 13014及《钢筋混凝土用不锈钢钢筋》YB/T 4362的相关规定。除上述钢筋外，符合国家现行标准《钢筋混凝土用耐蚀钢筋》GB/T 33953、《钢筋混凝土用热轧耐火钢筋》GB/T 37622、《液化天然气储罐用低温钢筋》YB/T 4641及按国外标准生产的带肋钢筋，其套筒径向挤压连接可参考《钢筋机械连接技术规程》JGJ 107—2016应用，除应开展必要的钢筋机械连接工艺研究、型式检验外，挤压套筒原材料还应注意满足对应的耐蚀、耐火或低温性能要求。

4）挤压套筒：挤压连接施工前应检查挤压套筒是否满足要求。挤压套筒内孔为光孔，如图6.15.1-4所示。

图6.15.1-4 径向挤压套筒

各单位使用的挤压套筒规格尺寸并不完全一致，现列出400MPa级带肋钢筋用径向挤压套筒尺寸，如表6.15.1所示，供工程界参考。

**400MPa级带肋钢筋用径向挤压套筒参考尺寸** **表6.15.1**

| 钢筋规格/mm | 挤压套筒尺寸/mm | | | 理论质量/kg |
|---|---|---|---|---|
| | 外径 | 壁厚 | 长度 | |
| 18 | 34 | 5.5 | 125 | 0.47 |
| 20 | 36 | 6 | 130 | 0.58 |
| 22 | 40 | 6.5 | 140 | 0.75 |
| 25 | 45 | 7.5 | 170 | 1.18 |
| 28 | 50 | 8 | 190 | 1.58 |
| 32 | 57 | 10 | 200 | 2.31 |
| 36 | 63.5 | 11 | 220 | 3.14 |
| 40 | 70 | 12 | 250 | 4.37 |

（3）工艺参数

工艺检验详见第6.12.3节。

挤压操作时采用的挤压力、压痕宽度、压痕直径、挤压后套筒长度方向波动范围及挤压道数等均应满足经型式检验及工艺检验确定的技术参数要求。其中，压痕宽度、压痕直径和挤压道数是挤压工艺的主要参数，同时，也是对挤压接头进行外观检验判定接头是否合格的重要依据。

压模形状对压痕宽度、压痕直径具有重要影响，压模形状是否合理直接影响挤压工艺参数的选择与确定。挤压压模形状应根据钢筋外形、直径、挤压套筒尺寸和挤压钳挤压能力等因素进行综合设计。目前，我国带肋钢筋主要为月牙肋形钢筋，其横肋仅占钢筋周长的2/3。为增加挤压套筒和钢筋的有效结合面积、增加挤压接头的可靠性，通常设计圆口型压模，该压模实际挤压时，无论加压角度（挤压方向和钢筋纵肋平面的夹角）是0°、45°还是90°，均能保证挤压套筒和钢筋紧密结合，压痕处有效结合面积达95%以上。在挤压套筒材料和挤压参数相同条件下，虽然挤压角度为0°的挤压接头性能不如挤压角度为

90°的接头，但其性能可保证满足Ⅰ级接头性能指标要求。因此，在工程施工中，有条件时，控制挤压在90°方向，可更好地保证接头性能；无条件时，即使仅能挤压在0°方向，只要在规定的道数和压痕深度要求范围内，同样能保证接头性能合格。

在压模形状确定的条件下，压模刃口宽度按照设备能力设计，随挤压连接钢筋直径不同而不同，连接小直径钢筋的压模刃口宽度一般较大直径钢筋的压模宽，这样可充分利用挤压钳的能力，虽然连接钢筋直径不同，但泵站工作压力基本一致，便于操作人员掌握。

压痕直径即挤压变形量是挤压连接工艺的另一重要参数，也是鉴定接头是否合格的依据之一。变形量过小，挤压套筒与钢筋横肋咬合少，受力时剪切面积小，往往会造成接头强度达不到要求或残余变形量过大。变形量过大，易造成挤压套筒壁被挤得太薄，挤压处挤压套筒截面太小，受力时易在挤压套筒挤压处发生断裂。因此，压痕直径须控制在合理的范围内。实际工程应用时，用相应的检测卡板检查压痕最小直径，其尺寸控制在允许范围内。

套筒挤压接头质量、工效与挤压道数有直接关系，而挤压道数又与挤压设备能力、钢筋规格、压模尺寸、挤压套筒材质及壁厚有关。工艺设计的主要原则是以尽量少的挤压道数，使钢筋挤压连接接头性能达到最优。挤压接头的挤压道数可由试验结果、施工条件并考虑接头安全裕度确定。

（4）待连接钢筋处理

1）挤压连接前，应清除挤压套筒及钢筋待挤压部位的铁锈、油污、砂浆、油漆等附着物。

2）钢筋端部应平直，弯折应予以矫正，影响挤压套筒安装的马蹄、飞边、毛刺应予以修磨或切除。如遇纵肋过高及影响挤压套筒插入时，可用手砂轮适当修磨纵肋。钢筋横肋对接头性能有重要影响，施工时严禁打磨横肋，如果因横肋过高影响挤压套筒插入，可针对性地选择使用内孔直径正偏差的挤压套筒。

3）钢筋端部应按规定要求用油漆画出定位标记线和检查标记线，确保在挤压和挤压后按定位标记检查钢筋伸入套筒内的长度。标记线应横跨纵肋并与钢筋轴线垂直，长度宜≥20mm。标记线不宜过粗，以免影响钢筋插入深度的准确度。

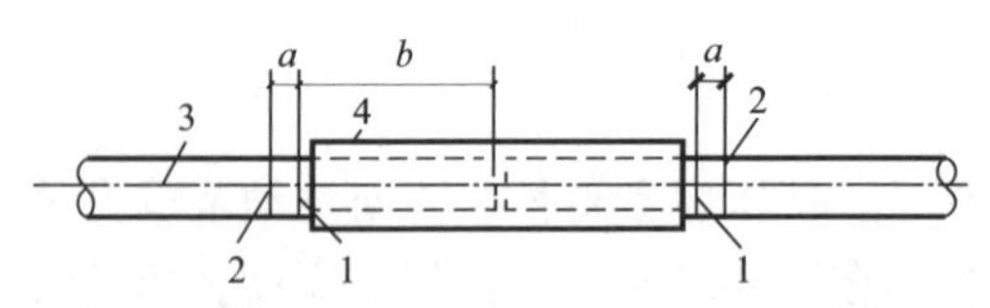

1—定位标记；2—检查标记；3—钢筋；4—钢套筒

图 6.15.1-5 钢筋定位标记和检查标记

定位标记距钢筋端部的距离为挤压套筒长度的1/2，如图 6.15.1-5 中 $b$ 所示。检查标记与定位标记的距离为 $a$，当挤压套筒长度＜200mm时，$a$ 取 10mm；当挤压套筒长度≥200mm时，$a$ 取 15mm。定位标记指示挤压套筒应插入的深度位置，当挤压连接成接头后由于挤压套筒变形伸长，定位标记被挤压套筒遮盖，接头外钢筋上仅可见到检查标记，通过检查标记的检验，可确定挤压套筒中钢筋的位置是否正确。

（5）挤压操作

挤压操作前检查挤压设备是否正常，安装对应的压模，根据压接工艺要求调整相应的工作油压并试车运行，符合要求后方可作业。确保被连接钢筋的直径、挤压套筒型号、压模型号及检验卡板型号一致，严禁混用。挤压操作中重点控制五要素：最小压痕直径、挤压后套筒长度、钢筋插入套筒深度、挤压顺序、挤压道次，均应满足现行行业标准《钢筋机械连接技术规程》JGJ 107 和技术提供单位的企业标准要求。挤压操作具体步骤如下：

1）退回上压模，取出下压模，将挤压套筒套在钢筋端部后，通过挤压钳U形架放入上压模刃口中，放入下压模，用模挡铁锁定。将钢筋插入对应规格的挤压套筒内，其插入深度应按钢筋定位标记确定，钢筋端头距套筒长度中点宜≤10mm，确保钢筋插入深度，以防压空。被连接钢筋的轴心与挤压套筒轴心应保持同一轴线，防止偏心和弯折。

2）挤压套筒应靠在压模刃口圆弧中央，注意保持挤压钳轴线与钢筋轴线垂直，并应尽可能使压模压在钢筋横肋上（即垂直于横肋方向），以使接头获得最佳性能。

3）按钢筋上的定位标记放好挤压套筒，在压接接头处挂好平衡器与压钳，接好进、回油油管，启动超高压泵，调节好压接力所需的油压力，然后将下压模挡铁打开，取出下模，把挤压机机架的开口插入被挤压的带肋钢筋的连接套中，插回下模，锁死挡铁，挤压钳在平衡器的平衡力作用下，对准挤压套筒表面的压痕标志并垂直于被压钢筋的横肋，控制挤压机换向阀进行挤压。压接结束后将紧锁的挡铁打开，取出下模，退出挤压机，则完成挤压施工。必须由挤压套筒中部的压痕标志依次向挤压套筒两端挤压，如从套筒两边开始顺次向中间挤压，可能造成钢套筒开裂或压空（挤压到无钢筋处）而切断套筒。为避免压空，钢套筒中央无挤压标志的部位（约20～30mm）严禁挤压。务必注意“两个严禁”：严禁由两端向中间挤压，严禁对挤压套筒中间未喷挤压标记处实施挤压。

4）泵站压力的控制应以满足最小压痕直径为依据。刚开始挤压时，可能不明确用多大的压力才能达到压痕深度要求，压力可以小一些，然后用检验卡板检查，检验卡板插在挤压压痕处，钢套筒压痕最小直径处通过卡板通段并有空余间隙，但止于检验卡板止段处，则为合适的挤压力。如达不到要求，可在原位置上加大压力，直至满足要求，可按此时的压力继续顺序挤压。无论哪种规格的挤压套筒，在挤压最后一道时，由于金属变形拘束减小，压力应控制在较其他道次压力小2～4MPa；否则，最后一道的最小压痕直径会变小或超出下限。应注意，由于挤压速度较快，在施工过程中，操作人员应注意力集中，到达所需压力时及时换向，以免挤压过度。

5）全部压痕挤压完毕，退回上压模，抽出下压模，移开挤压钳或钢筋，连接完成。

（6）挤压施工工序

根据施工条件，带肋钢筋套筒挤压连接可分为地面预制和施工工位连接。

地面预制可先在地面上挤压完成一根钢筋的挤压连接，再在施工工位上完成另一根钢筋的挤压连接，或完成整个接头后将两根钢筋接长。地面预制是为了减少施工工位挤压工作量、提高生产率采用的工艺。如有场地和时间，应尽量安排进行地面预制。地面预制均为水平连接施工，可不动设备，将挤压钳放在小滑车上，操作省力、速度快。对于工程现场竖向连接的接头，一般采用地面预制工序先挤压一半。

在工程现场进行竖向连接时，将地面已完成一半连接的挤压套筒套在结构中的待连接钢筋端部，将挤压钳用升降器悬挂在邻近脚手架或钢筋上，在升降器调整挤压钳的位置，对准挤压套筒的挤压标志，按操作要求进行顺次挤压。接头完成后，应进行外观检查，发现不合格接头应立即补救或切除。必须在工程现场进行整个接头的挤压连接时，还应特别注意保证钢筋插入钢套筒内的深度正确，防止出现不合格接头。

（7）现场检验与验收

检查钢筋出厂质量证明书或试验报告单、钢筋机械性能试验报告、挤压套筒合格证、接头强度试验报告单等。通过外观质量检查可发现并排除挤压连接施工中影响接头性能的隐患，提高施工质量。套筒挤压连接接头的现场检验与验收除应满足相关标准的要求外，每个挤压套筒挤压完毕后，操作人员应对挤压完成的接头进行100%自检，检验内容包括：

1）检查钢筋上的检查标记到与接头钢套筒两边端的距离，以判断2根钢筋在挤压套筒内的插入深度是否满足要求，即钢套筒内的钢筋插入深度是否各为1/2挤压套筒长度。

2）检查挤压道次是否符合要求。相邻两道不得叠压，最边一道应完整，钢套筒中央有20mm以上间隙不挤压。

3）观察检查标志，判定挤压顺序是否符合从中间依次向两端挤压的要求。

4）用检验卡板检验压痕直径是否符合最小压痕直径范围要求。

5）挤压套筒压痕处及挤压套筒表面有无可见裂纹或质量缺陷。

自检合格后，该批接头报质检人员验收和制取拉伸试验试件。自检发现的不合格接头及时补压修复或切掉无法修复的接头，重新挤压连接。

### 6.15.2 带肋钢筋套筒轴向挤压连接

我国早在20世纪80～90年代就开展了带肋钢筋套筒轴向挤压连接技术的应用研究，在发展初期，由于轴向挤压连接件尺寸较大，轴向挤压所需纵向推力需上百吨，导致挤压设备体积、重量均较大，现场施工操作不便，难以在工程施工现场的钢筋连接工位使用，且受限于轴向挤压连接件原材料的工艺水平，轴向挤压接头质量不够稳定，因此，带肋钢筋套筒轴向挤压连接技术未得到大范围的应用。

近年来，在建筑工业化和智能建造的背景下，为提高钢筋工程工业化水平、推进和适应模块化钢筋应用，亟须一种安全可靠、成本可控、操作简便的新型钢筋连接技术。相关企业对轴向挤压连接技术进行了优化，选用高强度、高延性的新材料，升级轴向挤压连接设备。轴向挤压连接件和设备升级换代，配套施工技术也取得了长足的进步，使带肋钢筋套筒轴向挤压连接技术焕发出了新的生命力。

目前，吸纳带肋钢筋轴向挤压连接技术的标准有：中国交通运输协会标准《带肋钢筋轴向冷挤压连接技术规程》T/CCTAS 34—2022、中国工程建设标准化协会标准《轴向冷挤压钢筋连接技术规程》T/CECS 1282—2023、中国核工业勘察设计协会标准《核电工程钢筋机械连接技术规程》T/CNIDA 017—2024、中国水运建设行业协会标准《模块化钢筋机械连接技术规程》T/CWTCA XX（制定中）等。

**1. 基本原理**

带肋钢筋套筒轴向挤压连接接头是通过沿钢筋轴线方向的挤压力使挤压连接件塑性变形与带肋钢筋紧密咬合形成的接头，如图6.15.2-1所示。将挤压连接件套在两根待连接带肋钢筋端部连接处，使用专用压结器在常温下对挤压连接件沿钢筋轴线方向（即与挤压连接件轴线平行）施加推力，压结器内的缩径压模将轴向的推力转化为径向的压力，使挤压连接件产生均匀的径向收缩、塑性变形后与带肋钢筋的横肋紧密咬合，从而实现两根钢筋的连接。

带肋钢筋套筒轴向挤压连接接头采用的挤压连接件，其内壁为光孔（图6.15.2-2a）或预制齿牙（图6.15.2-2b），预制齿牙的挤压连接件通过齿牙嵌入钢筋横纵肋形成紧密、连续的齿状机械咬合，从而有效传递钢筋间的轴向拉力或压力。

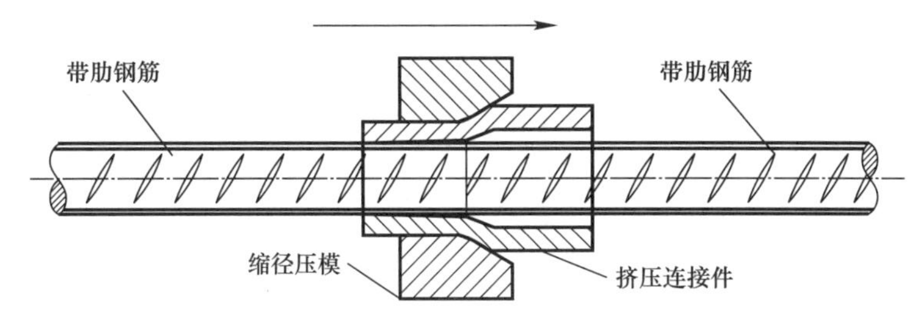


图 6.15.2-1　带肋钢筋套筒轴向挤压连接接头

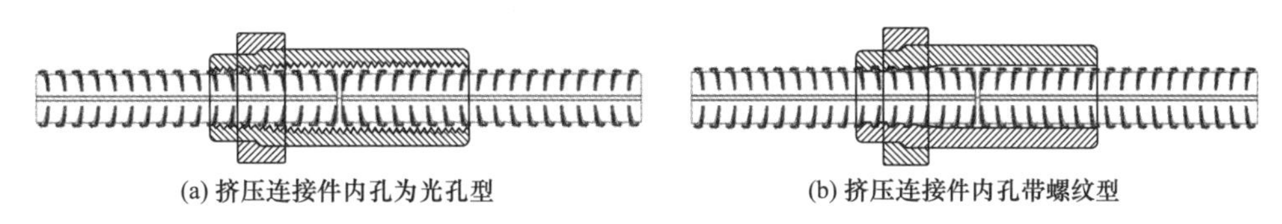


图 6.15.2-2　轴向挤压连接件

带肋钢筋套筒轴向挤压连接件连接同直径或不同直径钢筋时，分别形成图 6.15.2-3（a）和图 6.15.2-3（b）所示的标准型接头和异径型接头。

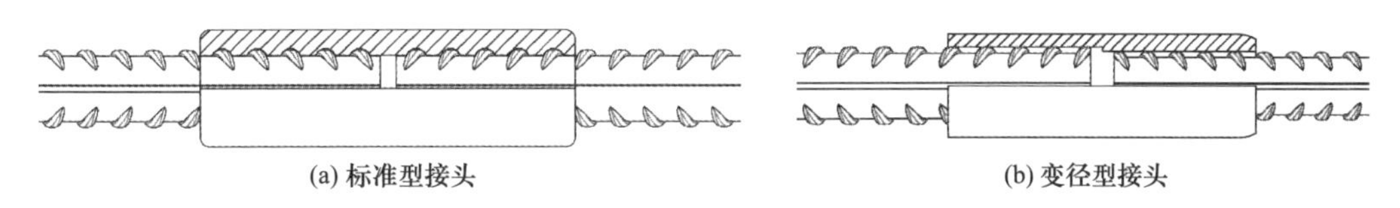


图 6.15.2-3　带肋钢筋套筒轴向挤压连接接头

利用轴向挤压的原理，带肋钢筋轴向挤压连接接头可衍生出齿牙复合连接夹片锁紧钢筋接头，使用专用的压结器自两端向中间挤压连接件外套，外套轴向移动的同时，对内套施加径向挤压力，使内套齿牙与钢筋横纵肋形成紧密、连续的齿状机械咬合，从而有效传递钢筋间的轴向拉力或压力。其专用压结器工作行程短，适用于操作空间狭小的工况。如图 6.15.2-4 所示，齿牙复合连接夹片锁紧钢筋接头由 2 个齿牙复合连接夹片、1 个连接套、2 个外套与待连接带肋钢筋组成。通过对 2 外套外端面施加轴向力，外套轴向内收的同时，对齿牙复合连接夹片施加径向挤压力，使齿牙复合连接夹片径向锁紧、内孔齿牙咬合到钢筋的纵、横肋上，达到连接的效果。

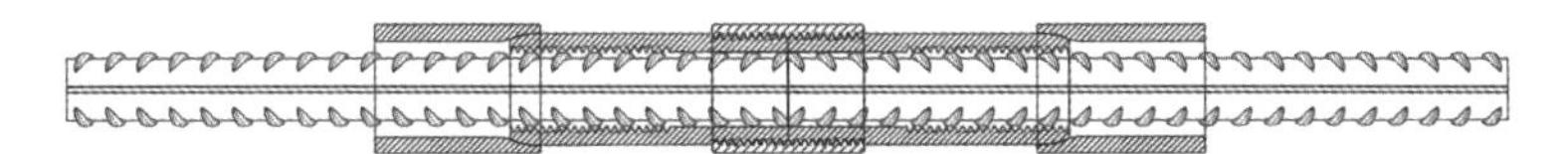

图 6.15.2-4　齿牙复合连接夹片锁紧钢筋接头

齿牙复合连接夹片锁紧钢筋连接件连接同直径或不同直径钢筋时，分别形成图 6.15.2-5（a）和图 6.15.2-5（b）所示的标准型接头和异径型接头。

在齿牙复合连接夹片锁紧钢筋接头的基础上，将连接套的替换为带正反丝扣的调节螺母和锁紧螺母，称为可调节型齿牙复合连接夹片锁紧钢筋接头。挤压完成后，通过旋转调节螺母，可微调 2 根带肋钢筋的最终就位位置，适用于预制构件间钢筋连接或模块化钢筋等需要调平的工况，如图 6.15.2-6 所示。通过对 2 外套外端面施加轴向力，外套轴向移动的同时，对齿牙复合连接夹片施加径向挤压力，使齿牙复合连接夹片径向缩紧、内孔齿牙咬合到钢筋纵、横肋间上，挤压完成后，旋转调节螺母，利用正反丝原理，使其两侧的带肋钢筋之间收拢或胀开，从而达到上下调平的目的，调整完成后拧紧锁紧螺母，完成钢筋连接。

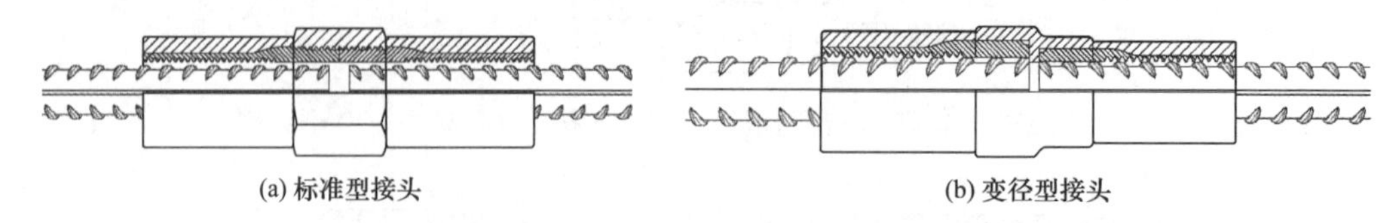


图 6.15.2-5　齿牙复合连接夹片锁紧标准型及异径型钢筋接头

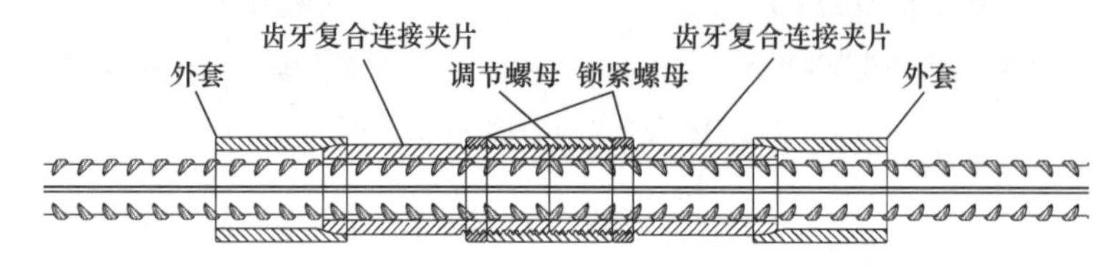


图 6.15.2-6　可调节型齿牙复合连接夹片锁紧钢筋接头

可调节型齿牙复合连接夹片锁紧钢筋连接件连接同直径或不同直径钢筋时，分别形成如图 6.15.2-7（a）和图 6.15.2-7（b）所示的标准型接头和异径型接头。

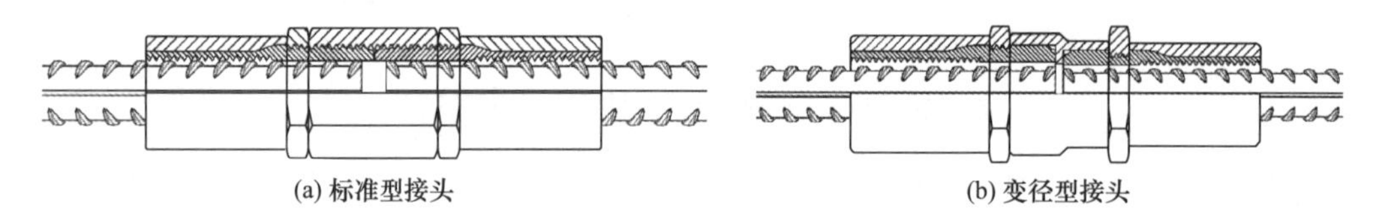


图 6.15.2-7　齿牙复合连接夹片锁紧标准型及异径型钢筋接头

**2. 特点**

带肋钢筋套筒轴向挤压连接接头具有以下特点：

（1）结构简单合理：连接件组件数量少，易加工，质量稳定。

（2）施工方便：连接钢筋端部无需加工丝头，节省人工和场地，连接可在施工作业面一次完成。安装人员需求少，2 人即可完成批量施工。

（3）性能稳定可靠：静力作用下的强度和延性、静荷载作用下的滑移、低周反复荷载下的性能（高应力反复拉压及大变形反复拉压）、高周疲劳载荷下的性能（疲劳性能）、瞬间加载冲击下的性能等均满足国家有关标准的要求。相比其他各类型接头，钢筋套筒轴向挤压接头能实现施工现场截取试件并 100%断于钢筋母材。

（4）施工高效、安全。连接时不需要转动钢筋，单根钢筋连接时效可达 15 秒/根，连接后能够立刻达到使用强度要求；大量减少高空施工作业量，减少吊车占用时间，降低高空施工风险。

（5）容差能力及可操作性强：标准型产品可实现钢筋径向偏差为 1 倍钢筋直径之内、轴向偏差为 20mm 之内的模块化钢筋连接；可操作性强，适应狭小空间内的安装施工作业。

**3. 施工**

（1）技术资料审核

按第6.12.1节的要求进行技术资料审核。

（2）施工准备

1）人员：应符合第6.12.2节的要求。正常情况下每台/班应配操作工人2人，其中操作油泵1人，压结器操作1人，操作人员应对挤压接头进行自检。现场操作人员应进行上岗技术培训，应掌握技术操作要领以及设备安装、调试、使用和处理一般问题的维修方法。经培训考核合格的人员，由接头技术提供单位颁发上岗证，并持证上岗。无证人员严禁上机操作。

2）设备：带肋钢筋套筒轴向挤压连接接头配用设备宜采用接头技术提供单位提供的专用设备。典型的带肋钢筋套筒轴向挤压连接接头配用设备包括压结器、剪扩钳及液压泵站。带肋钢筋轴向挤压连接接头配用设备安放位置应有防雨设施，使用区域应配备380V（50Hz）电源。

压结器为实现轴向挤压操作的液压工具，典型结构见图6.15.2-8、图6.15.2-9。

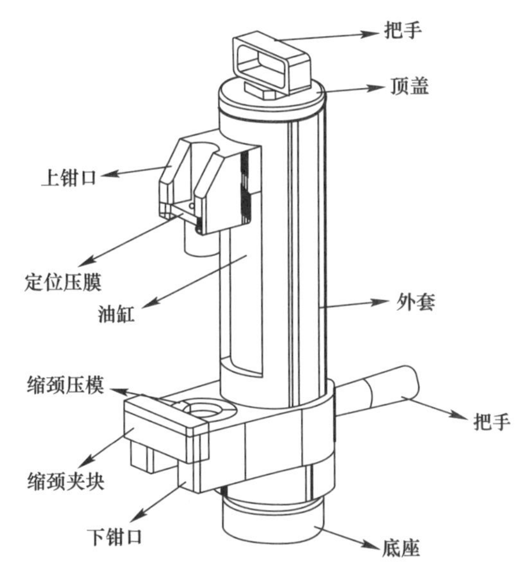


图6.15.2-8　压结器典型结构1

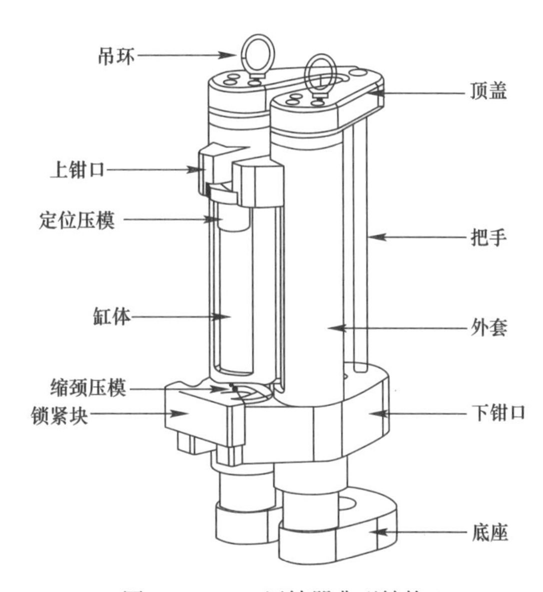


图6.15.2-9　压结器典型结构2

剪扩钳用于调整现场钢筋径向间隙量，可将两根待连接钢筋的中心线距离“剪小扩大”，见图6.15.2-10、图6.15.2-11。

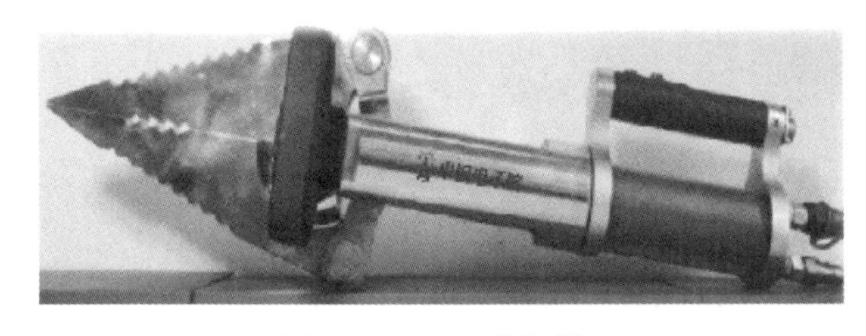

图6.15.2-10　剪扩钳1

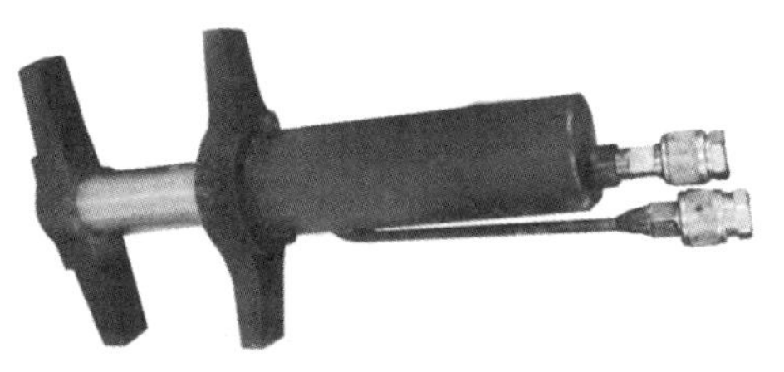

图6.15.2-11　剪扩钳2

液压泵站为压结器、剪扩钳提供液压动力，如图 6.15.2-12 所示。

图 6.15.2-12　液压泵站

3）待连接钢筋：带肋钢筋套筒挤压连接施工前应确认用于轴向挤压连接的钢筋满足要求。带肋钢筋的外形特别是钢筋横肋的高、宽、间距必须符合国家现行标准《钢筋混凝土用钢 第 2 部分：热轧带肋钢筋》GB/T 1499.2、《钢筋混凝土用余热处理钢筋》GB/T 13014 及《钢筋混凝土用不锈钢钢筋》YB/T 4362 的相关规定。除上述钢筋外，符合国家现行标准《钢筋混凝土用耐蚀钢筋》GB/T 33953、《钢筋混凝土用热轧耐火钢筋》GB/T 37622、《液化天然气储罐用低温钢筋》YB/T 4641 及按国外标准生产的带肋钢筋，其套筒轴向挤压连接可参考《钢筋机械连接技术规程》JGJ 107—2016 及相关企业标准应用，除应开展必要的钢筋机械连接工艺研究、型式检验外，轴向挤压连接件原材料还应注意满足对应的耐蚀、耐火或低温性能要求。

4）轴向挤压连接件：带肋钢筋轴向挤压连接施工前应检查轴向挤压连接件是否满足要求，一种典型的轴向挤压连接件如图 6.15.2-13 所示。

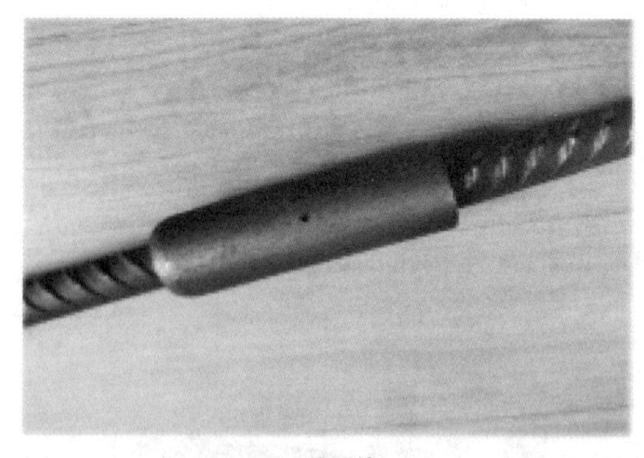

(a) 挤压前

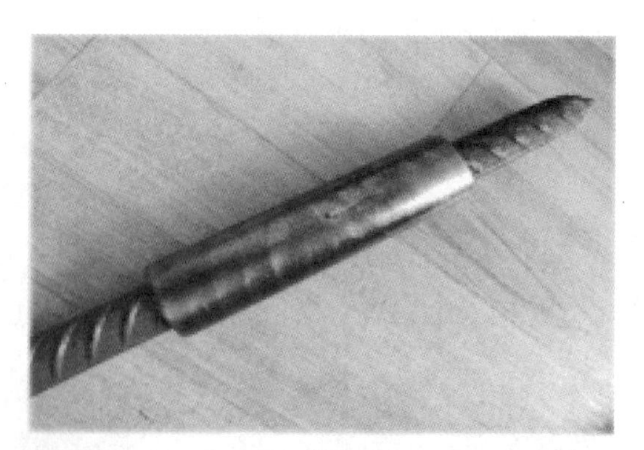

(a) 挤压后

图 6.15.2-13　一种典型的轴向挤压连接件

各单位使用的轴向挤压连接件规格尺寸并不完全一致，现列出 400MPa、500MPa 级带肋钢筋用轴向挤压套筒尺寸，如表 6.15.2-1、表 6.15.2-2 所示，供工程界参考。

**400MPa级带肋钢筋套筒轴向挤压连接件参考尺寸　单位：mm　　表6.15.2-1**

| 适用钢筋公称直径 | 壁厚 | 外径 | 长度 |
| --- | --- | --- | --- |
| 16 | $5.00^{+0.60}_{-0.50}$ | 29.00±0.50 | 80.0±2.0 |
| 18 | $5.50^{+0.66}_{-0.55}$ | 32.00±0.50 | 90.0±2.0 |
| 20 | $6.00^{+0.72}_{-0.60}$ | 36.00±0.50 | 100.0±2.0 |
| 22 | $6.25^{+0.75}_{-0.62}$ | 38.00±0.50 | 110.0±2.0 |
| 25 | $7.00^{+0.84}_{-0.70}$ | 43.00±0.50 | 120.0±2.0 |
| 28 | $8.00^{+0.96}_{-0.80}$ | 48.00±0.50 | 130.0±2.0 |
| 32 | $9.00^{+1.08}_{-0.90}$ | 55.00±0.55 | 140.0±2.0 |
| 36 | $10.25^{+1.23}_{-1.02}$ | 61.50±0.61 | 160.0±2.0 |
| 40 | $11.50^{+1.38}_{-1.15}$ | 68.00±0.68 | 180.0±2.0 |
| 50 | $13.5^{+1.62}_{-1.35}$ | 81.00±0.81 | 200.0±2.0 |

**500MPa级带肋钢筋套筒轴向挤压连接件参考尺寸　单位：mm　　表6.15.2-2**

| 适用钢筋公称直径 | 壁厚 | 外径 | 长度 |
| --- | --- | --- | --- |
| 16 | $5.00^{+0.60}_{-0.50}$ | 29.00±0.50 | 100.0±2.0 |
| 18 | $5.50^{+0.66}_{-0.55}$ | 32.00±0.50 | 110.0±2.0 |
| 20 | $6.00^{+0.72}_{-0.60}$ | 36.00±0.50 | 120.0±2.0 |
| 22 | $6.75^{+0.81}_{-0.67}$ | 39.00±0.50 | 130.0±2.0 |
| 25 | $8.00^{+0.96}_{-0.80}$ | 45.00±0.50 | 140.0±2.0 |
| 28 | $9.00^{+1.08}_{-0.90}$ | 50.00±0.50 | 150.0±2.0 |
| 32 | $10.00^{+1.20}_{-1.00}$ | 57.00±0.57 | 180.0±2.0 |
| 36 | $11.50^{+1.38}_{-1.15}$ | 64.00±0.64 | 200.0±2.0 |
| 40 | $12.50^{+1.50}_{-1.25}$ | 70.00±0.70 | 220.0±2.0 |
| 50 | $16.00^{+1.92}_{-1.60}$ | 86.00±0.86 | 240.0±2.0 |

（3）钢筋处理

钢筋下料可用砂轮切割机、带锯床、专用钢筋切断机等方式。

钢筋端部不直应调直后下料。

轴向挤压前应对待连接钢筋做下列准备工作：

1）清除钢筋端头的锈层、泥沙和油污；

2）钢筋与轴向挤压连接件试套，钢筋端头有马蹄、弯曲或纵肋高度过大者，应矫正或打磨，严重者应予以切除。

（4）轴向挤压操作

正式生产前，应检查液压泵站及压结器紧固螺栓是否松动、润滑运动部件是否正常，并对设备进行调试和试运行，一切正常后方能正式加工生产。轴向挤压连接件、缩径压模、定位压模、专用卡规应与钢筋强度等级、直径相匹配。

以竖向钢筋笼中轴向挤压接头的连接为例说明挤压操作步骤。

1）钢筋笼吊装前，轴向挤压连接件应套入待连接下端钢筋上，如图6.15.2-14所示；轴向挤压连接件圆倒角端朝下（定位销孔距下端距离较长），如图6.15.2-15所示。

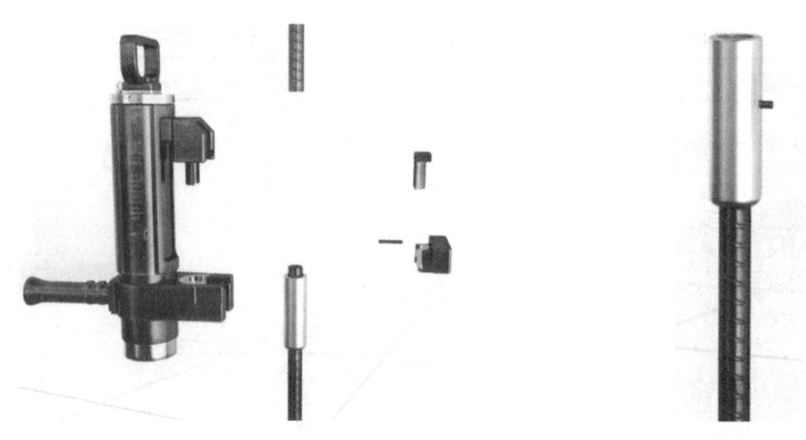

图 6.15.2-14　连接件套入下端钢筋　　　　图 6.15.2-15　连接件套入朝向

2）钢筋笼的吊装应满足施工安全规定。钢筋笼吊装时，先将钢筋笼吊至离下端钢筋端面 30～50mm 处悬停。

3）将轴向挤压连接件依次向上提起、套入上端钢筋，并插入定位销，如图 6.15.2-16 所示。

所有的轴向挤压连接件均套入上端钢筋并插入定位销后，将钢筋笼缓慢下落，使其与下端钢筋对顶。

4）将 FT 系列压结器移动至安装位置，并安装定位压模及缩径压模，如图 6.15.2-17、图 6.15.2-18 所示。

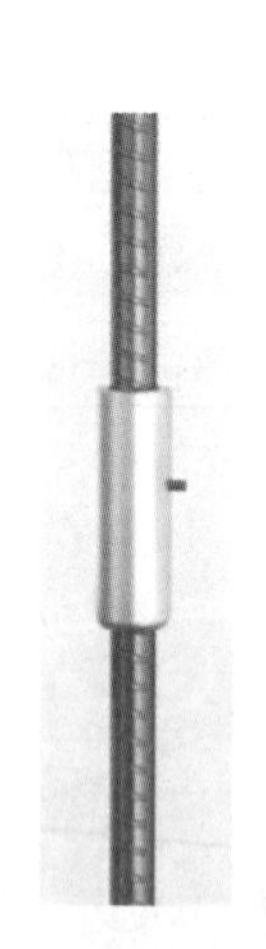

图 6.15.2-16　轴向挤压连接件套入上端钢筋并插入定位销

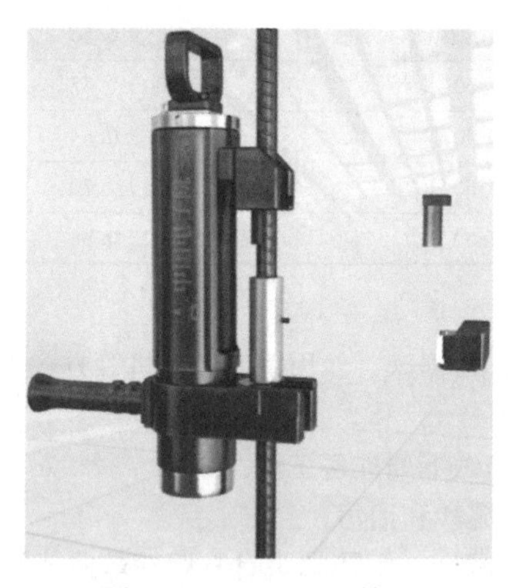

图 6.15.2-17　FT 压结器移动至安装位置

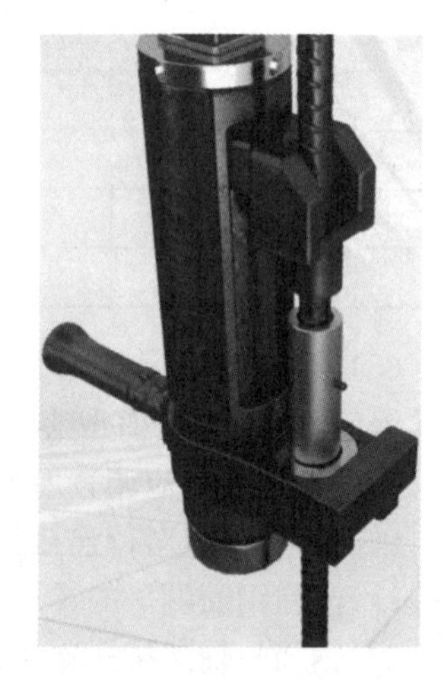

图 6.15.2-18　定位压模及缩径压模安装

5）操作液压泵站，完成轴向挤压操作，如图 6.15.2-19 所示。

6）轴向挤压操作完成，FT 压结器油缸回位，取下定位压模及缩径压模，FT 压结器脱开钢筋接头，完成挤压连接操作，如图 6.15.2-20、图 6.15.2-21 所示。

轴向挤压连接件挤压操作完成后轴向延长、径向缩小，见图 6.15.2-22。

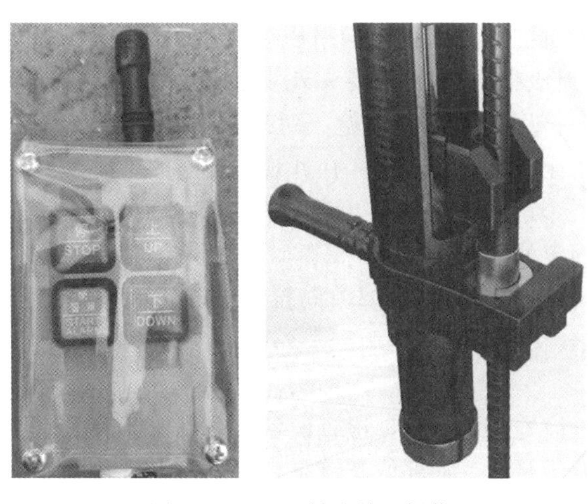


图 6.15.2-19　轴向挤压操作

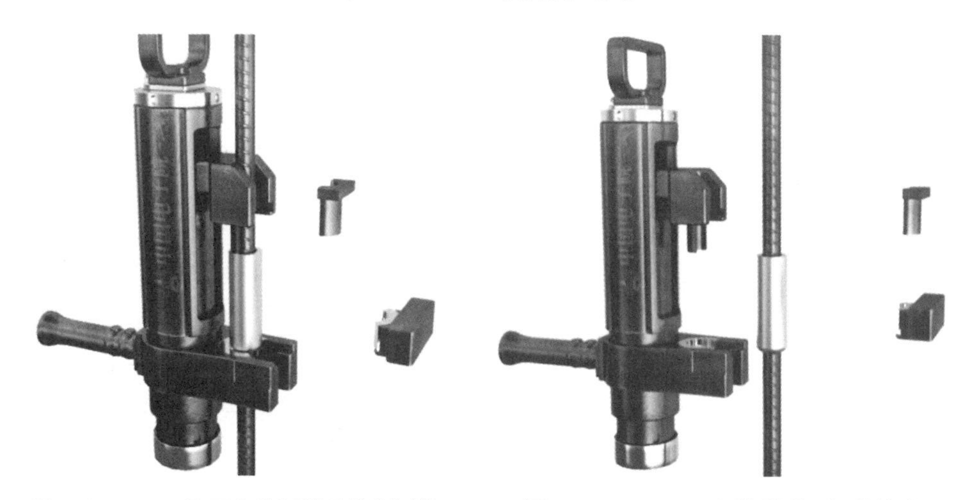

图 6.15.2-20　取下定位压模及缩颈压模　　　图 6.15.2-21　FT 压结器脱开钢筋接头

轴向挤压连接件挤压后的长度偏差应用游标卡尺或专用卡规测量，专用卡规见图 6.15.2-23。

图 6.15.2-22　挤压前后的轴向挤压连接件对比示意

图 6.15.2-23　长度专用卡规

挤压后轴向挤压连接件的外径应为挤压前外径的 0.85～0.96 倍，挤压后轴向挤压连接件长度应为挤压前长度的 1.05～1.17 倍。

（5）现场检验

挤压后的轴向挤压连接件上不得有肉眼可见裂纹。

每一验收批中应随机抽取10%的轴向挤压接头作外观质量检验，如外观质量不合格数少于抽检数的10%，则该批轴向挤压接头外观质量评为合格。当不合格数超抽检数的10%时，应对该批轴向挤压接头逐个复检，对外观不合格的轴向挤压接头可采取补救措施；不能补救的轴向挤压接头应作标记，在外观不合格的轴向挤压接头中抽取6个试件作抗拉强度试验。若有一个试件的抗拉强度低于规定值，则该批外观不合格的轴向挤压接头，应会同设计单位商定处理。

当现场连续检验10个验收批，全部单向拉伸试验1次抽样均合格时，验收批轴向挤压接头数量可扩大1倍。

(6) 设备维护

班前检查：操作工应先空载运行，检查设备状况，电器开关是否灵敏，高压油泵液压油是否充足，压结器有无漏油，各部位螺钉是否紧固，电机及减速机声音是否正常，导杆及转动部分加润滑油；

禁止无上岗证人员操作设备；

设备出现故障应及时排除，不得带“病”工作；

高压油泵的维修应在室内无尘工况下进行，加油和维修过程应严防砂尘进入油路系统；

班后维护保养：每班结束后，操作工必须将压结器及其压模间的铁屑等异物清理干净；

应严格保持油液清洁，定期更换；

定期对压模进行检测，半径磨损超过0.6mm后更换压模；

油压表受损失灵时，应更换油压表或进行标定。

(7) 安全

项目负责人应对操作工进行安全教育，提高安全意识，排查各种安全隐患。

施工应符合项目安全操作规程和相关安全管理规定。

操作工应经培训，持操作证上岗。

设备出现的电器故障，不应由非电工人员处理。

现场机具的电缆线，应注意不要碾压和碰砸，以免造成断路和短路。

操作工进入施工现场应佩戴安全帽。

操作工衣袖袖口应扎紧，衣扣应扣牢，长发应盘起并扎牢在帽子里，不应穿拖鞋进入作业现场。

高压油泵及压结器仅用于轴向挤压接头挤压连接，不应改变用途。

高压胶管应防止负重拖拉、弯折和尖利物体的刻划，在工作状态时不得有扭曲、渗漏。

高压油泵不应超压使用。

每班操作人员应查看压结器有无裂缝及漏油，若有应及时更换或维修。

钢丝绳应与挤压器拴牢，避免坠落。

高压油泵不应雨淋。

**4. 工程应用**

带肋钢筋轴向挤压连接技术，极大地推动了模块化钢筋的设计、施工和应用，开拓了我国钢筋工程工业化的新路线，将进一步助推钢筋模块化施工，面世以来，得到了工程界的广泛关注和好评，已在百色市南北过境线公路、广东粤东城际铁路、湖南官新高速、中国移动长三角（南京）科创中心、湖南省肿瘤医院、福建泉州数字产业园、观音寺长江大桥等项目成功应用，取得了良好的社会和经济效益。

百色市南北过境线公路（百色市北环线）四标段那草大桥矩形实心墩采用了中国电子工程设计院股份公司研发、生产的 CEEDI 钢筋套筒轴向挤压接头。专家论证会议认为：

（1）采用的 CEEDI 套筒轴向挤压钢筋接头属于钢筋机械连接方法之一，其性能满足国家现行标准《钢筋机械连接技术规程》JGJ 107 中规定的Ⅰ级接头要求，可应用于中交一航局百色市南北过境线公路（北环线）四标段项目；

（2）国家现行标准《钢筋机械连接技术规程》JGJ 107 中套筒挤压接头的原则性规定适用于 CEEDI 套筒轴向挤压钢筋接头，对现场模块化钢筋施工所采用 S 型 CEEDI 套筒轴向挤压连接件的生产、施工及验收，可执行《CEEDI 轴向挤压钢筋连接件　第 1 部分：S 型》Q/CEEDI 005—2022 标准。CEEDI 钢筋套筒轴向挤压接头在该项目中的应用情况如图 6.15.2-24 所示。

图 6.15.2-24　CEEDI 钢筋套筒轴向挤压接头在百色公路的应用情况

CEEDI 钢筋套筒轴向挤压连接技术采用新材料、新工艺、新装备，并可与信息化技术高度融合，创新性地研发了智慧化钢筋连接施工检测与记录系统，如图 6.15.2-25 所示，通过远程质量监控平台，读取接头安装过程中的液压设备油温、压力及施工时长等参数，使关键工艺参数实时上传至云端服务器，第一次实现钢筋连接质量可视化、可控化和数据存储化，大大提升了工程质控水平及管理效率。

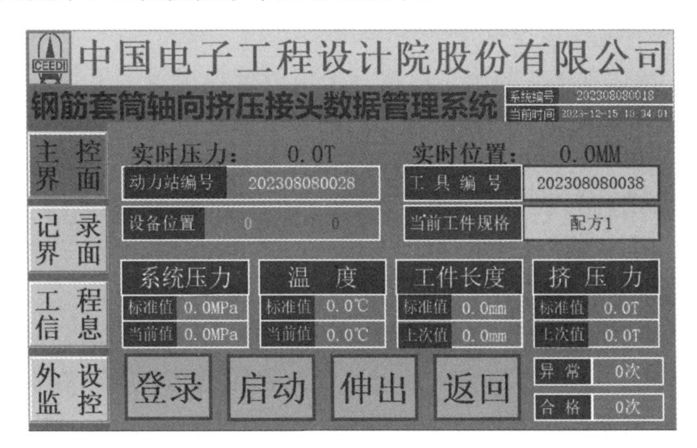


图 6.15.2-25　CEEDI 钢筋套筒轴向挤压接头数据管理系统

广州-湛山铁路工程采用了套筒轴向挤压连接接头，如图 6.15.2-26 所示。根据施工图纸要求，原施工工艺为：采用焊接或直螺纹的单根钢筋连接，现场搭设脚手架高空绑扎钢筋笼工艺。现采用钢筋笼整体预制，现场整体拼装的新型施工工艺。轴向挤压钢筋接头从产品结构上，有效地解决了施工现场钢筋笼整体安装存在的各种技术问题，对于各种钢筋笼偏差均可以有效解决。全程操作设备完成，施工人员只是起辅助作用，对施工人员素质要求很低。施工过程全程数据化质量监控可追溯，可以确保每一根接头质量合格，工程质量完全可控。

图 6.15.2-26　套筒轴向挤压钢筋接头在广州-湛山铁路工程应用

带肋钢筋套筒轴向挤压连接技术在质量、安全、工效、经济效益等方面相比于直螺纹套筒连接技术均有非常大的提升，不仅可适用于单根钢筋的连接，更是在模块化钢筋整体连接中发挥出极大的优势。众多实际应用的项目对带肋钢筋套筒轴向挤压连接技术有如下评价：

1）施工效率高：从目前桩基工程以及桩板墙工程施工情况来看。桩基工程采用直螺纹套筒每个连接时间约为 5min。桩板墙采用焊接约需要 1h。而采用轴向挤压套筒每个安装时间可以控制在 15s 以内，极大地节约了施工周期以及施工人员数量。施工效率是传统工艺 10 倍以上。

2）安全文明施工：采用轴向挤压套筒，可以将传统施工工艺采用的高空绑扎工艺改变为钢筋加工厂整体预制、现场拼装连接工艺。减少现场高空作业，也不需要现场焊接作业，可以有效避免种种施工安全隐患。

3）经济性好：通过现场实际施工对比，采用传统焊接施工工艺每根桩板墙完成周期为 12d，采用轴向挤压套筒整体连接的施工工艺，每根桩板墙完成周期为 3d。相比于传统施工工艺，采用新型工艺可以极大地提高施工单位的经济效益，缩短施工工期，从桩板墙工程测算节省工程费用约为 25%。

在实际案例应用中，轴向挤压连接件为用户创造了很大的经济效益，主要体现在以下方面：

1）钢筋不需要加工螺纹，节省了钢筋加工设备的投入，如滚丝机、打磨机、镦粗机等；

2）在安装过程中，对钢筋的轴向偏差、径向偏差适应性高，在保证高质量的同时，提升了安装过程中的效率；

3）轴向挤压连接件适用于预制钢筋笼、桥塔、桩基等模块化钢筋连接工况，从原先的单根钢筋连接，提升到了钢筋整体安装的方式，大大缩短了钢筋安装工期。

4）通过远程质量监控系统实时智能监控并存储挤压数据，实现连接质量的可追溯性。

### 6.15.3　钢筋锥螺纹连接

与挤压连接相比，锥螺纹钢筋接头的优点是无论钢筋是否带肋均可应用，且钢筋的锥螺纹丝头完全提前预制，现场连接占用工期短，现场仅需要扭矩扳子操作，具有施工速度快、接头成本低等特点，自20世纪90年代初期推广应用以来，得到了大范围的使用。

钢筋锥螺纹接头工艺简单、质量可靠、可预加工，不受钢筋化学成分和有无横肋限制，无明火作业，不污染环境，可全天候施工，施工方便，节约钢材和能源。锥螺纹接头还具有其他连接方式不可替代的优势，具体如下：

1）自锁性：拧紧力矩产生的螺纹推力与锥面产生的抗力平衡，不会因振动消失，形成稳定的摩擦自锁。

2）密封性：拧紧力矩产生的螺纹推力与锥面产生的抗力使牙面充分贴合，密闭了锥套内部缝隙。

3）自认扣：可自行认扣，特别对于大直径钢筋的小螺距螺纹，认扣易完成，不易乱扣。

4）精度高：切削螺纹能达到更高精度等级。

5）拧紧圈数少，连接安装速度快。

6）通过拧紧力矩产生的螺纹推力与锥面产生的抗力平衡使牙面充分贴合，消除残余变形，不用依赖钢筋对顶即可满足《钢筋机械连接技术规程》JGJ 107—2016中Ⅰ级接头对残余变形的要求。

与直螺纹相比，锥螺纹虽仅需锥螺纹套筒或钢筋的少量转动即可实现连接，但锥螺纹套筒长度往往较直螺纹套筒长，原材料消耗多。进入21世纪，直螺纹钢筋连接接头由于强度高、成本低，逐渐替代了锥螺纹和挤压接头，锥螺纹接头在我国逐渐退出了历史舞台，但在其他国家和地区仍得到广泛应用。

**1. 基本原理**

钢筋锥螺纹连接接头是通过钢筋端头特制的锥形螺纹和连接件锥形螺纹咬合形成的接头，如图6.15.3-1所示。

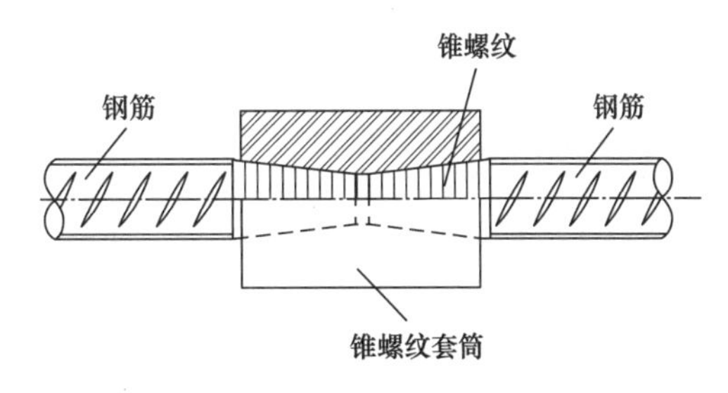


图6.15.3-1　钢筋锥螺纹连接接头

加工锥螺纹会削弱钢筋母材截面面积，从而降低接头强度，一般仅能达母材实际抗拉强度的85%～95%，无法达到等强度连接。我国的锥螺纹连接技术和国外相比仍存在一定差距，最突出的问题是螺距单一。多数厂家为追求设备的简单化，直径16～40mm钢筋螺距均采用2.5mm，这在通常的螺纹连接中是相当忌讳的。2.5mm螺距最适合于直径22mm钢筋的连接，太粗或太细钢筋连接的强度不理想，尤其是直径36mm、40mm钢筋的锥螺纹连接，难以实现接头断于母材。锥螺纹钢筋接头可达到Ⅰ级接头的性能要求，主要是利用钢筋母材的超强（即钢筋实际抗拉强度大于钢筋极限抗拉强度标准值）使接头强度达到钢筋极限抗拉强度标准值的1.10倍。在试验中，锥螺纹接头破坏多数发生在接头处，现场加工的锥螺纹质量不易保证，存在漏拧或拧紧扭矩不准、丝扣松动等现象，对接头强度和变形的影响较大，造成接头质量不够稳定。由于钢筋采用锥螺纹连接，甚至在工程现场出现过用32mm锥螺纹套筒连接直径25mm钢筋的情况。

进行锥螺纹钢筋接头抗拉试验时，大多数的破坏形态为锥螺纹钢筋丝头从套筒中拉脱，主要是因为锥螺纹钢筋丝头较弱。在不改变主要工艺和增加过多成本的前提下，使锥螺纹钢筋接头做到与钢筋母材等强，即做到钢筋锥螺纹接头部位的强度不小于该钢筋母材的实测极限强度，可使锥螺纹连接技术得到更好的完善。锥螺纹钢筋接头强度不足时，常用加长锥螺纹长度、增加螺距或对钢筋进行挤压冷强处理。

挤压冷强的基本思路为：在钢筋端头切削锥螺纹前，首先对钢筋端头沿径向通过压模施加压力，使其发生塑性变形并形成圆锥状体，如图6.15.3-2所示；然后，按普通锥螺纹钢筋接头工艺路线，在预压过的钢筋端头车削锥形螺纹；最后，用扭矩扳子拧紧连接带内锥螺纹的钢套筒。

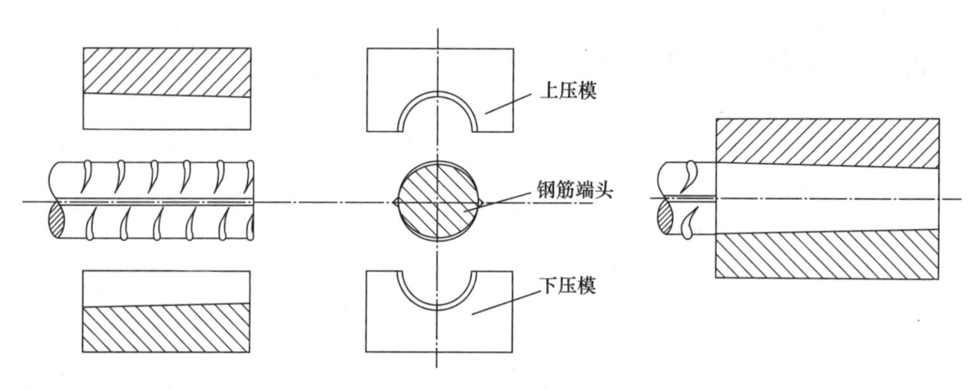


图6.15.3-2　钢筋径向挤压

在钢筋端头塑性变形过程中，根据冷作硬化原理，变形后的钢筋端头材料强度较钢筋母材提高10%～20%，从而使在其上车削出的锥螺纹强度相应提高，弥补了由于车削螺纹使钢筋母材截面尺寸减小造成的接头承载能力下降的缺陷。钢筋端头预压形成光圆的锥面，既方便了后续钢筋锥螺纹丝头的车削加工，降低了刀具和设备消耗，也提高了锥螺纹加工精度。对于钢筋下料时端头常有的弯曲、马蹄形及钢筋几何尺寸偏差造成的椭圆截面和错位截面等现象，均可通过预压矫形，使之形成规整的圆锥柱体，确保了加工的锥螺纹丝头无偏扣、缺牙、断扣等现象，进而保证了锥螺纹钢筋接头质量。这些措施大大提高了锥螺纹接头强度，使其不小于相应钢筋母材的强度。由于强化长度可调，因而可有效避免螺纹接头根部弱化现象。不用依赖钢筋超强，可达到《钢筋机械连接技术规程》JGJ 107—2016中Ⅰ级接头对强度的要求，并在很大程度上保证断于钢筋母材。

**2. 施工**

钢筋锥螺纹连接施工如图6.15.3-3所示，主要工艺流程为：钢筋下料→钢筋预压→钢筋锥螺纹丝头切削加工→丝头质量检验→连接安装→质量检验→完成。

（1）技术资料审核

按第6.12.1节的要求进行技术资料审核。

（2）施工准备

1）人员：应符合第6.12.2节的要求。每台锥螺纹套丝机配备1名螺纹切削操作人员。

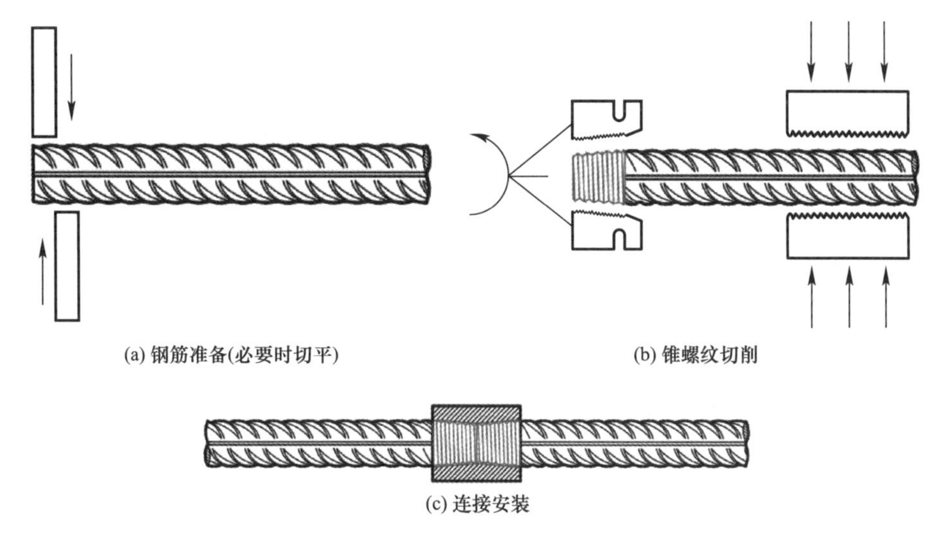


图 6.15.3-3　钢筋锥螺纹连接施工主要工艺示意

2）设备：钢筋锥螺纹套丝机是切削加工钢筋锥螺纹丝头的专用机床。我国于20世纪90年代初引进钢筋锥螺纹连接技术，带动了钢筋机械连接在我国的蓬勃发展，在20世纪90年代中我国钢筋锥螺纹连接机械的张刀机构研制成功，逐渐淘汰了美国四滑块机构，且钢筋锥螺纹加工质量更有保证。20世纪90年代末，随着等强钢筋锥螺纹接头在我国的研制成功，使我国锥螺纹钢筋连接技术达到顶峰。如采用强化锥螺纹工艺即在加工锥螺纹前先对钢筋进行预压处理，需采用超高压液压泵站和径向预压机。钢筋锥螺纹连接设备按功能分为钢筋端头强化设备、锥螺纹加工设备、模具与锥螺纹检具等。《钢筋锥螺纹成型机》JG/T 5114—1999、《建筑施工机械与设备 钢筋螺纹成型机》JB/T 13709—2019中对锥螺纹加工设备基本参数、主要型号等进行了规定。

超高压液压泵站（图 6.15.3-4），为钢筋端部径向预压机的动力源。超高压液压泵站结构是阀配流式径向定量柱塞泵与控制阀、管路、油箱、电机、压力表组合成的液压动力装置。超高压液压泵站是将电能或机械能转变为液压能的装置，其泵体为斜盘式轴向定量柱塞泵。由原动机（电动机或汽油机）带动轴向柱塞泵的压轴旋转，由于压轴斜盘的作用，使与其压盘接触的柱塞沿轴向作往复运动（柱塞通过弹簧力紧靠压盘），柱塞付的油腔容积发生变化，通过进油阀吸油，再通过排油阀和配油盘将压力油汇聚后输出到三位四通换向阀，最后通过装有快换接头的高压软管与径向预压机连接，即可实现顶压、下降等各种作业。

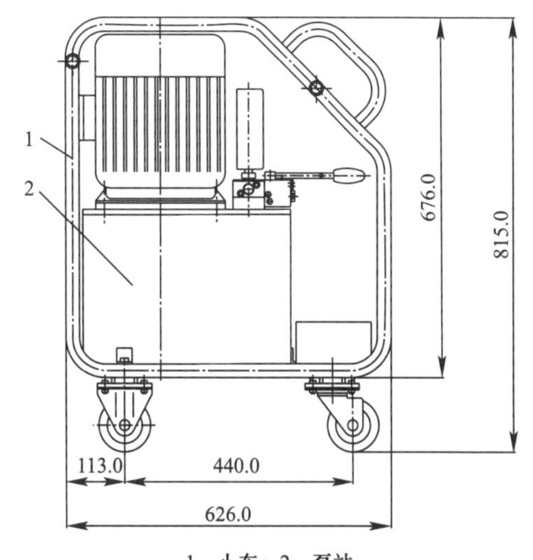


1—小车；2—泵站

图 6.15.3-4　超高压泵站

径向预压机（图 6.15.3-5）是液压缸利用液压动力将泵站输出压强转化为挤压力实现对钢筋的径向高压力挤压，使钢筋端部冷作硬化达到强化的作用。径向预压机结构形式为直线运动双作用液压缸，该液压缸为单活塞无缓冲式，液压缸与撑力架及模具组合成液压工作装置。径向预压机以超高压泵站为动力源，配以与钢筋规格相对应的挤压模具（图 6.15.3-6），实现对直径 16～40mm 钢筋端部的径向预压。

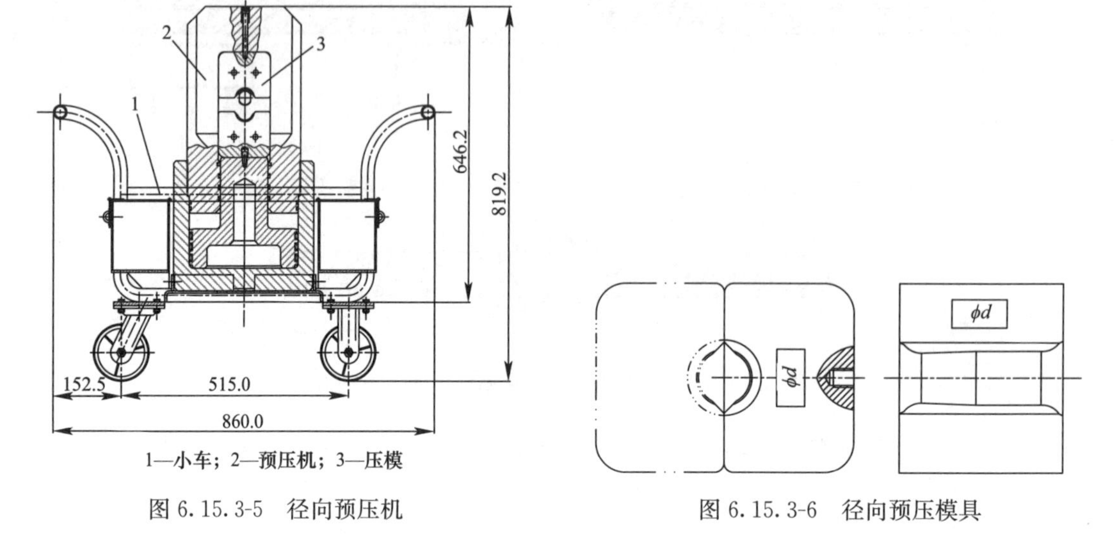


1—小车；2—预压机；3—压模

图 6.15.3-5　径向预压机

图 6.15.3-6　径向预压模具

钢筋锥螺纹套丝机（图 6.15.3-7）是加工钢筋锥螺纹丝头的专用机床，由电动机提供动力源经过行星摆线齿轮减速机减速带动切削头旋转，在进退刀机构控制下实现对夹持在虎钳上的钢筋端部锥螺纹切削成型加工，加工钢筋直径为 16～40mm。

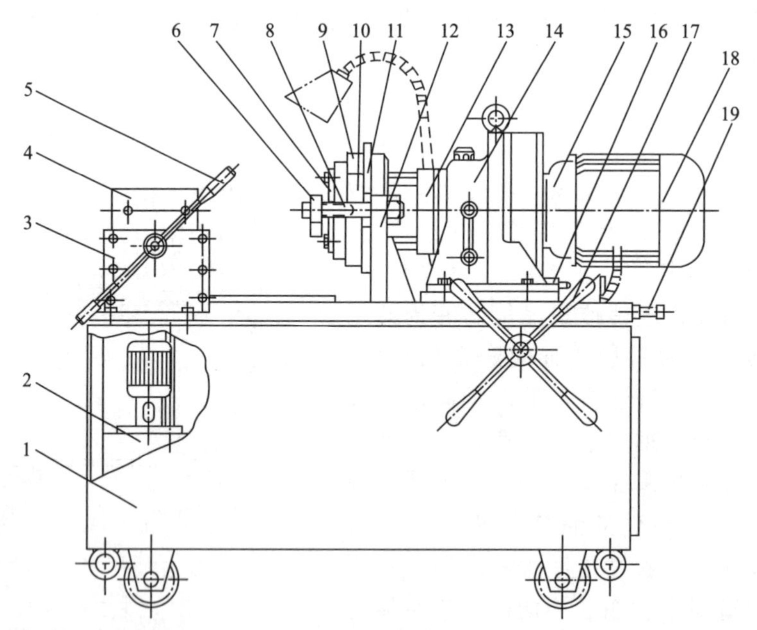


1—机架；2—冷却水箱；3—虎钳座；4—虎钳体；5—夹紧手柄；6—定位环；7—盖板；8—定位杆；9—进刀环；10—切削头；11—退刀盘；12—张刀轴架；13—水套；14—减速机；15—电动机；16—限位开关；17—进给手柄；18—电控盘；19—调整螺杆

图 6.15.3-7　JGY-40B 型钢筋套丝机结构

国内现有的钢筋锥螺纹套丝机切削头（图 6.15.3-8）是利用定位环和弹簧共同推动梳刀座，使梳刀张合，进行切削加工形成锥螺纹。

钢筋锥螺纹套丝机由电动机、行星摆线齿轮减速机、切削头、虎钳、进退刀机构、润滑冷却系统、机架等组成。

不同型号钢筋锥螺纹套丝机配套的梳刀不尽相同，施工中应根据技术提供单位的技术参数，选用相应的梳刀和连接件，且不可混用。以 JGY-40B 型钢筋锥螺纹套丝机为例，如果选用 A 型梳刀，钢筋轴向螺距 2.5mm；如果选用 B 型梳刀，钢筋轴向螺距 3mm；如果选用 C 型梳刀，钢筋轴向螺距 2mm。锥度 1∶10（斜角 2.86°，锥度 5.72°），螺纹牙形角为 60°，牙形角平分线垂直于母线。牙形尺寸按（$H=0.8661t$，$h=0.6134t$，$f=0.1261t$）计算并参见图 6.15.3-9 和表 6.15.3-1。

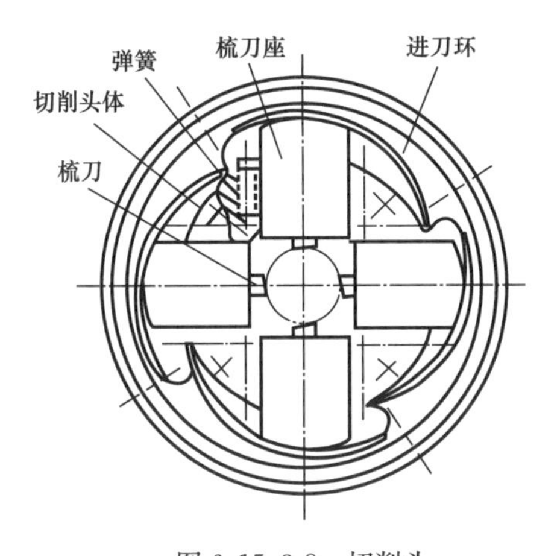


图 6.15.3-8 切削头

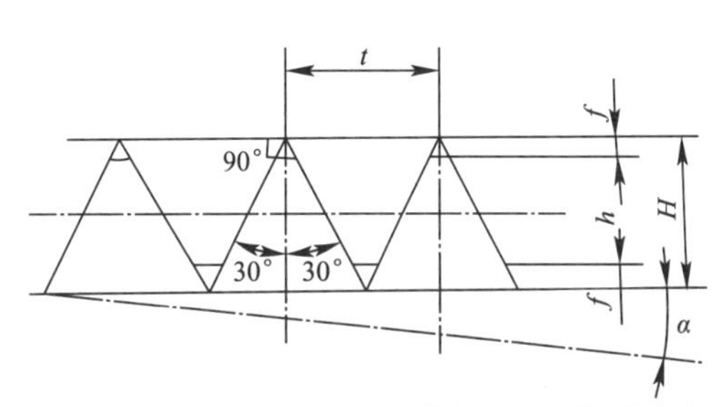


图 6.15.3-9 锥螺纹牙形角度示意

**螺距和锥度** **表 6.15.3-1**

| 规格系列 | 轴向螺距 $P$/mm | 锥度 | 母线方向螺距 $t$/mm |
|---|---|---|---|
| $\phi$16 | 2.0 | 1∶10 | 2.003 |
| $\phi$18 | | | |
| $\phi$20 | | | |
| $\phi$22 | 2.5 | 1∶10 | 2.503 |
| $\phi$25 | | | |
| $\phi$28 | | | |
| $\phi$32 | 3.0 | 1∶10 | 3.004 |
| $\phi$36 | | | |
| $\phi$40 | | | |

根据工程钢筋接头数量和施工进度要求，确定所需的钢筋挤压机（如需）和钢筋锥螺纹套丝机数量。

根据现场施工条件及总平面图，确定设备位置并搭设钢筋托架及防雨棚，配备有漏电保护开关的 380V 电源。设备安装时应使锥螺纹套丝机主轴中心线与放置在支架上的待加工钢筋中心线保持一致，支架的搭置应保证钢筋摆放水平。

需注意的是，钢筋锥螺纹锥度在国内常为 1∶10 和 6°。

圆锥体的锥度——锥底直径 $D$ 与椎体高 $L$ 之比，即 $D/L$ 来表示；锥角为 $2\alpha$，斜角（亦称半锥角）为 $\alpha$，见图 6.15.3-10（a）。

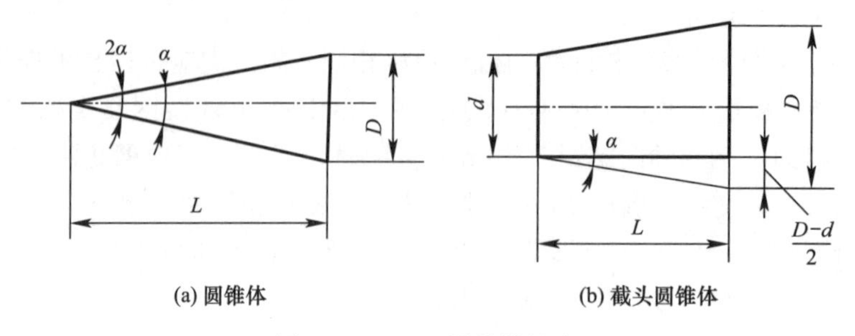


(a) 圆锥体　　(b) 截头圆锥体

图 6.15.3-10　圆锥体锥度

钢筋锥螺纹丝头为截头圆锥体，见 6.16.3.2（b），其锥度表示如下：

锥度 $=(D-d)/L=2\tan\alpha$

当锥度为 1∶10 时，若取 $L=10$，$D-d=1$；锥角 $2\alpha=5.27°$，斜角 $\alpha$ 为 2.86°。

当锥角 $2\alpha$ 为 6°时，斜角 $\alpha$ 为 3°；锥度 $D/L=1∶9.54$。

梳刀牙形均为 60°；螺距有 2mm、2.5mm、3mm，其中以 2.5mm 居多。牙形角平分线有垂直母线和轴线两种。用户选用时一定要特别注意，切不可混用；否则，会降低钢筋锥螺纹接头的各项力学性能。

3）钢筋：施工前，应确认用于锥螺纹连接的钢筋满足要求。钢筋应具有出厂合格证和力学性能检验报告，进口钢筋还要有商检证明书和化学分析报告，所有检验结果均应符合现行规范的规定和设计要求。

4）锥螺纹套筒：连接件宜用 45 号优质碳素结构钢或经试验确认符合要求的钢材制作。

螺距和牙形角平分线垂直方向，须与钢筋锥螺纹丝头技术参数相同。加工时，只有达到良好的精度才能确保连接件与钢筋丝头的连接质量。

施工前，应检查锥螺纹套筒是否满足要求，依据进场套筒合格证和有效的接头型式检验报告验收。套筒应有出厂合格证，产品合格证应包括适用钢筋直径和接头性能等级、套筒类型、生产单位、生产日期及可追溯产品原材料力学性能和加工质量的生产批号。套筒表面标注被连接钢筋的直径和型号。套筒表面无裂纹，螺牙饱满，无其他缺陷。牙形规检查合格，用直螺纹塞规检查其尺寸精度。套筒两端有塑料密封盖并有规格标记，以保持内部洁净、干燥防锈，并确保使用无误。

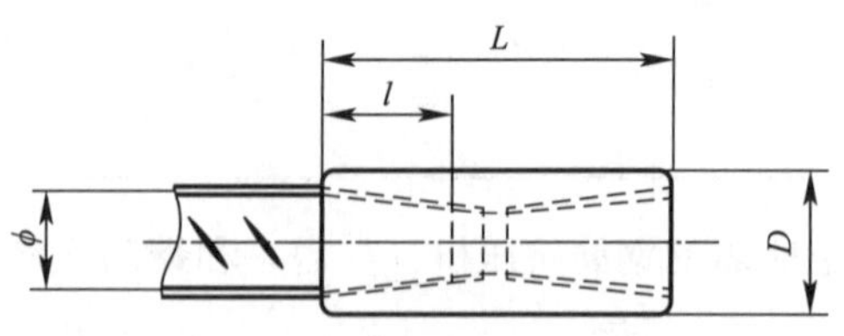


$\phi$—钢筋公称直径；$D$—连接套外径；$L$—连接套长度；$l$—钢筋锥螺纹丝头长度

图 6.15.3-11　同直径锥螺纹套筒

各单位使用的锥螺纹套筒规格尺寸并不完全一致，现列出采用 45 号优质碳素结构钢制作的 400MPa 级钢筋用锥螺纹套筒尺寸，同直径锥螺纹套筒如图 6.15.3-11 和表 6.15.3-2 所示，变径锥螺纹套筒如图 6.15.3-12 和表 6.15.3-3 所示，供工程界参考。

400MPa级钢筋用锥螺纹套筒参考尺寸（同直径） 单位：mm 表6.15.3-2

| 钢筋规格 | 锥螺纹套筒尺寸 | | 钢筋锥螺纹丝头长度 $l$ |
|---|---|---|---|
| | 外径 $D$ | 长度 $L$ | |
| 16 | 25 | 65 | 30 |
| 18 | 28 | 75 | 35 |
| 20 | 30 | 85 | 40 |
| 22 | 32 | 90 | 42 |
| 25 | 35 | 95 | 45 |
| 28 | 39 | 105 | 50 |
| 32 | 44 | 115 | 55 |
| 36 | 48 | 125 | 60 |
| 40 | 52 | 135 | 65 |

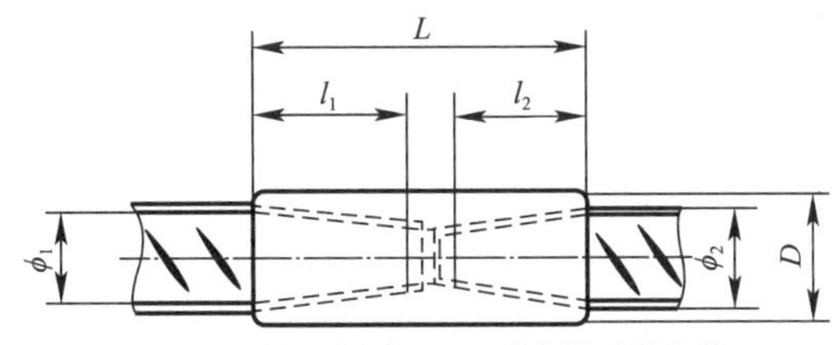


$\phi_1$—大钢筋公称直径；$\phi_2$—小钢筋公称直径；
$D$—连接套外径；$l_1$—大钢筋锥螺纹丝头长度；
$l_2$—小钢筋锥螺纹丝头长度

图6.15.3-12 变径锥螺纹套筒

400MPa级钢筋用锥螺纹套筒参考尺寸表（变径） 单位：mm 表6.15.3-3

| 钢筋规格（大直径/小直径） | 锥螺纹套筒尺寸 | | 钢筋锥螺纹丝头长度 | |
|---|---|---|---|---|
| | 外径 $D$ | 长度 $L$ | 大直径钢筋 $l_1$ | 小直径钢筋 $l_2$ |
| 32/28 | 44 | 120 | 55 | 50 |
| 32/25 | 44 | 115 | 55 | 45 |
| 32/22 | 44 | 110 | 55 | 45 |
| 32/20 | 44 | 105 | 55 | 40 |
| 28/25 | 39 | 110 | 50 | 45 |
| 28/22 | 39 | 105 | 50 | 45 |
| 25/22 | 35 | 100 | 45 | 45 |
| 22/20 | 32 | 90 | 45 | 40 |
| 22/16 | 32 | 80 | 45 | 30 |
| 20/16 | 32 | 75 | 40 | 30 |

上述用于连接同直径或不同直径的钢筋锥螺纹套筒适用于钢筋能转动的情况，在连接如柱顶、梁端带弯钩的钢筋，弧形、圆形钢筋，钢筋骨架或其他钢筋不能转动的情况时，会用到锥螺纹可调连接件。可调连接件分为单向可调连接件和双向可调连接件，与钢筋连接部分为锥螺纹连接，其余部分为直螺纹连接。单向可调直螺纹为右旋即正丝；双向可调

直螺纹为左、右旋，即正反丝扣。可调连接件构造如图 6.15.3-13、图 6.15.3-14 所示。

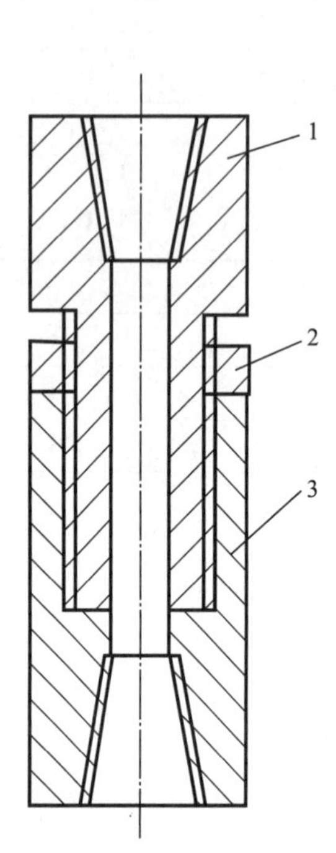

1—可调连接器(右旋)；2—锁母；3—连接套

图 6.15.3-13　单向可调连接件

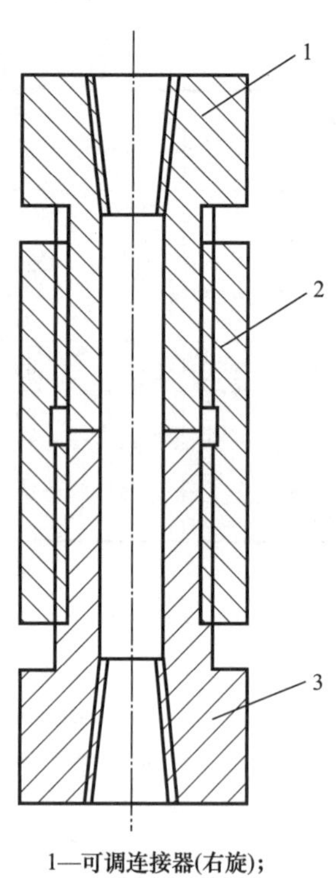

1—可调连接器(右旋)；
2—连接套(左、右旋)；
3—可调连接器(左旋)

图 6.15.3-14　双向可调连接件

5）扭矩扳子：扭矩扳子是钢筋锥螺纹接头施工的必备量具，可根据所连钢筋直径预先设定力矩值。扭矩扳子技术性能见表 6.15.3-4。

**扭矩扳子技术性能**　　**表 6.15.3-4**

| 型号 | 钢筋直径/mm | 额定扭矩/(N·m) | 外形尺寸/mm | 质量/kg |
|---|---|---|---|---|
| SF-2 | 16 | 100 | 长 770 | 3.5 |
| | 18 | 200 | | |
| | 20 | 200 | | |
| | 22 | 260 | | |
| | 25 | 260 | | |
| | 28 | 320 | | |
| | 32 | 320 | | |
| | 36 | 360 | | |
| | 40 | 360 | | |

扭矩扳子应由具有生产计量器具许可证的单位加工制造。扭矩扳子应按现行国家计量检定规程《扭矩扳子检定规程》JJG 707 检定并出具检定证书，扭矩扳子示值误差及示值重复误差≤±5%。

扭矩扳子构造如图 6.15.3-15 所示。

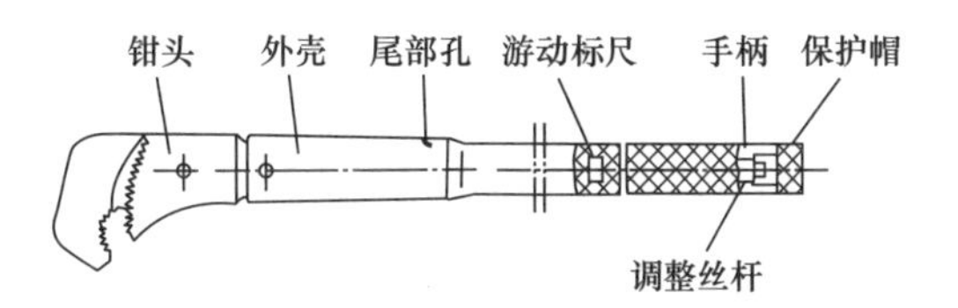


图 6.15.3-15　扭矩扳子

扭矩扳子使用方法：扭矩扳子的游动标尺一般设定在最低位置，使用时根据所连钢筋直径，用调整扳子旋转调整丝杆，将游动标尺上的钢筋直径刻度值对正手柄外壳上的刻线；然后，将钳头垂直咬住待连接钢筋，用手握住扭矩扳子手柄，垂直钢筋轴线顺时针均匀加力。当扭矩扳子发出“咔哒”声响时，钢筋连接达到预先设定的规定力矩值。严禁钢筋丝头未拧入连接件就用扭矩扳子连接钢筋，否则会损坏接头丝扣。扭矩扳子无声音信号发出时，应停止使用，进行修理，修理后的扭矩扳子须进行标定方可使用。

扭矩扳子的检修和检定：扭矩扳子未发出“咔哒”声响时，说明扭矩扳子里边的滑块被卡住，应送到扭矩扳子的销售部门进行检修，并用扭矩仪进行检定，检定周期为半年。

扭矩扳子使用注意事项：

① 防止水、泥、砂等杂物进入手柄内；

② 扭矩扳子要端平，钳头应垂直钢筋均匀加力，不要过猛；

③ 扭矩扳子发出“咔哒”声响时不得继续加力，以免过载损坏扳子；

④ 不得将扭矩扳子当锤子、撬棍使用，要轻拿轻放，不得乱摔、坐踏、雨淋，以免外力撞击或生锈造成扭矩扳子损坏；

⑤ 长期不使用扭矩扳子时，应将扭矩扳子游动标尺刻度值调到零位，以免手柄里的压簧长期受压，影响扭矩扳子的精度。

6）锥螺纹丝头检测量规：检查钢筋锥螺纹丝头质量的量规有牙形规（图 6.15.3-16）、卡规（图 6.15.3-17）和环规（图 6.15.3-18）。牙形规用于检查锥螺纹牙形质量。牙形规与钢筋锥螺纹牙形吻合的为合格牙形，如有间隙说明牙瘦或断牙、乱牙，则为不合格牙形；卡规或环规为检查锥螺纹小端直径的量规。如钢筋锥螺纹小端直径在卡规或环规的允差范围时为合格丝头，否则为不合格丝头。牙形规、卡规或环规应由接头技术提供单位成套提供。

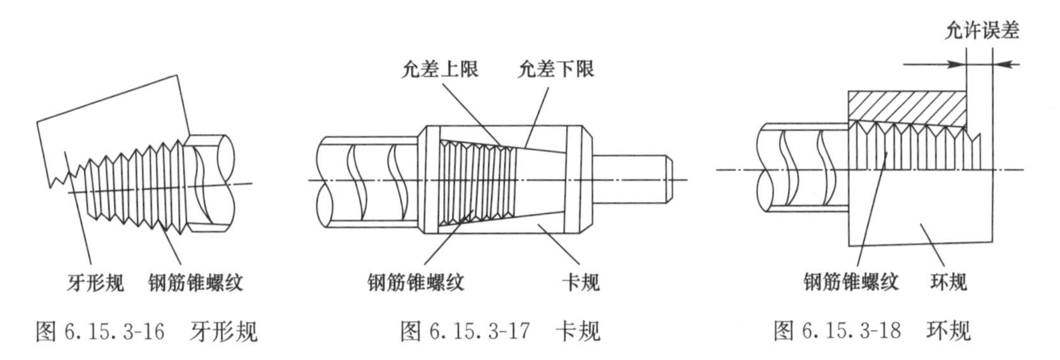


图 6.15.3-16　牙形规　　图 6.15.3-17　卡规　　图 6.15.3-18　环规

（3）工艺检验

详见第 6.12.3 节。

（4）钢筋下料

钢筋下料的目的是使钢筋切口端面与母材轴线方向垂直。钢筋下料时，应采用砂轮切割机或专用钢筋连接切筋机，不得使用气割或其他热加工的方法下料。采用专用钢筋切断机时，应使用与钢筋规格相对应的切筋刀片切割钢筋，钢筋摆放应水平，与切筋刀片的圆弧中心等高，且钢筋轴线应与切筋刀片平面垂直，不得有马蹄形或挠曲。钢筋端部不得有弯曲，出现弯曲时应调直。

（5）预压

如在钢筋锥螺纹丝头加工前有预压工艺，应按技术提供单位的标准进行预压，并经检验合格后方可进行下道工序。

1）预压设备

在下列情况之一时，生产厂家应对预压机预压力自行标定：①新预压设备使用前；②旧预压设备大修后；③油压表受损或强烈振动后；④压后圆锥面异常且查不出其他原因时；⑤预压设备使用超过 1 年；⑥预压丝头数超过 60000 个。

压模与钢筋应相互配套使用，压模上应有对应的钢筋规格标记。

高压泵应采用液压油。油液应过滤并保持清洁，油箱应密封，防止雨水、灰尘混入油箱。

2）施工操作

操作人员必须持证上岗。

操作时采用的压力值、油压值应符合技术提供单位通过型式检验确定的技术参数要求。压力值及油压值应按表 6.15.3-5 执行。

**预压压力** **表 6.15.3-5**

| 钢筋规格 | 压力值范围/t | 油压值范围/MPa |
|---|---|---|
| $\phi$16 | 62～73 | 24～28 |
| $\phi$18 | 68～78 | 26～30 |
| $\phi$20 | 68～78 | 26～30 |
| $\phi$22 | 68～78 | 26～30 |
| $\phi$25 | 99～109 | 38～42 |
| $\phi$28 | 114～125 | 44～48 |
| $\phi$32 | 140～151 | 54～58 |
| $\phi$36 | 161～171 | 62～66 |
| $\phi$40 | 171～182 | 66～70 |

注：若改变预压机机型该表中压力值范围不变，但油压值范围相应改变，具体数值由生产厂家提供。

检查预压设备情况并进行试压，符合要求后方可作业。

3）预压操作

钢筋端部完全插入预压机，直至前挡板处。对于 1 次预压成形，钢筋纵肋沿竖向顺时针或逆时针旋转 20°～40°；对于 2 次预压成形，第 1 次预压钢筋纵肋向上，第 2 次预压钢筋顺时针或逆时针旋转 90°。

每次按规定的压力值进行预压，预压成形次数按表 6.15.3-6 执行。

**成形次数** **表 6.15.3-6**

| 预压成形次数 | 钢筋直径/mm |
|---|---|
| 1 次预压成形 | 16～25 |
| 2 次预压成形 | 28～40 |

4）检验标准

预压操作人员应使用检测规对预压后的钢筋端头逐个进行自检，经自检合格的预压端头，质检人员应按要求对每种规格本次加工批抽检10%。如有1个端头不合格，即应责成操作人员对该加工批进行全部检查，不合格钢筋端头应进行二次预压或部分切除重新预压，经再次检验合格方可进行下一步的套丝加工。采用径向预压检测量规对预压后的钢筋端部进行检测，如图6.16.3-19所示。检验标准应符合表6.15.3-7要求，预压后钢筋端头圆锥体小端直径大于尺寸$B$且小于尺寸$A$即为合格。

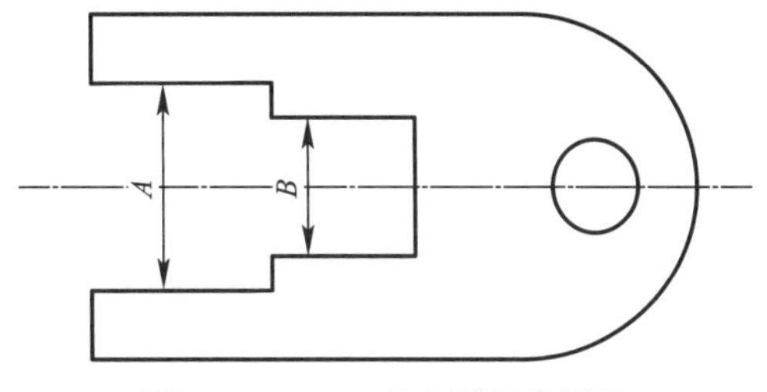


图6.15.3-19　径向预压检测规

**预压尺寸**　　**表6.15.3-7**

| 钢筋规格 | $A$/mm | $B$/mm |
|---|---|---|
| $\phi$16 | 17.0 | 14.5 |
| $\phi$18 | 18.5 | 16.0 |
| $\phi$20 | 19.0 | 17.5 |
| $\phi$22 | 22.0 | 19.0 |
| $\phi$25 | 25.0 | 22.0 |
| $\phi$28 | 27.5 | 24.5 |
| $\phi$32 | 31.5 | 28.0 |
| $\phi$36 | 35.5 | 31.5 |
| $\phi$40 | 39.5 | 35.0 |

（6）钢筋锥螺纹丝头加工

钢筋下料或经预压检验合格后，使用锥螺纹套丝机切削加工钢筋螺纹。加工前，应将设备进行调试和试运行，调整至正常状态后进行试生产，检查螺纹质量，设备运行正常且螺纹质量合格后方可进行批量加工。

套丝过程应采用技术提供单位的牙形规、卡规或环规逐个检查钢筋套丝质量。钢筋端头锥螺纹丝头锥度、直径、牙形、螺距等规格参数应与套筒匹配，要求牙形饱满，无裂纹、乱牙、秃牙缺陷。牙形与牙形规吻合，丝头小端直径在卡规或环规的允许误差范围内。加工钢筋丝头时，应选用与钢筋规格对应的锥螺纹梳刀，采用水溶性切削润滑液，当气温低于0℃时，应有防冻措施，不得使用油性切削液，且不得在无切削液的情况下进行螺纹加工。需对端部带丝头的钢筋进行弯折时，应先进行丝头加工再进行弯折，弯折加工时，宜套好套筒或采取其他有效措施对丝头予以保护。

钢筋丝头长度应满足企业标准中产品设计要求，拧紧后的钢筋丝头不得相互接触，丝头加工长度极限偏差应为$-0.5p\sim-1.5p$（$p$为螺距）。锥螺纹钢筋接头不允许钢筋丝头在套筒中央相互接触，而应保持一定间隙，因此丝头加工长度的极限偏差应为负偏差。

（7）螺纹检验

钢筋端头锥螺纹丝头直径、牙形、螺距等规格参数应与套筒匹配。钢筋锥螺纹丝头加工完成后，操作人员随即用配置的锥螺纹量规逐根检测。

质检或监理人员用钢筋套丝人员的牙形规和卡规或环规，对每种规格丝头加工批随机抽检10%，检验合格率应≥95%，并填写钢筋锥螺纹加工检验记录。如发现有不合格螺纹，应对该加工批全数检查，并切除所有不合格螺纹，重新加工并经再次检验合格后方可使用。

钢筋锥螺纹丝头检查合格后，应立即采用专用配套塑料保护帽或拧上套筒予以保护，防止装卸钢筋时损坏丝头和杂物污染丝头，按钢筋直径、长度和类型在指定区域码放整齐、分类存放，并设置相应标识。雨季或长期存放时应加盖防雨布保护，防止生锈。

（8）钢筋连接

将待连接钢筋吊装到位后，回收套筒密封盖和丝头保护帽。连接钢筋前，应检查钢筋规格和套筒规格是否一致，并确保钢筋丝头和套筒丝扣干净完好无损。确认无误后，将带有套筒的一端拧入连接钢筋。用扭矩扳子拧紧钢筋接头，并达到规定的力矩值。

连接钢筋时，应对正轴线将钢筋拧入连接件，然后用扭矩扳子拧紧。钢筋接头拧紧时应随手做油漆标记，以备检查，防止漏拧。

采用预埋接头时，连接件位置、规格和数量应符合设计要求。带连接件的钢筋应固定牢固，连接件外露端应有密封盖。

鉴于国内钢筋锥螺纹接头技术参数不尽相同，施工单位采用时应特别注意。对技术参数不同的接头绝不能混用，避免出现质量事故。

（9）现场检验与验收

钢筋锥螺纹连接接头的现场检验与验收详见6.13.3节有关螺纹连接的内容。

钢筋锥螺纹接头应无完整丝扣外露。如发现接头有完整丝扣外露，说明有丝扣损坏或有脏物进入接头，丝扣或钢筋丝头小端直径超差或用了小规格的连接件；连接件与钢筋之间如有周向间隙，说明用了大规格连接件连接小直径钢筋。出现上述情况应及时查明原因予以排除，重新连接钢筋。如钢筋接头已不能重新制作和连接，可采用E50××型焊条将钢筋与连接件焊接，焊缝高度≥5mm。当连接HRB400、HRB500级钢筋时，应先做可焊性能试验，经试验合格后方可焊接。

另外，锥螺纹接头现场加工质量控制难度大、拧紧力矩有时缺乏准确性、丝扣松动及漏拧等现象经常出现，对接头强度和变形性能影响较大。所以，应强化接头质量现场检验，严格执行检查与验收规定。

### 6.15.4 钢筋镦粗直螺纹连接

我国于20世纪90年代末开发了钢筋镦粗直螺纹连接技术。2000年，由该项技术开发单位中国建筑科学研究院完成的国家级工法——镦粗直螺纹钢筋连接工法公布实施，对引导和规范钢筋镦粗直螺纹连接技术起了很大的促进作用。镦粗直螺纹连接钢筋接头强度高，可实现与钢筋等强，质量稳定可靠。接头性能满足国外标准对钢筋接头性能的最高要求，也满足行业标准《钢筋机械连接技术规程》JGJ 107—2016规定的Ⅰ级接头性能指标。在现场应用中，施工方便、连接速度快，丝头及安装质量检验直观方便。连接时不需要电力或其他能源设备，操作不受气候环境影响，在风、雪、雨、水下及可燃性气体环境中均可作业。现场操作简便，非技术工人经过简单培训即可上岗操作。钢筋镦粗和螺纹加工设备的操作简单、方便，一般经短时间培训，工人即可掌握并制作合格的接头。钢筋丝头螺纹加工在现场或预制工厂均可进行，且对现场无任何污染。对钢筋要求较低，对于焊接性较差、外形偏差大的钢筋（如钢筋基圆呈椭圆、基圆上下错位、纵肋过高、截面负公差等）、各种外形的钢筋（螺纹形、月牙形、竹节形等）适应性明显加强。钢筋直螺纹丝头全部提前预制，现场连接为装配作业。无噪声、粉尘等公害，符合国家节能、环保要求。

镦粗直螺纹连接钢筋接头在镦粗过程中易出现镦偏现象，一旦镦偏必须切掉重镦。镦粗过程中产生内应力，钢筋镦粗部分延性降低，易产生脆断现象。螺纹加工需要镦粗、切削螺纹两道工序，加工设备（镦粗机、套丝机）多、操作人员多，加工成本较高。

镦粗直螺纹技术可大量节约套筒钢材用量，较挤压套筒减少70%，较锥螺纹套筒减少40%，具有明显的经济效益和社会效益。镦粗直螺纹虽然克服了锥螺纹、滚轧直螺纹在形成螺纹时减小截面面积的缺陷，但其需采用钢筋镦粗机和钢筋套丝机，工序较烦琐、效率相对较低，增加了劳动强度，设备故障率提高，施工成本加大，近年来市场占有率逐渐下降。

**1. 分类及基本原理**

钢筋镦粗直螺纹接头是通过镦粗设备将钢筋端头镦粗后制作（切削或滚轧）的直螺纹和连接件螺纹咬合形成的接头，如图6.15.4-1所示。钢筋端部镦粗后加工的丝头，其螺纹小径大于钢筋母材直径，与连接件组装后形成的接头达到与钢筋母材等强。

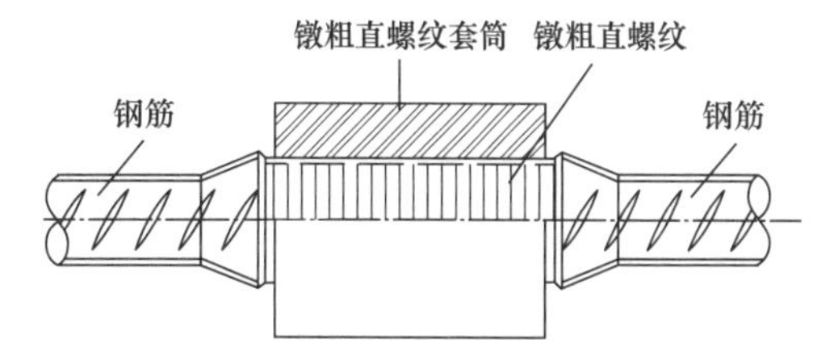

图6.15.4-1 钢筋镦粗直螺纹接头示意

钢筋镦粗直螺纹连接按钢筋镦头工艺，分为冷镦粗直螺纹连接和热镦粗直螺纹连接。

钢筋冷镦粗直螺纹连接的基本原理为：通过钢筋镦粗机在常温下将钢筋端头部位进行镦粗，钢筋端头在镦粗力的作用下产生塑性变形，内部金属晶格变形错位使金属强度提高而强化（即金属冷作硬化），钢筋镦粗后将钢筋大量热轧产生的缺陷（如钢筋基圆呈椭圆、基圆上下错位、纵肋过高、截面负公差等）膨胀到镦粗外表或在镦粗模具中挤压变形，在钢筋外表面加工直螺纹时将上述缺陷切削，将两根钢筋分别拧入带有相应内螺纹的套筒，两根钢筋在套筒中部相互顶紧，即完成钢筋冷镦粗直螺纹接头的连接。由于丝头螺纹加工造成的损失全部被钢筋变形的冷作硬化补足，所以接头钢筋连接部位的强度大于钢筋母材实际强度；而钢筋截面面积未减小或损伤小，接头与钢筋母材达到等强。

采用冷镦粗工艺时，钢筋的镦粗部分将产生较大内应力，该工艺对钢筋延性要求较高。对于延性较低的钢筋，镦粗质量较难控制，易产生脆断现象，在工程实施时应特别注意。使用钢筋冷镦粗直螺纹连接技术时，应避免截面突变影响金属流动而影响连接性能。理论上镦粗的过渡段坡度越小，越有利于减小内应力，但过渡段坡度越小，镦粗时钢筋夹持模外镦粗部分伸出的长度越长，在镦粗过程中伸出部分越易失稳而导致镦粗头弯曲。因此镦粗过渡段坡度过小也不现实，一般要求镦粗过渡段坡度应≤1∶5。而镦粗的另一个重要参数即镦粗量也需进行慎重的选择，镦粗量过小直径不足会使加工出的螺纹牙形不完整，镦粗量过大会造成钢筋端头内部金属损伤导致出现接头脆断现象。有时，个别钢厂或批次的钢筋不适应冷镦工艺而易产生接头脆断的不合格情况。为避免这种情况的发生，往往现场采用的镦粗量偏小，易造成加工的螺纹外观牙形不饱满、有“黑皮”等情况，质检人员对钢筋螺纹外观质量常常判断为不合格。当镦粗量较大而影响接头质量时，可适当减少镦粗量，使镦粗工艺适用于更广泛的不同材性钢筋，明显改善了镦粗直螺纹钢筋接头性能，减小了镦头尺寸，优化了镦头头形，减小了镦头压力，降低了镦头模具消耗，并减小了接头螺纹尺寸，降低了套筒和丝头螺纹加工刀具的消耗，提高了螺纹加工效率。

钢筋热镦粗直螺纹连接的基本原理为：通过钢筋热镦粗机将钢筋端头部位加热并进行镦粗，由于热镦粗时镦粗部分不产生内应力或脆断等缺陷，因此可将钢筋镦得更粗。由于丝头螺纹直径较钢筋大得多，所以接头钢筋连接部位强度大于钢筋母材实际强度，接头与钢筋母材等强。使用钢筋热镦粗直螺纹连接技术时，其加热工艺可参照钢筋轧制工艺中初轧温度及终轧温度实践经验，结合钢筋端部镦粗特点，制定各种类别和级别钢筋始镦温度和终镦温度，并在生产实践中取样进行金相检测和接头性能测试，根据试验结果确定加热和镦粗工艺。

由于热镦粗不宜在露天作业，耗电量大、设备投入费用高，对操作者劳动保护和安全防护提出了更高的要求，目前该工艺在国内较少采用。在此，重点介绍国内常用的钢筋冷镦粗直螺纹连接技术。

**2. 施工**

钢筋镦粗直螺纹连接施工如图 6.15.4-2 所示，主要工艺流程为：钢筋下料→端部镦粗（冷镦粗或热镦粗）→螺纹切削→镦粗直螺纹套筒连接→完成。

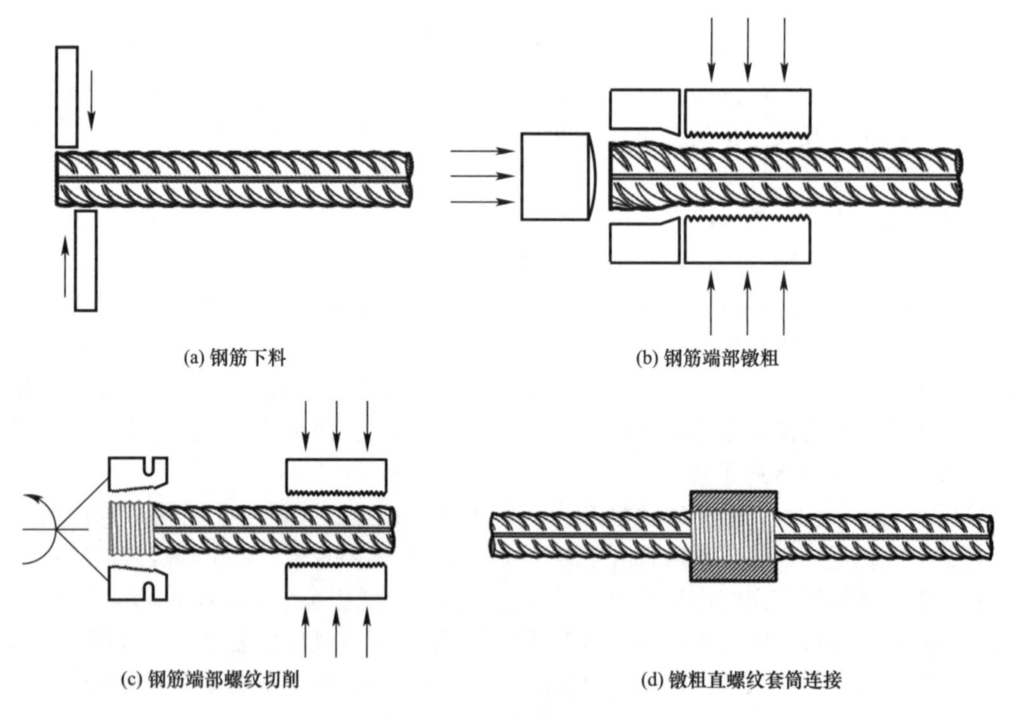

(a) 钢筋下料　(b) 钢筋端部镦粗

(c) 钢筋端部螺纹切削　(d) 镦粗直螺纹套筒连接

图 6.15.4-2　镦粗直螺纹主要工艺

镦粗直螺纹钢筋接头施工工艺流程如图 6.15.4-3 所示。

（1）技术资料审核

按第 6.12.1 节的要求进行技术资料审核。

(2) 施工准备

1) 人员：应符合第 6.12.2 条的要求。正常情况下，每台班应配操作工人 5～6 人，其中钢筋下料 2 人，油泵、钢筋镦粗操作 1 人，套丝操作 1 人，丝头检验、盖保护帽及钢筋搬运 2～3 人。

2) 设备：钢筋镦粗直螺纹设备由将钢筋端部镦粗和对钢筋镦粗端加工直螺纹的专用设备组成。

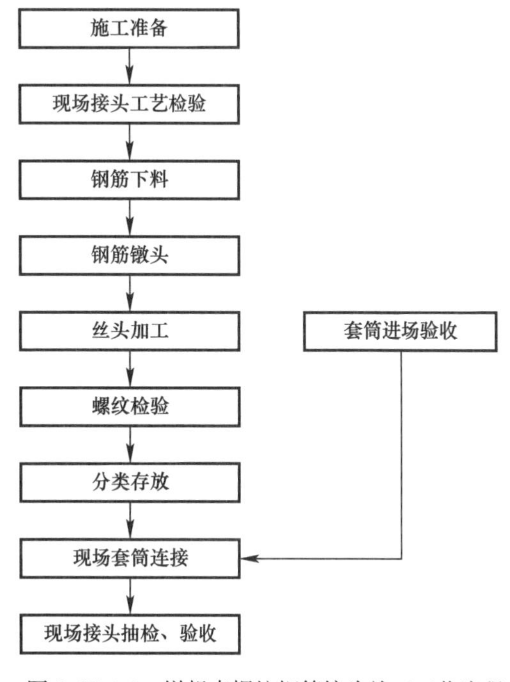


图 6.15.4-3 镦粗直螺纹钢筋接头施工工艺流程

将钢筋端部镦粗的设备为钢筋镦粗机及配套模具，钢筋镦粗机分为钢筋冷镦粗机和钢筋热镦粗机。钢筋冷镦粗机是在常温条件下夹持固定钢筋，以适当的速度直接对钢筋端头施加轴向顶压力，使钢筋端部产生塑性变形，并以合理的形状成型出规定尺寸的钢筋镦粗头，实现增大钢筋端部截面面积的设备。钢筋热镦粗机是用电加热装置将钢筋端头加热至高温，再用镦粗装置进行钢筋端部镦粗加工的设备。

钢筋冷镦粗机对电力要求较低，可应用于施工现场和预制工厂，生产工效高，适用范围广。钢筋热镦粗机虽需要的镦粗力小、设备油缸和泵站要求低，但其加热装置需配置大功率电源，且钢筋加热造成部分钢筋强度降低。因此，实际工程中采用钢筋热镦粗工艺远少于钢筋冷镦粗工艺。

钢筋镦粗后端部直径可加工出标准粗牙直螺纹，且螺纹小径处横截面面积大于钢筋公称截面面积的工艺一般称为标准型镦粗或镦大头技术，其连接接头强度由横截面增加和冷作硬化强度提升保证。钢筋镦粗后端部直径可加工出某标准螺距尺寸的直螺纹，但螺纹小径处横截面面积小于钢筋公称截面面积的工艺一般称为强化型镦粗或镦小头技术。钢筋镦粗机通过对其镦粗变形量和成型模具的调整，既可加工镦大头钢筋，又可加工镦小头钢筋。

钢筋直螺纹成型主要采用切削或滚轧工艺，在钢筋端部生成规定长度和直径尺寸的直螺纹。钢筋直螺纹采用切削成型的加工设备称为钢筋套丝机（通过切削梳刀将钢筋表面金属切削制成螺纹），钢筋直螺纹采用滚轧成型的加工设备称为钢筋滚丝机（通过滚丝轮将钢筋表面金属挤压变形制成螺纹，按照对钢筋横纵肋的处理要求，还可分为直滚滚丝机和剥肋滚丝机）。目前，钢筋镦粗端加工直螺纹的设备一般为采用切削工艺的钢筋套丝机及配套切削刃具，但有时也会配套采用滚轧工艺的钢筋滚丝机等直螺纹加工设备（在港珠澳大桥工程不锈钢钢筋连接中，使用了镦粗+滚轧成型螺纹工艺）。同时专用钢筋机械切筋，代替砂轮切割机进行钢筋下料，可大大提高切筋效率，降低钢筋切割成本，可获得满足镦粗工艺要求的平整钢筋端头，自动控制镦头、专用套丝机等先进设备和工艺技术也在不断发展。

随着高强钢筋的应用，国外已进入 500MPa 钢筋普遍应用阶段，我国 500MPa 钢筋的应用越来越多，镦粗工艺对钢筋镦粗脆性的影响成为接头质量的重要环节，镦粗工艺结合钢筋材料的特点也有所发展，部分项目增加了钢筋镦粗加工后的预张拉工艺，以消除镦粗区域应力，提高接头性能。钢筋镦粗直螺纹机械更多地进入了钢筋成型预制工厂，设备操作性更强，自动化程度更高，加工尺寸更精确，生产效率得到提升。

由于镦粗直螺纹具有较多技术优势，受钢筋外形偏差影响小，在施工现场仍有广阔的应用前景，但现场操作人员水平参差不齐，所以未来在施工现场应用的钢筋镦粗直螺纹机械会保持体积小型化；同时，要向高精度、自动化、智能化、信息化方向发展，以机械的稳定工作降低人为影响因素，保证钢筋丝头的最终加工质量。

本节主要介绍常用于钢筋镦粗直螺纹连接的钢筋冷镦粗机和钢筋套丝机。依据《钢筋直螺纹成型机》JG/T 146—2018 的产品分类要求，钢筋螺纹加工机械分为钢筋螺纹套丝机和钢筋螺纹滚丝机（剥肋）。

钢筋镦粗直螺纹连接设备一般由钢筋镦粗机、钢筋套丝机、配套模具与检具构成。钢筋镦粗机械按照执行机构划分，可分为单缸镦粗机和双缸镦粗机。

单缸镦粗机设置有单一油缸，作为动力执行机构，同时驱动模具完成对钢筋夹持和镦粗的动作。单缸镦粗机采用 1 个液压油缸作为动力执行机构，可同时完成钢筋夹持和镦粗动作。当钢筋穿入设备端部贴紧活塞上的镦粗头后，启动泵站，油缸活塞安装的镦粗头顶压钢筋端部，钢筋后退的同时带动楔形模具合拢并实现钢筋锁紧，然后继续顶压，最终达到钢筋端部镦粗效果。单缸镦粗机主要由主机（执行机构，包括机架、承力架、油缸、镦粗头、夹持成型模具等）及液压泵站（动力机构，包括电机、高低压泵、换向阀、组合阀、油管等）组成。单缸镦粗机的动力组成包括电机和液压泵站，如图 6.15.4-4 所示。

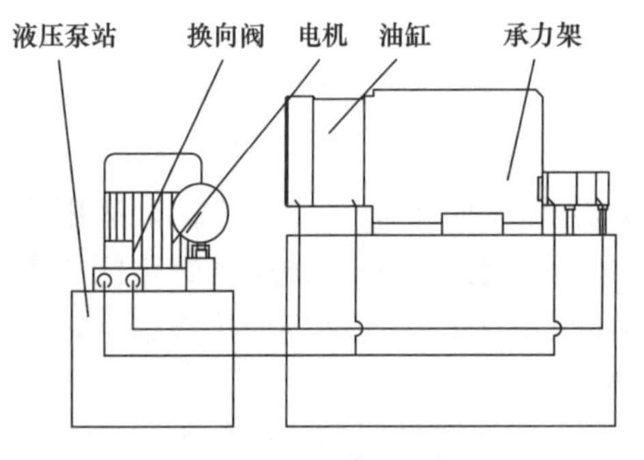

图 6.15.4-4　单缸镦粗机

典型的单缸镦粗机如图 6.15.4-5、图 6.15.4-6 所示。

图 6.15.4-5　单缸镦粗机 1

图 6.15.4-6 单缸镦粗机 2

双缸镦粗机采用 2 个液压油缸（1 个夹持油缸、1 个镦粗油缸）作为动力执行机构，分别驱动夹持模具和镦粗模具，完成对钢筋的夹持和镦粗动作。镦粗机进行镦粗加工时，泵站输送压力油首先进入夹持油缸后油腔，压力油推动夹持活塞及夹持模具合拢夹持待镦粗钢筋，当达到预定夹持压力时，夹持油缸保压，泵站压力开关动作，液压阀换向，泵站液压油进入镦粗油缸后油腔，镦粗活塞带动镦粗头前进对钢筋进行镦粗，镦粗到位后，镦粗活塞和夹持活塞同时退回至初始位置，完成 1 次镦粗动作。双缸镦粗机主要由主机（执行机构，包括机架、承力架、夹持油缸、镦粗油缸、镦粗头、夹持模具、成型模具等）及液压泵站（动力机构，包括电机、高低压泵、换向阀、组合阀、油管等）组成。双缸镦粗机的动力组成包括电机和液压泵站，如图 6.15.4-7 所示。

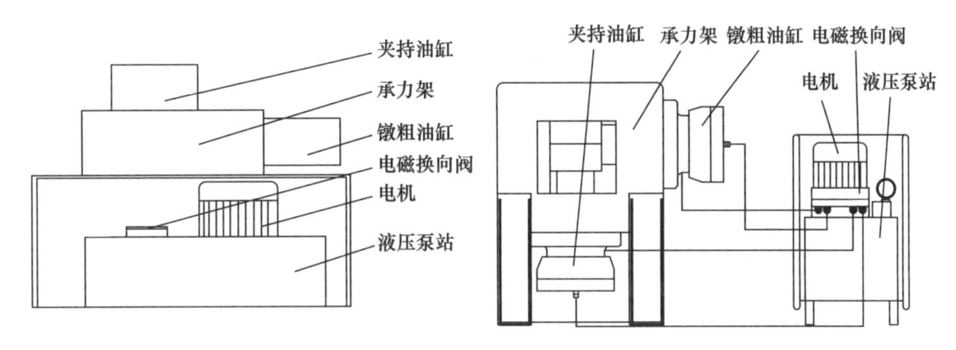


图 6.15.4-7　双缸镦粗机

典型的双缸镦粗机如图 6.15.4-8、图 6.15.4-9 所示。

图 6.15.4-8　双缸镦粗机 1

图 6.15.4-9　双缸镦粗机 2

钢筋套丝机工作原理为：钢筋夹持于套丝机虎钳后，在不用处理钢筋纵、横肋的情况下，机头沿钢筋轴向进给，利用安装于机头上的螺纹梳刀直接车削钢筋端部形成螺纹丝头。钢筋套丝机主要由机架、机头、虎钳、减速机、螺纹梳刀等部分组成。从机构组成来看，钢筋套丝机主要由支撑机构、减速机构、夹持机构、车削机构、行走机构、冷却机构等部分组成。钢筋套丝机动力组成包括电机和减速机构，如图 6.15.4-10 所示。

套丝机如图 6.15.4-11、图 6.15.4-12 所示。

根据工程的钢筋接头数量和施工进度要求，确定所需的钢筋镦粗直螺纹设备数量。设备选

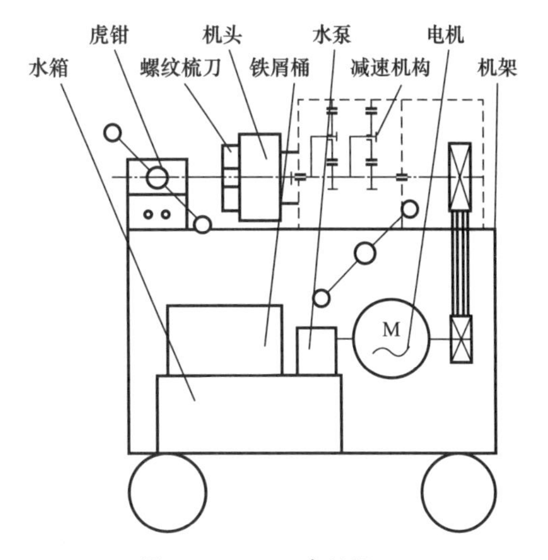


图 6.15.4-10　套丝机

型时，钢筋镦粗直螺纹连接机械应适合施工现场使用，便于运输、吊装、组装方便、体积小、质量小且操作简便。镦粗机模具（包括成型模具、夹持模具）规格与加工钢筋规格一致，套丝机螺纹梳刀可满足相同螺距、不同规格钢筋的加工需求。钢筋镦粗直螺纹连接机械的检验工具（螺纹环规）、扭矩扳子符合《钢筋机械连接技术规程》JGJ 107 标准相关要求。钢筋镦粗机和套丝机形成 1 个班组，即 1 台镦粗机配套 1 台套丝机，完成钢筋从镦粗到螺纹丝头的加工。

图 6.15.4-11　套丝机 1

图 6.15.4-12　套丝机 2

根据现场施工总平面图，确定设备位置并搭设钢筋托架及防雨棚，配备 380V 电源。设备安装时应使镦粗机夹具中心线、套丝机主轴中心线保持同一高度，并与放置在支架上的待加工钢筋中心线保持一致，支架搭置应保证钢筋摆放水平。

3）钢筋：施工前应确认用于镦粗直螺纹连接的钢筋满足要求。钢筋应具有出厂合格证和力学性能检验报告，进口钢筋还要有商检证明书和化学分析报告，所有检验结果均应符合现行规范的规定和设计要求。

4）镦粗直螺纹套筒：施工前，应检查镦粗直螺纹套筒是否满足要求。

套筒应有出厂合格证，一般为低合金钢或优质碳素结构钢，套筒表面标注被连接钢筋的直径和型号。套筒表面无裂纹，螺牙饱满，无其他缺陷。牙形规检查合格，用直螺纹塞规检查其尺寸精度。套筒端头孔用塑料盖封上，以保持内部洁净、干燥防锈。

依据进场套筒的合格证和有效的接头型式检验报告验收套筒质量。产品合格证应包括适用钢筋直径和接头性能等级、套筒类型、生产单位、生产日期及可追溯产品原材料力学性能和加工质量的生产批号。

国内部分厂家的镦粗套筒尺寸参数如表 6.15.4-1～表 6.15.4-3 所示。

**镦粗直螺纹套筒尺寸参数（思达建茂）**　　　　表 6.15.4-1

| 钢筋直径/mm | 14 | 16 | 18 | 20 | 22 | 25 | 28 | 32 | 36 | 40 |
|---|---|---|---|---|---|---|---|---|---|---|
| 套筒外径/mm | 25 | 25 | 28 | 31 | 33.5 | 38 | 42.5 | 48 | 54 | 60 |
| 套筒长度/mm | 28 | 32 | 36 | 40 | 44 | 50 | 56 | 64 | 72 | 80 |
| 螺纹规格/mm | M16×2.0 | M18×2.5 | M20×3.0 | M22×3.0 | M24×3.0 | M27×3.0 | M30×3.0 | M34×3.0 | M38×3.0 | M42×3.0 |
| 牙形角 | 60° | | | | | | | | | |

镦粗直螺纹套筒尺寸参数（常州建联） 表6.15.4-2

| 钢筋直径/mm | 14 | 16 | 18 | 20 | 22 | 25 | 28 | 32 | 36 | 40 |
|---|---|---|---|---|---|---|---|---|---|---|
| 套筒外径/mm | 22 | 26 | 29 | 32 | 36 | 40 | 44.5 | 50 | 56 | 62 |
| 套筒长度/mm | 34 | 40 | 44 | 48 | 52 | 60 | 66 | 72 | 80 | 90 |
| 螺纹规格/mm | M16×2.0 | M20×2.5 | M22×2.5 | M24×3.0 | M27×3 | M30×3.5 | M33×3.5 | M36×4.5 | M39×4.0 | M45×4.0 |

镦粗直螺纹套筒尺寸参数（浙江锐程） 表6.15.4-3

| 钢筋直径/mm | 12 | 16 | 18 | 20 | 22 | 25 | 28 | 32 | 40 |
|---|---|---|---|---|---|---|---|---|---|
| 套筒外径/mm | 20 | 27 | 30 | 32 | 36 | 40 | 45 | 50 | 62 |
| 螺纹规格/mm | 14×2 | 20×2.5 | 22×3 | 24×3 | 27×3 | 30×3.5 | 33×3.5 | 36×4 | 45×4.5 |
| 套筒长度/mm | 28 | 40 | 44 | 48 | 54 | 60 | 66 | 72 | 90 |
| 套筒质量/kg | 0.04 | 0.08 | 0.12 | 0.14 | 0.19 | 0.26 | 0.39 | 0.55 | 1.03 |

镦粗直螺纹接头根据使用条件分类可分为标准型、加长丝头型、扩口型、异径型、正反丝扣型和加锁母型，具体适用场合如见6.15.4-4。

镦粗直螺纹钢筋接头类型及适用场合 表6.15.4-4

| 序号 | 类型 | 适用场合 |
|---|---|---|
| 1 | 标准型 | 用于钢筋可方便旋转的连接场合 |
| 2 | 加长丝头型 | 用于钢筋转动较困难的连接场合，通过转动套筒连接钢筋 |
| 3 | 扩口型 | 用于钢筋较难对中的场合，如钢筋笼整体连接 |
| 4 | 异径型 | 用于连接不同直径的钢筋 |
| 5 | 正反丝扣型 | 用于两端钢筋均不能转动的场合 |
| 6 | 加锁母型 | 钢筋完全不能转动，通过转动套筒连接钢筋，用锁母锁定套筒 |

镦粗直螺纹钢筋接头类型如图6.15.4-13～图6.15.4-18所示。

（3）工艺检验

详见第6.12.3节。

（4）钢筋下料

钢筋下料的目的是使钢筋切口端面与母材轴线方向垂直，使接头拧紧后能让2个丝头对顶，更好地消除螺纹间隙。钢筋下料时，应采用砂轮切割机或专用钢筋连接切筋机，不得使用气割或其他热加工的方法下料。采用专用钢筋切断机时，应使用与钢筋规格相对应

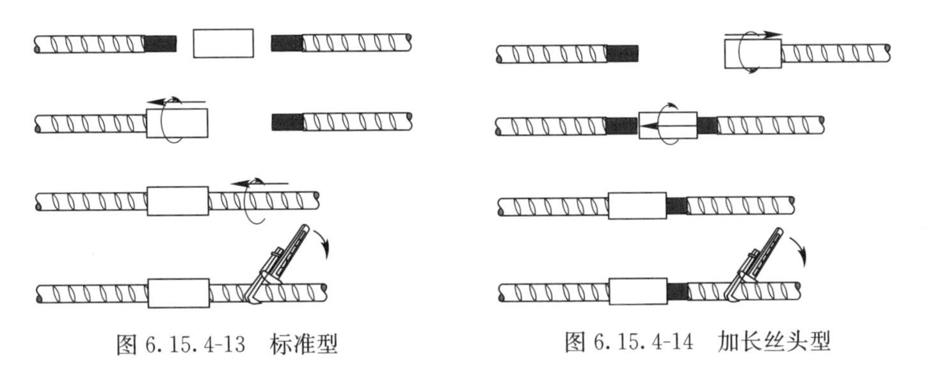

图6.15.4-13 标准型　　图6.15.4-14 加长丝头型

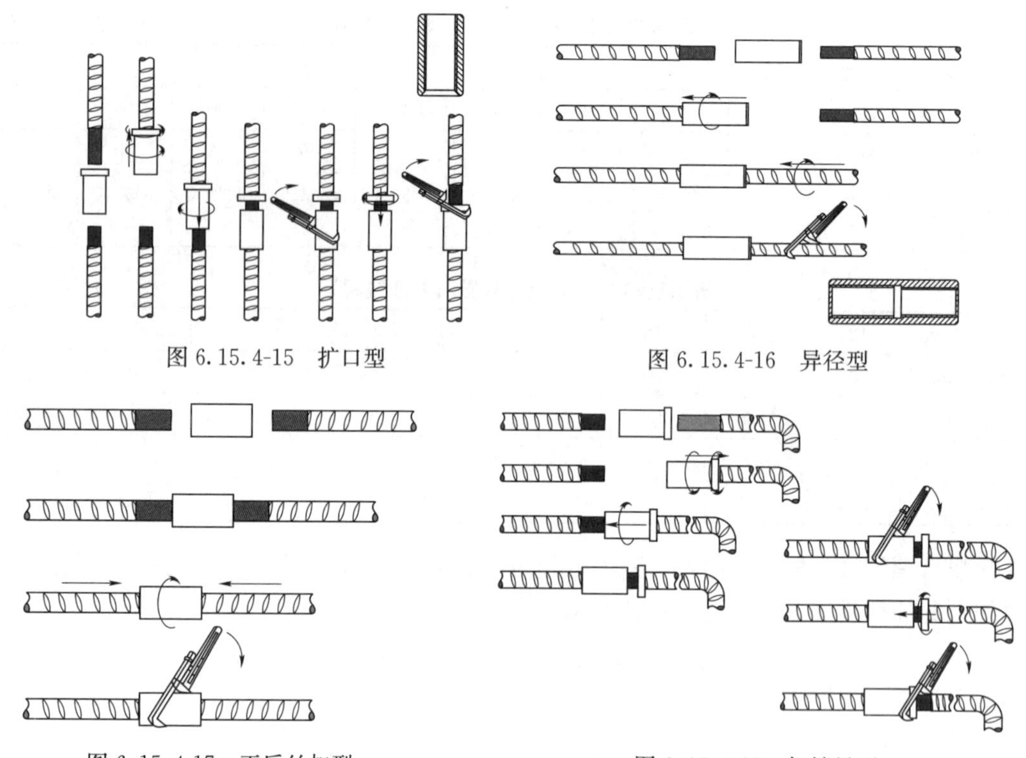

图 6.15.4-15　扩口型

图 6.15.4-16　异径型

图 6.15.4-17　正反丝扣型

图 6.15.4-18　加锁母型

的切筋刀片切割钢筋，钢筋摆放位置应水平，与切筋刀片的圆弧中心等高，且钢筋轴线应与切筋刀片平面垂直，不得有马蹄形或挠曲。钢筋端部不得有弯曲，出现弯曲时应调直。

（5）钢筋端部镦粗

钢筋下料后，钢筋套丝前，在镦粗机上将钢筋端部镦粗，镦粗前镦粗机应先退回零位，钢筋插入、顶紧，保证镦粗段钢筋预留长度，操作过程中保证镦粗后的直径和长度。

如图 6.15.4-19 所示，镦粗头的直径 $d_1$、长度 $L_0$ 应满足钢筋丝头的加工要求，镦粗过渡段坡度不应大于 1∶5。

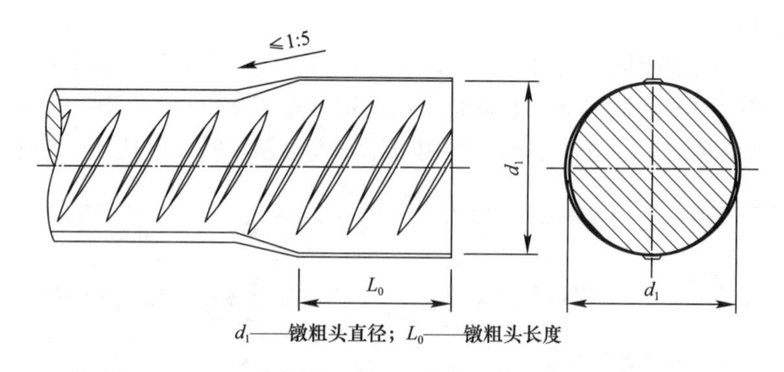


$d_1$——镦粗头直径；$L_0$——镦粗头长度

图 6.15.4-19　镦粗过渡段坡度示意

根据选用的钢筋镦粗机，确定不同规格钢筋的镦粗压力，镦粗基圆直径、钢筋镦粗缩短尺寸、加工螺纹规格和镦粗长度参考表 6.15.4-5。发现镦粗头质量不满足要求时，应及时切除，重新镦粗，不得对镦粗头进行二次镦粗。

**镦粗直螺纹钢筋接头镦粗工艺参数　　　　表 6.15.4-5**

| 型号 | 镦粗机型号 | | | 1200型 | | | | | | | 1800型 | | |
|---|---|---|---|---|---|---|---|---|---|---|---|---|---|
| | 钢筋规格 | | | φ16 | φ18 | φ20 | φ22 | φ25 | φ28 | φ32 | φ32 | φ36 | φ40 |
| | 项目 | 工艺 | 公差 | | | | | | | | | | |
| Ⅰ型 | 镦粗压力，MPa | 套丝 | ±1 | 13 | 16 | 18 | 22 | 23 | 25 | 30 | 25 | 27 | 29 |
| | 镦粗基圆直径，mm | 套丝 | ±0.5 | 18 | 20 | 24 | 25 | 29 | 32 | 36 | 36 | 40 | 45 |
| | 镦粗缩短尺寸，mm | 套丝 | ±3 | 12 | 12 | 12 | 15 | 15 | 15 | 15 | 15 | 18 | 18 |
| | 镦粗长度，mm | 套丝 | — | 18 | 20 | 22 | 24 | 27 | 30 | 34 | 34 | 38 | 42 |
| Ⅱ型 | 镦粗压力，MPa | 滚丝 | ±1 | 11.0 | 12.0 | 13.0 | 15.0 | 18.0 | 23.0 | 28.0 | 21.0 | 25.0 | 28.0 |
| | | 套丝 | ±1 | 13.0 | 14.0 | 15.0 | 17.0 | 21.0 | 26.0 | 32.0 | 24.0 | 27.0 | 32.0 |
| | 镦粗基圆直径，mm | 滚丝 | ±0.5 | 17.5 | 19.0 | 21.0 | 23.0 | 26.5 | 29.5 | 33.0 | 33.0 | 37.0 | 41.0 |
| | | 套丝 | ±0.5 | 18.0 | 20.0 | 22.0 | 24.0 | 27.5 | 30.5 | 34.0 | 34.0 | 38.0 | 42.0 |
| | 镦粗缩短尺寸，mm | 滚丝 | ±3 | 8 | 8 | 8 | 8 | 8 | 8 | 8 | 8 | 8 | 8 |
| | | 套丝 | ±3 | 10 | 10 | 10 | 10 | 10 | 10 | 10 | 10 | 10 | 10 |
| | 剥肋基圆直径，mm | 滚丝 | +0.2<br>−0.1 | 16.5 | 18.4 | 20.3 | 22.3 | 25.7 | 28.6 | 31.9 | 31.9 | 35.8 | 39.7 |
| | 镦粗长度，mm | 滚丝<br>套丝 | — | 38.0 | 43.5 | 47.5 | 51.5 | 59.0 | 65.0 | 73.0 | 73.0 | 81.0 | 89.0 |

注：1. 镦粗压力及镦粗缩短尺寸仅为参考值。在每批钢筋进场加工前，均应做镦粗试验，并以镦粗基圆合格来确定最佳的镦粗压力及缩短量的最终值。

2. 采用套丝工艺时，镦粗参数还应满足接头性能等级的要求，必要时参数需做适当调整。如：现场要求接头性能等级为Ⅰ级，当加长丝接头断于接头部位时，应适当增加镦粗压力及镦粗基圆直径，即增加钢筋冷镦强化的程度，以满足接头性能要求。

对于个别钢筋在镦粗过程中在镦粗端部产生纵向（与钢筋轴线平行）裂纹，一般裂纹宽度不超过1～2mm是允许的，不会影响接头强度。如果＞2mm时，应做接头强度检验，若合格即允许使用；如果不合格则应调整镦粗工艺直至合格为止，否则不允许使用。可采取以下方法进行调整，减小纵向裂纹：

① 在满足钢筋镦粗基圆尺寸的前提下，尽可能地降低镦粗压力；

② 钢筋镦粗杆芯顶尖处，尖点用砂轮磨圆。

凡钢筋在镦粗后形成横向（与钢筋轴线垂直）裂纹，一律不允许使用，会影响接头强度。在这种情况下可再试镦几个头，查明原因，判断是否是钢筋本身缺陷造成的。

（6）套丝

钢筋冷镦检验合格后，使用钢筋套丝机切削加工钢筋螺纹。加工前，应将设备进行调试和试运行，调整至正常状态后进行试生产，检查螺纹质量，设备运行正常且螺纹质量合格后方能进行批量加工生产。加工钢筋丝头时，应选用与钢筋规格对应的直螺纹梳刀，采用水溶性切削润滑液，当气温低于0℃时，应有防冻措施，不得使用油性切削液，且不得在无切削液的情况下进行螺纹加工。需对端部带丝头的钢筋进行弯折时，应先进行丝头加工再进行弯折。弯折加工时，宜套好套筒或采取其他有效措施对丝头予以保护。

钢筋丝头长度应满足企业标准中产品的设计要求，标准型丝头及加长型丝头的螺纹加工长度可参考表6.15.4-6，丝头长度公差为$+1P$（$P$为螺距）。

钢筋端头螺纹加工参考长度　　表 6.15.4-6

| 钢筋规格 | $\phi16$ | $\phi18$ | $\phi20$ | $\phi22$ | $\phi25$ | $\phi28$ | $\phi32$ | $\phi36$ | $\phi40$ |
|---|---|---|---|---|---|---|---|---|---|
| 标准型丝头长度/mm | 16 | 18 | 20 | 22 | 25 | 28 | 32 | 36 | 40 |
| 加长型丝头长度/mm | 36 | 41 | 45 | 49 | 56 | 62 | 70 | 78 | 86 |

（7）螺纹检验

钢筋丝头螺纹直径、牙形、螺距等规格参数应与套筒匹配。螺纹检验包括外观、螺纹中径和螺纹长度检验，检验方法和要求应符合表 6.15.4-7 的规定。

钢筋端部螺纹检验方法及要求　　表 6.15.4-7

| 检验项目 | 检验工具 | 检验方法及要求 |
|---|---|---|
| 螺纹外观 | 目测 | 牙形饱满，牙顶宽超过 $0.25P$（$P$ 为螺距）的累计长度不得超过 1 个螺纹周长 |
| 螺纹中径 | 螺纹环规 | 检验螺母（通规）应能拧入全部有效螺纹，环止规拧入不得超过 $3P$ |
| 螺纹长度 | 检验螺母 | 对于标准丝头，检验螺母拧到丝头根部时，丝头端部应在螺母端部的槽口标记内 |

1）加工工人应逐个目测检查丝头的加工质量，每加工 10 个丝头作为 1 批，用环规抽检 1 个丝头。当抽检不合格时，应用环规逐个检查该批全部 10 个丝头，剔除其中不合格丝头，并调整设备至加工的丝头合格为止。

2）自检合格的钢筋丝头，应由质检员随机抽样进行检验，以 1 个工作班内生产的钢筋丝头为 1 个验收批，随机抽检 10%，按表 6.15.4-7 的方法进行钢筋丝头质量检验，其检验合格率应≥95%，否则应加倍抽检。复检中合格率仍<95%时，应对全部钢筋丝头逐个进行检验，合格者方可使用；不合格者应切去丝头，重新镦粗和加工螺纹，重新检验。

3）钢筋丝头检查合格后，应立即采用专用配套塑料保护帽或拧上套筒予以保护，防止装卸钢筋时损坏丝头和杂物污染丝头，按钢筋直径、长度和类型在指定区域码放整齐、分类存放，并设置相应标识。雨季或长期存放时应加盖防雨布保护，防止生锈。

（8）钢筋连接

钢筋连接前，回收丝头上的塑料保护帽和套筒端头的塑料密封盖。检查钢筋规格与套筒规格是否一致，检查螺纹丝扣是否完好无损、清洁。如发现杂物或锈蚀，用铁刷清理干净。

对于连接钢筋可自由转动或不十分方便转动的场合，将套筒预先部分或全部拧入 1 个被连接钢筋的螺纹内，然后转动连接钢筋或反拧套筒到预定位置，最后用专用扳子或管钳扳子转动连接另一根钢筋，两个钢筋丝头在套筒中央位置相互顶紧并锁定套筒；对于完全不能转动，如弯折钢筋，或需调节钢筋内力的场合，如施工缝、后浇带，可将锁定螺母和套筒预先拧入加长的螺纹内，再反拧入另一根钢筋端头螺纹上，最后用锁定螺母锁定套筒或配套应用带有正反丝扣的丝牙和套筒，以便可在一个方向上松开或拧紧两根钢筋，以达到锁定的连接效果。

钢筋连接时，需要注意以下事项：

1）镦粗直螺纹接头应使用扭矩扳子或管钳进行拧紧，将两个钢筋丝头在套筒中间位置相互顶紧，接头最小拧紧力矩应符合现行行业标准《钢筋机械连接技术规程》JGJ 107 的规定。

2）经拧紧后的镦粗直螺纹接头应做出标记，防止漏拧。

3）组装完成后，标准型接头的外露丝扣长度不宜超过 2 倍螺距，这是防止丝头未完全拧入套筒的辅助性检查手段。对于转动钢筋困难的场合，使用的加长丝头型接头、扩口型及加锁母型接头的加长螺纹部分外露丝扣数不受限制，但应预先做好明显标记，以便检查进入套筒的丝头长度是否满足要求。

4）拧紧扭矩虽对直螺纹钢筋接头强度的影响较小，但为减少接头残余变形，各种直径钢筋连接组装后，应用 10 级精度的扭矩扳子校核拧紧扭矩是否合格。安装工人应抽取 10% 接头，用扭矩扳子校核其拧紧力矩值，并应符合相关标准的规定。

5）鉴于国内钢筋镦粗直螺纹接头技术参数不尽相同，施工单位采用时应特别注意，对技术参数不同的接头绝不能混用，避免出现质量事故。

**【加长丝头型接头的应用——钢筋笼】**

钢筋笼常在竖向状态下与另一个钢筋笼的钢筋对接，如图 6.15.4-19 所示，完成钢筋笼中钢筋的直螺纹连接需解决钢筋笼钢筋不能转动的问题。一般来说，需在待连接钢筋中的 1 根钢筋上制作加长螺纹（往往是上侧钢筋，钢筋螺纹长度大于套筒全长），在另一根钢筋上制作标准螺纹（钢筋螺纹长度为套筒长度的一半，图 6.15.4-20a）。先将连接件（套筒）全部拧入 1 根钢筋的加长螺纹（图 6.15.4-20b），待另一根带标准螺纹的钢筋就位后（图 6.15.4-20c），再将连接件反向旋入，从而完成连接（图 6.15.4-20d）。连接件与加长丝头旋合，连接时不旋转钢筋，仅须旋转连接件与标准长度丝头旋合即可。

图 6.15.4-19　钢筋笼直螺纹套筒连接施工

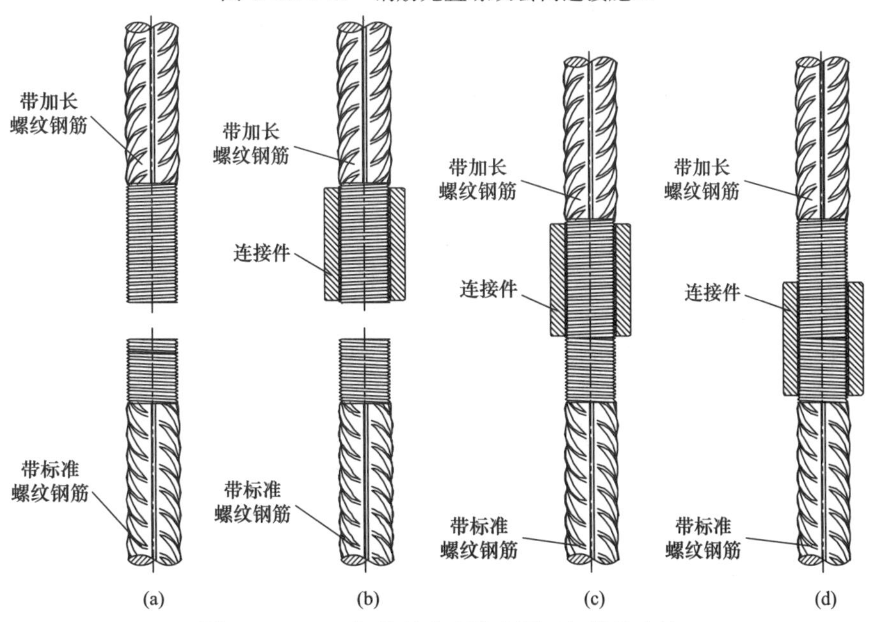


图 6.15.4-20　加长丝头型接头用于钢筋笼连接

将锁母、套筒依次旋入加长丝头一侧，使套筒端面与钢筋端面平齐，将标准丝头靠于套筒端面，反向旋转套筒使标准丝头旋入，待接头两边丝扣旋入长度一致，用扳子锁紧螺母即可，如图 6.15.4-21 所示。

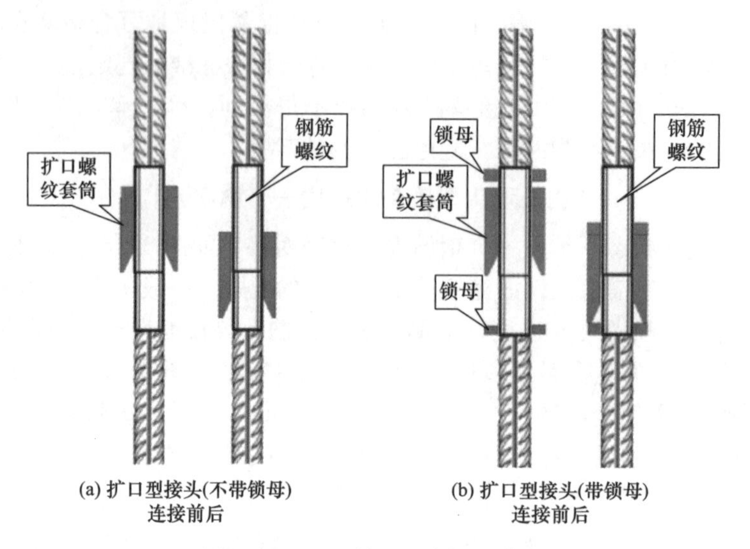


图 6.15.4-21　扩口型直螺纹接头

图 6.15.4-22　扩口型套筒

为保证在钢筋未对中的情况下可方便对中，连接件常选用扩口型套筒，如图 6.15.4-22 所示，以更好地实现连接操作。

加长丝头直螺纹连接后有较长的外露螺纹，接头外露螺纹部位的抗拉荷载往往低于钢筋的实际抗拉荷载，造成接头抗拉强度难以满足Ⅰ级接头要求，导致接头检测合格率低。相比之下，直接滚轧直螺纹和镦粗直螺纹可在不降低接头抗拉强度的前提下制作加长螺纹，但直接滚轧工艺加工的直螺纹钢筋丝头粗糙，质量较难控制，而镦粗工艺需较大的设备及人工投入。剥肋滚轧工艺虽然加工的丝头精度较高、质量易于控制、设备及人工投入较小，但制作加长螺纹时，会降低接头的抗拉强度。

需要指出的是，钢筋笼使用直螺纹套筒连接时，还应注意以下问题：

1）现场施工连接后钢筋端部之间存在间隙，一方面应注意最终接头两端的有效旋合螺纹长度满足设计要求，确保抗拉强度；另一方面还应使用锁母施加预紧力，消除部分残余变形，以保证接头变形性能。

2）由于钢筋笼制作误差和吊装变形，连接钢筋笼主筋时，上下钢筋丝头螺纹不在同一螺旋轨迹线上，套筒内螺纹常无法与下部钢筋丝头螺纹旋合入扣，导致无法实现钢筋连接。应采取有效措施解决钢筋丝头与套筒的螺纹轨迹线问题，如吊装前的预连接、加强钢筋笼刚度、连接件可调等。如果出现连接不上的情况，应采用手拉葫芦或其他专用工具微调待连接钢筋的轴向位置，确保安装到位、实现可靠连接。

3）采用直螺纹套筒连接钢筋笼主筋，要求钢筋与钢筋对接时位置准确，应注意采取有效措施控制钢筋笼的制作精度，待连接钢筋轴向间隙或径向偏移量大均会影响连接的质量与施工效率。现场一旦出现无法连接的钢筋，一般采用焊接等补救措施。

### 6.15.5 钢筋滚轧直螺纹连接

滚轧直螺纹连接接头通过钢筋端头滚轧制作的直螺纹和连接件螺纹咬合形成接头。该技术的主要特征是通过冷轧工艺形成螺纹，加大接头部分的钢材密度，提高接头抗拉强度。滚轧直螺纹利用了金属材料塑性变形后冷作硬化增强金属材料强度的特性，仅在金属表层发生塑变，金属内部仍保持原金属的性能，螺纹及钢筋强度均有所提高，弥补了螺纹底径小于钢筋母材基圆直径对承载力削弱的影响，使接头与母材达到等强。

钢筋滚轧直螺纹采用滚轧碾压的方式形成螺纹，而不是金属切削加工形成螺纹。热轧钢筋中钢材强度一般并不是均匀分布的，芯部钢筋材料代表了钢材的一般强度，且纤维组织有一定的方向性。滚轧螺纹时，通常产生沿着螺纹轮廓纹路的金属塑性变形，螺纹牙底还有被压缩了的纹路，由于压力面承受应力增加了这个边界区的强度。通过滚轧碾压加工后的钢材微观组织变得致密，最大限度地保留了原钢筋的承载截面面积和抗拉强度。此外，由于依靠滚轧而非切削加工，钢材纤维未被切断，且强度和承载能力均有一定程度的提高，滚轧螺纹承载力强于切削螺纹。塑性变形过程中，随着变形程度的增加，抗力（真实应力）不断增大，这种现象称为“冷作硬化”。冷作硬化范围仅限于钢筋丝头表面螺纹处，对钢筋芯部的影响较小，因此钢筋的延性基本不受影响。塑性变形引起金属机械性能、力学性能改变，强度和硬度提高。因而，钢筋滚轧直螺纹连接接头具有强度高、相对变形小、工艺操作简便、施工速度快、连接质量稳定等优点，目前已成为应用最广泛的钢筋机械连接形式。

滚轧直螺纹连接技术与套筒挤压连接技术相比，接头性能与挤压接头相当，但套筒耗钢量少，仅为挤压套筒重量的30%～40%，且劳动强度小、连接速度快，接头成本降低；与锥螺纹连接技术相比，套筒重量相近，但连接强度高，对钢筋端部的外观要求低，质量易保证，且扭矩值对接头的影响小，方便现场施工；与镦粗直螺纹连接技术相比，操作工序少，设备投入费用少，附加成本低。

通过对现有HRB400钢筋进行的型式检验、疲劳试验、耐低温试验及大量的工程应用，证明滚轧直螺纹接头性能不仅达到了《钢筋机械连接技术规程》JGJ 107—2016中Ⅰ级接头性能要求，实现了等强度连接，且具有优良的疲劳性能和抗低温性能。滚轧直螺纹接头通过$2\times10^{6}$次疲劳强度试验，接头处无破坏。在−40℃低温下试验下，滚轧直螺纹接头仍能达到与母材等强度连接。滚轧直螺纹连接技术不仅适用于直径为12～50mm的400MPa、500MPa级钢筋在任意方向和位置的同径、异径连接，还可应用于要求充分发挥钢筋强度和对接头延性要求高、对疲劳性能要求高、低温条件下施工的混凝土结构中。

**1. 分类及基本原理**

根据滚轧螺纹前对钢筋纵肋、横肋处理方式的不同，钢筋滚轧直螺纹连接可分为剥肋滚轧直螺纹连接、直接滚轧直螺纹连接、压肋滚轧直螺纹连接和镦粗滚轧直螺纹连接。这4种工艺得到的钢筋丝头螺纹精度及尺寸不同，接头质量存在一定差异。直接滚轧直螺纹由于钢筋本身轧制公差较大，丝头加工质量控制难度大，滚丝轮受力条件恶劣、工作寿命低。压肋滚轧和镦粗滚轧直螺纹能较好地克服滚轧直螺纹连接技术的不足，但成本较高。

对于剥肋滚轧直螺纹钢筋接头，由于滚丝设备投资少、加工工序少、滚丝工艺简单，具有连接强度高、施工方便、成本低等优点，发展迅速，显现出强大的生命力和广阔的市场前景。

随着国内建筑市场建筑技术的不断发展，新的建筑技术及工艺不断出现，基于滚轧直螺纹钢筋连接技术的其他钢筋连接技术随之出现，如基于滚轧直螺纹的装配式建筑钢筋连接用半灌浆套筒、基于滚轧直螺纹的钢筋模块化连接的分体式钢筋接头等，均是由滚轧直螺纹钢筋连接技术衍生而来、适应不同施工工况的钢筋连接技术。

1）剥肋滚轧直螺纹连接

钢筋剥肋滚轧直螺纹接头（图 6.15.5-1）是通过钢筋端头剥肋后滚轧制作的直螺纹和连接件螺纹咬合形成的接头。该工艺首先将钢筋端部的纵肋、横肋进行剥切处理，将钢筋带肋不规则截面车削成圆形，使钢筋滚丝前的柱体直径达到同一尺寸，然后在钢筋端部采用滚丝轮滚轧成型直螺纹丝头，最后用工厂化成批生产的连接件将两根钢筋利用螺纹咬合连接，从而实现受力钢筋间内力的传递。由于其采用滚轧工艺加工螺纹丝头，利用“滚轧强化”增强了螺纹咬合齿的承载传力性能，因此在不镦粗而增加截面的条件下，能够全部传递被连接钢筋的内力。钢筋的剥肋和滚轧是在同台设备上一次加工完成，具有设备简单、操作人员少、成型螺纹精度高、钢筋螺纹外观质量好、螺纹表面光洁度高、滚丝轮寿命长等特点，成为目前钢筋直螺纹连接的主流技术。剥肋滚轧直螺纹钢筋接头从根本上解决了钢筋粗细不均对螺纹精度的影响，简化丝头加工工序，方便现场施工。但由于剥肋切削加工造成钢筋面积的损失，特别是钢筋的外形偏差较大时（不圆度、错半圆）会影响受力面积，形成的接头力学性能降低。接头外露螺纹部位的强度往往低于钢筋强度，在抗拉试验时易在连接件外的钢筋螺纹部位（螺尾处）先破坏，连接质量有时难以满足Ⅰ级接头的要求，从而导致施工适应性差，这也是常常给用户带来困扰的地方。进行剥肋滚轧工艺参数设计或调整时，应注意钢筋外形的变化和适应性。

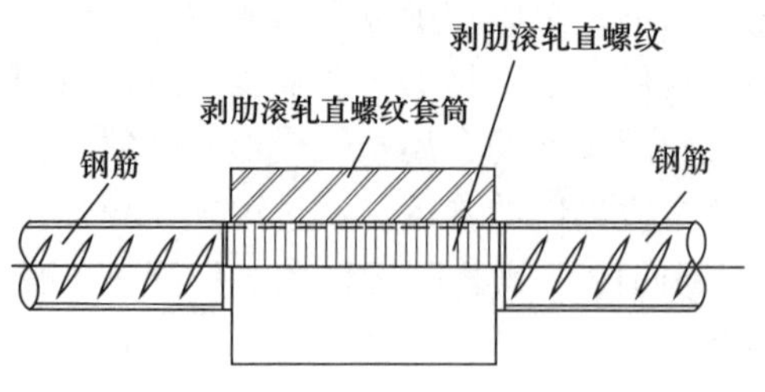

图 6.15.5-1　钢筋剥肋滚轧直螺纹接头示意

钢筋剥肋滚轧直螺纹连接施工如图 6.15.5-2 所示，主要工艺流程为：钢筋下料→剥肋滚轧直螺纹→剥肋滚轧直螺纹套筒连接→完成。

2）直接滚轧直螺纹连接

钢筋直接滚轧直螺纹接头（图 6.15.5-3）是通过钢筋端头直接滚轧制作的直螺纹和连

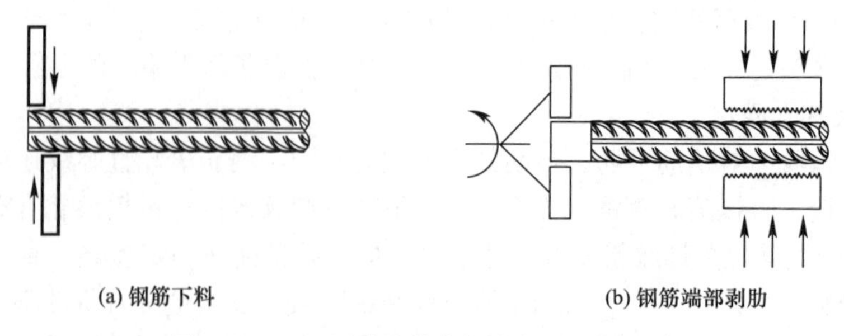

图 6.15.5-2　剥肋滚轧直螺纹主要工艺（一）

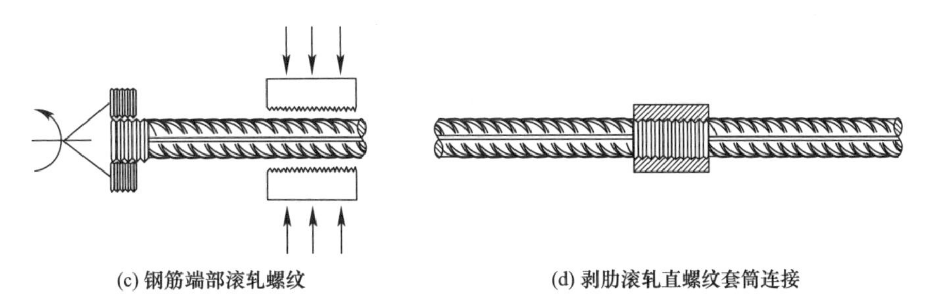

(c) 钢筋端部滚轧螺纹　　(d) 剥肋滚轧直螺纹套筒连接

图 6.15.5-2　剥肋滚轧直螺纹主要工艺（二）

接件螺纹咬合形成的接头。该工艺是在钢筋表面通过钢筋滚丝机一次整形、滚轧出直螺纹丝头，再用直螺纹套筒连接。

钢筋直接滚轧直螺纹连接施工如图 6.15.5-4 所示，主要工艺流程为：钢筋下料→直接滚轧直螺纹→直接滚轧直螺纹套筒连接→完成。

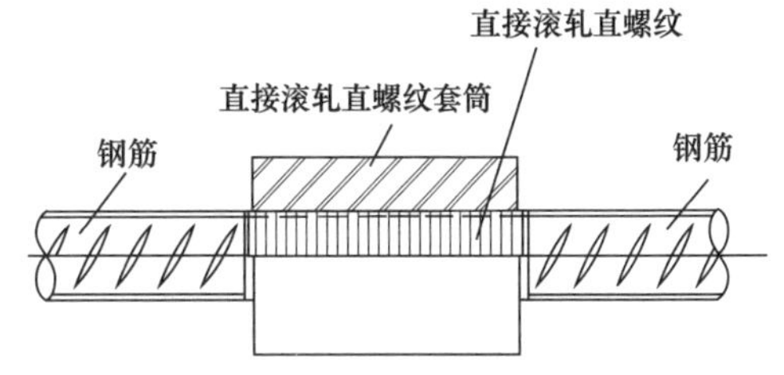


图 6.15.5-3　钢筋直接滚轧直螺纹接头示意

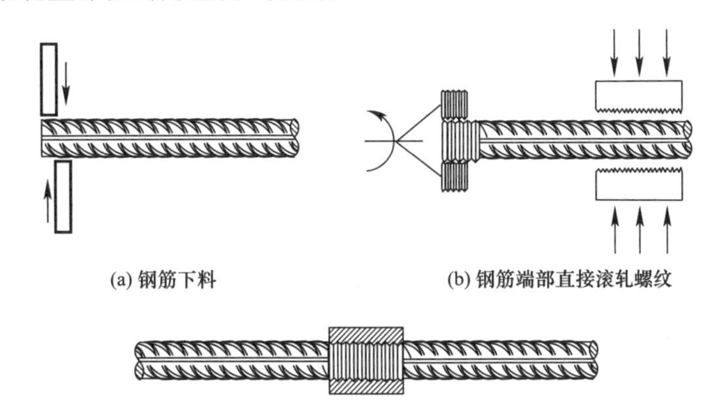

(a) 钢筋下料　　(b) 钢筋端部直接滚轧螺纹

(c) 直接滚轧直螺纹套筒连接

图 6.15.5-4　直接滚轧直螺纹主要工艺

直接滚轧直螺纹连接由于螺纹加工工艺简单，设备及人工投入少而一度受到施工单位的青睐。该工艺钢筋截面未受削弱，纵肋、横肋的材料被挤入螺纹，因此接头力学性能得到保证。但由于被连接钢筋端头不经任何整形处理而直接滚轧成直螺纹丝头，导致螺纹毛刺多、精度差、锥度大，影响观感效果，存在虚假螺纹现象。对钢筋外形偏差的适应性较差，影响螺纹外观质量，易产生不完整螺纹，形成“两层皮”现象。由于钢筋粗细不均、公差大，加工的钢筋丝头螺纹直径不一致，使套筒与丝头配合松紧不一致，有的接头套筒与丝头配合很松，个别接头出现拉脱现象；有的接头因配合太紧不能入扣，给现场施工造成困难。由于钢筋直径变化及横、纵肋的影响，使滚丝轮寿命降低，增加接头附加成本，现场施工易损件更换频繁。由于连接质量不稳定，其使用也常受到质疑，目前工程上使用逐渐减少。

3）压肋滚轧直螺纹连接

钢筋压肋滚轧直螺纹接头（图 6.15.5-5）是通过钢筋端头压肋后滚轧制作的直螺纹和连接件螺纹咬合形成的接头。该工艺是用专用挤压设备首先将钢筋横肋和纵肋进行压平处理（沿钢筋直径挤压或沿钢筋轴线方向碾压），然后滚轧直螺纹，即待连接钢筋先经

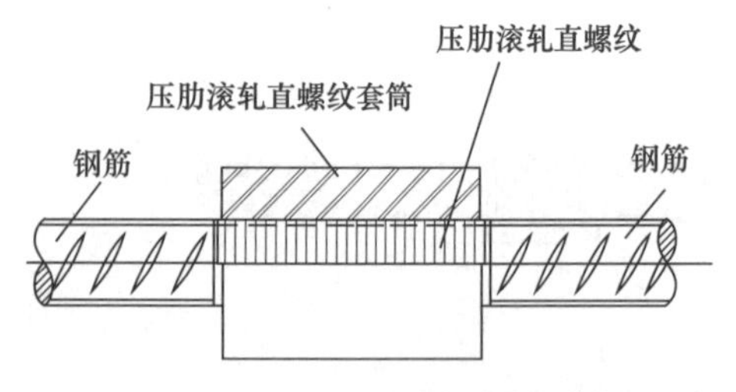


图 6.15.5-5　钢筋压肋滚轧直螺纹接头示意

纵肋、横肋挤压整形强化后再滚轧加工成直螺纹。其目的是减小钢筋纵肋和横肋对成型螺纹精度的影响。该技术成型螺纹精度相比直接滚轧有一定程度的提高，但仍不能从根本上解决钢筋直径不一致对成型螺纹精度的影响。螺纹加工需 2 道工序、2 套设备完成，丝头加工效率较低，成本较高。

钢筋压肋滚轧直螺纹连接施工如图 6.15.5-6 所示，主要工艺流程为：钢筋下料→钢筋端部压肋→滚轧直螺纹→压肋滚轧直螺纹套筒连接→完成。

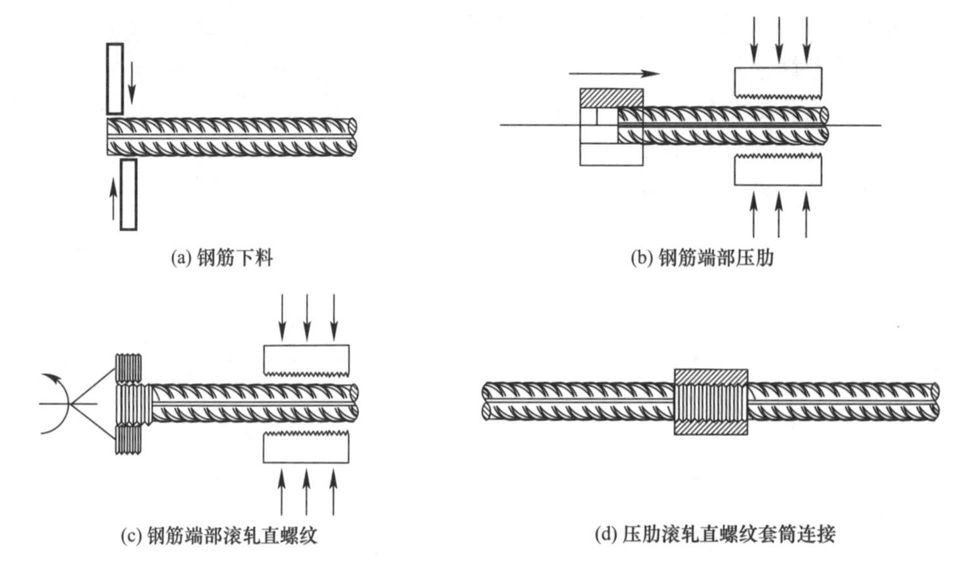


图 6.15.5-6　压肋滚轧直螺纹主要工艺

压肋滚轧直螺纹连接接头具备更好的性能和钢筋适应性。压肋滚轧直螺纹连接先将纵肋、横肋压入钢筋基圆，然后滚轧挤压成型直螺纹，因此螺纹牙形好、表面光洁、外观质量好；螺纹直径一致性好、精度高、易装配，连接质量稳定、可靠；滚丝轮不易损坏、使用寿命长。福建漳州和海南昌江“华龙一号”核电站中的抗飞机撞击钢筋接头均采用了压肋滚轧直螺纹连接接头，如图 6.15.5-7 所示，具有良好且稳定的抗冲击性能。

图 6.15.5-7　福建漳州和海南昌江“华龙一号”核电站中的抗飞机撞击钢筋接头

4）镦粗滚轧直螺纹连接

钢筋镦粗滚轧直螺纹接头（图 6.15.5-8）是通过钢筋端头镦粗后滚轧制作的直螺纹和连接件螺纹咬合形成的接头。该工艺是用镦粗设备首先将钢筋端头进行镦粗处理，然后滚轧直螺纹，即待连接钢筋先经镦粗整形后再滚轧加工成直螺纹。

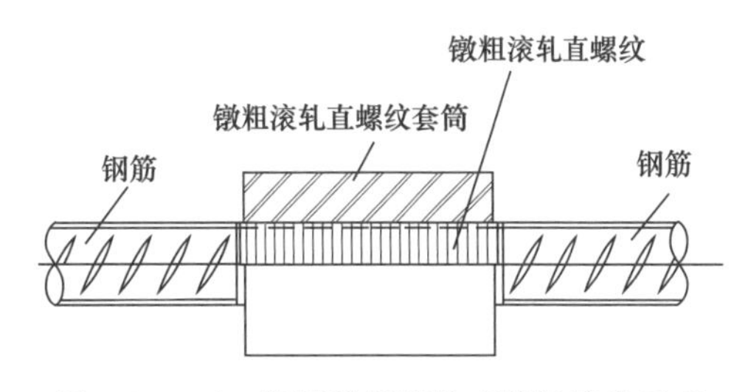

图 6.15.5-8　钢筋镦粗滚轧直螺纹接头示意

钢筋镦粗滚轧直螺纹连接施工如图 6.15.5-9 所示，主要工艺流程为：钢筋下料→钢筋端部镦粗→滚轧直螺纹→镦粗滚轧直螺纹套筒连接→完成。

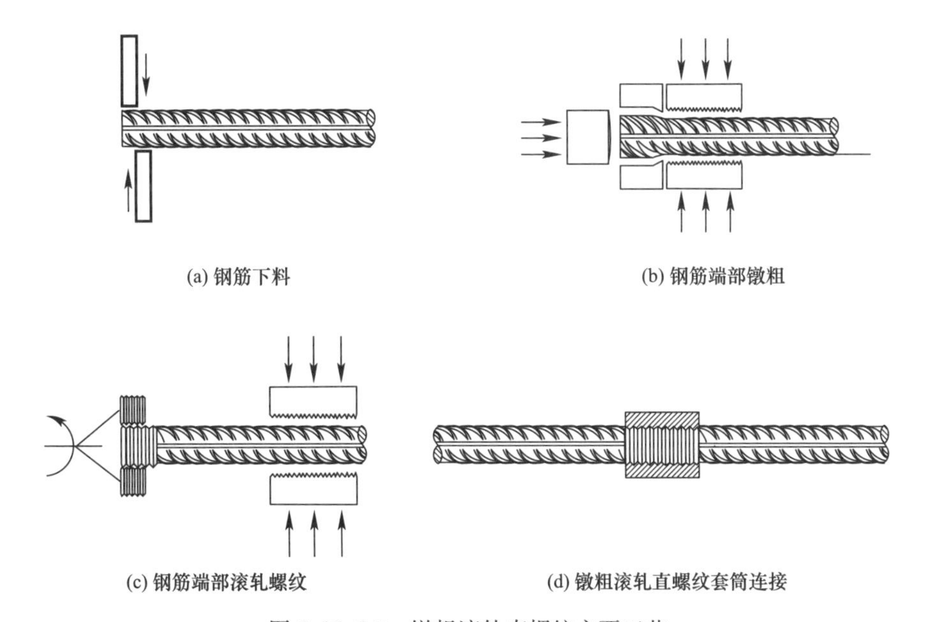

图 6.15.5-9　镦粗滚轧直螺纹主要工艺

镦粗滚轧直螺纹工艺结合了镦粗、滚轧两个工艺的优点，能制作出更高强度的钢筋丝头，港珠澳大桥不锈钢钢筋的连接采用了镦粗滚轧直螺纹接头，满足了接头高强的要求，并解决了不锈钢钢筋丝头采用切削工艺造成的绕丝问题。

**2. 施工**

以剥肋滚轧直螺纹为例，施工工艺流程如图 6.15.5-10 所示。

（1）技术资料审核

按第 6.12.1 节的要求进行技术资料审核。

（2）施工准备

1）人员：应符合第 6.12.2 节的要求。每台设备配备钢筋螺纹加工操作人员 1 人。正常情况下每台班应配操作工人 3～6 人，其中滚丝机操作 1 人，丝头质检、盖保护帽及钢筋搬运 2～5 人。

2）设备：经过近 30 年的发展，钢筋丝头成型设备已由单台人工操作型发展到全自动生产线型，成型设备稳定性较初期产品已有大幅提升。套筒生产也由过去的传统手工制造发展到全自动生产线生产，大大提高生产效率和产品质量。

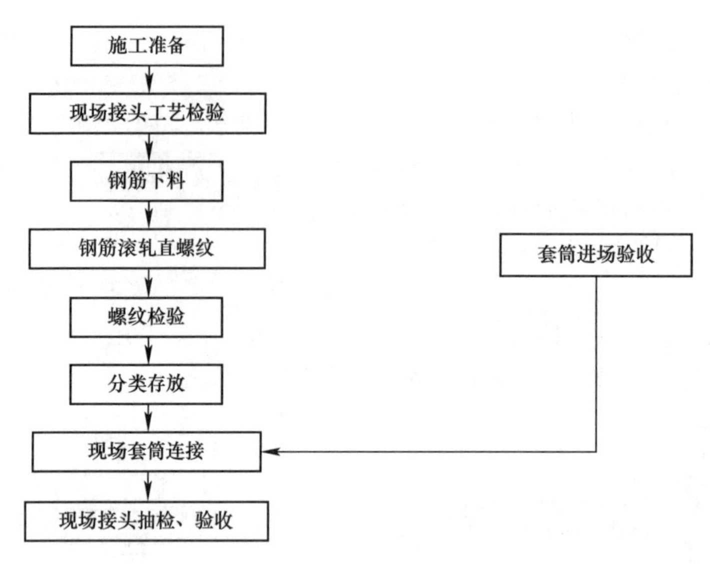


图 6.15.5-10 滚轧直螺纹钢筋接头施工工艺流程

我国自主研发的滚轧直螺纹钢筋连接技术，以其成本低廉、钢筋连接性能稳定、操作方便等优点，得到国际工程界的认可，目前已走出国门，在东南亚、中东及欧洲部分地区广泛应用。

钢筋螺纹滚丝机（剥肋）是通过滚轧方式，将钢筋端部加工成螺纹的专用设备。按照对钢筋横、纵肋的处理要求，又细分为钢筋直滚滚丝机和钢筋剥肋滚丝机。钢筋直滚滚丝机指钢筋的横、纵肋不经过处理，直接进行滚轧螺纹的加工设备。钢筋剥肋滚丝机指将钢筋横、纵肋剥掉后，再进行滚轧螺纹的加工设备。

如采用压肋滚轧直螺纹连接或镦粗滚轧直螺纹连接技术时，还需要分别配置缩径机和镦粗机。

滚轧直螺纹成型设备大体由夹紧机构、进给机构、滑动机构、螺纹成型机构和动力机构组成。其工作程序为钢筋被固定加紧在夹紧机构上，通过动力机构的动力输出使螺纹成型机构转动，搬动进给机构使安装在滑动机构上的动力机构和螺纹成型机构沿轴向接近钢筋，并使旋转的螺纹成型机构解除钢筋进行螺纹加工。当螺纹加工完毕后，动力机构停止动力输出，延时后动力机构带动螺纹成型机构反向转动，退出已加工完毕的钢筋丝头并推至原始点，加工结束。

滚轧直螺纹成型设备的核心是螺纹滚轧机构，即滚丝头。滚丝头在动力源的带动下旋转，使固定在滚丝头内的滚丝轮在钢筋端部表面辗轧形成螺纹。按照钢筋接头分类主要有直接滚轧接头和剥肋滚轧接头，一般直接滚轧直螺纹成型设备中滚丝头内的滚丝轮为 4 个，且呈 90°分布。剥肋滚轧直螺纹丝头是在原滚丝头前加装 1 套剥肋装置，剥肋滚丝头内的滚丝轮一般为 3 个，且呈 120°分布。

直接滚轧直螺纹成型机（图 6.15.5-11）的动力组成主要为电机和减速机，电机和减速机串联分布，对于加工大直径钢筋的直接滚轧直螺纹成型机电机一般选用 5.5kW，减速机减速比一般选用 1∶23 或 1∶29。

直接滚轧直螺纹成型机工作主要机构有夹紧机构（钢筋夹紧钳）、螺纹滚轧机构（直接滚轧成型机头）、进给系统和动力系统（减速机和电机）。钢筋直滚滚丝机由支撑机构、减速机构、夹持机构、滚轧机构、行走机构、冷却机构等部分组成。夹紧机构的作用是将被加工的钢筋牢固固定在设备上，夹紧钳口中心线、滚丝机头中心线和动力系统轴心线重合。直接滚轧直螺纹滚丝机头的作用是将钢筋端部滚轧成型钢筋丝头螺纹，如图 6.15.5-12 所示。

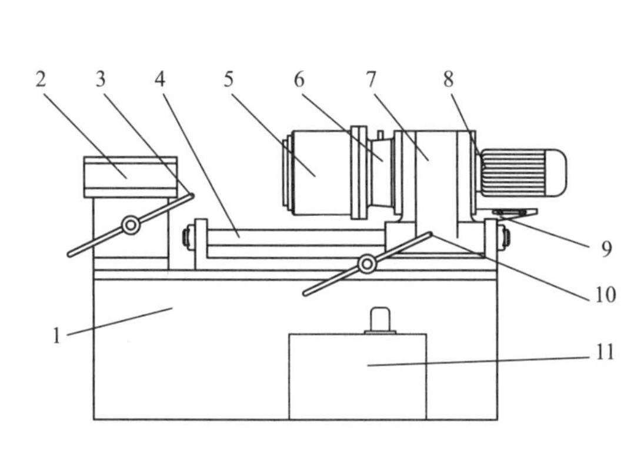


1—机架；2—钢筋夹紧钳；3—夹紧手柄；4—导杠；
5—直接滚轧成型机头；6—水套；7—减速机；8—电机；
9—行程限位开关；10—进给手柄；11—冷却系统(机架内)

图 6.15.5-11　直接滚轧直螺纹成型机

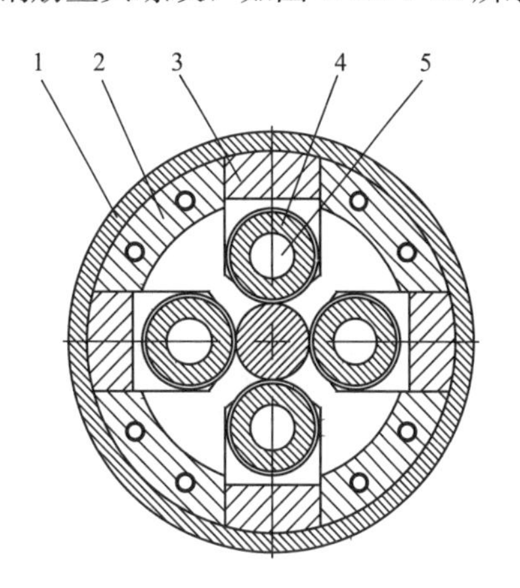


1—外固定套；2—机头本体；3—滚丝轮支架；
4—滚丝轮；5—滚丝轮支撑轴

图 6.15.5-12　直接滚轧直螺纹成型机机头

剥肋滚轧直螺纹成型机（图 6.15.5-13、图 6.15.5-14）的动力组成主要为电机和减速机，电机和减速机串联分布，对于加工大直径钢筋的剥肋滚轧直螺纹成型机电机一般选用 5.5kW，减速机减速比一般选用 1∶23 或 1∶29。

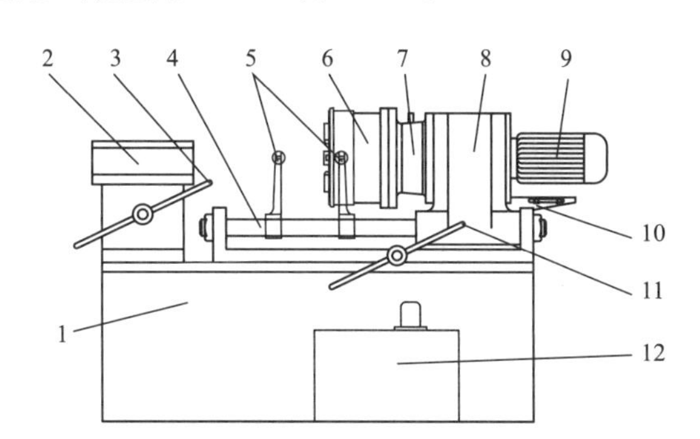


1—机架；2—钢筋夹紧钳；3—夹紧手柄；4—导杠；5—涨刀机构；
6—剥肋滚轧成型机头；7—水套；8—减速机；9—电机；
10—行程限位开关；11—进给手柄；12—冷却系统(机架内)

图 6.15.5-13　剥肋滚轧直螺纹成型机（手动）

剥肋滚轧直螺纹成型机工作的主要机构有夹紧机构（钢筋夹紧钳）、螺纹滚轧机构（剥肋滚轧成型机头）、进给系统和动力系统（减速机和电机）。钢筋剥肋滚丝机由支撑机构、减速机构、夹持机构、剥肋机构、滚轧机构、行走机构、冷却机构等部分组成。

剥肋滚轧成型机头是由剥肋装置（图 6.15.5-15）和螺纹滚轧装置（图 6.15.5-16）组成。剥肋装置是滚丝机头的核心工作部分之一，其主要作用是对钢筋横、纵肋进行切削加工，为后续螺纹滚轧加工做准备。螺纹滚轧装置是滚丝机头的重要工作部分，其主要作用是将前序剥去横、纵肋的钢筋端头进行螺纹滚轧成型。

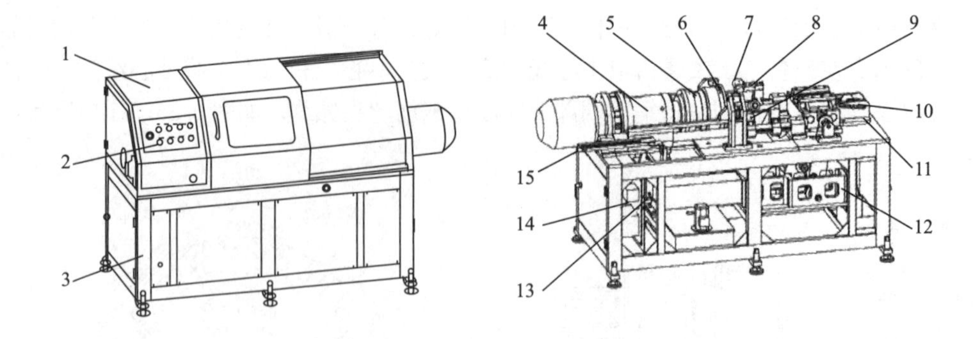


1—防护罩；2—控制面板；3—机架；4—减速电机；5—滚丝装置；6—倒角、剥肋装置；
7—挡铁装置；8—剥肋碰停；9—倒角碰停、收刀装置；10—台钳；11—钢筋支撑架；
12—夹紧传动机构；13—进给传动机构；14—配电箱；15—行程控制机构

图 6.15.5-14 剥肋滚轧直螺纹成型机（半自动）

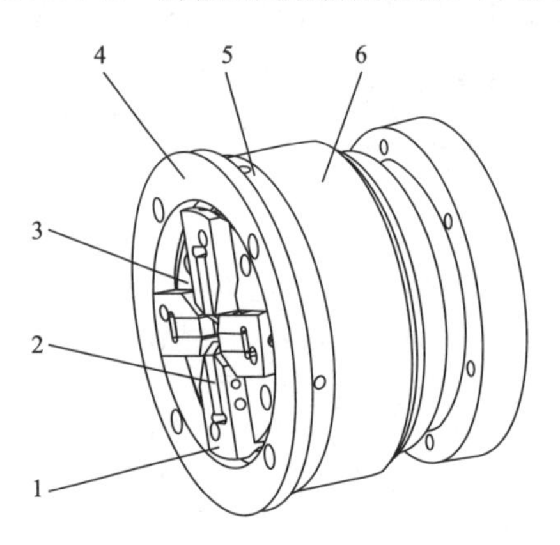


1—刀架；2—刀片；3—刀架体；4—胀刀环；5—调整环；6—导向滑套

图 6.15.5-15 剥肋装置

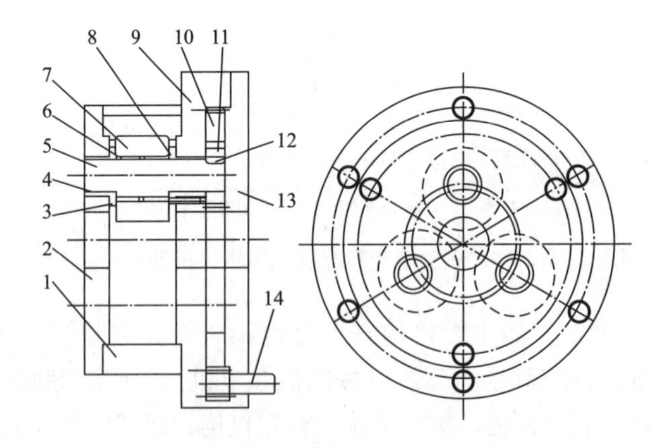


1—轮套；2—滚丝轮前端板；3—定位销；4—偏心轴套；
5—偏心轴；6—滚丝轮轴承（铜套或滚针）；7—滚丝轮；
8—偏心轴套；9—滚丝轮后端板；10—内、外齿圈；11—偏心轴小齿轮；
12—键；13—法兰盘；14—调整齿轮

图 6.15.5-16 螺纹滚轧装置

几种典型的滚丝机如图 6.15.5-17～图 6.15.5-19 所示。

图 6.15.5-17　滚丝机 1

图 6.15.5-18　滚丝机 2

图 6.15.5-19　滚丝机 3

由于直螺纹连接属于场外预制、现场连接的施工方式，所有钢筋丝头的加工均在钢筋加工场地完成，这要求设备摆放相对固定。钢筋滚轧直螺纹连接加工设备由钢筋切断机、钢筋滚丝机组成，根据结构工程的钢筋接头数量和施工进度要求，确定所需的设备数量。优先使用质量稳定、螺纹精度高和效率高的钢筋螺丝加工设备。根据现场施工总平面图，确定设备位置并搭设钢筋托架及防雨棚，配备 380V 电源，设备电容量一般为 4kW/套。设备安装时应使设备主轴中心线与放置在支架上的待加工钢筋中心线保持一致，支架的搭置应保证钢筋摆放水平。

3）钢筋：施工前应确认用于滚轧直螺纹连接的钢筋满足要求。钢筋应具有出厂合格证和力学性能检验报告，进口钢筋还要有商检证明书和化学分析报告，所有检验结果均应符合现行规范的规定和设计要求。

4）滚轧直螺纹套筒：滚轧直螺纹套筒应由钢筋连接技术提供单位供应并满足有关要求。施工前应检查滚轧直螺纹套筒是否满足要求。套筒进入现场后应妥善保管，不得造成锈蚀及损坏。滚轧直螺纹套筒应附有套筒出厂合格证、材质证明书，资料齐全方可使用。套筒应有出厂合格证，一般为低合金钢或优质碳素结构钢，套筒表面标注被连接钢筋的直径和型号。套筒表面无裂纹，螺牙饱满，无其他缺陷。牙形规检查合格，用直螺纹塞规检查其尺寸精度。套筒端头孔用塑料盖封上，以保持内部洁净、干燥防锈。依据进场套筒的合格证和有效的接头型式检验报告验收套筒质量。产品合格证应包括适用钢筋直径和接头性能等级、套筒类型、生产单位、生产日期及可追溯产品原材料力学性能和加工质量的生产批号。

（3）工艺检验

详见第 6.12.3 节。

（4）钢筋下料

钢筋下料应选择复验合格钢筋品种、规格、型号。钢筋下料的目的是使钢筋切口端面与母材轴线方向垂直，使接头拧紧后能让 2 个丝头对顶，更好地消除螺纹间隙。钢筋下料时，应采用砂轮切割机、无齿锯或专用钢筋连接专用切筋机，不得使用气割或其他热加工的方法下料。采用专用钢筋切断机时，应使用与钢筋规格对应的切筋刀片切割钢筋，钢筋摆放位置应水平，与切筋刀片的圆弧中心等高，且钢筋轴线应与切筋刀片平面垂直，不得有马蹄形或挠曲，如图 6.15.5-20 所示。钢筋端部不得有弯曲，出现弯曲时应调直。

(a) 不合格钢筋端头

(b) 合格钢筋端头

图 6.15.5-20 钢筋下料端头质量

(5) 滚轧直螺纹

钢筋下料后，使用钢筋剥肋滚丝机加工钢筋螺纹。剥肋滚轧直螺纹的螺纹制作分为两道工序，即钢筋切削剥肋和滚轧螺纹，如图 6.15.5-21 所示，两道工序在同台设备上一次完成。

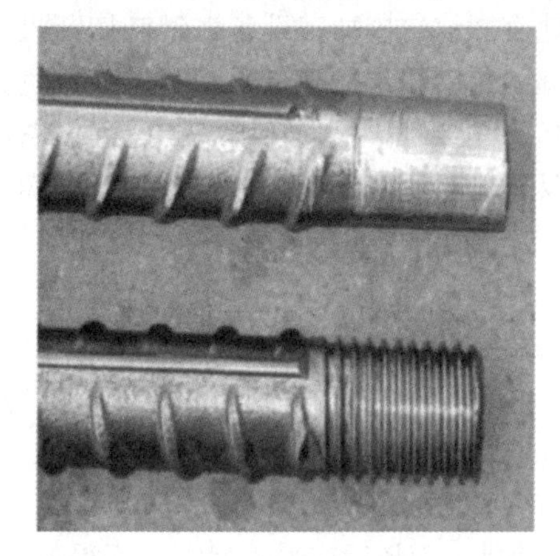

图 6.15.5-21 钢筋切削剥肋和滚轧螺纹

加工前，应将设备进行调试和试运行，调整至正常状态后进行试生产，检查螺纹质量，设备运行正常且螺纹质量合格后方能进行批量加工生产。

钢筋剥肋光圆尺寸、剥肋长度、螺纹尺寸及螺纹长度应满足企业标准中产品的设计要求，表 6.15.5-1 列出了钢筋剥肋滚轧直螺纹丝头的参考尺寸，丝头长度公差为 $+1P$（$P$ 为螺距）。

**丝头螺纹尺寸规格 单位：mm** **表 6.15.5-1**

| 钢筋直径 | 16 | 18 | 20 | 22 | 25 | 28 | 32 | 36 | 40 |
|---|---|---|---|---|---|---|---|---|---|
| 剥肋光圆尺寸公差 | $15.0^{+0.2}_{-0.1}$ | $16.9^{+0.2}_{-0.1}$ | $18.8^{+0.2}_{-0.1}$ | $20.8^{+0.2}_{-0.1}$ | $23.7^{+0.2}_{-0.1}$ | $26.6^{+0.2}_{-0.1}$ | $30.4^{+0.2}_{-0.1}$ | $34.4^{+0.2}_{-0.1}$ | $38.0^{+0.2}_{-0.1}$ |
| 剥肋长度 | 18 | 21 | 22 | 24 | 28 | 31 | 35 | 40 | 43 |
| 螺纹尺寸 | M16.55×2.0 | M18.6×2.5 | M20.6×2.5 | M22.6×2.5 | M25.65×3.0 | M28.65×3.0 | M32.65×3.0 | M36.65×3.0 | M40.65×3.0 |
| 螺纹长度 | 20 | 23 | 25 | 27 | 31 | 34 | 38 | 43 | 47 |

切削剥肋工序：将机头前端的切削刀具按表 6.15.5-1 中钢筋规格对应的剥肋光圆尺寸调整到预定位置，用锁紧螺母固定，并应在加工过程中用卡规检查剥肋光圆尺寸，发现超差应及时纠正。

螺纹滚轧工序：机头中换上与加工规格相应的机盒及滚丝轮，直径尺寸无需调整。

钢筋滚轧螺纹加工时，应选用与钢筋规格对应的剥肋刀和滚丝轮，采用水溶性切削冷却润滑液。当气温低于 0℃时，应有防冻措施，可掺入 15%～20%的亚硝酸钠，不得使用油性切削液，且不得在无切削液的情况下进行螺纹加工。需对端部带丝头的钢筋进行弯折时，应先进行丝头加工再进行弯折。弯折加工时，宜套好套筒或采取其他有效措施对丝头予以保护。

未采用含倒角装置的钢筋滚丝机加工的丝头常出现丝头端部飞边和毛刺，如图 6.15.5-22（a）所示。含倒角装置的钢筋滚丝机加工的丝头质量较好，如图 6.15.5-22（b）所示。丝头端部飞边和毛刺会影响接头的强度和变形，应用手持砂轮机对其进行打磨，清理干净，如图 6.15.5-23 所示，在打磨过程中应注意防火和安全。

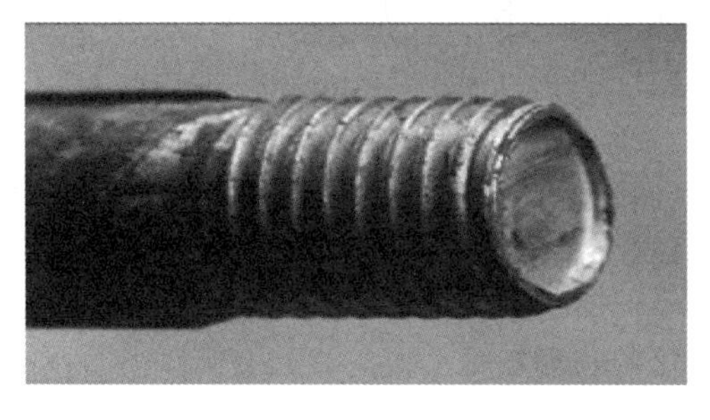

(a) 丝头端部飞边和毛刺

(b) 丝头质量较好

图 6.15.5-22 钢筋丝头断面质量

图 6.15.5-23 处理钢筋丝头端部飞边与毛刺

（6）螺纹检验

剥肋滚轧直螺纹现场质量控制的核心是丝头加工质量的控制，因此加工丝头的检验至关重要。钢筋丝头螺纹直径、牙形、螺距等规格参数应与套筒匹配。螺纹检验包括外观、螺纹中径和螺纹长度检验，检验方法和要求应符合表 6.15.5-2 的规定。

**钢筋端部螺纹检验方法及要求** **表 6.15.5-2**

| 检验项目 | 检验工具 | 检验方法及要求 |
| --- | --- | --- |
| 螺纹外观 | 目测 | 牙形饱满，牙顶宽超过 0.25$P$（$P$ 为螺距）的累计长度不得超过 1 个螺纹周长 |
| 螺纹中径 | 螺纹环规 | 检验螺母（通规）应能拧入全部有效螺纹，环止规拧入不得超过 3$P$ |
| 螺纹长度 | 检验螺母 | 对标准丝头，检验螺母拧到丝头根部时，丝头端部应在螺母端部的槽口标记内 |

1）加工工人应逐个目测检查丝头的加工质量，每加工 10 个丝头作为 1 批，用环规抽检 1 个丝头，当抽检不合格时，应用环规逐个检查该批全部 10 个丝头，剔除其中不合格丝头，并调整设备至加工的丝头合格为止。

2）自检合格的钢筋丝头，应由质检员随机抽样进行检验，以 1 个工作班内生产的钢筋丝头为1个验收批，随机抽检10%，按表6.15.5-2的方法进行钢筋丝头质量检验，并填写《钢筋丝头加工质量检验记录表》，检验合格率应≥95%，否则应加倍抽检。复检中合格率仍<95%时，应对全部钢筋丝头逐个进行检验，合格者方可使用。不合格者应切去丝头，重新加工螺纹，重新检验。

3）钢筋丝头检查合格后，应立即采用专用配套塑料保护帽或拧上套筒予以保护，防止装卸钢筋时损坏丝头和杂物污染丝头，按钢筋直径、长度和类型在指定区域码放整齐、分类存放，并设置相应标识。雨季或长期存放时应加盖防雨布保护，防止生锈。

（7）钢筋连接

钢筋连接前，回收丝头上的塑料保护帽和套筒端头的塑料密封盖。检查钢筋规格与套筒规格是否一致，检查螺纹丝扣是否完好无损、清洁。如发现杂物或锈蚀，用铁刷清理干净。

滚轧直螺纹接头根据不同应用场合，采用不同的套筒和钢筋丝头组合，可分为标准型接头、正反丝扣型接头、异径型接头、扩口型接头和加锁母型接头，如表6.15.5-3所示。

**滚轧直螺纹钢筋接头类型及适用场合　　表6.15.5-3**

| 序号 | 类型 | 适用场合 |
|---|---|---|
| 1 | 标准型 | 用于钢筋可方便旋转的连接场合 |
| 2 | 加长丝头型 | 用于钢筋转动较困难的连接场合，通过转动套筒连接钢筋 |
| 3 | 扩口型 | 用于钢筋较难对中的场合，如钢筋笼整体连接 |
| 4 | 异径型 | 用于连接不同直径的钢筋 |
| 5 | 正反丝扣型 | 用于两端钢筋均不能转动的场合 |
| 6 | 加锁母型 | 钢筋完全不能转动，通过转动套筒连接钢筋，用锁母锁定套筒 |

1）标准型接头

标准型接头（图6.15.5-24）由2根相同直径且带有右旋螺纹的钢筋丝头与带有右旋内螺纹的套筒组成，是应用最普遍的接头形式。钢筋丝头的有效螺纹长度为≥1/2套筒长度的标准型钢筋丝头，采用标准型套筒，该类接头使用条件为被连接的2根钢筋中至少有1根不受旋转和轴向移动的限制，可进行套筒及钢筋的旋合施工。

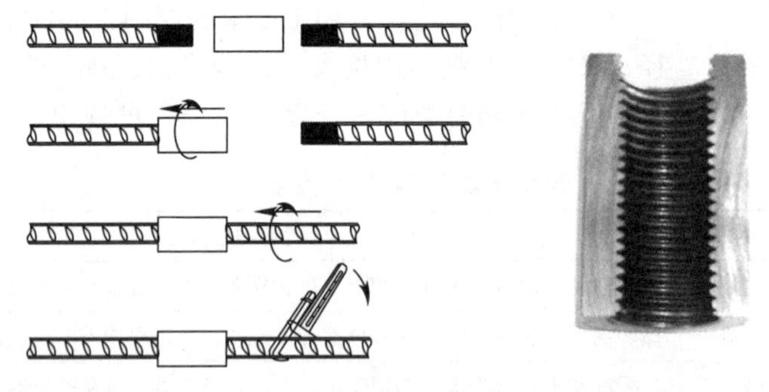

图6.15.5-24　标准型接头及标准型套筒

标准型接头连接方法及步骤如下：

① 检查套筒是否与被连接钢筋规格相符；检查钢筋丝头螺纹和套筒内螺纹是否干净、完好无损；检查钢筋丝头有效螺纹长度是否符合产品设计的要求。

② 将套筒旋入一端被连接钢筋的钢筋丝头。

③ 将另一根被连接钢筋的钢筋丝头旋入套筒，并使 2 根钢筋端头在套筒中对顶。

④ 反向旋转套筒，调整套筒两端钢筋丝头外露有效螺纹数量，使其相等且套筒单边外露有效螺纹不超过 $2P$（$P$ 为螺距）。

⑤ 用专用的工作扳子或管钳旋转钢筋，使两根被连接钢筋的钢筋丝头在套筒中间对顶锁紧。

标准型接头连接质量控制要点如下：

① 注意检查钢筋丝头有效螺纹长度是否合格；有效螺纹过短的钢筋丝头不得使用，应切掉重新加工。

② 钢筋丝头与套筒旋合时，如发现旋合困难，不得强行旋入，应立即退下螺纹，检查钢筋丝头螺纹和套筒螺纹有无异常，以免造成螺纹勒扣。

③ 调整套筒两端钢筋丝头外露有效螺纹数量相等，且套筒单边外露有效螺纹不超过 $2P$（$P$ 为螺距）。其目的是使钢筋丝头在套筒中间对顶锁紧，防止由于某端钢筋丝头旋入套筒过长，造成另一端钢筋丝头与套筒旋合长度不足，从而影响接头的承载能力。

2）加长丝头型接头

加长丝头型接头（图 6.15.5-25）由 1 个标准钢筋丝头、1 个加长钢筋丝头和 1 个标准型套筒组成，用于钢筋转动较困难的连接场合，通过转动套筒连接钢筋。加长丝头型接头连接方法及步骤如下：

① 将套筒全部拧入加长钢筋丝头；

② 将套筒反向旋转，拧入标准钢筋丝头；

③ 拧紧带加长丝头的钢筋，与带标准丝头的钢筋对顶。

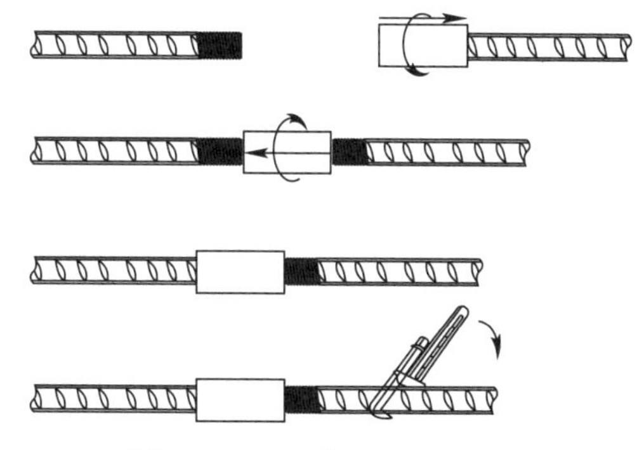

图 6.15.5-25　加长丝头型接头

3）扩口型接头

扩口型接头（图 6.15.5-26）由 2 根相同规格且带有右旋螺纹的钢筋丝头与带有右旋内螺纹且某一端有一引导扩口的套筒组成，主要用于钢筋与套筒对中较困难的情况，通过套筒某一端部的扩口引导进行连接。钢筋丝头是有效螺纹长度≥1/2 套筒内螺纹长度标准型钢筋丝头，采用扩口型套筒，该类接头使用条件为被连接的 2 根钢筋至少有 1 根不受旋转和轴向移动的限制。在结构中，常见的使用部位为柱，特别是柱中大直径竖向钢筋的连接。

扩口型接头连接方法和质量控制要点与标准型接头完全相同，仅套筒一端的扩口更便于引导连接钢筋对中就位，因此更方便钢筋连接施工。需特别注意的是，当连接就位后，2 根钢筋端部不对顶时，应使用锁母。

4）异径型接头

异径型接头（图 6.15.5-27）由 2 根不同规格且均带有右旋螺纹的钢筋丝头与带有右旋内螺纹但两端具有不同规格螺纹的套筒组成，用于连接不同直径的 2 根钢筋。钢筋丝头的有效螺纹长度为套筒相应规格螺纹长度，一般小直径钢筋丝头为标准型钢筋丝头，采用异径型套筒。该类接头使用条件为被连接的 2 根钢筋中，至少有 1 根不受旋转和轴向移动的限制。

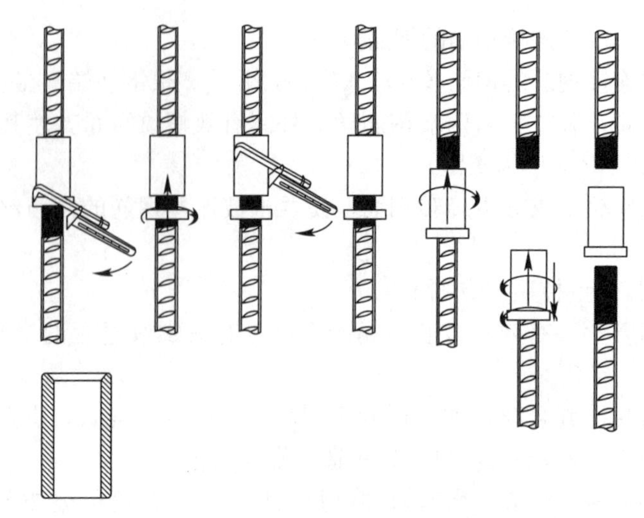

图 6.15.5-26 扩口型接头及扩口型套筒

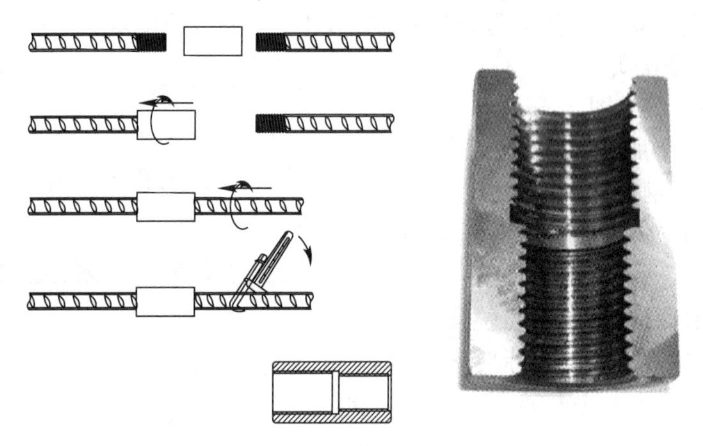

图 6.15.5-27 异径型接头及异径型套筒

异径型接头连接方法及步骤如下：

① 检查套筒是否与被连接钢筋规格相符；检查钢筋丝头螺纹和套筒内螺纹是否干净、完好无损；检查钢筋丝头有效螺纹长度是否符合产品设计的要求。

② 将套筒旋入大直径钢筋的钢筋丝头端，并拧紧。

③ 将小直径钢筋的钢筋丝头旋入套筒，确定 2 根钢筋在套筒中对顶后用专用的工作扳子或管钳旋转钢筋，使 2 根被连接钢筋的钢筋丝头在套筒中间对顶锁紧。

异径型接头连接质量控制要点如下：

① 首先，将套筒旋入大直径钢筋的钢筋丝头一端，再将小直径钢筋的钢筋丝头旋入套筒，其目的是防止小直径钢筋丝头旋入过量，造成大直径钢筋丝头与套筒旋合长度不足，影响接头性能。

② 确定 2 根钢筋在套筒中对顶的先决条件是钢筋连接完毕后套筒两端均有外露有效螺纹。

5）正反丝扣型接头

正反丝扣型接头（图 6.15.5-28）一般用于被连接的 2 根钢筋不能旋转，但至少 1 根钢筋可以轴向移动时的连接，用于连接2根相同直径的钢筋。1根钢筋带有右旋螺纹的钢筋丝头，另一根钢筋带有左旋螺纹的钢筋丝头。套筒一端是右旋螺纹，另一端是左旋螺纹。钢筋丝头的有效螺纹长度≥1/2套筒长度，1根为标准型钢筋丝头，另一根为反丝钢筋丝头，采用正反丝扣型套筒。该类接头使用条件为被连接的2根钢筋均受到旋转的限制，至少有1根钢筋不受轴向移动的限制。

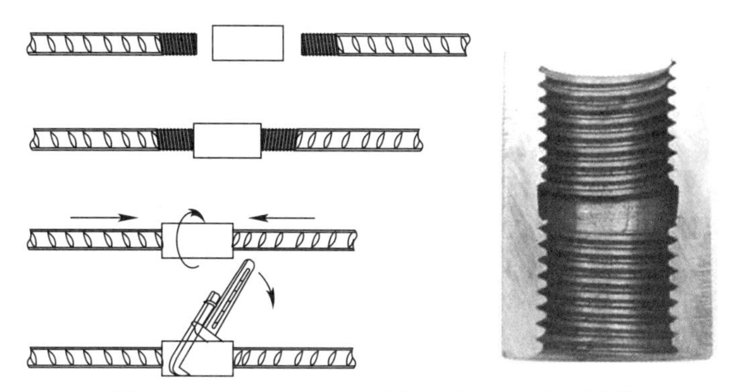

图6.15.5-28　正反丝扣型接头及正反丝扣型套筒

正反丝扣型接头连接方法及步骤如下：

① 检查套筒是否与被连接钢筋规格相符；检查钢筋丝头螺纹和套筒内螺纹是否干净、完好无损；检查钢筋丝头有效螺纹长度是否符合产品设计的要求。

② 将2根被连接钢筋移至套筒两端口，旋转套筒使2根钢筋顺利旋入套筒。

③ 当钢筋丝头旋入套筒一半时，观察套筒两端外露未旋入钢筋丝头螺纹的数量。当钢筋丝头外露数值之差>1$P$（$P$为螺距）时，及时旋转外露螺纹较长的1根钢筋，调整至两端外露螺纹长度相等，继续旋转套筒直至钢筋丝头在套筒中间对顶。

④ 确定套筒两端有外露螺纹且数量相等后，用专用的工作扳子或管钳旋转钢筋，使2根被连接钢筋的钢筋丝头在套筒中间对顶锁紧。

正反丝扣型接头连接质量控制要点如下：

① 注意检查钢筋丝头有效螺纹长度是否合格；有效螺纹过短的钢筋丝头不得使用，应切掉重新加工。

② 钢筋丝头与套筒开始旋合时，注意观察2根钢筋丝头旋入是否同步；当2根钢筋丝头外露数值之差>1$P$（$P$为螺距）时，应及时调整，直至两端外露螺纹长度相等。

③ 钢筋接头拧紧前，确定套筒两端有外露螺纹且数量相等；如果套筒两端无外露螺纹，说明钢筋丝头并未在套筒中对顶，即使套筒拧紧，接头极有可能仍是松动的。

6）加锁母型接头

加锁母型接头（图6.15.5-29）由2根相同规格且带有右旋螺纹的钢筋丝头与带有右旋内螺纹的套筒和锁母组成，用于2根钢筋不能在套筒中对顶锁紧，仅能靠锁母的锁紧力消除螺纹间隙而实现锁紧的情况。2根钢筋中的1根为有效螺纹长度为1/2套筒长度标准型钢筋丝头；另一根为有效螺纹长度为套筒长度+锁母厚度的加长丝型钢筋丝头。连接件为标准型套筒和锁紧用的锁母，该类接头使用条件为被连接的两根钢筋均受到旋转和轴向移动的限制。常见使用部位为钢筋笼，钢筋骨架，预制构件纵向受力钢筋及底板、梁、柱等构件中纵向受力钢筋的对接。

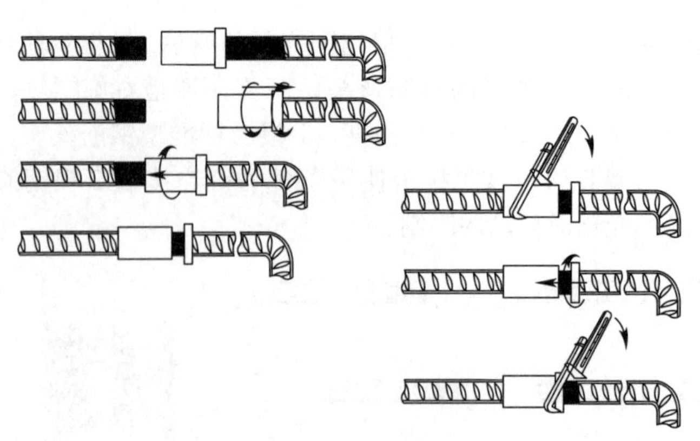

图 6.15.5-29　加锁母型接头

需要注意的是，如图 6.15.5-29 所示，当最后一个步骤中，其中的 1 根钢筋可继续转动并与另 1 根对顶时，可取消锁母的使用。

加锁母型接头连接方法及步骤如下：

① 检查套筒是否与被连接钢筋规格相符；检查钢筋丝头螺纹和套筒内螺纹是否干净、完好无损；检查钢筋丝头有效螺纹长度是否符合产品设计的要求。

② 将锁母旋入带有加长螺纹的钢筋丝头一端，锁母旋至螺纹末端的螺尾处。

③ 将套筒旋入带有加长螺纹的钢筋丝头一端，旋至锁母处。

④ 将另一根带有标准丝头的被连接钢筋端面顶紧带套筒及锁母的被连接钢筋端面。

⑤ 反向旋转套筒，使套筒旋入另一根钢筋的标准钢筋丝头，并将套筒拧紧。

⑥ 将锁母反向旋转至套筒端面，拧紧锁母。

加锁母型接头连接质量控制要点如下：

① 注意检查钢筋丝头有效螺纹长度是否合格，标准型钢筋丝头有效螺纹应为套筒长度的 1/2，加长丝型钢筋丝头有效螺纹长度应大于“套筒长度＋锁母厚度”。

② 加长型钢筋丝头与套筒及锁母旋合时，应轻松旋入。如发现旋合困难时不得强行旋入，应检查钢筋丝头螺纹和套筒螺纹有无异常，以免造成螺纹勒扣，影响接头质量。

③ 锁母及套筒旋入加长钢筋丝头后，钢筋端头应露出套筒端面，以便另一根钢筋端面与其对顶，保证加长丝头最终与套筒的旋合长度。

④ 加锁母型接头的锁紧原理与其他几种连接形式的接头不同，加长丝头端的锁紧是靠锁母与套筒端面的顶紧力锁紧，标准丝头端的锁紧是靠丝头螺尾与套筒端口螺纹锁紧。因此，标准型丝头端套筒外不应有外露有效螺纹。

上述几种接头形式是钢筋连接的基本形式。实际施工中，还存在着各种不同的连接工况。在保证接头质量的前提下，可根据实际工况，按上述几种基本连接形式合理地加以组合，如异径正反丝扣型接头、扩口正反丝扣型接头、异径扩口型接头、扩口加锁母型接头等。组合的原则是在钢筋丝头和套筒配合精度不变的前提下，保证钢筋丝头与套筒的旋合长度，能够消除螺纹的间隙。

钢筋连接时需要注意以下事项：

① 滚轧直螺纹接头应使用扭矩扳子或管钳进行拧紧，将 2 个钢筋丝头在套筒中间位置相互顶紧，接头最小拧紧力矩应符合现行行业标准《钢筋机械连接技术规程》JGJ 107 的规定。

② 经拧紧后的接头应做标记，防止漏拧。

③ 组装完成后，标准型接头的外露丝扣长度不宜超过 2 倍螺距，这是防止丝头未完全拧入套筒的辅助性检查手段。对于转动钢筋困难的场合，使用的加长丝头型接头、扩口型及加锁母型接头的加长螺纹部分外露丝扣数不受限制，但应预先做好明显标记，以便检查进入套筒的丝头长度是否满足要求。

④ 拧紧扭矩虽对直螺纹钢筋接头强度的影响较小，但为减少接头残余变形，各种直径钢筋连接组装后，应用 10 级精度的扭矩扳子校核拧紧扭矩是否合格。安装工人应抽取 10％接头，用扭矩扳子校核其拧紧力矩值，并应符合相关标准的规定。

⑤ 鉴于国内钢筋剥肋滚轧直螺纹接头技术参数不尽相同，施工单位采用时应特别注意，对技术参数不同的接头绝不能混用，避免出现质量事故。

（8）现场检验与验收

滚轧直螺纹接头的现场检验与验收详见第 6.13 节有关螺纹连接的内容。应注意，拧紧力矩值的抽检合格率应≥95％；否则，应对该批全部接头重新拧紧，直至抽检合格为止。

## 6.16　其他钢筋机械连接技术

### 6.16.1　可焊型套筒钢筋接头

钢-混凝土组合结构中，常需将钢筋混凝土构件与钢构件连接，钢筋与钢构件、抗剪件的连接是施工质量控制的重要环节。由于钢筋与型钢的材质存在差异，特别是纵向受力钢筋一般都是热轧带肋钢筋，不推荐使用焊接连接方式。如果不得已采用焊接，应按照规定进行两种不同钢种的焊接工艺评定，并需进行现场采样。钢筋与钢构件、抗剪件连接的常用方式见表 6.16.1。

**钢筋与钢构件、抗剪件连接的常用方式　　表 6.16.1**

| 连接方法 | 方法要点 |
| --- | --- |
| 绕开法 | 节点处的钢筋通过弯曲调整，绕开钢构件进行锚固的方法 |
| 穿孔法 | 在钢构件上开孔，钢筋穿过孔洞进行锚固的方法 |
| 钢筋连接件 | 在构件上焊接套筒、连接钢板，然后钢筋与套筒丝接或与连接钢板焊接的方法 |

以型钢混凝土组合结构中钢筋混凝土梁与型钢混凝土柱连接为例，常将钢筋混凝土梁内部分纵向钢筋筋和焊接在柱型钢翼缘上的套筒连接，如图 6.16.1-1 所示。

图 6.16.1-1　梁内部分纵筋和焊接在柱型钢翼缘上的套筒连接

可焊型直螺纹套筒是与钢结构材料具有良好焊接性的直螺纹套筒，如图 6.16.1-2 所示。

可焊型套筒主要用于钢结构与混凝土结构间的连接，通过可焊型套筒将钢构件与钢筋可靠连接，从而实现结构间力的传递。其工艺原理为：首先将可焊型套筒与钢构件在工厂或施工现场实施焊接，然后将待连接钢筋与可焊型套筒按螺纹连接要求完成连接。可焊型套筒可单独使用，也可组合使用。

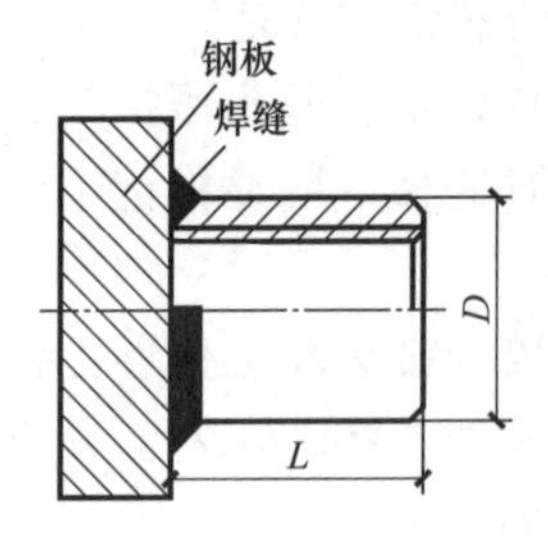

图 6.16.1-2　可焊型直螺纹套筒

**1. 单独使用**

用于钢筋可旋转工况下的连接，在预先与钢构件焊接的可焊型套筒内直接旋入钢筋丝头实现连接。

**2. 组合使用**

对于钢筋混凝土梁主筋与型钢混凝土柱的机械连接，如果钢筋与两端的型钢柱均采用可焊型套筒连接，中部的钢筋连接仅能采用搭接、挤压套筒连接或其他装置连接，但成本较高，施工不便。将可焊型套筒焊接在型钢翼缘上后，如何使钢筋顺利对接，并克服由于施工误差带来的钢筋不对顶影响接头变形性能等问题，达到现行行业标准《钢筋机械连接技术规程》JGJ 107 对接头承载力及变形性能的要求，是柱型钢与梁钢筋连接构造及施工工艺开发的难点。基于上述考虑，需采用焊接并具备轴向调整功能的连接件才能实现钢筋混凝土梁与型钢混凝土柱的连接。

如图 6.16.1-3 所示，由可焊型套筒、连接螺杆、锁紧螺母、普通套筒组合成焊接可调型连接件，用于钢筋不能转动或不能轴向位移的场合。在预先与钢构件焊接的可焊型套筒内首先旋入连接螺杆，再在连接螺杆上分别旋入 2 个锁紧螺母及普通套筒，将钢筋丝头与普通套筒对齐后反转普通套筒与钢筋丝头完成连接，最后将 2 个锁紧螺母分别与可焊套筒、普通套筒锁紧完成钢筋连接。

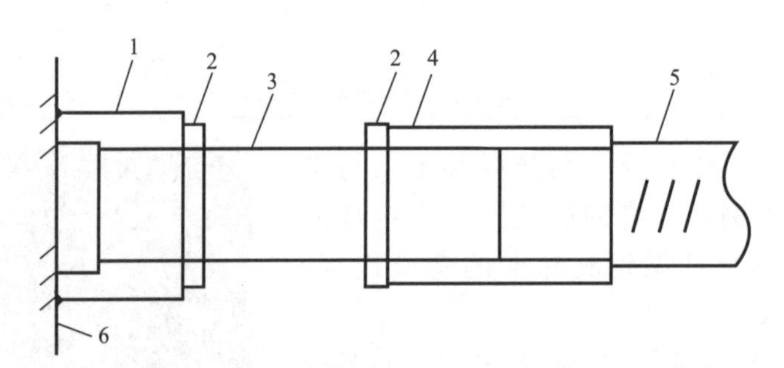


1—可焊套筒；2—锁紧螺母；3—连接螺杆；4—普通套筒；5—钢筋；6—钢构件

图 6.16.1-3　焊接可调型连接件

如图 6.16.1-4 所示，由可焊型套筒、可焊调节型套筒及配套的直螺纹钢筋丝头合成焊接可调型连接接头，用于钢筋不能转动或不能轴向位移的场合。

可焊型套筒及可焊调节型套筒与钢筋连接后，应能满足现行行业标准《钢筋机械连接技术规程》JGJ 107 规定的Ⅰ级或Ⅱ级接头要求，下面对该接头的应用作详细介绍。

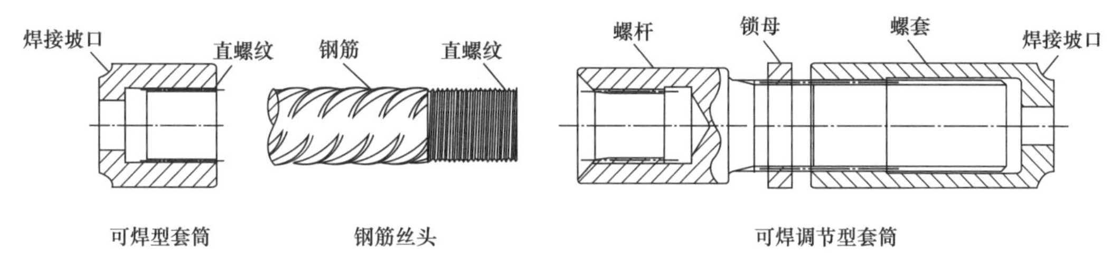


图 6.16.1-4 可焊型套筒、可焊调节型套筒及钢筋丝头

将可焊型套筒和可焊调节型套筒在柱内型钢翼缘上准确定位并焊接连接，如图 6.16.1-5 所示。

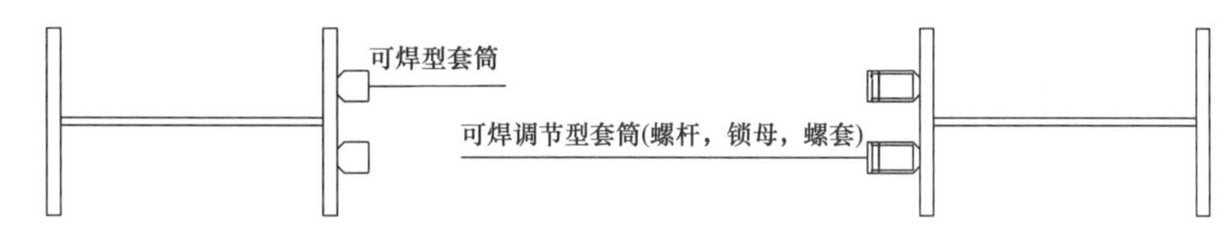


图 6.16.1-5 焊接套筒与型钢连接

如有条件，应在钢构件安装前将套筒焊接在指定位置，可减小焊接难度，提升焊接效率；如无此条件，应在钢构件焊接套筒位置上做好标识，注明焊接位置、焊接套筒规格等信息。焊接前应清洁待焊接表面，使待焊接面无锈蚀、污物，并保持干燥。焊接重要的构件时，焊接后应锤击热态焊缝，以减小焊缝应力。焊接后目测焊缝表面不应有裂纹、焊瘤、夹渣及表面气孔。在钢筋端部加工与套筒匹配的直螺纹丝头，并用管钳转动钢筋，使其与可焊型套筒相连，不要拧紧，预留 1 个螺距的调整量（图 6.16.1-6）。

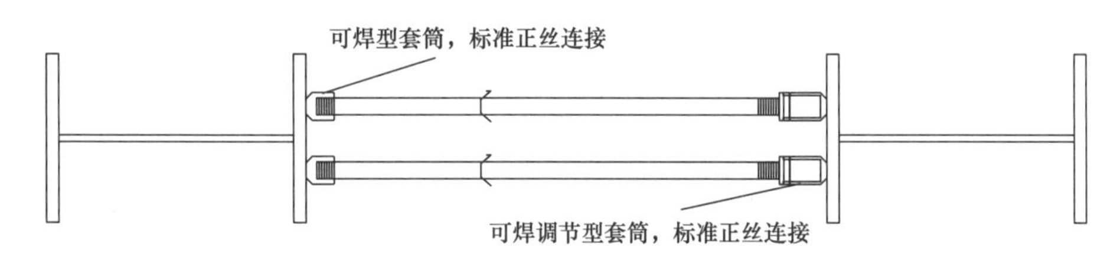


图 6.16.1-6 将钢筋拧入可焊型套筒

钢筋就位后，将已拧入螺套的螺杆反向旋出，与钢筋丝头拧紧，使钢筋丝头与螺杆内部的环形面相互顶紧（图 6.16.1-7）。若螺杆内螺纹与钢筋丝头由于螺纹起始端不一致无法旋入，可转动钢筋进行调整，直至旋入。拧紧钢筋丝头与可焊型套筒、钢筋丝头与可焊调节型套筒螺杆，拧紧扭矩均应满足现行行业标准《钢筋机械连接技术规程》JGJ 107 的要求。

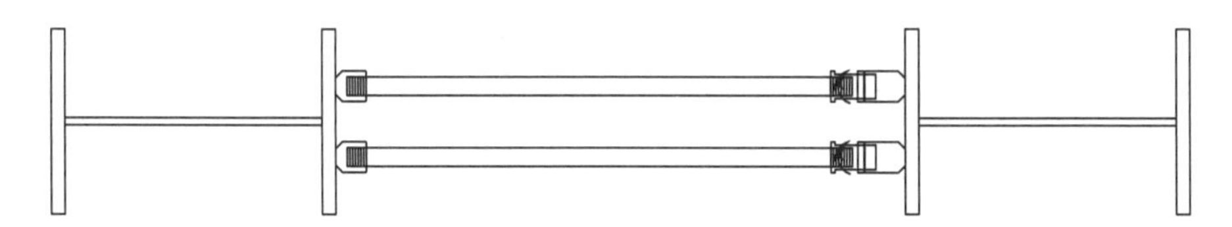

图 6.16.1-7 将可焊调节型套筒的螺杆拧入钢筋丝头

钢筋丝头与可焊型套筒、钢筋丝头与可焊调节型套筒螺杆拧紧后，锁紧锁母与螺套（图 6.16.1-8），拧紧扭矩均应满足现行行业标准《钢筋机械连接技术规程》JGJ 107 的要求，连接工作结束。

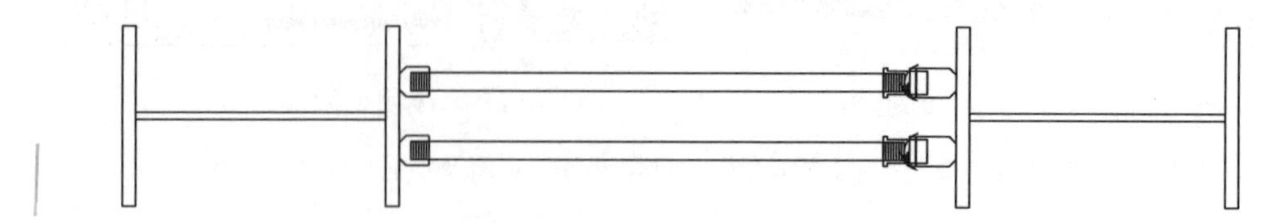

图 6.16.1-8　锁紧锁母与螺套

第三代非能动核电工程采用了钢板混凝土结构形式，使用了大量带法兰型套筒和可焊型套筒。带法兰型套筒用于楼板钢筋和钢板混凝土结构墙体之间的连接，其中法兰主要将套筒和钢板进行临时焊接固定，方便钢筋安装，如图 6.16.1-9 所示。

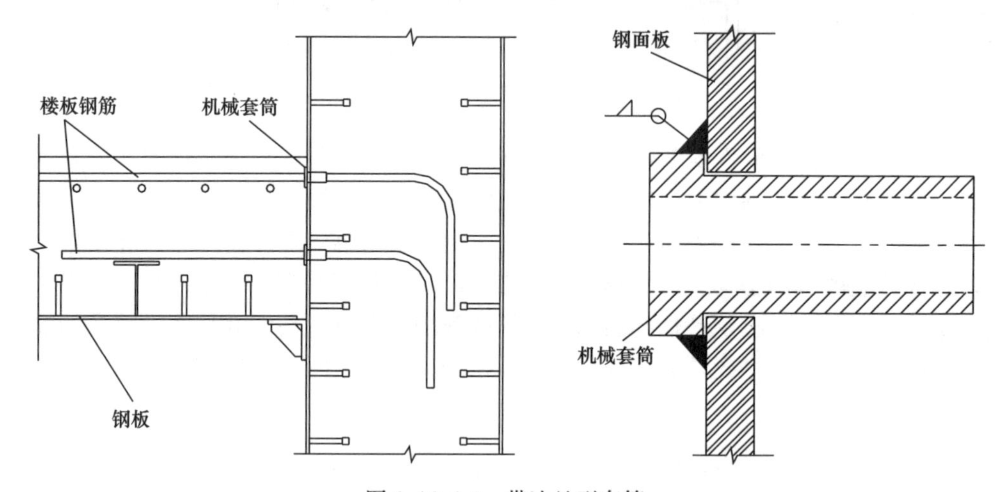


图 6.16.1-9　带法兰型套筒

可焊型套筒用于第三代非能动核电工程中钢板混凝土结构的预埋板，将锚固钢筋和钢板进行连接，如图 6.16.1-10 所示。由于该类套筒在国内其他项目中应用较少，且焊接性要求较高，目前项目中多采用国外锥螺纹可焊型套筒。

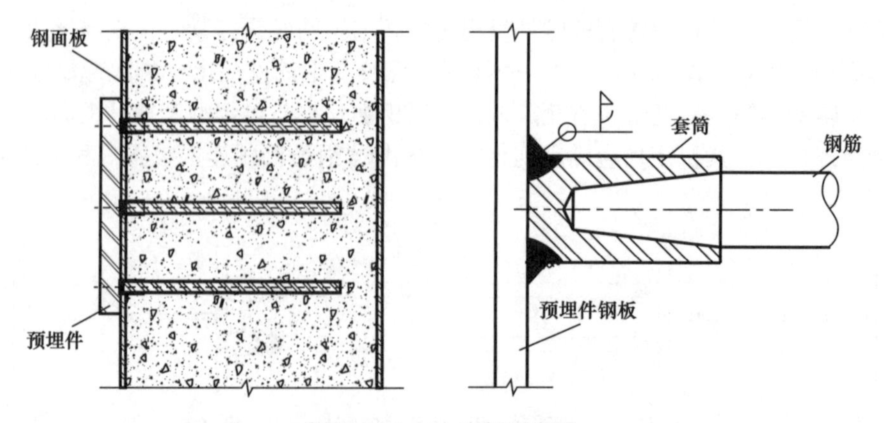


图 6.16.1-10　可焊型套筒

第三代非能动核电工程中钢筋混凝土结构的设计基于美国*Code Requirements for Nuclear Safety-Related Concrete Structures*（核安全相关混凝土结构规范）ACI 349。ACI 349 中机械连接接头的强度要求相当于国内Ⅲ级接头，考虑到核电工程结构的安全性及国内标准的适用性，工程中根据套筒使用部位和接头面积百分率采用符合现行行业标准《钢筋机械连接技术规程》JGJ 107 规定的Ⅰ、Ⅱ级接头，并按照 ACI 349 补充循环加载试验和应变试验要求，对于可焊型套筒还要求进行焊接工艺评定：

（1）循环加载试验：对于每种机械连接，至少取3组试件进行100次频率为1Hz正弦波形式的循环加载试验，加载范围为被连接钢筋屈服强度标准值的5%～90%。循环加载试验后对试件进行静力试验，相对直接进行静力张拉试验应无承载力损失。

（2）应变试验：对于每种机械连接，应至少进行6组应变试验，达到钢筋屈服强度标准值的90%时，接头总长度的应变不应超过相同长度被连接钢筋应变的150%。

（3）焊接工艺评定：对于可焊型机械接头，应对焊接试件进行静力拉伸试验，试验结果不低于对应等级接头的抗拉强度要求，并应进行焊缝的宏观金相试验。

可焊型连接件与钢结构的焊接连接应符合现行国家标准《钢结构焊接规范》GB 50661 的相关规定。直螺纹钢筋丝头与可焊型连接件的连接时，直螺纹钢筋丝头拧紧在直螺纹可焊型连接件螺纹孔内，钢筋丝头端面与连接件限位凸台相抵，最小拧紧扭矩值应符合规定，且连接件外露螺纹不宜超过 $2p$（$p$ 为螺距）。

## 6.16.2 直螺纹组合接头

近年来，为适应模块化钢筋及装配式混凝土构件主筋的连接需要，直螺纹组合接头不断涌现，本节介绍有一定应用的几种直螺纹组合接头。

**1. YK可调组合机械连接接头**

YK可调组合机械连接接头（图6.16.2-1～图6.16.2-3）主要用于钢筋不能转动的状态下（钢筋骨架、PC构件）的连接。2根连接钢筋不同心可调（正常调整范围钢筋直径1/2），钢筋加工、安装过程中长度不一致可补偿（正常调整范围0～35mm），2根不同规格钢筋可连接。现场安装施工快速定位，通过套筒调整可将构件垂直度、水平高度精确调节，施工无需专用机械设备，作业过程1人即可完成，操作简单方便、安装效率高。

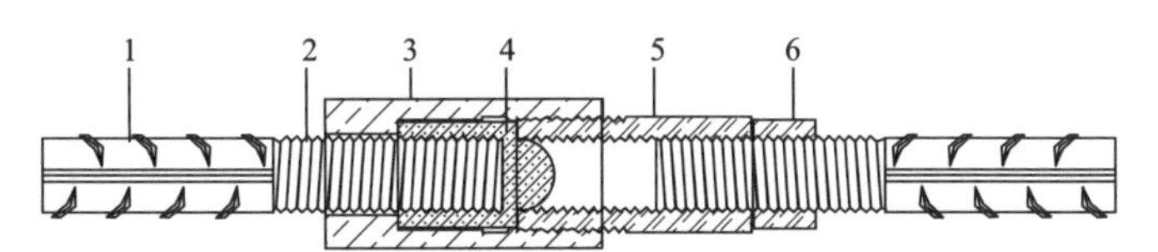


1—钢筋；2—丝头；3—外套筒；4—内套筒；5—连接套筒；6—止回帽

图6.16.2-1 400MPa级可调组合套筒机械接头

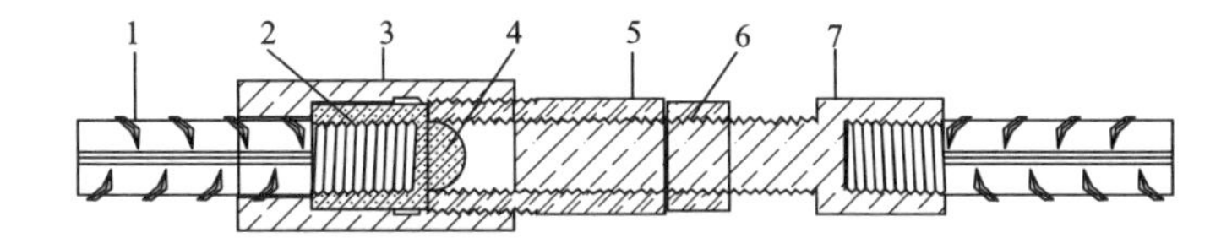


1—钢筋；2—丝头；3—外套筒；4—内套筒；5—连接套筒；6—止回帽；7—调整杆套

图6.16.2-2 500MPa级可调组合套筒机械接头

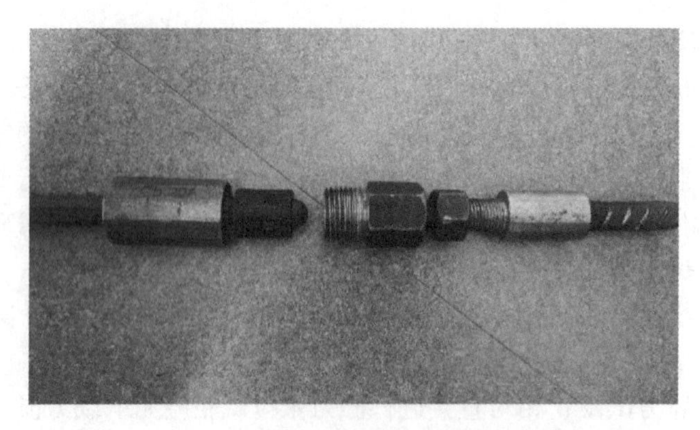

图 6.16.2-3　500MPa 级可调组合套筒机械接头实物

YK 可调组合机械连接接头根据钢筋强度等级选择接头形式，接头应用材料符合现行标准《优质碳素结构钢》GB/T 699、《低合金高强度结构钢》GB/T 1591、《冷镦和冷挤压用钢》GB/T 6478 的要求。400MPa 级钢筋丝头加工时，应采用模压、缩径、滚丝工艺加工，螺纹规格下调 1 个等级；500MPa 级钢筋丝头加工时，应采用剥肋滚轧工艺或镦粗切削工艺加工，螺纹规格下调 1 个等级，安装时露丝不能超过 1 个丝扣。

YK 可调组合机械连接接头满足现行行业标准《钢筋机械连接技术规程》JGJ 107 中Ⅰ级接头的要求，且可调组合套筒机械接头和钢筋加长丝头强度大于连接钢筋。YK 可调组合机械连接接头的应用如图 6.16.2-4 所示。

图 6.16.2-4　YK 可调组合机械连接接头的应用

YK 可调组合机械连接接头的安装流程如下：

1）安装前应先将外套筒正确套入一侧钢筋的连接端头，然后将内套筒拧紧，将连接套筒和止回帽安装在另一侧钢筋的连接端头。

2）构件吊装就位后宜先连接角部钢筋或中部钢筋，经校整拧紧后再连接其他钢筋。

3）纵筋的轴线偏离不宜超过钢筋直径的 1/2。当发生被连接钢筋偏心大于钢筋直径的 1/2 时，应先进行校正调整，具体方法为使用工具摆动钢筋，使钢筋基本达到同心小于钢筋直径的 1/2。应采取措施防止连接套拧紧时的构件移动。

4）钢筋加工时长度应为负差，不小于－5mm 且不大于－35mm，负差应控制在允许范围内。当大于负差范围时，应更换加长连接套筒。

5）接头安装时应首先将连接套筒拧至内套筒结合面，结合面须平齐、无间隙；然后，将外套筒与连接套筒拧紧；最后，将止回帽与连接套筒拧紧。

6）当遇到不同直径钢筋连接时，可更换内套筒或更换连接套筒和止回帽满足连接要求。

**2. 双螺套钢筋连接接头**

双螺套钢筋连接接头（图 6.16.2-5）是 2 个带有和连接钢筋端部螺纹相匹配内螺纹的内层钢制套筒 1、套筒 2 旋合后，再和带有与 2 个内层钢制套筒外表面螺纹相匹配内螺纹的外层钢制套筒 3 旋合连接，并用具有相同内螺纹的外层钢制套筒 4 旋合锁紧的钢筋机械连接方法。钢筋端部丝头螺纹一般使用普通钢筋剥肋滚丝机制作即可。

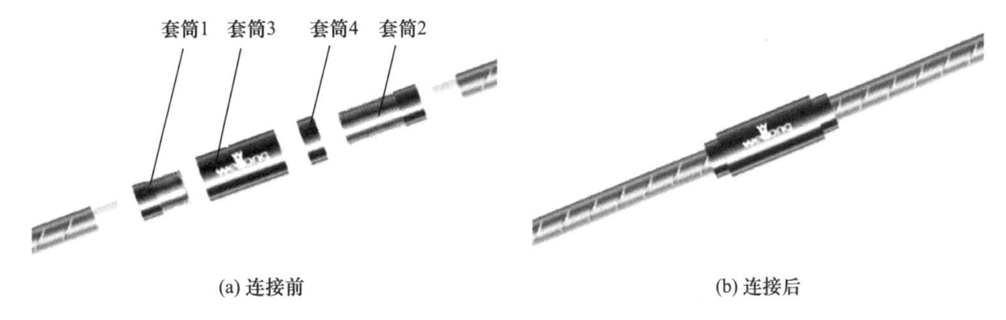


图 6.16.2-5　双螺套钢筋连接接头构造示意

双螺套钢筋连接接头实物如图 6.16.2-6 所示。

图 6.16.2-6　双螺套钢筋连接接头

双螺套钢筋连接接头可在待连接两侧钢筋不旋转、连接位置有一定误差（≤20mm）的情况下完成连接。

双螺套钢筋连接接头可广泛应用于建筑工业化场景条件下，如基础钢筋笼、钢筋网片、PC 构件等模块化钢筋的连接。同时，还可应用于一些特殊工况的钢筋连接，如弧形钢筋（核电安全壳、隧道内衬等部位）连接、钢筋与型钢组合结构中的钢筋连接。

双螺套钢筋连接接头主要有标准型、异径型、焊接型和加长型，如图 6.16.2-7 所示。标准型接头是用于同直径钢筋连接的最常用接头形式；异径型接头是用于不同直径钢筋连接的接头型式；焊接型接头是应用于钢筋模块与型钢连接的接头形式；加长型接头是主要用于模块钢筋机械连接时，连接钢筋轴向间距较大的接头形式。

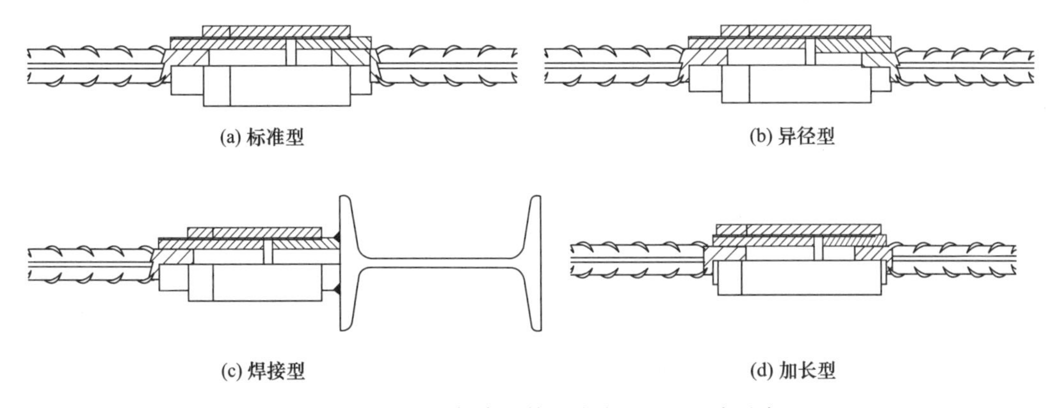


图 6.16.2-7　双螺套钢筋连接接头主要型式示意

双螺套钢筋连接接头具有以下特点：

1）对待连接钢筋的位置度要求较低，尤其适用于建筑及钢筋模块中成束钢筋的连接。

2）接头连接方便，无需专用机具，仅需连接扳子即可。

3）连接质量可靠，可100%满足现行行业标准500MPa级钢筋I级接头性能要求。

4）适用范围广，可应用于PC建筑、高层建筑、核电、桥梁、隧道、轨道交通等领域工业化场景条件下及特殊工况的钢筋连接。

双螺套钢筋接头（图6.16.2-5）连接工艺为：

1）连接钢筋端部螺纹加工：连接钢筋1、2加工成与套筒1、2匹配的剥肋滚轧直螺纹丝头。

2）待连接钢筋预装接头连接件：连接钢筋1预装套筒1，连接钢筋2预装套筒2～4，且应按照现行行业标准《钢筋机械连接技术规程》JGJ 107规定的扭矩值拧紧。

3）连接钢筋就位：待连接钢筋连接间隙≤20mm。

4）连接套筒3：连接套筒3至套筒1螺纹端部，按照现行行业标准《钢筋机械连接技术规程》JGJ 107规定的扭矩值拧紧。

5）连接套筒4：连接套筒4与套筒3按照现行行业标准《钢筋机械连接技术规程》JGJ 107规定的扭矩值拧紧。

6）接头外观检验：连接完成后，套筒2在套筒4一端外露螺纹长度应＜20mm，此状态连接合格。

双螺套钢筋机械连接技术自2017年面世以来，在多个重点工程中得到应用，为钢筋连接工程施工解决了许多难题，为保证工程质量及按期竣工提供了强有力的支持。主要应用的工程、钢筋连接类型如下：

1）模块化钢筋连接类

类型：基础钢筋笼

钢筋规格：25～50mm

接头型式：标准型双螺套接头

工程应用：京张高铁北京新清河站、京雄高铁河北雄安站、北京城市副中心通州区三大文化工程，如图6.16.2-8所示。

2）钢筋与型钢连接类

类型：单根钢筋与型钢连接

钢筋规格：20～40mm

接头形式：焊接型直螺纹接头+标准型双螺套接头

工程应用：北京第一档案馆、京雄高铁河北雄安站，如图6.16.2-9所示。

3）水平PC构件钢筋连接类

类型：PC构件水平钢筋连接

钢筋规格：20～32mm

接头型式：标准型双螺套接头

工程应用：河北丰润预制构件厂办公楼、杭甬高速越东路及南延段，如图6.16.2-10所示。

(a) 京张高铁北京新清河站(2017年开始应用)

(b) 京雄高铁河北雄安站(2019年开始应用)

(c) 北京城市副中心通州区三大文化工程(2020年开始应用)

图 6.16.2-8 模块化钢筋连接类工程实例

(a) 北京第一档案馆(2018年开始应用)

(b) 京雄高铁河北雄安站(2019年开始应用)

图 6.16.2-9 钢筋与型钢连接类工程实例

**3. 径轴双向可调直螺纹接头**

径轴双向可调直螺纹接头适用于连接符合现行国家标准《钢筋混凝土用钢 第2部分：热轧带肋钢筋》GB/T 1499.2、《钢筋混凝土用余热处理钢筋》GB/T 13014、《钢筋混凝土

(a) 河北丰润预制构件厂办公楼(2018年开始应用)

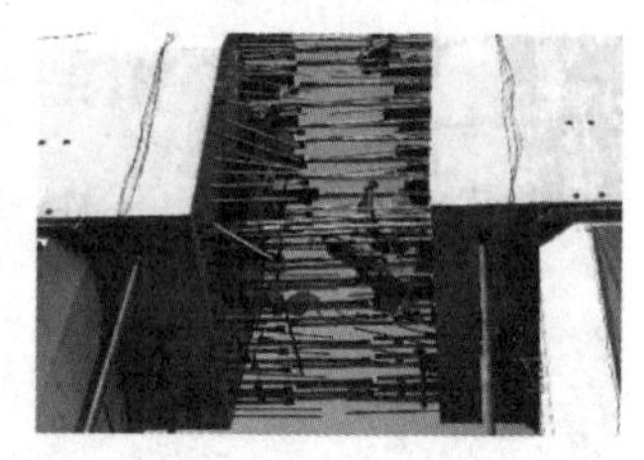

(b) 杭甬高速越东路及南延段(2019年开始应用)

图 6.16.2-10　水平 PC 构件钢筋连接类工程实例

用不锈钢钢筋》GB/T 33959、《钢筋混凝土用耐蚀钢筋》GB/T 33953、《海洋工程混凝土用高耐蚀性合金带肋钢筋》GB/T 34206 及《钢筋混凝土用钢　第 1 部分：热轧光圆钢筋》GB 1499.1 规定的 25mm、32mm、40mm 的钢筋。

径轴双向可调直螺纹接头适用于混凝土结构中模块化钢筋的连接，也适用于单根钢筋的连接。

径轴双向可调直螺纹接头性能满足现行行业标准《钢筋机械连接技术规程》JGJ 107 的相关规定。

径轴双向可调直螺纹连接件原材料应采用牌号为 40Cr 合金钢棒料，其外观及力学性能应符合《合金结构钢》GB/T 3077 的规定，可径轴双向可调自锁式钢筋直螺纹连接件原材料的实测力学性能还应符合表 6.16.2-1 的规定。

**径轴双向可调直螺纹连接件原材料的力学性能　　表 6.16.2-1**

| 项目 | 性能指标 |
|---|---|
| 屈服强度/MPa | ≥680 |
| 抗拉强度/MPa | ≥850 |
| 断后伸长率/% | ≥6 |

径轴双向可调直螺纹接头由导向套筒、自锁套筒、连接套筒、锁母钢筋丝头分组成，见图 6.16.2-11。

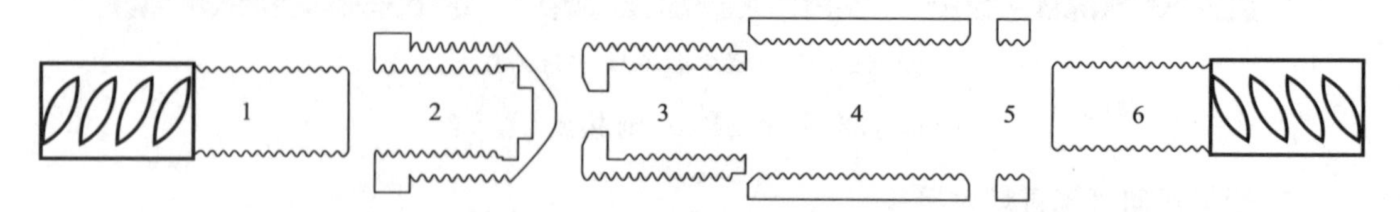


1—钢筋丝头；2—导向套筒；3—自锁套筒；4—连接套筒；5—锁母；6—钢筋丝头

图 6.16.2-11　径轴双向可调直螺纹接头分解示意图

径轴双向可调直螺纹连接件形式分为标准型、异径型和加长型3种，加长型径轴双向可调直螺纹连接件仅将标准型（异径型）径轴双向可调直螺纹连接件中的连接套筒按要求加长，其他不变，见图6.16.2-12、图6.16.2-13。

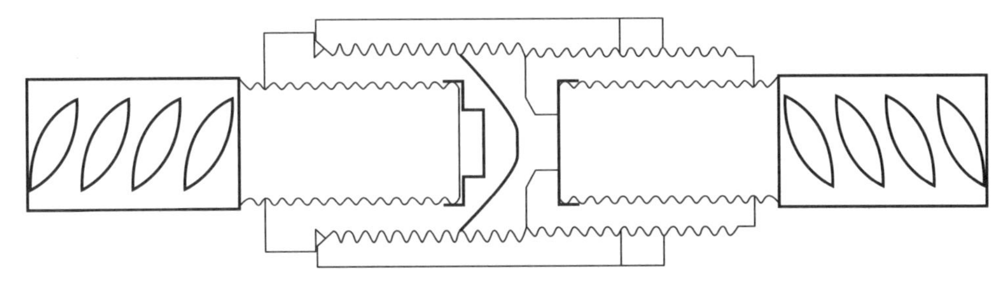

图6.16.2-12　标准型径轴双向可调自锁式钢筋直螺纹连接件

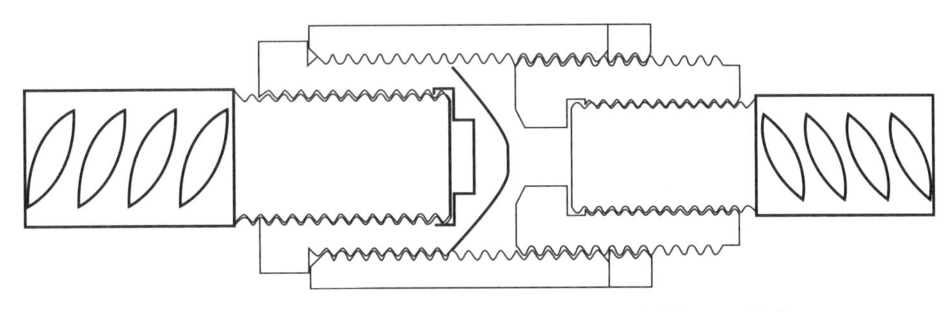

图6.16.2-13　异径型径轴双向可调自锁式钢筋直螺纹连接件

径轴双向可调直螺纹接头的钢筋丝头加工采用剥肋滚轧直螺纹工艺。

径轴双向可调直螺纹接头的钢筋丝头示意图见图6.16.2-14所示。

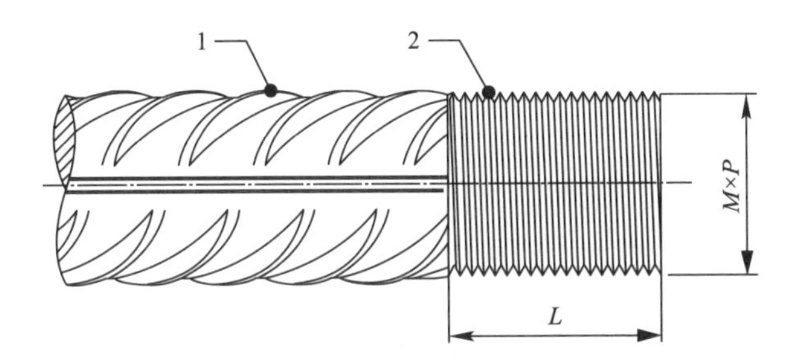


1—钢筋；2—钢筋丝头；$L$—直螺纹长度；$M$—直螺纹大径；$P$—直螺纹螺距

图6.16.2-14　钢筋丝头示意图

加工完成的钢筋丝头，须逐个目测检查，并每加工10个用检具检查一次，当抽检不合格时，应逐个检查该检验批全部丝头，剔除其中不合格丝头，并调整设备至螺纹成型加工的丝头合格为止。

检验合格的钢筋丝头，立即套上同规格的塑料保护帽，存放整齐备用。

参见图6.16.2-11，径轴双向可调直螺纹接头的连接操作步骤如下：

(1) 将锁母5套入钢筋2；

(2) 将连接套筒4套入钢筋2；

(3) 将自锁套筒3与钢筋2的丝头旋合并拧紧，拧紧时应使用管钳扳手；

（4）将连接套筒 4 与自锁套筒 3 旋合，连接套筒 4 不超过自锁套筒 3 的端面；

（5）将导向套筒 2 与钢筋 1 的丝头旋合，并拧紧，拧紧时应使用管钳扳手；

（6）钢筋 1 和钢筋 2 进入待连接位置，连接套筒 4 与导向套筒 2 旋合并拧紧，拧紧时应使用管钳扳手；

（7）将锁母 5 与自锁套筒 3 旋合且紧贴连接套筒 4，并拧紧，拧紧时应使用管钳扳手，连接完成。

径轴双向可调直螺纹接头安装后，应采用扭矩扳手校核拧紧扭矩，最小拧紧扭矩值应符合现行行业标准《钢筋机械连接技术规程》JGJ 107 的相关规定。

每一验收批中应随机抽取 10％的径轴双向可调直螺纹接头作拧紧扭矩检验，如不合格数少于抽检数的 10％，则该批径轴双向可调直螺纹接头评为合格。当不合格数超抽检数的 5％时，应对该批径轴双向可调直螺纹接头逐个重新拧紧，直至抽检合格为止。

### 6.16.3　套筒挤压与螺纹复合接头

套筒挤压与螺纹复合接头是将采用冷挤压工艺将带有预制外螺杆的公套筒及带有内螺纹的母套筒预先连接到钢筋上，在安装现场通过公套筒的螺杆与母套筒的内螺纹连接形成的接头。冷挤压工艺使套筒的一端产生塑性变形与待连接钢筋的横肋紧密咬合。与带肋钢筋套筒挤压连接相同，由于一端采用挤压工艺，该技术仅用于带肋钢筋的连接，不得用于光圆钢筋。

常见的套筒挤压与螺纹复合连接分为轴向扣压式和轴向挤压式连接，如图 6.16.3-1 所示。目前仅在部分工程中得到应用，未得到大面积推广。

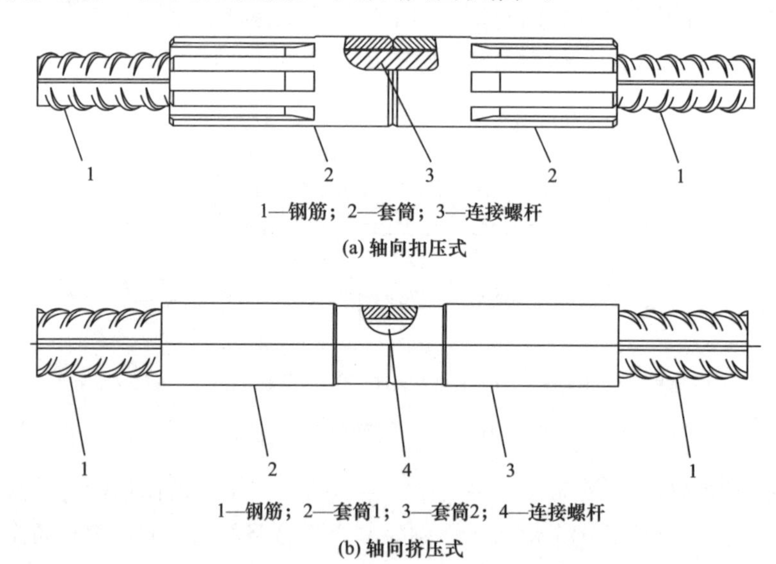


图 6.16.3-1　套筒挤压与螺纹复合连接接头

该连接工艺采用两件式或三件式的连接件。两件式连接件中，一件为一端加工为螺杆的挤压套筒，另一件为一端加工为螺纹套筒的挤压套筒；三件式连接件中，两件分别为一端加工为正扣螺纹和反扣螺纹套筒的挤压套筒，第三件为两端加工有与螺纹套筒螺纹相配合的双头连接螺杆。连接时，将连接件挤压套筒端先用挤压工艺连接在钢筋端部，到施工现场的连接工位后，将螺杆连接件的钢筋与螺纹套筒连接件的钢筋进行旋转连接，两根钢筋即连接在一起。在钢筋不能旋转的工位，用两根端部分别为正、反扣螺纹套筒连接件的钢筋，与双头正反扣螺纹的连接螺杆连接，旋转连接螺杆即可将两根钢筋连接在一起。套筒挤压螺纹连接的套筒挤压工作一般在预制工厂内或施工现场的地面工位完成。因此，该工艺使挤压套筒接头在施工现场的连接速度大大提高，且免除了挤压连接质量的现场管控工作，操作人员易制作安全、可靠的接头。套筒挤压螺纹连接接头在做套筒挤压加工时，采用的挤压连接设备可以是径向钢筋套筒挤压机，也可以是轴向钢筋套筒挤压机。

套筒挤压与螺纹复合连接的出现符合当前的建筑工业化大趋势，可有效降低劳动力成本及劳动强度，最主要的特点是无需在钢筋端部加工螺纹，工业化程度大大提高。套筒和连接螺杆均为工厂化工业生产，质量稳定、可靠；接头性能易达到Ⅰ级接头要求，实现钢筋等强度连接，疲劳性能良好；适用范围广，综合了套筒挤压和直螺纹连接的优点，用挤压方式在钢筋端部形成预连接端，避免了钢筋螺纹的加工，钢筋的种类和化学成分对连接质量无影响，适用于延性和焊接性差的钢筋，如抗腐蚀的环氧树脂涂层钢筋及进口带肋钢筋，用直螺纹方式在工程结构施工部位连接，避免了传统挤压连接在现场实施操作不便的缺点，施工简便、高效。由于套筒挤压与螺纹复合连接使用的连接件由挤压螺纹复合套筒和连接螺杆组成，不足之处是连接件产品成本较高，但综合技术经济效益良好。

钢筋轴向挤压机械是依靠液压系统将套筒在钢筋端头进行轴向挤压和自检的组合设备。采用钢筋轴向挤压加工生产的接头不因螺纹加工削弱钢筋的截面面积，从而确保连接可靠，接头强度高。同时，钢筋轴向挤压机械特有的自检功能，可使加工后的钢筋接头性能稳定，施工现场的适应性强。

钢筋轴向挤压与螺纹复合连接技术出现于20世纪末。1999年，德士达集团注册了“Gritpec”商标，于2000年、2001年、2003年分别获得德国地区、美国洛杉矶地区及美国加利福尼亚州建筑施工管理部门的技术认可，开始在世界范围内进行推广。德国艾姆斯兰（Emsland）核电站于2000年首次将Griptc钢筋轴向挤压与螺纹复合连接技术应用于核废料储存厂房建造中。同年，这种技术应用到了德国民用建筑市场。2007年，法国电力集团（EDF）正式批准钢筋轴向挤压与螺纹复合连接技术应用于法国弗拉芒维尔（Flamanville）核电项目土建施工。

2009年，在中国广东台山核电站一期项目中，钢筋轴向挤压与螺纹复合连接技术首次引入中国建筑市场。之后，该技术应用于福清核电站3期、防城港核电站2期、中国核工业集团出口巴基斯坦的卡拉奇核电站2期等项目中。该技术的实施过程如下（图6.16.3-2）：

步骤1：将钢筋切割至需要的长度，并将一端放入套管中；

步骤2：将钢筋/套管组件放入GRIPTEC机器中；

步骤3：将钢筋的一端留在机器护罩外端；

步骤4：将类型1推杆放到钢筋一端；

步骤5：将组件推入机器直到套管进入冷挤压模具并开始加工；

步骤6：平滑地拿起推入工具和推入工具一段悬吊的钢筋，从机器中抽出完成后的产品。

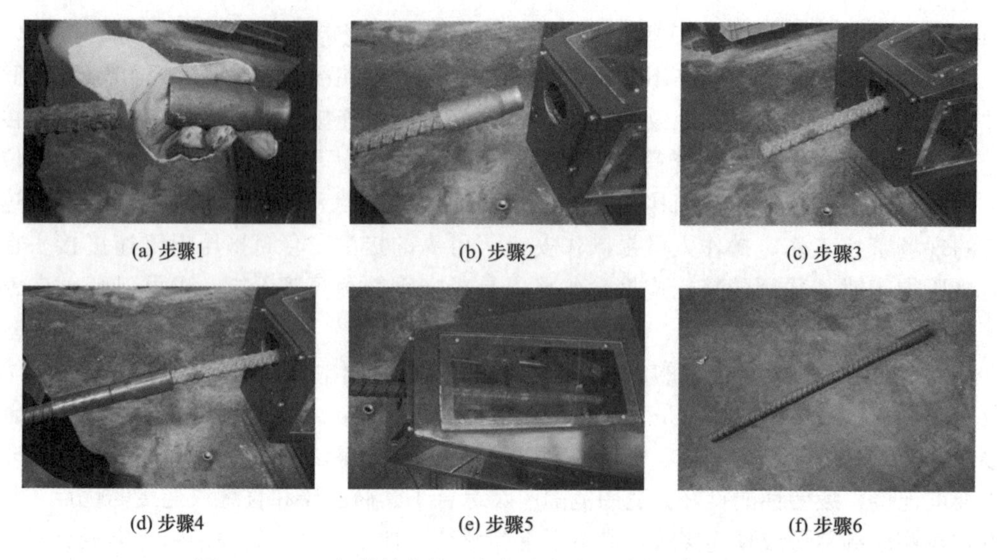

(a) 步骤1　(b) 步骤2　(c) 步骤3

(d) 步骤4　(e) 步骤5　(f) 步骤6

图 6.16.3-2　钢筋轴向挤压与螺纹复合连接技术的实施过程

钢筋轴向挤压与螺纹复合连接设备为德士达 GP40 全自动加工测试一体机，如图 6.16.3-3 所示。该机器通过冷挤压技术将带有连接螺杆的公套筒和具有内螺纹的母套筒分别连接到钢筋末端。机器通过使用不同的工装可对直径 12～40mm 的钢筋进行加工。机器可系统性地识别安装的冷挤压模具直径，所有冷挤压和测试参数将按照储存的参数进行设定。

图 6.16.3-3　德士达 GP40 全自动加工测试一体机

## 6.16.4　抗飞机撞击用钢筋接头

爆炸是物质内含的能量在一定环境条件下触发后瞬时间集中释放的现象。结构工程中遇到的爆炸类型有燃料爆炸、工业粉尘爆炸、武器爆炸、定向爆破等。以核爆炸为例，对结构的破坏作用有：空气冲击波的超压直接摧毁结构物；爆炸时产生的光和高温辐射，使结构经受高温冲击，从而引发火灾；爆炸时飞起的破碎物块坠落或撞击结构；接地核爆炸造成地表层的强烈振动，殃及地下结构。国内外钢筋的高速加载研究成果表明，快速加载（或变形）对钢筋性能的主要变化是屈服强度的提高，而变形性能（包括延性）不受损失，国内外已有试验研究给出了不同品种钢筋在快速加载时的屈服强度提高值，强度等级越高的钢材，快速加载时强度提高幅度越小。

911 事件后，美国核电用户要求文件（URD）和欧洲核电用户要求文件（EUR）提出，第三代核电机组要强化安全壳结构设计，可抵御商用大飞机撞击。法国核岛设备设计建造规则协会颁布的标准 AFCEN ETC-C 2012 版第 2 部分的要求，钢筋机械接头瞬间加载试验过程中钢筋的应变率至少应达到 $1.0s^{-1}$。2022 年 11 月 23 日，中核集团正式发布了《中国先进压水堆用户要求文件（CUR）》，对第三代核电站安全壳的设计提出了可抵御商用大飞机撞击的明确要求。

我国核电发展提出了立足自主知识产权重点发展先进三代核电技术的路线——“华龙一号”。飞机撞击时会对混凝土结构产生瞬时巨大的冲击荷载。如果钢筋接头先于钢筋本身破坏，混凝土结构将发生脆性破坏，对于核岛结构的整体安全性是重大威胁。为防止撞击时钢筋接头发生脆断、避免混凝土结构中受力钢筋存在薄弱点，钢筋应采用具有抗高速冲击性能的机械接头连接。因此，开展抗高速冲击荷载性能的钢筋机械接头研发工作，是保证“华龙一号”核电站抗飞机撞击设计要求的重要环节。该接头在满足常规钢筋机械连接接头性能的基础上，需满足严苛的高速冲击荷载性能要求。核电建设工程中的抗飞机撞击钢筋接头具体性能指标要求见表 6.16.4-1。

**核电工程抗飞机撞击钢筋接头性能要求　　表 6.16.4-1**

| 接头等级 | | Ⅰ级 |
|---|---|---|
| 抗拉强度 | | 断于钢筋 |
| 单向拉伸 | 残余变形/mm | $u_0 \leqslant 0.10$ |
| | 最大力下总伸长率/% | $A_{gt} \geqslant 6.0$ |
| 高应力反复拉压 | 残余变形/mm | $u_{20} \leqslant 0.3$ |
| 大变形反复拉压 | 残余变形/mm | $u_4 \leqslant 0.3$ 且 $u_8 \leqslant 0.6$ |
| 瞬间加载冲击 | 破坏位置 | 断于钢筋 |
| | 最大力下总伸长率/% | $A_{gt} \geqslant 5.0$ |

注：1. 断于钢筋指试件断于接头长度以外区域，此处接头长度定义为套筒长度＋两边各 2 倍钢筋直径的范围。
2.《钢筋机械连接技术规程》JGJ 107 中 $\phi 32$（不含）以上规格钢筋接头试件单向拉伸的残余变形 $u_0 \leqslant 0.14$mm。
3. 瞬间加载冲击试验指加载应变率为 $1.0s^{-1}$ 的单向拉伸试验。

抗飞机撞击钢筋接头性能要求主要源自以下文件：

（1）《钢筋机械连接技术规程》JGJ 107。

（2）ETC-C-2010 *EPR Technical Code For Civil Works*，AFCEN。

（3）核电设计单位的技术规格书，如中国核电工程有限公司发布的 1188JT0114《混凝土工程 抗飞机撞击用钢筋机械接头》等。

前期的技术规格书中，抗飞机撞击钢筋接头在关于钢筋母材的定义严于现行行业标准《钢筋机械连接技术规程》JGJ 107，将接头长度定义为“套筒长度加两边各两倍钢筋直径的范围”，这主要是来源于镦粗直螺纹工艺导致了镦粗过渡段，若采用其他螺纹加工工艺或不需要螺纹加工，这样的定义不尽合理。另外，钢筋的薄弱部位在母材上呈随机分布，钢筋在拉伸过程中，会在母材不同部位随机破坏，忽略钢筋机械连接接头采用的工艺，统一规定接头长度定义为“套筒长度加两边各两倍钢筋直径的范围”，显然是不合理的。因此，在后期的技术规格书中，设计单位对该定义进行了修改并与现行行业标准《钢筋机械连接技术规程》JGJ 107 保持了一致，即机械连接接头长度指“接头连接件长度加连接件两端钢筋横截面变化区段的长度”，螺纹接头的外露丝头和镦粗过渡段属截面变化区段，未对钢筋进行螺纹加工或处理的钢筋区段均属于钢筋母材。

从上述性能要求也可看出，$\phi$32（不含）以上规格钢筋接头残余变形要求严于现行行业标准《钢筋机械连接技术规程》JGJ 107。

抗飞机撞击用钢筋接头应用涉及的核电工程项目众多，如华龙 1 号核电站（福清 5/6 号、防城港、漳州、太平岭、三澳）、出口巴基斯坦 K2/K3 及 C5 核电工程、出口阿根廷核电工程等，后续建设的核电站均可能有抗飞机撞击的设计要求，范围广，影响大。在这一领域，中国建筑科学研究院经过多年不懈努力，成功研发了 CABR-AIR 系列抗飞机撞击用钢筋机械接头，打破了国外企业对这一领域的长期垄断，有效提升民族产业发展，解决了“卡脖子”问题；并且，在保证技术质量的基础上，极大地降低“华龙一号”的核电建造成本。CABR-AIR 系列抗飞机撞击用钢筋机械连接接头已在福建漳州核电站、海南昌江核电站工程中应用，该项技术的国产化，具有极高的经济及社会价值。与此同时，由柳州欧维姆机械股份有限公司开发的抗飞机撞击用接头也已在广东太平岭核电站、陆丰核电站和广西防城港核电站工程中应用。

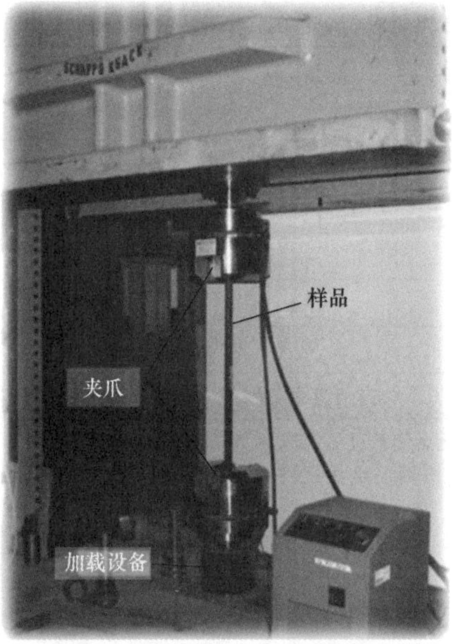

与普通钢筋机械接头性能要求相比，抗飞机撞击钢筋接头除了应进行常规的型式检验外，还应进行模拟飞机撞击的瞬间加载冲击试验，并满足规定的性能。目前，国内核电工程用的抗飞机撞击钢筋接头产品均需送检到德国联邦材料研究和测试研究所（BAM）进行试验，BAM 实验室瞬间加载设备如图 6.16.4-1 所示，依据的是由 BAM 颁布的试验规程 *Specification for high-speed tensile tests on reinforcement bar coupler systems*。可以看出，受制约的主要有两点——试验装备及测试方法标准。

为改变这一现状，桂林理工大学依托广西科技基地和人才专项项目“2000kN 电液式高速冲击试验机的研发”，成功研发了 2000kN 瞬间加载试验系统，如图 6.16.4-2 所示，使国内具备了针对钢筋接头开展瞬间加载试验的能力。

图 6.16.4-1　BAM 实验室瞬间加载设备

桂林理工大学 2000kN 瞬间加载试验设备（图 6.16.4-3）可满足最大拉伸冲击力 2000kN，最大拉伸冲击加载速率 1.5m/s 的试验条件。系统共配备了 20 个 63L 充氮蓄能器，完成拉伸冲击动作过程中，最大瞬间流量可达 9000L/min，其详细性能指标如表 6.16.4-2 所示。

在解决装备问题的同时，中国核能行业协会标准《核电站抗冲击钢筋机械连接接头技术规程》T/CNEA 117—2023、中国核工业勘察设计协会标准《核电工程钢筋机械连接技术规程》T/CNIDA 017—2024 已经发布实施，中国土木工程学会标准《钢筋接头瞬间加载试验技术规程》T/CCES XX 正在编制中，国产设备开发与相关标准的制定顺应国家政策，填补技术空白，指导国内独立开展钢筋接头的瞬间加载试验，为国内开展瞬间加载试验验证提供依据，助力国产抗飞机撞击用钢筋接头的研发升级，有效保障我国核电工程建设的进展和安全。

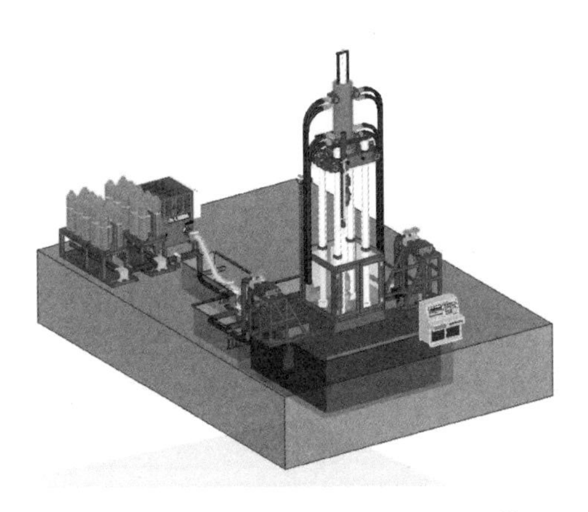

图 6.16.4-2　桂林理工大学 2000kN 瞬间加载试验系统示意

图 6.16.4-3　桂林理工大学 2000kN 瞬间加载试验设备

设备性能指标　　表 6.16.4-2

| 指标名称 | 参数 |
| --- | --- |
| 最大拉伸冲击试验力 | 2000kN |
| 冲击拉伸最大加载速率 | 1.5m/s |
| 试验力测量范围 | 2%~100%F.S. |
| 试验力示值精度 | ±1% |
| 主油缸行程范围 | ±500mm |
| 变形测量分辨率 | 0.01mm |
| 变形测量精度 | ±0.5%F.S. |
| 位移测量范围 | ±500mm |
| 位移测量分辨率 | 0.01mm |
| 位移测量精度 | ±1%F.S. |
| 最大试验空间 | ≥3000mm |

### 6.16.5　分体式直螺纹套筒钢筋接头

2008 年前后，市场上出现了分体式直螺纹套筒钢筋接头，如图 6.16.5-1、图 6.16.5-2 所示，这是一种由剥肋滚轧直螺纹连接技术为基础衍生出的接头形式。分体式直螺纹套筒按套环形式分为螺纹（直螺纹或锥螺纹）套环分体式套筒和内锥形套环分体式套筒，其技术特点是被连接钢筋既无法轴向移动又无法旋转时可实现钢筋等强度机械连接，可解决成组钢筋对接、钢筋笼对接、后浇带钢筋连接、混凝土-钢组合结构中钢结构柱间的钢筋连接等问题。

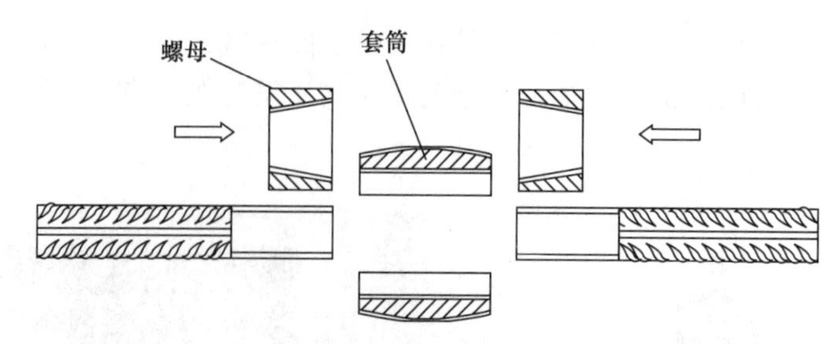


图 6.16.5-1　分体式直螺纹套筒钢筋连接接头分解
（环套/螺母和套筒的连接方式有直螺纹、锥螺纹或锥锁套挤压）

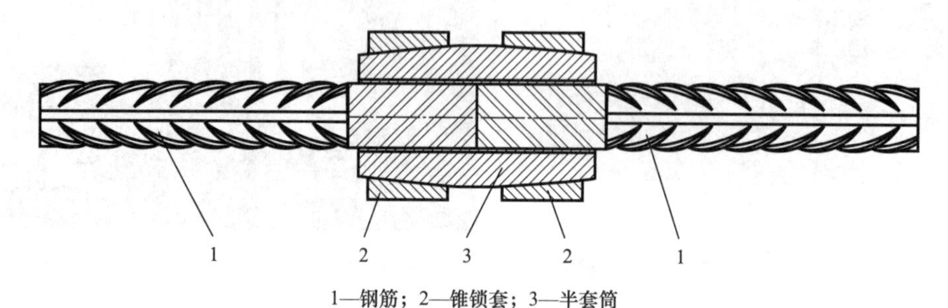


1—钢筋；2—锥锁套；3—半套筒

图 6.16.5-2　分体式直螺纹套筒钢筋连接接头组装

螺纹套环分体式套筒是将普通直套筒两端外部加工外螺纹，一分为二后将 2 个半圆形分体套筒扣到 2 根待连接钢筋螺纹上，再拧紧 2 个配套的直螺纹或锥螺纹环套，通过环套直螺纹或锥螺纹拧紧 2 个半圆套筒，以消除钢筋直螺纹丝头与 2 个半圆套筒的螺纹配合间隙，其适用于 2 根待连接钢筋相对位置和方向偏差较小的情况，如图 6.16.5-3 所示。

内锥形套环分体式套筒是将套筒一分为二后用 2 个锥锁套将 2 个半圆形分体套筒通过专用机具向内夹紧而自锁形成一体的直螺纹套筒，需使用液压压力钳同时沿钢筋轴线挤压 2 个锥锁套，将 2 个半圆形分体套筒锁紧，如图 6.16.5-4 所示。

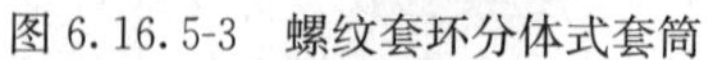
图 6.16.5-3　螺纹套环分体式套筒

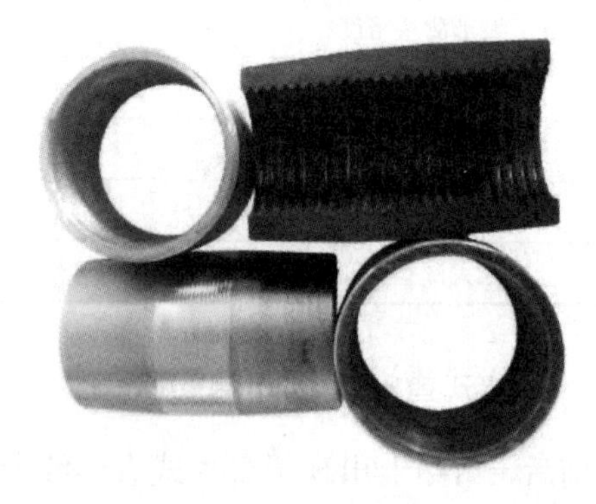

图 6.16.5-4　内锥形套环分体式套筒

需要指出的是，无论哪种形式的分体式直螺纹套筒连接技术，待连接钢筋的端部仍需要加工螺纹丝头。在此，重点介绍内锥形套环分体式套筒，如图 6.16.5-5 所示。其具体工艺原理是将 2 根待连接钢筋的螺纹丝头用 2 个半圆形的螺纹套筒扣紧，丝头螺纹与半圆形套筒螺纹紧密咬合，再通过锁套将 2 个半圆套筒及钢筋丝头锁紧，使之连成一体而达到连接的目的。由于锁套及套筒的锥度小于自锁角，因此锁套锁紧后不会自行脱落，接头质量稳定、性能可靠。

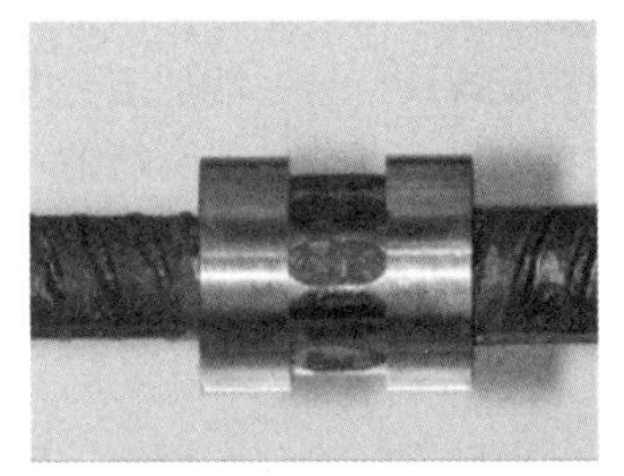

图 6.16.5-5 内锥形套环分体式套筒及连接过程

分体式直螺纹套筒接头应用桩基施工中，取得了较好的效果，接头施工适应性强，有效缩短工期，施工质量稳定、降低成本。

由于分体式直螺纹套筒钢筋接头性能可靠、工艺简单，连接作业时无需拧钢筋，多根钢筋组成的构件在对齐后每个套筒可单独进行连接施工，特别适合钢筋笼对接，预制构件与现浇混凝土间的钢筋连接，地下连续墙与梁、板的钢筋连接，钢构件之间的钢筋连接施工。

以钢筋笼连接为例（图 6.16.5-6），分体式直螺纹套筒钢筋接头施工工艺流程如下：

图 6.16.5-6 分体式直螺纹套筒在钢筋笼连接中的应用

**1. 分体式套筒选用**

45 号钢制作的分体式套筒参考尺寸如表 6.16.5 所示。

**标准型分体式套筒参考尺寸 单位：mm** **表 6.16.5**

| 钢筋规格 | 螺纹直径 | 套筒外径 | 套筒长度 | 钢筋规格 | 螺纹直径 | 套筒外径 | 套筒长度 |
|---|---|---|---|---|---|---|---|
| 14 | 14.3 | 21 | 36 | 25 | 25.4 | 37 | 60 |
| 16 | 16.3 | 24 | 40 | 28 | 28.4 | 41 | 65 |
| 18 | 18.2 | 27 | 45 | 32 | 32.2 | 47 | 75 |
| 20 | 20.2 | 31 | 50 | 36 | 36.2 | 53 | 85 |
| 22 | 22.2 | 33 | 55 | 40 | 40.2 | 58 | 90 |

**2. 钢筋丝头加工**

钢筋端面平头：平头的目的是使钢筋端面与母材轴线方向垂直，同时将钢筋头部弯曲的部分切掉，宜采用砂轮切割机或其他专用切断设备，严禁气割。

剥肋滚轧螺纹：使用钢筋剥肋滚轧直螺纹机将待连接钢筋的端头加工成螺纹。加工丝头有效螺纹长度不小于1/2套筒长度，且允许误差为$+2P$（$P$为螺距）。丝头加工时应使用水性润滑液，不得使用油性润滑液。要求相临两段钢筋笼对接部分的钢筋丝头一端加工为右旋螺纹，另一端加工为左旋螺纹，加工完成后应做标记以示区分，并便于和带有正反丝扣内螺纹（分体式套筒的一端为右旋螺纹，另一端为左旋螺纹）的分体式套筒匹配。

钢筋丝头质量检查：操作者对加工的丝头进行质量检查，丝头不得破损或滑丝。

钢筋丝头保护：用专用的保护帽将钢筋丝头进行保护，防止螺纹磕碰或污染。

**3. 钢筋笼制作**

平整钢筋笼制作场地。根据设计钢筋笼长度，计算将来可运输和吊装的长度并进行分段，一般分为2～3段，对每段的主筋可采用普通直螺纹套筒或焊接的方式进行连接，在各段需对接连接的部位采用与主筋直径一致的分体式套筒连接钢筋笼主筋，并按照规范将接头位置间隔错开。分体式接头仅采用扳子稍微拧紧即可。按照普通钢筋笼的制作工序，依次焊接加劲箍、绑扎螺旋筋、安装声测管。在整个钢筋笼加工完成后按段拆开。拆开前，在每个钢筋接头处用红色油漆做出明显标记（数字标记），避免接头在安装过程中产生错位，对接困难，造成对接头连接不上。为减小钢筋笼在运输及吊装过程中的变形量，在钢筋笼加强箍筋处径向焊接临时支撑，加大钢筋笼刚度，安装钢筋笼时用气焊依次切除。钢筋笼加工时采用单根钢筋先连接，钢筋笼整体再滚制的方式，整个钢筋笼加工完成后将下笼时需要对接连接施工节点处拆开，即单根连接→整体滚制→分段拆解。

**4. 钢筋笼运输**

在钢筋笼吊点位置进行补强或分散受力点，防止起吊时受力过于集中造成变形。起吊过程应平稳，避免碰撞。采用尽量多的吊点，分散受力。采用运输炮车的方式进行运输，运输时钢筋笼固定牢固。速度不宜过快，以免钢筋笼颠簸过程中造成翻车或变形过大。

**5. 钢筋笼对接**

将直螺纹套筒重新进行分理，将左旋一侧做标记。准备扳子及手锤，用于安装锁套后初步锁紧。准备1个吊葫芦，用于钢筋笼轴向尺寸微调。准备1根长撬杠，必要时撬动下节钢筋笼，便于套筒扣装。钢筋笼的竖向吊点应尽量选择对称位置，防止出现钢筋笼在下笼过程中处于不垂直状态。下节钢筋笼起吊并安放到位后，将每个套筒的2个锁套套在钢筋上，注意2个锁套应大孔相向放置在待连接钢筋的一端，朝向不能放错。吊装上段钢筋笼，根据钢筋上标记的位置，与下节钢筋笼相应钢筋对齐。钢筋对齐后，将上面的锁套移至上面的钢筋上，然后扣装套筒，注意扣装时左右旋方向不要弄反，同时钢筋上下外露丝扣长度应基本一致，扣装完成后将上锁套锁住。用扳子转动套筒，调整外露丝扣长度，调整完成后如果有一端外露丝扣长度超过2扣，需拆下重新安装。套上下端的锁套，用手锤及扳子将两端锁套初步锁紧。用液压钳进行2次压紧，完成套筒的装配作业。注意第一次压紧后应转动液压钳大约90°，再进行第二次压紧，压接时的最小压力应满足接头提供单位的企业标准要求。压接后套筒、锁套不得有肉眼可见的裂纹。依次连接完成每根钢筋后，本次主筋连接结束，将箍筋绑扎完成后，逐个拆除钢筋笼径向加强钢筋，并下放钢筋笼。

液压钳为高压设备，操作时应注意以下方面：

1）高压油管应安装到位，出现松动现象立即拧紧，工作时高压油嘴禁止对人。

2）压钳应轻拿轻放，禁止重摔，防止高压油嘴及其他部位损坏。

3）压钳加载前应确认套筒已放入正确位置，防止出现由于放不正而造成的设备损坏及其他安全事故，尤其在第二次压紧时更应注意。

出现对接的钢筋轴向位置不对正、扣装分体式套筒困难，可采取下列方案：

1）通过起重机轻摆、撬棍微调对钢筋笼进行少量摆动，通过摆动钢筋笼，2根钢筋相对位置会发生少量变化，待位置合适时进行套筒扣装。

2）用吊葫芦将上下节钢筋笼的箍筋固定，通过吊葫芦对2节钢筋笼的相对距离进行调整，寻找合适位置扣装套筒。此方法不建议使用，作为备用方案。

3）如果钢筋出现较大弯曲，应使用专用工具（F扳子）将其校正。

4）避免待连接的钢筋丝头螺纹与金属件磕碰。

分体式直螺纹套筒钢筋接头是机械连接接头，但目前还未明确纳入现行行业标准《钢筋机械连接技术规程》JGJ 107，在工程应用时可参照《钢筋机械连接技术规程》JGJ 107执行，相关的分体式直螺纹套筒产品及施工操作应满足技术提供单位的企业标准要求。根据分体式直螺纹套筒钢筋接头产品设计及施工工艺特点，对这类接头进行现场验收时，应坚持从结构部位截取试件进行测试（图6.16.5-7），并满足相应的强度和变形性能要求。

图6.16.5-7　分体式直螺纹套筒钢筋接头试验情况

分体式直螺纹套筒钢筋接头在呼和浩特市地铁——呼和浩特东站、九江市白水湖污水处理厂、兰新铁路LXS-14标石油河特大桥钻孔桩钢筋笼等施工中进行了推广使用。尤其对地质条件较差的桩基施工，有效规避和减少了桩基桩底沉渣随时间推移逐步增厚超标的情况，有效降低塌孔概率，对工程的顺利完成起着至关重要的作用，使普通钢筋笼的对接时间缩短至20min左右，为传统焊接工艺时间的1/10～1/6，有效节约施工时间。桩基钢筋连接形成了半工厂化施工，人工费用大幅降低，工人素质要求降低，成本较传统焊接有所降低，达到了降低能耗、减少成本的效果。不仅保证了安全、质量，而且确保了钻孔桩施工进度，得到了业主和监理的好评。

### 6.16.6　摩擦焊直螺纹接头

摩擦焊直螺纹接头（图6.16.6-1）是通过钢筋端部用摩擦焊工艺焊接的直螺纹和连接件螺纹咬合形成的接头。该工艺通过摩擦焊工艺将提前制作的钢制直螺纹丝头与钢筋端部进行焊接，无需在钢筋上进行螺纹加工。实践证明，摩擦焊是可靠性最高的焊接方法之一，正确的摩擦焊工艺可充分保证钢制直螺纹丝头与钢筋端部的焊接质量，实现拉力和压力的传递，并实现更高的疲劳性能要求。由于钢制直螺纹和套筒均通过工厂化预制，螺纹精度高，而且避免了钢筋化学成分或外形尺寸波动带来的螺纹强度或尺寸偏差，极大程度地提高了连接接头性能和质量的可靠性。目前，欧美、日本等已有采用钢筋摩擦焊直螺纹接头的工程案例。

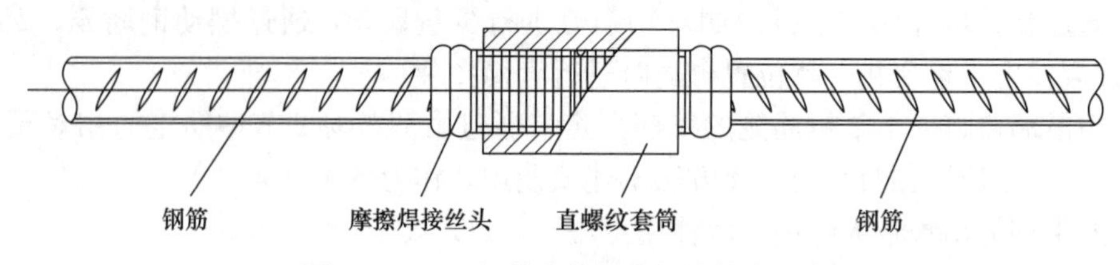


图 6.16.6-1　钢筋摩擦焊直螺纹接头示意

**1. 基本原理**

摩擦焊是利用焊件接触表面相对运动中相互摩擦产生的热量，使其达到塑性状态，然后迅速顶锻而完成焊接的摩擦压焊或压接方法。摩擦焊将两种拟焊接的母材对合，并使其做相对的旋转运动。在此过程中，渐次施加推力使接触面因摩擦而产生热量，利用该热量使对合面及附近软化。当对合面温度达到一定的压接温度时，停止相对运动，并进一步增大压接推力，利用原子间引力的作用进行两种母材的接合。

**2. 特点**

相比传统的熔焊，摩擦焊具有以下明显优势：

1）焊接接头质量高。焊接表面不易氧化，接头组织细密（锻造组织），摩擦焊接将两个工件完全紧贴使其发热，有效阻止空气进入焊接部位，并将接合面的污垢及阻碍接合的氧化膜等杂质化为飞边后清除，从而避免传统焊接易出现的气孔、偏析、夹渣、虚焊、裂缝等质量缺陷。焊缝强度可达到基体材料强度，通常可较容易地得到与母材强度相同的焊接接头。与传统钨极氩弧焊（TIG）和熔化极氩弧焊（MIG）焊接相比，摩擦焊在接头力学性能上具有明显的优越性，如对于 6.4mm 厚的 2014-T6 铝合金，FSW 焊接头性能较 TIG 焊高 16%；对于 12.7mm 厚的 2014-T6 铝合金，FSW 焊接头性能较 TIG 焊高 22%。

2）质量稳定、成品率高。摩擦焊易实现工艺参数及质量的自动控制，接头性能数据一致性、焊接参数重现性较好，便于放在工厂机械生产线上使用，工艺稳定，焊接接头质量易保证。主要控制参数为接触压力、焊接时间、工件尺寸等设定的物理量，通过压接焊机的数控系统控制，操作简单，不受人员技能、经验、熟练程度等因素影响，采用自动上下料装置可实现无人化作业。

3）热变形小，焊后焊件尺寸精度及几何精度高。焊接部位为面接触，受热均匀，能有效抑制金属变形，有些零件焊后可不进行机械加工。

4）焊接效率高。焊接所需时间短，无需坡口、互锁等焊接前的加工，如汽车发动机排气门的全自动焊接，可达 450～600 件/h。

5）焊接性好，材料适应范围广。不同金属及非金属材料间也能进行焊接，如碳钢-高速钢、碳钢-不锈钢、钢-铝、铜-铝等。新产品开发的可能性无限扩大，不易进行一体加工的工件、一般焊接难以完成的工件可实现焊接。

6）劳动条件好，环境污染小。焊接过程不产生烟尘或有害气体，$CO_2$ 排放量减半，不产生飞溅物，极少出现弧光、火花、烟雾等，无放射线，对人体无害、环保，相比传统焊接作业能实现良好的作业环境。

7）耗电量少，节省材料，降低成本。消耗的电力是其他焊接方法的1/20～1/5，焊接过程中不需要消耗品（如助焊剂、焊条、保护气体等），并且焊件材料损耗小。与切削相比，材料费和加工费均可实现大幅度削减。

**3. 应用场合**

摩擦焊是目前世界上公认的具有较大技术潜力并着力倡导的焊接方法之一，随着摩擦焊接技术的成熟，摩擦焊也逐渐被应用到各个领域中，如航空航天、石油钻探、工程机械、汽车零部件、刀具、电力、建筑工程等。目前，在建筑工程领域，应用摩擦焊接工艺（一般为连续驱动摩擦焊）的场合主要有以下几种：

1）用于钢筋机械连接：钢筋和丝头、套筒摩擦焊接，形成钢筋连接接头（图6.16.6-2）。

2）用于钢筋机械锚固：钢筋和锚固板摩擦焊接，形成钢筋锚固板（图6.16.6-3）。

3）用于套筒灌浆连接：钢筋与灌浆套筒摩擦焊接，形成半灌浆连接。

4）用于预埋件：锚筋与预埋钢板摩擦焊接，形成预埋件。

图6.16.6-2 钢筋丝头

图6.16.6-3 摩擦焊接钢筋锚固板

在上述场合应用摩擦焊接工艺取代传统方式，具有效率高、强度高、质量稳定等特点，在大批量生产中具有很大优势。

**4. 丝头设计与设备选型**

现行行业标准《钢筋机械连接技术规程》JGJ 107对钢筋丝头加工进行了规定，但该规定仅限于在钢筋母材端部的丝头加工，并未规定采用摩擦焊工艺时，与钢筋焊接用的丝头材料、尺寸等内容。如果采用摩擦焊接工艺，丝头可采用45号钢或同类材料，在工厂事先加工成品，然后与钢筋进行摩擦焊接。焊接时丝头在主轴端由旋转夹具夹紧并旋转，丝头设计应达到规定的强度及变形并考虑摩擦焊机夹具的夹持，还应特别注意长度预留焊接烧损及顶锻造成的钢筋长度缩减量，即焊后钢筋长度应满足设计要求。

采用摩擦焊工艺时，关于丝头材料选择，如果设计文件有规定，应按照设计文件要求；如果设计文件无规定，应选择不低于钢筋母材强度的材料或选择与套筒相同的材料（如45号钢）。丝头尺寸参数可参考以下内容确定：

1）螺纹长度：丝头螺纹长度不得<1/2套筒长度；加长型丝头螺纹长度不得小于套筒加锁母长度。螺纹长度允许误差为$+2P$（$P$为螺距）。

2）丝头总长：丝头总长=螺纹长度+(3～4) 倍焊接烧损量。

摩擦焊设备体积较大、质量重，一般在工厂车间里放置使用，其生产效率高，丝头与钢筋在工厂批量焊接后运至施工现场进行进一步施工。设备选型过程如下：

1）设备最大顶锻力计算。

2）设备结构形式和工件夹紧形式确定。

3）轴向力控制方式选择。

4）附加功能选择，如焊接参数监视系统、车飞边系统、自动上下料系统等。

根据钢筋长度大的特点，设备选型时，考虑钢筋夹持和运动形式，摩擦焊机有 2 种结构形式可选择：

1）滑台移动型：主轴旋转夹具夹持丝头或套筒旋转，滑台上面的移动夹具夹紧钢筋，主油缸采用双油缸，设备后面布置托钢筋的托辊，被夹持的钢筋随滑台前后移动。

2）主轴箱移动型：主轴旋转夹具夹持丝头或套筒旋转，主轴箱下面的滑板前后移动，固定夹具夹紧钢筋，设备后面布置托钢筋的托架，被夹持的钢筋不做任何移动。

设备选型计算主要是确定设备的最大顶锻力：

$$F_D = S \times P_D \tag{6.16.6}$$

式中 $F_D$——顶锻力（kg）；

$S$——焊接截面面积（$mm^2$）；

$P_D$——顶锻压强（$kg/mm^2$）。

焊接材料不同，顶锻压强取值不同。碳钢顶锻压强一般取 10～20$kg/mm^2$，低碳钢顶锻压强为 12$kg/mm^2$（如果焊接性好，可选 10$kg/mm^2$），中碳钢顶锻压强为 16$kg/mm^2$。

**【选型案例分析】**

焊件材料：钢筋根据工程设计文件确定；丝头采用 45 号钢。

直径范围：20～40mm。

顶锻压强 $P_D$=16$kg/mm^2$ 时的选型计算结果如表 6.16.6-1 所示。

**顶锻压强 $P_D$=16$kg/mm^2$ 时选型计算结果　　表 6.16.6-1**

| 外径/mm | 壁厚/mm | 内径/mm | 面积/$mm^2$ | 压强/($kg/mm^2$) | 顶锻力/kg | 设备最大顶锻力/kN | 能力比/% |
|---|---|---|---|---|---|---|---|
| 40 | 20 | 0 | 1256 | 16 | 20096 | 250 | 80.4 |
| 20 | 10 | 0 | 314 | 16 | 5024 | 250 | 20.1 |

顶锻压强 $P_D$=12$kg/mm^2$ 时的选型计算结果如表 6.16.6-2 所示。

**顶锻压强 $P_D$=12$kg/mm^2$ 时选型计算结果　　表 6.16.6-2**

| 外径/mm | 壁厚/mm | 内径/mm | 面积/$mm^2$ | 压强/($kg/mm^2$) | 顶锻力/kg | 设备最大顶锻力/kN | 能力比/% |
|---|---|---|---|---|---|---|---|
| 40 | 20 | 0 | 1256 | 12 | 15072 | 200 | 75.4 |
| 20 | 10 | 0 | 314 | 12 | 3768 | 200 | 18.8 |

表 6.16.6-1、表 6.16.6-2 中，能力比是零件的顶锻力与设备最大顶锻力之比，设备选型取值一般为 20%～70%较合理，取 15%～80%也是可行的，最大规格的能力比取的越小，设备剩余能力越大，设备寿命越长。

**5. 施工**

摩擦焊直螺纹连接施工如图 6.16.6-4 所示，主要工艺流程为：钢筋下料→摩擦焊接钢筋端部丝头→直螺纹套筒连接→完成。

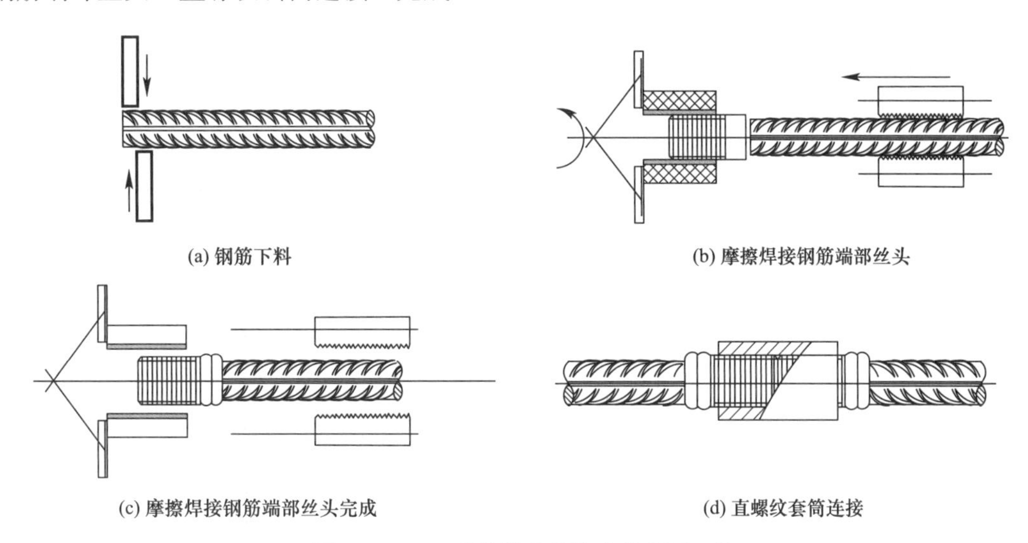

(a) 钢筋下料　(b) 摩擦焊接钢筋端部丝头

(c) 摩擦焊接钢筋端部丝头完成　(d) 直螺纹套筒连接

图 6.16.6-4　摩擦焊直螺纹连接主要工艺

1）焊前焊后零件

如图 6.16.6-5 所示，$L_1$ 为焊前丝头长度，$l_1$ 为预留焊接烧损量，$L_2$ 为钢筋长度，$l_2$ 为预留焊接烧损量，$L$ 为焊接完成后总长度，总缩短量变差为±1mm。对于预留的焊接烧损量 $l_1$ 和 $l_2$，通过焊接试验过程，焊接质量通过、焊接参数确定后最终确定。

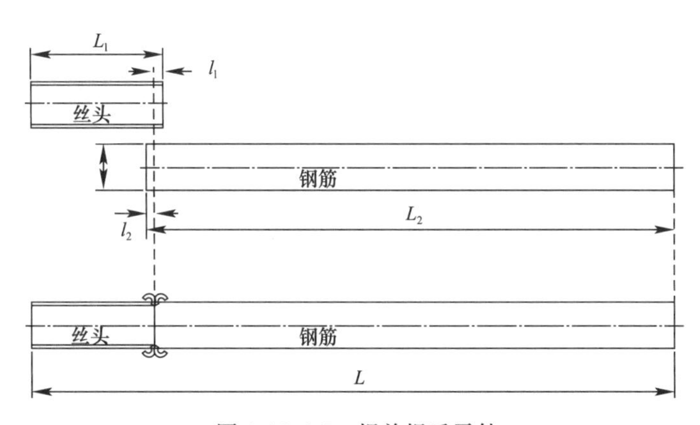


图 6.16.6-5　焊前焊后零件

2）摩擦焊接参数的确定

钢筋直径为 $d$，焊接参数如下：

焊接面积：$S=\pi d^2/4$。

顶锻力：$F_D=S\times P_D$，主轴制动完成后施加，形成焊接强度的重要参数。

摩擦力：$F_M=1/2\times F_D$，主轴旋转后，工件相对摩擦时施加，是产生热量的重要参数。

主轴转速：产生热量的重要参数，如果是定转速主轴，不用设定；如果是无级调速主轴，在最高转速以下，工件圆周处线速度在1～2m/s范围内取值，计算主轴转速后，在设备进行设置。

摩擦时间：在摩擦阶段，摩擦力作用的时间，采用时间控制模式时设定，摩擦时间到了之后，主轴进行制动。

摩擦位移：在摩擦阶段，摩擦力作用的位移，采用位移控制模式时设定，摩擦位移到了之后，主轴进行制动。

顶锻保压时间：顶锻力施加后，持续施加到顶锻保压时间，顶锻阶段结束。

工件直径（截面面积）变化时，上述焊接参数需重新计算和设置，即每种不同直径规格的工件均需设置不同的焊接参数。

除上述参数外，摩擦速度和顶锻速度不受直径变化影响，设置固定值。

依据上述参数进行焊接试验，通过对焊件进行拉伸、弯曲、冲击、疲劳等强度测试及金相组织分析，对焊接质量合格与否进行评价，也可通过钢筋连接接头性能试验评价焊接质量合格与否。

新产品或老产品更换材料时，在正式投入生产前须进行焊接工艺试验，并对选定的焊接参数、焊接工艺进行工艺评定，编写工艺文件，制定操作规程，方能投入生产。

摩擦焊接规范见表6.16.6-3。

**摩擦焊接规范** **表6.16.6-3**

<table>
<tr><td colspan="10">焊接产品</td><td colspan="2">焊接日期</td></tr>
<tr><td>产品名称</td><td colspan="9">焊接部分尺寸（草图）</td><td colspan="2"></td></tr>
<tr><td></td><td colspan="9" rowspan="3"></td><td colspan="2">焊工姓名</td></tr>
<tr><td>材料牌号</td><td colspan="2" rowspan="2"></td></tr>
<tr><td></td></tr>
<tr><td rowspan="2">焊件号</td><td colspan="2">伸出量/mm</td><td colspan="2">模具外伸出量/mm</td><td rowspan="2">转速/(r/min)</td><td colspan="2">压力/MPa</td><td colspan="2">变形量/mm</td><td colspan="2">时间/s</td></tr>
<tr><td>主轴</td><td>滑板</td><td>主轴</td><td>滑板</td><td>摩擦 $P_m$</td><td>顶锻 $P_d$</td><td>摩擦 $\Delta L_m$</td><td>总量 $\Delta L_p$</td><td>摩擦 $T_m$</td><td>刹车 $T_p$</td></tr>
<tr><td></td><td></td><td></td><td></td><td></td><td></td><td></td><td></td><td></td><td></td><td></td><td></td></tr>
<tr><td>备注</td><td colspan="11"></td></tr>
</table>

工件应牢固夹紧，不得沿轴向或旋转方向打滑。同轴度应按焊机精度和工件要求确定。工件伸出量应根据工件材料和尺寸确定，刚度应满足防止焊接时产生振动的要求。

3）摩擦焊接生产

批量生产可按焊接规范进行焊接，丝头和钢筋，进行焊前准备。

工件材料须符合相应标准要求，并具有质量合格证书。如证明书不全或对材质有怀疑时，应进行复检，合格品方可使用。工件形式及尺寸应按设计要求进行机械加工，焊接端面应与轴线垂直。除对端面形式有特殊要求的产品外，垂直度偏差应小于直径的1%，且≤0.5mm。工件的焊接部位不准有裂纹、夹层、过深的凹痕及局部腐蚀等缺陷，必要时按工艺文件规定进行无损检验。

工件的焊接端面要清洁，不能有油污、锈蚀、氧化膜等，否则会影响焊接质量。

制定首检和抽检制度，对焊接强度、金相组织等进行检查。

焊接完成品的螺纹部分，进行保护处理后入库，根据需要运至现场施工。

4）质量检验

焊接质量检验人员需要经必要的技术培训和考核，并严格遵守检验操作规程，正确掌握焊缝质量检验标准。焊件质量检验项目如表6.16.6-4所示。如另有特殊检验要求时，应在工艺文件中注明。

**摩擦焊接头质量检验** **表6.16.6-4**

<table>
<tr><th>序号</th><th>检验项目</th><th>检验内容与方法</th><th>每组检验数量</th><th>质量合格标准</th></tr>
<tr><td>1</td><td>外观检验</td><td>主要检查焊件表面及飞边、焊缝直径及焊件几何形状与尺寸；用肉眼或4～10倍放大镜检验</td><td>100%</td><td>1. 焊件飞边大小适中，沿圆周方向均匀分布，焊缝金属封闭良好。<br>2. 焊件几何形状、尺寸应符合工艺文件规定（如同轴度、直线度、圆度、长度和直径等）。<br>3. 焊件焊缝直径至少应较母材直径大0.5～1mm。<br>4. 去掉飞边后，焊件表面不允许有裂纹</td></tr>
<tr><td>2</td><td>焊缝断口检验</td><td>检查焊后面积、断口形貌。用肉眼或4～10倍放大镜检验</td><td>2件</td><td rowspan="3">按产品技术条件规定</td></tr>
<tr><td>3</td><td>力学性能</td><td>检验硬度、抗拉强度、弯曲角度、冲击值等，并观察断口</td><td>各2件</td></tr>
<tr><td>4</td><td>金相</td><td>检查未焊透、裂纹、夹渣及金相组织等</td><td>2件</td></tr>
<tr><td>5</td><td>无损检测</td><td colspan="3">按工艺文件确定</td></tr>
</table>

焊后需进行热处理的产品，拉伸、弯曲、冲击试件应与产品同炉热处理。

当调整焊机、维修焊机、每次故障、参数报警等情况发生时，需进行质量检查（检查项目按工艺文件确定）。待质量合格后，方可继续生产。

正常生产时，除进行100%的外观检验外，每批焊件取1组试件进行破坏性检验（检验项目按工艺文件要求确定，每批不超过1000件）。检验结果如有某项不合格时，对该不合格项目做加倍复检；如果仍不合格，该批产品为不合格。

外观检查应满足：

① 焊件飞边大小适中，沿圆周方向均匀分布，焊缝金属封闭良好；

② 焊件几何形状、尺寸应符合工艺文件规定（如同轴度、直线度、圆度、长度和直径等）；

③ 焊件焊缝直径至少应较母材直径大0.5～1mm；

④ 去掉飞边后，焊件表面不允许有裂纹；

⑤ 管状焊件应按技术文件规定进行气压、水压和压扁等检验。

5）文件

产品质量备查文件包括下列内容：

① 每班填写的焊接工艺记录卡（格式及内容见表6.16.6-5）；

② 每批焊件材料的质量合格证和分析检验结果；

③ 每种产品的焊接工艺评定书和工艺规程；

④ 每批焊件的质量检验结果。

**焊接工艺记录卡** **表 6.16.6-5**

| 焊接产品 | | | | 焊工姓名 | 车间工艺员姓名 | 焊接日期 |
|---|---|---|---|---|---|---|
| 产品名称 | 材料牌号 | 焊件尺寸 | 焊件数 | | | |
| | | | | | | |
| 焊件设备型号 | 焊件批号 | 焊件规范 | | | | |
| | | 转速 $n$/(r/min) | 压力/$P_a$ | | 时间/s | |
| | | | 摩擦 $P_m$ | 顶锻 $P_d$ | 摩擦 $T_m$ | 刹车 $T_p$ |
| | | | | | | |
| 备注 | | | | | | |
| 车间主任或调度 | | 班组长 | | 检查员 | | |

# 第7章 钢筋机械锚固

钢筋能否可靠锚固与混凝土结构的安全性密切相关。不同的钢筋锚固方式影响着混凝土结构设计和施工方法。目前，混凝土工程中钢筋常用的锚固方式为使用末端带 90°或 135°弯钩的构造。需指出的是，弯钩措施虽在一定程度上增强了钢筋锚固性能、减小了锚固长度，但弯钩和较大的弯弧半径构造要求常带来许多问题，如造成梁柱节点区钢筋拥挤、弯折或弯钩与其他钢筋的布置互相干扰、构件尺寸不能满足锚固长度要求等。使用大直径钢筋时，这些矛盾更加突出。在许多情况下，由于钢筋拥挤干扰造成绑扎安装困难、混凝土浇筑质量差，难以保证施工质量要求。

以梁柱节点为例，我国结构抗震构造措施提出“强柱弱梁、强剪弱弯、强节点弱构件”，结构中的节点是非常重要的，节点一旦破坏，整个结构很有可能垮塌，单纯一个构件的破坏也许只会带来局部破坏，然而日益提高的配筋量和传统弯钩锚固措施常使节点区钢筋十分密集，如图 7.0 所示，混凝土浇筑、振捣异常困难。有些施工现场为了完成梁柱节点区混凝土浇筑，甚至出现了将节点顶部钢筋割断开出专门的浇筑孔，发生严重的工程质量事故。钢筋的密集拥挤也造成混凝土振捣棒在梁柱节点区无法正常振捣，在后续的质量验收和检验检测中，节点区混凝土质量无法得到确认和保证，给结构带来巨大的安全隐患。

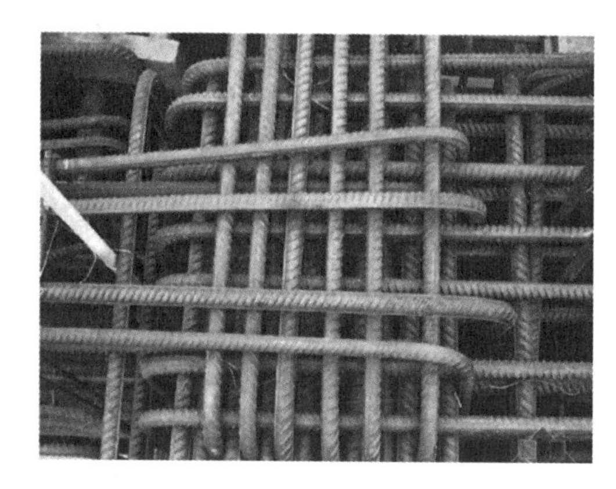

图 7.0 梁柱节点区钢筋密集拥挤

随着工程新技术、新材料的不断发展与应用，如结构优化设计、更高强度及更大直径钢筋的应用、使用环氧树脂涂层防止钢筋锈蚀及成束钢筋的应用等，使传统的直筋或弯筋锚固带来的设计与施工问题日益突出。根据现行国家标准《混凝土结构设计标准》GB/T 50010 有关钢筋锚固长度的计算公式，更高强度、更大直径钢筋的应用意味着更长的锚固长度，更长的锚固长度需要更大的构件尺寸、更大的配筋量和钢筋密集程度，其与混凝土浇筑质量之间的矛盾越发尖锐。因此，减小钢筋锚固长度、优化钢筋锚固条件、方便施工的研究十分重要。采用钢筋机械锚固措施，如钢筋锚固板是解决上述问题的途径之一。

## 7.1 钢筋机械锚固机理

如图 7.1 所示，传统的钢筋锚固方式是利用钢筋与混凝土的粘结锚固或利用弯折钢筋和带弯钩钢筋减少粘结锚固长度后进行锚固。这种传统锚固方式为锚固所增加的钢筋用量较大，且易造成锚固集中区钢筋拥挤，影响混凝土浇筑质量。钢筋机械锚固指在钢筋端部设置锚固板或贴焊锚筋，使钢筋规定锚固力由钢筋与混凝土之间的粘结作用和锚固板（贴焊锚筋）承压面的承压作用共同承担或钢筋规定锚固力由锚固板（贴焊锚筋）承压面的承压作用全部承担的锚固方法。

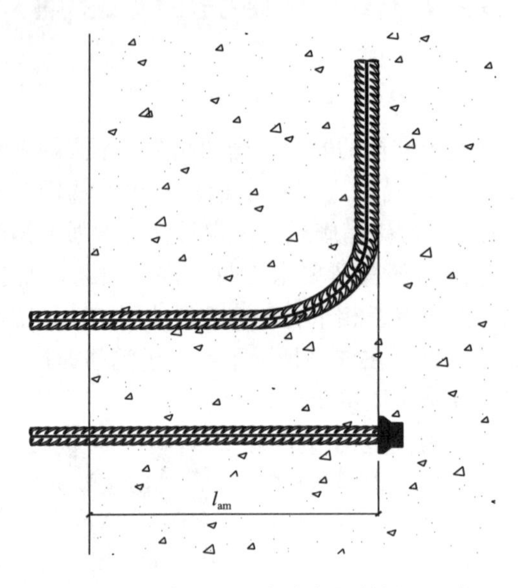


图 7.1 钢筋锚固板与弯折钢筋锚固示意

无论是工程应用上还是力学性能上，钢筋机械锚固技术（钢筋锚固板）均较传统弯钩钢筋有明显的优点，两者特点的对比见表 7.1。

**钢筋锚固板锚固与弯折钢筋锚固的特点比较** **表 7.1**

| | 弯折钢筋锚固 | 钢筋锚固板锚固 |
|---|---|---|
| 工程应用 | 1. 钢材耗费量较大；<br>2. 锚固区钢筋排列密集，影响施工速度和混凝土浇筑质量；<br>3. 构件尺寸往往不能满足钢筋锚固长度要求 | 1. 减小锚固长度，节约钢材；<br>2. 钢筋的安装就位更加简便；<br>3. 降低梁柱节点等钢筋密集区混凝土浇筑难度，提高施工质量；<br>4. 为解决特殊工况的钢筋锚固提供新措施，增强设计的灵活性 |
| 力学性能 | 研究表明，钢筋弯弧段内侧的混凝土局部压应力过高是该处混凝土劈裂、锚固提前失效的主要原因 | 1. 锚固板承压面积大，防止弯筋锚固易出现的弯弧段劈裂现象；<br>2. 必要时可增大锚固板，取消埋入长度，使钢筋拉力全部由锚固板承受，如预应力钢筋的锚固、楼板抗冲切区的带双锚固板抗剪箍筋等 |

## 7.2 我国钢筋机械锚固技术的研究与应用

### 7.2.1 我国钢筋机械锚固技术的研究与进展

我国对钢筋机械锚固技术的研究始于 20 世纪 80 年代末。1988 年前后，我国共进行了两批钢筋机械锚固性能试验研究：第 1 批共 60 个拉拔试验，初步研究了机械锚固的受力机理、机械锚固抗力计算方法和临界锚固长度；第 2 批为 40 个梁构件试验，目的是验证拉拔试验结论、检验构件中其他内力的影响及应采取的构造措施。试验采取的锚头做法如

图 7.2.1-1 所示，包括弯钩、镦头、贴焊锚筋、焊锚板。

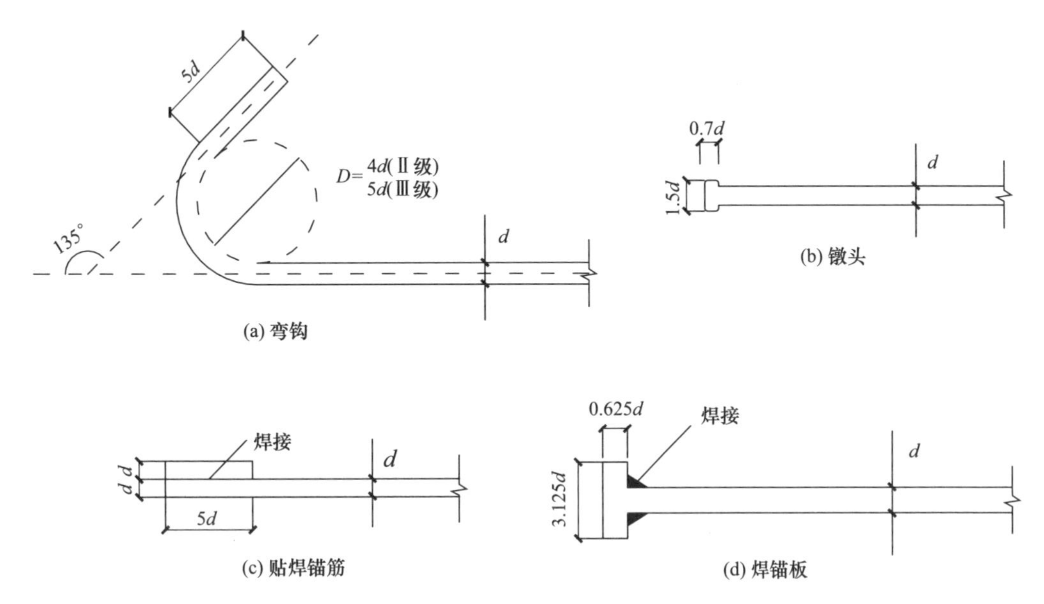


图 7.2.1-1　我国 1988 年前后开展的机械锚固试验采用的锚头形式

这两批试验分析指出：变形钢筋的几种机械锚固措施均有较大的锚固承载力，在工程中减短高强钢筋的锚固长度是可行的；为避免机械锚头区域产生过大的混凝土开裂破碎和锚筋滑移，应有足够长度的直锚段与机械锚头相配合，提高受力前期的锚固刚度，防止过大的滑移和变形；为发挥机械锚头抗力，对于相应承力区域的混凝土，应采取足够的约束措施（保护层厚度、配箍等）予以加强；机械锚固的使用应考虑条件，在受压区使用弯钩、弯折可能导致偏心压曲，应予限制。

上述试验结论肯定了机械锚固措施对变形钢筋锚固的加强作用，提出了机械锚固钢筋锚固长度计算公式。这两批试验取得的研究成果成为《混凝土结构设计规范》GB 50010—2002 有关钢筋机械锚固规定的主要依据，相关的构造建议也被《混凝土结构设计规范》GB 50010—2002 采用。值得指出的是，当时钢筋机械锚固装置的发展较有限，造成试验用锚固板形式的选择具有局限性，且该批试验的试件数量较少，钢筋直径小而单一，多为 16mm，其中的焊锚板做法存在锚板薄（厚度仅为 0.625$d$）、刚度不足、截面面积较小等缺点，而其他如镦头、贴焊钢筋头的机械锚固，因混凝土承压面积过小，造成机械锚固滑移较大，为此需要增加钢筋埋入深度，以减少滑移量，而钢筋埋入深度的增加又产生了埋入段额外的滑移量，因此需要较长的埋入长度。可以看出，这个阶段的相关研究有一定的局限性，导致《混凝土结构设计规范》GB 50010—2002 有关钢筋机械锚固的相关规定过于严格，明显低估了钢筋锚固板的锚固能力，弱化了机械锚固的作用，限制了我国钢筋机械锚固技术的发展和广泛应用。

2004～2010 年，鉴于钢筋机械锚固的发展与研究现状，中国建筑科学研究院和天津大学联合开展了螺纹连接钢筋锚固板技术的系统研发工作。研究团队开展了有针对性的试验研究，验证《混凝土结构设计规范》GB 50010—2002 对机械锚固的规定是否合理，为在我国大力推广钢筋机械锚固技术创造条件。掌握机械锚固的基本性能，包括钢筋机械锚固的传力机理、粘结力与机械锚固力的分配、重复加载对钢筋机械锚固性能的影响等。推广使用钢筋机械锚固，简化并优化混凝土梁-柱节点构造，论证此类新型节点在反复循环荷载作用下的各种性能指标，为设计提供试验依据。中国建筑科学院和天津大学依托自筹资金课题“钢筋机械锚固技术与性能研究”、住房和城乡建设部课题“钢筋机械锚固装置及其应用”“钢筋锚固板设计应用研究”等完成了上述研究工作，主要的课题鉴定意见如下：

1）钢筋锚固板锚固性能优于并能够取代一般带90°标准弯钩钢筋，锚固刚度大、锚固性能好、方便施工。

2）锚固板应用于框架节点的研究成果填补了国内空白，对提高和完善我国钢筋机械锚固技术、节约钢材、提高钢筋混凝土工程质量具有重要价值，达到了国际先进水平。

3）建议规范采纳本研究成果，并希望该钢筋锚固技术尽快得到推广应用。

中国建筑科学院和天津大学有关钢筋锚固板的研究是我国机械锚固技术研究的里程碑，取得了一系列重大科研成果，极大地推动了我国钢筋机械锚固技术的进步与发展。在大量科学研究的基础上，研究团队提出了一种全新的钢筋机械锚固方法——“CABR直螺纹连接钢筋锚固板”，其为由圆形承压板与六角螺母合二为一的整体锚固板，通过直螺纹连接方式与钢筋端部相连，如图7.2.1-2所示。基于使用时无方向性、便于就位考虑，该锚固板的承压板设计为圆形；其六角螺帽的设计主要是为了安装锚固板钢筋时，便于扳子的使用；截面设计为不等厚，具有结构合理、节约材料等特点。“钢筋锚固装置及其施工方法”获国家发明专利（专利号：ZL 2006 1 0200301.4），“CABR钢筋锚固板施工工法”获得国家级工法。

图7.2.1-2 CABR直螺纹连接钢筋锚固板

为解决弯钩锚固钢筋引起的钢筋拥挤问题，国内学者针对钢筋端部机械锚固开展了大量研究，主要包括钢筋锚固板（直螺纹连接、锥螺纹连接、摩擦焊连接等）、扩大套头、镦头（冷镦、热镦）等形式。研究结果和工程实践均表明，端部机械锚固钢筋表现出了优异的锚固性能，可有效替代传统弯钩锚固形式。

根据住房和城乡建设部建标〔2010〕43号文下达的“关于印发《2010年工程建设标准规范制订、修订计划》的通知”要求，由中国建筑科学研究院会同有关单位对行业标准《钢筋锚固板应用技术规程》进行编制。2011年5月25日，《钢筋锚固板应用技术规程》通过了由住房与城乡建设部建筑工程标准技术归口单位组织的审查会审查，审查会认为规程对下列问题做出了重要规定：

（1）首次在我国行业标准中引入了螺纹连接不等厚锚固板，明确了钢筋锚固板的应用范围，促进了锚固板的商品化，达到节约钢筋和方便施工的目的。

（2）规定了各种锚固板原材料的力学性能要求、锚固板与钢筋连接件强度要求，为质量检验提供了依据，为施工现场钢筋丝头加工和锚固板安装提供了质量要求和验收标准。

（3）首次在我国行业标准中引入了部分锚固板和全锚固板概念，对部分锚固板应用于框架节点、梁和剪力墙的钢筋锚固和搭接构造进行了规定，对全锚固板在板中作为抗剪和抗冲切钢筋进行了规定。

（4）对钢筋锚固板保护层厚度、钢筋净距、混凝土强度等级等提出了要求。

会议认为，《钢筋锚固板应用技术规程》符合我国国情，能够有效促进该项技术的稳步发展。该规程适用性强，具有较强的创新性和实用性，科学合理，可操作性强，符合国家技术政策和相关法律法规的规定，与相关标准协调良好，技术内容先进、可靠、适用，无重大技术遗留问题，能满足工程建设的需要。钢筋锚固板的锚固长度在符合该规程相关规定的条件下，较《混凝土结构设计规范》GB 50010—2010 有所减少，这是根据该规程近期的专题研究成果做出的合理调整。会议一致认为，该规程达到国际先进水平。

在总结国外大量钢筋锚固板试验研究成果和国内众多重大工程采用新型钢筋锚固板的基础上，行业标准《钢筋锚固板应用技术规程》JGJ 256—2011 编制完成，并经住房和城乡建设部批准于 2011 年 8 月 29 日发布，于 2012 年 4 月 1 日起正式实施。该标准详细规定了钢筋锚固板分类、性能要求、设计规定、安装和检验，为推广应用钢筋锚固板提供了设计依据。

《混凝土结构设计规范》GB 50010—2010 采纳了钢筋机械锚固的最新研究成果，肯定了钢筋锚固板这一机械锚固装置的作用，吸纳了这一全新的机械锚固方式，在第 8 章中增加了钢筋锚固板（即螺栓锚头）作为钢筋机械锚固形式之一，并规定了相关技术要求，并在第 11 章和第 9 章分别规定了抗震和非抗震框架节点采用钢筋锚固板代替标准弯折钢筋的相关规定。这些规定为推广应用钢筋锚固板提供了技术依据，但其规定提了一些原则性要求，且仅规定了部分锚固板的相关要求。同时，《混凝土结构工程施工规范》GB 50666—2011 也吸纳了我国钢筋锚固板技术研究与应用的最新成果。

2009 年以来，为适应当前建筑业技术迅速发展的形势，加快推广应用，促进建筑业结构转型升级和可持续发展的共性技术和关键技术，住房和城乡建设部组织相关单位对建筑业 10 项新技术进行了修订，并将“钢筋机械锚固技术”列入了《建筑业 10 项新技术（2010）》。并希望各地加大建筑业 10 项新技术推广力度，促进新技术的广泛应用和技术创新工作。在《建筑业 10 项新技术（2017）》中，“钢筋机械锚固技术”被继续收录。2018 年，国家建筑标准设计图集《钢筋锚固板应用构造》17G345 发布，便于广大设计、施工和监理人员更快更好地理解、掌握并应用钢筋锚固板技术，为混凝土结构工程广泛应用钢筋锚固板提供了更有效的技术保障。

国家标准《钢筋混凝土用锚固板钢筋　第 1 部分：技术条件》GB/T 42355.1—2023 和《钢筋混凝土用锚固板钢筋　第 2 部分：试验方法》GB/T 42355.2—2023 均于 2023 年 3 月 17 日发布，于 2023 年 10 月 1 日实施。

### 7.2.2　我国钢筋机械锚固技术的应用

目前，我国钢筋锚固板工程应用条件成熟，国家、行业标准体系完善，设计、施工有据可依，钢筋锚固板技术已在核电工程、房屋建筑、水利水电、地铁工程等领域得到应用。我国钢筋机械锚固技术在工程应用上取得了显著进展，以直螺纹连接钢筋锚固板为代表的钢筋机械锚固技术得到了广泛应用，为工程界解决钢筋锚固问题提供了解决方案，总体水平已处于国际领先地位，且随着工程实践经验的不断积累，该技术日趋完善。该技术在三门 AP1000 核电站建设中首次取代美国公司同类产品，并在山东海阳、广东陆丰、海南昌江、浙江方家山、福建福清、浙江三澳、福建漳州等一大批核电站中得到应用。其他典型工程应用还有河北白沟国际箱包交易中心、海南大厦、鄂尔多斯体育场、溪洛渡水电站、太原博物馆、深圳万科第五园、怀来建设局综合服务中心、杭州地铁等。国内应用钢筋锚固板技术的部分项目如表 7.2.2-1 所示。

**国内应用钢筋锚固板技术的部分项目** **表 7.2.2-1**

| 序号 | 项目名称 | 钢筋锚固板种类 | 序号 | 项目名称 | 钢筋锚固板种类 |
|---|---|---|---|---|---|
| 1 | 浙江三门 AP1000 核电站 | 螺纹连接 | 15 | 大连湾海底隧道 | 摩擦焊接 |
| 2 | 浙江方家山核电站 | 螺纹连接 | 16 | 溪洛渡水电站 | 螺纹连接 |
| 3 | 山东海阳 AP1000 核电站 | 螺纹连接 | 17 | 北京未来科技城 | 螺纹连接 |
| 4 | 广东陆丰核电站 | 螺纹连接 | 18 | 中国建筑技术中心 | 螺纹连接 |
| 5 | 海南昌江核电站 | 螺纹连接 | 19 | 深圳万科第五园 | 螺纹连接 |
| 6 | 福建福清核电站 | 螺纹连接 | 20 | 北京地铁 16 号线 | 螺纹连接 |
| 7 | 浙江三澳核电站 | 螺纹连接 | 21 | 山东石岛湾核电站 | 螺纹连接 |
| 8 | 山东荣成“国和一号”核电站 | 螺纹连接 | 22 | 广西防城港核电站 | 螺纹连接 |
| 9 | 福建漳州“华龙一号”核电站 | 螺纹连接 | 23 | 广东太平岭核电站 | 螺纹连接 |
| 10 | 河北白沟国际箱包交易中心 | 螺纹连接/热镦成型 | 24 | 辽宁徐大堡核电站 | 螺纹连接 |
| 11 | 海南海口大厦 | 螺纹连接 | 25 | 山西太原博物馆 | 螺纹连接 |
| 12 | 内蒙古鄂尔多斯体育场 | 螺纹连接 | 26 | 中核甘肃核技术产业园 | 螺纹连接 |
| 13 | 港珠澳大桥 | 摩擦焊接 | 27 | 四川夹江核能开发项目 | 螺纹连接 |
| 14 | 深中通道 | 摩擦焊接 | 28 | 江苏田湾核电站 | 螺纹连接 |

钢筋锚固板典型的应用场合有：

（1）用钢筋锚固板代替传统弯筋，可用于框架结构梁柱节点。

（2）代替传统弯筋及箍筋，用于梁、板、墙抗剪、抗冲切钢筋。

（3）用于桥梁、水工结构、地铁、隧道、核电站等各类混凝土结构工程中的钢筋锚固。

（4）用作钢筋锚杆（或拉杆）的紧固件。

（5）用于预制装配结构、钢混组合结构。

（6）用作岩石锚杆、抗浮锚杆等。

（7）用于缩短钢筋搭接长度的场合。

**【怀来建设局综合服务中心】**

怀来建设局综合服务中心工程位于怀来县沙城府前街北侧，主要功能为办公。结构形式为框架-剪力墙结构，地下 1 层，地上 15 层，檐高为 48.55m，东西长为 71.55m，跨度为22.8m，建筑面积为12800m²，抗震设防烈度为8度。该工程为张家口地区创优重点项目，于2007年3月动工兴建，2009年2月投入使用，如图7.2.2-1所示。结构施工中，框架梁柱节点区采用中国建筑科学研究院有关锚固板在框架梁柱节点中的试验研究成果。HRB400梁柱主筋18mm、20mm、22mm、25mm等规格采用CABR钢筋锚固板产品约8000件。

图7.2.2-1 怀来建设局综合服务中心

该工程框架梁柱节点区采用钢筋锚固板的情况如图7.2.2-2所示。

(a) 中间层端节点

(b) 顶层中间节点

(c) 顶层端节点

(d) 顶层角节点

图7.2.2-2 框架梁柱节点采用钢筋锚固板的情况

该工程项目部采用钢筋锚固板技术后认为：

(1) 用带CABR锚固板钢筋取代传统的带90°标准弯折钢筋进行锚固，是完全可行、可靠的。

(2) CABR钢筋机械锚固技术及产品应用于框架中间层端节点和顶层端节点，避免了传统做法中梁柱节点区域钢筋密集拥堵的现象，使钢筋绑扎困难问题得到了较好的解决。传统做法中，梁中带90°标准弯折钢筋需先就位绑扎后才可绑扎柱节点区箍筋。而采用CABR锚固板后，可先行绑扎柱节点区箍筋而后绑扎钢筋锚固板，极大地提高了绑扎钢筋工效、缩短工期。

(3) 使用CABR钢筋锚固板用于梁柱节点，使混凝土浇筑方便、易振捣，可明显提高混凝土质量。

（4）采用CABR钢筋锚固板不仅可节约锚固用钢筋，而且方便施工、改善混凝土浇筑质量，可以获得良好的技术经济效益，具有较大的推广应用价值。

**【浙江三门AP1000核电站】**

浙江三门核电站（2个机组）和山东海阳核电站（2个机组）均采用了世界最先进的第三代核电技术——AP1000技术，在此仅以浙江三门核电站为例。

图7.2.2-3　三门核电站效果

浙江三门AP1000核电站总占地面积740万$m^2$，如图7.2.2-3所示，是继秦山核电站之后，获准在浙江省境内建设的第二座核电站，也是世界上首个采用第三代先进压水堆核电（美国AP1000）技术的依托项目，一期工程总投资250亿元，将首先建设2台目前国内最先进的100万千瓦级压水堆技术机组。全面建成后，装机总容量将达到1200万kW以上，超过三峡电站总装机容量。该工程采用西屋公司（Westinghouse Electric Co.）AP1000技术建设，由国家核电技术公司联合美国西屋公司和绍尔工程公司（Shaw Group Inc.）负责实施自主化依托项目的工程设计、工程建造和项目管理。

西屋公司原设计要求板中抗剪钢筋、墙中纵向钢筋和拉结筋等锚固为全锚固板锚固，原设计钢筋为直径16mm、22mm、25mm、29mm、32mm、36mm的美标420级钢筋，钢筋锚固采用美国ERICO公司技术和产品。为逐步实现核电技术的国产化，中国建筑科学研究院受有关方委托，采用钢筋受力等效原则，用国产HRB400级直径为18mm、25mm、28mm、32mm、36mm、40mm的钢筋分别对上述美标钢筋进行代换，并对该工程的钢筋锚固技术进行了国产化研究，成功开发出CABR-AP1000锚固板产品。按照AP1000核电工程关于锚固板有关技术条件要求，该全锚固板的直径设计依据为：钢筋拉力（发挥钢筋屈服强度的1.25倍）全部由锚固板局部承压力承担。转化后的技术和产品完全满足项目技术规格书要求，并获得了国家核电和美国西屋公司的一致认可。

**1. 在板中的应用**

我国混凝土结构中一直采用箍筋进行抗剪、抗冲切设计，《混凝土结构设计标准》GB/T 50010对于混凝土板中抗剪、抗冲切钢筋的配置具有明确规定。但对于剪力较大的混凝土板，加大箍筋密度和箍筋直径会造成混凝土浇筑困难并增大施工难度，造成钢筋用量大量增加，不利于成本控制。全锚固板可作为梁、板等部位的抗剪、抗冲切钢筋等在钢筋混凝土结构中使用，并可与抗剪、抗冲切箍筋等同使用。《钢筋锚固板应用技术规程》JGJ 256—2011给出了全锚固板的具体应用规定。鉴于此，三门核电站采用两端带全锚固板的双头钢筋锚固板作为板的抗剪钢筋，如图7.2.2-4所示，取得了较好的效果，如图7.2.2-5、图7.2.2-6所示。

从三门核电站混凝土板中钢筋锚固板用作抗剪钢筋可看出：

1）钢筋锚固板工艺简单，安装方便，有利于加快施工进度和节省材料。

2）钢筋锚固板可与抗剪箍筋等同使用。《钢筋锚固板应用技术规程》JGJ 256—2011也做出了同样的规定，认为钢筋锚固板作为抗剪钢筋可与普通箍筋等同使用。

(a) 加工完成的丝头

(b) 锚固板安装

(c) 双头全锚固板钢筋就位

图 7.2.2-4　用于板抗剪钢筋的双头全锚固板钢筋

图 7.2.2-5　三门核电站核岛底板钢筋全貌

(a) 实景一

(b) 实景二

(c) 实景三

(d) 实景四

图 7.2.2-6　三门核电站核岛底板钢筋使用全锚固板

**2. 在剪力墙中的应用**

全锚固板在剪力墙结构中的应用在《钢筋锚固板应用技术规程》JGJ 256—2011 中有

相应规定，在浙江三门核电站工程的剪力墙中应用在我国工程中尚属首次，其剪力墙结构中纵向钢筋和拉结筋采用了大量锚固板，用于钢筋的锚固，如图 7.2.2-7 所示，为我国全锚固板的应用开了先河，拓展了锚固板的应用范围。

(a) 实景一

(b) 实景二

图 7.2.2-7　采用钢筋锚固板的剪力墙构造

图 7.2.2-8　楼板主筋在剪力墙中的锚固

**3. 在楼板、柱中的应用**

钢筋锚固板在楼板、柱中的应用如图 7.2.2-8、图 7.2.2-9 所示。

浙江三门 AP1000 核电站所用钢筋锚固技术和产品为我国发展全锚固板提供了契机。钢筋机械锚固技术在混凝土板、剪力墙结构部位的应用拓展了锚固板的应用范围，为大面积替代弯筋锚固、发展锚固板锚固技术做出了示范。锚固板的应用为设计师提供了新的钢筋锚固方案和设计选择，由于锚固板技术相对于传统的弯筋锚固和直钢筋锚固，锚固长度较短或可取消，易于满足各种工程锚固需求。同时，由于节约钢材、方便施工，有利于工程质量和成本控制。

图 7.2.2-9　柱插筋使用锚固板

继浙江三门核电站之后，山东海阳 AP1000 核电站、秦山核电二期扩建、方家山核电站、海南昌江核电站、福清核电站、山东荣成“国和一号”核电站纷纷采用钢筋锚固板技术与产品，应用发展迅速。

## 【河北白沟国际箱包交易中心】

河北白沟国际箱包交易中心规划占地面积530亩，总建筑面积近50万$m^2$，是集旅游、购物、休闲等多功能为一体的综合性商业广场。该工程采用了预制装配结构体系，采用CABR钢筋机械锚固技术，在钢筋混凝土基础柱和预制柱中大量使用直螺纹连接钢筋锚固板近30余万件。现场预制柱制作及锚固板应用、主要构件及连接情况如图7.2.2-10～图7.2.2-17所示。

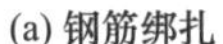

(a) 钢筋绑扎　(b) 安装连接套　(c) 连接套内部　(d) 浇筑完成

图7.2.2-10　现浇基础柱制作过程

(a) 钢筋绑扎　(b) 安装连接套

(c) 连接梁柱节点　(d) 浇筑完成

图7.2.2-11　预制中间柱制作过程

(a) 整体情况

(b) 柱上部

(c) 梁柱节点

(d) 柱下部

图 7.2.2-12　预制中间柱及细部构造

图 7.2.2-13　柱连接整体情况

图 7.2.2-14　柱连接细部情况

图 7.2.2-15　预制钢梁

图 7.2.2-16　预制钢梁与预制柱连接

图 7.2.2-17　框架安装就位整体情况

**【溪洛渡水电站】**

溪洛渡水电站（图 7.2.2-18）以发电为主，兼有防洪、拦沙和改善下游航运条件的综合功能。开发目标主要为“西电东送”，满足华东、华中经济发展的用电需求；配合三峡工程提高长江中下游的防洪能力，充分发挥三峡工程的综合效益；促进西部大开发，实现国民经济的可持续发展。坝顶高程 610m，相应库容 115.7 亿 $m^3$，装机容量 1260 万 kW（18 台×70 万 kW），静态投资 445.7 亿元人民币（总投资 603.3 亿元人民币），总工期 12 年 2 个月。溪洛渡水电站装机容量排名中国第二、世界第三，该工程施工中将 CABR 钢筋锚固板作为锚杆螺栓使用（图 7.2.2-19），取得良好效果。

图 7.2.2-18　溪洛渡水电站效果

(a) 锚杆构成

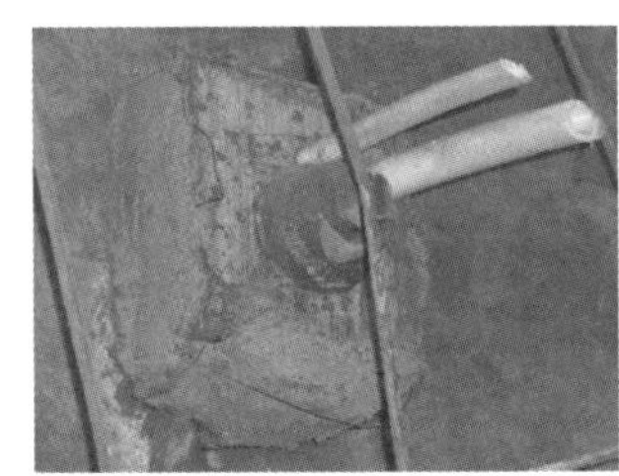

(b) 锚杆应用细部

(c) 锚杆应用全貌

图 7.2.2-19　锚固板作为锚杆螺栓使用情况

**【岭澳核电站】**

发电能力 2×100 万 kW 的岭澳核电站核岛钢筋工程中，钢筋数量大（约 2.76 万 t）、规格多，其中 HPB300 级钢筋有 11 种，HRB335 级螺纹钢筋有 7 种，HRB400 级钢筋有 6 种，其质量约占总量的 75%，钢筋型号复杂、布筋密集，尤其在 1、2 号核岛内部结构中大量采用了钢筋机械接头与锚固板。由于核电站土建结构复杂，施工难度大，主体施工工期较同类型大亚湾核电站短 2 个月，所以对所用的钢筋机械接头与锚固板提出了既要满足受力性能又要便于施工、满足施工进度的要求。

在核电站土建钢筋施工中，按法国规范标准，钢筋锚固长度为 $40d$，而在 1、2 号核岛内部结构墙及板上主筋基本为 ⌀40 钢筋。为满足锚固要求，共使用 9000 多个锚固板，其一般锚固于 1.28m 厚的板上作为墙体插筋，或从环墙中伸出作为 1m 厚混凝土的水平分布钢筋，或在钢筋密集、异形钢筋无法使用而又必须满足锚固要求处。锚固板采用 45 号钢，与钢筋采用了镦粗直螺纹连接，如图 7.2.2-20 所示。

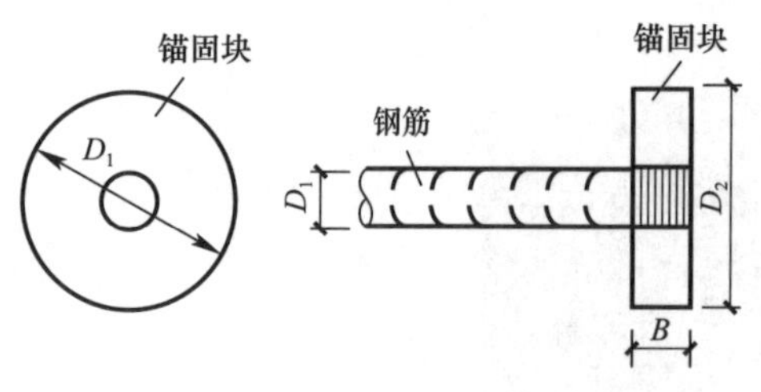


图 7.2.2-20　锚固块与钢筋连接方式

根据核电站土建技术规格书规定，锚固钢筋的锚固板必须达到相当于钢筋在 C30 混凝土中的锚固作用，即达到相当于要连接钢筋最小屈服强度（400MPa）的平均荷载确定锚固板尺寸，计算如下：

$$A_{s1}f_y \leqslant (A_{s2}-A_{s1})f_c \tag{7.2.2-1}$$

$$\frac{\pi}{4}D_1^2 f_y \leqslant \frac{\pi}{4}(D_2^2-D_1^2)f_c \tag{7.2.2-2}$$

$$D_2 \geqslant \sqrt{(f_c+f_y)/f_c} \times D_1 \tag{7.2.2-3}$$

钢筋直径为 40mm 时，$D_2 \geqslant \sqrt{(30+400)/30} \times 40 = 151.4$mm，取 160mm。同理，钢筋直径为 32mm、25mm 时，$D_2$ 分别取 130mm、100mm。

式中　$D_1$、$D_2$——分别为受拉钢筋直径、锚固板直径；

$f_y$——钢筋屈服强度设计值，400MPa 级钢筋取 400MPa；

$f_c$——混凝土抗压强度设计值，C30 取 30MPa。

锚固板技术参数如表 7.2.2-2 所示。

**锚固板技术参数**　　**表 7.2.2-2**

| 钢筋直径/mm | 25 | 32 | 40 |
|---|---|---|---|
| 材料 | S45C | | |
| 形状 | 圆形 | | |
| 直径 $D_2$/mm | 100 | 130 | 160 |
| 厚度 $B$/mm | 30 | 36 | 45 |
| 螺纹尺寸/mm | M30 | M36 | M45 |
| 质量/kg | 2 | 4 | 7 |

锚固板拉力试验要求及取样数量同钢筋机械连接接头。实践证明，该工程使用的锚固板较好地满足了技术要求，操作简单，加快了施工进度，取得了较好的经济效益。

**【港珠澳大桥】**

港珠澳大桥岛隧工程海底隧道全长 5664m，预制沉管采用两孔一管廊截面形式，宽 3795cm，高 1140cm，底板厚 150cm，侧墙及顶板厚 150cm，中隔墙厚 80cm。沉管由 33 个管节组成，管节长 180m（8×22.5m 节段组成），如图 7.2.2-21 所示。

管节采用 2 条生产线同时生产，每条生产线制作 100 多件节段，平均每月每条生产线生产 4 个节段。单节段钢筋用量约 900t，钢筋级别均为 HRB400，每条生产线每天的钢筋加工量达 100 多 t。

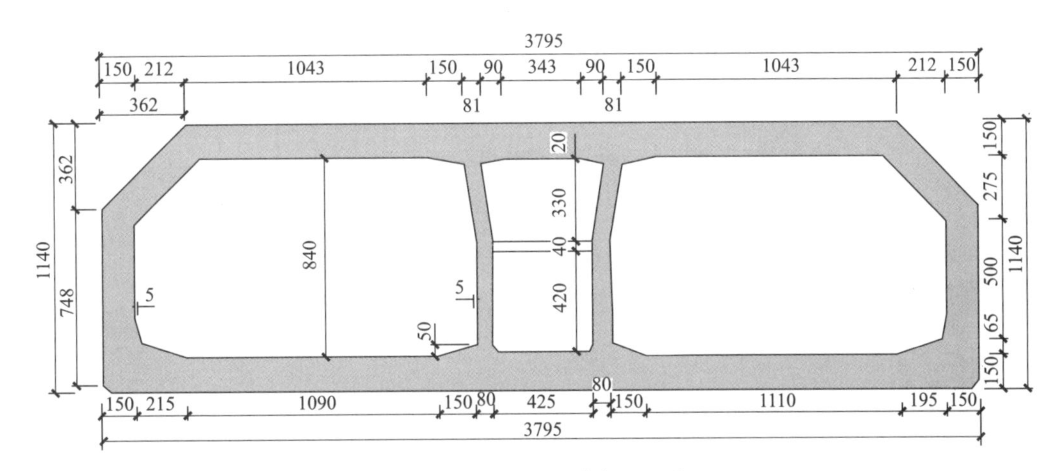


图 7.2.2-21 管节横断面示意

注：图中尺寸单位为 cm。

节段预制钢筋加工量大，钢筋密集，混凝土用钢量约为 280kg/m³，远高于世界范围内同类工程用钢量。采用传统钢筋加工方式无法满足生产需要，经过前期的比较调研，借鉴各大型工程和工厂钢筋加工中心的成熟经验，结合工程实际需要，形成港珠澳特色的全自动钢筋加工中心。钢筋笼的施工采用流水线方式，钢筋集中在加工区成型，然后依次通过底板区、侧墙区、顶板区绑扎成钢筋笼，最后推送入浇筑区。

节段混凝土浇筑采用一次完成的全断面浇筑工艺，浇筑前，38m×22.5m×11.4m 的庞大钢筋笼经过多次体系转换，才能在混凝土浇筑区设定的位置就位。钢筋加工精度要求高，钢筋笼体系中还有预埋的各种类型预埋件，预埋件安装精度要求严格，这要求钢筋笼必须有足够的稳定性。

钢筋构造如图 7.2.2-22 所示。

为满足管节受力设计的需要，在庞大的钢筋笼中，侧墙、中墙及底板、顶板中，剪力键等部位，均需布设大量的箍筋或拉筋。

由于钢筋笼的钢筋太密集，又要兼顾预埋件及预埋件锚固筋等因素的影响，哪怕是开口的双肢箍也难以有足够的空间位置进行操作。对于仅需进行单向约束的钢筋，如果使用双肢箍，既费料又费力，对于通常惯用的单肢箍，由于其两端均带有 180°弯钩，在这种情况下难以实施，以流水作业生产方式施工钢筋笼时，两端均带 180°弯钩的拉筋根本无法就位，通过设计优化及咨询单位的建议，引进了日本 J 形拉钩筋施工工艺。

所谓 J 形拉钩筋，是拉筋仅一端有 180°弯钩，而另一端为 90°直钩，这样拉筋的就位变得轻而易举，但钢筋的直钩不能满足拉筋力学要求。为此，用一定规格的小钢板替代直钩，最终成为 J 形拉钩筋，如图 7.2.2-23 所示。

锚固钢板与钢筋焊接完成后，用数控弯曲机加工弯钩。为满足拉钩筋安装需要，拉钩筋长度较设计增加 3～5mm。弯制完成的拉钩筋用专用钢筋吊笼装后备用。拉钩筋安装时将锚固板一端从主筋间穿入，弯钩到位后旋转拉钩筋使锚固钢板勾住主筋，再绑扎牢固即可。

J 形拉钩筋能替代传统拉钩筋的关键在于用小钢板与钢筋的焊接可满足对拉钩筋的力学要求。拉钩筋与小钢板的焊接，如果沿用气焊、电弧焊或闪光对焊等工艺，对少量需求来说，虽过程较复杂，但可以做到。由于该工程的单个节段需要约 18000 个拉钩筋，2 条

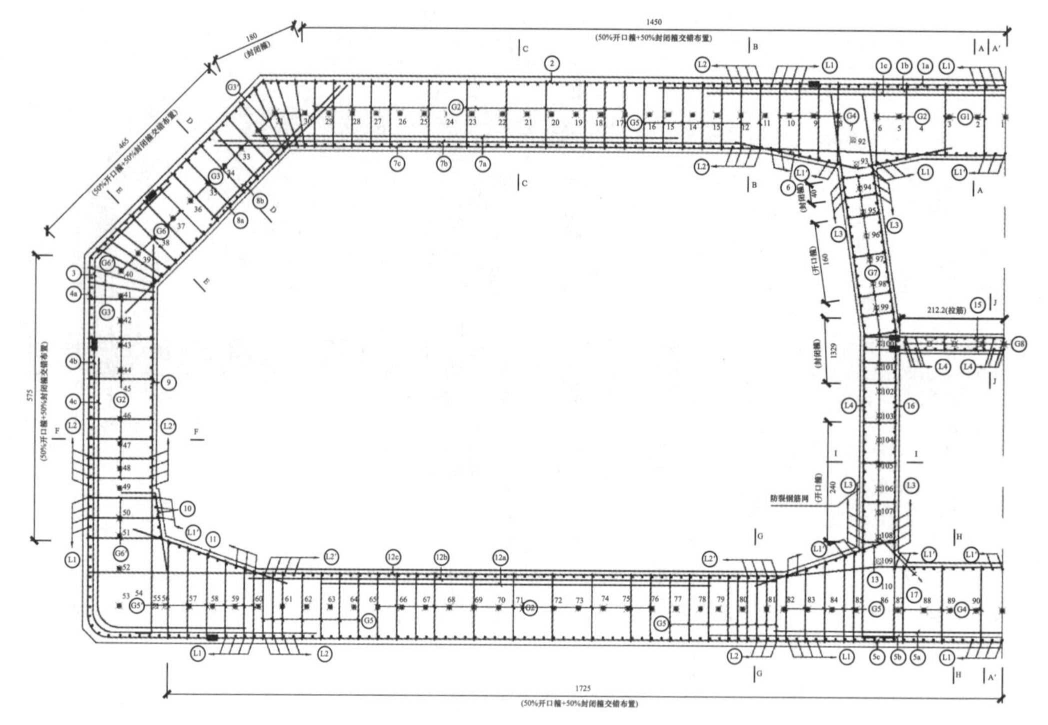


图 7.2.2-22　标准管节钢筋构造断面

注：图中尺寸单位为 cm。

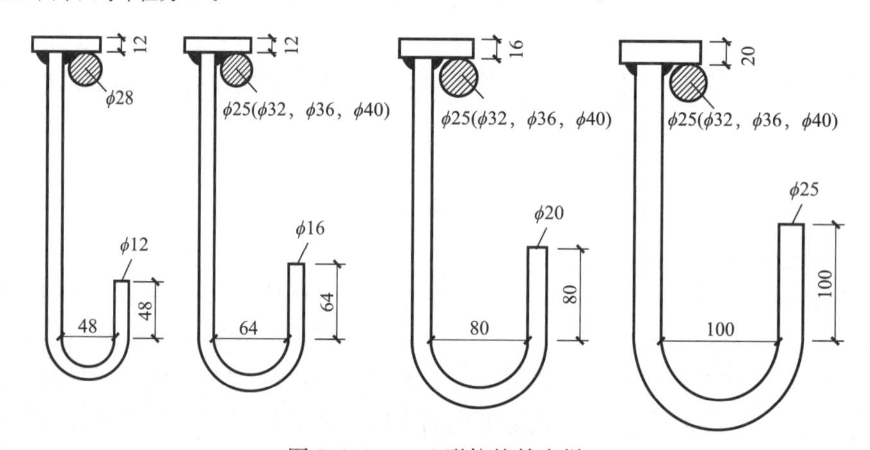


图 7.2.2-23　J 形拉钩筋大样

生产线平均每周需约 36000 个拉钩筋，数量如此大的需求，即使不计资源的消耗，生产效率也不满足要求。

采用摩擦焊方式将拉钩筋与小钢板焊接，所有问题迎刃而解。用摩擦焊的方式焊接，无需附加任何额外的焊材和添加大型设备，也无需大的能源。

摩擦焊仅是利用两母材间的相对运动产生热量，最终实现两母材的接合。相对于其他的焊接方式，从经济效益角度来看，摩擦焊显示出较大的优越性：

（1）焊接机结构简单，仅 100g 左右的小钢块在夹具的夹持下飞速旋转，摩擦焊接机的运行稳定、可靠，耐用性良好。

（2）焊接机仅需 1 人操作，程序较简单，无需复杂的长时培训。

（3）无需附加焊材，无需坡口、互锁等焊接前的加工，也无需大功率电源。与其他焊接方式相比，消耗功率仅为其他焊接方法的1/20～1/5。

（4）效率高。按不同的钢筋直径，在焊机上焊接仅需15～30s，1条拉钩筋平均不到1min，每台焊机每天可焊接拉筋800～1200条，现场配置了3台摩擦焊机即可满足需要。不计入焊接前的加工工作，焊接效率较通常的熔焊高8～10倍，并且基本无废品。

（5）从投入产出方面来看，摩擦焊的效益是可观的：

① 1台焊机约310万元，3台约930万元。按每节段18000个拉钩筋算，全线252个节段有453.6万个拉钩筋，每个拉钩筋摊分投资约2元。

② 在人力投入上，1名操作人员每班以生产500个计，即生产率为0.05万个/工日，453.6万个拉钩筋需9072个工日，较熔焊方式节省约8万个工日，这8万个工日与焊机的投资相当。

③ 从能源消耗方面来看，摩擦焊接机在运转过程中，仅100g左右的小钢块在夹具的夹持下飞速旋转需要能源，再无其他，消耗功率仅为其他焊接方法的1/20～1/5，在很大程度上节约了能源。

（6）焊接接头质量高，不存在气泡等焊接缺陷，焊缝强度能达到与基体材料等强度；焊接质量稳定可靠、一致性好；热变形小，有较高的尺寸精度，并可进行异种金属焊接。

（7）保证操作者的职业健康与安全。在动力方面，摩擦焊仅涉及固定在焊机上的旋转夹具，无移动电源、气管和气罐，安全防护简便，安全性高；焊接全过程中，不产生电弧光、火花、噪声及气体排放，对环境及操作人员不存在有害影响。

港珠澳大桥工程中采用摩擦焊工艺技术证明了摩擦焊与热熔焊相比，质量可靠、效率高、节能环保，易保证操作者职业健康与安全，社会效益明显。

对于摩擦焊的质量，目前尚无相关规范，参照《钢筋锚固板应用技术规程》JGJ 256—2011，由国家钢材质量检测检验中心对产品进行试验检测，结果证明摩擦焊的钢筋连接性能拉抗强度高于母材拉抗强度，完全符合要求。

钢筋摩擦焊工艺技术在国内土木工程领域首次大规模应用是在港珠澳大桥工程中，摩擦焊技术的应用给工程设计和施工带来新的思路，拓展了设计、施工技术的发展空间。港珠澳大桥岛隧工程沉管隧道管节预制采用J形拉钩筋成功解决了拉钩筋安装难题，摩擦焊工艺满足了沉管预制施工效率、加工精度、质量稳定性等方面的要求。在港珠澳大桥岛隧工程后续开工的人工岛上隧道、非通航孔桥中推广采用了该工艺，获得了良好效果。摩擦焊在该工程应用的具体工序如图7.2.2-24所示，试验检验情况如图7.2.2-25所示。继港

(a) 钢筋采购、运输、试验检测

(b) 数控化机械切割钢筋，切割误差<1mm

图7.2.2-24 摩擦焊实施具体工序（一）

(c) 锚固板采购、运输、试验检测

(d) 锚固板抛光

(e) 钢筋与锚固板焊接，误差精度＜1mm

(f) 钢筋与锚固板焊接后，数控化弯曲机弯曲钢筋

(g) 成品验收合格、堆放

(h) 安装

图 7.2.2-24　摩擦焊实施具体工序（二）

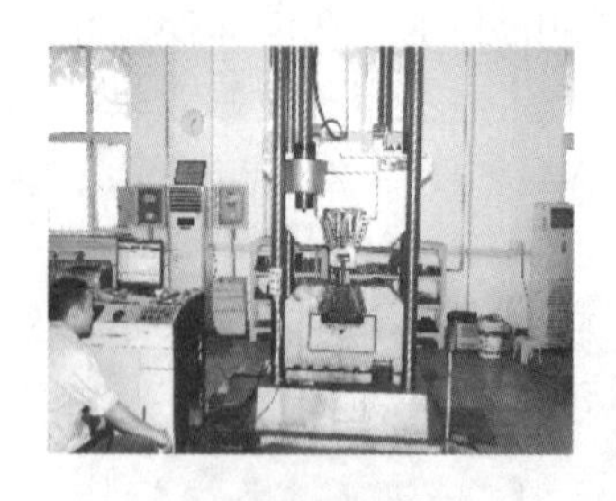

(a) 拉伸检测试验

(b) 拉伸检测试验破坏情况

(c) 拉伸检测试验破坏试件

图 7.2.2-25　试验检验情况

珠澳大桥工程之后，深中通道、大连湾跨海隧道等工程均采用了摩擦焊接钢筋锚固板工艺与技术。

## 【钢筋机械锚固技术在装配式混凝土结构中的应用】

《装配式混凝土结构技术规程》JGJ 1—2014全面引入钢筋机械锚固技术（钢筋锚固板）。对框架中间层端节点，当柱截面尺寸不满足梁纵向受力钢筋的直线锚固要求时，宜采用锚固板锚固，如图7.2.2-26所示，也可以采用90°弯折锚固。

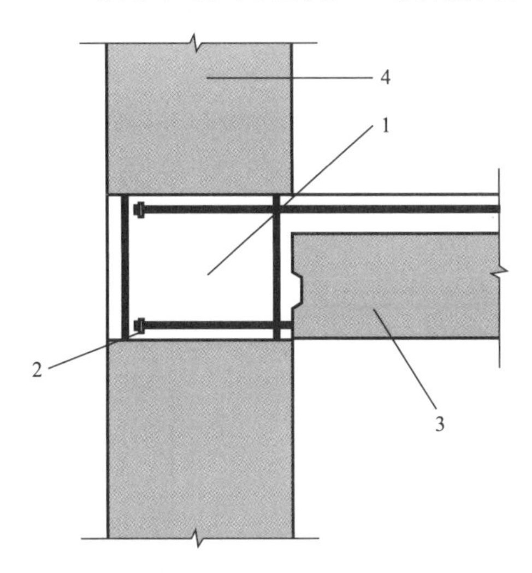


1—后浇区；2—梁纵向受力钢筋锚固；3—预制梁；4—预制柱

图7.2.2-26　预制柱及叠合梁框架中间层端节点构造示意

对框架顶层中节点，当梁截面尺寸不满足直线锚固要求时，宜采用锚固板锚固，如图7.2.2-27所示。

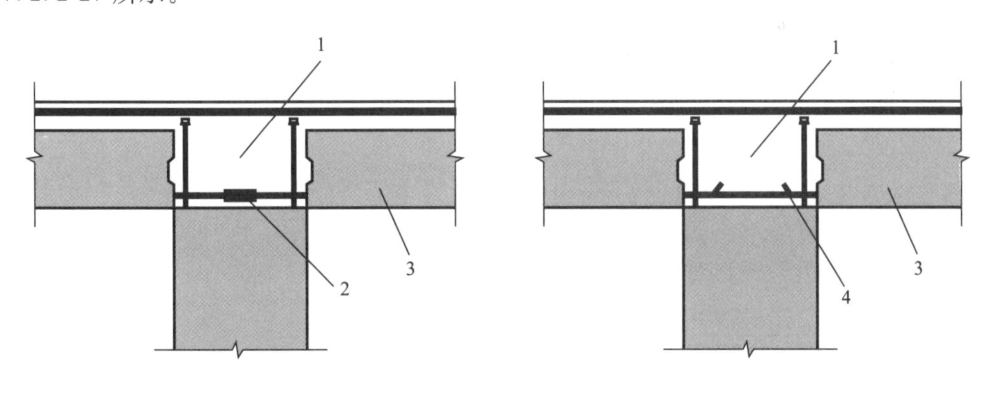


(a) 梁下部纵向受力钢筋连接　　(b) 梁下部纵向受力钢筋锚固

1—后浇区；2—梁下部纵向受力钢筋连接；3—预制梁；4—梁下部纵向受力钢筋锚固

图7.2.2-27　预制柱及叠合梁框架顶层中节点构造示意

对采用预制柱及叠合梁的装配整体式框架顶层端节点处的构造做出了规定，如图7.2.2-28所示，梁下部纵向受力钢筋锚固在节点区混凝土内且采用锚固板的机械锚固方式，柱纵向受力钢筋可以采用机械锚固方式锚固在柱顶凸头内，或者不设凸头将柱外侧纵向受力钢筋与梁上部纵向受力钢筋在节点区内搭接。针对两种构造分别要求：

（1）柱宜伸出屋面并将柱纵向受力钢筋锚固在伸出段（图 7.2.5.28a），柱顶伸出段不宜小于 500mm，伸出段内箍筋间距不应大于 5 倍柱纵筋直径，且不应大于 100mm；柱纵向受力钢筋宜采用锚固板锚固，锚固长度不应小于 40 倍纵筋直径。

（2）柱外侧纵向受力钢筋也可与梁上部纵向受力钢筋在后浇节点区搭接（图 7.2.2-28b），其构造要求应符合《混凝土结构设计标准》GB/T 50010—2010 中规定，柱内侧纵向受力钢筋宜采用锚固板锚固。

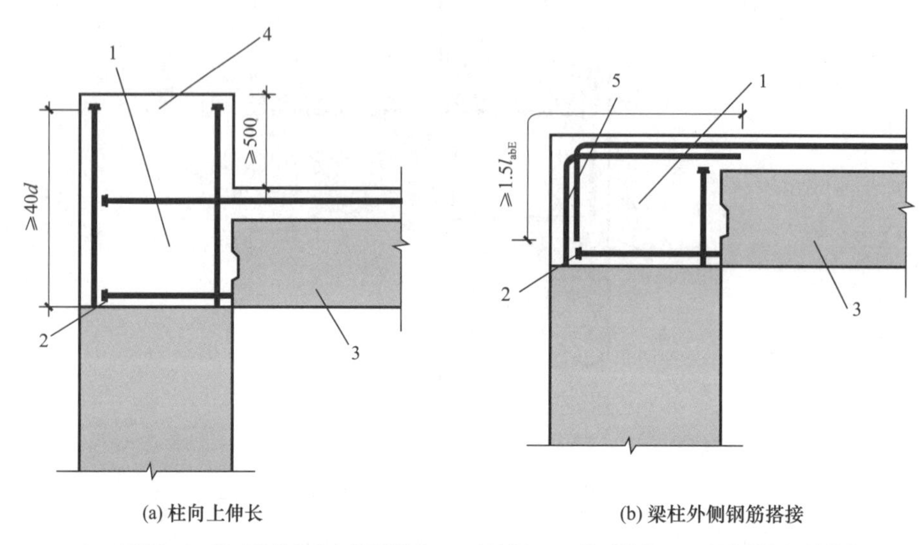


(a) 柱向上伸长　　(b) 梁柱外侧钢筋搭接

1—后浇区；2—梁下部纵向受力钢筋锚固；3—预制梁；4—柱延伸段；5—梁柱外侧钢筋搭接

图 7.2.2-28　预制柱及叠合梁框架顶层端节点构造示意

当预制叠合连梁端部与预制剪力墙在平面内拼接时，连梁纵向钢筋应在后浇段中可靠锚固（图 7.2.2-29a）或连接（图 7.2.2-29b）；当预制剪力墙端部上角预留局部后浇节点区时，连梁的纵向钢筋应在局部后浇节点区内可靠锚固（图 7.2.2-29c）或连接(图 7.2.2-29d)。

《装配式混凝土建筑技术标准》GB/T 51231—2016 中对采用预制柱及叠合梁的装配整体式框架顶层端节点处的构造做出了规定，如图 7.2.2-30 所示，同样采用了柱纵筋锚固在柱顶凸头内的构造形式。对该构造要求：

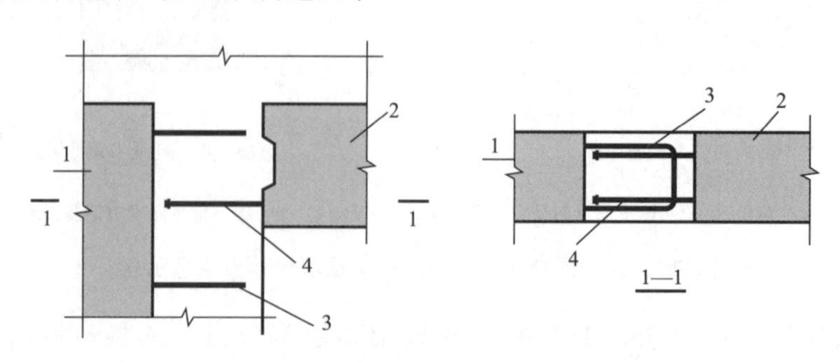


(a) 预制连梁钢筋在后浇段内锚固构造示意

图 7.2.2-29　同一平面内预制连梁与预制剪力墙连接构造示意（一）

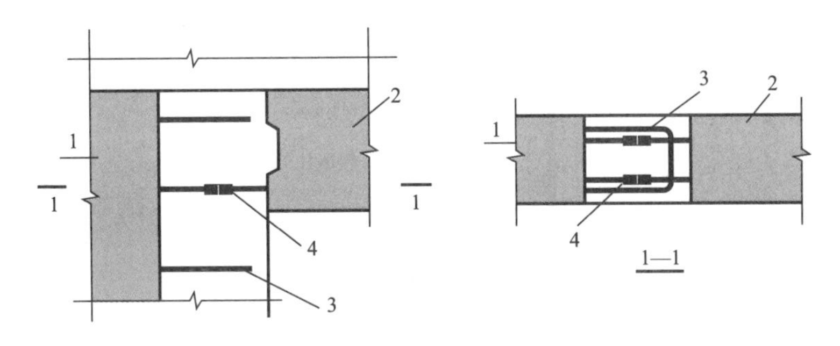


(b) 预制连梁钢筋在后浇段内与预制剪力墙预留钢筋连接构造示意

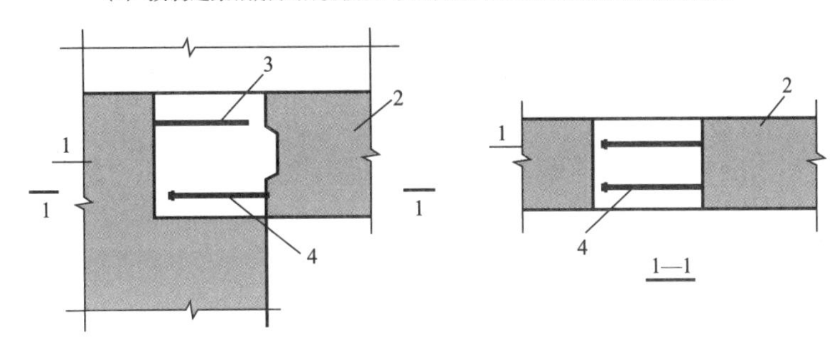


(c) 预制连梁钢筋在预制剪力墙局部后浇节点区内锚固构造示意

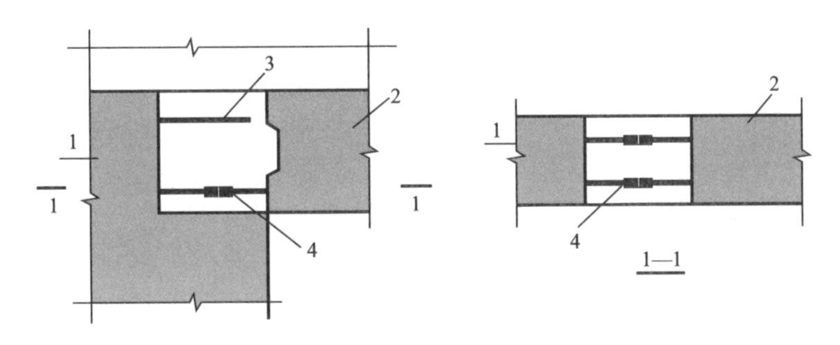


(d) 预制连梁钢筋在预制剪力墙局部后浇节点区与墙板预留钢筋连接构造示意

1—预制剪力墙；2—预制连梁；3—边缘构件箍筋；4—连梁下部纵向受力钢筋锚固或连接

图 7.2.2-29　同一平面内预制连梁与预制剪力墙连接构造示意（二）

(1) 宜伸出屋面并将柱受力钢筋锚固在伸出段，此时锚固长度不应小于 $0.6l_{abE}$，伸出段内箍筋直径不宜小于 1/4 柱纵筋直径，伸出段内箍筋间距不应大于 5 倍柱纵筋直径，且不应大于 100mm；

(2) 梁纵筋应锚固在后浇节点区，且宜采用锚固板的锚固形式，锚固长度不应小于 $0.6l_{abE}$。

钢筋锚固板用于预制混凝土构件中钢筋的锚固，如图 7.2.2-31 所示，具有以下明显优点：

1) 便于构件生产。预制构件端部不出筋，构件生产过程中无需对模具开孔，且构件脱模方便。

2) 便于施工。预制构件端部不出筋，构件安装过程中有效解决钢筋碰撞的问题，同时热镦成型钢筋锚固件安装操作简便，可提高施工效率。

3) 锚固性能优异。

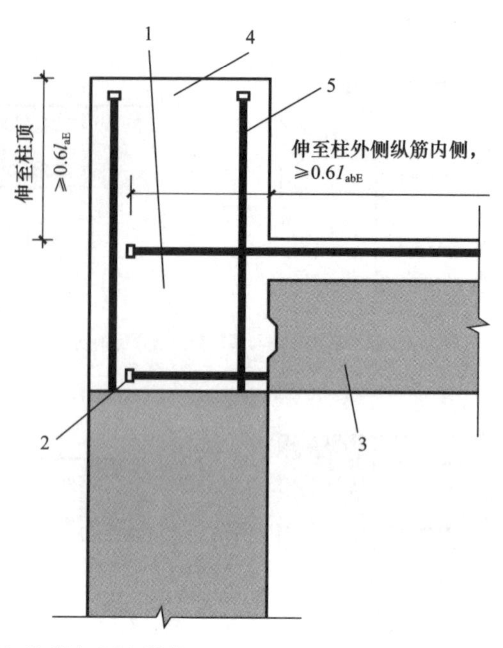


1—后浇区；2—梁下部纵向受力钢筋锚固；3—预制梁；4—柱延伸梁；5—柱纵向受力钢筋

图 7.2.2-30 《装配式混凝土建筑技术标准》GB/T 51231—2016 的节点构造

图 7.2.2-31 钢筋锚固板用于预制混凝土构件中钢筋的锚固

4）适用范围广泛。适用于各类预制梁、预制柱等构件钢筋在现浇节点区的锚固。

综上所述，近年来出现的在钢筋端部连接锚固板（钢筋锚固板）的机械锚固方式可明显减少钢筋粘结锚固长度。钢筋锚固板具有良好的锚固性能，锚固板可工厂生产和商品化供应，用其代替传统的弯折钢筋锚固和直钢筋锚固可节约钢材（表 7.2.2-3）、方便施工、减少结构中钢筋拥挤、提高混凝土浇筑质量和优化钢筋锚固条件，深受工程界欢迎。近年来，除螺纹连接钢筋锚固板外，摩擦焊钢筋机械锚固技术在港珠澳大桥中大量应用，端部热镦锚固技术也在重庆、河北等地应用，也是值得关注的发展方向。

**锚固板代替传统的 15*d* 弯折钢筋经济性分析**　　表 7.2.2-3

| 序号 | 钢筋直径/mm | 15*d* 钢材质量/kg | 锚固板质量/kg | 节约锚固用钢材/% |
|---|---|---|---|---|
| 1 | 16 | 0.379 | 0.20 | 47 |
| 2 | 18 | 0.539 | 0.20 | 63 |
| 3 | 20 | 0.739 | 0.20 | 73 |
| 4 | 22 | 0.984 | 0.26 | 74 |
| 5 | 25 | 1.444 | 0.36 | 75 |
| 6 | 28 | 2.029 | 0.50 | 75 |
| 7 | 32 | 3.029 | 0.76 | 75 |
| 8 | 36 | 4.313 | 0.90 | 79 |
| 9 | 40 | 5.916 | 1.25 | 79 |

注：表中 *d* 为钢筋直径。

## 7.3　国外有关钢筋机械锚固的标准与应用

### 7.3.1　国外有关钢筋机械锚固的标准

钢筋机械锚固的有效性已被众多先进工业国家认可，并已在相关技术标准中得到体现，如美国 ACI 352、ACI 318 规范、AASHTO 桥梁设计规范、加拿大混凝土结构设计规范 CAN3-A23.3—94 等均充分肯定了钢筋锚固板的机械锚固作用。美国混凝土协会和美国土木工程师协会 352 委员会（ACI-ASCE Committee 352）早在 2002 年便发布了钢筋锚固板在框架节点中应用的设计建议，详见 *Recommendations for Design of Beam-column Connections in Monolithic Reinforced Concrete Structures* ACI 352R—02。美国混凝土房屋建筑设计规范 ACI 318 先后在 02、05、08、19 版中均详细规定了钢筋锚固板在房屋建筑中应用的相关规定，用其代替传统弯折钢筋锚固时，其锚固长度可取弯折钢筋锚固长度的 0.75 倍。美国 AASHTO 桥梁设计规范也有类似规定。此外，美国材料试验协会 ASTM 发布了 *Standard Specification for Headed Steel Bars for Concrete Reinforcement*，*including Annex A1 Requirements for Class HA Head Dimensions* ASTM A970/A970M—18，ICC-ES（ICC Evaluation Service，Inc.）发布了 *Acceptance Criteria for Headed Ends of Concrete Reinforcement* AC 347。ISO 发布了 *Steel for the reinforcement of concrete—Headed bars—Part 1*：*Requirements* ISO 15698-1—2012 和 *Steel for the reinforcement of concrete—Headed bars—Part 2*：*Test Method* ISO 15698-2—2012 标准。加拿大规范 CSA Standard CAN3-A23.3—94 于 1994 年便规定了全锚固板在混凝土结构中应用的相关规定。可以看出，近年来国际先进工业国家正在逐步完善钢筋机械锚固的有关规范。总体来说，其对钢筋机械锚固的作用是充分肯定的。

ACI 352R—02 顶层端节点构造如图 7.3.1-1 所示，该构造源于 Wallace 的研究：节点构造为梁柱纵筋均用锚固板锚固，并采用水平箍筋和竖向插筋对纵筋进行约束，结合Wallace的试验中未加U形箍筋的试件出现梁顶部纵筋推出现象，在规范中要求采用双排U形插筋约束纵筋。

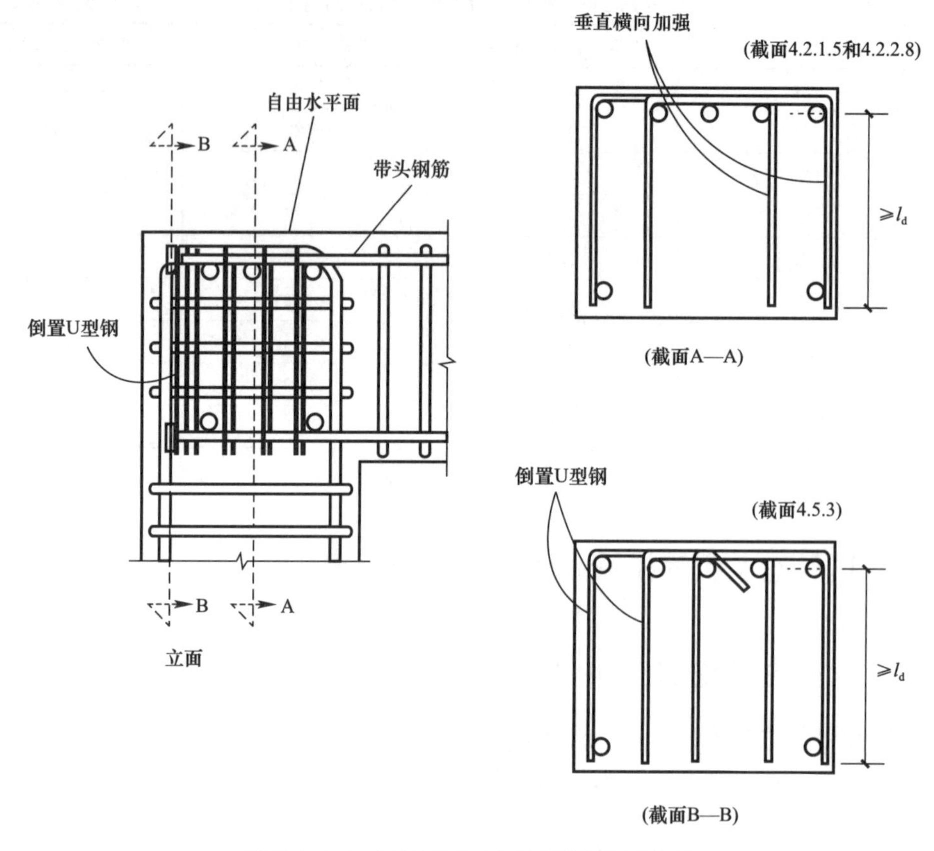


图 7.3.1-1　ACI 352R-02 的顶层端节点构造

ACI 352R—02 规定的节点区主要构造要求如下：

1）锚固板应满足 ASTM A970 规范要求。

2）梁上部纵向钢筋，应在节点全高度利用竖向插筋进行约束，其中最外层柱纵向钢筋之间应配置至少双排竖向插筋。为方便施工，采用不带 135°弯钩的倒 U 形插筋。

3）梁伸入节点的锚固板钢筋距节点内水平箍筋边缘不应大于 50mm。

4）节点内钢筋锚固板的最小锚固长度 $l_{dt}$（in）可取标准弯钩钢筋锚固长度的 3/4，可按式（7.3.1）计算，且不应小于 $8d_b$ 或 150mm。

$$l_{dt}=\frac{3}{4}\frac{\alpha f_y d_b}{75\sqrt{f'_c}} \tag{7.3.1}$$

式中　$\alpha$——节点构件交界面纵向钢筋应力放大系数；

$f_y$——钢筋屈服应力标准值（psi）；

$d_b$——钢筋公称直径（in）；

$f'_c$——节点区混凝土圆柱体抗压强度标准值（psi）。

5）锚固板的边保护层厚度＜$3d_b$ 时，每个锚固板均应由箍筋或单支弯钩钢筋横向约束锚固在节点中。锚固板的边保护层厚度>$3d_b$ 时，需根据 ACI 349 规范确定锚固板的约束力。

6）对于抗震区节点，钢筋锚固板的横向约束钢筋承载力应为锚固钢筋屈服承载力的 1/2，其他情况下，横向约束钢筋的强度应为锚固钢筋屈服强度的 1/4。

《混凝土结构设计规范》GB 50010—2010 和欧洲规范 EN 1992-1-1 均采用了纵筋弯弧搭接的形式，并通过对搭接长度的限制保证负弯矩纵筋的有效传力。对于《混凝土结构设计规范》GB 50010—2010 中给出的两种搭接方案，存在施工上的不便：

1）搭接方案一，如图 7.3.1-2（a）所示，由于柱纵筋弯入节点，节点区钢筋过于拥挤，会导致施工中混凝土浇筑困难，且可能对节点的工程质量产生影响，这个问题在配置大直径钢筋的顶层端节点更加突出。

2）搭接方案二，如图 7.3.1-2（b）所示，需将梁纵筋伸入柱内，且在柱内的搭接长度往往也较长，在施工上也会带来不便。特别对装配式结构，施工问题更加突出。

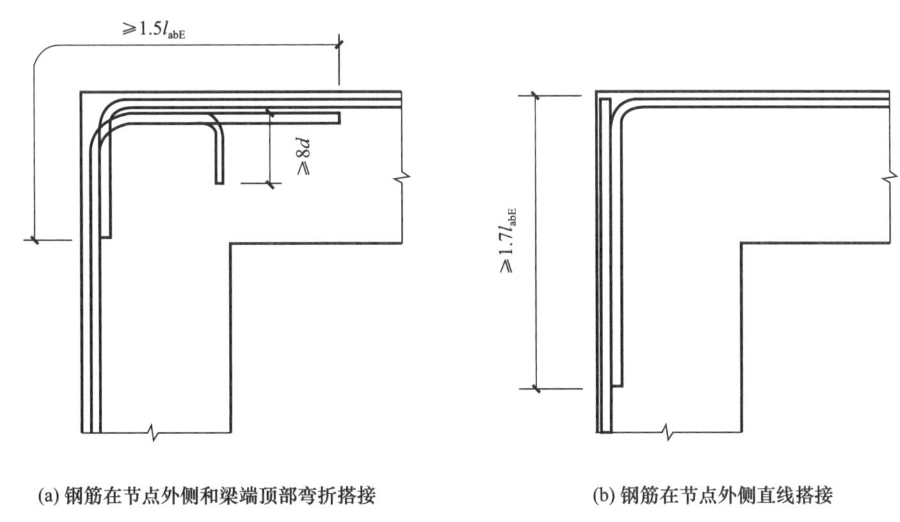


(a) 钢筋在节点外侧和梁端顶部弯折搭接　　(b) 钢筋在节点外侧直线搭接

图 7.3.1-2 《混凝土结构设计规范》GB 50010—2010 的节点构造

《钢筋锚固板应用技术规程》JGJ 256—2011 和 ACI 352R—02 均采用了锚固板锚固纵向钢筋，并在节点区配置水平箍筋和竖向倒 U 形插筋的构造形式，但两者仍有一些区别：

1）《钢筋锚固板应用技术规程》JGJ 256—2011 的构造中柱外侧纵筋弯入了节点内部，而美国规范 ACI 352R—02 的构造中梁柱纵筋均直接伸至节点边缘。我国《钢筋锚固板应用技术规程》JGJ 256—2011 中将柱外侧纵筋弯入节点内部的构造同样会带来节点区钢筋拥挤、施工不便的问题，且柱筋穿过节点对角截面后使该截面的受力更为复杂，不易于分析节点受弯承载力计算方法，而美国规范 ACI 352R—02 的梁柱纵筋均直接伸至节点边缘的构造做法，则可以较好地解决这两个问题。

2）《钢筋锚固板应用技术规程》JGJ 256—2011 的构造中将柱顶上伸 50mm 后，并将柱四角的钢筋锚固板伸至柱顶并用封闭箍筋定位，ACI 352R—02 的构造中柱筋则伸至梁底位置。相对 ACI 352R—02，《钢筋锚固板应用技术规程》JGJ 256—2011 可以更好地约束节点顶面混凝土保护层。

在 ACI 318 中，钢筋的锚固长度第一次是在 1917 年的规范中介绍的，代替了早期版本中弯曲结合力和锚固粘结力的双重要求。不再考虑强调额定粘结应力峰值计算的弯曲结合力，考虑纵向受拉钢筋整个长度上平均粘结抗力更有意义。一部分因为粘结力检验考虑植入钢筋的抗力，另一部分是因为在局部粘结应力中，极限变量存在接近弯曲破坏的现象。钢筋的锚固长度是基于植入钢筋表面可获得的平均抗力，锚固长度是必须的，是因为约束混凝土和高应力钢筋之间会有相对的劈裂破坏，单根钢筋植入混凝土中就不需要很大的锚固长度，一排钢筋植入混凝土中，沿着钢筋的平面产生了带着纵向劈裂的削弱平面。在应用中，锚固长度的设计要求达到钢筋中应力峰值点对应的最小长度和钢筋的延伸长度。从钢筋中的峰值应力点起，钢筋必须有一定的长度或锚固来发挥应力。这个锚固长度在这种峰值应力点的两侧都是需要的。在临界应力点的一侧，钢筋常常连续相当长的距离，以致只需在另一侧进行计算，例如，负弯矩钢筋通过支座延续到下一跨的跨中。

ACI 318M—05 规定，钢筋混凝土构件每一截面处，钢筋在截面两侧均应有埋入长度、弯钩或机械锚固，或它们的合并措施，以使该截面上钢筋的计算拉力或压力得以发挥。弯钩不能用来锚固受压钢筋。

机械锚固能够为预应力钢筋和普通钢筋提供足够的强度。钢筋总的锚固为由各部分贡献的锚固作用的总和。若机械锚固不能满足钢筋的设计强度，机械锚固和在临界截面间提供钢筋的附加植入长度。因此，ACI 318M—05 规定，任何机械装置的设计方式，如果能够提高钢筋强度且未破坏混凝土，都是可以用来锚固的。应该证明这种机械装置的试验报告，报送建筑质检人员。钢筋的锚固应该由机械锚固和在钢筋最大应力点与机械锚固间的附加植入长度组成。

### 7.3.2 国外钢筋机械锚固技术的应用

20 世纪 80 年代，美国 HRC 公司（Headed Reinforcement Corp.）成立，专门销售摩擦焊钢筋锚固板，通过锚固板与钢筋高速摩擦产生的热量将两者焊接，如图 7.3.2-1 所示。锚固板形状有矩形、方形、圆形、椭圆形等，相对头面积比（锚固板承压面积与锚固钢筋公称面积的比值）为 8.6～11.9，但生产摩擦焊钢筋锚固板使用的机械设备较笨重，施工不方便。该公司的产品主要用于海洋和港口结构物中，已成为美国钢筋锚固板的主要供应商和新技术研发赞助商。

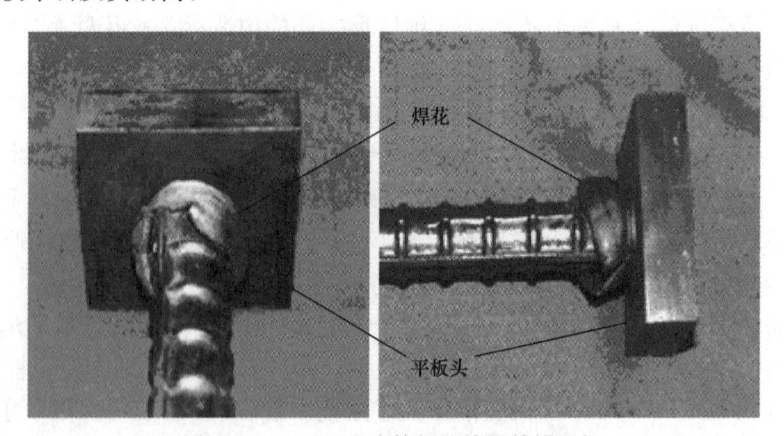


图 7.3.2-1　HRC 摩擦焊连接钢筋锚固板

20 世纪 80 年代，美国 ERICO 公司发展了锥螺纹连接钢筋锚固板，如图 7.3.2-2 所示，并在欧洲打开市场。20 世纪 90 年代，以商标“Lenton Terminator”在美国销售产品。锚固板尺寸小于HRC锚固板，相对头面积比为3.0～6.4。ERICO公司已成为美国现在仅有的2家销售钢筋锚固板的公司之一。

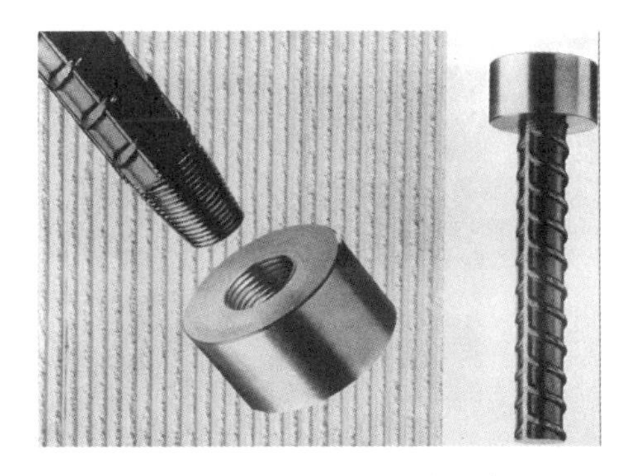
图7.3.2-2 ERICO锥螺纹连接钢筋锚固板

HRC和ERICO公司开发的钢筋锚固板产品可明显减小钢筋粘结锚固长度，节约钢材，方便施工，但为单一的方形、矩形或圆形钢板等等厚刚性板，与钢筋的连接采用焊接或锥螺纹连接，因用料多、成本高、加工设备昂贵或施工不便等因素影响了推广使用。此外，用焊接方式连接钢筋与锚固板存在施工速度慢、质量难以保证等缺点，而选用的锥螺纹连接方式存在锥螺纹丝头质量控制难度大、无法充分发挥钢筋极限强度等问题。

20世纪80年代后期至90年代初，钢筋锚固板在一大批北海石油勘探平台中得到了广泛应用，如Gullfaks C平台、Draugen平台、Ekofisk隔离墙、Sleipner A平台、Oseberg A平台、Snorre基础、Hibernia平台、Troll东平台等，推动了锚固板的研发、发展和在其他重大工程中的广泛应用，如图7.3.2-3～图7.3.2-10所示。

近年来，随着各国对钢筋锚固板性能研究的逐渐深入和相关规范的制定、完善，钢筋锚固板的工程应用日益扩大，已在桥梁、房屋、加固改造、核反应堆、储油罐等工程领域得到应用，如美国新Benicia-Martinez桥、韩国Incheon LNG储油罐等，如图7.3.2-11～图7.3.2-17所示。

图7.3.2-3 Gullfaks C平台

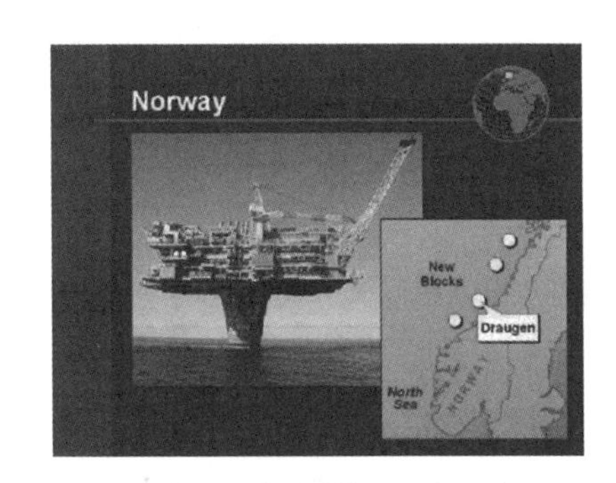

图7.3.2-4 Draugen平台

图7.3.2-5 Ekofisk隔离墙

图7.3.2-6 Oseberg A平台

图 7.3.2-7 Snorre 基础

图 7.3.2-8 Sleipner A 平台

图 7.3.2-9 Hibernia 平台

图 7.3.2-10 Troll 东平台

图 7.3.2-11 应用在重型混凝土结构中
（为混凝土浇筑提供了更大空间，使钢筋就位更容易）

图 7.3.2-12 应用在基础底板中
（钢筋锚固板取代带弯钩钢筋，抗剪钢筋也为钢筋锚固板）

图 7.3.2-13 使用钢筋锚固板约束连梁斜向钢筋

图 7.3.2-14 应用在加固项目中
（增强对原混凝土柱的约束）

图 7.3.2-15　应用在桥墩钢筋笼中

图 7.3.2-16　应用在新 Benicia-Martinez 大桥中

图 7.3.2-17　应用在韩国 Incheon LNG 储油罐中

## 7.4　钢筋锚固板的适用范围

钢筋锚固板指钢筋与锚固板的组装件，钢筋一端或两端安装了锚固板统称为钢筋锚固板。符合国家现行标准《混凝土结构设计标准》GB/T 50010 和《钢筋锚固板应用技术规程》JGJ 256 技术要求的钢筋锚固板均可应用于各类混凝土结构中钢筋的锚固。其中，《钢筋锚固板应用技术规程》JGJ 256 适用于各类混凝土结构中钢筋采用锚固板锚固时锚固区的设计及钢筋锚固板的安装、检验与验收。由于国内目前已有的钢筋锚固板试验资料缺乏 50mm 钢筋的相关数据，需进一步验证《钢筋锚固板应用技术规程》JGJ 256 中规定的各项设计参数对其是否有效。因此，采用锚固板锚固的钢筋直径宜≤40mm；当公称直径>40mm 的钢筋采用锚固板锚固时，应通过试验验证其有关设计参数。

## 7.5　采用锚固板的钢筋

采用锚固板的钢筋应符合现行国家标准《钢筋混凝土用钢 第 2 部分：热轧带肋钢筋》GB/T 1499.2 及《钢筋混凝土用余热处理钢筋》GB/T 13014 的规定，采用部分锚固板的钢筋不应采用光圆钢筋，这是因为部分锚固板需要充分利用钢筋和混凝土之间的粘结力。采用全锚固板的钢筋可选用光圆钢筋。光圆钢筋应符合现行国家标准《钢筋混凝土用钢 第 1 部分：热轧光圆钢筋》GB/T 1499.1 的规定。

符合国家现行标准《钢筋混凝土用不锈钢钢筋》YB/T 4362、《钢筋混凝土用耐蚀钢筋》GB/T 33953、《钢筋混凝土用热轧耐火钢筋》GB/T 37622 及《液化天然气储罐用低温钢筋》YB/T 4641 的钢筋也可采用锚固板。当不锈钢钢筋、耐蚀钢筋、耐火钢筋及低温钢筋采用钢筋锚固板技术时，应使用与钢筋母材对应的原材料生产锚固板产品。

## 7.6 锚固板

锚固板是设置于钢筋端部用于锚固钢筋的承压板，可通过螺纹、焊接等方式与钢筋连接形成钢筋锚固板。影响钢筋锚固板机械锚固性能的因素除影响粘结锚固的因素外，还有锚固板承压面积、与钢筋的连接方式和连接强度、锚固板厚度等。钢筋锚固板产品作为全新的机械锚固装置，在设计开发时需按照现行相关标准规范的要求，对原材料选择、外形及尺寸设计、与钢筋的连接方式等因素进行考虑。锚固板产品设计定型后，还应进行试验验证，保证锚固板有足够强度与刚度，并达到现行行业标准《钢筋锚固板应用技术规程》JGJ 256 有关钢筋锚固板性能要求的各项规定。

### 7.6.1 锚固板的分类

锚固板可根据材料、形状、厚度、连接方式或受力性能等进行分类，见表 7.6.1。

锚固板的分类　　表 7.6.1

| 分类方法 | 类别 |
|---|---|
| 按材料分 | 球墨铸铁锚固板、钢板锚固板、锻钢锚固板、铸钢锚固板 |
| 按形状分 | 圆形锚固板、方形锚固板、长方形锚固板 |
| 按厚度分 | 等厚锚固板、不等厚锚固板 |
| 按连接方式分 | 螺纹连接锚固板（直螺纹、锥螺纹）、焊接连接锚固板（摩擦焊接、穿孔塞焊）、热镦成型钢筋锚固板 |
| 按受力性能分 | 部分锚固板、全锚固板 |

锚固板还可根据工程需要采用其他形状，几种典型形状的锚固板如图 7.6.1-1 所示。

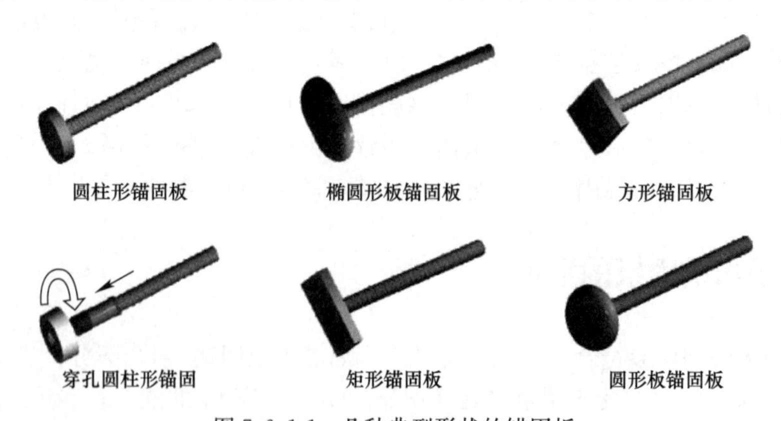


图 7.6.1-1　几种典型形状的锚固板

等厚锚固板在钢筋轴线方向投影，锚固板的各个截面形状和面积一样；不等厚锚固板在钢筋轴线方向投影，锚固板的截面和面积出现了变化。

现行行业标准《钢筋锚固板应用技术规程》JGJ 256 提出了两种锚固板与钢筋的连接方式：螺纹连接和穿孔塞焊连接。螺纹连接锚固板可分为直螺纹连接锚固板、锥螺纹连接锚固板。直螺纹连接锚固板又可根据直螺纹成型工艺的不同，细分为镦粗直螺纹连接锚固板、滚轧直螺纹连接锚固板等；焊接连接锚固板可分为摩擦焊接钢筋锚固板和穿孔塞焊钢筋锚固板。在我国，由于考虑钢筋直螺纹连接技术已经成熟，应用十分普遍，利用现场钢筋直螺纹连接加工设备即可实现锚固板钢筋的丝头加工，达到一机多用的目的；同时，锚固板内螺纹和套筒内螺纹采用的生产工艺和生产设备基本一致，便于生产，有利于商品化供应，因此直螺纹连接方式是首选的方式。锚固板与钢筋的连接宜选用直螺纹连接，连接螺纹的公差带应符合《普通螺纹 公差》GB/T 197 中 6H、6f 级精度规定，采用不等厚锚固板安装时正放或反放均可，如图 7.6.1-2 所示。采用焊接连接时，宜选用穿孔塞焊，其技术要求应符合现行行业标准《钢筋焊接与验收规程》JGJ 18 的规定。优先考虑锚固板与钢筋的连接采用螺纹连接是为了提高连接强度的可靠性和稳定性。考虑我国幅员广大，地区条件及工程类型差别大，焊接连接可作为锚固板与钢筋的补充连接手段。

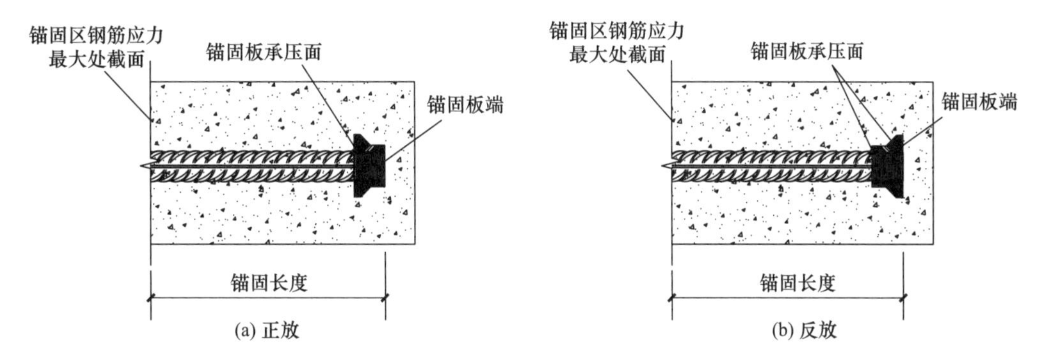


图 7.6.1-2　螺纹连接钢筋锚固板

《钢筋锚固板应用技术规程》JGJ 256—2011 按照受力性能的不同，将锚固板分为部分锚固板和全锚固板，这是我国行业标准中首次引入的新名词、新概念。部分锚固板指依靠锚固长度范围内钢筋与混凝土的粘结作用和锚固板承压面的承压作用共同承担钢筋规定锚固力的锚固板，主要用于减少钢筋锚固长度的场合。使用部分锚固板的钢筋锚固板，其锚固性能分为两个阶段，受力初期阶段主要为粘结锚固，此阶段会持续直至达到最大粘结力，然后逐渐退化下降并进入第二阶段，锚固力逐渐转移至锚固板上，此阶段会持续直至钢筋屈服、拉断或锚固板前混凝土局压破坏失效。钢筋锚固板的锚固能力由钢筋埋入段与混凝土的粘结力和锚固板的局部承压力组成，如图 7.6.1-3 所示。钢筋承受的外力由钢筋与混凝土之间的粘结力和锚固板的局部承压力共同承担，计算公式如式（7.6.1）所示。

$$P=\sum\overline{u}+P_{u} \tag{7.6.1}$$

式中　$P$——钢筋所受外力；

$P_{u}$——锚固板局部承压力；

$\overline{u}$——钢筋与混凝土间的平均粘结力。

全锚固板指全部依靠锚固板承压面的承压作用承担钢筋规定锚固力的锚固板，全锚固板不需要依靠锚固长度增加锚固能力，而是完全依靠锚固板的承压作用发挥钢筋极限强度标准值，主要用于板或梁抗剪、抗冲切钢筋及吊筋等场合。

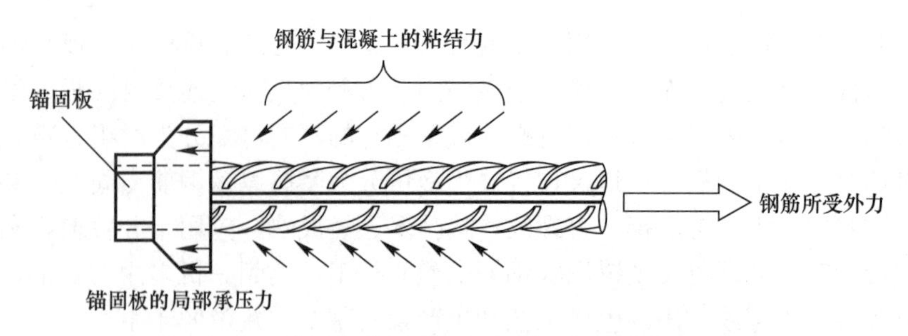


图 7.6.1-3 使用部分锚固板的钢筋锚固板受力机理示意

工程实践中，一般按钢筋规定锚固力承担方式即受力性能的不同来区分和使用锚固板，即区分部分锚固板和全锚固板。由于受力功能要求上的差异，这两类锚固板在使用中，要求的承压面积、埋入长度、钢筋间距、混凝土等级及使用场合等多方面均有所不同，这是需要特别注意的。

### 7.6.2 锚固板原材料

锚固板原材料宜选择现行行业标准《钢筋锚固板应用技术规程》JGJ 256 规定的球墨铸铁、钢板、锻钢或铸钢等材料，并满足相应的力学性能要求，见表 7.6.2。当锚固板与钢筋采用焊接连接时，锚固板原材料的选用应考虑与钢筋的可焊性，且应满足现行行业标准《钢筋焊接与验收规程》JGJ 18 对预埋件焊接接头的材料要求。

锚固板原材料力学性能要求 表 7.6.2

| 锚固板原材料 | 牌号 | 抗拉强度 $\sigma_s/(N/mm^2)$ | 屈服强度 $\sigma_b/(N/mm^2)$ | 伸长率 $\delta$/% |
|---|---|---|---|---|
| 球墨铸铁 | QT450-10 | ≥450 | ≥310 | ≥10 |
| 钢板 | 45 | ≥600 | ≥355 | ≥16 |
| | Q355 | 470～630 | ≥345 | ≥20 |
| 锻钢 | 45 | ≥600 | ≥355 | ≥16 |
| | Q235 | 370～500 | ≥225 | ≥22 |
| 铸钢 | ZG230-450 | ≥450 | ≥230 | ≥22 |
| | ZG270-500 | ≥500 | ≥270 | ≥18 |

### 7.6.3 锚固板的外形与尺寸

锚固板的外形应根据工程实际情况进行设计，钢筋受拉时锚固板承受压力的面即为锚固板承压面，承压面外形可选择圆形、方形、长方形等。锚固板承压面在钢筋轴线方向的投影面积即为锚固板承压面积，是钢筋锚固板锚固性能最重要的参数，应按照《钢筋锚固板应用技术规程》JGJ 256—2011 有关部分锚固板或全锚固板的承压面面积规定进行设计。由于部分锚固板和全锚固板受力功能要求上的差异，《钢筋锚固板应用技术规程》JGJ 256—2011 对两种锚固板承压面积的要求不同，部分锚固板要求其承压面积不应小于锚固钢筋公称面积的 4.5 倍，全锚固板要求其承压面积不应小于锚固钢筋公称面积的 9.0 倍。需指出的是，对于部分锚固板的承压面积，《混凝土结构设计标准》GB/T 50010 要求不小于锚固钢筋公称面积的 4.0 倍，而《钢筋锚固板应用技术规程》JGJ 256—2011 要求不小于锚固钢筋公称面积的4.5倍。这是因为《钢筋锚固板应用技术规程》JGJ 256—2011编制时，根据国内外各类钢筋锚固板试验结果做出的规定，大多数钢筋锚固板试验所用的锚固板承压面积，对于部分锚固板为4.5倍左右钢筋公称面积，对于全锚固板为9.0倍左右的钢筋公称面积。

锚固板厚度指锚固板端面（锚固板的外端面）到承压面的最大厚度，不应小于被锚固钢筋公称直径。锚固板厚度应根据锚固板与钢筋连接强度和锚固板刚度的需要确定，可采用等厚或不等厚设计，对于承压面不在同一平面的不等厚锚固板，可能有多个承压面。

根据上述要求，表7.6.3列出了锚固板的参考尺寸。

**锚固板参考尺寸**　　**表7.6.3**

| 钢筋公称直径/mm | | 14 | 16 | 18 | 20 | 22 | 25 | 28 | 32 | 36 | 40 |
|---|---|---|---|---|---|---|---|---|---|---|---|
| 锚固板规格/mm | | 14 | 16 | 18 | 20 | 22 | 25 | 28 | 32 | 36 | 40 |
| 承压面积/（≥，$mm^2$） | 部分锚固板 | 693 | 905 | 1145 | 1414 | 1711 | 2209 | 2771 | 3619 | 4580 | 5655 |
| | 全锚固板 | 1385 | 1810 | 2290 | 2827 | 3421 | 4418 | 5542 | 7238 | 9161 | 11310 |
| 厚度/（≥，mm） | 部分锚固板 | 14 | 16 | 18 | 20 | 22 | 25 | 28 | 32 | 36 | 40 |
| | 全锚固板 | | | | | | | | | | |

需注意的是，当采用不等厚或长方形锚固板时，除应满足上述面积和厚度要求外，尚应提供验证钢筋锚固板锚固能力的产品定型鉴定报告，通过省部级的产品鉴定。这是为了确保锚固板刚度及钢筋锚固板锚固能力提出的附加要求。产品鉴定报告应包括试验论证不同类型和规格的钢筋锚固板能够在满足《钢筋锚固板应用技术规程》JGJ 256—2011规定的锚固长度、最小混凝土保护层厚度和最小构造配筋的条件下达到规定的性能要求。

## 7.7　钢筋锚固板的性能要求

作为机械锚固装置，钢筋锚固板在混凝土中能实现有效工作，应满足以下要求：

（1）钢筋锚固板试件的极限拉力不应小于钢筋达到极限强度标准值时的拉力 $f_{stk}A_s$。

（2）钢筋锚固板在混凝土中的锚固极限拉力不应小于钢筋达到极限强度标准值时的拉力 $f_{stk}A_s$。

其中，第（1）条要求是保证钢筋锚固板锚固性能的重要环节。第（2）条要求为锚固板产品提供检验依据，钢筋锚固板的实际锚固强度受钢筋锚固长度、锚固板承压面积和刚度、混凝土强度等级及钢筋保护层厚度的影响较大，产品鉴定时应验证最不利情况下满足规定的强度要求。

钢筋锚固板试件极限拉力 $F_{u1}$ 和钢筋锚固板在混凝土中的锚固极限拉力 $F_{u2}$ 应满足表7.7的要求。

**钢筋锚固板试件极限拉力和钢筋锚固板在混凝土中的锚固极限拉力要求**　　**表7.7**

| 钢筋规格/mm | | 14 | 16 | 18 | 20 | 22 |
|---|---|---|---|---|---|---|
| $F_{u1}$、$F_{u2}$ /kN | 400MPa级 | 83.13 | 108.57 | 137.41 | 169.65 | 205.27 |
| | 500MPa级 | 96.98 | 126.67 | 160.32 | 197.92 | 239.48 |

续表

| 钢筋规格/mm | | 25 | 28 | 32 | 36 | 40 |
|---|---|---|---|---|---|---|
| $F_{u1}$、$F_{u2}$ /kN | 400MPa 级 | 265.07 | 332.51 | 434.29 | 549.65 | 678.58 |
| | 500MPa 级 | 309.25 | 387.92 | 506.68 | 641.26 | 791.68 |

## 7.8 钢筋锚固板的设计

### 7.8.1 部分锚固板

**1. 使用部分锚固板时钢筋的混凝土保护层厚度**

锚固长度范围外受力钢筋的混凝土保护层厚度不应小于 $d$，锚固长度范围内受力钢筋的混凝土保护层厚度应≥1.5$d$，$d$ 为钢筋的公称直径。

设计使用年限为 50 年的混凝土结构，最外层钢筋的混凝土保护层厚度应符合表 7.8.1-1 的规定。设计使用年限为 100 年的混凝土结构，最外层钢筋的混凝土保护层厚度不应小于表 7.8.1-2 中数值的 1.4 倍。

**混凝土保护层的最小厚度 $c$　单位：mm　　表 7.8.1-1**

| 环境类别 | 板、墙、壳 | 梁、柱、杆 |
|---|---|---|
| 一 | 15 | 20 |
| 二 a | 20 | 25 |
| 二 b | 25 | 35 |
| 三 a | 30 | 40 |
| 三 b | 40 | 50 |

注：1. 混凝土强度等级不大于 C25 时，表中保护层厚度数值应增加 5mm。
2. 钢筋混凝土基础宜设置混凝土垫层，基础中钢筋的混凝土保护层厚度应从垫层顶面算起，且应≥40mm。

**2. 部分锚固板侧面和端面混凝土保护层厚度（图 7.8.1-1）**

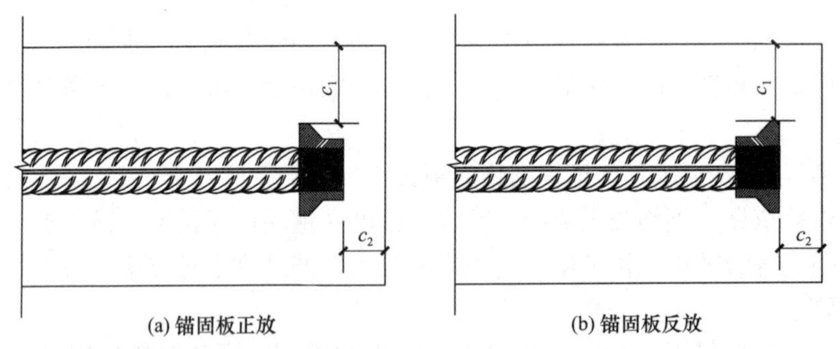


(a) 锚固板正放　　(b) 锚固板反放

$c_1$—部分锚固板侧面混凝土保护层厚度；$c_2$—部分锚固板端面混凝土保护层厚度

图 7.8.1-1　部分锚固板侧面和端面混凝土保护层厚度示意

锚固板的混凝土保护层厚度多数情况下由主筋混凝土保护层决定，锚固板的最小混凝土保护层厚度为 15mm。更长使用年限结构和二、三类环境条件下，应增大混凝土保护层，宜按表 7.8.1-1 中板、墙、壳保护层规定或对锚固板进行防腐处理，具体要求如表 7.8.1-2 所示。

**部分锚固板侧面和端面混凝土保护层的最小厚度 $c_1$、$c_2$　　表 7.8.1-2**

| 环境类别和设计使用年限 | 锚固板侧面和端面的混凝土保护层厚度 |
| --- | --- |
| 一类环境中设计使用年限为 50 年的结构 | 15mm |
| 其他环境类别或更长使用年限的结构 | 1. 设计使用年限为 50 年的混凝土结构，应满足表 7.8.1-1 中板、墙、壳在各环境类别下混凝土保护层最小厚度的要求。<br>2. 设计使用年限为 100 年的混凝土结构，不应小于表 7.8.1-1 中板、墙、壳在各环境类别下混凝土保护层最小厚度要求的 1.4 倍。<br>3. 有特殊要求时，可对锚固板采取附加的防腐措施以满足耐久性要求 |

### 3. 使用部分锚固板时锚固长度范围内箍筋配置构造

锚固长度范围内箍筋配置构造应满足表 7.8.1-3 的要求。

**锚固长度范围内箍筋配置构造　　表 7.8.1-3**

| 箍筋数量 | ≥3 根 |
| --- | --- |
| 箍筋直径 | ≥$d$/4 |
| 箍筋间距 | ≤5$d$ 且≤100mm |
| 第 1 根箍筋与锚固板承压面的距离 | ≤$d$ |

注：锚固长度范围内钢筋的混凝土保护层厚度>5$d$ 时，可不设箍筋（横向钢筋）。

### 4. 使用部分锚固板时钢筋的净间距

采用部分锚固板时，钢筋净间距不宜小于 1.5$d$。

1）梁纵向钢筋间距（图 7.8.1-2）

梁上部钢筋水平方向的净间距（钢筋外边缘之间的最小距离）不应小于 30mm 和 1.5$d$（$d$ 为纵向受力钢筋的最大直径）；梁下部钢筋水平方向的净间距不应小于 25mm 和 1.5$d$。当下部钢筋多于 2 层时，2 层以上钢筋水平方向的中距应较下面 2 层的中距增大 1 倍；各层钢筋之间的净间距不应小于 25mm 和 1.5$d$（$d$ 为钢筋的最大直径）。

2）柱纵向钢筋间距（图 7.8.1-3）

柱中纵向受力钢筋的净间距不应小于 50mm 和 1.5$d$，且不宜大于 300mm；抗震且截面尺寸大于 400mm 的柱，纵向钢筋的中心距不宜大于 200mm。

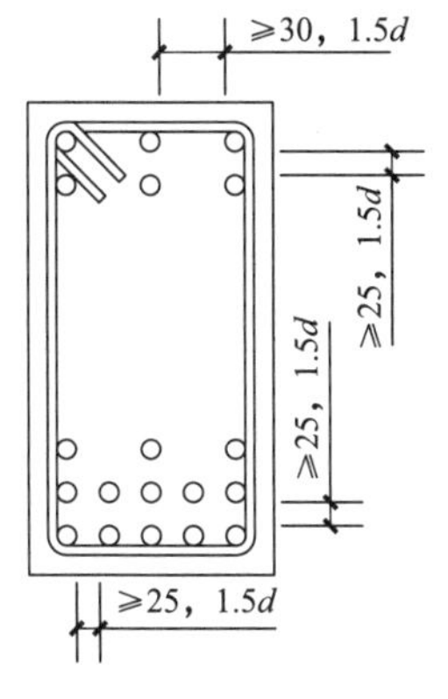


图 7.8.1-2　梁纵向钢筋间距

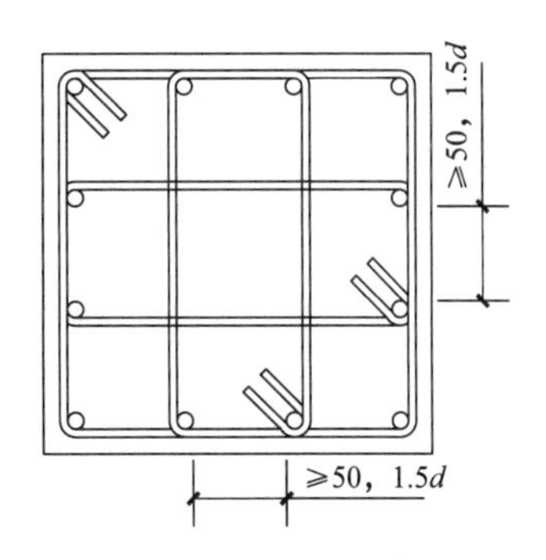


图 7.8.1-3　柱纵向钢筋间距

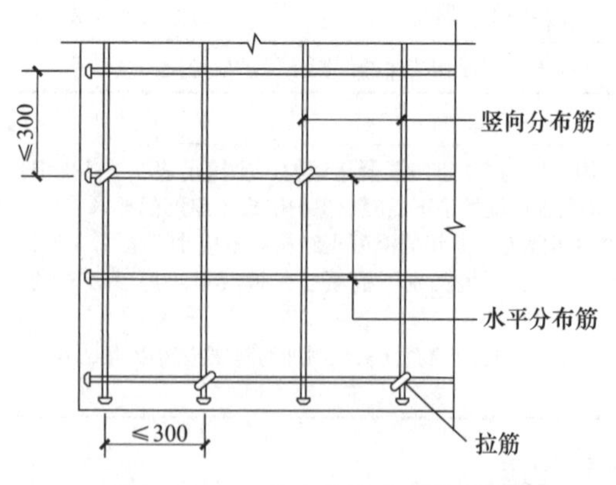

图 7.8.1-4 剪力墙分布钢筋间距

3）剪力墙分布钢筋间距（图 7.8.1-4）

剪力墙水平分布钢筋及竖向分布钢筋中心距不宜大于 300mm。

**5. 使用部分锚固板时纵向受拉钢筋锚固长度及混凝土强度等级**

钢筋锚固板的锚固长度指受力钢筋依靠其表面与混凝土粘结作用和部分锚固板承压面的承压作用共同承担钢筋规定锚固力所需的长度。

1）使用部分锚固板时纵向受拉钢筋非抗震锚固长度不宜小于表 7.8.1-4 中数值的 0.4 倍，见表 7.8.1-5。使用部分锚固板的钢筋，其纵向受拉钢筋非抗震锚固长度不再对混凝土保护层厚度、钢筋直径、环氧树脂涂层、扰动、实际配筋面积等参数进行修正。

**纵向受拉钢筋非抗震基本锚固长度 $l_{ab}$** **表 7.8.1-4**

| 钢筋种类 | 混凝土强度等级 | | | | | | |
|---|---|---|---|---|---|---|---|
| | C30 | C35 | C40 | C45 | C50 | C55 | ≥C60 |
| HRB400 | 36*d* | 33*d* | 30*d* | 28*d* | 27*d* | 26*d* | 25*d* |
| HRB500 | — | 39*d* | 36*d* | 34*d* | 33*d* | 31*d* | 30*d* |

**使用部分锚固板时纵向受拉钢筋非抗震锚固长度 $0.4l_{ab}$** **表 7.8.1-5**

| 钢筋种类 | 混凝土强度等级 | | | | | | |
|---|---|---|---|---|---|---|---|
| | C30 | C35 | C40 | C45 | C50 | C55 | ≥C60 |
| HRB400 | 15*d* | 13*d* | 12*d* | 12*d* | 11*d* | 11*d* | 10*d* |
| HRB500 | — | 16*d* | 15*d* | 14*d* | 13*d* | 13*d* | 12*d* |

2）使用部分锚固板时纵向受拉钢筋抗震锚固长度不宜小于表 7.8.1-6 中数值的 0.4 倍，见表 7.8.1-7。采用部分锚固板的钢筋，其纵向受拉钢筋抗震锚固长度不再对混凝土保护层厚度、钢筋直径、环氧树脂涂层、扰动、实际配筋面积等参数进行修正。四级抗震等级 $l_{abE}=l_{ab}$。

**纵向受拉钢筋抗震基本锚固长度 $l_{abE}$** **表 7.8.1-6**

| 钢筋种类 | 混凝土强度等级与抗震等级 | | | | | | | | | | | | | |
|---|---|---|---|---|---|---|---|---|---|---|---|---|---|---|
| | C30 | | C35 | | C40 | | C45 | | C50 | | C55 | | ≥C60 | |
| | 一、二 | 三 | 一、二 | 三 | 一、二 | 三 | 一、二 | 三 | 一、二 | 三 | 一、二 | 三 | 一、二 | 三 |
| HRB400 | 41*d* | 37*d* | 37*d* | 34*d* | 34*d* | 31*d* | 33*d* | 30*d* | 31*d* | 28*d* | 30*d* | 27*d* | 29*d* | 26*d* |
| HRB500 | — | — | 45*d* | 41*d* | 41*d* | 38*d* | 39*d* | 36*d* | 37*d* | 34*d* | 36*d* | 33*d* | 35*d* | 32*d* |

**使用部分锚固板时纵向受拉钢筋抗震锚固长度 $0.4l_{abE}$** **表 7.8.1-7**

| 钢筋种类 | 混凝土强度等级与抗震等级 | | | | | | | | | | | | | |
|---|---|---|---|---|---|---|---|---|---|---|---|---|---|---|
| | C30 | | C35 | | C40 | | C45 | | C50 | | C55 | | ≥C60 | |
| | 一、二 | 三 | 一、二 | 三 | 一、二 | 三 | 一、二 | 三 | 一、二 | 三 | 一、二 | 三 | 一、二 | 三 |
| HRB400 | 17*d* | 15*d* | 15*d* | 14*d* | 14*d* | 13*d* | 13*d* | 12*d* | 13*d* | 12*d* | 12*d* | 11*d* | 12*d* | 11*d* |
| HRB500 | — | — | 18*d* | 17*d* | 17*d* | 15*d* | 16*d* | 15*d* | 15*d* | 14*d* | 15*d* | 14*d* | 14*d* | 13*d* |

3）纵向钢筋不承受反复拉、压力，锚固长度范围内钢筋的混凝土保护层厚度≥$2d$，对 500MPa、400MPa 级钢筋，锚固区的混凝土强度等级分别不低于 C40、C35 时，锚固长度可取表 7.8.1-4 中数值的 0.3 倍，见表 7.8.1-8。

**满足上述条件使用部分锚固板时纵向受拉钢筋非抗震锚固长度 $0.3l_{ab}$　表 7.8.1-8**

| 钢筋种类 | 混凝土强度等级 | | | | | |
|---|---|---|---|---|---|---|
| | C35 | C40 | C45 | C50 | C55 | ≥C60 |
| HRB400 | $10d$ | $9d$ | $9d$ | $8d$ | $8d$ | $8d$ |
| HRB500 | — | $11d$ | $11d$ | $10d$ | $10d$ | $9d$ |

剪力墙中水平分布钢筋多数情况下满足上述条件，从而锚固长度可采用 $0.3l$ab，较传统弯折钢筋更易满足墙体中钢筋锚固长度的要求并使施工更加简便、高效。

4）对于 500MPa、400MPa 级钢筋，锚固区（混凝土结构中，钢筋拉力通过钢筋锚固板传递并扩散到周围混凝土的区域）混凝土强度等级分别不宜低于 C35、C30。

《钢筋锚固板应用技术规程》JGJ 256—2011 规定，配置部分锚固板的钢筋锚固长度 $l_{ah}$ 不宜小于 $0.4l_{ab}$（或 $0.4l_{abE}$），较《混凝土结构设计标准》GB/T 50010 规定的钢筋机械锚固时的锚固长度 $0.6l_{ab}$ 小。$l_{ab}$ 是《混凝土结构设计标准》GB/T 50010 规定的钢筋基本锚固长度，$l_{ah}=0.4l_{ab}$ 与弯折钢筋的锚固长度相当，因此可用其等效代替弯折钢筋锚固，包括在框架节点中的应用。国内外对比试验均表明，在相同混凝土强度和埋入条件下，部分锚固板钢筋的锚固能力实际上优于传统弯折钢筋锚固能力，通过 6 个埋入条件完全相同的弯折钢筋和部分锚固板钢筋锚固能力的对比试验证明，部分锚固板钢筋的锚固能力比弯折钢筋高出 30%左右。与美国规范 ACI 318 采用部分锚固板时锚固长度是弯折钢筋锚固长度的 0.75 倍的规定基本一致。《钢筋锚固板应用技术规程》JGJ 256—2011 未取用折减系数 0.75 是考虑国内使用经验相对还比较少，国内规范对混凝土保护层厚度、钢筋间距等要求相对比较宽松，因此暂不考虑折减。但在混凝土保护层≥$2d$ 和不承受反复拉压的工况以及满足一定的混凝土强度要求的情况下，允许将锚固长度减为 $0.3l_{ab}$，为某些迫切需要减少钢筋锚固长度的场合提供了解决途径。上述锚固长度的规定比《混凝土结构设计标准》GB/T 50010 规定的为小，这是根据《钢筋锚固板应用技术规程》JGJ 256—2011 编制组完成的锚固板承压面积是钢筋公称面积 4.5 倍或以上的大量试验结果做出的合理调整。《混凝土结构设计标准》GB/T 50010 中将承压面积≥4 倍钢筋公称面积的螺栓锚头（锚固板）与一侧或两侧贴焊锚筋（锚筋承压面积仅为 1～2 倍钢筋公称面积）的机械锚固装置取为相同锚固长度是过于保守的，不能充分利用和发挥锚固板的锚固能力。

钢筋锚固长度、混凝土保护层厚度和箍筋配置对钢筋锚固板的锚固极限拉力有明显影响。《钢筋锚固板应用技术规程》JGJ 256—2011 规定，锚固板承压面积应大于钢筋截面面积的 4.5 倍，锚固区混凝土保护层厚度不宜小于 $1.5d$，同时规定了构造箍筋和锚固区混凝土强度等级的最低要求，满足上述条件后，可确保在最不利情况下钢筋锚固板的锚固强度。《钢筋锚固板应用技术规程》JGJ 256—2011 中不再要求对混凝土保护层、钢筋直径等参数进行修正，以便与现行国家标准《混凝土结构设计标准》GB/T 50010 对框架节点中采用钢筋锚固板时锚固长度的规定保持一致。

在规定锚固长度的同时，《钢筋锚固板应用技术规程》JGJ 256—2011 还提出了混凝土强度等级要求，配置部分锚固板的钢筋在承受拉力时，早期主要依靠锚固长度范围内钢筋与混凝土的粘结力，后期主要依靠锚固板的局部承压力，锚固板在发挥钢筋拉力和锚固安全度上起主导作用，这部分承载能力与混凝土局部承压强度成正比，因此需要规定最小的混凝土强度等级。

锚固区混凝土强度不仅影响与钢筋的粘结力，从而影响锚固长度，更对锚固板承压力有直接影响。《钢筋锚固板应用技术规程》JGJ 256—2011 增加了针对不同钢筋强度等级相对应的最低混凝土强度等级要求。部分试验结果表明，当埋入段钢筋的混凝土保护层厚度超过 $2d$ 时，箍筋的作用明显减小。在相同锚固长度的情况下，$2d$ 钢筋保护层厚度的素混凝土锚固板试件，其锚固极限拉力与 $1d$ 保护层厚度并配置构造箍筋试件的锚固极限拉力基本相当。对于具有 $3d$ 保护层厚度的钢筋锚固板试件，即使不配置构造箍筋，已有较高的锚固力；但为了更安全计，《钢筋锚固板应用技术规程》JGJ 256—2011 仍引用《混凝土结构设计标准》GB/T 50010 中埋入段不配置箍筋的条件是$\geqslant 5d$。

**6. 部分锚固板的安装位置**

梁、柱或拉杆等构件的纵向受拉主筋采用锚固板集中锚固于与其正交或斜交的边柱、顶板、底板等边缘构件时（图 7.8.1-5），钢筋锚固板的锚固长度 $l_{ah}$ 除应符合规定外，宜将钢筋锚固板延伸至正交或斜交边缘构件对侧纵向主筋内边。

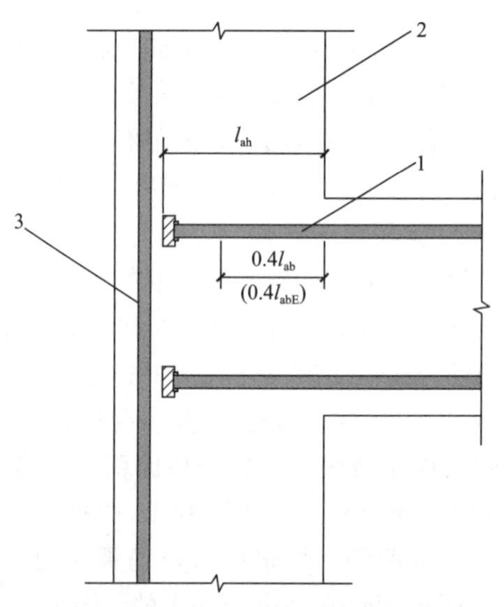


1——构件纵向受拉主筋；2——边缘构件；3——边缘构件对侧纵向主筋；$l_{ah}$——钢筋锚固板的锚固长度；$l_{ab}$——受拉钢筋的基本锚固长度；$l_{abE}$——受拉钢筋的抗震基本锚固长度

图 7.8.1-5　钢筋锚固板在边缘构件中的锚固

梁、柱和拉杆等受拉主筋采用锚固板并集中锚固于与其相交的边缘构件时，巨大的集中力如果不是传递给边缘构件的全截面而是截面的一小部分时，易引起锚固区的局部冲切破坏。1991 年，欧洲海洋石油勘探平台 Sleipner A 的垮塌就是因为集中配置的大量钢筋锚固板未延伸至与其相交的边缘构件对侧主筋处，而是锚固于构件腹部，使在钢筋拉拔力作用下，锚固区混凝土局部冲切破坏（图 7.8.1-6）。工程中如遇必须在边缘构件腹部锚固时，宜进行钢筋锚固区局部抗冲切强度验算或参照现行国家标准《混凝土结构设计标准》GB/T 50010 有关位于梁下部或高度范围内承受集中荷载时配置附加横向钢筋的相关规定处理。

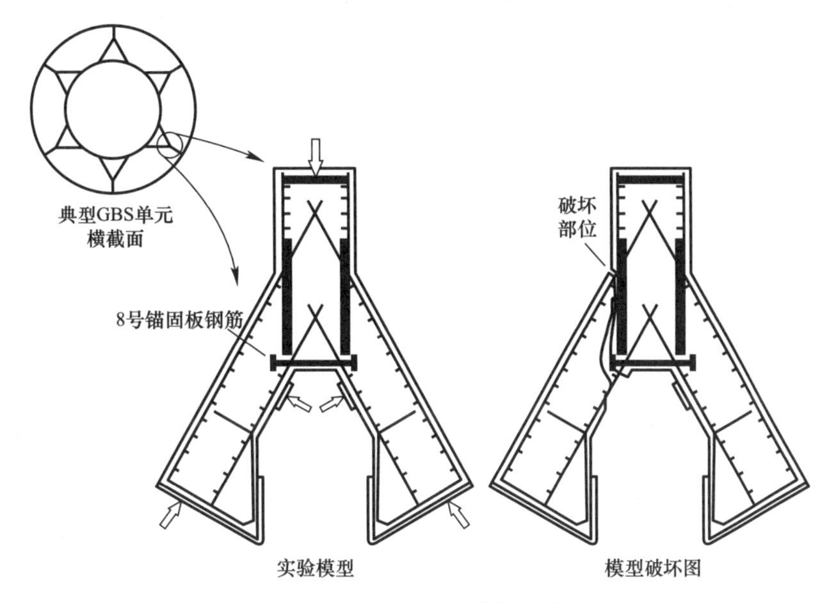


图 7.8.1-6 Sleipner A 垮塌试验研究

**7. 非框架梁纵向受力钢筋采用部分锚固板**

非框架梁上部纵向受力钢筋深入支座范围内的锚固长度，当设计按铰接时（图 7.8.1-7a），钢筋锚固板的锚固长度 $l_{ah}$ 不应小于 $0.35l_{ab}$；当设计按充分利用钢筋抗拉强度时（图 7.8.1-7b），钢筋锚固板的锚固长度 $l_{ah}$ 不应小于 $0.6l_{ab}$。非框架梁上部纵向受力钢筋应伸至框架梁外边纵向受力钢筋内侧，框架梁钢筋为一排时，可伸至框架梁箍筋内侧。

非框架梁下部纵向受力钢筋深入支座范围内的锚固长度无法满足现行国家标准《混凝土结构设计标准》GB/T 50010 中不小于 $12d$ 的要求时，可选用钢筋锚固板。对 400MPa 级钢筋，钢筋锚固板的锚固长度 $l_{ah}$ 不应小于 $6d$；对 500MPa 级钢筋，钢筋锚固板的锚固长度 $l_{ah}$ 不应小于 $7d$，且应伸至框架梁外边纵向受力钢筋内侧（图 7.8.1-7）。

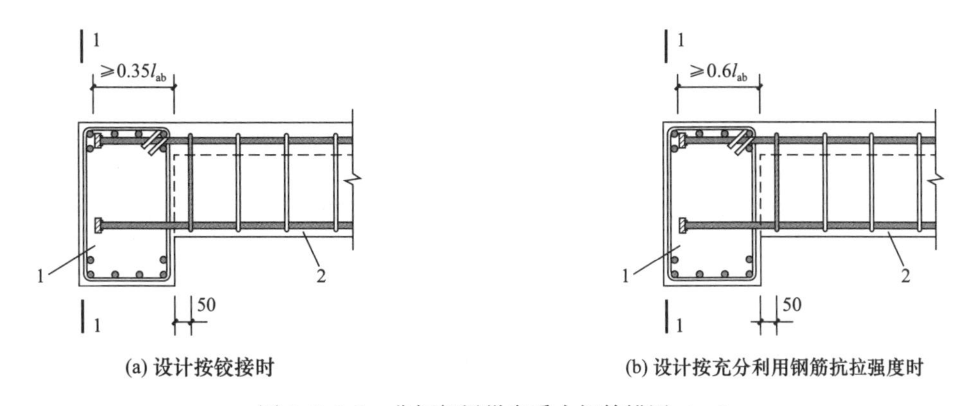


图 7.8.1-7 非框架梁纵向受力钢筋锚固（一）

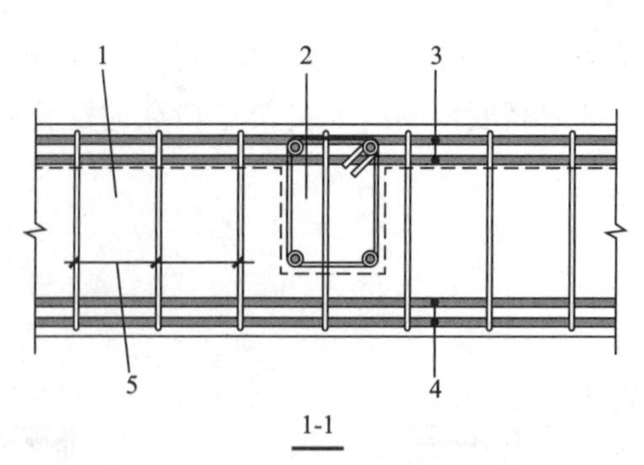


1——框架梁；2——非框架梁；3——框架梁上部纵筋；4——框架梁下部纵筋；5——框架梁箍筋；$l_{ab}$——受拉钢筋的基本锚固长度

图 7.8.1-7　非框架梁纵向受力钢筋锚固（二）

注：1. 当非框架梁和框架梁顶部标高相同时，框架梁上部纵向受力钢筋与非框架梁上部纵向受力钢筋的上、下位置关系应根据楼层施工钢筋整体排布方案并经设计确认后确定。当非框架梁和框架梁底部标高相同时，非框架梁下部纵向受力钢筋应置于框架梁下部纵向受力钢筋之上。

2. 非框架梁中间支座，梁的下部纵向受力钢筋宜贯通支座。当必须锚固时，也可锚固在支座内。

**8. 简支单跨深梁下部纵向受拉钢筋采用部分锚固板**

如图 7.8.1-8 所示，简支单跨深梁下部纵向受拉钢筋采用部分锚固板时，应全部伸入支座，且应均匀布置在深梁下边缘以上 0.2$h$ 的范围内。锚固板应伸过支座中心线，且钢筋锚固板的锚固长度 $l_{ah}$ 不应小于 $0.45l_{ab}$（$0.45l_{abE}$）。

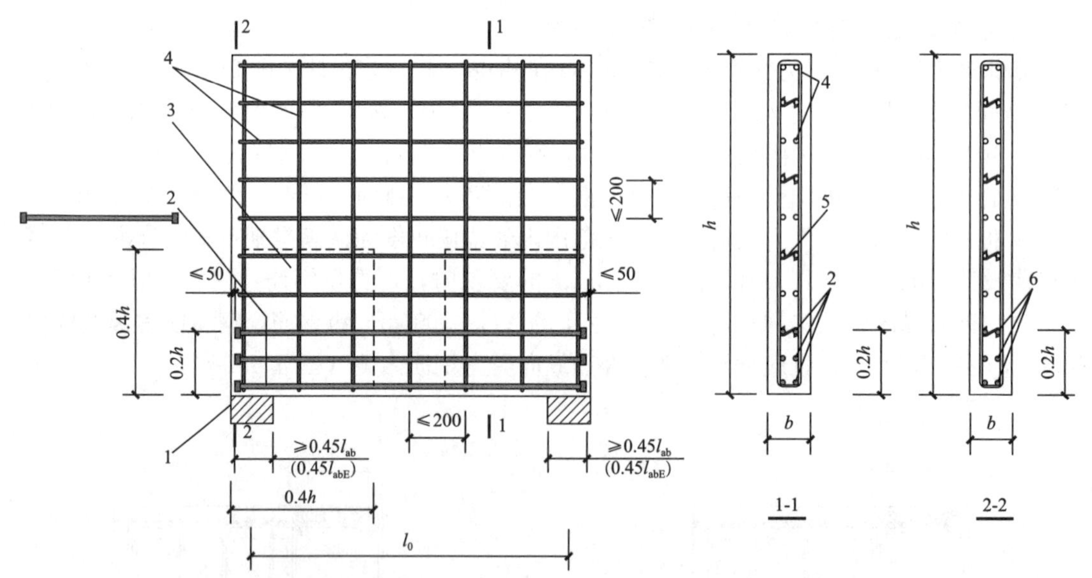


1——支座；2——下部纵向受拉钢筋；3——拉筋加密区；4——水平及竖向分布钢筋；5——拉筋；6——部分锚固板；$l_{ab}$——受拉钢筋的基本锚固长度；$l_{abE}$——受拉钢筋的抗震基本锚固长度；$l_0$——计算跨度；$h$——深梁高；$b$——深梁宽

图 7.8.1-8　简支单跨深梁端部钢筋锚固

注：1. 深梁应配置双排钢筋网，水平和竖向分布钢筋直径均不应小于 8mm，间距不应大于 200mm。

2. 在深梁双排钢筋之间应设置拉筋，拉筋沿纵横两个方向的间距不宜大于 600mm，在图中虚线部分，尚应适当增加拉筋的数量。

**9. 连续深梁端部下部纵向受拉钢筋采用部分锚固板**

连续深梁端部下部纵向受拉钢筋采用部分锚固板时，应全部伸入支座，且应均匀布置在深梁下边缘以上 $0.2h$ 的范围内。锚固板应伸过支座中心线，且钢筋锚固板的锚固长度 $l_{ah}$ 不应小于 $0.45l_{ab}$（$0.45l_{abE}$）（图 7.8.1-9a）。连续深梁中间支座截面的纵向受拉钢筋宜按要求的高度范围和配筋比例均匀布置在相应的高度范围内（图 7.8.1-9b）。

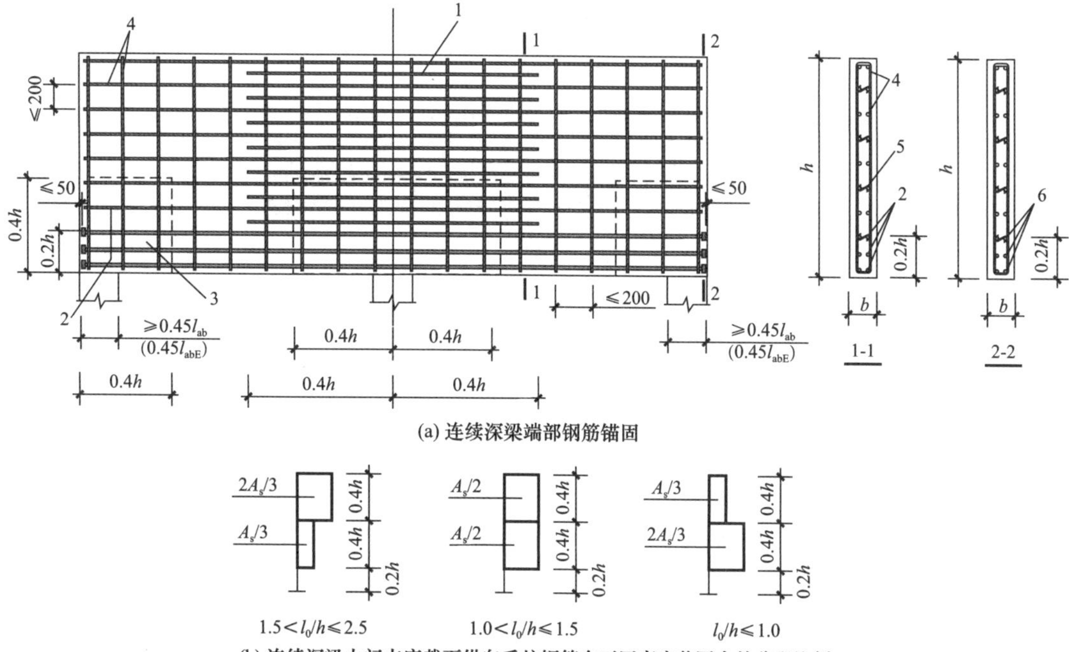


(b) 连续深梁中间支座截面纵向受拉钢筋在不同高度范围内的分配比例

1——支座截面上部的附加水平钢筋；2——下部纵向受拉钢筋；3——拉筋加密区；4——水平及竖向分布钢筋；5——拉筋；6——部分锚固板；$l_{ab}$——受拉钢筋的基本锚固长度；$l_{abE}$——受拉钢筋的抗震基本锚固长度；$l_0$——计算跨度；$h$——深梁高；$b$——深梁宽；$A_s$——钢筋截面面积

图 7.8.1-9 连续深梁端部钢筋锚固

**10. 框架中间层节点采用部分锚固板**

框架中间层节点采用部分锚固板时，应符合下列规定：

（1）角柱、边柱中间层节点梁纵向钢筋采用锚固板时，锚固板宜伸至柱外侧纵向受力钢筋内边，距纵向钢筋内边距离不应大于 50mm，钢筋锚固板的锚固长度 $l_{ah}$ 不应小于 $0.4l_{ab}$（$0.4l_{abE}$）（图 7.8.1-10、图 7.8.1-11）。

（2）中柱中间层节点梁下部纵向钢筋采用锚固板时，锚固板宜伸至柱对侧纵向钢筋内边，钢筋锚固板的锚固长度 $l_{ah}$ 不应小于 $0.4l_{ab}$（$0.4l_{abE}$）（图 7.8.1-12）。

梁纵向钢筋采用锚固板时，锚固板宜伸至柱外侧纵筋内边，距纵向钢筋内边距离应≤50mm，锚固长度应≥$0.4l_{abE}$（$0.4l_{ab}$）。除钢筋锚固板的锚固长度应满足要求外，还应将锚固板尽量伸向柱截面的外侧纵向钢筋内边，以确保节点的传力机理和节点核心区的抗剪强度。此外，当锚固板离柱外表面过近时，易在反复拉压受力的后期产生锚固板向外推出，为避免出现上述情况，规定了锚固板应延伸至柱外侧纵向钢筋内边。

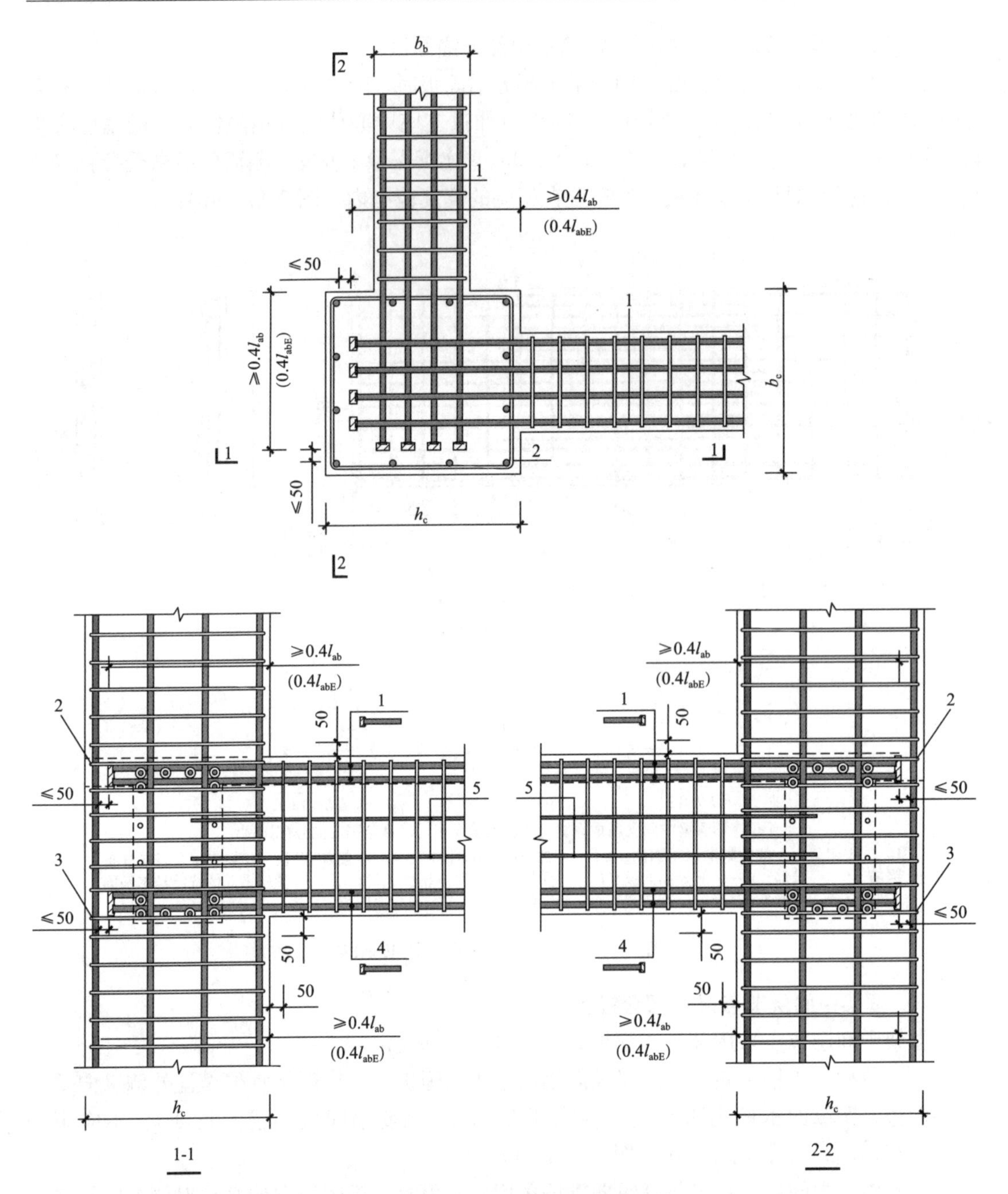


1——梁上部纵筋；2——节点区最上一组箍筋；3——节点区最下一组箍筋；4——梁下部纵筋；5——梁侧构造纵筋；$l_{ab}$——受拉钢筋的基本锚固长度；$l_{abE}$——受拉钢筋的抗震基本锚固长度；$h_c$——柱高度；$b_c$——柱宽度；$b_b$——梁宽度

图 7.8.1-10 框架角柱中间层节点配筋

注：1. 未表示柱内其余箍筋或拉筋。

2. 节点处平面相交叉的框架梁不同方向纵向钢筋排布躲让时，钢筋上下排布位置设置应提请设计单位确认。

3. 当梁中纵向受力钢筋的混凝土保护层厚度>50mm 时，宜对保护层采取有效的防裂构造措施；若梁顶部保护层厚度>50mm，而梁顶部有现浇板钢筋配置通过时，可视同已采取防裂构造措施。

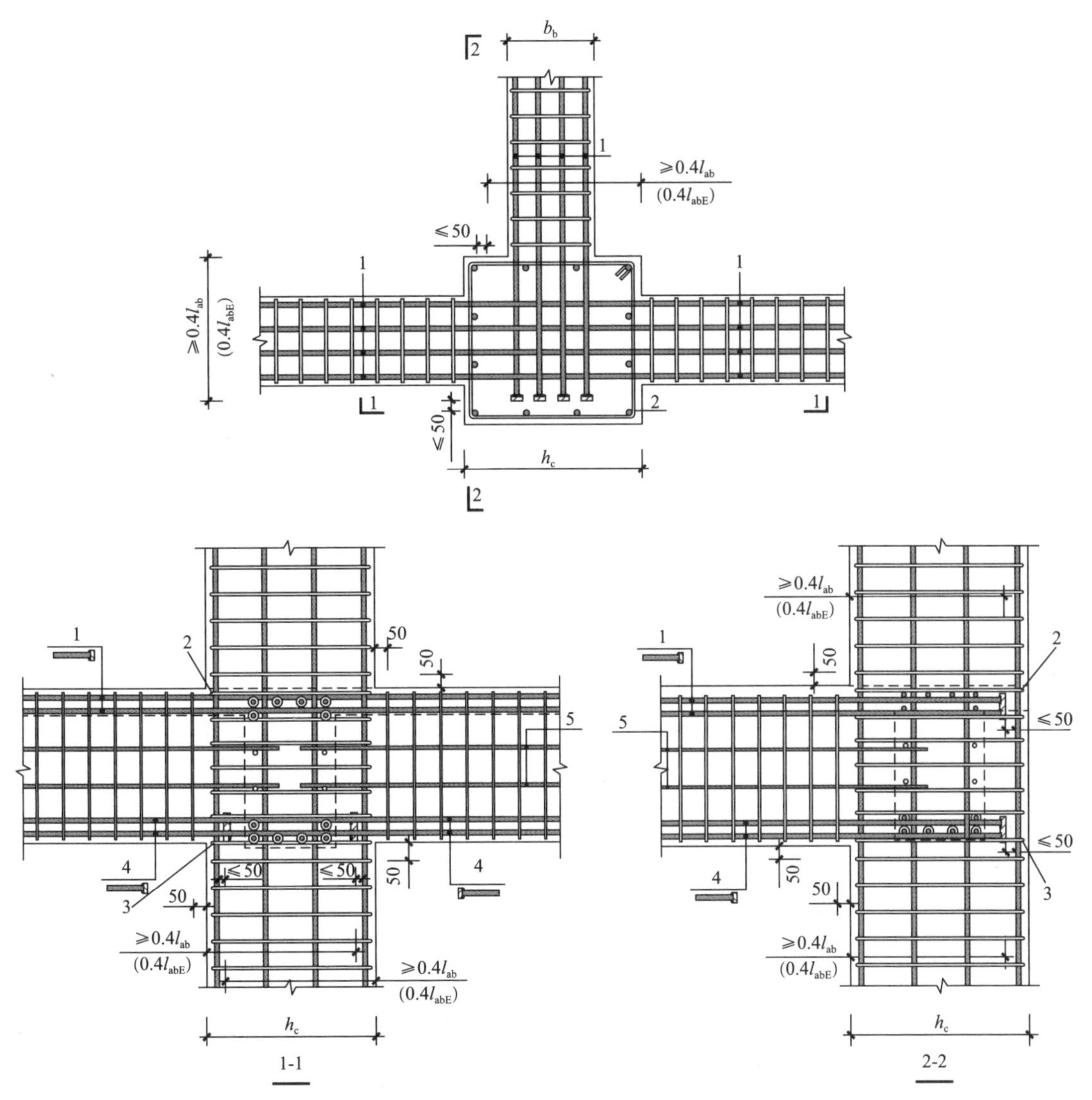


1——梁上部纵筋；2——节点区最上一组箍筋；3——节点区最下一组箍筋；4——梁下部纵筋；5——梁侧构造纵筋；$l_{ab}$——受拉钢筋的基本锚固长度；$l_{abE}$——受拉钢筋的抗震基本锚固长度；$h_c$——柱高度；$b_b$——梁宽度

图 7.8.1-11 框架边柱中间层节点配筋

注：1. 未表示柱内其余箍筋或拉筋。

2. 节点处平面相交叉的框架梁不同方向纵向钢筋排布躲让时，钢筋上下排布位置设置应提请设计单位确认。

3. 当梁中纵向受力钢筋的混凝土保护层厚度>50mm 时，宜对保护层采取有效的防裂构造措施；若梁顶部保护层厚度>50mm，而梁顶部有现浇板钢筋配置通过时，可视同已采取防裂构造措施。

4. 连续梁在节点处下部钢筋根数较多时，不宜采用部分锚固板方式锚固在节点内。

### 11. 框架中柱顶层节点采用部分锚固板

如图 7.8.1-13 所示，框架中柱顶层节点柱的纵向钢筋在节点中采用钢筋锚固板时，锚固板宜伸至梁对侧纵向钢筋内边，距纵向钢筋内边距离不应大于 50mm，且钢筋锚固板的锚固长度 $l_{ah}$ 不应小于 0.5$l_{ab}$（0.5$l_{abE}$）；梁的下部纵向钢筋在节点中采用钢筋锚固板时，锚固板宜伸至柱对侧纵向钢筋内边，且钢筋锚固板的锚固长度 $l_{ah}$ 不应小于 0.4$l_{ab}$（0.4$l_{abE}$）；

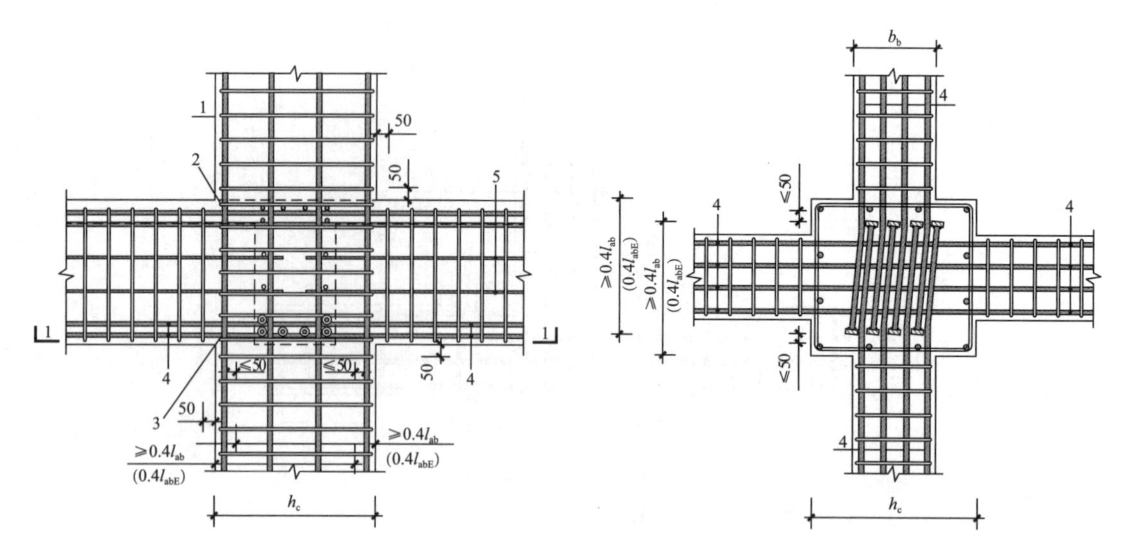


1——柱；2——节点区最上一组箍筋；3——节点区最下一组箍筋；4——梁下部纵筋；5——梁侧构造纵筋；$l_{ab}$——受拉钢筋的基本锚固长度；$l_{abE}$——受拉钢筋的抗震基本锚固长度；$h_c$——柱高度；$b_b$——梁宽度

图 7.8.1-12　框架中柱中间层节点配筋

注：1. 未表示柱内其余箍筋或拉筋。

2. 节点处平面相交叉的框架梁不同方向纵向钢筋排布躲让时，钢筋上下排布位置设置应提请设计单位确认。

3. 当梁中纵向受力钢筋的混凝土保护层厚度>50mm 时，宜对保护层采取有效的防裂构造措施；若梁顶部保护层厚度>50mm，而梁顶部有现浇板钢筋配置通过时，可视同已采取防裂构造措施。

4. 节点区梁下部钢筋按<1∶6 自然弯曲。

5. 图示 Y 向连续梁在节点处下部钢筋根数较多时，不宜采用部分锚固板方式锚固在节点内。

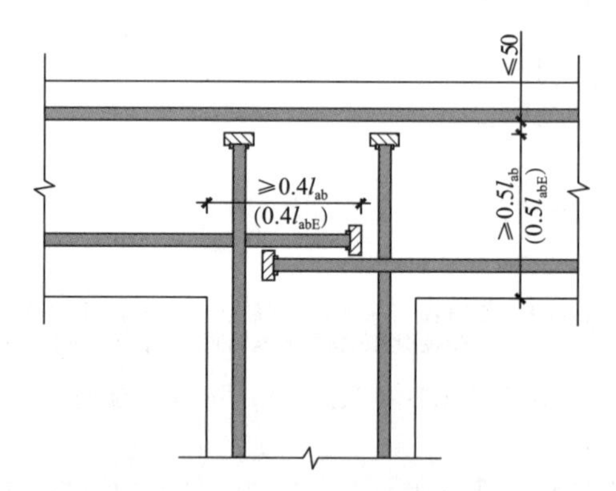


$l_{ab}$——受拉钢筋的基本锚固长度；$l_{abE}$——受拉钢筋的抗震基本锚固长度

图 7.8.1-13　柱纵向钢筋和梁下部纵向钢筋在中柱顶层节点的锚固

## 12. 框架顶层端节点采用部分锚固板

框架顶层端节点采用钢筋锚固板时，应符合下列规定：

（1）柱的内侧纵向受力钢筋在节点中采用钢筋锚固板时，钢筋锚固板的锚固长度 $l_{ah}$ 不宜小于 $0.4l_{ab}$（$0.4l_{abE}$）；顶层端节点梁的下部纵向受力钢筋在节点中采用钢筋锚固板时，纵向受力钢筋宜伸至柱外侧纵向受力钢筋内边，钢筋锚固板的锚固长度 $l_{ah}$ 不应小于 $0.4l_{ab}$（$0.4l_{abE}$）（图 7.8.1-14c）；

(2) 柱的外侧纵向受力钢筋与梁的上部纵向受力钢筋在节点中的搭接，应符合现行国家标准《混凝土结构设计标准》GB/T 50010 中有关顶层端节点梁柱负弯矩钢筋搭接的相关规定。

(3) 当顶层端节点核心区受剪的水平截面满足式（7.8.1）条件时，伸入节点的柱和梁的纵向受力钢筋可采用钢筋锚固板（图 7.8.1-14）：

$$V_j \leqslant \frac{1}{\gamma_{RE}}(0.25\beta_c f_c b_j h_j) \tag{7.8.1}$$

式中　$V_j$——节点核心区考虑抗震的剪力设计值（N）；

$\gamma_{RE}$——承载力抗震调整系数；

$\beta_c$——混凝土强度影响系数；

$f_c$——混凝土轴心抗压强度设计值（$N/mm^2$）；

$b_j$——框架节点核心区的有效验算宽度（mm）；

$h_j$——框架节点核心区的截面高度（mm），可取验算方向的柱截面高度，即 $h_j = h_c$。

梁上部纵向受力钢筋采用钢筋锚固板时，其在节点中的锚固长度 $l_{ah}$ 不应小于 $0.4l_{ab}$（$0.4l_{abE}$），锚固板宜伸至柱纵向受力钢筋内边，且距柱纵向受力钢筋内边不应大于 50mm（图 7.8.1-14c）；柱外侧钢筋锚固板除角部钢筋外应在柱顶区全部弯折在节点内，其弯折段与梁上部伸入节点的钢筋锚固板的搭接长度不应小于 $14d$（$d$ 为梁上部钢筋公称直径），当不满足上述要求时，可以将弯折钢筋的锚固板伸入梁内（图 7.8.1-14c）；上述搭接区段应配置倒置的 U 形垂直插筋，插筋直径不应小于被搭接钢筋中梁筋直径的 0.5 倍，间距不应大于梁筋直径的 5 倍和 150mm 中的小者；在离梁筋锚固板承压面 $2d$ 范围内，应配置双排上述的倒置 U 形垂直插筋，且每根梁上部钢筋均应有插筋通过，插筋应伸过梁下部钢筋（图 7.8.1-14b）；插筋的钢筋级别不应低于梁上部钢筋级别。

(4) 顶层端节点的柱子宜比梁顶面高出 50mm，柱四角的钢筋锚固板可伸至柱顶并用封闭箍筋定位（图 7.8.1-14c）。

(5) 当顶层端节点无正交梁约束时，节点顶部应在图 7.8.1-14 中 5 所示的正交梁上部钢筋位置处配置不少于 4 根直径为 16mm 的水平箍筋或拉结筋。

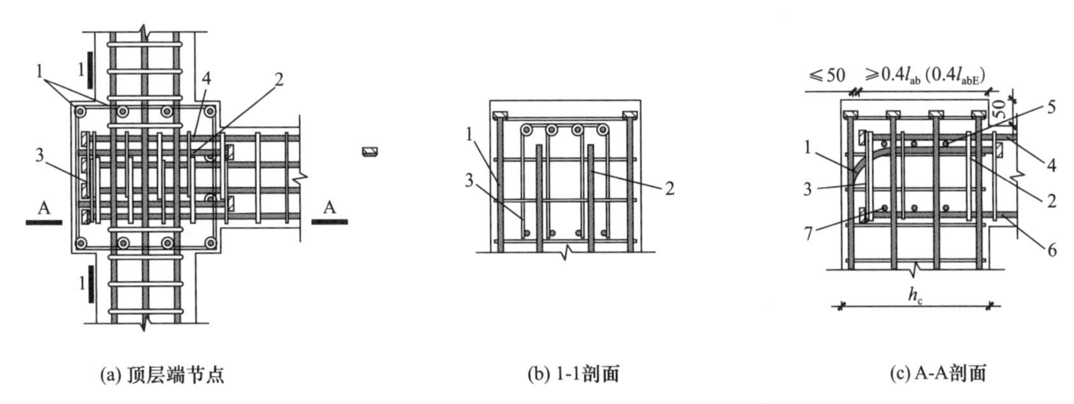


1——梁宽范围外柱钢筋；2——梁宽范围内柱钢筋；3——U形插筋；4——梁上部钢筋；5——正交梁上部钢筋；
6——梁下部钢筋；7——正交梁下部钢筋；$l_{ab}$——受拉钢筋的基本锚固长度；
$l_{abE}$——受拉钢筋的抗震基本锚固长度；$h_c$——柱高度

图 7.8.1-14　顶层端节点钢筋锚固板布置和节点构造

以上规定提出了顶层端节点配置钢筋锚固板时应遵守的剪压比限值和某些构造要求，这些要求对保证顶层端节点的受力性能是重要的，应严格遵守。U形插筋对保证梁纵向钢筋与柱外侧钢筋的弯折段在节点中力的传递、加强节点整体性十分重要，应保证规定的插筋数量和布置位置得以满足。此外，柱顶面高出梁顶面 50mm，有利于柱钢筋锚固板在梁筋上部锚固，增加了梁钢筋锚固板埋入段的混凝土保护层厚度，对提高梁钢筋锚固板的锚固性能有利。

**13. 框架柱变截面节点采用部分锚固板**

框架柱变截面节点中梁、柱纵向受力钢筋采用钢筋锚固板时，应符合下列规定：

（1）中间层端节点中，除柱外侧纵向受力钢筋外，其余主筋均可采用钢筋锚固板。上柱纵向受力钢筋应至少伸至柱顶以下 $l_{ab}$（$l_{abE}$）长度处；下柱纵向受力钢筋伸至柱顶且在节点区钢筋锚固板的锚固长度 $l_{ah}$ 不应小于 $0.5l_{ab}$（$0.5l_{abE}$）。梁的上部、下部纵向受力钢筋在节点中采用钢筋锚固板时，纵向受力钢筋宜伸至柱外侧纵向受力钢筋内边，钢筋锚固板的锚固长度 $l_{ah}$ 不应小于 $0.4l_{ab}$（$0.4l_{abE}$）（图 7.8.1-15a）。

（2）中间层中间节点中，柱纵向受力钢筋均可采用钢筋锚固板。上柱纵向受力钢筋应至少伸至柱顶以下 $l_{ab}$（$l_{abE}$）长度处；下柱纵向受力钢筋伸至柱顶且在节点区钢筋锚固板的锚固长度 $l_{ah}$ 不应小于 $0.5l_{ab}$（$0.5l_{abE}$）。梁下部纵向受力钢筋可采用钢筋锚固板，纵向受力钢筋宜伸至柱外侧纵向受力钢筋内边，钢筋锚固板的锚固长度 $l_{ah}$ 不应小于 $0.4l_{ab}$（$0.4l_{abE}$）（图 7.8.1-15b）。

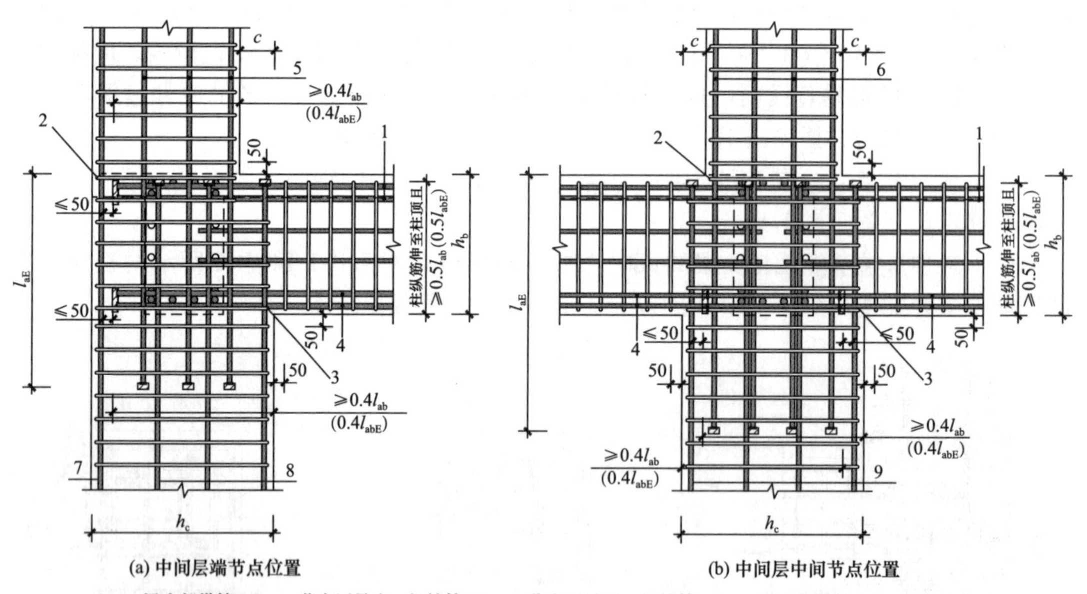


1——梁上部纵筋；2——节点区最上一组箍筋；3——节点区最下一组箍筋；4——梁下部纵筋；5——除外侧纵筋以外的上柱纵筋；6——上柱纵筋；7——柱外侧纵筋；8——除外侧纵筋以外的下柱纵筋；9——下柱纵筋；$l_{ab}$——受拉钢筋的基本锚固长度；$l_{abE}$——受拉钢筋的抗震基本锚固长度；$l_a$——受拉钢筋锚固长度；$l_{aE}$——受拉钢筋抗震锚固长度；$h_c$——柱高度；$h_b$——梁高度；$c$——变截面尺寸

图 7.8.1-15　框架柱变截面处钢筋

注：1. 未表示柱内其余箍筋或拉筋。

2. 节点处平面相交叉的框架梁不同方向纵向钢筋排布躲让时，钢筋上下排布位置设置应提请设计单位确认。

3. 当梁中纵向受力钢筋的混凝土保护层厚度＞50mm 时，宜对保护层采取有效的防裂构造措施；若梁顶部保护层厚度＞50mm，而梁顶部有现浇板钢筋配置通过时，可视同已采取防裂构造措施。

### 14. 梁上起柱、墙上起柱节点采用部分锚固板

梁上起柱、墙上起柱，柱纵向受力钢筋采用钢筋锚固板时，应符合下列规定：

（1）梁上柱纵向受力钢筋在节点中采用钢筋锚固板时，钢筋锚固板的锚固长度 $l_{ah}$ 不应小于 $0.6l_{ab}$（$0.6l_{abE}$）且不应小于 $20d$，纵向受力钢筋宜伸至梁下部钢筋内边，在梁内应设置间距不大于500mm且不少于两道柱箍筋（图7.8.1-16a）。

（2）墙上柱纵向受力钢筋在节点中采用钢筋锚固板时，钢筋锚固板的锚固长度 $l_{ah}$ 不应小于 $1.2l_a$（$1.2l_{aE}$），且纵向受力钢筋宜伸至平面外设梁下部纵向受力钢筋的上部（图7.8.1-16b）。

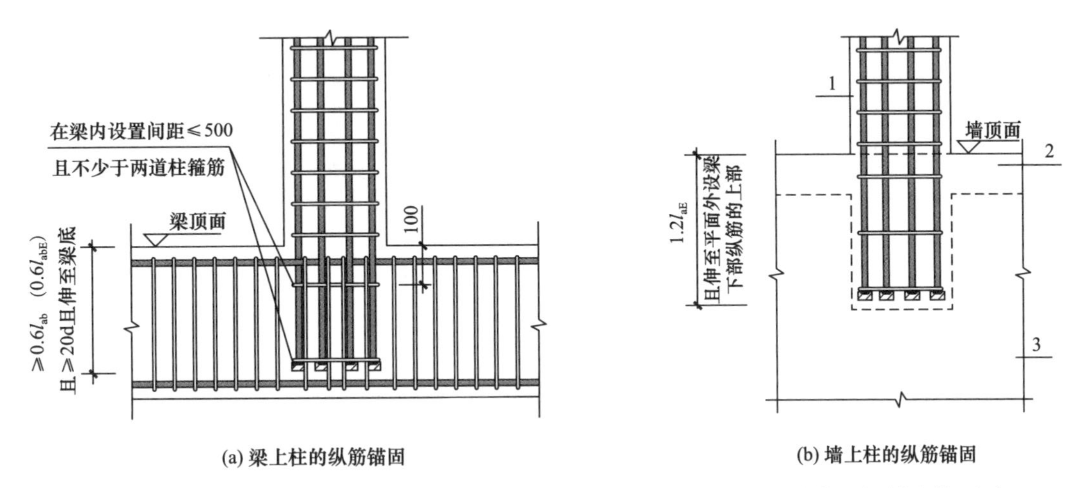


图7.8.1-16　梁上起柱、墙上起柱时纵向受力钢筋锚固

注：1. 墙上起柱，在墙顶面标高以下锚固范围内的柱箍筋按上柱箍筋要求配置，并应满足使用部分锚固板时锚固长度范围内箍筋配置的要求。

2. 墙上起柱（柱纵筋锚固在墙顶部时）和梁上起柱时，墙体和梁的平面外方向应设置梁，以平衡柱脚在该方向的弯矩；当柱宽度大于梁宽时，梁应设置水平加腋。

### 15. 柱插筋在基础中采用钢筋锚固板

柱插筋在基础中采用钢筋锚固板时，应符合下列规定：

（1）当符合下列条件之一时，可将四角带部分锚固板的柱插筋伸至底板钢筋网片上，其余钢筋锚固板的锚固长度 $l_{ah}$ 不应小于 $0.6l_{ab}$（$0.6l_{abE}$）且不应小于 $20d$（图7.8.1-17）。

1）柱为轴心受压或小偏心受压，基础高度不小于1200mm；

2）柱为大偏心受压，基础高度不小于1400mm。

（2）当锚固长度范围内插筋的混凝土保护层厚度 $c \leqslant 5d$ 时（图7.8.1-17b），锚固区横向钢筋应满足直径 $\geqslant d/4$（$d$ 为插筋最大直径），间距 $\leqslant 10d$（$d$ 为插筋最小直径）且 $\leqslant$ 100mm，第1根箍筋与锚固板承压面的距离 $\leqslant d$（$d$ 为插筋的最小直径）的要求。

3 当柱插筋在锚固长度范围内保护层厚度不一致时，保护层小于 $5d$ 的部位应设置锚固区横向钢筋。

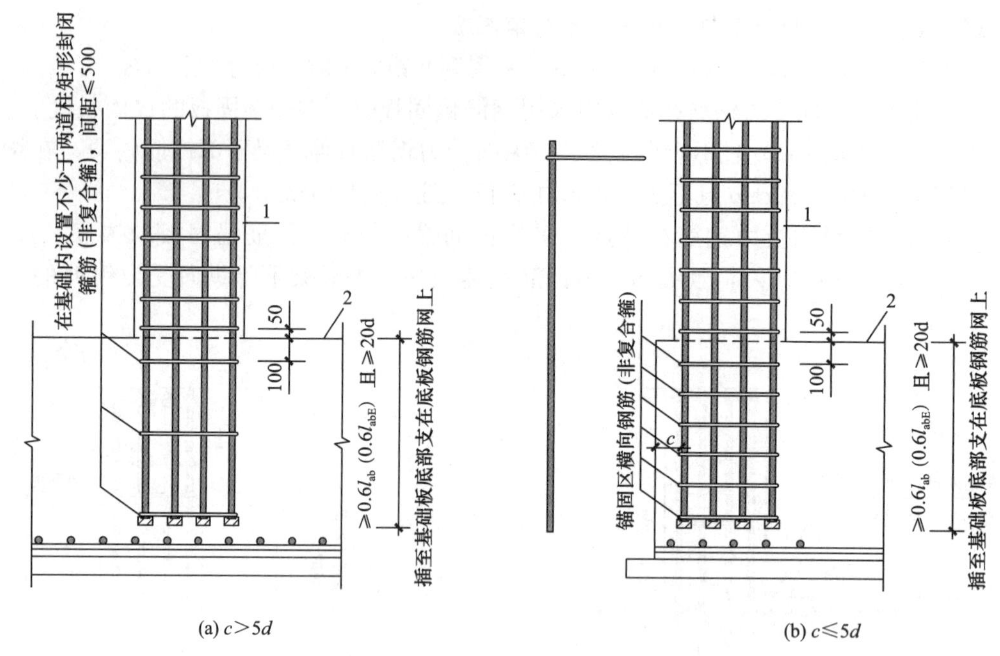


1——柱；2——基础；$l_{ab}$——受拉钢筋的基本锚固长度；$l_{abE}$——受拉钢筋的抗震基本锚固长度；$c$——锚固长度范围内柱插筋的混凝土保护层厚度；$d$——钢筋公称直径

图 7.8.1-17　柱插筋在基础中的锚固

**16. 墙体竖向分布钢筋在基础中采用钢筋锚固板**

墙体竖向分布钢筋在基础中采用钢筋锚固板时，应符合下列规定：

（1）墙体竖向分布钢筋直径不应小于 16mm。

（2）墙体竖向分布钢筋伸至底板钢筋网片上，钢筋锚固板的锚固长度 $l_{ah}$ 不应小于 $0.6l_{ab}$（$0.6l_{abE}$）且不应小于 $20d$（图 7.8.1-18）。

（3）当墙体竖向分布钢筋在其锚固长度范围内的混凝土保护层厚度 $c>5d$ 时，在基础内设置间距不大于 500mm 且不少于两道水平分布钢筋与拉结筋（图 7.8.1-18a）。

（4）当墙体竖向分布钢筋在其锚固长度范围内的混凝土保护层厚度 $c\leqslant 5d$ 时，锚固区横向钢筋应满足直径≥$d/4$（$d$ 为插筋最大直径），间距≤$10d$（$d$ 为插筋最小直径）且≤100mm，第 1 根箍筋与锚固板承压面的距离≤$d$（$d$ 为插筋的最小直径）的要求（图 7.8.1-18b）。

（5）当墙体外侧纵向受力钢筋与底板纵向受力钢筋搭接时，在基础内设置间距不大于 500mm 且不少于两道水平分布钢筋与拉结筋［图 7.8.1-18（c）］。

（6）当墙体竖向分布钢筋在锚固长度范围内保护层厚度不一致时，保护层小于 $5d$ 的部位应设置锚固区横向钢筋。

**17. 墙体水平分布钢筋采用钢筋锚固板**

墙体水平分布钢筋采用钢筋锚固板时，应符合下列规定：

（1）墙体水平分布钢筋直径不应小于 16mm。

（2）转角墙时，内墙两侧的水平分布钢筋和外墙内侧的水平分布钢筋可采用钢筋锚固板，锚固板应伸至转角墙外边，钢筋锚固板的锚固长度 $l_{ah}$ 应符合规定；转角墙外侧的水

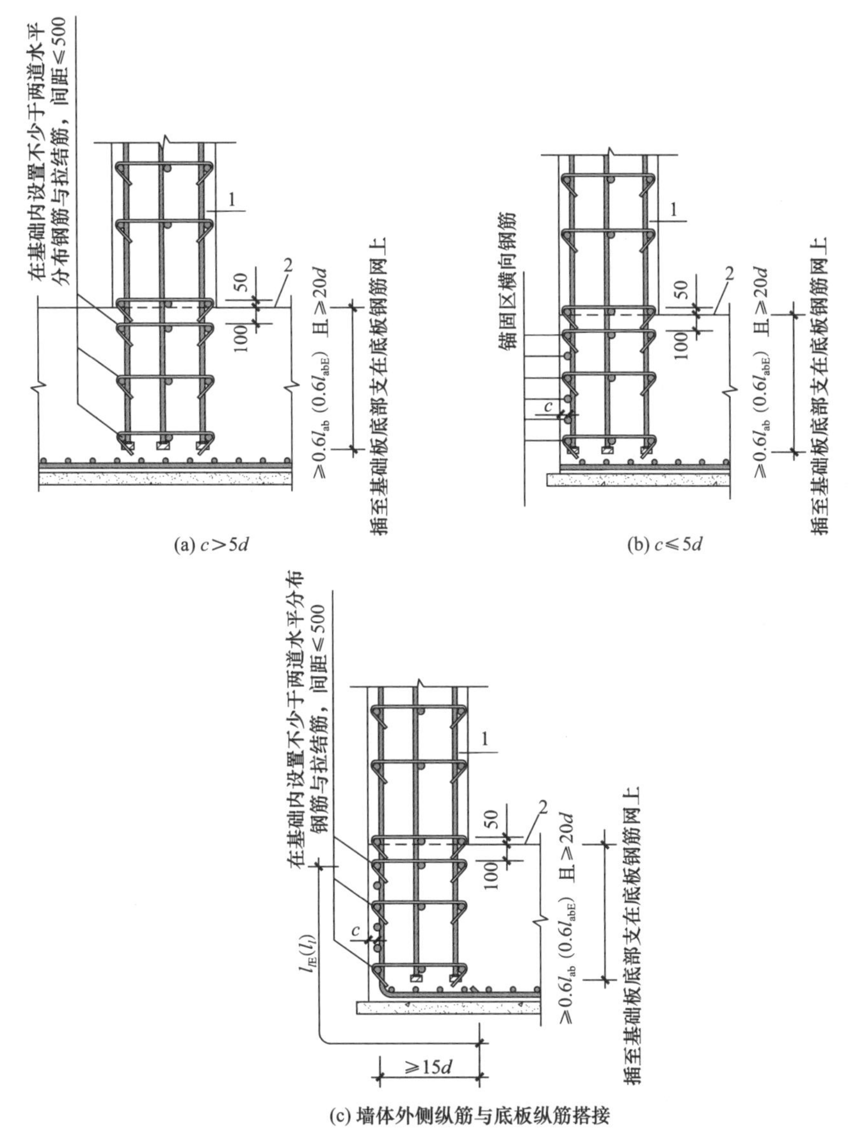


(a) $c>5d$　　(b) $c\leqslant 5d$

(c) 墙体外侧纵筋与底板纵筋搭接

1——墙体；2——基础；$l_{ab}$——受拉钢筋的基本锚固长度；$l_{abE}$——受拉钢筋的抗震基本锚固长度；$l_{lE}$——纵向受拉钢筋的抗震搭接长度；$l_l$——纵向受拉钢筋的搭接长度；$c$——锚固长度范围内墙身竖向分布钢筋的混凝土保护层厚度；$d$——钢筋公称直径

图 7.8.1-18　墙体竖向分布钢筋在基础中的锚固

平分布钢筋宜采用弯折钢筋锚固，并应在墙端外角处弯折并穿过边缘构件与翼墙外侧水平分布钢筋搭接，搭接长度应符合现行国家标准《混凝土结构设计标准》GB/T 50010 的规定（图 7.8.1-19）。

（3）翼墙时，内墙两侧的水平分布钢筋和外墙内侧的水平分布钢筋可采用钢筋锚固板，锚固板应伸至翼墙外边，钢筋锚固板的锚固长度 $l_{ah}$ 应符合规定（图 7.8.1-20）。

（4）暗柱墙时，端部暗柱墙中间排水平分布钢筋、端部 L 形暗柱墙内侧水平分布钢筋可采用钢筋锚固板，锚固板应伸至角筋内侧或墙对边紧贴外侧纵筋内侧，钢筋锚固板的锚固长度 $l_{ah}$ 应符合规定（图 7.8.1-21）。

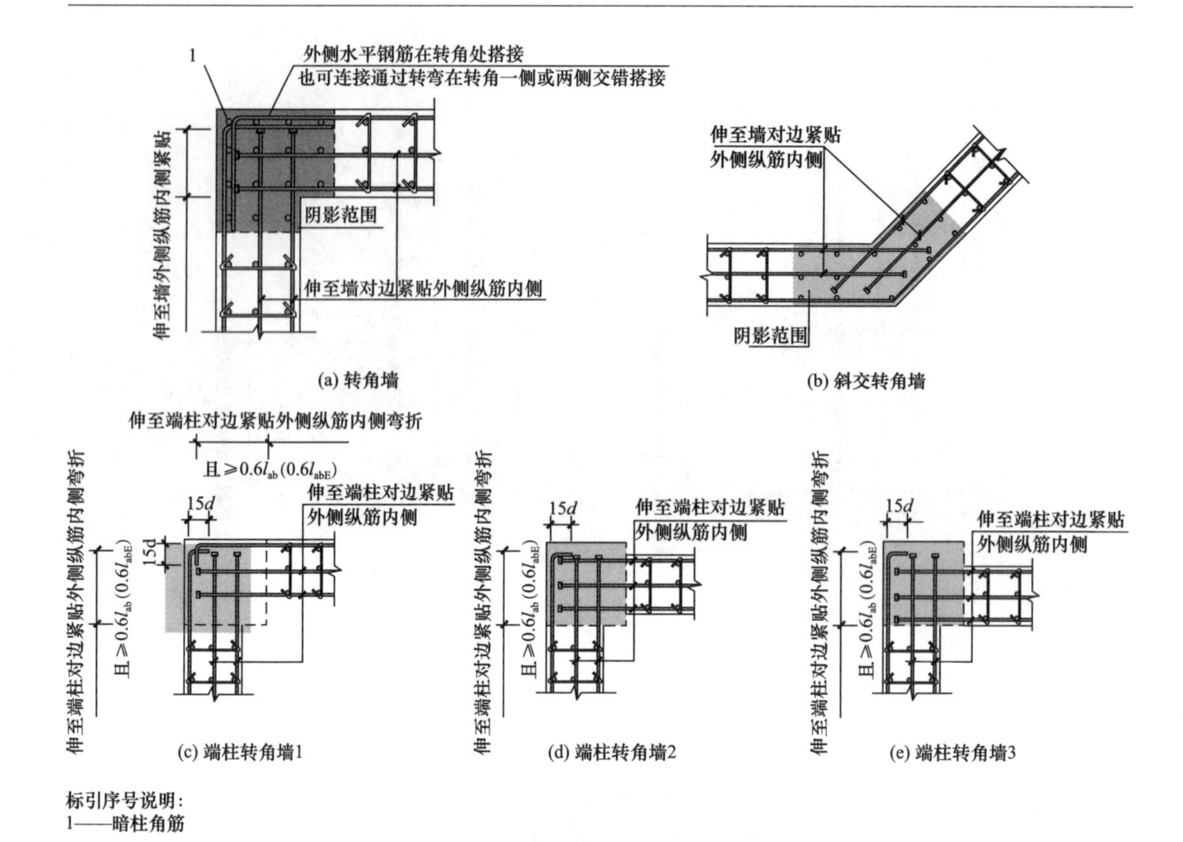


图 7.8.1-19　部分锚固板在转角墙中的应用

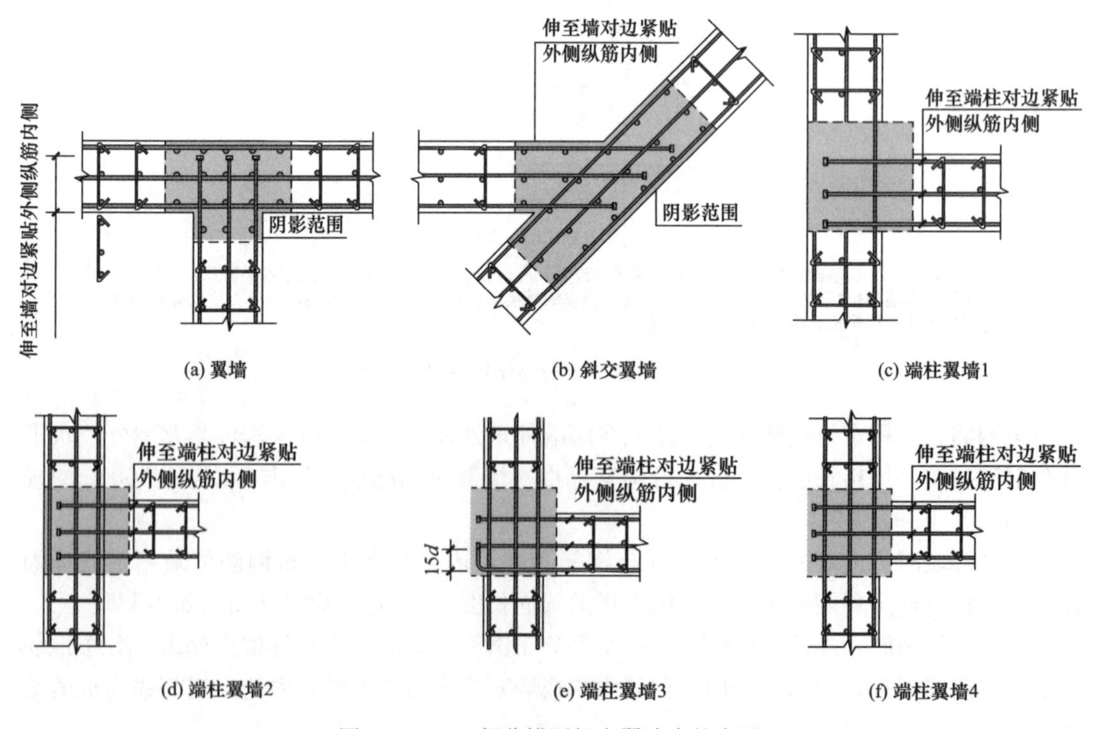


图 7.8.1-20　部分锚固板在翼墙中的应用

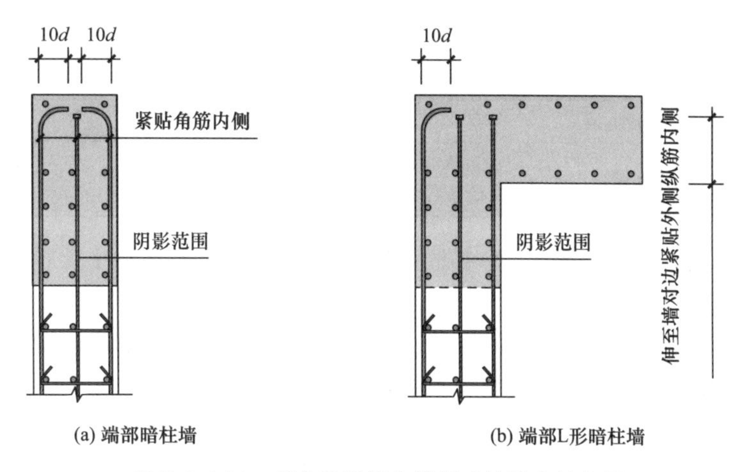


图 7.8.1-21　部分锚固板在端部暗柱墙中的应用

（5）端柱端部墙时，墙内水平分布钢筋可采用钢筋锚固板，锚固板应伸至端柱对边紧贴外侧纵筋内侧，钢筋锚固板的锚固长度 $l_{ah}$ 不应小于 $0.6l_{ab}$（$0.6l_{abE}$）（图 7.8.1-22）。

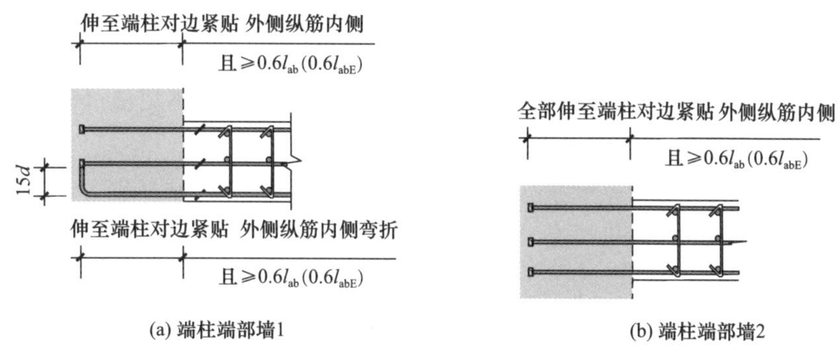


图 7.8.1-22　部分锚固板在端柱端部墙中的应用

（6）剪力墙钢筋配置多于两排时，中间排水平分布筋端部构造同内侧水平分布筋。需要设置拉结筋处，拉结筋应与剪力墙每排的竖向筋和水平筋绑扎。

## 7.8.2　全锚固板

### 1. 使用全锚固板时的相关构造

使用全锚固板时的相关构造应满足表 7.8.2 的要求。

**使用全锚固板时的构造要求**　　**表 7.8.2**

| 序号 | 项目 | 要求 |
|---|---|---|
| 1 | 侧面和端面混凝土保护层的最小厚度 $c_1$、$c_2$ | 1. 一类环境中设计使用年限为 50 年的结构，取 15mm；<br>2. 设计使用年限为 50 年的混凝土结构，应满足表 7.8.1-1 中板、墙、壳在各环境类别下混凝土保护层最小厚度的要求；<br>3. 设计使用年限为 100 年的混凝土结构，不应小于表 7.8.1-1 中板、墙、壳在各环境类别下混凝土保护层最小厚度要求的 1.4 倍；<br>4. 有特殊要求时，可对锚固板采取附加的防腐措施以满足耐久性要求 |
| 2 | 纵向钢筋的混凝土保护层厚度 | 宜≥$3d$ |

续表

| 序号 | 项目 | 要求 |
|---|---|---|
| 3 | 纵向钢筋的净间距 | 宜≥5$d$ |
| 4 | 混凝土强度等级 | 500MPa、400MPa级钢筋采用全锚固板时，混凝土强度等级分别不宜低于C35、C30 |

采用全锚固板的钢筋较采用部分锚固板的钢筋要求更大的混凝土保护层和钢筋间距，这是因为全锚固板承受全部钢筋拉力，要求锚固板具有更高的承压强度，有时需要更多地利用锚固板承压面周围的混凝土提高混凝土局部承压强度。由于采用全锚固板的钢筋多数情况下用于板或梁的抗剪钢筋、吊筋等场合，满足要求的混凝土保护层和钢筋间距要求一般不会有什么困难。

全锚固板不需要依靠锚固长度增加锚固能力，而是完全依靠锚固板的承压作用发挥钢筋极限强度标准值。由于全锚固板承担全部钢筋拉力，因此对锚固板的承压面积、钢筋间距和保护层厚度及锚固区混凝土强度等级均有一定要求。这些都是为了确保锚固板处混凝土局部承压强度提出的要求。

**2. 全锚固板的安装位置**

钢筋锚固板用作梁的受剪钢筋、附加横向钢筋或板的抗冲切钢筋时，应在钢筋两端设置锚固板，并应分别伸至梁或板上部主筋的上侧和下部主筋的下侧定位（图7.8.2-1）；墙体拉结筋的锚固板宜置于墙体内层钢筋外侧。

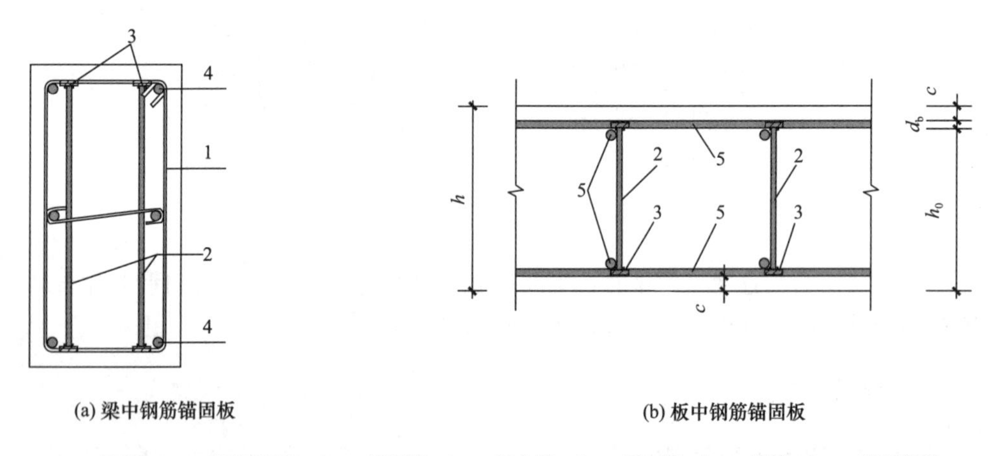


(a) 梁中钢筋锚固板　　(b) 板中钢筋锚固板

1——箍筋；2——钢筋锚固板；3——锚固板；4——梁主筋；5——板主筋；$h$——板厚；$h_0$——计算高度；$d_b$——钢筋公称直径；$c$——混凝土保护层厚度

图7.8.2-1　梁、板中钢筋锚固板设置

采用全锚固板的钢筋用作梁的受剪钢筋、附加横向钢筋或板的抗冲切钢筋时，斜裂缝可能在邻近锚固板处通过，应在钢筋两端连接锚固板，上、下端设置的全锚固板可提供足够的锚固力，承担着将梁或板的下部荷载传递至梁顶面的功能，其配置数量和范围应符合现行国家标准《混凝土结构设计标准》GB/T 50010中的有关规定。锚固板应尽量伸至梁或板主筋的上侧和下侧，一方面是提高构件全截面抗剪强度，另一方面是便于钢筋锚固板定位。

**3. 梁中采用全锚固板**

1）梁的附加横向钢筋

位于梁下部或梁截面高度范围内的集中荷载，应全部由附加横向钢筋承担；附加横向钢筋可选用钢筋锚固板，并应在集中荷载位置两侧对称布置于水平分布长度为 $s$ 的范围内，水平分布长度 $s=2h_1+3b$（图 7.8.2-2）。钢筋锚固板宜按图 7.8.2-1（a）布置。

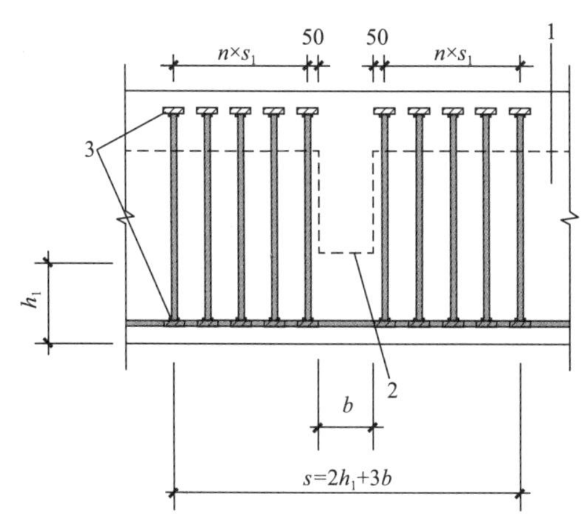


1——主梁；2——次梁；3——钢筋锚固板；$s$——钢筋锚固板水平分布长度；$s_1$——钢筋锚固板间距；$h_1$——次梁底与主梁底的距离；$b$——次梁宽度；$n$——钢筋锚固板数量-1

图 7.8.2-2 梁高度范围内有集中荷载作用时附加横向钢筋的布置

2）深梁附加横向钢筋

当有集中荷载作用于深梁下部 3/4 高度范围内时，该集中荷载应全部由附加横向钢筋承担；附加横向钢筋可选用钢筋锚固板，并应在集中荷载位置两侧对称布置于水平分布长度为 $s$ 的范围内，水平分布长度 $s$ 应按下列公式确定（图 7.8.2-3）：

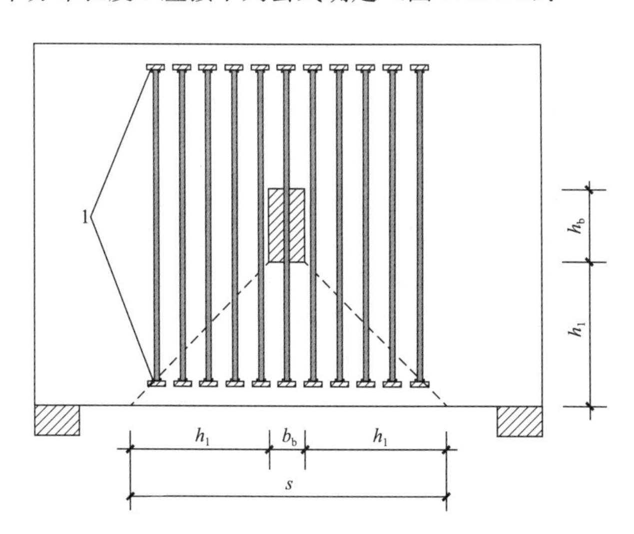


1——钢筋锚固板；$s$——钢筋锚固板水平分布长度；$h_1$——次梁底与主梁底的距离；$h_b$——次梁高度；$b_b$——次梁宽度

图 7.8.2-3 深梁承受集中荷载作用时的附加横向钢筋

$$当 h_1 \leqslant h_b/2 时，s=b_b+h_b \tag{7.8.2-1}$$

$$当 h_1 > h_b/2 时，s=b_b+2h_1 \tag{7.8.2-2}$$

钢筋锚固板应沿梁两侧均匀布置，并应从梁底伸到梁顶，按图 7.8.2-1（a）布置。

3）梁受剪钢筋

当需提高梁的受剪承载力时，受剪钢筋可采用钢筋锚固板，并可与普通箍筋等同使用（图 7.8.2-1a）。梁承受较大剪力时，采用全锚固板的钢筋作为抗剪钢筋并与普通箍筋配合使用，可利用更大直径和更高强度的钢筋以减少箍筋数量，简化钢筋工程施工。

**4. 板中采用全锚固板**

1）吊杆

钢筋混凝土平板承受集中悬挂荷载（吊杆或墙体）时，吊杆或墙体中的纵向受力钢筋可采用钢筋锚固板，并应将锚固板伸至板顶面主筋位置。吊杆宜选用光圆钢筋，且应按现行国家标准《混凝土结构设计标准》GB/T 50010 的冲切承载力验算方法对吊杆进行锚固区混凝土抗冲切验算；悬挂墙体两侧的板受剪区应进行受剪承载力验算。

采用全锚固板的钢筋作为板的吊杆时，宜采用光圆钢筋，使吊杆中的力更多依靠板顶面处锚固板承压面承受，而不需要依靠钢筋与混凝土的粘结力，从而可改善吊杆混凝土锚固区的受力性能。全锚固板钢筋用作吊杆时，其埋入长度应经过验算，确保锚固区周围混凝土有足够的抗冲切承载能力。

2）抗冲切钢筋

承受局部荷载或集中反力的混凝土板和预应力混凝土板，当板厚受到限制、需要提高抗冲切承载力时，可采用钢筋锚固板作为板的抗冲切钢筋。板抗冲切钢筋锚固如图 7.8.2-4 所示。

全锚固板用于混凝土板的抗冲切钢筋，应在钢筋两端设置全锚固板。除应符合现行国家标准《混凝土结构设计标准》GB/T 50010 的计算规定外，尚应满足下列构造要求：

① 混凝土板厚应≥200mm（对厚度<200mm 的板，去掉上、下混凝土保护层和锚固板厚度后，钢筋长度过短，抗剪效果会受到影响）；

② 柱面与钢筋锚固板的最小距离 $s_0$ 应≤$0.35h_0$，且应≥50mm；

③ 钢筋锚固板的间距 $s$ 应≤$0.4h_0$；

④ 计算所需的钢筋锚固板应在 45°冲切破坏锥面范围内配置，且应等间距向外延伸，从柱截面边缘向外布置长度应≥$1.5h_0$。

全锚固板通常用于混凝土板或梁的抗剪钢筋，且在钢筋两端均带锚固板。全锚固板钢筋用作普通混凝土或预应力混凝土板柱结构柱顶抗冲切区的抗剪钢筋，其效果较传统箍筋好。国内外工程经验均表明，在混凝土厚板如核电站混凝土安全壳基础底板等构件中，采用全锚固板作为抗剪钢筋，施工十分方便。

**5. 墙体、楼板中中拉结筋端部采用全锚固板**

墙体、楼板中拉结筋端部采用锚固板时，锚固板应为全锚固板，并应符合下列规定：

（1）墙体及楼板中的拉结筋应由计算确定其直径、间距及分布方式。

（2）当墙体及楼板中拉结筋直径较大，主筋间距难以满足拉筋弯折长度所需的土建安装空间时，可采用端部设置锚固板的拉筋。

（3）拉结筋的锚固板应置于纵横向主筋交接位置的外侧。

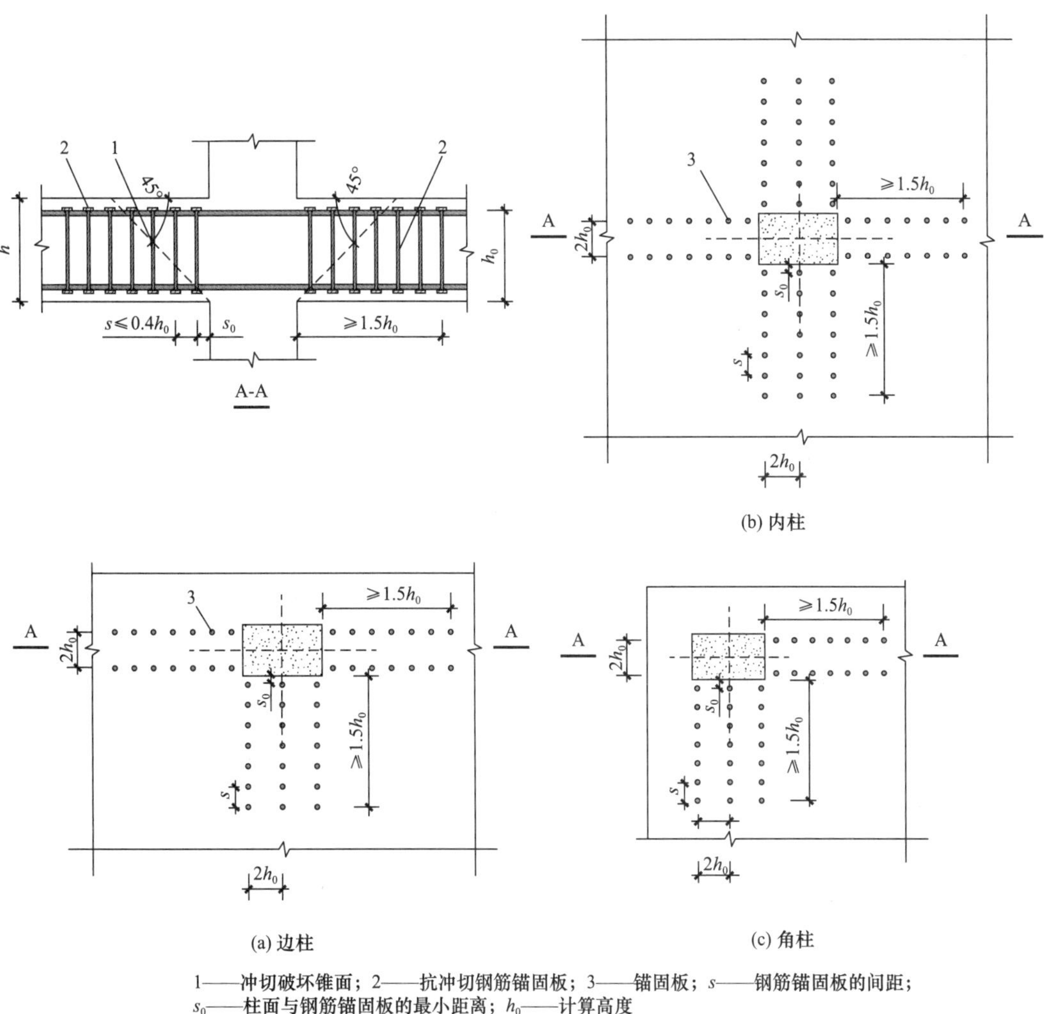


图 7.8.2-4　板中抗冲切钢筋锚固板排列布置

## 7.9　钢筋锚固板试件的试验方法

《钢筋锚固板应用技术规程》JGJ 256—2011 附录 A 给出了钢筋锚固板试件抗拉强度试验方法，该方法可用于钢筋锚固板的检验与评定，具体有：

（1）钢筋锚固板试件的长度应≥250mm 和 10$d$。

（2）钢筋锚固板试件的受拉试验装置：锚固板的支承板平面应平整，并宜与钢筋保持垂直；锚固板支撑板孔洞直径与试件钢筋外径的差值应≤4mm；宜选用图 7.9 所示专用钢筋锚固板试件抗拉强度试验装置进行试验。

（3）钢筋锚固板抗拉强度试验的加载速度应符合现行国家标准《金属材料　拉伸试验　第 1 部分：室温试验方法》GB/T 228.1 的规定。

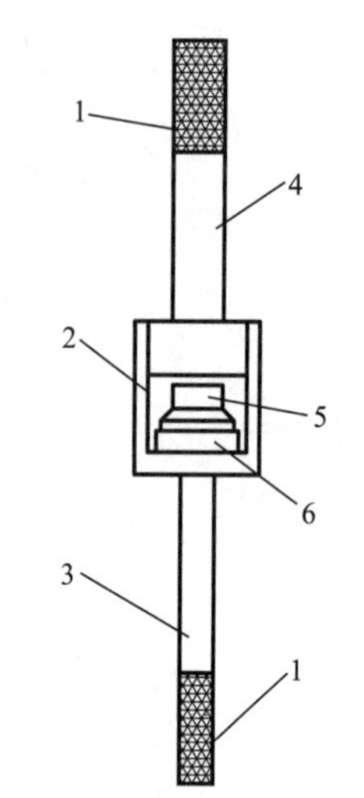


1——夹持区；2——钢套管基座；3——钢筋锚固板试件；
4——工具拉杆；5——锚固板；6——支承板

图 7.9　钢筋锚固板试件拉伸试验装置示意

## 7.10　常用的钢筋机械锚固技术

### 7.10.1　螺纹连接钢筋锚固板

**1. 基本原理**

螺纹连接钢筋锚固板是将锚固板与钢筋端部直螺纹（图 7.10.1-1a）或锥螺纹（图 7.10.1-1b）丝头相连的钢筋锚固技术，在此仅介绍国内常用的直螺纹连接钢筋锚固板。

(a) 直螺纹连接

(b) 锥螺纹连接

图 7.10.1-1　螺纹连接钢筋锚固板

螺纹连接钢筋锚固板锚固板刚度大、锚固性能好，可充分发挥钢筋极限强度，有利于高强度钢筋的使用。可减少或取消钢筋锚固长度，节约 40%～60%的锚固用钢材，降低成本。安装快捷，方便钢筋施工，加快钢筋工程施工速度，提高钢筋工程质量。由于取消了钢筋端部的弯折，可减少钢筋机械连接接头的种类（如正反丝扣型钢筋接头），克服了梁柱节点等钢筋密集区钢筋拥挤及绑扎难题，提高2～3倍工效。解决了传统弯筋锚固拥挤带来的混凝土浇筑困难和质量不易保证等问题，有利于提高混凝土浇筑质量。当构件尺寸不能满足钢筋锚固长度要求时，为施工和设计提供了全新的锚固措施，为设计人员解决特殊工况的钢筋锚固问题提供新方法，增强设计灵活性。连接锚固板的钢筋丝头制作工艺简单，效率高，每台班可生产300～400个丝头。锚固板与钢筋端部通过直螺纹连接，安装快捷，质量易于保证。作为紧固件，螺母与垫片合二为一，结构合理、降低成本、操作方便，有利于商品化供应。无噪声、粉尘等公害，符合国家节能环保要求，具有明显的经济效益、社会效益和环境效益。

**2. 施工**

螺纹连接钢筋锚固板施工工艺流程如图7.10.1-2所示。

(1) 施工准备

1) 人员

操作人员必须经过专业技术人员进行技术交底、设备操作培训和安全生产培训并进行考核，对考核合格人员颁发上岗证书，持证上岗，操作人员应相对稳定。

2) 检查锚固板

锚固板入场前，应进行以下检查：

① 锚固板产品提供单位应提交经技术监督局备案的企业产品标准。

② 检查锚固板产品合格证，产品合格证应包括但不限于适用钢筋直径、锚固板尺寸、锚固板材料、锚固板类型、生产单位、生产日期及可追溯原材料性能和加工质量的生产批号。

③ 锚固板材料应符合现行行业标准《钢筋锚固板应用技术规程》JGJ 256和企业标准的要求。

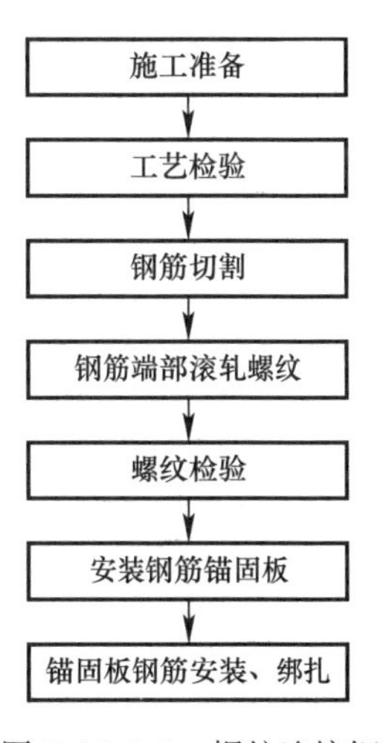


图7.10.1-2　螺纹连接钢筋机械锚固施工工艺流程

④ 锚固板外观质量、几何尺寸及公差、螺纹尺寸及公差应符合企业产品标准的要求。锚固板外径和厚度尺寸用游标卡尺检查，螺纹尺寸、公差用产品技术提供单位提供的螺纹塞规检查。锚固板外径尺寸为试件相互垂直的2个直径的平均值，厚度为试件任意2个厚度尺寸的平均值，螺纹尺寸、公差用螺纹塞规旋入量按表7.10.1-1进行检查。

**锚固板螺纹质量检验方法及要求　　表7.10.1-1**

| 序号 | 检验项目 | 量具名称 | 检验要求 |
|---|---|---|---|
| 1 | 螺纹直径 | 通塞规 | 能顺利旋入螺纹并达到旋合长度 |
| 2 | 螺纹直径 | 止塞规 | 旋入量不应超过3$p$（$p$为螺距） |

锚固板的外观质量应全数检验。锚固板螺纹尺寸检验以1000个为1个检验批，每批按10%抽检。抽检合格率应≥95%。当抽检合格率<95%时，应另取双倍数量重做检验；当加倍抽检后的合格率>95%时，应判该批合格；若加倍抽检后的合格率仍<95%，则该批应逐个检验，合格者方可使用。

⑤ 锚固板表面的标记和包装应符合企业标准的要求。

⑥ 对于不等厚或长方形锚固板，尚应提交省部级的产品鉴定证书。

经检验合格的锚固板，应按规格存放整齐备用，锚固板进入现场后应妥善保管，不得造成锈蚀及损坏。

3）检查钢筋

检查钢筋是否满足现行行业标准《钢筋锚固板应用技术规程》JGJ 256 对采用锚固板的钢筋要求，采用锚固板的钢筋应符合现行国家标准《钢筋混凝土用钢 第 2 部分：热轧带肋钢筋》GB/T 1499.2 及《钢筋混凝土用余热处理钢筋》GB/T 13014 的规定，采用部分锚固板的钢筋不应采用光圆钢筋，采用全锚固板的钢筋可选用光圆钢筋，光圆钢筋应符合现行国家标准《钢筋混凝土用钢 第 1 部分：热轧光圆钢筋》的规定 GB/T 1499.1。

4）施工工艺

国内常见的钢筋与锚固板连接方式为镦粗直螺纹、剥肋滚轧直螺纹和直接滚轧直螺纹，加工工艺如图 7.10.1-3 所示。

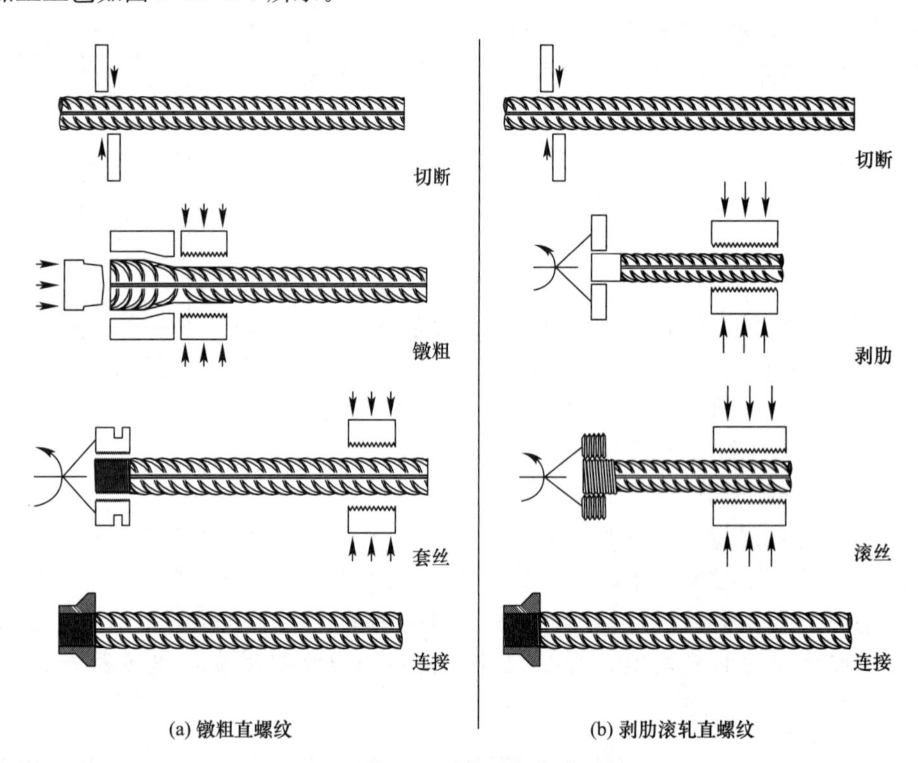


图 7.10.1-3 直螺纹加工工艺

(2) 工艺检验

钢筋锚固板连接工程开始（钢筋丝头批量加工）前，应按《钢筋锚固板应用技术规程》JGJ 256 的有关规定，对不同钢厂的进场钢筋进行锚固板连接工艺检验，主要检验锚固板提供单位所确定的锚固板材料、螺纹规格、工艺参数是否与本工程中的进场钢筋相适应，并可提高实际工程中抽样试件的合格率，减少在工程应用后再发现问题造成的经济损失。施工过程中，如更换钢筋生产厂，变更钢筋锚固板参数、形式及变更产品供应商时，应补充进行工艺检验。

工艺检验应符合下列规定：

1）每种规格的钢筋锚固板试件不应少于3根。

2）每根试件的极限拉力不应小于钢筋达到极限强度标准值时的拉力 $f_{stk}A_s$。

钢筋锚固板组装件的破坏形式有3种：钢筋母材拉断、丝头拉断、钢筋从锚固板中滑脱，只要试件的极限拉力不小于钢筋达到极限强度标准值时的拉力 $f_{stk}A_s$，任何破坏形式均可判定为合格。其中1根试件的抗拉强度不合格时，应重取6根试件进行复检，复检仍不合格时判为本次工艺检验不合格。

（3）钢筋丝头制作

对于螺纹连接锚固板，其钢筋丝头的加工与普通直螺纹钢筋接头的丝头加工是一样的。钢筋丝头的加工制作应在钢筋锚固板工艺检验合格后方可进行，主要制作工序有：

1）钢筋切断

钢筋切断宜采用专用钢筋切断机（图7.10.1-4），也可用无齿砂轮切断机（图7.10.1-5）。钢筋端面应平整，端部不得弯曲，出现弯曲时应调直。钢筋端面须平整并与钢筋轴线垂直，不得有马蹄形或扭曲。钢筋切割前应验算钢筋下料长度是否满足钢筋加工所需长度，必要时对弯折点较多的构件提前进行放样计算，确保钢筋切割后能够满足钢筋加工的使用长度。

图7.10.1-4 专用钢筋切断机

图7.10.1-5 无齿砂轮切断机

2）钢筋丝头加工

采用专用镦粗直螺纹加工设备或滚轧直螺纹加工设备进行丝头加工。需注意的是，丝头加工应使用水性润滑液，不得使用油性润滑液。

钢筋丝头螺纹尺寸及长度应严格控制，并满足企业标准的要求，表图7.10.1-2列出了剥肋滚轧直螺纹参考钢筋丝头尺寸。螺纹尺寸公差宜满足《普通螺纹 公差》GB/T 197中6f级精度规定的要求。当螺纹长度有特殊要求时，其长度可由使用单位和技术提供单位商定。

**剥肋滚轧直螺纹参考钢筋丝头尺寸 单位：mm 表7.10.1-2**

| 钢筋公称直径 | 16 | 18 | 20 | 22 | 25 |
|---|---|---|---|---|---|
| 螺纹尺寸 | M16.5×2.0 | M18.5×2.5 | M20.5×2.5 | M22.5×2.5 | M25.5×3.0 |
| 螺纹长度 | 18.0+2.0 | 20.50+2.5 | 22.50+2.5 | 24.50+2.5 | 28.0+3.0 |
| 钢筋公称直径 | 28 | 32 | 36 | 40 | 50 |
| 螺纹尺寸 | M28.5×3.0 | M32.5×3.0 | M36.5×3.0 | M40.5×3.0 | M50.5×3.0 |
| 螺纹长度 | 31.0+3.0 | 35.0+3.0 | 39.0+3.0 | 43.0+3.0 | 53.0+3.0 |

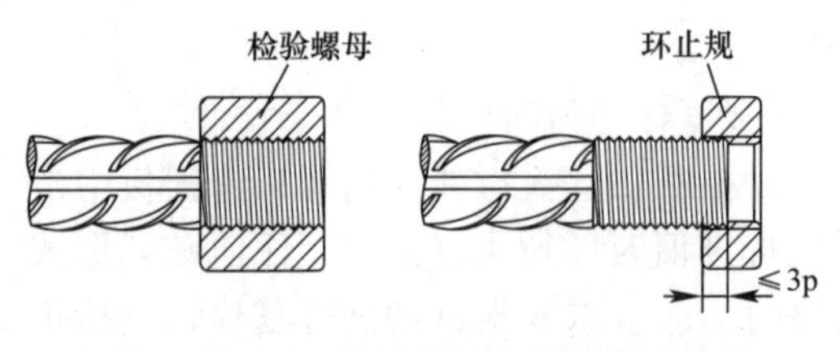


图 7.10.1-6　锚固板螺纹质量检验示意

3）螺纹检验

螺纹检验包括螺纹直径和丝头长度检验，螺纹直径用专用锚固板和环止规旋入量检验，丝头长度用专用锚固板旋入量检验，如图 7.10.1-6 所示，按表 7.10.1-3 的检验要求进行。

**钢筋丝头质量检验方法及要求**　　　　**表 7.10.1-3**

| 序号 | 检验项目 | 量具名称 | 检验要求 |
|---|---|---|---|
| 1 | 丝头长度 | 专用锚固板 | 丝头长度应满足设计要求，锚固板端面的外露钢筋丝头长度不得小于 1$p$（$p$ 为螺距） |
| 2 | 螺纹直径 | 专用锚固板 | 能顺利旋入螺纹并达到旋合长度，检验量不超过 1000 个丝头，按时更换 |
|  |  | 环止规 | 环止规旋入量应>1.5$p$，且不应超过 3$p$（$p$ 为螺距） |

操作人员按表 7.10.1-3 的要求检查丝头加工质量，每加工 10 个丝头用螺纹环规、锚固板检查 1 次，并剔除不合格丝头。经操作人员自检合格的丝头，应由质检员随机抽样检验，以 1 个工作班内生产的丝头为 1 个验收批，随机抽检 10%，且不得少于 10 个。当抽检合格率≥95%时，该验收批判为合格。当抽检合格率<95%时，应加倍抽检；如复检中合格率≥95%，则该验收批仍可判为合格；若合格率仍<95%，应对全部丝头逐个检验，合格者方可使用，并剔除不合格丝头，查明原因并解决后重新加工。

（4）锚固板安装

钢筋丝头检验合格后，可与锚固板在钢筋加工区进行连接安装。安装时，应检查锚固板规格与钢筋规格是否一致，并用扳子将锚固板拧紧，拧紧扭矩应符合表 7.10.1-4 的规定。钢筋锚固板的安装扭矩与直螺纹钢筋接头的扭矩值相同，方便施工，有利于施工单位对扭矩扳子的管理和检验。安装完成后的钢筋端面应伸出锚固板端面，钢筋丝头外露长度宜≥1.0$p$（$p$ 为螺距），控制钢筋丝头能伸出锚固板，可确保连接强度，同时便于检查。连接完成的钢筋锚固板组装件应码放在适当区域，以免损伤和污染。

**锚固板安装时的最小拧紧扭矩值**　　　　**表 7.10.1-4**

| 钢筋直径/mm | ≤16 | 18～20 | 22～25 | 28～32 | 36～40 |
|---|---|---|---|---|---|
| 拧紧扭矩/(N·m) | 100 | 200 | 260 | 320 | 360 |

（5）现场检验与验收

钢筋锚固板的现场检验应按验收批进行。同一施工条件下采用同批材料的同类型、同规格的钢筋锚固板，螺纹连接锚固板应以 500 个为 1 个验收批进行检验与验收，不足 500 个也应作为 1 个验收批。

1）拧紧扭矩校核

钢筋锚固板安装扭矩值对连接强度的影响并不大，要求一定的扭矩是为防止锚固板松动后影响丝头连接长度。钢筋锚固板安装到工程实体后，按上述验收批，抽取其中 10%的钢筋锚固板，按表 7.10.1-4 要求进行拧紧扭矩校核；拧紧扭矩值不合格数超过被校核数的 5%时，应重新拧紧全部钢筋锚固板，直至合格为止。工程实践中，可将扭矩扳子的测力值调整至表7.10.1-4要求的范围，用扭矩扳子夹住锚固板后转动手柄，在扭矩扳子发出响声之前，检查锚固板是否发生转动。如发生转动，则拧紧扭矩应判为不合格；如未发生转动，则拧紧扭矩应判为合格。

2）抗拉强度检验

考虑到在工程中截取钢筋锚固板试件后无法重装，检验时可在钢筋丝头加工现场在已装配完成的钢筋锚固板中随机抽取试件，不必在工程实体中抽取钢筋锚固板试件进行抗拉强度试验。对螺纹连接钢筋锚固板的每一验收批，应在加工现场随机抽取3个试件进行抗拉强度试验，并应按《钢筋锚固板应用技术规程》JGJ 256—2011第3.2.3条的抗拉强度要求进行评定。3个试件的抗拉强度均应符合强度要求，该验收批评为合格。如有1个试件的抗拉强度不符合要求，应再取6个试件进行复检。复检中如仍有1个试件的抗拉强度不符合要求，则该验收批应评为不合格。

对于螺纹连接钢筋锚固板的现场检验，在连续10个验收批抽样试件抗拉强度一次检验通过的合格率为100%的条件下，验收批试件数量可扩大1倍。当螺纹连接钢筋锚固板的验收批数量少于200个时，允许按上述同样方法，随机抽取2个钢筋锚固板试件进行抗拉强度试验，当2个试件的抗拉强度均满足《钢筋锚固板应用技术规程》JGJ 256—2011第3.2.3条的抗拉强度要求时，该验收批应评为合格。如有1个试件的抗拉强度不满足要求，应再取4个试件进行复检。复检中如仍有1个试件的抗拉强度不满足要求，则该验收批应评为不合格。对出现质量问题的批次应及时分析原因，待妥善处理完毕、复检合格后方可继续施工。

（6）安全措施

1）认真贯彻“安全第一、预防为主、综合治理”的方针，根据国家有关规定、条例结合施工单位实际情况和工程具体特点，组成专职安全员和班组兼职安全员及工地安全用电负责人参加的安全生产管理网络，执行安全生产责任制，明确各级人员职责，抓好工程的安全生产。

2）施工现场应符合防火、防风、防雷、防洪、防触电等安全规定及安全施工要求进行布置，并完善布置各种安全标识。

3）凡进入施工现场的人员，均应佩戴安全帽。

4）机具设备的操作应严格按操作规程进行，不得违规操作。

5）非电工人员不得随意拆卸和维修机具上的电器元件。

6）钢筋机械连接设备的操作人员，均应经培训合格后持证上岗。

7）现场机具的电缆线应注意不要碾压和碰砸，以免造成断路和短路。

8）丝头加工作业时，操作人员不允许抚摸、倚靠钢筋和机头，且衣袖袖口必须扎紧，衣扣必须扣牢。

（7）环保措施

1）成立专门的施工环境卫生管理小组，落实环保责任制度，在施工过程中严格遵守国家及地方有关环境保护的法律、法规和规定。

2）加强对加工机械、钢筋堆放、加工场地布置，生产生活垃圾的控制与管理，遵守有关防火及废弃物处理的规定，接受周围群众及城市管理、环境管理部门的监督或检查。

3）将生产作业限制在工程建设统一的布局要求内，做到标牌清晰、齐全，各种标识醒目，保证施工现场周围的清洁卫生。

4）注意螺纹加工机械切削冷却液的管理，应用专门器皿盛放。

5）及时清理生产过程中产生的铁屑及其他废弃物。

### 7.10.2 摩擦焊接钢筋锚固板

**1. 基本原理**

摩擦焊接钢筋锚固板是利用锚固板承压面与钢筋端面相互摩擦产生的热量使接触面达到热塑性状态，然后迅速顶锻，完成两者焊接连接形成的钢筋锚固板。

目前，国内还没有关于摩擦焊接钢筋锚固板的技术标准，工程应用时往往参考现行行业标准《钢筋锚固板应用技术规程》JGJ 256 执行，中国建筑业协会团体标准《摩擦焊接钢筋锚固板应用技术规程》正在制定中。指导摩擦焊接钢筋锚固板应用的相关标准有《钢筋焊接及验收规程》JGJ 18、《摩擦焊机》JB/T 8086、《钢筋焊接接头试验方法标准》JGJ/T 27、《摩擦焊通用技术条件》JB/T 4251 等。

图 7.10.2-1 摩擦焊接钢筋锚固板

在港珠澳大桥、深中通道、大连湾海底隧道等交通建设领域工程中，摩擦焊接钢筋锚固板得到了大规模应用，如图 7.10.2-1 所示。实践表明：采用摩擦焊接钢筋锚固板，将进一步提升施工效率和施工质量。

**2. 性能要求**

摩擦焊接钢筋锚固板试件的极限拉力不应小于钢筋达到极限抗拉强度标准值时的拉力 $f_{stk}A_s$。

摩擦焊接钢筋锚固板试件绕弯芯弯曲至少 60°后，锚固板、钢筋或摩擦焊接头不应有目视可见裂纹。

在有耐低温、耐火要求的结构构件中使用摩擦焊接钢筋锚固板时，应按设计要求进行耐低温、耐火性能测试。

**3. 型式检验**

下列情况下应进行摩擦焊接钢筋锚固板型式检验：

（1）确定钢筋锚固板性能时；

（2）锚固板材料、结构或尺寸改动时；

（3）摩擦焊接工艺改动时；

（4）型式检验报告超过 4 年时。

摩擦焊接钢筋锚固板型式检验应符合下列规定：

（1）全部试件的钢筋均应在同一批钢筋上截取；

（2）对每种类型、级别、规格、材料的摩擦焊接钢筋锚固板，型式检验的检验项目、试件数量应符合表 7.10.2-1 的规定；

（3）型式检验应由国家、省部级主管部门认可的检测机构进行。

摩擦焊接钢筋锚固板型式检验的试验结果符合下列规定时应评定为合格：

**摩擦焊接钢筋锚固板型式检验的检验项目、试件数量与试验方法　　表 7.10.2-1**

| 检验项目 | 试件数量 |
| --- | --- |
| 钢筋母材抗拉强度 | 3根 |
| 钢筋锚固板极限拉力 | 3根 |
| 钢筋锚固板弯曲性能 | 3根 |

(1) 每1根钢筋母材静力作用下的强度实测值均满足钢筋锚固板使用钢筋的标准要求；

(2) 每1根钢筋锚固板试件极限拉力均满足要求；

(3) 每1根钢筋锚固板试件弯曲性能均满足要求。

摩擦焊接钢筋锚固板型式检验报告应记录下列内容：

(1) 钢筋锚固板试件技术参数，包括钢筋锚固板类型、锚固板原材料、规格、尺寸、构造与工艺参数；

(2) 钢筋母材试验结果；

(3) 钢筋锚固板试件力学性能，包括极限拉力与弯曲性能。

**4. 技术提供单位**

摩擦焊接钢筋锚固板技术提供单位应取得有效的符合现行国家标准《质量管理体系要求》GB/T 19001规定的质量管理体系认证证书，摩擦焊接钢筋锚固板产品应获得国家认证认可监督管理委员会授权认证机构的有效认证证书。

摩擦焊接钢筋锚固板技术提供单位应至少向工程项目提交下列文件：

(1) 钢筋锚固板产品有效型式检验报告；

(2) 锚固板产品出厂检验报告、产品合格证、产品质量证明书和原材料质量证明书；

(3) 摩擦焊机合格证及使用说明书；

(4) 公开发布并自我声明的企业标准。

摩擦焊接钢筋锚固板技术提供单位提交的产品合格证应包括适用钢筋牌号和直径、锚固板类型、锚固板尺寸及偏差、可追溯产品原材料力学性能和加工质量的生产批号、生产单位、生产日期及质检合格签章。

摩擦焊接钢筋锚固板技术提供单位提交的企业标准应包括下列内容：

(1) 本企业锚固板产品用原材料（牌号、执行的规范标准、采用的材料性能指标、采用的特殊处理工艺及其目的与影响等）、规格、形式、结构、标记及可追溯性、尺寸及偏差、质量控制方法、检验项目与制度、不合格品处理规则、其他要求（装卸、包装、贮存和运输）等内容的产品企业标准；

(2) 钢筋锚固板产品适用范围与对象、加工、检查与验收等内容的应用技术企业标准。

**5. 施工**

摩擦焊接钢筋锚固板的施工应按技术提供单位的技术要求进行。

1) 人员准备

钢筋锚固板加工人员应经钢筋锚固板技术提供单位进行专业技术培训，并经考核合格后由钢筋锚固板技术提供单位颁发上岗证，方可上岗并保持稳定。培训内容包括但不限于：了解摩擦焊接原理、熟悉设备结构及组成、熟练掌握设置摩擦焊接设备各个参数、熟练掌握调取检查记录曲线、掌握设备基本异常情况的处置。

钢筋锚固板加工人员应具备下列操作能力：

① 设置摩擦焊设备参数。

② 焊前检查待焊件质量。

③ 将待焊件装入摩擦焊设备。

④ 检查记录曲线。

⑤ 检查摩擦焊接头的质量。

焊接操作工的考试除应满足《钢筋焊接及验收规程》JGJ 18—2012 第 6 章关于预埋件钢筋 T 形接头的要求外，操作技能考核的有效范围、试件的制备和检验等还应与焊接工艺评定所规定的条件相同。

2）摩擦焊机

摩擦焊机型式应采用连续驱动摩擦焊机，其性能应符合现行行业标准《摩擦焊机》JB/T 8086 的相关规定。摩擦焊机宜由钢筋锚固板技术提供单位提供，并应有设备合格证和设备使用说明书。设备使用说明书应包含但不限于操作、维保、安全注意事项等内容。摩擦焊机应处于良好运转状态，由专业人员定期进行维护保养和检修，设备上的计量器具需经检定合格且在有效期内。摩擦焊机应具备转速、时间、压力等工艺参数的调整功能，能在设定参数下稳定工作，焊机应满足下列条件：

（1）主轴最大转速、接触时间和顶锻压力满足不同钢筋直径焊接需求；

（2）控制模式具备摩擦时间或压缩位移控制功能；

（3）焊机宜具备焊接参数监测功能。

摩擦焊机若出现下列情况，则在投入生产前应对设备进行工艺验证检查，经验证焊接质量合格后方可投入使用：

（1）新设备落地安装；

（2）设备重新安装；

（3）设备大修后、连续工作满 6 个月或闲置超过 3 个月；

（4）影响焊接工艺参数的零部件更换后。

图 7.10.2-2　一种典型的连续驱动摩擦焊机

图 7.10.2-2 所示为一种典型的连续驱动摩擦焊机，该摩擦焊设备由床身、主轴箱、钢筋夹具、液压系统和电器系统组成，最大顶锻力可达 200kN。通过设计不同规格大小的锚固板夹具和专用主轴系统，可实现不同直径和长度的钢筋焊接。

其他主要计量器具配备有：角向磨光机（焊前打磨）、红外线测温仪（测量温度）、数控钢筋锯、数控下料机、叉车（材料运输）、起重机（材料上下料）等。常用工机具还包括电缆线、温湿度仪、直尺、靠尺、游标卡尺、铅坠、千斤顶、吊装带等。所有工机具均应按相关要求进行检定，且都在有效期内。

3）材料准备

钢板和钢筋的牌号、规格、性能应与设计图纸相符。钢板和钢筋应按批号（或炉号）提供符合质保要求的质量合格证书，并按图纸、专用技术条件或订货技术条件验收，验收合格后方可使用。

钢筋采用切断机下料，要求端面平整，无明显变形。下料长度偏差应<3mm，否则摩擦焊机会报错误而无法焊接。

锚固板可选用经型式检验证明满足钢筋锚固板性能要求且质量稳定的钢材。焊接前宜采用抛丸清理机对钢板表面进行处理，处理后的钢板表面要求无锈蚀、油污等杂质。钢板应做到随处理随使用，避免处理后的表面二次污染影响焊接质量。需要注意的是，由于摩擦焊接对材料的可焊性要求，锚固板不得采用球墨铸铁或铸钢材料。

4）加工

经工艺检验合格后方可进行批量加工。钢筋锚固板工艺检验合格后，应根据钢筋锚固板产品技术要求和施工现场特点编制钢筋锚固板专项施工方案，并按焊接工艺规程要求进行产品焊接。

钢筋锚固板加工前应完成被锚固钢筋及相应锚固板的检查，确保资料齐全、规格一致、质量合格，并与设计图纸相符。

钢筋锚固板的加工应符合下列规定：

① 钢筋下料应采用带锯或砂轮锯。

② 钢筋下料后端面应平整并与钢筋轴线垂直。

③ 钢筋和锚固板的焊接端面应无锈蚀、油污、水分等影响焊接质量的缺陷。

④ 钢筋下料长度应考虑摩擦焊接工艺导致的钢筋长度缩短量。

⑤ 钢筋伸出量应根据钢筋的材质和尺寸确定。

摩擦焊接时，应符合下列规定：

① 钢筋、锚固板应牢固夹紧，不得沿轴向或旋转方向打滑。

② 钢筋与锚固板装夹后，应保证任一待连接面的法向角度与旋转轴线的夹角在±5°范围内。

③ 环境温度不应低于0℃，相对湿度不应大于90%。冬期施工时，在防风棚内设置暖风机进行加热，确保环境温度满足要求。在防风棚内配置若干除湿机（如有必要）控制施焊环境湿度。

④ 在雨、雪、风天气情况下施焊时，应采取有效遮蔽措施。焊后未冷却接头不得碰到雨和冰雪，并应采用有效的防滑、防触电措施，确保人身安全。

⑤ 摩擦焊接按钢筋锚固板技术提供单位提供的旋转速度、压力（接触压力、摩擦压力及顶锻压力）及时间等工艺参数执行。

⑥ 摩擦焊接加工完成后，摩擦焊接头应自然降温。

⑦焊接场地应照明、通风良好，保持干净整洁，禁止无关人员进入。场地、工装等具备施工条件，满足通风、防火要求。

钢筋锚固板摩擦焊接质量应符合下列规定：

① 摩擦焊接加工完成后，钢筋锚固板的长度偏差应在允许范围内；

② 焊后飞边沿圆周方向均匀分布，焊缝金属封闭良好；

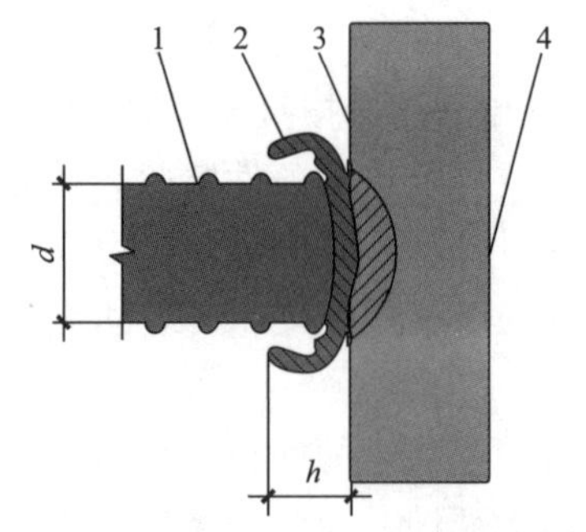


1——钢筋；2——飞边；3——锚固板热熔区；
4——锚固板；$d$——钢筋公称直径；
$h$——飞边高度(飞边凸出锚固板表面的距离)

图 7.10.2-3　钢筋锚固板摩擦焊接头尺寸示意

注：焊后飞边沿圆周方向均匀分布，焊缝金属封闭良好的情况下，飞边发生开裂属正常现象

③ 焊后钢筋相对锚固板的直角偏差不得大于 2°；

④ 钢筋锚固板摩擦焊接头尺寸（图 7.10.2-3）应符合表 7.10.2-2 的规定；

⑤ 摩擦焊接头的自检率不应小于 10%，检验合格率不应小于 95%。

当需要去除飞边时，应待摩擦焊接头冷却至室温后，采用机加工方式去除飞边。加工处应平滑过渡，不应存在尖角等结构不连续，表面应无裂纹。

5）检查与验收

(1) 资料审查与验收

工程应用摩擦焊接钢筋锚固板时，应对钢筋锚固板技术提供单位提交的相关技术资料进行审查与验收，应包括但不限于下列内容：

① 钢筋锚固板的合格工艺检验报告、有效型式检验报告及设计有其他要求的钢筋锚固板性能检验报告；

② 锚固板产品设计、加工与摩擦焊接要求的相关技术文件；

③ 锚固板产品出厂检验报告、合格证和锚固板原材料质量证明书；

④ 公开发布并自我声明的企业标准。

**钢筋锚固板摩擦焊接头尺寸要求 (mm)　　　　表 7.10.2-2**

| 钢筋公称直径 $d$ | 飞边高度 $h$ |
|---|---|
| 8～16 | ≥20 |
| 18～25 | ≥15 |
| 28～50 | ≥10 |

(2) 锚固板进场检查与验收

钢筋锚固板加工前，应对进场的锚固板进行检查与验收。同一类型、同一规格、同一批号的锚固板，不超过 1000 件为 1 个验收批，随机抽取 10%进行检验。检验项目与验收要求应符合表 7.10.2-3 的规定。

**锚固板检验项目与验收要求　　　　表 7.10.2-3**

| 序号 | 检验项目 | 验收要求 |
|---|---|---|
| 1 | 原材料 | 原材料质量证明书与有效型式检验报告记载的一致 |
| 2 | 外观质量、尺寸和偏差 | 满足企业产品标准、设计文件和相关标准的要求 |
| 3 | 标记和出厂检验 | 符合钢筋锚固板技术提供单位的锚固板产品企业标准和设计文件的规定，并与型式检验报告中注明的保持一致 |
| 4 | 适用的钢筋强度等级 | 与工程使用钢筋强度等级一致 |

(3) 现场检验

摩擦焊接钢筋锚固板的现场检验应包括工艺检验、极限拉力检验、弯曲性能检验和摩擦焊接加工质量（摩擦焊头和摩擦焊接后的钢筋长度）检验以及设计文件中明确的其他要

求检验项目，并应符合下列规定：

① 工艺检验、极限拉力检验和弯曲性能检验的试件应在摩擦焊接加工现场抽取。

② 钢筋锚固板试件的极限拉力试验方法、弯曲性能试验方法应分别符合有关规定。

③ 设计文件中明确的其他要求检验项目按设计文件执行。钢筋锚固板加工开始前，应对不同钢筋生产厂的进场钢筋进行钢筋锚固板工艺检验。工艺检验应在经过认可的试验室进行，并应符合下列规定：

① 工艺检验试件应模拟施工条件和操作工艺，采用进场验收合格的锚固板并按钢筋锚固板技术提供单位提供的技术要求进行制作；

② 各种类型和型式的钢筋锚固板均应进行工艺检验，检验项目包括极限拉力检验和弯曲性能检验；

③ 每种规格的钢筋锚固板试件不应少于6根（其中，3根做极限拉力检验，3根做弯曲性能检验）；

④ 每根试件的极限拉力均应满足要求；

⑤ 每根试件的弯曲性能均应满足要求；

⑥ 其中1根试件的极限拉力或弯曲性能不合格时，应重取12根试件（其中，6根做极限拉力检验，6根做弯曲性能检验）进行复检，复检仍不合格时判为本次工艺检验不合格；

⑦ 工艺检验不合格时，应进行工艺参数调整，合格后方可按最终确认的工艺参数进行钢筋锚固板批量加工。

施工过程中如发生下列情况之一时，应重新进行工艺检验。

① 更换钢筋生产厂家、钢筋锚固板技术提供单位或钢筋锚固板加工班组；

② 钢筋或锚固板名义尺寸、型号或等级发生改变；

③ 摩擦焊机设备型号发生改变；

④ 焊接工艺参数超出下列范围：

----旋转速度±10%；

----接触阶段：接触压力±10%，持续时间±1s；

----摩擦阶段：摩擦压力±10%，持续时间+2s或－1s；

----顶锻阶段：顶锻压力±10%，持续时间±2s。

摩擦焊接钢筋锚固板现场验收应按验收批进行。同一施工条件下采用同一批材料的同类型、同规格的钢筋锚固板，应以300根为一个验收批，不足300根也应作为一个验收批。

钢筋锚固板现场验收项目应包括摩擦焊接加工质量检验、极限拉力检验、弯曲性能检验以及设计文件中明确的其他要求检验项目。

对钢筋锚固板的每一验收批，应在加工现场随机抽取3根试件做极限拉力试验、3根试件做弯曲性能试验，并应分别按极限拉力要求、弯曲性能要求进行评定。3根试件的极限拉力和3根试件的弯曲性能均应满足要求，该验收批评为合格。如有1个试件的极限拉力或弯曲性能不满足要求，应再取12根试件（其中，6根做极限拉力试验，6根做弯曲性能试验）进行复检。复检中如仍有1个试件的极限拉力或弯曲性能不满足要求，则该验收批应评为不合格。

钢筋锚固板的现场验收，在连续10个验收批抽样试件极限拉力和弯曲性能一次检验通过的合格率为100%条件下，验收批钢筋锚固板数量可扩大为600根。当钢筋锚固板的验收批数量少于200个时，允许按上述同样方法，随机抽取2个钢筋锚固板试件做极限拉力试验和2个钢筋锚固板试件做弯曲性能试验，当2个试件的极限拉力均满足极限拉力要求、2个试件的弯曲性能均满足弯曲性能要求时，该验收批应评为合格。如有1个试件的极限拉力或弯曲性能不满足要求，应再取8个试件（其中，4根做极限拉力试验，4根做弯曲性能试验）进行复检。复检中如仍有1个试件的极限拉力或弯曲性能不满足要求，则该验收批应评为不合格。

对有效认证的钢筋锚固板产品，验收批数量可扩大为600个。当现场验收连续10个验收批抽样钢筋锚固板试件极限拉力和弯曲性能试验一次合格率为100%时，验收批接头数量可扩大为1000个。当扩大后的各验收批中出现抽样钢筋锚固板试件极限拉力或弯曲性能不合格的评定结果时，应将随后的各验收批恢复为300个，且不得再次扩大验收批数量。

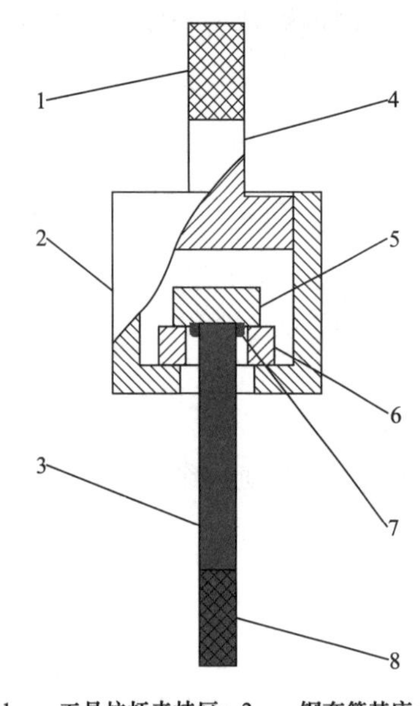


1——工具拉杆夹持区；2——钢套管基座；
3——钢筋锚固板试件；4——工具拉杆；
5——锚固板；6——支承板；
7——摩擦焊接头；8——钢筋锚固板试件夹持区

图7.10.2-4　钢筋锚固板试件极限拉力试验装置示意

摩擦焊接加工质量应按相关要求进行自检，监理或质检部门对现场加工质量有异议时，可随机抽取3根钢筋锚固板试件进行极限拉力、3根钢筋锚固板试件进行弯曲性能检验，如有1根钢筋锚固板试件极限拉力或弯曲性能不合格时，应经整改后重新检验，检验合格后方可继续加工。

对抽检不合格的钢筋锚固板验收批，应由工程有关各方研究后提出处理方案。

6）试验方法

（1）钢筋锚固板试件极限拉力试验方法

本试验方法适用于摩擦焊接钢筋锚固板试件极限拉力的检验与评定。

钢筋锚固板试件的长度不应小于250mm和$10d$。

钢筋锚固板试件极限拉力试验装置应符合下列规定：

① 宜选用图7.10.2-4所示专用钢筋锚固板试件极限拉力试验装置进行试验。

② 锚固板的支承板平面应平整，并宜与钢筋保持垂直。

③ 锚固板支承板孔洞应为圆形，其直径$D_0$应能保证沿着孔洞边缘的线荷载与锚固板承压面暴露在均布荷载下时，锚固板产生的弯曲应力大致相同。如图7.10.2-5所示，对于圆形锚固板，支承板孔洞直径应为锚固板直径的0.69倍；对于正方形锚固板，支承板孔洞直径应为锚固板边长的0.72倍；对于长方形锚固板，支承板空洞直径应为$(0.52+0.2\alpha)\cdot D_{\mathrm{H,max}}$，其中$\alpha$为锚固板长宽比，$D_{\mathrm{H,max}}$为锚固板的长边长。

钢筋锚固板极限拉力试验的加载速度应符合国家标准《金属材料 拉伸试验 第1部分：室温试验方法》GB/T 228.1的规定。

实验设备应符合现行国家标准《钢筋混凝土用钢材试验方法》GB/T 28900的规定。

检测实验室的温度应为10～30℃。

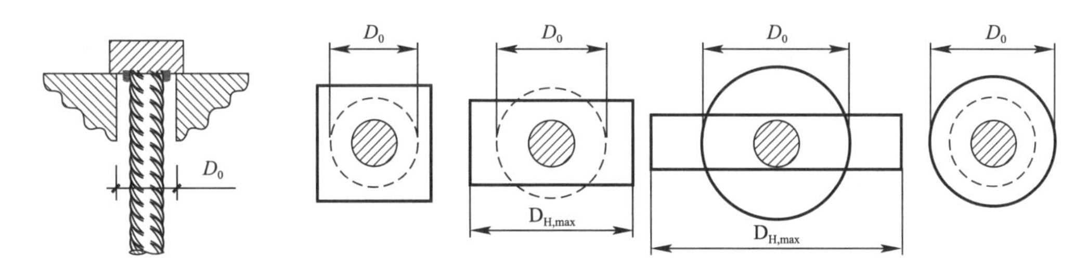


$D_{H,max}$——长方形锚固板的长边长；$D_0$——锚固板支承板孔洞直径

图 7.10.2-5　锚固板支承板孔洞示意

(2) 钢筋锚固板试件弯曲性能试验方法

本试验方法适用于钢筋锚固板试件弯曲性能的检验与评定。

钢筋锚固板试件应为钢筋的整个横截面，一端摩擦焊接锚固板，试件的长度应保证至少可以将钢筋弯曲 90°。试验前试件制备时，应移除钢筋一侧的锚固板材料（图 7.10.2-6），使弯芯和摩擦焊接头接触。

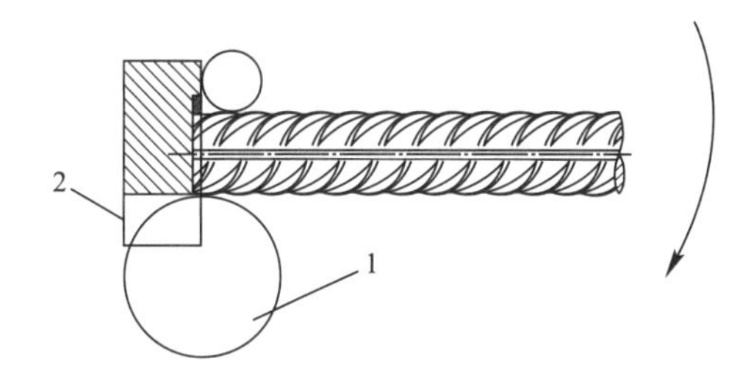


1——弯芯；2——移除的锚固板材料

图 7.10.2-6　弯曲试验试件和弯芯

试验设备应具备现行国家标准《钢筋混凝土用钢材试验方法》GB/T 28900 所要求的弯芯、支辊和载物台，弯芯直径应小于或等于现行行业标准《钢筋焊接及验收规程》JGJ 18 的规定。

检测实验室的温度应为 10～35℃。

## 7.10.3　热镦成型钢筋锚固板

早在 20 世纪 80 年代，为改进施工工艺、节约钢材、便于运输，北京第一建筑构件厂的李善涛提出在钢筋混凝土结构工程中用钢筋镦粗头代替弯钩，并进行了锚固力试件和构件模拟试验，采用的弯钩和镦头如图 7.10.3-1 所示。试验证明，镦头锚固是完全可靠的，在钢筋混凝土结构中以镦头代替弯钩是可行的，并可改进结构构造、便于设计和施工，运输方便，可节约钢材。

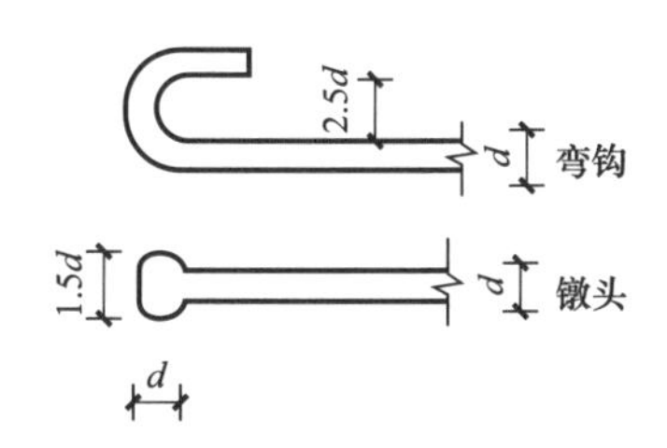


图 7.10.3-1　钢筋的镦头和弯钩

2016 年前后，中冶建工集团有限公司以进一步降低钢筋机械锚固成本为目标，开发了钢筋镦锚技术，在国内首次提出将钢筋端部电加热镦头作为钢筋的机械锚固形式，如图 7.10.3-2 所示。通过试验研究，确定了镦头加工工艺参数，保证了镦头加工质量。自主研发了数字化镦头加工设备，该设备具有加工速度快、加工精度高的优点，满足钢筋集中加工配送生产的需要，且适应现场加工。该技术在中冶城邦国际等工程中进行了应用，取得了较好的经济效益和社会效益。在《钢筋锚固板应用技术规程》JGJ 256—2011 的基础上，重庆市发布了《钢筋镦锚应用技术标准》DBJ50/T—267—2017。其根据钢筋镦锚技术特点，有针对性地作了相关补充，旨在进一步完善和规范钢筋镦锚技术的基本规定和现场检验及验收。

图 7.10.3-2　中冶建工集团开发的钢筋热镦锚头

热镦成型钢筋锚固板端头锚固刚度大，变形性能好，锚固性能卓越，可充分发挥钢筋极限强度，有利于高强度钢筋的使用。可减少或取消钢筋锚固长度，节约锚固用钢材。使用钢筋母材加工锚固板，节约钢材。钢筋镦锚成型技术工艺简单稳定，加工效率高，便于施工，可有效降低成本。锚固板与钢筋一体，锚固板免安装，方便现场钢筋施工，减少钢筋机械接头数量。避免了钢筋密集拥堵导致的钢筋设置和绑扎困难，克服了传统弯筋拥挤带来的混凝土浇筑质量问题，有利于提高混凝土浇筑质量，改善节点受力性能。钢筋镦头锚固可应用于现浇结构和预制 PC 构件中，同时其应用也不仅局限于房屋建筑工程，还可在桥梁、水利水电、核电站、地铁等大型工程中应用，为工程建设提供可靠、方便、经济的锚固技术，具有广阔的市场和应用前景及重要的社会价值和经济价值。

**1. 基本原理**

热镦成型钢筋锚固板是将钢筋端部通过电阻加热到一定温度后施加锻压力镦粗，在钢筋端部形成一体化的扩大镦头。目前，国内实现并在工程中应用的是热镦成型部分锚固板，即依靠锚固长度范围内钢筋与混凝土的粘结作用和镦粗头承压面的承压作用共同承担钢筋规定的锚固力，实现钢筋的机械锚固作用。

**2. 施工**

1）加工准备

凡从事热镦锚固件加工、安装作业的人员，必须经过专业技术培训（可以是面授或资料提供方式的培训指导），正确掌握技术操作要领，掌握设备安装、调试、使用和一般问题的维修方法，成绩合格者方能持证上岗，凡接受培训的班组人员应相对固定。无证人员一律禁止上机操作，否则由此造成的一切后果应由设备使用方承担全部责任。

设备安装时，应使加热镦粗一体机主轴中心线与放置在钢筋支架上的待加工钢筋中心线保持同一高度，钢筋支架应保证钢筋水平摆放，如图 7.10.3-3 所示。应对设备进行调试和试运行，一切正常后方能开始操作。

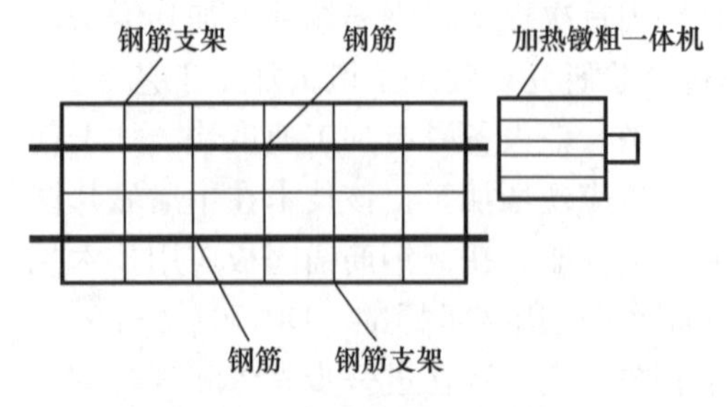


图 7.10.3-3　热镦锚固件设备布置示意

2）钢筋下料

钢筋下料可用砂轮切割机、带锯床、专用钢筋切断机等下料。钢筋下料切口端面应与钢筋轴线垂直，不得有马蹄形或挠曲，端部不直应调直后下料。

3）钢筋端部加热镦粗

中冶建工集团根据钢筋加热镦粗工艺自主研发的钢筋锚固板热镦成型机如图 7.10.3-4 所示。将钢筋放置于镦头机两电极之间，如图 7.10.3-5 所示，利用电阻加热至 800℃左右，将加热软化的钢筋用镦杆推进到模具内挤压形成钢筋镦粗头。采用恒流电阻加热，设备自动识别并控制加热温度，可将直径 14～32mm 的钢筋在 30～60s 镦粗成型，形成扩大镦粗头。设备能够实现各规格钢筋的加热参数自动切换，选择不同直径钢筋规格时，自动切换钢筋定位长度，保证加工成型质量。钢筋镦粗头与钢筋一体成型，加工参数均由机器控制，加工速度快、质量和性能稳定可靠。

图 7.10.3-4　钢筋锚固板热镦成型机

正式加工前应先进行试验性加工，经工艺检验合格后方可批量生产。钢筋热镦加工时，每个镦头的钢筋下料预留长度宜为 3.1$d$，预留长度可做调整，以加工完成的热镦锚固板符合使用要求为准。热镦后的钢筋应分类集中存放，受热端接触的地面不得有积水，并应设置防雨、防水措施。当环境温度高于 0℃时，应采用自然降温方式，不得采用洒水或其他可能导致温度骤降的措施；当环境温度低于 0℃时，应适当采取保温措施，避免温度骤降。热镦成型锚固板的外形尺寸如图 7.10.3-6 所示。

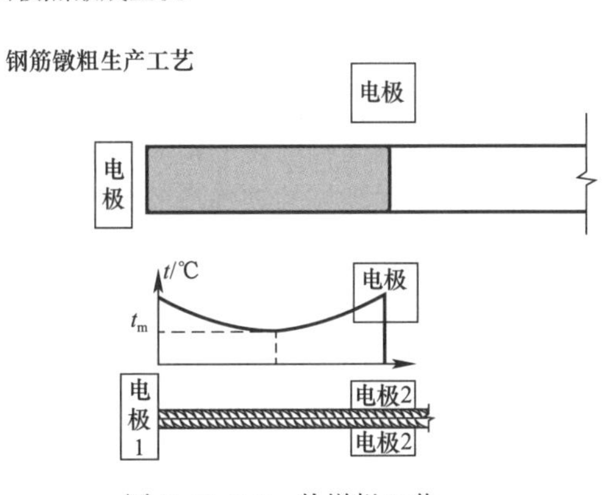


图 7.10.3-5　热镦粗工艺

热镦成型锚固板与钢筋纵向轴线偏差 $s$（图 7.10.3-7）应按下式计算，并符合表 7.10.3 的规定：

$$s=d_1-d_2 \tag{7.10.3}$$

式中　$s$——锚固板与钢筋纵向轴线偏差；

$d_1$——锚固板长边一侧承压面宽度；

$d_2$——锚固板短边一侧承压面宽度。

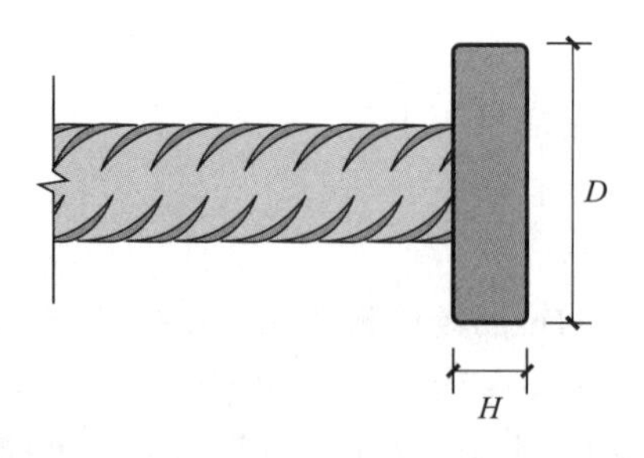


图 7.10.3-6 热镦成型锚固板外形尺寸示意

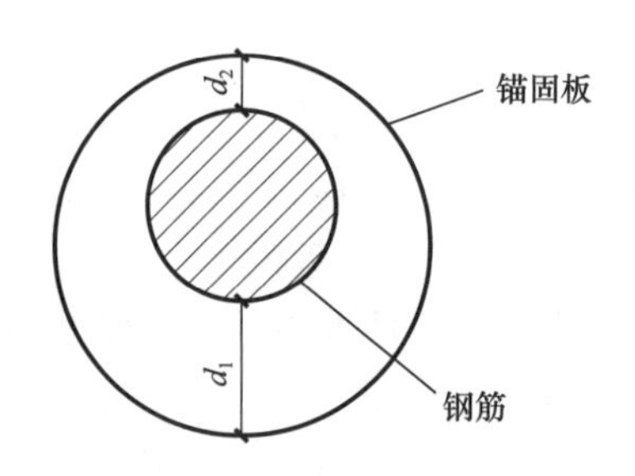


图 7.10.3-7 热镦成型锚固板纵向轴线示意

**热镦成型锚固板直径、厚度、轴线偏差 单位：mm 表 7.10.3**

| 钢筋直径 | 锚固板直径 $D$ | | 锚固板厚度 $H$ | | 锚固板与钢筋纵向轴线偏差 $s$ 最大值 |
|---|---|---|---|---|---|
| | 直径 | 容许偏差 | 厚度 | 容许偏差 | |
| 14 | 33.1 | +3.0 | 14.0 | +2.0 | 2.0 |
| 16 | 37.8 | +3.0 | 16.0 | +2.0 | 2.0 |
| 18 | 42.5 | +4.0 | 18.0 | +2.5 | 3.0 |
| 20 | 47.2 | +4.0 | 20.0 | +2.5 | 3.0 |
| 22 | 51.9 | +5.0 | 22.0 | +2.5 | 3.0 |
| 25 | 59.0 | +5.0 | 25.0 | +3.0 | 4.0 |
| 28 | 66.0 | +5.0 | 28.0 | +3.0 | 4.0 |
| 32 | 75.4 | +6.0 | 32.0 | +3.0 | 4.0 |

热镦成型锚固板表面应无砂眼、裂纹等明显质量缺陷。

热镦成型锚固板钢筋试件的极限拉力不应小于钢筋达到极限强度标准值的拉力 $f_{stk}A_s$。

4）热镦成型钢筋锚固板的检验

热镦成型锚固板的现场检验应包括抗拉强度检验和尺寸、外观质量检验。

热镦成型锚固板的现场检验应按检验批进行。同一加工条件下采用同一规格、同一设备加工时，应以 1000 个为 1 个检验批，不足 1000 个也应作为 1 个检验批。

热镦成型锚固板外观质量检验应按检验批抽取其中 5%的镦锚钢筋进行外观质量检验，外形尺寸和观感质量应满足相关要求。如合格率达到 90%，该检验批评定为合格。如合格率＜90%，应再抽取该检验批中 10%的镦锚钢筋进行复验。复验结果如合格率＜90%，则该检验批应评定为不合格。

对每一检验批的热镦成型锚固板，在外观质量检验合格的前提下，随机截取 3 个试件进行极限抗拉强度试验。热镦成型锚固板钢筋试件的抗拉强度应满足相关要求。3 个试件的抗拉强度均应符合要求，该检验批评定为合格。如有 1 个试件的抗拉强度不符合要求，应再取 6 个试件进行复验。复验结果如仍有 1 个试件抗拉强度不符合要求，则该检验批应评定为不合格。

如连续 3 个检验批热镦成型锚固板均一次验收合格，可将检验批扩大 1 倍至 2000 个为 1 个检验批，不足 2000 个也作为 1 个检验批。当有 1 个试件的抗拉强度不符合要求时，检验批数量应降至 1000 个。

### 7.10.4 穿孔塞焊钢筋锚固板

穿孔塞焊钢筋锚固板是将钢板与钢筋通过穿孔塞焊工艺焊接而成的钢筋机械锚固装置。锚固板与钢筋采用普通焊接连接时，宜选用穿孔塞焊，其技术要求应符合现行行业标准《钢筋焊接及验收规程》JGJ 18 的规定。

穿孔塞焊钢筋锚固板实施时，存在焊工劳动强度大、施工环境差、焊接效率低、质量难以保证等缺点，依靠人工为主的穿孔塞焊方式加工钢筋锚固板已无法适应当前的工程建设需求。

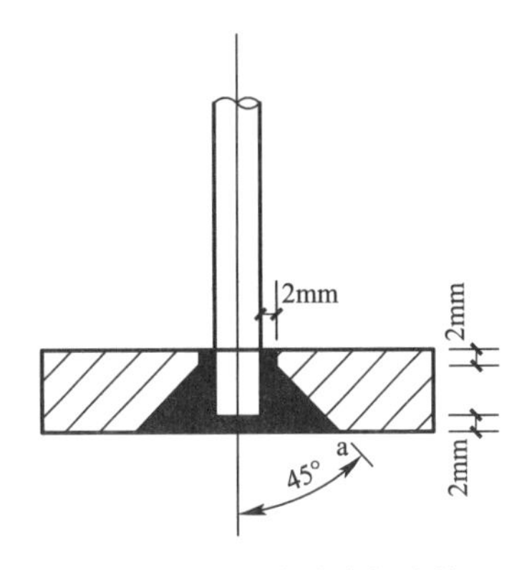


图 7.10.4-1 穿孔塞焊连接钢筋锚固板

《钢筋锚固板应用技术规程》JGJ 256—2011 纳入了穿孔塞焊钢筋锚固板，如图 7.10.4-1 所示。穿孔塞焊钢筋锚固板是《钢筋焊接及验收规程》JGJ 18 推荐采用电弧焊工艺制作穿孔塞焊预埋件钢筋，适应的钢筋牌号及规格如表 7.10.4 所示。

**穿孔塞焊适应的钢筋牌号及规格　　表 7.10.4**

| 钢筋牌号 | 规格/mm |
|---|---|
| HPB300 | 20～22 |
| HRB400、HRBF400 | 20～32 |
| HRB500 | 20～28 |
| RRB400W | 20～28 |

穿孔塞焊钢筋锚固板的施工工艺与流程如下：

**1. 施工准备**

锚固板入场前，应进行以下检查：

1）锚固板产品提供单位应提交经技术监督局备案的企业产品标准。

2）用于焊接锚固板的钢板应有质量证明书和产品合格证，产品合格证应包括但不限于适用钢筋直径、锚固板尺寸、锚固板材料、锚固板类型、生产单位、生产日期及可追溯原材料性能和加工质量的生产批号。

3）用于穿孔塞焊的钢筋及焊条应有质量证明书和产品合格证，并符合现行行业标准《钢筋焊接及验收规程》JGJ 18 的规定。

4）锚固板材料应符合行业标准《钢筋锚固板应用技术规程》JGJ 256、《钢筋焊接及验收规程》JGJ 18 及企业标准的要求。

5）锚固板外观质量、几何尺寸及公差应符合企业产品标准要求。锚固板外径和厚度尺寸用游标卡尺检验，螺纹尺寸、公差用螺纹塞规检验。锚固板外径尺寸为试件相互垂直的 2 个直径的平均值，厚度为试件任意 2 个厚度尺寸的平均值。锚固板的外观质量应全数检验。锚固板几何尺寸检验以 1000 个为 1 个检验批，每批按 10%抽检。抽检合格率应≥95%；当抽检合格率<95%时，应另取双倍数量重做检验；当加倍抽检后的合格率>95%时，应判该检验批合格，若仍<95%，则该批应逐个检验，合格者方可使用。

6）锚固板表面的标记和包装应符合企业标准的要求。

7）对于不等厚或长方形锚固板，尚应提交省部级的产品鉴定证书。

经检验合格的锚固板，应按规格存放整齐备用，进入现场后应妥善保管，不得造成锈蚀及损坏。

检查钢筋是否满足《钢筋锚固板应用技术规程》JGJ 256 对采用锚固板的钢筋要求，采用锚固板的钢筋应符合现行国家标准《钢筋混凝土用钢 第 2 部分：热轧带肋钢筋》GB 1499.2 及《钢筋混凝土用余热处理钢筋》GB 13014 的规定；采用部分锚固板的钢筋不应采用光圆钢筋，采用全锚固板的钢筋可选用光圆钢筋，光圆钢筋应符合现行国家标准《钢筋混凝土用钢 第 1 部分：热轧光圆钢筋》GB 1499.1 的规定。

操作人员必须经过专业技术人员进行技术交底、设备操作培训和安全生产培训并进行考核，对考核合格人员颁发上岗证书，持证上岗，操作人员应相对稳定。从事焊接施工的焊工应持有焊工证，方可上岗操作。

**2. 工艺检验**

正式施焊前，应对不同钢筋生产厂商的进场钢筋进行现场条件下的焊接工艺检验，并经试验合格后，方可正式生产。施工过程中，更换钢筋生产厂商、变更钢筋锚固板参数、形式、焊条、焊接工艺及变更产品供应商时，应补充进行工艺检验。工艺检验应符合下列规定：

1）每种规格的钢筋锚固板试件不应少于 3 根。

2）每根试件的极限拉力不应小于钢筋达到极限强度标准值时的拉力 $f_{stk}A_s$。

3）其中 1 根试件的抗拉强度不合格时，应重取 6 根试件进行复检，复检仍不合格时判为本次工艺检验不合格。

4）工艺检验按钢筋锚固板试件抗拉强度试验方法进行。

焊接钢筋锚固板的组装件破坏形式包括钢筋母材拉断、焊接部位拉断，只要试件的极限拉力不小于钢筋达到极限强度标准值时的拉力 $f_{stk}A_s$，任何破坏形式均可判定为合格。

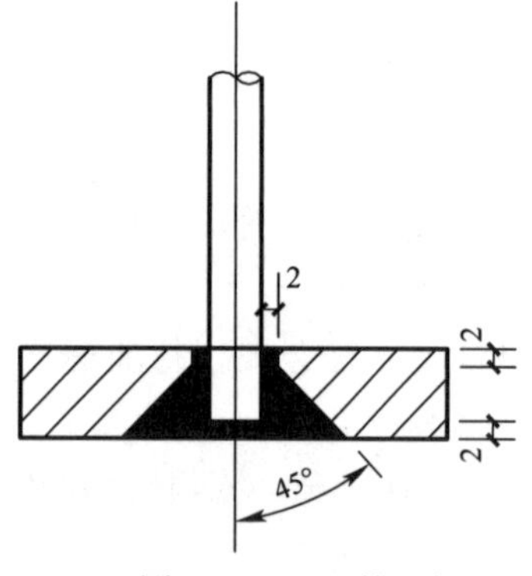


图 7.10.4-2　锚固板穿孔塞焊尺寸

**3. 施焊**

焊缝应饱满，钢筋咬边深度≤0.5mm，钢筋相对锚固板的直角偏差应≤3°。在低温和雨、雪天气情况下施焊时，应符合现行行业标准《钢筋焊接及验收规程》JGJ 18 的规定。锚固板塞焊孔尺寸应符合图 7.10.4-2 的规定。为满足此要求，有时可能需要增大锚固板尺寸。当有实践经验时，也可调整穿孔塞焊孔参数。

焊接连接锚固板的加工和安装要求与行业标准《钢筋焊接及验收规程》JGJ 18 中预埋件电弧焊钢筋穿孔塞焊的相关要求一致。为满足相关要求，有时可能需要增大锚固板尺寸，当有实践经验时，也可调整穿孔塞焊孔的参数。

**4. 现场检验与验收**

焊接钢筋锚固板的现场检验应按验收批进行。同一施工条件下采用同一批材料的同类型、同规格的焊接钢筋锚固板，应以 300 个为 1 个验收批进行检验与验收，不足 300 个也应作为 1 个验收批。焊接连接钢筋锚固板的连接强度受环境、材料和人为因素的影响较大，质量稳定性低于螺纹连接，故其验收批数量少于螺纹连接钢筋锚固板。

1）焊接锚固板的焊缝检验：钢筋锚固板安装到工程实体后，按现行行业标准《钢筋焊接及验收规程》JGJ 18 有关穿孔塞焊的要求，检查焊缝外观是否满足“焊缝应饱满，钢筋咬边深度不得超过 0.5mm，钢筋相对锚固板的直角偏差不应大于 3°”的规定。

2）抗拉强度检验：考虑到在工程中截取钢筋锚固板试件后无法重装，检验时可在钢筋丝头加工现场在已装配完成的钢筋锚固板中随机抽取试件，不必在工程实体中抽取钢筋锚固板试件进行抗拉强度试验。对焊接连接钢筋锚固板的每一验收批，应随机抽取 3 个试件，并按抗拉强度要求进行评定。3 个试件的抗拉强度均应符合强度要求，该验收批评为合格。如有 1 个试件的抗拉强度不符合要求，应再取 6 个试件进行复检。复检中如仍有 1 个试件的抗拉强度不符合要求，则该验收批应评为不合格。

当焊接连接钢筋锚固板的验收批数量少于 120 个时，可随机抽取 2 个钢筋锚固板试件进行抗拉强度试验。当 2 个试件的抗拉强度均满足抗拉强度要求时，该验收批应评为合格；如有 1 个试件的抗拉强度不满足要求，应再取 4 个试件进行复检；复检中如仍有 1 个试件的抗拉强度不满足要求，则该验收批应评为不合格。

# 第8章 展 望

改革开放以来，我国钢筋连接与锚固技术取得了巨大成就，应用于工程中钢筋机械连接的最大直径钢筋达50mm（国内有高层建筑采用超大直径圆钢，如直径75mm的45A号圆钢作竖向劲性结构筋，并采用滚轧直螺纹方式连接）应用机械连接技术的钢筋达到600MPa级。近年来，用于混凝土结构工程的钢筋发生了较大变化，钢筋混凝土结构形式、施工技术日新月异，钢筋连接与锚固技术虽在不断创新发展，但仍不断面临新课题、新任务，相关产品、技术还需开发和完善，相应的标准规范亟须编制或完善。

大力提倡建筑工业化和绿色、智能建造，是我国建筑业高质量发展的必由之路。在钢筋连接领域，将逐步淘汰大直径钢筋搭接绑扎，减少现场钢筋焊接。钢筋机械连接将继续成为钢筋连接的主要形式，以螺纹连接钢筋锚固板为代表的机械锚固形式将进一步得到工程的广泛应用。建筑行业对于质量、效率和安全的要求不断提高。在此背景下，钢筋连接与锚固行业应顺势而为，在基于技术质量的前提下，继续开拓创新。在此抛砖引玉，对钢筋连接与锚固技术提出展望，与广大工程技术人员共同探讨，不断推进钢筋连接与锚固技术的更新换代，更好地适应工程建设的需求。

## 8.1 基础研究

### 8.1.1 功能性钢筋的连接与锚固

作为功能性钢筋，如耐腐蚀钢筋（不锈钢钢筋、环氧涂层钢筋、耐蚀钢筋、热轧碳素钢-不锈钢复合钢筋等）、耐火钢筋、低温钢筋等应用的基本问题之一——钢筋连接与锚固问题，特别是机械连接与锚固技术还未得到充分研究，相应的连接件、锚固板产品亟待完善与开发，需提出相应的质量控制指标与检测制度，以适应功能性钢筋的发展与应用。

**1. 耐腐蚀性钢筋**

在钢筋的连接上，所有上述耐腐蚀性钢筋的国家标准均推荐或规定使用机械连接，如表8.1.1-1所示。

**耐腐蚀性钢筋国家标准关于钢筋连接的规定　　表8.1.1-1**

| 序号 | 国家标准 | 钢筋连接的规定 |
| --- | --- | --- |
| 1 | 《钢筋混凝土用耐蚀钢筋》GB/T 33953—2017 | 推荐使用机械连接，机械连接接头应使用与钢筋耐腐蚀等级相同的合金材料，并按《钢筋机械连接技术规程》JGJ 107对接头进行检验。如果使用焊接连接方式，焊接工艺应由供需双方协商经试验确定，使用耐腐蚀等级相同的焊接材料进行焊接，并按《钢筋焊接接头试验方法标准》JGJ/T 27和《钢筋焊接及验收规程》JGJ 18对接头进行检验 |
| 2 | 《钢筋混凝土用不锈钢钢筋》GB/T 33959—2017 | 推荐采用机械连接的方式进行连接 |

续表

| 序号 | 国家标准 | 钢筋连接的规定 |
|---|---|---|
| 3 | 《海洋工程混凝土用高耐蚀性合金带肋钢筋》GB/T 34206—2017 | 推荐使用机械连接，并要求机械连接接头应使用与钢筋耐腐蚀等级相同或更好的合金材料，并应按《钢筋机械连接技术规程》JGJ 107 对接头进行检验。使用焊接连接方式的焊接工艺应由供需双方协商经试验确定，并应按《钢筋焊接接头试验方法标准》JGJ/T 27 和《钢筋焊接及验收规程》JGJ 18 对接头进行检验 |
| 4 | 《钢筋混凝土用热轧碳素钢-不锈钢复合钢筋》GB/T 36707—2018 | 钢筋应使用机械连接，接头应使用耐腐蚀性能及钢筋强度等级相匹配的材料 |
| 5 | 《耐腐蚀性钢筋应用技术规程》T/CECS 1150—2022 | 1. 当采用耐腐蚀性能钢筋时，用于钢筋绑扎的材料应采用与耐腐蚀钢筋耐腐蚀等级相同或更优的材料，并应经试验验证不发生电偶腐蚀。<br>2. 不锈钢钢筋不应采用焊接连接。耐蚀钢筋不宜采用焊接连接，当采用焊接连接时，焊材应符合下列规定：<br>a）牌号为 HRB400a、HRB400c 耐蚀钢筋的焊接材料宜选用现行国家标准《非合金钢及细晶粒钢焊条》GB/T 5117 中的 E5015-GP；<br>b）牌号为 HRB500a、HRB500c 耐蚀钢筋的焊接材料宜选用现行国家标准《非合金钢及细晶粒钢焊条》GB/T 5117 中的 E5016-G；<br>c）焊接连接相关技术要求应符合现行行业标准《钢筋焊接及验收规程》JGJ 18 的有关规定。<br>3. 当耐腐蚀性钢筋采用机械连接时，连接件原材料宜采用与钢筋相同材质、相同等级或更优的棒材或无缝钢管材料。<br>4. 当耐腐蚀性能钢筋采用套筒灌浆连接时，套筒、灌浆料应符合现行行业标准《钢筋套筒灌浆连接应用技术规程》JGJ 355、《钢筋连接用灌浆套筒》JG/T 398 及《钢筋连接用套筒灌浆料》JG/T 408 的有关规定。钢筋灌浆连接用套筒材料宜采用与钢筋相同材质的棒材或无缝钢管。<br>5. 耐腐蚀性钢筋用锚固板的原材料宜采用与钢筋相同材质的棒材 |

在此，重点介绍不锈钢钢筋接头和环氧树脂涂层钢筋接头。

1）不锈钢钢筋接头

混凝土结构通常应根据使用年限和环境类别进行耐久性设计，普通热轧钢筋对于使用年限长（如超过 100 年）或环境类别高（如按《混凝土结构设计规范》GB 50010—2010 中四、五类环境或部分三类环境）的混凝土结构已不再适用，需对钢筋采取专门的防腐蚀措施，国内外通常采用环氧涂层钢筋或不锈钢钢筋。环氧涂层钢筋在其连接部位需进行特殊处理，加工运输过程涂层易损伤。不锈钢热轧带肋钢筋具有耐锈蚀、无磁、导电能力差的特点，能有效改善结构耐久性，进而减少维修费用、延长整体结构的使用寿命。

《混凝土结构耐久性设计与施工指南》CCES 01—2004 中指出，在特别严重的腐蚀环境下，要求确保百年以上使用年限的特殊重要工程，可选用不锈钢钢筋。我国各种高设计标准工程的建设，如海洋桥梁等，发展趋势是长寿命化，对耐久性提出了更高的要求。由于其所处海洋环境十分苛刻，普通碳素钢筋无法满足要求，常使用不锈钢钢筋，而不锈钢钢筋的连接是必须解决的关键问题。在已有的连接方式中，机械连接特别是直螺纹连接具有经济性好、可操作性强、施工效率高等优点，是国内外不锈钢钢筋连接施工的首选方式。

港珠澳大桥（图 8.1.1-1）是连接香港、珠海、澳门的超大型跨海通道，全长 55km，是目前世界最长的跨海大桥。其设计使用寿命长、工程量巨大。港珠澳大桥主体工程采用桥隧组合方式，大桥主体工程全长约 29.6km，海底隧道长 6.7km，设计使用寿命 120 年，在浪溅区采用的 $\phi$16、$\phi$20、$\phi$25、$\phi$28、$\phi$32、$\phi$40 不锈钢钢筋总用量约为 10000t，其中 $\phi$28、$\phi$32 需要解决机械连接问题。

图 8.1.1-1　港珠澳大桥效果

项目开始初期，由于我国还没有专门的不锈钢钢筋产品标准，该工程中不锈钢钢筋的生产采用了英国标准 *Stainless steel bars for the reinforcement of and use in concrete—Requirements and test methods* BS 6744：2001+A2：2009，其力学性能设计值参照《钢筋混凝土用钢　第 2 部分：热轧带肋钢筋》GB/T 1499.2 中 HRB500E 级钢筋的相关参数，其力学性能特征值如表 8.1.1-1 所示，外形如图 8.1.1-2 所示。

**HRB500E 级钢筋主要性能参数　　表 8.1.1-2**

| 牌号 | 屈服强度 | 抗拉强度 | 断后伸长率 | 最大力下总伸长率 |
|---|---|---|---|---|
| HRB500E | 500MPa | 630MPa | 15% | 7.5% |

港珠澳大桥不锈钢钢筋机械连接试件必须满足以下要求：

①《钢筋机械连接技术规程》JGJ 107 有关普通钢筋机械连接的性能要求。

② 英国标准 *Structural use of concrete Part* 1. *Code of practice for design and construction* BS 8110：part 1：1997 有关钢筋机械连接的性能要求，测量不锈钢钢筋接头试件的残余变形及极限抗拉强度。加载制度为：试件加载至 0.6 倍 $f_y$（$f_y$ 为不锈钢钢筋屈服强度特征值，取 500MPa），达到加载值后持荷 1min，然后卸载，测量不锈钢钢筋接头标距内的残余变形（标距为套筒端面向外延展 25mm，如套筒长度为 70mm，标距为 70+25×2=120mm），最后试件加载至破坏，测量极限抗拉强度。接头试件残余变形及极限抗拉强度要求如表 8.1.1-3 所示。

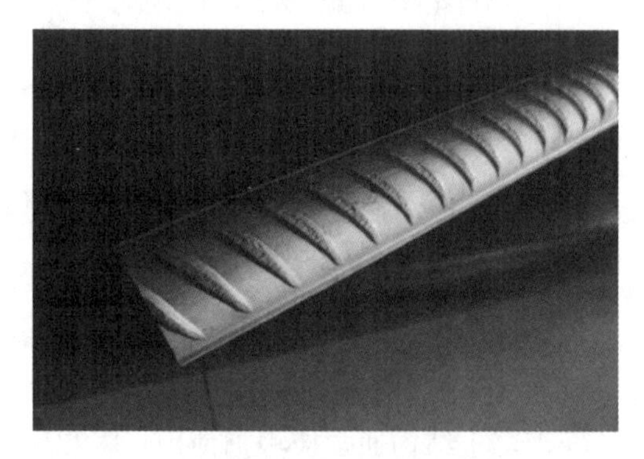

图 8.1.1-2　港珠澳大桥不锈钢钢筋外形

**残余变形及抗拉强度要求　　表 8.1.1-3**

| 项目 | 要求 |
|---|---|
| 残余变形 | ≤0.1mm |
| 极限抗拉强度 | ≥575MPa（115%$f_y$） |

③ 进行 $2\times10^6$ 次疲劳检验，港珠澳大桥的不锈钢钢筋接头直接承受重复荷载，其疲劳性能十分关键。不锈钢钢筋力学性能设计值参照《钢筋混凝土用钢　第 2 部分：热轧带肋钢筋》GB/T 1499.2 中 HRB500E 级钢筋的相关参数，但《混凝土结构设计标准》GB/T 50010、《公路桥涵设计通用规范》JTG D60 及《钢筋机械连接技术规程》JGJ 107 中并未对 500MPa 级钢筋及接头疲劳性能做出明确规定，因此该项目不锈钢钢筋接头疲劳性能要求由设计单位根据钢筋应力变化幅度提出，具体要求如表 8.1.1-4 所示。

港珠澳大桥不锈钢钢筋接头疲劳性能要求　　表 8.1.1-4

| 项目 | 要求 |
| --- | --- |
| 加载次数 | $2\times10^6$ 次 |
| 上限应力 | $\phi$28（190MPa）、$\phi$32（230MPa） |
| 应力幅 | 100MPa |
| 加载频率 | ≤80Hz |

港珠澳大桥工程中不锈钢钢筋需要加工成钢筋笼或钢筋网片，为满足安装要求，接头部位的钢筋需制作加长丝头。面对上述性能要求和安装要求，传统的直接滚轧直螺纹、剥肋滚轧直螺纹、镦粗切削直螺纹等工艺表现出极大的局限性，如表 8.1.1-5 所示。

传统直螺纹连接工艺及在港珠澳大桥不锈钢钢筋连接中使用的局限性　　表 8.1.1-5

| 传统工艺 | 局限性 |
| --- | --- |
| 直接滚轧直螺纹 | 螺纹加工精度较差，制作加长丝头时难以保证螺纹套筒的顺利旋入 |
| 剥肋滚轧直螺纹 | 由于进行了剥肋处理，钢筋截面面积有一定削弱，不能保证通过 $2\times10^6$ 次疲劳检验，且此工艺不能确保接头强度100%大于钢筋母材强度，对于业主或监理而言，破坏于钢筋接头部位（套筒或钢筋丝头）常常是不被接受的 |
| 镦粗切削直螺纹 | 由于镦粗后切削加工螺纹，钢筋受到了一定的削弱，且易形成应力集中，不能保证通过 $2\times10^6$ 次疲劳检验<br>不锈钢材料在切削时，铁屑连续且缠绕，不利于加工 |

可见，上述3种传统的直螺纹连接接头及加工工艺均不能满足港珠澳大桥工程的实际要求。在充分理解相关标准规范后，对项目采用的不锈钢钢筋基圆、纵肋、横肋等外形尺寸及强度和切削滚轧性能进行认真分析研究，经多次反复试验，首次提出了“镦粗-剥肋滚轧直螺纹”连接工艺，套筒材料选用了与不锈钢钢筋同材质的不锈钢棒料，合理选择相应的接头螺纹参数及加工配件。在满足现行行业标准《钢筋机械连接技术规程》JGJ 107、英国混凝土规范 BS 8110 及 $2\times10^6$ 次疲劳检验的前提下，加长丝头型接头也能够确保100%破坏于钢筋母材。

镦粗-剥肋滚轧直螺纹接头用于港珠澳大桥中不锈钢钢筋连接情况如图 8.1.1-3 所示。

不锈钢钢筋镦粗-剥肋滚轧直螺纹实施大体上与普通钢筋相同，需特别注意以下方面：

① 不锈钢套筒应有出厂合格证，材质为与不锈钢钢筋同材质的不锈钢棒料。

② 操作人员必须接受产品供应商的操作技术培训，培训合格后方可从事钢筋镦粗-剥肋滚轧直螺纹连接工艺的加工、制作工作。

③ 不锈钢钢筋镦粗后，在剥肋滚丝机上加工螺纹。不锈钢钢筋端头螺纹规格应与套筒型号匹配。

④ 按现行行业标准《钢筋机械连接技术规程》JGJ 107 的规定，同一施工条件下采用同批材料的同等级、同形式、同规格接头应以500个为1个验收批进行检验与验收，不足500个也应作为1个验收批。对于验收批的取样和送检，由于不锈钢钢筋对耐腐蚀性能的特殊要求，所以不宜采用在工程结构中随机截取3个接头试件进行抗拉强度试验的方式，在实际工程实践中，在现场监理和质检人员的全程监督下，在已加工并检验合格的钢筋丝头成品中随机割取钢筋试件，按现行行业标准《钢筋机械连接技术规程》JGJ 107 要求与

(a) 不锈钢钢筋连接套筒

(b) 不锈钢钢筋螺纹加工

(c) 不锈钢钢筋接头

(d) 不锈钢钢筋接头应用

图 8.1.1-3　镦粗-剥肋滚轧直螺纹接头用于港珠澳大桥中不锈钢钢筋连接

随机抽取的进场套筒组装成 3 个接头试件进行极限抗拉强度试验，按设计要求的接头等级进行评定。

2）环氧树脂涂层钢筋接头

环氧树脂涂层钢筋自 20 世纪 70 年代开始应用至今，已成为钢筋混凝土结构防腐的主要措施之一。在我国，腐蚀较严重的恶劣环境下（如在潮湿环境或侵蚀性介质中的钢筋混凝土结构物及桥梁、港口、码头等工程中）越来越多地使用环氧涂层钢筋。

环氧树脂具有不与酸、碱等反应，化学稳定性高，延性大、干缩小，与金属表面具有良好的黏着性等特点，在金属表面形成了阻隔金属与水、氧、氯化物侵蚀性介质接触的物理屏障。同时，环氧树脂还具有阻隔金属与外界电流接触的功能，被认为是化学电离子腐蚀的阻隔屏障。

采用环氧树脂涂层钢筋能有效防止处于恶劣环境条件下的钢筋被腐蚀，从而有效延长使用寿命。在钢筋连接件（套筒）表面喷涂厚度为 180～400$\mu$m 的环氧树脂即可得到环氧树脂涂层钢筋连接件（套筒），如图 8.1.1-4 所示。由于环氧树脂涂层套筒通常与环氧树脂涂层钢筋同步使用，主要用于环氧树脂涂层钢筋的连接，环氧树脂涂层套筒应满足环氧树脂涂层钢筋对环氧树脂涂层的相关性能要求，因此环氧树脂涂层套筒应符合国家现行标准《钢筋混凝土用环氧涂层钢筋》GB 25826、《环氧树脂涂层钢筋》JG/T 502 等关于环氧树脂涂层的规定。

环氧树脂涂层钢筋接头指采用环氧树脂涂层连接件（套筒）连接环氧树脂涂层钢筋，这种接头具有良好的耐蚀性，已应用于港珠澳大桥、浙江马迹山港、八尺门特大桥等工程

图 8.1.1-4 环氧树脂涂层钢筋连接件（套筒）

中。目前，环氧树脂涂层钢筋接头还没有相关标准可循，工程实践中，建议在参考执行现行行业标准《钢筋机械连接技术规程》JGJ 107 的基础上，环氧树脂涂层钢筋接头实施方式和注意事项如下：

① 提前制作与环氧涂层钢筋同等防腐性能的螺纹套筒，在环氧涂层钢筋端部制作螺纹并用螺纹套筒连接。这种实施方式需要关注环氧涂层螺纹套筒的质量控制、修补加工过程中对钢筋环氧涂层的损坏及修补安装过程中对套筒环氧涂层的损坏。

② 提前制作与环氧涂层钢筋同等防腐性能的挤压套筒，在施工现场对环氧涂层钢筋实施挤压连接。相关试验结果表明，在其他条件均相同的情况下，环氧树脂涂层对套筒挤压接头强度的影响较小，环氧涂层钢筋套筒挤压接头的残余变形略大于普通钢筋套筒挤压接头。这种实施方式需要关注环氧涂层螺纹挤压套筒的质量控制、钢筋环氧涂层对挤压道次和挤压压力的影响，还要注意及时修补挤压过程中环氧涂层的损坏。相比普通钢筋套筒挤压工艺，对于环氧涂层钢筋套筒挤压连接，应更严格地按照确定的工艺参数操作，也可考虑适当增加挤压压力或挤压道次，以型式检验和工艺检验结果确定最终实施工艺。

③ 在环氧涂层钢筋上直接实施普通钢筋机械连接工艺和应用普通螺纹套筒、挤压套筒连接，完成连接后，按要求对接头进行环氧涂层处理。

在港珠澳大桥建设中，应用了镦粗直螺纹环氧涂层钢筋机械连接技术，该工程采用在环氧涂层钢筋上直接实施镦粗直螺纹技术并应用普通镦粗直螺纹套筒，完成连接后，按要求对接头进行环氧涂层处理，如图 8.1.1-5 所示。

同三线福（鼎）宁（德）高速公路八尺门特大桥位于八尺门海湾，为海潮河流，其中 20 号、21 号主桥墩采用平台施工完成的桩基为依托，采用吊箱围囹法施工承台，承台部分钢筋受海水浸泡时间较长，为避免海水对钢筋的浸蚀，承台的部分 HRB335 级钢筋采用环氧树脂涂层钢筋，同时使用套筒挤压方式连接。

带肋钢筋防腐处理前、后的连接参数有所不同，由于环氧树脂涂层钢筋与混凝土之间的粘结强度只有无涂层钢筋粘结强度的 80%，适用于无涂层带肋钢筋的挤压技术参数不能满足环氧树脂涂层钢筋的套筒挤压连接。环氧树脂涂层钢筋的挤压道数和挤压力不提高，采用普通钢筋的工艺进行挤压，接头试验一般达不到设计要求，但片面地提高挤压力会出现套筒在拉伸过程中爆裂，以致抗拉强度不合格。因此，针对环氧涂层钢筋挤压连接，项目通过工艺试验确定在普通挤压工艺的基础上增加挤压道次并适当增加挤压力。

由于八尺门特大桥 20 号、21 号承台底高程为−2.000m，受潮汐作用，一次作业时间

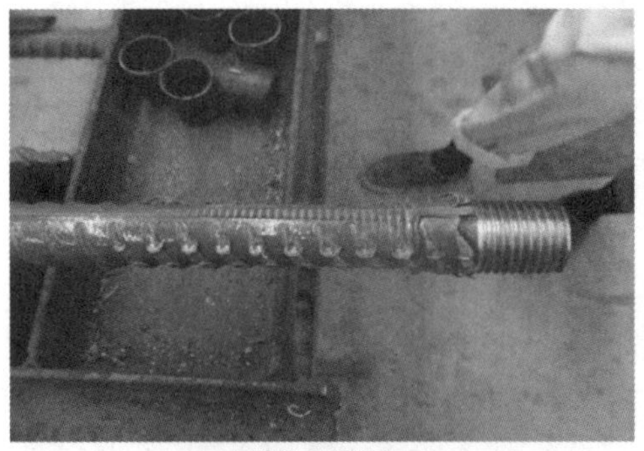
(a) 镦粗直螺纹加工

(b) 采用套筒或保护帽对钢筋丝头进行保护

(c) 接头环氧涂层处理并码放整齐

(d) 钢筋待连接

图 8.1.1-5　港珠澳大桥环氧涂层钢筋接头实施情况

仅有 2h 左右，且在现场钢筋网上挤压的施工操作难度较大。因钢筋布置较密，间距为 10cm，只有通过人工辅助，将钢筋撬起，然后进行接头挤压，这种挤压存在以下不利因素：第一，挤压时难以将钢筋扶直，挤压过程中压结器与钢筋轴线难以保持垂直；第二，钢筋端头的定位标记难以确保插到套筒中央。因此，在承台上挤压接头的质量难以保证，又影响施工进度。项目采用在方驳的平台上进行钢筋网制作，以克服上述不利因素，避免钢筋长时间受海水浸泡，延长有效的作业时间。对在平台上挤压完成的接头进行外观和力学性能试验，合格率均达 100%。

八尺门特大桥 20 号、21 号承台环氧树脂涂层钢筋的主筋直径>25mm，不宜采用绑扎搭接处理，也不宜采用焊接处理，因为焊接处理过程中需将原来的环氧树脂烧掉进行接头焊接，增加了防腐处理难度。重新涂层有以下难点：

① 制作环氧树脂涂层钢筋时，须对钢筋表面进行净化处理并除锈，对净化处理后的钢筋表面质量进行检验，符合要求的钢筋方可进行涂层制作。

② 采用专用设备使净化处理的钢筋表面不附着氯化物，表面洁净度不应低于 95%，净化后的钢筋表面尚应具有适当的粗糙度，其波峰至波谷间的幅值为 0.04～0.10mm。

③ 涂层制作应尽快在净化后清洁的钢筋表面进行，钢筋净化处理后至制作涂层时的间隔时间不宜超过 3h，且钢筋表面不得有肉眼可见的氧化现象发生。

④ 涂层应采用环氧树脂粉末以静电喷涂方法在钢筋表面制作。通过采用套筒挤压连接，可直接在套筒上进行环氧树脂涂层，涂层后均能满足防腐处理要求。

八尺门特大桥 20 号、21 号承台的施工是主桥部分的关键工程，其施工进度直接关系到整个桥梁的施工工期。除人工、材料、机械方面进行科学合理的安排外，更主要的是环氧树脂涂层钢筋网制作采用了套筒挤压连接技术，不仅保证了施工质量，而且赢得了宝贵时间，为八尺门特大桥按期建成奠定了良好基础。

**2. 耐低温钢筋**

现行行业标准《液化天然气储罐用低温钢筋》YB/T 4641 中，对于低温钢筋的连接推荐使用机械连接，并要求机械连接接头应使用低温性能要求等级相同或更好的合金材料。

对于 LNG 储罐专用耐－165℃的低温钢筋，其配套钢筋连接接头也应具备良好的耐低温能力，防止在－165℃的低温环境下接头处发生脆性破坏，并满足承载力、变形等性能要求，保证钢筋的可靠连接。目前，低温钢筋的连接主要采用绑扎搭接连接，对耐－165℃的低温钢筋机械连接接头的研究仍处于空白阶段，国内尚无满足耐－165℃低温要求的低温钢筋机械连接接头产品及相关标准。

低温钢筋机械连接接头常温性能应满足现行行业标准《钢筋机械连接技术规程》JGJ 107 中相应等级接头的性能要求。对于低温钢筋机械连接接头的低温力学性能，我国尚无相关标准给予明确规定。英国标准 BS EN 14620-3-2006 中第 6.3.2 条规定，对于低温环境，机械连接接头应在设计温度下进行（与常温）同样的检验，并将检验结果与常温规定值相比较，如果低温检验结果与常温规定值的偏差在 5%以内，则视为机械接头合格。机械接头低温检验项目至少包括抗拉强度试验和延展性试验。检验结果应达到设计师规定的适当标准。参照该标准和现行行业标准《钢筋机械连接技术规程》JGJ 107，并考虑机械接头低温试验条件，建议的低温钢筋机械连接接头低温性能要求如表 8.1.1-6 所示。

**低温钢筋机械连接接头低温性能要求** **表 8.1.1-6**

| 接头等级 | Ⅰ级 | Ⅱ级 | Ⅲ级 |
|---|---|---|---|
| 抗拉强度 | $f^0_{mst} \geq 0.95 f_{stk}$，钢筋拉断<br>或 $f^0_{mst} \geq 1.05 f_{stk}$，连接件破坏 | $f^0_{mst} \geq 0.95 f_{stk}$ | $f^0_{mst} \geq 1.20 f_{yk}$ |

综上所述，低温钢筋机械连接接头不仅要在常温条件下进行单向拉伸、高应力反复拉压、大变形反复拉压试验，保证其抗拉强度、最大力下总伸长率、残余变形满足现行行业标准《钢筋机械连接技术规程》JGJ 107 的有关规定，还应在实际工程涉及的低温条件下进行抗拉强度试验，并满足表 8.1.1-5 的要求。对于 LNG 储罐专用耐－165℃的低温钢筋机械连接接头，其低温试验应在－165℃下进行。

在低温环境中，钢材屈服强度和抗拉强度有所上升，但塑性降低，对于钢筋机械连接接头，将导致套筒低温脆断。因此，需优化套筒材料，在保证强度的基础上提高其低温韧性。而钢材的低温韧性主要取决于钢材韧性-脆性转变温度。钢材韧性-脆性转变温度越低，其低温韧性越好。当钢材韧性-脆性转变温度高于其使用温度时，钢材处于脆性状态，断裂形式主要为脆性断裂；当钢材韧性-脆性转变温度低于其使用温度时，钢材处于韧性状态，断裂形式主要为韧性断裂。钢材韧性-脆性转变温度与镍含量有关，通常随着镍含量的升高，韧性-脆性转变温度显著降低。一般情况下，含镍达 3.5%的镍钢可在－100℃低温下使用，含镍达 9%的镍钢可在－196℃超低温下使用，根据 LNG 储罐工程耐－165℃低温的要求和低温钢筋强度，宜选择含镍量高的超低温钢作为套筒材料，其力学性能如表 8.1.1-7 所示。

低温钢筋机械连接用套筒材料力学性能　　表 8.1.1-7

| 品种 | $\sigma_{0.2}$/MPa | $\sigma_b$/MPa | $\delta_5$/% | $\Psi$/% | 硬度/HRB |
|---|---|---|---|---|---|
| 超低温钢 | 345 | 685 | 35 | 50 | 100 |

为充分发挥低温钢筋强度，实现 100%断于钢筋母材，并考虑套筒材料在低温环境下的离散性，套筒受拉承载力设计值应有较大的安全裕度，可通过增加套筒截面或进一步改进套筒材料实现。

### 8.1.2　高强钢筋的连接与锚固

近年来，我国钢筋发展呈现钢筋产量急剧提高和高强钢筋比例与应用逐步提高两大特点。高强钢筋一般指抗拉屈服强度达到 400MPa 级及以上的螺纹钢筋，具有强度高、综合性能优的特点。提高混凝土结构应用的钢筋强度等级，可减少工程钢筋用量，可达到节材与节能减排的目的。高强钢筋作为节材节能环保产品，在建筑工程中大力推广应用，是加快转变经济发展方式的有效途径，是建设资源节约型、环境友好型社会的重要举措，对推动钢铁工业和建筑业结构调整、转型升级具有重大意义。

1997 年，建设部颁布了《中国建筑技术政策》（1996—2010），明确要求推广应用 400MPa 级新Ⅲ级钢筋，随后在相关的工程项目中积极进行试应用，这是我国高强钢筋在建筑结构工程中应用的起步。但当时由于该钢筋产量低、市场供应不足，同时高强钢筋的配套技术不完善，故 400MPa 级高强钢筋推广应用速度较慢。

1997 年，我国颁布了《钢筋机械连接通用技术规程》JGJ 107—96 和《钢筋焊接及验收规程》JGJ 18—96，分别解决了 400MPa 级高强钢筋的机械连接和焊接连接问题。随后，《钢筋混凝土用热轧带肋钢筋》GB 1499—1998 正式颁布，使我国热轧钢筋品种更完善。国家标准《混凝土结构设计规范》GB 50010—2002 对 HRB400 钢筋的推广应用起到了技术保障与促进作用。

《混凝土结构设计规范》GB 50010—2002 发布实施后，推广应用 HRB400 钢筋还是经历了较长的过程，主要原因是全国发展不平衡，经济发达地区高强钢筋的推广应用较好，而经济尚不发达地区由于受 HRB400 钢筋产品供应约束，影响了推广应用。到 2006 年底，全国高强钢筋的应用比例仍仅为 23%。

从 2005 年开始，建设部首次将积极推广高强钢筋作为“四节一环保”与落实国家节能减排政策的主要内容。2006 年，启动了《混凝土结构设计规范》GB 50010—2002 的修订工作；2010 年，《混凝土结构设计规范》GB 50010—2010 发布。相关单位全面开展了 500MPa 级高强钢筋应用技术研究工作。与此同时，配合高强钢筋的应用，按钢筋强度提高和性能变化要求，《混凝土结构工程施工规范》GB 50666、《混凝土结构工程施工质量验收规范》GB 50204、《钢筋机械连接技术规程》JGJ 107、《钢筋焊接及验收规程》JGJ 18 等标准陆续完成修订。2009 年，住房和城乡建设部标准定额司主持，中国建筑科学研究院负责完成了《热轧带肋高强钢筋在混凝土结构中应用技术导则》RISN-TG007-2009 的编制。同年，中国建筑科学研究院承担了国家“十一五”科技计划支撑项目“高强钢筋与高强高性能混凝土应用关键技术研究”，为我国高强钢筋应用起到了更好的促进作用。

2011 年 7 月 25 日，住房和城乡建设部、工业和信息化部组建成立高强钢筋推广应用协调组，加强钢铁行业与建设行业在高强钢筋生产与推广应用方面的协调、合作与支持。2012年，两部委出台了《关于加快应用高强钢筋的指导意见》（建标〔2012〕1号），在该指导意见中，强调了推广应用高强钢筋的重要性，明确了指导思想、基本原则与主要目标，提出了八大重点工作，给出了八项保障措施。2012年3月21日，标准定额司、原材料工业司印发了《关于成立高强钢筋推广应用技术指导组的通知》，依托生产技术指导组、应用技术指导组专家编写《高强钢筋生产技术指南》和《高强钢筋应用技术指南》，开展技术研究和咨询服务，建立全国推广应用高强钢筋工作技术支撑。2012年4月5日，住房和城乡建设部、工业和信息化部联合发布《关于开展推广应用高强钢筋示范工作的通知》（建办标〔2012〕13号），确定了示范工作原则、目标、范围、内容、步骤和要求，组织河北、江苏、重庆、云南、新疆开展示范工作，探索建立生产、配送、设计、施工、监理、验收等推广应用全过程协调和管理机制。同时，加强技术指导，帮助解决遇到的问题和困难，具体实施时间为2012年4月至2013年12月，要求示范城市应用高强钢筋的比例在2013年底实现在2011年基础上提高20%或达到65%以上。

自住房和城乡建设部、工业和信息化部联合开展推广应用高强钢筋以来，各级主管部门通过政策推动、宣传培训、技术引导、工程示范、加强监管等工作，全面推动高强钢筋应用，取得了积极进展。

目前，335MPa级热轧带肋钢筋已被淘汰，高强钢筋产量及在工程中的使用量稳步提升，400MPa级、500MPa级热轧带肋钢筋已得到普遍应用，600MPa级钢筋在个别项目中得到使用。需注意的是，由于500MPa级、600MPa级钢筋的焊接和机械连接、机械锚固、冷弯加工工艺等要求较高，相关技术产品亟待开发，但积极推广500MPa级热轧带肋钢筋应用这一趋势未改变。未来对大型高层建筑和大跨度公共建筑，优先采用500MPa级螺纹钢筋，逐年提高500MPa级钢筋的生产和应用比例。从设计强度取值、结构（构件）抗震性能、锚固和连接技术等方面，加大600MPa级钢筋的应用技术研发与完善，逐步采用600MPa级钢筋。在地震多发地区应重点应用高强屈比、延伸率大的高强抗震钢筋。

《钢筋机械连接技术规程》JGJ 107—2016、《钢筋锚固板应用技术规程》JGJ 256—2011、《钢筋机械连接用套筒》JG/T 163—2013等现行标准发布实施时，500MPa级及以上的高强度钢筋应用尚不普遍，当时积累的钢筋接头、钢筋锚固板性能数据较少。随着《钢筋混凝土用钢 第2部分：热轧带肋钢筋》GB/T 1499.2—2018的实施，500MPa级钢筋应用逐步规模化并取得大量的工程实践经验，600MPa级钢筋开始逐步应用，完善500MPa级及以上钢筋机械连接与锚固技术、修订机械连接与锚固相关标准迫在眉睫。

## 8.2 钢筋工程工业化

当前，国家大力倡导发展建筑工业化，提高工程建造质量、降低成本、减少现场施工作业面的工作量及施工人员。混凝土工程、模板工程及钢筋工程是混凝土结构工程的三大主项工程。相比以商品混凝土为主要特点的混凝土工程和以模块化设计施工为特点的模板工程，钢筋工程近年来虽发展了加工配送、成型钢筋制品等，但总体的工业化、工厂化水平较低，亟待提升。

建筑业是劳动力使用大户，而我国社会正在逐渐向老龄化发展，人口红利逐渐消退，适龄劳动力不断减少，劳动力成本不断上升，工程建设与劳动力之间的矛盾日渐凸出。部分项目工程量巨大与工期、质量的刚性要求也是矛盾重重，如“华龙一号”核电站相比之前的核电堆型，钢筋及混凝土工程量成倍增长；桥梁工程工期优化产生巨大的社会和经济价值。通过技术革新，推动钢筋工程工业化、钢筋连接与锚固工程工业化，提高钢筋工程施工效率是破解这些矛盾或产生巨大价值的突破口之一。

钢筋工程工业化是通过标准化设计、成型钢筋专业化加工、装配式施工和信息化管理所进行的钢筋工程。钢筋工程工业化在施工上具有工艺工业化、装备机械化的特点，是一种节约劳动力、降低劳动强度、提高生产效率和产品质量、保护环境的钢筋加工和制造方式，并向智能化和数字化方向发展。就钢筋连接与锚固工程而言，传统的钢筋直螺纹加工面临单机生产效率不能满足重大工程项目进度需要的问题，迫切需要推进钢筋加工工厂化、机械化，通过改进工艺和迭代技术、提升单机生产效率、应用模块化钢筋连接技术、配置专业螺纹自动化生产线等方式，有效提高螺纹加工设备生产和接头安装效率。

### 8.2.1 工艺工业化

在钢筋端部加工直螺纹并与套筒或锚固板连接，在较长一段时间内仍是我国钢筋连接与锚固技术的主要工艺和形式。目前，直螺纹加工对劳动力的消耗较大、操作人员劳动强度较高、生产效率有时满足不了重大工程需要，有时会受钢筋材料、尺寸波动影响造成质量不稳定。

加强工业化水平更高的钢筋机械连接与锚固技术研发，主要以工艺工业化为目标，以质量和效率为原则，可优先考虑大力推进摩擦焊技术、扣压技术、夹片技术等在钢筋机械连接与锚固中的应用研究，这些技术除能解决上述问题外，且无需在钢筋端部加工螺纹、工业化水平较高，是钢筋连接与锚固工程发展的新趋势。

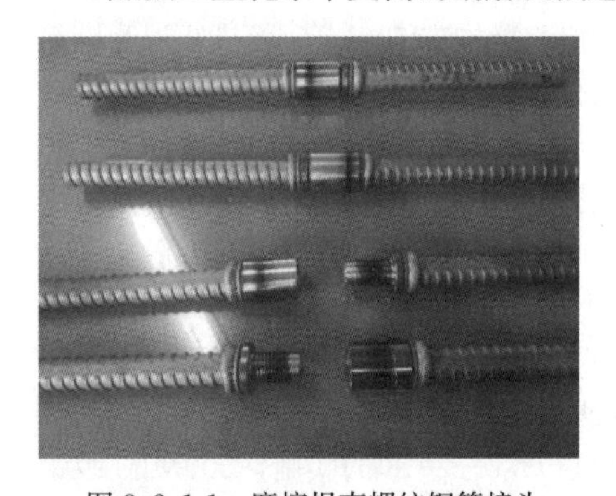
图 8.2.1-1 摩擦焊直螺纹钢筋接头

摩擦焊直螺纹钢筋接头：欧美、日本钢筋接头多在工厂中加工，部分工厂采用可靠性更高的焊接方法——摩擦焊螺纹接头，将车制的螺柱或直螺纹套筒用摩擦焊焊接在钢筋端部，如图 8.2.1-1 所示。螺柱和连接件在工厂加工，螺纹精度高，形成的钢筋接头强度更有保证，刚度大，全面提高了接头质量。

侧向螺钉咬合钢筋接头：用垂直于套筒和钢筋螺钉咬合挤压钢筋的接头，套筒侧向设置单排或双排高强螺钉，如图 8.2.1-2 所示。

### 8.2.2 模块化钢筋应用

长期以来，工程领域的钢筋连接方式即便采用机械连接，通常也是采用单根钢筋连接的方式。以框架柱钢筋连接为例，如图 8.2.2-1 所示，待连接钢筋吊装到位后，需保持吊持状态或由人工辅助支撑，连接作业人员完成连接，一般需要 2～3 人完成 1 根钢筋的连接，需要花费 5～10min，施工效率低，且存在机械浪费、高空作业、质量不易保证等问题。

(a) 单排高强螺钉

(b) 双排高强螺钉

图 8.2.1-2　侧向螺钉咬合钢筋接头

近年来，为了推动建筑业高质量发展，我国出台了一系列的产业规划和政策。2020 年 7 月，住房和城乡建设部等部门发布了《关于推动智能建造与建筑工业化协同发展的指导意见》，推进建筑工业化、数字化、智能化升级，加快建造方式转变，积极推行绿色建造，形成全产业链融合一体的智能建造产业体系。2020 年 8 月，住房和城乡建设部等部门发布了《关于加快新型建筑工业化发展的若干意见》，提出优化施工工艺工法，推行装配化绿色施工方式，引导施工企业研发与精益化施工相适应的部品部件吊装、运输与堆放、部品部件连接等施工工艺工法，推广应用钢筋定位钢板等配套装备和机具，在材料搬运、钢筋加工、高空焊接等环节提升现场施工工业化水平。模块化钢筋应用是提升钢筋工程工业化水平的现实路径之一。模块化钢筋是依据混凝土结构设计中的钢筋配置，并按照施工图纸规定的形状、尺寸和要求，将钢筋制品采用机械连接、焊接连接或绑扎连接成整体的三维钢筋制品构件。如图 8.2.2-2～图 8.2.2-6 所示，钢筋模块化应用是指将混凝土结构中的钢筋模块化，将钢筋笼、钢筋网片、不规则的钢筋模块及预埋件等在地面上整体预制成钢筋骨架，将工程现场施工部位的钢筋连接、绑扎作业施工大部分在钢筋预制加工车间内完成，运输至施工现场后，利用起重设备将钢筋骨架整体吊装至施工作业面并进行钢筋骨架间的对接安装。模块化钢筋应用通过钢筋模块预制化、工厂化生产，大幅提高钢筋工程施工质量；大量减少现场作业量，缩短钢筋工程施工时间，大幅提高施工效率；现场机械化安装，大幅降低劳动力使用和劳动强度，减少场地占用、吊车使用频率；减少人工高空作业，大幅提高钢筋工程施工安全性。特别是以大体积混凝土施工为特点的桥梁工程、水利工程、核电工程等，采用模块化钢筋施工意义重大。

图 8.2.2-1　传统的框架柱钢筋机械连接情况

如图 8.2.2-7 所示，模块化钢筋连接可分为钢筋部品与已浇混凝土钢筋之间、钢筋部品与钢筋部品之间、预制构件钢筋与已浇混凝土钢筋之间、预制构件钢筋与预制构件钢筋之间等的连接。

图 8.2.2-2　钢筋网片

图 8.2.2-3　钢筋笼

图 8.2.2-4　钢筋骨架

图 8.2.2-5　竖向整体钢筋骨架

图 8.2.2-6　横向整体钢筋骨架

钢筋模块化应用的关键是模块化钢筋的对接连接。模块化钢筋如钢筋笼、钢筋网片、钢筋骨架、预制混凝土构件等主筋的连接，与单根钢筋连接相比，工业化水平大大提高，综合经济效益明显。但是，如何在保证钢筋连接性能的前提下，做到操作简单、质量可靠、价格适中、减少吊装机械和其他设备的机时费用，是工程界需要考虑的问题。模块化钢筋的主筋连接采用机械连接方式时，实施和质量控制难度增大，存在以下应用难点：

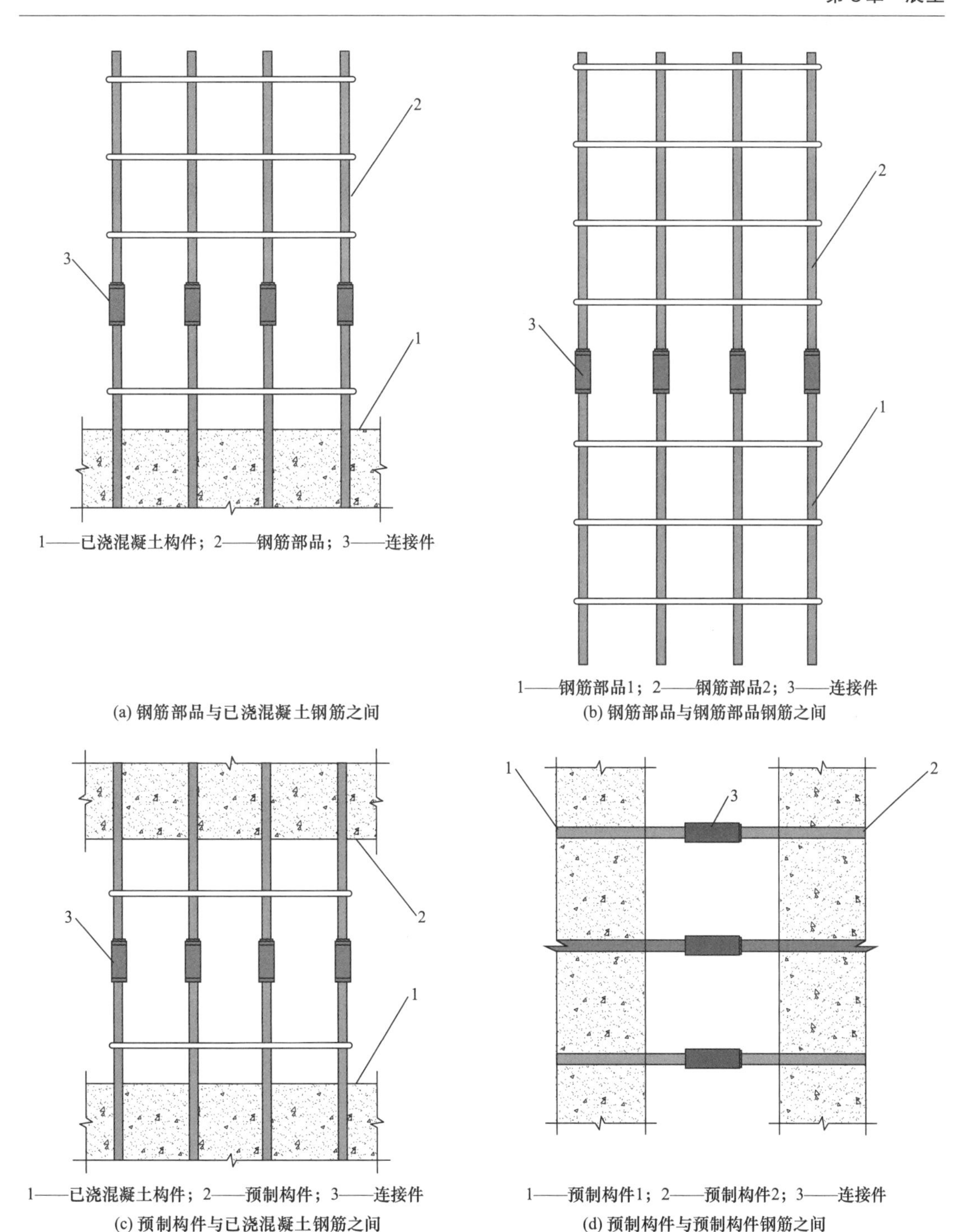


图 8.2.2-7 模块化钢筋连接类型

（1）模块化钢筋由于制作施工误差、运输及吊装过程中产生的变形等，待连接钢筋间存在轴向和径向偏差，如图 8.2.2-8 所示，要求连接件的安装能同时适应这两种偏差。

（2）待连接钢筋被多维固定在钢筋骨架中，无法转动或轴向移动，要求仅通过连接件安装完成钢筋的连接。

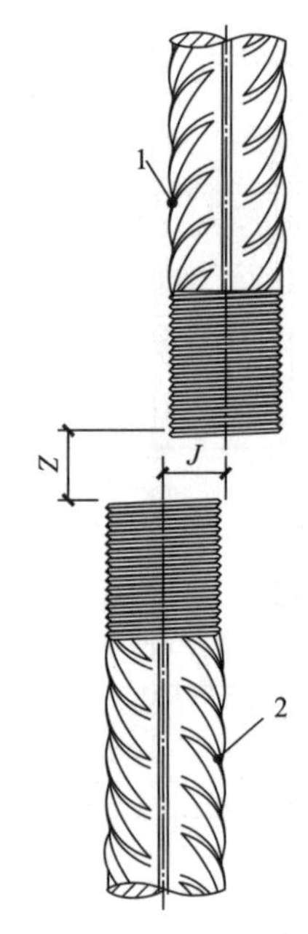


1——待连接钢筋1；2——待连接钢筋2；
Z——轴向偏差（钢筋端面间距）；
J——径向偏差（钢筋中心线间距）

图 8.2.2-8 模块化钢筋连接时轴向与径向偏差

（3）模块化钢筋由主筋和横向钢筋预制而成，横向钢筋和主筋间距有时会使钢筋连接的操作空间受限，对安装工艺及设备提出了更高要求。

（4）模块化钢筋连接操作过程中，大吨位钢筋模块在空中悬停，对连接的安装速度有较高要求。模块化钢筋连接施工应简单快捷，缩短连接操作时间，降低大吨位钢筋模块在空中悬停的风险，保证施工安全、可靠。

钢筋连接技术已更迭数代，但传统的钢筋连接技术主要的应用目标是相对无约束的单根钢筋连接。面对上述应用难点，传统的钢筋连接技术无法有效解决：

1）直螺纹套筒和部分采取组合式直螺纹连接件的连接技术无法消除对接钢筋的轴向和径向偏差，安装时内外螺纹难以旋合，连接完成后较难保证接头的拧紧扭矩合格，存在残余变形不满足要求的风险，影响混凝土结构的裂缝控制及耐久性。

2）套筒灌浆连接技术难以确保每个接头均灌注密实，缺浆、漏浆现象较普遍，且灌浆后在浆料达到使用强度前需要较长时间养护，降低了施工效率。

3）套筒径向冷挤压通过钢筋与套筒不连续的间断咬合完成连接，需要沿套筒径向多道次挤压，施工效率低。

开展配套施工技术研究，是推动模块化钢筋应用的关键，包括：

（1）模块化钢筋拆分技术：将结构钢筋合理拆分成节段钢筋骨架或部件，依据工程具体情况、吊机能力等设计钢筋模块的形状、尺寸及重量方案。

（2）模块化钢筋预制技术：钢筋下料、绑扎、焊接、误差控制、机具工装等。使用专用成型胎具预制，保证钢筋模块间连接钢筋的位置精度及一致性。钢筋模块成型胎具应按照具体钢筋模块的方案进行设计。

（3）模块化钢筋连接与锚固技术：产品与工艺设计、适用性研究。

（4）模块化钢筋安装技术：吊装与变形控制、机具工装。使用钢筋模块专用吊具，可减少钢筋模块吊装时的变形及保证钢筋模块吊装姿态、位置，便于连接。设计可解决钢筋模块快速就位及减少连接辅助时间的专用工装、工具。

在此，对于模块化钢筋连接的实施，提出以下建议：

（1）模块化钢筋施工前，施工单位应完成选用接头产品的适用性分析。完成相关性能测试检验合格后，应根据接头结构特点和技术要求制定模块化钢筋连接专项施工方案。专项施工方案应由施工单位技术负责人审批通过后报设计、监理批准。专项施工方案需明确工程概况、施工安排、施工进度计划、施工准备与资源配置、施工方法、工艺要求及施工安全技术措施等，并根据设计要求和施工方案进行必要的施工验算。

（2）施工单位应根据模块化钢筋的吊运、安装与连接方式对施工现场操作人员进行专项培训和质量安全技术交底。

（3）模块化钢筋接头性能测试宜在试验机上模拟实际应用场景和按照产品的最大允许

偏差（钢筋轴向及径向偏差）安装被连接钢筋，再进行接头安装，最后开始性能测试。产品已完成型式检验，若为上机前完成接头安装再开始性能测试，其结果可供参考，需要分析判断其适用性、有效性及可靠性。

(4) 模块化钢筋接头的选择：应根据被连接模块化钢筋的特点、安装空间、操作条件等实际应用场景选择适用的接头产品。必要时，特别是复杂情况的首次应用或可能造成严重后果的，应该通过模型试验论证，以确保实际工程的可实施性和钢筋连接的可靠性。连接件应满足连接时实际钢筋轴向及径向偏差的要求。连接件的组成部件数量宜少，易加工，质量稳定。接头的安装宜便捷，工序少，对工人、安装设备、环境等的要求适当，应适应各种条件下的安装并能保证质量。

(5) 应采用经过型式检验及工程项目单根钢筋连接验证过的可靠技术及产品。

(6) 接头完成安装后宜具备简便的质量检查手段和条件，对于不具备条件或不能涵盖全部的质量控制点应有其他间接的检查或评判手段、措施。

(7) 模块化钢筋接头技术提供单位应提交接头产品技术文件，包括但不限于：①产品的适用范围与对象、产品设计与加工、接头加工与安装、接头检验与验收等方面的内容；②连接件可调长度、接头长度范围、连接部位钢筋径向间距允许的最小尺寸、连接不同尺寸径向偏差的钢筋（利用工具矫正或无需工具矫正）时连接钢筋需设计预留无约束长度段最小尺寸、安装时连接设备所需最小作业空间尺寸要求、相关参数说明和施工作业示意图等。

(8) 主体结构施工和模块化钢筋加工质量应能满足所选用接头产品的技术要求。钢筋下料长度应按照连接件产品的可调间隙、连接长度等参数设计，钢筋长度偏差应符合结构布筋设计和连接件允许偏差的要求；钢筋固定应采用专用工装或模具，连接钢筋端头的轴向定位偏差和径向位置偏差应符合设计要求，还应设计起吊、安装时降低变形的刚性胎具；制成品的成组部品化钢筋、预制混凝土构件，应对各个钢筋端头的轴向定位偏差和径向位置偏差逐根进行检查，不合格的应采取相应调整或补救措施予以纠正，直至合格。模块化钢筋应具有足够的强度、刚度和整体稳定性，必要时应对模块化钢筋进行临时固定和支撑。对于复杂的三维模块化钢筋骨架，应制定专门吊装方案，必要时应配套相关的辅助工装。

(9) 接头技术提供单位应为模块化钢筋连接提供专用加工设备、安装设备及必要的工具。

(10) 模块化钢筋吊装就位后，钢筋的连接应根据接头的工艺要求及相关规定进行操作，按照专项施工方案有序实施。

(11) 接头技术提供单位宜在安装现场配备钢筋矫正设备。当连接钢筋位置偏差无法安装时，应对连接钢筋位置进行调整。当存在严重偏差而无法安装时，应会同设计单位制定专项处理方案，严禁随意切割、强行调整定位钢筋。

(12) 钢筋矫正、钢筋丝头的现场加工、钢筋安装、模块化中（预制构件、钢筋部品及关联的主体结构）被连接钢筋的质量控制与保护、接头安装前的质量检查与矫正、接头安装、接头安装后的施工等应满足接头技术提供单位的技术要求。

(13) 模块化钢筋主筋连接完毕后，应按照设计或深化图纸要求补齐连接区域内钢筋。

### 8.2.3 加工装备升级

传统的直螺纹钢筋机械与锚固技术采用的工艺如镦粗、滚轧等，基本上采用单机加工模式，如图 8.2.3-1 所示，存在劳动力消耗大、工人劳动强度高、生产效率不能满足工程特别是重大工程项目进度的需要等问题，且安全隐患多、管理难度大、场地占用多。

图 8.2.3-1　传统的直螺纹钢筋加工机械

随着建筑市场劳动力资源的紧缺、施工工期和工程质量要求的提高，加强加工装备升级，提高设备稳定性和生产效率，以实现钢筋螺纹加工的工业化升级，达到智能化、自动化的要求是目前工程建设的需要，高效节能的智能化钢筋机械必将越来越受到钢筋加工单位的青睐。

以智能化、自动化为特点的钢筋机械实现钢筋上料、下料、喂料、加工及统计，生产效率大大提高。提高螺纹加工设备的生产效率，一方面可对传统单机进行工艺改进和升级，提高单机加工效率；另一方面，可发展钢筋螺纹自动化生产加工，如图 8.2.3-2 所示。智能化钢筋机械技术性能的持续改进和稳定性的提高，将促进钢筋专业化加工产业化发展，发展高效节能智能化钢筋机械是实现节约劳动力、降低劳动强度、提高施工效率和质量、降低施工成本的必由之路。

图 8.2.3-2　钢筋螺纹自动化生产线

随着超高层建筑和大型基础设施施工的不断增加，我国在钢筋机械连接领域已展开了钢筋丝头加工半自动、全自动化方面的实践。智能钢筋螺纹加工生产线一般由自动送料线、锯床、提升分料一体机、（镦粗）套丝（打磨）模块、钢筋输送线、储料仓、控制单元等组成。可按锯切、镦粗、套丝、打磨等各工序独立完成作业，也可采用 PLC 控制集成模块发出指令，通过电控与气动相结合的方式完成钢筋螺纹生产流水作业。

智能钢筋加工生产线生产流程为：自动送料→定尺→镦粗→套丝→打磨→清扫→自动收料→寻找仓位→分级储料。从钢筋送料至分级储料，共 8 个环节、4 道工序，每道环节按照设定的时间完成流水作业。

**1. 钢筋锯切**

钢筋锯切生产是钢筋配料→自动送料→端面齐平→定尺锯切的过程，根据施工设计图及设备参数列表，选择对应型号钢筋数量，设定技术参数（端头锯切长度、需求长度），通过自动控制系统完成生产。

钢筋锯切生产过程中，操作人员配料时应对变形严重的原材料进行校正处理或剔除，否则在后续钢筋传送中易出现卡停故障，需要人工协助处理，同时影响镦粗、套丝设备的使用寿命。其次，对锯切运行状态进行观察，对废料进行及时清理。

**2. 钢筋镦粗**

钢筋镦粗生产是锯切完成后的半成品→传送（单根提升、料槽输送）→镦粗的过程，本作业单元根据设计及业主要求进行配置，未作强制要求镦粗时，从降低设备购置成本方面考虑，可减少本单元。同时，结合现场布置情况，更好地优化作业场地及空间面积。

**3. 钢筋套丝**

钢筋套丝生产是镦粗完成后的半成品→传送（料槽输送）→套丝的过程，套丝作为 1 个独立单元，通过电气动控制系统实现了集钢筋夹紧、定位、机头自动行走与后移于一体的生产流程，按不同型号钢筋设计规范值进行作业。通过智能控制，生产出的半成品丝牙数量、子规通规检验通过率均达到设计要求。

套丝生产前，操作人员应做好日常巡检，对滚丝轮、刀具等做好调整、校正，对机头给进行程细心测量，避免出现丝牙数量不一致；生产过程中，定时做好循环冷却液、易损件磨损检查，变形钢筋夹紧装置偏差对齐的观察，避免出现不合格产品。

**4. 钢筋打磨**

钢筋打磨清扫是套丝后的半成品→传送（料槽输送）→打磨→清扫的过程。打磨、端面清洗为 1 个单元，通过控制系统对钢筋半成品进行定位、夹紧作业，按时间先后顺序完成钢筋端头打磨及残留物清扫。

生产过程前，应校核定位面与旋转刀的相对位置，根据钢材材质的硬度适当调节，一般情况下控制为 1～2mm，调节过少丝头端面打磨不平整，调节过多易造成旋转刀片损伤。还需要定期检查刀具、清洗钢刷等易损件的磨损情况。

以天津 117 大厦为例，介绍典型的钢筋丝头自动化生产线。

117 大厦为天津中央商务区一期工程，地下 4 层，地上 117 层，建筑高 597m，结构高度为中国之最，总建筑面积 83 万 $m^2$。其中，基坑开挖面积 139000$m^2$，基坑大面积开挖深 19m，局部 26m，地下室单层建筑面积 97000$m^2$。天津 117 大厦工程施工中，要求在 1 个月时间内完成 1 万吨 $\phi$50 底板钢筋的丝头制作，工期紧、任务重，传统的丝头加工手段如人工上下料、无齿锯平端面、手动套丝的作业方式由于工人劳动强度高、生产效率低、自动化作业程度差等问题，已无法满足工程建设的实际需要。单根 12m 长、50mm 直径钢筋质量约 180kg，至少需要 4 人上下料，经过实际加工测试平均每个工人每天仅可完成 30

个丝头制作，且体力透支严重。钢筋丝头生产线在该工程中派上了用场，钢筋丝头生产线（图 8.2.3-3）主要由上料架、输送台、自动锯切主机、定尺输送架、收集槽、摆动料台、阶梯喂料站、轴向输送辊台、直螺纹成型机组成，主要性能指标如表 8.2.3 所示。

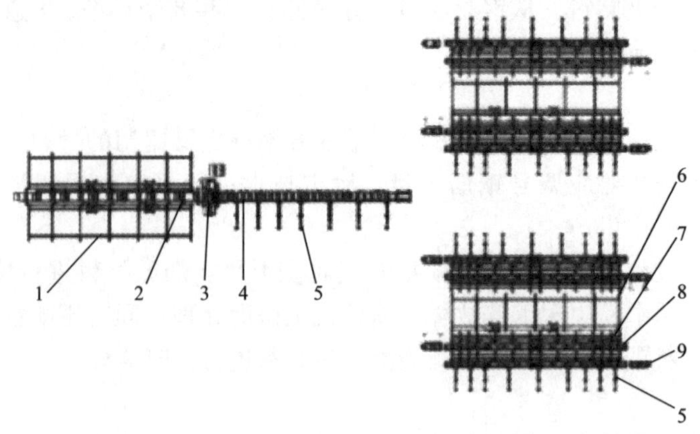


1—上料架；2—输送台；3—自动锯切主机；4—定尺输送架；5—收集槽；6—摆动料台；7—阶梯喂料站；8—轴向输送辊台；9—直螺纹成型机

图 8.2.3-3 钢筋丝头生产线设备构成

**钢筋丝头生产线主要性能指标** **表 8.2.3**

| 序号 | 技术指标 | 技术参数 |
|---|---|---|
| 1 | 上料架最大承载能力 | 6000kg |
| 2 | 输送台进给速度 | 48m/min |
| 3 | 锯切宽度 | 500mm |
| 4 | 锯切精度 | ±3mm |
| 5 | 摆动料台最大承载能力 | 6000kg |
| 6 | 套丝轴向送进速度 | 50m/min |
| 7 | 滚丝机最大加工能力 | $\phi$50mm（HRB400） |

该生产线的主要特点如下：

（1）采用带锯锯切工艺，速度快

由于钢筋端部有马蹄形弯曲，加工后靠近端面的螺纹有不完整牙形现象，造成螺纹连接强度降低，且端面不平形成的虚假顶紧，也易产生螺纹连接的残余变形。传统工艺通常采用无齿锯锯切端面，对于 $\phi$25 以下直径钢筋速度较快，但锯切 $\phi$50 钢筋较困难。据测算，通常情况锯切 1 根需 5min，且锯切 3 根钢筋消耗 1 片锯片。加上更换锯片时间，平均加工 1 个端面约需要 7min。所以，人工、材料、能源消耗等方面均造成很大浪费。

由中国建筑科学研究院建筑机械化研究分院研制开发的生产线采用带锯加工（图 8.2.3-4），可同时锯切 9 根/次，单循环时间为 4min，平均 0.5min/根，是无齿锯切断的 15 倍，能耗为无齿锯的 20%，且占用人工少，每台设备仅需 1 人值守，相同加工量下无齿锯需要 15 人。

（2）双层排料，提高上料速度

带锯床锯切上料采用自动控制的双层上料技术，极大地提高了工作效率，缩短了排料等候时间。由于 $\phi$50 钢筋 12m 长自重达到了 180kg，轴向移动和径向移动靠人工难以实

图 8.2.3-4 钢筋带锯锯切工艺

现。该套设备设计了自动上料机构，钢筋成捆吊到上料架后解捆，通过摆动将钢筋排成1排，再用电动链条将钢筋滑入送进输送台上部等候区。槽内钢筋锯切完成后由输送辊轴将其送走，托举板将等候区的钢筋托起，下部的气动横梁撤出，钢筋下放入槽。气动横梁复位后可在锯切过程继续排料等候，从而提高了锯切效率。

（3）摆动料架机构，减少排料交叉

摆料架的作用是自动将堆起的钢筋铺成1排，以方便钢筋后续加工。成捆原材和完成锯切加工的钢筋需要转运至下序加工工位，鉴于人工排料困难、效率低、劳动强度大，该摆动料架机构利用大直径钢筋刚度大、不易交叉的特点，通过电动摆动台的往复运动，将交叠在一起的钢筋分散，再利用斜面滑道将单排钢筋滑入料位，使钢筋自动并成1排。该料台结构简单、效果好，大大提高了上料速度。

（4）阶梯式流水作业，实现多工序流转自动化

底板钢筋多数需要对两端进行丝头加工，少量单头加工即可。由于12m长钢筋调头困难，因而在钢筋两端设置直螺纹成型机，以2道工序完成滚丝任务。该生产线采用阶梯式流水作业，当钢筋在摆料台集中后，第1道工序的丝头加工者将钢筋翻入自己的轴向辊道内进行一端的螺纹加工，完成后退出滚丝机并自动翻入下道工序的待料台，另一端丝头加工者通过自动翻料机构将钢筋翻入自己的轴向辊道进行丝头加工，完成后即可翻入集料槽（图 8.2.3-5）。整个过程由摆料台开始到最后进入集料槽采用3级阶梯式滑道设计，只要1次吊运到相应高度即可实现整个丝头加工，以最少的动力驱动完成全过程加工，省时省力、简单高效、能耗低。

图 8.2.3-5 阶梯式流水作业

该生产线首次实现带锯锯切与丝头加工工艺组合。带锯加工广泛用于工厂内钢材圆棒料的下料加工，由于批量、场地、上下料等原因较少用于施工现场的钢筋下料。该工程由于工程量集中、钢筋直径大等原因，一般的现场加工方式难以实现。钢筋丝头加工由于质

量要求必须加工端面，无齿锯切断对特大直径钢筋切断效率极低，中央电视台底板 $\phi$50 钢筋丝头加工采用无齿锯切割端面，需要近 30 台无齿锯同时工作。本工程现场布置了两条带锯的锯切生产线，即可满足 16 台滚丝机的生产需要，不仅有效节约了场地、人工、能耗、材料消耗，又为带锯锯切与丝头加工在工程现场的组合应用进行了有益探索。由于将两者工艺有机组合，从而为大面积推广普及提供了有益尝试，为优化机构设计、提高产品性能、提高工序间自动化程度提供了经验。

锯切定尺是制约锯切效率的关键因素之一，与一般工厂内带锯下料不同，施工现场的钢筋规格多、下料长度参差不齐且钢筋用量巨大，实现快速定尺是提高生产效率的关键。该套生产线在自动定尺方面设计了移动式下料辊台，以 500mm 为间距设置定尺挡板，通过计算机控制可按照设定长度自动举升定尺挡板。在 500mm 范围内通过油缸推拉下料辊台，由编码器进行尺寸长度测量，实现了高精度定尺功能。钢筋自动套裁技术是通过计算机软件计算，将不同下料长度的钢筋尺寸进行优化排比，使钢筋最大限度地得到利用，尽量减少料头、钢材损失。通过套裁的钢筋自动进入不同料仓，实现分类管理。

现场共布置两条自动化钢筋丝头生产线，每条生产线由 1 条锯切生产线和 8 条丝头生产线组成，钢筋锯切下料后由龙门式起重机转运至丝头生产线的摆料台向丝头生产线供料，日加工 $\phi$50 钢筋 400t。

综合效益分析如下：

(1) 综合套裁减少原材浪费：钢筋加工中心的建立变传统意义的分散单机加工模式为规模化生产模式，有效实现了钢筋集中加工综合套裁，减少钢筋原材浪费 2%以上。

(2) 智能化控制提高产品质量：钢筋加工的精度由计算机控制，钢筋长度误差小、螺纹精度高、一致性好。

(3) 降低劳动强度：钢筋加工定尺切断、加工螺纹横纵向移动由设备自动实现，降低工人劳动强度 90%。

(4) 节省人工用量：生产过程自动化，减少了大量辅助搬运用工，综合节省 80%人工用量，人工费成本降低。

(5) 实现文明施工：自动化加工作业，减少了简单机械的钢筋切割噪声和污染粉尘，施工现场整洁文明。

除天津 117 大厦外，全自动钢筋螺纹生产线还在长沙国金中心、中国尊等项目中得到应用，取得良好的社会效益与经济效益。

## 8.3 标准制定与修订

### 8.3.1 标准体系与协调

标准是经济活动和社会发展的技术支撑，发挥着基础性、引领性作用。我国工程建设标准体系庞大，根据现行《工程建设标准体系》和最新标准化改革动态，通常标准分为综合标准（全文强制标准）、基础标准、通用标准和专用标准 4 个层级。综合标准是强制执行的，与 WTO/TBT 规定的 5 个方面及《全国工程建设标准规范体系表》的要求有关，应包含未来可以成为技术法规的有关内容；基础标准指在混凝土及预应力混凝土学科范围内作为其他标准的基础并普遍使用，具有广泛指导意义的术语、符号、计量单位、图形、模数、基本分类、基本原则等的标准；通用标准是针对某类标准化对象制订的覆盖面较大的共性标准，是制订专用标准的依据；专用标准是针对某一具体标准化对象或作为通用标准的补充、延伸制订的标准。

从级别来讲，标准分为国家、行业、地方、团体标准；从类别来讲，标准分为工程标准和产品标准；从行业来讲，标准分为建筑工程、市政工程、桥梁及结构工程、隧道及地下工程、港口工程、防震减灾工程（参考 JGJ、YB 等划分）标准。

由于各种原因，目前工程建设相关标准不同程度地存在以下问题：

（1）标准之间存在层次不够清晰、部分内容重复问题；

（2）专用标准中，对同类标准化对象有时有几本标准同时存在；

（3）行业之间沟通与协调不足，存在“各自为政、边界不清”的现象；

（4）各类标准编制团队沟通不畅造成标准规范条文冲突、矛盾的问题。

上述问题常给工程建设实施人员造成困扰，增加管理成本，有关方面应加强管理，促进标准间的有效协调，方便工程技术人员理解和执行。

标准对产品及技术的规范至关重要，同时在标准制修订过程中，应更好地落实安全适用、技术先进、经济合理、确保质量的编制目的和原则。标准规范不完全是技术文件，除技术性外，还有其社会性和阶段性。标准规范编制者也存在认识的局限性，因此不能对标准规范过于严苛，要求其尽善尽美、面面俱到。标准规范明确的事情应严格遵守，有时标准规范也会存在个体理解差异、不好甚至无法实施的情况，应加强与标准规范编制单位的沟通交流，基于技术要求、用工程概念去解决实际问题和矛盾。

近年来，新品种和更高强度钢筋持续得到应用，连接件、锚固板新材料不断出现，建筑工业化特别是装配式混凝土结构蓬勃发展、模块化钢筋施工技术实施（钢筋笼、钢筋网片、钢筋骨架等整体连接），工程建设对钢筋机械连接接头提出新的性能要求，新型钢筋机械连接接头、钢筋锚固板不断涌现。同时，面对国内钢筋机械接头的巨大市场，近年来涌现出了大批从事钢筋机械连接业务的公司及个人，并有不少技术力量薄弱的单位和个体经营者从事相关业务。面对激烈的市场竞争和成本压力，部分产品生产开发者挖空心思无底线地降低成本，仅靠低廉的价格冲击市场，迎合了相当一部分施工企业重成本、轻质量的现状。部分从业者甚至置标准规范于不顾，采用偷梁换柱、偷工减料的方式制造产品，质量事故时有发生，给工程造成极大的安全隐患。这些情况的出现，迫切需要及时制定和修订相关标准，并进一步完善标准体系，以适应工程建设形势发展和需要，标准制修订者还应与从业者、使用者和监管部门充分沟通，引导和促进行业高质量发展。

目前，指导和规范我国钢筋机械连接与锚固技术应用的主要标准有《钢筋机械连接技术规程》JGJ 107、《钢筋机械连接用套筒》JG/T 163 和《钢筋锚固板应用技术规程》JGJ 256，存在涉及面过广或过窄问题，且距今已实施多年。如《钢筋机械连接技术规程》JGJ 107、《钢筋锚固板应用技术规程》JGJ 256 属建工行业标准，无法全面适应其他行业的需求和发展。《钢筋机械连接技术规程》JGJ 107 只纳入了直螺纹钢筋接头和径向挤压钢筋接头，《钢筋锚固板应用技术规程》JGJ 256 只纳入了螺纹连接钢筋锚固板和穿孔塞焊钢筋锚固板，在新工艺、新技术、新的应用场景出现的时候，常常令使用者无所适从。当新工艺、新产品经过研发和工程实践成熟并具备批量推广应用时，经常要等国家和行业标准修订，错失了最佳的市场应用时机。

我国幅员辽阔、行业庞杂，钢筋连接与锚固技术种类和工艺繁多，且在不断发展。对我国钢筋连接与锚固标准，建议相关部门进行科学规划，形成国家、行业、地方、团体、企业各层级，工程技术、分类、试验方法、产品等有机结合的标准体系，具体有：

(1) 国家标准确定钢筋接头与钢筋锚固板的性能要求，再根据不同地域、行业特点制定相适应的工程技术标准，确定设计、施工及验收基本要求。工程技术标准应重点解决钢筋接头和钢筋锚固板的性能要求实现问题，不宜涉及具体的产品工艺。

(2) 加强钢筋接头和钢筋锚固板的研判，国家标准层面制定钢筋接头和钢筋锚固板分类标准、试验方法标准、产品标准，规范各类钢筋接头和钢筋锚固板的适用范围、工艺、试验方法和生产。行业、地方、团体、企业标准可以在国家标准的基础上进行引用和补充。近年来，有关组织制定发布的相关标准，如《核电工程钢筋机械连接技术规程》T/CNIDA 017、《带肋钢筋轴向冷挤压连接技术规程》T/CCTAS 34、《轴向冷挤压钢筋连接技术规程》T/CECS 1282、《钢筋机械连接件 残余变形量试验方法》YB/T 4503、《钢筋机械连接接头认证通用技术要求》T/CECS 10115 等，就是很好的尝试。有关团体还在制定《摩擦焊接钢筋锚固板应用技术规程》T/CCIAT XX、《绿色建材评价标准 钢筋连接用套筒》T/CECS XX、《钢筋接头瞬间加载试验技术规程》T/CCES XX、《模块化钢筋机械连接技术规程》T/CWTCA XX 等，都是对钢筋连接与锚固技术的完善和补充。

有关部门在科学规划标准体系的同时，还应注意标准的完善和标准间的协调。

钢筋机械连接方面，《钢筋机械连接技术规程》JGJ 107—2016 于 2016 年修订后，《钢筋机械连接用套筒》JG/T 163 未及时跟随修订，出现了一些不一致或不协调的地方，如型式检验问题，应明确《钢筋机械连接技术规程》JGJ 107 与《钢筋机械连接用套筒》JG/T 163 的边界并保持协调一致，区分套筒的型式检验与钢筋接头的型式检验，避免混淆重复；钢筋丝头采用 6f 级、套筒采用 6H 级精度的要求，对建筑用钢筋接头而言要求过高且存在工程实践中不易实施、矛盾较大等问题。基于 *Steels for the reinforcement of concrete—Reinforcement couplers for mechanical splices of bars—Part 1：Requirements* ISO 15835-1：2018；*Steels for the reinforcement of concrete—Reinforcement couplers for mechanical splices of bars—Part 2：Test methods* ISO 15835-2：2018，2023 年我国发布了《钢筋机械连接件》GB/T 42796—2023 和《钢筋机械连接件试验方法》GB/T 42901—2023，出现了大量的对钢筋机械连接技术的新要求。在进一步推动我国钢筋机械连接技术与世界接轨的同时，也将对钢筋机械连接行业长期的要求和习惯造成较大的冲击。

钢筋机械锚固方面，国内已有的钢筋机械锚固措施有钢筋末端一侧贴焊锚筋、钢筋末端两侧贴焊锚筋、穿孔塞焊锚板、螺栓锚头（螺纹连接锚固板）、摩擦焊接锚固板、端部热镦锚固等，在施的《钢筋锚固板应用技术规程》JGJ 256—2011 仅包括螺纹连接和穿孔塞焊两种钢筋锚固板。钢筋锚固板性能的影响参数众多，应用面广，工程中钢筋锚固板的应用工况千变万化，随着工程建设的发展，还有不少场合，不少问题需要进一步深入研究和亟待解决：

(1) 进一步研究和完善 500MPa 级钢筋机械锚固技术，开展 600MPa 级钢筋机械锚固技术研究。制定《钢筋锚固板应用技术规程》JGJ 256—2011 时，主要基于 400MPa 级钢筋机械锚固性能的研究，500MPa 级及以上强度的钢筋应用还较少，修订时还应补充

500MPa级及以上强度钢筋的机械锚固性能研究，对不同强度等级的钢筋锚固板进行更细致的区分和应用规定。钢筋在高屈服应力阶段，粘结力的退化将更为明显，进一步确定保护层、埋入长度、箍筋等不同参数对锚固性能的影响，继续深入研究群锚影响，钢筋锚固板承载力的理论计算方法也需要做更深入的理论探讨和实验验证，有待今后规程修订时补充完善。

（2）目前，应用钢筋锚固板的梁柱节点方案有效地缓解了钢筋的拥挤，提高了混凝土浇筑质量，但顶层端节点的构造相对比较复杂，需要进一步研究更加简洁、方便施工的顶层端节点构造方案。

（3）钢筋锚固板技术在工程建设中日益扩大，除总结实施经验、补充试验研究、完善工程技术标准外，应制定锚固板产品行业标准，对锚固板类型、原材料、生产、检验与验收等作出规定，进一步指导和规范锚固板在工程建设中的应用。

（4）加快对摩擦焊接钢筋锚固板和端部热镦成型钢筋锚固板技术的研究和总结，考虑纳入《钢筋锚固板应用技术规程》JGJ 256，或单独制定相关标准，进一步完善我国的钢筋机械锚固技术。同时，新型钢筋锚固板所采用的机械设备需要尽快定型并保持工作稳定。

（5）《钢筋锚固板应用技术规程》JGJ 256—2011作为《混凝土结构设计标准》GB/T 50010的补充，是我国有关钢筋锚固板的专用工程技术标准，对影响钢筋锚固板锚固性能的主要技术参数进行了较为全面的规定，更详细地规定了钢筋锚固板在不同场合下的应用规定，有利于更科学、合理地使用钢筋锚固板，使钢筋锚固板在工程推广应用中具备了可操作性，为混凝土结构工程广泛应用钢筋锚固板这项先进技术提供了更有效的技术保障。但《钢筋锚固板应用技术规程》JGJ 256与《混凝土结构设计标准》GB/T 50010有关钢筋锚固板的规定，如对锚固板承压面积与锚固钢筋公称面积的比值、锚固长度、钢筋净间距等的要求仍不尽相同，详见表8.3.1，给工程应用带来了较大困扰。下一步应加强标准之间的协调，优化钢筋锚固板应用技术条件。

**《钢筋锚固板应用技术规程》JGJ 256—2011与《混凝土结构设计标准》GB/T 50010—2010有关钢筋机械锚固的主要差异**　　**表8.3.1**

| 序号 | 内容 | 《钢筋锚固板应用技术规程》JGJ 256—2011规定 | 《混凝土结构设计标准》GB 50010—2010规定 |
|---|---|---|---|
| 1 | 锚固板承压面积与锚固钢筋公称面积的比值 | ≥4.5 | ≥4.0 |
| 2 | 带锚固板钢筋的最小锚固长度 | 一般规定：$0.4l_{ab}$（个别情况$0.3l_{ab}$）；<br>框架节点：$0.4l_{ab}$ | 一般规定：$0.6l_{ab}$；<br>框架节点：$0.4l_{ab}$ |
| 3 | 锚固区钢筋混凝土保护层厚度 | ≥1.5$d$ | ≥1$d$ |
| 4 | 锚固区钢筋净间距 | ≥1.5$d$ | ≥4$d$，否则应考虑群锚效应 |
| 5 | 锚固区构造箍筋 | ≥3根，直径不小于$d/4$；<br>≤100mm；<br>第一根箍筋与锚固板承压面距离≥1$d$ | ≥3根，直径不小于$d/4$；<br>≤100mm |
| 6 | 锚固区混凝土强度等级要求 | 针对不同钢筋等级规定了锚固区最低混凝土强度等级要求 | 无 |
| 7 | 框架顶层端节点应用钢筋锚固板相关规定 | 给出配筋详图和构造要求 | 无 |

续表

| 序号 | 内容 | 《钢筋锚固板应用技术规程》JGJ 256—2011 规定 | 《混凝土结构设计标准》GB 50010—2010 规定 |
| --- | --- | --- | --- |
| 8 | 全锚固板 | 对全锚固板应用做出相关规定 | 无 |
| 9 | 简支梁或连梁的简支端钢筋锚固 | 剪力大于 $0.7f_tbh_0$，不满足规范要求的 $12d$ 时，可选用钢筋锚固板。对 400MPa 级钢筋，锚固长度应 $\geqslant 6d$；对 500MPa 级钢筋，锚固长度应 $\geqslant 7d$ | 剪力大于 $0.7f_tbh_0$ 时，带肋钢筋不小于 $12d$ |

### 8.3.2 加强新型钢筋机械连接接头研判

伴随着工程建设新的需求，新型钢筋机械连接装置与应用技术不断涌现，如模块化钢筋机械连接技术、核电工程抗飞机撞击用钢筋机械连接技术等。目前，钢筋接头质量良莠不齐，局面让人担忧。部分产品开发和应用者仅考虑钢筋接头抗拉强度和操作性要求，忽略《钢筋机械连接技术规程》JGJ 107 对残余变形、保护层厚度、接头面积百分率等应用规定。耐火、耐疲劳、耐低温等应用场合需要的钢筋接头性能常常被忽略，部分产品型式检验与实际工程应用场合不符，存在质量不确定性。新型钢筋机械连接技术对应的连接件除设计、施工和验收外，材料、生产、试验及检验等存在不同程度的缺失，带来极大的质量安全隐患。相关标准在制定或修订时，在完善原有标准的基础上，还应特别加强对新型钢筋机械连接接头的研判，对上述情况予以充分重视，避免有缺陷的新型钢筋机械连接接头不当使用带来重大质量和安全问题。应彻底扭转只重视接头强度、忽视残余变形的局面，消除接头型式检验与见证取样检验脱节的现象。

### 8.3.3 钢筋机械连接接头的分类和分级

《钢筋机械连接技术规程》JGJ 107—2016 虽在正文中未明确对钢筋接头进行分类，但在条文说明中指出常用的钢筋机械接头包括套筒挤压接头、锥螺纹接头、镦粗直螺纹接头、滚轧直螺纹接头、套筒灌浆接头及熔融金属充填接头。其中，套筒灌浆接头分为套筒半灌浆接头和套筒全灌浆接头，半灌浆套筒的非灌浆端虽采用机械连接方式，但随着《钢筋套筒灌浆连接应用技术规程》JGJ 355、《钢筋连接用灌浆套筒》JG/T 398、《钢筋连接用套筒灌浆料》JG/T 408、《钢筋套筒灌浆连接施工技术规程》T/CCIAT 0004 等标准的编制和完善；同时，《钢筋机械连接技术规程》JGJ 107 在正文中也未提及套筒灌浆接头和熔融金属充填接头，部分条款也不适用于这两类接头，与《钢筋机械连接技术规程》JGJ 107—2016 配套使用的《钢筋机械连接用套筒》JG/T 163—2013 只字未提这两类接头。在后续对《钢筋机械连接技术规程》JGJ 107—2016 的修订中，建议删除这两类接头的有关内容。其中，熔融金属充填接头目前在国内应用较少，如果将来使用量达到一定规模，可参照《钢筋机械连接技术规程》JGJ 107 执行或单独编制专项标准。鉴于此，可专门制定钢筋接头的分类标准，并对其适用范围进行更加明确的规定，更加科学地指导工程应用。

长期以来，《钢筋机械连接技术规程》JGJ 107 对钢筋接头的分级是基于强度和变形性能的，导致工程界普遍采用性能最高的Ⅰ级接头，笔者几乎未听说过接头产品技术开发者按Ⅱ级或Ⅲ级接头进行型式检验，也几乎未见过设计文件中标准使用Ⅱ级或Ⅲ级接头。工程实践的现实是：Ⅱ级或Ⅲ级接头的设置仅用于施工现场接头抽检不合格时，可按不同等级接头的应用部位和接头面积百分率限制确定是否降级处理，未真正达到对接头分级的另一个目的，即有利于降低套筒材料消耗和接头成本。我国幅员辽阔，有抗震区和非抗震区，抗震区中还有不同的地震设防烈度要求，均按Ⅰ级接头要求和使用，是偏于安全的，但会造成经济浪费；有时，也会制约一些新产品的研发与应用，如有些新型接头达不到目前规定的Ⅰ级接头要求，但用于非抗震条件下是有足够安全保障的。在这一方面，目前的部分国外和国际标准是值得借鉴的，ACI 318 对接头的抗震和非抗震性能分别进行要求，且不考虑接头的变形性能。ISO 15835 对接头做了细致的性能划分，用户可根据工程的具体情况对接头进行选择。这些考虑一方面使接头在基于安全的情况下得到最合理的使用，另一方面促进钢筋机械连接和施工技术的发展。如图 8.3.3 所示，由于美国规范对接头的变形性能未做要求，美国企业开发出了一种适用于模块化钢筋连接用的机械连接接头，极大地提高了施工效率，而这种钢筋接头在我国现行《钢筋机械连接技术规程》JGJ 107 的规定下，是完全不能使用的。建议对我国钢筋机械连接相关标准的后续修订中，考虑钢筋接头分级原则的调整，建议基于工程应用场合（抗震/非抗震、不同设防烈度、疲劳、低温、耐火）进行分类，工程根据实际要求进行接头选择和使用。

图 8.3.3 一种模块化钢筋连接用的机械连接接头（美国）

### 8.3.4 钢筋机械连接接头的耐火性能

截至目前，国内外所有钢筋机械连接技术标准均未关注接头的耐火性能。但近年来，随着套筒新材料、新工艺的出现，该问题应引起有关单位和管理部门的重视。目前，钢筋机械连接用直螺纹套筒已成为钢筋连接领域主流产品，市场需求量持续增长。面对巨大的市场需求和激烈的市场竞争，套筒生产厂家采取各种措施改进生产工艺、更新生产设备、提高生产效率、降低生产成本，部分套筒生产厂家采用强度较低、延性较好的低碳钢（碳元素含量一般＜0.42%）作为原材料，如 Q235、ML08AL、50BV30 等，通过自动化程度较高的专用加工设备，经多次冲压冷加工得到套筒毛坯，使低碳钢在加工成型过程中通过冷作强化作用提高极限抗拉强度，从而达到减小低碳钢套筒横截面面积的目的。将套筒毛坯加工内螺纹制成冷作强化直螺纹套筒成品，以较低的销售价格迅速占据了较大的市场份额。

冷作强化直螺纹套筒与钢筋连接形成的接头性能满足《钢筋机械连接技术规程》JGJ 107—2016 的相关要求，但有关试验表明，此类接头高温后极限抗拉强度降低甚至直线下降，有极大的安全隐患，工程界对套筒耐火性能应给予充分关注。

《钢筋机械连接用套筒》JG/T 163—2013 中明确规定，采用各类冷加工工艺制成的套筒，宜进行退火处理，且进行套筒设计时，不应利用经冷加工提高的强度减少套筒横截面面积。冷作强化直螺纹套筒毛坯冷加工后未经退火处理，且进行套筒设计时，利用了经冷加工提高的强度减少套筒横截面面积，不符合《钢筋机械连接用套筒》JG/T 163—2013的相关规定。

冷作强化直螺纹套筒设计与生产应严格遵守《钢筋机械连接用套筒》JG/T 163—2013的相关规定，不应利用经冷加工提高的强度减少套筒横截面面积。套筒生产厂家在加强创新、降低生产成本的同时，应充分关注套筒高温后力学性能变化。进行产品定型时，应考虑套筒耐火性能。使用方应对套筒原材料引起足够重视，按照《钢筋机械连接用套筒》JG/T 163—2013的相关规定，加强对套筒原材料来源、加工工艺的追溯。钢筋接头用于有防火要求的建筑结构构件时，套筒入场需进行耐火性能检验，不应采用热处理工艺的套筒、夹片和其他连接件。上述接头在经受火灾高温时将显著降低或丧失承载能力，存在降低结构构件耐火极限的风险，相关标准修制订时应关注钢筋接头的耐火性能，并予以限制和规范。

针对上述问题，笔者对冷作强化直螺纹套筒高温后力学性能进行了试验研究，以期通过试验结果验证冷作强化直螺纹套筒耐火性能是否满足有关规范要求。

**1. 套筒常温力学性能**

试验用冷作强化直螺纹套筒为随机购买的$\phi$20 50BV30、ML08AL套筒和$\phi$25 Q235套筒，具有一定代表性。同时，增加了$\phi$20、$\phi$25传统45号钢直螺纹套筒作为同条件对比试件。$\phi$20套筒使用HRB400E钢筋丝头进行极限抗拉强度试验，试验结果表明钢筋母材被破坏。$\phi$25套筒使用强度远高于钢筋强度的特制高强工具杆进行极限抗拉强度试验，试验结果表明套筒被拉断。套筒常温力学性能参数如表8.3.4-1所示，由于$\phi$25套筒被拉断，其接头极限抗拉强度为依据$\phi$25钢筋标准横截面面积的换算值。

**套筒常温力学性能参数** 表8.3.4-1

| 套筒规格/mm | 钢筋公称截面面积/mm² | 套筒原材料类型 | 极限拉力/kN | 接头极限抗拉强度/MPa | 破坏位置 |
|---|---|---|---|---|---|
| 20 | 314.2 | ML08AL | 195.9 | 623.5 | 断于钢筋 |
| | | | 195.9 | 623.5 | |
| | | | 197.3 | 627.9 | |
| | | 50BV30 | 207.1 | 659.1 | |
| | | | 207.6 | 660.7 | |
| | | | 207.7 | 661.0 | |
| | | 45号钢 | 207.2 | 659.5 | |
| | | | 207.0 | 658.8 | |
| | | | 207.9 | 661.7 | |
| 25 | 490.9 | Q235 | 428.1 | 872.1 | 断于套筒 |
| | | | 427.2 | 870.2 | |
| | | | 425.5 | 866.8 | |
| | | 45号钢 | 408.6 | 832.3 | |
| | | | 419.0 | 853.5 | |
| | | | 420.0 | 855.6 | |

由表 8.3.4-1 可知，接头试件极限抗拉强度均满足《钢筋机械连接技术规程》JGJ 107—2016 第 3.0.5 条的规定，能保证接头极限抗拉强度不小于 HRB400E 钢筋极限抗拉强度标准值的 1.10 倍。

**2. 高温加热试验**

《建筑设计防火规范》GB 50016—2014 第 2.1.10 条规定，耐火极限为在标准耐火试验条件下，建筑构件、配件或结构从受到火的作用时起，至失去承载能力、完整性或隔热性时止所用时间，可知建筑物耐火性能更注重结构受火后的变化。因此，开展套筒高温后力学性能试验，加热温度与保温时间等试验参数如表 8.3.4-2 所示。加热试验装置采用真空炉，可在加热过程中避免套筒表面发生氧化、脱碳，且炉温控制精度较高。套筒加热前需要进行表面清理，加热结束后进行自然冷却。

**高温加热试验参数** **表 8.3.4-2**

| 套筒规格/mm | 套筒原材料类型 | 加热温度/℃ | 保温时间/h |
|---|---|---|---|
| 20 | ML08AL | 600 | 1 |
| | 50BV30 | | |
| | 45 号钢 | | |
| 25 | Q235 | 600 | 1 |
| | | 800 | 2 |
| | 45 号钢 | 600 | 1 |
| | | 800 | 2 |

**3. 套筒高温后力学性能**

套筒高温后力学性能参数如表 8.3.4-3 所示，$\phi$20 套筒使用 HRB400E 钢筋丝头进行极限抗拉强度试验，$\phi$25 套筒使用强度远高于钢筋强度的特制高强工具杆进行极限抗拉强度试验。由于 $\phi$25 套筒被拉断，其接头极限抗拉强度为依据 $\phi$25 钢筋标准横截面面积的换算值。

**套筒高温力学性能参数** **表 8.3.4-3**

| 套筒规格/mm | 钢筋公称截面面积/mm$^2$ | 套筒原材料类型 | 加热条件 | 极限拉力/kN | 接头极限抗拉强度/MPa | 破坏位置 |
|---|---|---|---|---|---|---|
| 20 | 314.2 | ML08AL | 温度 600℃，保温 1h | 166.9 | 531.2 | 断于套筒 |
| | | | | 136.9 | 435.7 | |
| | | | | 164.3 | 522.9 | |
| | | 50BV30 | | 169.6 | 539.8 | |
| | | | | 168.0 | 534.7 | |
| | | | | 169.1 | 538.2 | |
| | | 45 号钢 | | 195.7 | 622.9 | 断于钢筋 |
| | | | | 196.1 | 624.1 | |
| | | | | 197.9 | 629.9 | |

续表

| 套筒规格/mm | 钢筋公称截面面积/$mm^2$ | 套筒原材料类型 | 加热条件 | 极限拉力/kN | 接头极限抗拉强度/MPa | 破坏位置 |
|---|---|---|---|---|---|---|
| 25 | 490.9 | Q235 | 温度600℃，保温1h | 275.2 | 560.6 | 断于套筒 |
| | | | | 290.7 | 592.2 | |
| | | | | 282.4 | 575.3 | |
| | | | 温度800℃，保温2h | 262.5 | 534.7 | |
| | | | | 289.2 | 589.1 | |
| | | | | 269.3 | 548.6 | |
| | | 45号钢 | 温度600℃，保温1h | 412.3 | 839.9 | |
| | | | | 418.0 | 851.5 | |
| | | | | 421.0 | 857.6 | |
| | | | 温度800℃，保温2h | 411.5 | 838.3 | |
| | | | | 408.0 | 831.1 | |
| | | | | 416.9 | 849.3 | |

由表8.3.4-3可知，$\phi$20、$\phi$25冷作强化直螺纹套筒高温后的极限抗拉强度均明显降低，不满足《钢筋机械连接技术规程》JGJ 107—2016第3.0.5条的规定；加热温度600℃、保温1h与加热温度800℃、保温2h后的$\phi$25 Q235冷作强化直螺纹套筒极限抗拉强度差异较小，均不满足相关标准要求；$\phi$20、$\phi$25 45号钢套筒高温后极限抗拉强度无明显降低，均满足《钢筋机械连接技术规程》JGJ 107—2016第3.0.5条的规定。

直螺纹套筒是保证钢筋力的传递且关系结构安全的重要产品，其耐火性能需要重点关注。试验结果表明，冷作强化直螺纹套筒常温力学性能满足《钢筋机械连接技术规程》JGJ 107的相关要求，但高温后极限抗拉强度降低，不满足要求。45号钢套筒高温前后极限抗拉强度无明显变化，满足要求。在有耐火要求的施工现场检验中，通常仅以常温极限抗拉强度作为判定依据，无法准确判定冷作强化直螺纹套筒耐火性能是否合格，存在工程质量和安全风险隐患。为此，提出以下建议：

1）冷作强化直螺纹套筒原材料应严格遵守《钢筋机械连接用套筒》JG/T 163的相关规定。

2）冷作强化直螺纹套筒生产企业在加强创新、降低生产成本的同时，应充分关注高温后的力学性能变化。

3）冷作强化直螺纹套筒使用方应对套筒原材料引起足够重视，按照《钢筋机械连接用套筒》JG/T 163的相关规定，加强对套筒原材料来源、加工工艺的追溯。在有防火要求的情况下，需要增加套筒入场耐火性能检验。

4）采用其他材料生产的连接件，在产品定型和工艺检验时也应关注耐火性能。

5）建议修订《钢筋机械连接技术规程》JGJ 107时，增加对钢筋接头耐火性能的要求。

### 8.3.5 钢筋机械连接接头的低温性能

低温条件下钢材往往发生冷脆现象，我国对这方面的专门研究尚少，仅有少数严寒地区须考虑这类问题。对于钢筋机械连接接头，低温引起的问题也应予以考虑，同时应进行相应的低温性能试验。

《钢筋机械连接通用技术规程》JGJ 107—2003规定，当混凝土结构中钢筋接头部位的温度低于－10℃时，应进行专门的试验。将钢筋机械连接接头正常应用的低温界限定为－10℃，低于该温度时应补充进行与接头应用环境相适应的低温性能试验。目前，我国已完成套筒挤压接头－30℃低温性能试验，锥螺纹接头完成了－10℃低温性能试验。为统一计，偏安全地将－10℃确定为钢筋机械连接接头正常应用的低温界限。如在更低的低温条件下应用机械连接接头，则应进行必要的判断或补充进行低温条件下的相应试验。试验时，测定的温度均为钢筋接头部位的温度。执行上述规定时，设计人员可根据结构具体情况及所处的环境温度，判定是否要求补充进行低温试验。

### 8.3.6 有关型式检验的讨论

型式检验是依据产品标准，对产品各项指标进行的全面检验，检验项目为技术要求中规定的所有项目。

型式检验报告是型式检验机构出具的型式检验结果判定文件。型式检验报告的基础，是对一个或多个具有生产代表性的产品样品利用检验手段进行合格评价。这时，检验所需样品数量由质量技术监督部门或检验机构确定和现场抽样封样，取样地点从制造单位的最终产品中随机抽取。

在下列情况下应进行型式检验：

(1) 新产品或者产品转厂生产的试制定型鉴定；

(2) 正式生产后，如结构、材料、工艺有较大改变，考核对产品性能影响时；

(3) 正常生产过程中，定期或积累一定产量后，周期性地进行一次检验，考核产品质量稳定性时；

(4) 产品长期停产后，恢复生产时；

(5) 出厂检验结果与上次型式检验结果有较大差异时；

(6) 国家质量监督机构提出进行型式检验的要求时。

对于产品认证或新产品鉴定，应在质量监督机构及相关认证机构认可的第三方独立检验机构进行。对个别特殊的检验项目，如果检验机构缺少所需的检验设备，可在独立检验机构或认证机构的监督下使用制造厂的检验设备进行。

对于产品定期型式检验，制造单位现场具备型式检验条件的可以在制造单位现场进行；制造单位现场不具备型式检验条件的，质量监督机构及相关认证机构认可的第三方独立检验机构进行。

型式检验与委托检验的区别：

(1) 检测目的不同：型式检验主要适用于对产品综合定型鉴定和评定企业所有产品质量是否全面达到标准和设计要求的判定；委托检验是指企业为了对其生产、销售的产品质量监督和判定。

(2) 检验范围不同：型式检验是对产品符合标准的程度进行的全面评估；委托检验是依据委托人指定项目对送检产品进行的评估；

(3) 取样来源不同：型式检验由检测机构随机抽样（并对本批次产品封存待检测结果出来）；委托检验由委托人送检。

（4）结果意义不同：型式检验的检验结果对批次负责，属于全项目检验；委托检验的检验结果仅对送样的样品负责，属于商业行为，而且是按照委托人的要求进行检验。

基于上述理解，目前我国钢筋机械连接行业实施的型式检验，某种意义上属于委托检验，不是真正意义上的型式检验，相关标准在制定、修订时应特别注意。

## 8.4 产品认证

产品认证源自19世纪下半叶，标志工业革命的蒸汽机、柴油机、汽油机和电的发明，伴随着工业标准化的诞生，引发对批工业产品量生产进行评价的需求。

最初的评价形式为：产品提供方（第一方）进行自我评价和产品接受方（第二方）进行验收评价。伴随工业化生产的产品快速发展和应用，因产品质量引发灾难性后果大量出现，如早期频繁出现锅炉爆炸和电器失火等大量恶性事故，使民众意识到最初的评价形式因利益的影响存在一定的局限性。因此，迫切需求独立于产、销、用户各方，不受其经济利益制约的第三方，用公正、科学的方法对产品进行评价，特别是涉及安全、健康的产品，并给民众提供可靠的保证。世界上最早实行产品质量认证的国家是英国，最早的认证标志BS，也称为“风筝标志”，标志着现代产品质量认证制度的正式启用。

认证是第三方依据程序对产品、过程或服务符合规定的要求给予书面保证（合格证书）。认证是合格评定的一种，包括产品认证和质量体系认证。产品认证包括强制性产品认证（如欧盟CE认证和中国3C认证）和自愿性产品认证（如美国UL认证）。体系认证包括熟知的ISO 9001质量管理体系认证、ISO 14001环境管理体系认证、ISO 45001职业健康与安全管理体系认证等。

产品认证在我国已有20多年的发展经历，但主要是强制性产品认证；自愿性产品认证发展缓慢，尤其是在建设工程产品认证方面。由于绝大部分建工产品未列入强制性产品认证范畴，所以产品认证作为行业管理模式未能引起有关各方的关注。众所周知，建筑业是我国国民经济发展的主要增长点，特别是近几年建筑业的快速发展，建筑工程施工安全及建设工程质量已成为社会普遍关注的问题，如何有效控制与建设工程质量和安全性紧密相关的建设工程产品的质量是需要迫切解决的问题。

我国目前建设工程产品的质量控制主要以现场管理为主，这种入场检验的末端管理模式，无论是从安全角度还是从经济角度，都存在较大风险。建设中的产品，如钢筋、混凝土制品及其加工设备等缺少有效的第三方市场监控手段和社会采信。建设工程产品市场亟待规范，以确保优质企业能够正常生产、行业得以健康发展，实现优胜劣汰的良性竞争机制。

我国认证机构管理部门为国家认证认可监督管理委员会（CNCA），对认证机构的管理依据《中华人民共和国认证认可条例》。产品认证法律法规主要为《中华人民共和国标准化法》、《中华人民共和国产品质量认证管理条例》和《中华人民共和国产品质量法》。在此，需阐明以下内容：

① 目前，全国从事认证的机构较多，须识别认证机构的资质。认证机构根据其认证范畴，分为从事体系认证和从事产品认证的机构。每家从事产品认证机构的认证范围均须在认监委备案。所以，选择产品认证机构时，有必要对认证机构资质进行了解，通过国家认监委的网站可查阅并核实相关的认证机构。

② 目前，社会上存在一些评价活动，其不是认证，可能是宣传和社会公众的认知程度低等原因，将一些不是认证的评价活动当成了认证活动，如牙防组认证、中消协的315认证等。

产品认证是由第三方通过检验评定企业的质量管理体系和样品型式检验确认企业产品、过程或服务是否符合特定要求，是否具备持续稳定地生产符合标准要求产品的能力，并给予书面证明的程序。而检验是通过观察、测量、试验等手段对单个产品独立进行的符合性评价。产品认证与检验的主要区别如下：

（1）对象不同：产品认证针对生产企业，产品检验针对产品。

（2）依据不同：产品认证依据标准和实施规则，产品检验依据标准和检测方法。

（3）结果不同：产品认证结果产生认证证书和认证标志，产品检验结果产生检验数据或检验报告。

（4）有效性不同：认证证书通常具有时效性。

自20世纪90年代末期，我国逐渐形成了ISO 9001质量体系认证热潮。当时不少企业认为，通过ISO 9001认证，不仅在本行业处于领跑地位，更能打通进入国际市场的通道。但事实并非如此，随着全球经济一体化进程的加快，欧美国家进而设置了非关税技术壁垒，以立法形式颁布了一系列国际标准的产品认证制度。这些产品认证标准检查尺度远高于ISO 9001。企业在加强质量管理的同时，必须提升其产品质量并通过相应的产品认证，才能真正地获得市场的成功。产品认证与体系认证相比，区别如下：

（1）认证的对象不是企业的质量体系，而是企业生产的某一产品。

（2）认证依据的标准不是质量管理标准，而是相关的产品标准。

（3）认证的结论不是证明企业质量体系是否符合质量管理标准，而是证明产品是否符合产品标准。

（4）根据《中华人民共和国产品质量法》，获得产品认证的企业，国家鼓励在产品包装、使用说明书等加施认证标志。现行国家标准《合格评定　第三方符合性标志的通用要求》GB/T 27030明确规定："只有基于产品合格评定颁发的第三方符合性标志可以出现在产品上或产品包装上。所有其他的第三方符合性标志（如与质量或环境管理体系或服务相关的标志）不应出现在产品、产品包装上，也不应有可能被解释为产品符合要求的方式出现"。同时还规定："在文件和促销材料等资料中也可以引用第三方符合性标志"。由上述规定可以看出，由于ISO 9001认证的对象为企业的质量管理体系，并不是产品，因此不能把认证标志印在产品包装上，因为这样会给顾客产生产品合格的暗示。

目前，我国钢筋机械连接接头相关标准规范较完善，但光靠标准、规范还不能彻底解决产品质量问题。施工现场的质检部门由于受专业限制或无法对钢筋接头加工环节进行全过程检查，难以实施有效的质量监督，甚至提供钢筋接头产品和技术服务的单位常不能很好地执行规范的规定，具体表现如下：

（1）受生产成本和管理工作薄弱等因素影响，工程中还时常出现钢筋螺纹加工设备、加工配件和使用的连接件非同一家接头企业供应，连接件与钢筋丝头的螺纹尺寸、公差、牙形角等参数不匹配，给接头造成严重的质量隐患。

（2）有些工程项目在产品抽检验收时，为便于施工或使试件易于合格，现场多采用送样检验，即送检试件精工细作，而与实际的接头质量相差较大，抽检不具有代表性。甚至，用于检验的套筒与实际工程使用的套筒不一致。

(3) 由于缺乏对接头生产企业生产和管理状态及时、有效的监督，难以保证接头产品质量的稳定性。目前，国内钢筋接头生产企业中，即便获得了 ISO 9001 质量管理体系认证证书，但针对钢筋接头的各项质量控制程序并不完备，缺乏专业队伍进行有效的连续性监督检查。

(4) 接头型式检验结果与工程中接头产品的质量脱节。由于型式检验均为送样试件，不少单位送往进行型式检验的试件精心加工或经过预拉消除其变形、施加超大扭矩，甚至个别企业型式检验的样品由别的公司帮助代做，弄虚作假，不能反映送检单位的产品在工程中应用的实际情况，质量差距较大，使型式检验与现场实际情况形成“两张皮”。施工现场有不少钢筋丝头质量较差的接头，尽管其强度尚可满足相应等级要求，但其残余变形性能难以满足，由于现场不要求检测残余变形，故不能及时发现和纠正问题。

以上这些都是目前在工程中接头产品质量控制上存在的主要问题，严重威胁钢筋连接质量和工程安全。针对这些问题，《钢筋机械连接技术规程》JGJ 107—2016 已做了一些尝试，如第 4.0.4 条规定，对直接承受重复荷载的结构，接头应选用包含有疲劳性能的型式检验报告的认证产品。第 7.0.10 条规定，对有效认证的接头产品，验收批数量可扩大至 1000 个。这些规定旨在引导接头产品技术提供单位进行认证工作，加强自律并自觉接受第三方的监督。某些地方政府也做了努力，如采用新产品备案许可制，通过对企业产品的检验、实地考察，最终为考察通过的企业颁发新技术推广许可证，允许进入本地区的钢筋连接市场，有效减少了一些能力极差的企业进入市场，这对净化市场起到了一定的积极作用。但是，毕竟办理组织备案的机构、部门是非专业性的，备案许可工作不深入、不规范。另外，有些项目或施工企业常有跨区交叉，生产企业要多地区重复申报、备案，浪费大量的时间、人力和物力。部分对接头要求较高、管理较严的重大项目，施工、监理等单位会对潜在供应商进行严格考察，但这种方法同样存在专业性不够强、费时费力、公正性不够等问题。由此看来，采用第三方产品认证制度，在国家和行业技术标准框架下建立专业、公正和有效的产品认证体系，是解决上述产品监督、管理问题的可行方法。

在钢筋机械连接行业中，欧美市场公认的认证是英国的 CARES 认证。CARES 成立于 1983 年，是独立的认证机构，其主要针对钢筋混凝土行业的产品为客户提供对建筑用钢生产商已通过测试和检查等相关规定的保证。同时，CARES 也是欧洲公告认证机构和欧洲技术认可机构，通过法规、测试和检查为用户提供信心。

CARES 要求制造商必须建立有效、符合 BS EN ISO 9001 相关规定的质量管理体系。总体上，要求产品原材料的来源是 CARES 允许的，具有充分的可追溯性；要求对于产品的生产过程进行有效控制及充分工作指导；符合 BS 8110 或其他欧洲技术标准的独立证明；定期对质量监控系统进行内部审查。

在西方发达国家，钢筋机械连接行业已有较成熟的规范和标准，但用户常要求供应方提供 CARES 认证证书，这是因为 CARES 认证关注产品生产、仓储、销售的整个流程控制。用户对于通过 CARES 认可的公司和产品可给予充分信任，因为 CARES 认证证明其产品不仅符合相关技术标准的要求，且供应方有足够的能力保证产品质量的可靠与稳定，从而减少施工现场的随机抽检数量，同时避免了用户进行额外的测试、监督和验证。目前，在西方发达国家已建立了良性的产品认证体系，较科学地处理了技术标准与产品质量控制的关系及短期认证与长期监督的关系，为用户创造了安全的产品使用环境，同时有利于行业与技术的发展。

多年来，我国在建筑业的行业管理中，对一部分技术要求高、专业性强或对人民生命财产密切相关的某些专业实施专业资质管理制度，这是行之有效的规范行业队伍、提高建筑工程质量的手段之一。对实行资质管理以外的重要技术、产品领域，如钢筋机械连接行业，通过产品认证方式加强质量监督的有效性和管理，也不失为新的尝试，将对规范钢筋机械连接行业的发展起到积极作用。

国内钢筋机械接头产品认证工作作为规范行业管理的尝试，已经得到开展。主要认证模式为：型式检验（抽样）-初始工厂检查-获证后的监督。认证流程为：申请方提交申请→认证中心进行合同评审、发受理通知→双方签订合同→申请方缴纳有关费用→型式检验→工厂检查→认证决定→批准颁发证和获证后监督。特殊情况下，型式检验和工厂检查可同时进行。

钢筋机械接头产品认证的目的是规范行业管理、加强持续监督、坚持优胜劣汰、提高行业准入的门槛。要求技术提供单位不仅具有 ISO 9001 质量管理体系认证证书，还要扎扎实实地落实到位；不仅有生产连接件、钢筋丝头加工设备、组织加工安装的能力，还应有完善的工程服务体系。注重接头在工程中的实际随机抽检质量，而不是纸面材料报告或提前预制的送检接头质量。只有这样，才能使相关的国家和行业标准落到实处，推动建筑工程高质量发展得以实施。《钢筋机械连接接头认证通用技术要求》T/CECS 10115—2021、《成型钢筋加工配送服务评价标准》T/CECS 1209—2022 等标准的发布实施，将进一步推动钢筋机械连接接头的产品认证工作。

建设工程产品认证工作符合国家政策、行业规范化管理需求，是国际化、工业化和社会发展的必然趋势。实施产品质量认证是使独立的第三方按照产品标准、质量管理过程控制、用户跟踪调查评价要求，对行业产品质量开展评价工作。第三方必须是国家认证认可、监督管理委员会批准的认证机构。该模式是国外工业发达国家加强产品质量和市场进入管理的通行方式，也是加快行业质量诚信体系建设、健全行业质量信誉监管体制机制、推动建立行业质量奖励、实施名牌发展战略、培育行业自主品牌的重要内容。因此，实施产品质量认证既是加强行业自律行为、建立行业产品质量监管体制机制的重要举措，又符合行业协会提供服务、搭建平台、规范行为职能定位的总体要求，对提高行业产品质量、推动行业健康发展具有积极的促进作用。

通过认证工作的开展，进一步加强企业自身的产品质量控制体系，实现产品质量的全过程控制。钢筋机械接头产品认证作为规范行业管理的尝试，可较好地解决技术标准与产品质量控制之间的紧密联系，有利于进一步提高我国的钢筋机械连接技术，保证工程质量。今后，应进一步研究接头产品认证工作与施工现场接头试件抽检的关系，逐步与国际标准接轨，使通过认证的产品可减少现场抽检数量，为施工现场减少过于频繁的接头抽检创造条件，进一步促进产品认证制度的健康发展。

# 附录　钢筋连接与锚固相关企业简介

**1. 河北易达核联机械制造股份有限公司**

河北易达核联机械制造股份有限公司创立于2006年，长期深耕钢筋机械连接领域，2024年1月23日改制为股份公司，现名为河北易达核联机械制造股份有限公司，下辖河北核载科技有限公司、河北伦柯贸易有限公司两个子公司；是一家专业致力于核电工程领域机械连接类产品、预埋构件类产品、自动化机具类产品、智能化钢筋加工装备类产品等研发、生产、销售的科技型企业。

企业目前建有“石家庄市钢筋连接与锚固技术创新中心”、“石家庄市工业设计中心”两个政府科技创新平台，是国家级高新技术企业、河北省专精特新示范企业、河北省科技型中小企、河北省军民融合企业、河北省创新型中小企业；现已获授权专利近60项，参与行业、团体标准制定10余项，获得河北省科技进步奖1项，国际先进水平科技成果2项。

企业产品通过了UKCARES质量体系和产品认证、阿联酋DCL产品认证、中国建研院CABR产品认证；其中，直螺纹套筒、锚固板、锥螺纹套筒、焊接套筒、滚丝机、自动化钢筋套丝生产线等产品畅销国内外市场；公司研发的抗飞机撞击套筒及装备获得了河北省科技进步三等奖和国际先进科技成果证书、可调套筒获得了核电工程“五新”成果、锥套锁紧分体套筒产品学术论文获得中核勘察设计协会优秀论文奖、核电高强钢筋连接套筒自动检测线获得了国际先进科技成果证书。

企业长期致力于与科研院所、行业协会、高等院校的合作，目前是中国工程机械工业协会委员单位、中核勘察设计协会委员单位、中核数字建造工程技术研究中心委员单位、河北省装备制造协会委员单位、河北科技大学战略合作单位；公司始终以“生产客户信赖产品，服务国家核电事业”为己任，立志为核电工程的建设和发展贡献力量，成为机械连接领域的国际知名品牌。

**2. 青岛通汇华中科技发展有限公司**

青岛通汇华中科技发展有限公司成立于2020年，位于山东省青岛市胶州市杨家林工业园。公司主要以轴向冷挤压钢筋连接套筒、高强度不锈钢连接套筒、玻璃纤维筋连接套筒、预应力钢棒连接套筒、环氧树脂钢筋连接套筒、钢绞线连接套筒及混凝土预应力张拉锚具等。公司通过了ISO9001质量、ISO14001环境管理、ISO45001职业健康安全管理等体系认证。

公司十分重视科技研发与技术创新，专注于建筑工程钢筋连接质量和绿色智能建造技术服务，公司研发中心拥有先进的实验设备和完善的检测分析仪器，公司研发的新型钢筋连接工艺，打破传统钢筋连接质量不可靠，施工连接效率低的现状。公司一直秉持“锐意创新、追求卓越、融合发展、和谐共赢”的经营理念，以研发为龙头，持续的对产品进行优化和技术创新，积极引领行业潮流，真诚为客户提供满意的产品和服务。

**3. 济源建造者钢筋连接技术有限公司**

济源建造者钢筋连接技术有限公司是集研发、生产、销售、技术服务为一体的综合型企业。主要从事建筑机械设备研发制造及建筑新技术推广。

多年来一直倡导“技术先行，质量为本，客户至上”的管理理念。我们自主研发生产的钢筋直螺纹滚丝机床系列，吸取了国内外同类机械的先进技术，结合了施工现场人工操作的实际情况，整体设计严谨，制作精良，经久耐用，采用集成电子模板控制，自动化程度高，故障率低。钢筋直螺纹滚丝机床拥有独立的知识产权，荣获三项国家专利。是钢筋直螺纹连接的理想设备。

本企业研发生产的钢筋直螺纹连接套筒，采取75°牙型角加工工艺。按照一级接头标准设计生产。产品经国家建筑工程质量监督检测试中心检验，各项指标均符合国家行业标准一级接头的要求。能够满足各类工程施工。通过长期的钢筋连接施工实践，我单位累积了丰富的钢筋连接经验，质量和服务得到用户的广泛赞誉和认可。

**4. 湖南恒邦钢筋连接技术有限公司**

湖南恒邦钢筋连接技术有限公司成立于2007年，是钢筋连接和钢筋锚固专利技术研发和推广服务的专业化企业，中国电子工程设计院钢筋工程技术中心成员单位，是《钢筋套筒灌浆连接施工技术规程》《钢筋锚固板应用构造》《钢筋直螺纹连接套筒》和《核电工程钢筋机械连接技术规程》的参编单位，是湖南省建设工程质量新标准规范培训班的讲师单位。公司主要推广的技术产品有成组钢筋骨架连接技术、钢筋直螺纹套筒连接技术、钢筋套筒灌浆连接技术、钢筋冷挤压连接技术、钢筋与型钢柱连接技术、钢筋机械锚固技术等钢筋连接和锚固相关的技术产品。自主研发钢筋丝头加工智能数控生产线，并获得发明专利、自主研发设计生产HRB600E高强钢筋直螺纹套筒。公司拥有钢筋连接和锚固相关施工技术标准编制、产品研发和生产加工、施工方案咨询和专业工程分包等全产业链的综合能力。

湖南恒邦钢筋连接技术有限公司生产经营的产品广泛应用于高铁、地铁、磁悬浮等轨道交通工程和核电站、火电厂、水电站、桥梁、隧道、高层、超高层住宅等工业和民用建筑。现已应用于连云港田湾核电站、广州国际港航服务中心、长沙机场改扩建工程、长株潭城际轨道西环线、长沙磁浮东延线接入T3航站楼工程、东南亚文莱淡布隆大桥、巴基斯坦卡拉奇核电、印尼雅万高铁、塔吉克斯坦行政中心等国内外重点工程。

湖南恒邦钢筋连接技术有限公司坚持以“服务、专注、双赢、诚信”经营理念，长期同科研单位、高等院校保持产学研相结合，确保与本专业相关的新型专利技术能尽早转化为生产力，为客户带来更多的实惠、时效和便捷。

**5. 北京五隆兴科技发展有限公司**

北京五隆兴科技发展有限公司于1994年正式成立，致力于建筑钢筋部品化施工连接新技术服务、全自动智能钢筋直螺纹滚丝生产线研发制造。目前获得国家授权的多项发明专利、实用新型专利等。是北京市高新技术企业、中关村高新技术企业、北京市“专精特新”中小企业、北京市级企业科技研究开发机构、并通过了两化融合管理体系评定。

公司一直秉承“致之诚 精于勤 善其事”的经营理念，产品涉及核电、火电、桥梁、机场、高铁、房建、地铁、高速公路等领域，参与了核化领域“十一五”、“十二五”“十三五”多项重大专项课题的研究。参编标准任务：《钢筋机械连接套筒》《核电工程钢筋机械连接技术规程》《建筑施工机械与设备　钢筋螺纹成型机》《建筑施工机械与设备　钢筋网成型机》《钢筋机械连接接头认证通用技术要求》《钢筋机械连接装配式混凝土结构技术规程》《绿色建材评价标准　钢筋连接套筒》《桥梁工程钢筋工业化施工通用技术规程》《钢筋接头瞬间加载试验技术规程》《核燃料后处理厂特种阀门及部件》等

公司在建筑工业化领域研发生产适用于钢筋骨架机械连接新技术：WL 双螺套钢筋接头、并获得了核电工程五新技术成果，通过了 CABR 建设工程产品认证，在该行业前沿的技术领域取得了突破性成果。公司自主研发的全自动智能钢筋滚丝生产线，实现了钢筋双头同时滚丝加工 12 秒/根，单日产能可突破百吨，并获得多个国家的发明授权，充分展示了中国技术、中国速度。

**6. 鞍钢中电建筑科技股份有限公司**

鞍钢中电是由鞍钢集团鞍钢工程技术发展有限公司（51%）和国投集团中国电子工程设计院有限公司（49%）联合投资组建的国有控股公司。成立于 2018 年 1 月 26 日，注册资本 5000 万元，总部设在北京。

2020 年获得国家高新技术企业、中关村高新技术企业、ISO 9001 质量管理体系认证、ISO 14001 环境管理体系认证和 ISO 45001 职业健康安全管理体系认证。

依托股东公司国家级、省部级与院级三级科技平台、国家认定企业技术中心、院士专家工作站等硬实力资源，以及多年来在标准规范、国家课题、工程咨询等方面的科研成果和工程应用等软实力资源，汇聚整合行业内全专业的人才，以“专业化、产业化、国际化”为战略定位，以国家战略和高端前沿市场需求为导向，在内外部科研支撑平台上积极开展科学研究工作，坚持产品、技术、工艺及模式创新，不断孵化、升级、迭代，为工程建设领域企业提供基于“技术、装备、产品、服务”的“建筑产业化系统解决方案”，向市场提供结构领域关键结构产品及配套应用技术，向市场提供标准、图集、工法、专利等产业化技术服务，虔诚与合作伙伴携手同行，持续提升新型建筑工业化、建造智能化和产业化水平，不断为客户创造价值，共同实现高质量发展。

**7. 山东恒基智能装备有限公司**

山东恒基智能装备有限公司是一家专注于钢筋轴向冷挤压接驳解决方案的高新技术企业。公司位于中国山东省，拥有一支专业的研发团队和先进的生产设备，致力于为客户提供高质量、高效率的整体化钢筋接驳解决方案。公司取得 ISO 9001 质量、ISO 14001 环境管理、ISO 45001 职业健康安全管理等体系认证。

公司的主要产品包括专业接驳液压工具和钢筋连接件。这些产品广泛应用于装配式建筑、桥梁、道路、隧道等工程项目中，为各类钢筋混凝土结构的施工提供了强大的技术支持。

山东恒基智能装备有限公司的接驳液压工具采用先进的液压技术，具有操作简便、效率高、安全可靠等特点。同时为了确保产品质量，山东恒基智能装备有限公司严格执行质量管理体系，从原材料采购到生产制造，每一个环节都严格把控，确保产品的优良性能和稳定品质。此外，公司还拥有一支专业的售后服务团队，为客户提供全方位的技术支持和售后服务，确保客户在使用过程中无后顾之忧。

未来，山东恒基智能装备有限公司将继续秉承“诚信铸就品质，创新引领未来”的企业理念，为客户提供更优质的产品和服务，为推动钢筋接驳行业的发展做出更大的贡献。

# 参考文献


[1] 中国建筑科学研究院. 钢筋机械连接技术规程：JGJ 107—2010 [S]. 北京：中国建筑工业出版社，2010.

[2] 中国建筑科学研究院. 钢筋机械连接技术规程：JGJ 107—2016 [S]. 北京：中国标准出版社，2016.

[3] 中国建筑科学研究院. 钢筋机械连接用套筒：JG/T 163—2013 [S]. 北京：中国标准出版社，2013.

[4] 中国建筑科学研究院. 钢筋连接用直螺纹套筒：T/CECS 10287—2023 [S]. 北京：中国建筑工业出版社，2023.

[5] 中国建筑科学研究院，北京韩建集团有限公司. 钢筋锚固板应用技术规程：JGJ 256—2011 [S]. 北京：中国标准出版社，2011.

[6] 中国建筑科学研究院. 钢筋套筒灌浆连接应用技术规程：JGJ 355—2015 [S]. 北京：中国建筑工业出版社，2015.

[7] 中国建筑科学研究院. 钢筋连接用灌浆套筒：JG/T 398—2012 [S]. 北京：中国标准出版社，2012.

[8] 中国建筑科学研究院. 钢筋连接用套筒灌浆料：JG/T 408—2013 [S]. 北京：中国标准出版社，2013.

[9] 住房和城乡建设部. 混凝土结构设计规范：GB 50010—2002 [S]. 北京：中国建筑工业出版社，2003.

[10] 中国建筑科学研究院. 混凝土结构设计规范：GB 50010—2010 [S]. 北京：中国建筑工业出版社，2010.

[11] 住房和城乡建设部. 混凝土结构设计标准：GB/T 50010—2010 [S]. 北京：中国建筑工业出版社，2024.

[12] 住房和城乡建设部. 混凝土结构工程施工质量验收规范：GB 50204—2015. 北京：中国建筑工业出版社，2015.

[13] 住房和城乡建设部. 混凝土结构工程施工规范：GB 50666—2011. 北京：中国建筑工业出版社，2011.

[14] 住房和城乡建设部. 装配式混凝土结构技术规程：JGJ 1—2014 [S]. 北京：中国建筑工业出版社，2014.

[15] 住房和城乡建设部. 装配式混凝土建筑技术标准：GB/T 51231—2016. 北京：中国建筑工业出版社. 2016.

[16] 国家建筑钢材质量监督检测中心. 钢筋混凝土用钢 第1部分：热轧光圆钢筋：GB/T 1499. 1—2017 [S]. 北京：中国标准出版社，2017.

[17] 中冶集团建筑研究总院. 钢筋混凝土用钢 第2部分：热轧带肋钢筋 [S]：GB/T 1499. 2—2018. 北京：中国标准出版社，2018.

[18] 国家市场监督管理总局、国家标准化管理委员会. 金属材料 拉伸试验 第1部分：室温试验方法：GB/T 228. 1—2021 [S]. 北京：中国标准出版社，2021.

[19] 住房和城乡建设部. 混凝土结构试验方法标准：GB 50152—2012 [S]. 北京：中国建筑工业出版社，2012.

[20] 中国建筑科学研究院建筑结构研究所，天津大学建筑工程学院. 带锚固板钢筋机械锚固性能研究 [R]. 北京：中国建筑科学研究院建筑科学研究报告，2007.
[21] 李智斌. 带锚固板钢筋机械锚固性能的试验研究 [D]. 天津：天津大学硕士学位论文，2005.
[22] 游宇. 混凝土框架顶层端节点中采用钢筋锚固板的试验研究 [D]. 天津：天津大学硕士学位论文，2008.
[23] 李辉. 带锚固板钢筋在钢筋混凝土框架顶层端节点的应用研究 [D]. 天津：天津大学硕士学位论文，2009.
[24] 李智斌，赵杰，丛茂林，等. 港珠澳大桥人工岛预制钢筋骨架套筒灌浆连接应用研究 [J]. 施工技术，2019，48 (09)：26-28+70.
[25] 李智斌，丛茂林，吴旺成，等. 500MPa 级大直径钢筋套筒全灌浆接头研发 [J]. 施工技术，2019，48 (09)：29-31.
[26] 丛茂林，屈兴涛，李智斌. LNG 储罐工程用低温钢筋机械连接接头研发初探 [J]. 建筑科学，2015，31 (07)：114-118. DOI：10. 13614/j. cnki. 11-1962/tu. 2015. 07. 021.
[27] 李智斌，赵杰，邵康节，等. 可调节型套筒在钢筋笼连接中的应用研究 [J]. 施工技术，2014，43 (18)：10-12.
[28] 李智斌，赵杰，邵康节，等. 钢筋网片机械连接装置及施工技术研究 [J]. 施工技术，2014，43 (18)：13-15.
[29] 李智斌，赵杰，张涛，等. 钢筋混凝土梁与型钢混凝土柱连接关键技术研发 [J]. 施工技术，2014，43 (03)：1-3.
[30] 李智斌，邵康节，张涛，等. 钢筋锚固板设计与应用 [J]. 施工技术，2014，43 (03)：4-9.
[31] 李智斌，许慧，吴广彬，等. 对法国钢筋机械连接技术标准的应用研究 [J]. 建筑科学，2012，28 (07)：67-70. DOI：10. 13614/j. cnki. 11-1962/tu. 2012. 07. 005.
[32] 吴广彬，李智斌，刘永颐. 《钢筋锚固板应用技术规程》(JGJ256—2011) 编制介绍 [J]. 建筑结构，2012，42 (04)：166-170. DOI：10. 19701/j. jzjg. 2012. 04. 035.
[33] 葛召深，杨晓靖，吴广彬，等. 全锚固板的试验研究与工程应用 [J]. 建筑科学，2011，27 (S2)：44-47. DOI：10. 13614/j. cnki. 11-1962/tu. 2011. s2. 013.
[34] 吴广彬，葛召深，李智斌，等. CABR 钢筋锚固板在 AP1000 核电工程中的应用 [J]. 施工技术，2011，40 (23)：69-71.
[35] Shao K J，Li Z B，Zhang Z Q. Rebar Anchor Plate Research and Application [J]. Ke.
[36] 汪洪，徐有邻，史志华，钢筋机械锚固性能的试验研究，工业建筑，1991，11：36～40
[37] ACI Committee 318. Building Code Requirements for Structural Concrete (ACI 318-19) [S]. Farmington Hills：American Concrete Institute，2019.
[38] ACI 352R-02，Recommendations for Design of Beam-Column Connections in Monolithic Reinforced Concrete Structures [S]. ACI-ASCE Committee 352，American Concrete Institute，Farmington Hills，Michigan，2002.
[39] ACI Committee 349. ACI 349-06，Code Requirements for Nuclear Safety Related Concrete Structures. USA：ACI Committee 349，2006.
[40] AASHTO LRFD Bridge Design Specifications，2nd ed. [S]. American Association of State Highway and Transportation Officials，Washington，DC，1998.
[41] CSA Standard CAN3-A23. 3-94. Design of Concrete Structures for Buildings with Explanatory Notes [S]. Canadian Standards Association，Rexdale，Ontario，1994.
[42] EN 1992-1-1：2004 Eurocode 2：Design of concrete structures - Part 1-1：General rules and rules for buildings [S]. Brussels：European Committee for Standardization，2004.

[43] The Engineering Sector Committee. BS 6744：2001+A2：2009 Stainless steel bars for the reinforcement of and use in concrete —Requirements and test methods. The Standards Committee，2009.

[44] The Sector Board for Building and Civil Engineering. BS 8110：part 1：1997 Structural use of concrete Part 1. Code of practice for design and construction. The Standards Board，1997.

[45] ASTM International. ASTM A615/A615M-12 standard specification for deformed and plain carbon-steel bars for concrete reinforcement [DB/OL]. http://www. astm. org/Standards/A615. htm，2013.

[46] ASTM International. ASTM A706/A706M-09b standard specification for Low-Alloy steel deformed and plain bars for concrete reinforcement [DB/OL]. http://www. astm. org/Standards/A706. htm，2013.

[47] ASTM International. ASTM A706/A706M-09b standard specification for Low-Alloy steel deformed and plain bars for concrete reinforcement [S]. West Conshohocken，PA，2009.

[48] prEN 10080，Steel for the reinforcement of concrete—Weldable reinforcing steel—General

[49] BS 4449：2005，Steel for the reinforcement of concrete—Weldable reinforcing steel—Bar，coil and decoiled product—Specification.

[50] BS 6744：2016，Stainless steel bars—Reinforcement of concrete—Requirements and test methods.

[51] ASTM A970/A970M- 09，Standard Specification for Headed Steel Bars for Concrete Reinforcement [S]. American Society for Testing and Materials，2009.

[52] ISO 15835-1：2018《Steels for the reinforcement of concrete—Reinforcement couplers for mechanical splices of bars—Part 1：Requirements》

[53] ISO 15835-2：2018《Steels for the reinforcement of concrete—Reinforcement couplers for mechanical splices of bars—Part 2：Test methods》

[54] ISO 15835-3：2018《Steels for the reinforcement of concrete—Reinforcement couplers for mechanical splices of bars—Part 3：Conformity assessment scheme》

[55] NF A 35-020-1：2011，Steel products—Mechanical splices and mechanical anchorages for ribbed or indented reinforcing steel—Part 1：Requirements for mechanical performance.

[56] NF A 35-020-2-1：2011，Steel products—Mechanical splices and mechanical anchorages for ribbed or indented reinforcing steel—Part 2-1：Test methods for mechanical splices.

[57] NF A 35-020-2-2：2011，Steel products—Mechanical splices and mechanical anchorages for ribbed or indented reinforcing steel—Part 2-2：Test methods for mechanical anchorages and weldable couplers.

[58] ICC-ES AC 133 Acceptance Criteria for Mechanical Connectors for Steel Reinforcing Bars，ICC Evaluation Service，Inc.

[59] Thompson，M. K.，Jirsa，J. O.，Breen，J. E.，and Klingner，R. E.. Anchorage Behavior of Headed Reinforcement：Literature Review [R]. Center for Transportation Research Report 1855-1，Austin，Texas，2002.

BS 7973-1：2001 Spacers and chairs for steel reinforcement and their specification-Part 1：Product performance requirements.

BS 7973-2：2001 Spacers and chairs for steel reinforcement and their specification-Part 2：Fixing and application of spacers and chairs and tying of reinforcement.

[60] Mohammad K B，Amin N，Nima U，et al. Seismic evaluation and partial retrofitting of concrete bridge bents with defect details [J]. Latin American Journal of Solids and Structures，2019，16 (8)：1-18.

[61] Swann R A. Flexural Strength of Corners of RC Portal Frames [J]. Cement and Concrete Associa-

tion, 1969, 443: 1-14.

[62] Mayfield B, Kong F K, Bennison A, et al. Corner Joint Details in Structural Lightweight Concrete [J]. ACI Journal, 1971, 68 (5): 366-372.

[63] Ingvar H E, Anders L. Reinforced concrete corners and joints subjected to bending moment [J]. Journal of the Structural Devision, 1976, 102 (6): 102-125.

[64] Plos M. Splicing of Reinforcement in Frame Corners Experimental Studies [R]. Nordic Concrete Research, 1994, 14 (1): 103-21.

[65] Lundgrnen K. Three-dimensional modelling of bond in reinforced concrete: theoretical model, experiments and applications [D]. Goteborg: Chalmers University of Technology, 1999.

[66] Luo Y H, Durrani A J, Shengxiang B, et al. Study of Reinforcing Detail of Tension Bars in Frame Corner Connections [J]. ACI Structural Journal, 1994, 91 (4): 486-496.

[67] Wallace J W, McConnell S W, Gupta P, et al. Use of headed reinforcement in beam-column joints subjected to earthquake loads [J]. ACI Structural Journal, 1998, 95 (5):.

[68] Angelakos B. The behavior of reinforced concrete knee joints under earthquake loads [D]. 1999.

[69] Francesco M. Use of Headed Rrinforcement Bars in construction [D]. Madrid: Technical University of Madrid, 2015.

[70] Francesco M, Alejandro P C, Hogo C P. Structural Performance of Corner Joints Subjected to a Closing Moment Using Mechanical Anchorages: An Experimental Study [J]. Structural Concrete, 2016, 17 (6): 987-1002.

[71] Min W, Dichuan Z, Jainpin F. Experimental evaluation of seismic response for reinforced concrete beam-column knee joints with irregular geometries [J]. Advances in Structural Engineering, 2016, 19 (12): 1889-1901.

[72] Jang-Woon B, Thomas H K K. Experimental Study on Restraining Headed Bars in Roof Exterior Connection [J]. ACI Structural Journal, 2021, 118 (6): 251-265.

[73] Nan Z. Seismic Performance and Shear Strength of Reinforced Concrete Beam-column Knee Joints [D] Hong Kong: The Hong Kong University of Science and Technology, 2017.

[74] Mogili S, Kuang J S. Reversed cyclic performance of reinforced concrete knee joints under variable closing and opening stresses [J]. Engineering Structures, 2019, 178: 116-127.

[75] Mogili S, Kuang J S, Huang R Y C. Effects of beam-column geometry and eccentricity on seismic behaviour of RC beam-column knee joints [J]. Bulletin of Earthquake Engineering, 2019, 17: 2671-2686.